中文版

Rhino 7 完全自学教程

姚一鸣 编著

人 民 邮 电 出 版 社
北 京

图书在版编目（CIP）数据

中文版Rhino 7完全自学教程 / 姚一鸣编著. -- 北京 : 人民邮电出版社, 2022.8
ISBN 978-7-115-58367-3

Ⅰ. ①中… Ⅱ. ①姚… Ⅲ. ①产品设计—计算机辅助设计—应用软件—教材 Ⅳ. ①TB472-39

中国版本图书馆CIP数据核字(2021)第270608号

内 容 提 要

这是一本全面介绍 Rhino 7 基本功能及实际应用的书。本书针对零基础读者编写，是入门读者快速、全面掌握 Rhino 7 的实用参考书。

全书共有 15 章，从 Rhino 7 的应用领域和基本操作入手，结合大量的可操作性实例，全面而深入地讲解了 Rhino 的曲线应用、曲面建模、实体建模和网格建模，并且详细讲解了 Rhino 7 独有的细分建模。本书还讲解了 KeyShot 渲染技术，向读者演示了如何运用 Rhino 结合 KeyShot 制作出优秀的效果图。

另外，本书附带学习资源，内容包括书中所有案例的素材文件、场景文件、实例文件和在线教学视频，以及 PPT 教学课件。

本书非常适合作为初、中级读者的入门及提高参考书，尤其适合零基础读者。同时，本书还可以作为院校相关专业和培训机构的教材。本书所有内容均基于 Rhino 7 和 KeyShot 10 进行编写，读者可安装相同或更高版本的软件进行学习。

◆ 编　　著　姚一鸣
　责任编辑　张丹丹
　责任印制　马振武
◆ 人民邮电出版社出版发行　　北京市丰台区成寿寺路 11 号
　邮编　100164　　电子邮件　315@ptpress.com.cn
　网址　http://www.ptpress.com.cn
　北京天宇星印刷厂印刷
◆ 开本：880×1092　1/16
　印张：24　　　　2022 年 8 月第 1 版
　字数：896 千字　　2025 年 1 月北京第 14 次印刷

定价：129.90 元

读者服务热线：(010)81055410　印装质量热线：(010)81055316
反盗版热线：(010)81055315
广告经营许可证：京东市监广登字 20170147 号

前 言

Rhino，全称为Rhinoceros，也称“犀牛”，是由Robert McNeel&Associates公司开发的一款功能强大的3D造型建模软件，它可以精确地制作出模型，用于渲染表现、动画、工程图、分析评估及生产中，因此被广泛地应用于工业设计、珠宝设计、交通工具设计、机械设计、玩具设计与建筑设计等领域。

本书是初学者自学Rhino 7的经典图书。全书从实用角度出发，全面而系统地讲解了Rhino 7的各大功能，注重Rhino建模核心概念的剖析，并通过实战演练使读者加强对Rhino建模工具的理解，同时也注重产品建模思路的分析、产品建模技巧和方法。此外，本书精心安排了具有针对性的实战案例和7个综合实例，使读者能够在实践中真正体会到Rhino 7的强大功能和曲面建模的精妙所在，而且全部实例都配有在线教学视频，详细演示了实例的制作过程。

本书内容特色

全书共15章，第1~2章从Rhino 7的应用领域讲起，介绍了软件的界面和工作环境的设置，然后讲解了Rhino的操作方法，包括对象的选择、移动、复制、旋转、镜像、缩放、阵列等。

第3~7章基于曲线、曲面、实体、网格和细分五大建模板块讲解了软件的主要功能，详细介绍了不同属性模型的区别、模型的创建和编辑以及模型分析等。曲线、曲面和实体这3个部分是基于NURBS的建模方法，利于建模的精度控制及与各种成型设备对接，这不仅是工业建模中常用的建模方法，而且是Rhino的主要功能。细分建模是Rhino 7的更新功能，它是一种不同于NURBS的建模方式，建模思路类似于捏橡皮泥，通过对多边形的点、线、面的编辑来塑造形体。细分建模比NURBS建模更直观、更容易理解，模型更整洁且不容易出现破面或封闭性不良的情况，但在某些情况下，细分建模的精度控制相比NURBS建模稍显不足。两种建模方法各有利弊，在实际应用中，读者可以根据需要进行选择或将两者配合使用。第8章讲解了KeyShot配合Rhino的渲染技术；第9~15章安排了7个大型综合实例，对应各种建模的特点和思路进行练习。

本书覆盖了Rhino 7大部分的工具与命令，同时以基础知识讲解+实战练习的形式进行编排，贯穿了所有知识点和技术难点，层次一目了然。

本书的版面结构说明

为了能够让读者轻松自学，以及深入地了解软件的功能，本书专门设计了“实战”“技巧与提示”“疑难问答”“技术专题”“知识链接”“综合实例”等版块，简要介绍如下。

实战：安排合适的实例来演示软件的各种工具、命令及重点技术。

技巧与提示：针对软件的使用技巧及实例操作中的难点进行重点提示。

疑难问答：针对读者学习过程中容易产生疑惑的问题进行解答。

技术专题：详解技术性知识点，让读者深入掌握软件的各项技术。

知识链接：Rhino 7体系庞大，许多功能之间都有着密切的联系。“知识链接”版块标出了与当前介绍内容相关的知识所在的位置，便于读者进行相关知识的学习。

综合实例：针对软件的各项重要技术进行综合练习。

资源与支持

本书由“数艺设”出品，“数艺设”社区平台（www.shuyishe.com）为您提供后续服务。

配套资源

书中案例的素材文件、场景文件和实例文件

在线教学视频

PPT教学课件

资源获取请扫码

“数艺设”社区平台，为艺术设计从业者提供专业的教育产品。

与我们联系

我们的联系邮箱是 szys@ptpress.com.cn。如果您对本书有任何疑问或建议，请您发邮件给我们，并请在邮件标题中注明本书书名及 ISBN，以便我们更高效地做出反馈。

如果您有兴趣出版图书、录制教学课程，或者参与技术审校等工作，可以发邮件给我们。如果学校、培训机构或企业想批量购买本书或“数艺设”出版的其他图书，也可以发邮件联系我们。

如果您在网上发现针对“数艺设”出品图书的各种形式的盗版行为，包括对图书全部或部分内容的非授权传播，请您将怀疑有侵权行为的链接通过邮件发给我们。您的这一举动是对作者权益的保护，也是我们持续为您提供有价值的内容的动力之源。

关于“数艺设”

人民邮电出版社有限公司旗下品牌“数艺设”，专注于专业艺术设计类图书出版，为艺术设计从业者提供专业的图书、视频电子书、课程等教育产品。出版领域涉及平面、三维、影视、摄影与后期等数字艺术门类，字体设计、品牌设计、色彩设计等设计理论与应用门类，UI 设计、电商设计、新媒体设计、游戏设计、交互设计、原型设计等互联网设计门类，环艺设计手绘、插画设计手绘、工业设计手绘等设计手绘门类。更多服务请访问“数艺设”社区平台 www.shuyishe.com。我们将提供及时、准确、专业的学习服务。

目录

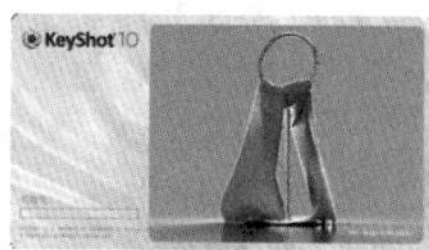

中文版 Rhino 7
完全自学教程

第1章

进入Rhino 7的世界

本章将会对Rhino进行概括性的介绍，包括Rhino建模技术、Rhino工作界面，以及一些文件属性的设置方法等，帮助读者建立起对Rhino的基本认识，为后面的学习打下基础。

本章学习要点

- 了解Rhino的应用领域
- 了解Rhino建模的核心概念
- 熟悉Rhino的工作界面
- 掌握工作视窗和工作平面的设置方法
- 了解Rhino工作环境的设置方法

1.1 Rhino的应用领域

Rhino，全称为Rhinoceros，也称“犀牛”，是由Robert McNeel&Associates公司开发的一款功能强大的3D造型建模软件，它可以精确地制作出模型，以用于渲染表现、动画、工程图、分析评估及生产中，因此被广泛地应用于工业设计、珠宝设计、交通工具设计、机械设计、玩具设计与建筑设计等领域，如图1-1～图1-5所示。

图1-1

图1-2

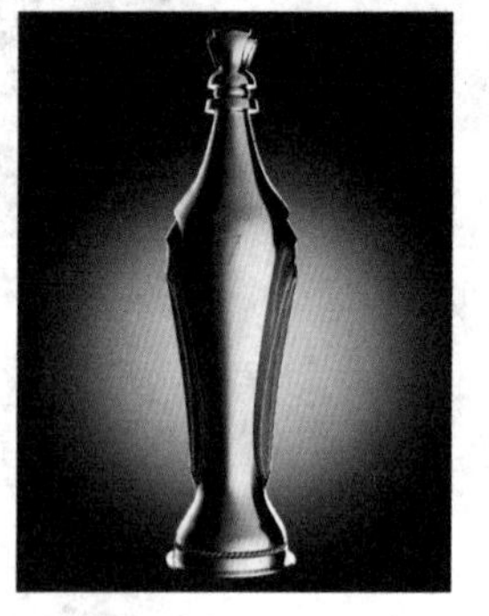

图1-3

图1-4

图1-5

技巧与提示

Rhino的最早版本是1998年推出的Rhinoceros 1.0版本。从Rhinoceros 3.0版本开始更换了软件内核，增强了图形的显示能力及软件的兼容性，最明显的改变就是图标的指示性更加明确。

1.2 了解Rhino建模的核心理念

Rhino是一款规模相对较小的建模软件，对系统配置的要求也不高。其操作界面简洁，运行速度很快，建模功能也非常强大，能够很容易地表现设计师的设计思想。同时，在Rhino中可以输出OBJ、DXF、IGES、STL、3DM等格式的文件，几乎可以与市面上所有的三维软件完成对接。

Rhino建模的核心是NURBS曲面技术，要了解这一建模理念，首先要明白什么是NURBS。

1.2.1 什么是NURBS

NURBS是Non-Uniform Rational B-Spline的缩写，译为“非均匀有理B样条曲线”，是指以数学的方式精确地描述所有的造型（从简单的2D线条到复杂的3D自由曲面与实体）。NURBS凭借自身的灵活性与精确性，可以应用于从草图到动画再到加工的任何步骤中。

Rhino以NURBS呈现曲线及曲面，NURBS曲线和曲面具有以下5点重要的特质，这些特质让它成为计算机辅助建模的理想选择。

第1点：目前，主流的CG类软件（如3ds Max、Maya、Softimage等）及主要的工程软件（如Pro/E、UG、CATIA等）都包含NURBS几何图形的标准，因此使用Rhino创建的NURBS模型可以导入许多建模、渲染、动画、工程分析软件中进行后期处理，而且以NURBS保存的几何图形在多年后仍然可以使用。

第2点：NURBS非常普及，目前有很多大学及培训机构设有专门教授NURBS几何图形学及计算机科学的课程，这代表专业软件厂商、工程团队、工业设计公司及动画公司可以很方便地找到受过NURBS程序训练的程序设计师。

第3点：NURBS可以精确地描述标准的几何图形（如直线、圆、椭圆、球体、环状体等）及自由造型的几何图形（如车身、人体等）。

第4点：以NURBS描述的几何图形所需的数据量远比一般的网格图形少。

第5点：NURBS的计算规则可以有效并精确地在计算机上执行。

1.2.2 多边形网格

在Rhino中着色或渲染NURBS曲面时，曲面会先转换为多边形网格。多边形网格是Rhino的又一大利器，它的存在为Rhino与其他软件的完美对接搭建起了一座可靠的桥梁，也为Rhino自身的进一步强大提供了支撑。

在了解多边形网格前，首先要了解什么是多边形造型。所谓多边形造型，是指用多边形表示或近似表示物体曲面的造型。多边形造型非常适合于扫描线渲染。

多边形造型所用的基本对象是三维空间中的顶点。将两个顶点连接起来的直线称为边。3个顶点经3条边连接起来成为三角形，三角形是欧几里得空间中最简单的多边形。多个三角形可以组成更加复杂的多边形，或生成多于3个顶点的单个物体。四边形和三角形是多边形造型中常用的形状。通过共同的顶点连接在一起的一组多边形通常被当作一个元素，组成元素的每一个多边形就是一个表面。

通过共有的边连接在一起的一组多边形叫作一个网格。为了增加渲染时效果的真实性，网格必须是非自相交的，也就是说多边形内部没有边（或者说网格不能穿过自身），并且网格不能出现任何错误（如重复的顶点、边或表面）。另外，在一些场合，网格必须是流形，即它不包含空洞或奇点（网格两个不同部分之间通过唯一的顶点相连）。

Rhino的多边形网格是若干多边形和定义多边形的顶点的集合，包含三角形和四边形面片，如图1-6所示。

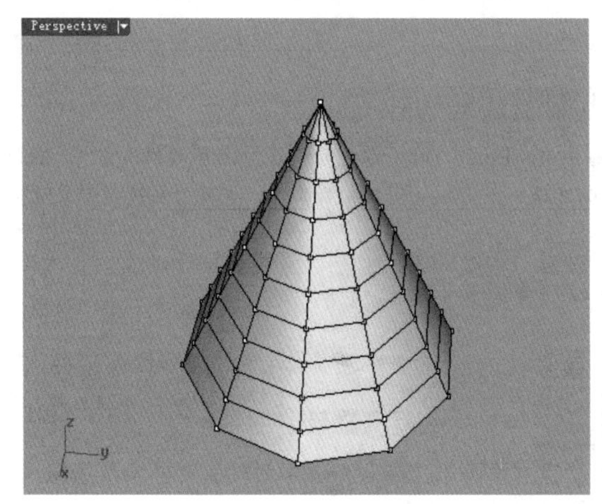

图1-6

Rhino的多边形网格包括了各个顶点的x、y、z坐标值，还包含了法线向量、颜色和纹理等信息。

多边形网格的一个主要优点是它比其他的表示方法处理速度快，而且许多三维软件都使用具有三维多边形网格数据的格式来表示几何体，这为Rhino与其他软件之间的数据交换创造了条件。

Rhino 7新增了一种基于多边形网格技术的新建模方式——细分网格建模，简称细分建模。细分建模是在多边形网格基础上通过插值算法对多边形进行细分，从而形成光滑表面的技术。这种技术一方面继承了多边形网格建模使用点、边缘、网格面进行编辑的方法，另一方面也在一定程度上借鉴了NURBS建模的控制方法，是一种高效直观的建模技术。

1.3 Rhino的工作界面

安装好Rhino 7后，双击计算机桌面上的快捷方式图标，可快速启动软件，其工作界面如图1-7所示。

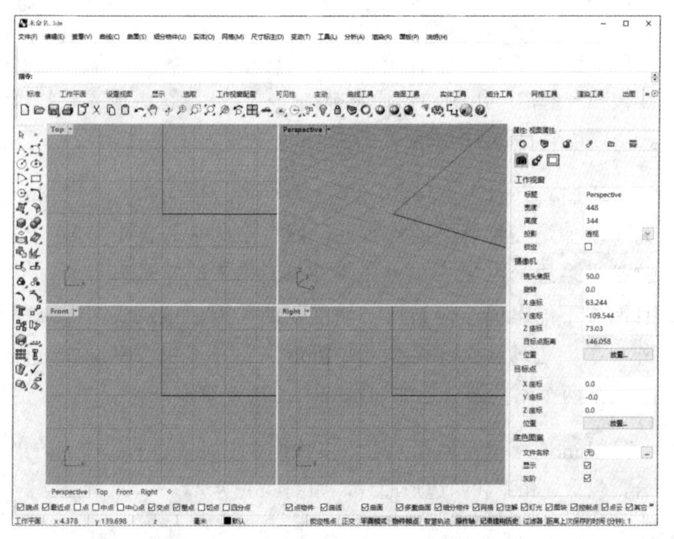

图1-7

技术专题：选择模板文件

每次启动Rhino 7时，都会弹出图1-8所示的预设窗口，在该窗口中可以选择一个需要使用的模板文件，也可以快速打开最近使用的文件。

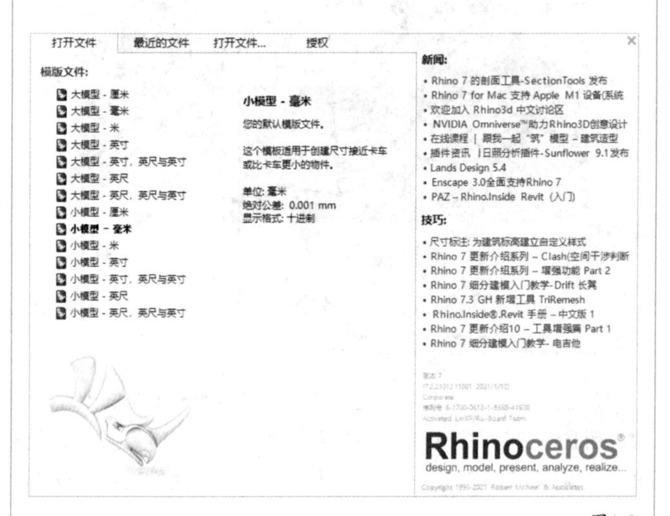

图1-8

模板文件是3DM格式的文件，通常存储于Rhino安装目录下的Support文件夹内。按照类型来划分，Rhino 7提供了“大模型”“小模型”两种类型的模板文件，它们的区别在于“绝对公差”等设置不同，如图1-9和图1-10所示。按照单位来划分，Rhino 7提供了“米”“厘米”“毫米”“英寸”“英尺”5种单位。通常选择“大模型-毫米”或“小模型-毫米”模板文件，因为“毫米”是设计中最常用的计量单位。

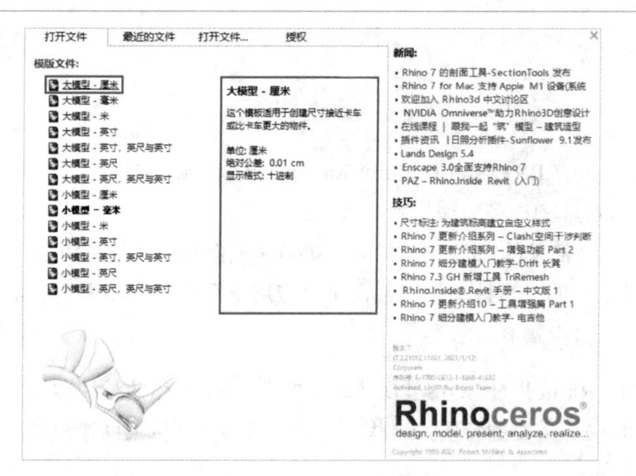

图1-9

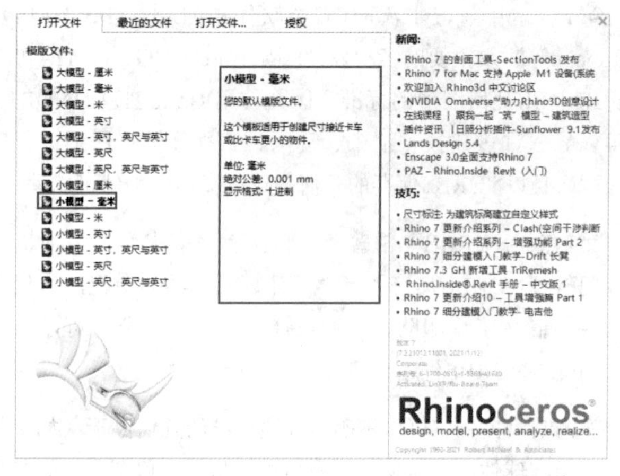

图1-10

要使用一个模板文件，直接在该文件上单击即可。如果没有选择任何模板文件，那么系统将使用默认的设置建立新文件（默认是“小模型-毫米”文件）。要将常用的模板文件设置为默认建立的文件，只需在“Rhino选项”对话框的“文件”选项中设置即可，如图1-11所示。

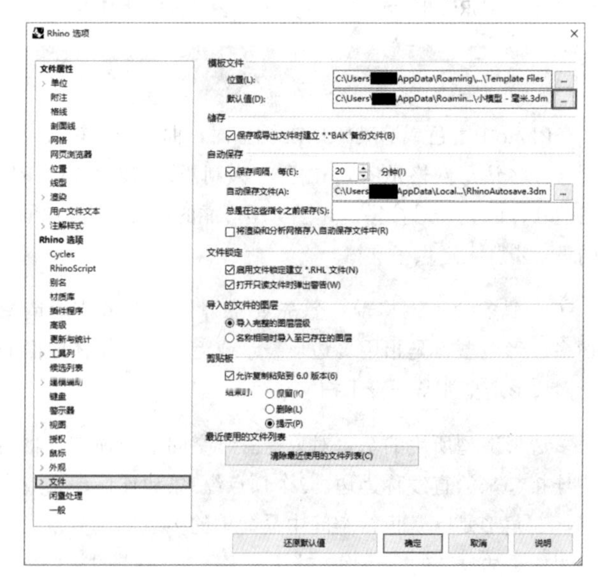

图1-11

选定模板进入工作界面后，如果想要修改所使用的模板，则可以执行“文件>新建”菜单命令（快捷键为Ctrl+N），可弹出“打开模板文件”对话框，然后重新进行选择即可，如图1-12所示。需要注意的是，选择模板时最好先查看“单位”和“绝对公差”的设置，因为“单位”可以体现物件的大小，而“绝对公差”反映了物件需要达到的精度，这些都是在建模前就应该设置妥当的。

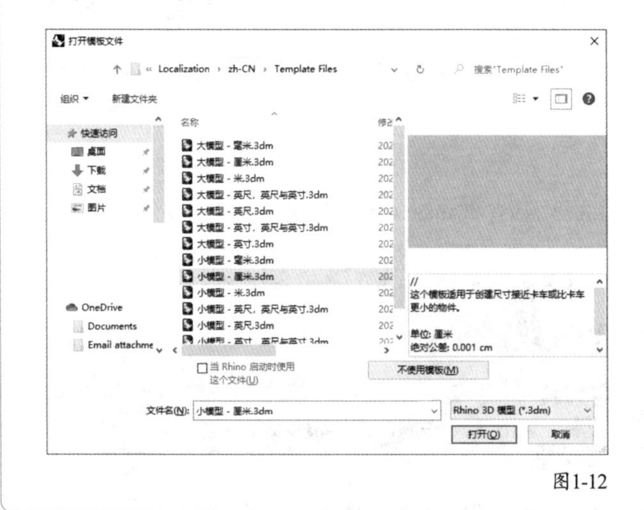

图1-12

Rhino 7的工作界面主要由标题栏、菜单栏、命令行、工具栏、工作视窗、状态栏和图形面板7个部分组成，如图1-13所示。

标题栏
菜单栏
命令行
工具栏
工作视窗
图形面板
状态栏

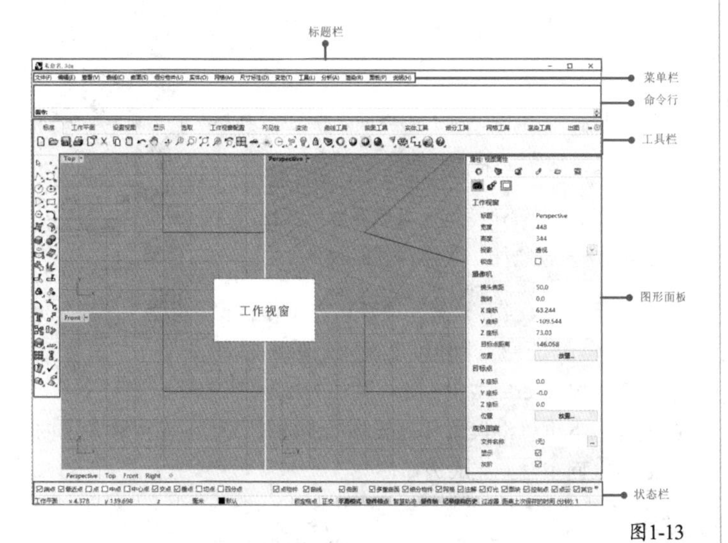

图1-13

1.3.1 标题栏

标题栏位于界面的顶部，主要显示软件图标、当前使用文件的名称（如果当前使用的文件还没有命名，则显示为“未命名”）等信息，如图1-14所示。

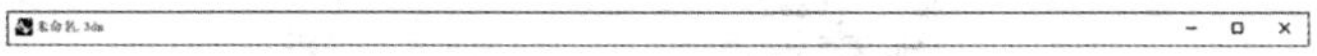

图1-14

★重点★

1.3.2 菜单栏

菜单栏位于标题栏的下方，包含“文件”“编辑”“查看”“曲线”“曲面”“细分物体”“实体”“网格”“尺寸标注”“变动”“工具”“分析”“渲染”“面板”“说明”15个主菜单，如图1-15所示。

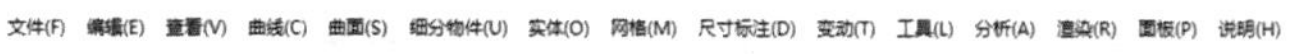

文件(F) 编辑(E) 查看(V) 曲线(C) 曲面(S) 细分物件(U) 实体(O) 网格(M) 尺寸标注(D) 变动(T) 工具(L) 分析(A) 渲染(R) 面板(P) 说明(H)

图1-15

技术专题：菜单命令的基础知识

Rhino 7的菜单栏同Windows操作系统平台下的其他应用程序一样，根据不同的功能进行排列，几乎所有的工具和命令都可以在菜单中找到。例如，所有创建实体的命令都可以在“实体”菜单中找到。有时，加入的插件程序也会在菜单栏上显示出来。

在执行菜单中的命令时可以发现，某些命令后面有与之对应的快捷键，如图1-16所示，如“组合”命令的快捷键为Ctrl+J，也就是说按Ctrl+J快捷键就可以将选定的物件组合在一起。牢记并熟练使用这些快捷键，能够节省很多操作时间。

若菜单命令的后面带有省略号（…），则表示执行该命令后会弹出一个独立的对话框，如图1-17所示。

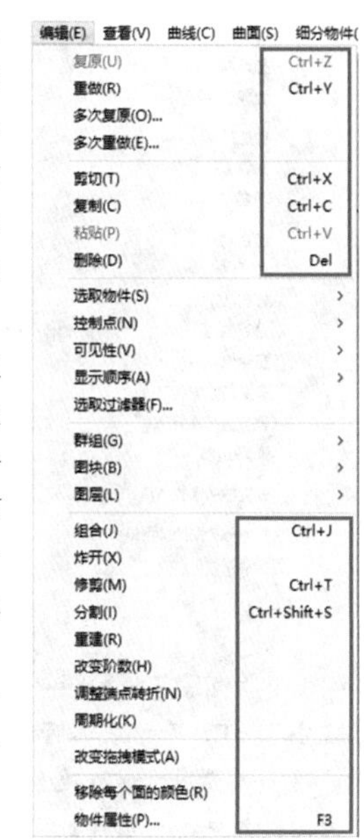

图1-16

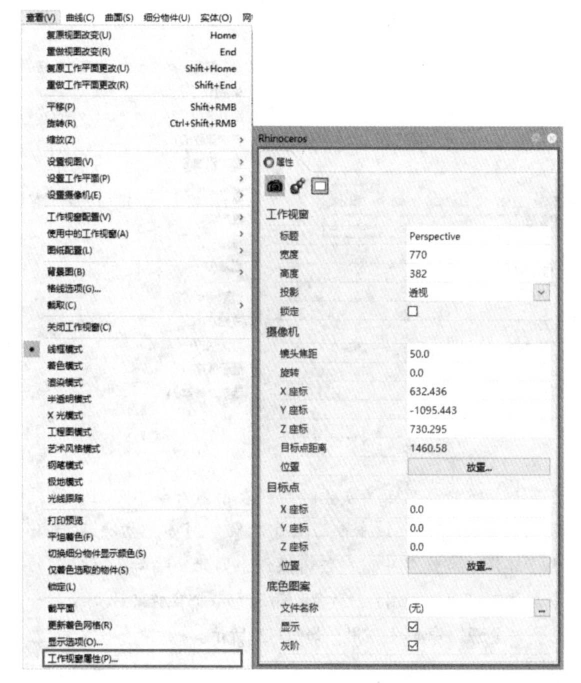

图1-17

若下拉菜单命令的后面带有小箭头图标›，则表示该命令含有子菜单，如图1-18所示。

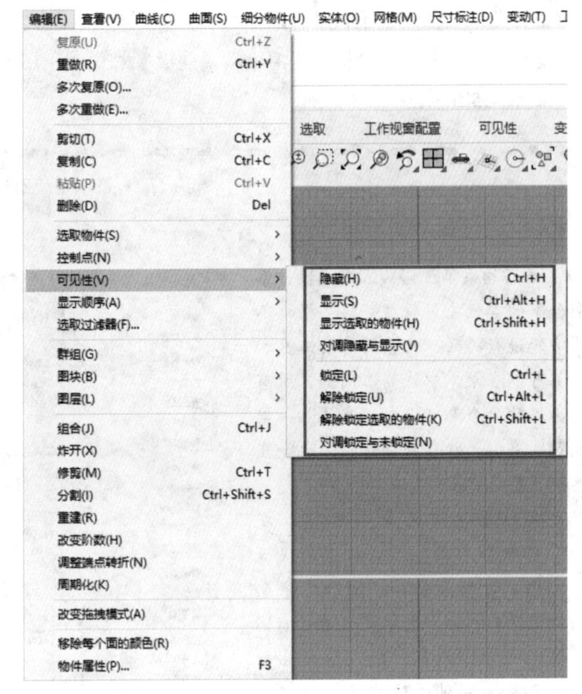

图1-18

几乎所有菜单和菜单命令都提供了一个首字母，如“编辑”菜单的首字母为E，而该菜单下的“复原”命令的首字母为U，如图1-19所示。这一设置用于通过键盘执行命令，以执行“编辑>复原”菜单命令为例，首先按Alt键（此时首字母上将出现一条下画线，如图1-20所示），然后按E键，接着按U键，即可复原上一步操作（按Ctrl+Z快捷键也可以达到相同的效果）。

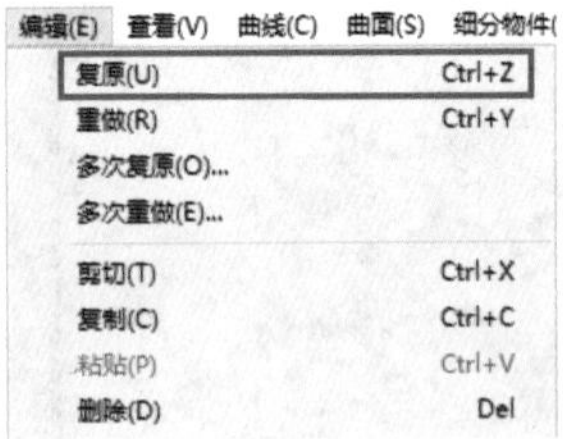

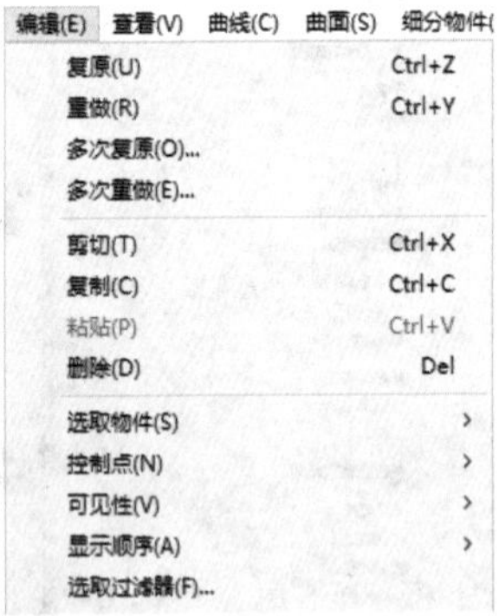

图1-19　　图1-20

当某个菜单命令显示为灰色时，则表示该命令不可用，这是因为在当前操作中没有适合该命令的操作对象。例如，初次运行Rhino 7时，由于还没有在文件中进行任何操作，因此“编辑”菜单下的“复原”命令就不可用，如图1-21所示；而进行某个操作（比如绘制一条曲线）后，“复原”命令才可用，如图1-22所示。

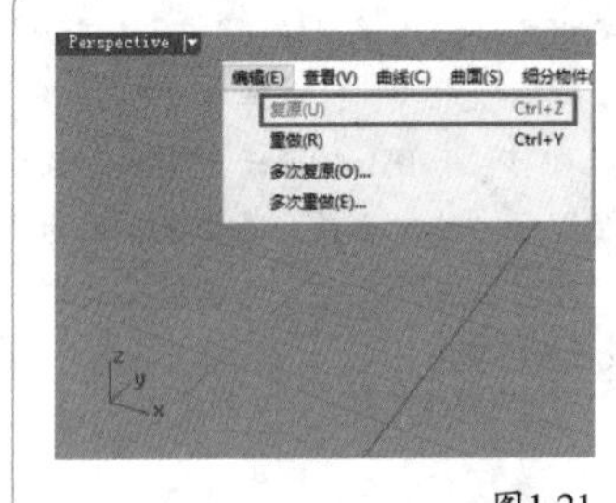

图1-21

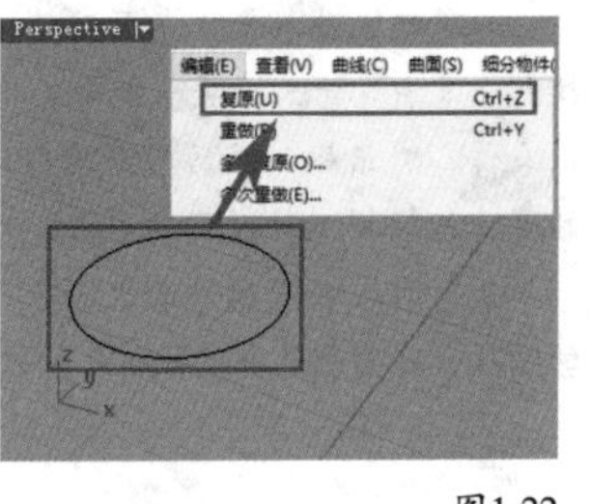

图1-22

★重点★

1.3.3 命令行

Rhino 7拥有和AutoCAD相似的命令行，主要分为命令历史区和命令输入行两个部分，如图1-23所示。在命令输入行中可以通过输入命令来执行操作，完成的操作过程将被记录并显示在命令历史区中。

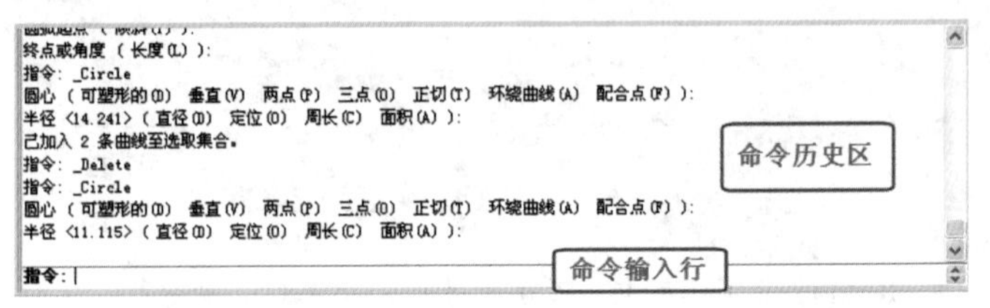

图1-23

以“移动”命令为例，一个命令的完整执行过程如下所述。

步骤1：在Rhino 7工作界面左侧的工具栏中单击“移动”工具，如图1-24所示。

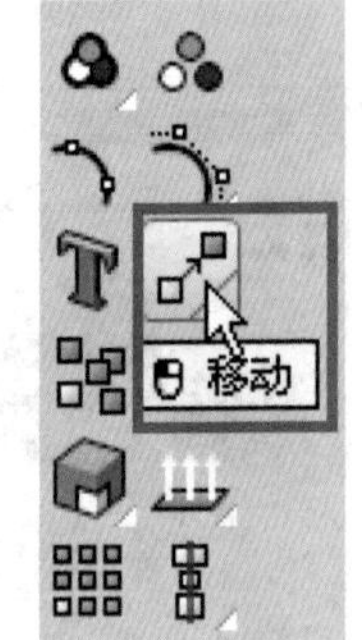

图1-24

步骤2：查看命令行，可以看到已经出现了“选取要移动的物件”提示，如图1-25所示。

步骤3：根据上一命令提示，在工作视窗中选择一个物件，此时将出现“选取要移动的物件，按Enter完成”提示，如图1-26所示。在该提示下可以继续选择需要移动的物件，也可以按键盘上的Enter键（回车键）完成选择。

图1-25

图1-26

步骤4：依次根据命令提示指定移动的起点和终点，完成命令操作，如图1-27所示。

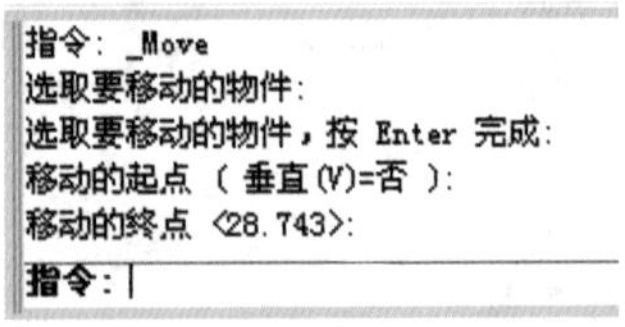

图1-27

技巧与提示

一个命令执行完成后，如果需要重复执行该命令，则可以按Enter键或空格键。

如果在命令行中输入单个英文字母，约停留2秒，系统会弹出一个所有以输入的字母为开头的命令列表，图1-28所示是以M为开头的命令列表，而图1-29所示是以Mo为开头的命令列表。

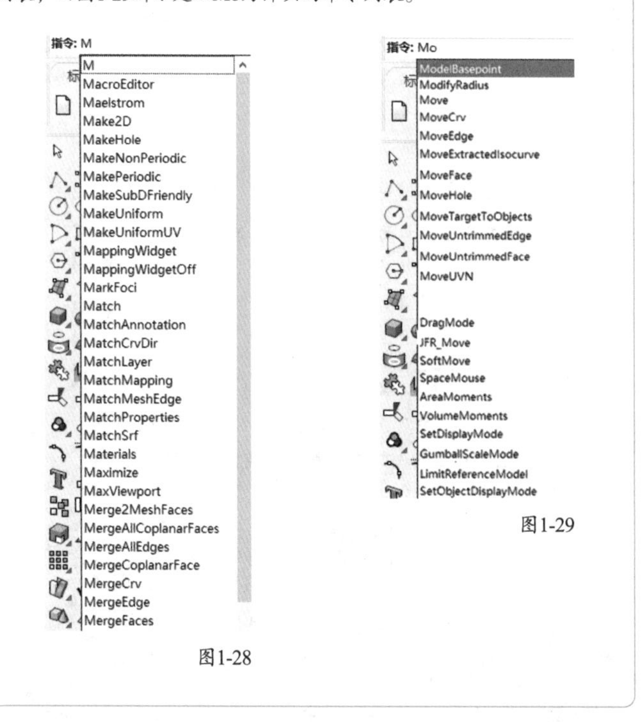

图1-28

图1-29

重点 实战

利用命令行复制模型

场景位置	场景文件>第1章>01.3dm
实例位置	实例文件>第1章>实战——利用命令行复制模型.3dm
视频位置	第1章>实战——利用命令行复制模型.mp4
难易指数	★★☆☆☆
技术掌握	掌握使用命令行执行Rhino命令的方法

本例讲解通过命令行启用Copy（复制）命令复制模型的方法，如图1-30所示。

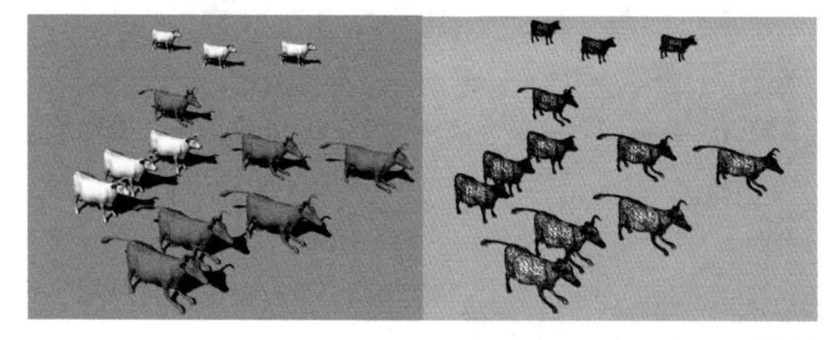

图1-30

01 执行“文件>打开”菜单命令或按Ctrl+O快捷键，系统会弹出“打开”对话框，选择本书学习资源中的“场景文件>第1章>01.3dm”文件，并单击“打开”按钮打开(O)，如图1-31所示，打开的场景效果如图1-32所示。

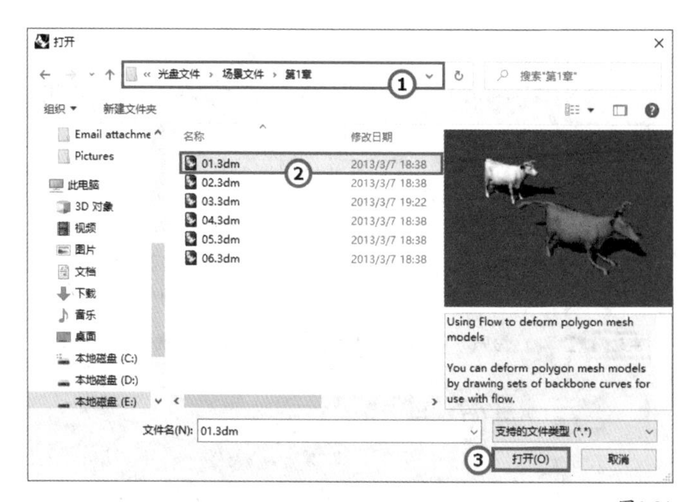

图1-31

图1-32

02 在命令行中输入Copy，然后按Enter键，接着根据命令提示进行操作，效果如图1-33所示，具体操作过程如下。

操作步骤

①选择两个牛模型，并按Enter键确认。

②在任意位置单击，拾取一点作为复制的起点，然后在场景中的其余位置单击，确定复制的终点。

③继续通过拾取点进行复制，按Enter键完成操作。

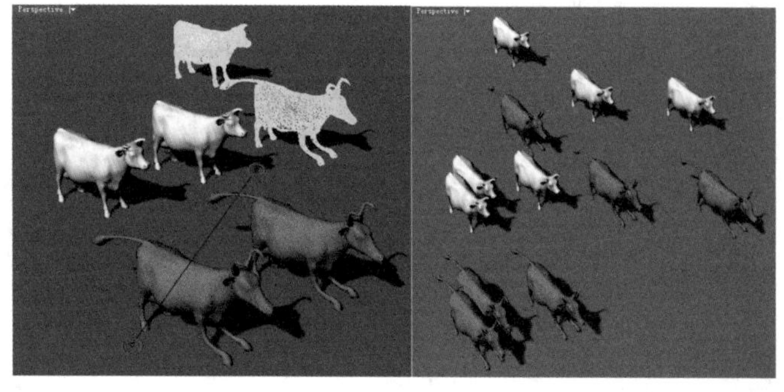

图1-33

技巧与提示

由于Rhino是通过命令行来进行命令操作的，因此本书在讲解命令操作过程的时候以“操作步骤”的形式来介绍。

在上面的操作中，如果最后一步没有按Enter键结束命令，那么可以一直进行复制，直到按Enter键、空格键或Esc键退出命令。

技术专题：在Rhino中执行命令的多种方式

结合前面的讲解和实战练习，下面简单总结一下在Rhino中执行命令的多种方式。

第1种：通过菜单栏执行命令，如“复制”命令位于“变动”菜单中，如图1-34所示。需要注意的是，“编辑”菜单中也有“复制”命令，如图1-35所示。它们的区别在于，“变动>复制”菜单命令只能在当前工作文件内复制物件，而“编辑>复制”菜单命令是将选取的物件复制到Windows剪贴板内，因此可以粘贴到任何其他能够识别的程序中。

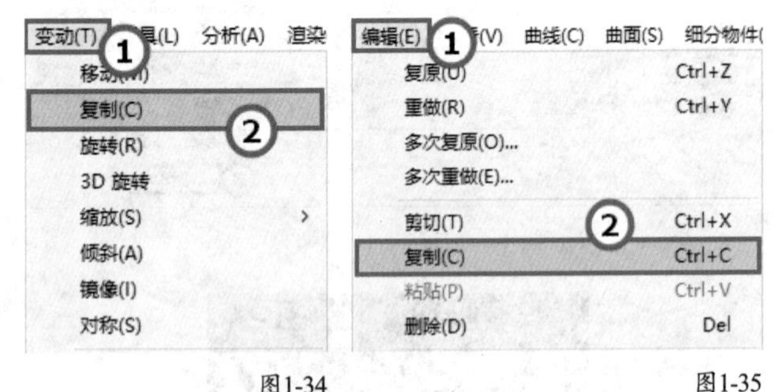

图1-34　　图1-35

第2种：通过在命令行中输入英文指令来执行相关的命令，这种方法需要大家熟悉常用命令的英文指令，如“复制”命令的英文指令是Copy。

第3种：通过单击工具栏中的工具按钮来执行相关的命令，如在工作界面左侧的工具栏中单击“复制”工具，也可以执行“复制”命令，如图1-36所示。

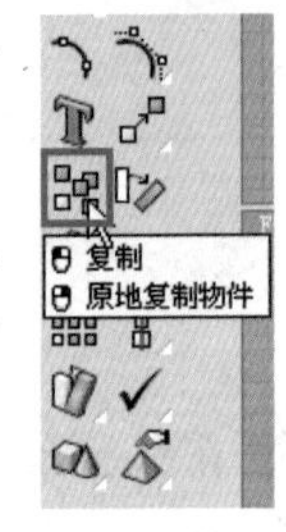

图1-36

★重点★

1.3.4 工具栏

Rhino 7的工具栏主要分为主工具栏和侧工具栏两个部分，如图1-37所示。主工具栏根据不同的使用功能集成了“标准”“工作平面”“设置视图”“显示”“选取”“工作视窗配置”“可见性”“变动”“曲线工具”“曲面工具”“实体工具”“细分工具”“网格工具”“渲染工具”“出图”“V7的新功能”16个工具选项卡，不同选项卡所提供的工具各不相同，甚至会改变侧工具栏中的工具。图1-38所示是“曲线工具”选项卡下的工具栏。

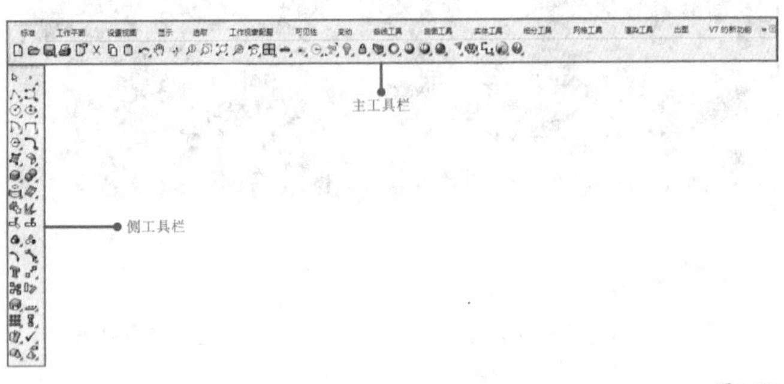

图1-37

图1-38

技巧与提示

在“曲线工具”“曲面工具”“实体工具”“细分工具”“网格工具”“渲染工具”“出图”7个选项卡下，侧工具栏中提供的工具都不相同。其余9个选项卡下的侧工具栏提供的工具相同。

技术专题：工具栏的基础知识

Rhino 7的工具栏包含了几乎所有的工具，具有以下3个特点。

第1个：主工具栏和侧工具栏都可以调整为浮动工具面板，也可以停靠在界面的任意位置，如图1-39所示。

图1-39

第2个：主工具栏中的每一个选项卡都可以调整为单独的工具面板，如图1-40所示。

第3个：某些工具的右下角带有一个白色的三角形图标，这表示该工具下包含拓展工具面板，如图1-41所示。

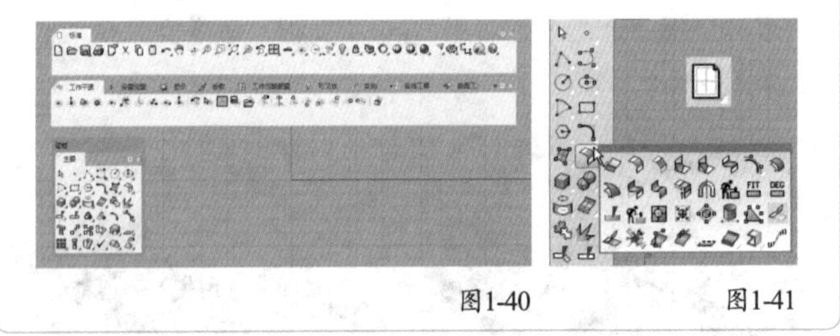

图1-40　　图1-41

实战

调整工具栏的位置

场景位置	无
实例位置	无
视频位置	第1章>实战——调整工具栏的位置.mp4
难易指数	★☆☆☆☆
技术掌握	掌握改变工具栏的位置和打开拓展工具面板的方法

01 将鼠标指针放置在侧工具栏的顶部，当鼠标指针变为✥形状时，按住鼠标左键，将侧工具栏拖曳至工作视窗中，如图1-42所示。

02 如果想要将工具栏恢复原状，只需将工具栏顶部的蓝色标签拖曳至工作界面左侧，当出现一条蓝色的色带时，如图1-43所示，释放鼠标，即可完成操作。如果想要将工具栏放置在工作界面的其他位置，可以使用相同的方法进行操作，图1-44所示是将侧工具栏放置在工作视窗右侧后的效果。

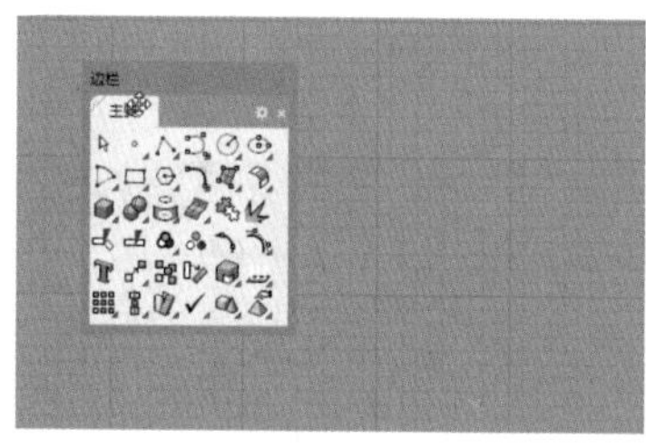

图1-42

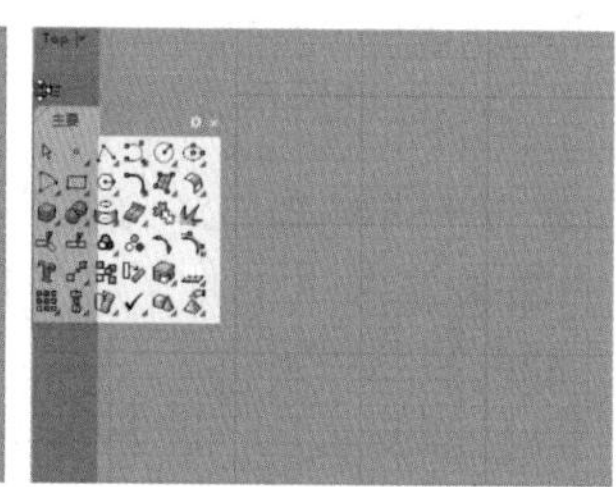

图1-43

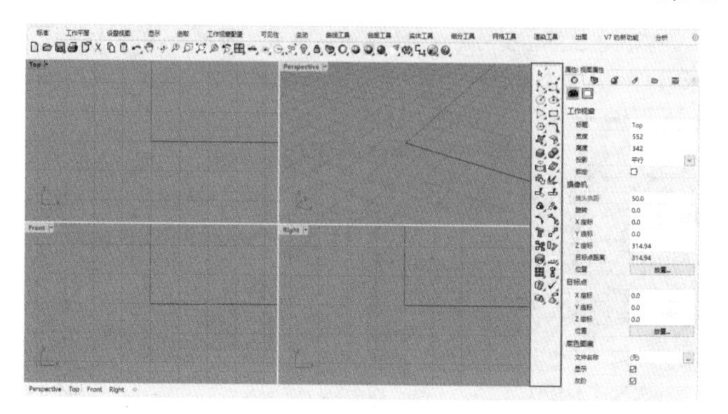

图1-44

03 如果想要将某个选项卡调整为单独的工具栏，可以将鼠标指针置于该选项卡的名称上，然后按住鼠标左键并进行拖曳，如图1-45所示，当拖曳至合适的位置后松开鼠标左键即可，效果如图1-46所示。

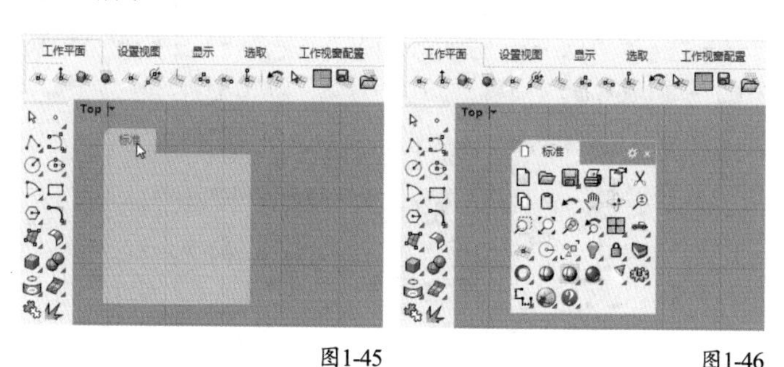

图1-45　　图1-46

技巧与提示

如果想要复原工具选项卡，可以使用相同的方法进行操作。同时，使用这种方法也可以任意改变选项卡之间的顺序。

04 如果想要调出某个工具的拓展工具面板，可以将鼠标指针置于该工具上，然后按住鼠标左键，此时可弹出一个工具面板，如图1-47所示。松开鼠标左键，移动鼠标指针至工具面板顶部的灰色标签位置，如图1-48所示，按住鼠标左键并拖曳，就可以将工具面板放置到工作视窗的任何位置，如图1-49所示。

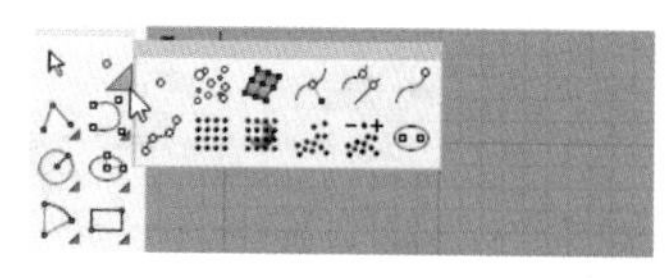

图1-47

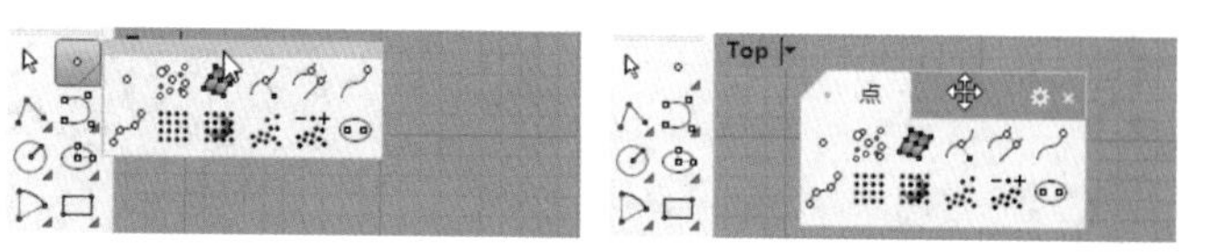

图1-48　　图1-49

技巧与提示

当不需要使用打开的工具面板时，可以单击右上角的✕按钮将其关闭。

重点实战

创建个性化工具栏

场景位置	无
实例位置	无
视频位置	第1章>实战——创建个性化工具栏.mp4
难易指数	★☆☆☆☆
技术掌握	掌握自定义工具栏的方法和技巧

在实际工作中，每个人的工作习惯不同，因此可以根据自己的习惯将常用的工具列在一起，创建属于自己的工具栏。

01 执行“工具>工具列配置”菜单命令，打开“Rhino选项”对话框，如图1-50和图1-51所示。

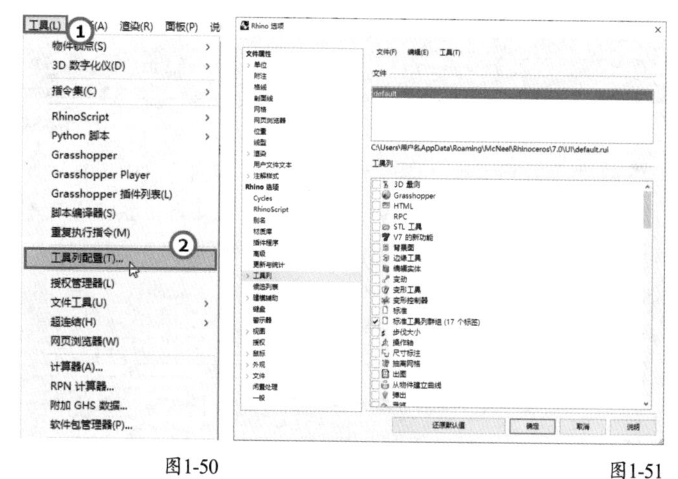

图1-50　　图1-51

02 在“Rhino选项”对话框中执行“文件>新建文件”命令，在弹出的“另存为”对话框中设置文件的保存路径和保存名称（这里设置为Dy），单击“保存”按钮保存(S)保存文件，如图1-52所示。

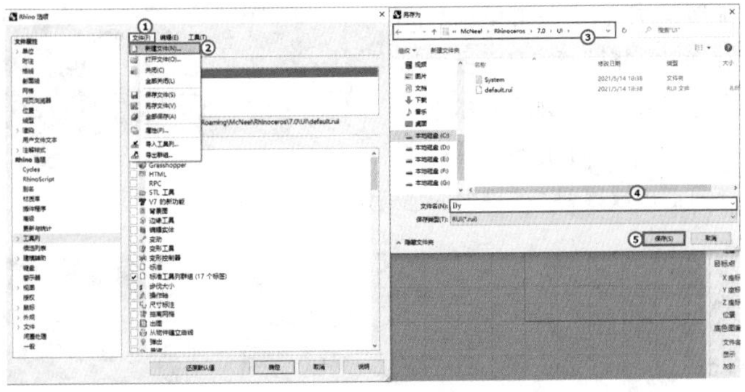

图1-52

03 在“文件”列表中选择新建的Dy文件，此时“工具列”列表框中出现了“工具列群组”选项，勾选该选项，视图中出现了新设置的浮动工具栏，如图1-53所示。

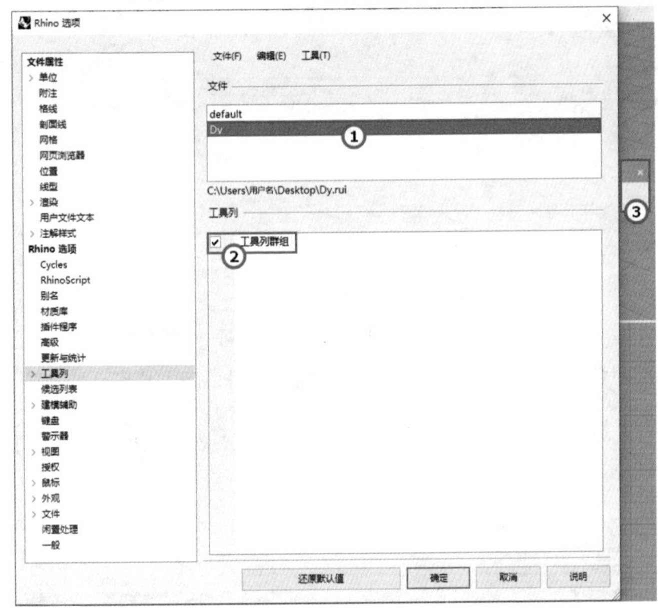

图1-53

04 在“工具列群组”选项上右击，在弹出的菜单中选择“属性”命令，打开“工具列属性”对话框；在“群组名称”文本框中修改新工具栏的名称为Dy，然后依次单击两个“确定”按钮 确定 ，如图1-54所示。

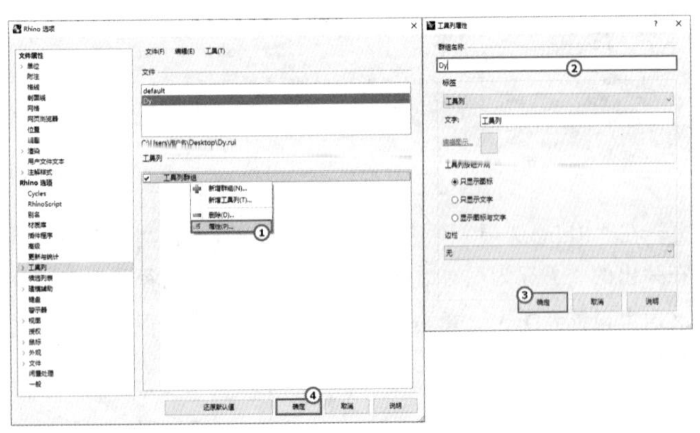

图1-54

05 要为新工具栏增加常用工具。先将鼠标指针移动到新工具栏的右侧，当鼠标指针变成↔形状时，按住鼠标左键并向右拖曳，将工具栏调整得大一些，如图1-55所示。

图1-55

06 按住Ctrl键，然后将鼠标指针置于任意一个工具图标上，当出现“复制连结”的提示后，按住鼠标左键将其拖曳至新工具栏中，如图1-56所示。

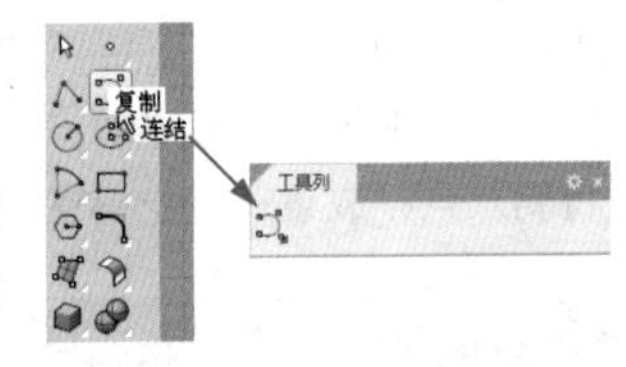

图1-56

07 使用相同的方法为新工具栏添加其他常用工具，结果如图1-57所示。

图1-57

疑难问答

问：如何删除工具栏中的工具？

答：按住Shift键的同时将工具图标拖出工具栏，如图1-58所示，此时将弹出一个对话框，询问用户是否确定删除，单击“是”按钮 是(Y) 即可，如图1-59所示。

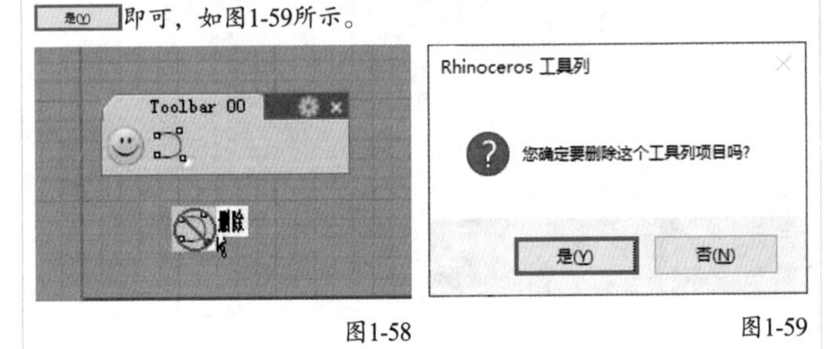

图1-58　　图1-59

疑难问答

问：如何加入插件的工具栏？

答：Rhino的工具栏文件的扩展名为.rui，保存在C:\Users\用户名\AppData\Roaming\McNeel\Rhinoceros\7.0\UI\路径下。因此，如果以后需要加入插件的工具栏，可以将RUI格式的文件拷贝到这一路径下，然后在“Rhino选项”对话框的“工具列”中执行“文件>导入工具列”命令即可，如图1-60所示。

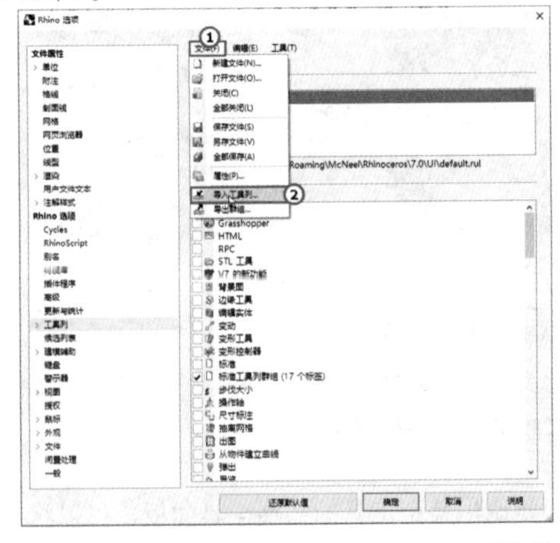

图1-60

★重点★

1.3.5 工作视窗

工作视窗是Rhino中用于工作的实际操作区域，占据了界面的大部分空间。打开的Rhino 7默认显示4个视图，分别是Top（顶）视图、Front（前）视图、Right（右）视图和Perspective（透视）视图，如图1-61所示。用户一次只能激活一个视图，当视图被激活时，位于视图左上角的标签会高亮显示。当双击视图标签时，该视图会最大化显示。如果将鼠标指针放在4个视图的交接处，可以调节4个视图的比例大小，如图1-62所示。

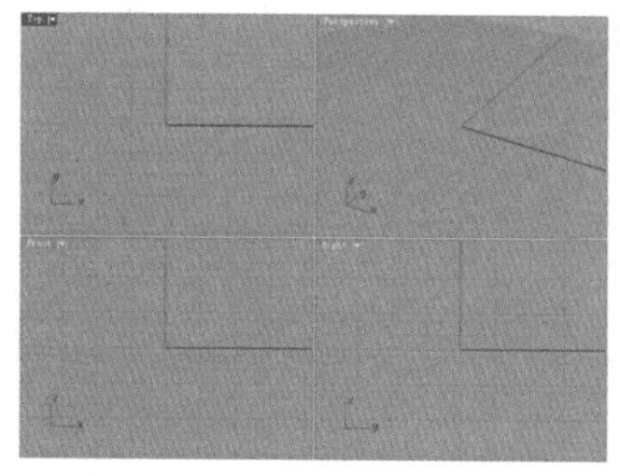

图1-61

图1-62

在Rhino中建模时，通常是多个视图同时配合使用的，无论是在哪个视图内进行工作，所有的视图都会及时地刷新图像，以便能在每个视图中观察到模型的情况。视图之间的切换比较简单，只要在需要工作的视图内单击即可激活该视图。

工作视窗配置

视窗上方有一个“工作视窗配置”工具栏，该工具栏内提供的工具专门用于视窗编辑，如图1-63所示。也可以通过“标准”工具栏中的“四个工作视窗”工具田来展开“工作视窗配置”工具面板，如图1-64所示。

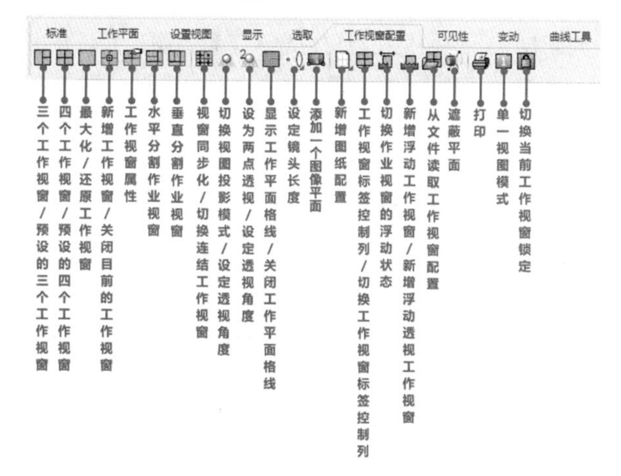

图1-63

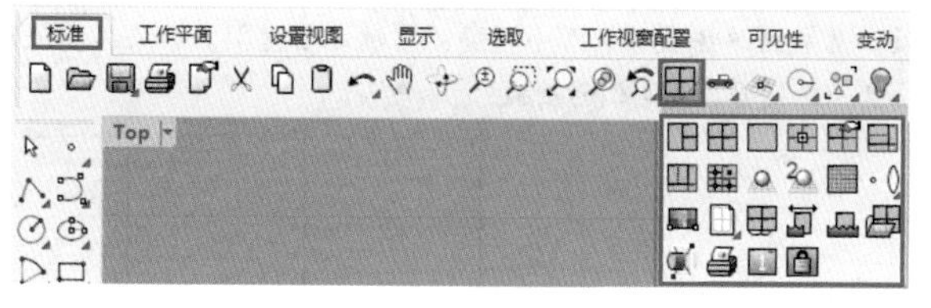

图1-64

下面对“工作视窗配置”工具栏中的一些重要工具进行介绍。

〈1〉三个工作视窗/预设的三个工作视窗

如果一个图形只需要两个示意图就能很清楚地表达本身的结构和特征，那么一般情况下就使用3个视图来工作。使用“三个工作视窗/预设的三个工作视窗”工具田可以将工作视图配置为Top（顶）视图、Front（前）视图和Perspective（透视）视图3个标准的视图，如图1-65所示。

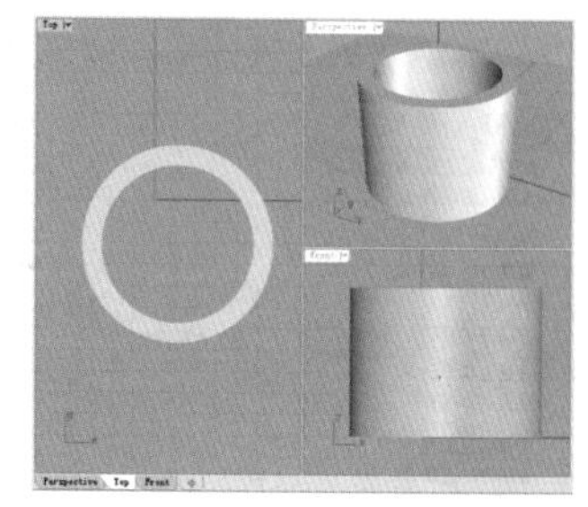

图1-65

〈2〉四个工作视窗/预设的四个工作视窗

使用“四个工作视窗/预设的四个工作视窗”工具田可以将工作视窗配置为4个视图（也就是打开Rhino 7时默认显示的4个视图）显示，该工具常用于恢复视窗的初始状态，如图1-66所示。

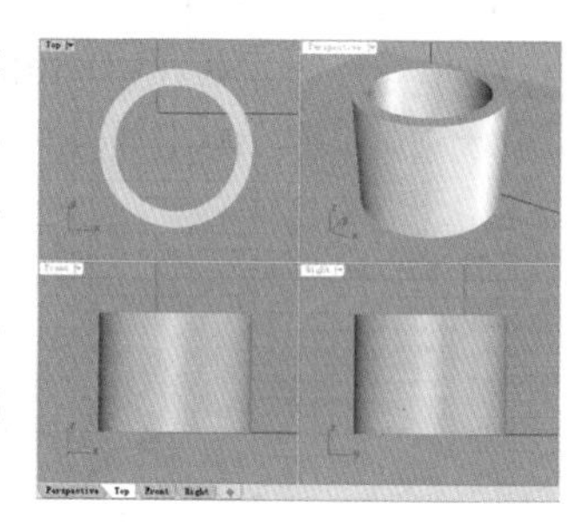

图1-66

重点 实战

切换视图观看模式

场景位置	场景文件>第1章>02.3dm
实例位置	实例文件>第1章>实战——切换视图观看模式.3dm
视频位置	第1章>实战——切换视图观看模式.mp4
难易指数	★☆☆☆☆
技术掌握	掌握调整工作视窗的数量和切换视图模式的方法

01 执行“文件>打开”菜单命令或按Ctrl+O快捷键，打开本书学习资源中的“场景文件>第1章>02.3dm”文件，如图1-67所示。

02 打开的场景中有一个圆管模型，该模型用3个视图即可表达清楚，因此单击“三个工作视窗”工具田，效果如图1-68所示。

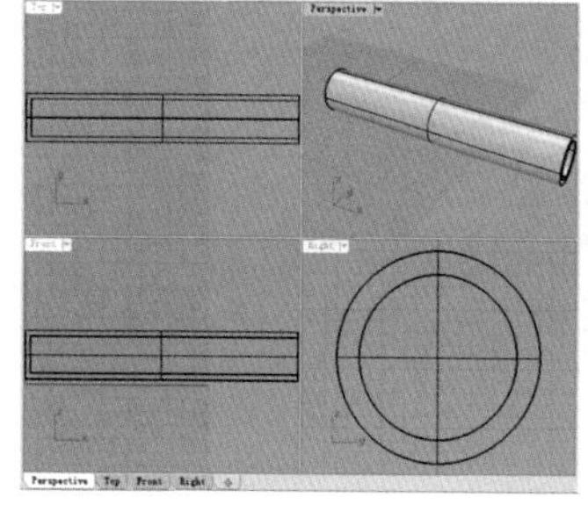

图1-67

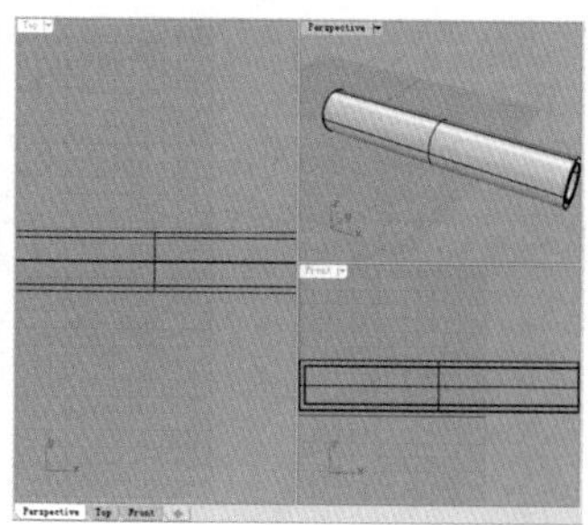

图1-68

03 在预设的3个标准视图中，左侧是Top（顶）视图，现在要将其更改为Perspective（透视）视图。先单击激活Top（顶）视图，然后执行“查看>设置视图>Perspective”菜单命令，如图1-69所示。更改视图后的效果如图1-70所示。

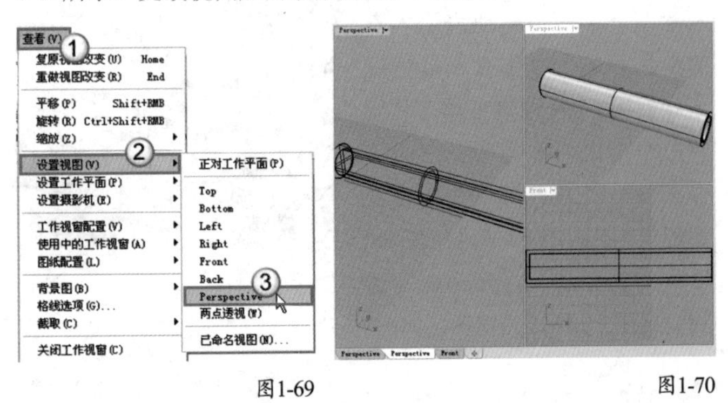

图1-69　　图1-70

04 单击激活右上角的Perspective（透视）视图，然后在该视图的标签上右击，并在弹出的菜单中执行“设置视图>Top”命令，如图1-71所示。更改视图后的效果如图1-72所示。

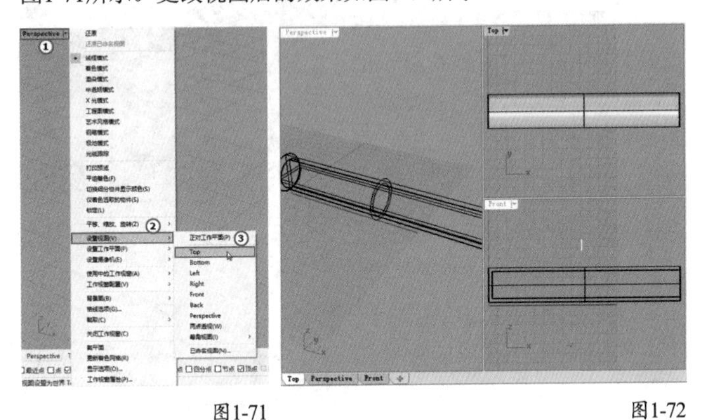

图1-71　　图1-72

05 使用上面介绍的任意一种方法更改Front（前）视图为Right（右）视图，如图1-73所示。

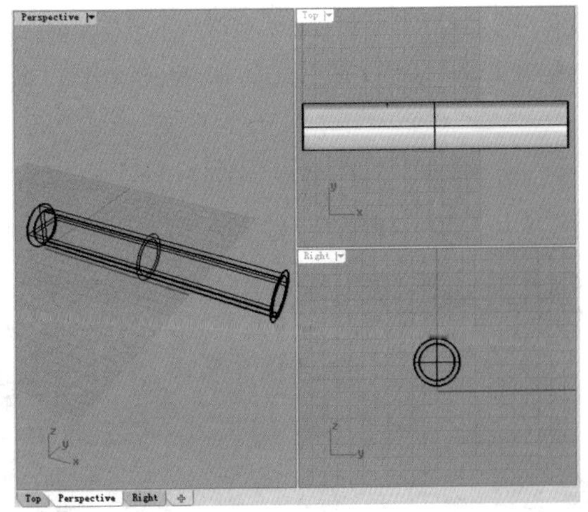

图1-73

06 执行“文件>另存为”菜单命令，打开“储存”对话框，然后设置好文件的保存路径和名称，并单击“保存”按钮 保存(S) ，将其另存为一个单独的文件，如图1-74所示。

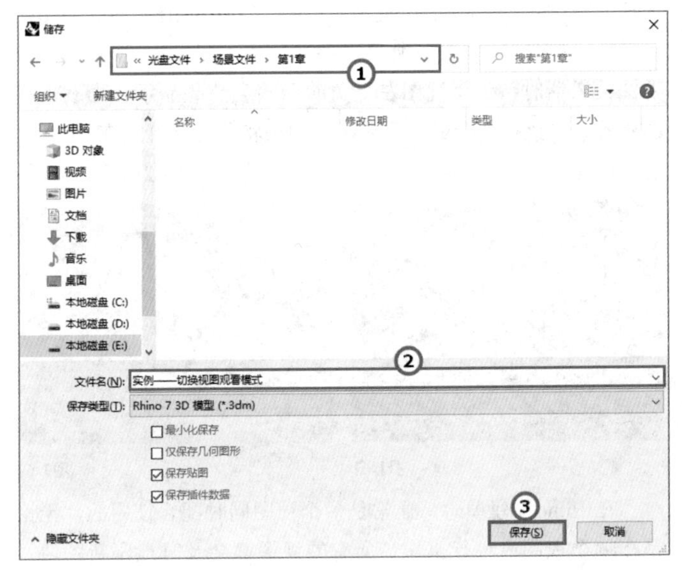

图1-74

〈3〉最大化/还原工作视窗

在多视图配置下，使用“最大化/还原工作视窗”工具可以将当前激活的视图最大化显示，也可以将最大化显示的视图还原为多视图配置（同双击视图标签的操作一样）。

〈4〉显示工作平面格线/关闭工作平面格线

默认状态下的工作视窗会显示网格线，主要用于辅助设计、判断尺寸。但如果在视窗内导入了背景图，并需要描绘背景图，网格线可能会对绘图工作造成干扰，这就需要将其关闭。使用“显示工作平面格线/关闭工作平面格线”工具就可以显示或关闭网格线（单击该工具将显示网格线，右击该工具将关闭网格线），其快捷键为F7。

技巧与提示

在Rhino中，将鼠标指针指向某个工具后，等待1秒钟左右，将弹出该工具的名称提示，如图1-75所示。

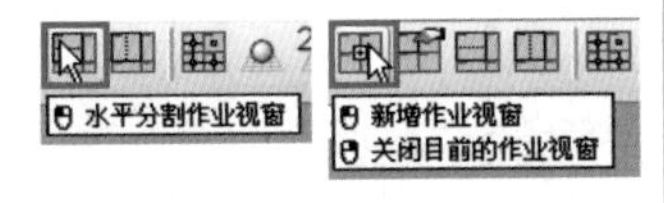

图1-75

从图1-75中可以看到，弹出的提示有两种，一种是只有一个提示，这表示该工具只有一种用法；另一种是有两个提示，这表示该工具有两种用法。细心的读者还可以发现，在名称提示前面有一个鼠标图案，该图案中的黑色部分提示了使用该工具应该单击鼠标的哪个按键（左键或右键）。因此，在使用一个工具的时候要注意它们的区别。

〈5〉添加一个图像平面

“添加一个图像平面”工具同样用于打开一个图片文件，与“背景图”工具不同的是，使用“添加一个图像平面”工具打开的图片位于网格线的前面，而且在导入图片时就可以指定图片的放置角度，同时导入的图片是作为一个矩形平面（图像平面的长宽比会与图片文件保持一致）存在的，如图1-76所示。

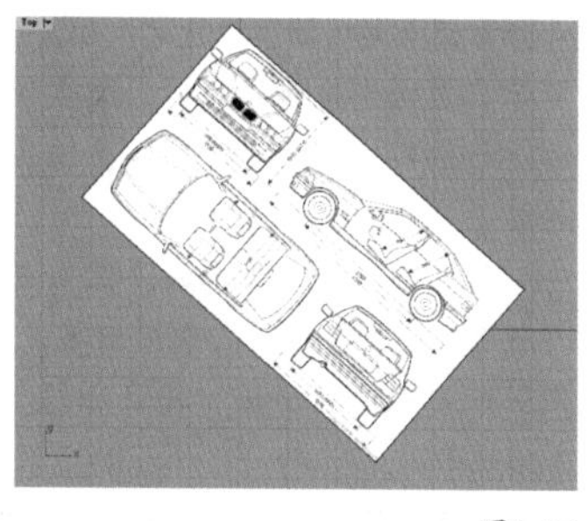

图1-76

技巧与提示

将图片作为背景图来处理时，可编辑性比较差，没有添加一个图像平面方便。通常在只有一张参考图的情况下，可以考虑设置背景图的方式。

重点实战

导入汽车参考视图

场景位置	无
实例位置	实例文件>第1章>实战——导入汽车参考视图.3dm
视频位置	第1章>实战——导入汽车参考视图.mp4
难易指数	★★☆☆☆
技术掌握	掌握导入多个参考视图并对齐的方法

01 新建一个文件，然后单击激活Top（顶）视图，接着单击“添加一个图像平面”工具，并在弹出的“打开位图”对话框中找到本书学习资源中的“素材文件>第1章>顶视图.png”文件，单击“打开”按钮打开(O)，如图1-77所示。

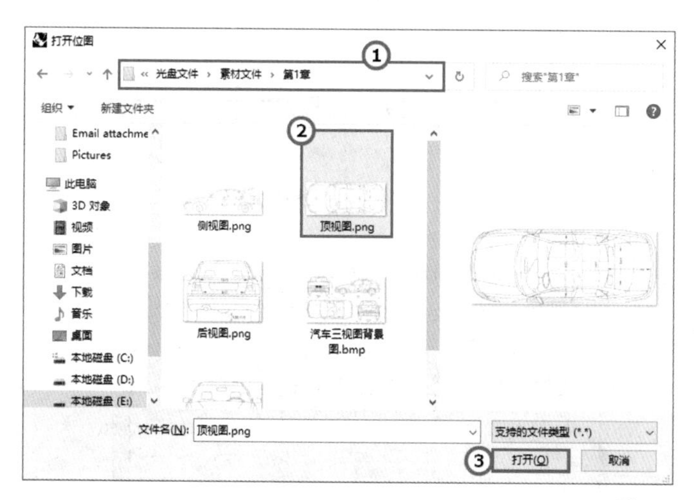

图1-77

02 返回工作视窗，然后在状态栏中单击“锁定格点”按钮锁定格点，开启“锁定格点”功能，接着在Top（顶）视图中捕捉格点，创建一个图框，此时打开的图片将自动附着在图像平面上，如图1-78所示。

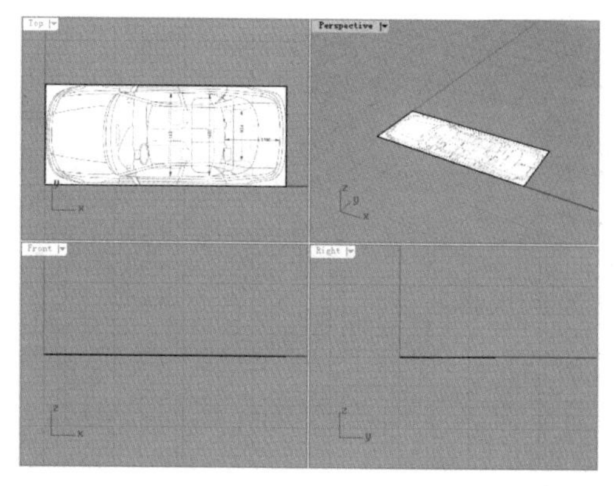

图1-78

03 使用相同的方法在Front（前）视图中打开“侧视图.png”文件，如图1-79所示。

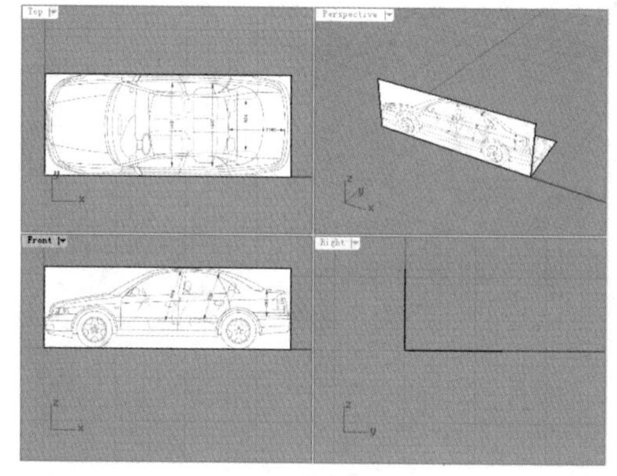

图1-79

技巧与提示

导入“侧视图.png”时，注意开启“端点”捕捉模式，这样方便捕捉顶视图的两个端点，使图片的尺寸比例保持一致。

04 单击Right（右）视图，然后单击“工作视窗配置”工具栏中的“垂直分割工作视窗”工具，将该视图垂直分割成两个视图，如图1-80所示。

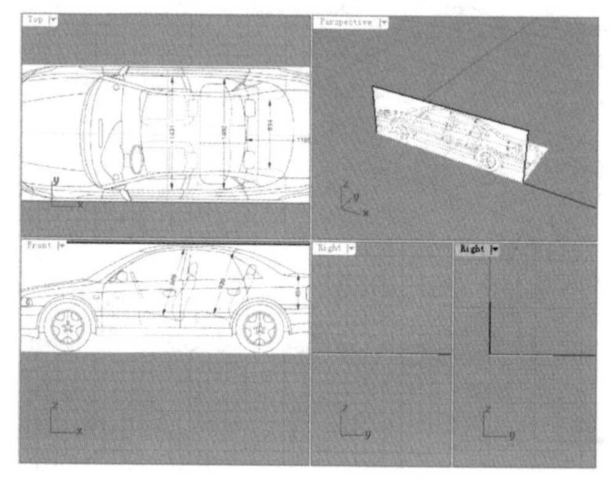

图1-80

05 将上一步分割的其中一个视图调整为Left（左）视图，并调整下面3个视图的大小，如图1-81所示。

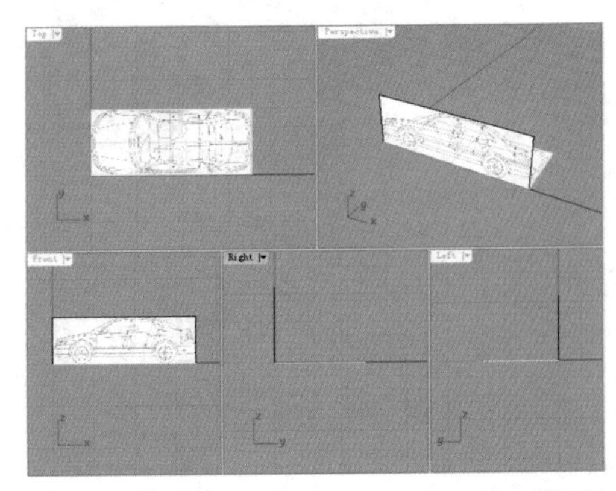

图1-81

技巧与提示

将鼠标指针放在两个视图中间的分隔位置，当鼠标指针变为⟷或↕形状后，可以在水平方向或垂直方向上调整视图的大小。

06 在Right（右）视图和Left（左）视图中依次打开“后视图.png”“前视图.png”文件，结果如图1-82所示。

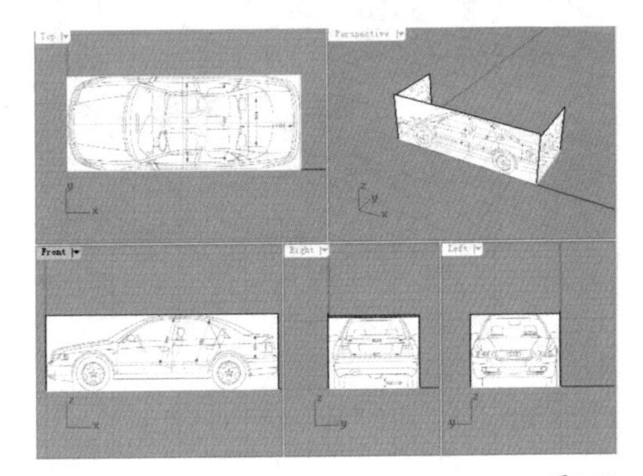

图1-82

07 对于汽车而言，一般以腰线位置的对齐为准，因此使用“移动”工具将侧视图移动到中间位置（通过捕捉端点和中点进行移动），最终效果如图1-83所示。

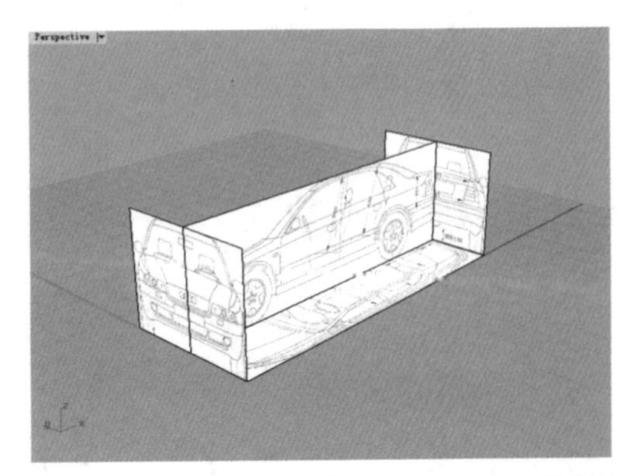

图1-83

技术专题：图片偏移的解决方法

使用“添加一个图像平面”工具打开图片文件时，可能会出现图片在矩形面上发生偏移的情况，如图1-84所示。当遇到这种情况时，需要对图片进行编辑，下面对编辑的方法进行讲解。

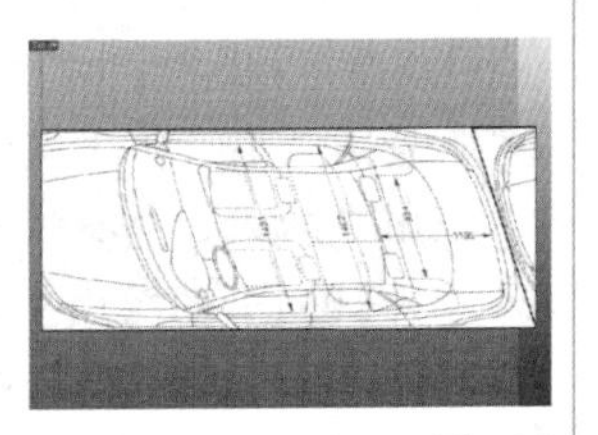

图1-84

先单击选择图像平面，然后在工作视窗右侧的“属性”面板中单击“材质”按钮，此时可以在“贴图”的“颜色”通道中看到已经加载了“顶视图.png”贴图，如图1-85所示。

单击“顶视图.png”贴图，打开“编辑顶视图”对话框，然后在“输出调整”中勾选“限制”选项，如图1-86所示。

图1-85

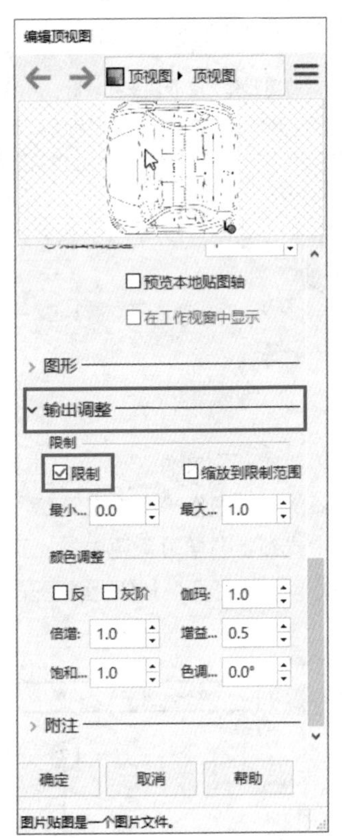

图1-86

现在可以看到视窗中的图片被纠正了，如图1-87所示。

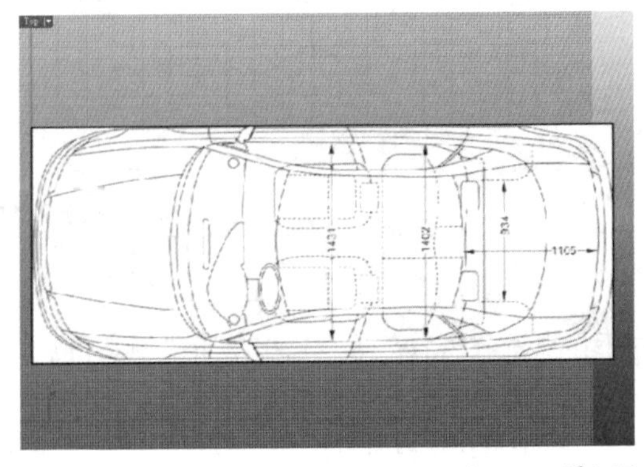

图1-87

〈6〉新增图纸配置

“新增图纸配置”工具主要用于为打印的图纸配置工作视窗，是Rhino 7的新增功能。其工具面板中提供的工具用于出图，如图1-88所示，与工具栏中的“出图”标签功能一致。

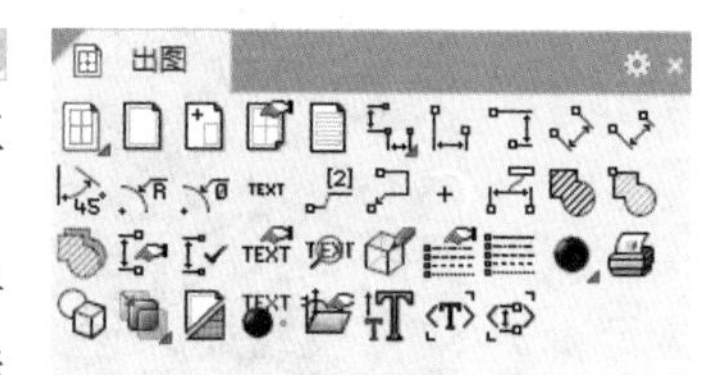

图1-88

实战

打印壶的三视图

场景位置	场景文件>第1章>03.3dm
实例位置	实例文件>第1章>实战——打印壶的三视图.3dm
视频位置	第1章>实战——打印壶的三视图.mp4
难易指数	★★☆☆☆
技术掌握	掌握配置打印视图并出图的方法

01 执行“文件>打开”菜单命令或按Ctrl+O快捷键，打开本书学习资源中的“场景文件>第1章>03.3dm”文件，如图1-89所示。

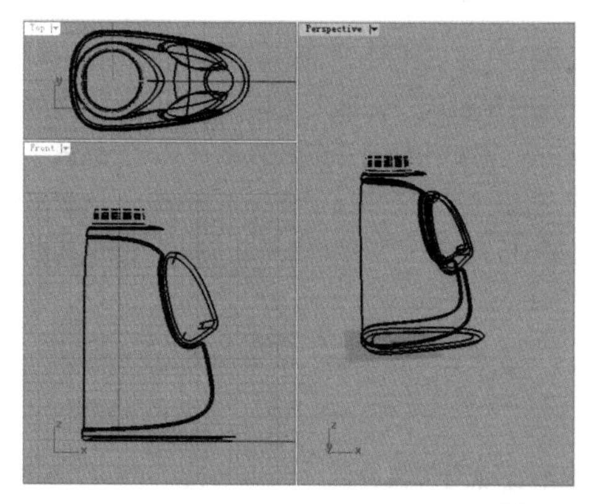

图1-89

02 在“出图”工具面板中单击“新增图纸配置：四个子视图/新增图纸配置：单一子视图”工具，此时新增了一个“图纸1”视图，同时该视图具有4个标准的子视图，如图1-90所示。

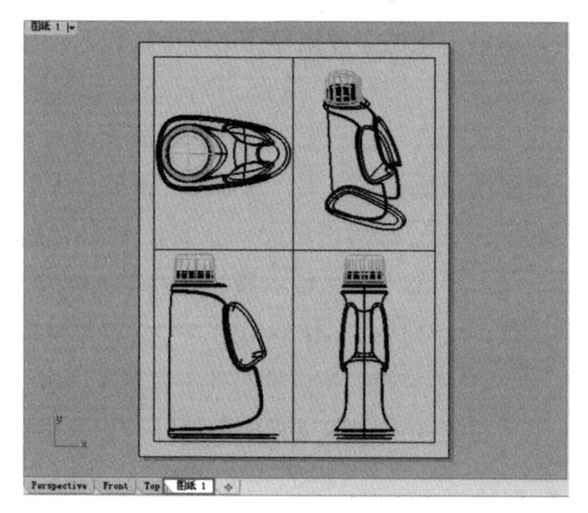

图1-90

03 单击“出图”工具栏中的“打印”工具，打开“打印设置”对话框，然后在“目标”下将打印设置为“图片文件”，并设置“尺寸”为“A4（210mm×297mm）”，单击“打印”按钮，如图1-91所示。

04 在弹出的“保存图片”对话框中设置好保存的路径和名称，并单击“保存”按钮，开始打印，如图1-92所示。打印完成后的图片效果如图1-93所示。

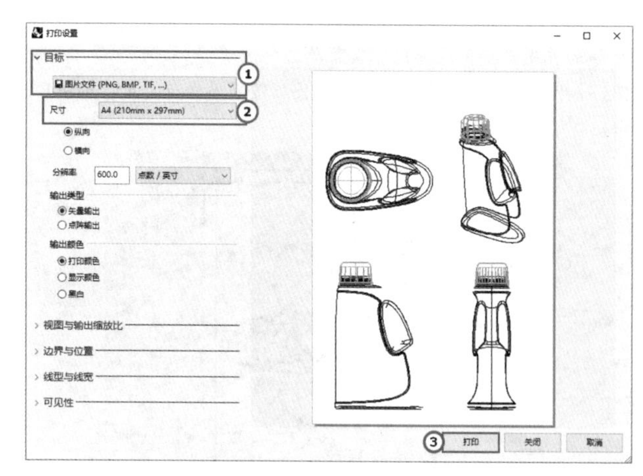

图1-91

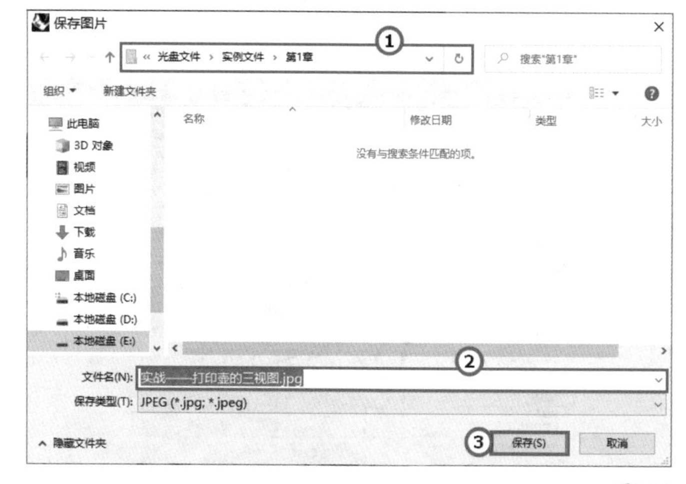

图1-92

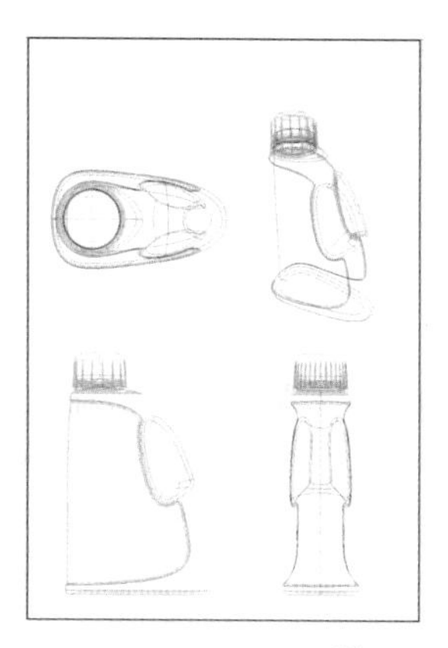

图1-93

技术专题：自定义图纸配置的视图

配置打印视图后，可以通过“出图”工具面板中的工具对图形进行标注。此外，还可以将配置的视图删除，并进行自定义添加。例如，要打印3个视图，则先要删除两个多余的视图，再通过“新增子视图”工具定义一个新视图，如图1-94所示。

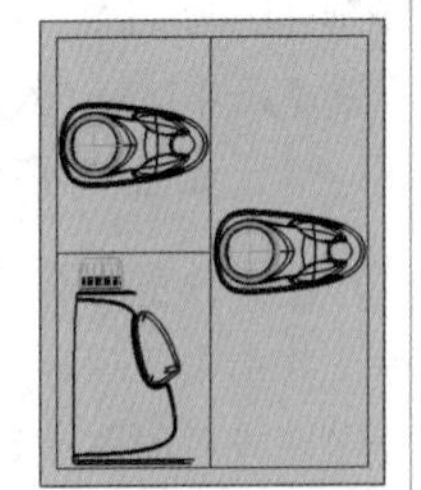

图1-94

在配置的视图中，如果要改变某个子视图，如设置Top（顶）视图为Perspective（透视）视图，那么首先需要通过视图标签菜单选中该子视图，如图1-95所示；然后通过子视图标签菜单进行更改，如图1-96所示。

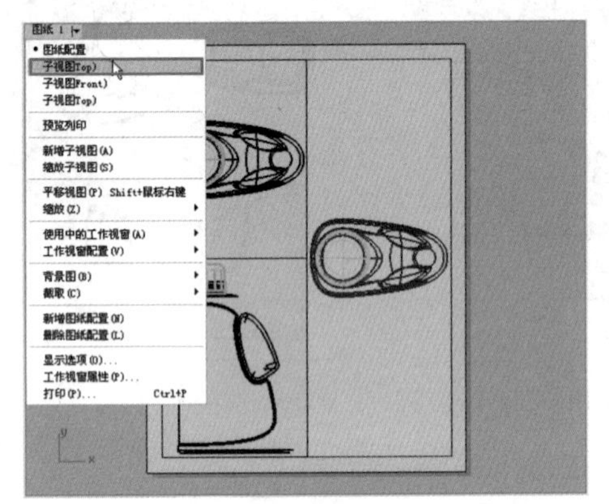

图1-95

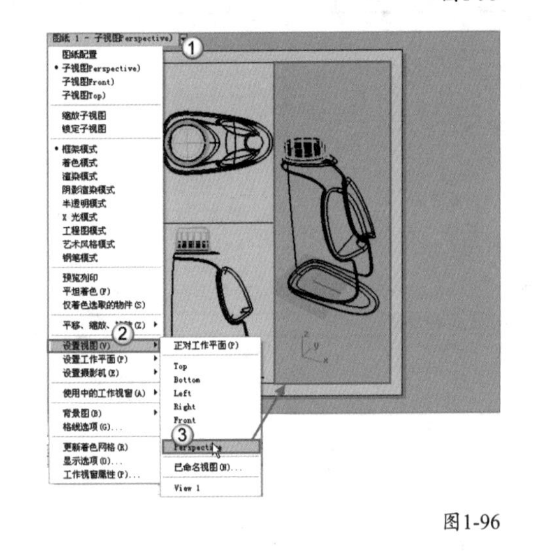

图1-96

〈7〉遮蔽平面

使用“遮蔽平面”工具可以在工作视窗中建立一个矩形平面，位于矩形平面背面（遮蔽平面上有一条方向指示线，指示线所指的方向为正面）的物件会被隐藏，如图1-97所示。

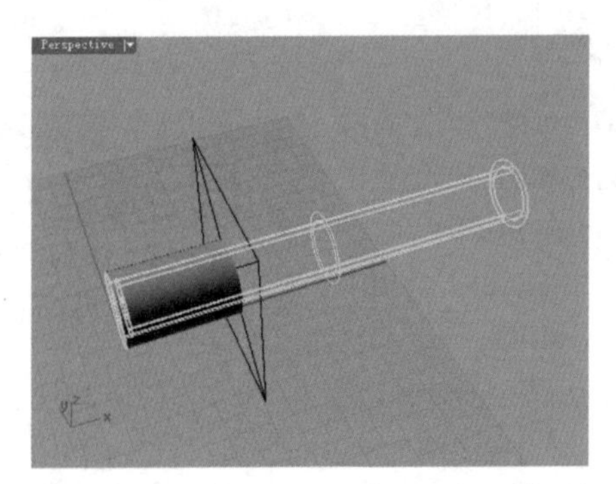

图1-97

技巧与提示

遮蔽平面是无限延伸的平面，在视窗中建立的矩形平面只是用来指出遮蔽平面的位置和方向。

移动和缩放视图

在建模的过程中，常常需要反复查看模型的整体情况和细节效果，所以需要经常对视图进行移动和缩放操作。

移动视图时，可以使用“标准”工具栏中的“平移”工具。缩放视图时，可以使用“标准”工具栏中的“动态缩放/以比例缩放”工具、“框选缩放/目标缩放”工具、“缩放至最大范围/缩放至最大范围（全部工作视窗）”工具和“缩放至选取物件/缩放至选取物件（全部工作视窗）”工具，如图1-98所示。

图1-98

移动和缩放视图工具介绍

“平移”工具：激活该工具后，在视图中按住鼠标左键并拖曳即可进行平移操作。

“动态缩放 / 以比例缩放”工具：单击该工具，然后在视图中按住鼠标左键并拖曳即可进行动态缩放；右键单击该工具，每单击一次，即可将视图缩放调整为 1 ∶ 1 比例的真实尺寸。

“框选缩放 / 目标缩放”工具：单击该工具，然后在视图中拖曳一个矩形选框，被框选的范围将被放大；右击该工具，需要指定一个新的摄像机目标点，然后指定需要放大的范围。

“缩放至最大范围 / 缩放至最大范围（全部工作视窗）”工具：单击该工具，会在当前激活的视图中将物件放人至最大范围；右击该工具，会在所有工作视图中将物件放大至最大范围。

“缩放至选取物件 / 缩放至选取物件（全部工作视窗）”工具：使用该工具首先需要选取场景中的物件，如果单击该工具，那么会将选取的物件在当前激活的视图中放大至最大范围显示；如果右击该工具，那么会将选取的物件在所有视图中放大至最大范围显示。

表1-1列出了通过鼠标和键盘对视图进行平移、旋转和缩放操作的快捷方式。

表1-1　平移、旋转和缩放视图的快捷方式

动作	快捷方式	说明
平移视图	Shift+鼠标右键拖曳	
	鼠标右键拖曳	Perspective（透视）视图不可用
	Shift+方向键/Ctrl+方向键	
缩放视图	向前滚动鼠标中键	放大视图
	PageUp键	放大视图
	向后滚动鼠标中键	缩小视图
	PageDown键	缩小视图
	Ctrl+鼠标右键拖曳	动态缩放
	Alt+鼠标右键拖曳	动态缩放，仅适用于Perspective（透视）视图
	Ctrl+Shift+E	缩放至最大范围（当前工作视窗）
	Ctrl+Alt+E	缩放至最大范围（全部工作视窗）
	Ctrl+W	框选缩放
旋转视图	鼠标右键	仅适用于Perspective（透视）视图
	Alt+Shift+鼠标右键/方向键	以z轴为中心的水平旋转
	Ctrl+Shift+鼠标右键	球形旋转
	Ctrl+ Shift+PageUp	向左倾斜
	Ctrl+ Shift+PageDown	向右倾斜

技巧与提示

通常情况下，只需要记住Shift+鼠标右键可以平移视图、滚动鼠标中键可以缩放视图、Ctrl+Shift+鼠标右键可以旋转视图，即可应付绝大部分的工作。如果有特殊的需要，那么可以通过表1-1来查找需要的快捷方式。

工作平面的设置

工作平面是指作图的平面，也就是可以直接进行绘制和编辑操作的平面。工作平面是一个无限延伸的平面，在工作平面上相互交织的直线阵列（即网格线）会显示在设置的范围内，网格线可作为建模的参考，网格线的范围、间隔和颜色都可以自定义。

Rhino中的每个视图都有一个工作平面，所有的工作都是基于这个平面进行的，包括三维空间操作。预设的工作平面有6个，分别为Top（顶）、Bottom（底）、Front（前）、Back（后）、Right（右）和Left（左），如图1-99所示，注意坐标轴的变化。

每个工作平面都由两个坐标轴来定义，坐标原点与空间坐标原点重合，直观地看，也就是6个平面视图。可以将其想象为有一个正方体，其6个面分别对应6个工作平面，如图1-100所示。

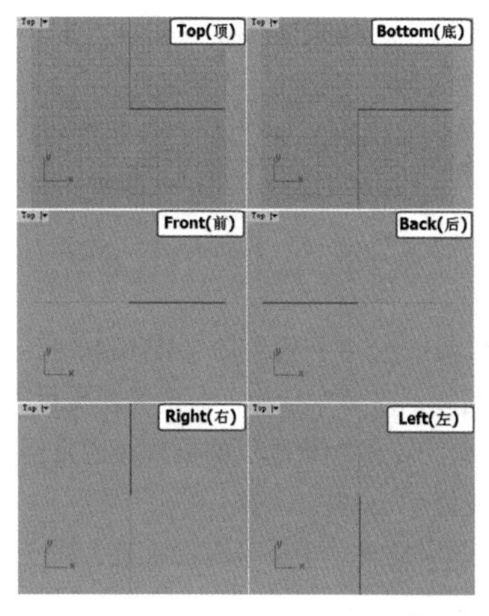

图1-99

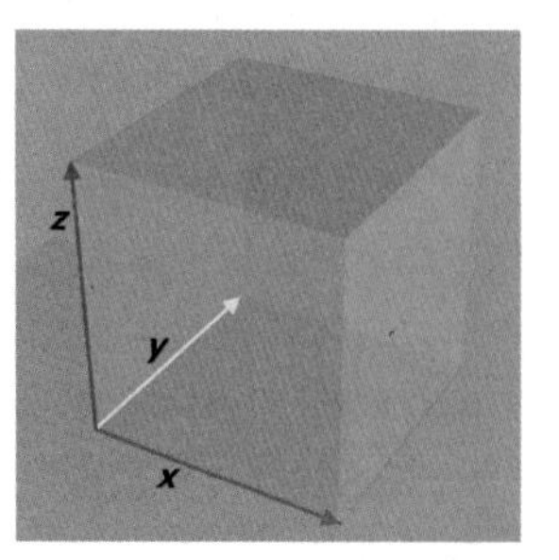

图1-100

技巧与提示

要注意的是，对应的两个工作平面的位置重合，但坐标方向相反，如Top（顶）和Bottom（底）、Front（前）和Back（后）、Right（右）和Left（左）。

Rhino 7为设置工作平面提供了一系列工具和命令，这些工具和命令的启用方式有以下几种。

第1种：通过“查看>设置工作平面”菜单来执行这些命令，如图1-101所示。

第2种：通过“标准”工具栏中的“设定工作平面原点”工具展开“工作平面”工具面板，如图1-102所示。

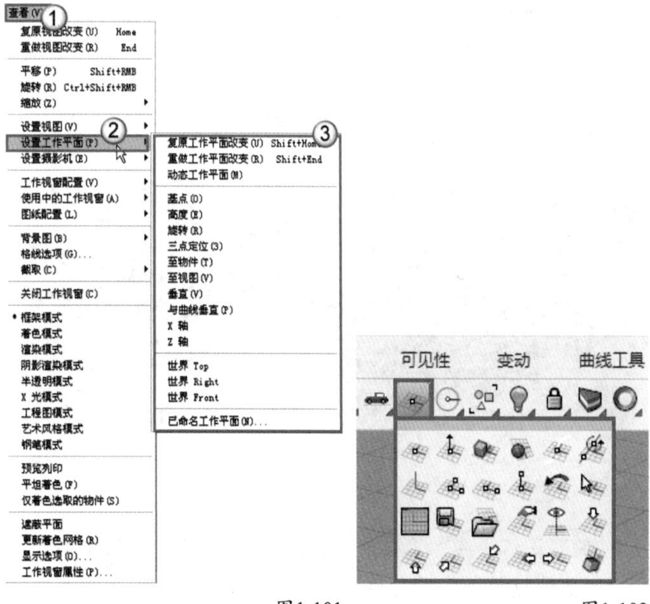

图1-101

图1-102

第3种：通过“工作平面”工具栏来使用这些工具，如图1-103所示。

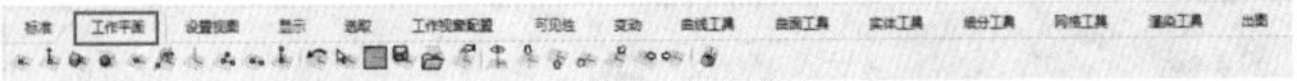

图1-103

设置工作平面工具介绍

“设定工作平面原点”工具：用于为当前工作视窗的工作平面重新设置坐标原点，可以通过命令行输入原点的新坐标，也可以在工作视窗内任意拾取一点作为新原点的位置（通常需要配合使用“物件锁点”功能）。

“设定工作平面高度”工具：设定工作平面在垂直方向上的移动距离。

“设定工作平面至物件”工具：将工作平面设定到选择的物件（曲线或曲面）上，新工作平面的原点会被放置在曲面的中心位置，并且与曲面相切。

“设定工作平面至曲面”工具：将工作平面设置到选择的曲面上，并与曲面相切。与“设定工作平面至物件”工具不同的是，该工具在选择曲面后，可以自定义原点的位置，同时能够自定义 x 轴的方向。

“设定工作平面与曲线垂直”工具：设置工作平面与曲线垂直，需要指定原点的位置。

技巧与提示

使用“设定工作平面与曲线垂直”工具可以将工作平面快速地设置到一条曲线的不同位置，有助于建立单轨扫掠曲面。例如，将工作平面定位到曲线上后，可以很容易地在三维空间中绘制出与路径曲线垂直的断面曲线。

另外，曲线的方向会影响工作平面的轴向。观察图1-104，可以看到直线的方向是指向x轴的正方向。而在图1-105中，直线的方向是指向x轴的负方向。在这两张图中，由于曲线的方向不同，因此设定工作平面与曲线垂直后，其轴向也不同。要反转曲线的方向，可以使用Flip（反转方向）或Dir（分析方向）命令。

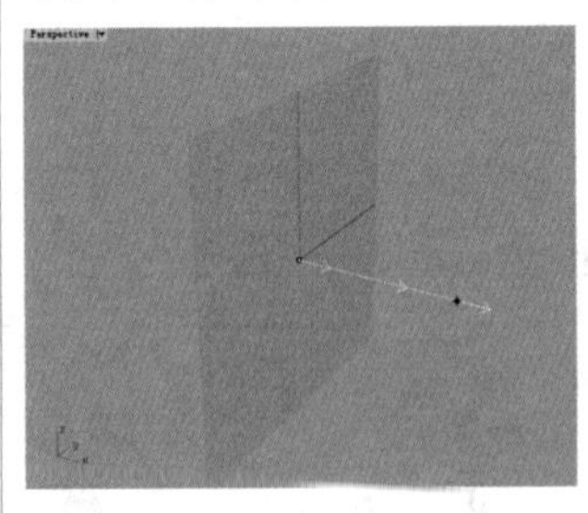

图1-104

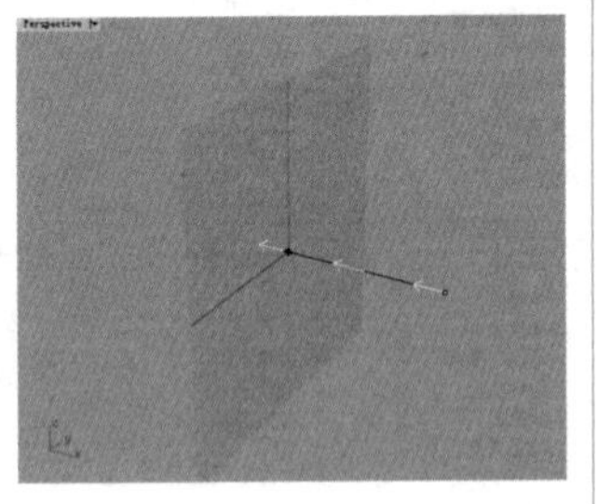

图1-105

“旋转工作平面”工具：用于旋转工作平面，启用该工具后，首先指定旋转轴的起点和终点，然后输入工作平面的旋转角度（或指定两个点设置角度）。

“设定工作平面：垂直”工具：设定一个与原工作平面垂直的新的工作平面。

“以三点设定工作平面”工具：通过 3 个点定义一个新的工作平面，第 1 点指定原点的位置，第 2 点指定 x 轴的方向，第 3 点指定 y 轴的方向。

“以 x 轴设定工作平面”工具：通过指定原点的位置和 x 轴的方向定义一个新的工作平面。

“以 z 轴设定工作平面”工具：通过指定原点的位置和 z 轴的方向定义一个新的工作平面。

“上一个工作平面 / 下一个工作平面”工具：单击该工具，将复原至上一个使用过的工作平面；右击该工具，将重做下一个工作平面。

“选取已储存的工作平面”工具：用于管理已命名的工作平面，用户可以存储、复原、编辑已命名的工作平面。

“切换已命名工作平面”工具：单击该工具，将打开一个对话框，其中列出了已经命名保存的所有工作平面，用户可以还原、删除和重命名这些工作平面，如图 1-106 所示。

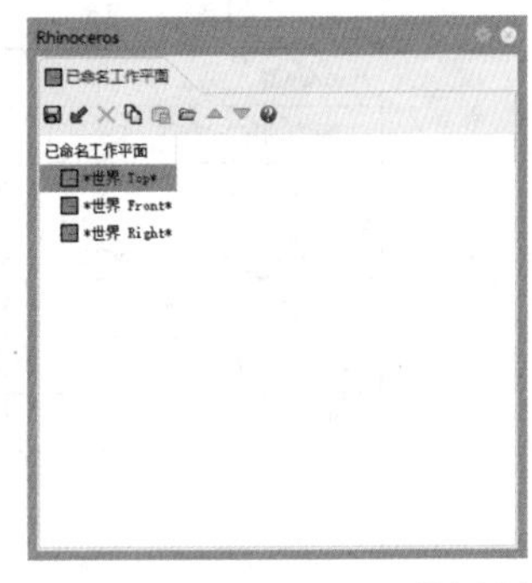

图1-106

“储存工作平面 / 还原工作平面”工具：单击该工具，可以将设定好的工作平面保存（通过命令行设置保存名称）起来，方便以后需要的时候使用；右击该工具，可以还原已经保存的某个工作平面（通过命令行输入需要还原的工作平面的名称）。

“读取工作平面”工具：调取保存的工作平面。

“设定工作平面至视图”工具：以观看者的角度设定工作平面。

“设定工作平面为世界 Top/Bottom/Front/Back/Right/Left”工具：这 6 个工具如图 1-107 所示，用于设置预设的工作平面。

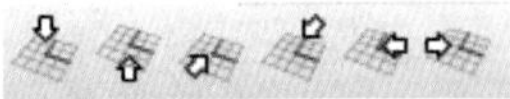

图1-107

“设定动态工作平面”工具：用于设置工作平面到物件上，当移动、旋转物件时，附加于物件上的工作平面会随着物件移动。

“设定同步工作平面模式 / 设定标准工作平面模式”工具：工作平面有两种模式，分别是标准模式与同步模式。使用标准模式时，每个工作视窗的工作平面是各自独立的；使用同步模式时，改变一个工作视窗的工作平面，其他工作视窗的工作平面也会相应地改变。

技巧与提示

使用“设定动态工作平面”工具附加动态工作平面到物件上，并设置“自动更新选项”为“是”之后，可以非常明显地体会到标准模式与同步模式的区别。在标准模式下，只有当前工作视窗的工作平面会随着物件的变动而自动更新；而在同步模式下，所有视图的工作平面都会随着物件的变动而自动更新。

重点实战

设定工作平面

场景位置	场景文件>第1章>04.3dm
实例位置	实例文件>第1章>实战——设定工作平面.3dm
视频位置	第1章>实战——设定工作平面.mp4
难易指数	★☆☆☆☆
技术掌握	掌握通过更改工作平面创建模型的方法

01 打开本书学习资源中的“场景文件>第1章>04.3dm”文件，如图1-108所示，可以看到当前的工作平面是水平面。

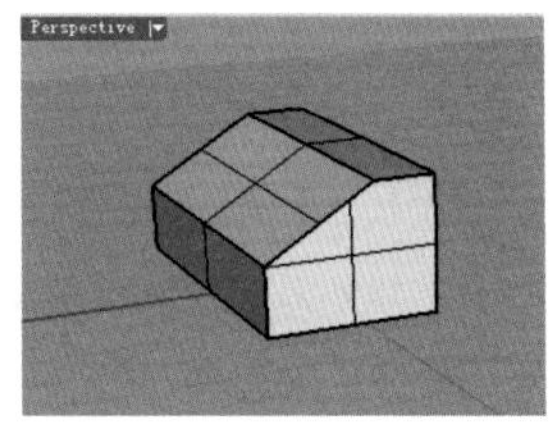

图1-108

02 在“工作平面”工具面板中单击“设定工作平面至物件”工具，然后单击模型的斜面，此时工作平面被更改至斜面所在的面上，如图1-109所示。

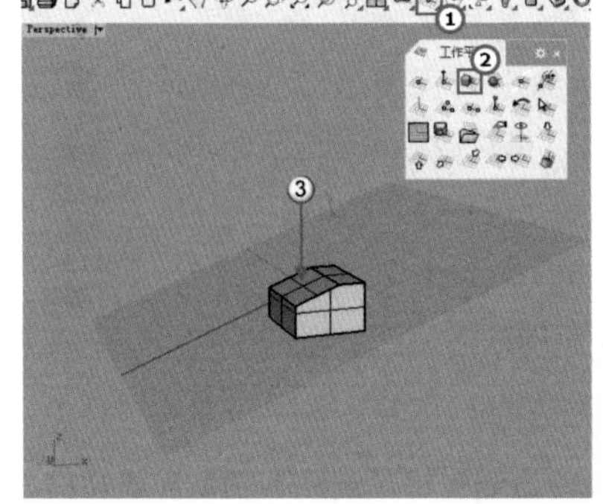

图1-109

03 执行“实体>圆柱体”菜单命令，创建一个圆柱体，如图1-110所示，具体操作步骤如下。

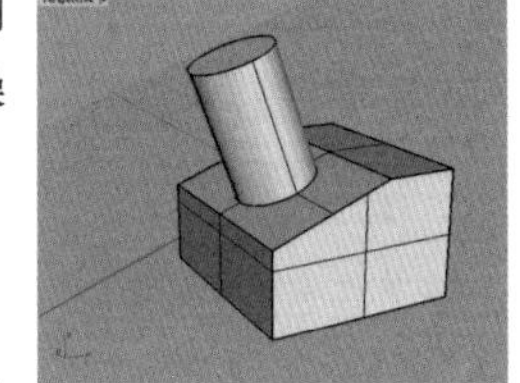

图1-110

操作步骤

①在命令行中输入圆柱体底面圆心的坐标（0，0，0），并按Enter键确认。

②在命令行中输入8（底面半径），并按Enter键确认。

③在命令行中输入-25（圆柱体的高度），并按Enter键确认。

技巧与提示

从图1-110中可以看到，圆柱体的底面位于新设置的工作平面上，其延展的方向为z轴负方向。

1.3.6 背景图

背景图是建模的一种参照，它能有效地控制模型的比例，特别是三视图背景图，它能够更加直观地反映出模型应有的尺寸关系、细节特征及结构特点，因此背景图的设置是Rhino建模首先要解决的问题。

图1-111

设置背景图通常使用“背景图”工具，该工具下包含了一个工具面板，如图1-111所示。

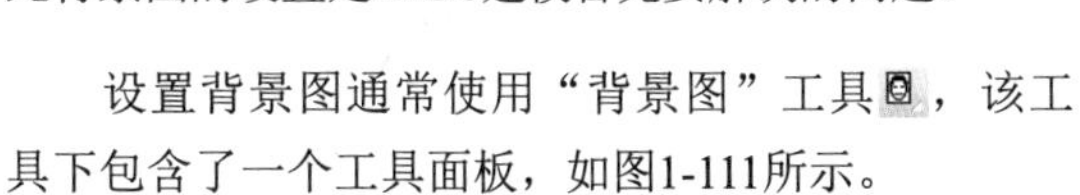

技巧与提示

“背景图”工具面板中的工具都比较简单，从名称就可以了解其大致的作用，因此这里就不再分别介绍。要注意的是，导入的背景图通常会和工作平面的x轴对齐，且一个工作视窗只能放置一个背景图，放置第2个背景图时，之前放置的背景图会被删除。

重点实战

在Top（顶）视图中创建二维背景图

场景位置	无
实例位置	实例文件>第1章>实战——在Top（顶）视图中创建二维背景图.3dm
视频位置	第1章>实战——在Top（顶）视图中创建二维背景图.mp4
难易指数	★★☆☆☆
技术掌握	掌握设置背景图的方法

01 单击“标准”工具栏中的“新建文件”工具，新建一个“小模型-毫米.3dm”文件，然后将Top（顶）视图最大化显示，如图1-112所示。

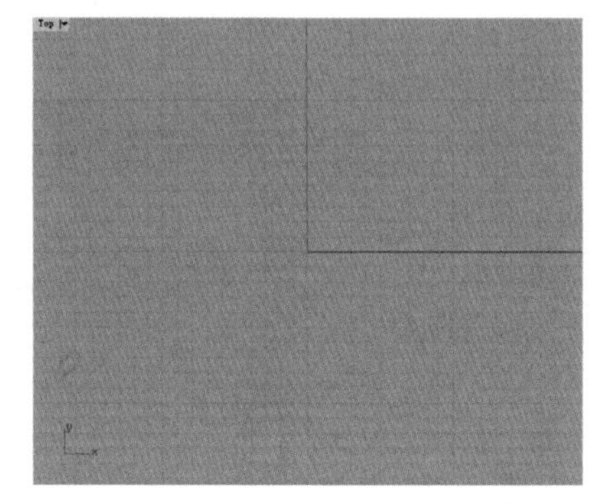

图1-112

02 在“背景图”工具面板中单击“放置背景图”工具，在弹出的“打开位图”对话框中找到本书学习资源中的“素材文件>第1章>汽车三视图背景图.bmp”文件，单击“打开”按钮 打开(O)，如图1-113所示。

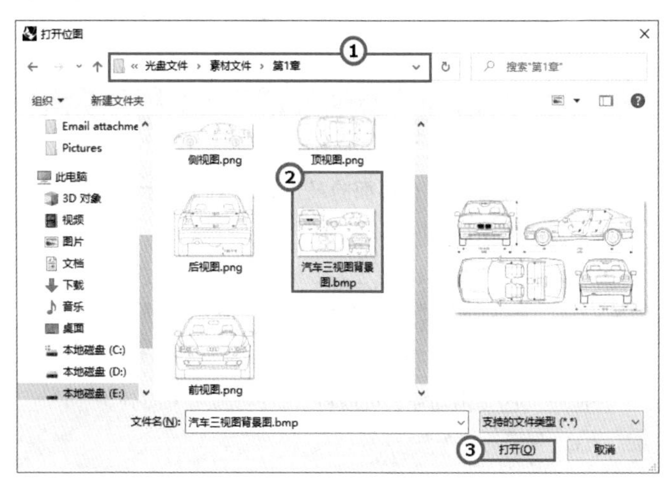

图1-113

03 返回Top（顶）视图，任意指定两个点导入图片，如图1-114所示，导入后的效果如图1-115所示。

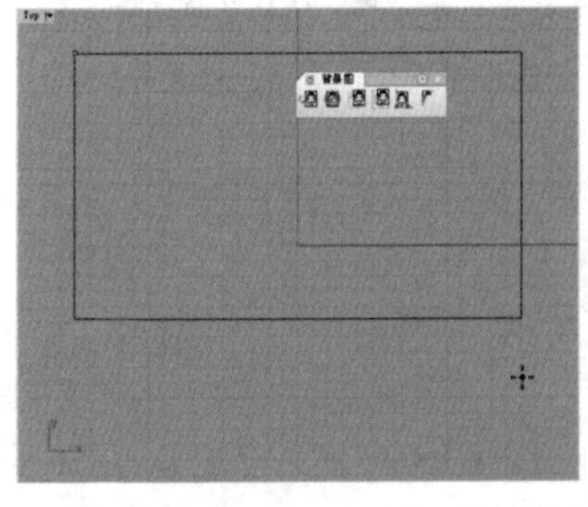

图1-114

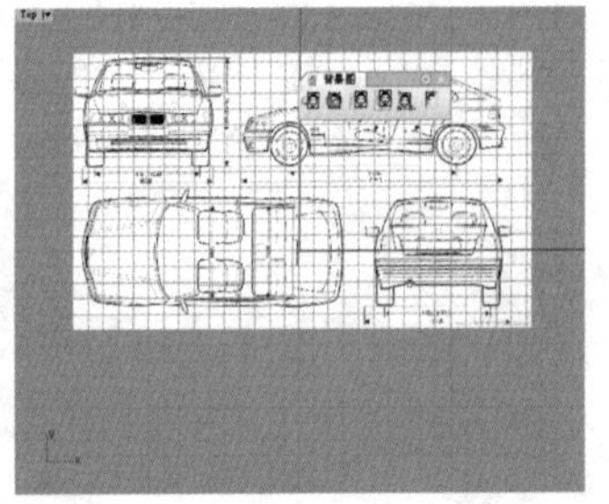

图1-115

04 从图1-115中可以看到网格线挡住了导入的图片，因此按F7键关闭网格线，结果如图1-116所示。

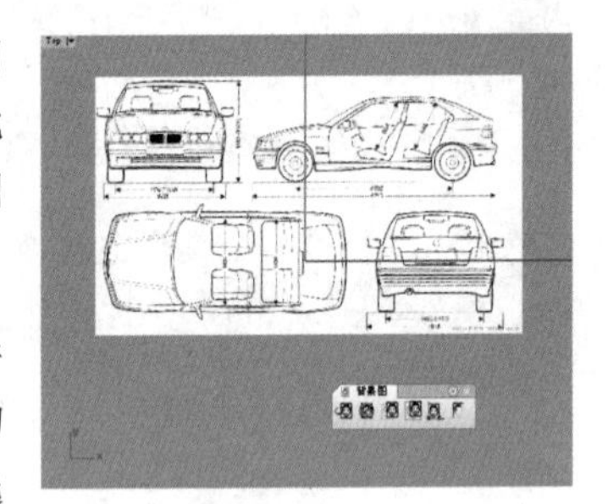

图1-116

05 在状态栏中单击“物件锁点”按钮，打开“物件锁点”选项栏，然后勾选“点”选项，如图1-117所示。

图1-117

06 单击“背景图”工具面板中的“移动背景图”工具，然后捕捉背景图片的左下角点为移动的起点，接着在命令行中输入坐标（0，0，0）作为移动的终点，移动后的效果如图1-118所示。

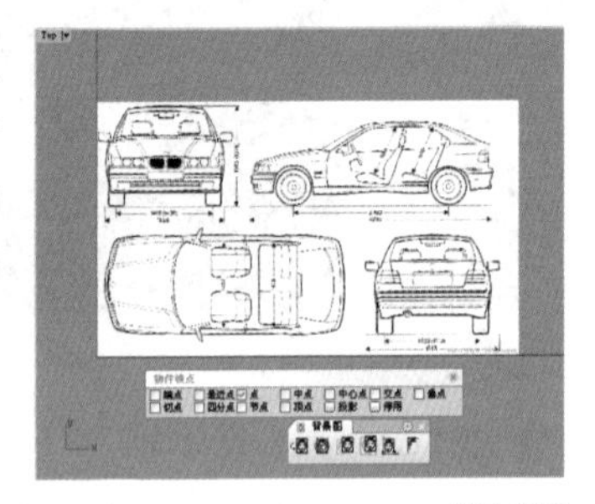

图1-118

技巧与提示

为了保证移动的精确性，可以通过输入坐标的方式来确定移动的终点。

★重点★

1.3.7 状态栏

状态栏位于整个工作界面的最下方，主要显示系统操作时的一些信息，如图1-119所示。

世界 x 0.000 y 34.426 z -9.945 毫米 ■默认
锁定格点 正交 平面模式 物件锁点 智慧轨迹 操作轴 记录建构历史 过滤器 绝对公差: 0.001

图1-119

按照不同的使用功能，可以将状态栏分为4个部分。

坐标系统

在状态栏的左侧显示了当前所使用的坐标系统（“世界”或“工作平面”，可以通过单击在两种系统之间切换），同时还显示了鼠标指针所在位置的坐标，如图1-120所示。

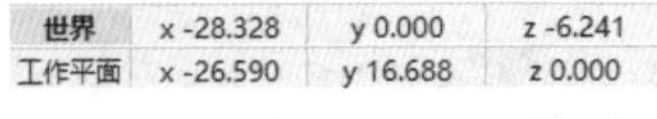

图1-120

单位提示

在状态栏中显示了当前工作文件所使用的单位，如图1-121所示。此外，在绘制或编辑图形时，这里将显示相应的数值。例如，移动一个图形，这里将显示移动的距离值，如图1-122所示。

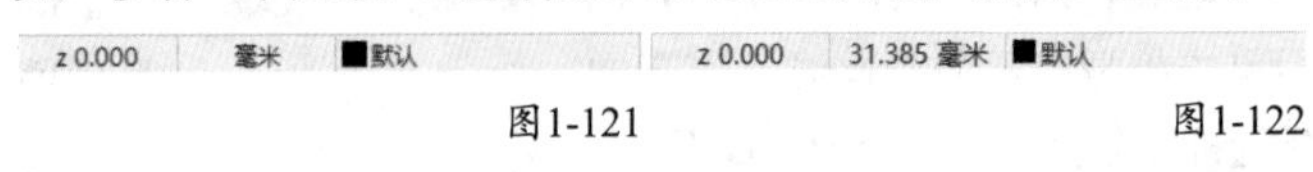

图1-121 图1-122

图层提示

在状态栏的中间位置显示了当前使用的图层，可以更改当前图层，如图1-123所示。

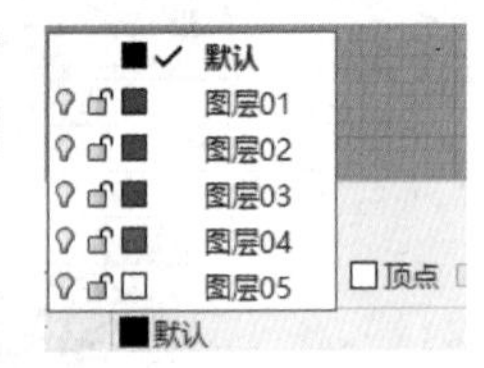

图1-123

辅助建模功能

在状态栏的右侧提供了一系列辅助建模功能，包括“锁定格点”“正交”“平面模式”“物件锁点”“智慧轨迹”“操作轴”“记录建构历史”“过滤器”。当这些辅助功能处于启用状态时，其按钮颜色将高亮显示；若处于禁用状态时，则以灰色显示。

技巧与提示

执行某个菜单命令时，在状态栏中将显示该命令的相关介绍，如图1-124所示。

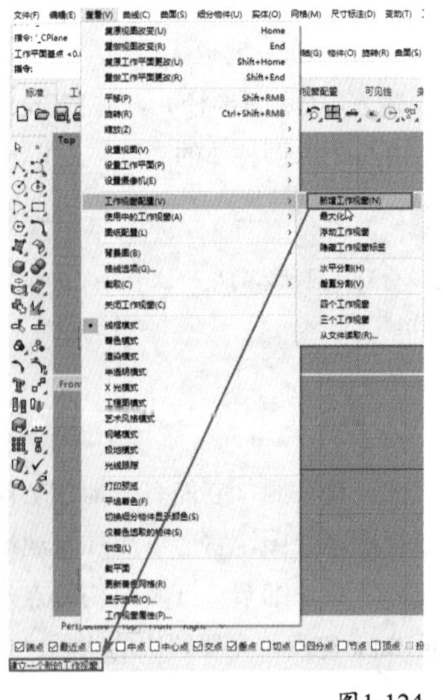

图1-124

技术专题：物件锁点/智慧轨迹

“物件锁点”功能也称捕捉功能，所谓“物件锁点”，指的是将鼠标指针移动至某个可以锁定的点（如端点、中点、交点等）附近时，鼠标指针会自动吸附至该点上。

开启“物件锁点”功能的方式主要有两种，如下所述。

第1种：通过“标准”工具栏中的“物件锁点”工具面板开启，如图1-125所示。

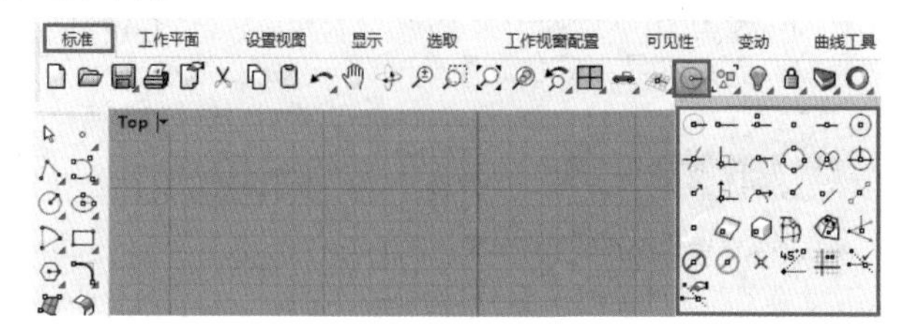

图1-125

第2种：通过状态栏的“物件锁点”选项栏开启，如图1-126所示。

图1-126

要注意这两种方式的区别，“物件锁点”工具栏是以工具的形式提供捕捉功能的，因此启用一次工具，只能捕捉一次，而“物件锁点”选项栏是以选项的形式提供捕捉功能的，因此勾选一个选项后，该选项对应的锁点模式将一直开启。所以，通常会通过“物件锁点”选项栏来启用捕捉功能。

“物件锁点”是伴随“智慧轨迹”出现的，“智慧轨迹”是指建模时根据不同需要建立的暂时性的辅助线（轨迹线）和辅助点（智慧点）。之所以说“物件锁点”是伴随“智慧轨迹”出现的，是因为在“物件锁点”选项栏中按住Ctrl键不放，即可显示出“智慧轨迹”功能提供的锁点模式，如图1-127所示，由于这些锁点模式只能在命令执行的过程中使用，因此图中为灰色显示。

图1-127

“物件锁点”选项栏具有以下特点。

第1点：在一种锁点模式上单击即可启用该模式；如果右击，在启用该模式的同时将禁用其他模式。

第2点：勾选“停用”选项，将禁用所有锁点模式；如果使用鼠标右键单击该选项，那么将全选所有锁点模式。

★重点★

1.3.8 图形面板

图形面板是Rhino为了方便用户操作而设置的一个区域，默认情况下提供了“属性”“图层”“渲染”“材质”“材质库”“说明”6个面板，如图1-128所示。

图1-128

技巧与提示

如果要打开更多的面板，可以在面板标签上右击，然后在弹出的菜单中进行选择，如图1-129所示。

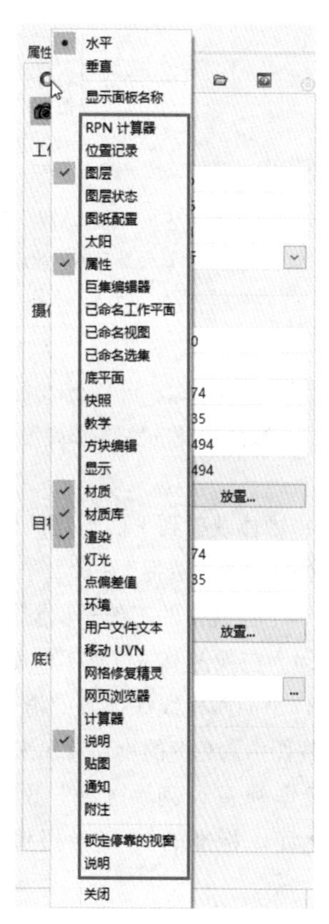

图1-129

属性

〈1〉视图属性

“视图属性”面板是Rhino用来管理视图界面及显示物件详细信息的专用工具面板，如图1-130所示。在视图中没有选中物件的情况下，会显示激活视图的基本属性。

图1-130

> **技巧与提示**
>
> 在使用中，不同类型的工作视窗（模型工作视窗、图纸配置工作视窗、子工作视窗）的“视图属性”面板会显示不同的设置。

视图重要属性介绍

标题：显示激活视窗的名称，可以更改名称。

宽度 / 高度：显示激活视窗的宽度和高度，同样可以更改这两个数值。

投影：摄像机将物体映射到平面得到的轮廓就叫投影，它可分为“平行”“透视”“两点透视”3 种。平行视图在其他绘图程序也叫作正视图，平行视图的工作平面网格线相互平行，同样大小的物件不会因为在视图中的位置不同而看起来大小不同。在透视视图里，工作平面网格线往远方的消失点汇集形成深度感，在透视投影的视图中，越远的物件看起来越小。

镜头焦距：工作视窗设为“透视”投影模式时可以改变摄像机的镜头焦距，标准的 35 毫米摄像机的镜头焦距是 43mm ～ 50mm。

X/Y/Z 坐标：显示摄像机或目标点位置的世界坐标，可以自定义设置。

放置...：单击该按钮，以鼠标指针指定摄像机或目标点的位置。

文件名称：显示底色图案文件的图片文件名称。底色图案是显示于工作视窗工作平面网格线之后的图片，底色图案不会因为缩放、平移、旋转视图而改变。

显示：显示或隐藏底色图案。

灰阶：以灰阶显示底色图案。

> **技巧与提示**
>
> 底色图案不会出现在渲染影像里。

〈2〉物件属性

如果有选中的物件（通常在视图中以黄色亮显），在“属性”面板中会显示出物件的属性，包括“物件”“材质”“贴图轴”“印花”“厚度”“渲染圆角”“装饰线”“置换”和“用户属性文本”9个子面板，如图1-131所示。

图1-131

物件重要属性介绍

“物件”子面板：设置物件的基本属性。

类型：显示物件的类型，如曲线、曲面、多重曲面等。

名称：物件的名称会保存在 Rhino 的 3DM 文件中，也可以导出成某些可以接受物件名称的文件格式。

图层：在“图层”列表中选择其他图层可以改变物件所在

的图层，可以在“图层”面板中建立新图层或改变图层的属性。

知识链接

关于图层的更多内容请参考后面的“图层”小节的内容。

显示颜色：设置物件的颜色，包括“以图层”方式显示，“以父物件”方式显示及自定义颜色等方式。在着色工作视窗中，物件可以以图层的颜色或物件属性里设置的颜色显示。

线型：设置物件的线型。

打印颜色：设置物件的打印颜色，包括“以显示”方式打印、“以图层”方式打印、“以父物件”方式打印和自定义颜色方式打印。

打印线宽：设置物件打印时的线宽，包括“以图层”方式、“以父物件”方式、默认方式和自定义方式。

渲染网格设置：当着色或渲染NURBS曲面时，曲面会先转换为网格，其中包括自定义网格。

渲染：主要包括“投射阴影”“接受阴影”两个选项，默认都为勾选状态。

结构线密度：设置是否显示物件的网格结构线，默认不显示。勾选“显示曲面结构线”选项后，如果设置“密度”为0，那么曲面不会显示非节点结构线。

技巧与提示

可以在“Rhino选项”对话框的“一般”面板中设置新建立的物件的结构线密度。

匹配(M)：将选取物件的图层、显示颜色、线型、打印颜色、打印线宽、结构线密度等设置匹配于其他物件。

详细数据(D)...：显示物件的几何信息。

“材质”子面板：主要用于设置材质的赋予方式，以及对材质进行调整，如图1-132所示。

使用新材质：为物件新建一个材质。

使用图层材质：物件使用与所在图层相同的材质。

使用父物件：物件使用与父物件相同的材质。

默认材质：使用默认材质。

图1-132

“贴图轴”子面板：该面板主要提供了用于编辑贴图的工具，如图1-133所示。

“拆解UV”工具：这是一种对贴图的操作方式。

“自定义贴图轴”工具：自由将某一辅助曲面或网格设定为贴图轴的参考对象。

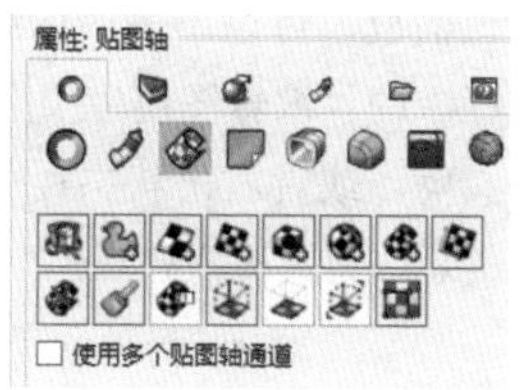

图1-133

“赋予曲面贴图轴”工具：附加曲面UV对应轴到物件的纹理对应通道，并可以进行调整。

“赋予平面贴图轴”工具：附加平面对应轴到物件的纹理对应通道，并可以进行调整。

“赋予立方体贴图轴”工具：附加立方体对应轴到物件的纹理对应通道，并可以进行调整。

“赋予球体贴图轴”工具：附加球体对应轴到物件的纹理对应通道，并可以进行调整。

“赋予圆柱体贴图轴”工具：附加圆柱体对应轴到物件的纹理对应通道，并可以进行调整。

“删除贴图轴”工具：从物件删除指定编码的对应通道。

“符合贴图轴”工具：将选取的物件的颜色、光泽度、透明度、纹理贴图、透明贴图、凹凸贴图、环境贴图设置与模型中的其他物件相符合。

“UV编辑器”工具：设置纹理贴图在UV方向的大小参数。

“印花”子面板：用于在模型上贴附图片，如图1-134所示。

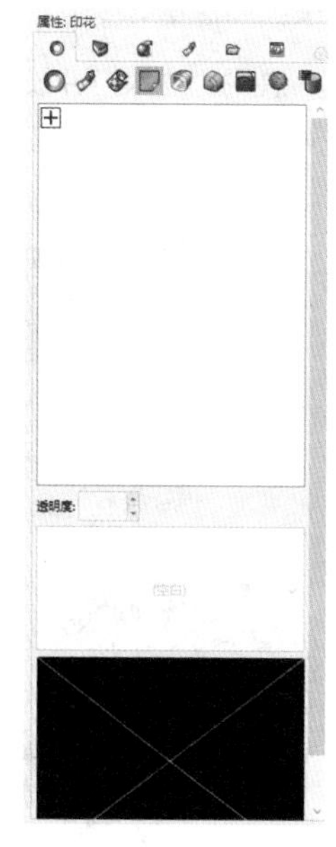

图1-134

在“印花”子面板中单击“十”字按钮，会弹出“打开”对话框，打开学习资源中的“素材文件>第1章>黑白花纹.jpg”文件，单击“打开”按钮打开(O)，在弹出的“印花贴图轴类型”对话框中选择合适的贴图轴，并在“方向”中选择需要的贴图朝向，如图1-135所示，单击“确定”按钮确定，最终效果如图1-136所示。

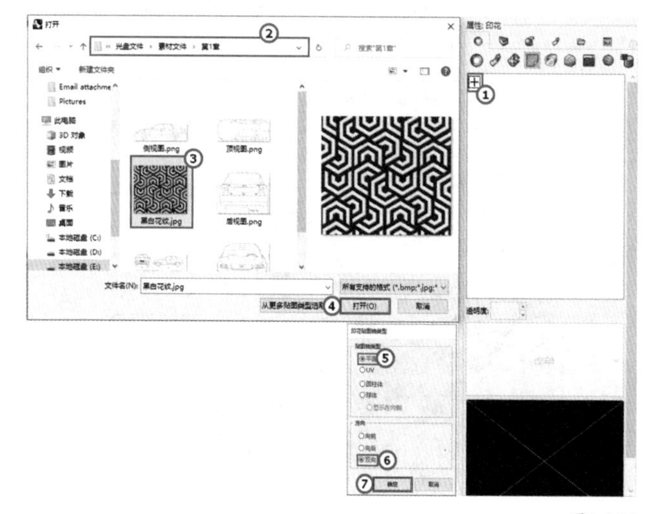

图1-135

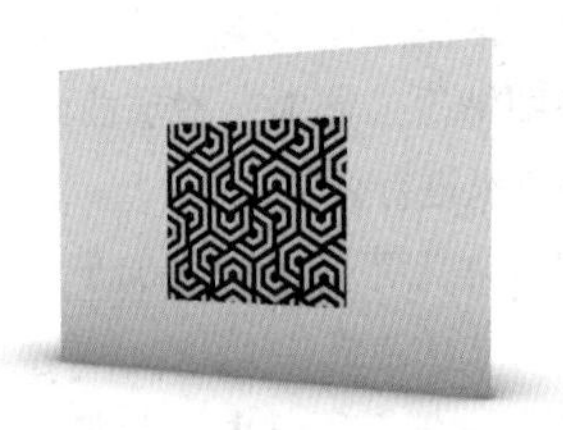

图1-136

“厚度”子面板：用于为物件生成渲染厚度。使用时勾选“启用”选项，并设置合适的距离即可在工作视窗中看到厚度效果，该效果仅为渲染视觉效果，如图1-137所示。

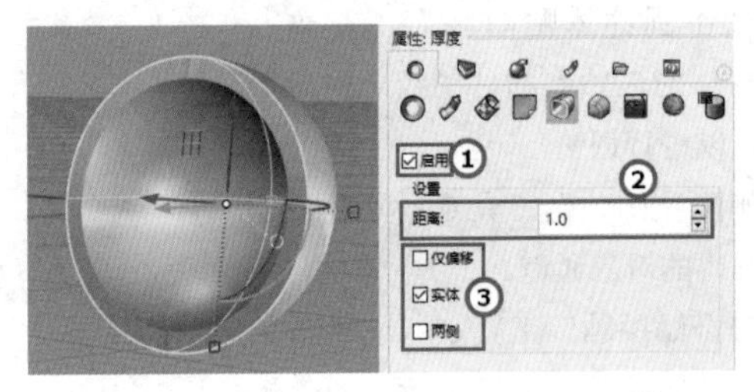

图1-137

“渲染圆角”子面板：为物件增加渲染圆角效果，如图1-138所示。

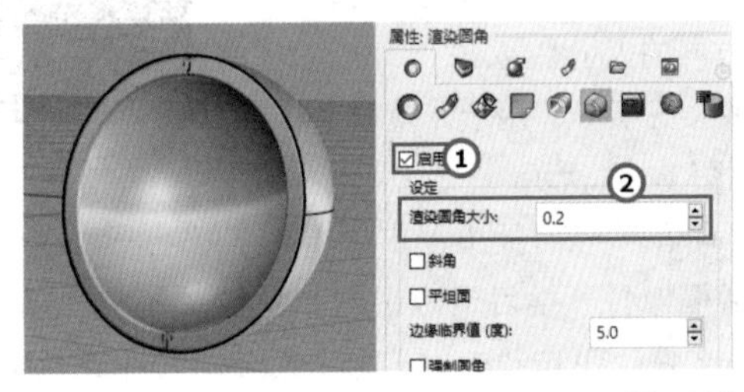

图1-138

“装饰线”子面板：用于在模型表面生成渲染用的接缝效果。使用时勾选“启用”选项，单击“加入”按钮，拾取曲线，在曲线属性栏中对接缝效果进行适当调整即可，如图1-139所示。

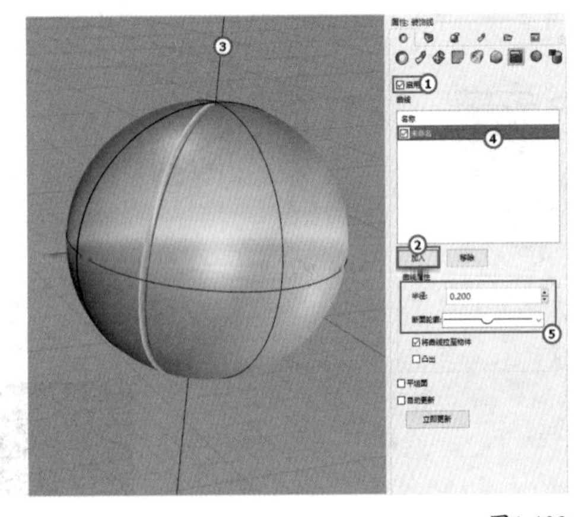

图1-139

“置换”子面板：用于为物件增加置换效果。使用时勾选“启用”选项，单击“贴图”下拉按钮，打开需要的图片，并在下方“置换”栏内适当调整参数即可，如图1-140所示。此效果会影响模型的网格形态，数值过高可能会导致Rhino崩溃。

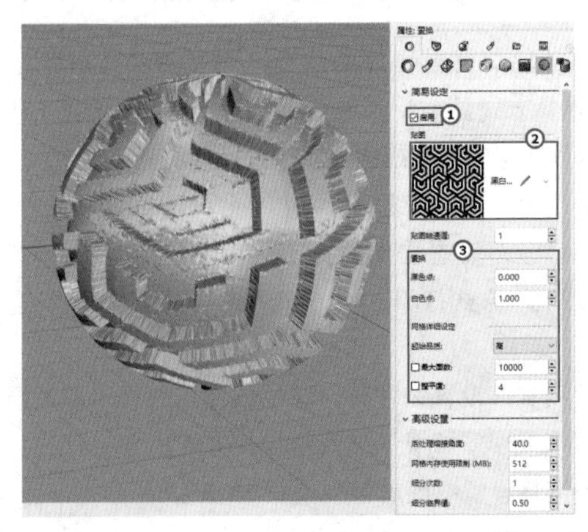

图1-140

“用户属性文本”子面板：用于为物件增加用户自定义文本，如图1-141所示。

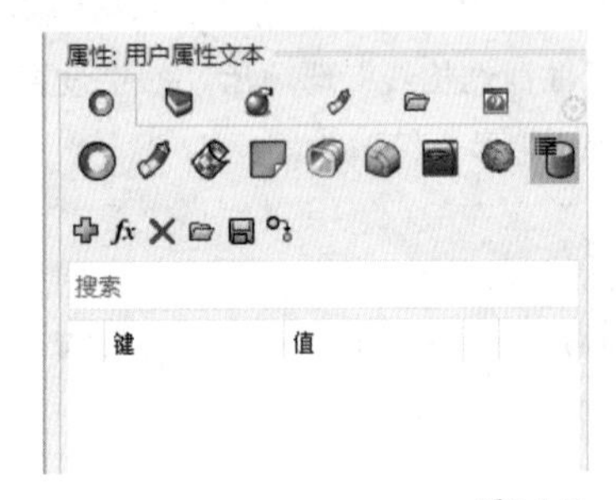

图1-141

图层

图层是方便用户管理模型建构的有效工具，不仅可以将模型合理分类，还能在后期的渲染输出中提供便捷的材质表现，方便用户进行模型展示。

图层可以用来组织物件，可以同时对一个图层中的所有物件做同样的改变。例如，关闭一个图层可以隐藏该图层中的所有物件，更改一个图层的颜色会改变该图层中所有物件的显示颜色等。

默认显示的“图层”面板如图1-142所示。如果不小心关闭了该面板，可以单击“标准”工具栏中的“编辑图层/关闭图层”工具，或者右击状态栏中的图层提示，将其再次打开。

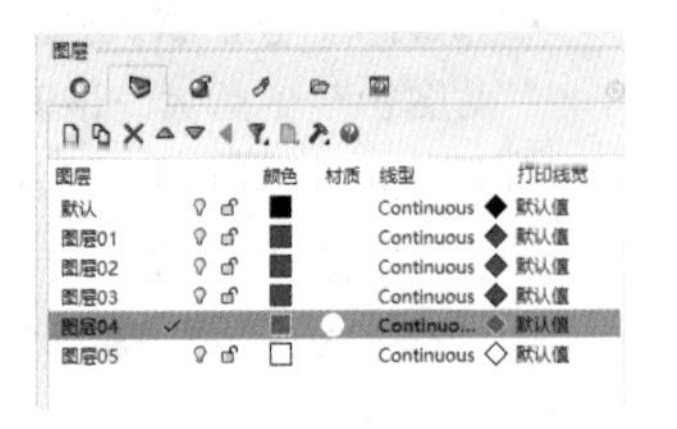

图1-142

图层工具介绍

“新图层”工具：新建一个图层，同时可以为图层命名，默认是以递增的尾数自动命名。

技巧与提示

为图层命名后，如果还需要对名称进行修改，可以先选择该图层，然后单击图层的名称或按F2键进行修改。当处于编辑图层名称的状态下时，按Tab键可以快速建立新图层。

“新子图层”工具：在选取的图层之下建立子图层（父子关系）。

“删除”工具：删除选中的图层，如果要删除图层中所有物件，将会弹出对话框提醒用户，如图1-143所示。

图1-143

“上移”工具/“下移”工具：将选取的图层在图层列表中往上或往下移动一个排序。

“上移一个父图层”工具：将选取的子图层移出它的父图层。

“过滤器”工具：当一个文件有非常多的图层时，为了便于查找需要使用的图层，可以通过“过滤器”工具提供的多种过滤条件来筛选需要显示的图层，如图1-144所示。

“工具”工具：该工具下提供了用于编辑图层的选项，如图1-145所示。

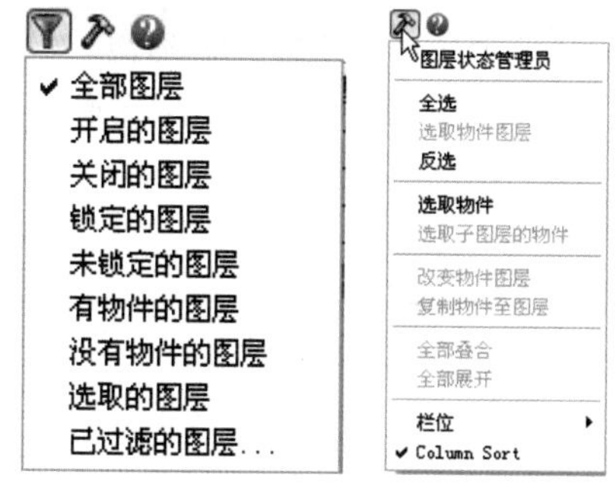

图1-144　　图1-145

“名称”标签：显示图层的名称。

技巧与提示

“图层”面板中的一些标签没有显示名称，有不清楚的读者可以参考图1-146。另外，单击这些标签可以升序或降序排列图层。

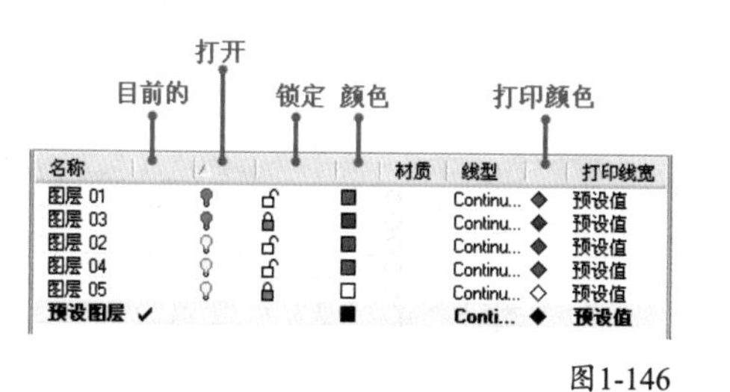

图1-146

“目前的”标签：显示✔标记的图层为当前工作的图层，当前创建的模型都位于当前工作图层中。要改变当前工作图层，可以单击其他图层对应的✔标记位置；也可以通过图层的鼠标右键快捷菜单进行设置，如图1-147所示。

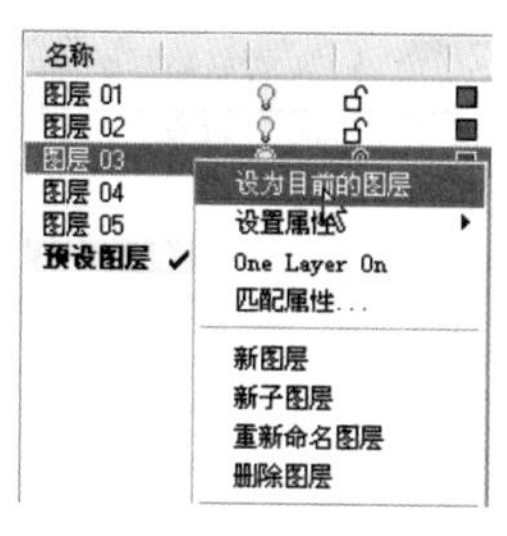

图1-147

“打开”标签：显示图层是否打开，打开的图层以标记显示，此时可以看到图层内的物件，关闭的图层以标记显示（单击可切换），此时无法看到图层内的物件。

“锁定”标签：显示图层是否锁定，锁定的图层以标记显示，此时图层中的物件可见但无法编辑，未锁定的图层以标记显示（单击可切换），此时图层中的物件可见也可编辑。

“颜色”标签：显示图层使用的颜色，单击正方形色块可设置图层的颜色。

“材质”标签：显示图层使用的材质，单击●按钮将打开“图层材质”对话框，用于设置图层中所有物件的渲染颜色及材质，如图1-148所示。

“线型”标签：显示图层使用的线型，单击“Continuous”将打开“选择线型”对话框，如图1-149所示。

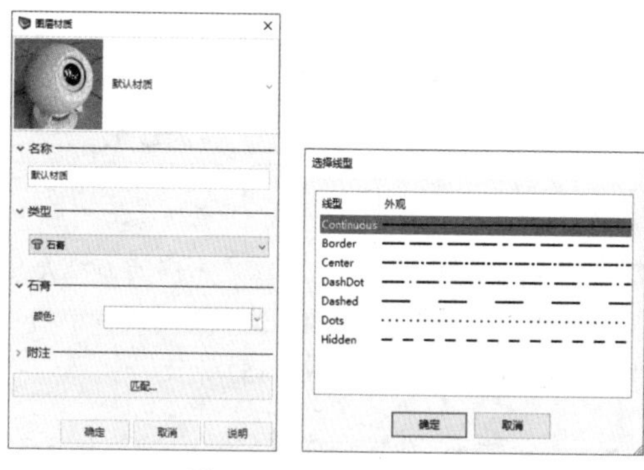

图1-148　　图1-149

“打印颜色”标签：显示图层的打印颜色，单击菱形色块可设置打印颜色，设置好的颜色只有打印时才能看见。

“打印线宽”标签：显示图层打印时的线宽，单击“预设值”将打开“选择打印线宽”对话框，如图1-150所示。这里设置的线宽只有在打印时才能看见。

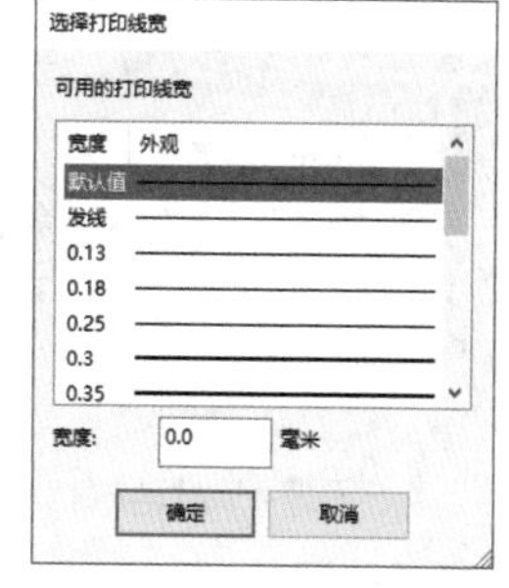

图1-150

1.4 设置Rhino的工作环境

Rhino 7 默认提供的工作环境可以适用于绝大多数的工作，但不同的用户可能会有一些不同的需求。例如，要以“百米”或“海里”为建模单位，通过模板文件显然无法达到这个要求，只能在“Rhino选项”对话框的“文件属性”中进行设置，如图1-151所示。

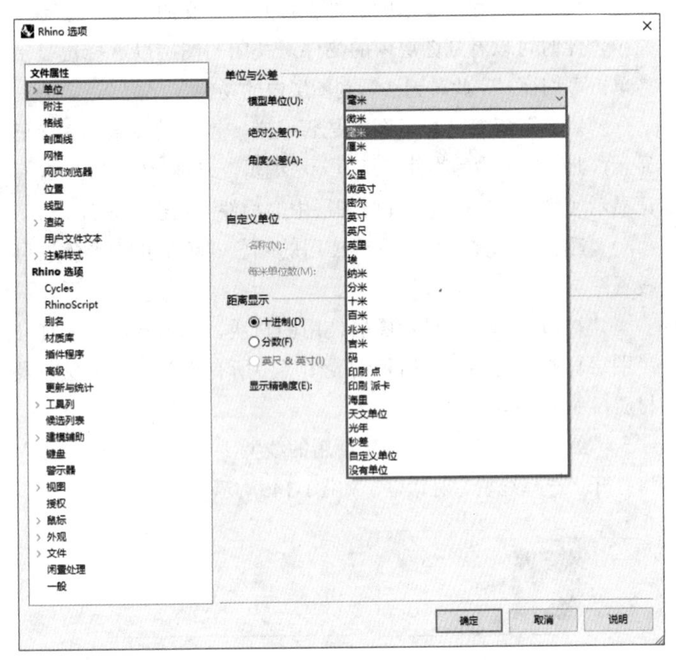

图1-151

要打开“文件属性”有多种方法，常用的方法是单击“标准”工具栏中的“文件属性/选项”工具，或者单击“标准”工具栏中的“选项”工具，如图1-152所示。

图1-152

技巧与提示

在Rhino 7的菜单中，有多个命令也可以打开“文件属性”，如执行“文件>文件属性”菜单命令，或者执行“工具>选项”菜单命令等。由于比较多，这里就不再一一列举了。

需要注意的是，单击“文件属性/选项”工具，打开的是“文件属性”对话框，而右击该工具（或单击“选项”工具），打开的则是“Rhino选项”对话框，如图1-153所示。这两个对话框除了名称不同，其他没有什么区别。从这一点可以看出，Rhino 7提供的用于设置工作环境的对话框其实是由两个部分组成的，分别是“文件属性”“Rhino选项”，下面对一些重点内容进行介绍。

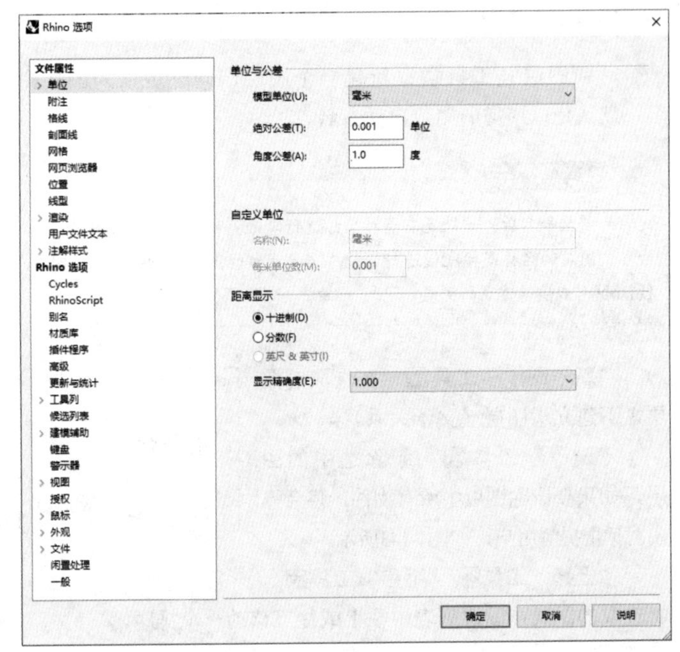

图1-153

★重点★

1.4.1 文件属性

“文件属性”中包含了“渲染”“注解样式”“单位”“格线”“线型”等，主要用于区分文件之间的差别。

渲染

“渲染”中的参数主要用于管理模型的渲染设置，包含“目前的渲染器”“视图”“解析度与品质”“背景”“照明”“线框”“抖动与颜色调整”“渲染通道”“高级设置的Rhino渲染”参数组，如图1-154所示。

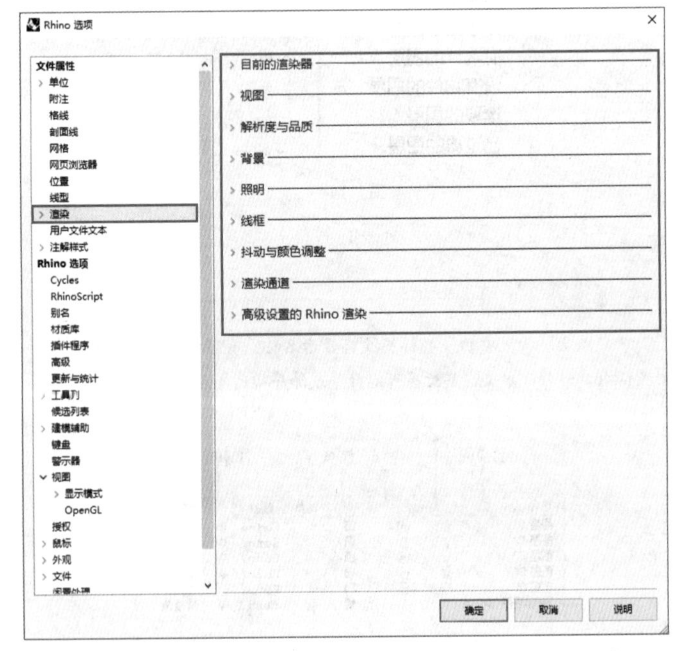

图1-154

技巧与提示

要让“渲染”面板中的参数作用于场景模型中，需要将当前的渲染器指定为“Rhino渲染”，设置方法为执行“渲染>目前的渲染器>Rhino渲染”菜单命令，如图1-155所示。

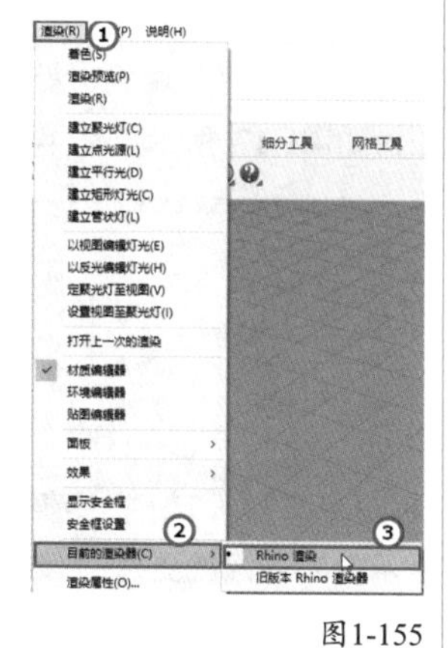

图1-155

Rhino渲染重要参数介绍

目前的渲染器：在“目前的渲染器”参数组中，可以选择Rhino默认使用的渲染器。“Rhino Render”是新增加的Cycles渲染器，“旧版本Rhino渲染器”是Rhino 7以前版本所使用的渲染器，如图1-156所示。

视图：在“视图”参数组中，可以指定渲染哪一个窗口，如图1-157所示。“当前工作视窗”是指Rhino渲染当前选定的活动视窗；“指定的工作视窗”是指在列表中选择指定的工作视窗进行渲染；“已命名视图”是从已命名视窗列表中选择视窗进行渲染；“快照”是指从快照列表中选择快照进行渲染。

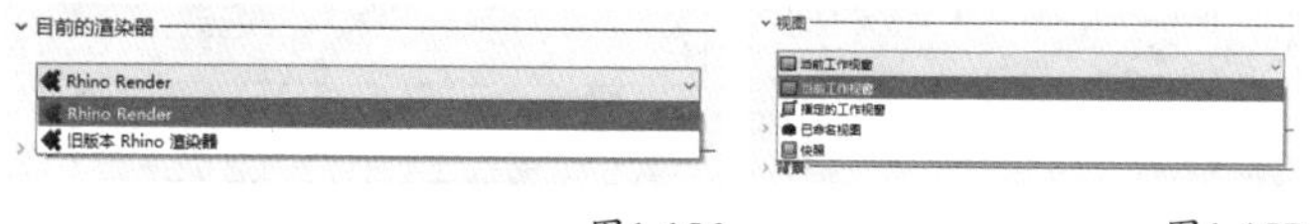

图1-156　　图1-157

解析度与品质：在“解析度与品质”参数组中，可以为使用中的工作视窗设置渲染时的分辨率，也可以设置品质的类型。

尺寸：表示渲染影像的大小，通过选取一个预设的分辨率来渲染工作视窗，如图1-158所示。

大小：这个选项可以用来决定实际打印到纸上的图形的大小，只有尺寸选择为自定义时才能启用，如图1-159所示。

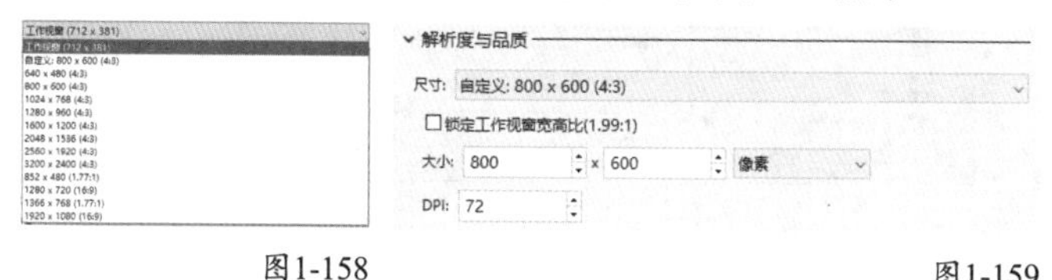

图1-158　　图1-159

DPI：代表每英寸的点数，该值越大，精度越高。

锁定工作视窗宽高比：只有设置“尺寸”为“自定义”，该选项才能被激活，用于锁定渲染影像的高度和宽度的比例。例如，改变宽度时，高度也会按照等比例进行改变。

质量：在Rhino渲染时，可以通过调整渲染质量来获得更快的渲染速度（降低渲染质量）和更好的渲染效果（提高渲染质量），有4个选项可供选择，分别为低品质（15采样）、草图品质（50采样）、普通品质（500采样）、高品质（1500采样），如图1-160所示。图1-161显示了同一个模型设置不同渲染质量的对比（注意观察画面噪点）。

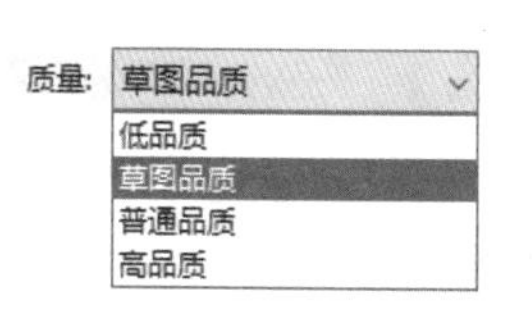

图1-160

图1-161

背景：控制背景的设置。

实体颜色：设置渲染影像的背景颜色。

渐变：设置一个渐变背景，该选项具有两个色块，上面一个色块控制顶部颜色，下面一个色块控制底部颜色，如图1-162所示。

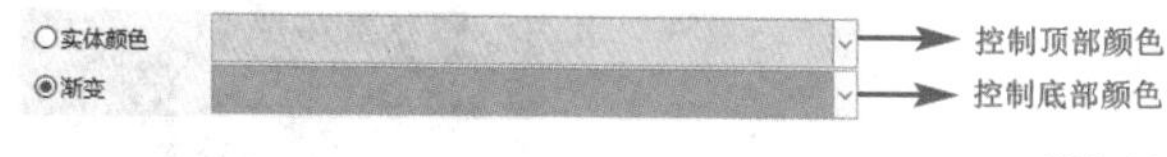

图1-162

360°环境：代表Rhino场景的初始状态，它只有在渲染模式下才可以显示，其中可以自行调节相关参数。

底色图案：以工作视窗中的底色图案（背景图）作为渲染影像的背景，可以通过“延展以配合视图大小”选项来缩放底色图案以适合渲染影像的大小。

透明背景：将背景渲染为透明的Alpha通道，如图1-163所示。但在保存渲染影像时，必须保存为支持Alpha通道的格式（.png、.tga、.tif）。这个设置非常有用，常常用来做渲染出图的后期处理。

图1-163

底平面：控制来自地面的环境光颜色。

反射使用自定义环境：设定影响反射效果的环境。

照明：控制场景的照明设置。

太阳：开启阳光照明，可以设置真实的太阳光照效果，在建筑、室内等领域有较多用途。

天光：勾选该选项后，Rhino将以全局光的模式渲染，这种模式相比其他模式最大的特点就是阴影被细分和模糊了，如图1-164所示。

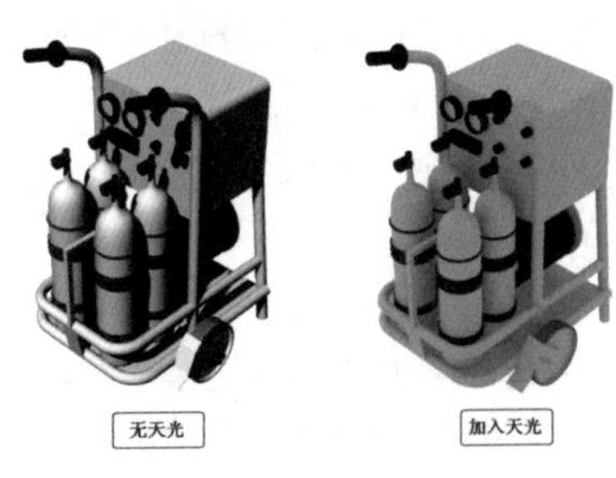

图1-164

技巧与提示

在图1-164展示的加入天光效果的基础上，如果勾选“透明背景”“反射使用自定义环境”选项，并通过“使用新环境”按钮 使用新环境 加载一张HDR高动态背景贴图，其效果更佳，如图1-165~图1-167所示。

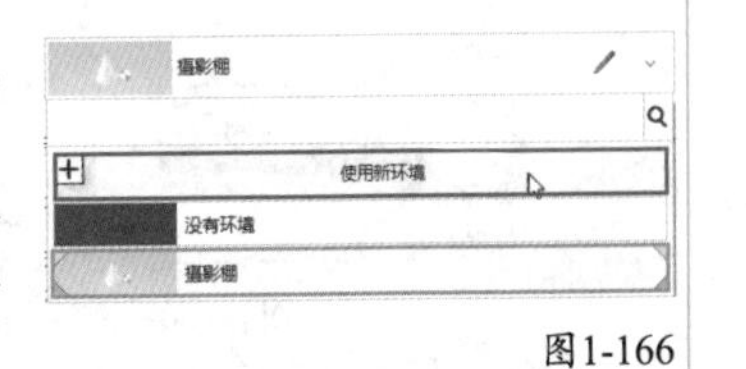

图1-166

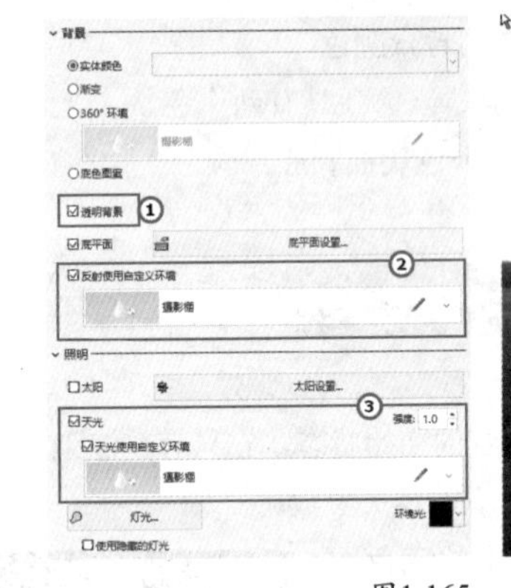

图1-165

图1-167

环境光：控制环境光的颜色。通过右侧的色块按钮 环境光 可以打开“选取颜色”对话框来设置颜色，如图1-168所示。

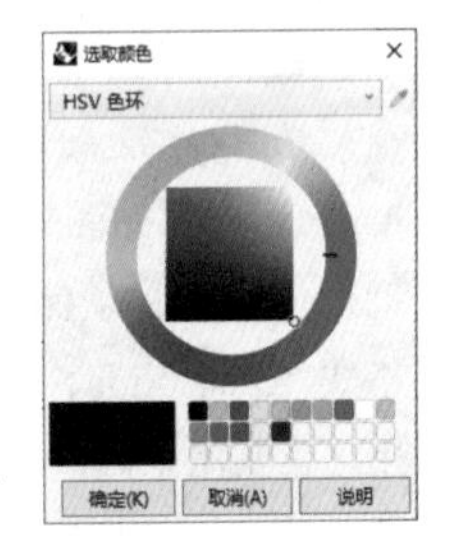

图1-168

使用隐藏的灯光：如果在建模的过程中隐藏了某个灯光，而在渲染时又需要渲染出这个灯光对场景的照明效果，那么可以勾选该选项（对于关闭的图层也是如此）。

线框：控制场景中线框的渲染情况，如图1-169所示。

图1-169

渲染曲线：在渲染结果中显示曲线。

渲染曲面边缘与结构线：在渲染结果中显示曲面边缘与结构线。

渲染点和点云：在渲染结果中显示点和点云。

渲染尺寸标注与文字：在渲染结果中显示尺寸标注与文字。

抖动与颜色调整：控制渲染结果中的色阶抖动与颜色矫正，如图1-170所示。

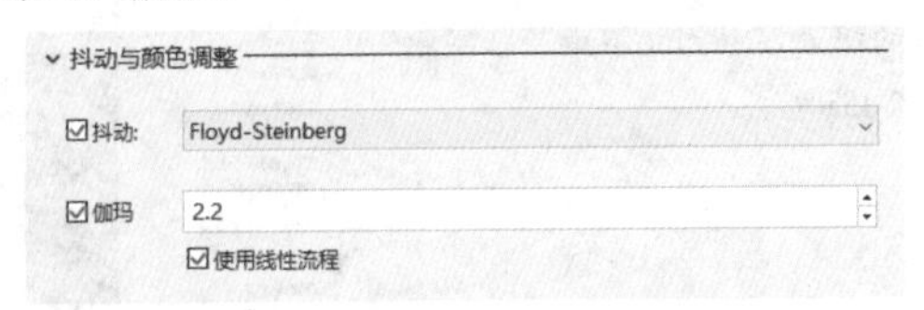

图1-170

抖动：在渲染时，渲染结果的色彩深度可能会比显示器能显示的色彩深度更深，有高色彩深度的图像显示在低色彩深度的显示器上就会产生色彩断层的现象，应用抖动就可以在一定程度上消除色彩断层。

伽马：对渲染输出的图像进行色彩校正，一般保持默认2.2，并勾选“使用线性流程”。

渲染通道：控制渲染输出的图像通道。

自动：自动设置默认的渲染通道。

自定义：手动设置需要渲染的通道。

〈1〉高级设置的Rhino渲染

在“文件属性”分类下单击“渲染”选项，然后在其参数设置面板最下方可设置“高级设置的Rhino渲染”相关参数，如图1-171所示。

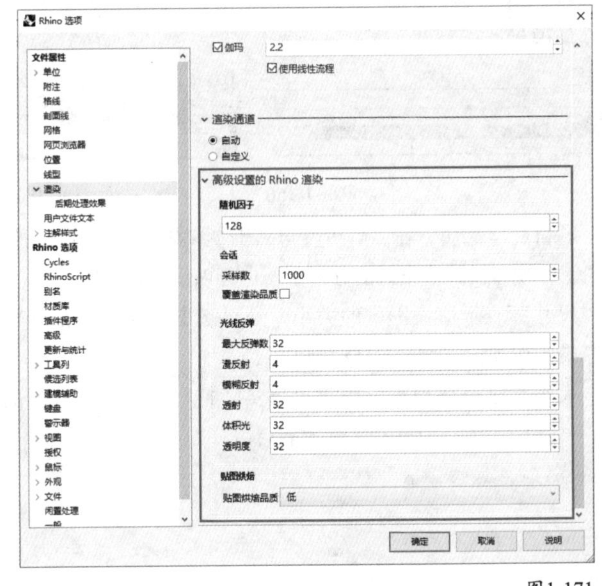

图1-171

高级设置的Rhino渲染设置重要参数介绍

由于Rhino 7采用了新的渲染引擎与渲染技术，因此渲染器设置也与之前的版本有所不同。

随机因子：改变随机因子的数量可以改变渲染噪点的排列规律。

采样数：用于设置在光跟踪渲染窗口中每像素的采样数

量，采样数越多渲染质量越好，画面噪点越少，当设置为0时表示只使用直射光。

覆盖渲染品质：当勾选此项时，上述采样数会覆盖“解析度与品质”一栏中“质量”参数的设置。

最大反弹数：“最大反弹数”参数控制射线反弹的次数，默认值为32，越高的反弹数量意味着越好的渲染质量，当设置为0时表示只使用直射光。

漫反射：光线在漫反射表面反弹的次数。

模糊反射：光线在光滑表面（金属、镜面等）反弹的次数。

透射：光线在半透明材质中的传播次数。

体积光：光线在体积散射中反弹的次数。

透明度：光线在透明材质内反弹的次数。

贴图烘焙：控制贴图图像的分辨率，“低”表示贴图烘焙分辨率为2048×2048像素，“标准”表示贴图烘焙分辨率为4069×4069像素，“高”表示贴图烘焙分辨率为8192×8192像素，“极高”表示贴图烘焙分辨率为16384×16384像素。

〈2〉后期处理效果

“后期处理效果”参数设置面板如图1-172所示。

图1-172

后期处理效果设置介绍

后期处理效果：为渲染增加后期处理效果，单击“+”按钮添加效果。

高光溢出属性：为渲染增加高光溢出效果，可以通过亮度阈值、半径、强度控制高光溢出效果，如图1-173所示，关闭与开启对比效果如图1-174所示，图示仅作对比，请读者根据实际需要调整参数。

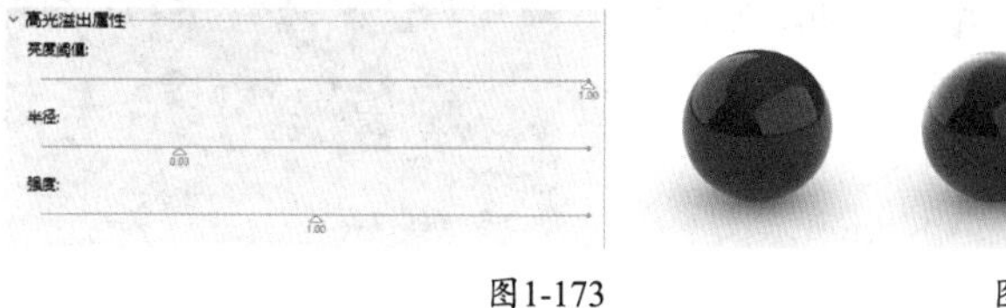

图1-173　　图1-174

光晕属性：为渲染的物体增加光晕效果，通过半径、强度和颜色来控制光晕范围、强度和光晕颜色，如图1-175所示，对比效果如图1-176所示，图示仅作对比，请读者根据实际需要调整参数。

图1-175　　图1-176

烟雾属性：为渲染增加烟雾效果，可以对烟雾的强度、颜色、起点距离和终点距离进行设置，也可以指定区域和对烟雾是否影响背景进行设置，如图1-177所示，对比效果如图1-178所示，图示仅作对比，请读者根据实际需要调整参数。

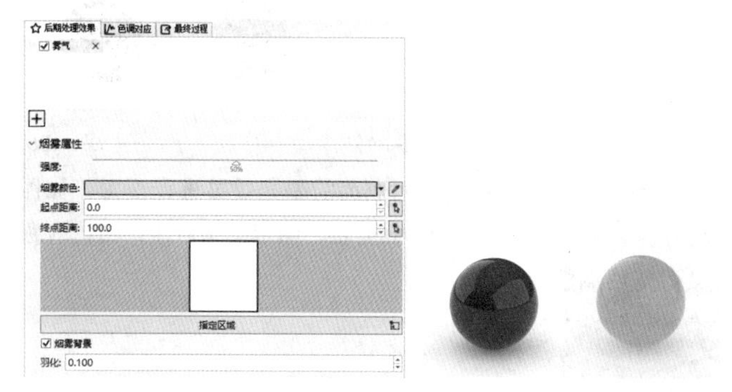

图1-177　　图1-178

景深属性：设置渲染的景深效果，可以对效果的模糊强度、最大模糊和焦距进行设置，也可以设置是否影响画面背景，如图1-179所示，对比效果如图1-180所示，图示仅作对比，请读者根据实际需要调整参数。

图1-179　　图1-180

倍率：设置画面的整体亮度倍率，当设置为1时表示使用画面原本的效果，如图1-181所示，对比效果如图1-182所示，图示仅作对比，请读者根据实际需要调整参数。

图1-181　　图1-182

色调对应：对渲染出的图像进行后期颜色映射调整，如图1-183所示。

限制：对色调使用渲染直出的默认设置，如图1-184所示。

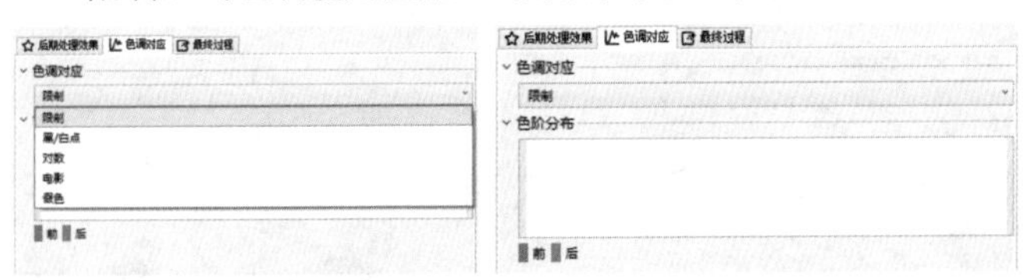

图1-183　　图1-184

黑/白点：对渲染画面中的黑白分布进行调整，如图1-185所示，对比效果如图1-186所示，图示仅作对比，请读者根据实际需要调整参数。

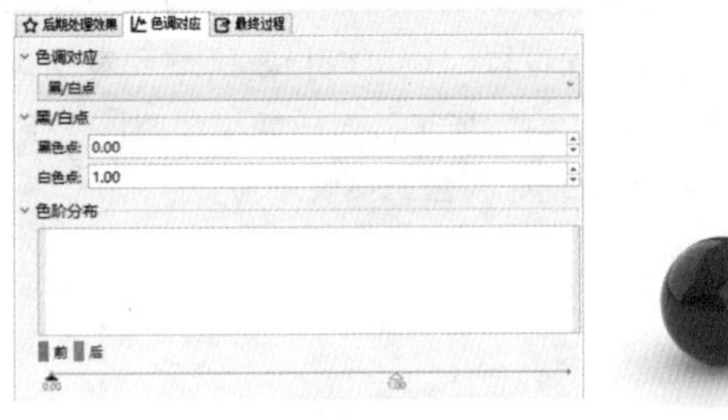

图1-185　　图1-186

对数：通过对数的方式对画面的曝光效果进行设置，如图1-187所示，对比效果如图1-188所示，图示仅作对比，请读者根据实际需要调整参数。

图1-187　　图1-188

电影：为渲染画面套用电影风格的对比设置，有低对比度、中等对比度、高对比度3种预设，如图1-189所示，对比效果如图1-190所示。

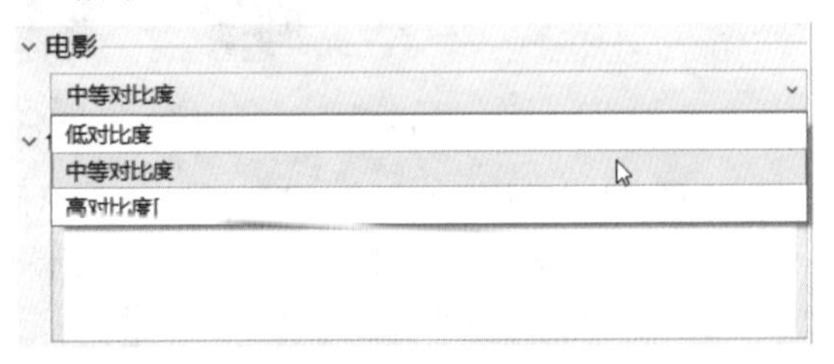

图1-189

图1-190

假色：为渲染画面套用假色效果，如图1-191所示。对比效果如图1-192所示。

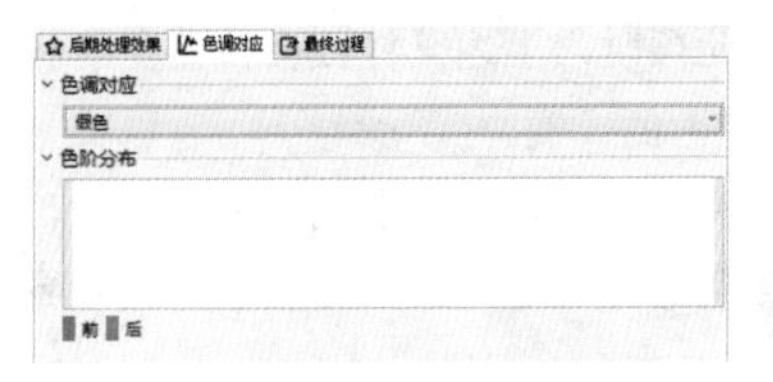

图1-191　　图1-192

最终过程：对渲染画面进行后期色调调整。

色调/饱和度/明度：对渲染画面的色调、饱和度、明度进行调整，如图1-193所示。

亮度/对比度：对渲染画面的亮度、对比度进行调整，如图1-194所示。

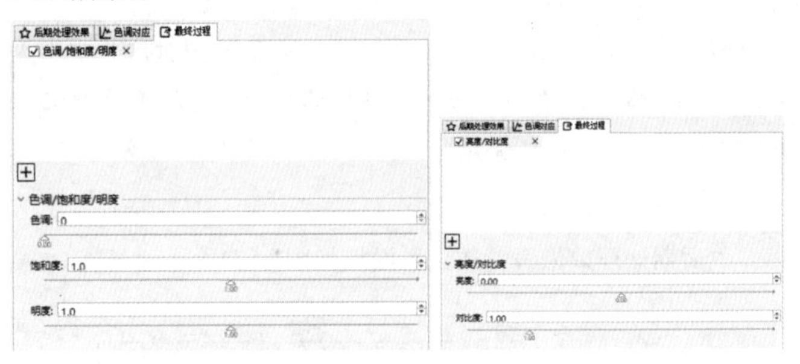

图1-193　　图1-194

水印：为渲染画面增加水印，如图1-195所示。

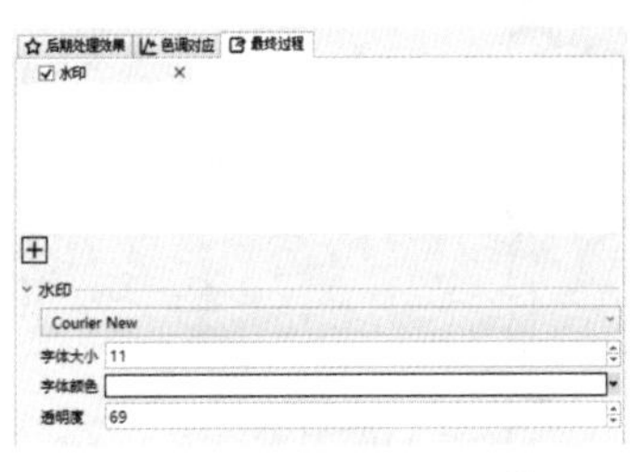

图1-195

重点实战

设置焦距

场景位置	场景文件>第1章>05.3dm
实例位置	实例文件>第1章>实战——设置焦距.3dm
视频位置	第1章>实战——设置焦距.mp4
难易指数	★★☆☆☆
技术掌握	掌握透视图摄像机焦距模糊设定的方法

01 除了通过后期增加景深效果之外，Rhino中还有另外一种通过摄像机增加景深效果的方法。本案例就来演示如何通过设置焦距在光线跟踪渲染中应用景深。打开本书学习资源中的“场景文件>第1章>05.3dm”文件，如图1-196所示。

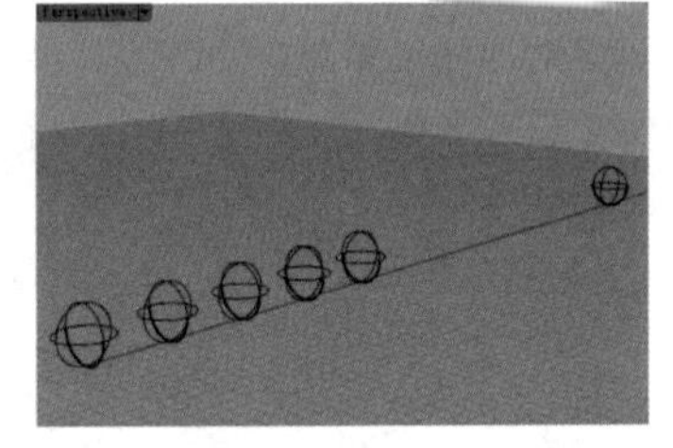

图1-196

02 切换到Perspective（透视）视图，并将Perspective（透视）视图切换为光跟踪模式，如图1-197所示。

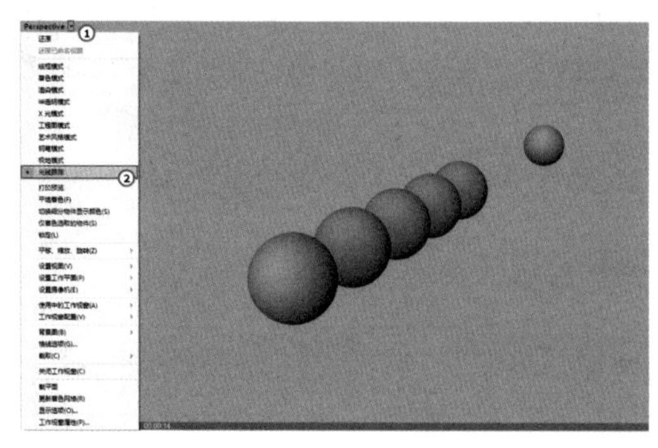

图1-197

03 切换到“属性面板>焦距模糊”子面板，选择“手动对焦”，单击“焦距”旁边的□按钮，在Perspective（透视）视图中点击需要聚焦的位置，按Enter键确认，如图1-198所示。

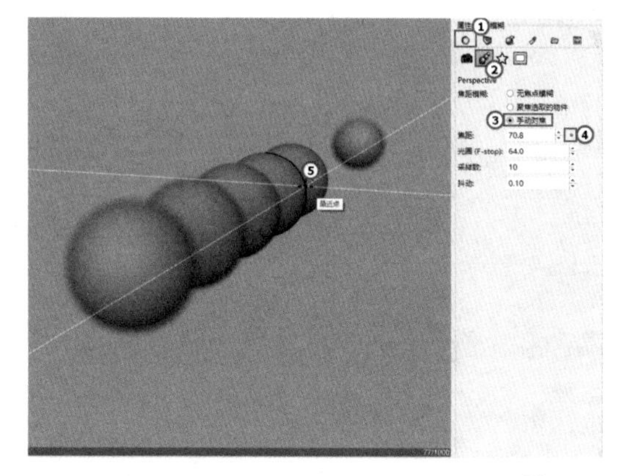

图1-198

单位

单位是Rhino比较重要的一个组成部分，“单位”中的参数用于管理目前模型的单位设置，如图1-199所示。

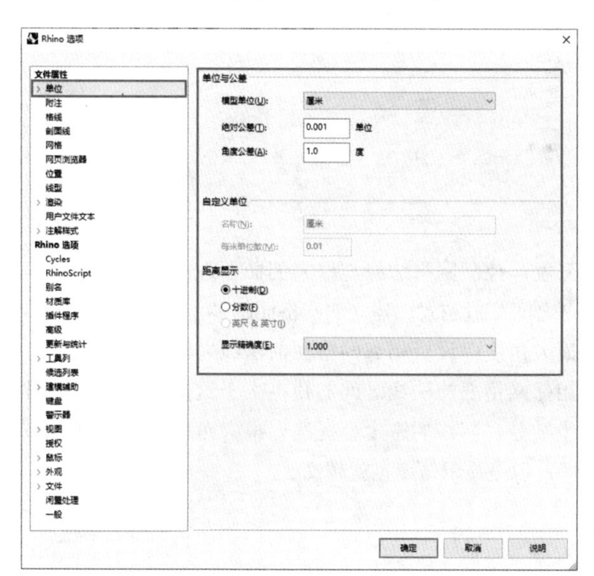

图1-199

单位设置重要参数介绍

模型单位：控制模型使用的单位。当场景中存在对象时，如果改变单位，那么系统会弹出一个对话框，询问是否要按比例缩放模型，如图1-200所示。

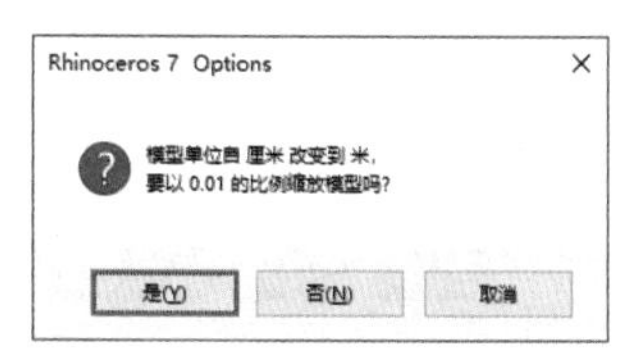

图1-200

绝对公差：在Rhino建模中，对曲线、曲面的编辑都有精度限制，也就是误差的大小，影响精度的参数就是公差值。绝对公差是在建立无法绝对精确的几何图形时控制允许的误差值。例如，修剪曲面、偏移图形或进行布尔运算时所建立的对象都不是绝对精确的。在建模之前就应该根据模型精度要求设置合适的绝对公差。建模过程中会根据建模出现的问题来修改绝对公差。例如，在使用“组合”指令时，两曲面间距在绝对公差范围之内就可以被组合，否则就无法组合。当“绝对公差”设置为0.001时，图1-201所示的两曲面无法组合，因为两曲面间距超出了0.001cm。

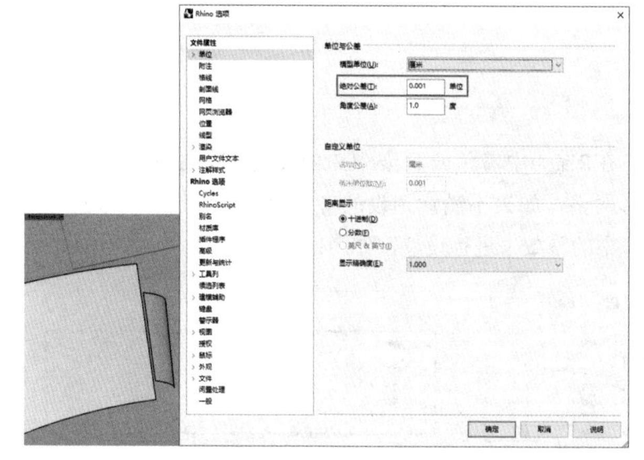

图1-201

技巧与提示

如果把“绝对公差”改为1，那么这两个曲面就可以组合在一起了，如图1-202所示。但要记住，当处理好建模中的问题后，一定要把绝对公差恢复为原来的设置，这样可以保证后面做的模型与前面做的模型保持一致性。

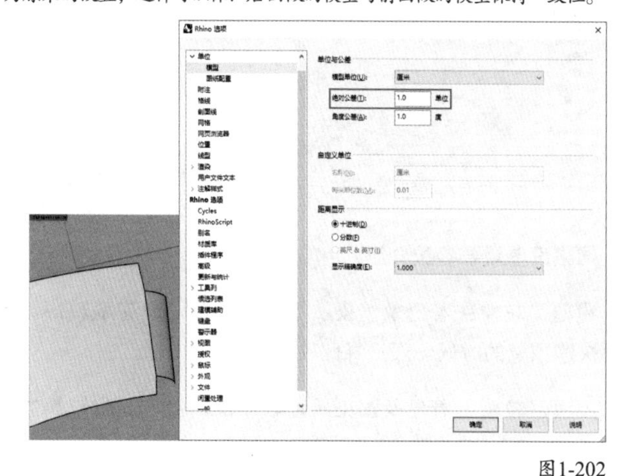

图1-202

角度公差：Rhino在建立或修改物件时，角度误差值会小于角度公差。例如，两条曲线在相接点的切线方向差异角度小于或等于角度公差时，会被看作相切。

技术专题：单位设置的注意事项

由于“自定义单位”“距离显示”参数组中的参数使用得比较少，因此这里就不再进行介绍了。下面对设置单位的一些注意事项进行说明。

第1点：建立模型前，建议先设置模型使用的公差，并且不要随意改变。

第2点：在Rhino中导入一个文件时，不管该文件是否含有单位或公差设置，都不会改变Rhino本身的单位或公差设置。

第3点：Rhino适于在“绝对公差”为0.001～0.01的环境中工作，模型上小特征（小圆角或曲线的微小偏移距离）的大小≥10×绝对公差。也就是说，如果“绝对公差”设置为0.01，那么物件模型倒角的最小半径（或曲线偏移的最小距离）不能小于0.1（10×0.01）。

第4点：建议不要使用小于0.0001的绝对公差，否则会导致计算交集和圆角的速度明显变慢。

网格

在Rhino中着色或渲染NURBS曲面时，曲面会先转换为多边形网格，如果不满意预设的着色和渲染质量，可以通过“网格”中的参数来进行设置，如图1-203所示。

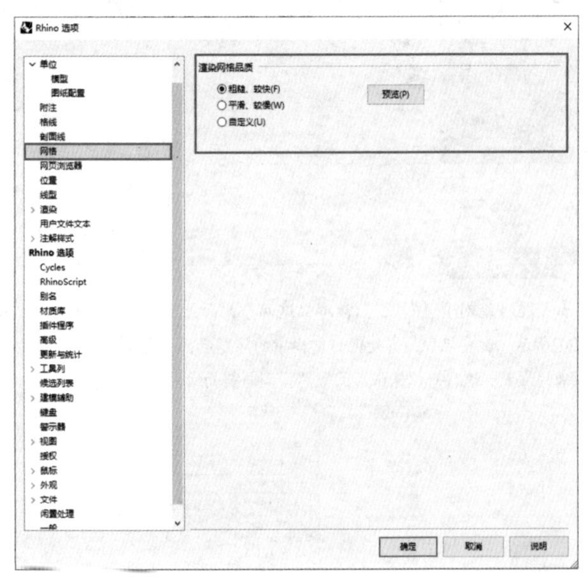

图1-203

网格设置重要参数介绍

粗糙、较快：着色及渲染质量比较粗糙，但速度较快。当需要快速预览的时候一般选择此项。

平滑、较慢：着色及渲染质量较平滑，但需要比较长的着色及渲染时间。

自定义：自定义设置渲染网格品质，通常在模型最终成型后选择此项。选择该选项后将弹出相关参数组，如图1-204所示。可以通过单击“详情”按钮 详情 展开更多参数设置，如图1-205所示。

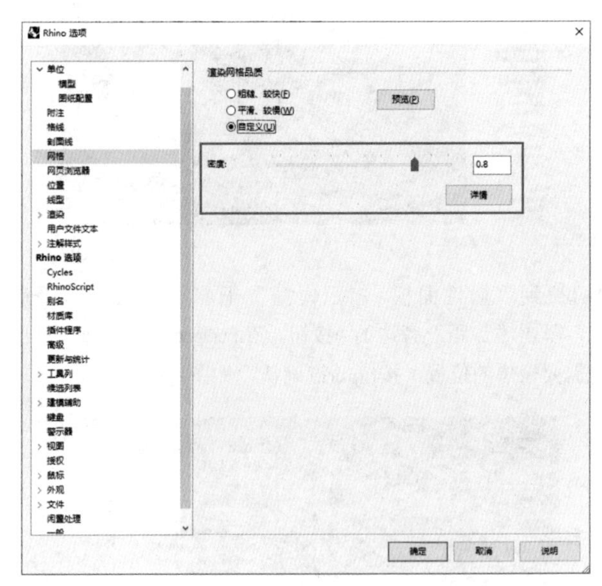

图1-204

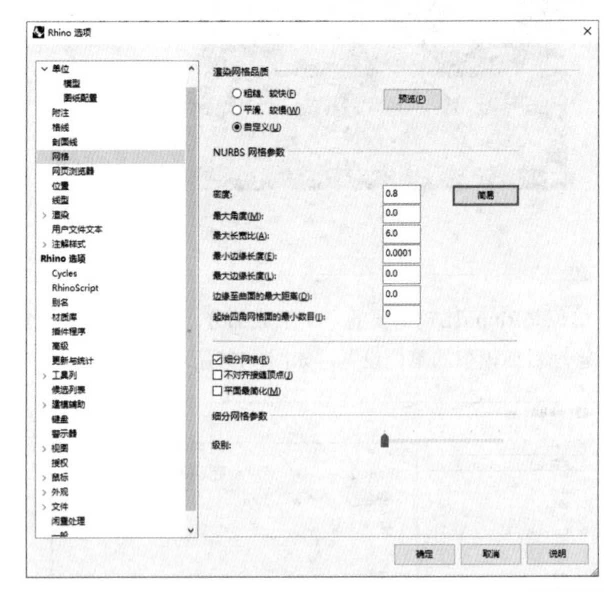

图1-205

密度：控制网格边缘与原来的曲面之间的距离，取值范围在0～1之间。值越大，建立的网格面越多。

最大角度：设置相邻网格面的法线之间允许的最大角度，如果相邻网格面的法线之间的角度大于这里设置的值，网格会进一步细分，网格的密度会提高。最大角度的数值越小，速度就越慢，但是显示精度也就越高。

技巧与提示

以最大角度设置转换网格的结果只受物件形状的影响，与物件大小无关。这个设置值通常会在物件曲率较大的部分建立较多的网格面，平坦的部分建立较少的网格面。

最大长宽比：在NURBS曲面转换为网格时，一开始是以四角形网格面转换，然后进一步细分。该值越小，网格转换越慢，网格面数越多，但网格面形状越规律。这个设置值大约是起始四角网格面的长宽比。设置为0表示停用这个参数，网格面的长宽比将不受限制，默认值为0；不设置为0时，建议设置为1～100。

技巧与提示

当物件的形状较为细长时，可以将这个参数设置为0，此时建立的网格面的形状可能会很细长，因此可以配合其他参数控制网格的平滑度。

最小边缘长度：当网格边缘的长度小于该值时，不会再进一步细分网格，默认值为0.0001。设置该参数值的时候需要依照物件的大小进行调整，值越大，网格转换越快，同时网格越不精确，面数也较少。当设置为0时，表示停用这个参数。

最大边缘长度：当网格边缘的长度大于该值时，网格会进一步细分，直到所有网格边缘的长度都小于该参数值。默认值为0，表示停用这个参数。设置该参数值的时候同样需要依照物件的大小进行调整，值越小，网格转换越慢，网格面数越多，网格面的大小也就较平均。

技巧与提示

注意，“最小边缘长度”“最大边缘长度”与物件的比例有关，使用的是当前的单位设置。

边缘至曲面的最大距离：为该参数设置一个值后，网格会一直细分，直到网格边缘的中点与NURBS曲面之间的距离小于设置的值。值越小，网格转换越慢，网格越精确，网格面数越多。

起始四角网格面的最小数目：控制网格转换开始时，每个曲面的四角网格面数。也就是说，每个曲面转换的网格面至少会是这里设置的数目。值越大，网格转换越慢，网格越精确，网格面数越多，而且分布越平均。默认值为16，建议值为0～10 000。

技巧与提示

这里可以设置较高的值，使曲面转换成网格时可以保留细节部分。

细分网格：勾选该选项后，在转换网格时，Rhino会一直不断地细分，直到网格符合“最大角度”“最小边缘长度”“最大边缘长度”“边缘至曲面的最大距离”设置的值。禁用该选项后，网格转换较快，网格不精确，同时网格面较少。

不对齐接缝顶点：勾选该选项后，所有曲面将各自独立转换网格，转换速度较快，网格面较少，但转换后的网格在曲面的组合边缘处会产生缝隙。该参数可用于网格转换目的不需要稠密的网格。取消勾选该选项才可以建立稠密的网格。

技巧与提示

除非以未修剪的单一曲面转换网格，否则Rhino无法以纯四角网格面建立稠密的网格。

当禁用“细分网格”选项，并勾选“不对齐接缝顶点”选项后，可以使转换的网格有较多的四角网格面。

平面最简化：勾选该选项后，转换网格时会先分割边缘，然后以三角形网格面填充边缘内的区域。转换速度较慢，网格面较少。

技巧与提示

勾选“平面最简化”选项后，转换网格时除了“不对齐接缝顶点”选项外，其他所有选项都会被忽略，并以最少的网格面转换平面。

实战

多边形网格调节

场景位置	场景文件>第1章>06.3dm
实例位置	无
视频位置	第1章>实战——多边形网格调节.mp4
难易指数	★☆☆☆☆
技术掌握	掌握调节多边形网格质量的方法

01 打开本书学习资源中的“场景文件>第1章>06.3dm”文件，如图1-206所示。

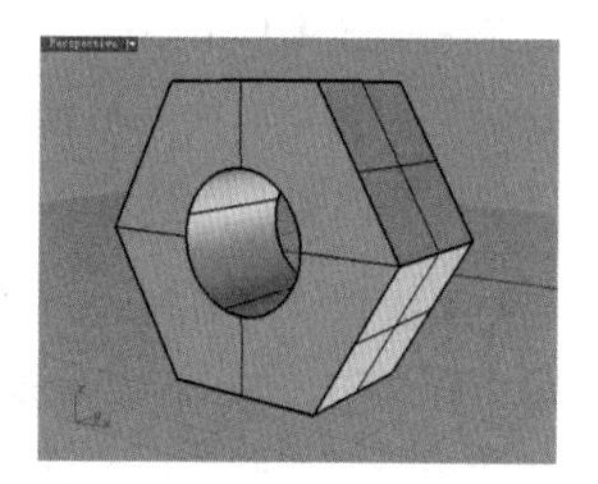

图1-206

02 单击“标准”工具栏中的“文件属性/选项”工具，打开“Rhino选项”对话框，然后切换到“网格”面板，并设置“渲染网格品质”为“自定义”，接着单击“详情”按钮，展开所有参数设置，如图1-207所示。

图1-207

03 将“密度”“最大角度”“最大长宽比”“最小边缘长度”“最大边缘长度”5个参数的值都设置为0，然后设置“边缘至曲面的最大距离”为0.5，“起始四角网格面的最小数目”为16，接着勾选“平面最简化”选项，如图1-208所示。

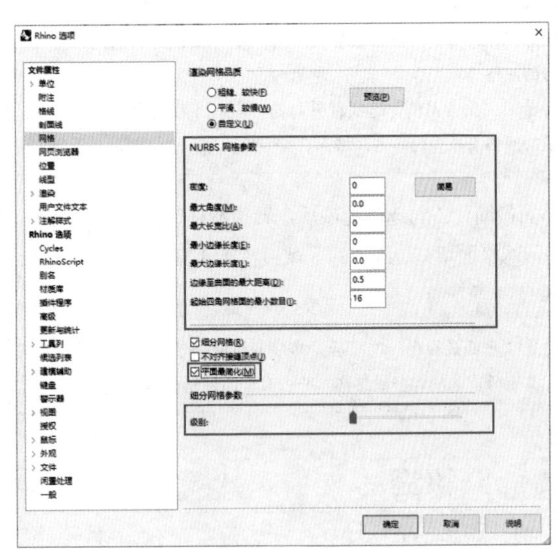

图1-208

04 单击“确定”按钮，退出“Rhino选项”对话框，然后单击“标准”工具栏中的“着色/着色全部工作视窗”工具，着色效果如图1-209所示。从图中可以看到曲面交界处有溢出现象，这表明曲面的网格精度不高，这一表现方式通常用于建模时的快速表现。

05 再次打开“Rhino选项”对话框，然后调整“边缘至曲面的最大距离”为0.01，其他参数不变，着色效果如图1-210所示，从图中可以看到曲面交界处变得圆滑，这表明曲面的网格精度提高，这一表现方式主要用于建模后的最终成型。

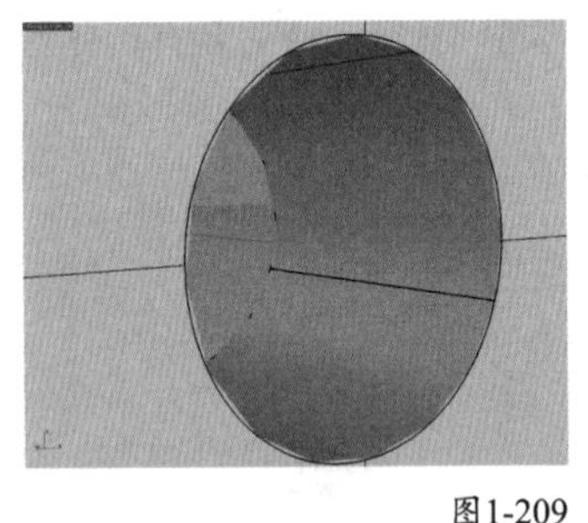

图1-209　　图1-210

★重点★

1.4.2 Rhino选项

在“Rhino选项”分类下包括“别名”“视图”“外观”等，主要用于区分命令功能之间的差别。

别名

别名可以理解为快捷键，而“别名”面板中的参数就用于自定义快捷键，如图1-211所示。其中“指令巨集”栏中定义的是完整的指令，而“别名”栏中定义的是指令的快捷键。

图1-211

实战

设置Rhino指令快捷键

场景位置	无
实例位置	无
视频位置	第1章>实战——设置Rhino指令快捷键.mp4
难易指数	★☆☆☆☆
技术掌握	掌握为Rhino指令设置快捷键的方法

01 打开“Rhino选项”对话框，然后切换到“别名”参数面板，如图1-212所示。

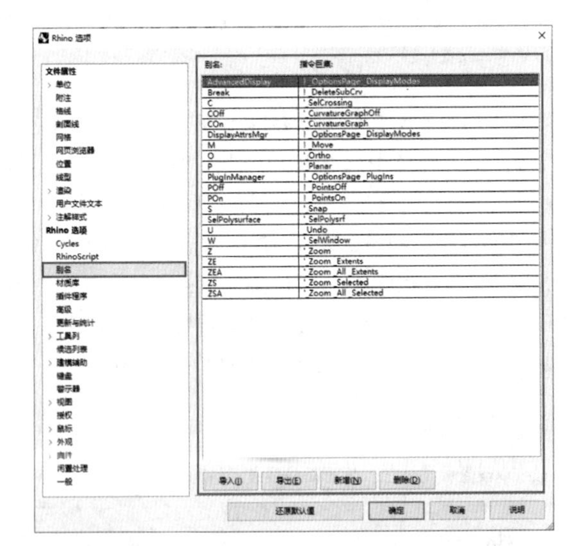

图1-212

02 本例将为ExtrudeCrv（直线挤出）命令设置一个快捷键。首先单击“新增”按钮，建立一个新别名，然后在左侧的“别名”栏中输入ee，接着在右边的“指令巨集”栏中输入ExtrudeCrv，最后单击“确定”按钮，完成设置，如图1-213所示。

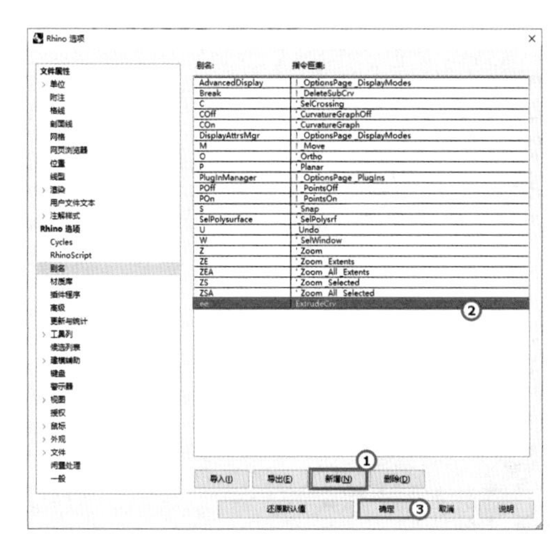

图1-213

03 检验一下别名设置是否有效，在命令行中输入ee并按Enter键确认，可以看到出现了“选取要挤出的曲线”提示，这表示该命令已经被成功启用，如图1-214所示。

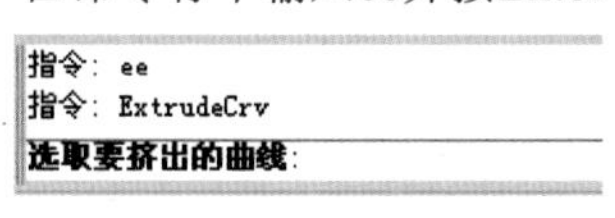

图1-214

技术专题：自定义指令别名的注意事项

在“别名”参数面板的“指令巨集”栏中，可以看到Rhino默认设置的指令前都带有一些特殊符号，下面对这些符号的含义进行介绍。

感叹号（！）+空格：以这种方式开头的指令可以终止目前正在执行的任何其他指令。

底线（_）：Rhino有多种语言的版本，为了让指令在各种语言版本中都能正确执行，必须在每个指令前加上底线，以Move（移动）命令为例，应该是_Move；如果加上上面所说的感叹号（！）和空格，应该是!_Move。

连字号（-）：Rhino中的一些指令会弹出对话框，如果在该指令前加上连字号，将强制该指令不弹出对话框，而是通过命令选项执行。

视图

“视图”参数面板主要控制用户在视窗中的操作，如图1-215所示。

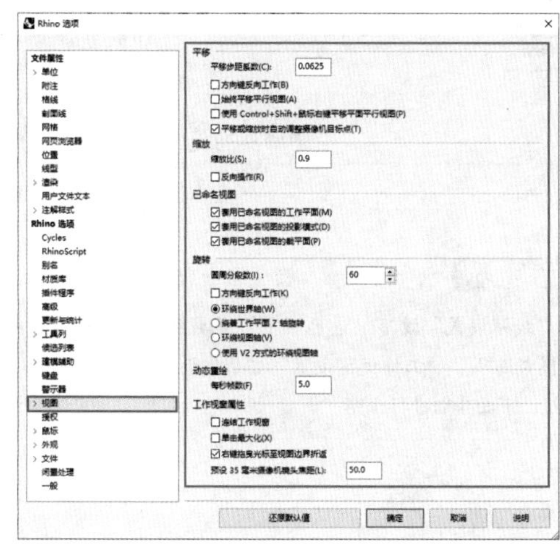

图1-215

视图设置重要参数介绍

平移：该参数组用于控制通过键盘上的方向键平移视图的特性，默认平移视图的快捷方式为使用鼠标右键。

平移步距系数：设置每按一次方向键，视图所平移的距离（以像素计算）。具体的计算公式为：平移的距离=工作视窗的宽高中较窄的方向的像素值×平移步距系数。

方向键反向工作：默认设置是以方向键的方向平移视图，勾选这个选项后，将以方向键的反向平移视图。

始终平移平行视图：默认情况下，当平行视图被调整为透视角度后，通过鼠标右键或方向键将不能再对其进行平移操作（而是旋转操作），如果仍然希望通过鼠标右键或方向键进行平移操作，可以勾选该选项。

缩放：该参数组中有“缩放比”参数。前面说过，按PageUp键和PageDown键或滚动鼠标中键可以放大和缩小视图，而“缩放比”参数就用于控制每一次放大和缩小的比例。

技巧与提示

当“缩放比”参数大于1时，PageUp键、PageDown键和鼠标中键的缩放方向将相反。

已命名视图：该参数组中包含3个选项，当自定义一个视图并进行保存后，如果要将该视图的工作平面、投影模式和遮蔽平面设置还原（应用）到其他视图中，需要勾选这3个选项。

旋转：该参数组用于控制视图的旋转角度和方式。

圆周分段数：在透视角度下，按键盘上的方向键可以旋转视图，该参数控制一个圆周（360°）上旋转的段数，预设是60段，也就是说每按一次方向键旋转6°。

方向键反向工作：默认设置是以方向键的方向旋转视图，勾选这个选项后，将以方向键的反向旋转视图。

环绕世界轴：向左右旋转视图时，视图摄像机绕着世界z轴旋转。

环绕视图轴：向左右旋转视图时，视图摄像机绕着视图平面的y轴旋转。

动态重绘：该参数组只提供了一个“每秒帧数”参数。在对视图进行平移、缩放、旋转等操作的过程中，为了实时动态显示，因此需要不断地重绘，使用“每秒帧数”参数可以控制图形显示的反应速度（每秒钟视图显示的帧数），默认值是合理的重绘速度。

技巧与提示

在较大的场景中，动态重绘会比较慢，因此必要时会取消重绘。

工作视窗属性：该参数组控制工作视窗的一些操作方式。

连结工作视窗：开启视图实时同步功能，也就是说改变一个视图（如平移或缩放）时，其他视图会同时进行改变。

技巧与提示

在“工作视窗配置”工具栏中有一个“视图同步化/切换连结工作视窗”工具，“连结工作视窗”选项对应该工具的右键功能。如果单击该工具，可以使其他视图与当前激活的视图对齐（但不会保持同步性）。

单击最大化：默认情况下，只有双击视图标签才能最大化视图。勾选该选项后，单击即可最大化视图。

右键拖曳鼠标光标至视图边界折返：通过鼠标右键平移视图时，当鼠标指针到达视窗的边缘后，如果勾选该选项，那么鼠标指针会自动跳至该边缘的对边处，这样可以一直平移视图至自己想要的位置。如果未勾选该选项，那么鼠标指针移动至屏幕边缘后将无法继续移动。

预设35毫米摄像机镜头焦距：当工作视窗由“平行”投影模式改为“透视”投影模式后，该值为预设的视图摄像机镜头焦距。

OpenGL

OpenGL子面板如图1-216所示，比较重要的参数是“外观设定”参数组中的“反锯齿”选项，这项功能在Rhino 7版本中被设置到了“视图>OpenGL”子面板下，方便用户使用。

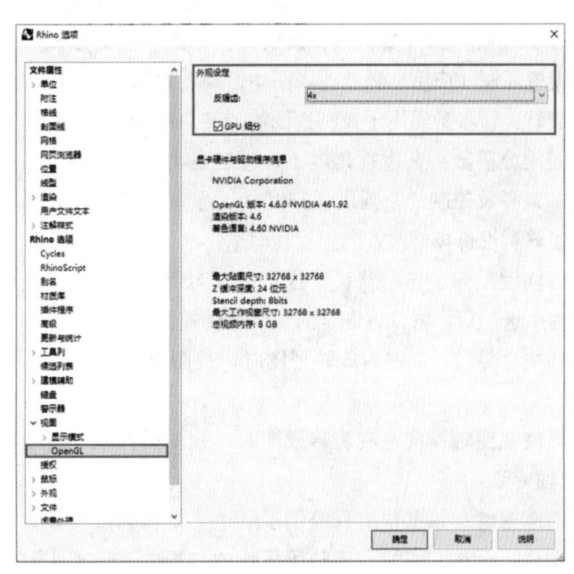

图1-216

显示模式

“显示模式”子面板如图1-217所示，可以看到其中有“线框模式”“着色模式”“渲染模式”“半透明模式”“X光模式”“工程图模式”“艺术风格模式”“钢笔模式”“极地模式”“光线跟踪”共10种显示模式。

图1-217

技巧与提示

为了方便用户在建模的过程中以不同的方式查看模型，Rhino 7提供了多种显示模式，“视图”面板就用于对这些模式的参数进行设置。

任意选择一种显示模式，并展开其子目录，可以看到相应的设置分类和参数选项，如图1-218所示。

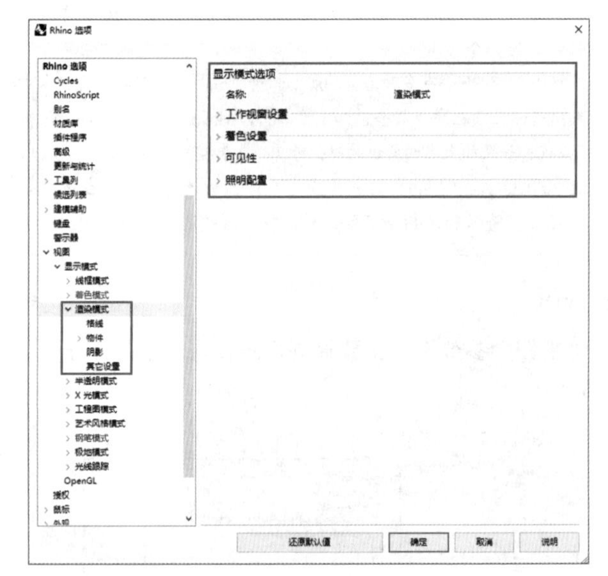

图1-218

技巧与提示

除了“线框模式”没有“着色设置”参数组外，其他显示模式都包含“显示模式选项”“工作视窗设置”“着色设置”“可见性”“照明配置”参数组，下面分别进行介绍。

显示模式重要参数介绍

显示模式选项：显示模式的名称。

工作视窗设置：设置工作视窗背景的颜色，包含7种设置，如图1-219所示。

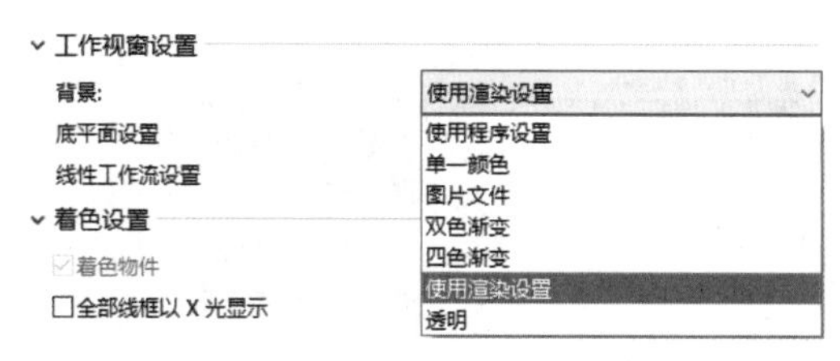

图1-219

使用程序设置：使用“颜色”子面板中的设置。

单一颜色：自定义一种背景颜色。

图片文件：以选取的图片文件作为工作视窗的背景。

双色渐变：通过设置“上方颜色”“下方颜色”来定义一个双色渐变背景。

四色渐变：通过设置“左上方颜色”“左下方颜色”“右上方颜色”“右下方颜色”来定义一个4色渐变背景。

使用渲染设置：使用“Rhino渲染”面板中的背景设置。

着色设置：该参数组用于设置显示模式着色的方式。

全部线框以X光显示：着色模型，同时会显示模型内部被挡住的线框结构，如图1-220所示。

平坦着色：以网格着色模型，可以看到着色网格的每一个网格面，如图1-221所示。

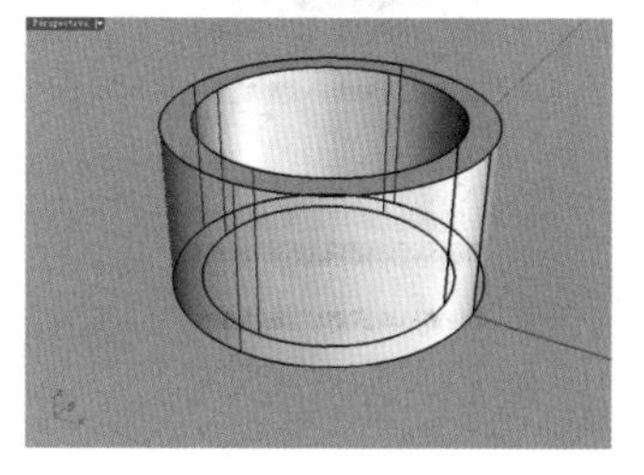

图1-220

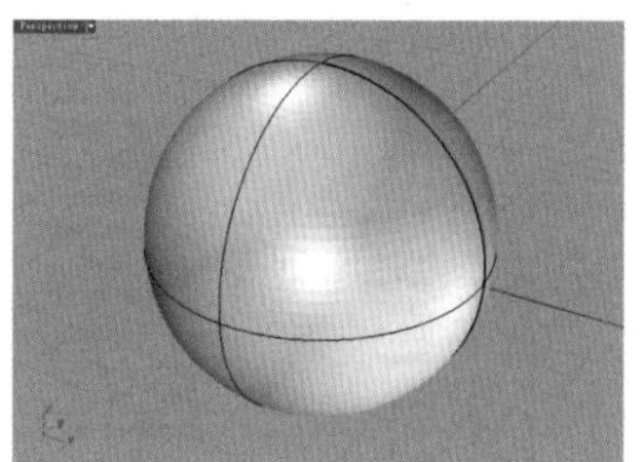

图1-221

颜色&材质显示：包含4个选项，如图1-222所示。其中“物件颜色”是指以物件属性里设置的颜色显示，可以设置“光泽度”“透明度”。“全部物件使用单一颜色”是指以单一颜色显示物件，可以设置“光泽度”“透明度”“颜色”。“渲染材质”是指以材质显示物件。“全部物件使用自定义材质”是指通过“自定义物件属性设置”对话框中的设置来显示物件，如图1-223所示。

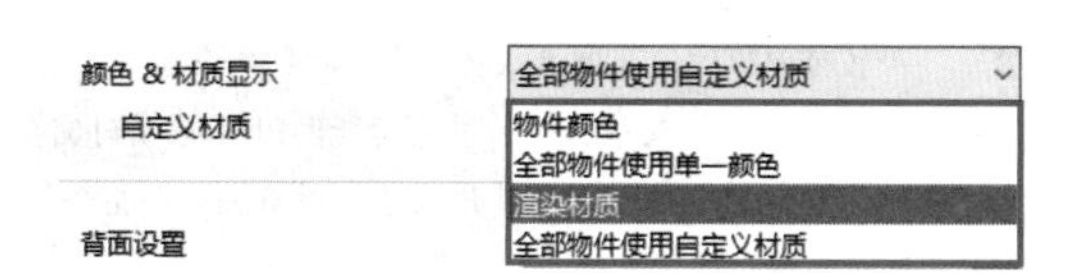

图1-222

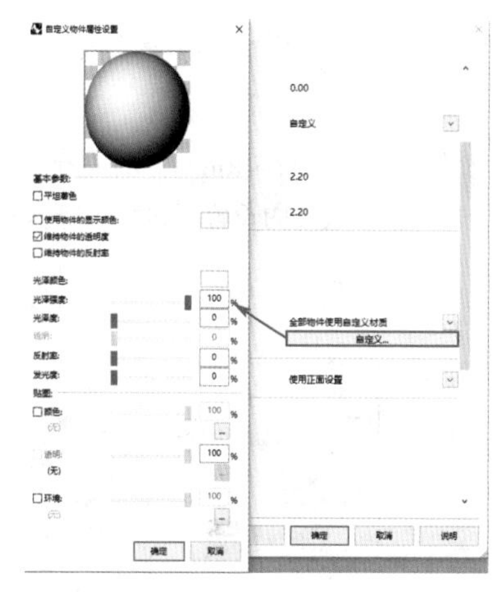

图1-223

背面设置：控制物件背面的显示方式，如图1-224所示。

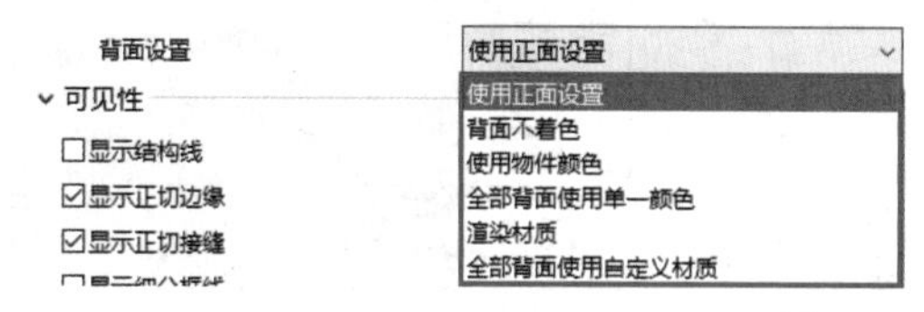

图1-224

可见性：控制是否显示结构线、曲线、灯光等元素，如图1-225所示，一般情况下这里的设置不用改动。

照明配置：该参数组用于控制照明方式和环境光颜色，如图1-226所示。

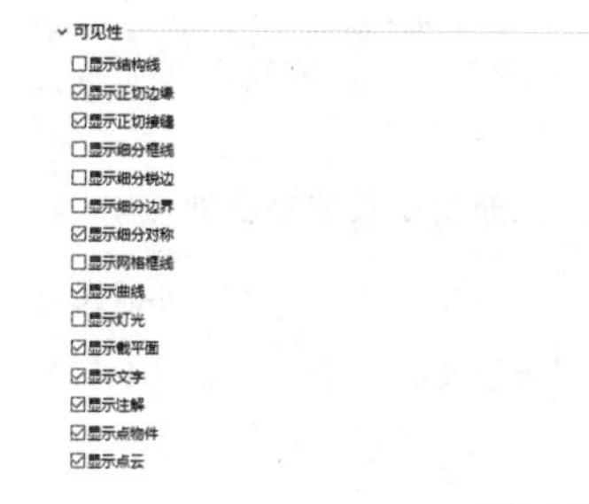

图1-225

图1-226

照明方式：有“无照明”“预设照明”“场景照明”“自定义照明”4种方式。“预设照明”是指未建立灯光或未打开灯光时的照明方式。“场景照明”是指使用场景中建立的灯光照明。“自定义照明”允许设置最多8个自定义灯光，如图1-227所示。

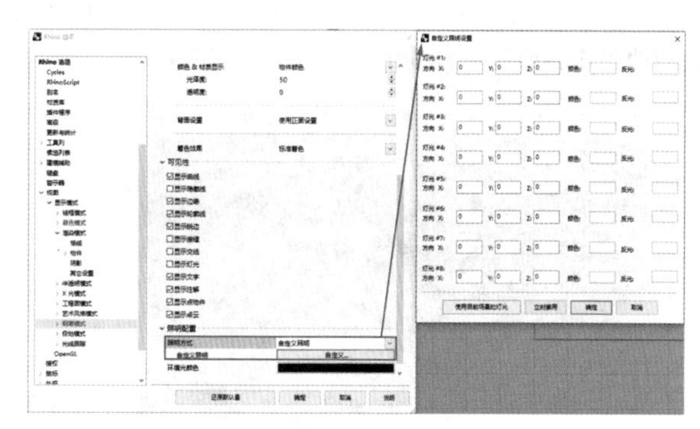

图1-227

环境光颜色：通过右侧的色块按钮选取环境光的颜色。

外观

“外观”参数面板可以设置Rhino界面的颜色和某些项目的可见性，是Rhino 7非常重要的设置，包含了一些视图显示的重要内容，如图1-228所示。

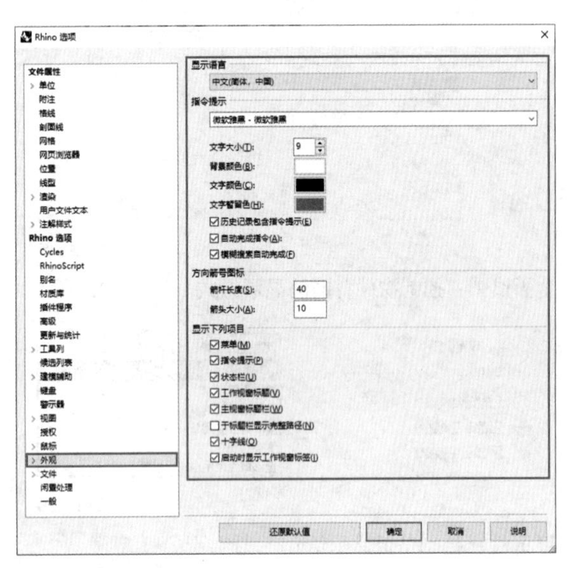

图1-228

外观设置重要参数介绍

显示语言：设置Rhino界面使用的语言，可以从下拉列表中选择已安装的语言，如图1-229所示。

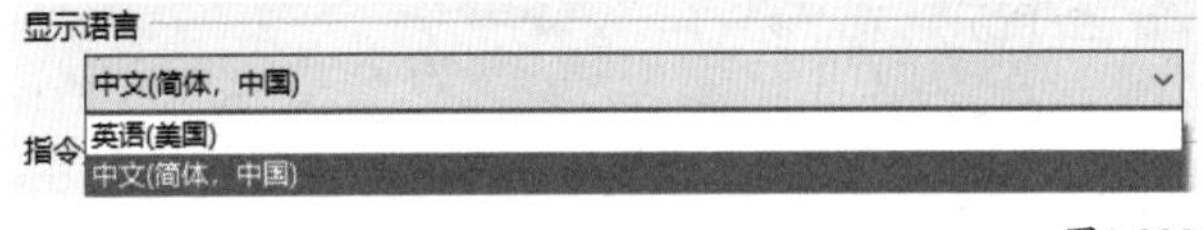

图1-229

指令提示：可以影响命令行的外观。用于设置命令行文字的字体、大小、颜色和暂留色（光标停留在选项上时选项的显示颜色），以及设置背景颜色。

方向箭号图标：使用Dir（分析方向）命令时，Rhino通过箭头显示选定曲线或曲面的方向，而“箭杆长度”“箭头大小”参数用于设置箭杆的长度和箭头的大小。

显示下列项目：该参数组中的选项通常是全部勾选的，全部禁用的工作界面如图1-230所示。

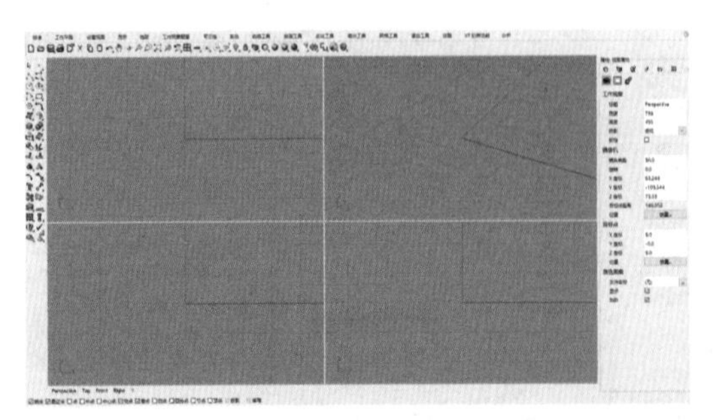

图1-230

技巧与提示

“于标题栏显示完整路径”选项用于在标题栏中显示工作文件的路径（没有保存的文件不会显示），“十字线”选项用于在建模时显示鼠标指针上的十字线，如图1-231所示。

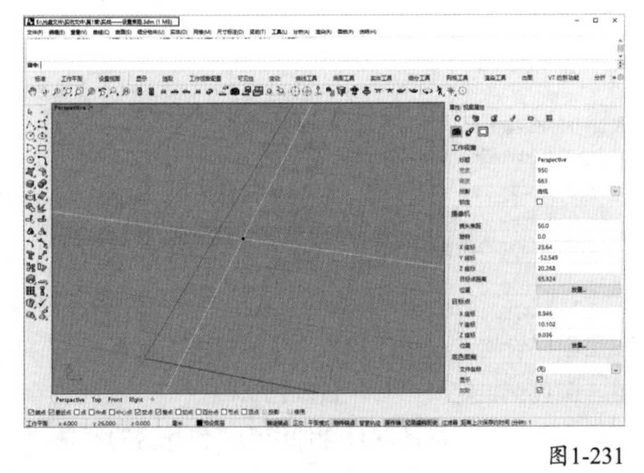

图1-231

颜色

“颜色”子面板如图1-232所示，主要用于设置工作界面中各部分的颜色。如果需要还原为原始设置，只需单击“还原默认值”按钮 还原默认值 即可。

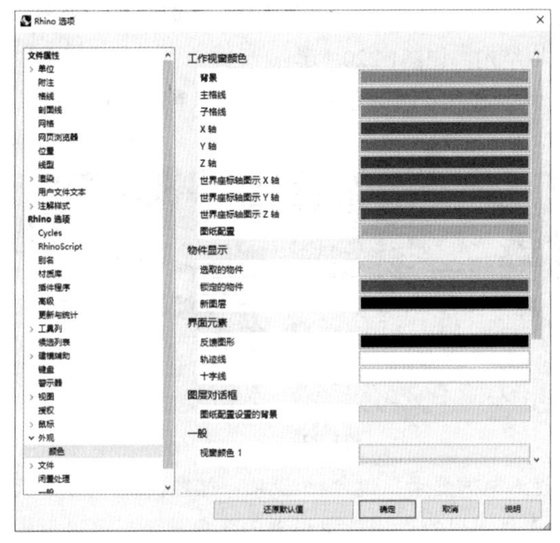

图1-232

技巧与提示

这里再简单介绍一下“插件程序”“键盘”“一般”参数面板。

“插件程序”面板是Rhino比较常用的设置，很多Rhino插件都需要通过该面板来安装，一般只要单击“安装”按钮 安装... 就可以安装了。

“键盘”面板可以通过设置键盘快捷方式来执行命令。

“一般”用于面板控制菜单功能、复原功能和Rhino启动时需要自动执行的指令。比较常用的是复原功能，建议设置“最多……个指令”为100，这样可以最大限度地保证错误的还原，如图1-233所示。

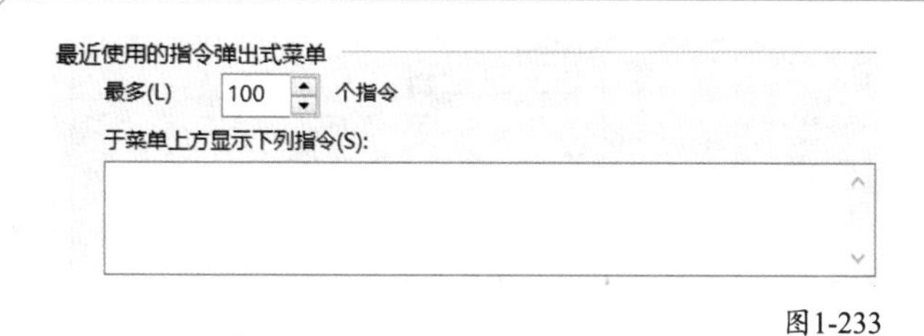

图1-233

关于工作环境的设置就介绍到这里，还有一些其他的参数设置会在本书后面的章节中体现。

重点实战

自定义工作环境

场景位置	无
实例位置	无
视频位置	第1章>实战——自定义工作环境.mp4
难易指数	★☆☆☆☆
技术掌握	掌握自定义工作环境的方法

01 运行Rhino 7，然后新建一个模板文件（注意查看模板文件的单位和公差设置）。

02 执行“工具>选项”菜单命令，打开“Rhino选项”对话框，然后在“单位”面板中再次确认模型使用的单位与公差设置，如图1-234所示。

图1-234

技巧与提示

“模型单位”一般设置为“毫米”，“绝对公差”依据物体大小来定，大的物体一般设置为0.01毫米，小的物体一般设置为0.001毫米。

注意，“图纸配置”面板中的设置与“单位”面板中的设置要一样。另外，“网格”面板中的设置一般保持默认即可。

03 在“别名”面板中为常用的命令设置快捷操作方式。

04 在“外观”面板的“显示下列项目”参数组中勾选所有选项，如图1-235所示。

图1-235

05 在“外观”面板的OpenGL子面板中设置“反锯齿”为8x，如图1-236所示。

图1-236

06 展开“显示模式”子面板，为“线框模式”设置工作视窗背景，如图1-237所示。完成设置后，工作视窗的显示效果如图1-238所示。

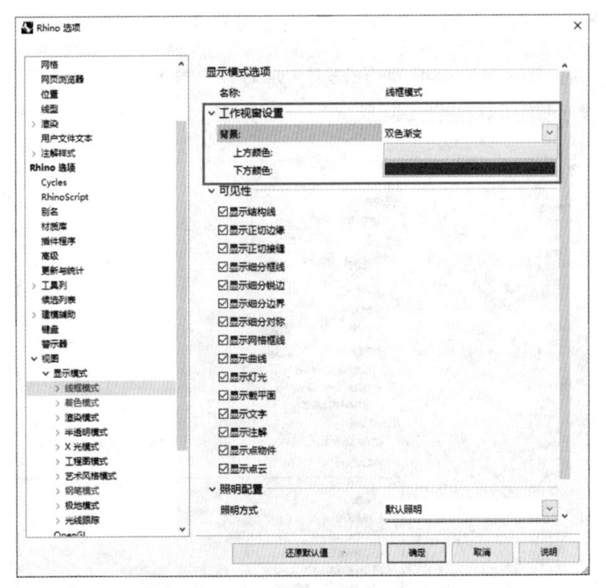

图1-237

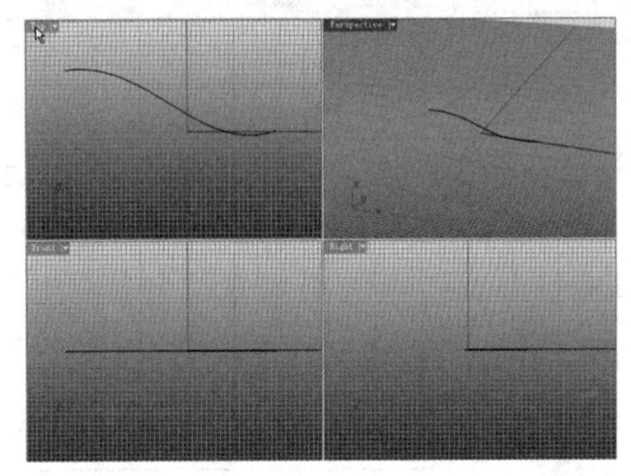

图1-238

技巧与提示

这里设置的颜色以建模时方便观察为原则，避免与网格线混淆。

07 为“着色模式”设置工作视窗背景，同时为模型的正面和背面设置不同的颜色，方便区分，如图1-239所示。

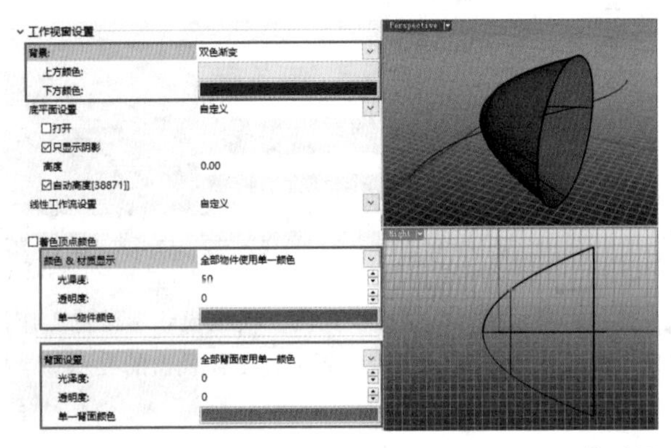

图1-239

08 在“一般”面板中设置最近使用的指令弹出式菜单最多100个指令，增加建模的可操作性，如图1-240所示。单击“确定”按钮 确定 ，完成设置。

图1-240

技巧与提示

本例介绍的自定义工作环境的方法适用于大多数情况，有特殊需要的读者可根据自己的需要进行调节。

技术专题：Rhino的显示模式

在前面的内容中提到了Rhino的10种显示模式，如果要将这10种模式应用于模型中，主要有以下3种方法。

第1种：通过“查看”菜单进行应用，如图1-241所示。

第2种：通过视图标签菜单进行应用，如图1-242所示。

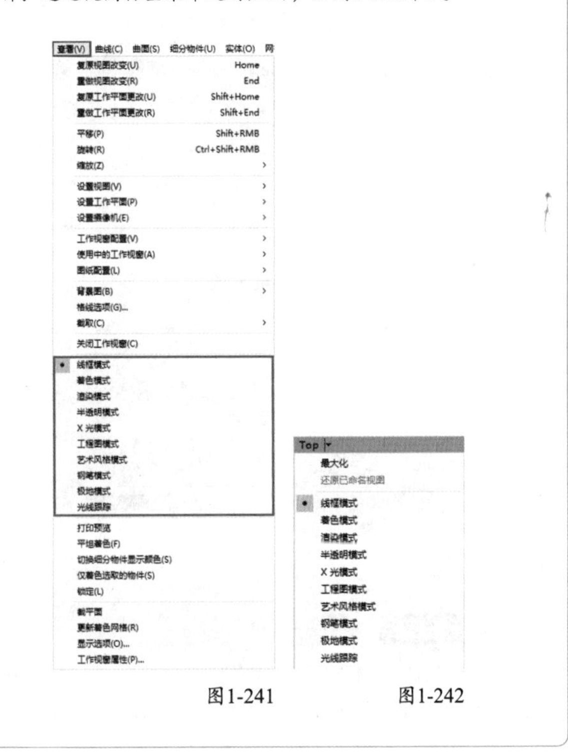

图1-241　　图1-242

第3种：通过“显示”工具栏进行应用，如图1-243所示。

标准 工作平面 设置视图 显示 选取 工作视窗配置 可见性 变动

图1-243

在建模时，通常会使用“线框模式”或“着色模式”，因为这两种模式显示的效果便于观察网格线。在模型最终成型后，可以使用其他模式进行设置。下面对8种模式进行介绍。

线框模式：以网格框架显示，如图1-244所示。

着色模式：将工作视窗设定为不透明的着色模式，如图1-245所示。

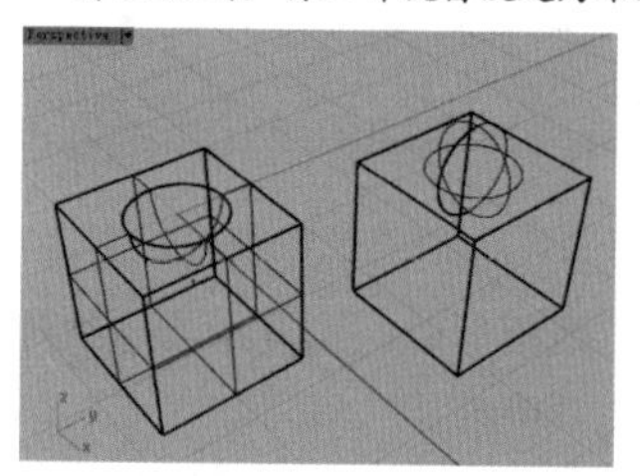

图1-244

图1-245

渲染模式：模拟有质感、有光影的渲染效果，如图1-246所示。

半透明模式：以半透明着色曲面，如图1-247所示。

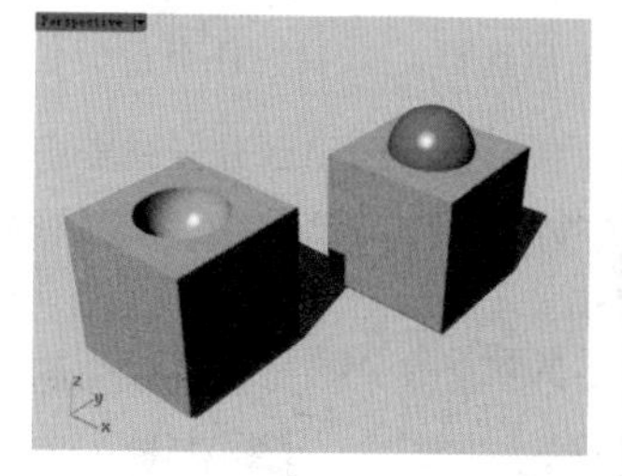

图1-246

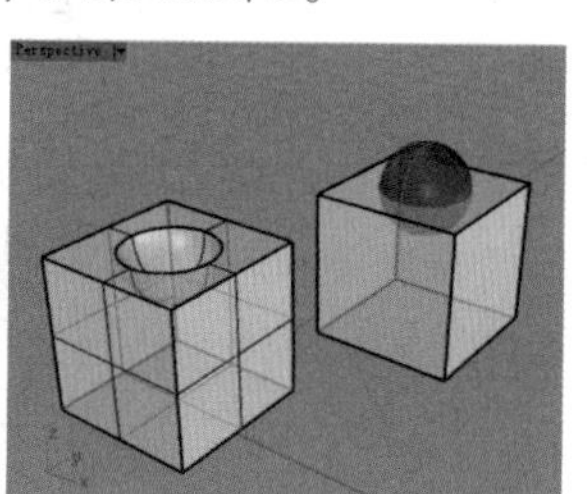

图1-247

X光模式：着色物件，但位于前方的物件完全不会阻挡后面的物件，如图1-248所示。

工程图模式：以工程图的方式显示模型，如图1-249所示。

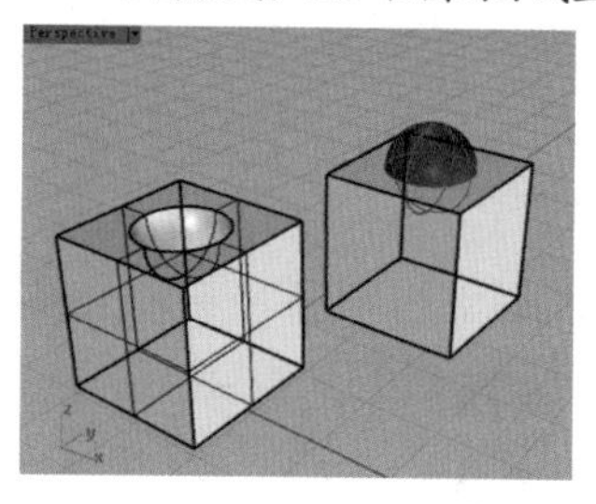

图1-248

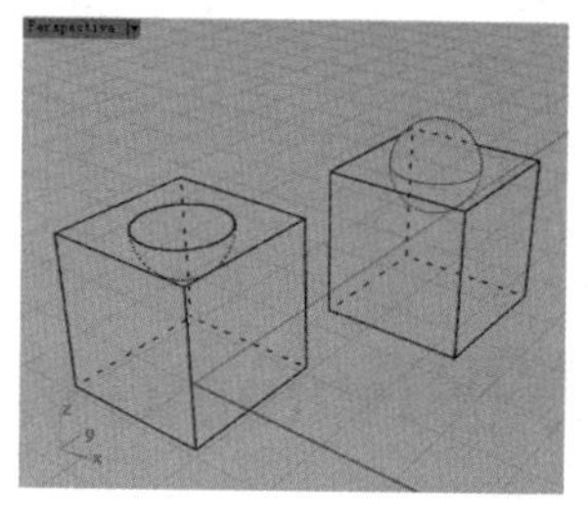

图1-249

艺术风格模式：以艺术手绘效果显示模型，如图1-250所示。

钢笔模式：以钢笔勾线的方式显示模型，如图1-251所示。

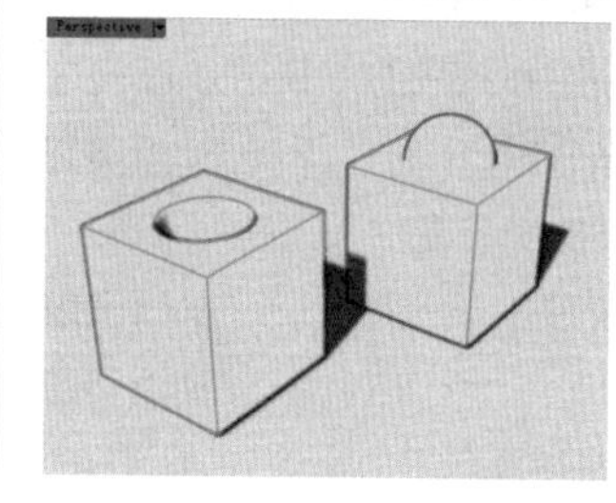

图1-250

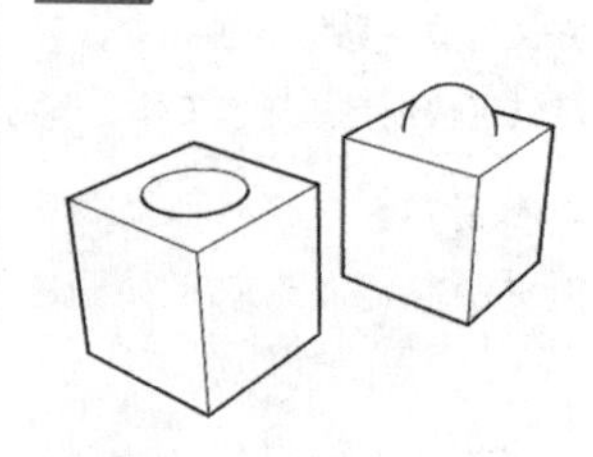

图1-251

第2章

掌握Rhino的基本操作

本章将会学习Rhino的基本操作方式。Rhino主要使用键盘配合鼠标进行各种操作，在执行指令时既可以通过单击按钮的方式，也可以通过键盘在命令栏输入指令的方式完成。熟悉各种指令、功能的启动和执行操作过程可以更快地完成建模工作，节约工作时间。

本章学习要点

- 熟悉选择对象的多种方式
- 掌握群组和解散群组的方法
- 掌握隐藏、显示、锁定和解除锁定对象的方法
- 了解并掌握移动、旋转等常用工具的操作用法
- 掌握Rhino模型的导入及导出方法
- 掌握Rhino中的尺寸标注技巧

2.1 选择对象

在建模的过程中，选择对象是比较常用的操作，根据物体不同的属性，可以利用不同的选择方式来进行选择。

2.1.1 基本选择方式

在大部分三维软件中，单击一个物件即可将该物件选中，Rhino也是如此，这种选择方式被称为单选。

默认情况下，Rhino中的物件以黑色线框显示，当一个物件被选中时，其颜色会变为黄色，以示区别，如图2-1所示。

单选这种方式通常适用于对单个物件进行操作，如果需要选择多个物件进行操作，就需要使用到框选或跨选方式。框选指的是从左至右拖曳出一个矩形选框，只有完全位于选框内的物件才能被选中，如图2-2所示。而跨选指的是从右至左拖曳出一个矩形选框，只要物件有部分位于选框内，即可被选中。

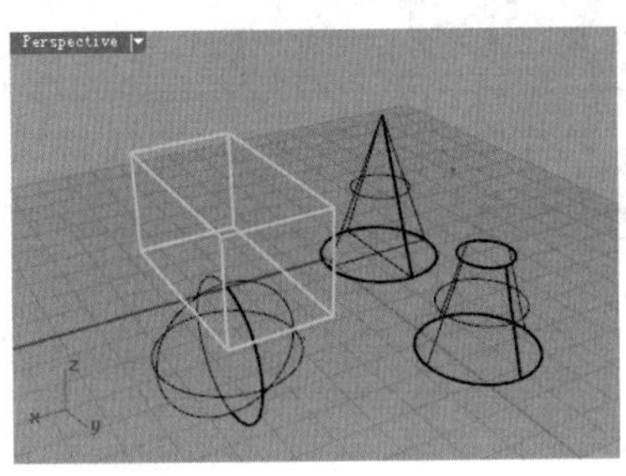

图2-1

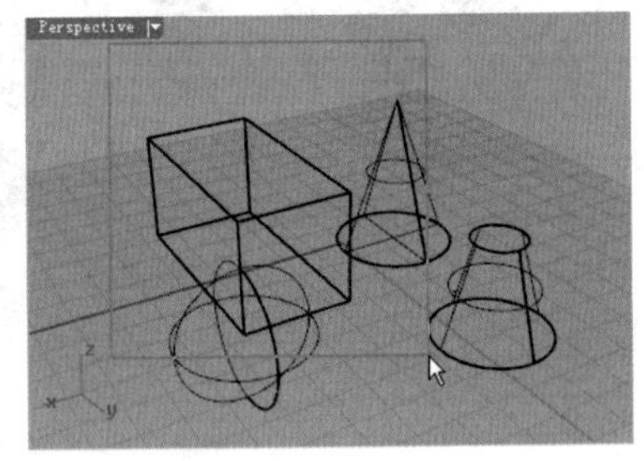

图2-2

技巧与提示

当物件被选中后，如果要取消选择，可以按Esc键或在工作视窗的空白区域单击。

疑难问答

问：如何在重合的物件中选中需要的物件？

答：单击位置重合的物件，由于Rhino无法判断想要选取的物件，因此会弹出一个“候选列表”面板，如图2-3所示，在该面板中单击一个选项即可选中对应的物件（鼠标指针指向选项时，对应的物件会高亮显示）。物件重合这种情况普遍发生在面线重叠等情况下。

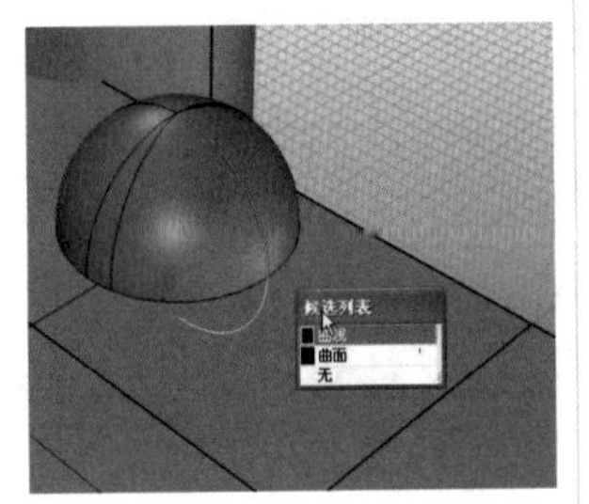

图2-3

实战

加选和减选

场景位置	场景文件>第2章>01.3dm
实例位置	无
视频位置	第2章>实战——加选和减选.mp4
难易指数	★☆☆☆☆
技术掌握	掌握加选和减选物件的方法

01 打开本书学习资源中的“场景文件>第2章>01.3dm”文件，如图2-4所示。

02 采用框选方式选择中间4个红色的模型，如图2-5所示。

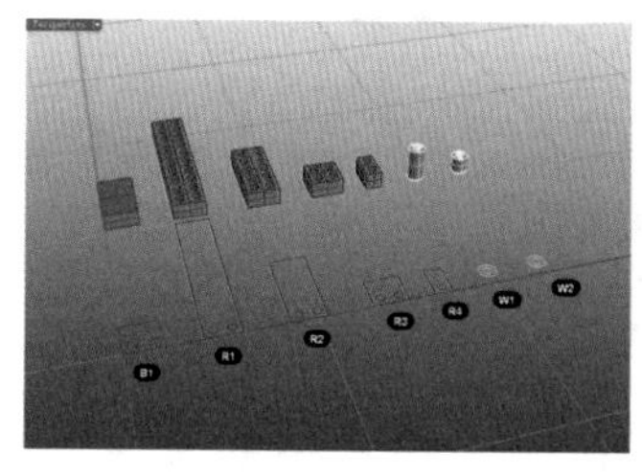

图2-4

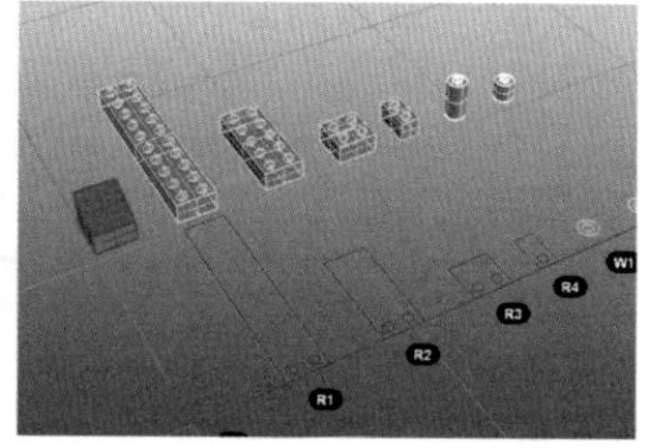

图2-5

03 按住Ctrl键的同时依次单击右侧已经被选中的两个红色模型，结果如图2-6所示，可以看到它们已经被排除在选择集之外了。

04 按住Shift键的同时依次单击之前没有被选择的3个模型，如图2-7所示，可以看到这3个模型已经被添加到了选择集中。

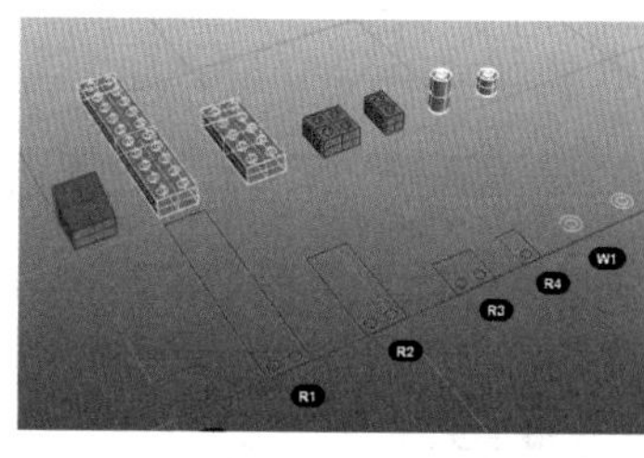

图2-6

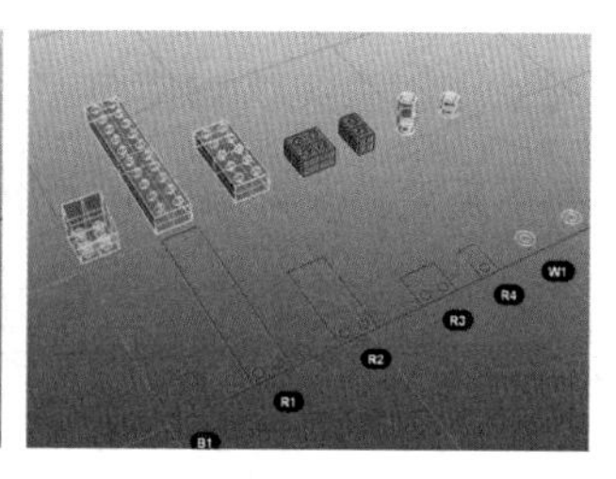

图2-7

★重点★

2.1.2 Rhino提供的选择方式

Rhino 7提供了比以往任何一个版本都要丰富的选取指令，这些指令主要位于“编辑>选取物件”菜单中，如图2-8所示。

如果要通过工具启用这些指令，可以使用“选取”工具栏，如图2-9所示。也可以通过“标准”工具栏中的“全部选取/全部取消选取”工具展开“选取”工具面板，如图2-10所示。

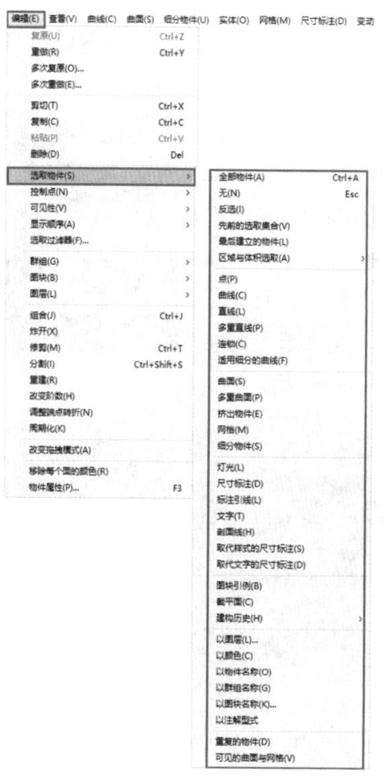

图2-8

图2-9

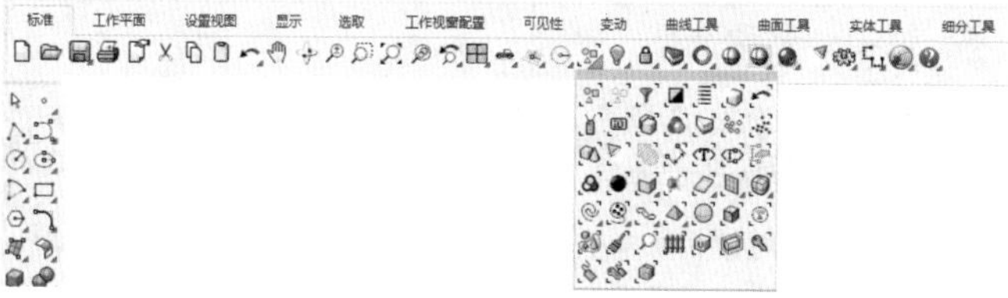

图2-10

下面介绍一下这些工具的用法。

全部选取/全部取消选取

使用“全部选取”工具可以将视图中显示的物件全部选中，快捷键为Ctrl + A，注意隐藏的物件无法被选中。而使用“全部取消选取”工具可以全部取消选择的物件，快捷键为Esc，该工具无法在其他命令执行的过程中取消已选取的物件。

反选选取集合/反选控制点选取集合

所谓反选，就是取消已经选取的物件，同时选择之前未选取的物件，使用“反选选取集合/反选控制点选取集合”工具可以进行反选。

选取最后建立的物件

“选取最后建立的物件”工具用来选择最后建立的一个

物件。这里所说的“最后建立”，不光是指创建，同时还包含了编辑更改。

举个例子，现在创建了物件1（先创建）和物件2（后创建），如图2-11所示。如果完成创建后没有进行过任何变动，那么使用“选取最后建立的物件”工具将选取物件2，如图2-12所示；如果完成创建后对物件1的大小或位置等进行了更改，那么选择的将是物件1，如图2-13所示。

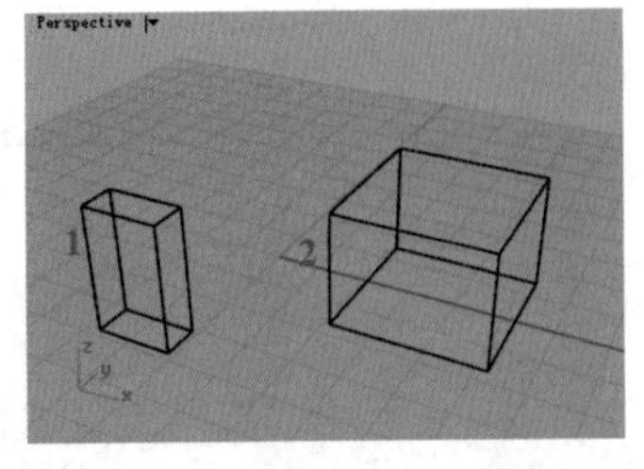

图2-11

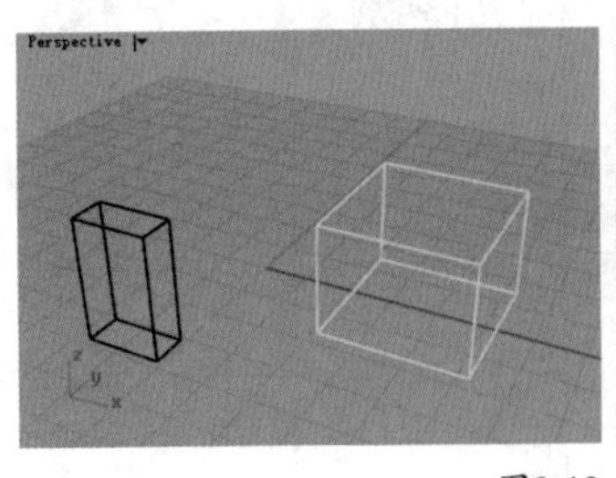

图2-12

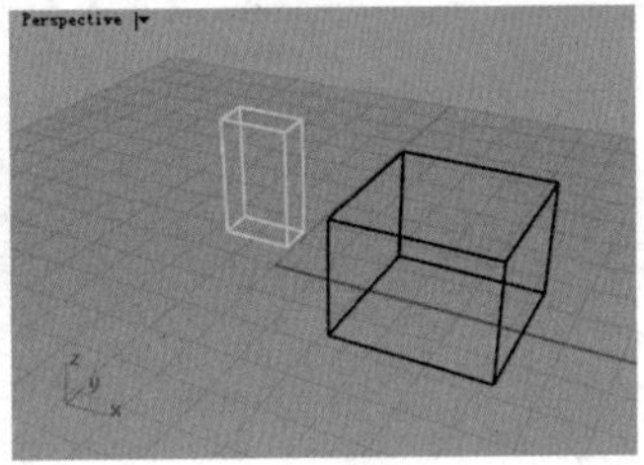

图2-13

选取上一次选取的物件

在建模的过程中有时候需要选取很多物件进行操作，如果一不小心点错了，比如点到了空白位置，自动取消了选择集，那么可以通过“选取上一次选取的物件”工具来恢复之前的选择。

以物件名称选取

“以物件名称选取”工具适用于选取已命名的物件，单击该工具将打开“选取名称”对话框，如图2-14所示。该对话框会列出所有已命名的物件（隐藏或锁定的物件不会列出），可根据设定的名称来选择。

图2-14

技巧与提示

由于隐藏或锁定的物件不会列出，因此无法选取这两类物件。

通过“选取名称”对话框中的“没有名称”选项，可以选取未命名的物件。

以物件ID选取

使用“以物件ID选取”工具可通过在命令行中输入物件的ID进行选取。物件的ID可以通过“属性：物件”面板进行查询，如图2-15所示。

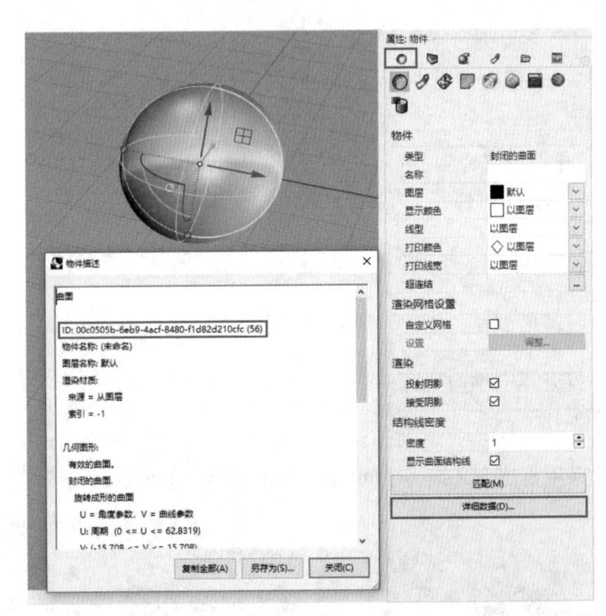

图2-15

选取重复的物件

如果要选取几何数据完全一样而且可见的物件，可以使用“选取重复的物件”工具，但会保留一个物件不选取。通常用于删除重叠的物件。

以颜色选取

如果要选取颜色相同的物件，可以使用“以颜色选取”工具。

以图层选取/以图层编号选取

单击“以图层选取/以图层编号选取”工具将弹出“要选取的图层”对话框，如图2-16所示，在该对话框中选择一个图层，并单击“选取”按钮或“确定”按钮，即可选中该图层上的所有物件。右击该工具将通过命令行输入图层的编号进行选取。

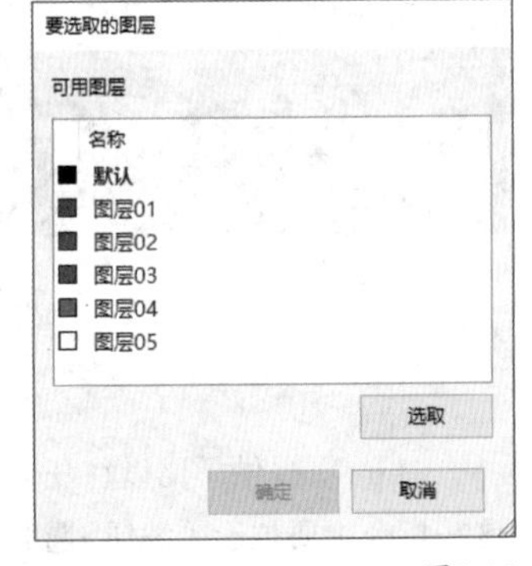

图2-16

选取点/选取点云

点是单个物件，点云是多个点的集合。使用“选取点”工具可以选取所有的点对象，而使用“选取点云”工具可以选取所有的点云物件。

疑难问答

问：如何创建点云？

答：点云是多个点的集合，因此创建点云首先要创建出多个点，然后使用“点云”工具 （注意不是使用“组合”工具），将这些点组合成一个整体对象，如图2-17所示。

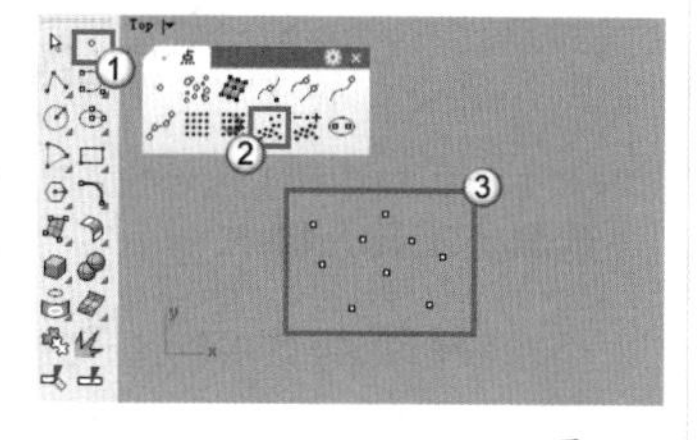

图2-17

选取全部图块引例/以名称选取图块

图块是指由多个物件组合生成的单一物件。Rhino可以定义图块，同时也可以插入图块。单击“选取全部图块引例/以名称选取图块”工具，将选择文件中插入的所有图块，右击该工具将弹出“选取图块引例”对话框，用于选取指定名称的图块，如图2-18所示。

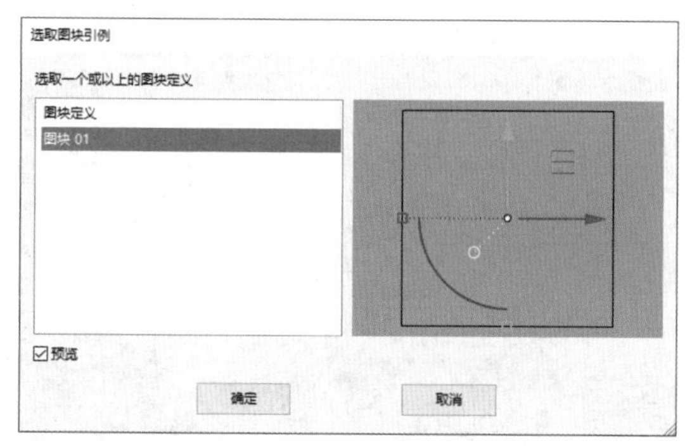

图2-18

技巧与提示

场景中不存在定义的图块时，右击“选取全部图块引例/以名称选取图块”工具，将不会打开“选取图块引例”对话框，同时命令行中将显示“没有图块引例可选取”。

选取灯光

使用“选取灯光”工具可以选取场景中的全部灯光物件。

选取尺寸标注/选取文字方块

单击“选取尺寸标注/选取文字方块”工具，将选取所有的尺寸标注，右击将选取所有的文字。

以群组名称选取

当场景中存在群组时，单击“以群组名称选取”工具，将打开“选取群组”对话框，以指定群组名称选取物件，如图2-19所示。

图2-19

选取注解点

使用“选取注解点”工具可以选取所有的注解点，图2-20所示的红圈内的部分就是注解点。

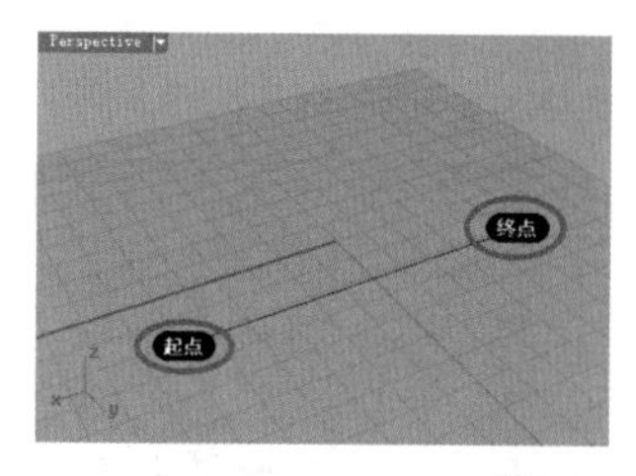

图2-20

选取多重曲面

多重曲面是由两个或两个以上的曲面组合而成的，“选取多重曲面”工具用于选取所有的多重曲面，该工具下包含了一个“选取多重曲面”工具面板，如图2-21所示。

图2-21

选取多重曲面工具介绍

“选取多重曲面”工具：选取所有多重曲面。

“选取开放的多重曲面”工具：选取所有未封闭的多重曲面。

“选取封闭的多重曲面”工具：如果多重曲面构成了一个封闭空间，那么这个多重曲面也称实体，该工具用于选取封闭的多重曲面。

“选取轻量化的挤出物件”工具：选取所有轻量化的挤出物件。

“选取可见物件”工具：选取所有可见的物件。

选取曲面

使用“选取曲面”工具可以选取视窗显示的所有曲面，该工具下包含了一个“选取曲面”工具面板，如图2-22所示。

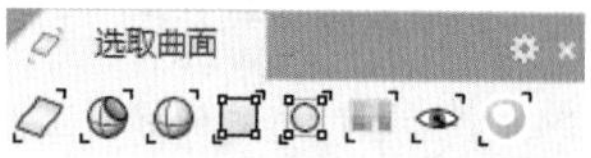

图2-22

选取曲面工具介绍

“选取开放的曲面”工具：选取所有开放的曲面，如图2-23所示。

“选取封闭的曲面”工具：选取所有封闭的曲面，如图2-24所示。

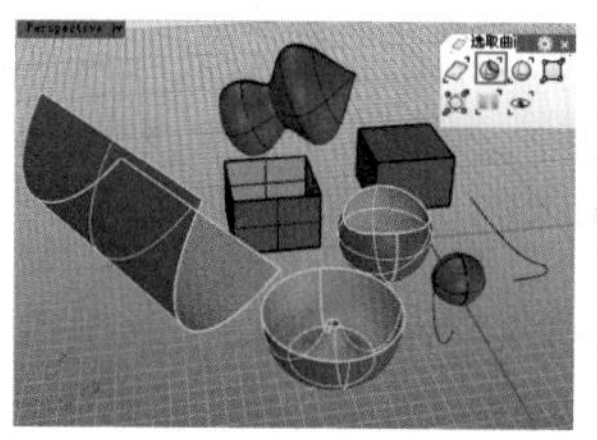

图2-23

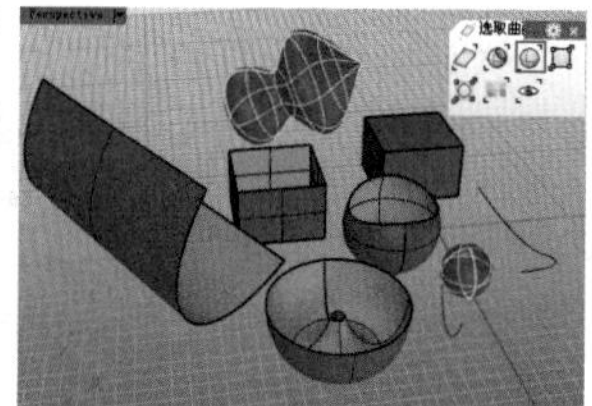

图2-24

“选取未修剪的曲面”工具：选取所有未修剪的曲面，

如图2-25所示。

“选取修剪过的曲面”工具：选取所有修剪过的曲面，如图2-26所示。

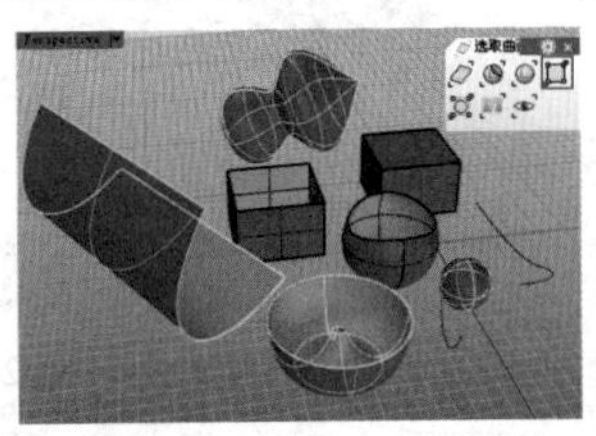

图2-25

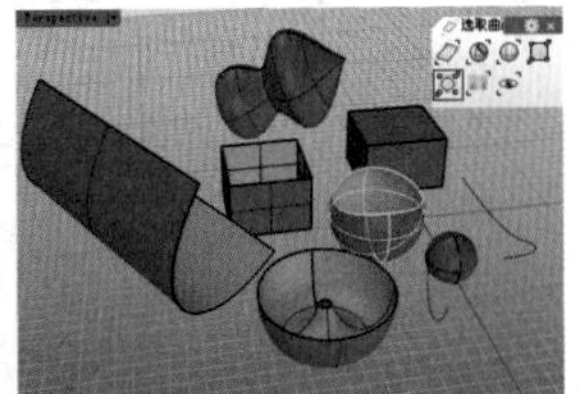

图2-26

选取网格

使用“选取网格”工具可以选取视窗显示的所有网格物件，该工具下包含了一个“选取网格”工具面板，如图2-27所示。

图2-27

选取网格工具介绍

“选取开放的网格”工具：选取所有开放的网格物件。

“选取封闭的网格”工具：选取所有封闭的网格物件。

“选取循环边缘”工具：选取网格物件上的循环边缘。

“选取环形边缘”工具：选取网格物件上的环形边缘。

“选取面循环”工具：选取网格物件上的循环面。

选取曲线

使用“选取曲线”工具可以选取所有的曲线，该工具下包含了一个“选取曲线”工具面板，如图2-28所示。

图2-28

选取曲线工具介绍

“选取过短的曲线”工具：选取所有比指定长度短的曲线。

“选取开放的曲线”工具：选取所有开放的曲线。

“选取封闭的曲线”工具：选取所有封闭的曲线。

“选取多重直线”工具：选取所有的多重直线。

“选取直线”工具：选取所有的直线。

“以线型选取”工具：以线型选取曲线。

“选取平面曲线”工具：选取所有的平面曲线。

“选取子曲线”工具：选取所有的子曲线。

“选取自相交曲线”工具：选取所有的自相交曲线。

“选取适用细分的曲线”工具：选取所有的适用细分的曲线。

选取控制点

首先介绍一下“以套索圈选点”工具，启用该工具后，可通过绘制一个不规则的范围选取物件。该工具下包含了一个“选取点”工具面板，这些工具用于选取物件的控制点，如图2-29所示。

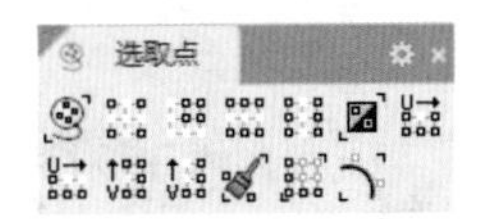

图2-29

选取点工具介绍

“选取相邻的点/取消选取相邻的点”工具：加选与选取的控制点相邻的控制点，右击该工具将取消对相邻点的选取。

技巧与提示

选择一个物件后，执行“编辑>控制点>开启控制点”菜单命令（快捷键为F10）可以显示控制点，执行“编辑>控制点>关闭控制点”菜单命令（快捷键为F11）可以关闭控制点的显示。

“选取UV方向”工具：选取U、V两个方向上的所有控制点。

“选取U方向”工具：通过目前选取的控制点选取U方向上的所有控制点，如图2-30所示。

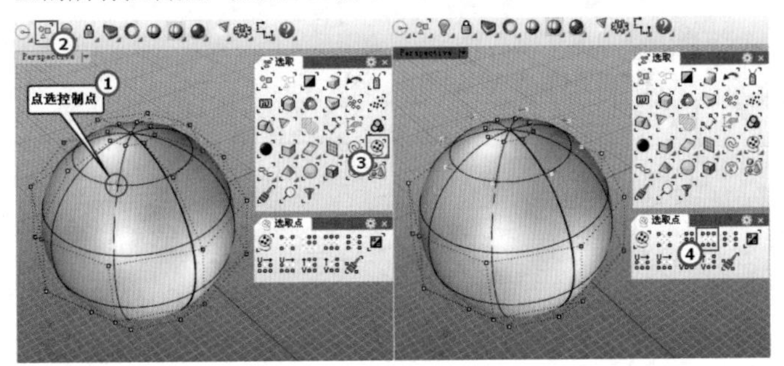

图2-30

“选取V方向”工具：通过目前选取的控制点选取V方向上的所有控制点。

“反选点选取集合/显示隐藏的点”工具：取消已选取的控制点或编辑点，并选取所有未选取的控制点或编辑点。

“U方向的下一点/U方向的上一点”工具：单击该按钮选取U方向上的下一个控制点，右击该按钮选取U方向上的上一个控制点。

“加选U方向的下一点/加选U方向的上一点”工具：单击该按钮加选下一个位于U方向上的控制点，右击该按钮加选上一个位于U方向上的控制点。

“V方向的下一点/V方向的上一点”工具：单击该按钮选取V方向上的下一个控制点，右击该按钮选取V方向上的上一个控制点。

“加选V方向的下一点/加选V方向的上一点”工具：单击该按钮加选下一个位于V方向上的控制点，右击该按钮加选上一个位于V方向上的控制点。

“以笔刷选取点”：使用笔刷的方式选取点。

“选取控制点范围”：以范围的方式选取控制点。

“选取控制点”：选取所有的控制点。

连锁选取

使用“连锁选取”工具可以选取端点相接的连锁曲线，

该工具下包含了一个“选取连锁”工具面板，分别用于选取具有位置连续（G0）、相切连续（G1）和曲率连续（G2）的曲线，如图2-31所示。

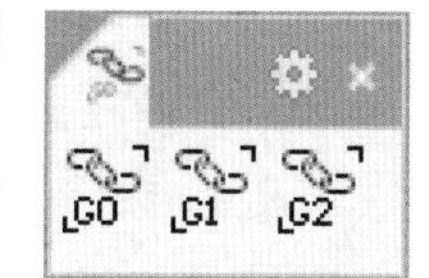

图2-31

知识链接

关于曲线连续性的介绍，可以参考本书第3章的3.1.4小节。

选取有建构历史的物件

单击状态栏中的“记录建构历史”按钮 记录建构历史 ，可以记录物件的建构历史（完成一个物件的制作后，该功能会自动关闭），而“选取有建构历史的物件”工具用于选取具有建构历史记录的物件。该工具下包含了一个“选取建构历史”工具面板，如图2-32所示。

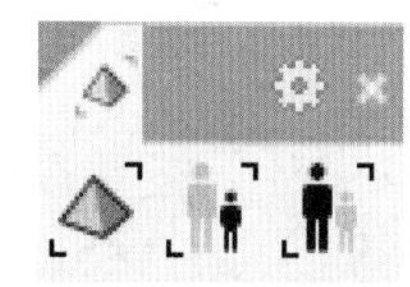

图2-32

选取建构历史工具介绍

“选取建构历史父物件”工具：选取建构历史父物件。

“选取建构历史子物件”工具：选取建构历史子物件。

技术专题：建构历史父子物件分析

在Rhino建模中，如果由线生成面，那么面的生成依赖于线，这个面与构成面的线之间就可以构成父与子的关系。父物体决定了子物体的造型，当改变父物体造型时，子物体也会随着变化。这对于建模修改非常有意义，下面列举一个简单的例子来说明。

观察图2-33，首先开启“记录建构历史”功能，然后启用“单轨扫描”工具，将圆形曲线沿着另一条曲线扫掠生成曲面，如图2-34所示。

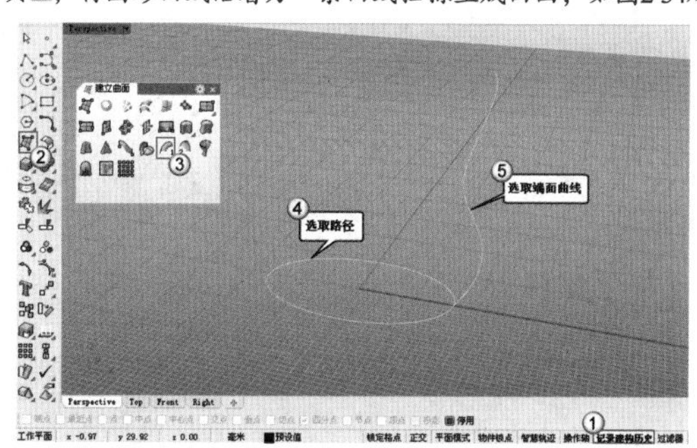

图2-33

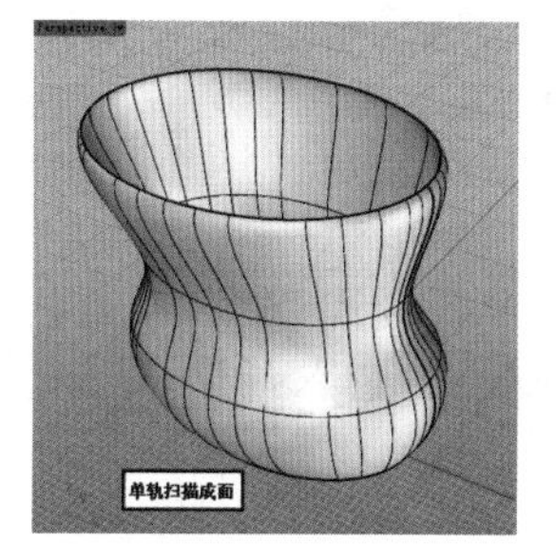

图2-34

启用“选取建构历史父物件”工具，选择曲面，然后按Enter键确认，此时父物体（原曲线）被选择，如图2-35所示。

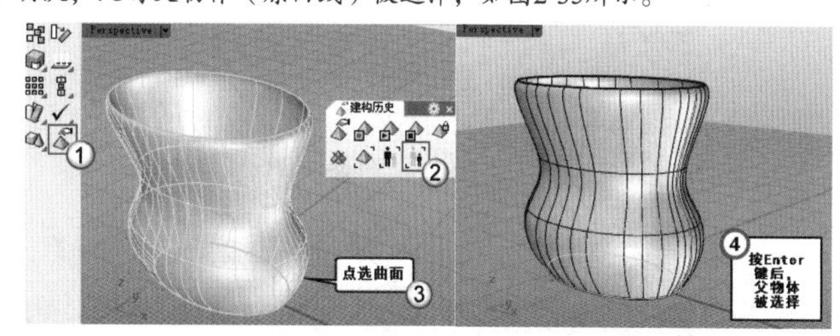

图2-35

按F10键打开父物体的控制点，然后移动其中一个控制点，父物体（原曲线）及子物体（曲面）的造型都发生了变化，如图2-36所示。

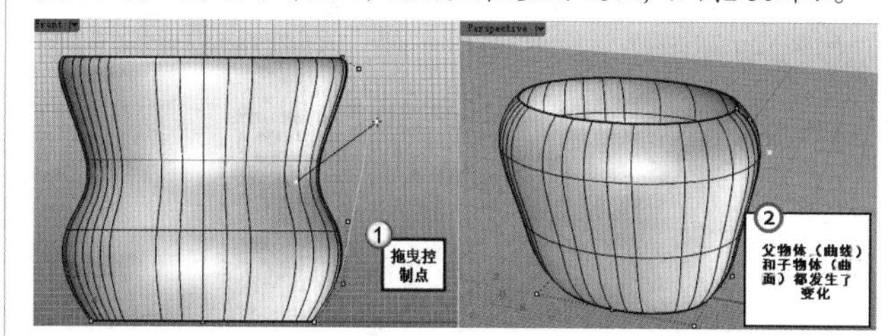

图2-36

从上面的例子可以知道，在由线生成面的过程中，可以定义线为父物体，面为子物体，建模完成后，只需修改线的走向，曲面造型也会随着发生变化，无须重新创建曲面。

重点实战

选取对象的多种方式

场景位置	场景文件>第2章>01.3dm
实例位置	无
视频位置	第2章>实战——选取对象的多种方式.mp4
难易指数	★☆☆☆☆
技术掌握	掌握利用不同的方式选取不同对象的方法

01 打开本书学习资源中的“场景文件>第2章>01.3dm”文件，然后在“选取”工具面板中单击“选取曲线”工具，可以看到所有的曲线都被选中，如图2-37所示。

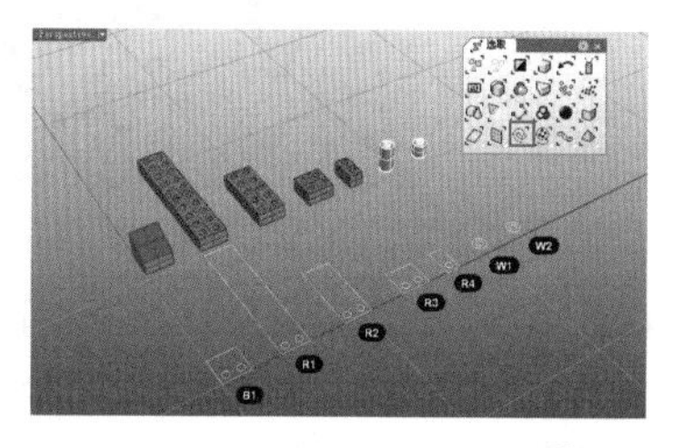

图2-37

02 单击“选取曲面”工具，可以看到所有的单一曲面都被选中，如图2-38所示。

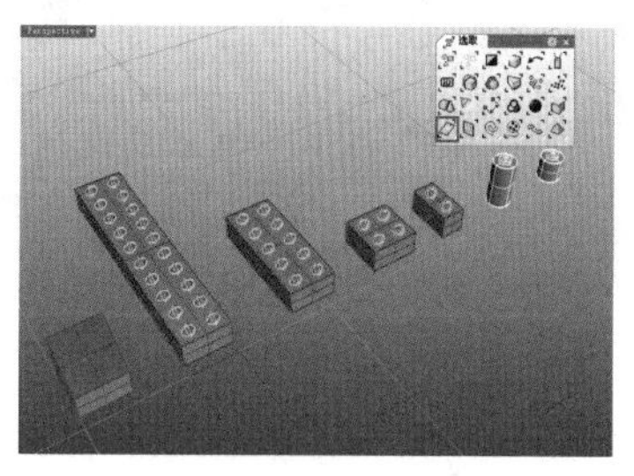

图2-38

03 单击“选取多重曲面”工具，可以看到所有的多重曲面被选中，如图2-39所示。

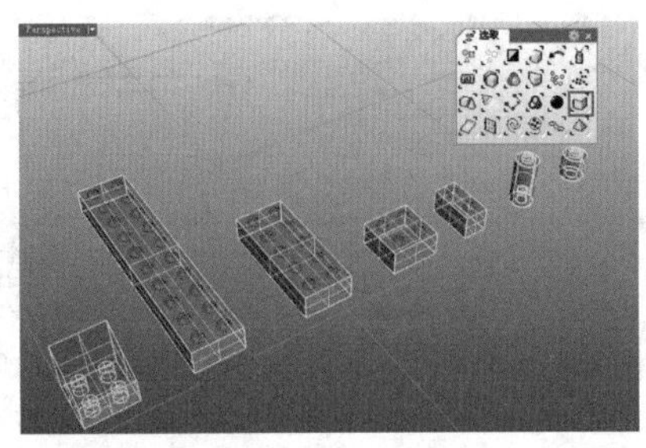

图2-39

04 单击“选取注解点”工具，可以看到所有的注解点被选中，如图2-40所示。

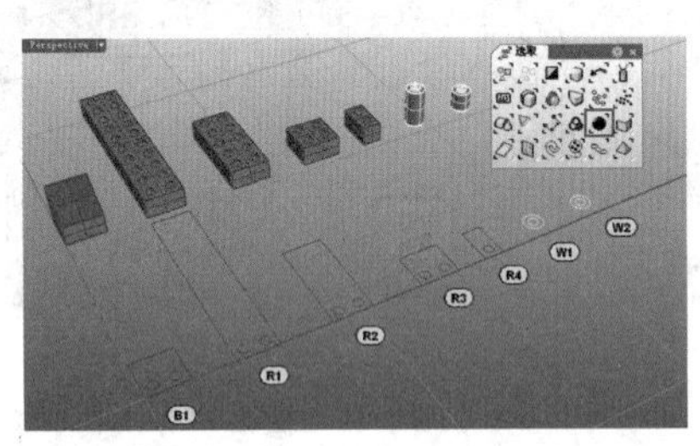

图2-40

05 单击“以颜色选取”工具，然后选择任意一个红色物件，接着按Enter键确认，此时将选中场景中的所有红色物件，如图2-41所示。

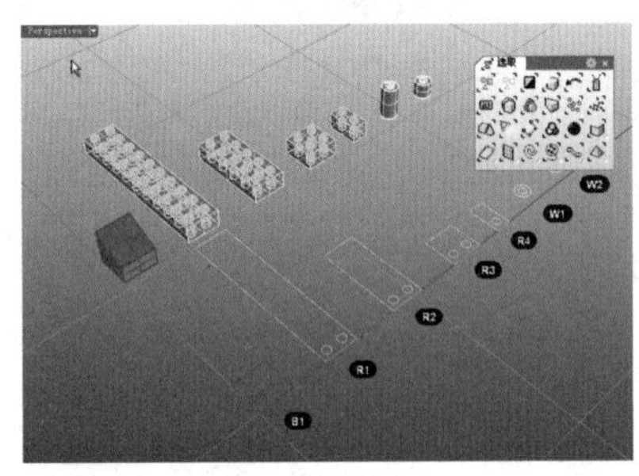

图2-41

06 单击“反选选取集合/反选控制点选取集合”工具，可以看到上一步选择的对象已经取消选择，而之前没有选中的对象被选中，如图2-42所示。

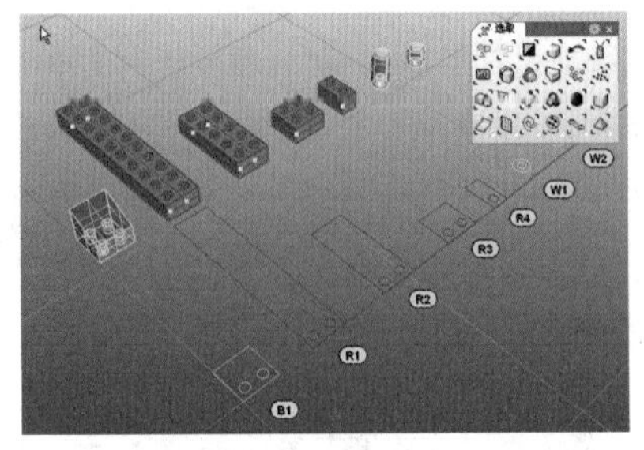

图2-42

实战

选择控制点

场景位置 场景文件>第2章>02.3dm

实例位置 无

视频位置 第2章>实战——选择控制点.mp4

难易指数 ★☆☆☆☆

技术掌握 掌握选择对象上的控制点的方法

01 打开本书学习资源中的“场景文件>第2章>02.3dm”文件，场景中有一个球体模型，如图2-43所示。

02 单击选择球体模型，然后按F10键显示控制点，接着选择图2-44所示的控制点。

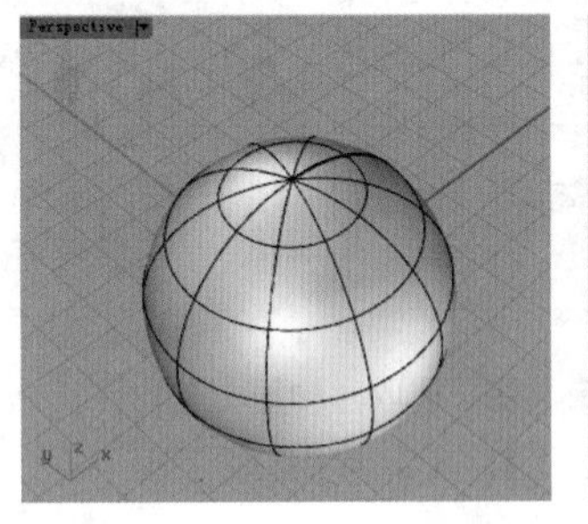

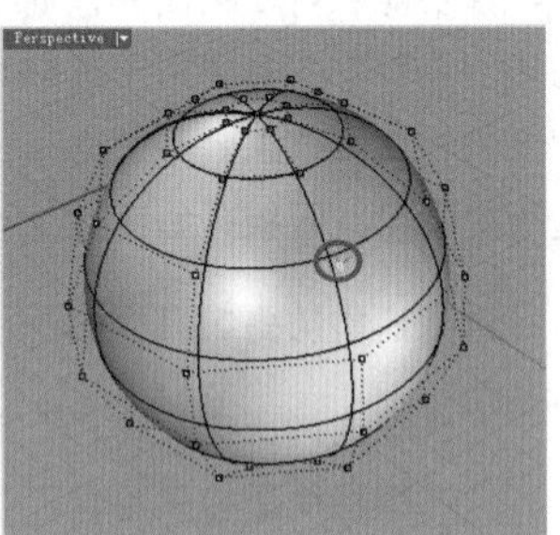

图2-43　图2-44

03 展开“选取点”工具面板，然后单击“选取V方向”工具，选择一列控制点，结果如图2-45所示。

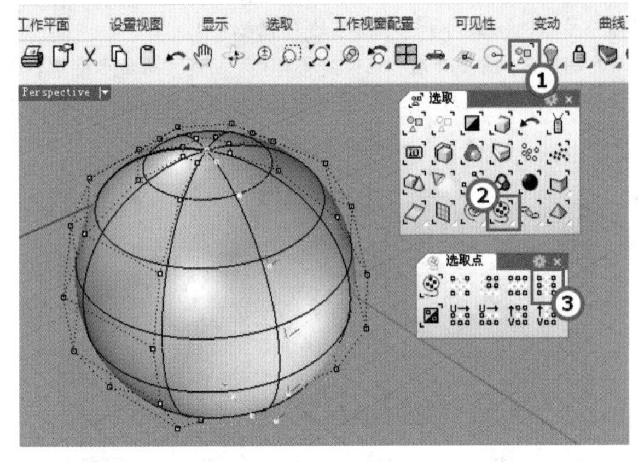

图2-45

技术专题：过滤器功能的使用

选择对象常常需要配合“物件锁点”和“过滤器”功能来提高使用效率。“过滤器”功能可以通过“过滤器”选项栏来启用（单击状态栏中的“过滤器”按钮 过滤器 ），如图2-46所示。在“过滤器”选项栏中，禁用一个选项将无法选择该类对象。

图2-46

2.2 群组与解散群组

使用Rhino 7建模的过程中，群组功能主要起到绑定不同部件的作用，它能通过解组和编组来灵活处理物件的关系，加快建模的速度。

群组操作命令主要集中在“编辑>群组”菜单下，如图2-47所示。

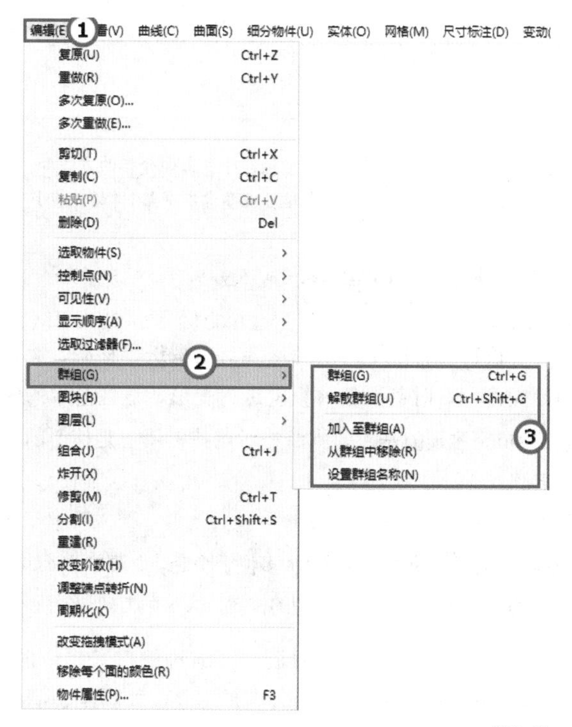

图2-47

此外，在侧工具栏中可以找到“群组”工具和“解散群组”工具，通过“群组”工具可以调出“群组”工具面板，如图2-48所示。

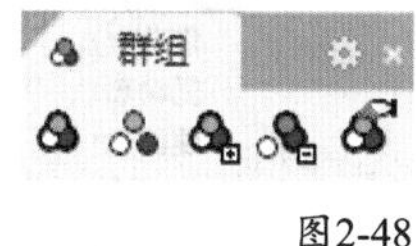

图2-48

★重点★

2.2.1 群组/解散群组

使用“群组”工具或按Ctrl+G快捷键可以将选取的物件创建为群组，而使用“解散群组”工具或按Ctrl+Shift+G快捷键可以解除群组状态。

Rhino中的群组是可以嵌套的，所谓嵌套，是指一个物件或一个群组可以被包含在其他群组里面。例如，现在有一个群组A和一个单独的物件B，A和B可以再次创建为一个群组C，当群组C被解散时，里面包含的群组A不会被解散。

2.2.2 加入至群组/从群组中移除

如果要将群组外的物件加入群组内，可以使用“加入至群组”工具，启用该工具后，先选择需要加入的物件，并按Enter键确认，再选择群组，同样按Enter键确认。

如果要将物件从群组中移除，可以使用“从群组中移除”工具，启用该工具后，选择需要移除的物件，并按Enter键确认即可。

技巧与提示

将一个物件加入一个群组中不属于嵌套关系。

2.2.3 设定群组名称

为了便于管理场景中的群组，可以使用“设定群组名称”工具为群组命名。

疑难问答

问：当群组的名称重复时会出现什么情况？

答：将一个群组以另一个群组的名称命名时，两个群组会结合成一个群组。

2.3 隐藏与锁定

在建模时，由于当前正在编辑的模型毕竟只是一小部分，而其他堆砌的物件会影响视觉上的操作，因此就需要将物体隐藏或者锁定。

★重点★

2.3.1 隐藏和显示对象

将对象隐藏和显示的命令主要集中在“编辑>可见性”菜单下，如图2-49所示。

与命令对应的工具位于“可见性”工具面板（可通过“标准”工具栏中的“隐藏物件/显示物件”工具调出）中，如图2-50所示。

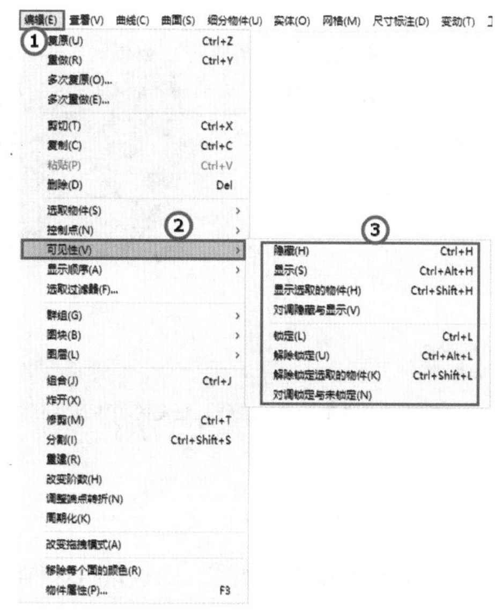

图2-49

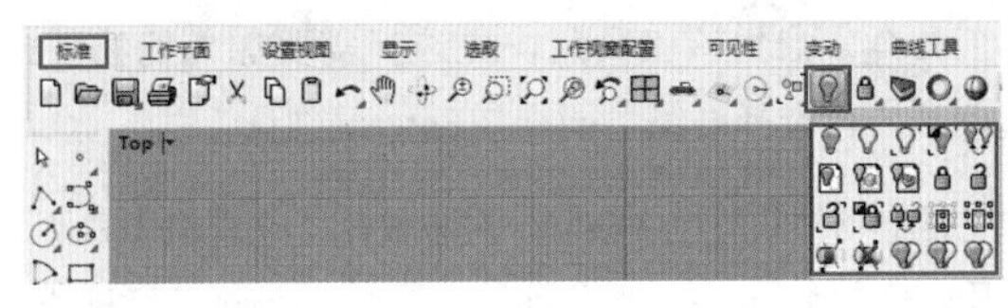

图2-50

隐藏物件

单击“隐藏物件/显示物件”工具可以隐藏选取的物件。如果要隐藏未选取的物件，可以使用“隐藏未选取的物件”工具。

同理，物件上的控制点也可以被隐藏，单击“显示控制点/关闭点”工具即可。如果要隐藏未选取的控制点，可以单击“隐藏未选取的控制点/显示隐藏的控制点”工具。

显示物件

使用“隐藏物件/显示物件”工具的右键功能或“显示物件”工具可以显示出隐藏的物件。而使用“隐藏未选取的控制点/显示隐藏的控制点”工具的右键功能可以显示出隐藏的控制点。

疑难问答

问：如果隐藏了多个物件，现在只想显示其中的一个或一部分物件怎么办？

答：单击“显示选取的物件”工具，启用该工具后，Rhino会显示出被隐藏的物件，同时将未隐藏的物件暂时隐藏，将需要显示的物件选中，然后按Enter键即可。

对调隐藏与显示的物件

使用“对调隐藏与显示的物件”工具可以隐藏所有可见的物件，并显示所有之前被隐藏的物件。

★重点★

2.3.2 锁定对象

在建模过程中，如果不希望某些对象被编辑，但同时又希望该对象可见，那么可以将其锁定。被锁定的物体会变成灰色显示，如图2-51所示。

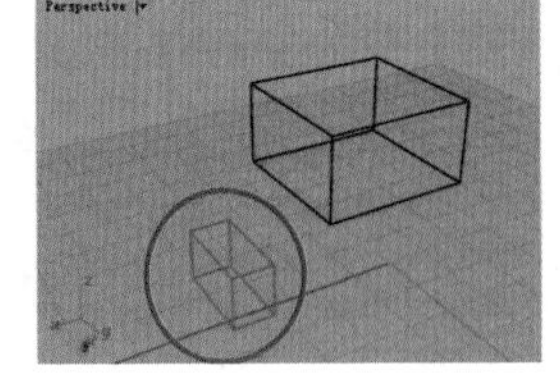

图2-51

技巧与提示

隐藏的物体不可见，也不能进行操作。锁定的物体虽然可见，但不能被选中，也不能进行操作。

锁定物件/解除锁定物件

单击“锁定物件/解除锁定物件”工具可以锁定选取的物件，锁定的物件无法被编辑。右击该工具或使用“解除锁定物件”工具可以解除所有锁定的物件。

如果场景中存在多个锁定物件，现在想要解锁其中的某个物件，可以使用“解除锁定选取的物件”工具；如果要锁定未选取的物件，可以使用“锁定未选取的物件”工具。

对调锁定与未锁定的物件

“对调锁定与未锁定的物件”工具的功能与“对调隐藏与显示的物件”工具类似，它用于解除已经锁定的物件，同时锁定之前未锁定的物件。

知识链接

对于隐藏、显示、锁定和解锁功能，除了上面介绍的方法外，还可以通过“图层”面板实现，具体内容可以参考本书第1章的1.3.7小节。

2.4 对象的变动

在建模的过程中不可避免地要对模型进行移动、旋转、复制等操作，有时甚至要对模型进行变形，这些基本的操作构成了Rhino建模的基础。本节将对这些常用也是核心的功能进行讲解。

Rhino中用于变动对象的命令大多位于“变动”菜单下，如图2-52所示。这些命令主要用于改变模型的位置、大小、方向和形状。

此外，在“变动”工具面板（可通过侧工具栏中的“移动”工具调出）中也可以找到对应的工具，如图2-53所示。

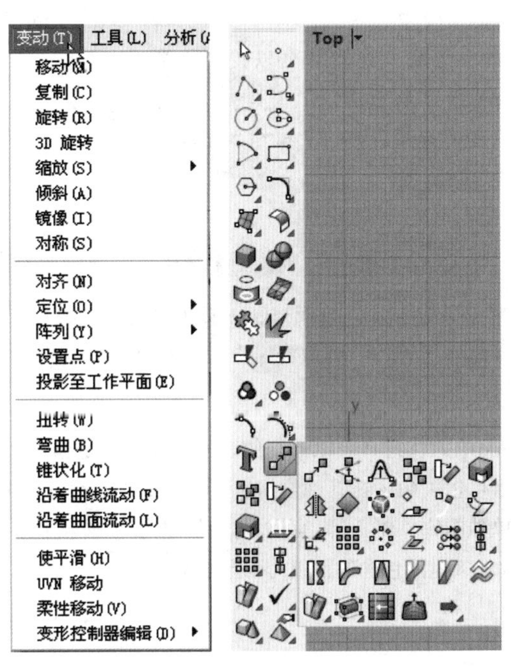

图2-52　　图2-53

★重点★

2.4.1 移动对象

移动是将一个物件从现在的位置挪动到一个指定的新位置，物件的大小和方向不会发生改变。在Rhino中，可以使用“移动”工具移动物件，也可以通过拖曳的方式移动物件，还可以通过键盘快捷键进行移动。

此外，针对不同的对象，Rhino也提供了对应的移动命令，如MoveCrv（移动曲线段）、MoveEdge（移动边缘）、MoveFace（将面移动）和MoveHole（将洞移动）等命令。

使用“移动”工具移动物件

单击“移动”工具，然后选取需要移动的物件（可选取多个物件），接着指定移动的起点或输入起点的坐标，最后指定移动的终点或输入终点的坐标，如图2-54所示。

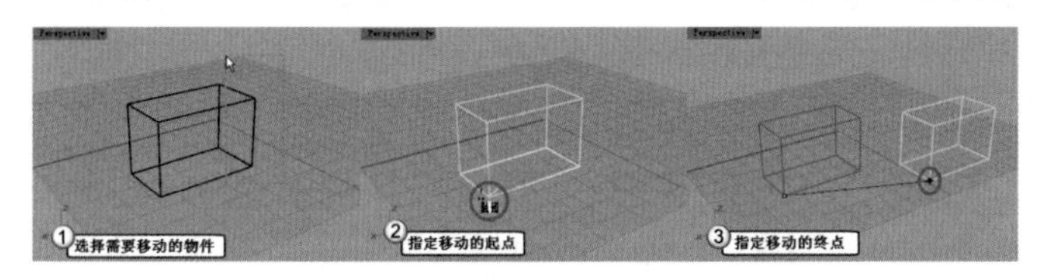

图2-54

移动物件的时候可以看到图2-55所示的命令提示，其中“垂直”选项用于设置是否在当前工作平面的垂直（z轴）方向上移动。

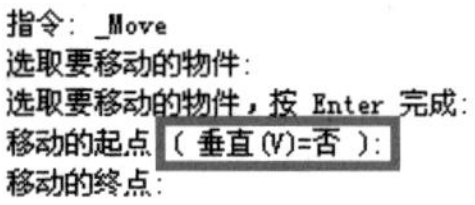

指令: _Move
选取要移动的物件:
选取要移动的物件，按 Enter 完成:
移动的起点 (垂直(V)=否):
移动的终点:

图2-55

通过拖曳的方式移动物件

这是一种非常简单的方式，选择需要移动的物件或控制点直接拖曳到其他位置即可，如图2-56和图2-57所示。

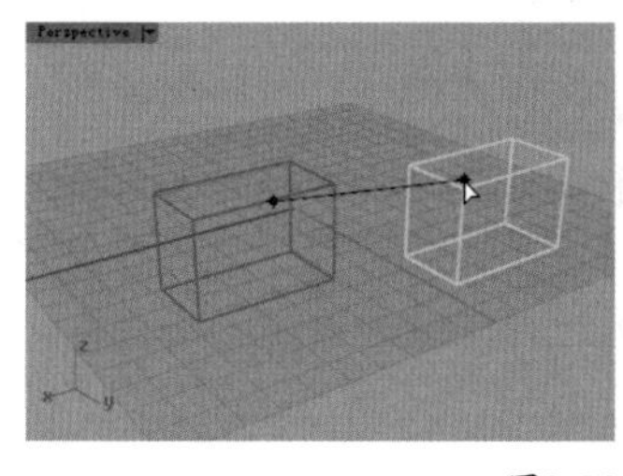

图2-56

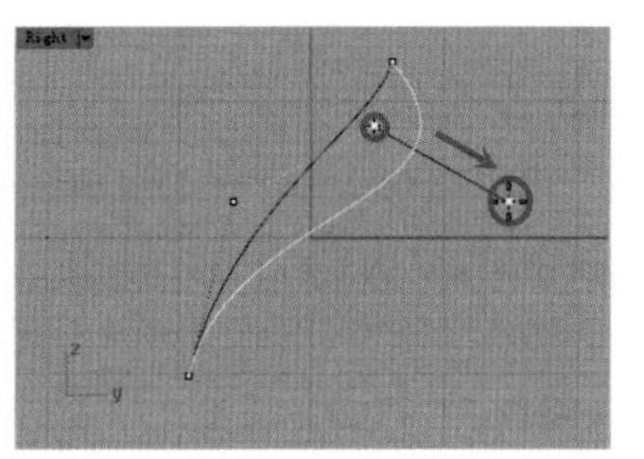

图2-57

技巧与提示

需要说明的是，使用这种方法移动物件很难与其他物件对齐。

通过键盘快捷键移动物件

选择一个物件后，通过Alt键+方向键可以沿着工作平面的4个方向进行移动；通过Alt键+PageUp键/PageDown键可以沿着工作平面的垂直（z轴）方向进行移动。

技巧与提示

通过键盘快捷键移动物件的方法可以通过“Rhino选项”对话框的“推移设置”面板进行调整，如图2-58所示。

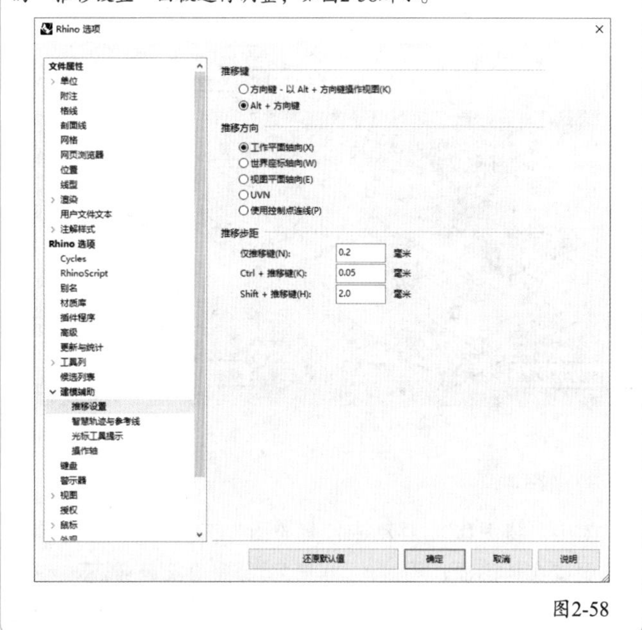

图2-58

移动曲线段

使用“移动曲线段”工具可以移动多重曲线或多重直线中的一条线段，相邻的线段会被延展。启用该工具后，选取多重曲线或多重直线上的一条线段，然后分别指定移动的起点和终点，如图2-59所示。

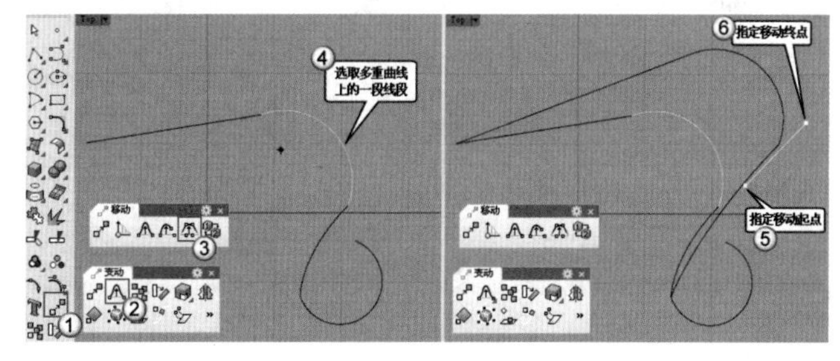

图2-59

使用“移动曲线段”工具时，可以在命令行看到图2-60所示的命令提示。

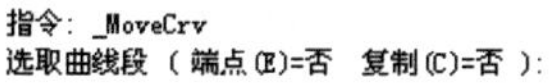

指令: _MoveCrv
选取曲线段 (端点(E)=否 复制(C)=否):

图2-60

命令选项介绍

端点：只有设置为“否”才能移动多重曲线中的一条线段，如果设置为“是”，移动的是多重曲线中每一线段的端点。

复制：如果设置为“是”，在移动的同时可以复制线段。

移动边缘

使用“移动边缘/移动未修剪的边缘”工具，可以移动多重曲面或实体的边线，周围的曲面会随着进行调整，如图2-61所示。

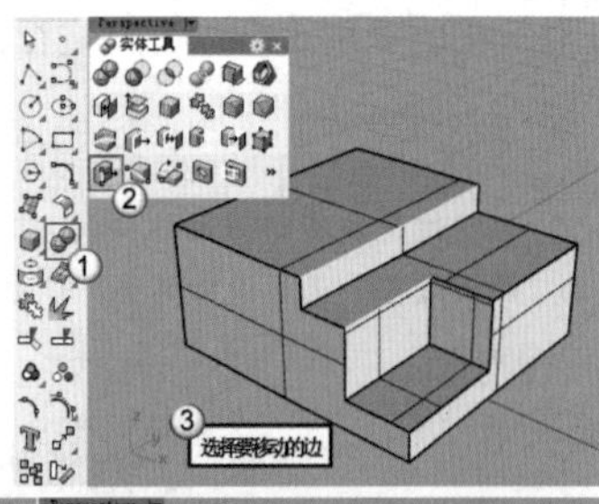

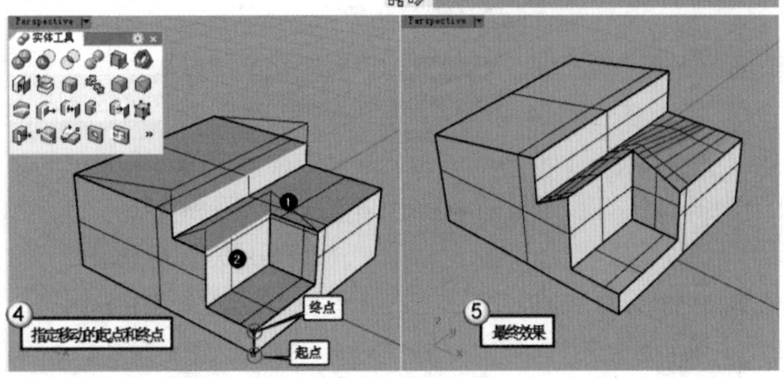

图2-61

将面移动

使用“将面移动/移动未修剪的面”工具，可以移动多重曲面或实体的面，周围的曲面会随着进行调整，如图2-62所示。该工具适用于移动较简单的多重曲面上的面，如调整建筑物墙体的厚度。

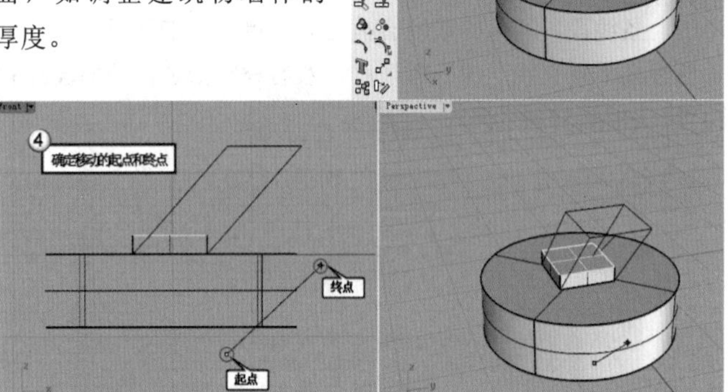

图2-62

> **技巧与提示**
>
> 从“移动边缘/移动未修剪的边缘”工具和“将面移动/移动未修剪的面”工具的名称可以看出，这两个工具的右键功能都用于移动未修剪的对象（边缘和面）。也就是说，当一个多重曲面或实体被修剪过时，使用这两个工具的右键功能无法移动边线和面。需要注意的是，对于不规则的多重曲面或实体，Rhino可能会判定其为修剪过的对象（即使没有修剪过）。

将洞移动

使用“将洞移动/将洞复制”工具的左键功能可以移动平面上的洞，如图2-63所示。使用该工具的右键功能将调用“将洞复制”命令，如图2-64所示。

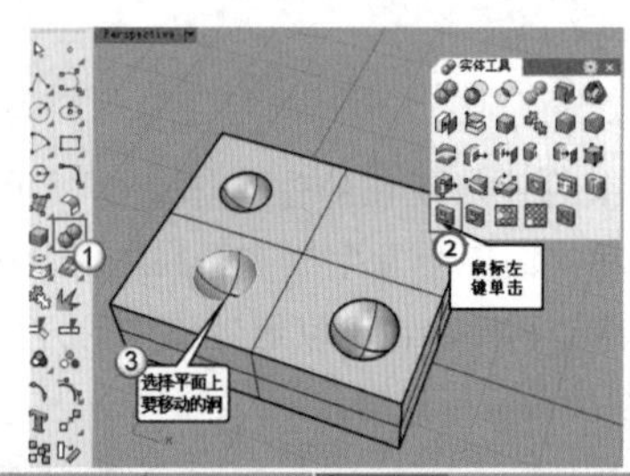

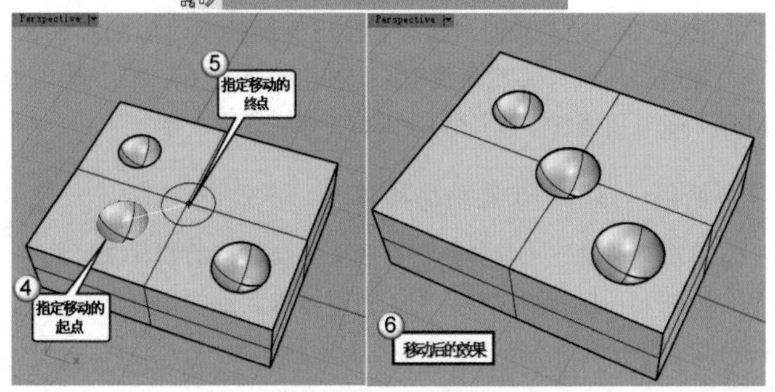

图2-63

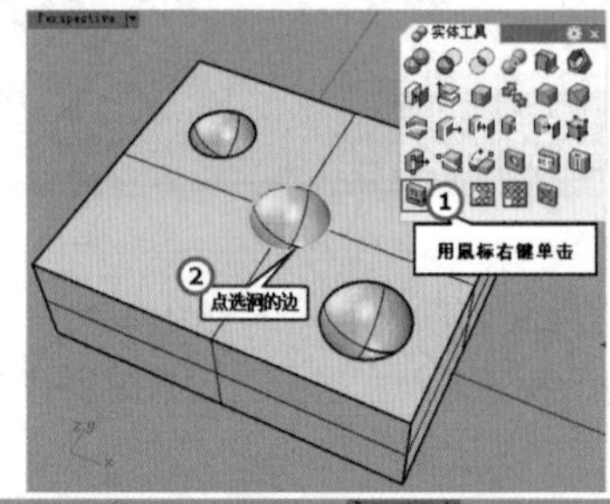

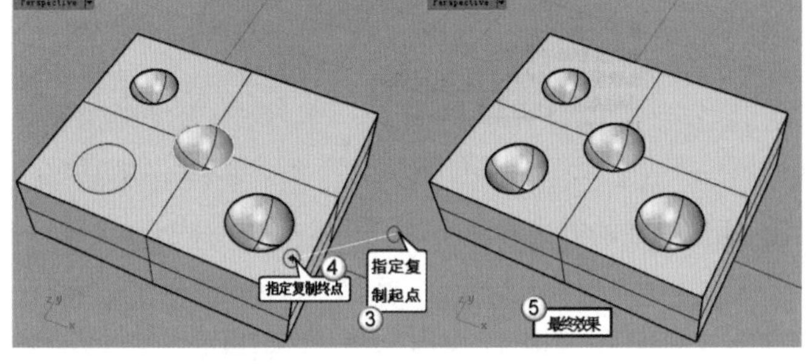

图2-64

移动目标点至物件

使用MoveTargetToObjects（移动目标点至物件）命令可以将视图摄像机的目标点移动到所选取物件的中心点上。操作过程比较简单，选择一个物件，然后执行“查看>设置摄像机>移动目标点至物件”菜单命令即可，也可以先执行命令再选取物件。

UVN移动

使用“UVN移动/关闭UVN移动”工具，可以沿着曲面的U、V或法线方向移动控制点，工具所在位置如图2-65所示。

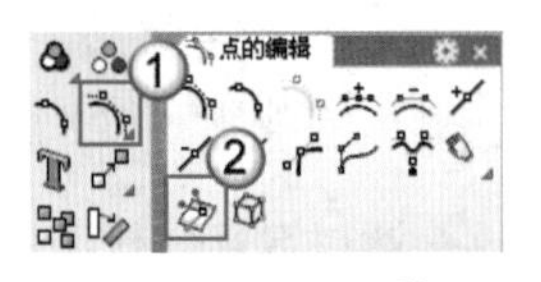

图2-65

启用该工具将打开“移动UVN”面板，如图2-66所示。

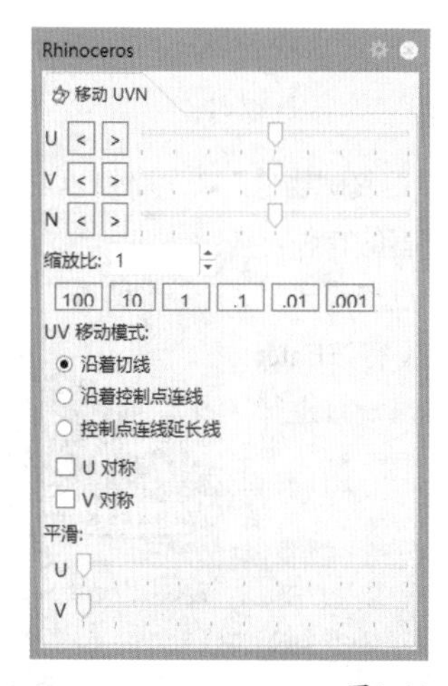

图2-66

UVN移动特定参数介绍

U/V/N：表示沿着曲面的U、V或法线方向移动控制点。

缩放比：设置滑块拉到尽头的移动量（Rhino单位）。缩放比越大，UVN移动的距离也就越大，如图2-67和图2-68所示。

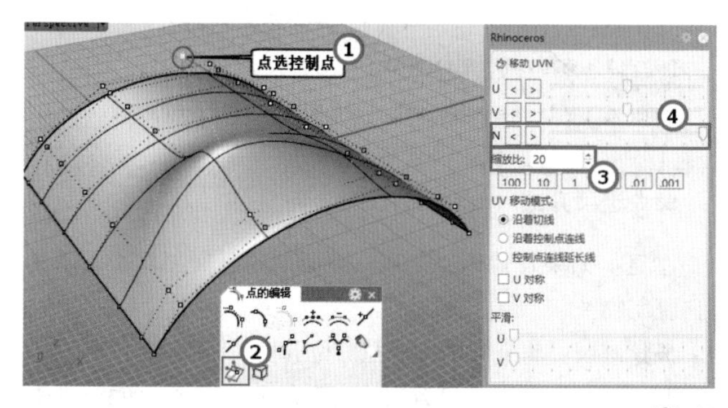

图2-67

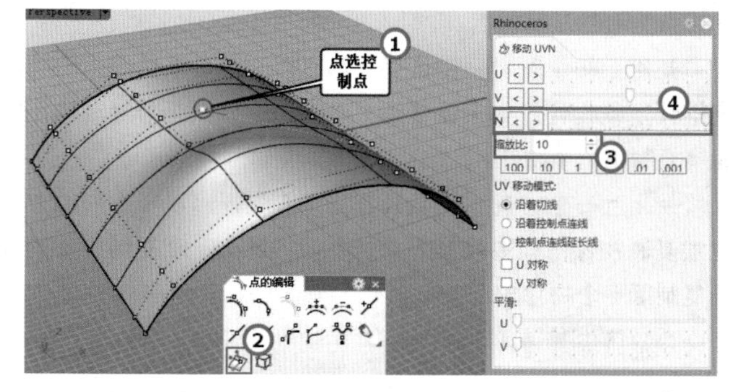

图2-68

沿着切线：选中该选项后，拖曳U和V方向的滑块会将控制点沿着一个和曲面相切的平面移动，如图2-69所示。

沿着控制点连线：选中该选项后，拖曳U和V方向的滑块会将控制点沿着控制点连线移动，如图2-70所示。

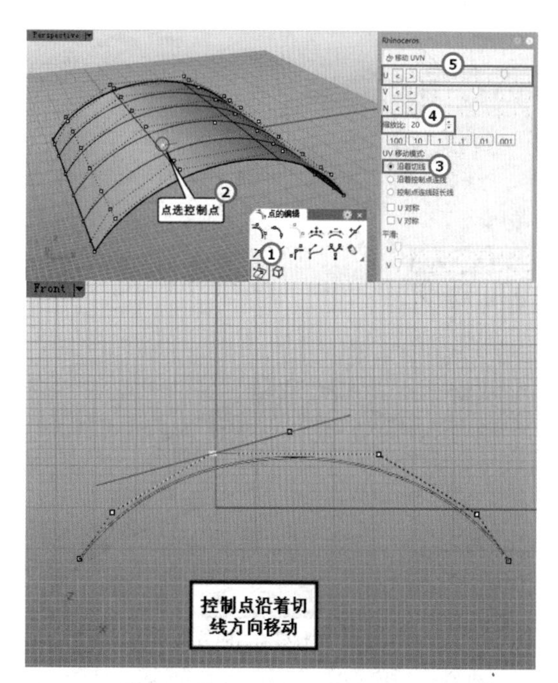

图2-69

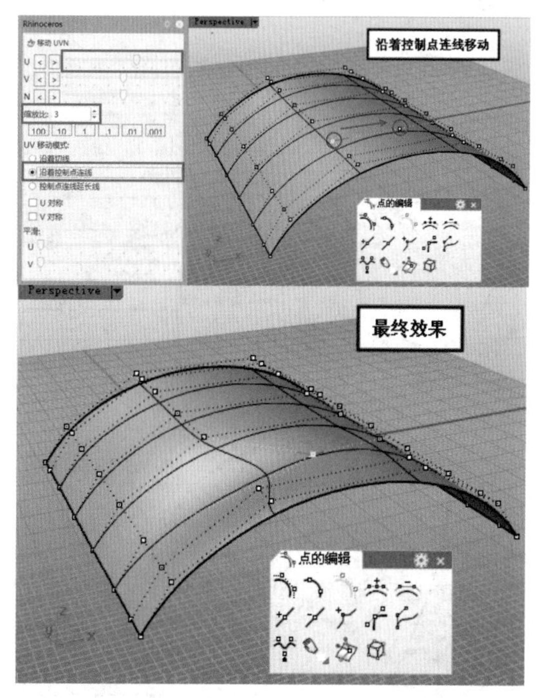

图2-70

控制点连线延长线：将控制点沿着控制点连线及其延长线移动。

U对称/V对称：勾选这两个选项可以对称地调整曲面的控制点，这两个选项在产品建模中应用非常普遍。勾选“U对称”的效果如图2-71所示。

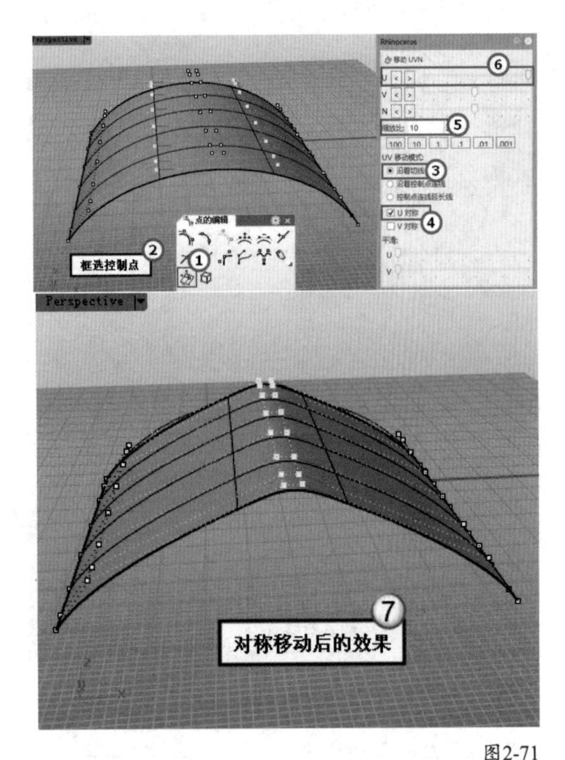

图2-71

平滑U/V：可以使曲面控制点的分布均匀化，如图2-72所示。

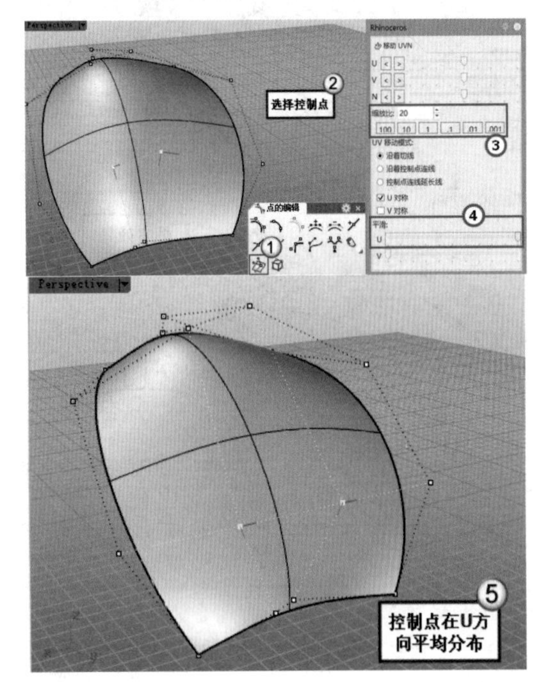

图2-72

★重点★

2.4.2 复制对象

复制是一种省时省力的操作方法，在一个较大的场景中，不可避免地会存在一些重复的对象，如果每一个对象都重新制作，既浪费时间又降低了工作效率，而通过复制就可以快速方便地得到。甚至有些对象之间具有相似性，也可以通过先复制再修改来得到。在Rhino中可以将复制看作是一种自由的阵列。

复制物件

使用“复制/原地复制物件”工具可以复制物件，启用该工具后，选取需要复制的物件，然后指定复制的起点和终点，如图2-73所示。在没有按Enter键结束命令前，可以一直进行复制。

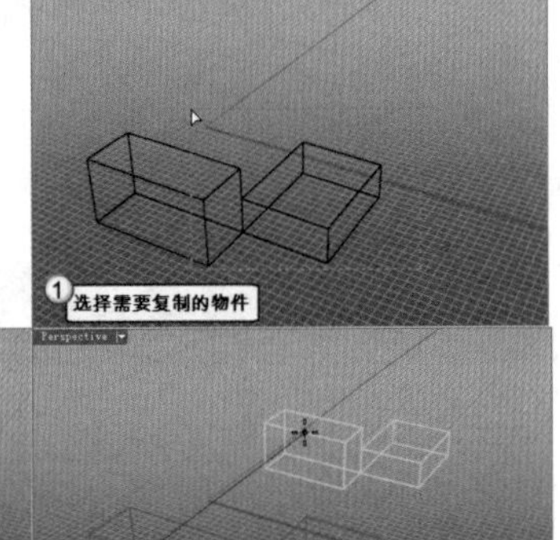

图2-73

使用“复制/原地复制物件”工具时，将出现图2-74所示的命令提示。

复制的起点（垂直(V)=否 原地复制(I)）:
复制的终点:
复制的终点（从上一个点(F)=否 使用上一个距离(U)=否 使用上一个方向(S)=否）:

图2-74

命令选项介绍

垂直：如果设置为“是”，将强制往目前工作平面垂直的方向复制物件。

原地复制：将选取的物件在原位置复制。

从上一个点：默认设置为“否”，表示始终以第1次选取的起点为复制的起点；如果设置为“是”，将以上一个复制物件的终点为新的复制起点。

使用上一个距离：默认设置为“否”，可以使用不同的距离继续复制物件；如果设置为“是”，将以上一个复制物件的距离复制下一个物件。

使用上一个方向：默认设置为“否”，可以在不同的方向继续复制物件；如果设置为“是”，将以上一个复制物件的方向复制下一个物件。

技巧与提示

如果选取的是群组内的多个物件，复制所得到的新物件不会属于原来的群组，而是属于一个新的群组。

如果选取一个物件后按Ctrl+C快捷键，将复制该物件（包括属性和位置信息）至Windows剪贴板中，此时按Ctrl+V快捷键将在原位置粘贴物件（同命令提示中的“原地复制”选项的功能相同）。粘贴时，物件会被放置在它原来所在的图层，如果该图层已经不存在，Rhino会建立该图层。

另外，右击“复制/原地复制物件”工具也可以在原位置进行复制。

复制工作平面

使用CopyCPlaneToAll（复制工作平面到全部工作视窗）命令可以将选取的工作视窗的工作平面应用到其他工作视窗。方法比较简单，在命令行中输入命令后，单击选取一个工作视窗即可。

使用CopyCPlaneSettingsToAll（复制工作平面设置到全部工作视窗）命令可以将选取的工作视窗的工作平面设置（网格线设置、锁定间距）应用到其他工作视窗，方法同上。

复制物件至图层

对于一个或多个物件，在复制的同时如果要改变其所在的图层，可以使用“复制物件至图层”工具，工具所在位置如图2-75所示。

图2-75

启用“复制物件至图层”工具后，选择一个或多个物件，然后按Enter键确认，此时将弹出“复制物体的目的图层”对话框，在该对话框中选取一个图层即可，如图2-76所示。

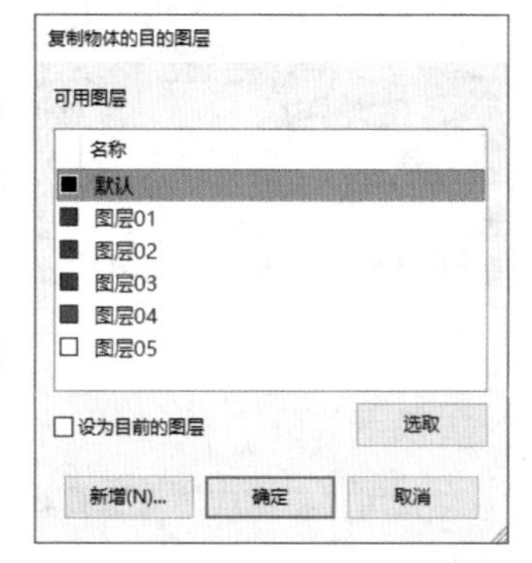

图2-76

> **技巧与提示**
>
> 还有一些其他的复制命令，这里简单介绍一下。
>
> 使用CopyDetailToViewport（复制子视图为工作视窗）命令可以将图纸配置里面的子视图复制成为模型工作视窗；使用CopyViewportToDetail（复制工作视窗为子视图）命令可以将模型工作视窗复制成为图纸配置里的子视图。
>
> 使用CopyLayout（复制图纸配置）命令可以复制使用中的图纸配置，使其成为一个新的图纸配置。
>
> 使用CopyRenderWindowToClipboard（复制渲染窗口至剪贴板）命令可以将渲染窗口中的渲染影像复制到Windows剪贴板中。

★重点★

2.4.3 旋转对象

Rhino中旋转物件有二维旋转和三维旋转两种方式，旋转视图可以使用“旋转视图/旋转摄影机”工具，旋转多重曲面或实体的边或面可以使用RotateEdge（旋转边缘）和RotateFace（将面旋转）命令。

二维旋转

二维旋转就是将选定的物件围绕一个指定的基点改变其角度，旋转轴与当前工作平面垂直。单击“2D旋转/3D旋转”工具，然后选取需要旋转的物件，接着指定旋转中心点，最后输入角度或指定两个参考点（两个参考点之间的角度就是旋转的角度），如图2-77所示。

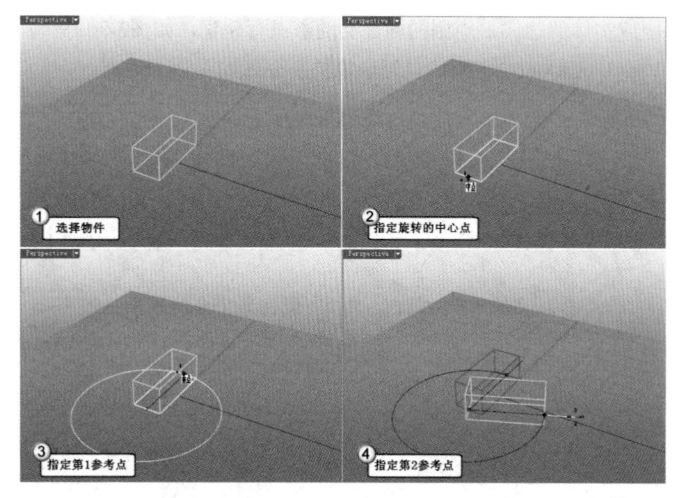

图2-77

三维旋转

三维旋转与二维旋转的区别在于，二维旋转指定一个中心点即可确定旋转轴，而三维旋转需要指定旋转轴的两个端点（也就是说可以在任意方向和角度进行旋转），如图2-78所示。

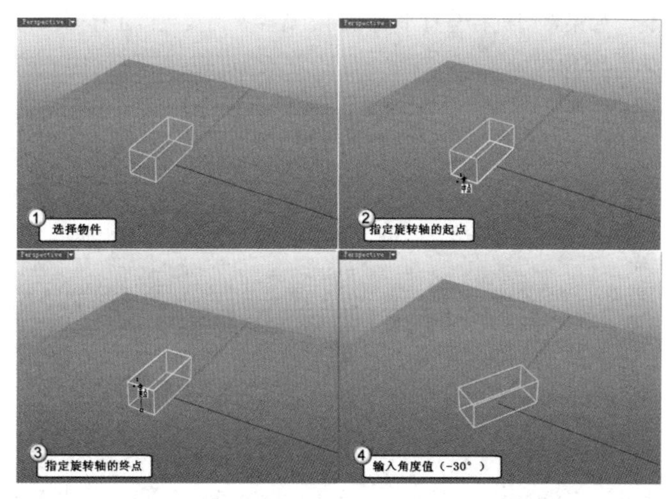

图2-78

旋转视图

使用“旋转视图/旋转摄影机”工具可以将视图绕着摄影机目标点旋转，与Ctrl+Shift+鼠标右键的操作相同，工具所在位置如图2-79所示。

图2-79

旋转边缘

使用RotateEdge（旋转边缘）命令可以绕中心轴旋转多重曲面或实体的边线，周围的曲面会随着进行调整，如图2-80所示。该命令在Rhino 7中属于已经取消的命令。

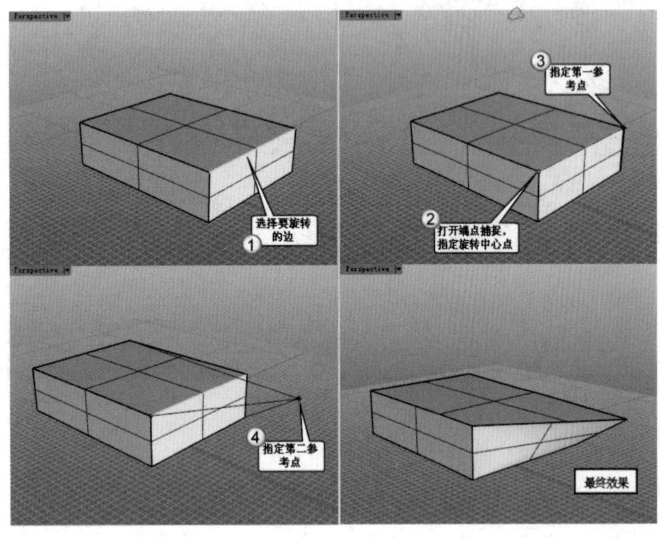

图2-80

需要注意的是，上图是对长方体的边进行水平面方向的旋转，如果希望进行竖直平面方向的旋转，需要更改工作平面，如图2-81所示。

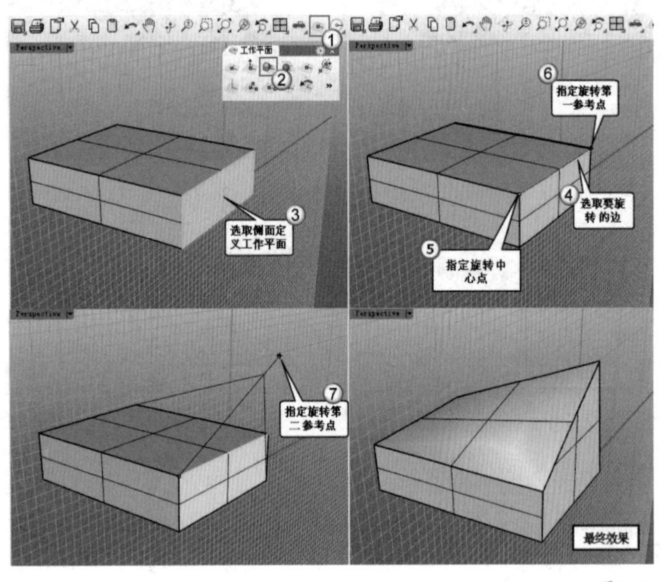

图2-81

技巧与提示

多重曲面的边缘在旋转后会保持组合状态，不会出现裂缝，但这个指令最好作用于立方体之类的物件。

将面旋转

使用RotateFace（将面旋转）命令可以绕中心轴旋转多重曲面或实体的面，周围的曲面会随着进行调整，如图2-82所示。这个命令同样属于被取消的命令。

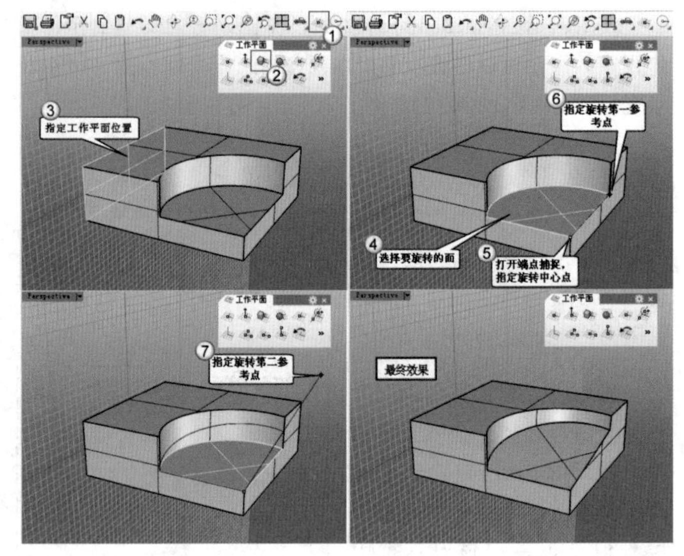

图2-82

将洞旋转

使用“将洞旋转”工具可以将平面上的洞绕旋转中心点旋转，如图2-83所示。

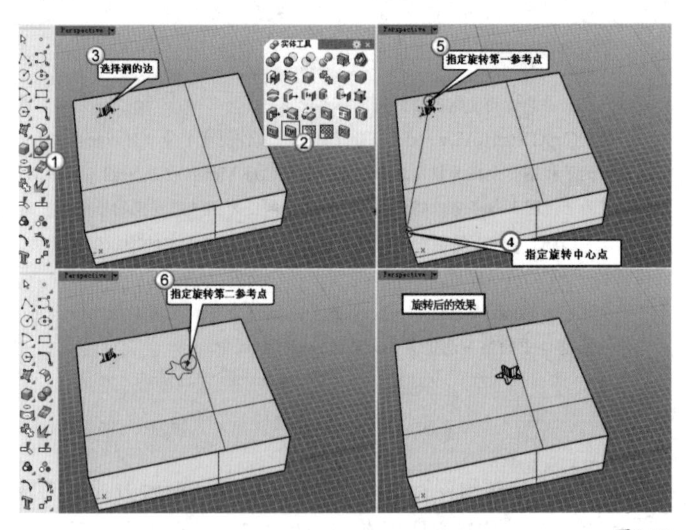

图2-83

使用“将洞旋转”工具不但可以完成洞的旋转，同时也可完成旋转并复制。只要在命令行中设置“复制”选项为“是”，即可完成一个洞的多次旋转复制，如图2-84所示。

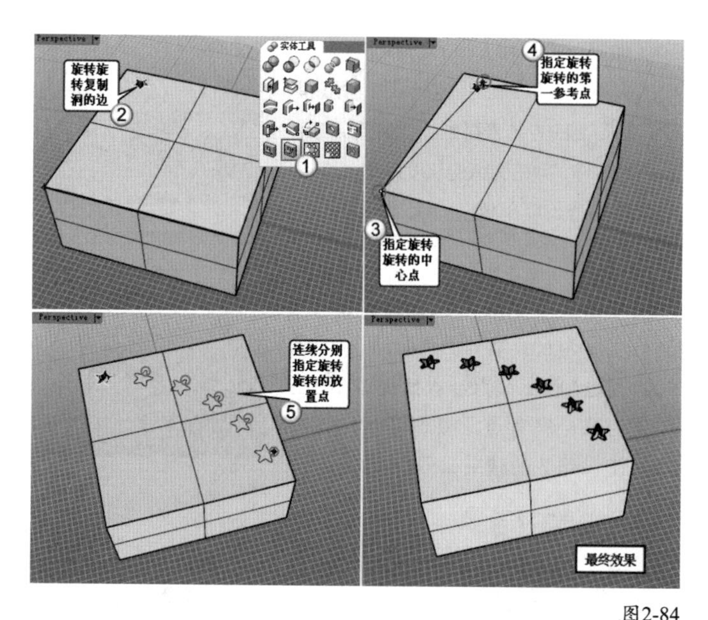

图2-84

重点 实战

利用旋转复制创建纹样

场景位置	场景文件>第2章>03.3dm
实例位置	实例文件>第2章>实战——利用旋转复制创建纹样.3dm
视频位置	第2章>实战——利用旋转复制创建纹样.mp4
难易指数	★★☆☆☆
技术掌握	掌握旋转复制图形的方法

本例创建的纹样效果如图2-85所示。从图中可以看出纹样是以一个单元体通过环形阵列形成的，所以只要复制出同样的单元体并分别旋转一定的角度就行了。

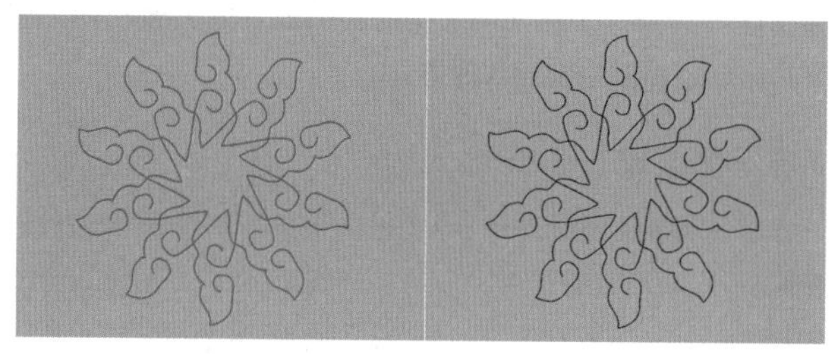

图2-85

01 打开学习资源中的“场景文件>第2章>03.3dm”文件，场景中有一个已经绘制好的红色图纹单体，如图2-86所示。

02 单击“2D旋转/3D旋转”工具，以复制的方式旋转单体红色图纹，结果如图2-87所示，具体操作步骤如下。

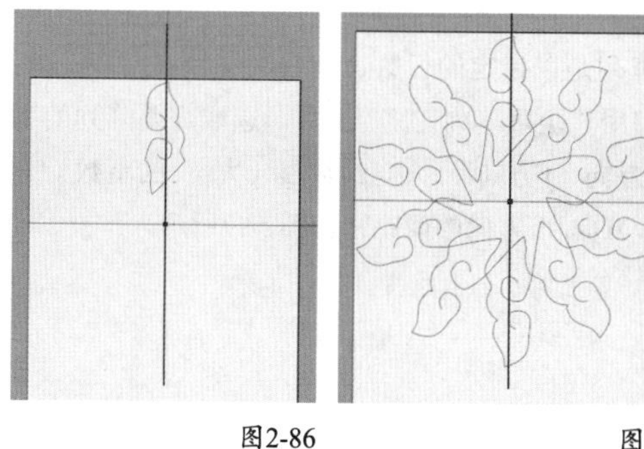

图2-86　　图2-87

操作步骤

①框选单体红色图纹，并按Enter键确认。

②单击命令行中的“复制”选项，将其设置为“是”，表示以复制的方式进行旋转。

③捕捉十字线的交点，确定旋转的中心。

④在命令行中输入36，并按Enter键确认，表示以36°生成第1个旋转复制的曲线。然后依次输入72、108、144、180、216、252、288和324，旋转复制出其他曲线。

技巧与提示

执行一个命令的过程中，如果要选择某个子选项，可以通过在命令行直接单击的方式，比如上面单击“复制”选项；也可以通过输入子选项字母代号的方式，如输入C。

★重点★

2.4.4 镜像对象

镜像也是创建物件副本的一种常用方式，与复制不同的是，镜像生成的物件与原始物件是对称的。Rhino中镜像物件有两点镜像和三点镜像两种方式。

两点镜像

两点镜像是指通过两个点来定义镜像平面，镜像平面与当前工作平面垂直（也就是说不能在与当前工作平面垂直的方向上镜像物件）。镜像的过程中可以预览物件镜像后的位置，具体操作步骤如下。

单击“镜射/三点镜射”工具，然后选取需要镜像的物件，接着指定镜像平面的起点和终点，如图2-88所示。

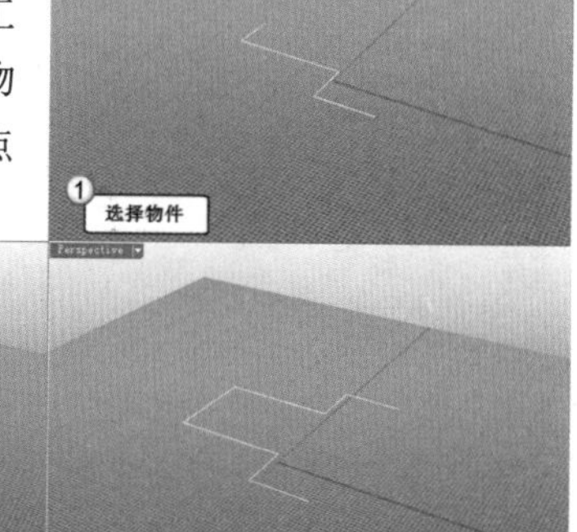

图2-88

三点镜像

三点镜像是指通过3个点来定义镜像平面，可以在与当前工作平面垂直的方向上镜像物件，具体操作步骤如下。

右击“镜射/三点镜射”工具，然后选取需要镜像的物件，接着依次指定镜像平面的第1点、第2点和第3点，如图2-89所示。

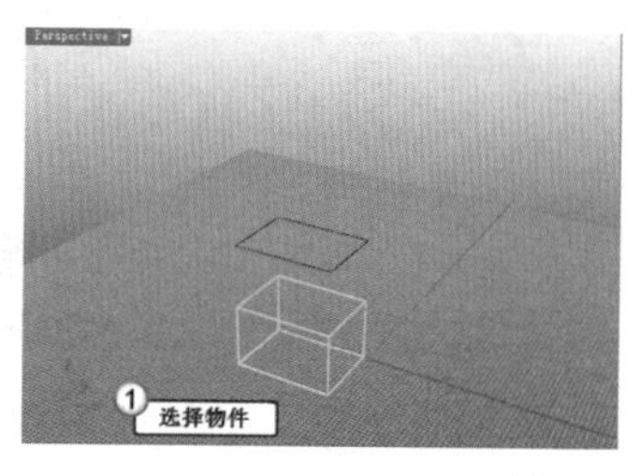

图2-89

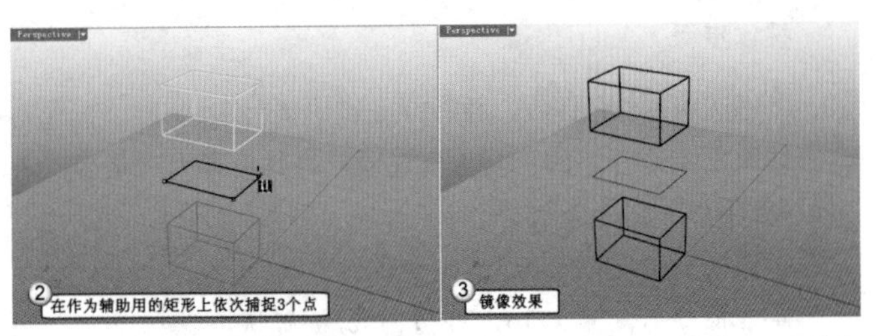

图2-89（续）

★重点★

2.4.5 缩放对象

缩放是指改变物件的尺寸大小，Rhino提供了“三轴缩放”“二轴缩放”“单轴缩放”“非等比缩放”4种缩放方式，可以运用在所有类型的物件上，同时也提供了“缩放文字高度”功能，单独用于文字物件的缩放，如图2-90和图2-91所示。

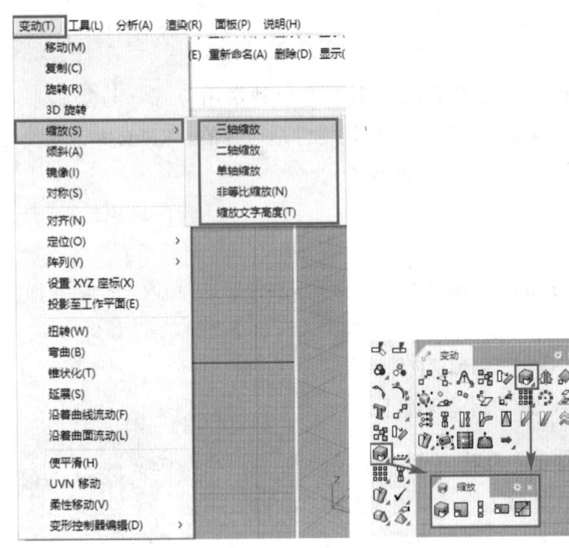

图2-90　　图2-91

三轴缩放

三轴缩放是在工作平面的x、y、z 3个轴向上以同比例缩放选取的物件。单击“三轴缩放/二轴缩放”工具，然后选取需要缩放的物件，接着指定缩放的基点，输入缩放比，如图2-92所示。

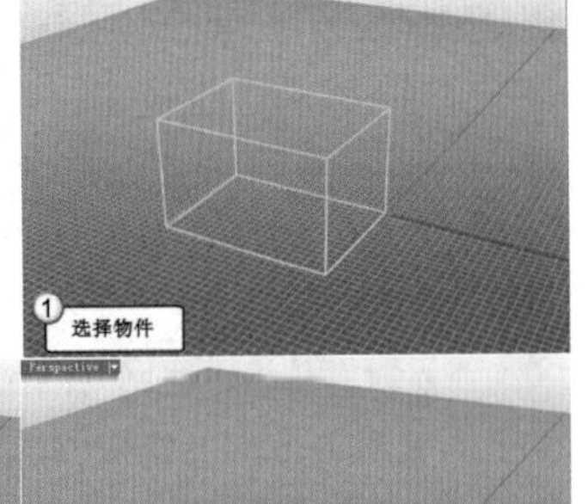

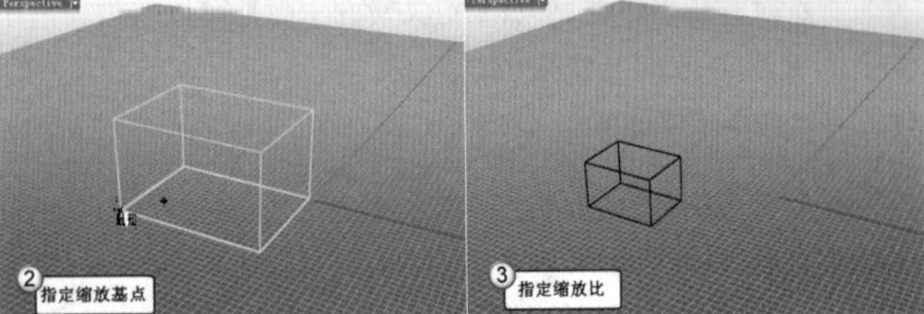

图2-92

如果要将未知大小的物件缩放为指定的大小，可以通过指定第一参考点和输入新距离的方式来得到。观察图2-93所示的长方体，现在边A的长度未知，但肯定超过10个长度单位（一个栅格为一个长度单位）。

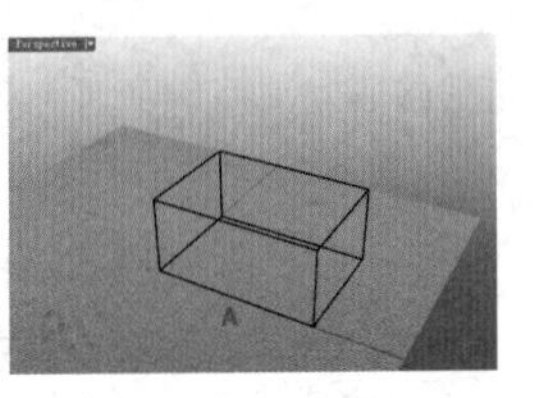

图2-93

如果要缩放这个长方体，使边A的长度变为10，可以在指定基点的时候捕捉边A的左端点，再捕捉边A的右端点为第一参考点，接着输入10并按Enter键，缩放的结果如图2-94所示。

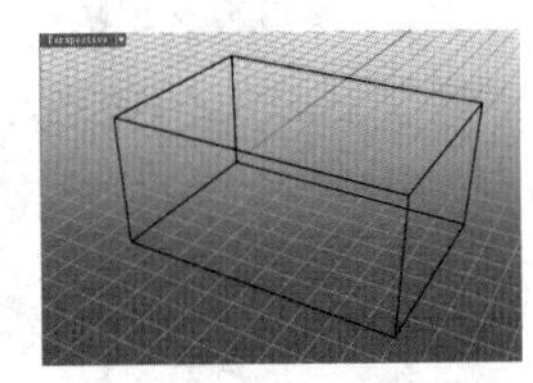

图2-94

技巧与提示

缩放的同时也可以复制物件。

二轴缩放

二轴缩放是在工作平面的x轴、y轴方向上缩放选取的物件，其操作步骤与三轴缩放相同，区别在于二轴缩放只会在工作平面的x轴、y轴方向上进行缩放。例如，一个长方体通过二轴缩放方式缩小到0.5倍后，其长度和宽度将变为原来的一半，但高度不变。

单轴缩放

单轴缩放是在指定的方向（x轴、y轴或z轴方向）上缩放选取的物件，其操作步骤同前面的两种缩放方式大致相同，但输入缩放比后还需要指定缩放的方向。

非等比缩放

非等比缩放是在x、y、z 3个轴向上以不同的比例缩放选取的物件。

★重点★

2.4.6 阵列对象

阵列是指按一定的组合规律进行大规模复制，Rhino提供了“矩形”“环形”“直线”“沿着曲线”“沿着曲面”“沿着曲面上的曲线”6种阵列方式，如图2-95和图2-96所示。

矩形阵列

矩形阵列是以指定的行数、列数和层数（x、y、z轴向）复制物件。启用“矩形阵列”工具后，选取需要阵列的物件，再依次指定x方向、y方向和z方向的数目（大于1的整数），然后指定x方向、y方向和z方向的间距，如图2-97所示。

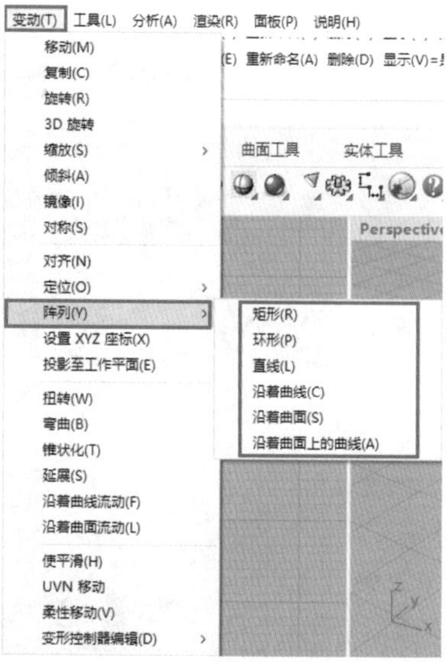

图2-95 　　图2-96

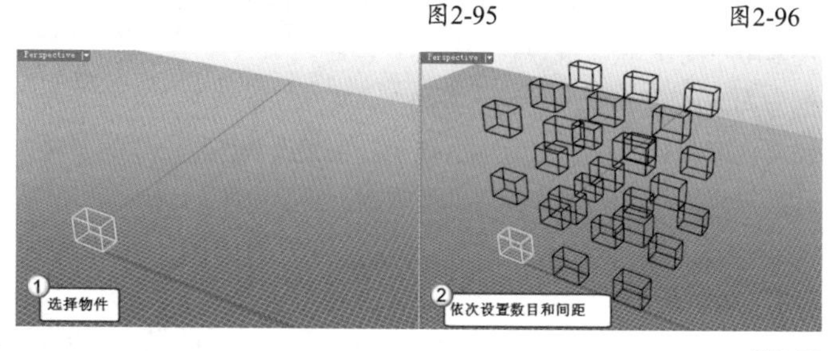

图2-97

环形阵列

环形阵列是以指定的数目绕中心点复制物件，比如在前面的“利用旋转复制创建纹样”案例中，也可以通过环形阵列的方式得到最终的纹样。

启用“环形阵列”工具后，选取需要阵列的物件，再指定环形阵列的中心点，然后输入项目数（必须大于或等于2），最后输入总共的旋转角度。

例如，在前面的“利用旋转复制创建纹样”案例中，如果要进行环形阵列，那么阵列的中心点为十字线的交点，阵列数为10，阵列角度为360°。

沿着曲线阵列

沿着曲线阵列是指沿着曲线复制对象，对象会随着曲线扭转。

启用“沿着曲线阵列”工具后，选取需要阵列的物件并按Enter键确认，然后选取路径曲线，在命令栏中设置阵列的项目数或项目间距，同时指定定位方式，如图2-98~图2-100所示。

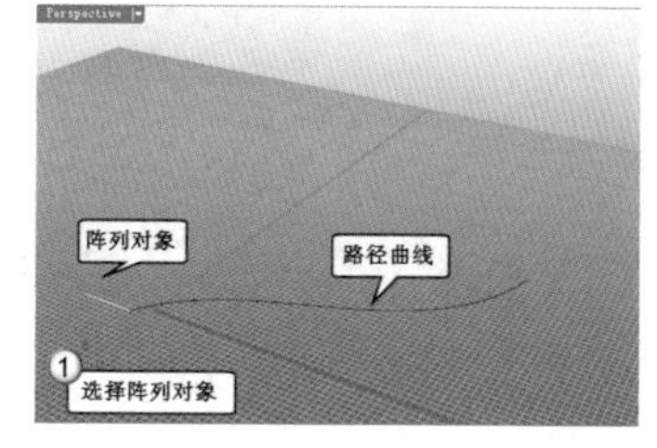

图2-98

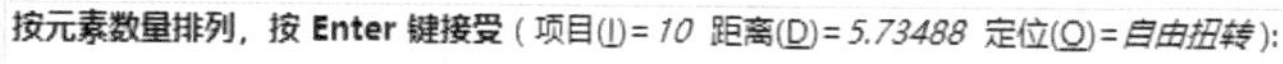

按元素数量排列，按 Enter 键接受 (项目(I) = 10 距离(D) = 5.73488 定位(O) = 自由扭转):

图2-99

“沿着曲线阵列”工具的命令提示中有一个“基准点”选项。当需要阵列的物件不位于曲线上时，物件沿着曲线阵列之前必须先被移动至曲线上，基准点是物件移至曲线上使用的参考点，决定了阵列后的物件与曲线的位置关系，图2-101和图2-102所示分别是同一个物体不同基准点的阵列过程。

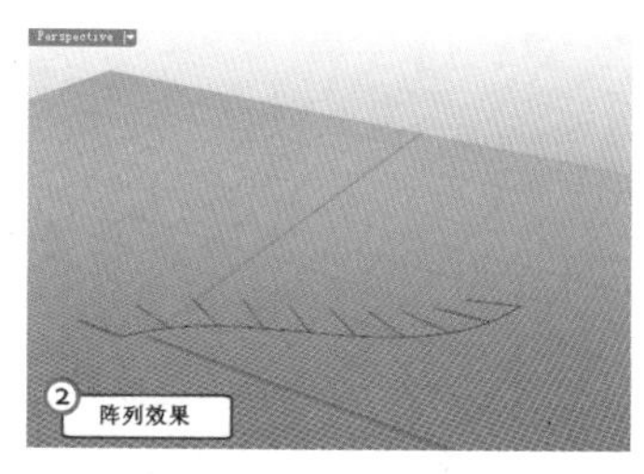

图2-100

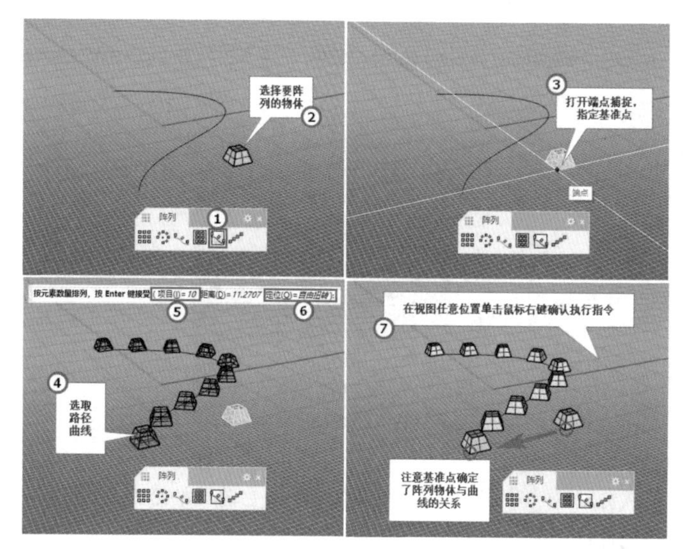

图2-101

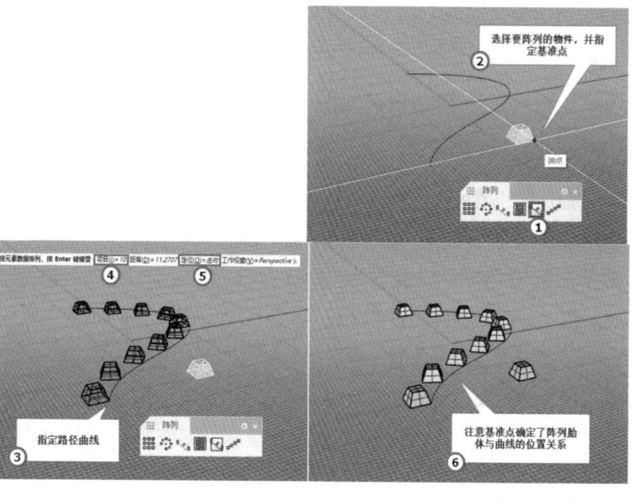

图2-102

沿着曲线阵列特定参数介绍

方式：“项目”表示指定阵列的数目，物件的间距根据路径曲线的长度自动划分，如图2-103和图2-104所示。“距离”表示指定阵列物件之间的距离，阵列物件的数量根据曲线长度而定，如图2-105和图2-106所示。

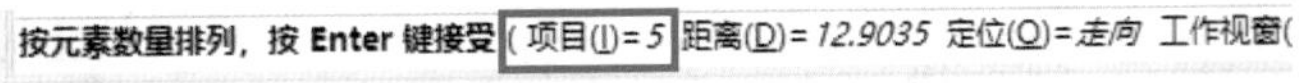

按元素数量排列，按 Enter 键接受(项目(I)=5 距离(D)=12.9035 定位(O)=走向 工作视窗(

图2-103

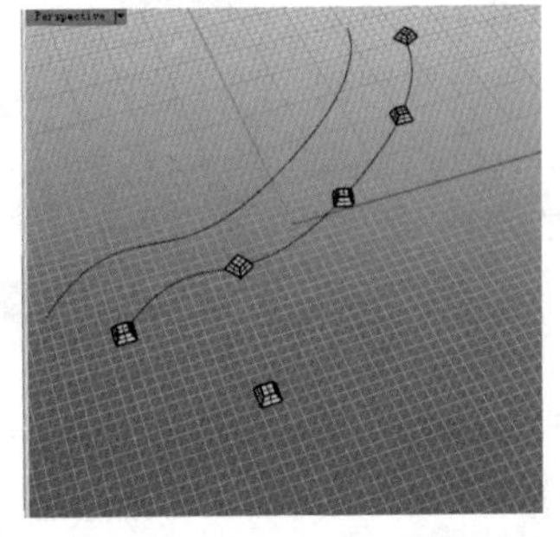

图2-104

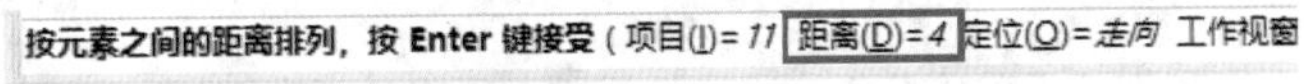

按元素之间的距离排列，按 Enter 键接受 (项目(I)=11 距离(D)=4 定位(O)=走向 工作视窗

图2-105

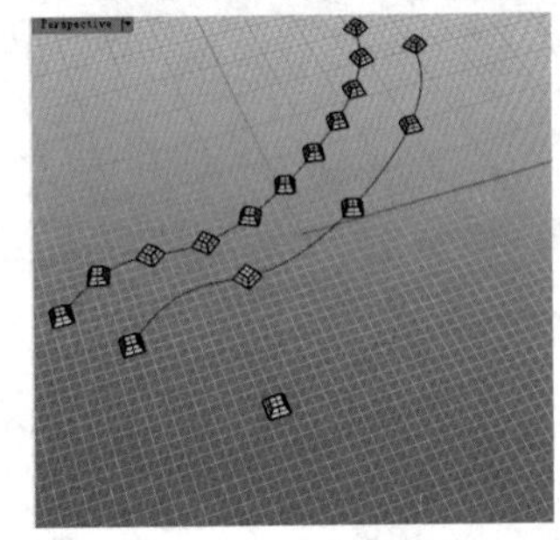

图2-106

定位：“不旋转”是指物件阵列时不会随着路径曲线旋转，其方向保持不变；“自由旋转”是指物件阵列时会沿着曲线在三维空间中旋转；“走向”是指物件阵列时会沿着曲线在水平面上旋转。

沿着曲面阵列

沿着曲面阵列是指在曲面上以指定的行数和列数（曲面的U、V方向）复制物件，物件会以曲面的法线做定位。

启用“沿着曲面阵列”工具，选取需要阵列的物件，再指定一个相对于阵列物件的基准点（通常在需要阵列的物件上指定），然后指定阵列时物件的参考法线方向，接着选取目标曲面，最后输入U方向的项目数和V方向的项目数，如图2-107所示。

1 选择阵列物件和阵列基点
2 指定阵列物件的参考法线，再选择目标曲面
3 指定阵列UV项目数

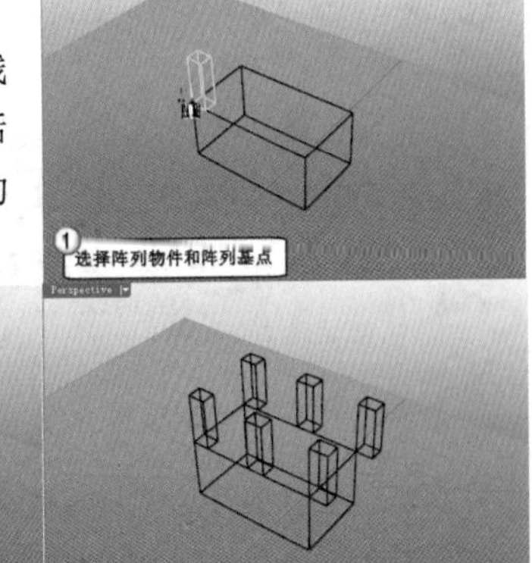

图2-107

物件阵列会以整个未修剪曲面为范围平均分布于曲面的方向上。如果目标曲面是修剪过的曲面，物件阵列可能会超出可见的曲面，分布于整个未修剪的曲面之上。

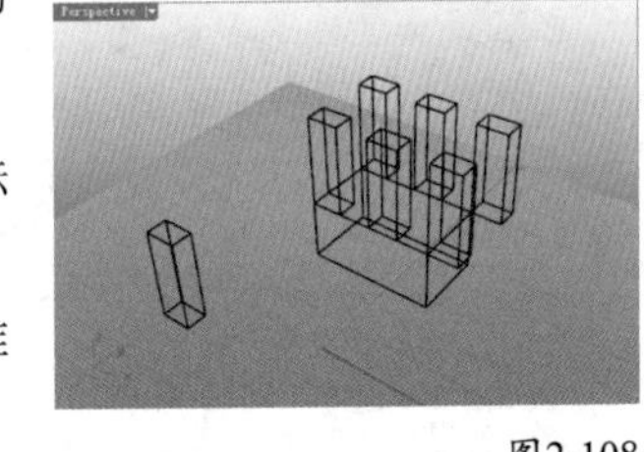

图2-108

曲面外的物件也可以在目标曲面上阵列，如图2-108所示。但要注意，指定阵列物件的基准点时，不能在目标曲面上指定，必须在物件自身上指定。

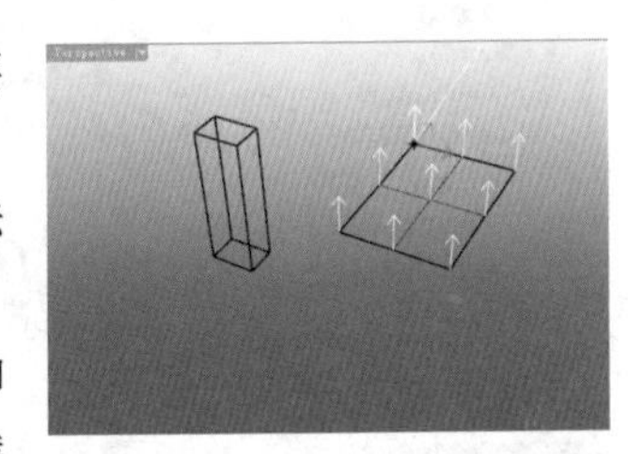

图2-109

关于参考法线的选取，需要说明的是，参考法线的方向不同，得到的结果也不一样，同时和目标曲面的法线方向也有关系。例如，目标曲面的法线方向为向上，如图2-109所示，依次选取参考法线的方向为x轴、y轴、z轴的正方向沿着曲面阵列，结果如图2-110所示；如果选取参考法线的方向为x轴、y轴、z轴的负方向沿着曲面阵列，结果如图2-111所示。

x轴正方向
y轴正方向
z轴正方向

图2-110

x轴负方向
y轴负方向
z轴负方向

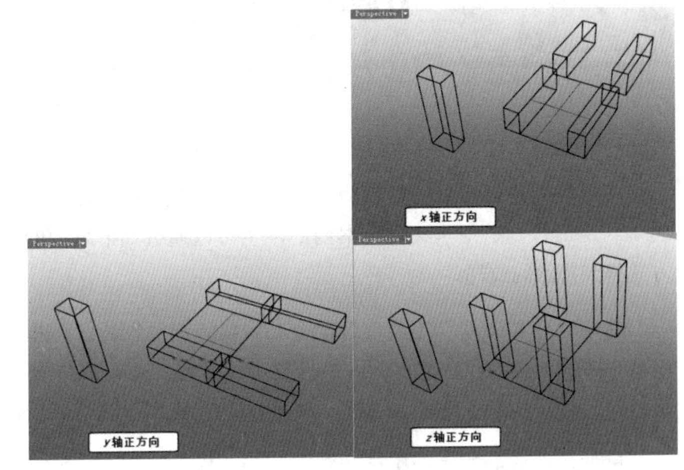

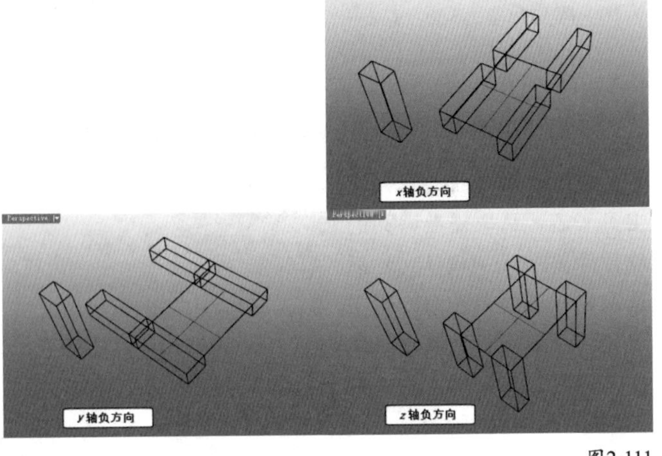

图2-111

从上面的图中可以看到，曲面的法线方向为向上时，如果选取的参考法线是正方向，那么物件阵列在曲面的上方；如果选取的参考法线是负方向，那么物件阵列在曲面的下方。由此可以推断，如果曲面的法线方向相反（向下），那么阵列结果也会相反。

沿着曲面上的曲线阵列

沿着曲面上的曲线阵列是指沿着曲面上的曲线等距离复制对象，阵列对象会依据曲面的法线方向定位。

启用“沿着曲面上的曲线阵列”工具，选取需要阵列的物件，并指定基准点（通常在需要阵列的物件上指定），再选取一条路径曲线，然后选取曲线下的曲面，最后在曲线上指定要放置对象的点或输入与上一个放置点的距离，如图2-112所示。

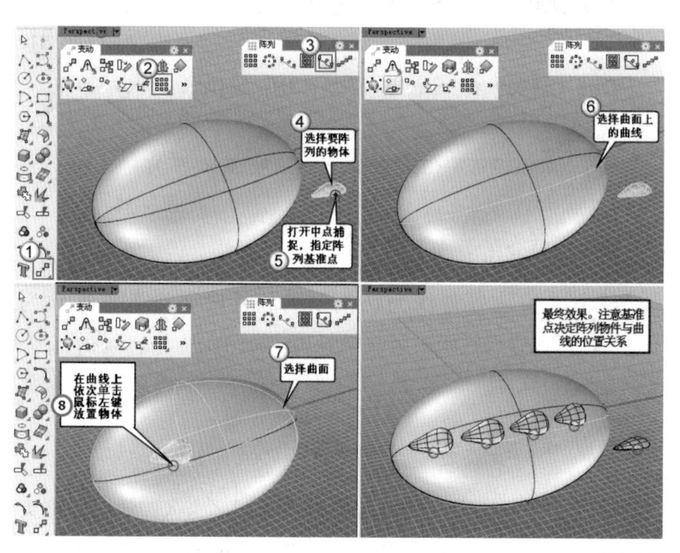

图2-112

★重点★

2.4.7 分割与修剪对象

分割是指将一个完整的物件分离成多个单独的物件，而修剪是指从一个完整的物件中剪掉一部分，分割和修剪都需要借助参照物。

分割/以结构线分割曲面

分割一个物件至少需要两个条件，首先是要有分割用的物件，其次是分割用的物件和需要分割的物件之间要产生交集（不一定相交，但要有交集，比如分割用的物件延伸后与需要分割的物件是相交的）。

单击“分割/以结构线分割曲面”工具，选择需要分割的物件（可以一次选取多个物件），然后选择分割用的物件，最后按Enter键完成分割，如图2-113所示。

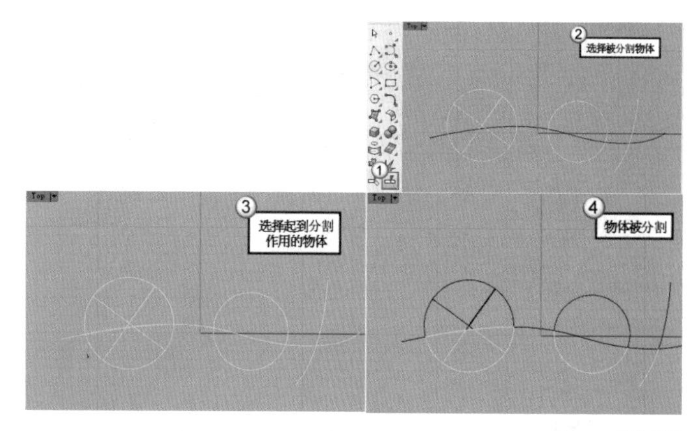

图2-113

分割用的物件与要分割的物件在三维空间中不需要相交，但是在进行分割的操作视图中，分割用的物件看起来一定是把要分割的物件分成了两部分，只有这样才能完成分割。如图2-113所示的4个物件，其空间位置关系如图2-114所示。在Top（顶）视图中，球体、圆和曲线这3个物件都可以被黄色曲线分割；在Front（前）视图中，黄色的分割线只能将球体分成上下不等的两部分；在Right（右）视图中，黄色的分割线无法将球体、圆和曲线这3个物件中的任何一个分成两部分；在Perspective（透视）视图中也是这样，黄色的分割线不能分割球体、圆和曲线这3个物件。

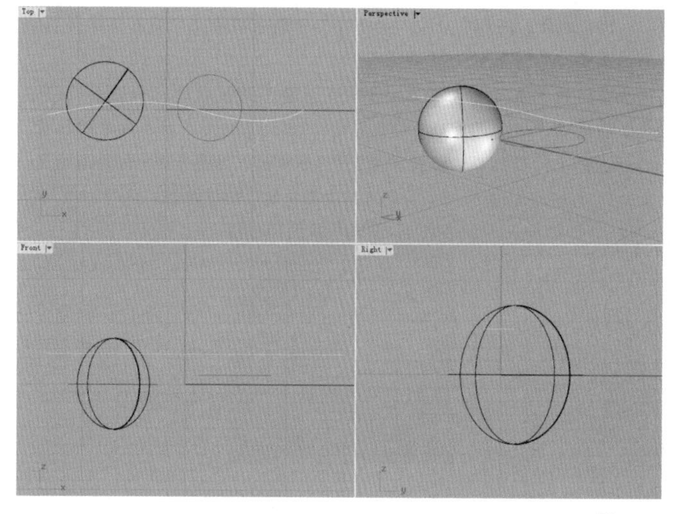

图2-114

“分割/以结构线分割曲面”工具还有一种用法，就是以曲面上的结构线分割曲面。

右击“分割/以结构线分割曲面”工具，然后选取曲面，接着指定V、U方向的分割线（通过指定分割点来确定分割线，可以控制只在U方向或V方向上分割，也可以在两个方向上分割），最后按Enter键确认分割，如图2-115所示。

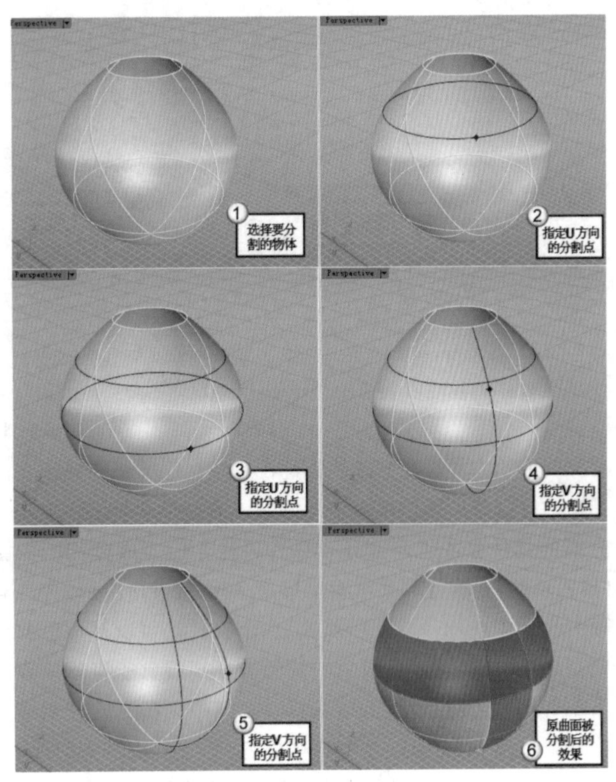

图2-115

疑难问答

问：在图2-115中，U、V两个方向分别分割两次，不是应该得到6个曲面吗，怎么会生成9个曲面呢？

答：原因在于原曲面在U方向有一条曲面接缝边，如图2-116所示。当对曲面进行两次U方向分割时，Rhino系统会自动在该边的位置再切开一次，因此原曲面就被分割成3个曲面。再进行V方向的两次分割后，就会生成9个曲面。由此可知曲面接缝边的重要性。

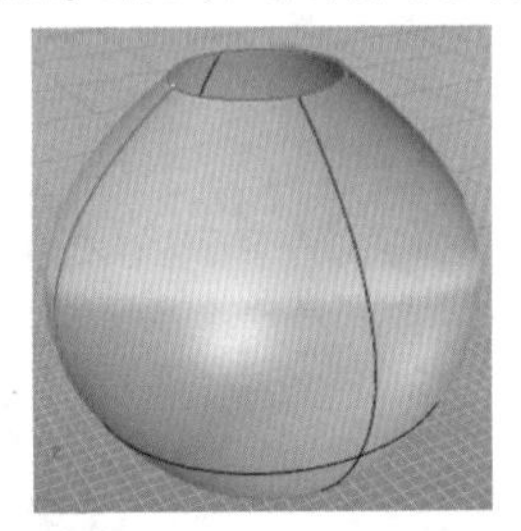

图2-116

技巧与提示

以曲面上的结构线分割曲面只能作用于单一曲面。

修剪/取消修剪

Rhino的Trim（修剪）命令主要用于对线、面的切割与缝补。

单击侧工具栏中的“修剪/取消修剪”工具，然后选取切割用的物件（起到剪刀作用的物件），接着在需要被修剪的部分上单击，如图2-117所示。

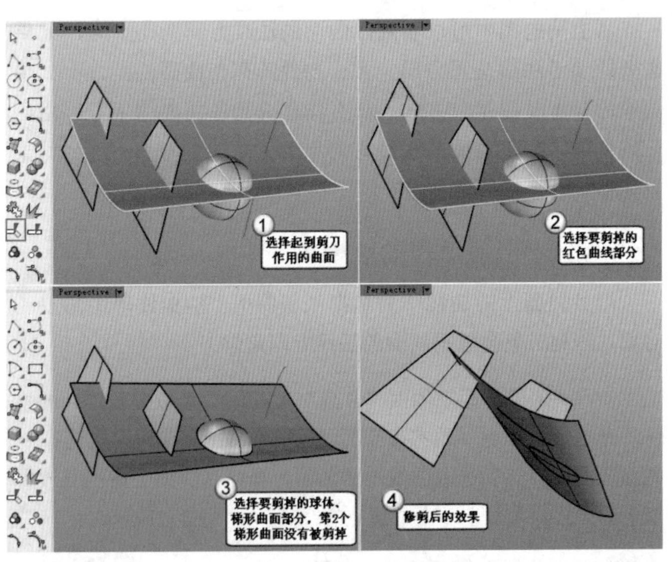

图2-117

Trim（修剪）命令提供了图2-118所示的命令选项。

```
指令: _Trim
选取切割用物件 ( 延伸直线(E)=否  视角交点(A)=否 ):
```

图2-118

命令选项介绍

延伸直线：以直线为切割用的物件时，设置该选项为“是”，可以将直线无限延伸修剪其他物件。

技巧与提示

注意，不是真的将直线延伸到与要被修剪的物件相交。

视角交点：如果设置该选项为“是”，那么曲线不必有实际的交集，只要在工作视窗中看起来有视觉上的交集就可以进行修剪，这个选项对曲面没有作用。

对于一个已经修剪的曲面，如果想要还原被修剪掉的部分，可以右击“修剪/取消修剪”工具，然后选取曲面的修剪边缘。这样操作可以删除曲面上的洞或外侧的修剪边界，使曲面回到原始状态。

技巧与提示

这里介绍一个比较简便的修剪方法，执行Trim（修剪）命令后，无论是需要修剪的物件还是作为切割用的物件，先全部选中，按Enter键确认选择后，再依次单击需要修剪掉的部分。

技术专题：关于修剪曲面

在Rhino中，一个修剪过的曲面由两部分组成：定义几何物件形状的原始曲面和定义曲面修剪边界的曲线。

曲面被修剪掉的部分可以是修剪边界的内侧（洞）或外侧，而作为修剪边界的曲线会埋入原始曲面上（也就是和保留的曲面部分合并）。

对于一个被修剪过的曲面，其原始曲面有可能远比修剪边界大，因为Rhino并不会绘制出曲面被修剪掉的部分，所以无法看到完整的原始曲面。原始曲面表示了几何物件的真实造型，而修剪边界曲线只是用来表示曲面的哪一部分应该被视为修剪掉的部分，和曲面的实际形状无关。例如，以一条跨越曲面的曲线修剪曲面，打开该曲面的控制点时，会发现曲面控制点的结构完全不受曲面修剪的影响，如图2-119所示。

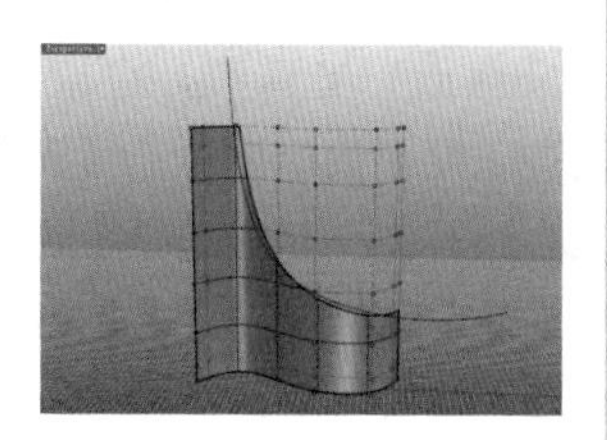
图2-119

像这样的情况，如果要使曲面控制点的结构和剪切面的实际形状相同，可以使用“缩回已修剪曲面/缩回已修剪曲面至边缘”工具，重新修正曲面控制点的排布，设定剪切面新的原始性。该工具将在本书第4章中进行详细讲解。

★重点★

2.4.8 组合与炸开对象

Rhino的“组合”工具可以将不同的物件连结在一起成为单一物件，可以组合的对象包括线、面和体，比如数条直线可以组合成多重直线，数条曲线可以组合成多重曲线，多个曲面或多重曲面可以组合成多重曲面或实体。

组合的过程比较简单，单击“组合”工具，然后选取多个要组合的物件（曲线、曲面、多重曲面或网格），并按Enter键即可。

技巧与提示

Rhino的组合功能是非常强大的，组合的对象可以不共线，也可以不共面，比如两条平行线也可以组合。但组合物件并不会改变物件的几何数据，只是把相接的曲面“黏”起来，使网格转换、布尔运算和交集时可以跨越曲面而不产生缝隙。

如果想把已经组合好的物件拆开，就需要用到“炸开/抽离曲面”工具，操作方法同样很简单，先单击该工具，然后选择需要炸开的对象，接着按Enter键完成操作。

重点 实战

利用缩放/分割/阵列创建花形纹样

场景位置	无
实例位置	实例文件>第2章>实战——利用缩放/分割/阵列创建花形纹样.3dm
视频位置	第2章>实战——利用缩放/分割/阵列创建花形纹样.mp4
难易指数	★★☆☆☆
技术掌握	掌握缩放、分割、环形阵列和选取曲线的使用方法

本例创建的花形纹样效果如图2-120所示。

图2-120

01 开启“锁定格点”功能，单击侧工具栏中的“圆：中心点、半径”工具，在Top（顶）视图的坐标原点上单击确定圆心，再将鼠标指针指向另一点并单击确定半径，绘制图2-121所示的圆。

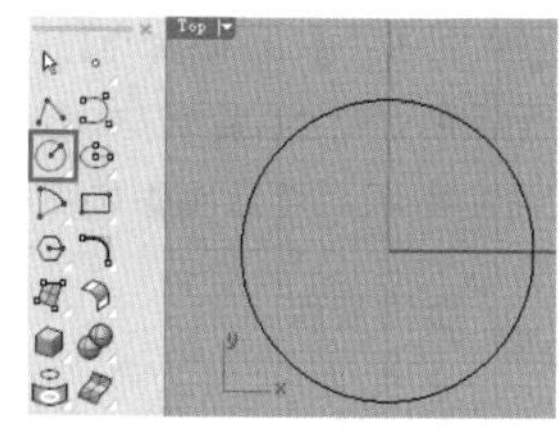
图2-121

02 选中上一步绘制的圆，然后长按侧工具栏中的“曲线圆角”工具，在“曲线工具”工具面板中单击“重建曲线/以主曲线重建曲线”工具，打开“重建”对话框，并在该对话框中设置“点数”为6，“阶数”为3，如图2-122所示，完成设置后单击“确定”按钮，将圆重建。

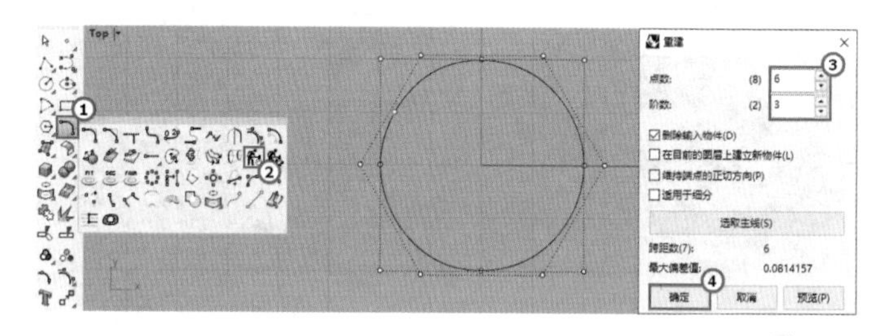

图2-122

03 保持对圆的选择，然后在侧工具栏中单击“打开编辑点/关闭点”工具，显示圆的控制点，如图2-123所示。

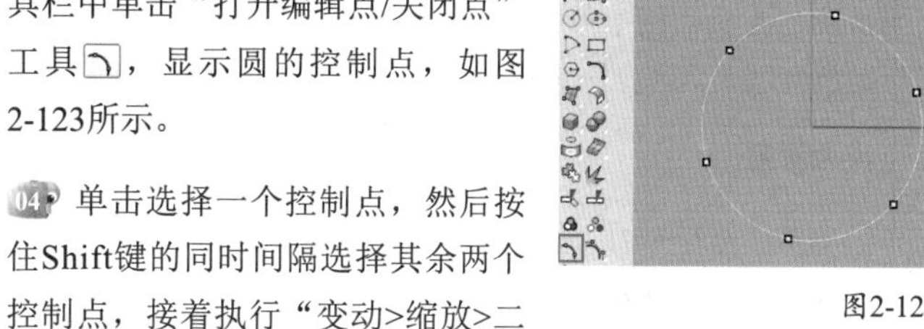
图2-123

04 单击选择一个控制点，然后按住Shift键的同时间隔选择其余两个控制点，接着执行“变动>缩放>二轴缩放”菜单命令，在缩放的同时复制曲线，如图2-124所示，具体操作步骤如下。

操作步骤

①单击命令行中的“复制”选项，将其设置为“是”。

②捕捉坐标原点为缩放的基点。

③任意捕捉一点指定缩放的第一参考点。

④移动鼠标，在适当位置指定第二参考点，然后按Enter键完成操作。

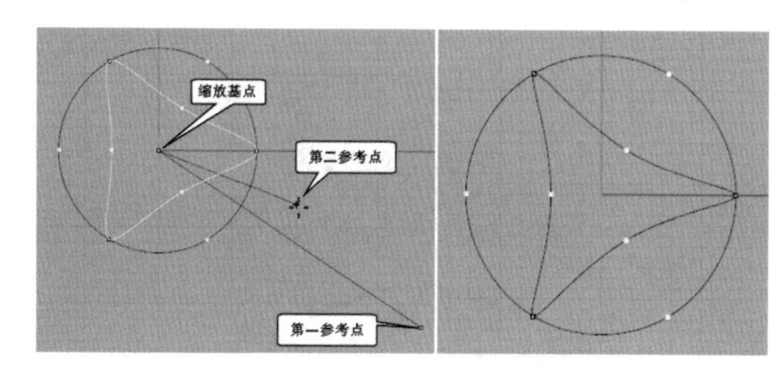

图2-124

05 右击“打开编辑点/关闭点”工具，关闭控制点的显示；然后单击“2D旋转/3D旋转”工具，旋转圆和曲线，如图2-125所示，具体操作步骤如下。

操作步骤

①框选圆和曲线，并按Enter键确认。

②捕捉坐标原点为旋转的中心点。

③捕捉圆和曲线的交点（图中红圈处的点）。

④捕捉y轴上的格点。

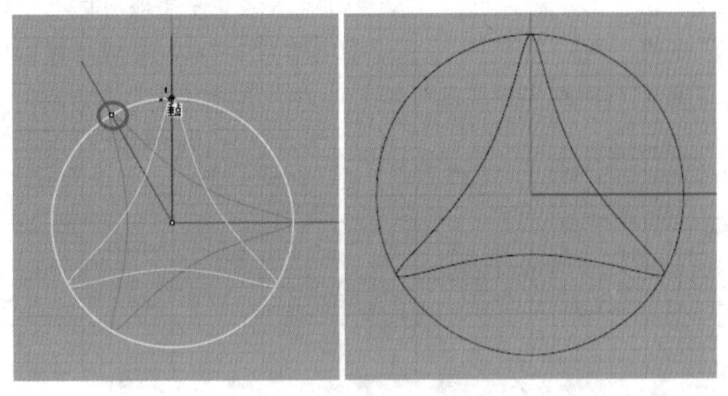

图2-125

06 再次单击“打开编辑点/关闭点”工具，显示出圆内部的曲线的控制点，然后选择图2-126所示的两个控制点，接着在“缩放比”工具面板中单击“单轴缩放”工具，对曲线再次进行缩放复制，具体操作步骤如下。

操作步骤

①单击命令行中的“复制”选项，将其设置为“是”。

②捕捉坐标原点为缩放的基点。

③参考图2-127指定第一参考点和第二参考点。

④继续指定第二参考点，得到多条曲线，如图2-128所示。

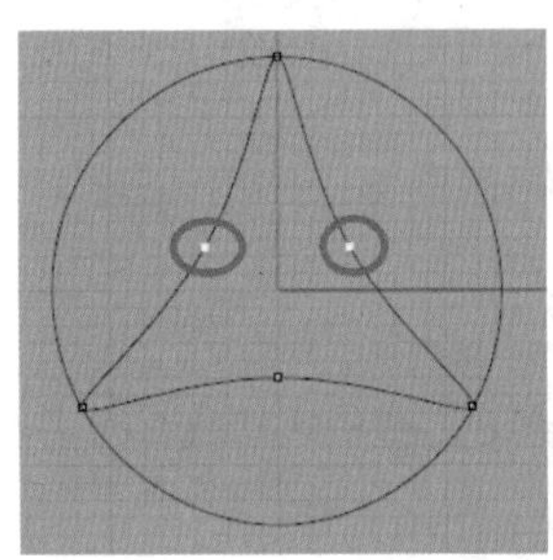

图2-126

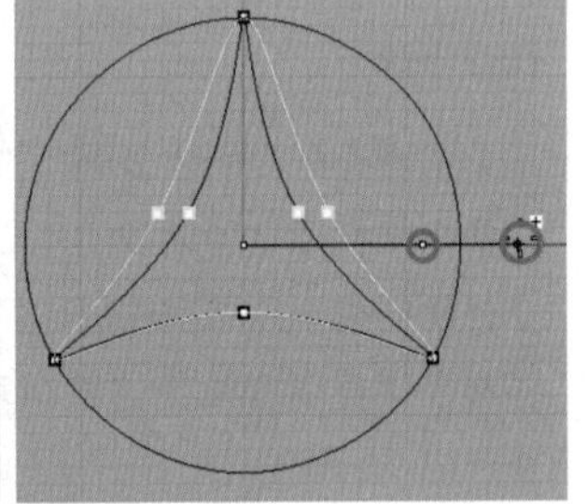

图2-127

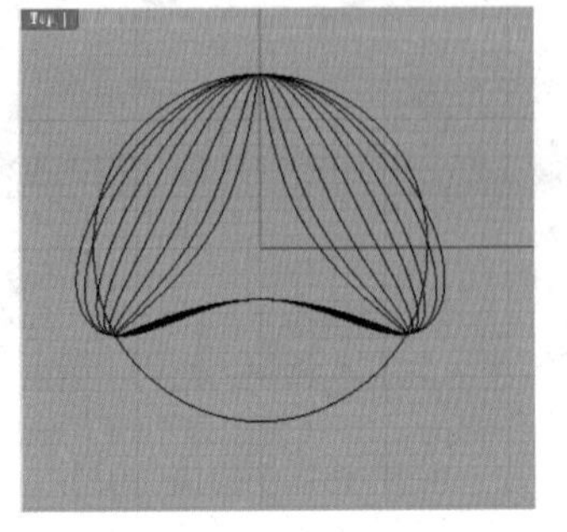

图2-128

07 在侧工具栏中长按“指定三或四个角建立曲面”工具，在调出的“建立曲面”工具面板中单击“以平面曲线建立曲面”工具，接着选择缩放得到的最外圈的曲线，并按Enter键或单击鼠标右键建立曲面，如图2-129所示。

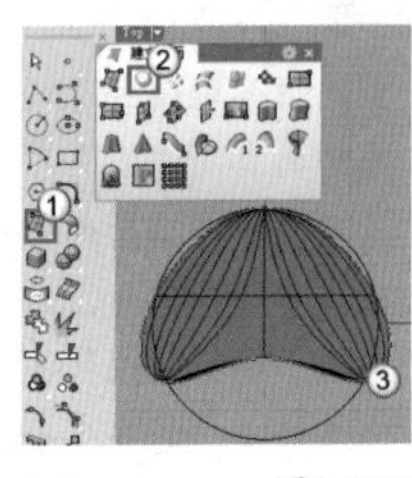

图2-129

08 单击“分割/以结构线分割曲面”工具，将上一步创建的面分割成若干段，如图2-130所示，具体操作步骤如下。

操作步骤

①选择上一步创建的面，按Enter键确认。

②选择所有缩放得到的曲线，按Enter键确认。

09 按住Shift键的同时间隔选择被分割的曲面，然后按Delete键删除，得到图2-131所示的模型。

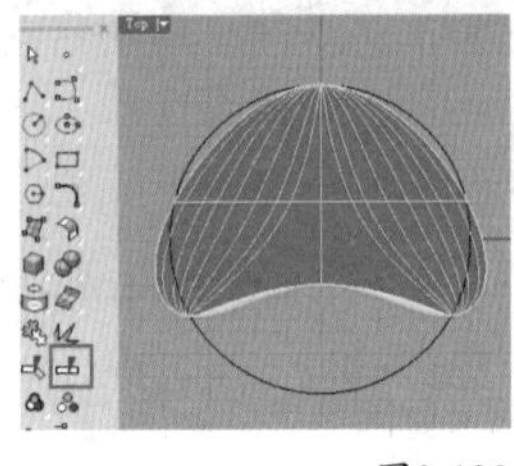

图2-130

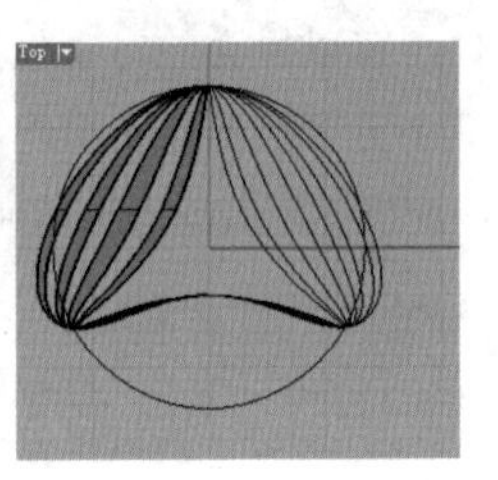

图2-131

10 在“选取”工具面板中单击“选取曲线”工具，选择视图中的所有曲线，按Delete键删除，得到图2-132所示的曲面。

11 使用“环形阵列”工具对保留的曲面进行环形阵列，得到本例的最终效果，如图2-133所示，具体操作步骤如下。

操作步骤

①框选保留的所有曲面，按Enter键确认。

②捕捉曲面顶部的端点为阵列中心点。

③在命令行中输入3并按Enter键确认。

④在命令行中输入360，然后按两次Enter键。

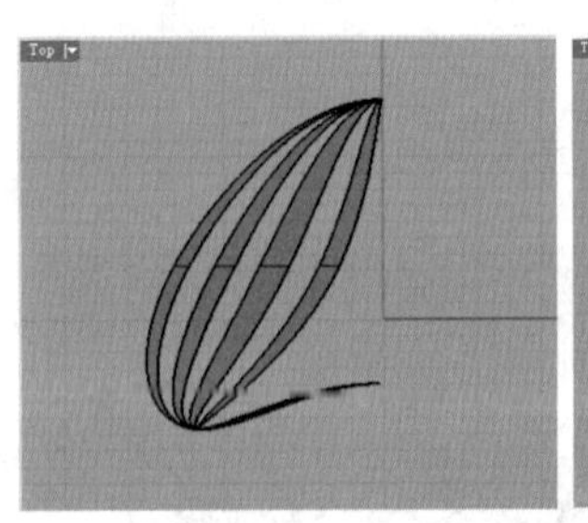

图2-132

图2-133

2.4.9 弯曲对象

如果要将一个竖直的物件塑造成C形，可以使用“弯曲”工具。

单击“变动”工具面板中的“弯曲”工具，选取需要弯曲的物件，指定骨干直线的起点代表物件弯曲的原点，再指定骨干直线的终点，最后指定弯曲的通过点，如图2-134所示。

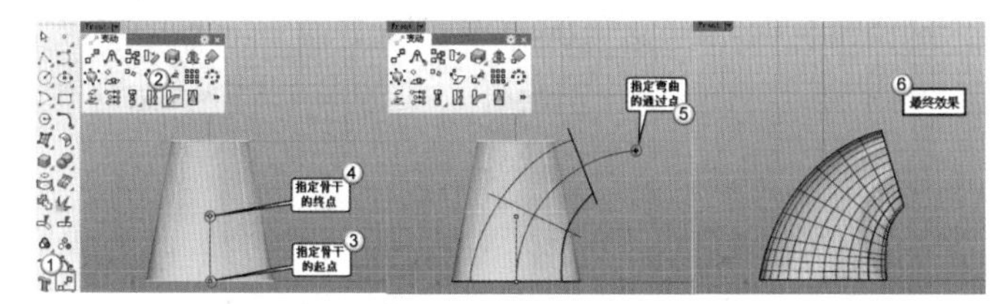

图2-134

指定弯曲的通过点时，可以看到图2-135所示的命令选项。

弯曲的通过点 (复制(C)=否 硬性(R)=否 限制于骨干(L)=否 角度(A) 对称(S)=否):

图2-135

命令选项介绍

复制：弯曲的同时复制物件。

硬性：“硬性=否”表示每一个物件都会变形；“硬性=是”表示只移动物件，每一个物件本身不会变形，如图2-136和图2-137所示。

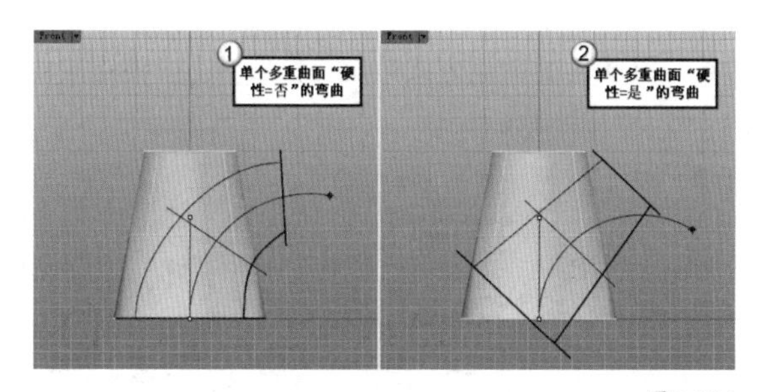

图2-136

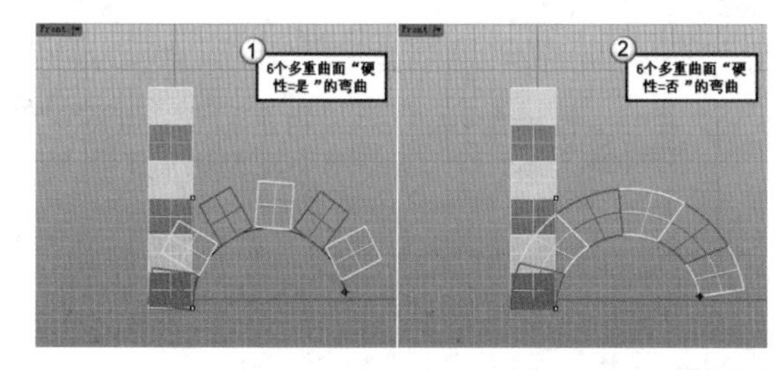

图2-137

限制于骨干：设置为“是”，表示物件只有在骨干范围内的部分会被弯曲；设置为“否”，表示物件的弯曲范围会延伸到鼠标的指定点，如图2-138所示。

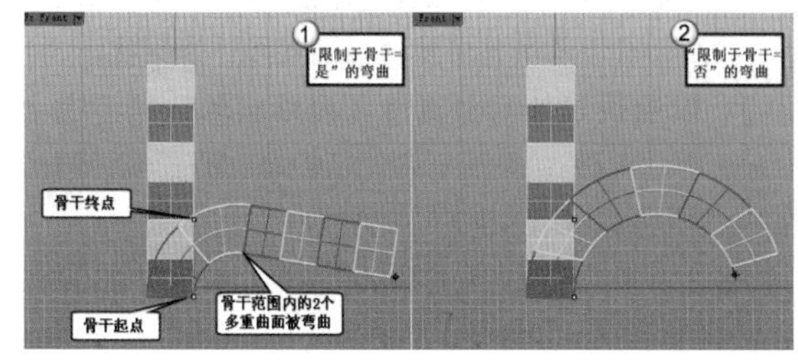

图2-138

角度：以输入角度的方式设定弯曲量。

对称：设置为“是”，表示以物件中点为弯曲骨干的起点，将物件对称弯曲，如图2-139所示；设置为“否”，表示只弯曲物件的一侧，如图2-140所示。

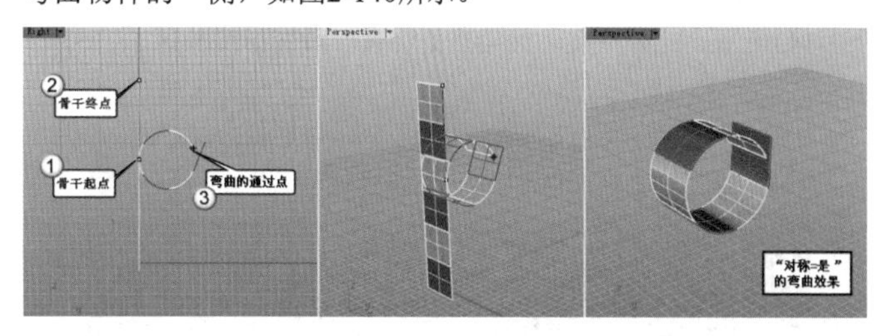

图2-139

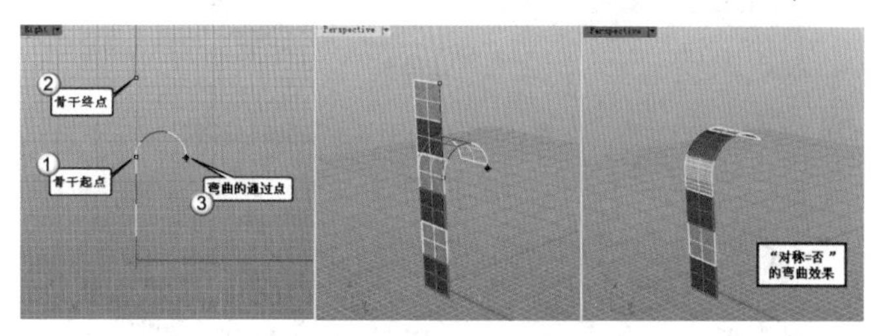

图2-140

2.4.10 扭转对象

扭转对象是指绕一个轴对物件本身进行旋转，类似于拧毛巾的方式。

单击“变动”工具面板中的“扭转”工具，选取需要扭转的物件，指定扭转轴的起点（物件靠近这个点的部分会完全扭转，离这个点最远的部分会维持原来的形状），再指定扭转轴的终点，最后输入扭转角度或指定两个参考点定义扭转角度，如图2-141所示。

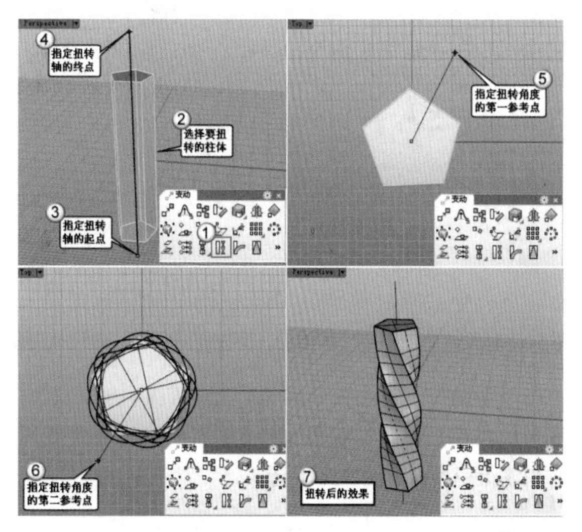

图2-141

在“扭转”工具的命令提示中包含“复制”“硬性”“无限延伸”等多个参数选项，其中“复制”和“硬性”选项的含义与上节弯曲对象一致，这里介绍一下“无限延伸”选项的含义。

如果设置“无限延伸”选项为“是”，那么即使轴线比物件短，变形影响范围还是会给予整个物件，如图2-142所示。如果设置为“否”，那么物件的变形范围将受限于轴线的长度，也就是说如果轴线比物件短，物件只有在轴线范围内的部分会变形，如图2-143所示。此外，在轴线端点处会有一段变形缓冲区。

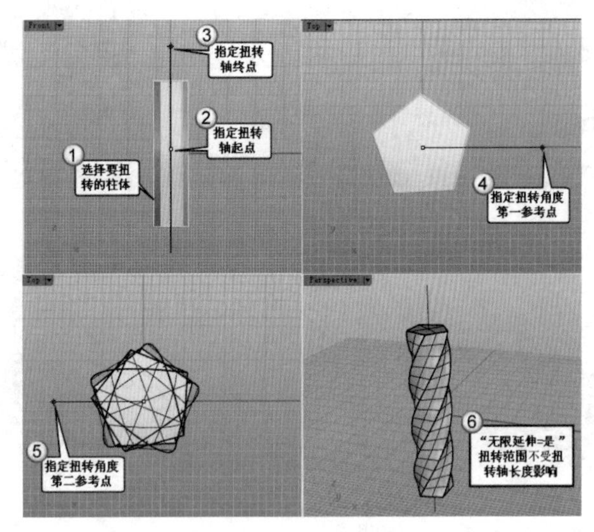

图2-142

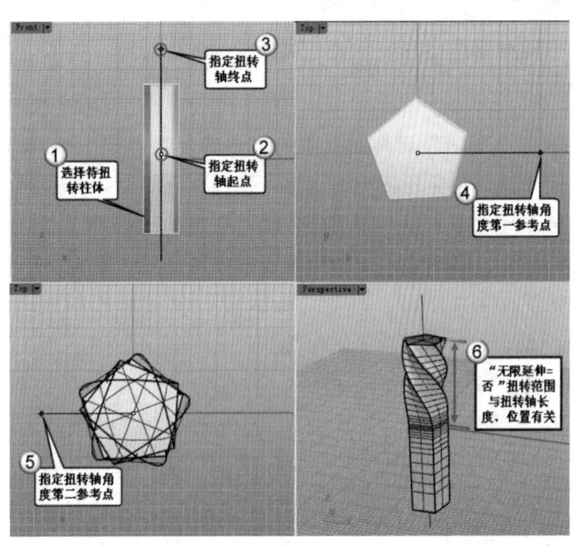

图2-143

2.4.11 锥状化对象

锥状化对象是通过指定一条轴线，将物件沿着轴线做锥状变形。

单击“变动”工具面板中的“锥状化”工具，选取需要锥化变形的物件，指定锥状轴的起点和终点，再指定变形的起始距离和终止距离，如图2-144所示。

建立锥状轴时将出现图2-145所示的命令选项。

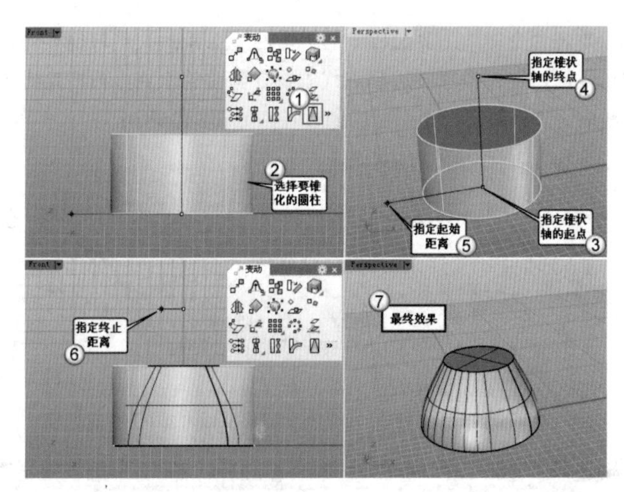

图2-144

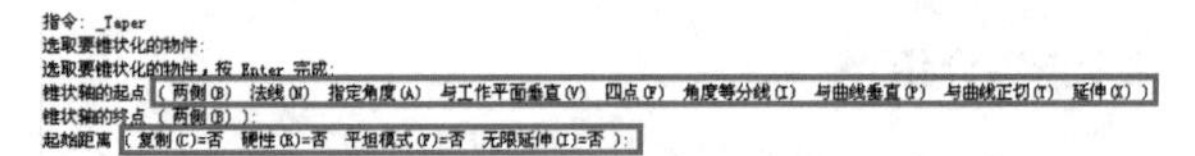
指令：_Taper
选取要锥状化的物件：
选取要锥状化的物件，按 Enter 完成：
锥状轴的起点（两侧(B) 法线(N) 指定角度(A) 与工作平面垂直(V) 四点(F) 角度等分线(I) 与曲线垂直(P) 与曲线正切(T) 延伸(X)）
锥状轴的终点（两侧(B)）：
起始距离（复制(C)=否 硬性(R)=否 平坦模式(F)=否 无限延伸(I)=否）：

图2-145

命令选项介绍

两侧：锥状轴的创建方式是先指定中点，再指定终点，也就是通过绘制一半的直线指定另一半的长度。

法线：锥状轴的创建方式是起点在曲面上，终点与曲面法线走向一致，如图2-146所示。

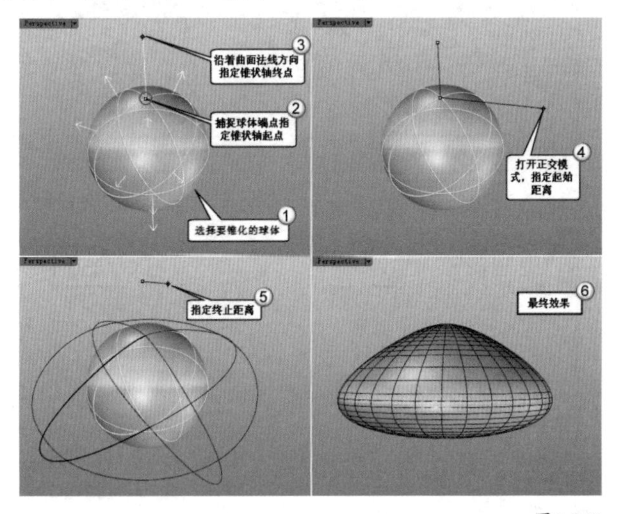

图2-146

指定角度：锥状轴是与基准线呈指定角度的直线，如图2-147所示。

与曲线垂直：以与其他曲线垂直的直线作为锥状轴。

与曲线正切：以与其他曲线正切的直线作为锥状轴。

延伸：以曲线延伸一条直线作为锥状轴。先选中一条曲线，注意选中的曲线的位置要靠近延伸端点的一端，再指定延伸出的直线的终点，得到锥状轴。

平坦模式：以两个轴向进行锥状化变形，如图2-148所示。

图2-147

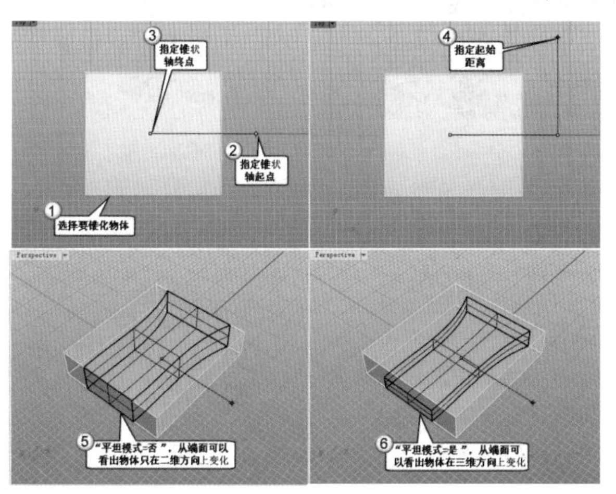

图2-148

与工作平面垂直：锥状轴是一条与工作平面垂直的直线。

四点：以两个点指定直线的方向，再通过两个点绘制出锥状轴。

角度等分线：以指定的角度画出一条角度等分线作为锥状轴。

2.4.12 沿着曲线流动对象

沿着曲线流动对象是指将物件或群组以基准曲线对应到目标曲线，同时对物件进行变形。

单击“变动”工具面板中的“沿着曲线流动”工具，然后选取一个或一组物件，接着依次选取基准曲线和目标曲线（注意要靠近端点处选择），如图2-149所示。

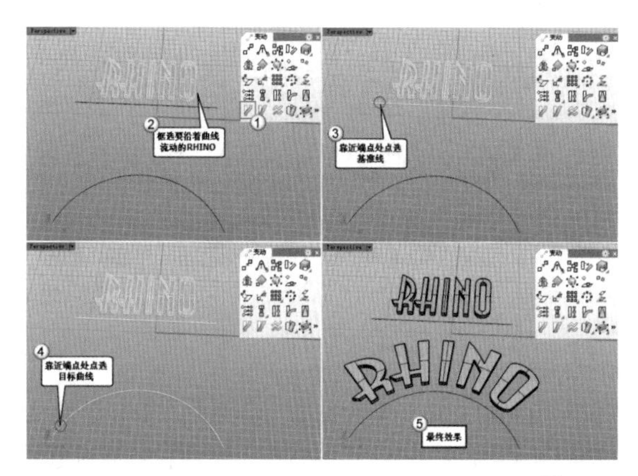

图2-149

“沿着曲线流动”工具常用于将物件以直线排列的形式变形为曲线排列，因为这样比在曲线上建立物件更容易。下面介绍一些重要的命令选项，如图2-150所示。

基准曲线 - 点选靠近端点处 (复制(C)=是 硬性(R)=否 直线(L) 局部(O)=否 延展(S)=否):
目标曲线 - 点选靠近对应的端点处 (复制(C)=是 硬性(R)=否 直线(L) 局部(O)=否 延展(S)=否):

图2-150

直线：如果视图中没有基准曲线和目标曲线，可以通过该选项进行绘制。

局部：如果设置为“是”，将指定两个圆定义环绕基准曲线的“圆管”，物件在圆管内的部分会被流动，在圆管外的部分固定不变，圆管壁为变形力衰减区，如图2-151所示；如果设置为“否”，表示整个物件都会受到影响。

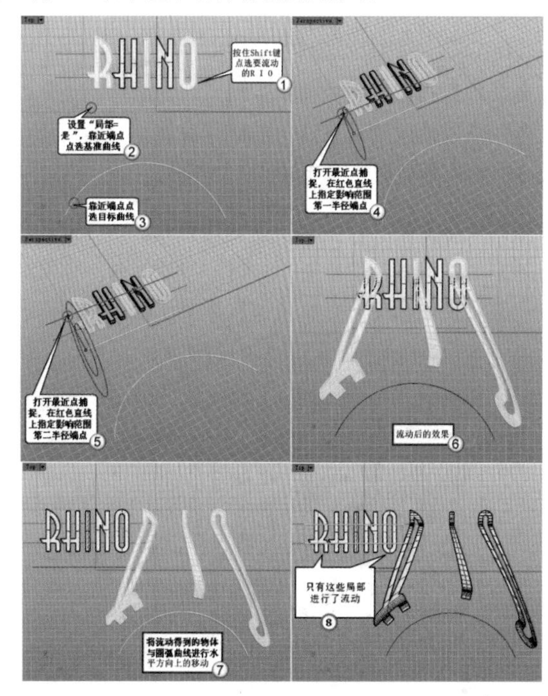

图2-151

延展：如果设置为“是”，表示物件在流动后会因为基准曲线和目标曲线的长度不同而被延展或压缩；如果设置为“否”，表示物件在流动后长度不会改变，如图2-152所示。

图2-152

2.4.13 倾斜对象

倾斜对象是以指定的角度在与工作平面平行的方向上倾斜物件，类似于将书架上的一排书籍往左右倾斜，但对象长度会改变。例如，矩形在倾斜后会变成平行四边形，其左、右两个边的长度会越来越长，但上、下两个边的长度始终维持不变，平行四边形的高度也不会改变。

单击“变动”工具面板中的“倾斜”工具，选取需要倾斜的物件，指定倾斜的基点（基点在物件倾斜时不会移动），再指定倾斜角度的参考点，最后指定倾斜角度，如图2-153所示。

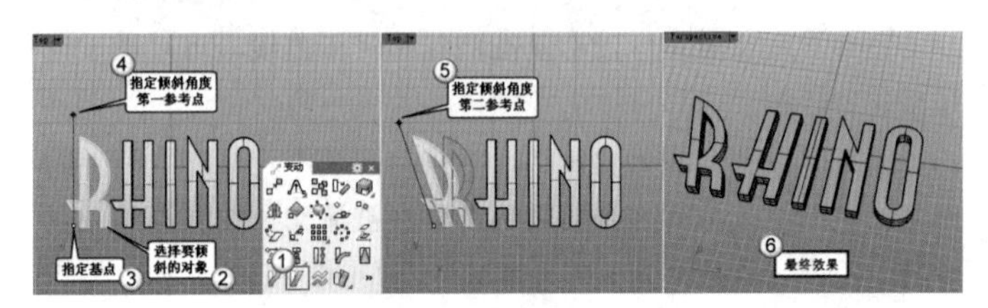

图2-153

2.4.14 平滑对象

如果要均化指定范围内曲线控制点、曲面控制点、网格顶点的位置，可以使用“使平滑”工具。该工具适用于局部除去曲线或曲面上不需要的细节与自交的部分。

使用“使平滑”工具前，应该先打开曲线或曲面的控制点，选择要平滑的区域的控制点，再启用该工具，此时将打开“平滑”对话框，在该对话框中设置需要平滑的轴向，并按需要调整“每阶的平滑系数”，如图2-154所示。

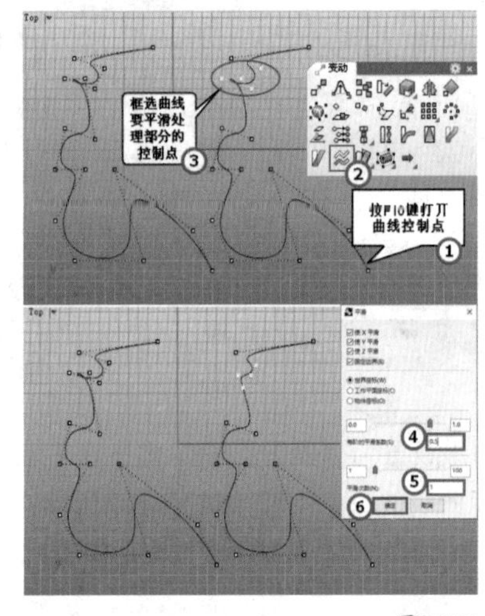

图2-154

> **技巧与提示**
>
> 设置“每阶的平滑系数”时，取值在0～1表示曲线控制点会往两侧控制点的距离中点移动；大于1表示曲线控制点会往两侧控制点的距离中点移动并超过该点；负值表示曲线控制点会往两侧控制点的距离中点的反方向移动。

重点实战

利用锥化/扭转/沿着曲线流动创建扭曲造型

场景位置	场景文件>第2章>04.3dm
实例位置	实例文件>第2章>实战——利用锥化/扭转/沿着曲线流动创建扭曲造型.3dm
视频位置	第2章>实战——利用锥化/扭转/沿着曲线流动创建扭曲造型.mp4
难易指数	★★☆☆☆
技术掌握	掌握锥化、扭转、选取控制点、沿着曲线流动和控制点权值的操作方法

本例创建的扭曲造型效果如图2-155所示。

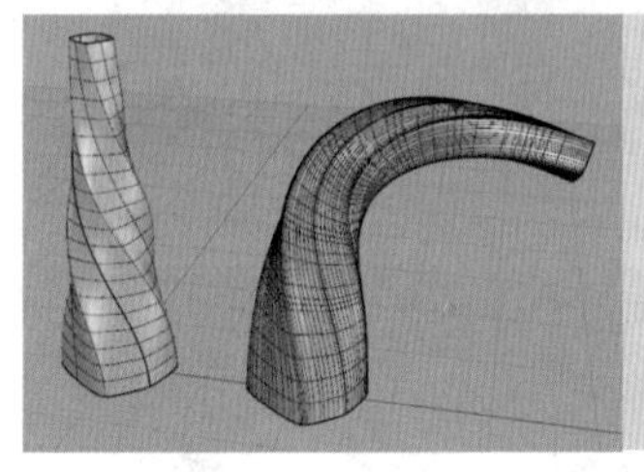

图2-155

01 打开本书学习资源中的“场景文件>第2章>04.3dm”文件，如图2-156所示。

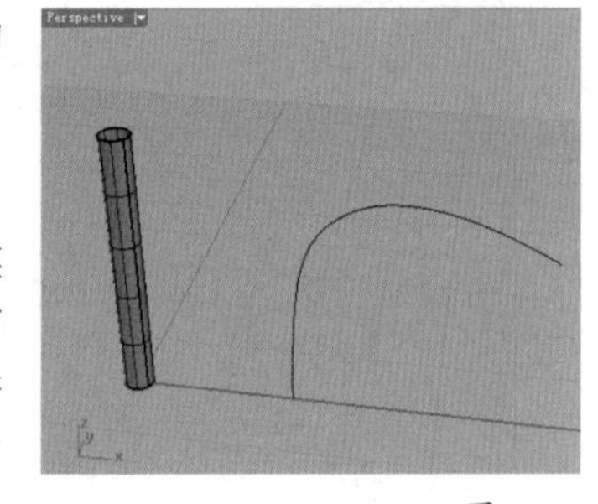

图2-156

02 执行“变动>锥状化”菜单命令，对场景中的圆管曲面进行锥状化变形，如图2-157所示，具体操作步骤如下。

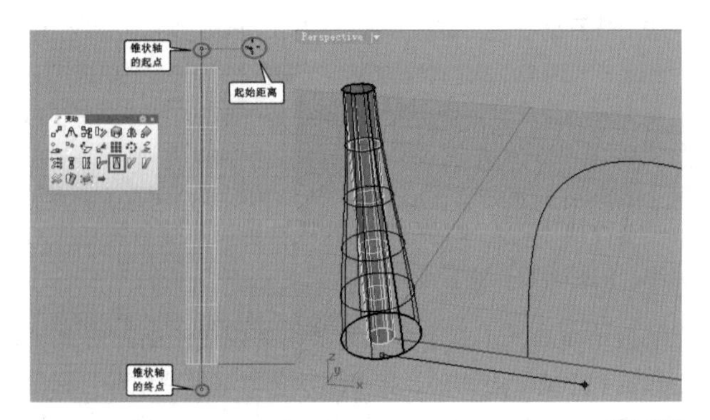

图2-157

操作步骤

①选择圆管曲面，按Enter键确认。

②在Front（前）视图中的y轴上捕捉一点作为锥状轴的起点，然后在y轴上捕捉另一点作为锥状轴的终点。

③在任意位置单击拾取一点作为起始距离，然后移动鼠标，可以发现产生了不同程度的变化，在合适的位置拾取另一点作为终止距离。

03 单击“变动”工具面板中的“扭转”工具，对锥化后的曲面进行扭转，效果如图2-160所示，具体操作步骤如下。

操作步骤

①选择锥化的曲面，按Enter键确认。

②捕捉坐标原点作为扭转轴起点，然后在Front（前）视图中捕捉y轴上的一点确定终点，如图2-158所示。

③在Top（顶）视图中任意指定一个点作为第一参考点，然后在合适的角度拾取一点作为第二参考点，如图2-159所示。

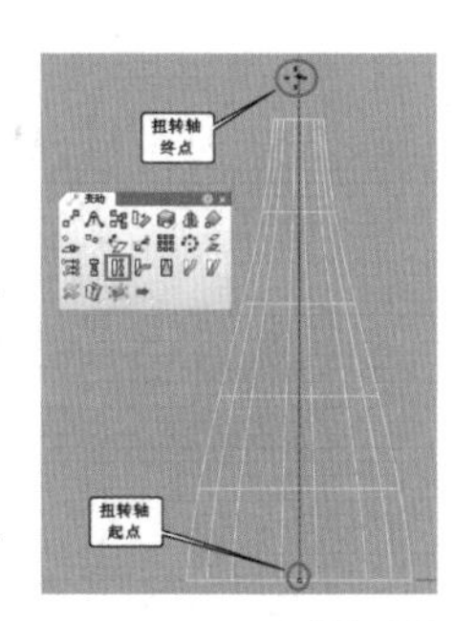

图2-158

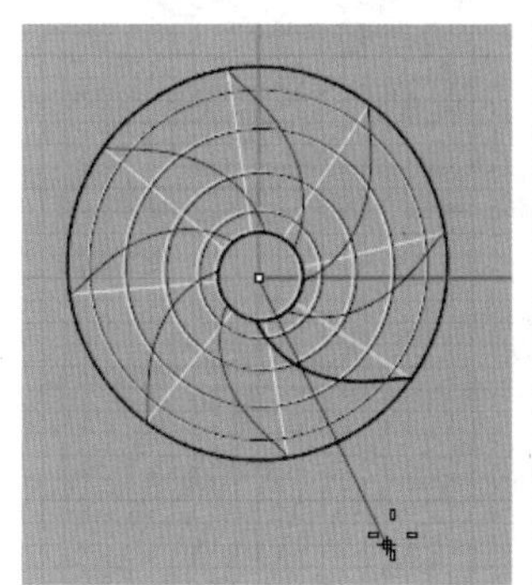
图2-159

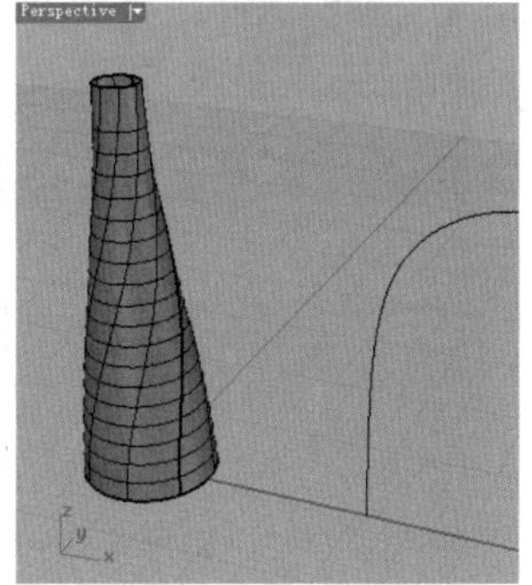
图2-160

技巧与提示

对比扭转前后的效果，可以看到曲面的ISO线发生了变化。

04 选择曲面，然后按F10键打开控制点，接着按住Shift键的同时选择图2-161所示的4个点，最后在“选取点”工具面板中单击“选取V方向”工具，将4列点全部选中，如图2-162所示。

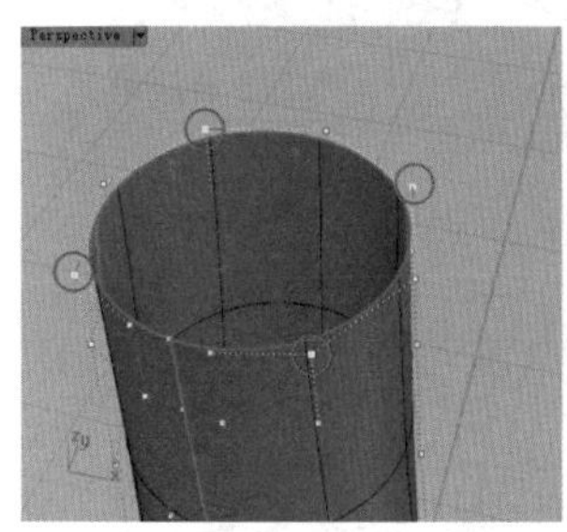
图2-161

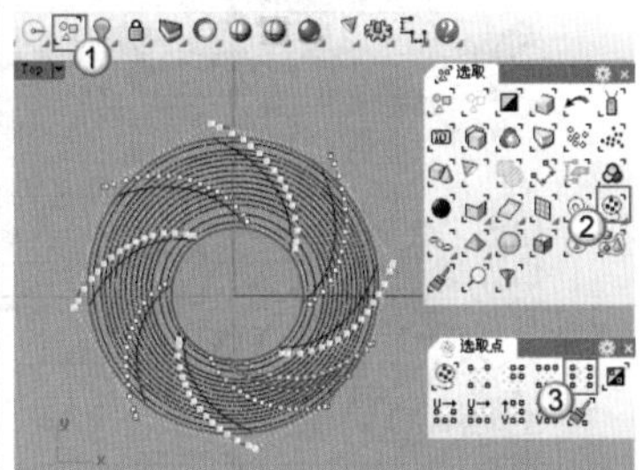
图2-162

05 启用“编辑控制点权值”工具，打开“设置控制点权值”对话框，然后设置“权值”为5，如图2-163所示，完成设置后单击“确定”按钮，效果如图2-164所示。

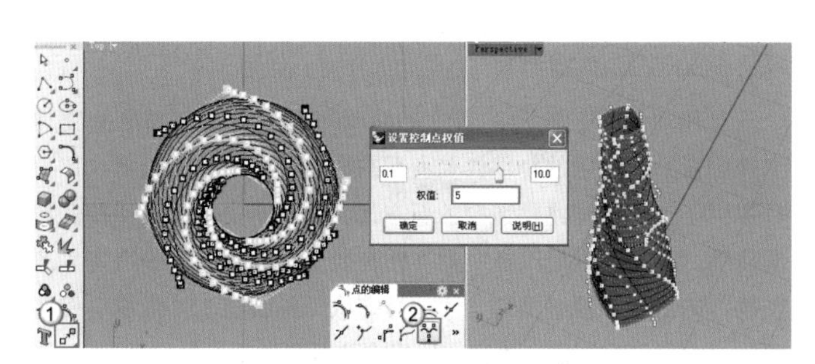

图2-163

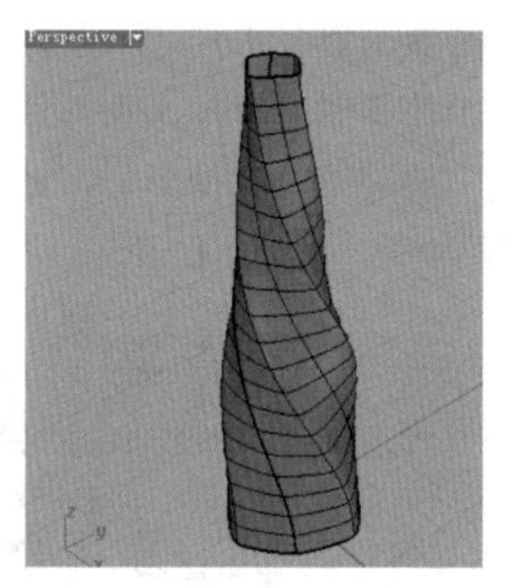
图2-164

06 在“变动”工具面板中单击“沿着曲线流动”工具，将模型沿着弯曲的曲线变形，效果如图2-166所示，具体操作步骤如下。

操作步骤

①选择曲面，按Enter键确认。

②在命令行中单击“直线”选项，然后依次指定基准直线的起点和终点。

③在靠近端点处选择目标曲线，如图2-165所示。

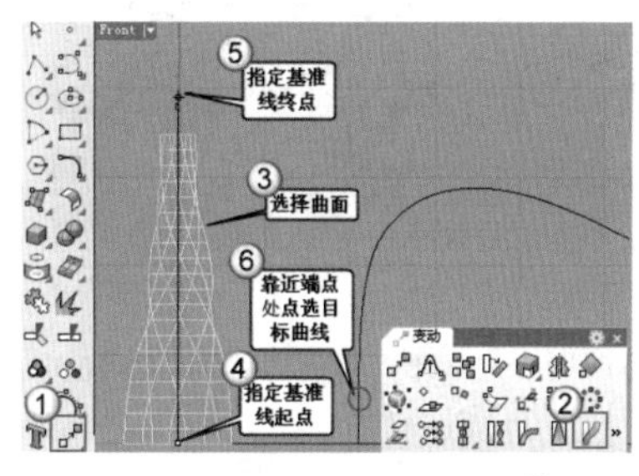

图2-165

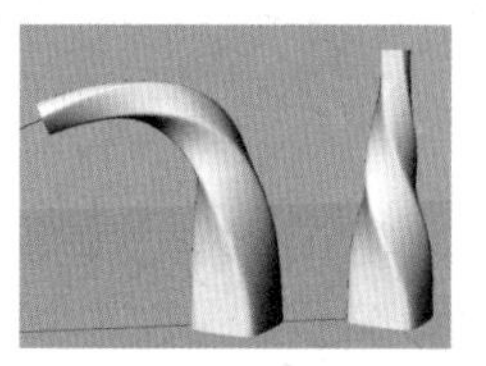
图2-166

2.4.15 变形控制器

Rhino的变形控制器工具主要位于“变形控制器”工具面板中，如图2-167所示。

图2-167

变形控制器编辑

使用“变形控制器编辑”工具可以通过结构简单的物件（控制器）对复杂的物件（要变形的物件）做平顺的变形，该工具提供了一种改变物件造型的新方式，即不需要直接改变要变形的物件，而是通过更改控制器（控制要变形的物件）的造型来改变物件的造型。控制器包含“边框方块”控制器、“直线”控制器、“矩形”控制器、“立方体”控制器和“变形”控制器。

启用“变形控制器编辑”工具后，选取要变形的物件，然后选取或建立一个控制物件，定义变形范围，最后编辑控制器（以“边框方块”控制器进行变形），通过对控制器的变形操作来改变要变形的物件，如图2-168所示。

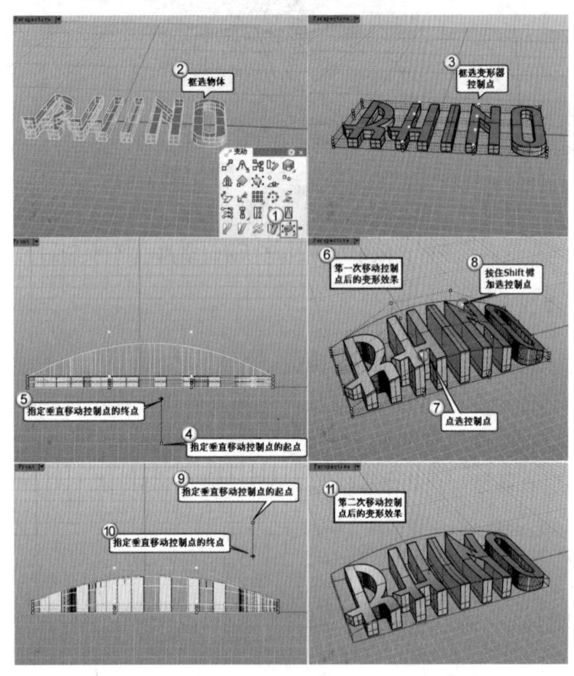

图2-168

使用“变形控制器编辑”工具时，可以看到图2-169所示的命令选项。

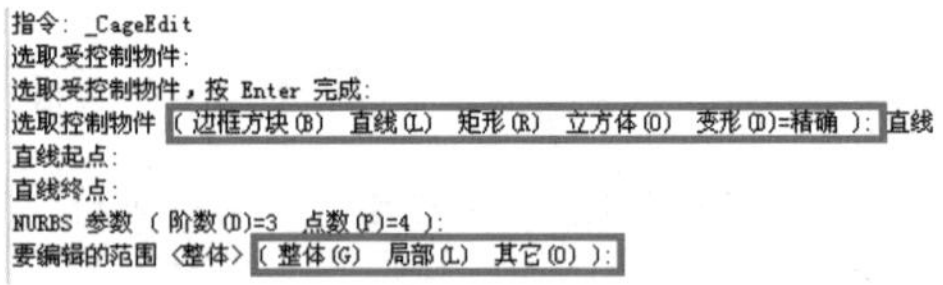

```
指令: _CageEdit
选取受控制物件:
选取受控制物件，按 Enter 完成:
选取控制物件 ( 边框方块(B)  直线(L)  矩形(R)  立方体(O)  变形(D)=精确 ): 直线
直线起点:
直线终点:
NURBS 参数 ( 阶数(D)=3  点数(P)=4 ):
要编辑的范围 <整体> ( 整体(G)  局部(L)  其它(O) ):
```

图2-169

命令选项介绍

边框方块：使用物件的边框方块。

直线：锥状轴的创建方式是起点在曲面上，终点与曲面法线走向一致，如图2-170所示。

矩形：建立一个矩形平面作为变形控制物件，如图2-171所示。

图2-170

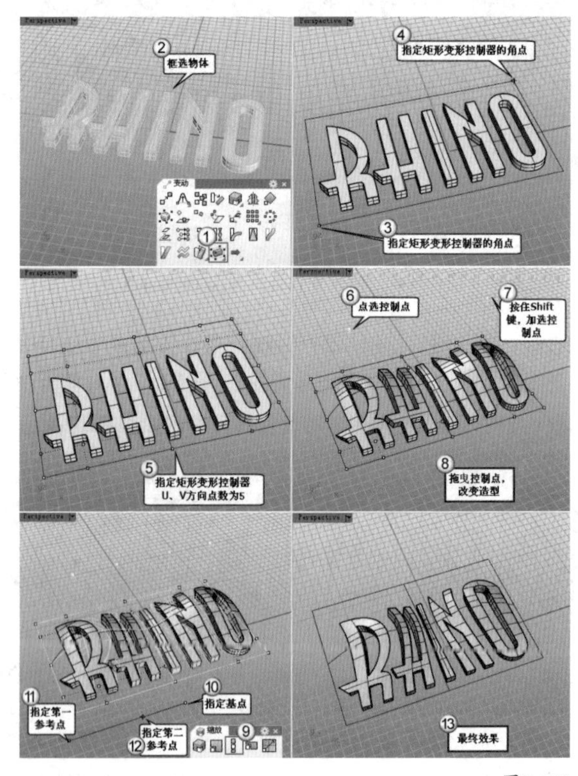

图2-171

立方体：建立一个立方体作为变形控制物件。

变形：“精确”变形表示物件变形的速度较慢，物件在变形后曲面结构会变得较为复杂；“快速”变形表示变形后的曲面控制点比较少，比较不精确。

整体：受控制物件变形的部分不仅止于控制物件（控制器）的范围内，在控制物件（控制器）范围外的部分也会受到影响，控制物件（控制器）的变形作用力无限远，如图2-172所示。

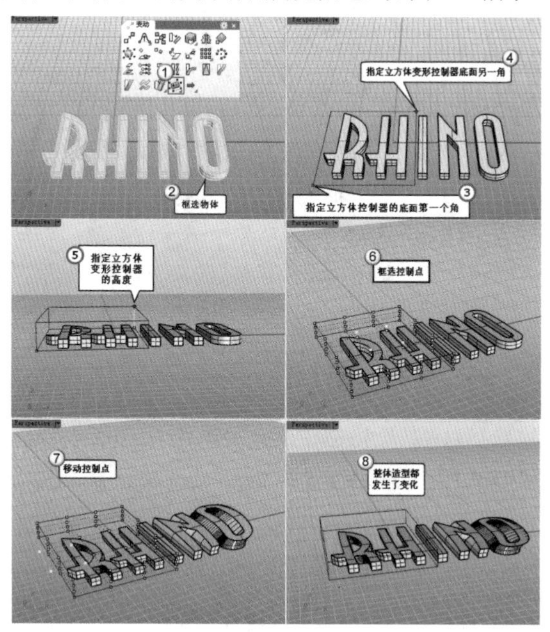

图2-172

局部：设定控制物件（控制器）范围外变形作用力的衰减距离，受控制物件（要变形的物件）在超出衰减距离的部分完全不会变形，如图2-173所示。

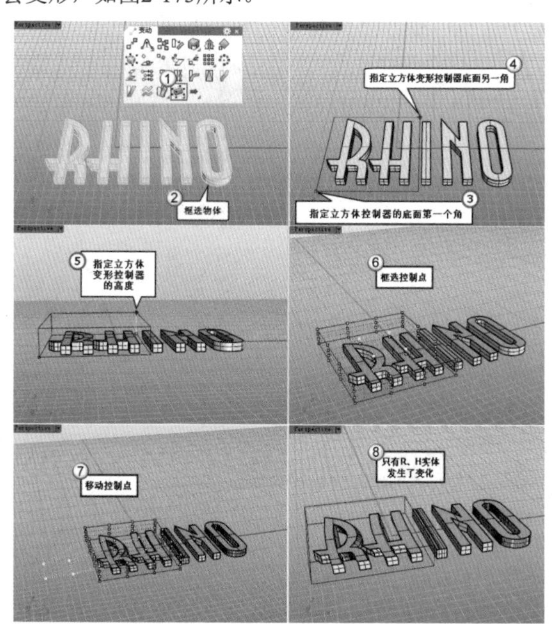

图2-173

从变形控制器中释放物件

对物件使用“变形控制器编辑”工具后，物件就与控制器进行了捆绑。如果希望原物件脱离控制器的束缚，可以使用“从变形控制器中释放物件”工具，使原物件与控制器之间不再有关联性。

启用“从变形控制器中释放物件”工具，然后选择受控制物件，并按Enter键确认，即可将选择的物件从控制器中释放出来，如图2-174所示。

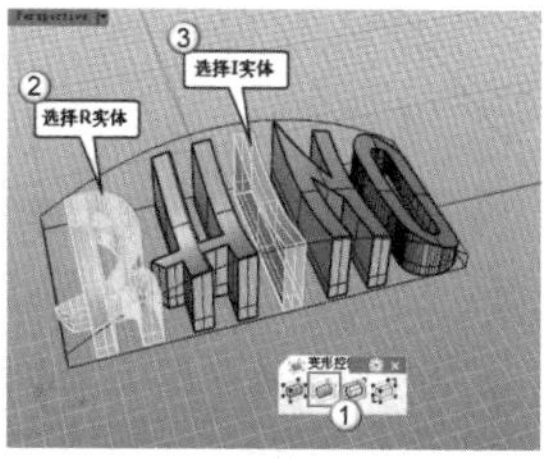

图2-174

在图2-175中，将R和I字母从控制器中释放出来后，控制器的变化不会再影响这两个字母，如图2-175所示。

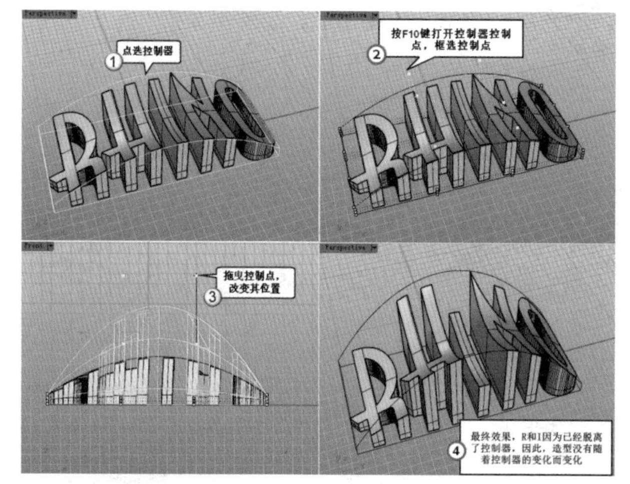

图2-175

技巧与提示

另外两个工具这里简单介绍一下，“选取控制物件”工具用于选取所有变形控制器的控制物件，“选取受控制物件”工具用于选取某个变形控制器的受控制物件。

重点实战

利用变形控制器创建花瓶造型

场景位置	场景文件>第2章>05.3dm
实例位置	实例文件>第2章>实战——利用变形控制器创建花瓶造型.3dm
视频位置	第2章>实战——利用变形控制器创建花瓶造型.mp4
难易指数	★★☆☆☆
技术掌握	掌握变形控制器、操作轴和补面的操作方法

本例创建的花瓶造型效果如图2-176所示。

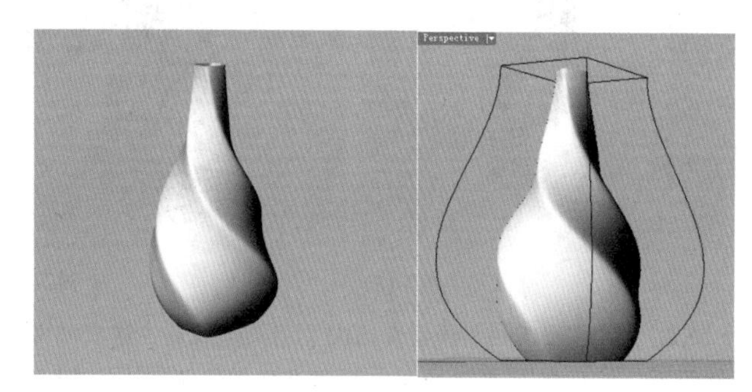

图2-176

01 打开本书学习资源中的“场景文件>第2章>05.3dm”文件，如图2-177所示。

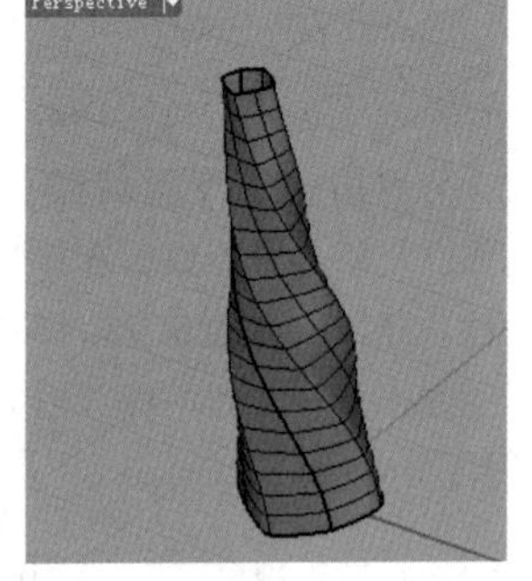
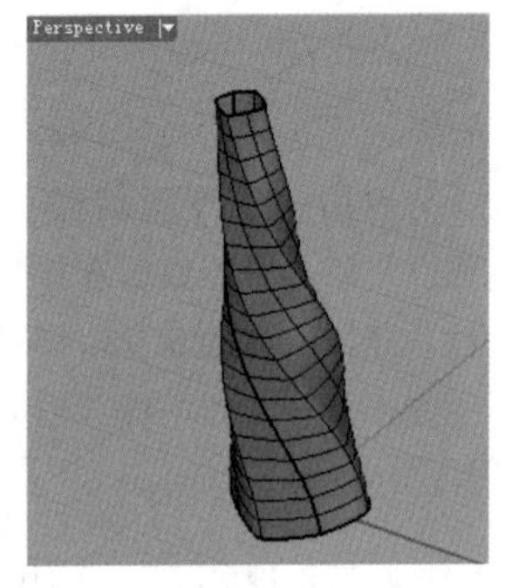

图2-177

02 展开“变形控制器”工具面板，然后单击“变形控制器编辑”工具，为物件增加变形控制器，如图2-178和图2-179所示，具体操作步骤如下。

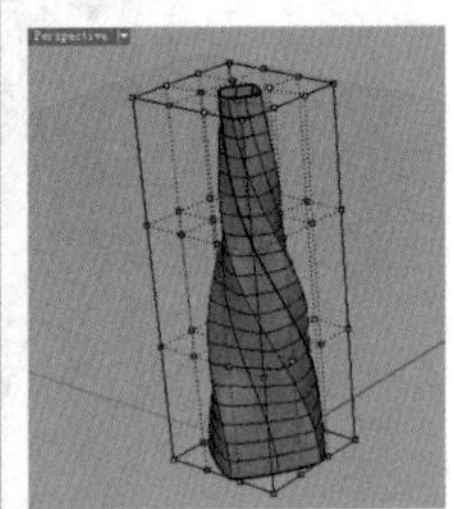

图2-178　　图2-179

操作步骤

①选择曲面，然后按Enter键确认。

②在命令行中单击“边框方块”选项，然后连续按3次Enter键。

03 框选倒数第2排的控制点，然后单击状态栏中的“操作轴”按钮，显示出操作轴，如图2-180所示。

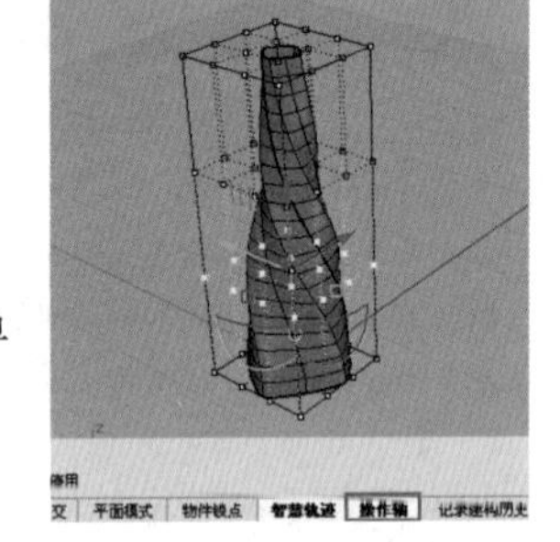

图2-180

04 将鼠标指针移动到操作轴的绿色小方框上，然后按住鼠标左键并拖曳，接着将鼠标指针移动到操作轴的红色小方框上，同样按住鼠标左键并拖曳，如图2-181所示，模型的效果如图2-182所示。

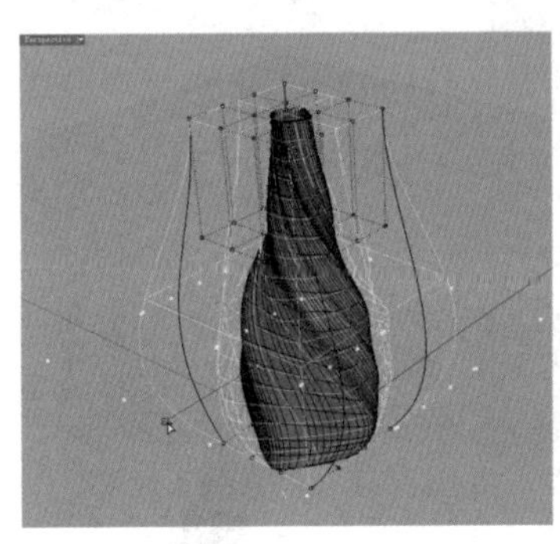

图2-181

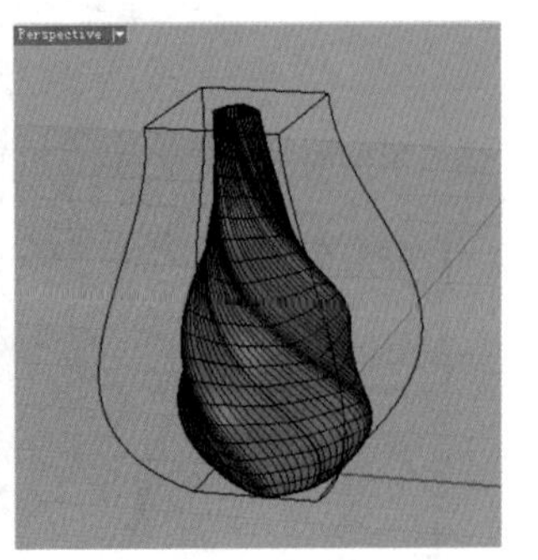

图2-182

05 通过“指定三或四个角建立曲面”工具展开“建立曲面”工具面板，然后单击“以平面曲线建立曲面”工具，接着单击模型的底部边，生成底面，如图2-183所示。花瓶造型的最终效果如图2-184所示。

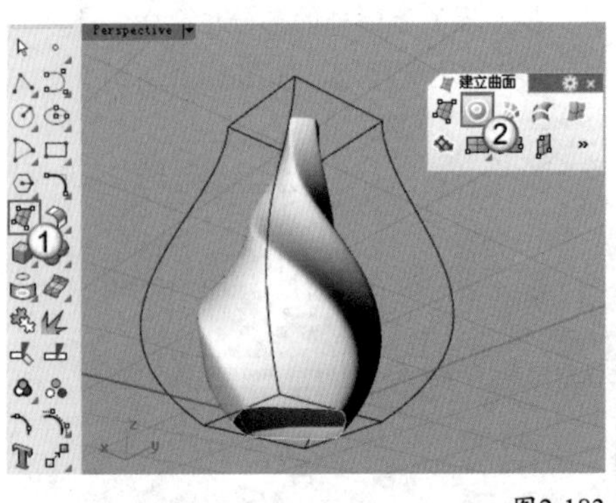

图2-183

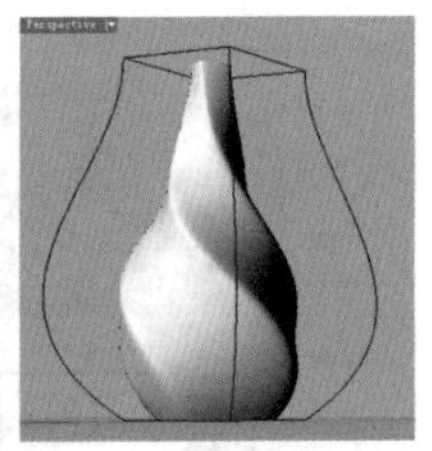

图2-184

2.5 导入与导出

Rhino可以说是一个高效的数据中转站，几乎能导入或导出任何一种3D和2D格式的文件，包括.iges、.stp、.3ds、.obj等格式。

★重点★

2.5.1 导入文件

导入文件的方法比较简单，执行“文件>导入”菜单命令或右击“打开文件/导入”工具，打开“导入”对话框，然后选择需要导入的文件类型，并找到其所在的位置，最后单击“打开”按钮即可，如图2-185和图2-186所示。

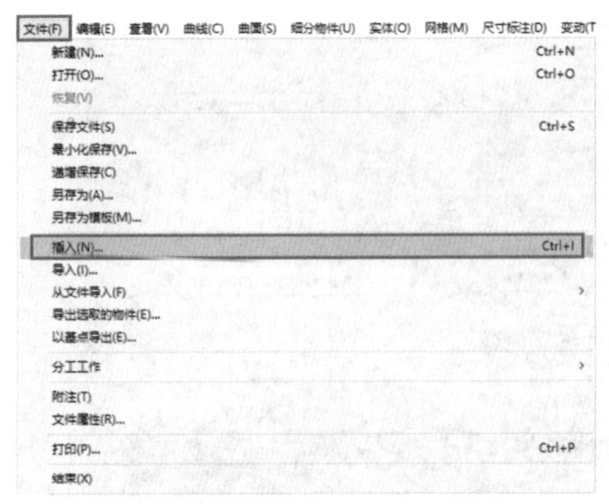

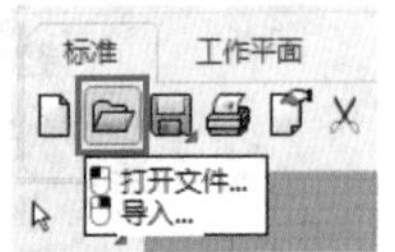

图2-185

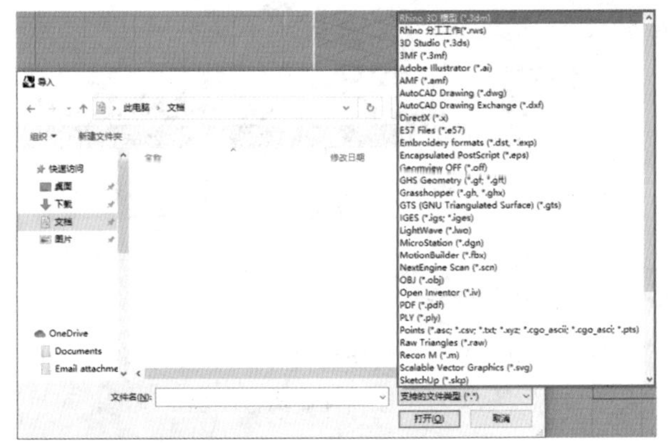

图2-186

★重点★

2.5.2 导出文件

要导出文件，可以执行“文件>另存为”或“文件>导出选取的物件”菜单命令，如图2-187所示。前者导出的是整个模型场景，而后者只导出所选择的物件，一般用于KeyShot等渲染器对接中。

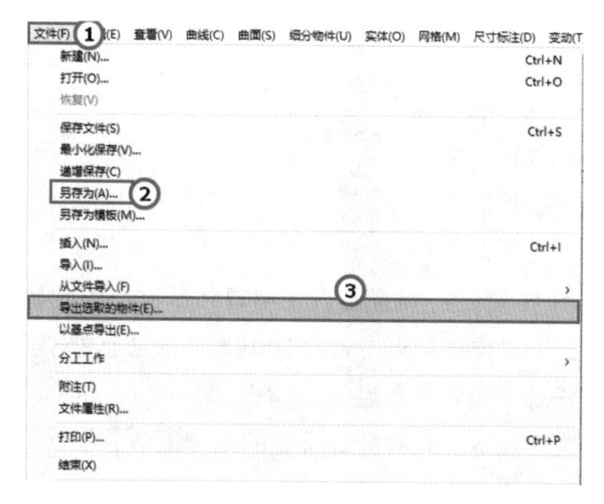

图2-187

导出时将打开“储存”对话框，可以将模型场景存储为很多不同的格式，如图2-188所示。

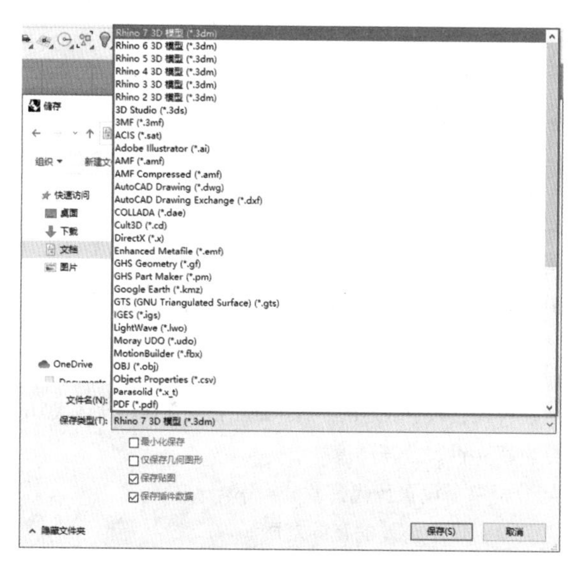

图2-188

2.6 尺寸标注与修改

尺寸标注在生产中起到明确尺寸的目的。例如，将设计的产品构建完成后，需要对其基本结构尺寸有所交待，以便厂家进行生产。

Rhino用于标注尺寸的命令都位于“尺寸标注”菜单下，也可以通过“标准”工具栏右侧的“直线尺寸标注”工具来展开相应的工具面板，如图2-189所示。

图2-189

在“尺寸标注”工具面板中，第1行的工具用于标注具体的尺寸，如标注直线、斜线、角度、半径和直径等；第2行用于标注文字编辑方式；第3行用于设置标注样式，添加注解点等。

初始状态下，Rhino 7的尺寸标注设置保持默认状态，可以通过“Rhino选项”对话框对这些设置进行修改，如图2-190和图2-191所示。

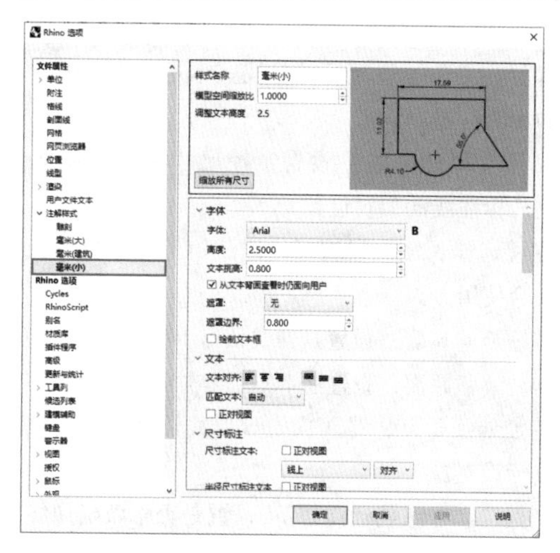

图2-190

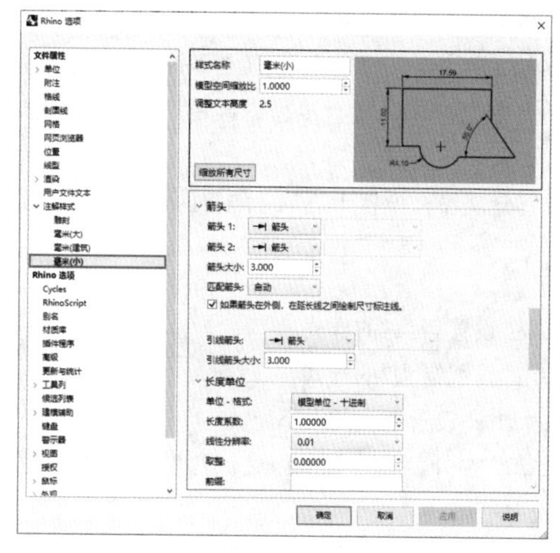

图2-191

尺寸标注参数介绍

样式名称：为尺寸标注的样式命名。

模型空间缩放比：调整模型的空间缩放比例。

调整文本高度：设置文本高度。

字体

字体：设置尺寸标注的文字字体。

高度：设置标注文字的高度。

文本挑高：设置文字与标注线的距离。

从文本背面查看时仍面向用户：设置文本背面查看效果。

遮罩：设置遮罩颜色为背景色或单一颜色。

遮罩边界：设置遮罩边界。

绘制文本框：设置是否绘制文本框。

文本

文本对齐：设置标注文字的对齐方式。

匹配文本：设置文本与标注的匹配效果。

正对视图：设置文本是否一直正对视图。

尺寸标注

尺寸标注文本：设置尺寸标注文本是否正对视图，以及与标注线的相对位置。

半径尺寸标注文本：设置半径尺寸标注文本是否正对视图，以及与标注线的相对位置。

标注线延伸长度：设置标注线凸出于延伸线的长度（通常与斜标配合使用）。

延伸线延伸长度：设置延伸线凸出于标注线的长度。

延伸线偏移距离：设置延伸线起点与物件标注点之间的距离。

固定延伸线长度：是否固定延伸线长度，以及对固定延伸线长度进行设置。

隐藏延伸线1/隐藏延伸线2：设置是否隐藏延伸线，一般保持不变。

基线间距：设置基线间距。

中心点标记大小：设置半径或直径尺寸标注的中心点标记大小。

中心点标记样式：设置半径或直径尺寸标注的中心点标记的样式。

十进制分隔符：设置十进制分隔符的样式。

箭头

箭头1：设置箭头1的样式。

箭头2：设置箭头2的样式。

箭头大小：设置箭头的大小。

如果箭头在外侧，在延长线之间绘制尺寸标注线：设置是否开启对应功能。

引线箭头：设置标注引线的箭头样式。

引线箭头大小：设置标注引线箭头的大小。

长度单位

单位-格式：设置标注显示的单位和数字格式。十进制代表1.25这样的数字；分数代表1/4这样的数字。

长度系数：设置长度系数。

线性分辨率：设置距离标注显示的精确度，默认是小数点后两位。

取整：设置取整阈值。

前缀：设置前缀。

后缀：设置后缀。

消零：设置消零规则。

使用替代单位：设置是否使用替代单位，以及替代单位的“单位-格式”“长度系数”等样式和规则，参见上文对应部分。

分数样式：设置分数显示的样式。

堆叠高度缩放：设置分数堆叠的高度缩放。

角度单位

角度单位：设置角度标注的单位。

角分辨率：设置角度标注显示的精确度，默认也是小数点后两位。

取整：设置取整阈值。

消零：设置消零规则。

标注引线

曲线类型：设置标注引线的曲线类型。

尾线：设置标注引线是否有尾线及尾线尺寸。

引线文本：设置引线文本是否正对视图，以及对齐方式。

公差

公差样式：设置公差的样式，通常情况下保持默认状态即可。

分辨率：设置公差精度。

Alt分辨率：设置替代公差分辨率。

正公差：设置公差的正向范围。

负公差：设置公差的负向范围。

文字高度缩放：设置公差文字高度缩放。

如果在一个文件中需要使用多个标注样式，那么可以通过“注解样式”面板来新建，如图2-192所示。

图2-192

实战

标注零件平面图

场景位置	场景文件>第2章>06.3dm
实例位置	实例文件>第2章>实战——标注零件平面图.3dm
视频位置	第2章>实战——标注零件平面图.mp4
难易指数	★★☆☆☆
技术掌握	掌握尺寸标注方式和修改尺寸标注样式的方法

本例标注的零件平面图效果如图2-193所示。

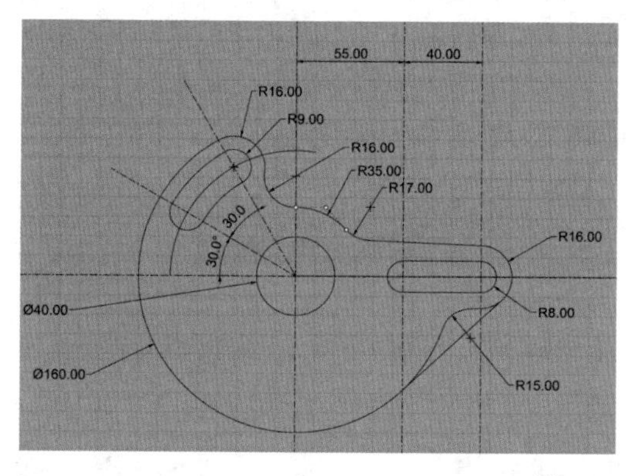

图2-193

01 打开本书学习资源中的“场景文件>第2章>06.3dm”文件，看到图2-194所示的零件平面图。

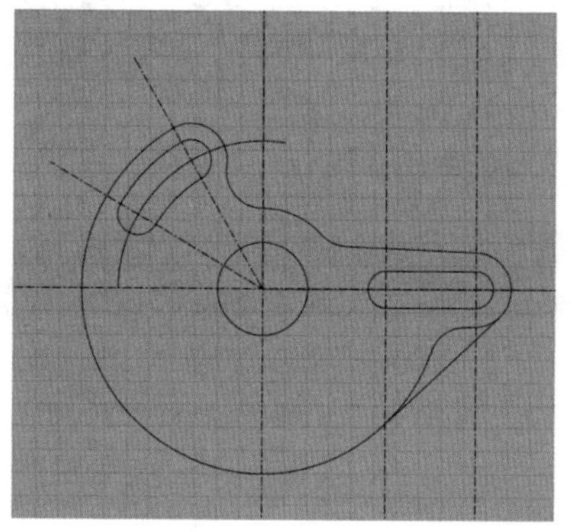

图2-194

02 开启“最近点”捕捉模式，然后启用“水平尺寸标注”工具，标注两条辅助线的间距，如图2-195所示。

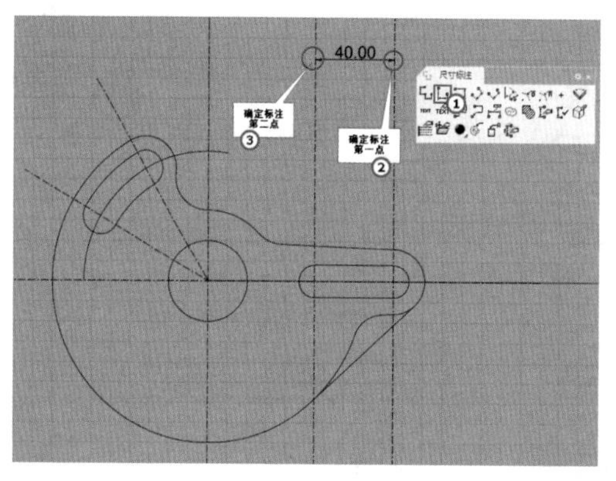

图2-195

03 从上图的标注中可以看到，尺寸标注的箭头太小，文字又太大，需要调整。单击“选项”工具，打开“Rhino选项”对话框，然后更改相关设置，如图2-196~图2-200所示。

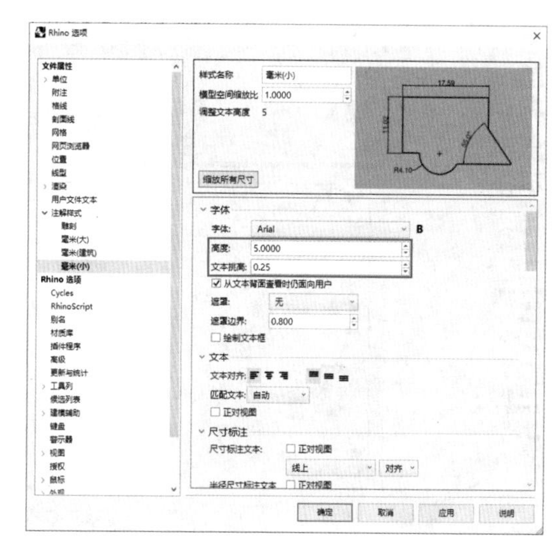

图2-196

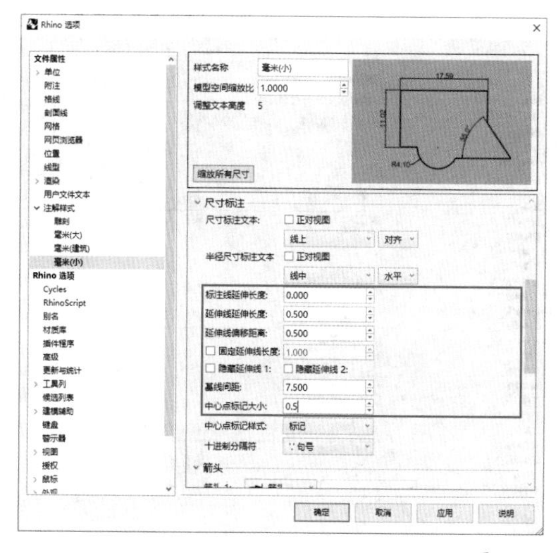

图2-197

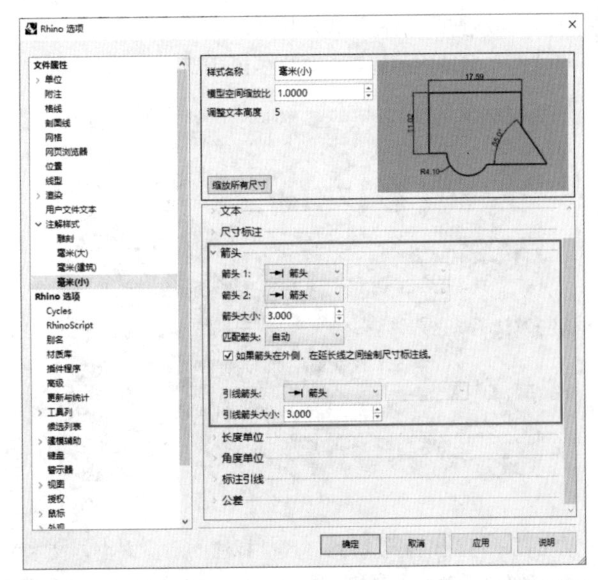

图2-198

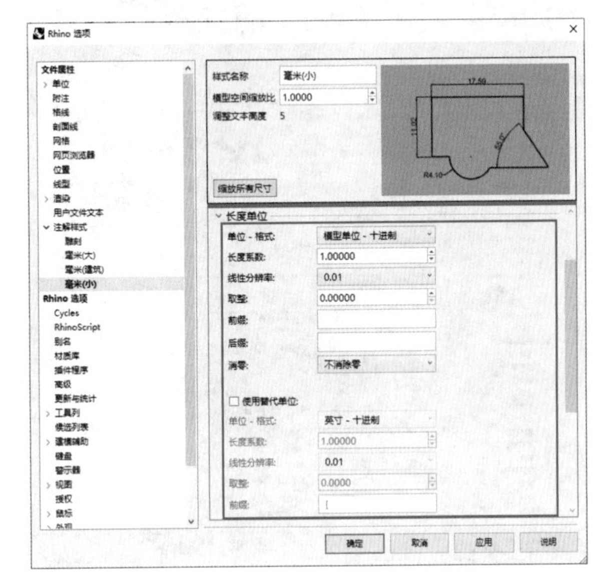

图2-199

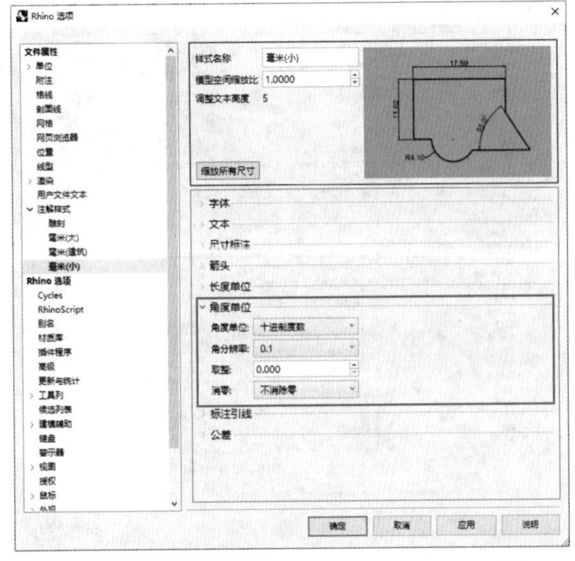

图2-200

04 开启“端点”和“垂点”捕捉模式，然后再次启用“水平尺寸标注”工具，标注两条辅助线的间距，如图2-201所示。

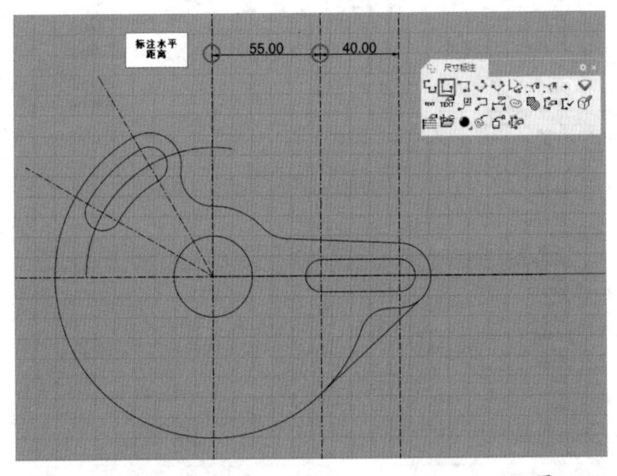

图2-201

05 开启“最近点”捕捉模式，然后启用“角度尺寸标注”工具，标注两条直线间的夹角，如图2-202所示。

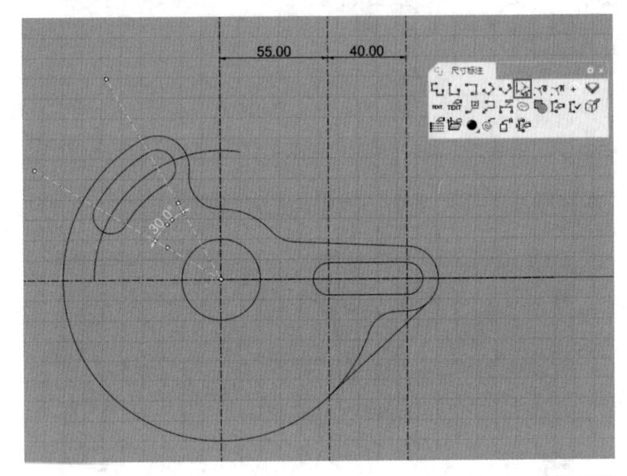

图2-202

06 启用“直径尺寸标注”工具，标注圆的直径，如图2-203所示。

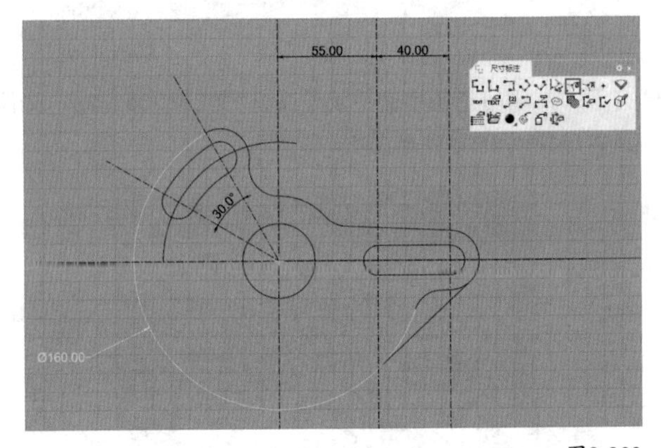

图2-203

07 启用“半径尺寸标注”工具，标注圆的半径，如图2-204所示。

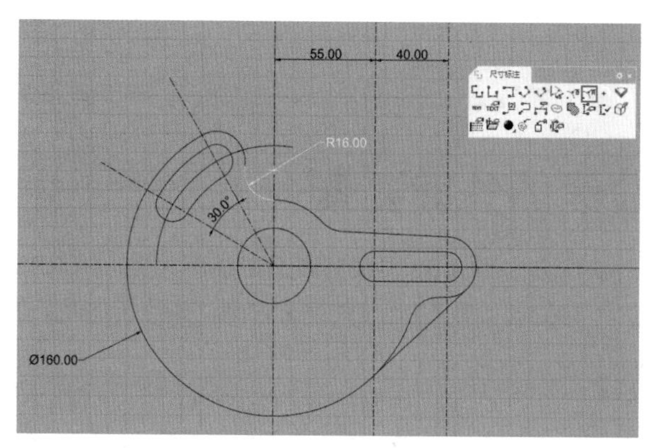

图2-204

08 使用相同的方法标注零件平面图的其他尺寸，如图2-205所示。

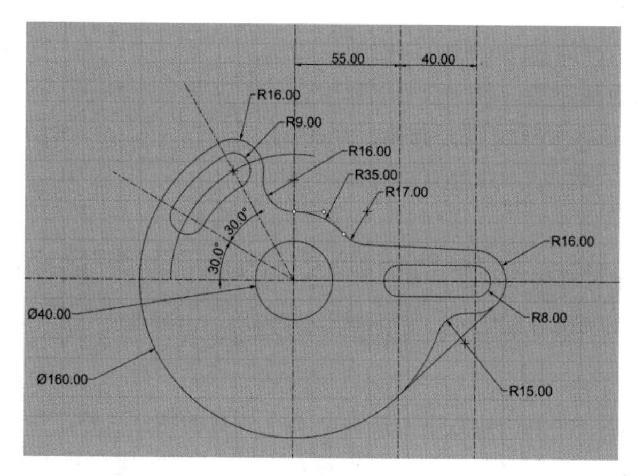

图2-205

09 再次打开“Rhino选项”对话框，更改“文本挑高”为2，如图2-206所示。零件平面图最终标注效果如图2-207所示。

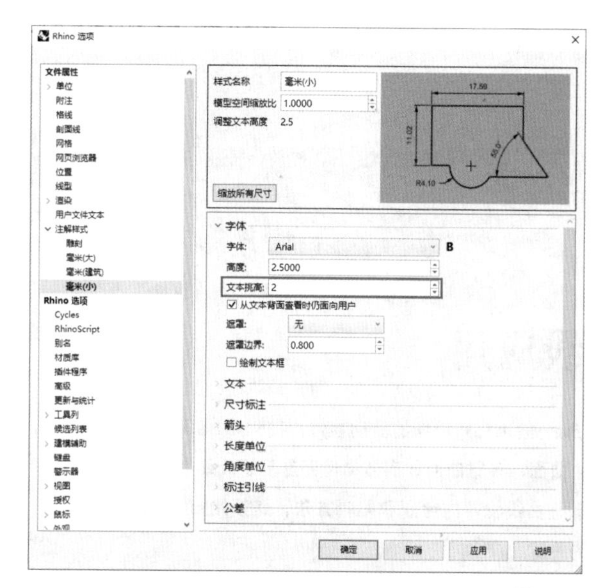

图2-206

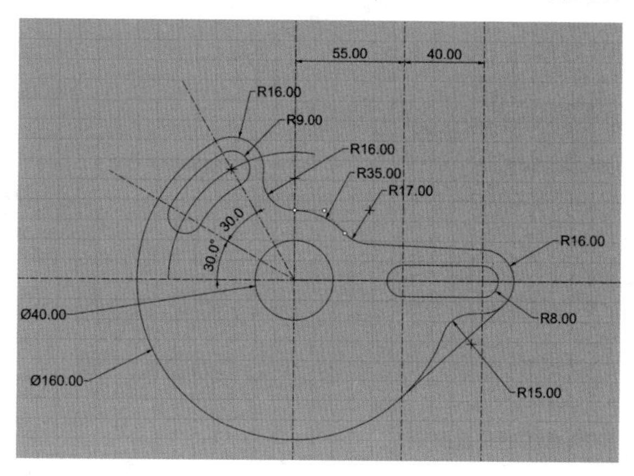

图2-207

第3章

曲线应用

曲线是NURBS操作的基础物件，在NURBS建模中，大量的曲面、多重曲面和实体物件都是基于曲线物件生成的。掌握曲线物件的绘制和编辑方法，是开始Rhino建模实操的关键。

本章学习要点

- 了解曲线的关键要素
- 理解曲线的阶数和连续性对曲面建模的影响
- 掌握绘制曲线的基本方法
- 掌握从对象上生成曲线的方法
- 掌握编辑曲线的方法

3.1 曲线的关键要素

Rhino 中的曲线分为 NURBS 曲线和多重曲线两大类，NURBS 曲线由“控制点”“节点”“阶数”“连续性”来定义，其特征是可以在任意一点上分割和合并。

3.1.1 控制点

控制点也叫作控制顶点（Control Vertex，简称 CV），如图 3-1 所示。控制点是 NURBS 基函数的系数，最小数目是“阶数 +1”。控制点是物件（曲线、曲面、灯光、尺寸标注）的“掣点”，并且无法与其所属的物件分离。

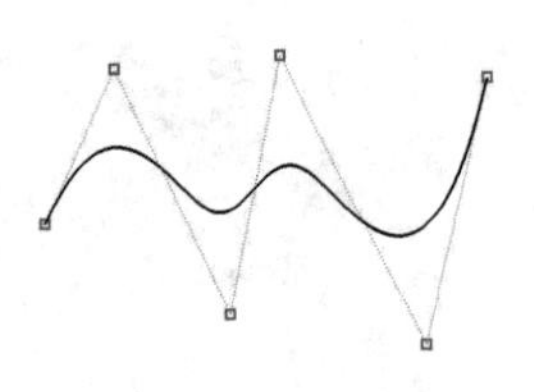

图3-1

改变 NURBS 曲线形状最简单的方法之一是移动控制点，Rhino 有多种移动控制点的方式，比如可以使用鼠标进行移动，也可以使用专门编辑控制点的工具。

每个控制点都带有一个数字（权值），除了少数的特例以外，权值大多是正数。当一条曲线上所有的控制点都有相同的权值（通常是 1）时，称为 Non-Rational（非有理）曲线，否则称为 Rational（有理）曲线。在实际情况中，大部分的 NURBS 曲线是非有理的，但有些 NURBS 曲线永远是有理的，如圆和椭圆。

3.1.2 节点

节点是曲线上记录参数值的点，是由 B-Spline 多项式定义改变的点。非一致的节点向量的节点参数间距不相等，包括复节点（相邻的节点有同样的参数值）。

在一条 NURBS 曲线中，节点数等于“阶数 +N–1”，N 代表控制点的数量，所以插入一个节点会增加一个控制点，移除一个节点也会减少一个控制点。插入节点时可以不改变 NURBS 曲线的形状，但通常移除节点必定会改变 NURBS 曲线的形状。Rhino 也允许用户直接删除控制点，删除控制点时也会删除一个节点。

技巧与提示

这一节讲解的知识会涉及一些数学知识，本书安排了主要的一些知识点让大家了解，其余专业性比较强的知识，如权值、多项式、节点向量、节点重数的定义等，由于不属于本书讲解的范畴，因此不进行细致的介绍，有兴趣的读者可以参考相关书籍。

3.1.3 阶数

阶数，也称作级数，是描述曲线的方程式组的最高指数，由于 Rhino 的 NURBS 曲面和曲线都是由数学函数式构成的，而这些函数是有理多项式，所以 NURBS 的阶数是多项式的次数。例如，圆的标准方程式是 $(x-a)^2+(y-b)^2=r^2$，其中最高指数是 2，所以标准圆是 2 阶的。

从 NURBS 建模的观点来看，“阶数 –1”是曲线一个跨距中最大可以“弯曲”的次数。例如，1 阶的直线可以“弯曲”的次数为 0，如图 3-2 所示；抛物线、双曲线、圆弧、圆（圆锥断面曲线）为 2 阶曲线，可以“弯曲”的次数为 1，如图 3-3 所示；立方贝兹曲线为 3 阶曲线，如果将 3 阶曲线的控制点排成 Z 字形，该曲线有两次“弯曲”，如图 3-4 所示。

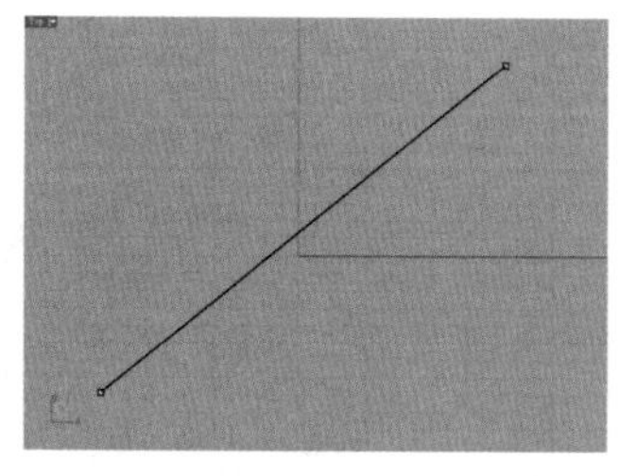

图3-2

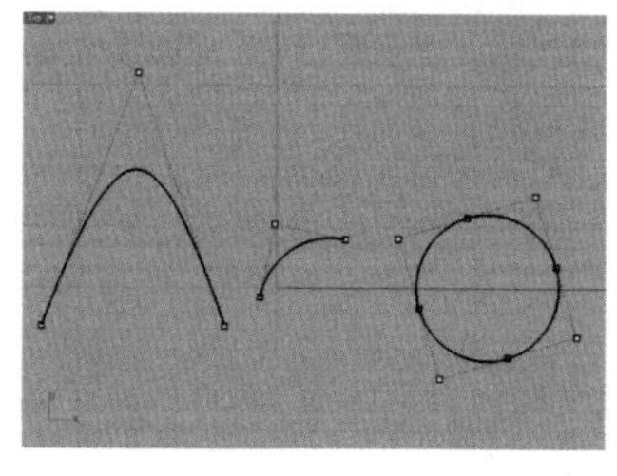

图3-3

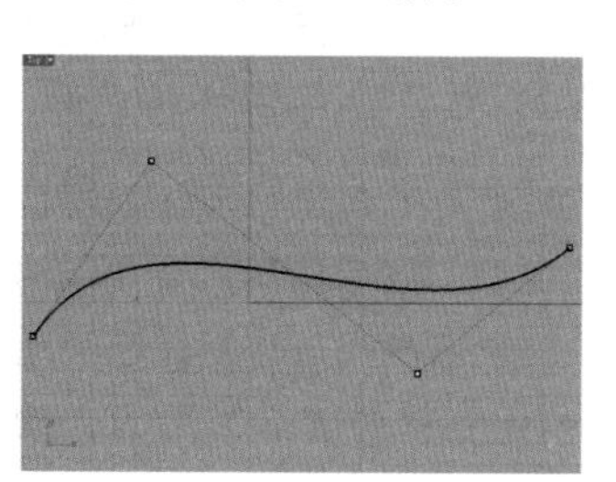

图3-4

从上面的例子中可以看出，阶数好比绳子的材质，弹性各不一样，表现为曲线之间的连接光滑程度，阶数越高，连接越顺滑。一般 2 阶就达到曲率程度，当然还要考虑曲线形态。

3.1.4 连续性

Rhino 的连续性是建模的一个关键性理论概念，对连续性的理解将直接决定模型构建的质量和最终的效果。

连续性用于描述两条曲线或两个曲面之间的关系，每一个等级的连续性必须先符合所有较低等级的连续性的要求。一般 Rhino 的连续性主要表现为以下 3 种。

第 1 种：位置连续（G0）。只测量两条曲线端点的位置是否相同，两条曲线的端点位于同一个位置时称为位置连续（G0），如图 3-5 所示。

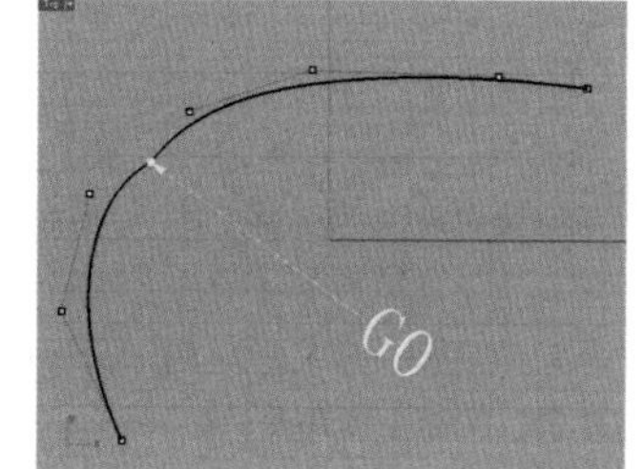

图3-5

第 2 种：相切连续（G1）。测量两条曲线相接端点的位置及方向，曲线的方向由曲线端点的前两个控制点决定，两条曲线相接点的前两个控制点（共 4 个控制点）位于同一直线上时称为相切连续（G1）。G1 连续的曲线或曲面必定符合 G0 连续的要求，如图 3-6 所示。

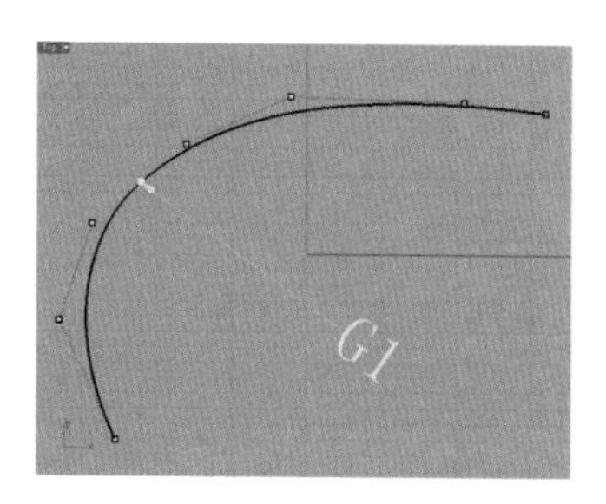

图3-6

第 3 种：曲率连续（G2）。测量两条曲线的端点位置、方向及曲率半径是否相同，两条曲线相接端点的曲率半径一样时称为曲率连续（G2），曲率连续无法以控制点的位置来判断。G2 连续的曲线或曲面必定符合 G0 及 G1 连续的条件，如图 3-7 所示。

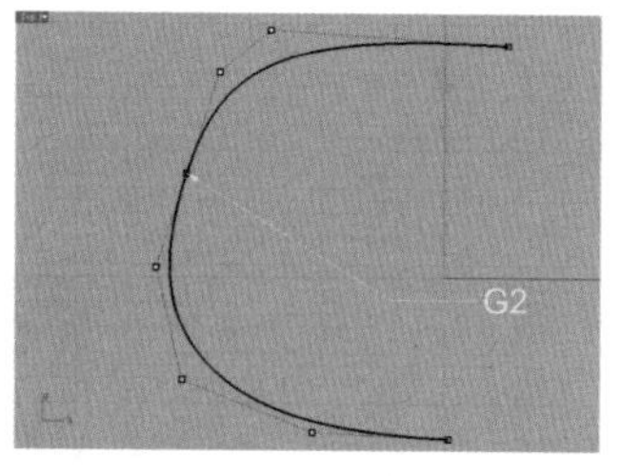

图3-7

疑难问答

问：如何检测曲线的连续性？

答：要检测两条曲线的连续性，可以使用“两条曲线的几何连续性”工具，如图 3-8 所示。启用工具后，依次选择需要检测的曲线，并按 Enter 键，在命令行中将会出现检测的结果。

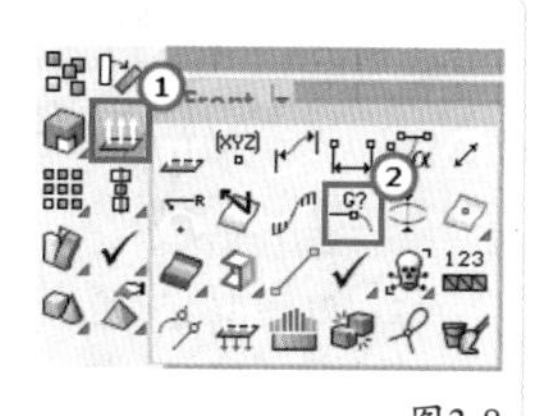

图3-8

重点实战

利用衔接曲线工具调节曲线连续性

场景位置	场景文件>第3章>01.3dm
实例位置	实例文件>第3章>实战——利用衔接曲线工具调节曲线连续性.3dm
视频位置	第3章>实战——利用衔接曲线工具调节曲线连续性.mp4
难易指数	★☆☆☆☆
技术掌握	掌握利用“衔接曲线”工具调节曲线连续性的方法

01 打开本书学习资源中的“场景文件>第 3 章>01.3dm”文件，图中有两条直线，并且是 G0 连续，如图 3-9 所示。

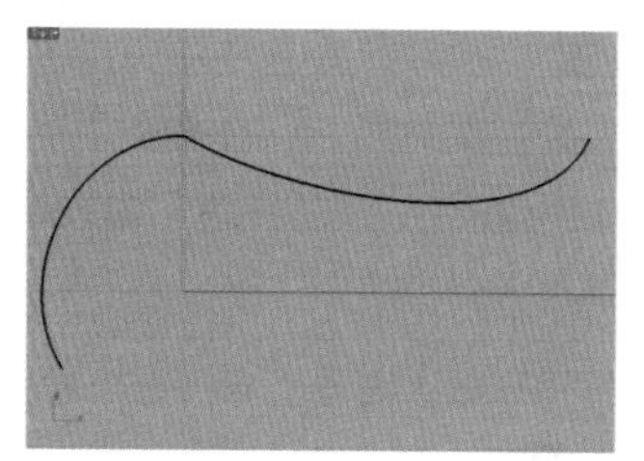

图3-9

02 通过“曲线圆角”工具调出“曲线工具”工具面板，然后单击“衔接曲线”工具，如图 3-10 所示，接着依次单击两条曲线的连接部分，此时将弹出“衔接曲线”对话框，如图 3-11 所示。

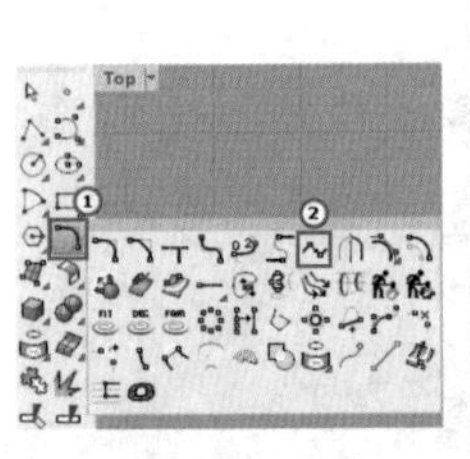

图3-10

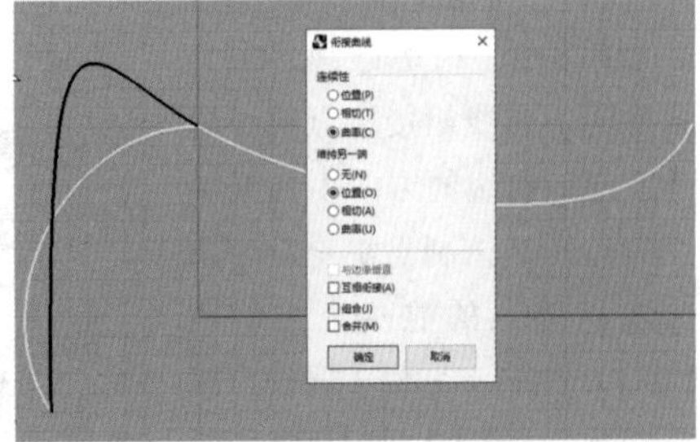

图3-11

03 在“衔接曲线”对话框中设置“连续性”为“曲率”，勾选“互相衔接”选项，如图 3-12 所示，然后单击“确定”按钮 确定，使曲线达到 G2 连续，效果如图 3-13 所示。

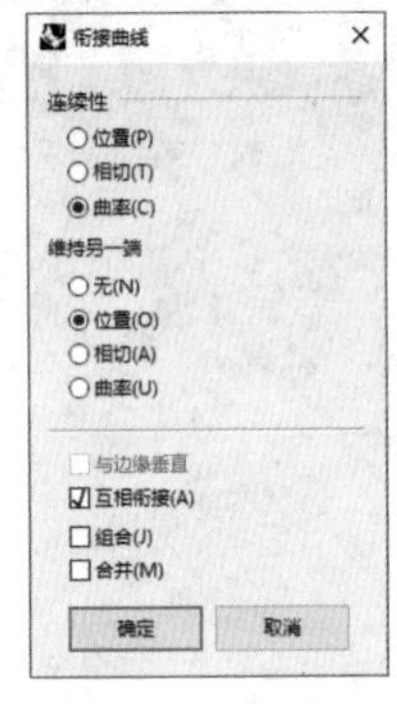

图3-12

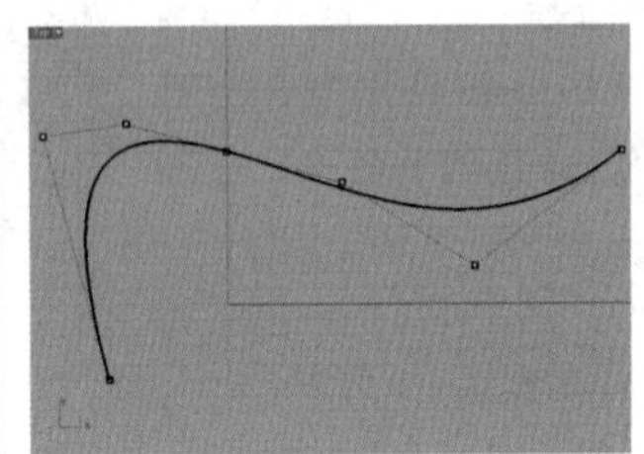

图3-13

技巧与提示

在“衔接曲线”对话框中，“位置”代表 G0，“相切”代表 G1，“曲率”代表 G2。

通过“衔接曲线”工具来调节曲线，优点是很方便，不需要太多的操作；缺点是曲线的变形幅度相对较大，容易造成曲线走形。所以，如果对形态要求不是很严格，可以运用这一工具。

重点 实战

手动调节曲线连续性

场景位置	场景文件>第3章>01.3dm
实例位置	实例文件>第3章>实战——手动调节曲线连续性.3dm
视频位置	第3章>实战——手动调节曲线连续性.mp4
难易指数	★☆☆☆☆
技术掌握	掌握通过调整控制点来调节曲线连续性的方法

01 再次打开本书学习资源中的“场景文件 > 第 3 章 >01.3dm”文件，然后在“点的编辑”工具面板中单击“插入一个控制点”工具，并分别在两条曲线衔接的地方各自增加一个控制点，如图 3-14 所示。

02 开启“端点”和“点”捕捉模式，然后选取右侧增加的点，将它拖曳到最近的端点上，如图 3-15 所示。

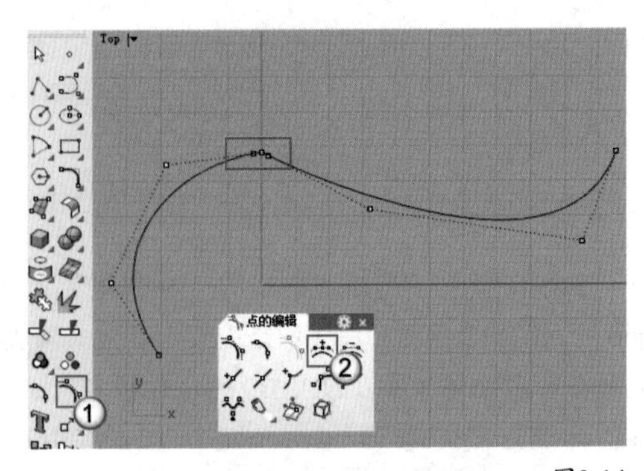

图3-14

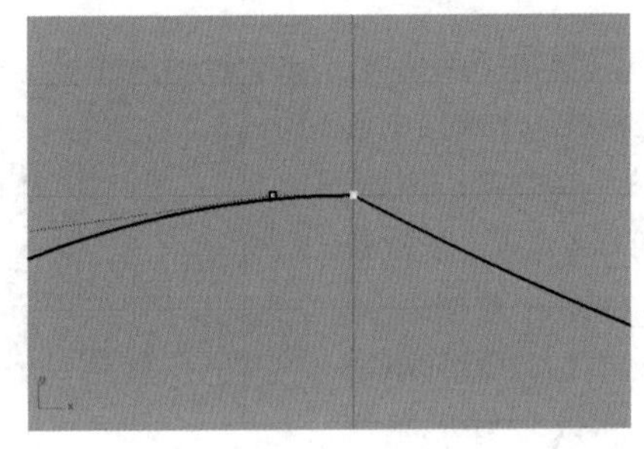

图3-15

03 开启“正交”功能，然后将上一步改动的点沿水平方向退回到原来的位置，如图 3-16 所示。

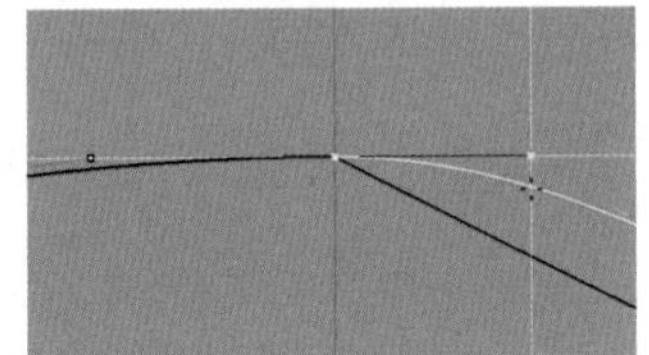

图3-16

04 对左侧添加的点进行同样的操作，然后检测两条曲线的几何连续性，可以发现已经达到 G1 连续。接下来用同样的方法调节与这两个点相邻的另外两个点，如图 3-17 所示。再次检测两条曲线的几何连续性，可以发现已经达到了 G2 连续。

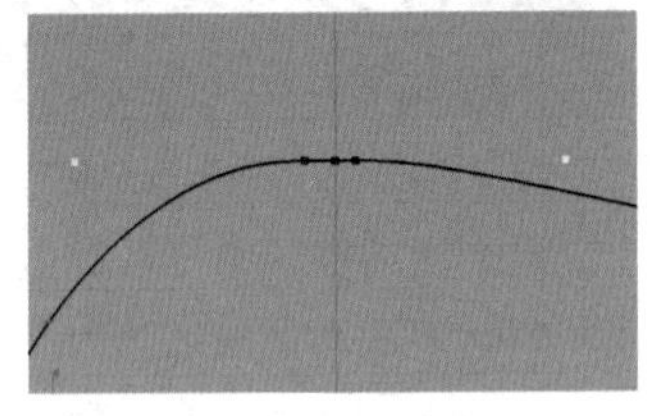

图3-17

技巧与提示

手动调节曲率的优点是控制性强，操作灵活；缺点是操作相对复杂一些，需要有一定的经验。

技术专题：曲率的变化与曲线连续性的关系

上面的两个案例使用了两种不同的方法来调节曲面的连续性，我们来比较两者调节后曲率的区别。

首先在“分析”工具面板中单击“打开曲率图形 / 关闭曲率图形”工具，然后选择一条曲线，打开“曲率图形”对话框，如图 3-18 所示。通过该对话框中的参数可以设置曲率图形的缩放比、密度和颜色，以及是否同时显示曲面 UV 两个方向的曲率图形。

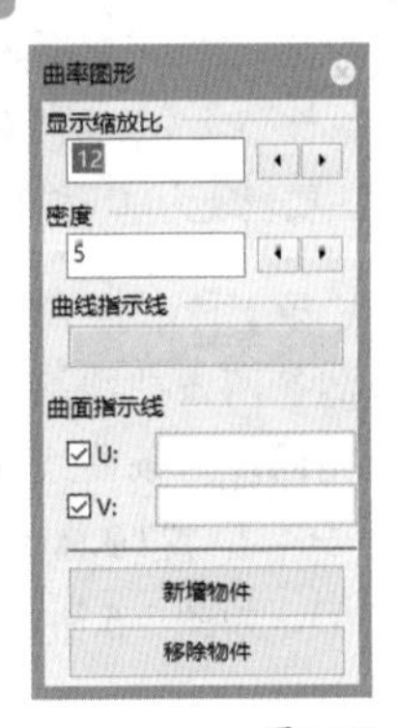

图3-18

打开“曲率图形”对话框后，即可看到曲率梳，曲线的连续性在曲率梳上表现得非常明显，如 G0 连续时曲率梳会出现图 3-19 所示的断裂状态。

G1 连续时曲率梳的状态如图 3-20 所示，此时两条曲线在相接点处的法线相同，并且在相接点的切线夹角为 0°。

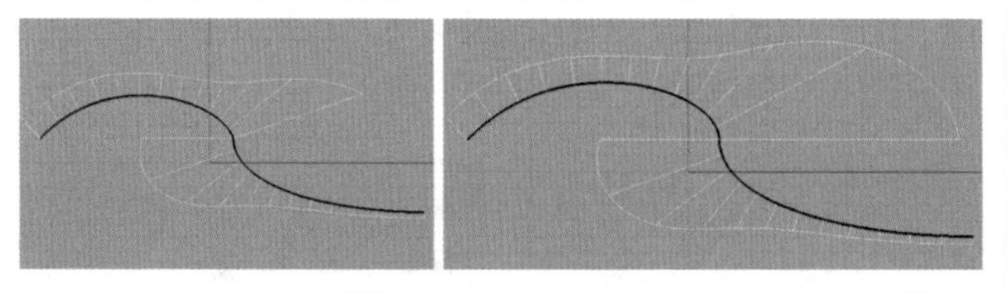

图3-19　　图3-20

G2 连续时曲率梳的变化如图 3-21 所示，两条曲线在相接点的曲率的向量（方向和绝对值）相同。

现在我们来对比两个案例中调节后的曲线，如图 3-22 所示。可以发现虽然都是 G2 连续，但是一个曲率变化是断点的，一个是连续的，手动调节还是有差别的。

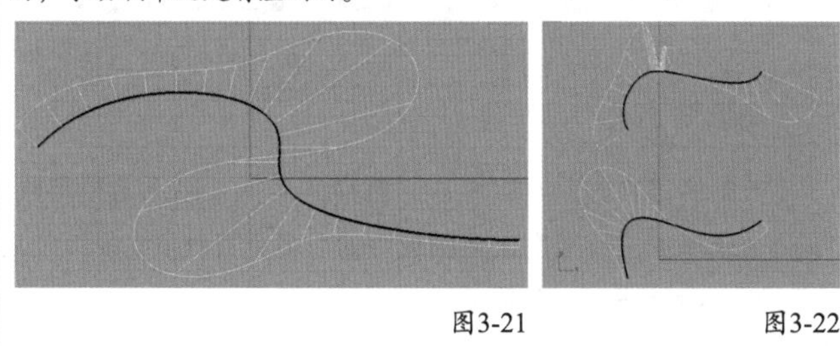

图3-21　　图3-22

3.2 绘制直线

直线是 Rhino 模型的重要组成部分，建立一个模型就像建楼房一样常常是从搭建各种直线构架开始的。

Rhino 提供了 17 种绘制直线的工具，都集成在“直线”工具面板内，如图 3-23 所示。这些工具在“曲线 > 直线”菜单命令下也可以找到。

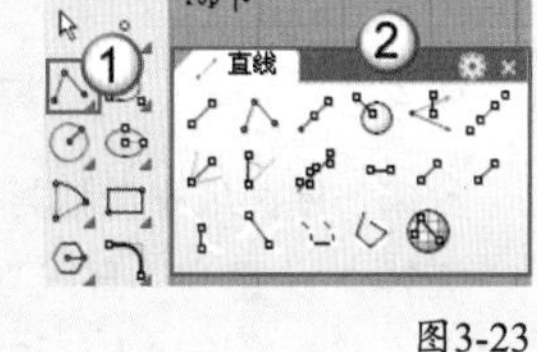

图3-23

★重点★

3.2.1 绘制单一直线

绘制单一直线需要执行“曲线 > 直线 > 单一直线”菜单命令或单击“直线”工具面板中的“直线”工具。单一直线由两个端点构成，所以绘制时只需指定两个点（起点和终点）即可。

绘制直线的时候，在命令行中将出现图 3-24 所示的选项。

```
指令: _Line
直线起点 ( 两侧(B)  法线(N)  指定角度(A)  与工作平面垂直(V)
四点(F)  角度等分线(I)  与曲线垂直(P)  与曲线正切(T)  延伸(X) ):
```

图3-24

命令选项介绍

两侧：先指定中点，再指定终点，也就是通过绘制一半的直线指定另一半的长度，如图 3-25 所示。

法线：绘制一条与曲面垂直的直线。先选取一个曲面，再在曲面上指定直线的起点，最后指定直线的终点或输入长度，如图 3-26 所示。

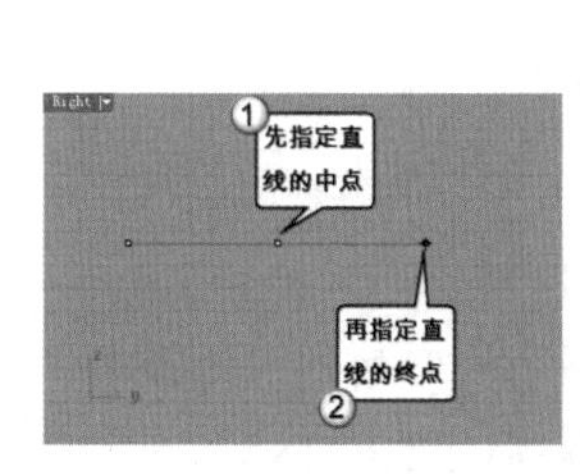

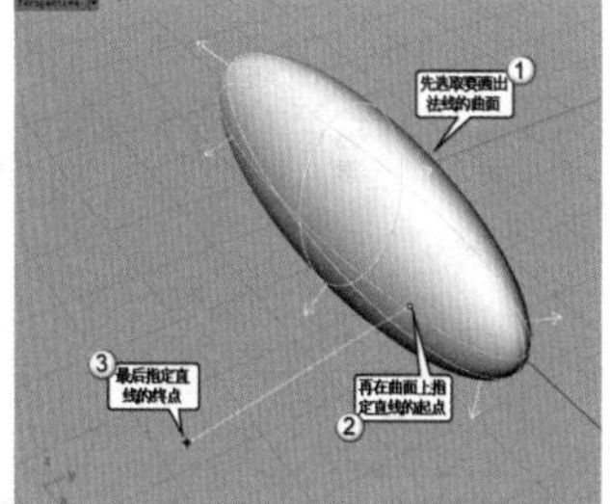

图3-25　　图3-26

指定角度：绘制一条与基准线呈指定角度的直线。先指定基准线起点，再指定基准线终点，然后输入参考角度，最后指定直线的终点，如图 3-27（图中输入的参考角度为 60°）所示。

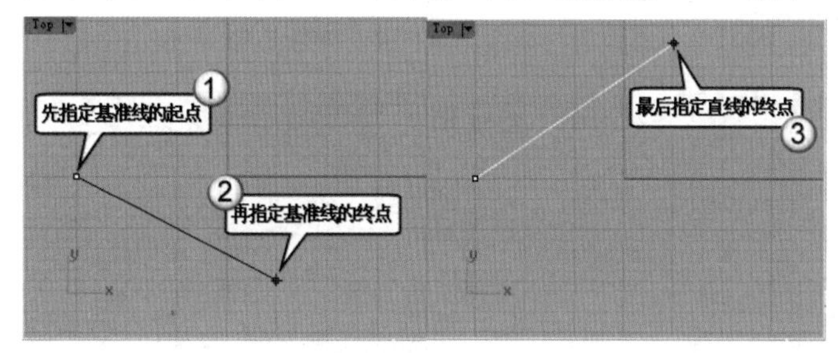

图3-27

与工作平面垂直：绘制一条与工作平面垂直的直线。先指定直线的起点，移动鼠标拖曳出与工作平面垂直的直线，再指定直线的终点，如图 3-28 所示。

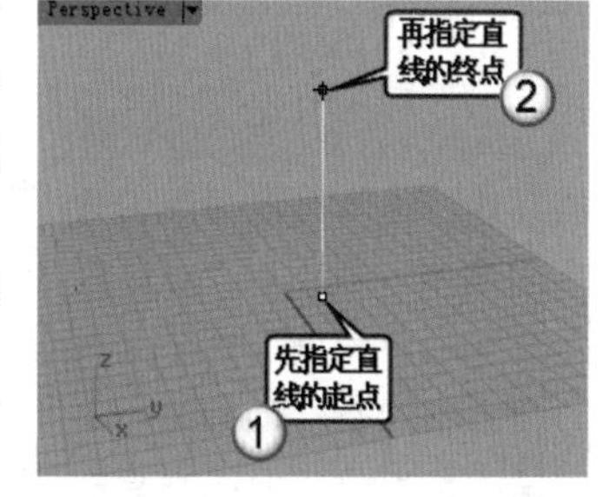

图3-28

技巧与提示

值得注意的是，当工作平面不在常规的水平、垂直方向上时，“与工作平面垂直”选项会经常使用。例如，工作平面在物件的斜面方向，如图 3-29 所示。

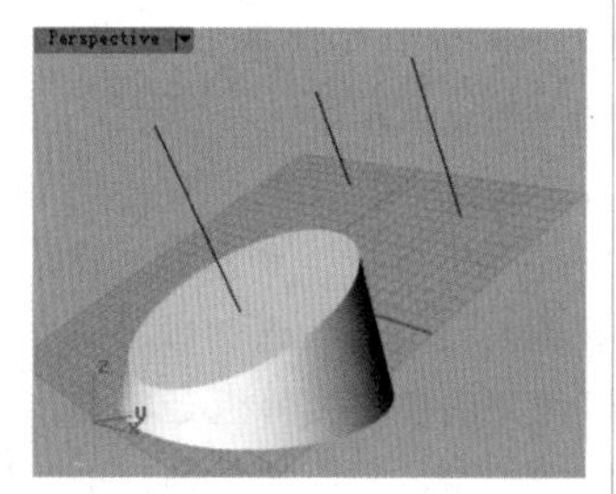

图3-29

四点：以两个点指定直线的方向，再通过两个点绘制出直线。先指定基准线的起点，再指定基准线的终点，确定了直线的方向，随后分别指定直线的起点和终点，确定直线的长度，如图 3-30 所示。

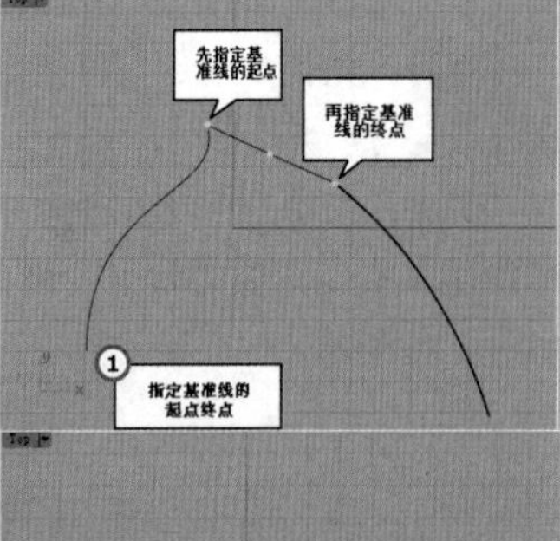

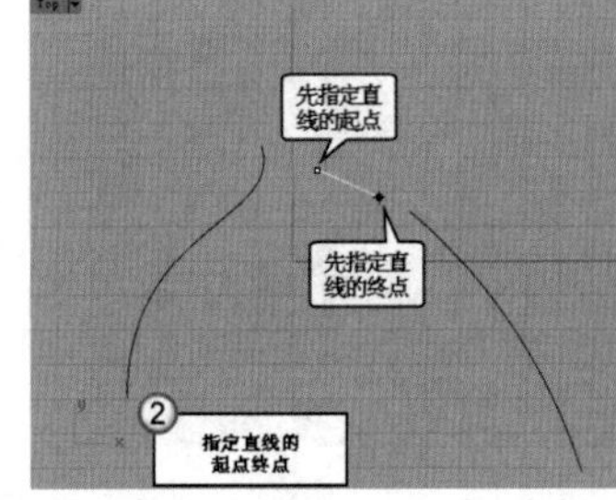

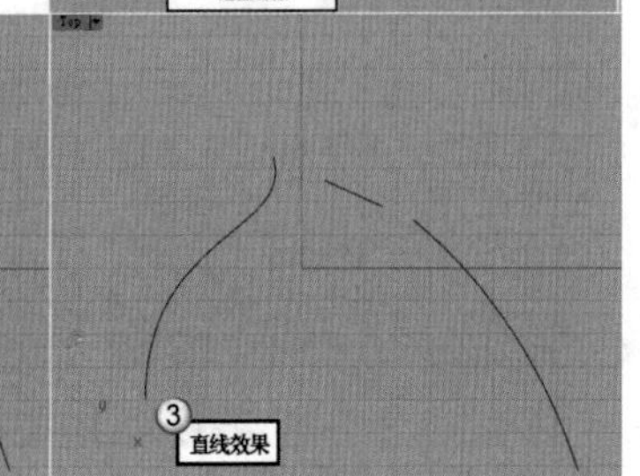

图3-30

角度等分线：以指定的角度绘制出一条角度等分线。先指定角度等分线的起点，再指定起始角度线，然后指定终止角度线，最后指定直线的终点或输入长度，如图 3-31 所示。

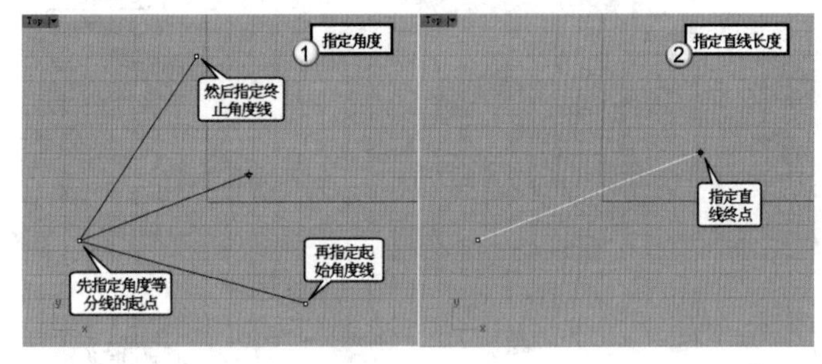

图3-31

与曲线垂直 / 与曲线正切：绘制一条与其他曲线垂直或相切的直线。这两个选项的创建步骤基本一致，以“与曲线垂直”选项为例，先在一条曲线上指定直线的起点，移动鼠标拖曳出与曲线垂直的直线，指定直线的终点，得到一条与曲线垂直的直线，如图 3-32 所示。

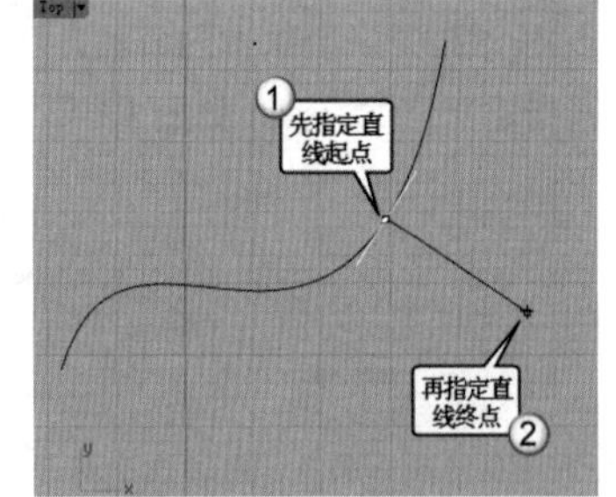

图3-32

延伸：以直线延伸一条曲线。先点选一条曲线（或直线），注意点选曲线（或直线）的位置要靠近延伸端点的一端，再指定延伸出的直线的终点，得到一条直线，如图 3-33 所示。

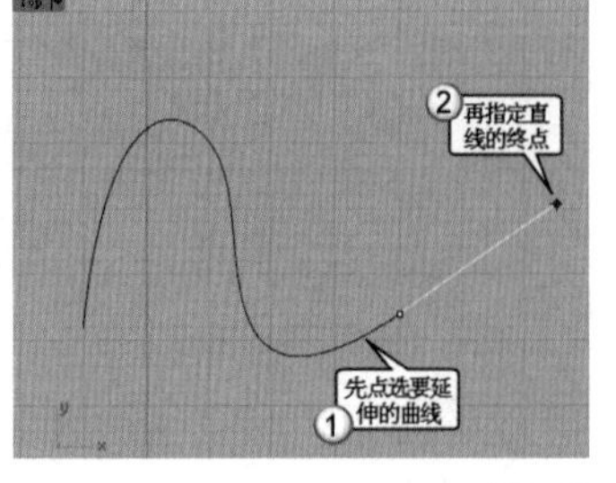

图3-33

★重点★

3.2.2 绘制和转换多重直线

多重直线是由多条端点重合的直线段或曲线段组成的，无论多重直线有多少段，它都是一个整体对象，因此选择多重直线中的任意一段，都将直接选中整个对象，如图 3-34 所示。当利用“炸开 / 抽离曲面”工具将多重直线炸开后，就会得到多条单独的直线和曲线，如图 3-35 所示。

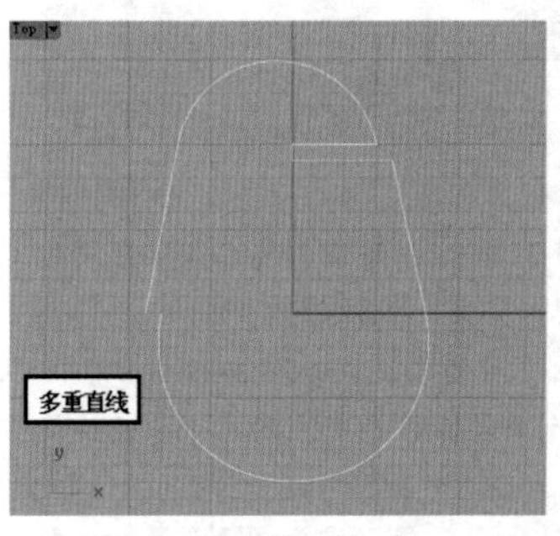

图3-34

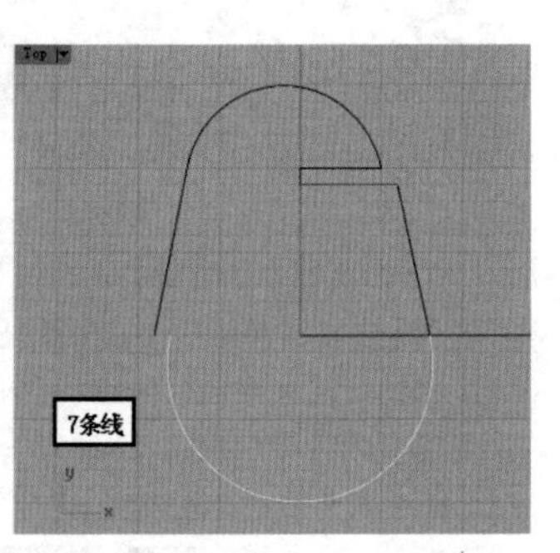

图3-35

绘制多重直线

要绘制多重直线，可以执行“曲线 > 多重直线 > 多重直线”菜单命令或单击“直线”工具面板中的“多重直线 / 线段”工具，其命令选项如图 3-36 所示。

```
指令: _Polyline
多重直线起点 ( 持续封闭(P)=否 ):
多重直线的下一点 ( 持续封闭(P)=否 模式(M)=直线 导线(H)=是 复原(U) ):
多重直线的下一点，按 Enter 完成 ( 持续封闭(P)=否 模式(M)=直线 导线(H)=是 长度(L) 复原(U) ):
多重直线的下一点，按 Enter 完成 ( 持续封闭(P)=否 封闭(C) 模式(M)=直线 导线(H)=是 长度(L) 复原(U) ):
多重直线的下一点，按 Enter 完成 ( 持续封闭(P)=否 封闭(C) 模式(M)=直线 导线(H)=是 长度(L) 复原(U) ):
```

图3-36

命令选项介绍

封闭：使曲线平滑地封闭，建立周期曲线。

模式：设置为“直线”模式表示接下来绘制的是直线段，设置为“圆弧”模式表示接下来绘制的是弧线段。

导线：设置为“是”表示打开动态的相切或正交轨迹线，建立圆弧和直线混合的多重曲线时会更方便。

长度：设置下一条线段的长度，这个选项只有设置“模式”为“直线”时才会出现。

方向：这个选项只有设置“模式”为“圆弧”时才会出现，用于指定下一个圆弧线段起点的正切方向。

复原：建立曲线时取消最后一个指定的点。

转换多重直线

除了用“多重直线 / 线段”工具进行绘制外，也可以通过“将曲线转换为多重直线”工具将曲线转换为多重直线，该工具的位置如图 3-37 所示。

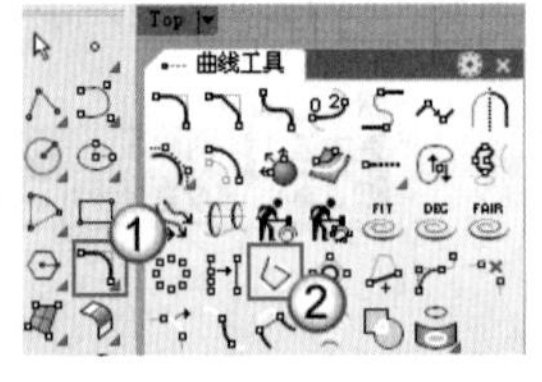

图3-37

启用“将曲线转换为多重直线”工具[icon]，然后选择需要转换为多重直线的对象，并按 Enter 键确认，此时将看到图 3-38 所示的命令选项。

```
按 Enter 接受设置 ( 输出为 (O)=圆弧  简化输入物体 (S)=否  删除输入物件 (D)=是
角度公差 (A)=0.1  公差 (T)=0.01  最小长度 (M)=0  最大长度 (X)=0  目的图层 (U)=目前的 ):
```

图3-38

命令选项介绍

输出为：设置为“圆弧”表示将曲线转换成圆弧线段组成的多重曲线，曲线接近直线的部分会转换为直线线段。设置为“直线”表示将曲线转换成多重直线。

简化输入物体：设置为“是”表示结合共线的直线和共圆的圆弧。这个选项是以模型的绝对公差和角度公差工作，而不是自定公差设置，它确保含有圆弧和直线线段的 NURBS 曲线可以在正确的位置切断为圆弧或直线，使曲线转换更精确；设置为“否”表示当相对于绝对公差而言非常短的 NURBS 曲线转换成直线或圆弧时形状可能会有过大的改变，关闭这个选项可以得到比较好而且精确的结果。

删除输入物件：设置为“是”表示原始物件会被删除，设置为“否”表示删除原始物件会导致无法记录建构历史。

角度公差：设置曲线和转换后的圆弧线段端点的方向被允许的最大偏差角度。将角度公差设为 0 可以停用使圆弧与圆弧之间相切及圆弧与曲线之间接近相切的设置，得到的曲线上会有锐角点。曲线转换成圆弧的线段数会少于转换成直线的线段数，这个选项可以大约决定一条曲线所需要的最小线段数。

公差：取代系统公差设置。

最小长度：设置结果线段的最小长度，设置为 0 表示不限制最小长度。

最大长度：设置结果线段的最大长度，设置为 0 表示不限制最大长度。

目的图层：指定建立物件的图层。

现将同一条曲线转化为不同形式的多重直线，通过对比掌握参数设置的意义。

如图 3-39 所示，将曲线转换为多重直线时，在命令行中设置“输出为”为“直线”，“最小长度”为 5，“最大长度”为 10。图 3-40 所示同样是设置“输出为”为“直线”，不过设置“最小长度”为 10，“最大长度”为 20。

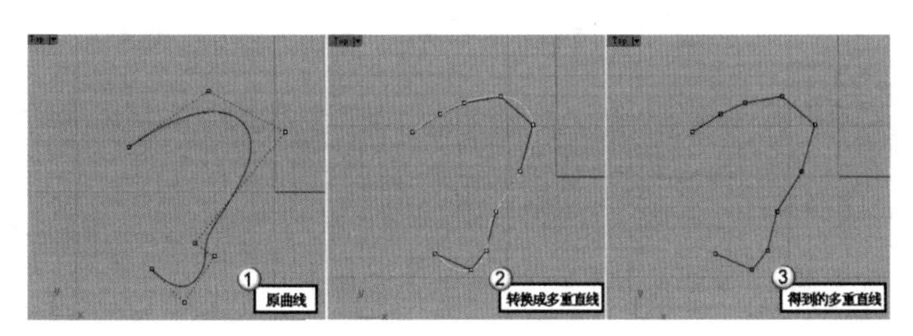

图3-39

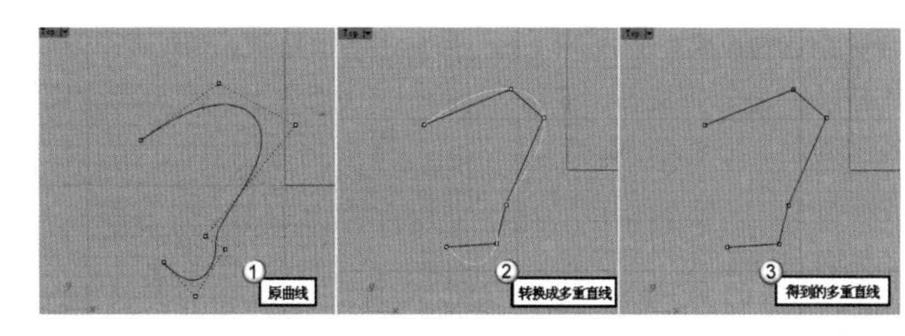

图3-40

实战

利用多重直线绘制建筑平面图墙线

场景位置	场景文件>第3章>02.3dm
实例位置	实例文件>第3章>实战——利用多重直线绘制建筑平面图墙线.3dm
视频位置	第3章>实战——利用多重直线绘制建筑平面图墙线.mp4
难易指数	★☆☆☆☆
技术掌握	掌握绘制多重直线的方法

01 打开本书学习资源中的“场景文件 > 第 3 章 >02.3dm”文件，如图 3-41 所示。

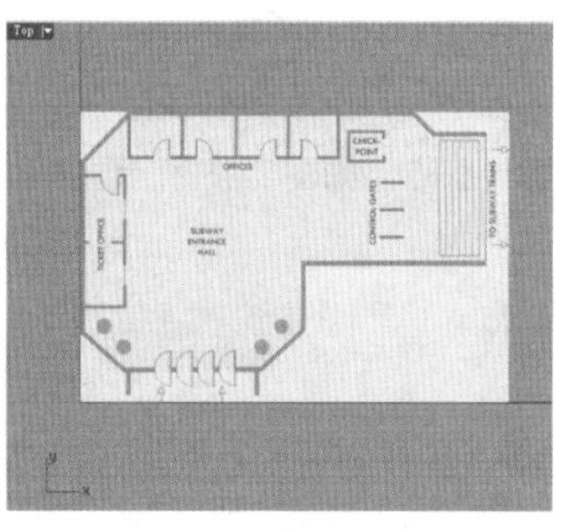

图3-41

02 单击“直线”工具面板中的“多重直线 / 线段”工具[icon]，然后开启“锁定格点”功能，接着围绕图片中的外墙体绘制多重直线，如图 3-42 所示，结果如图 3-43 所示。

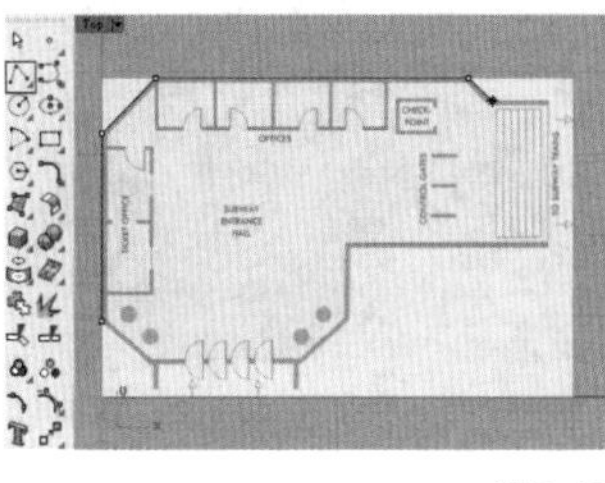

图3-42

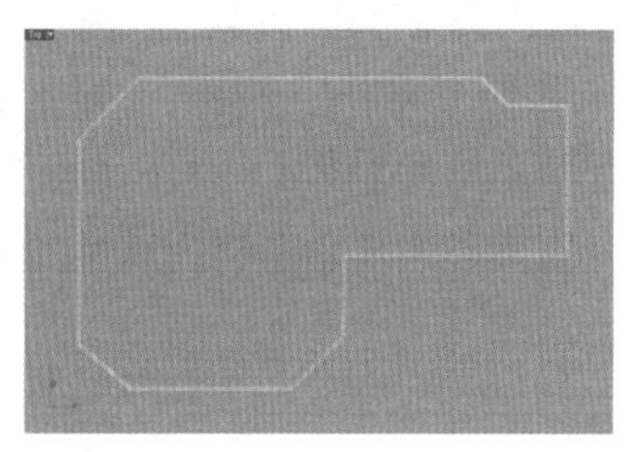

图3-43

技巧与提示

如果绘制的过程中出现一些错误，如某一点的位置不正确，如图 3-44 所示，可以在命令行中输入 U，那么刚刚确定的那个点就取消了。

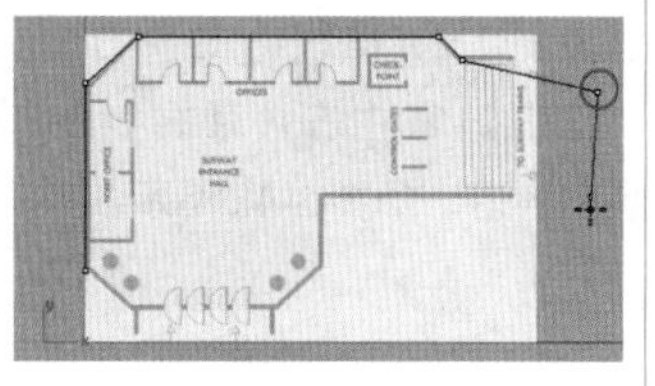

图3-44

3.2.3 通过点和网格绘制直线

通过点绘制直线

绘制直线还有一种方法是先确定点的位置，然后通过这些点自动生成直线。有两个工具提供了这样的功能，一个是“配合数个点的直线”工具，另一个是“多重直线：通过数个点”工具，操作方法都比较简单，启用工具后选择需要自动生成直线的点，按 Enter 键即可。

两个工具不同的是，使用“配合数个点的直线”工具时，如果只有两个点，那么生成的直线会连接两个点；如果有多个点，那么会穿过这些点，如图 3-45 所示。

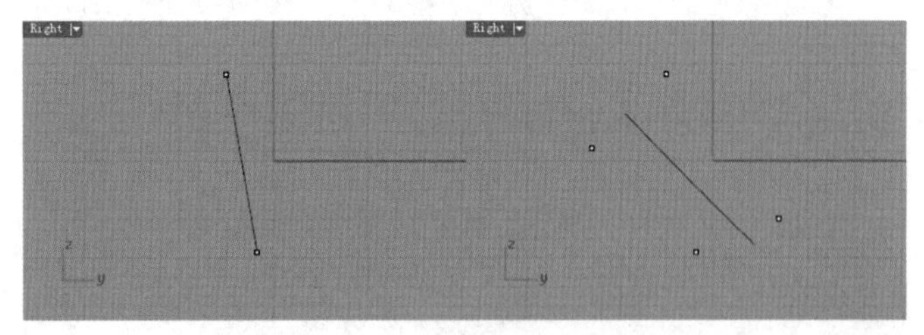

图3-45

在使用“多重直线：通过数个点”工具时，无论有多少个点，生成的直线都会连接这些点，如图 3-46 所示。

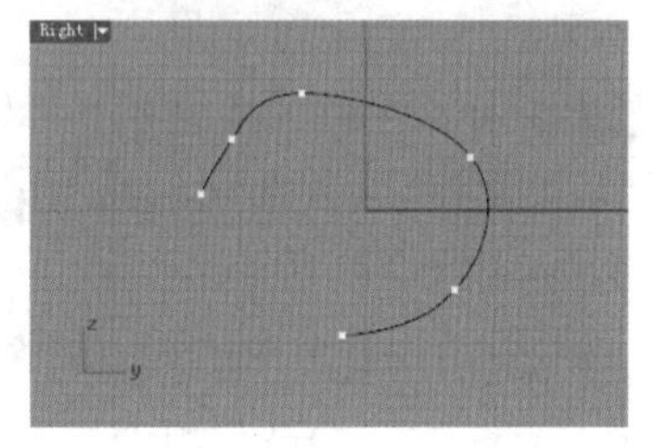

图3-46

通过网格绘制直线

如果要在网格上绘制多重直线，可以使用“多重直线：在网格上”工具，其绘制方法与“多重直线 / 线段”工具相同，区别在于前者需要先选取一个网格，并且绘制的范围被限定在选取的网格内，如图 3-47 所示。

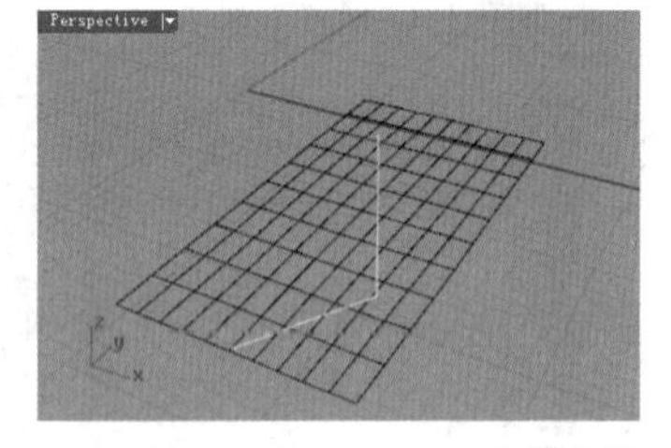

图3-47

★重点★

3.2.4 绘制切线

绘制切线至少需要一条以上的原始曲线，主要有 3 个工具，集中在“直线”工具面板内，如图 3-48 所示。

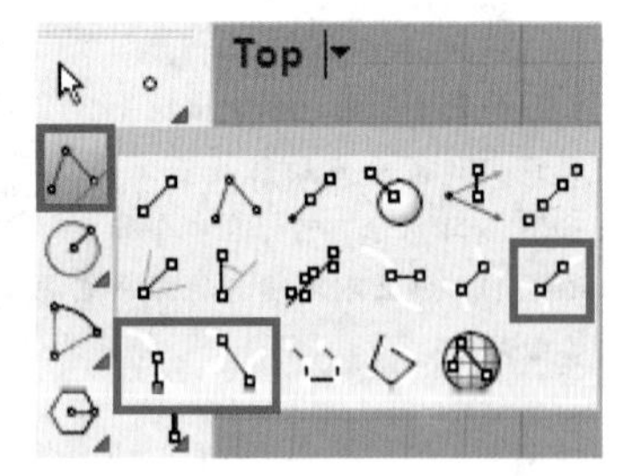

图3-48

起点正切、终点垂直

使用“直线：起点正切、终点垂直”工具可以绘制一条与其他曲线相切的直线，另一端采用垂直模式，如图 3-49 所示。

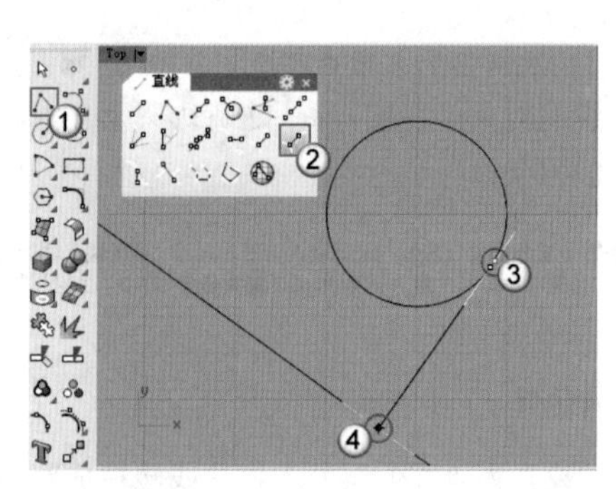

图3-49

起点与曲线正切

如果要绘制一条与曲线相切的直线，可以使用“直线：起点与曲线正切”工具，如图 3-50 所示。

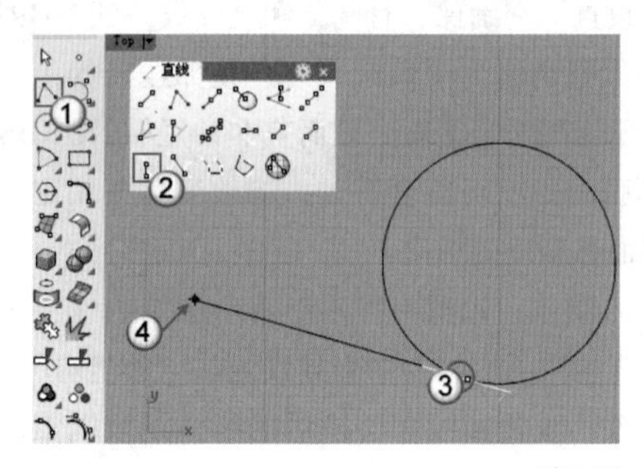

图3-50

与两条曲线正切

使用“直线：与两条曲线正切”工具可以绘制与两条曲线相切的直线，方法为依次选择两条曲线，然后按 Enter 键即可自动生成，如图 3-51 所示。

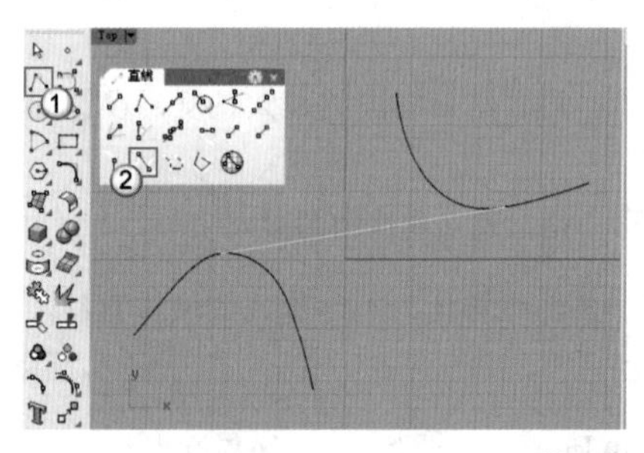

图3-51

重点实战

利用切线创建花形图案

场景位置	场景文件>第3章>03.3dm
实例位置	实例文件>第3章>实战——利用切线创建花形图案.3dm
视频位置	第3章>实战——利用切线创建花形图案.mp4
难易指数	★★☆☆☆
技术掌握	掌握绘制切线的各种方法

本例创建的花形图案效果如图 3-52 所示。

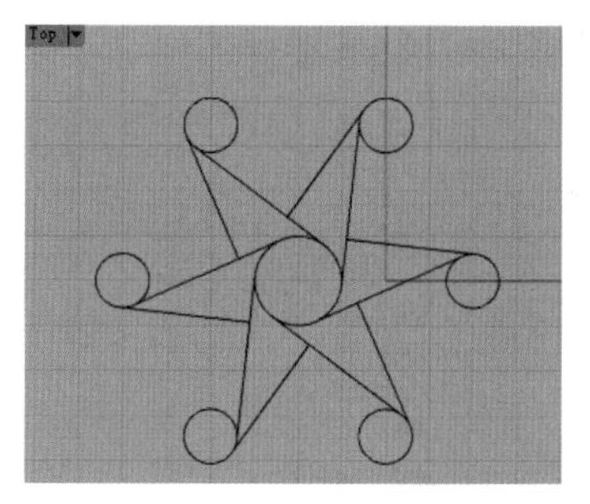

图3-52

01 打开本书学习资源中的“场景文件 > 第 3 章 >03.3dm”文件，场景中有多个圆，如图 3-53 所示。

02 启用“直线：起点与曲线正切”工具，然后将鼠标指针指向右侧的圆，可以看到在圆上出现了切点和对应的切线，在该圆的上部单击确定第 1 点，接着在中间的圆下部确定第 2 点，如图 3-54 所示。

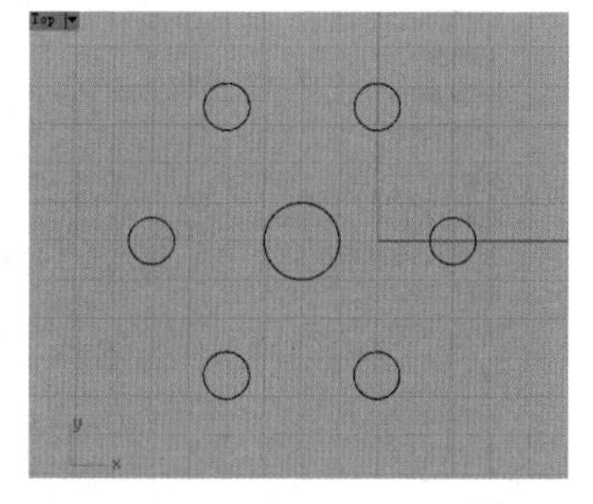

图3-53

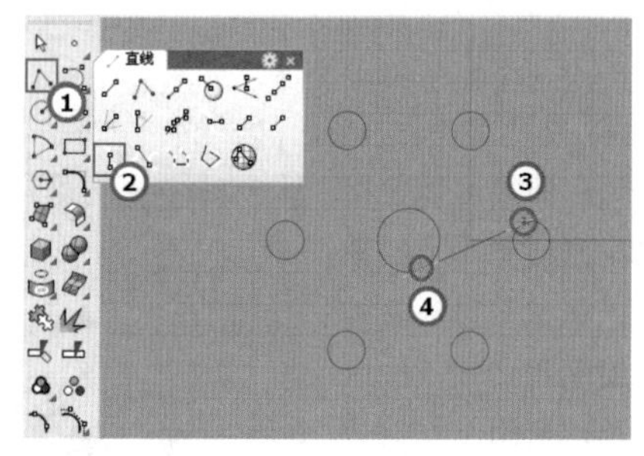

图3-54

03 使用相同的方法继续绘制曲线相切线，结果如图 3-55 所示。

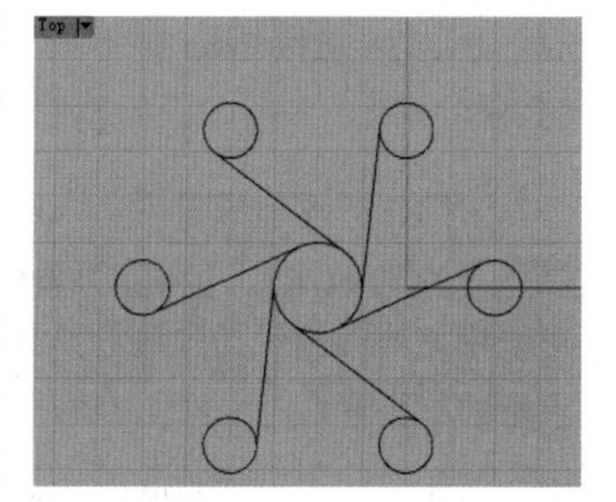

图3-55

04 启用“直线：起点正切、终点垂直”工具，然后在右侧的圆上部单击指定第 1 点，接着将鼠标移动到对应的直线上指定垂足，如图 3-56 所示。

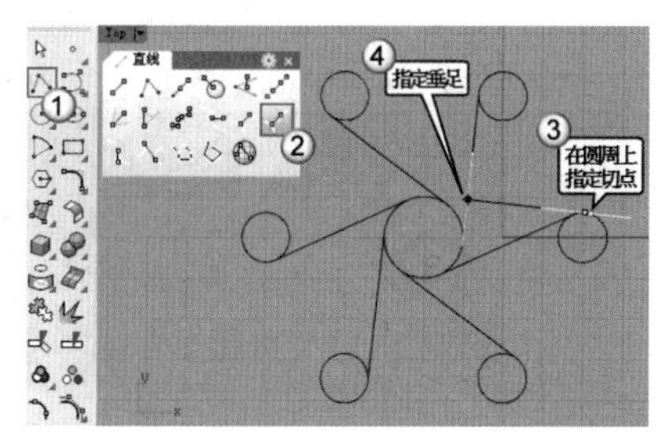

图3-56

05 使用相同的方法绘制多条起点正切、终点垂直的直线，结果如图 3-57 所示。

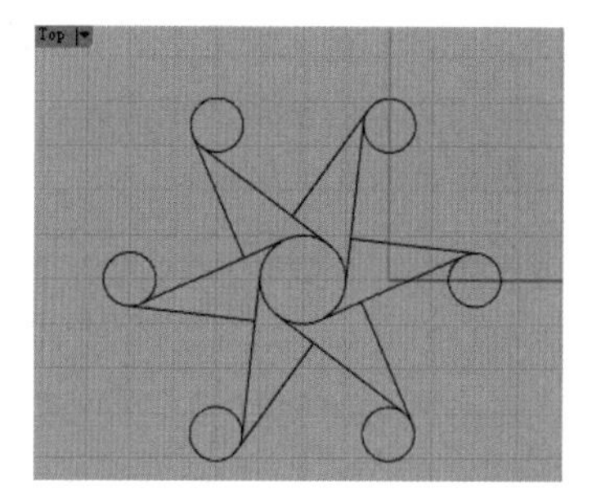

图3-57

★重点★

3.2.5 编辑法线

曲线的法线是垂直于曲线上一点的切线的直线，曲面上某一点的法线指的是经过这一点并且与该点切平面垂直的那条直线（即向量）。如图 3-58 所示，图中白色箭头的部分就是法线。曲面法线的法向不具有唯一性，开放的曲面或多重曲面的法线方向则不一定，在相反方向的法线也是曲面法线。定向曲面的法线通常按照右手定则来确定。

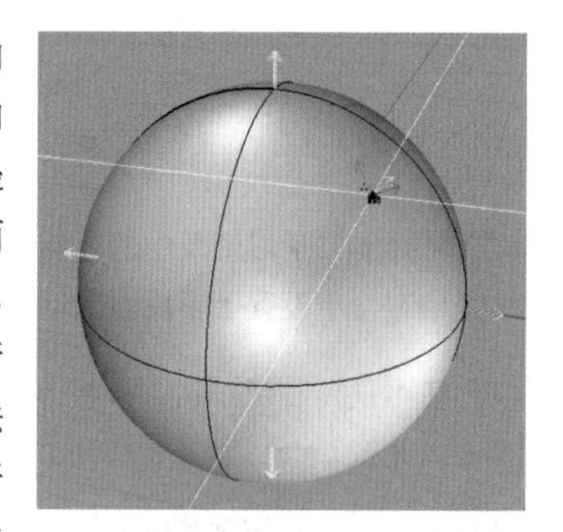

图3-58

通常，有两种方法可以比较直观地观察曲面的正反法线方向。

第 1 种：利用“分析方向 / 反转方向”工具（或执行“分析 > 方向”菜单命令），如图 3-59 所示。该工具有两种用法，左键功能为分析曲线法线方向，右键功能为反转曲线法线方向。启用工具后，选取一个物件并按 Enter 键确认，此时会显示法线方向，如果将鼠标指针移动到物件上会显示动态方向箭头。

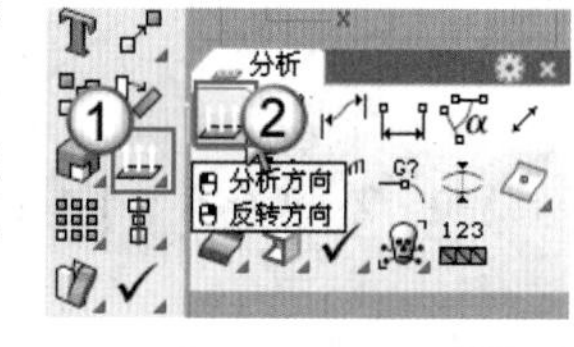

图3-59

第 2 种：利用“Rhino 选项”对话框中的“着色模式”设置，如图 3-60 所示，设置“颜色 & 材质显示”和“背面设置”

图3-60

为不同的颜色，效果如图3-61所示，可以看到法线的正面方向为蓝色，背面方向为橘色。

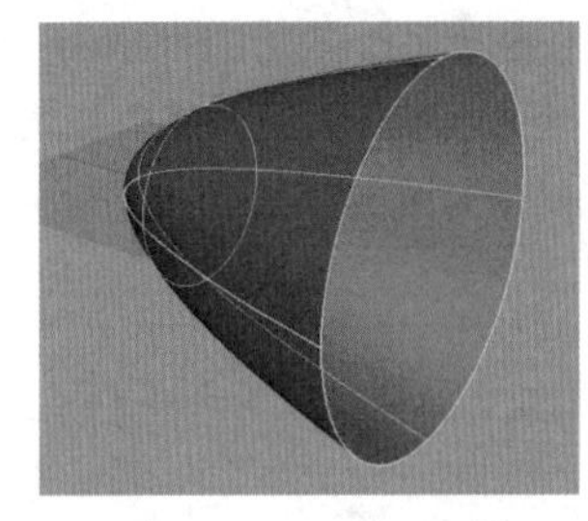

图3-61

重点实战

修改曲面的法线方向

场景位置	场景文件>第3章>04.3dm
实例位置	实例文件>第3章>实战——修改曲面的法线方向.3dm
视频位置	第3章>实战——修改曲面的法线方向.mp4
难易指数	★☆☆☆☆
技术掌握	掌握“分析方向/反转方向”工具的使用方法

01 打开本书学习资源中的“场景文件 > 第 3 章 >04.3dm”文件，场景中有一个设置了正反面颜色的曲面造型，如图3-62所示。

02 使用鼠标右键单击“分析方向 / 反转方向”工具，然后选择曲面并按Enter键，反转曲面法线后的效果如图3-63所示。

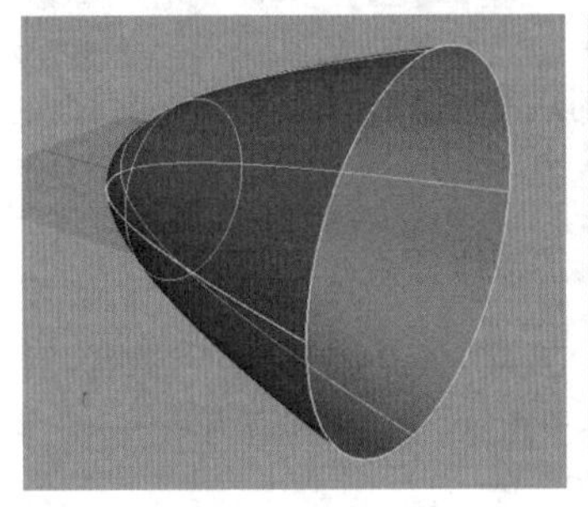

图3-62

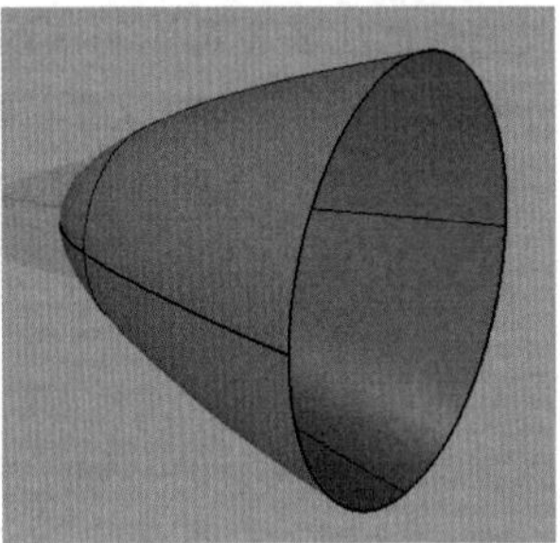

图3-63

3.3 绘制自由曲线

曲线是构建模型的一种常用手段，Rhino建模的一般流程就是先绘制平面或空间曲线，然后通过这些曲线构造复杂的曲面。因此，模型品质好坏的关键在于曲线质量的好坏。

Rhino中的曲线是由点确定的，而构建曲线的点主要有控制点和编辑点两大类，所以曲线主要有两种表现方式：控制点曲线和编辑点曲线。控制点曲线受控于各个控制点，但是这些控制点不一定在曲线上，而编辑点曲线中的编辑点必须在曲线上，也就是说曲线将通过各个指定的编辑点。

要绘制自由曲线可以通过“曲线 > 自由造型”菜单下的命令，如图3-64所示；也可以使用“曲线工具”工具面板中提供的工具，如图3-65所示。

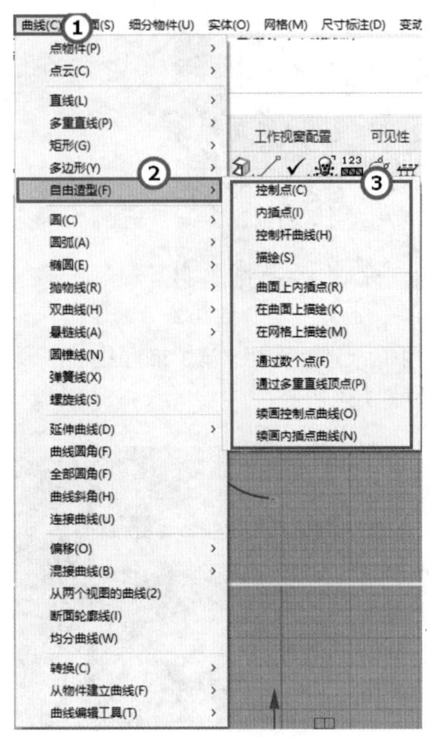

图3-64

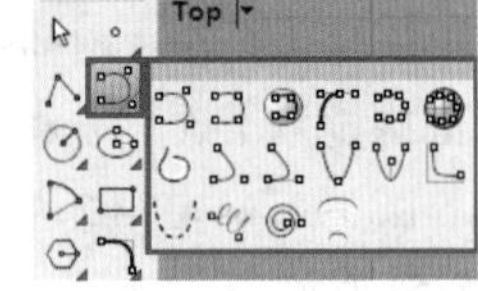

图3-65

★重点★

3.3.1 绘制控制点曲线

绘制控制点曲线可以使用“控制点曲线 / 通过数个点的曲线”工具，该工具以放置控制点的方式绘制出曲线，绘制方法比较简单，启用工具后依次指定控制点即可，如果要完成绘制，可以按Enter键，如图3-66所示。

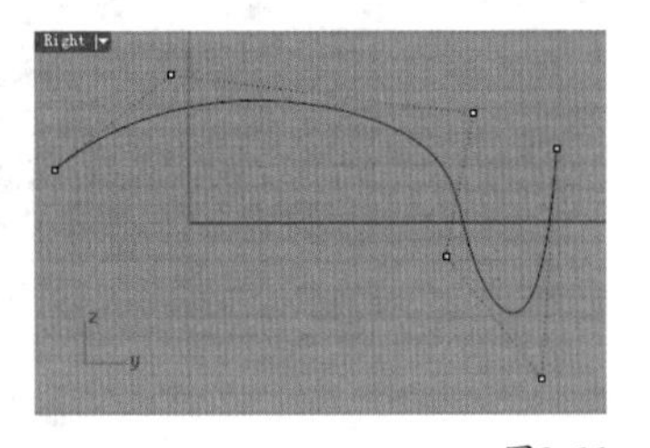

图3-66

绘制控制点曲线时需要注意曲线的阶数，“控制点曲线 / 通过数个点的曲线”工具的命令提示中有一个“阶数”选项，可以用来修改曲线的阶数。只要放置的控制点数目小于或等于设置的曲线阶数，那么建立的曲线的阶数为“控制点数 – 1”。

曲线上的控制点要想显示或关闭，可以通过“打开点 / 关闭点”工具，快捷键为F10（打开）和F11（关闭），如图3-67所示。

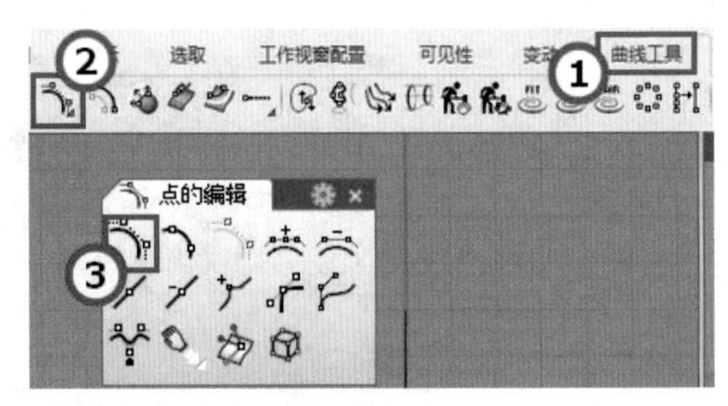

图3-67

如果要在曲线上增加控制点，可以通过“插入一个控制点”工具；如果要删除曲线上的控制点，可以在选择控制点后按键盘上的 Delete 键。

重点 实战

利用控制点曲线绘制卡通图案

场景位置	场景文件>第3章>05.3dm
实例位置	实例文件>第3章>实战——利用控制点曲线绘制卡通图案.3dm
视频位置	第3章>实战——利用控制点曲线绘制卡通图案.mp4
难易指数	★★☆☆☆
技术掌握	掌握“控制点曲线/通过数个点的曲线”工具的使用方法

本例绘制的卡通图案如图 3-68 所示。

01 打开本书学习资源中的“场景文件 > 第 3 章 >05.3dm”文件，如图 3-69 所示。

图3-68

图3-69

02 启用“控制点曲线 / 通过数个点的曲线”工具，参考背景图片在 Top（顶）视图中连续单击确定多个点，并按 Enter 键结束绘制，可以得到一条曲线，如图 3-70 所示。

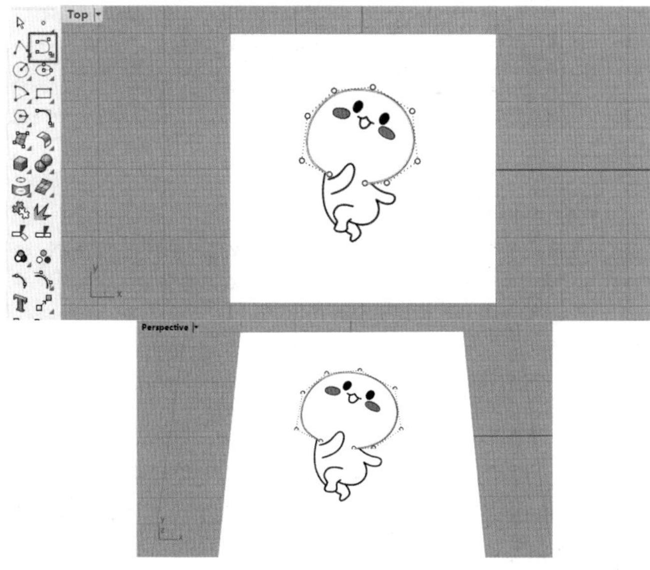

图3-70

03 选择上一步绘制的曲线，按 F10 键显示出控制点，然后选择控制点进行拖曳，调节曲线的形状，如图 3-71 所示。

04 启用“插入一个控制点”工具，然后在卡通轮廓线上单击增加一个控制点，并按 Enter 键或单击鼠标右键结束命令，接着选择这条曲线，按 F10 键打开控制点，最后将增加的控制点拖曳到合适的位置，调整曲线的形态，如图 3-72 所示。

图3-71

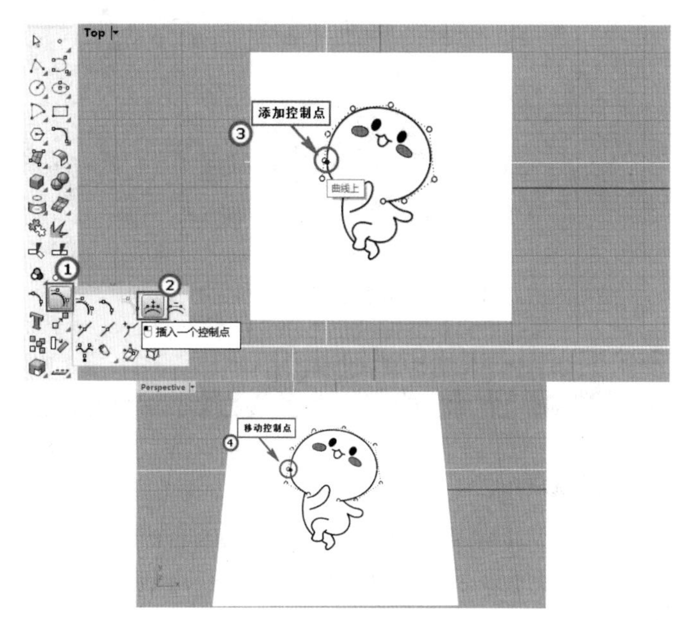

图3-72

05 重复使用“控制点曲线 / 通过数个点的曲线”工具勾画出卡通图案的其他轮廓线，结果如图 3-73 所示。

图3-73

技巧与提示

注意，对于周期曲线（封闭曲线）无法插入控制点。

★重点★

3.3.2 绘制编辑点曲线

NURBS 曲线上的编辑点是由节点平均值计算而来的。例如，一条 3 阶曲线的节点向量为（0，0，0，1，2，3，3，3），而编辑点是由（0，1 / 3，1，2，8 / 3，3）这一参数值分布在曲线上。与控制点曲线最大的不同是，编辑点位于曲线上，而不会在曲线外，如图 3-74 所示。

编辑点在Rhino中也被称为“内插点”，而在许多CAD程序中，通常将编辑点曲线称为“样条曲线”或“云形线”。绘制编辑点曲线可以使用“内插点曲线/控制点曲线”工具，该工具的左键功能用于绘制内插点曲线，即通过指定编辑点来实现，右键功能用于绘制控制杆曲线，即通过指定带有调节控制杆的编辑点来实现，如图3-75所示。

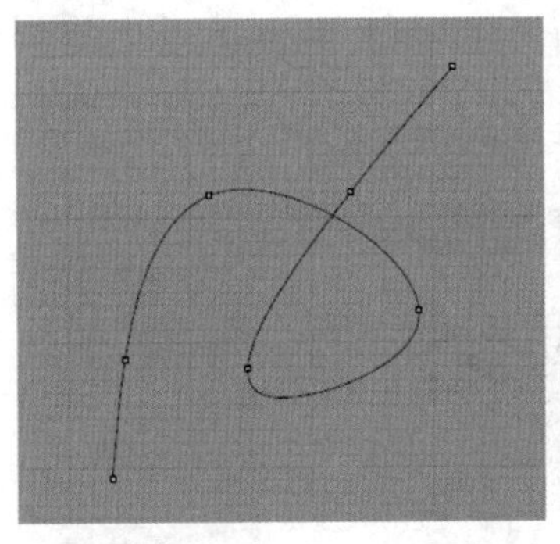

图3-74

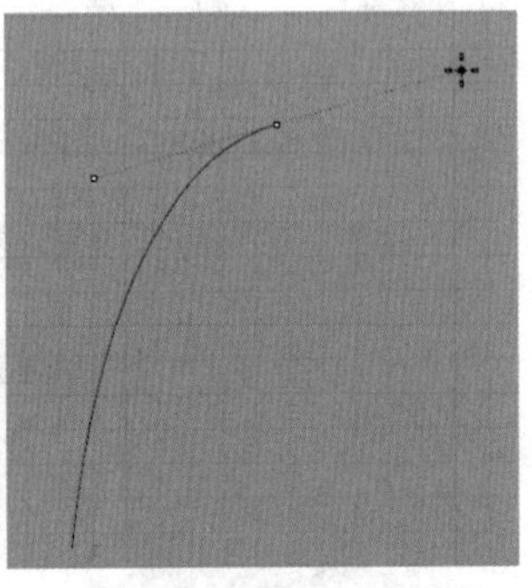

图3-75

绘制内插点曲线时将出现图3-76所示的命令选项。

```
指令: _InterpCrv
曲线起点 ( 阶数(D)=3  节点(K)=弦长  持续封闭(P)=否  起点相切(S) ):
下一点 ( 阶数(D)=3  节点(K)=弦长  持续封闭(P)=否  终点相切(N)  复原(U) ):
下一点，按 Enter 完成 ( 阶数(D)=3  节点(K)=弦长  持续封闭(P)=否  终点相切(N)  复原(U) ):
下一点，按 Enter 完成 ( 阶数(D)=3  节点(K)=弦长  持续封闭(P)=否  终点相切(N)  封闭(C)  尖锐封闭(S)=否  复原(U) ):
```

图3-76

命令选项介绍

阶数：曲线的阶数最大可以设为11。建立阶数较高的曲线时，控制点的数目必须至少比阶数大1，得到的曲线的阶数才会是设置的阶数。

节点：决定内插点曲线如何参数化，包含“一致”“弦长”“弦长平方根”3个子选项，当内插点曲线每一个指定点的间距都相同时，3种参数化建立的曲线完全一样。建立内插点曲线时，指定的插入点会转换为曲线节点的参数值，参数化的意思是如何决定节点的参数间距。

一致：节点的参数间距都是1，节点的参数间距并不是节点之间的实际距离，当节点之间的实际距离大约相同时，可以使用一致的参数化。除了将曲线重建以外，只有一致的参数化可以分别建立数条参数化相同的曲线。无论如何移动控制点改变曲线的形状，参数化一致的曲线的每一个控制点对曲线的形状都有相同的控制力，曲面也有相同的情况。

弦长：以内插点之间的距离作为节点的参数间距，当曲线插入点的距离差异非常大时，以“弦长”参数化建立的曲线会比“一致”参数化好。

弦长平方根：以内插点之间的距离的平方根作为节点的参数间距。

起点相切/终点相切：绘制起点或终点与其他曲线相切的曲线。

封闭：使曲线平滑地封闭，建立周期曲线。

尖锐封闭：如果封闭曲线时将该选项设置为“是”，那么建立的将是起点（终点）为锐角的曲线，而非平滑的周期曲线。

复原：建立曲线时取消最后一个指定的点。

技巧与提示

绘制编辑点曲线时，如果将鼠标指针指向曲线的起点附近，将自动封闭曲线，按住Alt键可以暂时停用自动封闭功能。

此外，可以使用“曲面上的内插点曲线”工具在曲面上绘制内插点曲线，将曲线的范围限制在曲面内，如图3-77所示。

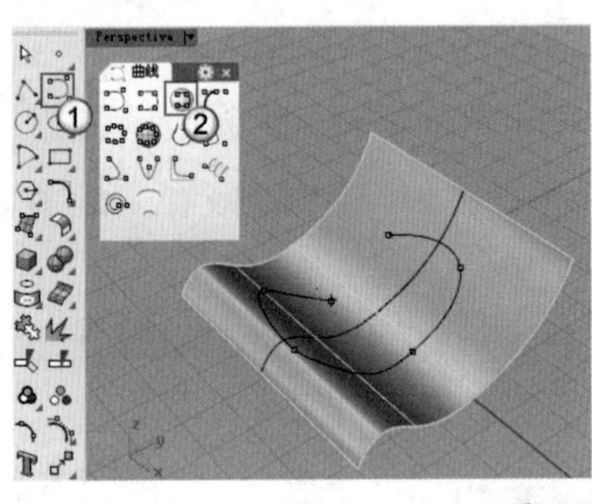

图3-77

绘制控制点曲线时，按住Alt键可以建立一个锐角点，按住Ctrl键可以移动最后一个曲线点的位置。如果要显示或关闭曲线的编辑点，可以使用“打开编辑点/关闭点”工具，如图3-78所示。

图3-78

技巧与提示

“内插点曲线/控制点曲线”工具的左键功能相对较随意，所以比较适合绘制一些过渡较缓和的曲线；而右键功能相对易控制，所以比较适合绘制一些弧度较大的曲线。

3.3.3 绘制描绘曲线

描绘曲线类似于在纸上徒手画线，绘制描绘曲线的操作命令位于“曲线>自由造型”菜单下和“曲线”工具面板中，如图3-79和图3-80所示。

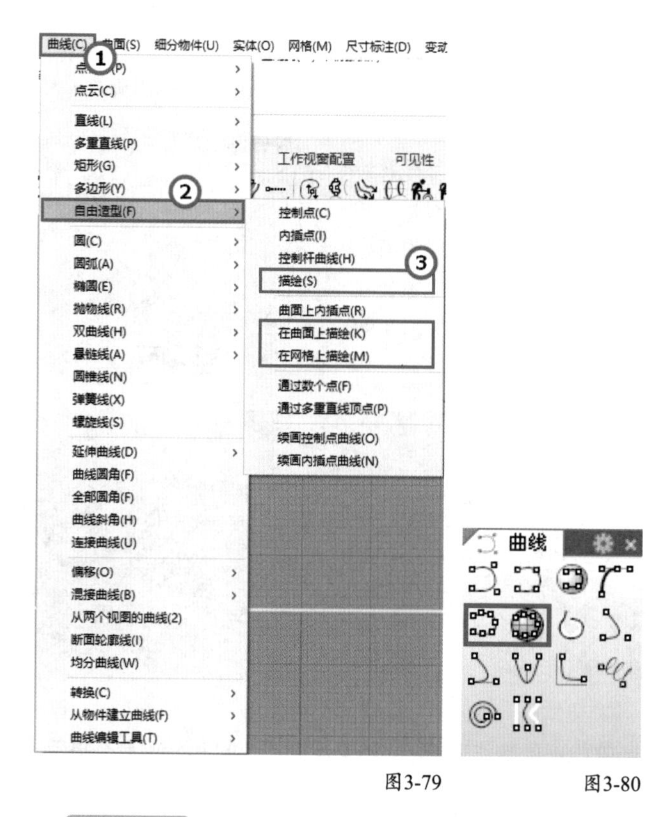

图3-79　　图3-80

技巧与提示

“曲线 > 自由造型”菜单下的“描绘”和“在曲面上描绘”命令集成在“描绘 / 在曲线上描绘”工具上。

绘制描绘曲线的方法比较简单，启用工具后在视图中按住鼠标左键并拖曳即可直接绘制，如图 3-81 所示，在按 Enter 键结束命令之前可以一直进行绘制。

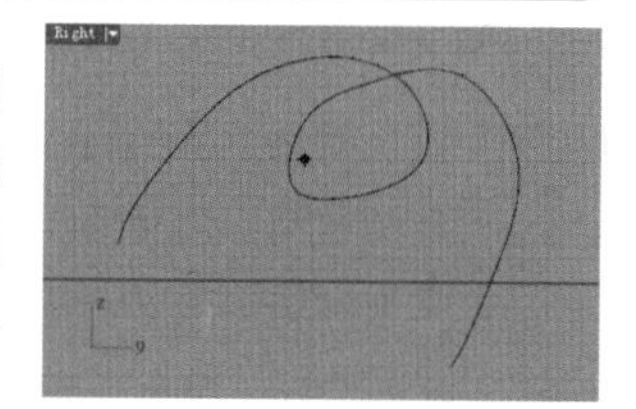

图3-81

技巧与提示

使用“描绘”命令可以在任意空间内进行绘制，使用“在曲面上描绘”和“在网格上描绘”命令则会被限制在曲面和网格上，图 3-82 所示是在球体上绘制描绘曲线。

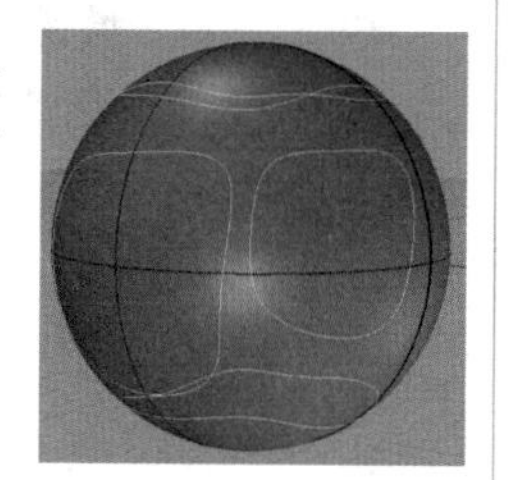

图3-82

3.3.4 绘制圆锥曲线

圆锥曲线又称二次曲线，包括椭圆、抛物线和双曲线。椭圆是指一个平面切过正圆锥体侧面产生的封闭交线，Rho 数值介于 0.0 和 0.5 之间。抛物线是指一个平面切过正圆锥体侧面及底面产生的交线，Rho 数值为 0.5。双曲线是指一个与正圆锥体底面垂直的平面切过圆锥体侧面产生的交线，Rho 数值介于 0.5 和 1 之间。

技巧与提示

Rho 为曲线饱满值，Rho 值越小，曲线就越平坦；Rho 值越大，曲线就越饱满。

Rhino 中绘制圆锥线的操作命令位于“曲线”菜单下和“曲线”工具面板中，如图 3-83 和图 3-84 所示。

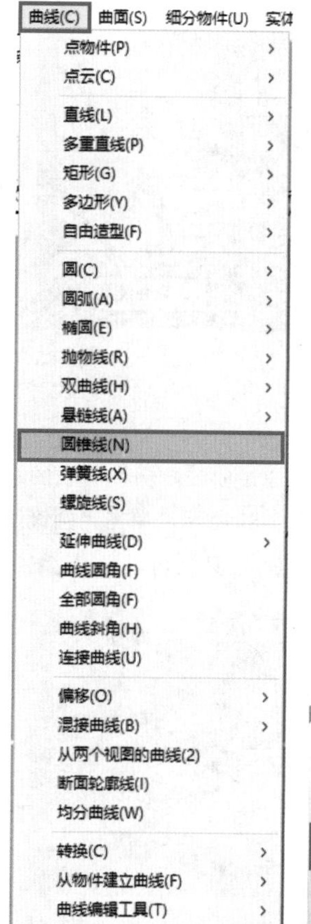

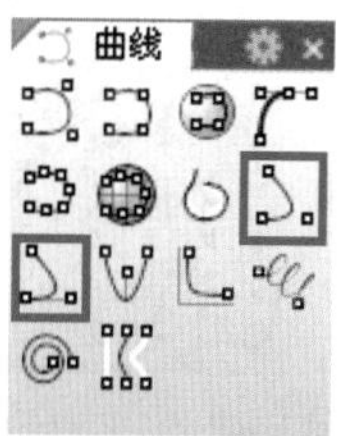

图3-83　　图3-84

绘制圆锥曲线有多种方式，如“起点垂直”方式、“起点正切”方式和“起点正切、终点”方式，下面分别进行介绍。

默认方式

默认方式是通过指定 3 个点来构造一个三角形，再通过指定顶点处的曲率点或输入 Rho 值来绘制出抛物线，如图 3-85 所示。执行“曲线 > 圆锥线”菜单命令或单击“圆锥线 / 圆锥线：起点垂直”工具

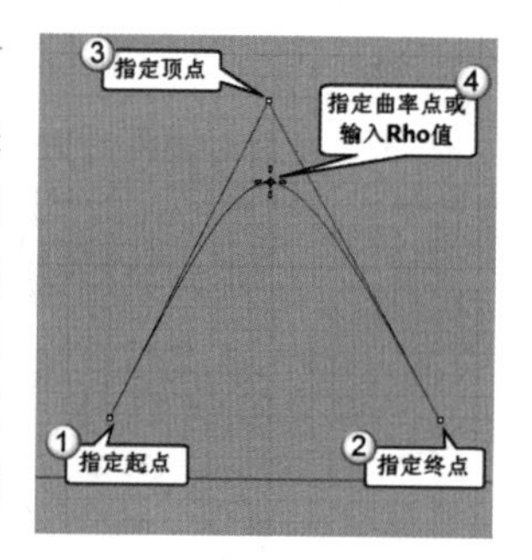

图3-85

即可启用这种绘制方式。

> **技巧与提示**
>
> 顶点的位置可以定义圆锥线所在的平面，Rho 数值介于 0 和 1 之间。

起点垂直

这种方式需要一条原始曲线，圆锥曲线的起点垂直于在原始曲线上选取的点，如图 3-86 所示。右击“圆锥线 / 圆锥线：起点垂直”工具可以启用这种方式。

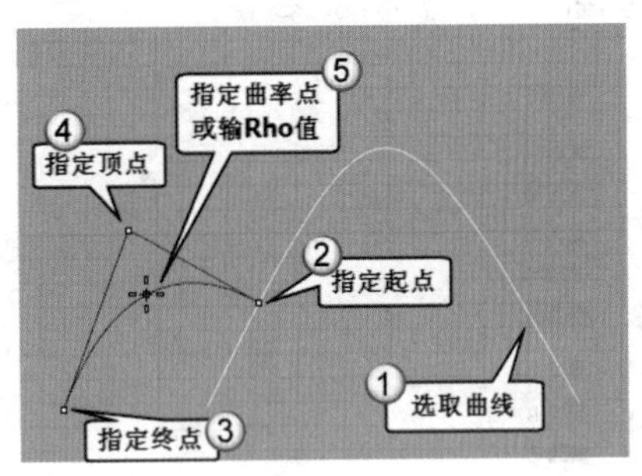

图3-86

起点正切

这种方式同样需要一条原始曲线，圆锥曲线的起点与原始曲线上选取的点相切，如图 3-87 所示。单击“圆锥线：起点正切 / 圆锥线：起点正切、终点”工具可以启用这种方式。

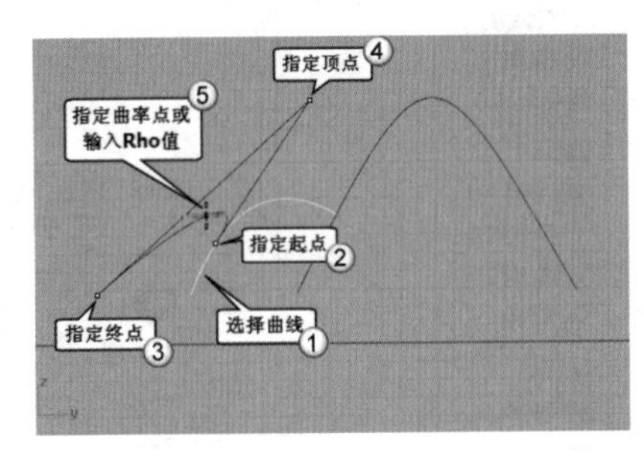

图3-87

起点正切、终点

这种方式需要两条原始曲线，新绘制的圆锥线与左右两条圆锥线正切，如图 3-88 所示。右击“圆锥线：起点正切 / 圆锥线：起点正切、终点”工具可以启用这种方式。

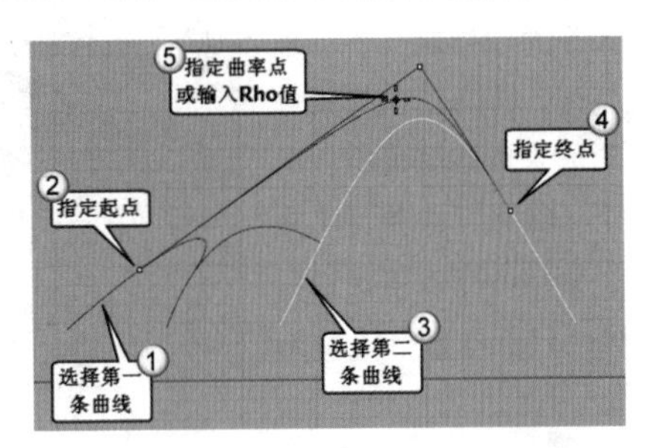

图3-88

3.3.5 绘制螺旋线

使用“螺旋线 / 平坦螺旋线”工具可以绘制螺旋线，启用该工具后，首先指定螺旋线轴（螺旋线轴是螺旋线绕着旋转的一条假想的直线）的起点和终点，然后指定螺旋线的第一半径和起点，接着指定螺旋线的终点和第二半径，如图 3-89 所示。

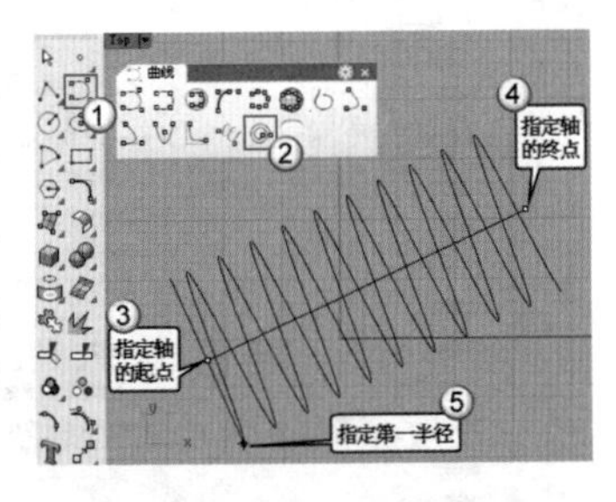

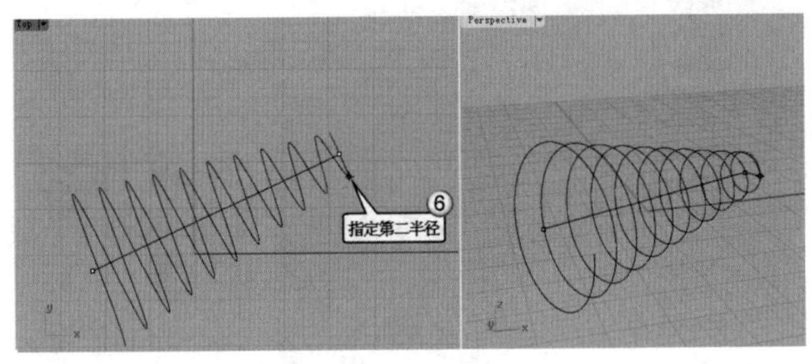

图3-89

在上面的操作过程中，将会看到图 3-90 所示的命令提示。

```
指令: _Spiral
轴的起点 ( 平坦(F)  垂直(V)  环绕曲线(A) ):
轴的终点:
第一半径和起点 <1.000> ( 直径(D)  模式(M)=圈数  圈数(T)=10  螺距(P)=0.608276  反向扭转(R)=否 ):
第二半径 <0.000> ( 直径(D)  模式(M)=圈数  圈数(T)=10  螺距(P)=0.608276  反向扭转(R)=否 ):
```

图3-90

命令选项介绍

平坦：绘制一条平面的螺旋线。

垂直：绘制一条轴线与工作平面垂直的螺旋线。

环绕曲线：绘制一条环绕曲线的螺旋线。

直径 / 半径：以直径或半径定义螺旋线。

模式：有两种模式，一种为圈数，表示以圈数为主，螺距会自动调整；另一种为螺距，以螺距为主，圈数会自动调整。

圈数 / 螺距：设置螺旋线的圈数和螺距。

反向扭转：反转扭转方向为逆时针方向，改变设置可以实时预览。

3.3.6 绘制抛物线

绘制抛物线有两种方式，一种是先指定焦点，然后指定方向（抛物线“开口”的方向），接着指定终点，如图 3-91 所示；另一种是先指定顶点，再指定焦点和终点，如图 3-92 所示。

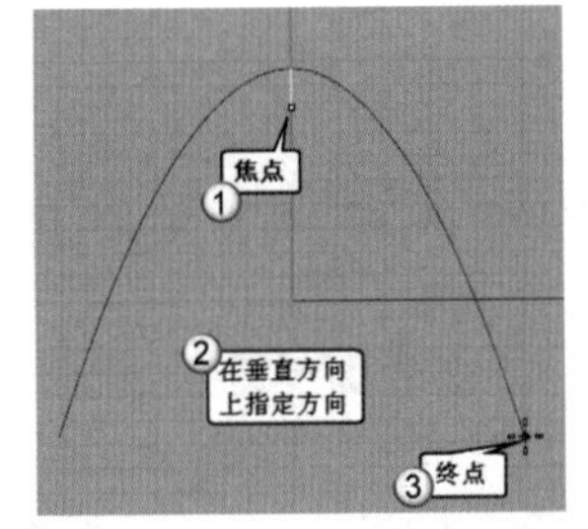

图3-91

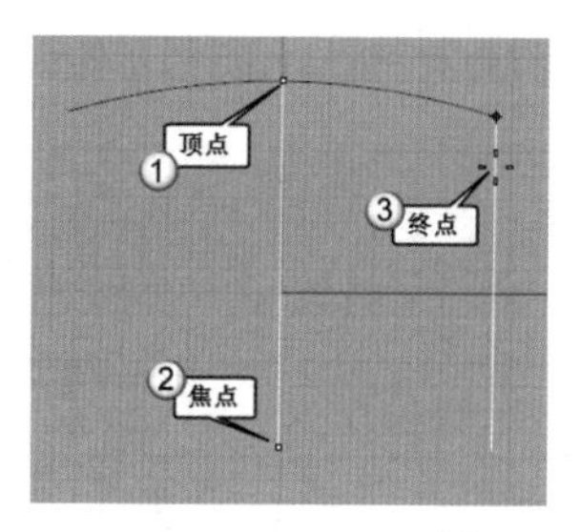

图3-92

技巧与提示

完成抛物线的绘制后，在命令行中会显示出焦点至顶点的距离和抛物线的长度，如图 3-93 所示。

```
指令: _Parabola
抛物线焦点 ( 顶点(V)  标示焦点(M)=否  单侧(H)=否 ):
抛物线方向 ( 标示焦点(M)=否  单侧(H)=否 ):
抛物线终点 ( 标示焦点(M)=否  单侧(H)=否 ):
焦点至顶点的距离 = 2.3259，长度 = 26.5121
```

图3-93

3.3.7 绘制双曲线

使用“双曲线”工具可以绘制双曲线，默认情况下是通过指定中心点、焦点和终点进行绘制，如图 3-94 所示。绘制时可以看到图 3-95 所示的命令选项，这 3 个选项代表了 3 种不同的绘制方式。

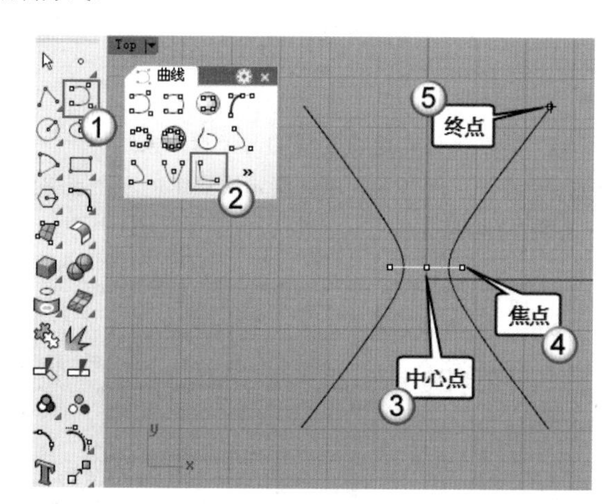

图3-94

```
指令: _Hyperbola
双曲线中心点 ( 从系数(F)  从焦点(R)  从顶点(O) ):
```

图3-95

命令选项介绍

从系数：以双曲线方程式的 A 和 B 系数定义曲线，A 系数代表双曲线中心点到顶点的距离，如果 C 是双曲线中心点到焦点的距离，那么 B2=C2-A2；B 系数是渐近线的斜率。在“从系数”模式下绘制双曲线的操作过程如图 3-96 所示。

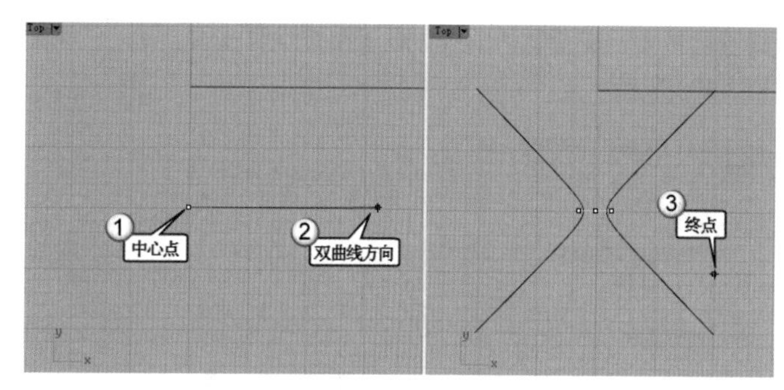

图3-96

从焦点：从两个焦点开始绘制双曲线，如图 3-97 所示。

从顶点：通过指定顶点、焦点和终点绘制双曲线，如图 3-98 所示。

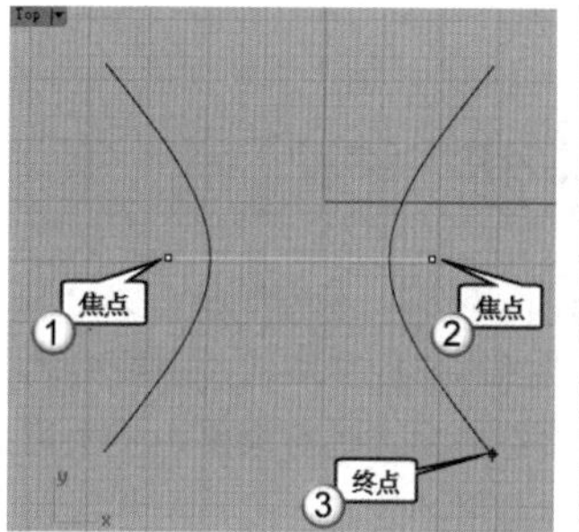

图3-97

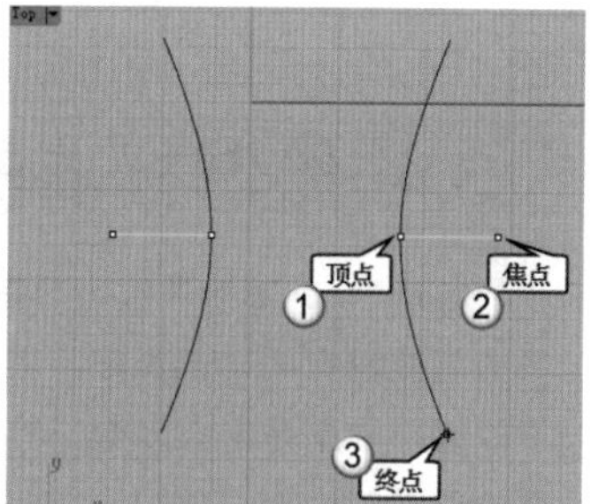

图3-98

3.3.8 绘制弹簧线

同绘制螺旋线相似，绘制弹簧线也需要先指定一条假想的旋转轴，两者不同的是，弹簧线具有一个统一的半径，如图 3-99 所示。

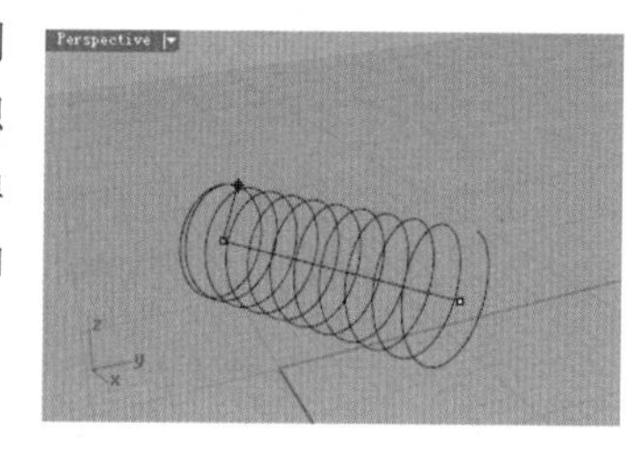

图3-99

实战

沿曲线绘制弹簧线

场景位置	无
实例位置	实例文件>第3章>实战——沿曲线绘制弹簧线.3dm
视频位置	第3章>实战——沿曲线绘制弹簧线.mp4
难易指数	★☆☆☆☆
技术掌握	掌握绘制弹簧线的方法

01 使用“控制点曲线 / 通过数个点的曲线”工具在 Top（顶）视图中绘制图 3-100 所示的一条曲线。

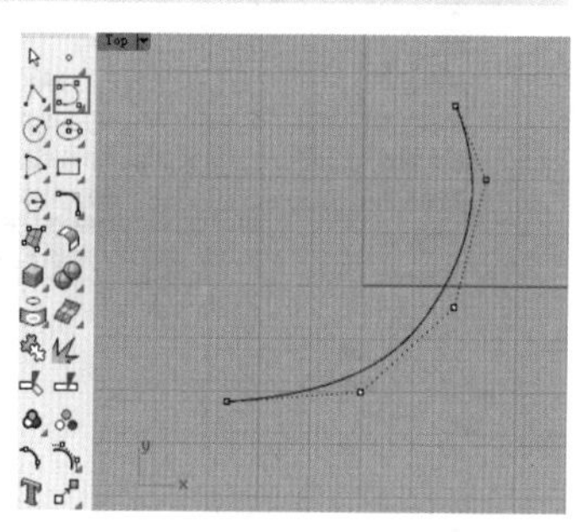

图3-100

02 单击“弹簧线 / 垂直弹簧线”工具，然后在命令行中单击“环绕曲线”选项，接着选择上一步绘制的曲线，最后指定弹簧线的半径，结果如图 3-101 所示。

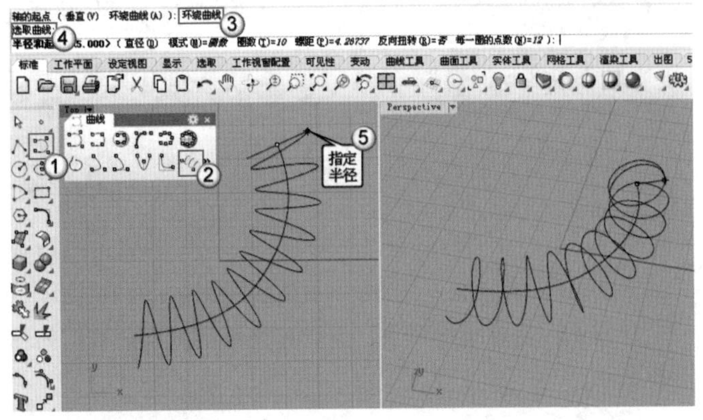

图3-101

3.4 绘制标准曲线

Rhino 里的标准曲线主要指圆、椭圆、多边形和文字。这里的标准没有明确的说法，之所以称作标准曲线，主要有两个原因：一个是绝大多数三维软件都将这些对象作为一个标准放在功能面板中使用，因此有通用的情况；另一个是这些命令像个标准库一样，只需做简单的参数修改就能使用，不需要太多的手动调节。

★重点★

3.4.1 绘制圆

圆是非常常见的一种几何图形。当一条线段绕着它的一个端点在平面内旋转一个周期时，它的另一个端点的轨迹叫作圆。

在 Rhino 中绘制圆有多种方式，集成在“曲线 > 圆”菜单下和“圆”工具面板中，如图 3-102 和图 3-103 所示。

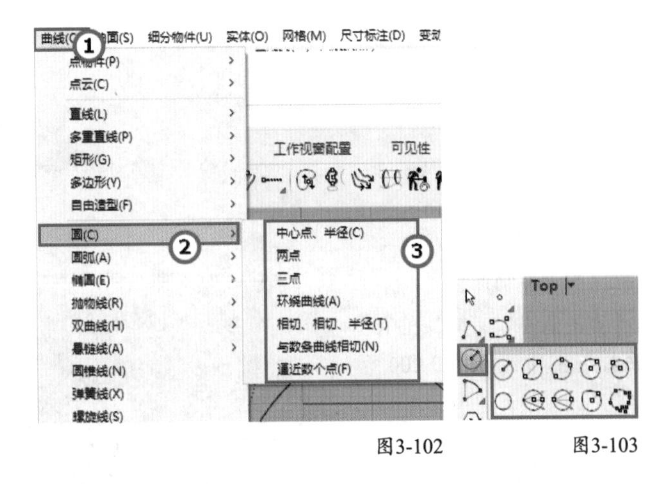

图3-102　图3-103

中心点、半径

这种方式是通过指定中心点和半径来建立圆，如图 3-104 所示。绘制的过程中将会看到图 3-105 所示的命令选项。

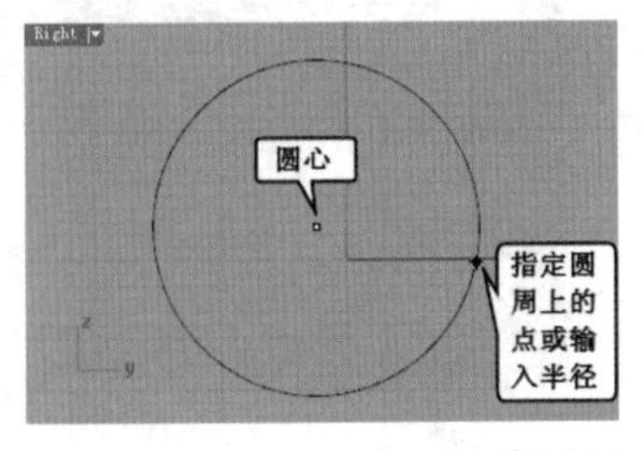

图3-104

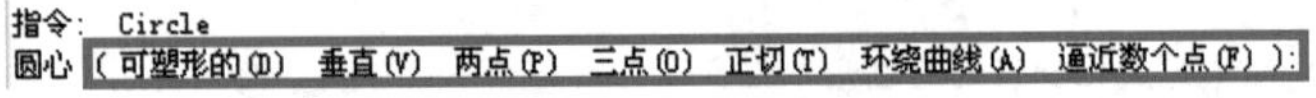

指令：Circle
圆心 (可塑形的(D) 垂直(V) 两点(P) 三点(O) 正切(T) 环绕曲线(A) 逼近数个点(F)):

图3-105

图 3-105 所示的命令选项大部分用于切换到其他绘制圆的方式，但要注意“可塑形的”选项，该选项以指定的阶数与控制点数建立形状近似的 NURBS 曲线，如图 3-106 和图 3-107 所示。

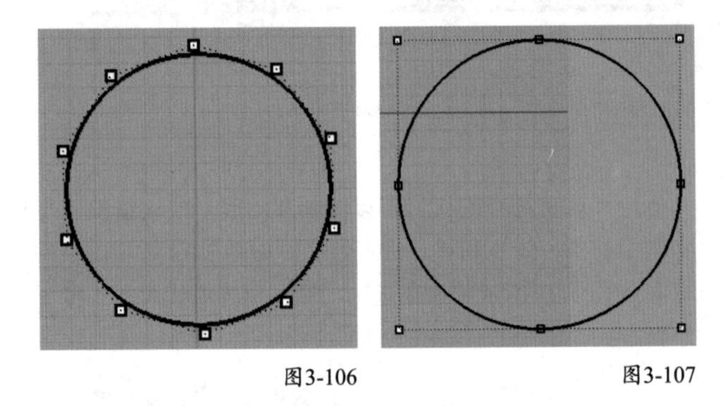

图3-106　图3-107

两点 / 三点

“两点”方式通过指定直径线的两个端点来绘制一个圆，如图 3-108 所示。“三点”方式通过指定圆周上的 3 个点来绘制一个圆，如图 3-109 所示。

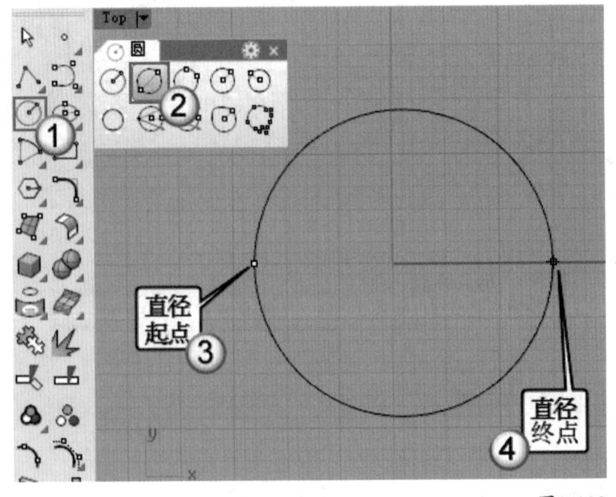

图3-108

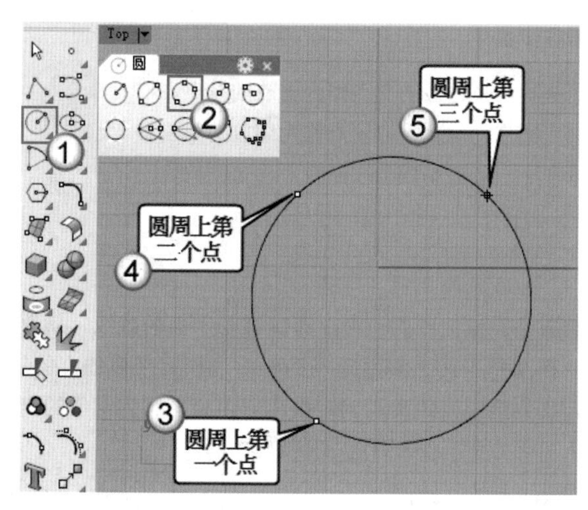

图3-109

环绕曲线

这种方式是绘制一个与曲线垂直的圆，圆心位于曲线上。

见图 3-110，先使用“直线”工具在 Front（前）视图中绘制一条倾斜的直线，然后启用“圆：中心点、半径”工具，接着在命令行中单击“环绕曲线”选项，并选择直线，最后在直线上确定圆的中心，指定圆的半径。

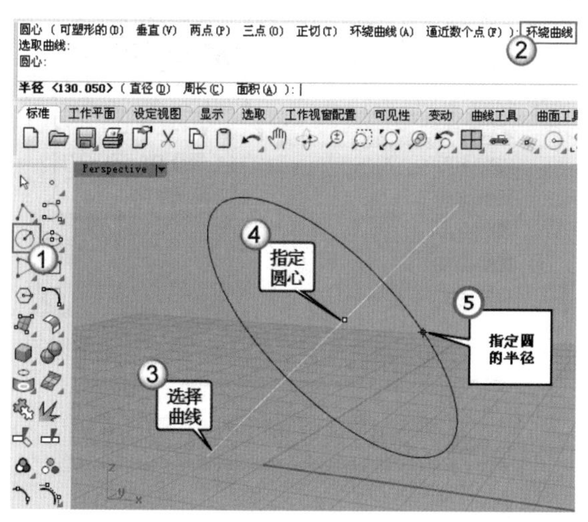

图3-110

相切、相切、半径

绘制一个与两条曲线相切并具有指定半径值的圆，如图 3-111 所示。

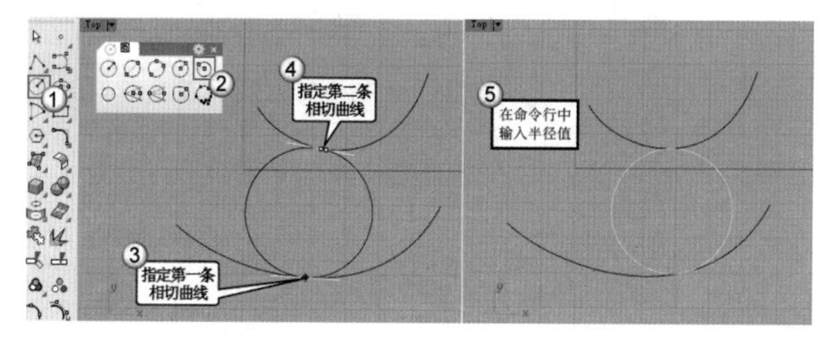

图3-111

> **技巧与提示**
>
> 如果第二条相切曲线上有某一个点可以与指定半径的圆相切，相切线标记可以锁定该点。

与数条曲线相切

绘制一个与 3 条曲线相切的圆，如图 3-112 所示。

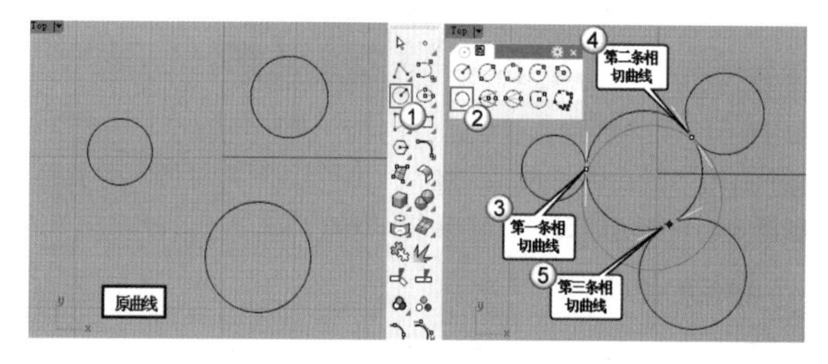

图3-112

与工作平面垂直

使用“圆：与工作平面垂直、中心点、半径”工具和“圆：与工作平面垂直、直径”工具都可以绘制一个与工作平面垂直的圆。启用工具后依次指定中心点和半径即可，如图 3-113 所示。

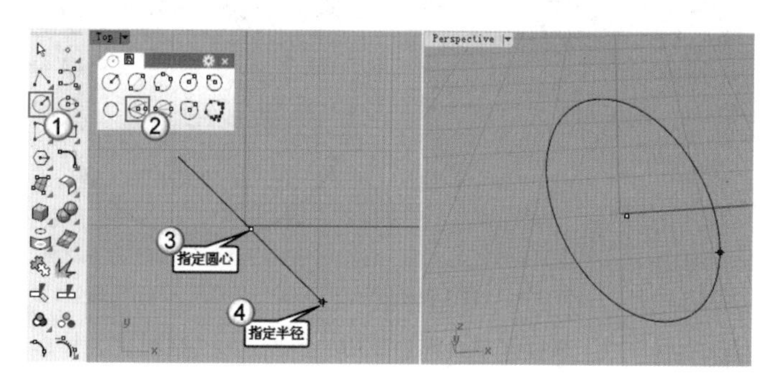

图3-113

逼近数个点

这种方式是通过指定多个点（至少需要选取 3 个点）来绘制一个圆的，如图 3-114 所示。

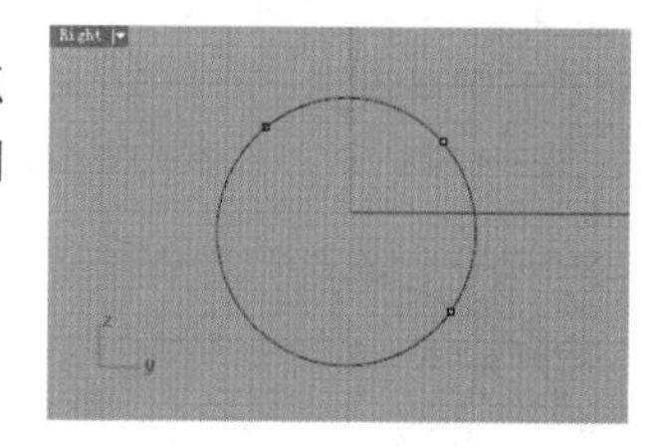

图3-114

重点实战

利用圆绘制星形图案

场景位置	无
实例位置	实例文件>第3章>实战——利用圆绘制星形图案.3dm
视频位置	第3章>实战——利用圆绘制星形图案.mp4
难易指数	★★☆☆☆
技术掌握	掌握绘制圆的方法和通过控制点对圆进行变形生成特殊造型曲线的技巧

本例绘制的星形图案如图 3-115 所示。

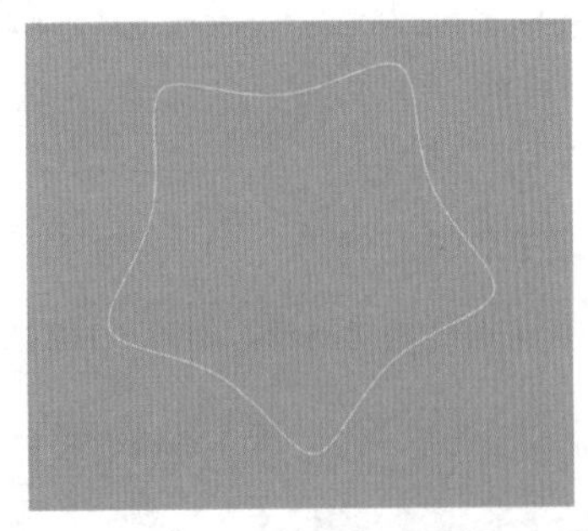

图3-115

01 启用“圆：中心点、半径”工具，利用可塑形方式绘制图 3-116 所示的圆，具体操作步骤如下。

操作步骤

①在命令行中单击“可塑形的”选项。

②在 Top（顶）视图中拾取一点作为圆心，然后拾取另一点确定半径。

02 选择上一步绘制的圆，按 F10 键打开控制点，如图 3-117 所示。

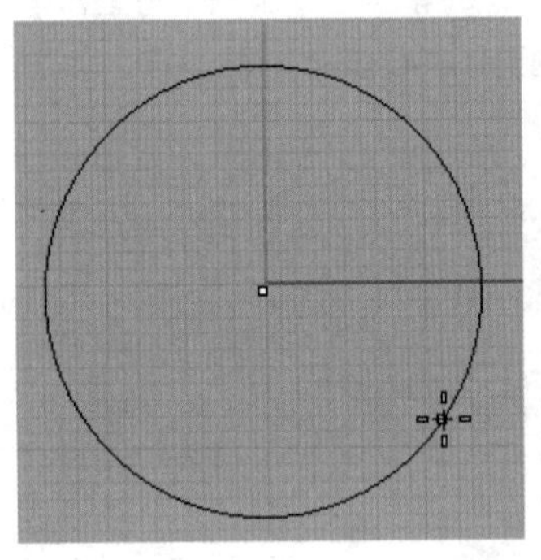

图3-116

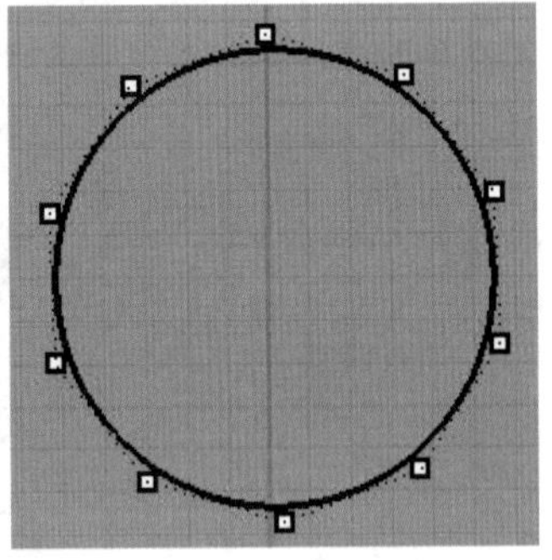

图3-117

03 开启“点”捕捉模式，然后使用“多重直线 / 线段”工具捕捉对角点，绘制图 3-118 所示的两条直线。

04 按住 Shift 键间隔选择控制点，然后开启“交点”捕捉模式，接着右键单击“三轴缩放 / 二轴缩放”工具，对圆进行缩放，如图 3-119 所示，具体操作步骤如下。

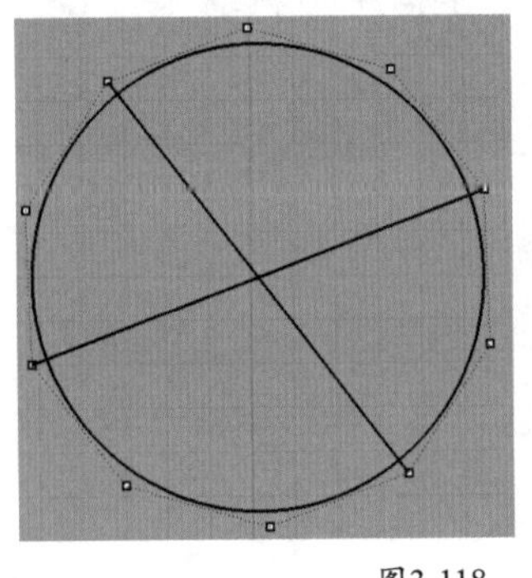

图3-118

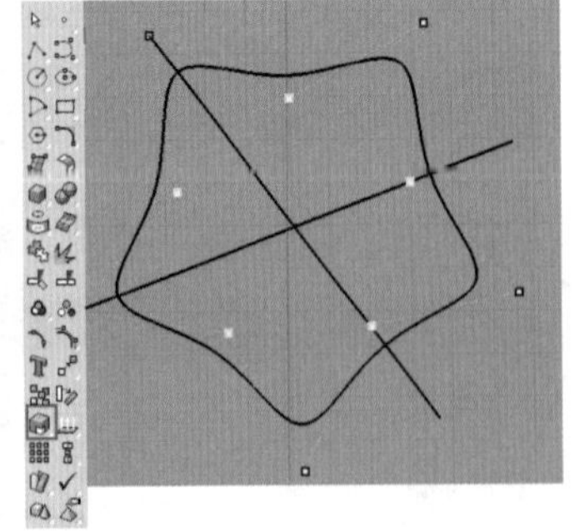

图3-119

操作步骤

①捕捉两条直线的交点作为缩放的基点。

②在适当的位置拾取一点作为缩放的第 1 参考点。

③在上一点的基础上往回收，确定缩放比。

★重点★

3.4.2 绘制椭圆

椭圆是圆锥曲线的一种，即圆锥与平面的截线。从数学上来看，椭圆是平面上到两定点的距离之和为常值的点的轨迹，也可定义为到定点距离与到定直线间距离之比为常值的点的轨迹。从形状上来看，椭圆是一种特殊的圆。

在 Rhino 中绘制椭圆可以通过“曲线 > 椭圆”菜单下的命令和“椭圆”工具面板中的工具，如图 3-120 和图 3-121 所示。

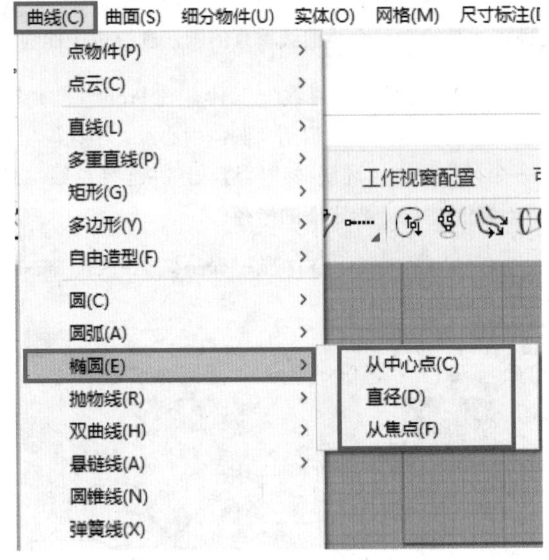

图3-120

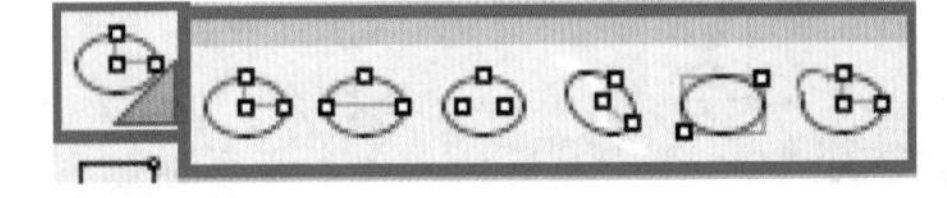

图3-121

从中心点

这是默认的绘制方式，先指定中心点，然后依次指定两个半轴的终点，如图 3-122 所示。

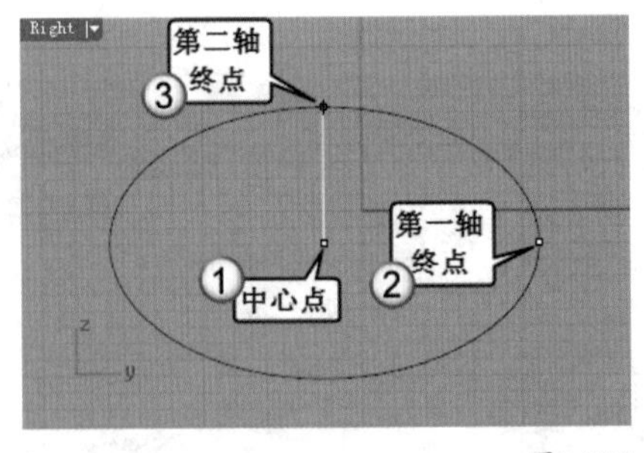

图3-122

从焦点

以椭圆的两个焦点及通过点绘制出一个椭圆，如图 3-123 所示。

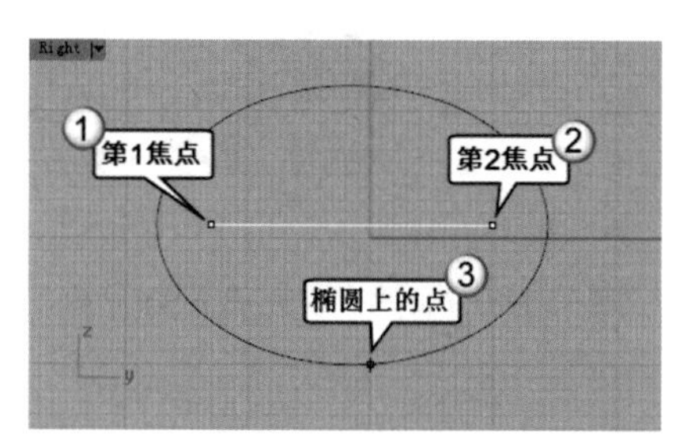

图3-123

角

使用“椭圆：角”工具可以通过指定矩形的对角点来绘制椭圆，如图 3-124 所示。

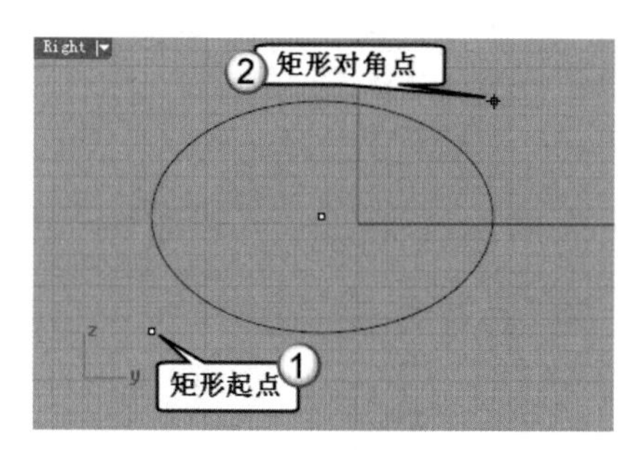

图3-124

重点实战

利用椭圆绘制豌豆形图案

场景位置	无
实例位置	实例文件>第3章>实战——利用椭圆绘制豌豆形图案.3dm
视频位置	第3章>实战——利用椭圆绘制豌豆形图案.mp4
难易指数	★★☆☆☆
技术掌握	掌握椭圆的绘制方法

本例绘制的豌豆形图案如图 3-125 所示。

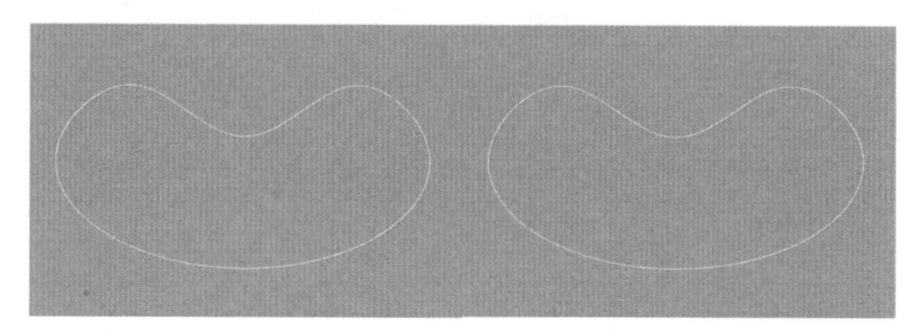

图3-125

01 启用“椭圆：从中心点”工具，绘制出图 3-126 所示的椭圆，具体操作步骤如下。

操作步骤

①在命令行中单击“可塑形的”选项。

②在 Top（顶）视图中指定椭圆的中心点。

③依次指定长轴和短轴的终点。

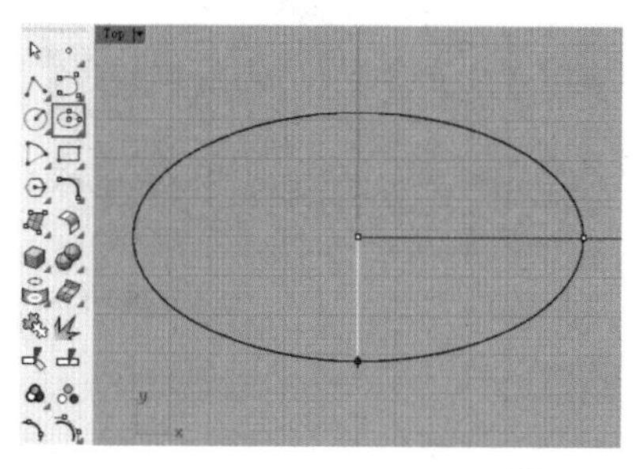

图3-126

02 选择上一步绘制的椭圆，按 F10 键打开控制点，可以看到椭圆由 12 个控制点组成，如图 3-127 所示。

03 选中短轴顶端的控制点，并向下拖曳一段距离，得到图 3-128 所示的豌豆形状。

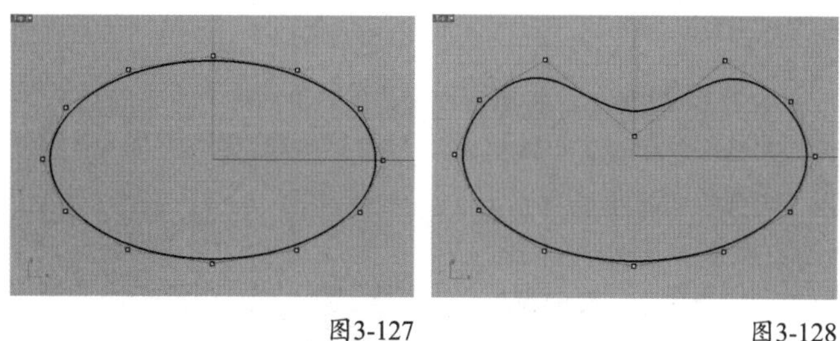

图3-127　图3-128

★重点★

3.4.3 绘制和转换圆弧

绘制圆弧

圆弧是圆的一部分，Rhino 中绘制圆弧的操作命令集成在“曲线 > 圆弧”菜单下和“圆弧”工具面板内，如图 3-129 和图 3-130 所示。

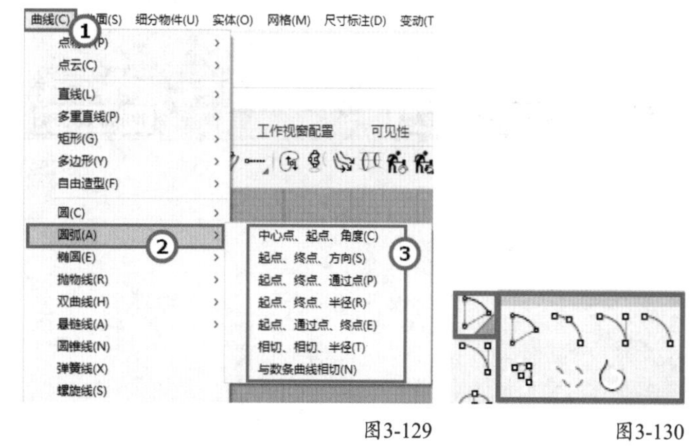

图3-129　图3-130

默认情况下是使用“中心点、起点、角度”方式来建立圆弧，如图 3-131 所示。

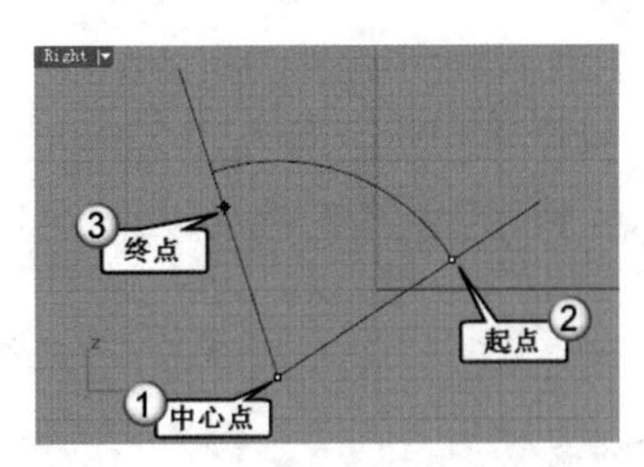

图3-131

技巧与提示

其余几种绘制方法都比较简单，这里就不再介绍。

在命令提示中有一个“倾斜”选项，使用该选项可以绘制一个不与工作平面平行的圆弧。

转换圆弧

使用“将曲线转换为圆弧”工具可以将曲线转换为圆弧或多重直线。

如图3-132所示，将原曲线（黄色亮显曲线）重新转换为圆弧，在命令行中设置“输出为”为“圆弧”，“最小长度”为4，“最大长度”为10，得到一条曲线，该曲线由多段圆弧组成。为方便观察，利用“炸开/抽离曲面”工具将曲线打散，可以得到8段圆弧。

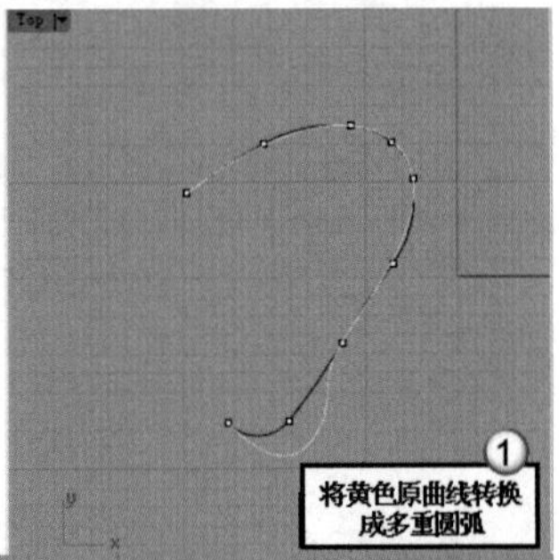

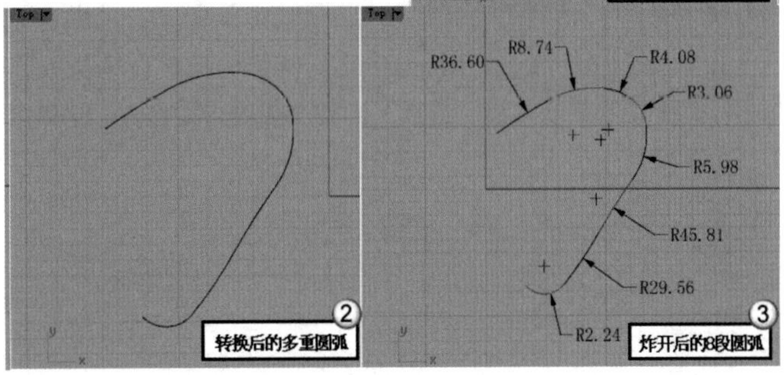

图3-132

重点实战

绘制零件平面图

场景位置	无
实例位置	实例文件>第3章>实战——绘制零件平面图.3dm
视频位置	第3章>实战——绘制零件平面图.mp4
难易指数	★★★☆☆
技术掌握	掌握利用各种曲线工具绘制复杂平面图形的方法

本例绘制的零件平面图如图3-133所示。

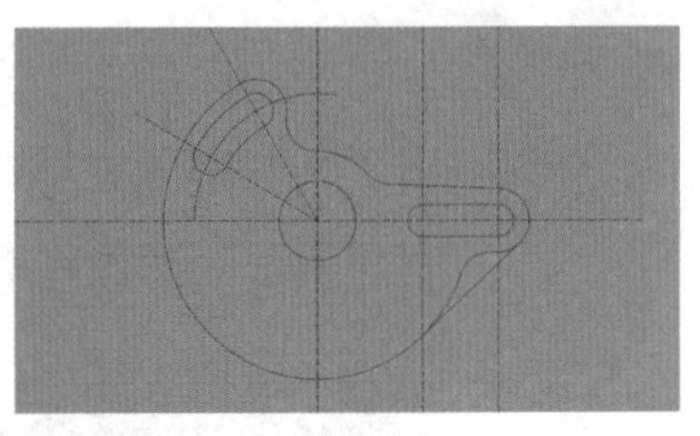

图3-133

01 首先设置绘制零件图的工作环境。单击“选项”工具，打开“Rhino 选项”对话框，然后在“格线”面板内设置“格线属性”和“格点锁定”参数，如图3-134所示。

图3-134

02 在“Rhino 选项”对话框的“单位”面板中设置“模型单位”为“毫米”，如图3-135所示。

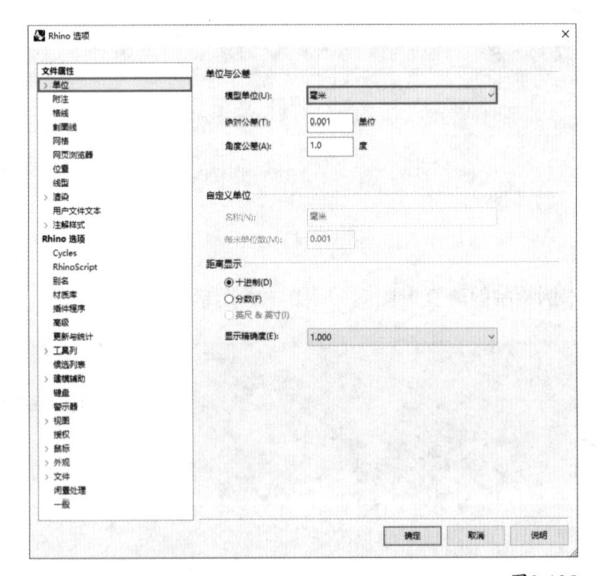

图3-135

03 启用“直线”工具，然后开启“锁定格点”和“正交”功能，接着捕捉坐标原点在Top（顶）视图中绘制两条与坐标轴重合的直线（以“两侧”方式），最后在“属性”面板中将两条直线的线型更改为Border，如图3-136所示。

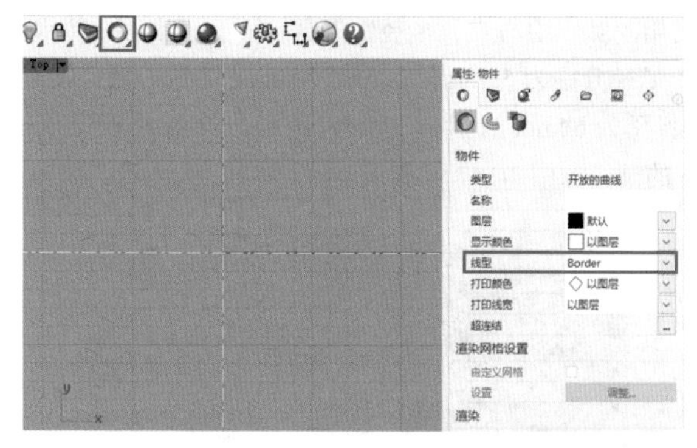

图3-136

04 通过“曲线圆角”工具调出“曲线工具”面板，然后单击“偏移曲线”工具，如图 3-137 所示，接着对上一步绘制的竖直直线进行偏移，如图 3-138 所示，具体操作步骤如下。

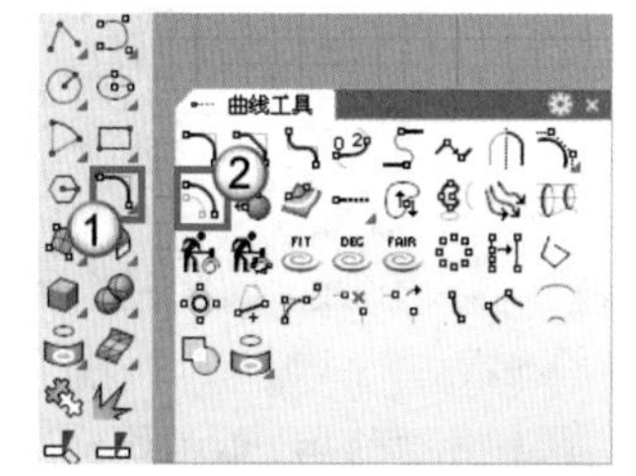

图3-137

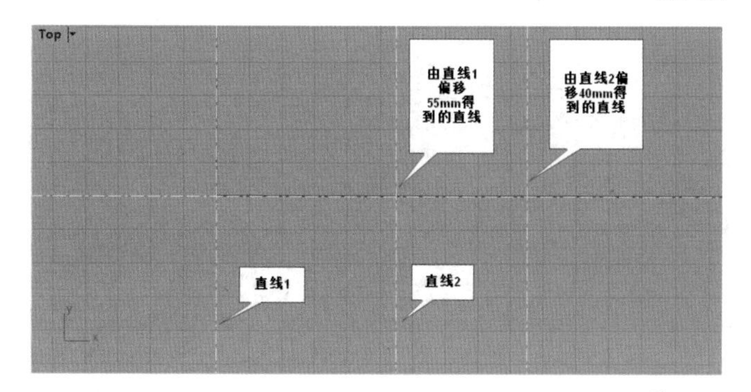

图3-138

操作步骤

①选择上一步绘制的竖直直线，如图 3-138 中的直线 1。

②在命令行中输入 55，并按 Enter 键确认，表示偏移的距离为 55mm。

③在竖直直线的上方单击，指定偏移的方向，得到直线 2。

④按空格键或 Enter 键重复执行 Offset（偏移曲线）命令。

⑤选择刚刚偏移得到的竖直直线（图 3-138 中的直线 2），然后设置偏移距离为 40mm，将其向右偏移。

05 启用“圆：中心点、半径”工具，打开“交点”捕捉模式，捕捉最下面的辅助直线的交点，绘制 3 个半径分别为 20mm、35mm 和 64mm 的同心圆，如图 3-139 所示。

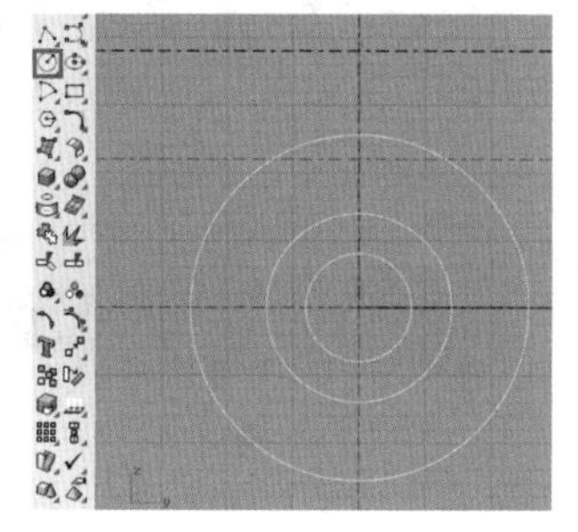

图3-139

06 按空格键或 Enter 键再次启用“圆：中心点、半径”工具，捕捉最右侧的辅助直线的交点，绘制两个半径分别为 8mm 和 16mm 的同心圆，如图 3-140 所示。

07 启用“直线”工具，绘制图 3-141 所示的 4 条直线。

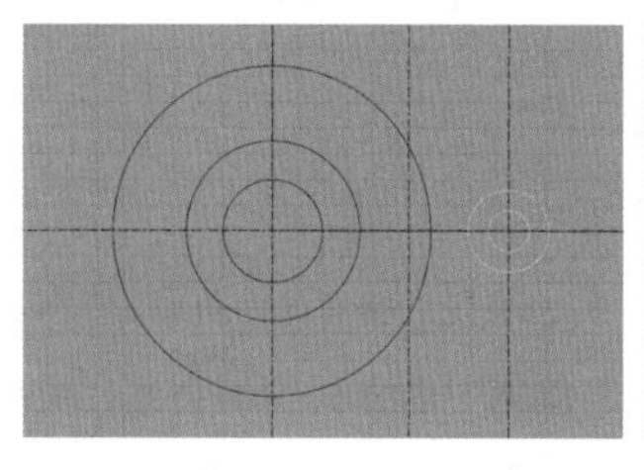

图3-140

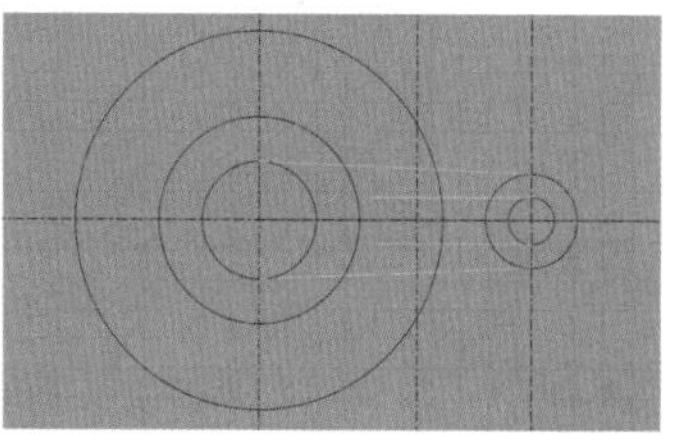

图3-141

08 启用“圆：正切、正切、半径”工具，绘制一个正切于圆和直线且半径为 17mm 的圆，如图 3-142 所示。

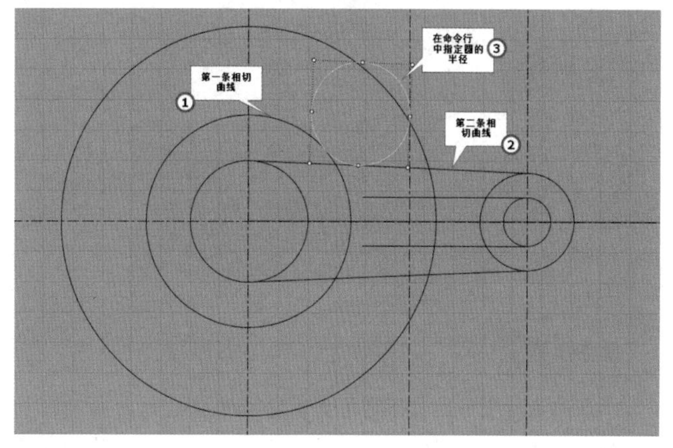

图3-142

09 启用“修剪 / 取消修剪”工具，按住 Shift 键的同时选择所有参与修剪的曲线，然后按 Enter 键确认，接着单击要剪掉的曲线部分，如图 3-143 和图 3-144 所示。

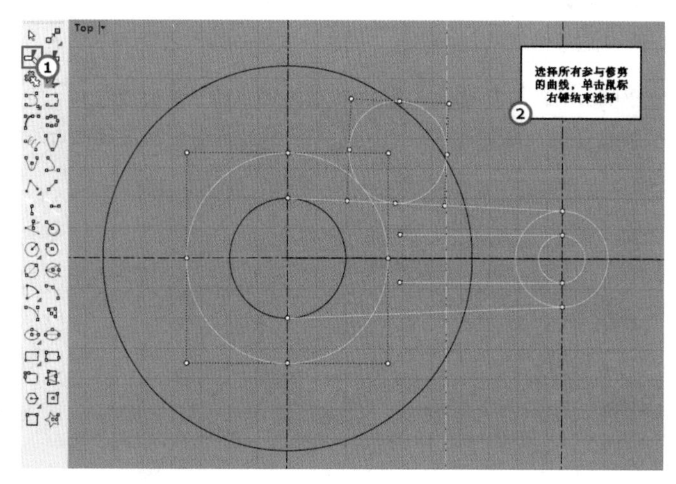

图3-143

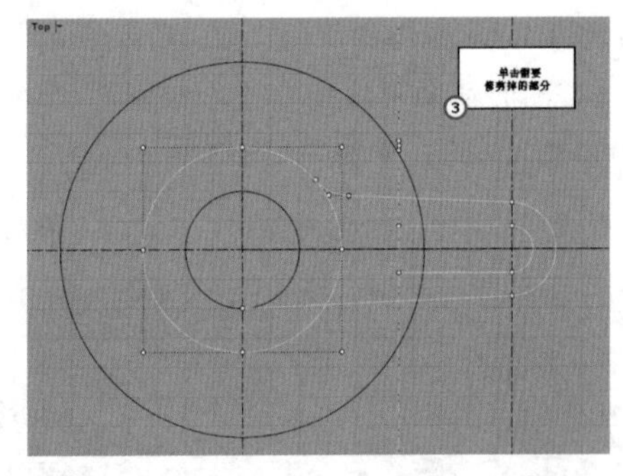

图3-144

10 启用“直线”工具，以“指定角度”的方式绘制直线，并将直线线型更改为Border，如图3-145所示，具体操作步骤如下。

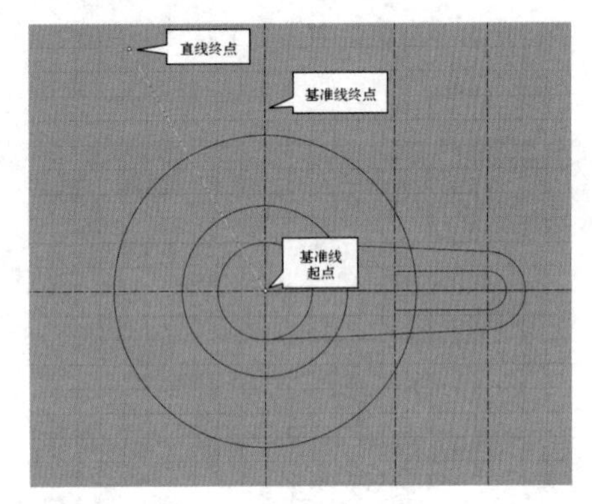

图3-145

操作步骤

①在命令行中单击“指定角度”选项。

②捕捉坐标原点为基准线起点，然后捕捉与y轴重合的竖直直线的上端点为基准线终点。

③在命令行中输入30并按Enter键确认，限定即将绘制的直线与基准线的角度为30°。

④在超过第2条水平线上方任意位置指定终点。

⑤选择绘制的直线，在“属性”面板中修改线型为Border。

11 使用同样的方法绘制图3-146所示的直线（基准线为上一步绘制的直线，角度同样是30°），并将直线线型更改为Border。

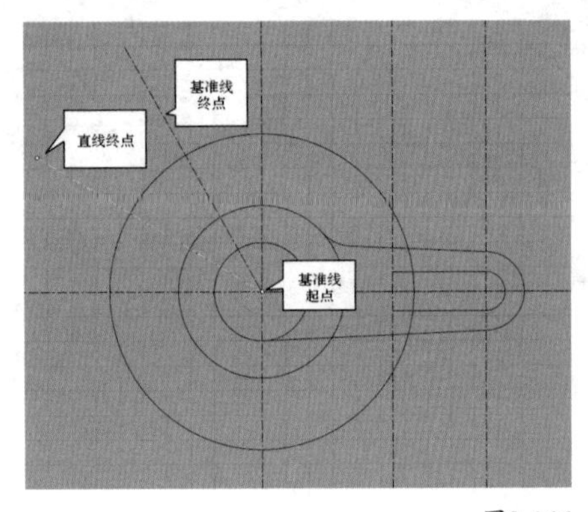

图3-146

12 启用“圆：中心点、半径”工具，以坐标原点为圆心绘制3个半径分别为55mm、73mm和80mm的同心圆；接着以斜线与半径为64mm的圆的交点为圆心，绘制半径为9mm和16mm的圆，如图3-147所示。

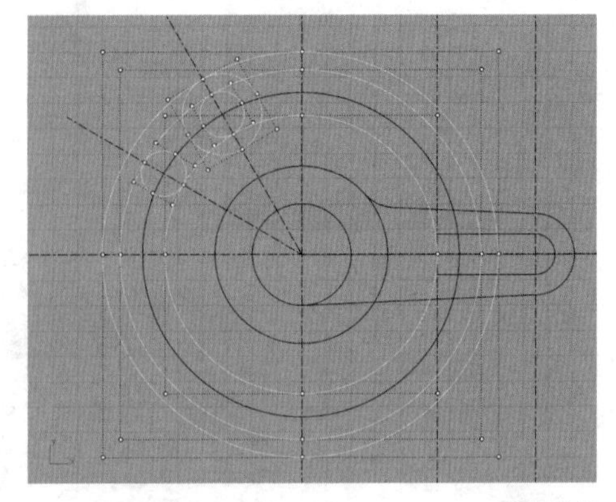

图3-147

13 使用“修剪/取消修剪”工具对上一步绘制的圆进行修剪，如图3-148所示。

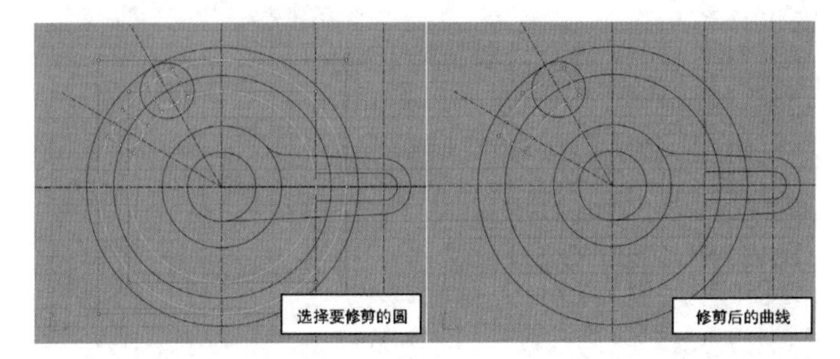

图3-148

14 启用“圆：正切、正切、半径”工具，分别绘制半径为15mm的正切圆，如图3-149所示。

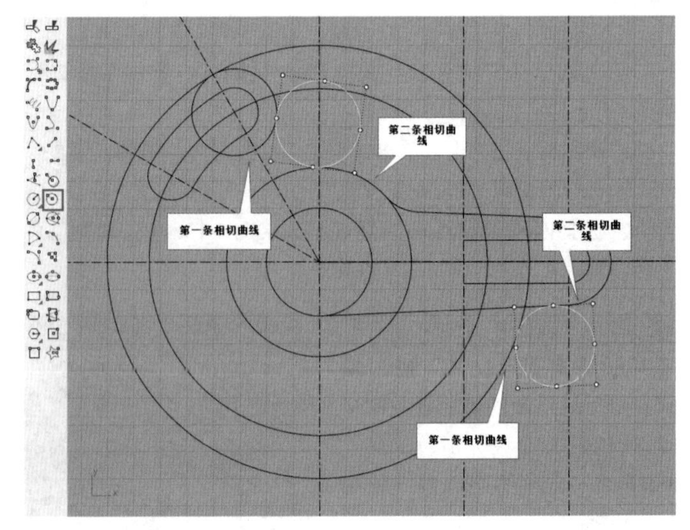

图3-149

15 再次使用“修剪/取消修剪”工具对曲线进行修剪，如图3-150所示。

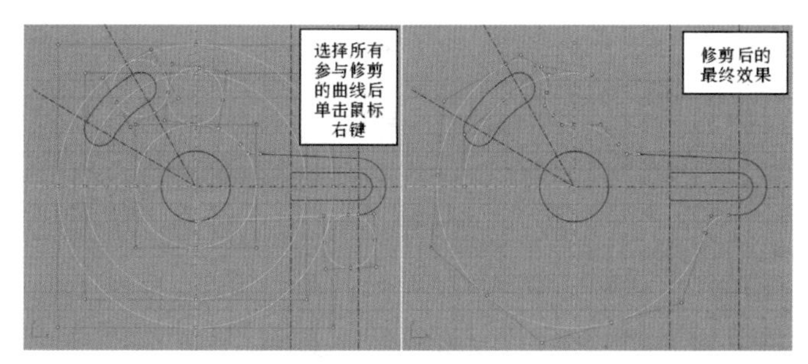

图3-150

16 单击“镜射 / 三点镜射”工具，打开“中点”捕捉模式，对圆弧曲线进行镜像，如图 3-151 所示。

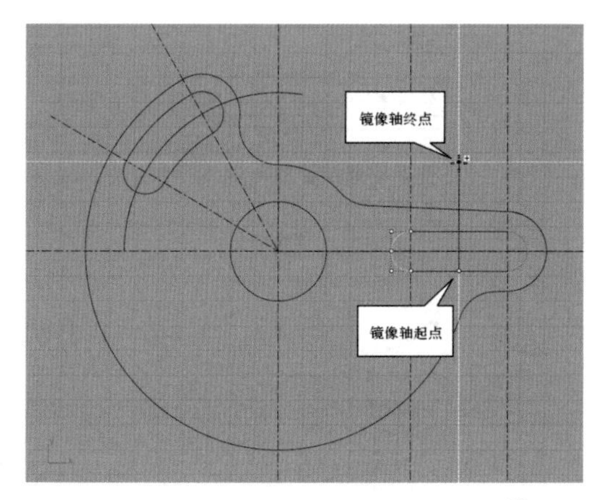

图3-151

17 启用“直线：与两条曲线正切”工具，绘制图 3-152 所示的直线。

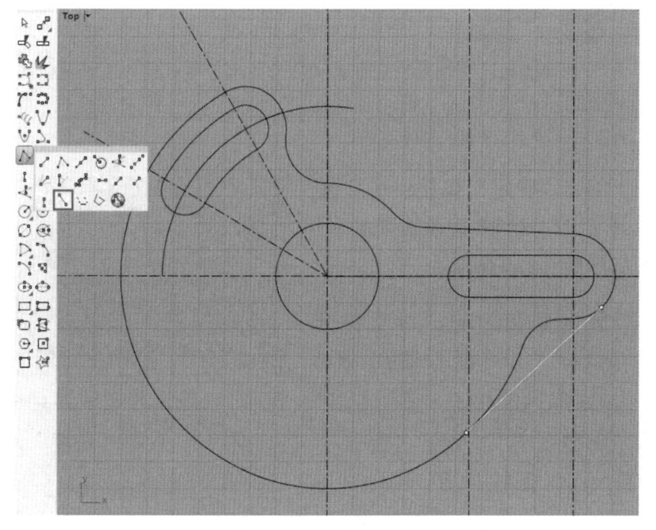

图3-152

★重点★

3.4.4 绘制多边形

多边形是由 3 条或 3 条以上的直线首尾相连组成的封闭几何图形。Rhino 中绘制多边形的命令位于“曲线 > 多边形”菜单下和“多边形”工具面板中，如图 3-153 和图 3-154 所示。

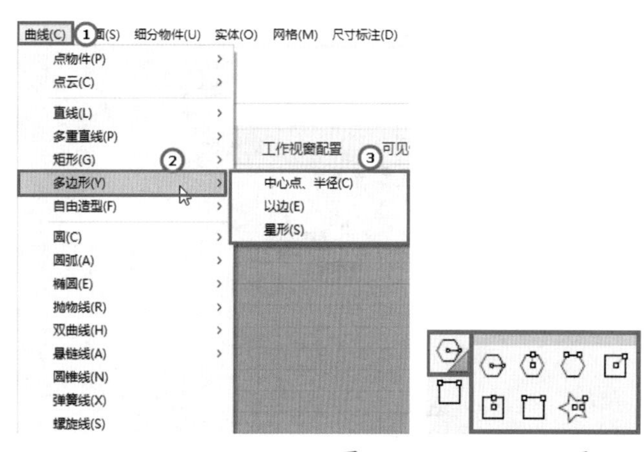

图3-153　　图3-154

绘制多边形的命令和工具大致可以分为两类，一类是绘制正多边形，比如绘制正八边形（设置“边数”为 8 即可），如图 3-155 所示。

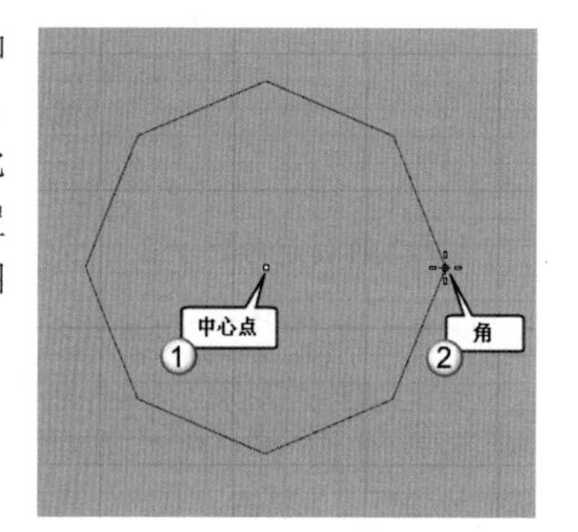

图3-155

技巧与提示

使用“多边形”工具面板中的前 3 个工具都可以绘制出图 3-155 所示的正八边形，只是在绘制的方式上有所区别。

另一类是绘制星形，启用“多边形：星形”工具后，在视图中指定图形的中心点，然后指定角的外径和内径，如图 3-156 所示。

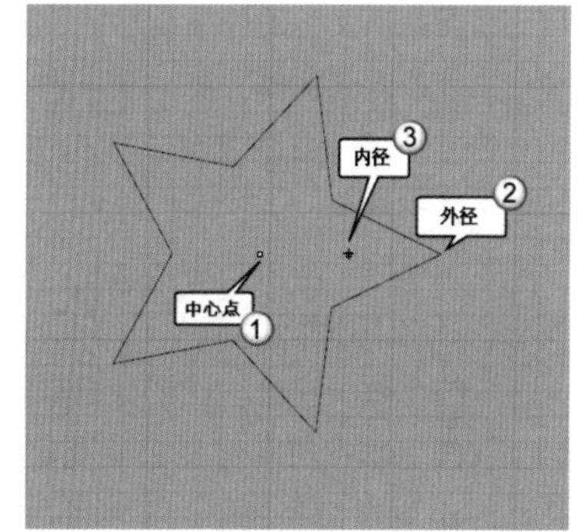

图3-156

★重点★

3.4.5 创建文字

如果要在 Rhino 中创建文字，可以使用“文本物件”工具，启用该工具后将打开“文本物件”对话框，如图 3-157 所示。可以建立的文字对象包括文字曲线、曲面或实体。

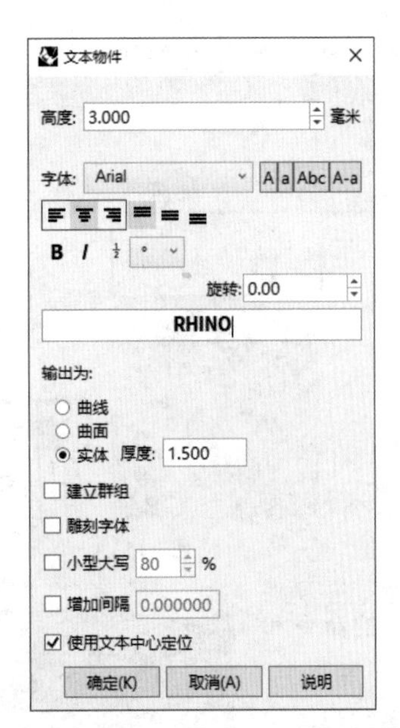

图3-157

文本物件特定参数介绍

高度：设置文字物件的高度。

字体：通过“名称”列表可以设置字体，选中“粗体”和“斜体”选项可以设置字体为粗体和斜体。“旋转”选项可以设置文字的旋转角度。

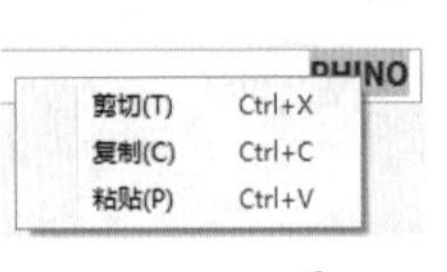

图3-158

文本框：在文本框内输入需要创建的文字，通过鼠标右键快捷菜单可以剪切、复制和粘贴文字，如图3-158所示。

输出为：设置建立的文字类型。

曲线：以文字的外框线建立曲线。

曲面：以文字的外框线建立曲面。

实体：建立实体文字，并可通过厚度参数控制实体的厚度。

建立群组：将建立的文本物件创建为群组，否则每一个字都是单独的对象。

雕刻字体：如果启用该选项，Rhino将使用内置的雕刻字体列表执行以下操作。

单线字体：将删除连接每个笔画两端的闭合线。

双线字体：将尽可能去除重叠曲线，以减少加倍的加工路径。当出现重叠曲线时，可以使用Make2D指令生成一个不重叠的曲线副本。

Two-line：字体是具有恒定宽度的标准轮廓字体。使用单线字体可能会删除某些必要的字体轮廓线。

小型大写：以小型大写字母的方式显示小写字母，以正常字母的大小显示大写字母。

增加间隔：设置字与字之间的间距。

使用文本中心定位：使用文本物件的中心进行定位。

重点实战

创建RHINO文字

场景位置	无
实例位置	实例文件>第3章>实战——创建RHINO文字.3dm
视频位置	第3章>实战——创建RHINO文字.mp4
难易指数	★☆☆☆☆
技术掌握	掌握各种文字的创建方法

01 在侧工具栏中单击“文本物件”工具，打开“文本物件”对话框，然后设置字体为Arial，设置“输出为”为“曲线”，设置“高度”为5毫米，在文本框中输入“RHINO”字样，如图3-159所示。

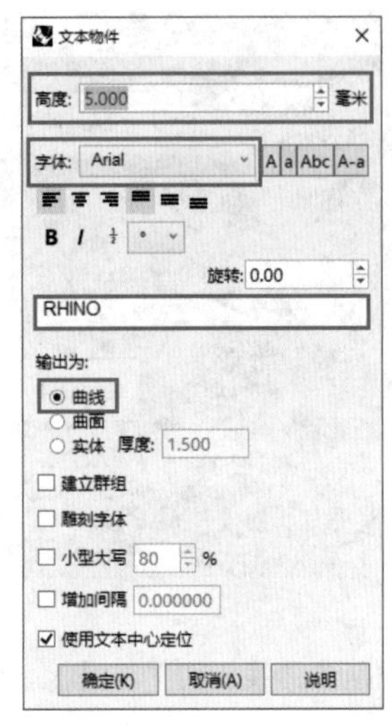

图3-159

技巧与提示

如果读者的计算机内没有安装相应的字体，可以自行决定所使用的字体。

02 单击“确定”按钮，返回视图中，拾取一点放置文字，效果如图3-160所示。

图3-160

03 单击鼠标右键，再次打开“文本物件”对话框，修改字体为BankGothic Md BT，选中“粗体”和“斜体”选项，设置“输出为”为“曲面”，设置“高度”为7毫米，如图3-161所示。

04 单击“确定”按钮，返回视图中，拾取一点放置文字，效果如图3-162所示。

05 再次单击鼠标右键，打开“文本物件”对话框，然后进行图3-163所示的修改。

06 单击“确定”按钮，返回视图中，拾取一点放置文字，效果如图3-164所示。

图3-161

图3-162

图3-163

图3-164

07 上述创建的曲线、曲面及实体文字中的每一个字母等单元物件相互独立，因此可以对文字中的任何一个单元物件进行编辑。选择曲线文字中的O，对其进行缩放；然后选择曲面文字中的H、N，将它们移动到“图层01”中；最后选择实体文字中的I字母，使用“实体工具”工具面板中的“挤出面/沿着路径挤出面”工具将其挤出一定的高度，最终效果如图3-165所示。

图3-165

3.5 从对象上生成曲线

Rhino中的曲线除了用于边缘构造曲面的基本曲线外，还有用于对象曲面内部的曲线。这些曲线在曲面内不仅保证了曲面的品质，还有效地塑造了对象曲面的细节，所以，这一节要重点学习怎样从对象曲面上生成曲线。

★重点★

3.5.1 由曲面投影生成曲线

很多时候需要在曲面上加入Logo或按钮等，这就需要在曲面上投影生成曲线，以此来确定其位置和造型特点。

Rhino中在曲面上投影生成曲线的工具主要有“投影至曲面”工具和“将曲线拉至曲面”工具，如图3-166所示。

图3-166

投影至曲面

使用“投影至曲面”工具可以将曲线或点物件往工作平面的方向投影到曲面上，如果曲线在投影方向上和选取的物件没有交集，将无法建立投影曲线。

将曲线拉至曲面

使用“将曲线拉至曲面”工具是以曲面的法线方向将曲线拉回曲面上，投影结束后，新生成的曲线会处于选取状态下。

实战

将椭圆投影到球体上

场景位置	场景文件>第3章>06.3dm
实例位置	实例文件>第3章>实战——将椭圆投影到球体上.3dm
视频位置	第3章>实战——将椭圆投影到球体上.mp4
难易指数	★☆☆☆☆
技术掌握	掌握将曲线投影到物件上的方法

01 打开本例的场景文件，场景中有一个球体和一个椭圆，如图3-167所示。

02 启用“投影至曲面”工具，然后选择椭圆，并按Enter键确认，接着选择球体，再次按Enter键确认，将椭圆投影至球体上，如图3-168所示。

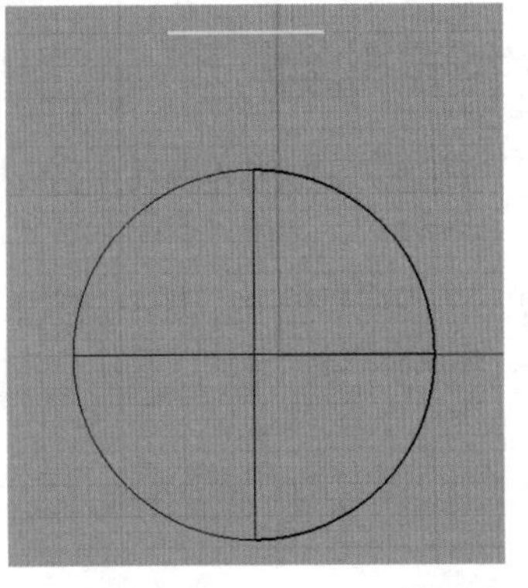

图3-167

图3-168

这种投影方式是参照所显示的工作平面来垂直映射的，所以要参考默认的工作平面来进行。

03 启用“将曲线拉至曲面”工具，然后使用与上一步相同的方法进行操作，投影效果如图 3-169 所示。

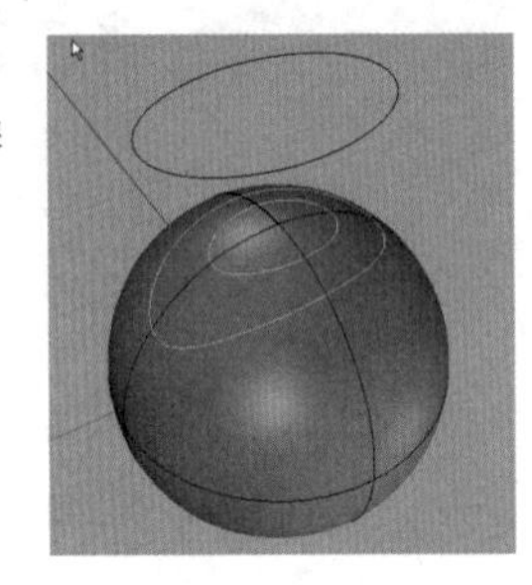

图3-169

★重点★

3.5.2 由曲面边生成曲线

曲面一般都是由至少 3 条以上的曲线封闭而成的，所以要想获得曲面的边，就要复制出曲面边缘的曲线，如图 3-170 所示。

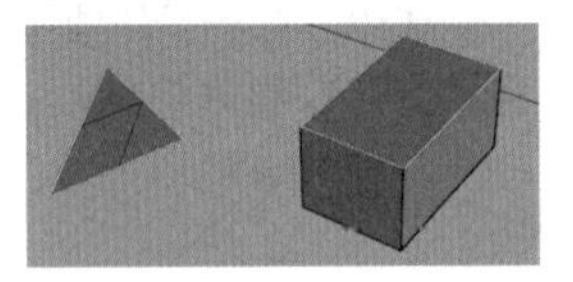

图3-170

Rhino 中复制曲面边线的工具主要有“复制边缘 / 复制网格边缘”工具、“复制边框”工具、“复制面的边框”工具，如图 3-171 所示。

图3-171

复制边缘 / 复制网格边缘

使用“复制边缘 / 复制网格边缘”工具可以复制曲面的边缘为曲线。但要注意，如果是从一个被修剪过的曲面中复制修剪边缘，那么复制得到的曲线的控制点数及结构会与原来的修剪曲线不同。

复制边框

使用“复制边框”工具可以复制曲面、多重曲面或网格的边框为曲线，无法复制实体的边缘。

复制面的边框

使用“复制面的边框”工具可以复制实体中单个曲面的边框为曲线。

技巧与提示

要注意这 3 个工具的区别，“复制边缘 / 复制网格边缘”工具复制的是单独的边缘，如复制立方体上的一条棱边；“复制边框”工具复制的是曲面、多重曲面或网格的整体边缘；而“复制面的边框”工具复制的是实体中某个面的整体边缘。

由曲面边生成曲线在 Rhino 建模中是非常有用的一个功能，熟练掌握这些工具有助于提高曲面建模的效率。

★重点★

3.5.3 在两个曲面间生成混接曲线

建模时，通常会遇到需要在两个曲面之间进行过渡连接的情况，这种过渡曲面的生成常常需要进行适当的造型调整，所以就需要生成一些混合曲线来辅助，如图 3-172 所示。

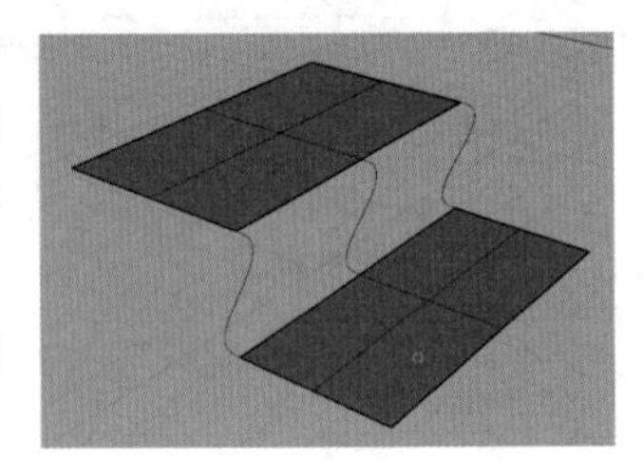

图3-172

在 Rhino 中，建立曲面间的混合曲线可以使用“垂直混接”工具，如图 3-173 所示。建立时需要先指定第 1 条混接曲线和混接点，再指定第 2 条混接曲线和混接点。指定的曲线和混接点不同，生成的曲线也不同，如图 3-174 所示。

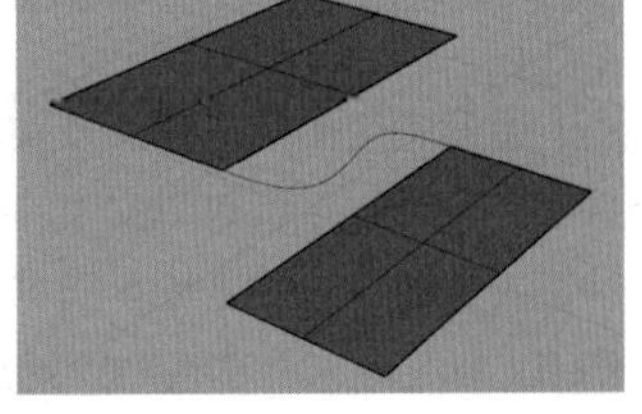

图3-173　　图3-174

3.5.4 提取曲面 ISO 线

ISO 线是指曲面的结构线。ISO 线不能直接控制，只能透过曲面的控制点来直接调试。想要提取曲面的 ISO 线，可以使用“抽离结构线”工具和“抽离框架”工具，如图 3-175 所示。

图3-175

抽离结构线

使用“抽离结构线”工具可以抽离曲面上指定位置的结构线为曲线，建立的曲线是独立于曲面之外的曲线，曲面的结构并不会有任何改变。

启用“抽离结构线”工具后，选取一个曲面，鼠标指针的移动会被限制在曲面上，并显示曲面上通过鼠标指针位置的结构线，然后指定一点即可建立曲线，如图 3-176 所示。

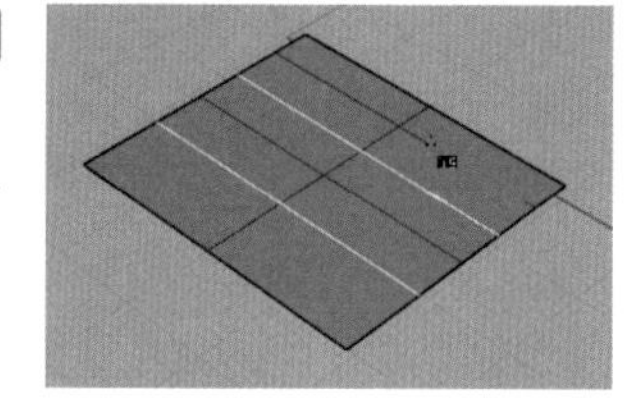

图3-176

抽离结构线时可以根据需要设置不同的方向（U、V 方向或两者同时出现），可以抽离一个曲面单方向的数条结构线，再通过放样建立通过这些结构线的曲面；也可以通过抽离结构线为需要放置于曲面上的物件定位。

抽离框架

使用“抽离框架”工具可以复制曲面或多重曲面在框架显示模式中可见的所有结构线，方法比较简单，启用工具后选择曲面并按 Enter 键即可，效果（抽离后移动到空白区域）如图 3-177 所示。

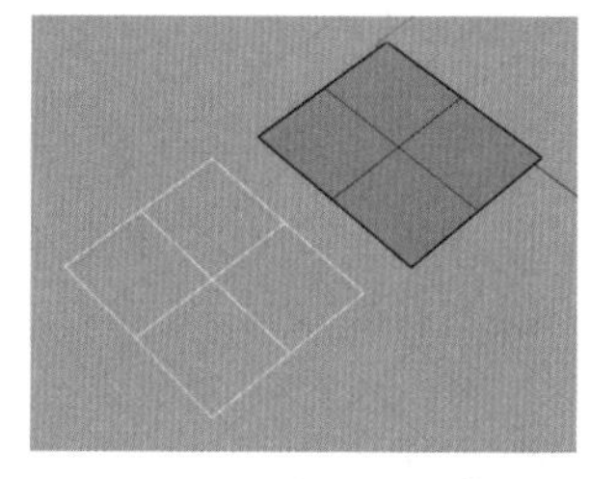

图3-177

3.5.5 提取曲面的交线

如果要从两个曲面相交的位置提取一条曲线，或从两条曲线的交点处提取一个点，可以使用“物件交集”工具，如图 3-178 所示。

“物件交集”工具的使用方法比较简单，启用工具后，选择相交的两个物件，然后按 Enter 键即可，如图 3-179 所示。

图3-178

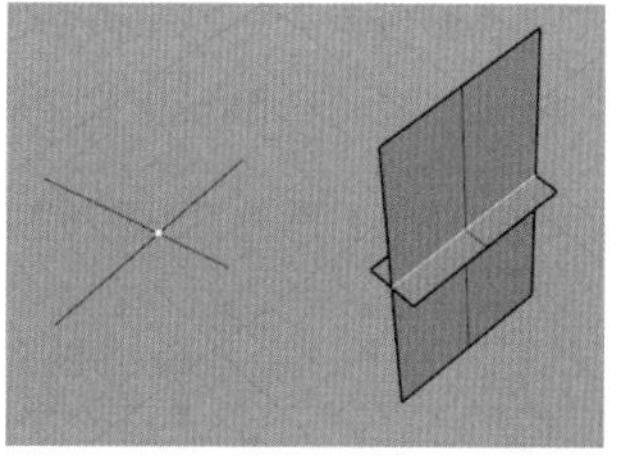

图3-179

3.5.6 建立等距离断面线

如果要在曲线、曲面、多重曲面或网格上建立一排等距分布的交线或交点，可以使用“等距断面线”工具，如图 3-180 所示。

启用“等距断面线”工具后，选取用于建立等距线的物件，然后指定基准点，接着指定与等距平面垂直的方向，最后指定等分间距，如图 3-181 所示。

图3-180

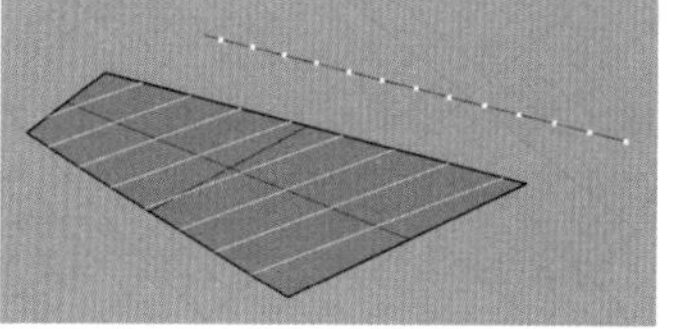

图3-181

重点实战

从物件中建立曲线

场景位置　场景文件>第3章>07.3dm
实例位置　实例文件>第3章>实战——从物件中建立曲线.3dm
视频位置　第3章>实战——从物件中建立曲线.mp4
难易指数　★★☆☆☆
技术掌握　掌握从物件中建立曲线的各种方法

01 打开本例的场景文件，场景中有一个圆柱面、一个弧形面和一个椭圆球体，如图 3-182 所示。

02 启用“物件交集”工具，然后依次选择圆柱面和弧形面，并按 Enter 键创建出这两个面的交线，如图 3-183 所示。

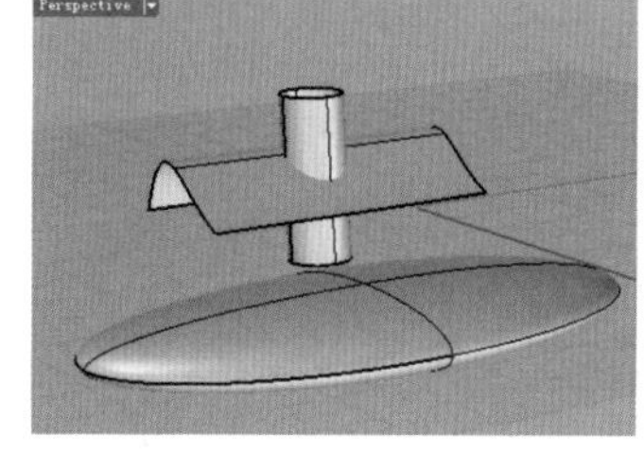

图3-182

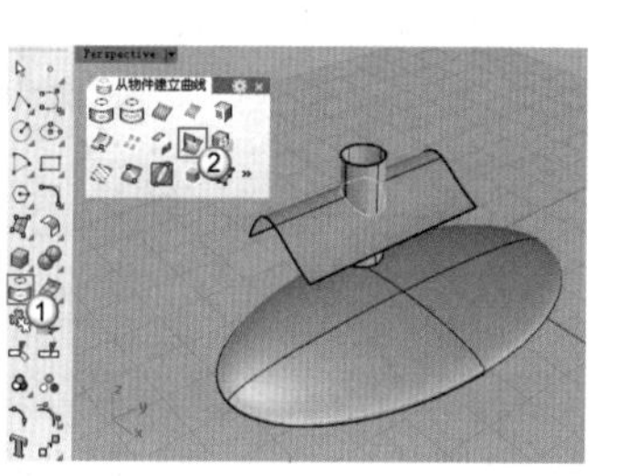

图3-183

03 启用“投影至曲面”工具，然后选择圆柱面的顶边，并按 Enter 键确认，接着选择椭圆球体，再次按 Enter 键确认，将圆柱面的顶边投影至椭圆球体上，如图 3-184 和图 3-185 所示。

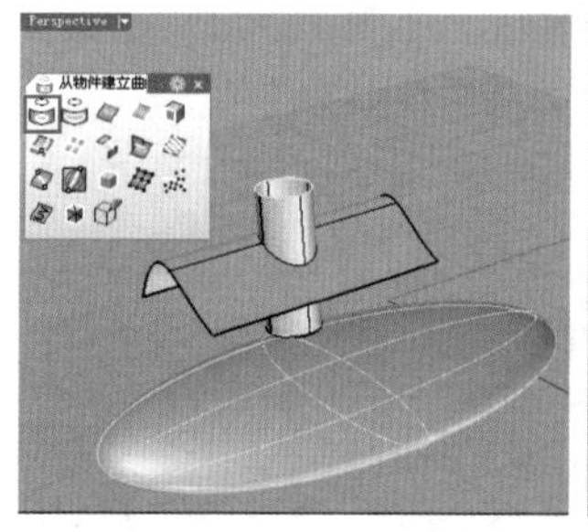

图3-184

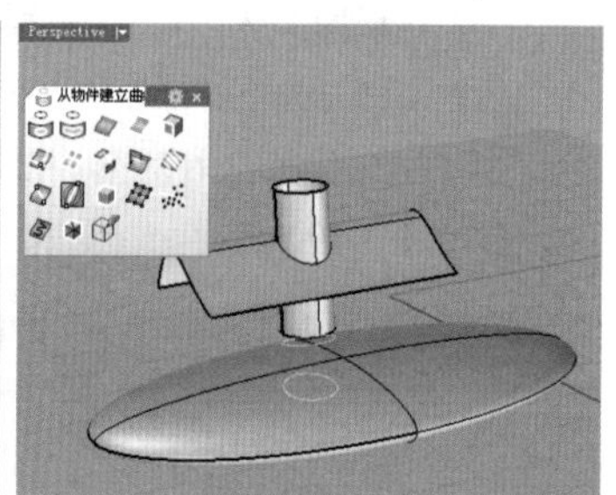

图3-185

04 使用“抽离结构线”工具抽离椭圆球体的结构线，如图 3-186 所示，具体操作步骤如下。

操作步骤

①选择椭圆球体。

②在椭圆球体上单击生成一条曲线。

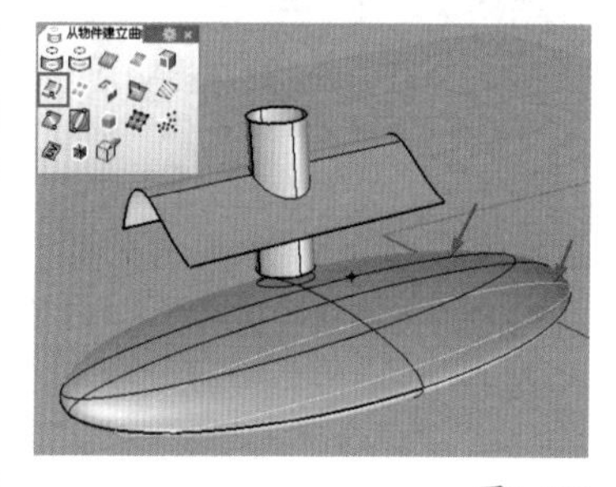

图3-186

③再次单击生成第 2 条曲线，然后按 Enter 键完成操作。

05 启用“复制边框”工具，然后选择弧形面，并按 Enter 键复制出弧形面的边线，如图 3-187 所示。

06 启用“垂直混接”工具，混接弧形面和圆柱面，如图 3-188 和图 3-189 所示，具体操作步骤如下。

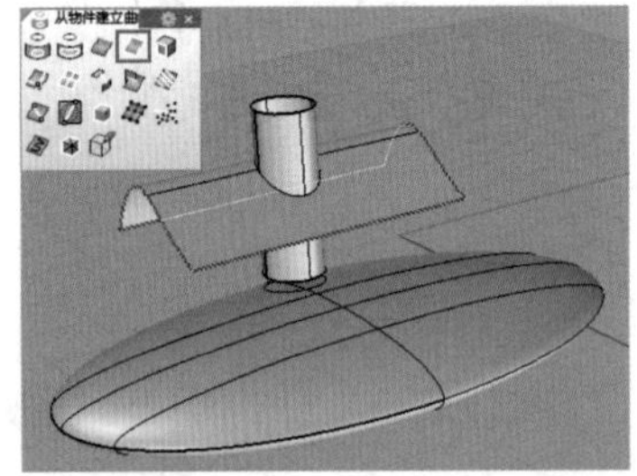

图3-187

操作步骤

①选择弧形面的左侧边作为垂直混接的第 1 条曲线。

②在选择的边线上拾取一点，确定曲线上的混接起点。

③选择圆柱面的顶边作为垂直混接的第 2 条曲线。

④在圆柱面的顶边上拾取对应的一点，确定曲线上的混接终点。

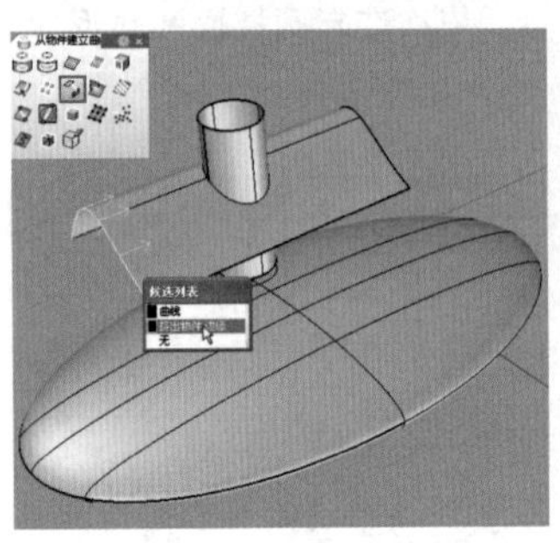

图3-188

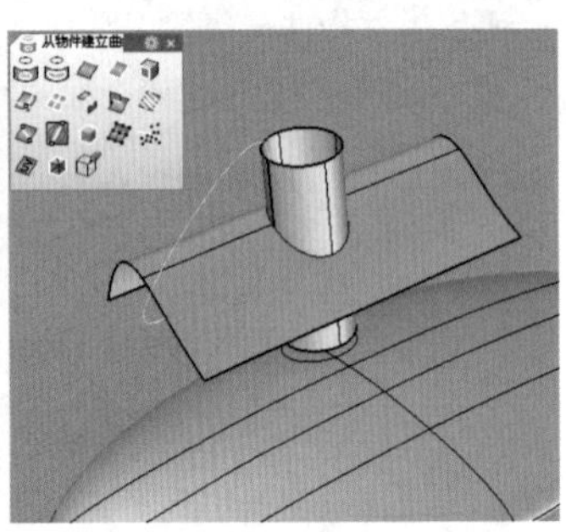

图3-189

07 启用“等距断面线”工具，在椭圆球体上生成等距断面线，如图 3-190 和图 3-191 所示，具体操作步骤如下。

操作步骤

①选择椭圆球体，按 Enter 键确认。

②在 y 轴方向上拾取两个点确定等距断面线的方向。

③在空白位置拾取两个点指定断面曲线间距（注意不要太大，参考图 3-190）。

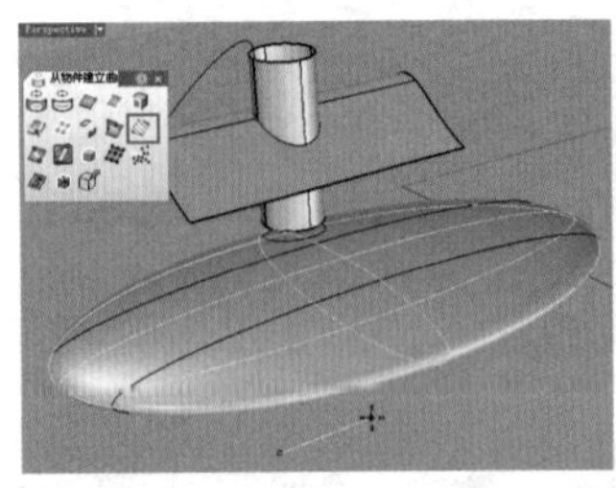

图3-190

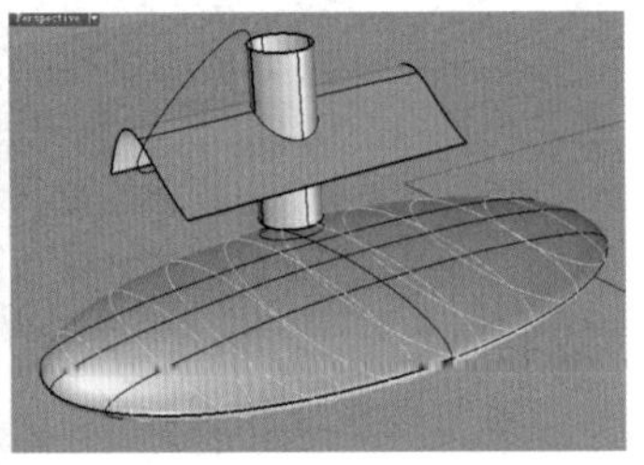

图3-191

08 按住 Shift 键的同时依次单击曲面和椭圆球体，将它们选中，再按 Delete 删除，得到图 3-192 所示的曲线。

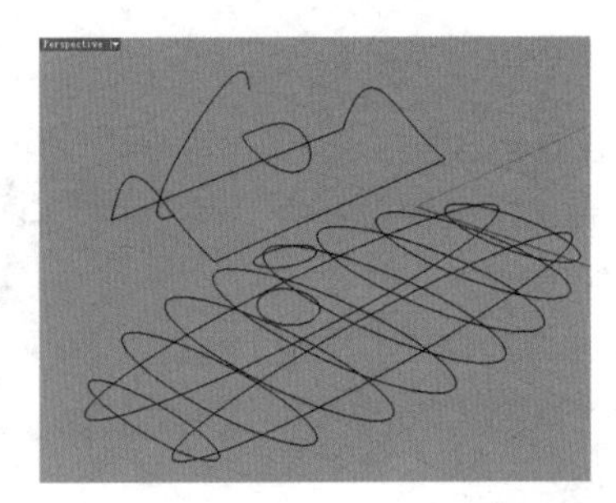

图3-192

3.6 编辑曲线

曲线的编辑是建模的核心内容，也是决定模型质量的关键因素之一。合理地掌握编辑曲线的方法，有效地利用曲线的编辑工具，可以提高建模的能力。

★重点★

3.6.1 编辑曲线上的点

曲线上的点包括控制点、编辑点、节点和锐角点，下面分别进行介绍。

控制点

一般情况下都是使用放置控制点的方式绘制曲线，既便于控制线型又便于修改。如果要显示曲线的控制点，选中曲线后可以按 F10 键，如果要关闭曲线的控制点，可以按 F11 键。

技巧与提示

使用“关闭选取物件的点”工具也可以关闭点，区别在于这个工具只能关闭选中的物体的点。

编辑控制点的命令位于“编辑 > 控制点”菜单下和“点的编辑”工具面板中，如图 3-193 和图 3-194 所示。而设置控制点显示大小的参数位于“Rhino 选项”对话框内，如图 3-195 所示。

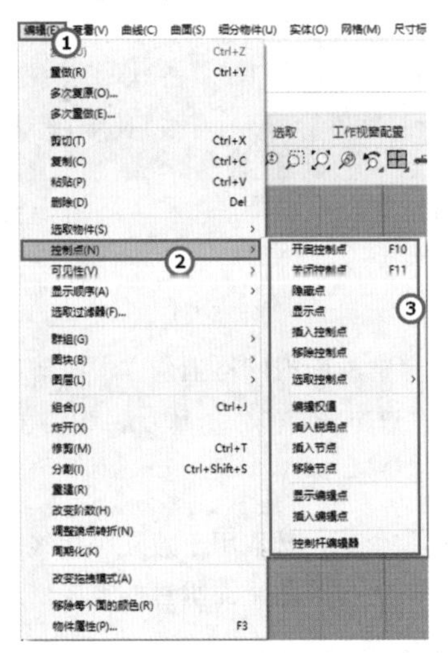

图3-193

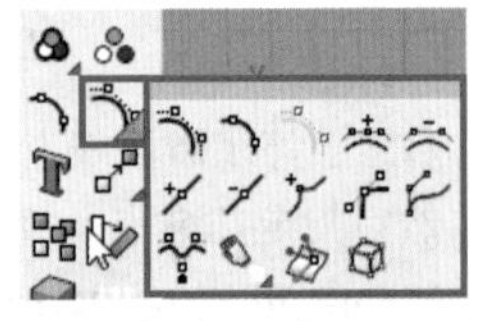

图3-194

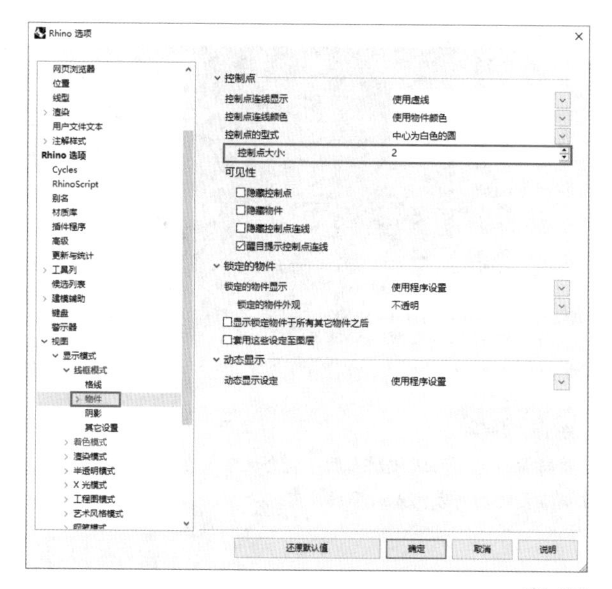

图3-195

〈1〉移动控制点

移动控制点的方法在前面已经介绍过，有两种方法，一种是选择点并进行拖曳，这是比较常用的方法；另一种是使用“UVN 移动 / 关闭 UVN 移动”工具。

知识链接

“UVN 移动/关闭UVN移动”工具的用法可以参考本书第2章2.4.1小节。

〈2〉插入控制点

使用“插入一个控制点”工具可以在曲线或曲面上加入一个或一排控制点，启用工具后选择需要插入控制点的曲线，然后在需要的位置单击即可插入。插入控制点会改变曲线或曲面的形状，如图 3-196 所示。

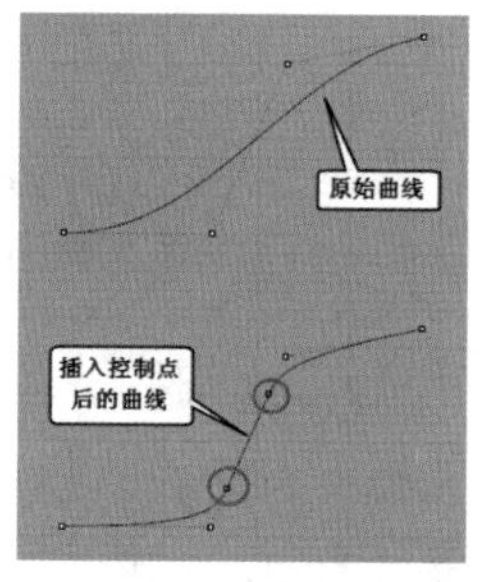

图3-196

〈3〉删除控制点

删除控制点也有两种方法，比较推荐的一种是选择控制点后按 Delete 键删除；也可以使用“移除一个控制点”工具，方法为选择曲线，然后将鼠标指针移动到需要删除的控制点附近，单击即可。删除控制点同样会影响曲线或曲面的形状。

编辑点

编辑点和控制点非常类似，但编辑点是位于曲线上的，而且移动一个编辑点通常会改变整条曲线的形状，但移动控制点只会改变曲线一个范围内的形状。修改编辑点适用于让一条曲线通过某一个点的情况，而修改控制点可以改变曲线的形状并同时保有曲线的平整度。

除了移动编辑点外，也可以通过执行“编辑 > 控制点 > 插入编辑点”菜单命令，在曲线上插入编辑点，方法同插入控制点类似。

节点

节点和控制点是有区别的，节点属于 B-Spline 多项式定义改变的点，一条单一的曲线一般只有起点和终点两个节点，而控制点可以有无数个。

使用“插入节点”工具可以在曲线上加入节点，但要注意，增加节点必然增加控制点的数目。

观察图 3-197，这是两条走向一致的曲线，图中红色圆圈标示的点都是节点，其他的点都是控制点。在上面的曲线中，使用“插入节点”工具在中间位置插入了一个节点，此时曲线的控制点数目也随之增加了一个。

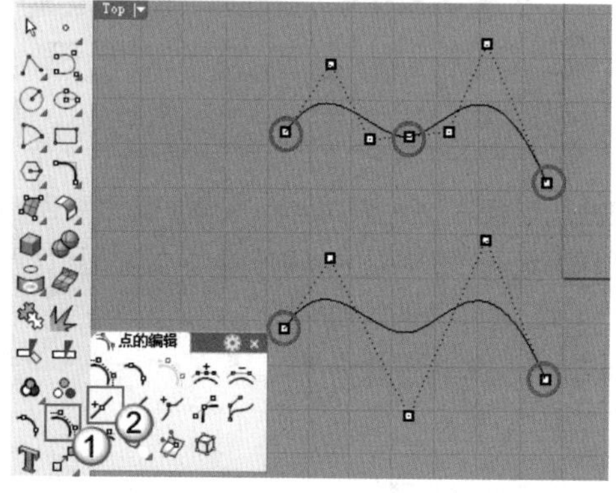

图3-197

使用“移除节点”工具可以删除节点，删除节点可用于删除两条曲线的组合点，组合点删除后曲线将无法再被炸开成单独的曲线。

锐角点

锐角点是曲线突然改变方向的点，如矩形的角都是锐角点，或者直线与圆弧的相接点，如图 3-198 所示。

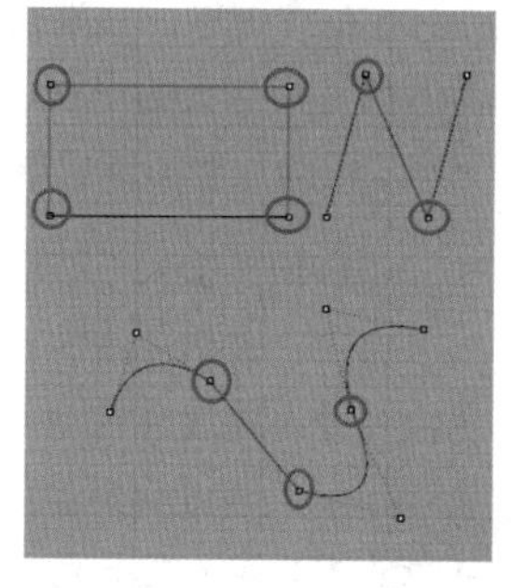

图3-198

使用“插入锐角点”工具可以在曲线上插入锐角点，插入一个锐角点相当于插入 3 个控制点，如图 3-199 所示。加入锐角点之后，该曲线就可以被炸开，变成两条曲线，如图 3-200 所示。

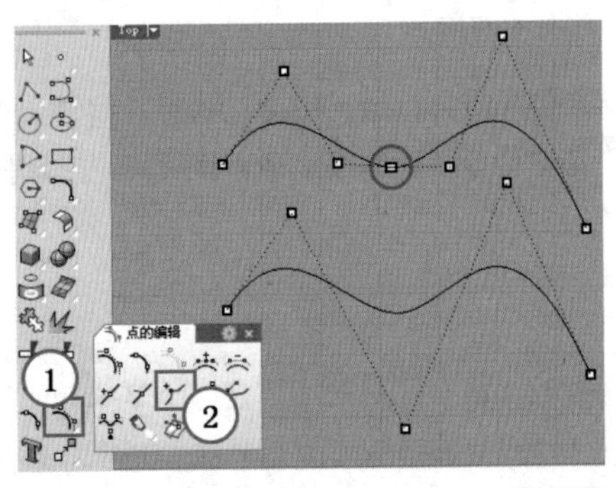
图3-199

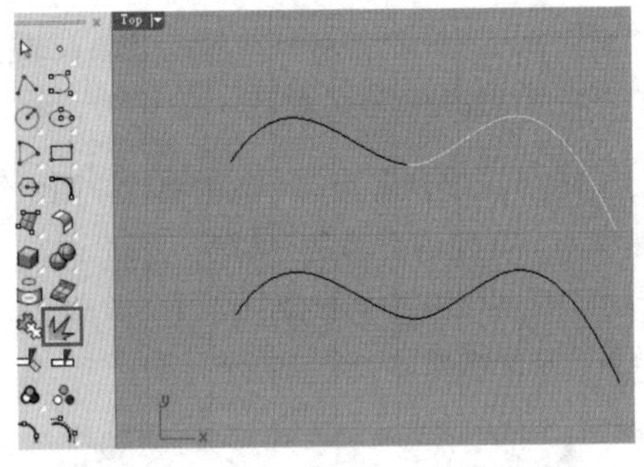
图3-200

3.6.2 控制杆编辑器

调整曲线形状的一种方法是使用“控制杆编辑器”工具，可以在曲线上添加一个贝兹曲线控制杆（控制杆的位置可根据需要选择），如图 3-201 所示。

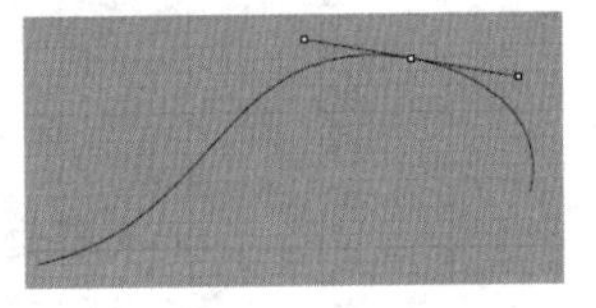
图3-201

启用“控制杆编辑器”工具后，在曲线上指定控制杆的掣点的位置，然后通过移动控制杆两端的控制点（或称控制柄）进行调整，接着可以移动控制杆至新的位置，并再次进行调整，直到按 Enter 键结束命令。

3.6.3 调整曲线端点转折

使用“调整曲线端点转折”工具可以调整曲线端点或曲面未修剪边缘处的形状，这是一个非常有用的工具，专门用于曲线或曲面过渡的造型塑造。

观察图 3-202，上面是原始曲线，下面是进行了调整的曲线。启用“调整曲线端点转折”工具后，选择下面曲线的黑色段部分，曲线会自动显示出控制点，移动鼠标到控制点上并进行拖曳，即可改变曲线的造型，但改变造型后的黑色曲线与红色曲线的连续性不变（也就是相切方向或曲率不变）。

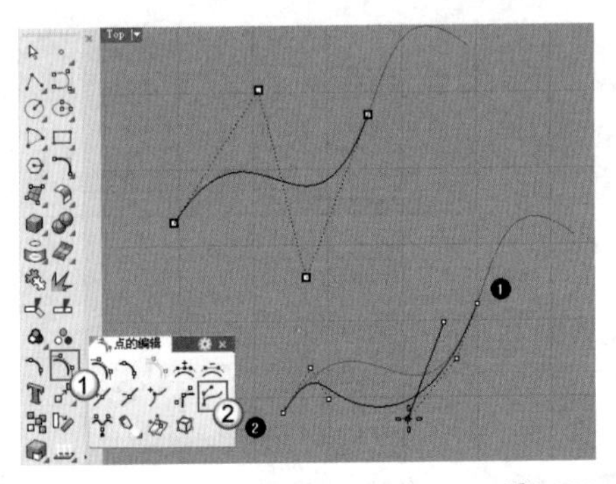
图3-202

技巧与提示

编辑曲线时，曲线控制点的移动会被限制在某个路径上，避免曲线在端点处的切线方向或曲率被改变。

★重点★

3.6.4 调整封闭曲线的接缝

在 Rhino 中，每一条封闭曲线都有一个接缝点，如图 3-203 所示。图中带有箭头的点就是接缝点，箭头指示了曲线的方向，可以反转这个方向。

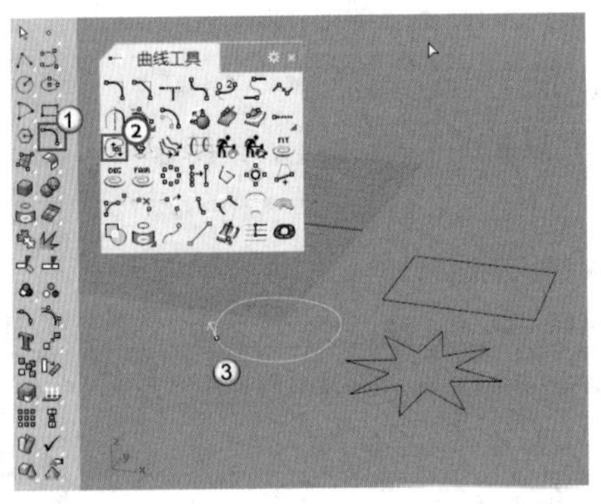
图3-203

使用“调整封闭曲线的接缝”工具可以对接缝点进行移动，启用工具后选择一条或多条封闭曲线，此时会显示曲线上的接缝点，如果同时选择了多条封闭曲线，那么每一条曲线的接缝处会显示一个点物件，同时会有一条轨迹线连接每一条曲线的接缝点，如图 3-204 所示，选择接缝点并进行拖曳（限制在曲线上）即可。

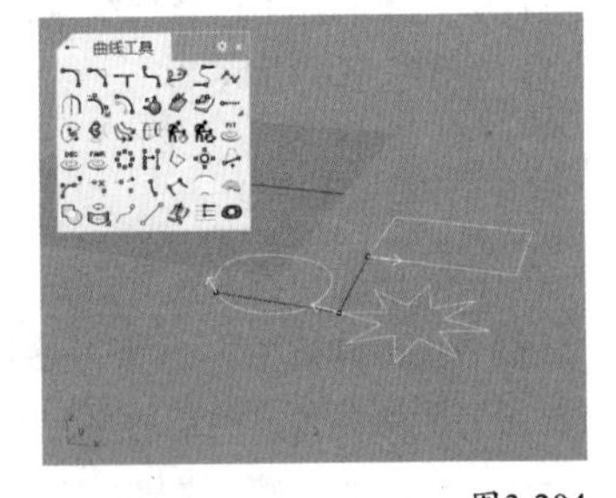
图3-204

技术专题：接缝点的作用

为什么要强调曲线接缝点的作用呢？因为曲线的接缝点直接决定了某种状态下曲面的裁剪性及裁剪后的效果。下面通过测试来进行讲解。

观察图 3-205，其中有一个圆柱面和一条线段。现在要通过线段将圆柱面切开，按照预期的思路，一个圆柱面被一根线切开应该是一分为二，即变成两个部分，那么实际中一定会是这样的吗？

单击“分割 / 以结构线分割曲面”工具，选择圆柱面作为被切割的物件，再选择线段作为切割用的物件，结果如图 3-206 所示。

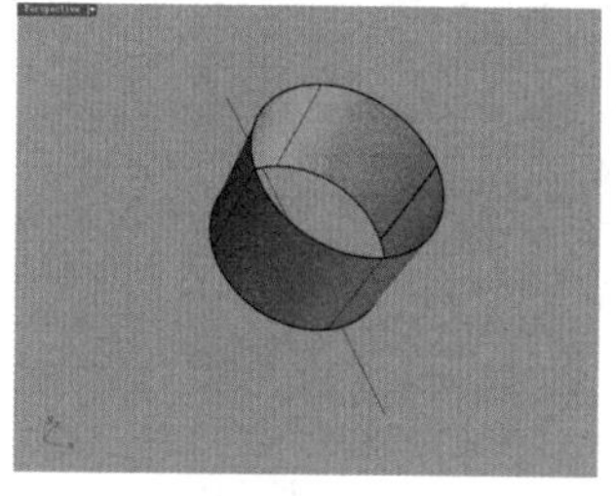

图3-205

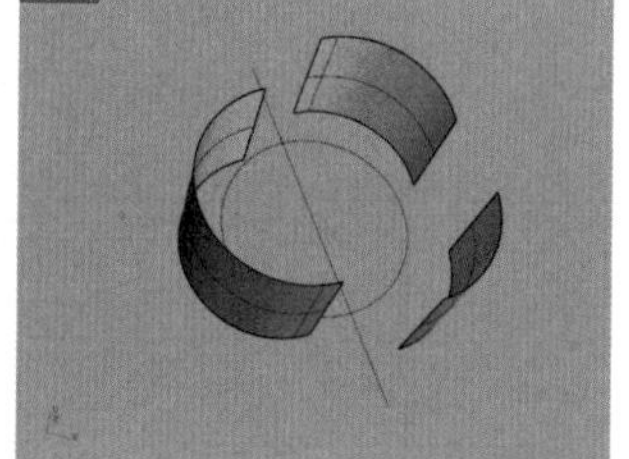

图3-206

可以看到圆柱被一分为三了，原因何在？看一下构成这个圆柱的原始曲线的起始点（也就是接缝点），如图 3-207 所示。

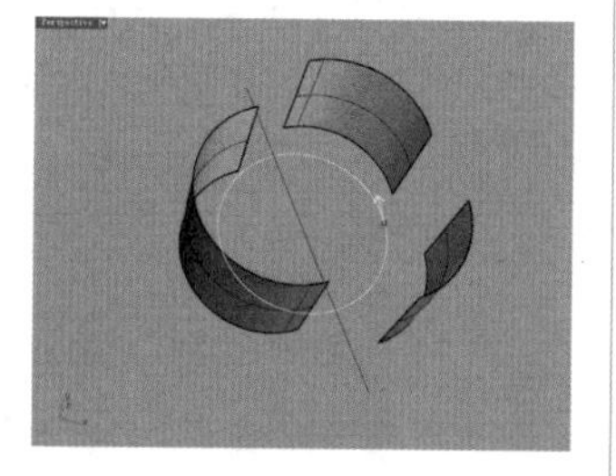

图3-207

问题就出在这里，线段和接缝点不交叉，造成分割之后 Rhino 系统自动在接缝点位置切开一次，也就是多切割了一次，因此造成了一分为三的结果。

要想解决这一问题也很简单，启用“调整封闭曲线的接缝”工具，然后调整接缝点的位置到线段与圆柱面的交点处，如图 3-208 所示。

重新剪切一次，结果是一分为二，正常了，如图 3-209 所示。

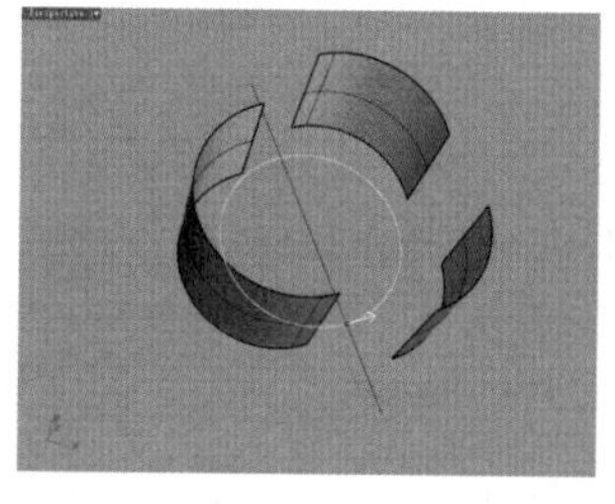

图3-208

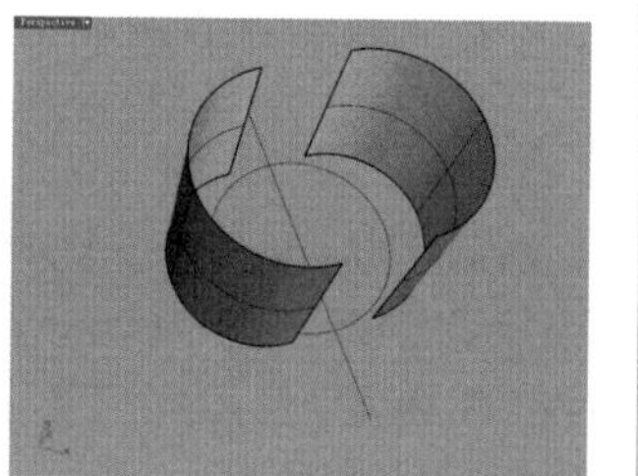

图3-209

★重点★

3.6.5 变更曲线的阶数

Rhino 中改变曲线和曲面的阶数分别使用专用的工具，如图 3-210 和图 3-211 所示。

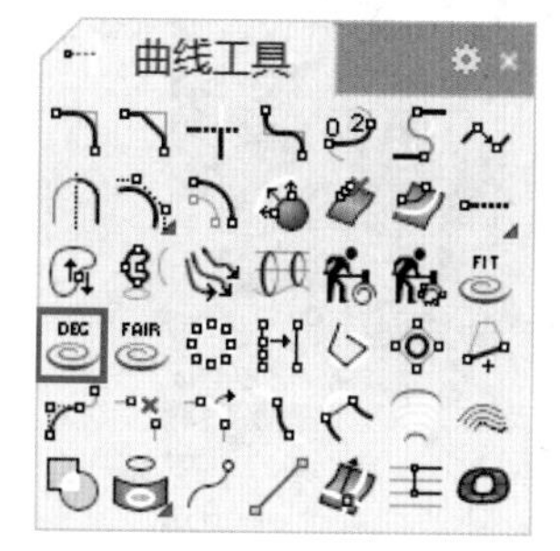

图3-210

图3-211

使用“变更阶数”工具改变曲线阶数的过程比较简单，启用工具后，选择一条曲线，然后输入新的阶数值即可。例如，将 2 阶圆变为 4 阶圆，如图 3-212 所示。

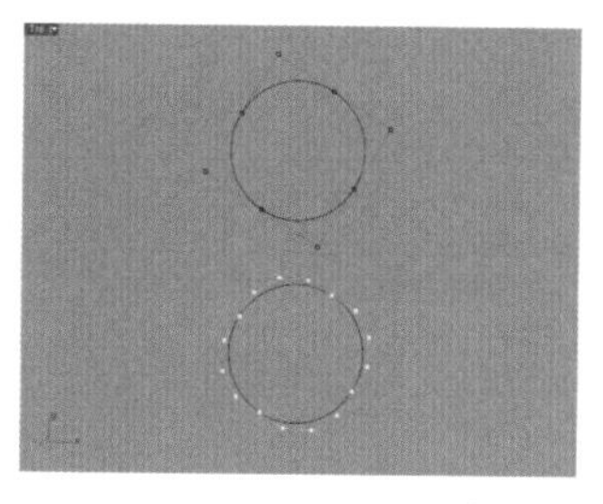

图3-212

改变阶数时，命令提示中有一个“可塑形的”选项，如果设置为“是”，表示原来的曲线改变阶数后会稍微变形，但不会产生复节点。如果设置为“否”，表示新曲线和原来的曲线有完全一样的形状与参数化，但会产生复节点。复节点数量 = 原来的节点数量 + 新阶数 – 旧阶数。

改变曲线的阶数会保留曲线的节点结构，但会在每一个跨距增加或减少控制点，所以提高曲面的阶数时，由于控制点增加，曲面会变得更平滑。

如果要将几何图形导出到其他程序，应该尽可能建立阶数较低的曲面，因为有许多 CAD 程序无法导入 3 阶以上的曲面。同时，阶数越高的物件显示速度越慢，消耗的内存也越多。

知识链接

变更曲面阶数的方法将在下一章中进行讲解。

★重点★

3.6.6 延伸和连接曲线

Rhino 为延伸和连接曲线提供了一系列的工具，如图 3-213 所示。

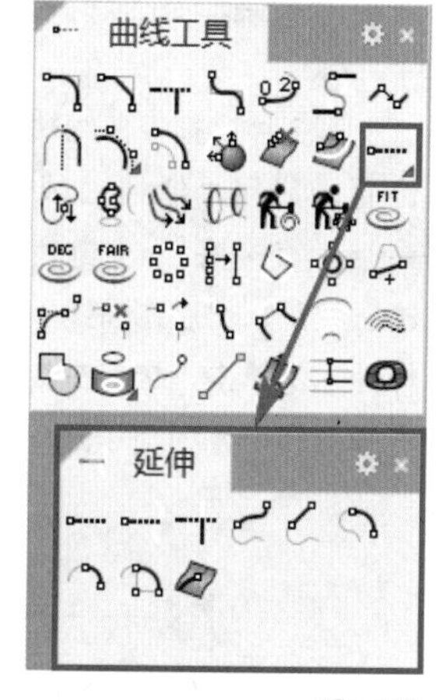

图3-213

延伸曲线

使用“延伸曲线”工具可以延长曲线至选取的边界，也可以按指定的长度延长，还可以拖曳曲线端点至新位置，延伸的部分会与原来的曲线组合在一起，成为同一条曲线。下面对这几种延伸方式分别进行介绍。

第 1 种：延长曲线至选取的边界。启用“延伸曲线”工具后，首先选择边界物件（圆），并按 Enter 键确认，然后在曲线上需要延伸的一侧单击，如图 3-214 所示。

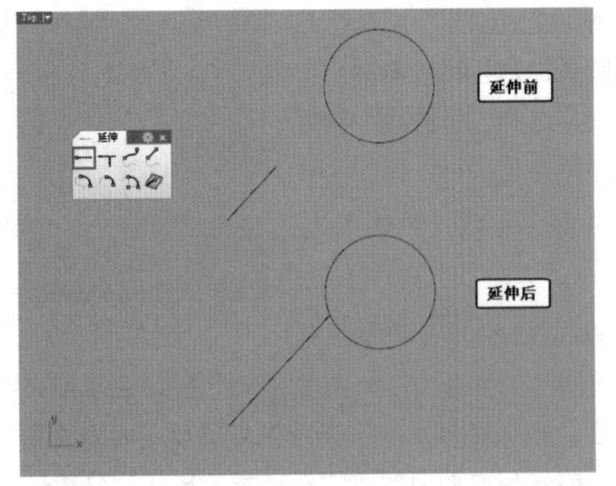

图3-214

第 2 种：按指定的长度延长。启用“延伸曲线”工具后，首先设置延伸长度（如设置为 50），然后在曲线上需要延伸的一侧单击，如图 3-215 所示。

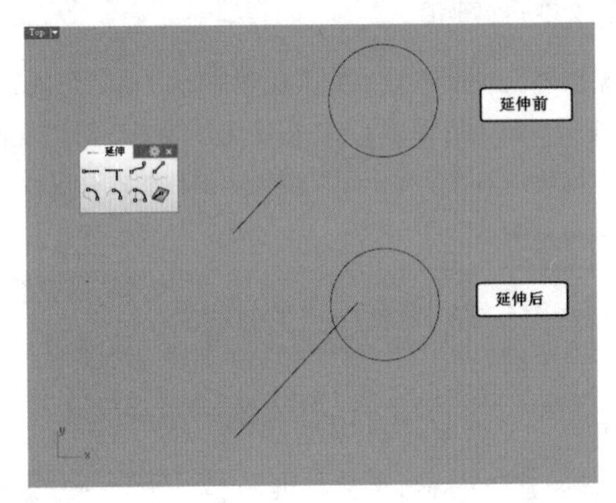

图3-215

第 3 种：拖曳曲线端点至新位置。启用“延伸曲线”工具后，直接按 Enter 键表示使用动态颜色，然后在曲线上需要延伸的一侧单击，接着在新位置指定一点即可，如图 3-216 所示。

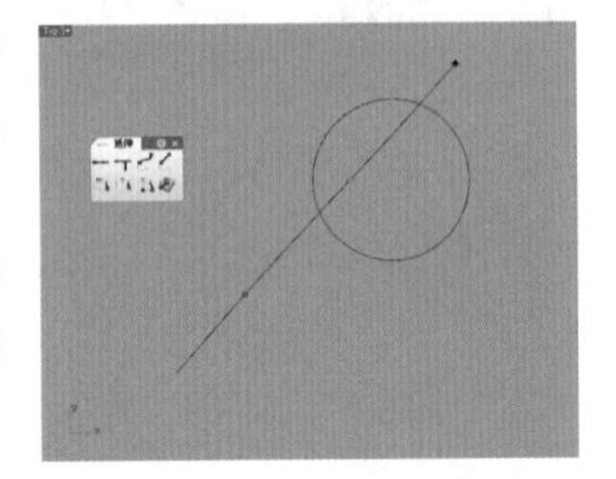
图3-216

疑难问答

问：为什么在曲线上需要延伸的一侧单击？

答：由于一条曲线有两个方向，因此在延伸的过程中需要选择靠近延伸方向的一端，这样才能得到正确的结果，如果选择的是另一端，那么将往反方向延伸，如图 3-217所示。

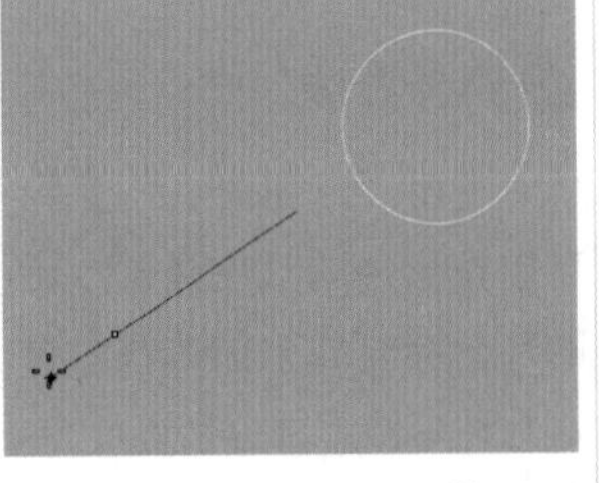
图3-217

连接直线

如果要让两条曲线延伸后端点相接，可以使用“连接”工具，启用该工具后依次选择两条需要连接的曲线即可，连接时对于多余的部分会自动修剪，如图 3-218 所示。

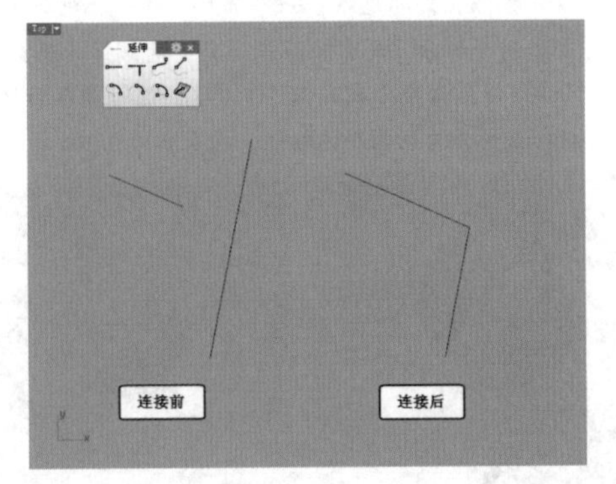

图3-218

连接时可以通过“组合”选项设置是否将连接后的曲线组合为一条曲线，同时要注意曲线位置的选择，如图 3-219 所示。

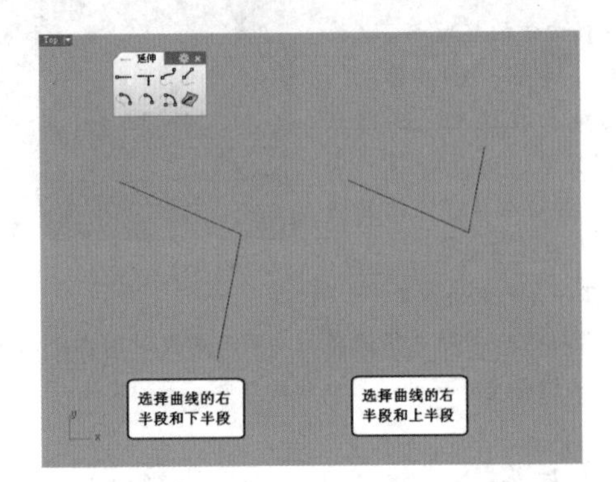

图3-219

★重点★

3.6.7 混接曲线

前面介绍了如何在两个曲面之间生成混接曲线，如果要在两条曲线之间生成混接曲线，可以使用“可调式混接曲线 / 混接曲线”工具。

单击“可调式混接曲线 / 混接曲线”工具，然后分别选取两条曲线需要衔接的位置，此时将显示出带有控制点的混接曲线（可调节），同时将打开“调整曲线混接”对话框，如图 3-220 所示。如果是右击该工具，那么将直接生成曲线，如图 3-221 所示。

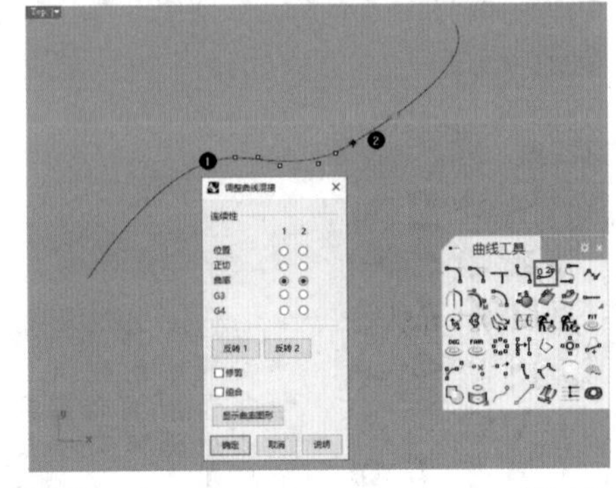

图3-220

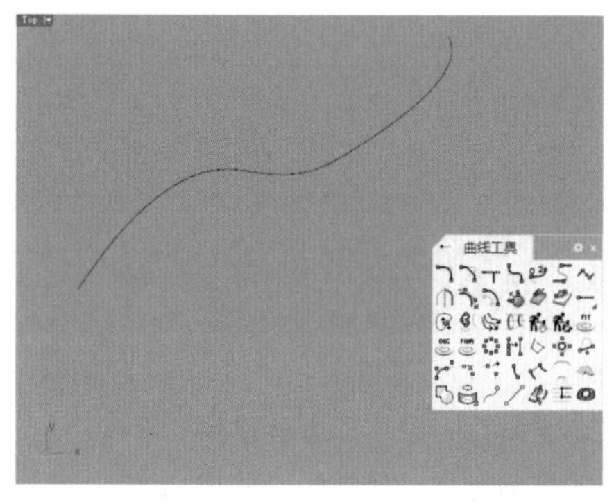

图3-221

混接曲线特定参数介绍

连续性：设置混接曲线与其他曲线或边缘的连续性。

反转 1 / 反转 2：反转曲线或曲面的方向。

修剪：勾选该选项后，原来的曲线会被建立的混接曲线修剪。

组合：勾选该选项后，原来的曲线在修剪或延伸后将与混接曲线组合为一条曲线。

显示曲率图形：打开“曲率图形”对话框，显示用来分析曲线曲率质量的图形。

技巧与提示

调整混接曲线时，两端的控制点是可以分别进行调整的，按住 Shift 键则可以做对称性的调整。

技术专题：关于混接曲线的连续性

使用“控制点曲线 / 通过数个点的曲线”工具，在 Top（顶）视图中任意绘制两条曲线，如图 3-222 所示。

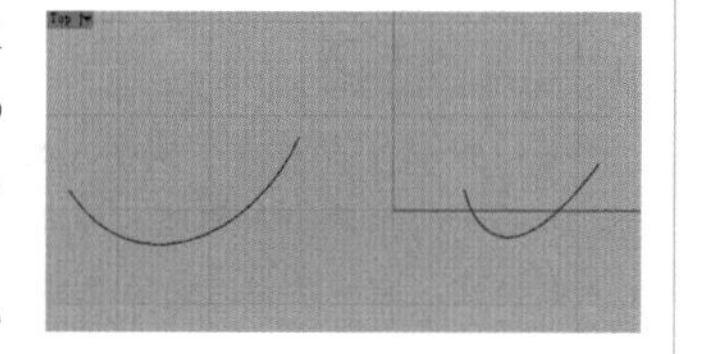

图3-222

单击“可调式混接曲线 / 混接曲线”工具，然后分别选择左侧曲线的右半段和右侧曲线的左半段，得到图 3-223 所示的效果，同时打开“调整曲线混接”对话框。

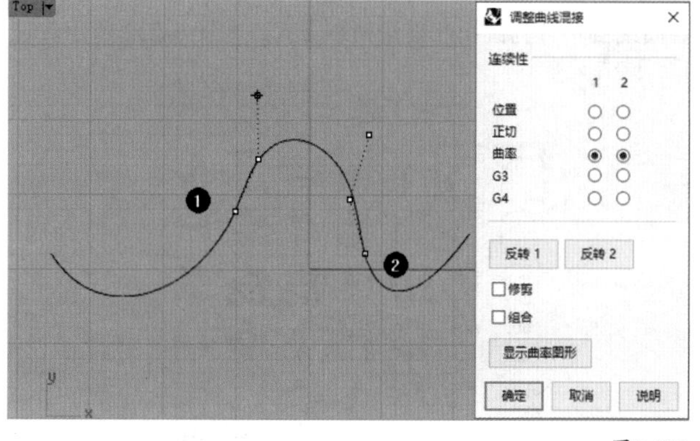

图3-223

单击“显示曲率图形”，打开“曲率图形”对话框，然后在“调整曲线混接”对话框中设置“连续性 1”和“连续性 2”都是“位置”，即 G0 模式，查看曲率的变化，可以看出 G0 状态下黄色曲率图形完全断开。两条曲线仅端点相接，如图 3-224 所示。

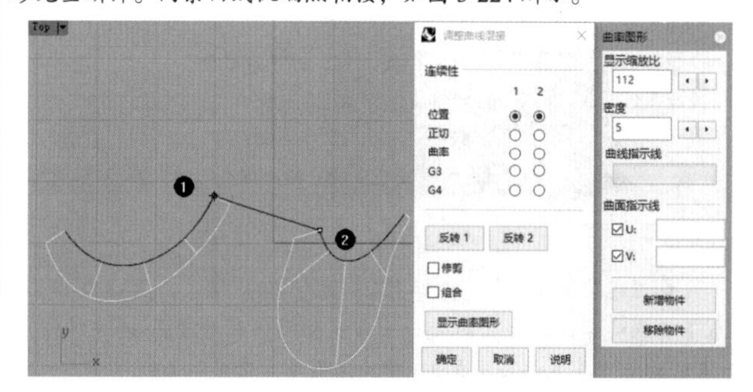

图3-224

设置“连续性 1”和“连续性 2”都是“正切”，即 G1 模式，可以看出黄色曲率图形在交接处保持一条直线垂直于端点，两条曲线的端点相接且切线方向一致，如图 3-225 所示。

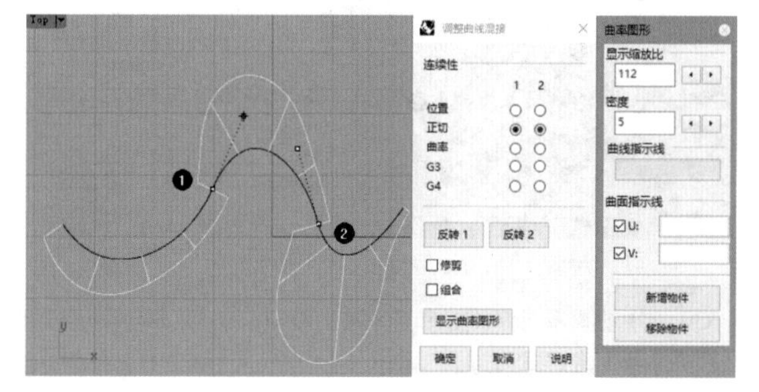

图3-225

设置“连续性 1”和“连续性 2”都是“曲率”，即 G2 模式，可以看出 G2 状态下黄色曲率图形在交接处以一条完整的弧线过渡，两条曲线的端点不只相接，连切线方向与曲率半径都一样，不过交接处的黄色曲率图形还是有锐角点，如图 3-226 所示。

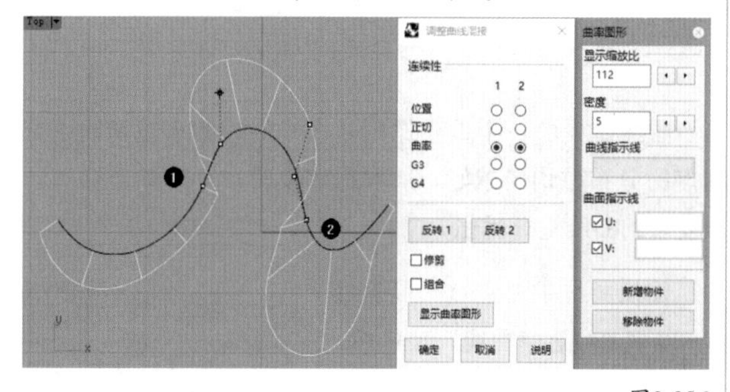

图3-226

设置“连续性 1”和“连续性 2”为“G3”模式，可以看出 G3 状态下黄色曲率图形在交接处以一条完整的弧线过渡，两条曲线的端点除了位置、切线方向及曲率半径一致以外，半径的变化率也相同，如图 3-227 所示。

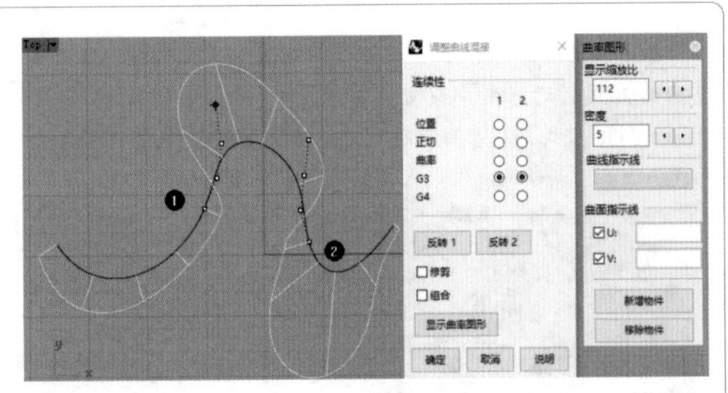

图3-227

设置“连续性1”和“连续性2”为“G4”模式，可以看出G4状态下黄色曲率图形在交接处以一条完整的弧线过渡，G4连续需要G3连续的所有条件以外，在3D空间的曲率变化率也必须相同，如图3-228所示。

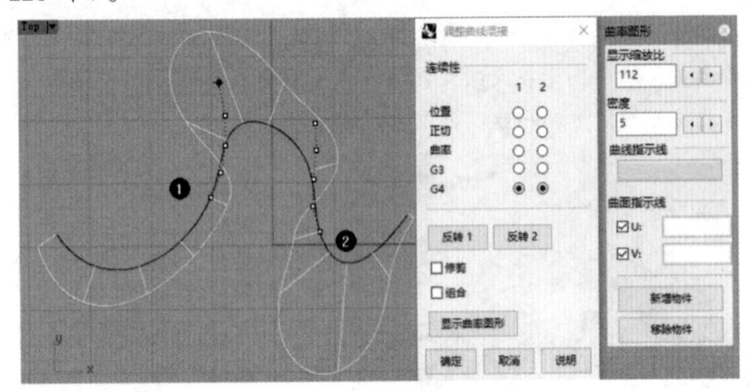

图3-228

G0、G1的曲率图形（黄色曲率梳）与G2、G3、G4的曲率图形（黄色曲率梳）有明显的变化。但是G2、G3、G4这3种混接模式的曲率图形变化非常小，不易察觉。G2、G3、G4之间的区别主要在混接曲线端点控制点个数的不同，从前面的图中可以看到G2混接曲线端点控制点为3个，G3混接曲线端点控制点为4个、G4混接曲线端点控制点为5个。对工业产品建模而言，G2连续的曲线基本可以满足创建光顺曲面的要求，通常G4连续极少用到。

3.6.8 优化曲线

曲线建模的一个重要原则是曲线的控制点越精简越好，控制点的分布越均匀越好。所以在建模时，有时候需要对一些比较复杂的曲线进行优化。

优化曲线主要通过“重建曲线/以主曲线重建曲线”工具，如图3-229所示，该工具以指定的阶数和控制点数重建选取的曲线。例如，将一条具有15个控制点的曲线以7个控制点重建，如图3-230所示。

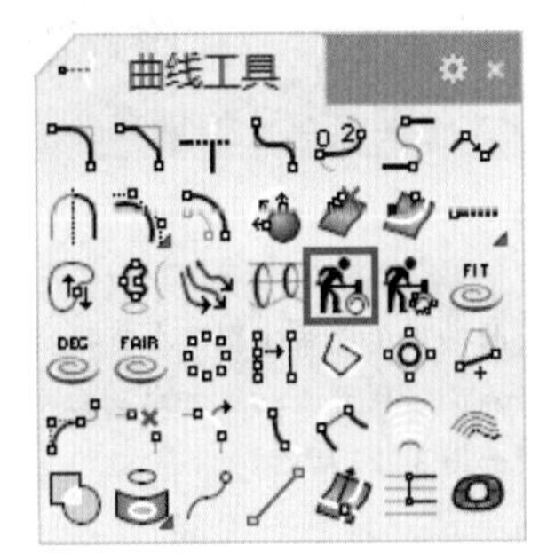

图3-229

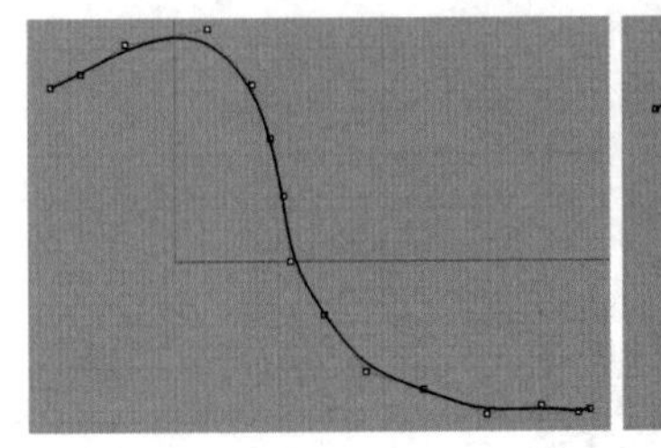

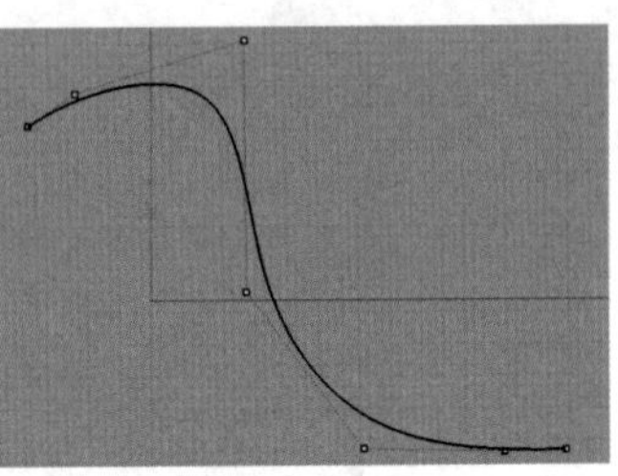

图3-230

单击“重建曲线/以主曲线重建曲线”工具，然后选取一条曲线，并按Enter键确认，将打开图3-231所示的“重建”对话框。

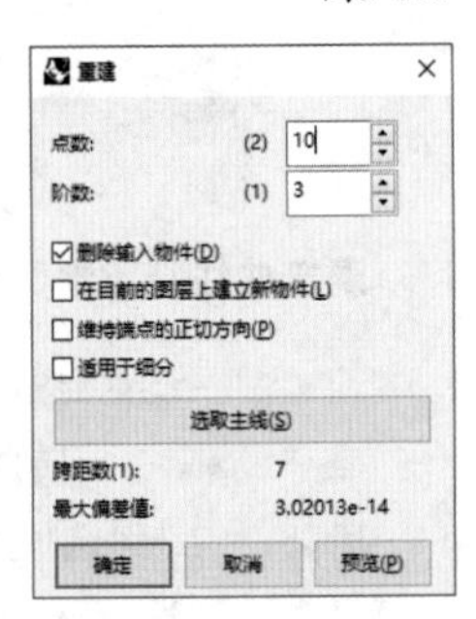

图3-231

重建曲线特定参数介绍

点数：设置曲线重建后的控制点数，括号里的数字是原来的曲线的控制点数。

阶数：设置曲线重建后的阶数，取值范围为1～11。

删除输入物件：勾选后原始曲线会被删除。删除输入物件会导致无法记录建构历史。

在目前的图层上建立新物件：取消这个选项会在原始曲线所在的图层中建立新物件。

预览(P)：重建曲线之前可以通过这个按钮预览重建后的效果。如果对预览效果比较满意，可以单击“确定”按钮确定完成重建。

技巧与提示

显示控制点并打开“曲率图形”对话框可以查看详细的曲线结构。如果一次重建数条曲线，那么所有的曲线都会以指定的阶数和控制点数重建。重建后曲线的节点分布会比较平均。

★重点★

3.6.9 曲线倒角

曲线倒角分为圆角和斜角两种方式，如图3-232所示。

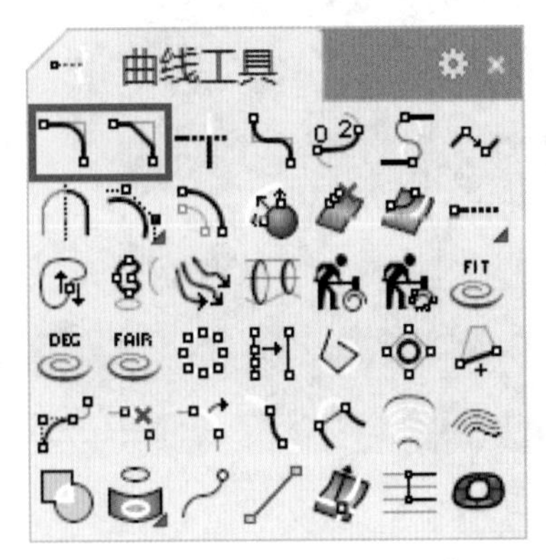

图3-232

曲线圆角

曲线圆角是指在两条曲线的交点处以圆弧建立过渡曲线，如图 3-233 所示。

启用“曲线圆角”工具后，依次选择需要建立圆角的两条曲线即可。建立圆角时，命令行会显示图 3-234 所示的选项。

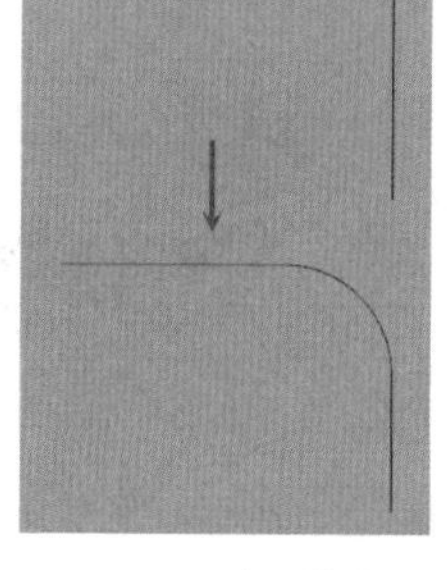

图3-233

指令：_Fillet
选取要建立圆角的第一条曲线 (半径 (R)=30 组合 (J)=否 修剪 (T)=是 圆弧延伸方式 (E)=圆弧):

图3-234

命令选项介绍

半径：设置圆角的半径。

组合：设置是否组合圆角后的曲线。

修剪：设置是否在建立圆角的同时修剪原始曲线，如图 3-235 所示。

圆弧延伸方式：当用来建立圆角的曲线是圆弧，而且无法与圆角曲线相接时，以直线或圆弧延伸原来的曲线。

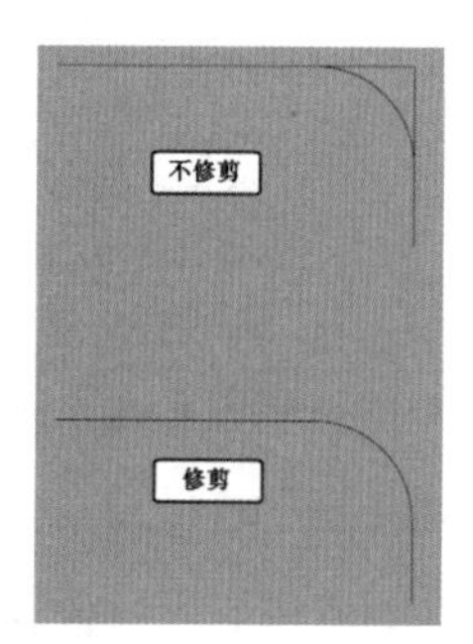

图3-235

曲线斜角

曲线斜角是在两条曲线之间以一条直线建立过渡曲线，如图 3-236 所示。

建立曲线斜角和建立曲线圆角的方法类似，区别在于建立曲线圆角是通过半径定义圆角的圆弧，如图 3-237 所示；而建立曲线斜角是通过给出与两条曲线相关的两个距离来定义斜边，如图 3-238 所示。

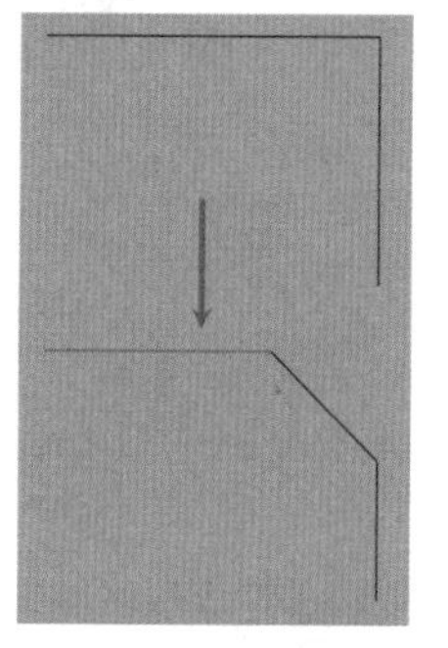

图3-236

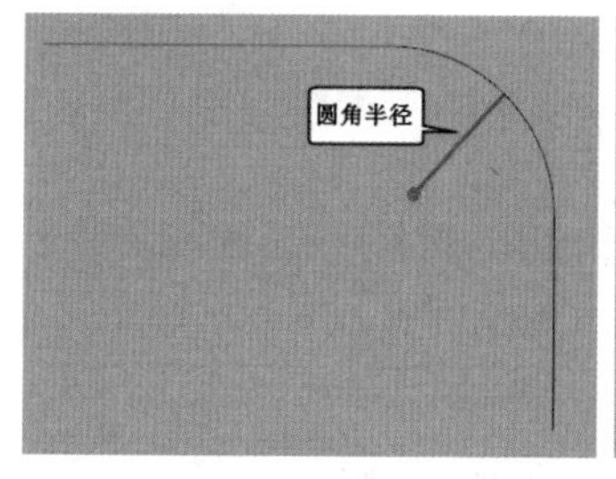

图3-237

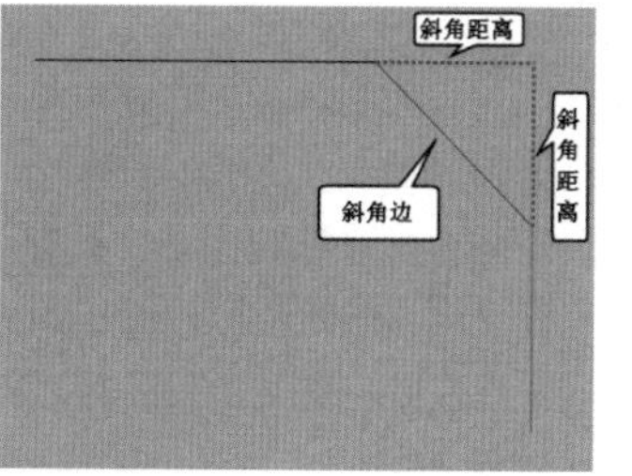

图3-238

技巧与提示

从图 3-238 中可以看出有两个斜角距离，这两个距离可以设置为相同大小，也可以设置为不同大小。当两个斜角距离不同时，需要注意一下两条需要建立斜角的曲线的选择顺序，选择的第 1 条曲线代表第一个斜角距离，选择的第 2 条曲线代表第 2 个斜角距离。

技术专题：曲线倒角的特殊运用

“曲线圆角”工具和“曲线斜角”工具在一些特殊场合会有一些特殊的用途，比如前面学习延伸曲线的时候曾学习过“连接”工具。运用“曲线圆角”工具和“曲线斜角”工具可以达到同样的效果。

图 3-239 中有两条分离的直线。

启用“曲线圆角”工具或“曲线斜角”工具，然后设置圆角半径或倒角距离为 0，再对两条直线进行圆角或倒角，效果如图 3-240 所示。

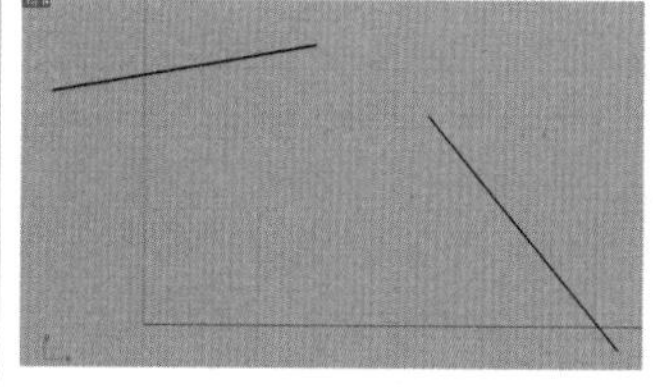

图3-239

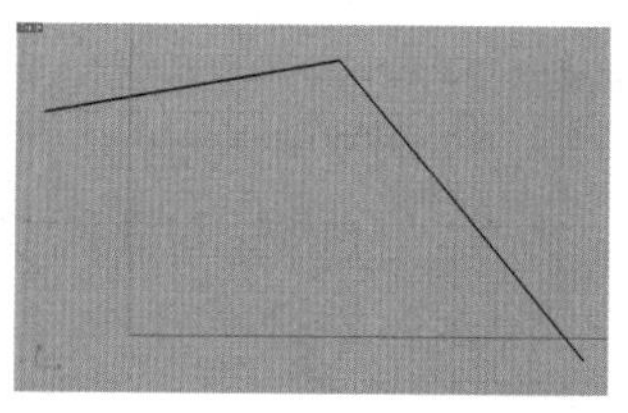

图3-240

这样得到的结果和使用“连接”工具得到的效果一样，关键就在半径和倒角距离的设置上。

★重点★

3.6.10 偏移曲线

偏移曲线是指通过指定距离或指定点在选择对象的一侧生成新的对象，偏移可以是等距离复制图形，如偏移开放曲线，也可以是放大或缩小图形，如偏移闭合曲线，如图 3-241 所示。

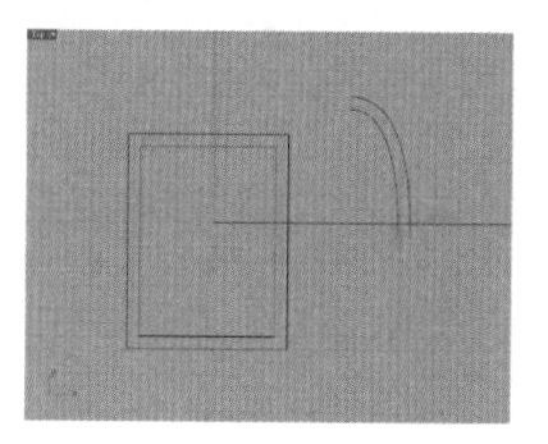

图3-241

使用“偏移曲线”工具可以对选择的曲线进行偏移，工具位置如图 3-242 所示。

图3-242

启用“偏移曲线”工具后，选取一条曲线或一个曲面边缘，然后指定偏移的方向即可，偏移时可以看到图 3-243 所示的命令选项。

指令：_Offset
选取要偏移的曲线 (距离 (D)=0.956655 角 (C)=锐角 通过点 (T) 公差 (O)=0.001 两侧 (B) 与工作平面平行 (I)=否 加盖 (A)=无):

图3-243

命令选项介绍

距离：设置偏移的距离。

角：设置角偏移的方式，包括“锐角”“圆角”“平滑”“斜角”4 个选项，如图 3-244 所示，其中“平滑”是指在相邻的偏移线段之间建立连续性为 G1 的混接曲线。

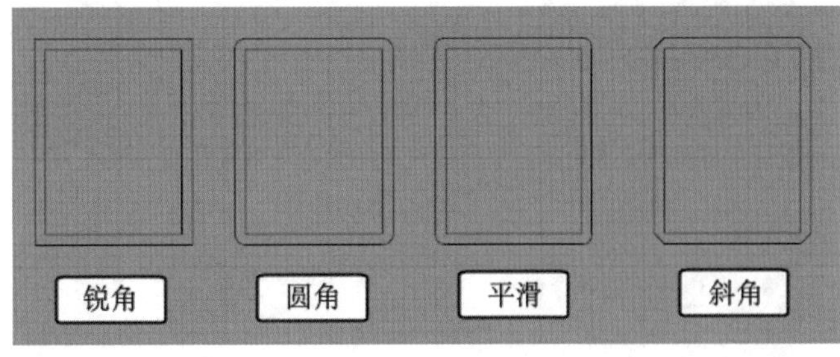

图3-244

通过点：指定偏移曲线的通过点，而不再使用设置的偏移距离。

公差：设置偏移曲线的公差。

两侧：在曲线的两侧同时偏移。

技巧与提示

注意，曲线的偏移距离必须适当，偏移距离过大时，偏移曲线可能会产生自交的情况。此外，偏移曲线有时会自动增加偏移后的曲线的控制点数目。

重点实战

利用偏移/混接曲线绘制酒杯正投影造型

场景位置	无
实例位置	实例文件>第3章>实战——利用偏移/混接曲线绘制酒杯正投影造型.3dm
视频位置	第3章>实战——利用偏移/混接曲线绘制酒杯正投影造型.mp4
难易指数	★★☆☆☆
技术掌握	掌握基本的曲线生成和编辑工具的用法

Rhino 建模非常重要的方式就是由线生成面，即通过构建曲面关键轮廓线来创建曲面。因此，可以通过一些创建平面投影线或素描结构线的方式来锻炼构建曲面关键线的能力。本例就是运用基本的曲线生成和编辑工具绘制图 3-245 所示的酒杯正投影造型轮廓线。图 3-246 所示是将酒杯正投影轮廓线旋转生成实体模型后的效果。

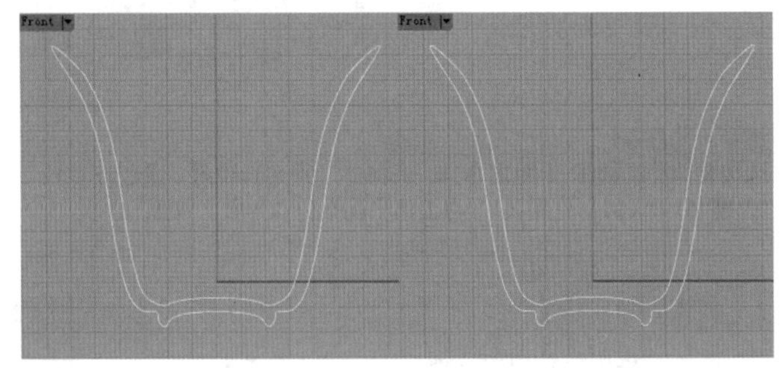

图3-245

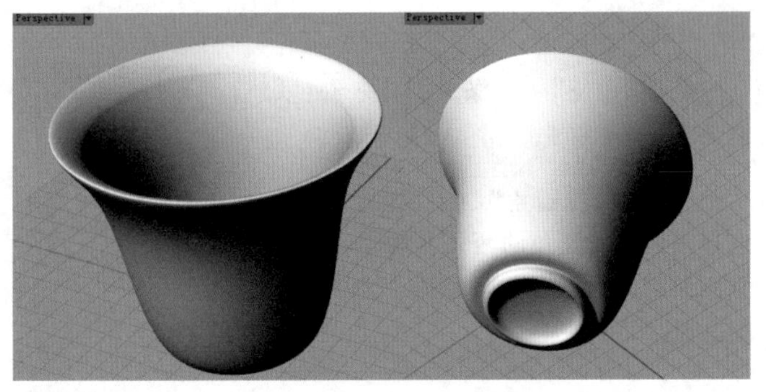

图3-246

01 使用“控制点曲线 / 通过数个点的曲线”工具，在 Front（前）视图中绘制酒杯外表面的轮廓线，如图 3-247 所示。

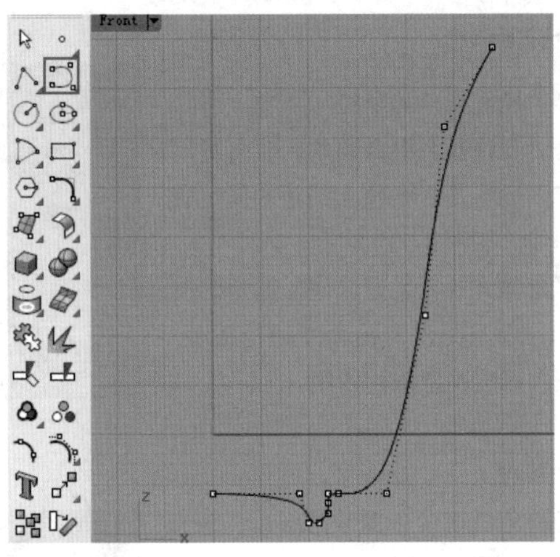

图3-247

技巧与提示

复杂的曲线通常很难一次绘制成功，因此通过控制点进行调整是必不可少的步骤，而这需要大家有耐心，因为细节的好坏往往是决定模型质量好坏的关键。

02 启用“偏移曲线”工具，对上一步绘制的曲线进行偏移，具体操作步骤如下。

操作步骤

①选择上一步绘制的曲线。

②在命令行中单击“距离”选项，然后在视图中指定两个点定义偏移的距离，如图 3-248 所示。

③在原曲线内部单击得到偏移曲线，如图 3-249 所示。

03 使用“炸开 / 抽离曲面”工具将偏移得到的曲线炸开，如图 3-250 所示。

04 选择炸开后的曲线，然后按 F10 键打开控制点，并框选图 3-251 所示的控制点，接着按 Delete 键删除这些控制点，结果如图 3-252 所示。

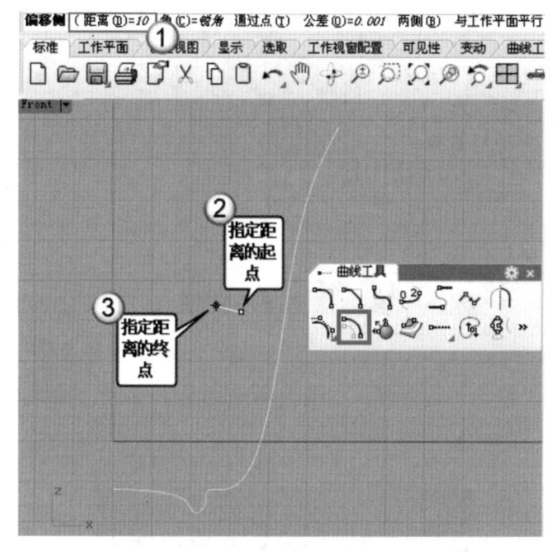

图3-248

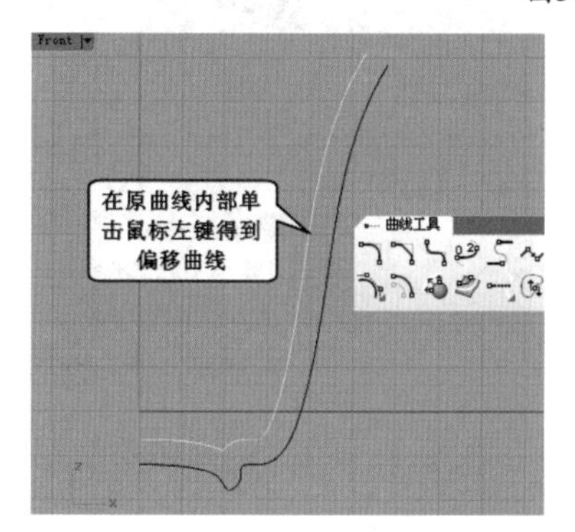

图3-249

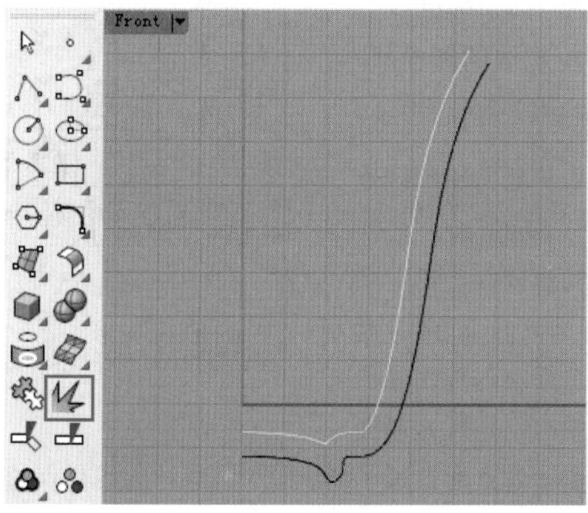

图3-250

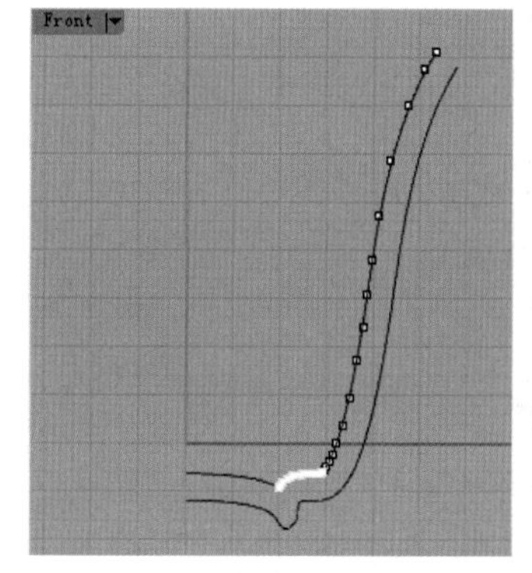

图3-251

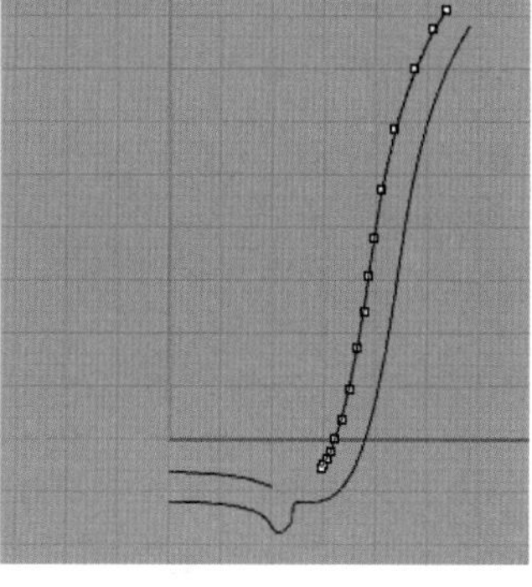

图3-252

05 观察图 3-252 中酒杯内壁曲线，可以发现其控制点比较多，由于控制点过多会影响曲面模型质量及曲面建模后期修改，因此需要重建曲线，减少控制点。单击“重建曲线 / 以主曲线重建曲线”工具，然后选择酒杯内壁曲线，并按 Enter 键打开“重建”对话框，接着设置“点数”为 6，并单击“预览”按钮和“确定”按钮，如图 3-253 所示。

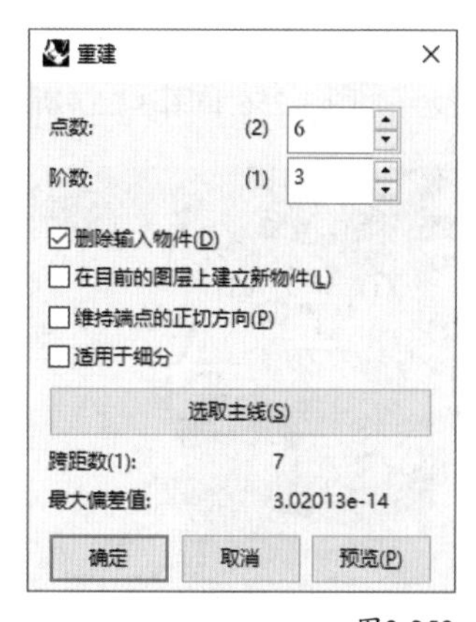

图3-253

06 单击“可调式混接曲线 / 混接曲线”工具，创建 G2 连续的混接曲线，具体操作步骤如下。

操作步骤

①分别选取两条需要衔接的曲线，如图 3-254 所示。

②调整混接曲线端点处控制点的位置，然后在“调整曲线混接”对话框中单击“确定”按钮（注意保证“连续性”为“曲率”），如图 3-255 所示。

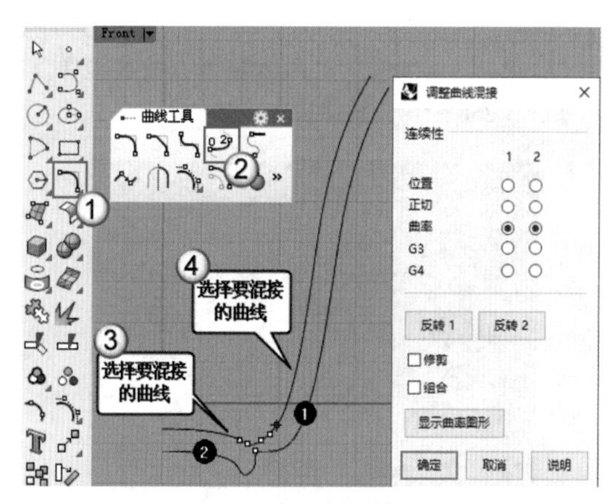

图3-254

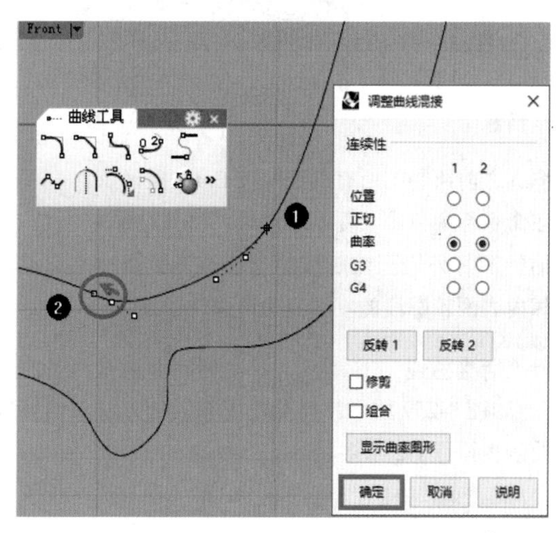

图3-255

07 使用相同的方式在酒杯内外两条轮廓线的顶部创建混接曲线，如图3-256和图3-257所示。

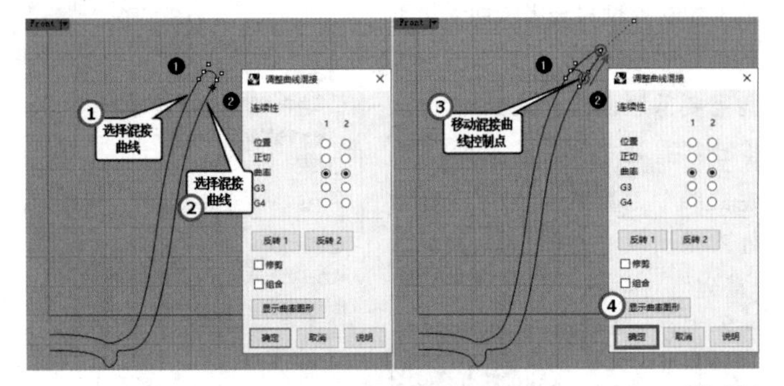

图3-256

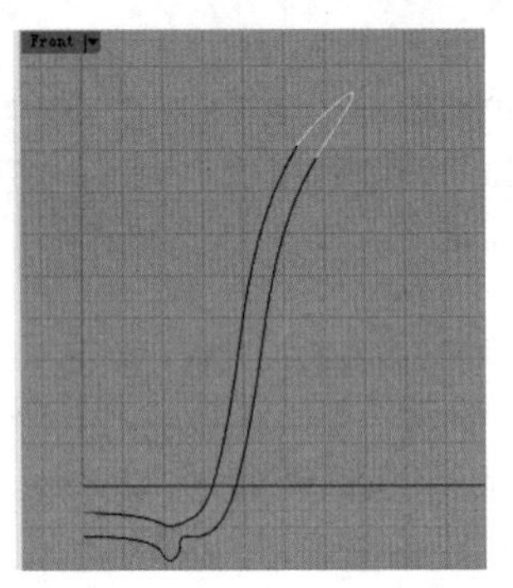

图3-257

08 使用“镜射/三点镜射”工具将所有曲线镜像复制一份到左侧，如图3-258所示，具体操作步骤如下。

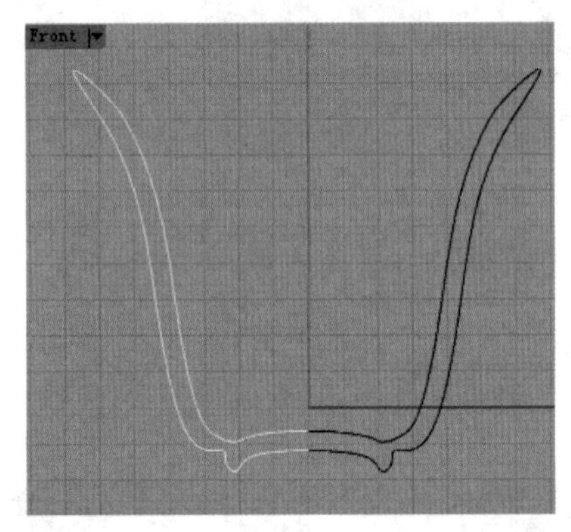

图3-258

操作步骤

①框选之前绘制的所有曲线，按Enter键确认。

②在命令行中单击“复制”选项，将其设置为“是”。

③捕捉酒杯外表面轮廓线的左端点为镜像轴的起点，然后捕捉酒杯内表面轮廓线的左端点为镜像轴的终点。

09 启用“衔接曲线”工具，对酒杯底面内壁两条曲线进行G2衔接，如图3-259所示。然后使用相同的方法对酒杯底面外壁两条曲线也进行G2衔接。

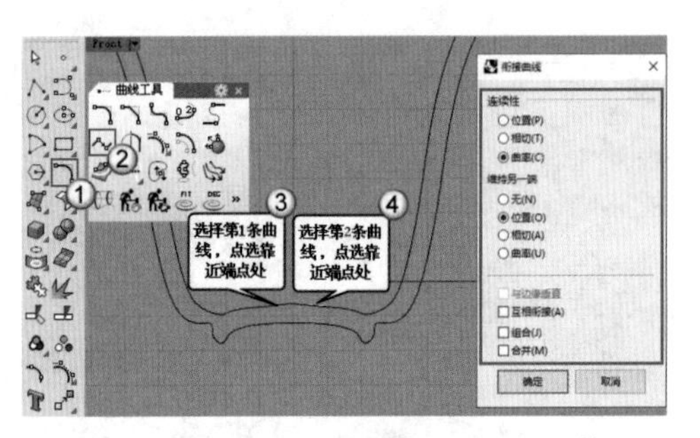

图3-259

10 启用“组合”工具，组合所有曲线，最终结果如图3-260所示。

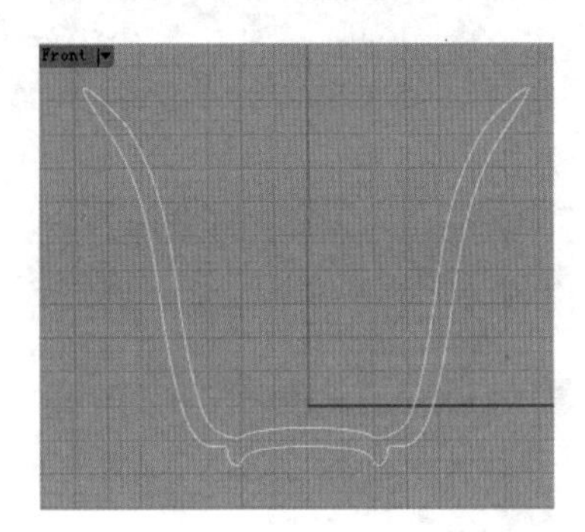

图3-260

★重点★

3.6.11 从断面轮廓线建立曲线

使用“从断面轮廓线建立曲线”工具可以建立通过数条轮廓线的断面线，工具位置如图3-261所示。

图3-261

启用“从断面轮廓线建立曲线”工具后，依次选取数条轮廓曲线，指定用来定义断面平面的直线起点，断面平面会与使用中的工作平面垂直，再指定断面平面的终点，建立通过每一个断面平面与轮廓线交点的曲线。

对于建立的断面曲线，可以通过放样或其他方法创建曲面。下面我们通过一个实战案例来解读该工具的具体用法。

重点 实战

利用断面轮廓线创建花瓶造型

场景位置	无
实例位置	实例文件>第3章>实战——利用断面轮廓线创建花瓶造型.3dm
视频位置	第3章>实战——利用断面轮廓线创建花瓶造型.mp4
难易指数	★★☆☆☆
技术掌握	掌握“从断面轮廓线建立曲线”工具的使用方法

本例创建的花瓶造型效果如图 3-262 所示。

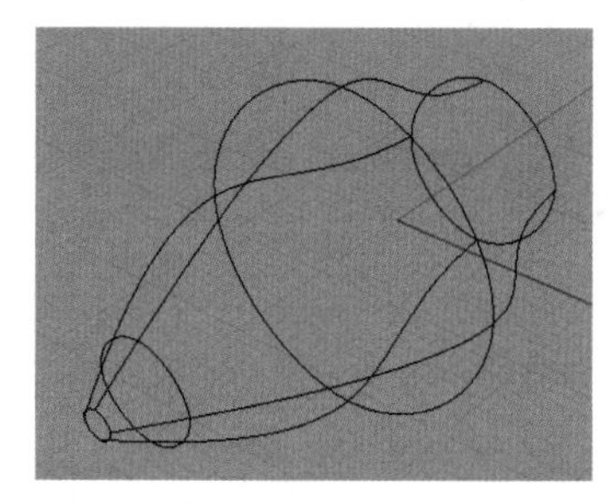

图3-262

01 使用“控制点曲线 / 通过数个点的曲线”工具，在 Top（顶）视图中绘制图 3-263 所示的曲线。

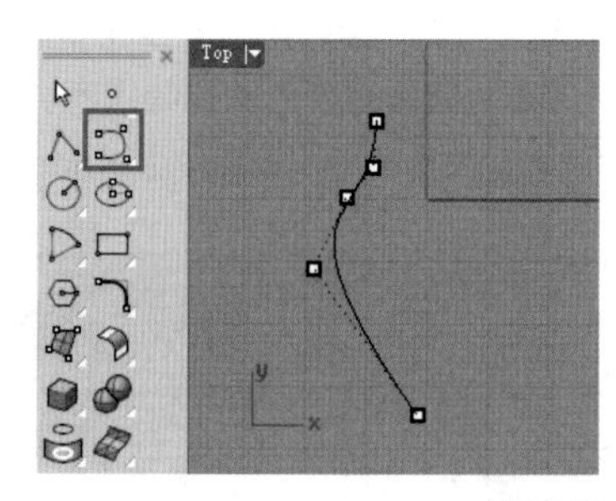

图3-263

02 单击“2D 旋转 /3D 旋转”工具，在 Front（前）视图中对绘制的曲线进行旋转复制，如图 3-264 所示，具体操作步骤如下。

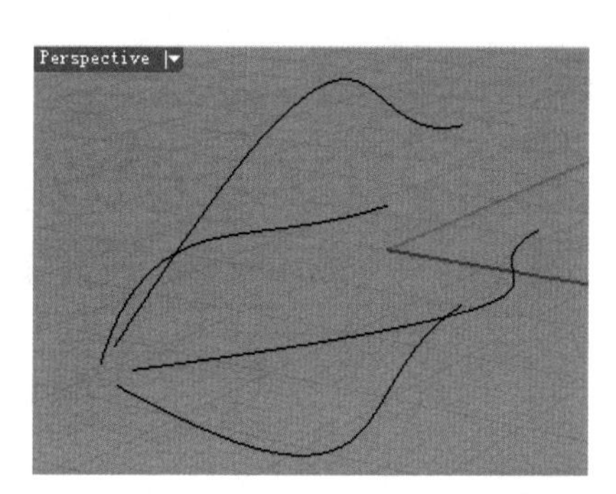

图3-264

操作步骤

①选择上一步绘制的曲线，按 Enter 键确认。

②捕捉坐标原点为旋转的中心点（注意设置“复制”为“是”）。

③在命令行中输入 90，并按 Enter 键确认，表示以 90° 生成第 1 个旋转复制的曲线。然后依次输入 180 和 270，旋转复制出其他两条曲线。

03 启用“从断面轮廓线建立曲线”工具，建立多条断面线，具体操作步骤如下。

操作步骤

①依次选取 4 条轮廓曲线，按 Enter 键确认。

②参照图 3-265 指定断面线的起点和终点，对应生成一条断面线。

③在不同的位置重复指定断面线的起点和终点，生成其他 3 条断面线，如图 3-266 所示。

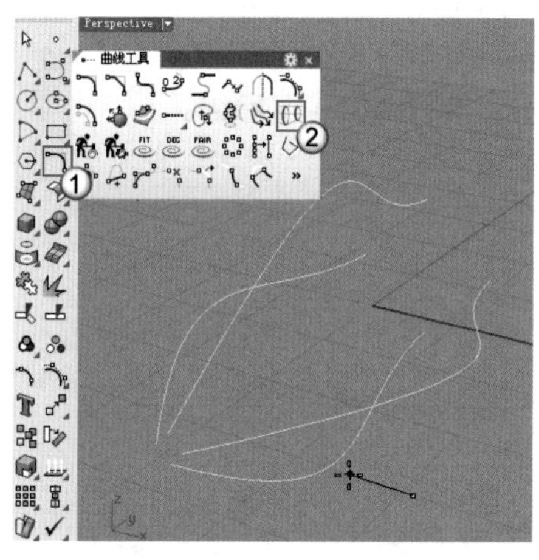

图3-265

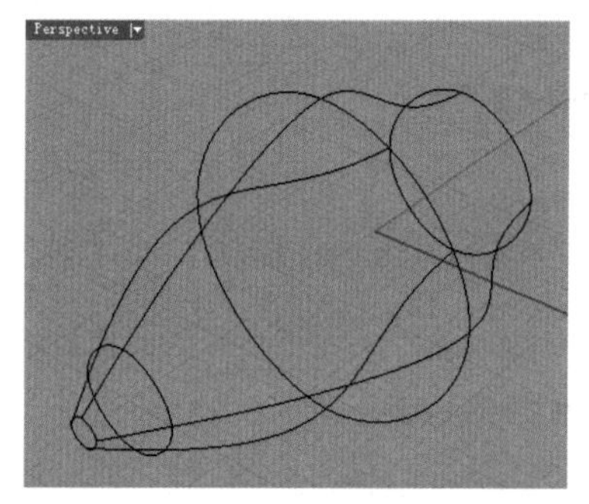

图3-266

技巧与提示

在上面的操作过程中，每指定一组断面线的起点和终点，将对应生成一条断面线。

第4章

曲面建模

曲面物件是 Rhino 中 NURBS 建模的核心，无论是简单模型还是复杂模型都可以拆分成各种形态的曲面，并通过多个曲面的围合形成我们需要的形态。掌握曲面物件的生成和编辑方法，对于掌握 Rhino 至关重要。

本章学习要点

- **了解曲面的关键要素**
- **了解曲线与曲面之间微妙的线面关系**
- **掌握创建曲面的方法**
- **掌握编辑和调整曲面的方法**
- **掌握检查曲面连续性的方法**

4.1 曲面的关键要素

在 Rhino 中可以建立两种曲面：NURBS 曲面和 Rational（有理）曲面。NURBS 曲面是指以数学的方式定义的曲面，从形状上看就像一张具有延展性的矩形橡胶皮，它可以表现简单的造型，也可以表现自由造型与雕塑造型。不论何种造型的 NURBS 曲面都有一个原始的矩形结构，如图 4-1 所示。

NURBS 曲面又可以细分为两种曲面：周期曲面和非周期曲面。周期曲面是封闭的曲面，移动周期曲面接缝附近的控制点不会产生锐边，以周期曲线建立的曲面通常也会是周期曲面，如图 4-2 所示。

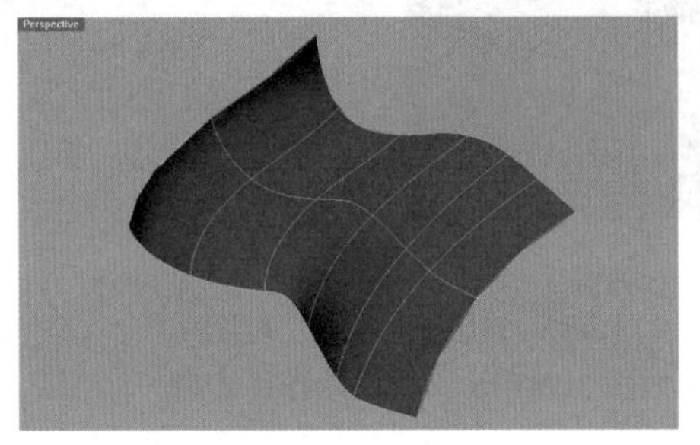

图4-1

图4-2

非周期曲面同样是封闭的曲面，移动非周期曲面接缝附近的控制点可能会产生锐边，以非周期曲线建立的曲面通常也会是非周期曲面，如图 4-3 所示。

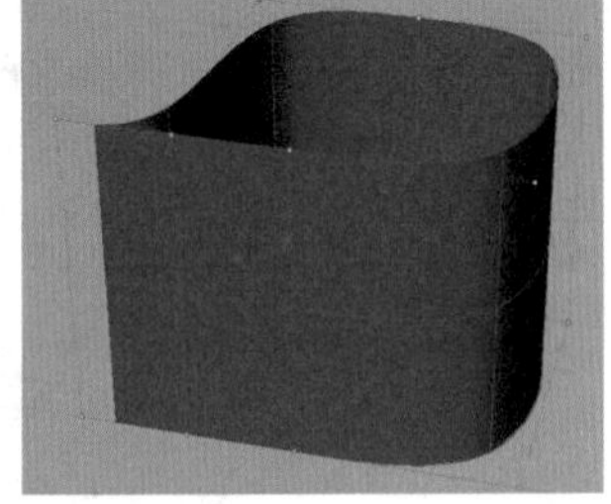

图4-3

疑难问答

问：什么是周期曲线和非周期曲线？

答：周期曲线是接缝处平滑的封闭曲线，编辑接缝附近的控制点不会产生锐角点；而非周期曲线是接缝处（曲线起点和终点的位置）为锐角点的封闭曲线，移动非周期曲线接缝附近的控制点可能会产生锐角点。

Rational（有理）曲面包含球体、圆柱体侧面和圆锥体，该类型的曲面以圆心及半径定义，而不是以多项式定义，如图 4-4 所示。

无论是 NURBS 曲面还是 Rational（有理）曲面，都是由点和线构成的，所以构造曲面的关键就是构造曲面上的点和线。下面将详细介绍曲面的五大关键要素。

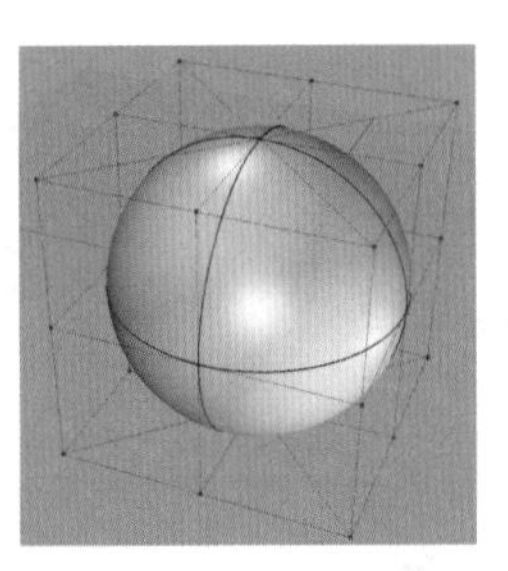

图4-4

4.1.1 控制点

打开和关闭曲面控制点的方法与曲线相同，通过快捷键 F10 和 F11 即可。曲面的控制点与曲面有着密切的关系，主要体现在控制点的数目、位置及权重上，不同的控制点数目会有不同阶数的曲面，图 4-5 所示是 1 阶、2 阶和 3 阶的曲线，挤出成曲面后的效果如图 4-6 所示。

图4-5

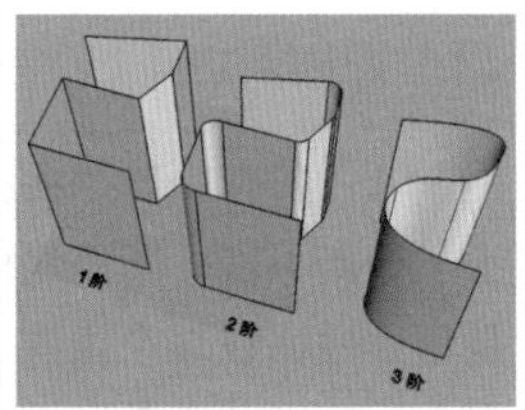

图4-6

4.1.2 ISO 线条

曲面的 ISO 线条就是曲面的结构线。如图 4-7 所示，曲面上的黑色线段就是曲面的 ISO 线条。

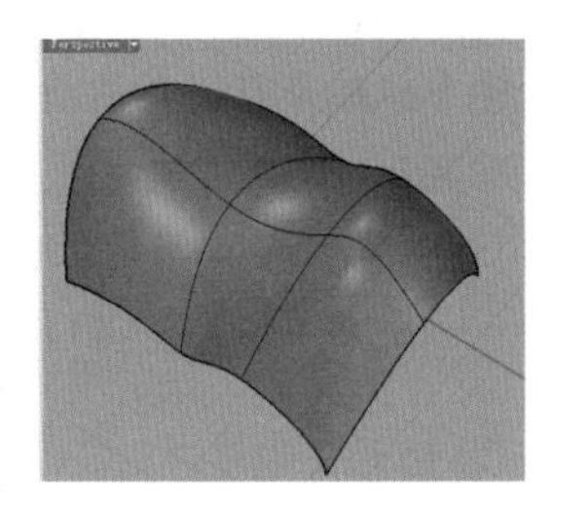

图4-7

增加曲面的控制点会相应地增加曲面的 ISO 线条。例如，在图 4-8 所示的曲面上增加一排控制点，相应地增加了两条 ISO 线，如图 4-9 所示。因此，要增加 ISO 线，可以在曲面上增加控制点；同理，要减少 ISO 线也可以移除曲面上的控制点。

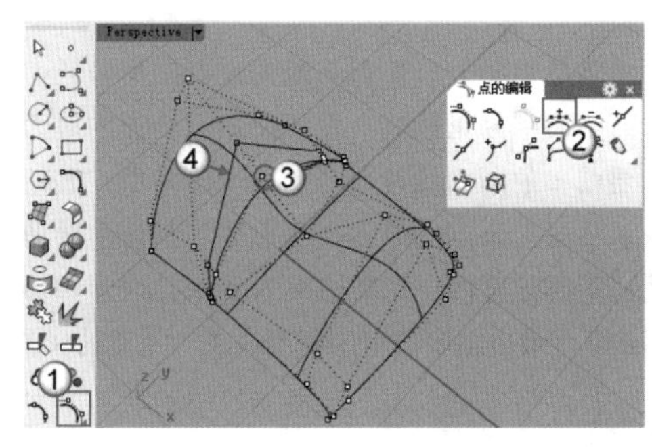

图4-8

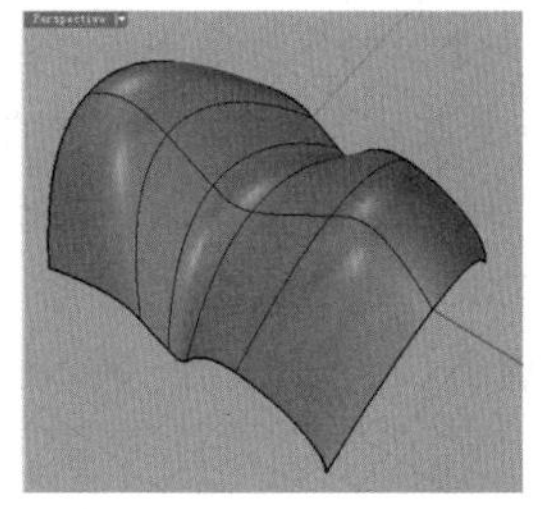

图4-9

4.1.3 曲面边

曲面的边是构成曲面的基本要素，而对于边线的调节是曲面成型的关键因素之一。合理地调节曲面的边线，有效地利用曲面的边线再造曲面是 Rhino 曲面建模的常用手法。

4.1.4 权重

曲面控制点的权重值是控制点对曲面的牵引力，权重值越高曲面会越接近控制点。

观察图 4-10，图中是一个中间部位凸出的平面曲面，且凸出的那个控制点的权值为 1.0。如果我们将权值修改为 0.5，曲面的变化如图 4-11 所示，可以看到凸起的高度降低，变得较圆滑。如果将权值修改为 10，结果如图 4-12 所示，可以看到曲面凸起明显拉长，变得又高又尖。

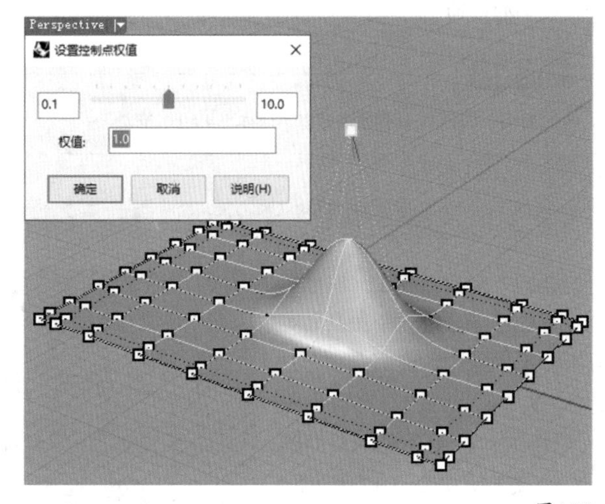

图4-10

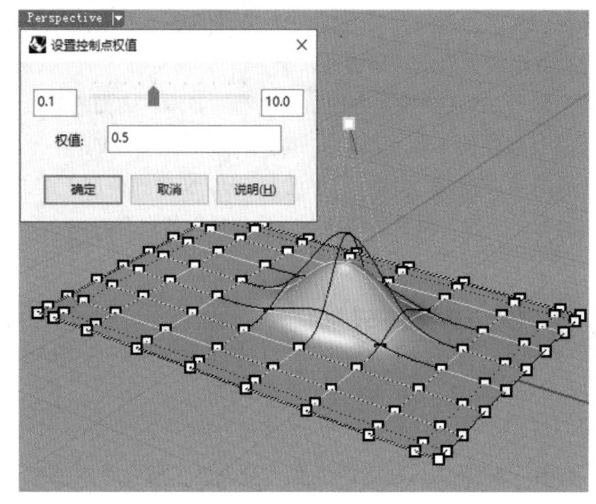

图4-11

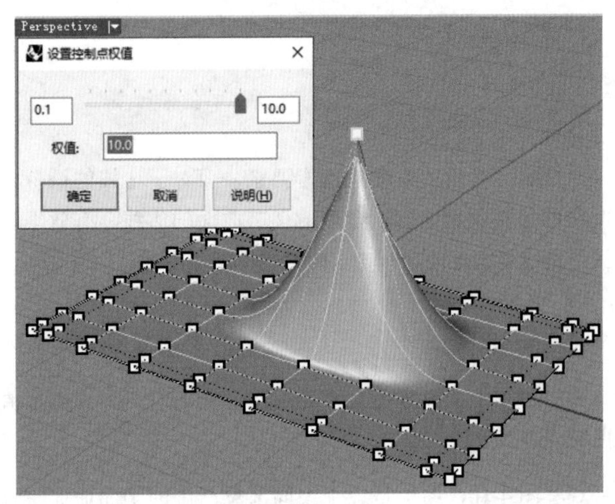

图4-12

从以上不同权重值的变化不难看出，权重值小于1时，曲面变化比较圆滑；权重值大于1时，曲面变化比较尖锐。曲面上的控制点的权重主要用于局部凹凸造型的设计表现，在编辑上不会影响周围曲率的过渡变化。

知识链接

改变曲面控制点权值的方法可以参考本章4.4.1小节。

4.1.5 曲面的方向

曲面的方向会影响建立曲面和布尔运算的结果。每一个曲面其实都具有矩形的结构，曲面有3个方向：U、V、N（法线），可以使用Dir（分析方向）命令显示曲面的U、V、N方向，如图4-13所示。

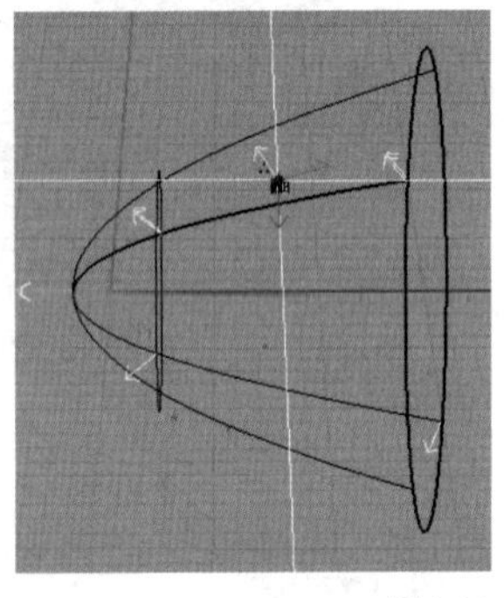

图4-13

在图4-13中，中间十字线的坐标箭头就是曲面的方向，其中U方向以红色箭头显示，V方向以绿色箭头显示，N（法线）方向以白色箭头显示。曲面的U、V方向会随着曲面的形状“流动”。可以将曲面的U、V、N方向看作一般的X、Y、Z方向，只不过U、V、N方向是位于曲面上。曲面的U、V方向和纹理贴图对应且与插入节点有关。

4.2 解析曲面

4.2.1 曲率与曲面的关系

想要了解曲率与曲面的关系，首先要了解曲线的曲率。曲线上的任何一点都有一条与该点相切的直线，也可以找出与该点相切的圆，这个圆的半径倒数（1除以半径值可以得到其倒数）是曲线在该点的曲率。曲线上某一点的相切圆有可能位于曲线的左侧或右侧，为了进行区分，可以将曲率加上正负符号，相切圆位于曲线左侧时曲率为正数，位于曲线右侧时曲率为负数，这种表示方式被称为有正负的曲率。

曲面的曲率

曲面的曲率主要包括“断面曲率”“主要曲率”“高斯曲率”“平均曲率”这4类。

〈1〉断面曲率

以一条直线切割曲面时会产生一条断面线，断面线的曲率就是这个曲面在这个位置的断面曲率，如图4-14所示。

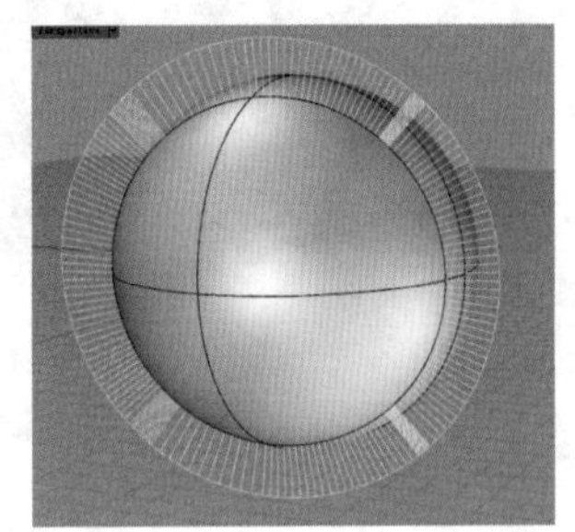

图4-14

曲面上任意一点的断面曲率不是唯一的，曲面上某一点的曲率为曲面在该点处的曲率之一，这个曲率是有正负的曲率。由通过这一点的断面决定。以许多不同方向的平面切过曲面上的同一点，会产生许多断面线，每一条断面线在该点的曲率都不同，其中必定有一个最大值和最小值。

〈2〉主要曲率

曲面上一个点的最大曲率和最小曲率称为主要曲率，高斯曲率和平均曲率都是由最大主要曲率与最小主要曲率计算而来的。

〈3〉高斯曲率

高斯曲率是曲面上一个点的最大主要曲率与最小主要曲率的乘积。高斯曲率为正数时，表示曲面上该点的最大主要曲率与最小主要曲率的断面线往曲面的同一侧弯曲；高斯曲率为负数时，表示曲面上该点的最大主要曲率与最小主要曲率的断面线往曲面的不同侧弯曲；高斯曲率为0时，表示曲面上该点的最大主要曲率与最小主要曲率的断面线之一是直的（曲率为0）。

〈4〉平均曲率

平均曲率是曲面上一个点的最大主要曲率与最小主要曲率的平均数，曲面上一个点的平均曲率为0时，该点的高斯曲率可能是负数或0。一个曲面上任意点的平均曲率都是0的曲面称为极小曲面，一个曲面上任意点的平均曲率都是固定的曲面称为定值平均曲率（CMC）曲面。CMC曲面上任意点的平均曲率都一样，极小曲面属于CMC曲面的一种，也就是曲面上的任意点的曲率都是0。

曲面的连续性

Rhino 曲面建模常见的流程是由线到面，所以曲线之间的关系直接决定了曲面之间的结果。曲线的连续分为 G0、G1 和 G2 连续，因此曲面的连续相应地也可分为以下 3 种。

〈1〉位置连续（G0）

如果两个曲面相接边缘处的斑马纹相互错开，表示两个曲面以 G0（位置）连续性相接，如图 4-15 所示。

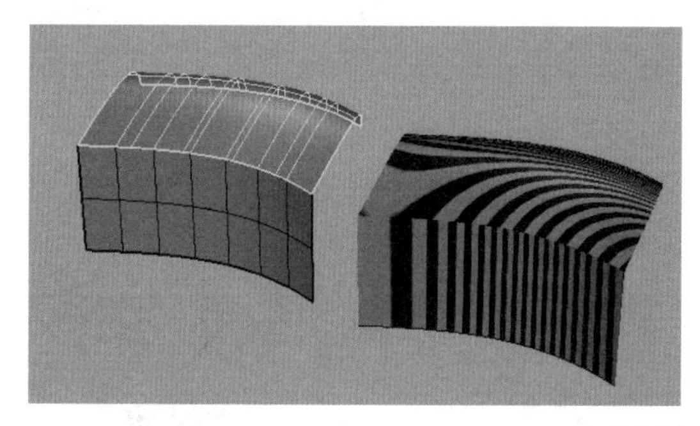

图4-15

〈2〉相切但曲率不同（G1）

如果两个曲面相接边缘处的斑马纹相接但有锐角，两个曲面的相接边缘位置相同，切线方向也一样，表示两个曲面以 G1（位置 + 相切）连续性相接，如图 4-16 所示。

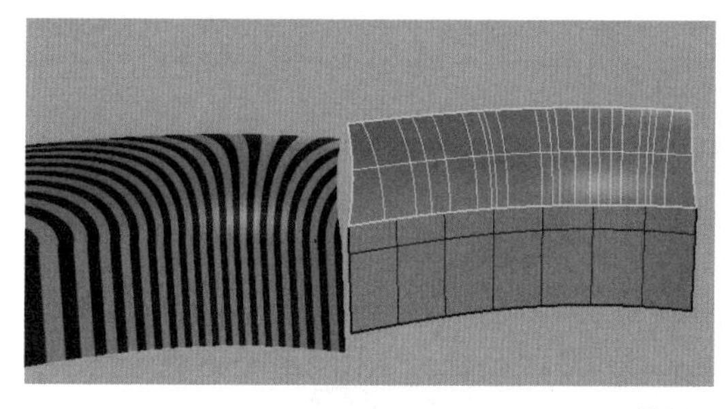

图4-16

〈3〉位置、相切、曲率相同（G2）

如果两个曲面相接边缘处的斑马纹平顺地连接，两个曲面的相接边缘除了位置和切线方向相同以外，曲率也相同，表示两个曲面以 G2（位置 + 相切 + 曲率）连续性相接，如图 4-17 所示。

图4-17

4.2.2 曲面的 CV 点与曲面的关系

CV 点是建立曲面时的控制点，是曲面的基础，因此调节曲面最直观的方法就是调节 CV 点。但 CV 点的形态与曲面的形态有着一定的差距，而且利用 CV 点编辑曲面在构造历史、连续关系等方面比较复杂。所以，初学者应用此种方法会有一定的困难，需要经过一定的练习后才能熟练使用。使用 CV 点编辑曲面主要体现在以下两个方面。

调节曲面 CV 点的数量

通过移动 CV 点来调节曲面形态的前提条件就是曲面的 CV 点不能太多，否则无法调节。曲面 CV 点的多少需要根据曲面的具体形态而定，过少会无法描述曲面，过多则无法调节。所以确定 CV 点的数量需要一定的操作经验。

利用 CV 点调节曲面的形态

如果曲线相同，曲面也可以通过 CV 点来编辑。通过移动曲面上的 CV 点可以调节曲面的形状，但这种方法对曲面上的 CV 点有一定的要求，因为如果 CV 点太多，调节将会很复杂，所以不建议初学者使用。另外还要注意 CV 点编辑曲面将删除曲面的构造历史。

4.2.3 曲面点的权重与曲面的关系

曲面 CV 点的权重与曲线的权重一样，只要打开控制点，就可以对需要编辑的点进行权值调节。权重的作用也与曲线的权重类似，都能在不改变 CV 点的数量和排列的基础上改变曲面的形态。不过，一般情况下是不需要调节曲面上 CV 点的权重的，因为曲面的 CV 点一般都不在曲面上，所以，调节 CV 点对曲面的曲率影响较大，很多时候都会使曲面发生无法控制的形变。

4.2.4 曲面点的阶数与曲面的关系

曲面的阶数也与曲线的阶数类似，只不过更复杂。一条曲线只有一个阶数，而一个曲面有两个阶数，分别是 U 方向和 V 方向的阶数。两个方向可以独立确定阶数，互不影响，所以排列组合的可能性就很多。因为曲面主要就在 1 ～ 3 阶范围内，所以暂时就使用 1、2、3 阶来组合。就像曲线一样，如果两个方向都是 1 阶，则这个面就是平面；两个方向中有一个方向是 1 阶，另一方向是 2 阶以上，这个面就是单曲面；如果两个方向都是 2 阶以上，则这个面就是双曲面。

与曲线类似，当改变曲面的阶数时，曲面有可能发生变化。阶数上升时，曲面不发生变化，只是曲面的控制点会增加；阶数下降时，每降一阶，曲面就变化一次，直至变成平面。

4.3 创建曲面

★重点★

4.3.1 由点建面

通过点来构造曲面是最基础的方式，Rhino 也提供了多个创建工具，如图 4-18 所示。

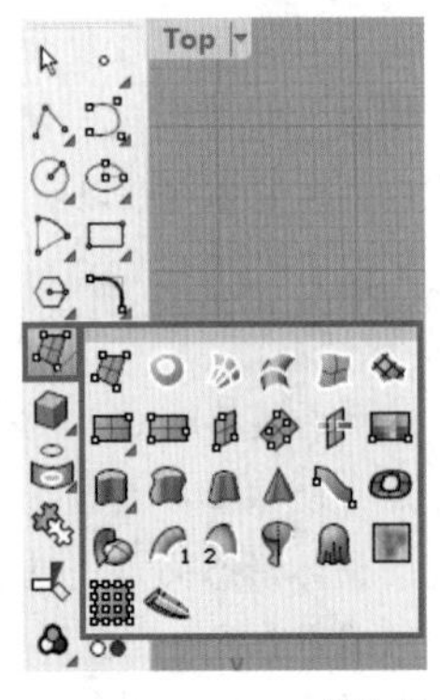

图4-18

通过 3 个点或 4 个点建立曲面

使用“指定三或四个角建立曲面”工具可以创建三角形的曲面或四角形的曲面，三角形的曲面必然位于同一平面内，但四角形的曲面可以位于不同的平面内，如图 4-19 所示。

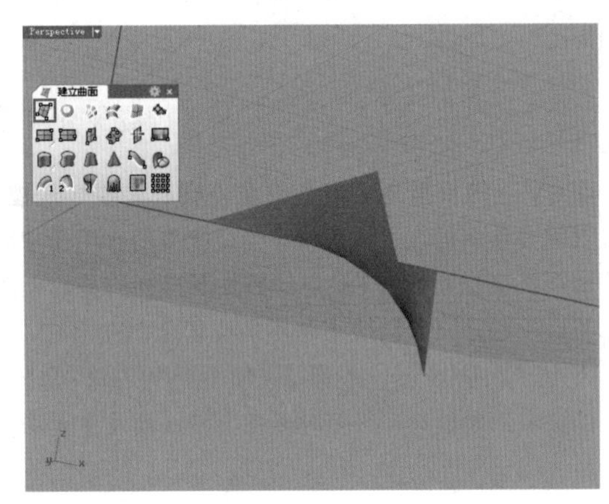

图4-19

使用“指定三或四个角建立曲面”工具创建曲面的方法比较简单，创建三角形面时，依次指定曲面的 3 个角点，再按 Enter 键即可。创建四角形面时，依次指定曲面的 4 个角点，命令会自动结束，如果要创建非平面的曲面，可以在指定点时跨越到其他工作视窗。

建立矩形平面

建立矩形平面有两种方式，一种是通过指定矩形的对角点，也就是使用“矩形平面：角对角”工具，如图 4-20 所示；另一种是通过指定矩形一条边的两个端点和对边上的一点，也就是使用“矩形平面：三点”工具，如图 4-21 所示。

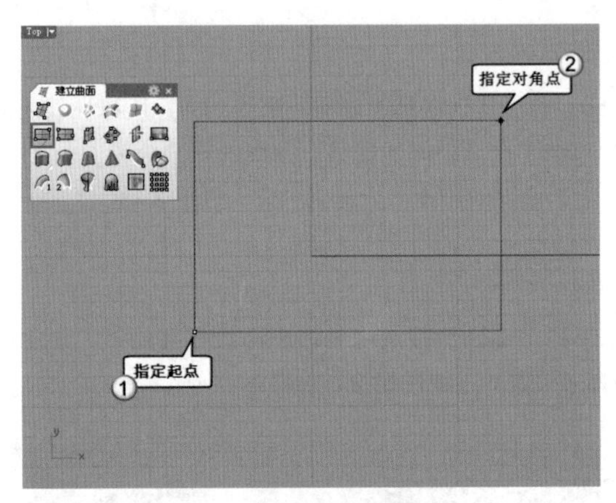

图4-20

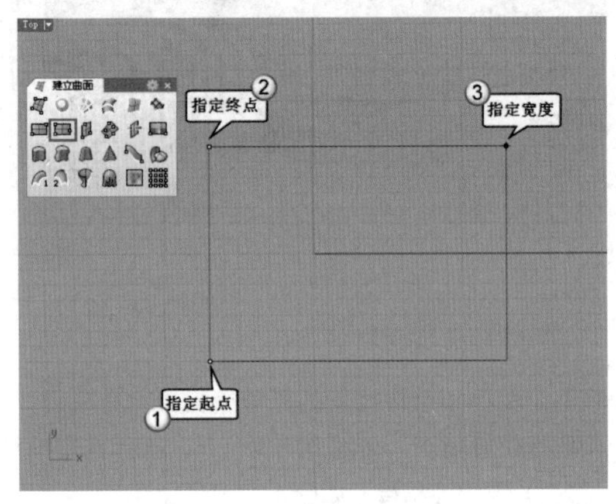

图4-21

建立垂直平面

如果要创建一个与工作平面垂直的矩形，可以使用“垂直平面”工具，如图 4-22 所示。

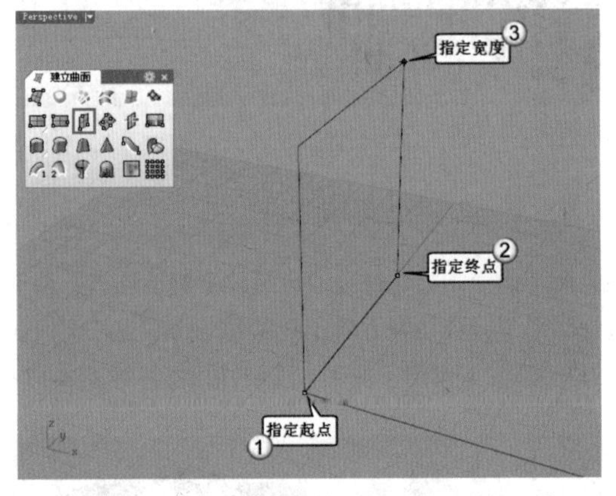

图4-22

通过多个点建立曲面

通过 3 个点可以构建一个平面，因此当视图中存在 3 个或 3 个以上的点物件时，可以使用“配合数个点的平面”工具创建一个平面。需要注意的是，无论有多少个点或点的排布有多么不规则，Rhino 会自动选取上下左右 4 个方向最靠外的点创建矩形平面，如图 4-23 所示。

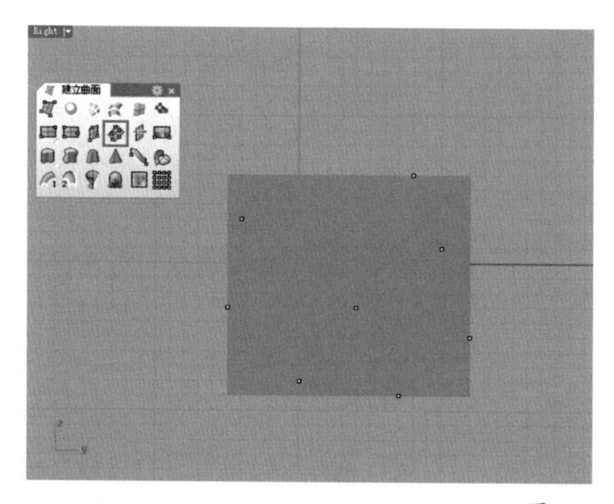

图4-23

重点实战

利用由点建面方式创建房屋

场景位置	场景文件>第4章>01.3dm
实例位置	实例文件>第4章>实战——利用由点建面方式创建房屋.3dm
视频位置	第4章>实战——利用由点建面方式创建房屋.mp4
难易指数	★★☆☆☆
技术掌握	掌握由点建面和图层编辑的方法

本例创建的房屋效果如图 4-24 所示。

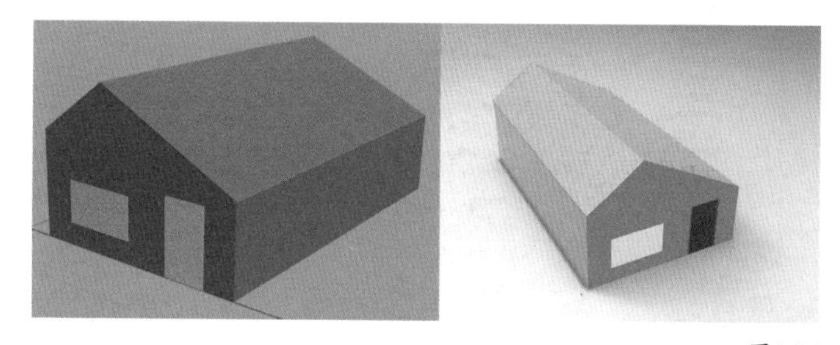

图4-24

01 打开本案例的场景文件，如图 4-25 所示。

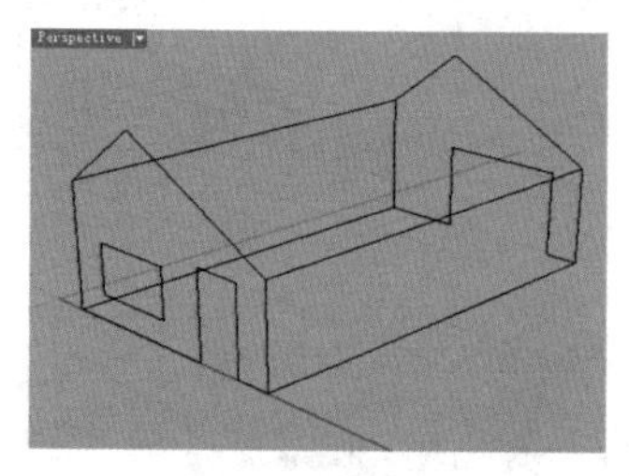

图4-25

02 切换到“图层”面板，然后单击两次 Layer01 图层，将其重命名为“门”，如图 4-26 所示。

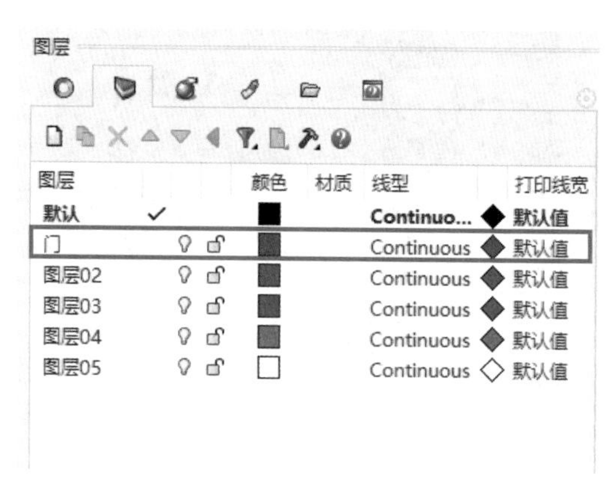

图4-26

03 使用相同的方法修改 Layer02 图层的名称为“窗”，再修改 Layer03 图层的名称为“房屋主体”，并快速双击“门”图层，将其设置为当前工作图层，如图 4-27 所示。

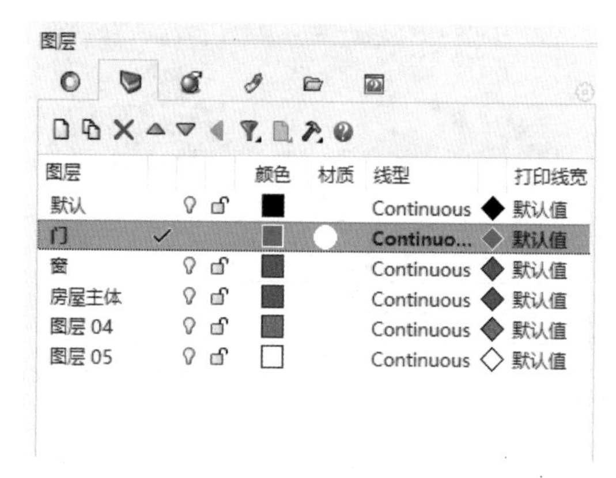

图4-27

04 开启“端点”捕捉模式，然后启用“指定三或四个角建立曲面”工具，在门的位置依次捕捉 4 个端点，创建出图 4-28 所示的平面。

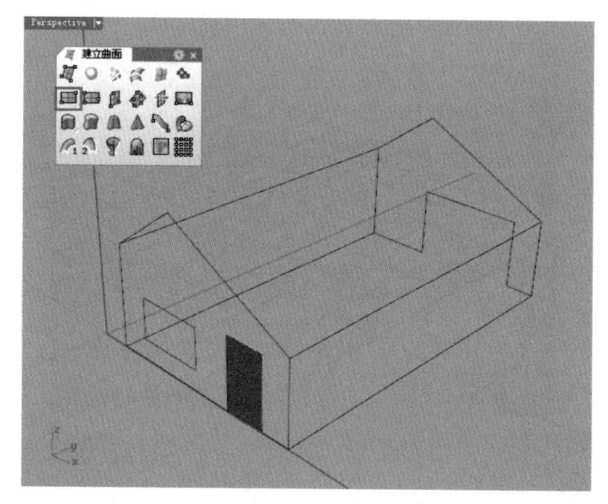

图4-28

05 使用相同的方法创建另一扇门，如图 4-29 所示。

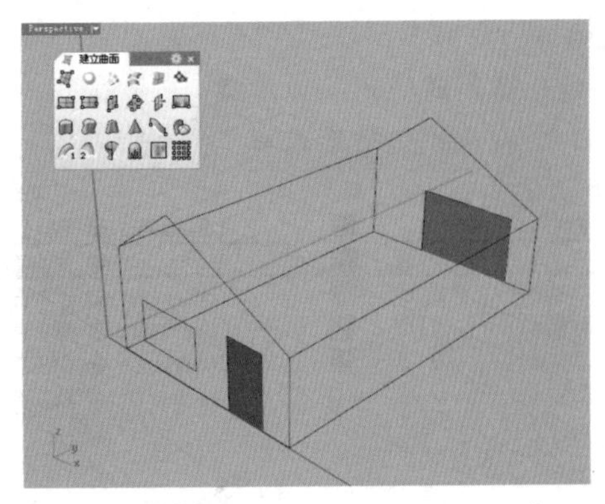

图4-29

06 通过状态栏将“窗”图层设置为当前工作图层，然后继续使用“指定三或四个角建立曲面”工具创建窗户平面，如图4-30所示。

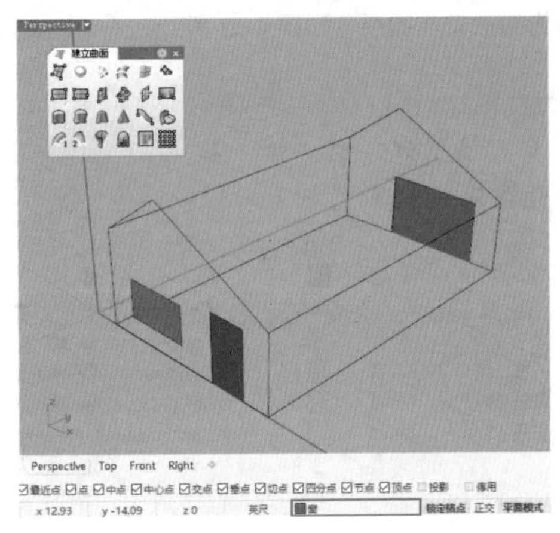

图4-30

07 将“房屋主体”图层设置为当前工作图层，同样使用“指定三或四个角建立曲面”工具创建房屋主体曲面（由6个矩形面和两个三角形面组成），如图4-31所示。

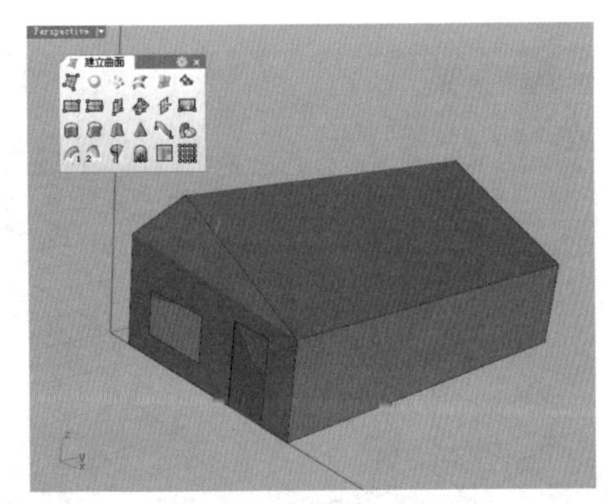

图4-31

08 完成创建后，可以看出房屋主体与门和窗重合，因此需要修剪房屋主体的面。使用“分割/以结构线分割曲面”工具分割窗户和门所在的两个面，然后将与门、窗重合的墙体面删除，效果如图4-32所示。

09 打开“Rhino选项”对话框，进行图4-33所示的设置。

10 在“标准”工具栏中单击“着色/着色全部工作视窗”工具，将模型着色显示，效果如图4-34所示。

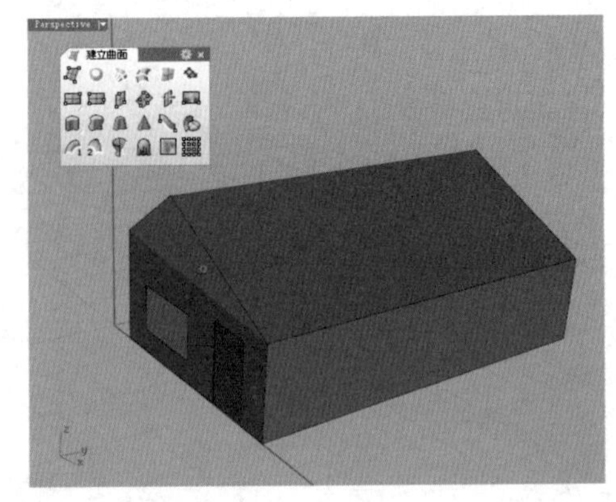

图4-32

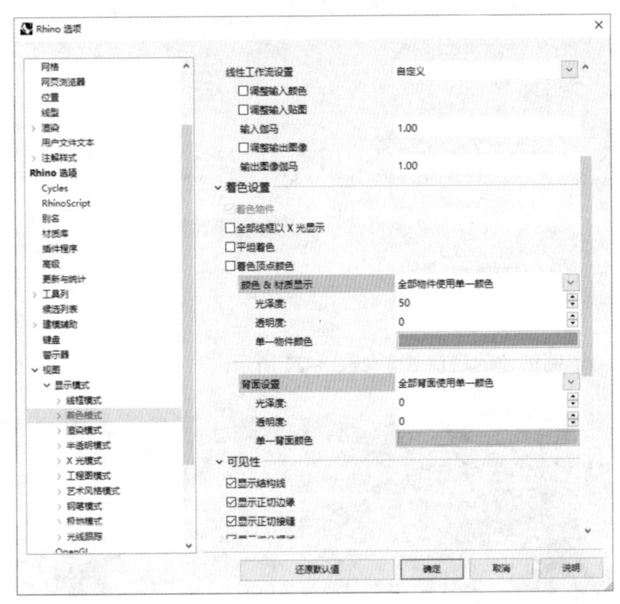

图4-33

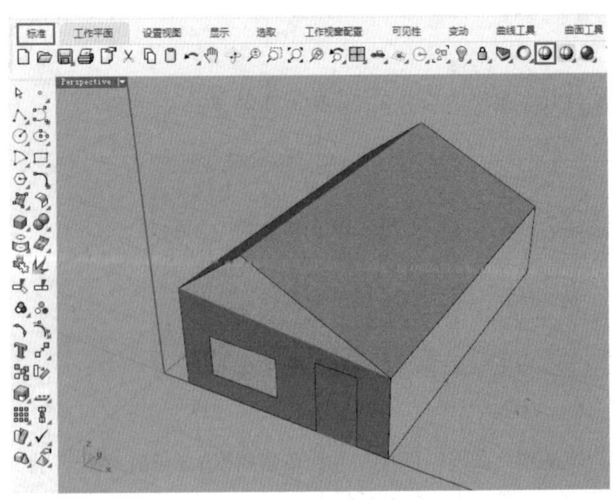

图4-34

11 使用“分析方向 / 反转方向”工具的右键功能调整门、窗和屋顶的曲面为背面方向，再调整墙体的曲线为正面方向，最终效果如图 4-35 所示。

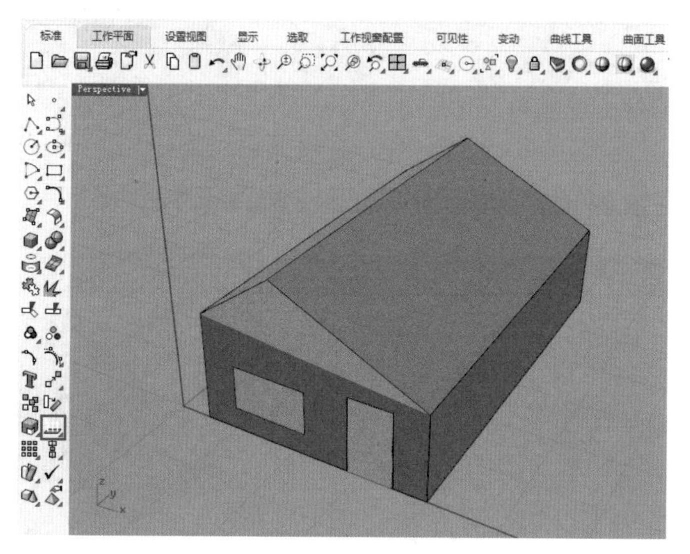

图4-35

★重点★

4.3.2 由边建面

曲面最少由 3 条或 3 条以上的曲线构成，所以，由边线来构建曲面也要满足至少 3 条这一基本条件。通过边线来创建曲面主要有两个工具，“以平面曲线建立曲面”工具和“以二、三或四个边缘曲线建立曲面”工具，如图 4-36 所示。

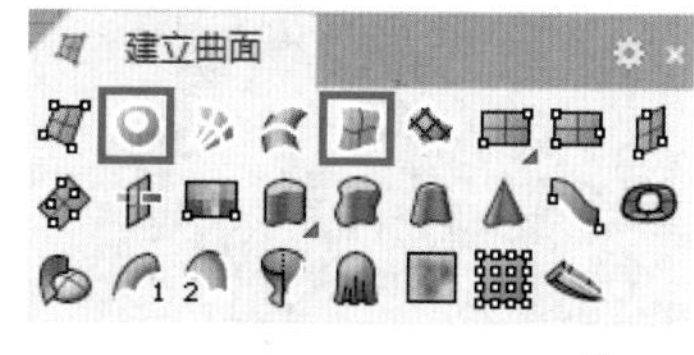

图4-36

以封闭曲线建立曲面

使用“以平面曲线建立曲面”工具可以将封闭的平面曲线创建为平面，方法比较简单，框选曲线并按 Enter 键即可，如图 4-37 所示。

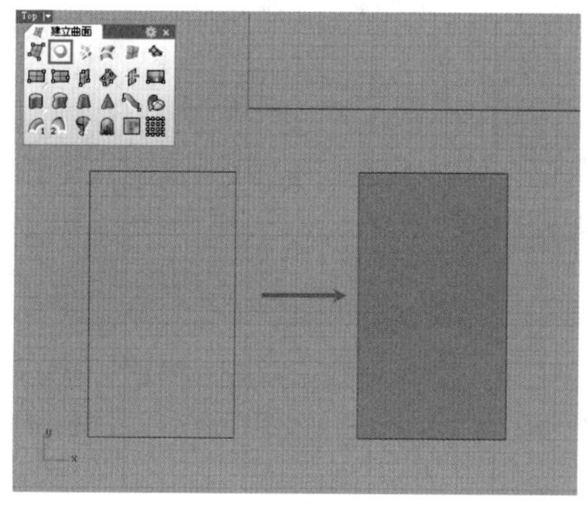

图4-37

不过需要注意的是，如果曲线有部分重叠，那么每条曲线都会建立一个平面。此外，如果一条曲线完全位于另一条曲线内部，则该曲线会被当成洞的边界，如图 4-38 所示。

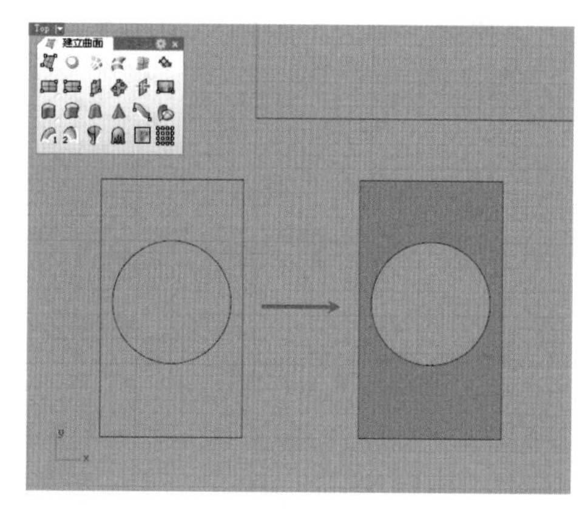

图4-38

以开放曲线建立曲面

“以二、三或四个边缘曲线建立曲面”工具的用法与“以平面曲线建立曲面”工具类似，区别在于后者创建的是满足“封闭”这一条件的曲面，而前者创建的是满足“开放”这一条件的曲面。

观察图 4-39 会发现，上图是将两条直线创建为曲面的效果，下图是将 3 条曲线创建为曲面的效果，从下图的结果中可以看到，当用于建立曲面的开放曲线之间有较大的差异时，生成的曲面同样会产生一些差异。

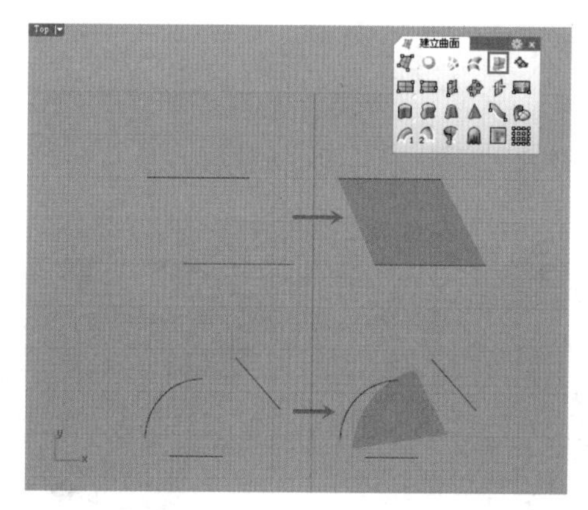

图4-39

再来观察图 4-40，上图是一个闭合的矩形，可以看到无法创建曲面，而下图是将矩形炸开为 4 条开放线段后的效果，可以创建为曲面。

通过上面的对比可以得出一个结论：使用“以平面曲线建立曲面”工具时，曲线必须构成一个封闭的平面环境，这个封闭的环境由一条曲线构成或由多条曲线构成并不重要；而使用“以二、三或四个边缘曲线建立曲面”工具时，曲线的数量只能是2、3或4条，而且必须是开放曲线，是否构成封闭环境并不重要。

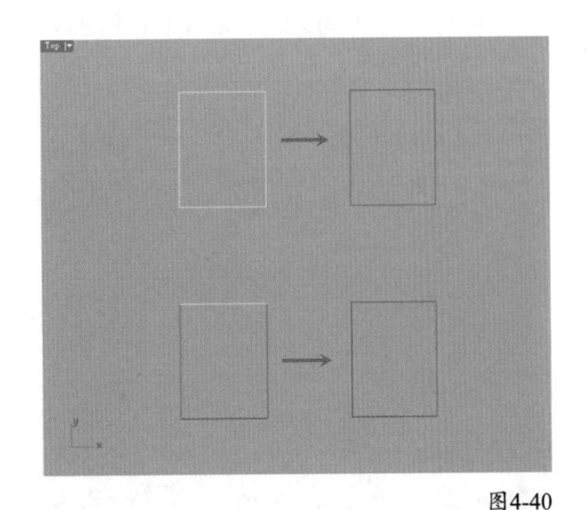

图4-40

疑难问答

问：一个闭合的矩形无法使用“以二、三或四个边缘曲线建立曲面”工具创建曲面，那么两个或3个闭合矩形呢？

答：同样不可以，有兴趣的读者可以自行尝试。

重点实战

利用由边建面方式创建收纳盒

场景位置	场景文件>第4章>02.3dm
实例位置	实例文件>第4章>实战——利用由边建面方式创建收纳盒.3dm
视频位置	第4章>实战——利用由边建面方式创建收纳盒.mp4
难易指数	★★★☆☆
技术掌握	掌握以封闭曲面建面、以开放曲线建面和创建厚度的方法

本例创建的收纳盒效果如图4-41所示。

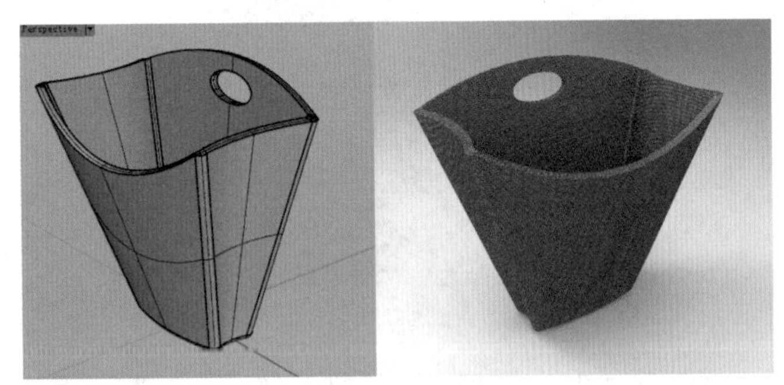

图4-41

01 打开本例的场景文件，如图4-42所示。

02 启用“以二、三或四个边缘曲线建立曲面”工具，然后分别选择相连的4条线，建立一个曲面，如图4-43所示。

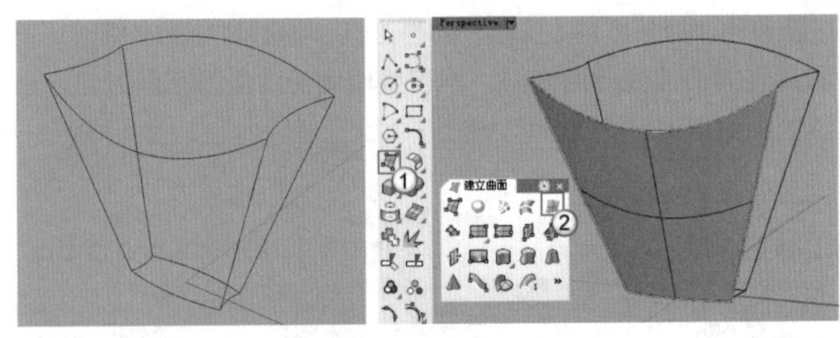

图4-42　　图4-43

03 使用相同的方法创建其他面，结果如图4-44所示。

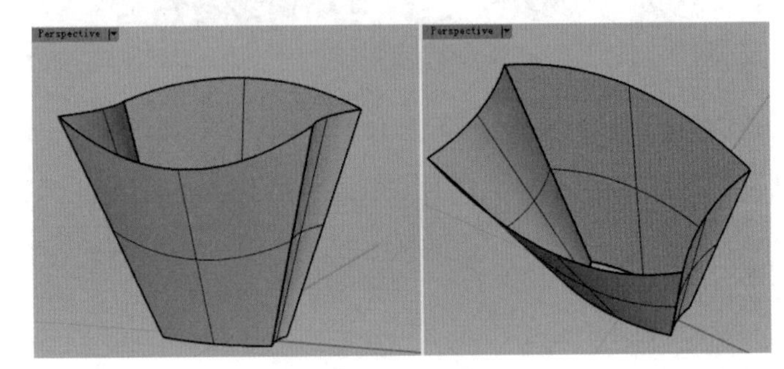

图4-44

04 选择背面朝外的曲面，然后右击“分析方向/反转方向”工具，改变其法线方向，如图4-45所示。

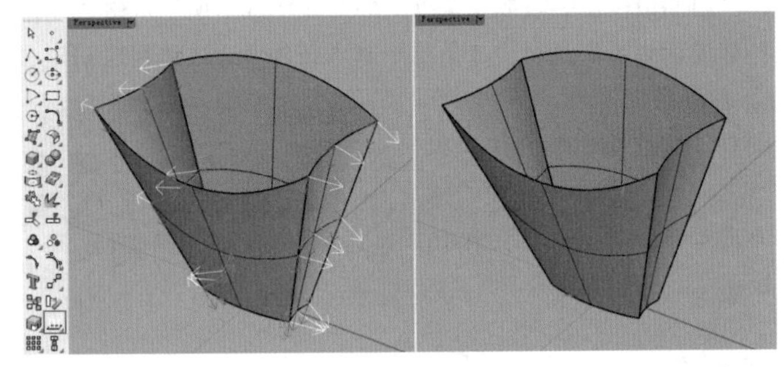

图4-45

05 单击“以平面曲线建立曲面”工具，然后依次选择4个面的底边，创建底面，如图4-46所示。

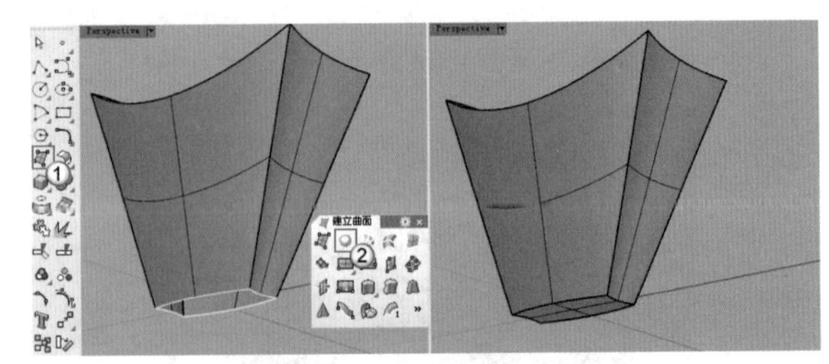

图4-46

06 使用“组合”工具组合前面创建的5个面，如图4-47所示。

07 在“曲面工具”工具面板中单击“偏移曲面”工具，对组合后的曲面进行偏移复制，如图 4-48 所示，具体操作步骤如下。

图4-47

操作步骤

①选择组合后的曲面，按 Enter 键确认。

②在命令行中单击“距离”选项，设置偏移距离为 1，然后按 Enter 键完成操作。

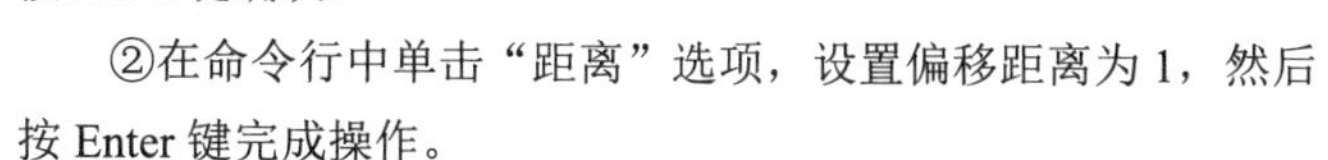

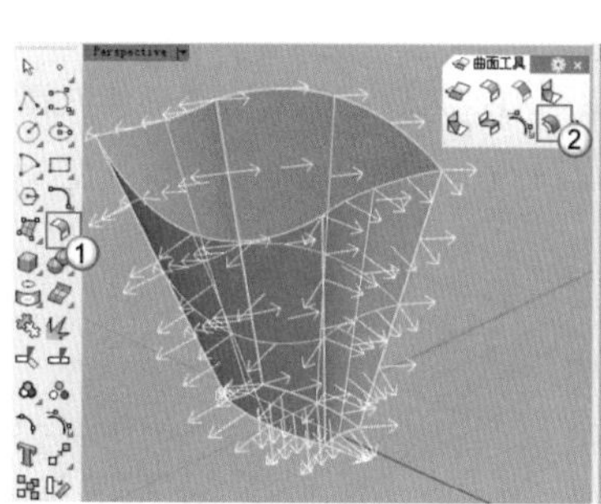

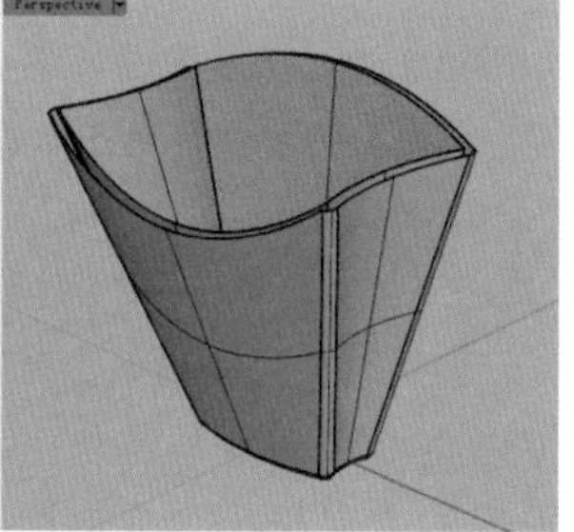

图4-48

知识链接

“偏移曲面”工具的具体用法可以参考本章 4.4.7 小节。

08 在“实体工具”工具面板中单击“不等距边缘圆角 / 不等距边缘混接”工具，对内部的多重曲面的 4 条棱边进行倒角，如图 4-49 所示，具体操作步骤如下。

操作步骤

①在命令行中单击“下一个半径”选项，然后设置半径为 0.5。

②依次选择内部的多重曲面的 4 条棱边，按两次 Enter 键得到倒角曲面。

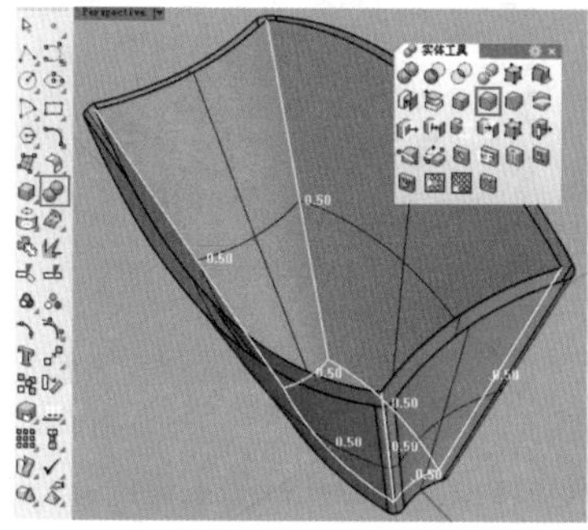

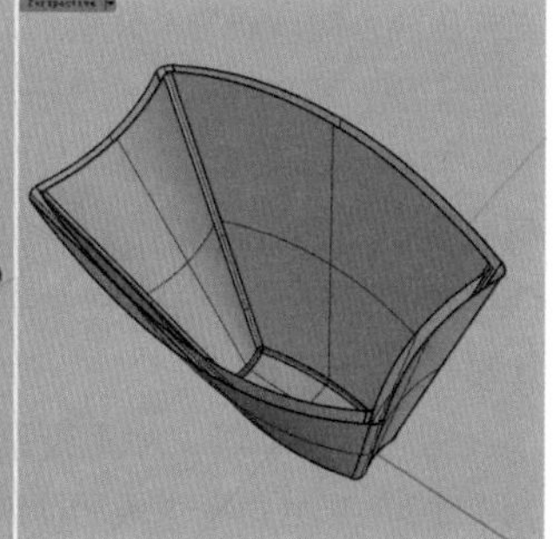

图4-49

知识链接

“不等距边缘圆角 / 不等距边缘混接”工具的具体用法可以参考本书第 5 章的 5.4.6 小节。

09 打开“端点”捕捉模式，然后使用“直线”工具捕捉倒角处的端点，创建 8 条直线，如图 4-50 和图 4-51 所示。

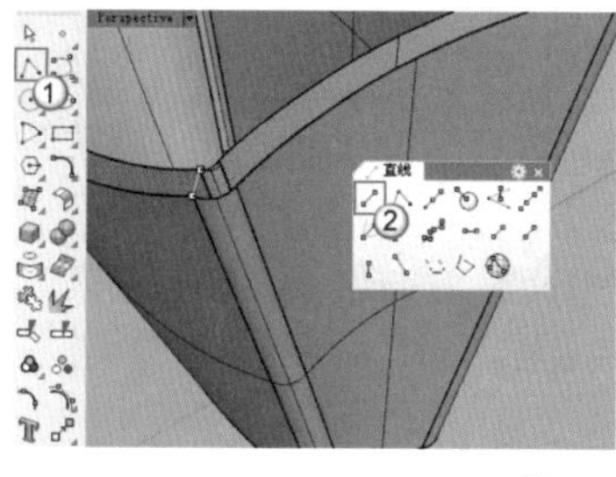

图4-50

图4-51

10 单击“以二、三或四个边缘曲线建立曲面”工具，然后依次选择倒角处的 4 条相连曲线，创建出图 4-52 所示的平面。

11 使用相同的方法依次创建其余曲面，如图 4-53 所示。

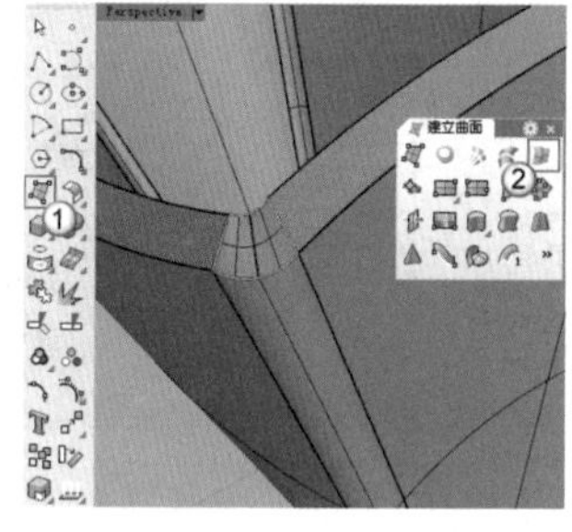

图4-52

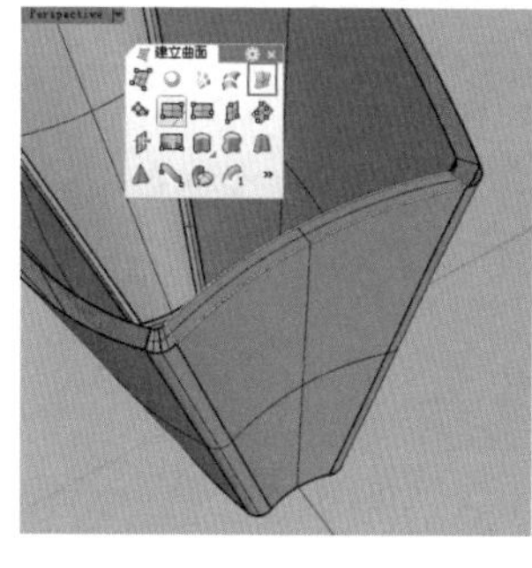

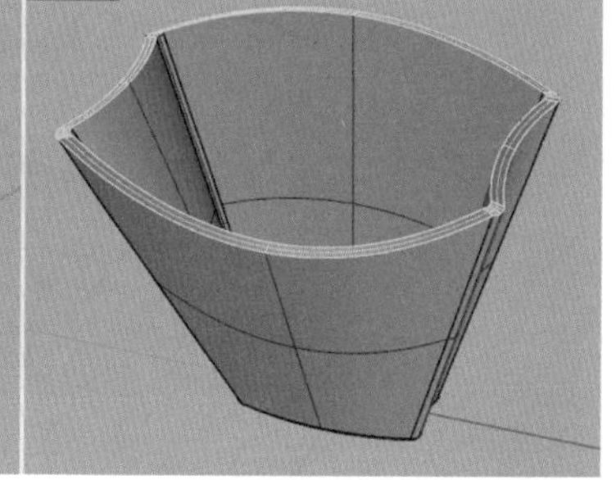

图4-53

12 单击“椭圆：从中心点”工具，在 Front（前）视图中绘制图 4-54 所示的椭圆。

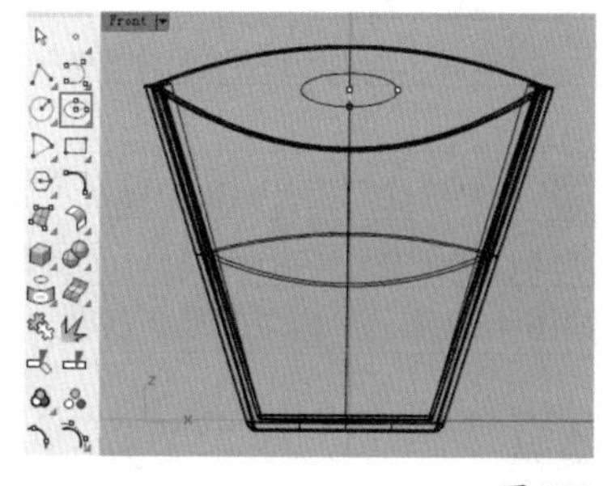

图4-54

13 使用“修剪 / 取消修剪”工具对多重曲面进行修剪，如图 4-55 所示，修剪完成后的效果如图 4-56 所示。

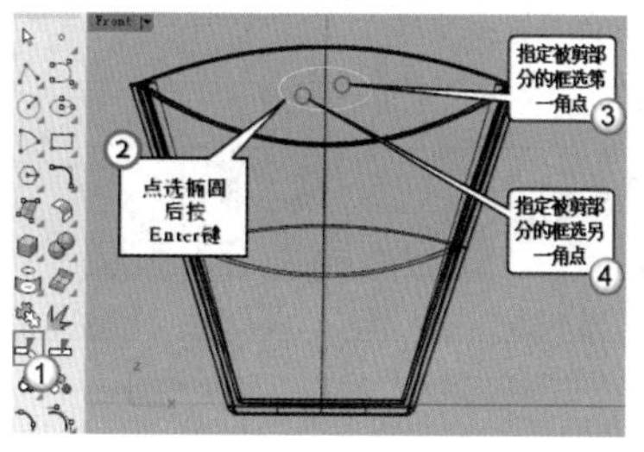

图4-55

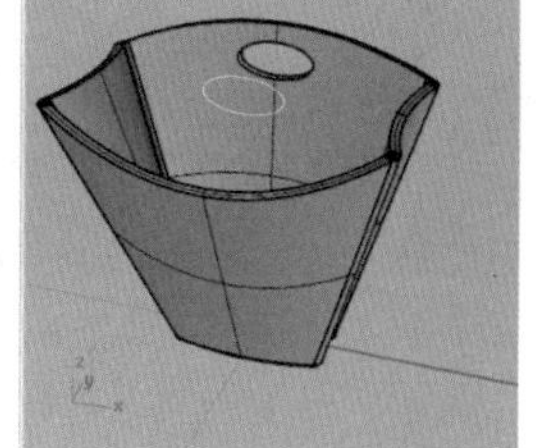

图4-56

14 单击“放样”工具，对修剪边缘进行放样，生成图4-58所示的曲面，具体操作步骤如下。

操作步骤

①依次选择两条修剪边缘，然后按Enter键打开“放样选项”对话框，如图4-57所示。

②在“放样选项”对话框中设置“样式”为“平直区段”，然后单击“确定”按钮完成放样。

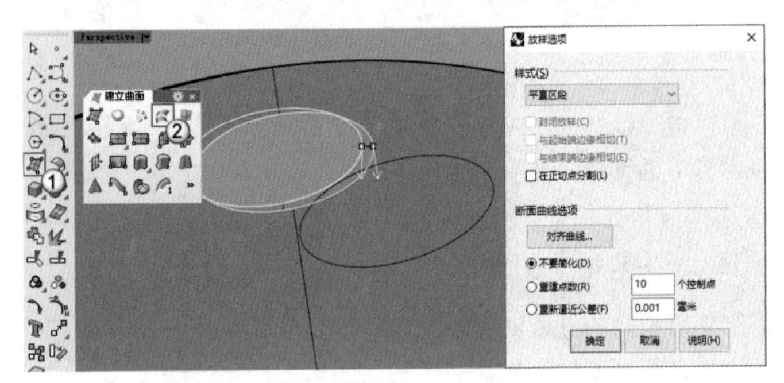

图4-57

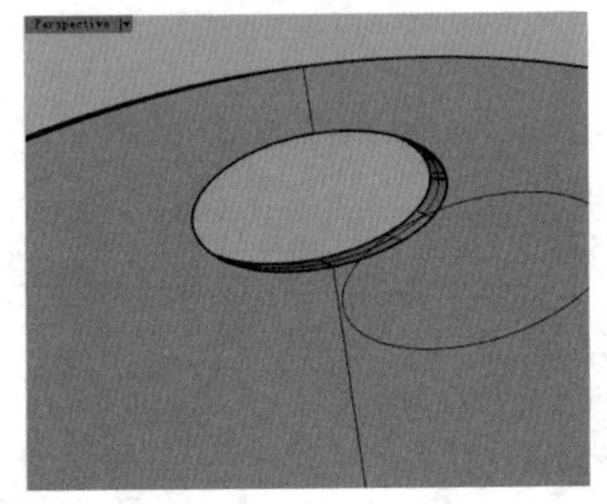
图4-58

知识链接

“放样”工具的具体用法可以参考本章4.3.7小节。

15 在“选取”工具面板中单击“选取曲线”工具，选择全部曲线，接着单击“隐藏物件/显示物件”工具，将曲线隐藏，如图4-59所示，模型的最终效果如图4-60所示。

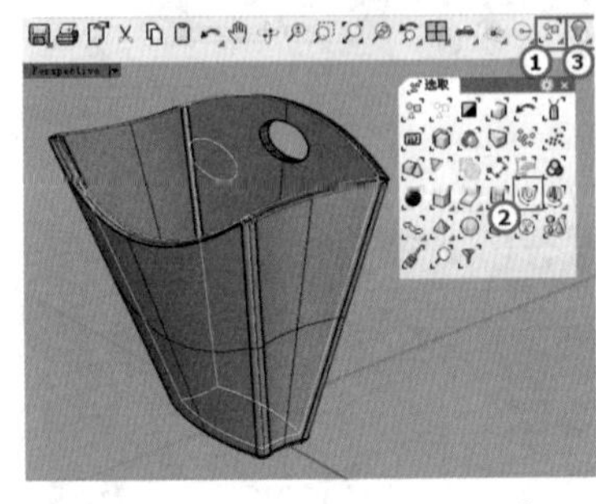
图4-59

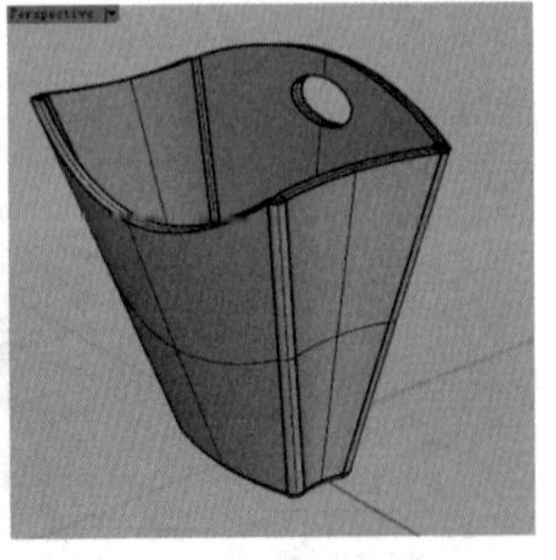
图4-60

★重点★

4.3.3 挤压成形

挤压成形是多数三维建模软件都具有的一种功能，它的基本原理就是朝一个方向进行直线拉伸，挤压方式分为以下两大类。

第1类：挤压曲线，主要是对曲线进行拉伸，包括“直线挤出”工具、“沿着曲线挤出/沿着副曲线挤出”工具、“挤出曲线成锥状”工具、“挤出至点”工具、“彩带”工具和“往曲面法线方向挤出曲线”工具，如图4-61所示。

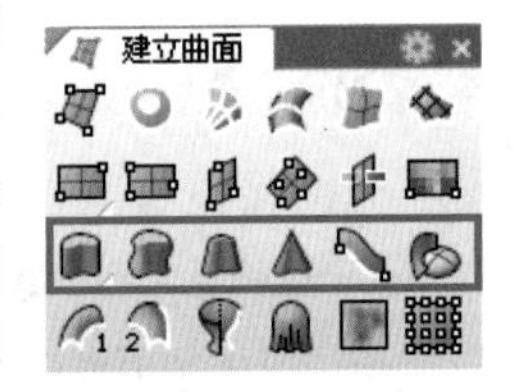

图4-61

第2类：挤压曲面，主要是通过拉伸截面来实现形体的塑造，这部分内容将在第5章进行讲解。

直线挤出

使用“直线挤出”工具可以将曲线沿着与工作平面垂直的方向挤出生成曲面或实体。

启用“直线挤出”工具后，选择需要挤出的曲线，然后指定挤出距离即可，如图4-62所示。

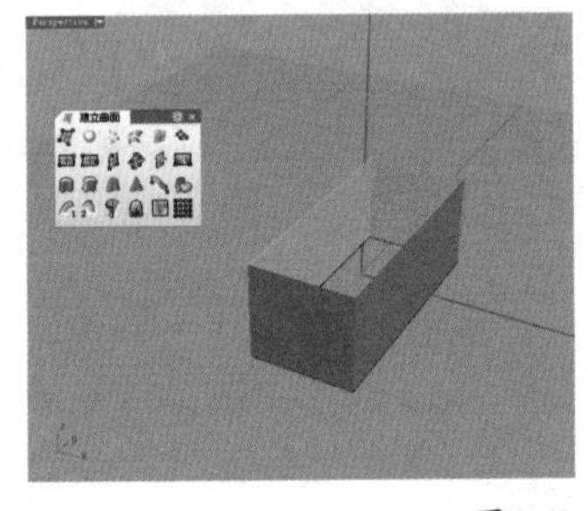
图4-62

选择需要挤出的曲线后，将看到图4-63所示的命令选项。

挤出长度 < 11.128> (方向(D) 两侧(B)=是 实体(S)=否
删除输入物件(L)=否 至边界(T) 分割正切点(P)=否 设定基准点(A)):

图4-63

命令选项介绍

方向：通过指定两个点定义挤压的方向，如图4-64所示。

两侧：将曲线向两侧挤压。

实体：如果设置为“是”，同时挤出的曲线是封闭的平面曲线，那么挤压生成的将是实体模型。

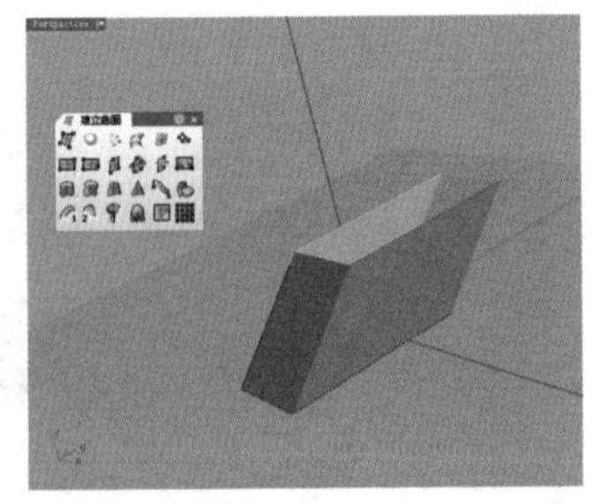
图4-64

删除输入物件：如果设置为“是”，那么挤压生成曲面或实体后，原始曲线将被删除。删除输入物件会导致无法记录建构历史。

重点实战

利用直线挤出创建烟灰缸

场景位置	无
实例位置	实例文件>第4章>实战——利用直线挤出创建烟灰缸.3dm
视频位置	第4章>实战——利用直线挤出创建烟灰缸.mp4
难易指数	★★★☆☆
技术掌握	掌握不同方式直线挤出曲面的方法

本例创建的烟灰缸效果如图 4-65 所示。

01 启用“多边形：中心点、半径”工具，在 Top（顶）视图中绘制一个正六边形，如图 4-66 所示，具体操作步骤如下。

操作步骤

①在命令行中单击“边数”选项，然后设置边数为 6。

②在 Top（顶）视图中依次指定多边形的中心点和角点。

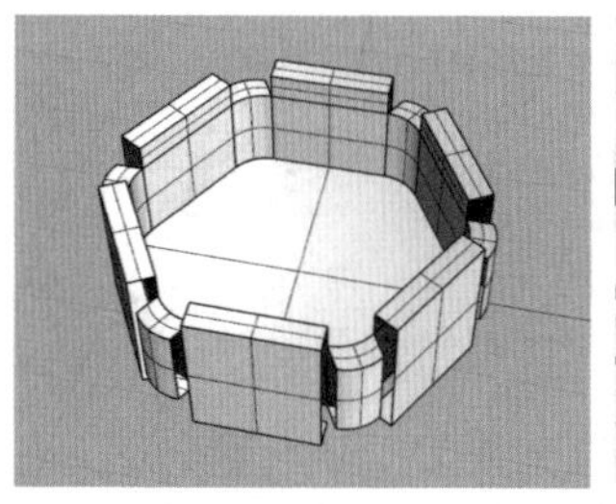

图4-65

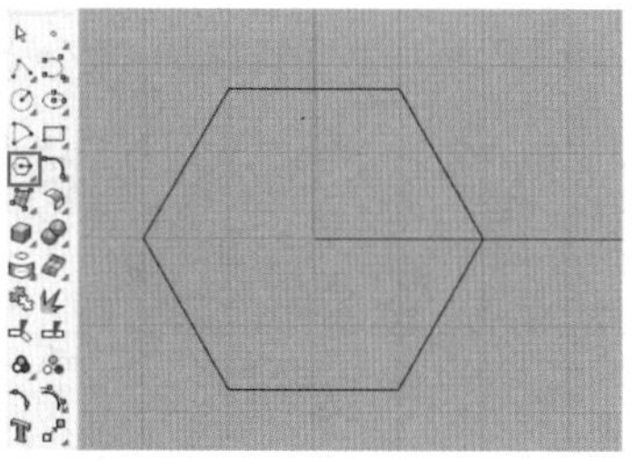

图4-66

02 启用“直线挤出”工具，以“对称”方式挤出曲面，如图 4-68 所示，具体操作步骤如下。

操作步骤

①选择上一步绘制的正六边形，按 Enter 键确认。

②拖曳鼠标在合适位置拾取一点，指定挤出长度，如图 4-67 所示。

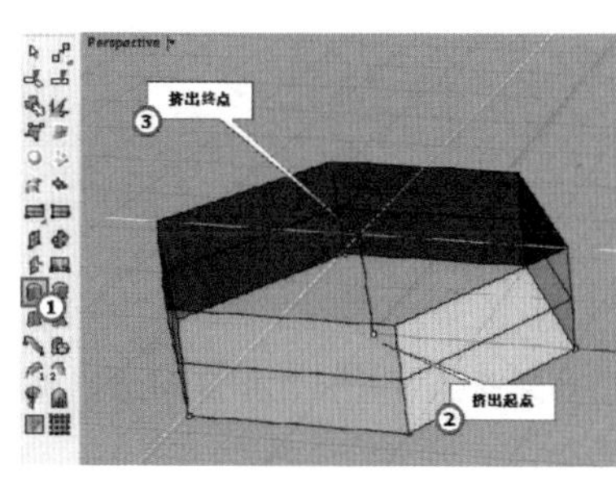

图4-67

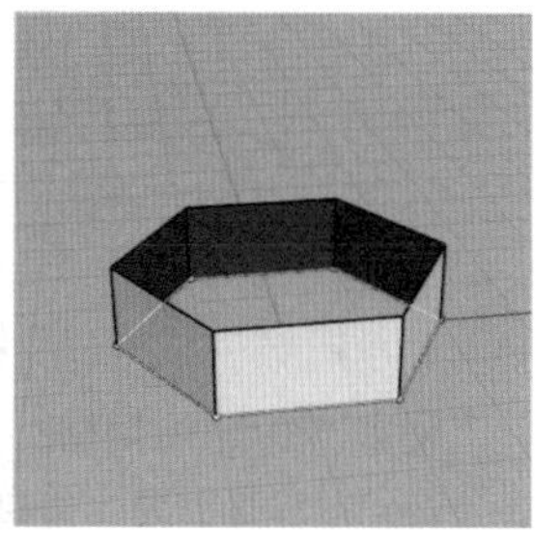

图4-68

03 在“曲面工具”工具面板中单击“曲面圆角”工具，为挤出的曲面创建圆角，如图 4-69 所示，具体操作步骤如下。

操作步骤

①设定圆角半径为 5。

②选择需要创建圆角的曲面 1，按 Enter 键确认。

③选择需要创建圆角的曲面 2，按 Enter 键确认。

④按 Enter 键完成操作。

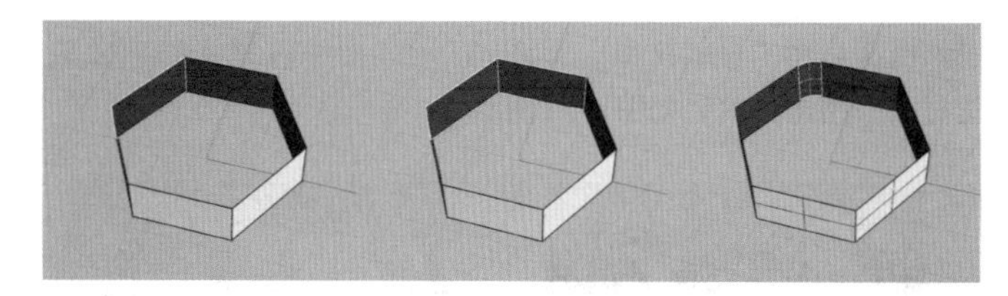

图4-69

04 对六个面所有转角都进行圆角，如图 4-70 所示。

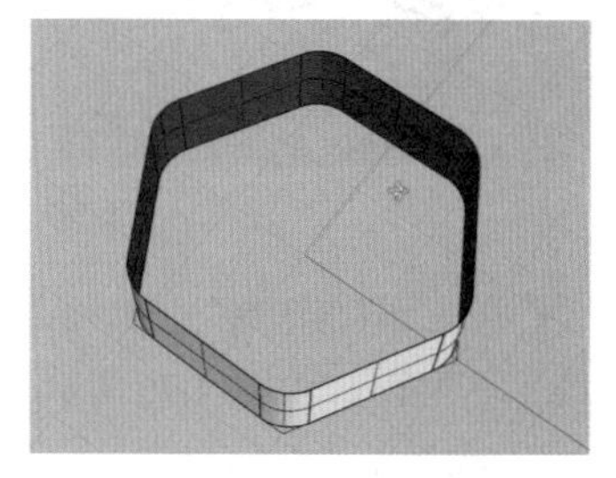

图4-70

05 启用“直线挤出”工具，选择图 4-71 所示的曲面边进行挤出（设置“两侧”为“否”），效果如图 4-72 所示。

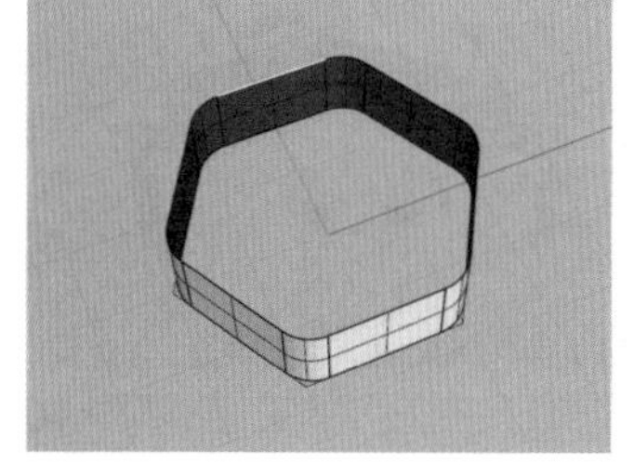

图4-71

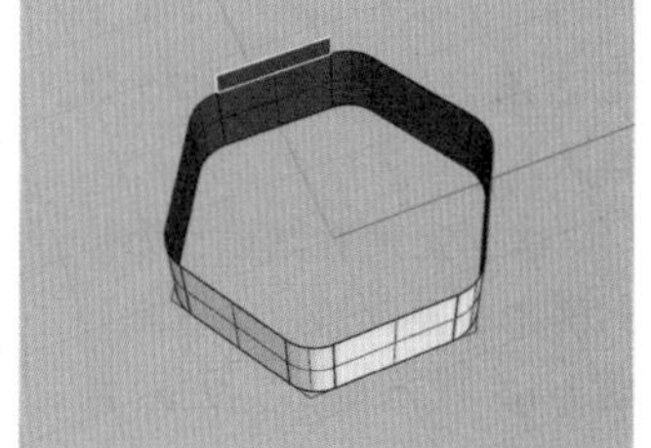

图4-72

06 再次启用“直线挤出”工具，将上一步挤出的曲面边沿另一个方向挤出，如图 4-73 所示，具体操作步骤如下。

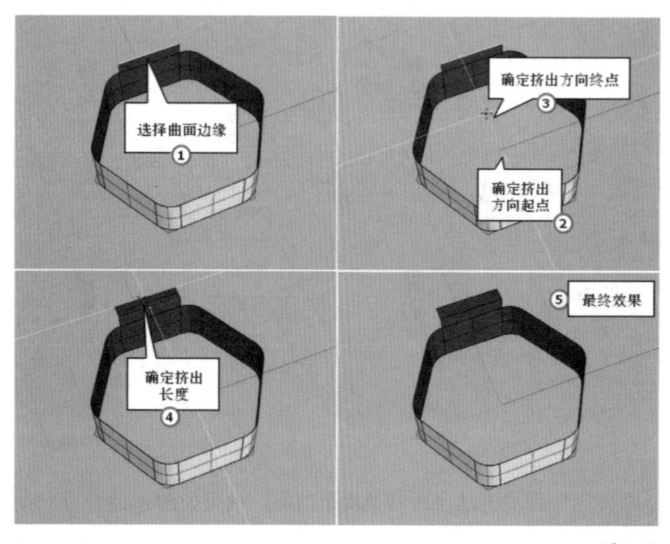

图4-73

操作步骤

①选择上一步挤出曲面的顶边，按 Enter 键确认。

②在命令行中单击“方向”选项，然后在六边形上捕捉直

边的中点指定挤出的方向。

③拖曳鼠标在合适位置拾取一点，指定挤出长度。

07 再次启用“直线挤出”工具，选择图4-74所示的曲面边进行两次挤出，效果如图4-75所示。

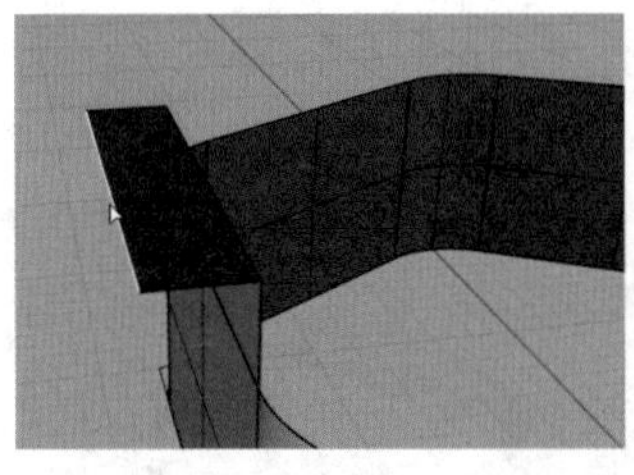

图4-74

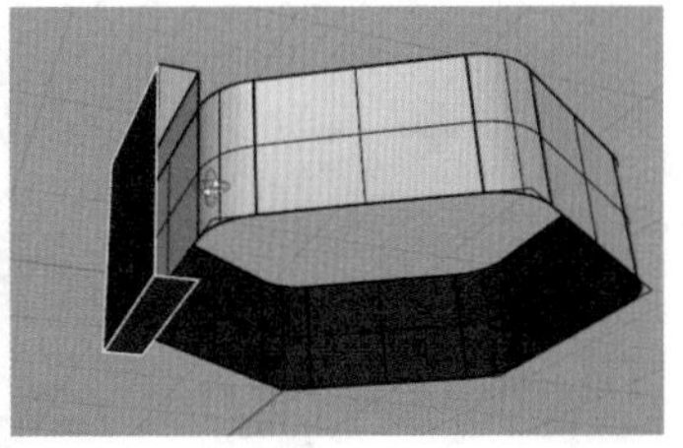

图4-75

08 单击“环形阵列”工具，在Top（顶）视图中对图中物件进行环形阵列，如图4-76所示，具体操作步骤如下。

操作步骤

①在Top（顶）视图中框选图中物件，按Enter键确认。

②指定坐标轴原点为阵列的中心点，然后设置阵列数为6，接着按3次Enter键完成阵列。

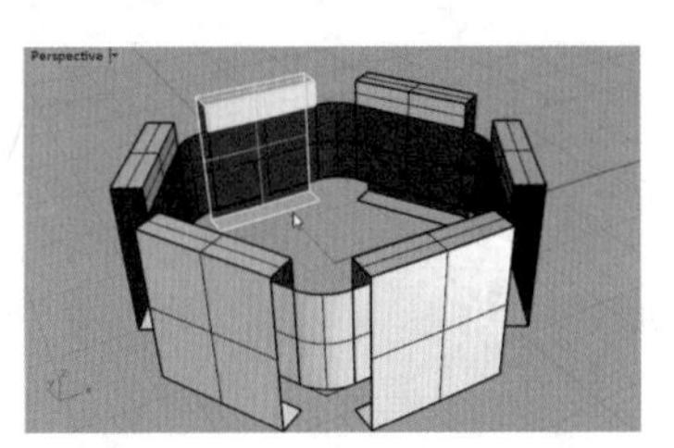

图4-76

09 再次启用“直线挤出”工具，选取圆角曲面的上部边缘，按照图4-77所示的方式进行挤出。

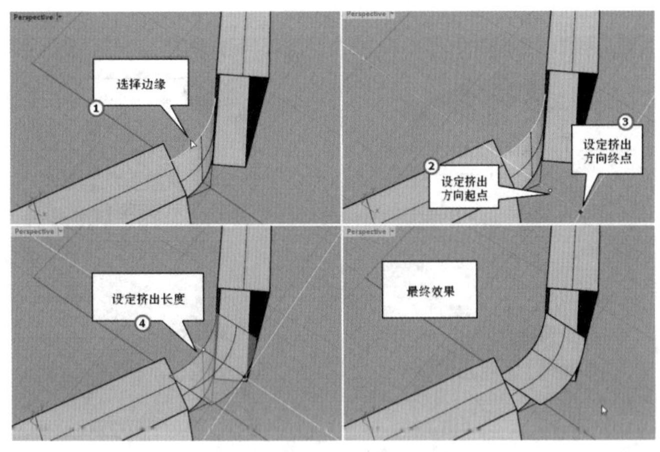

图4-77

10 使用同样的方法生成其他两个曲面，效果如图4-78所示。

11 单击“环形阵列”工具，在Top（顶）视图中对图中物件进行环形阵列，如图4-79所示，具体操作步骤如下。

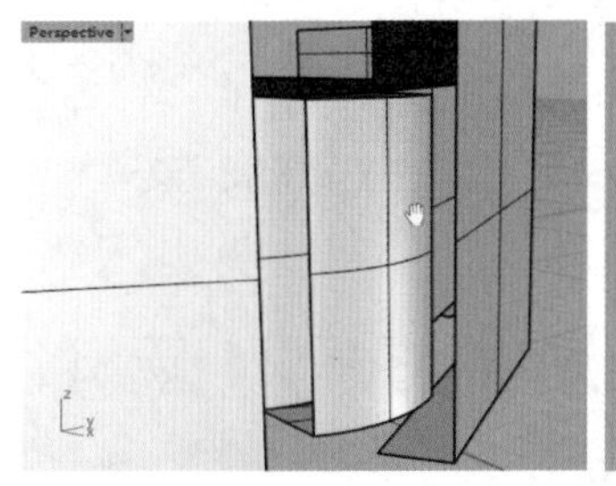

图4-78

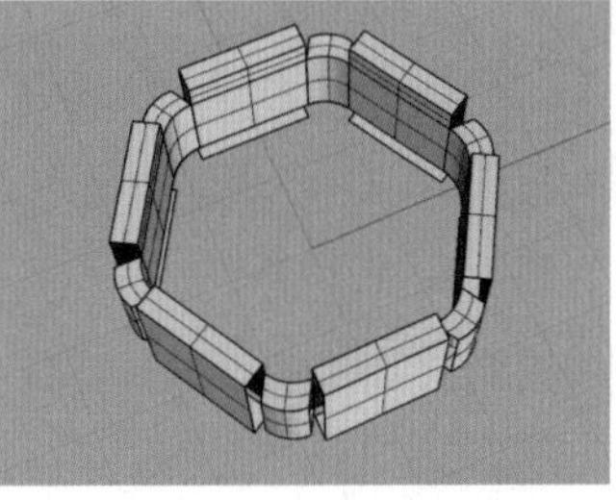

图4-79

操作步骤

①在Top（顶）视图中框选图中物件，按Enter键确认。

②参考图4-73指定坐标轴原点为阵列的中心点，然后设置阵列数为6，接着按3次Enter键完成阵列。

12 启用“以平面曲线建立曲面”工具，选中曲面底边，生成底面，如图4-80所示，最终效果如图4-81所示。

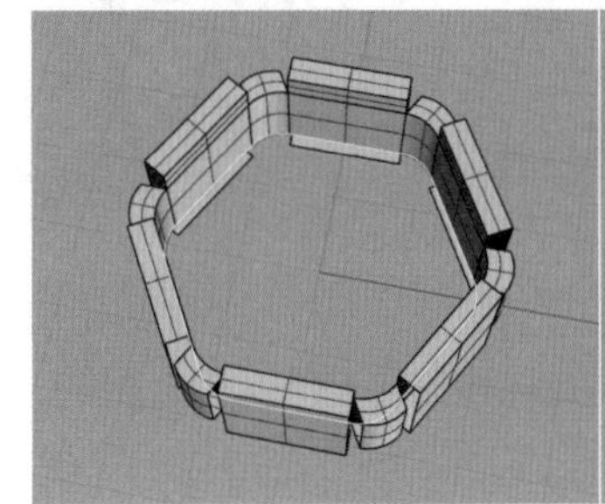

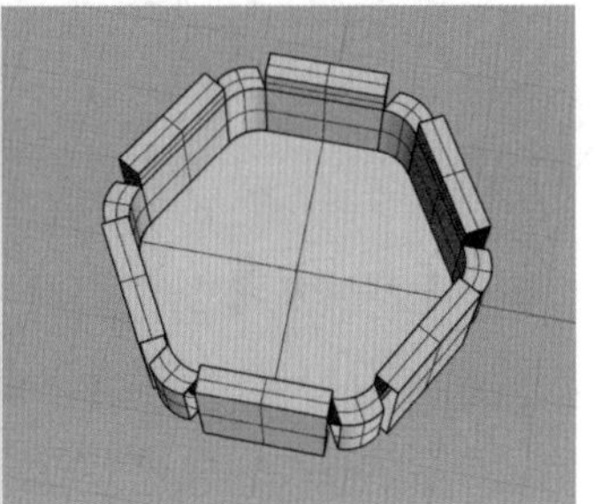

图4-80

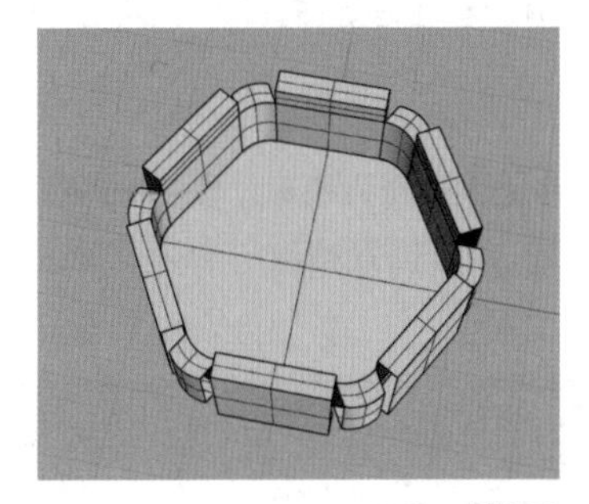

图4-81

沿着曲线挤出

使用“沿着曲线挤出/沿着副曲线挤出”工具可以沿着一条路径曲线挤出另一条曲线。

启用“沿着曲线挤出/沿着副曲线挤出”工具后，先选择需要挤出的曲线，并按Enter键确认，然后选择路径曲线即可，如图4-82所示，挤出的效果如图4-83所示。

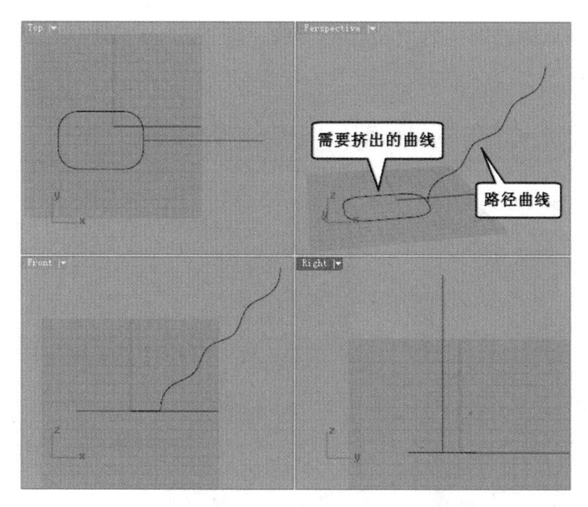

图4-82

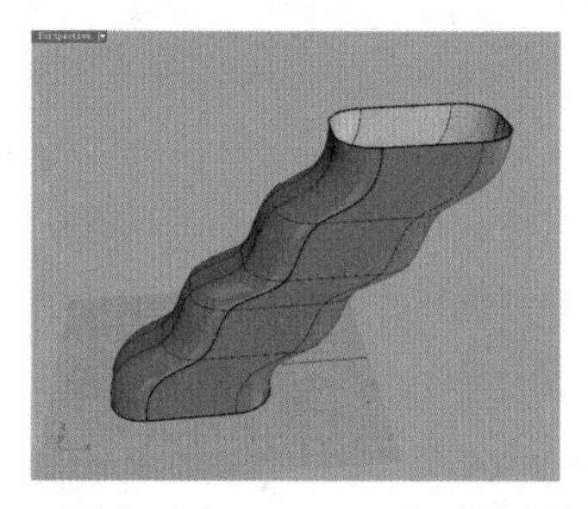

图4-83

上面介绍的是将曲线沿着路径曲线完整挤出的方法，如果不希望完整挤出，可以使用“沿着曲线挤出 / 沿着副曲线挤出”工具的右键功能。同样是先选择需要挤出的曲线，按 Enter 键确认，然后选择路径曲线，接着在路径曲线上指定两个点进行挤出，曲线挤出后的形状就是这两个点之间曲线的形状，如图 4-84 所示。

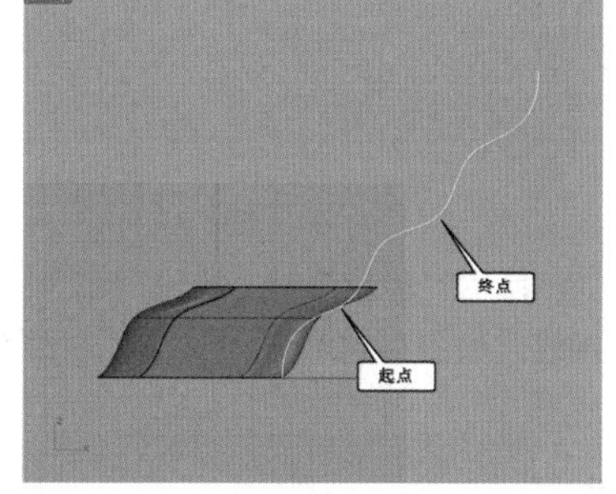

图4-84

重点实战

利用沿着曲线挤出创建儿童桌

场景位置	无
实例位置	实例文件>第4章>实战——利用沿着曲线挤出创建儿童桌.3dm
视频位置	第4章>实战——利用沿着曲线挤出创建儿童桌.mp4
难易指数	★★★☆☆
技术掌握	掌握沿着曲线挤出曲面的方法

本例创建的儿童桌效果如图 4-85 所示。

图4-85

01 使用“圆：中心点、半径”工具在 Top（顶）视图中绘制一个圆，如图 4-86 所示。

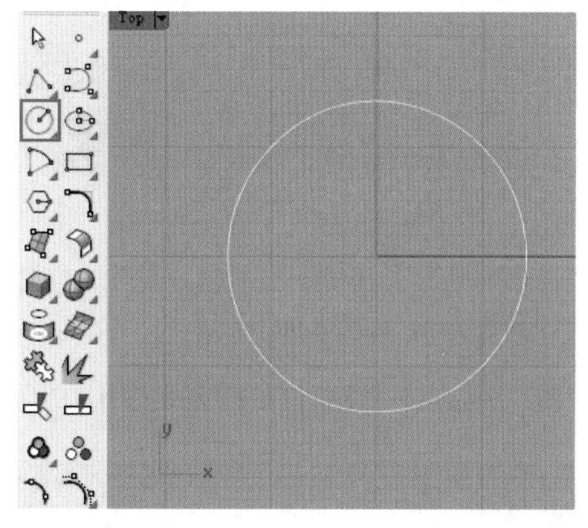

图4-86

02 选择上一步绘制的圆，然后按 F10 键打开控制点，选中一侧的控制点配合操作轴移动一段距离，如图 4-87 所示。

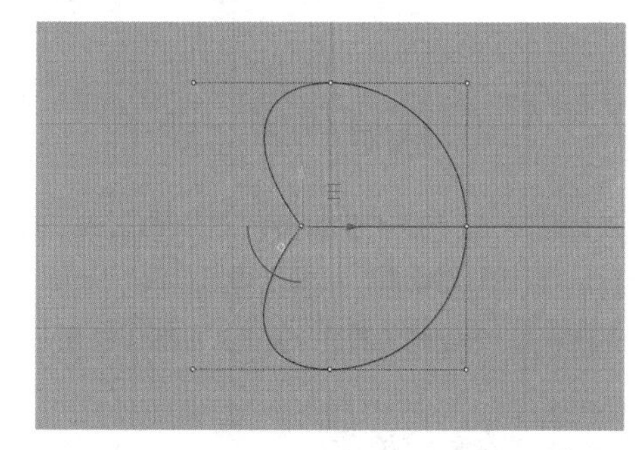

图4-87

03 使用“控制点曲线 / 通过数个点的曲线”工具在 Front（前）视图中绘制图 4-88 所示的曲线。

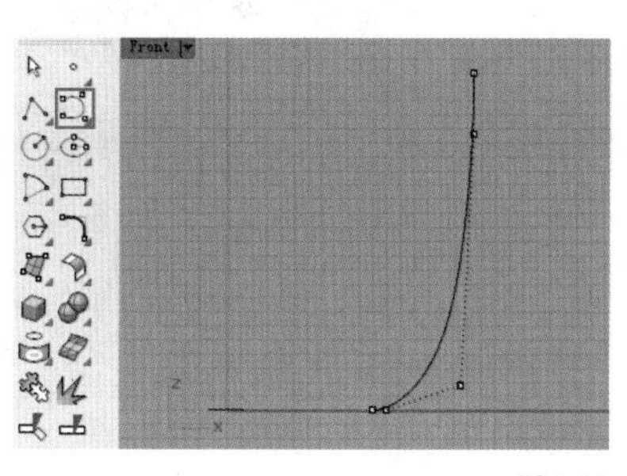

图4-88

04 单击“沿着曲线挤出 / 沿着副曲线挤出”工具，然后选择调整控制点后的圆作为要挤出的曲线，并按 Enter 键确认，接着在靠近起点处选择上一步绘制的曲线作为路径，生成曲面，如图 4-89 所示。

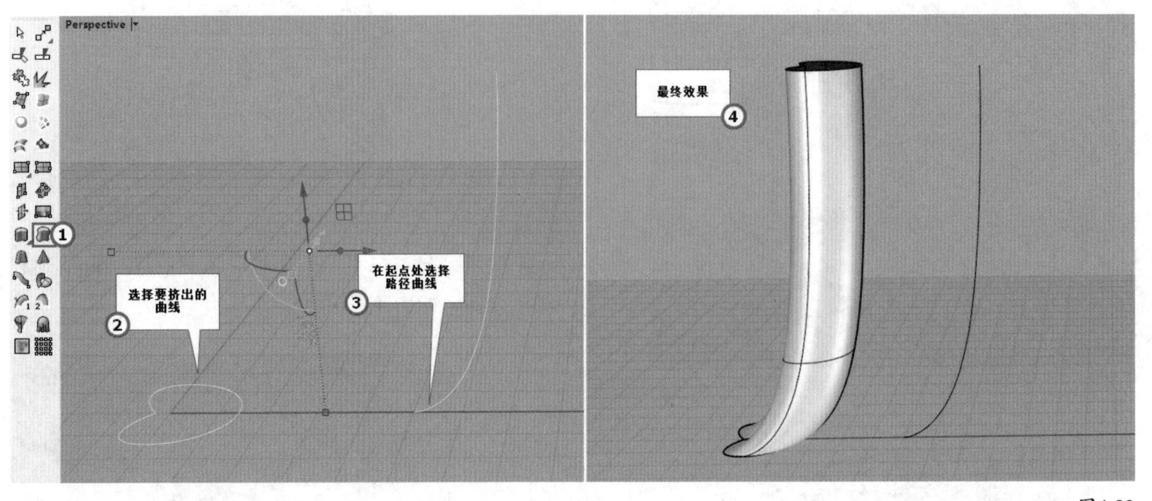

图4-89

05 使用“环形阵列”工具，在桌腿右侧合适位置指定阵列中心，设定阵列数为 3，如图 4-90 所示。

06 使用“圆：中心点、半径”工具绘制图 4-91 所示的圆。

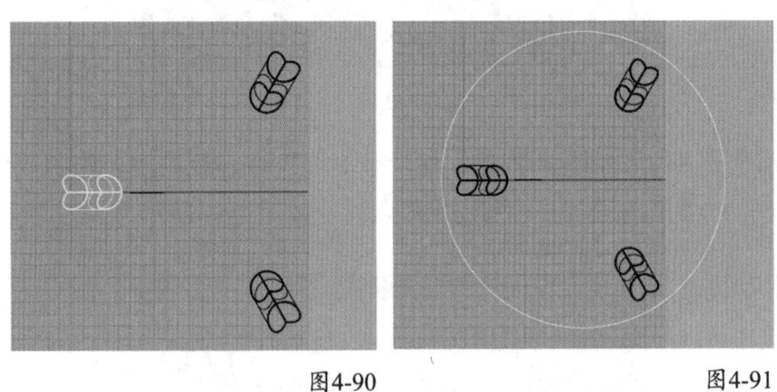

图4-90　　图4-91

07 单击“重建曲线 / 以主曲线重建曲线”工具，然后选择圆，并按 Enter 键打开“重建”对话框，接着设置“点数”为 12，最后单击“确定”按钮，对绘制的圆进行重建，如图 4-92 所示。

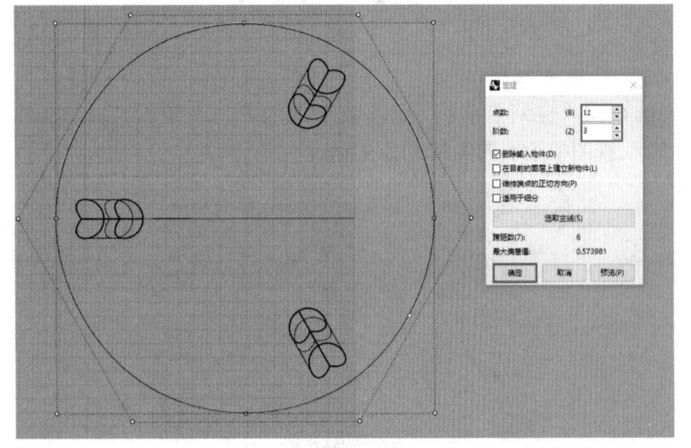

图4-92

08 选择圆，然后按 F10 键打开控制点，接着按住 Shift 键间隔选择控制点，单击“编辑控制点权值”工具，设置控制点权值，如图 4-93 所示。

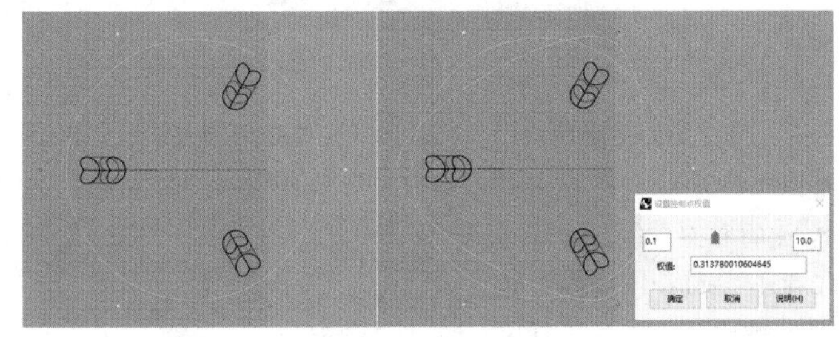

图4-93

09 使用“多重直线 / 线段”工具在 Front（前）视图中绘制直线，如图 4-94 所示。

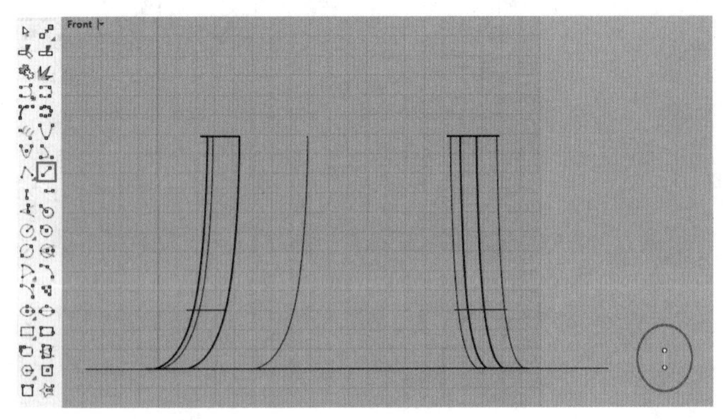

图4-94

10 单击“沿着曲线挤出 / 沿着副曲线挤出”工具，以实体方式生成物件，如图 4-95 所示，具体操作步骤如下。

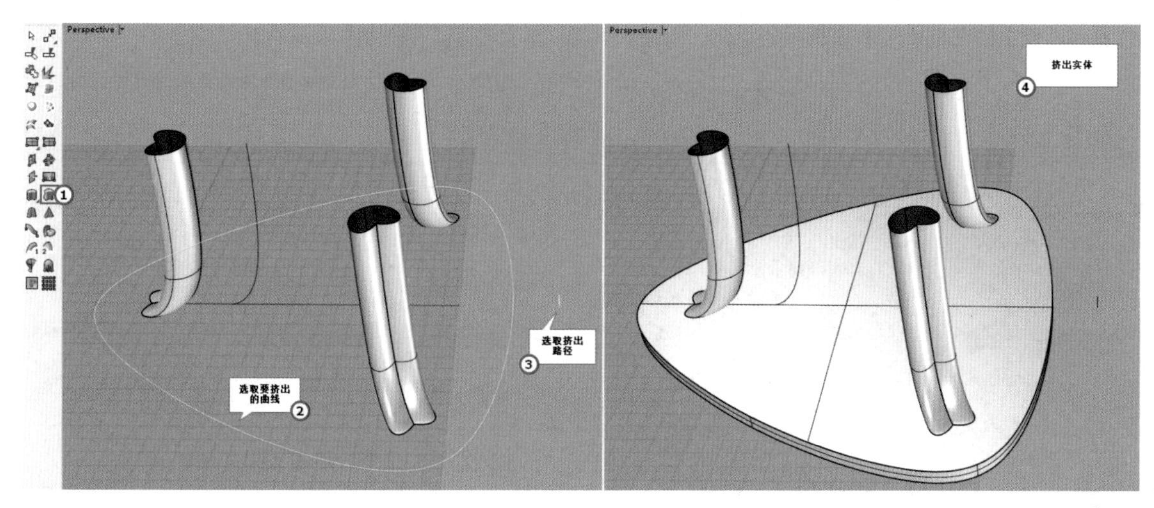

图4-95

操作步骤

①选取编辑控制点权值后的圆，按 Enter 键确认。

②在命令行中单击“实体”选项，将其设置为“是”，然后选取上一步绘制的线段作为路径曲线。

11 将挤出的桌面模型拖曳到合适的位置，然后使用“以平面曲线建立曲面”工具为桌子腿创建底面，完成儿童桌模型的制作，如图 4-96 所示。

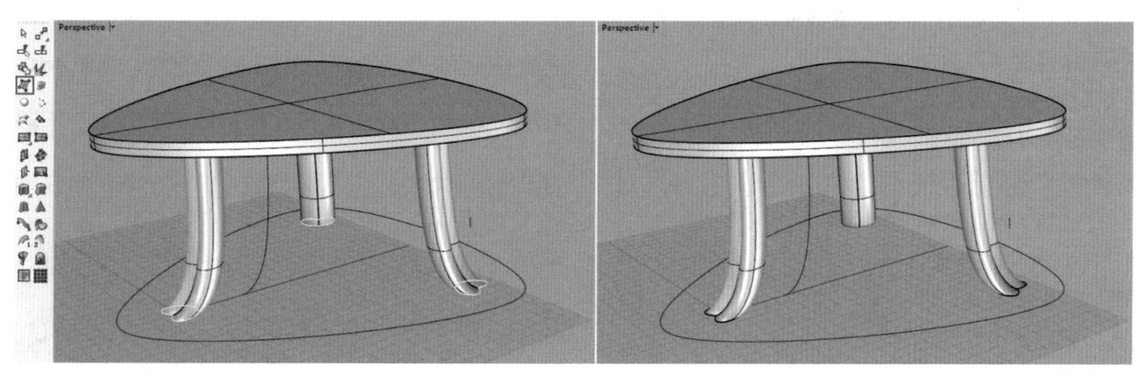

图4-96

挤出曲线成锥状

使用“挤出曲线成锥状”工具可以挤出曲线建立锥状的曲面或实体，这一工具常用在带有一定拔模角度的物体上。不过在实际的工作中，通常不需要创建带有拔模角度的模型，因为做模具的时候，拔模角度在工程软件里面创建比较方便，而且方案模型没有拔模角度更有利于结构或模具工程师根据实际情况进行调整。

启用“挤出曲线成锥状”工具后，选择需要挤出的曲线，并按 Enter 键确认，然后指定挤出的距离即可，如图 4-97 所示。

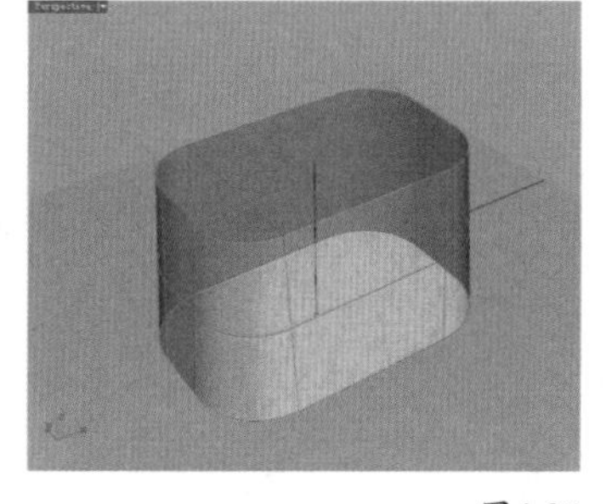

图4-97

选择需要挤出的曲线后，将看到图 4-98 所示的命令选项。

挤出长度 < 1> (方向(D) 拔模角度(R)=5 实体(S)=否 角(C)=锐角 删除输入物件(L)=否 反转角度(F) 至边界(T) 设定基准点(B)):

图4-98

命令选项介绍

拔模角度：这一参数以工作平面为计算依据，当曲面与工作平面垂直时，拔模角度为 0°；当曲面与工作平面平行时，拔模角度为 90°。

反转角度：切换拔模角度数值的正、负方向，正值向内，负值向外。

挤出至点

使用“挤出至点”工具可以挤出曲线至一点建立曲面或

实体，点的位置可以任意指定，如图 4-99 所示。

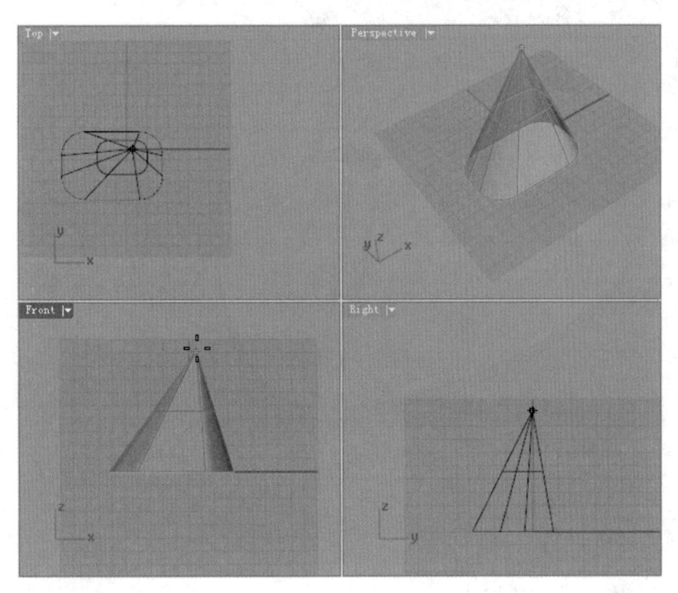

图4-99

挤出带状曲面

观察图 4-100，如果要通过左侧的曲线创建出右侧的曲面，有多少种方法？从前面学习的知识中我们至少可以找出两种方法，一种是先偏移曲线，再通过“以平面曲线建立曲面”工具或“以二、三或四个边缘曲线建立曲面”工具生成曲面；另一种是调整工作平面为垂直方向，然后使用“直线挤出”工具进行拉伸。

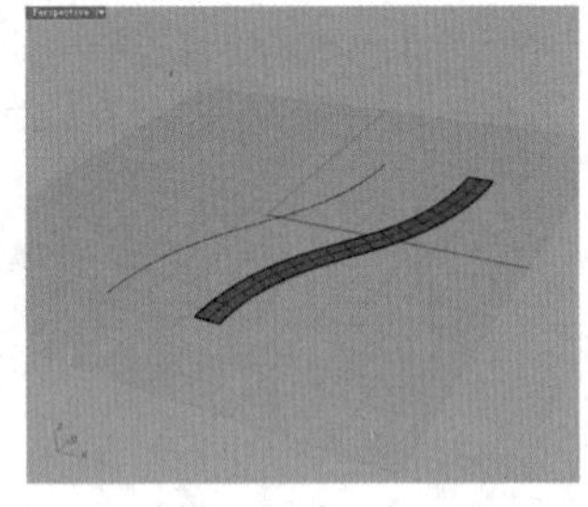

图4-100

上面介绍的两种方法都有些复杂，至少要涉及两个不同的工具，而使用“彩带”工具可以一次性完成操作。启用该工具后选择曲线，然后在需要建立曲面的一侧单击即可，其命令选项如图 4-101 所示。

```
指令: _Ribbon
选取要建立彩带的曲线 ( 距离(D)=1  角(C)=锐角  通过点(T)  公差(O)=0.001  两侧(B)  与工作平面平行(I)=否 ):
偏移侧 ( 距离(D)=1  角(C)=锐角  通过点(T)  公差(O)=0.001  两侧(B)  与工作平面平行(I)=否 ):
```

图4-101

命令选项介绍

距离：设置曲线的偏移距离，也是曲面生成后的宽度。

通过点：指定偏移曲线的通过点，从而取代输入数值的方式。

两侧：在曲线的两侧生成曲面。

> **技巧与提示**
>
> “彩带”工具一般适合在做分型线的厚度时使用。

重点实战

利用挤出带状曲面创建分型线造型

场景位置	场景文件>第4章>03.3dm
实例位置	实例文件>第4章>实战——利用挤出带状曲面创建分型线造型.3dm
视频位置	第4章>实战——利用挤出带状曲面创建分型线造型.mp4
难易指数	★★☆☆☆
技术掌握	掌握产品分型线建模方法

本例创建的分型线造型效果如图 4-102 所示。

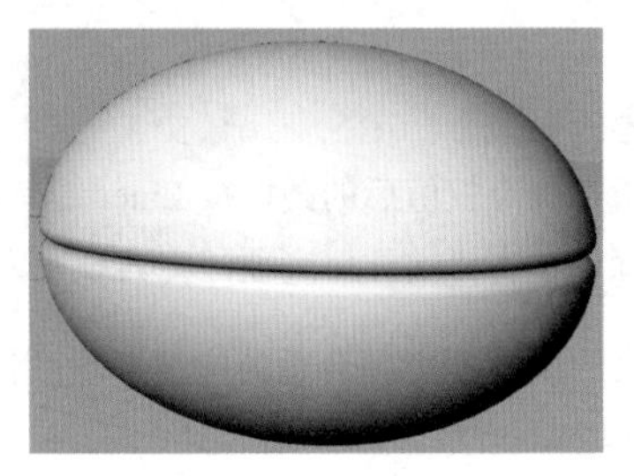

图4-102

01 打开场景文件，场景中有一个椭圆体，如图 4-103 所示。

02 在 Front（前）视图中绘制图 4-104 所示的一条直线。

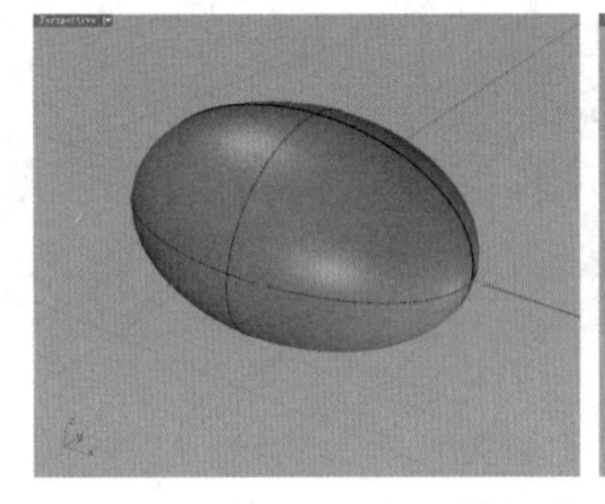

图4-103

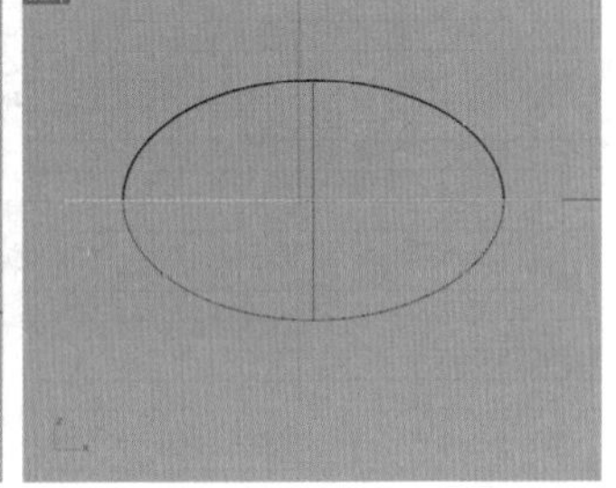

图4-104

03 单击“分割 / 以结构线分割曲面”工具，以上一步绘制的直线对椭圆体进行分割，如图 4-105 所示。

04 从图 4-105 中可以看到，椭圆体被分割成了 3 个部分，使用“组合”工具将上面的两个曲面合并为一个整体，如图 4-106 所示。

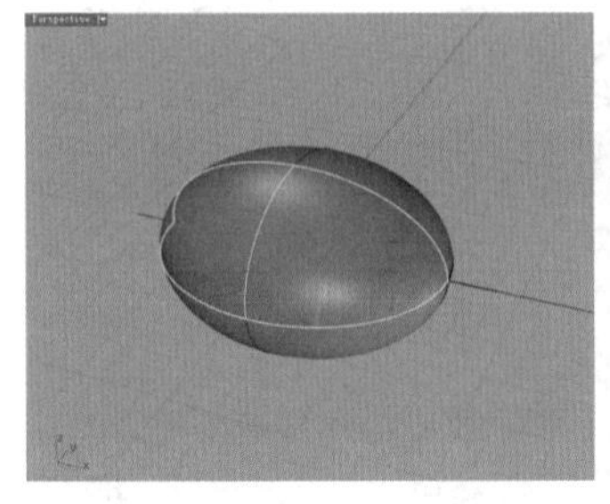

图4-105

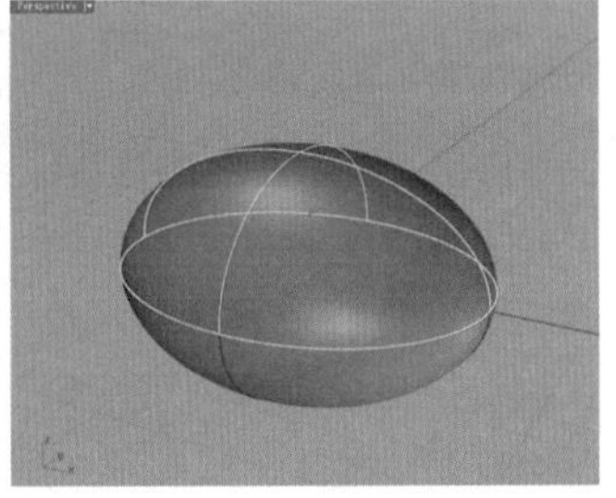

图4-106

05 现在的椭圆体具有上下两个面，它们的分型线位于中间相交的位置，但是没有足够的厚度体现出来，所以需要创建连接处的接缝厚度。单击“彩带”工具，创建接缝带，如图 4-107 和图 4-108 所示，具体操作步骤如下。

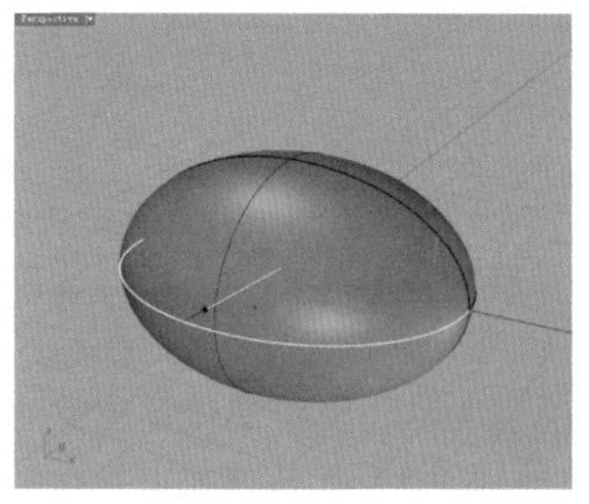

图4-107

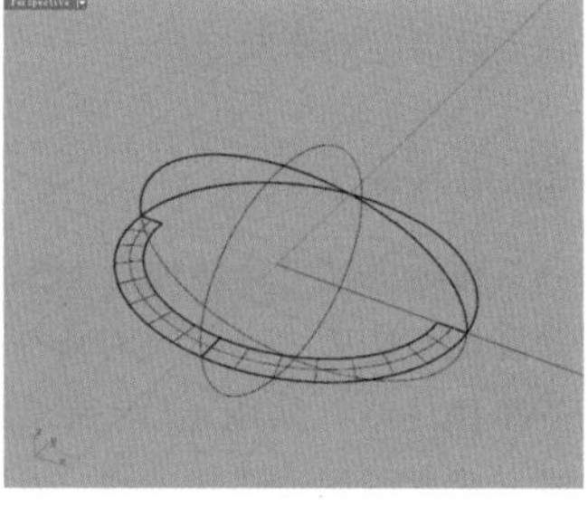

图4-108

操作步骤

①选择曲面接缝处一半的边线，然后在命令行中单击“距离”选项，并设置偏移距离为 1。

②在曲面内部单击，完成曲面的创建。

06 使用相同的方法创建出另一半接缝带，如图 4-109 所示。

07 右击“复制 / 原地复制物件”工具，将两条接缝带原地复制一份，然后利用“组合”工具将接缝带分别与上下两个曲面组合，如图 4-110 所示。（为了方便读者查看效果，这里将组合后的两个多重曲面分开了一段距离。）

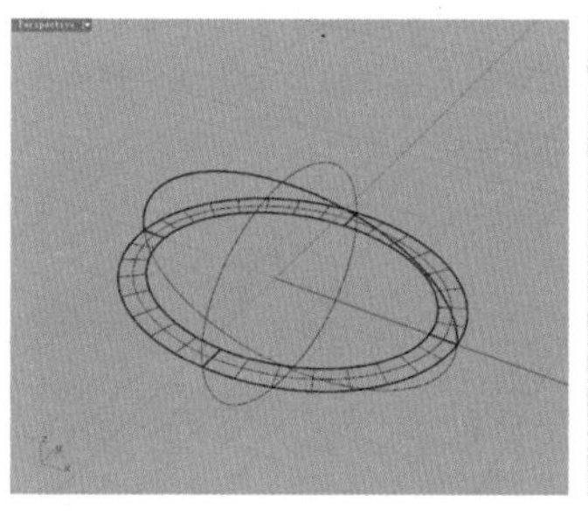

图4-109

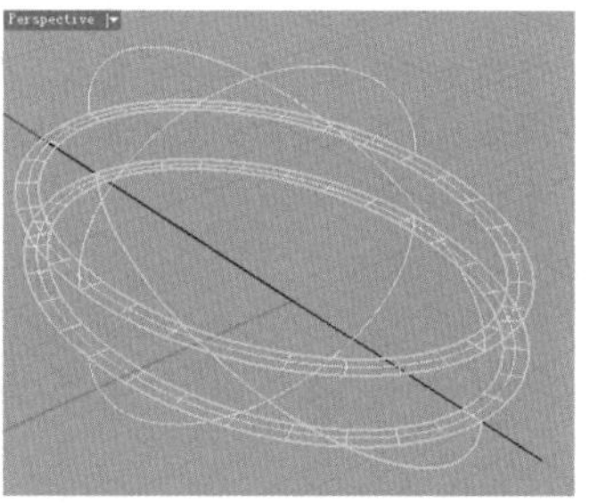

图4-110

08 在“实体工具”工具面板中单击“不等距边缘圆角 / 不等距边缘混接”工具，对两个多重曲面结合处的边线进行圆角处理，如图 4-111 所示，具体操作步骤如下。最终效果如图 4-112 所示。

操作步骤

①依次选择两个多重曲面相接处的边线，注意选取边线的箭头要保持一致。

②在命令行中单击“下一个半径”选项，设置半径为 0.5，然后按两次 Enter 键完成操作。

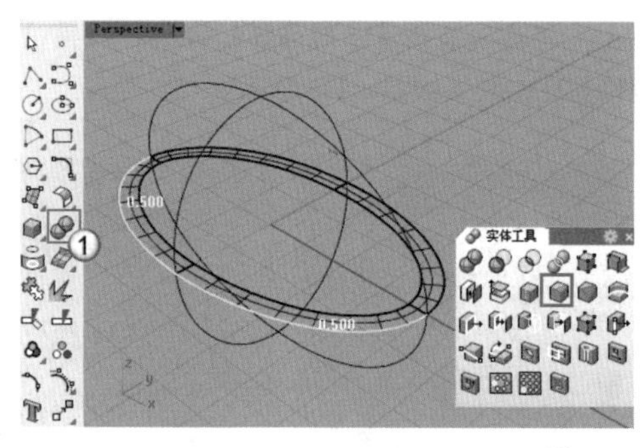

图4-111

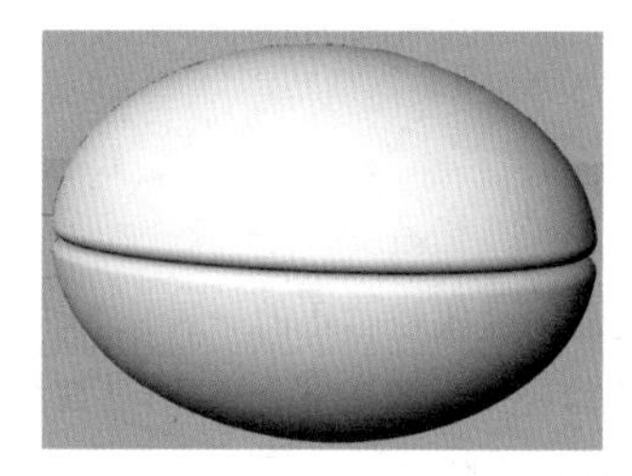

图4-112

往曲面法线方向挤出曲线

使用“往曲面法线方向挤出曲线”工具可以挤出曲面上的曲线建立曲面，挤出的方向为曲面的法线方向。

这个工具有两种用法，一种是挤出曲面本身的边线。启用“往曲面法线方向挤出曲线”工具后，选取曲面上的一条曲线，再选取曲线下的基底曲面，然后指定曲线拉伸的距离，接着指定曲线上需要偏移的点和距离（可以重复指定），如图 4-113 所示。

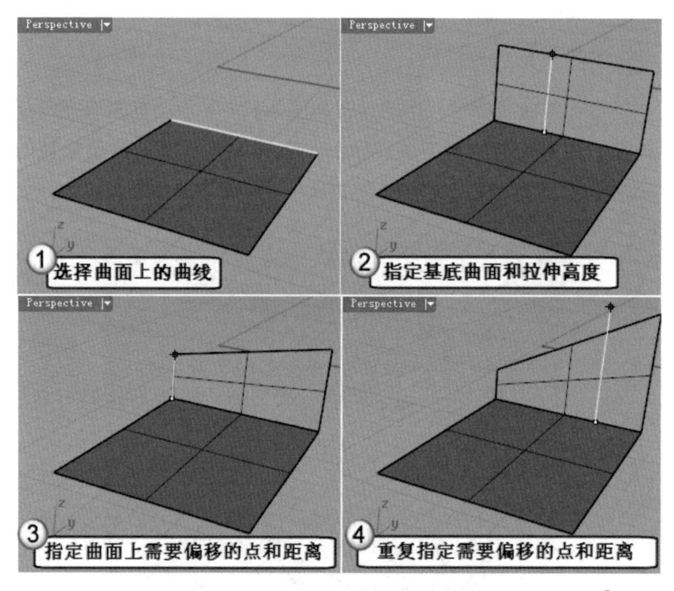

图4-113

另一种是参考基底曲面挤出自定义的曲线，当然，这条曲线需要位于曲面上。如图 4-114 所示的椭圆体和弧线，弧线位于椭圆体面上，将这条曲线基于椭圆体拉伸，并调整拉伸曲面各部分的偏移高度，效果如图 4-115 所示。

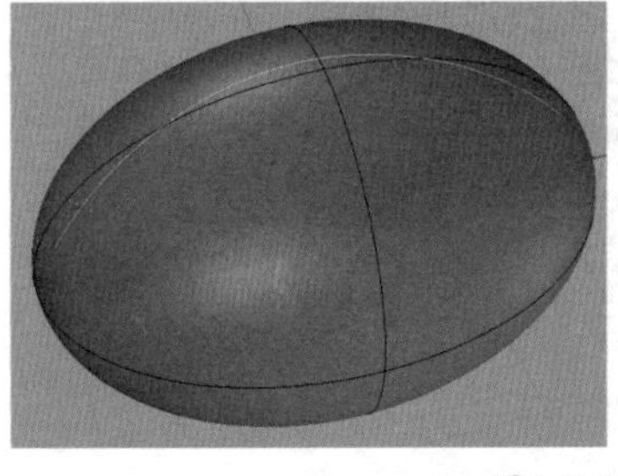

图4-114

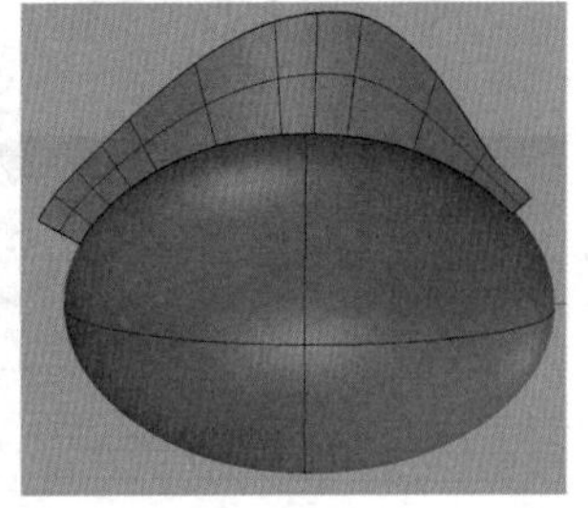

图4-115

★重点★

4.3.4 旋转成形 / 沿路径旋转

旋转成形是曲面建模较常用的一种成形方式，其应用范围广泛，有不少意想不到的形态都可以通过这种方式创建出来。其工作原理是将曲线围绕旋转轴旋转而成，如果旋转的是直线，那么旋转生成的就是单一曲面，如不加盖的圆柱面等；如果旋转的是多段曲线，那么旋转成形的就是混合曲面，如球体和杯子等。

Rhino 中的旋转成形主要使用“旋转成形 / 沿路径旋转”工具，工具位置如图 4-116 所示。该工具的左键功能就是上面所介绍的工作方式，而右键功能是沿着路径旋转（同样需要指定旋转轴）。相对而言，左键功能的应用面要宽泛一些，而右键功能需要满足一些条件才能使用。

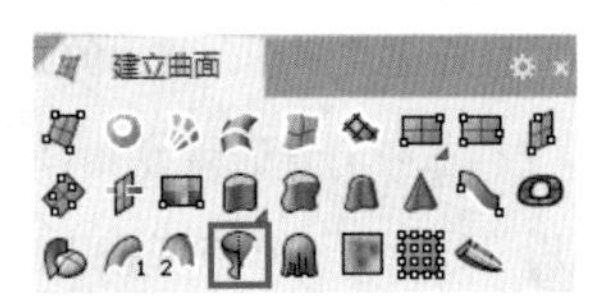

图4-116

旋转成形

将一条曲线旋转成形的过程如图 4-117 所示，首先选择需要旋转的图形，然后指定旋转轴的起点和终点，接着指定旋转的起始角度和终止角度（可以直接输入需要旋转的角度数值）。

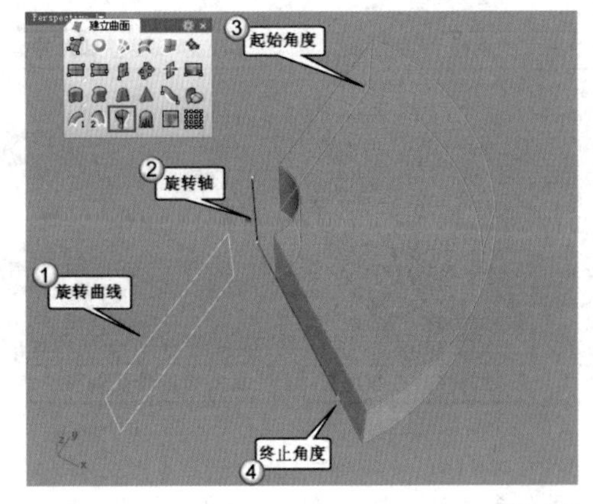

图4-117

在旋转成形的过程中，要注意命令提示中的“可塑形的”选项，设置为“否”表示以正圆旋转建立曲面，建立的曲面为 Rational（有理）曲面，这样的曲面在编辑控制点时可能会产生锐边；如果设置为“是”，则表示重建旋转成形曲面的环绕方向为 3 阶，为 Non-Rational（非有理）曲面，这样的曲面在编辑控制点时可以平滑地变形。

沿路径旋转

前面说过“旋转成形 / 沿路径旋转”工具的右键功能需要满足一些条件，这里的条件是说至少需要一条轮廓曲线和一条路径曲线。如图 4-118 所示的 3 条曲线，其中圆弧是轮廓曲线，花形图案是路径曲线，直线则是旋转轴。将圆弧沿着路径曲线旋转生成曲面后的效果如图 4-119 所示。

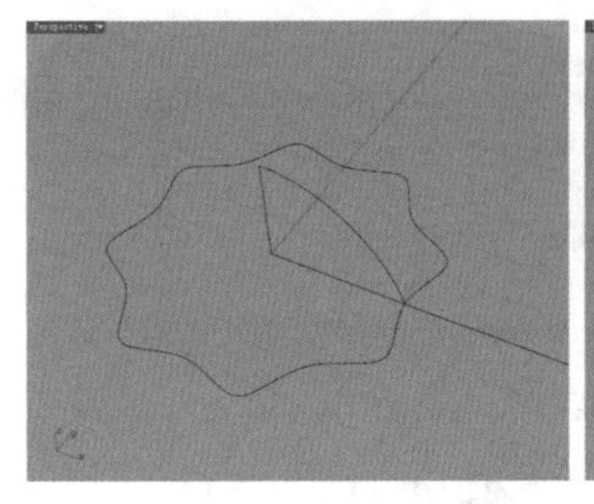

图4-118

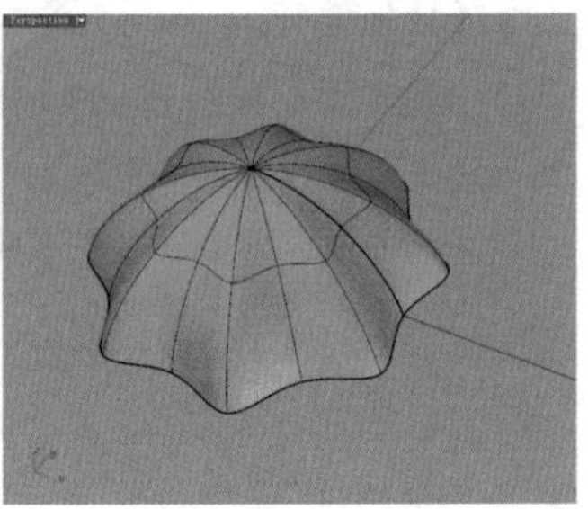

图4-119

技巧与提示

“旋转成形 / 沿路径旋转”工具是极少数能把点也作为对象进行操作的工具，基于这一特点，凡是带有收缩性的曲面（如子弹的头部这一类）通常都会考虑该旋转成形方法。

重点 实战

利用旋转成形创建酒杯

场景位置	无
实例位置	实例文件>第4章>实战——利用旋转成形创建酒杯.3dm
视频位置	第4章>实战——利用旋转成形创建酒杯.mp4
难易指数	★★☆☆☆
技术掌握	掌握通过模型的截面结构线旋转生成曲面模型的方法

本例创建的酒杯模型效果如图 4-120 所示。

01 使用“控制点曲线 / 使用数个点的曲线”工具在 Front（前）视图中绘制图 4-121 所示的曲线。

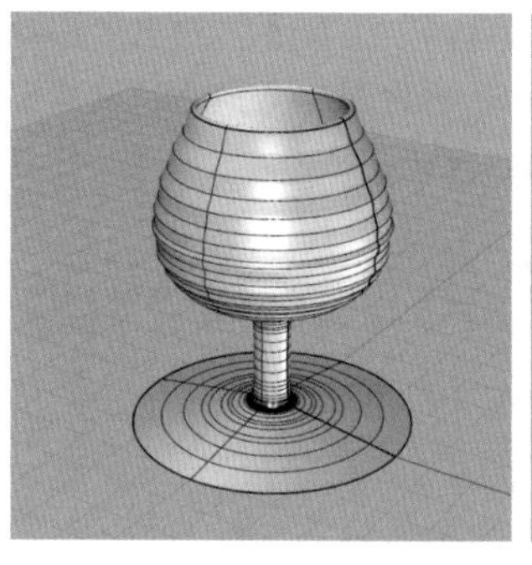
图4-120

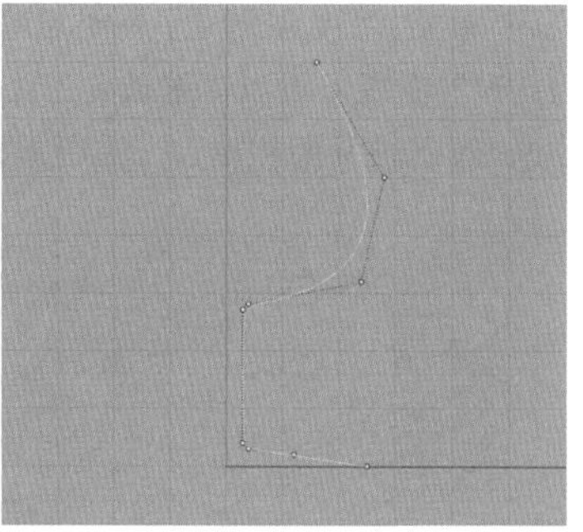
图4-121

02 单击“旋转成形 / 沿路径旋转”工具，在 Front（前）视图中对上一步绘制的曲线进行绕轴旋转，如图 4-123 所示，具体操作步骤如下。

操作步骤

①选择曲线，按 Enter 键确认。

②开启“正交”功能，然后在曲线左侧的合适位置指定旋转轴的起点和终点，如图 4-122 所示，最后按两次 Enter 键完成操作。

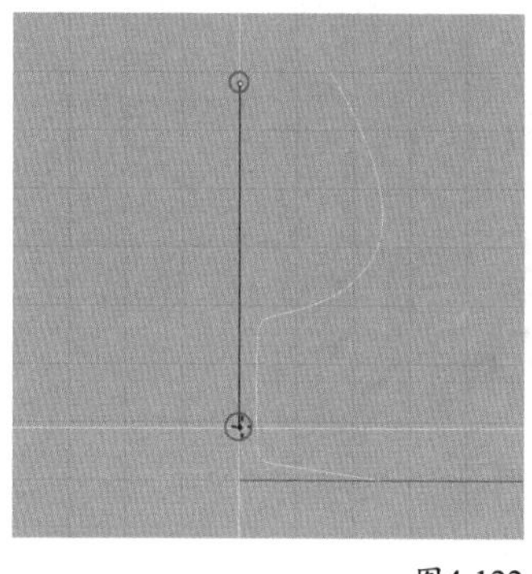
图4-122

图4-123

03 单击“偏移曲线”工具，对步骤 1 中绘制的曲线进行偏移复制，如图 4-124 所示，具体操作步骤如下。

操作步骤

①选择步骤 1 中绘制的曲线，按 Enter 键确认。

②在命令行中单击“距离”选项，设置偏移距离为 1，在曲线外侧单击。

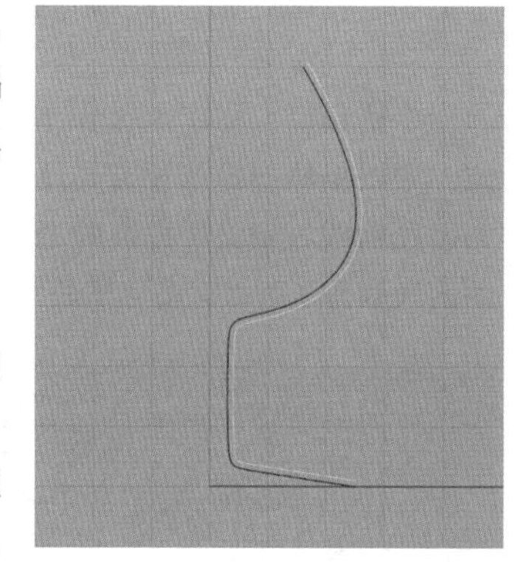
图4-124

04 从图 4-124 中可以看到，偏移生成的曲线和原曲线的底部端点没有位于一条水平线上，为了使酒杯模型的底部平整，需要对其进行调整，先绘制图 4-125 所示的一条直线。

05 单击“曲线圆角”工具，为偏移生成的曲线和上一步绘制的水平直线创建圆角，如图 4-126 所示，具体操作步骤如下。

操作步骤

①在命令行中单击“半径”选项，设置圆角半径为 0。

②依次选择偏移生成的曲线和水平直线。

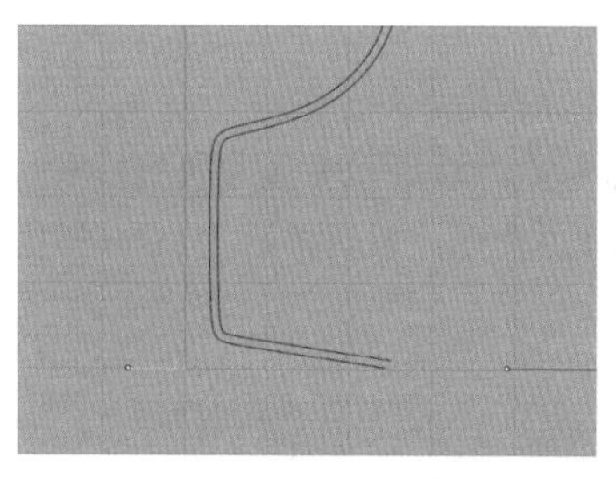
图4-125

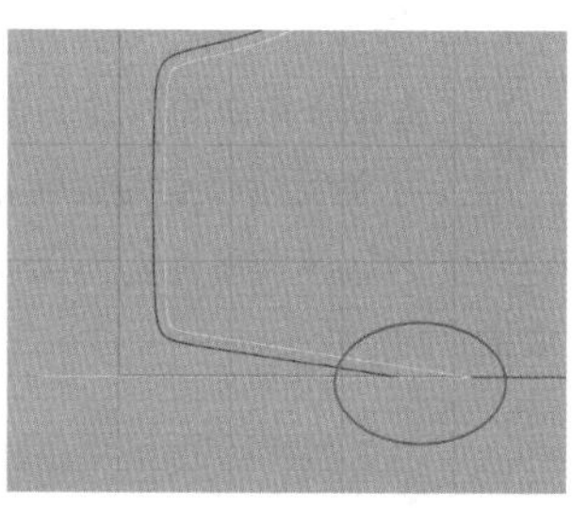
图4-126

06 选择水平直线，按 F10 键显示控制点，然后选择左侧的控制点并移动到轮廓曲线的端点上，如图 4-127 所示。

07 在“曲线工具”工具面板中单击“可调式混接曲线 / 混接曲线”工具，在两条轮廓曲线顶部建立一条混接曲线，如图 4-128 所示，具体操作步骤如下。

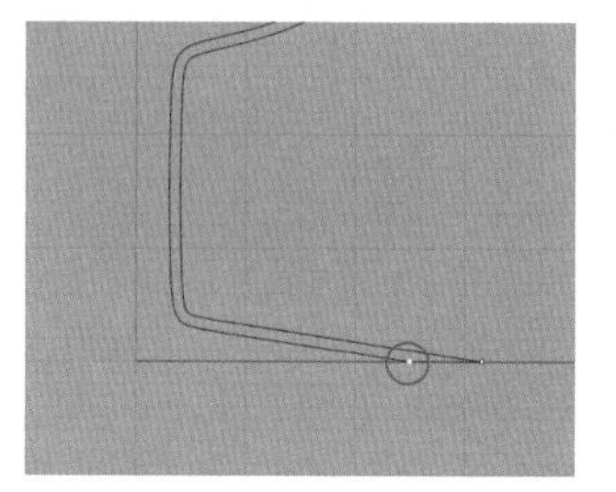
图4-127

操作步骤

①依次选择两条轮廓曲线。

②系统会自动弹出“调整曲线混接”对话框，设置“连续性”为“曲率”，再单击“确定”按钮完成操作。

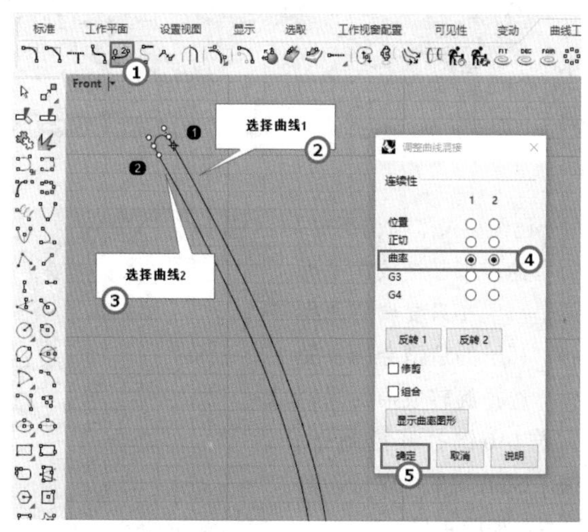

图4-128

> **技巧与提示**
>
> 选择两条曲线的时候，注意在需要混接的位置附近进行选择。

08 使用“组合”工具合并4条曲线，如图4-129所示。

09 在状态栏中单击“记录建构历史”按钮 记录建构历史 ，开启“记录建构历史”功能，然后单击“旋转成形/沿路径旋转”工具，对合并的曲线进行绕轴旋转处理，如图4-131所示，具体操作步骤如下。

操作步骤

①选择合并后的曲线，按Enter键确认。

②拾取坐标原点为旋转轴起点，然后在垂直方向上拾取另一点作为旋转轴终点，如图4-130所示，最后按两次Enter键完成操作。

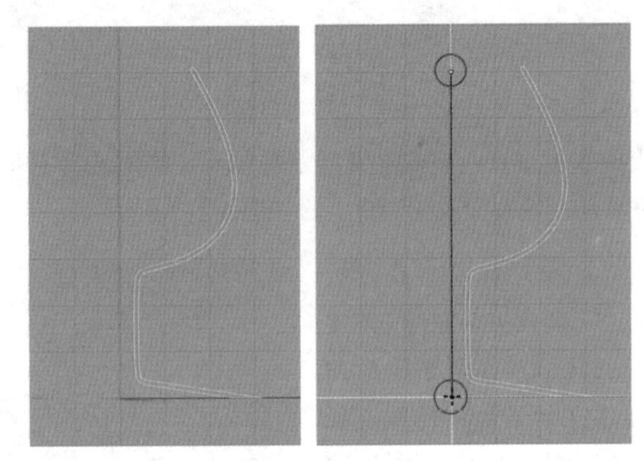

图4-129　　图4-130

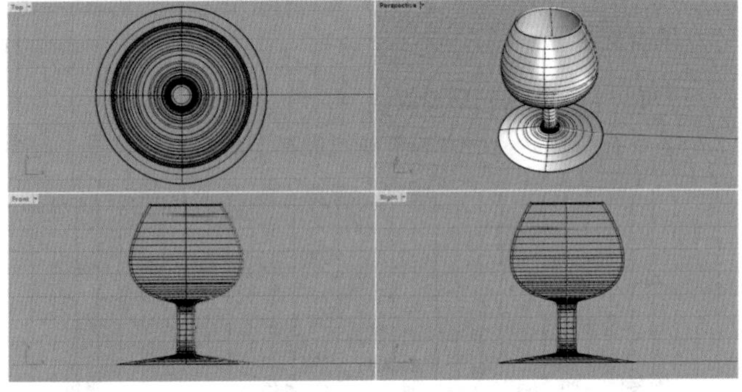

图4-131

10 由于已经记录了建构历史，因此所有的步骤都被放在了历史记录里，现在只要调整曲线的形状，杯子的造型会同步发生变化。选择旋转成形的原始曲线，按F10键打开控制点，然后按住Shift键的同时间隔选择控制点，如图4-132所示。

图4-132

11 单击“UVN移动/关闭UVN移动”工具，打开“移动UVN”面板，设置“缩放比”为1，再将N参数的滑块向左拖曳，移动选择的控制点，如图4-133所示。

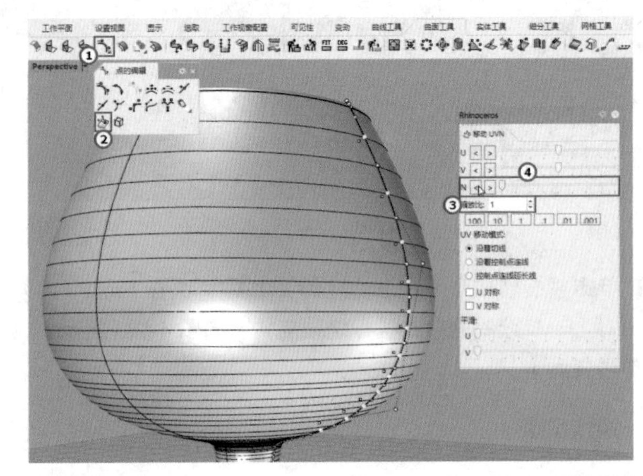

图4-133

12 完成上面的操作后，按F11键关闭控制点，得到图4-134所示的模型。

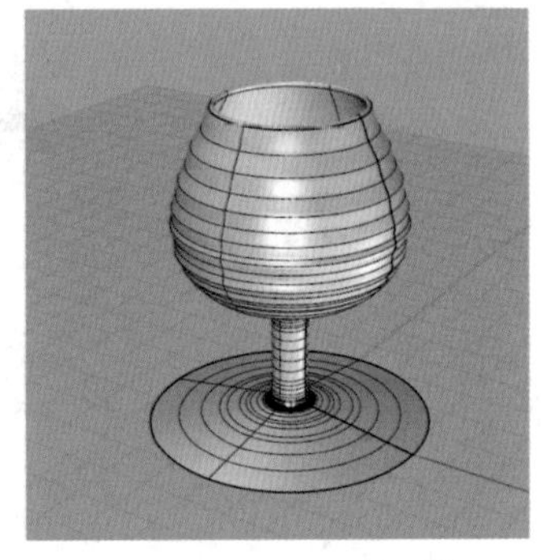

图4-134

★重点★

4.3.5 单轨扫掠

单轨扫掠也称作一轨放样，是一种简单而又常用的成型方式。通过单轨扫掠这种方式建立曲面至少需要两条曲线，一条为路径曲线，定义了曲面的边；另一条为截面曲线，定义了曲面的横截面（可以有多个横截面），如图4-135和图4-136所示。

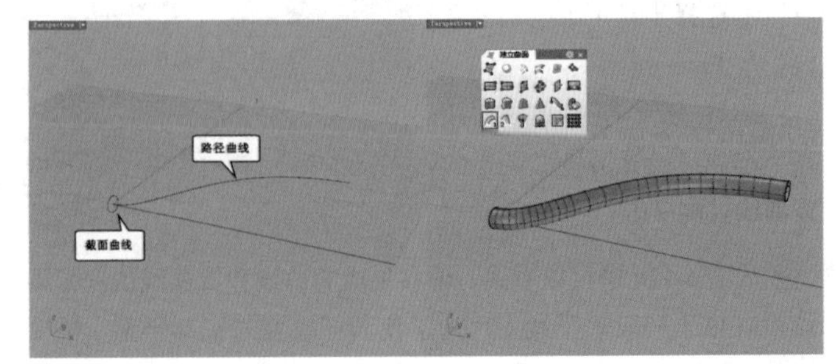

图4-135

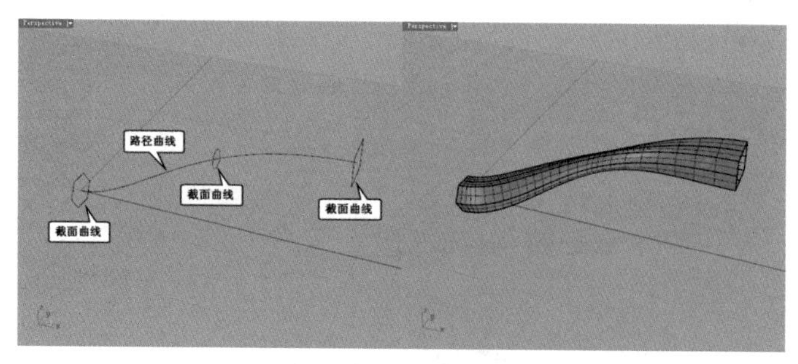

图4-136

使用“单轨扫掠”工具将截面曲线沿着路径曲线扫掠生成曲面的过程比较简单，启用工具后，依次选择路径曲线和断面曲线，然后按两次 Enter 键即可，此时将打开“单轨扫掠选项”对话框，如图 4-137 所示。

单轨扫掠选项
框型式
自由扭转
走向
设置轴向
对齐曲面
扫掠选项
封闭扫掠(C)
整体渐变(R)
未修剪斜接(U)
曲线选项
正切点不分割(A)
对齐断面
不要更改断面(D)
重建断面点数(R)　5　个控制点(O)
重新逼近断面公差(F)　0.01　毫米
确定　取消　说明(H)

图4-137

单轨扫掠特定参数介绍

框型式：包含“自由扭转”“走向”“对齐曲面”3 种方式。

自由扭转：扫掠时曲面会随着路径曲线扭转。

走向：使用该模式可以在视图中指定扫掠的方向。

对齐曲面：该模式仅在使用曲面边缘作为路径的扫掠时才能使用，可以使断面曲线在扫掠时相对于曲面的角度维持不变。

封闭扫掠：当路径为封闭曲线，并且存在两条或两条以上的断面曲线时，该选项才能被激活。只有勾选该选项才能创建封闭曲面。图 4-138 和图 4-139 所示分别为未勾选和勾选时的效果。

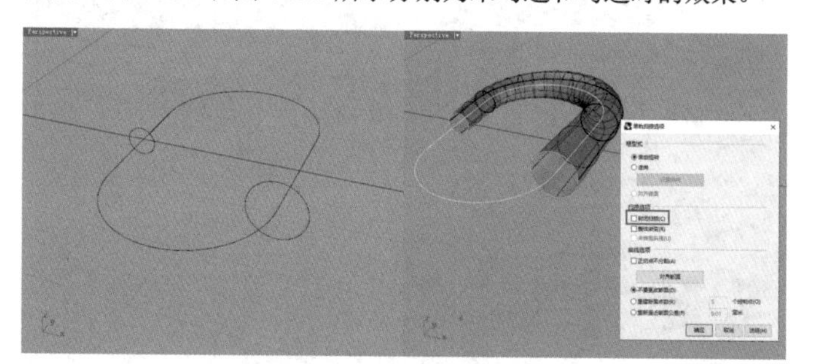

图4-138

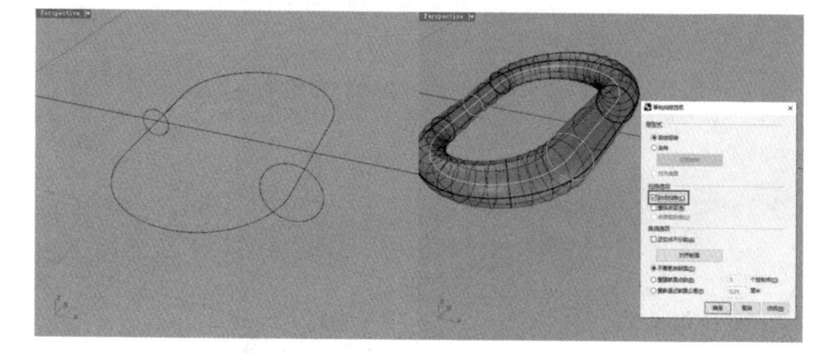

图4-139

整体渐变：勾选这个选项后，曲面的断面形状以线性渐变的方式从起点断面曲线扫掠至终点断面曲线；如果未勾选这个选项，那么曲面的断面形状在起点和终点处的形状变化较小，在路径中段的变化较大。

未修剪斜接：如果建立的曲面是多重曲面，则多重曲面中的每个曲面都是未修剪的曲面。

对齐断面：反转曲面扫掠过断面曲线的方向。

不要更改断面：建立曲面时不更改断面。

重建断面点数：建立曲面之前以设置的控制点数重建所有的断面曲线。

重新逼近断面公差：建立曲面之前先重新逼近断面曲线。每条断面曲线的结构都相同才可以建立质量良好的扫掠曲面，使用“重新逼近断面公差”选项时，所有的断面曲线会以 3 阶曲线重新逼近，使所有断面曲线的结构一致化。未使用该选项时，所有断面曲线的阶数和节点会一致化，但形状并不会改变。可以使用“重新逼近断面公差”选项设置断面曲线重新逼近的公差，但逼近路径曲线是由“Rhino 选项”对话框的“单位”面板中的“绝对公差”参数控制的。

重点实战

利用单轨扫掠创建戒指

场景位置	无
实例位置	实例文件>第4章>实战——利用单轨扫掠创建戒指.3dm
视频位置	第4章>实战——利用单轨扫掠创建戒指.mp4
难易指数	★★★☆☆
技术掌握	掌握单轨扫掠的方法和沿曲线流动等编辑技巧

本例创建的戒指效果如图 4-140 所示。

图4-140

01 使用“控制点曲线 / 通过数个点的曲线”工具在 Top（顶）视图中绘制一条直线，长度适当即可，如图 4-141 所示。

02 在“多边形”工具面板中单击“外切多边形：中心点、半径”工具，绘制一个图 4-142 所示的正六边形。

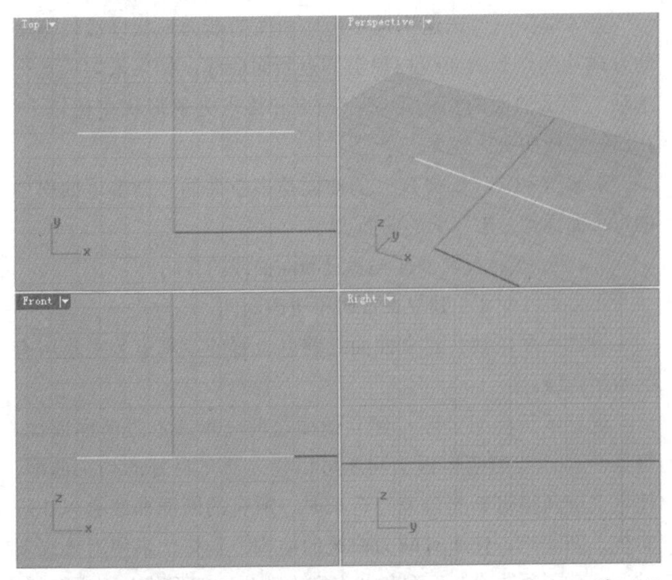

图4-141

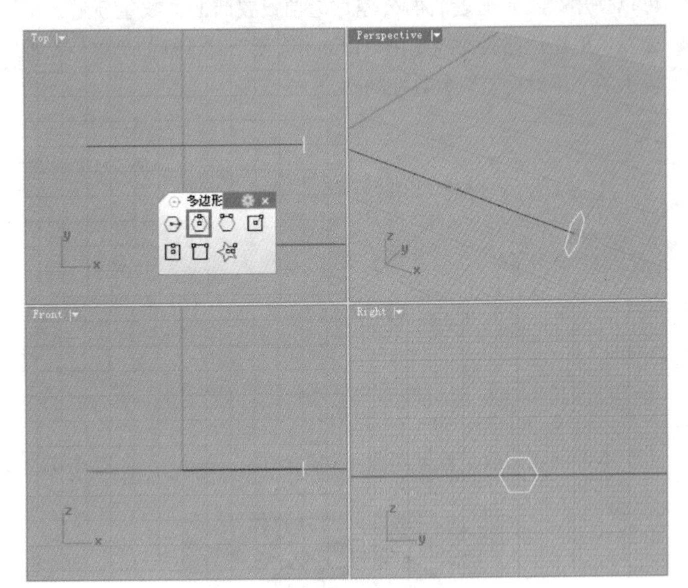

图4-142

03 单击“单轨扫掠”工具，将正六边形沿着直线进行扫掠，如图 4-143 所示，具体操作步骤如下。

操作步骤

①选择直线作为扫掠路径。

②选择正六边形作为断面曲线，然后按两次 Enter 键打开“单轨扫掠选项”对话框，在该对话框中直接单击“确定”按钮。

04 单击“扭转”工具，对扫掠生成的曲面进行扭转，如图 4-145 所示，具体操作步骤如下。

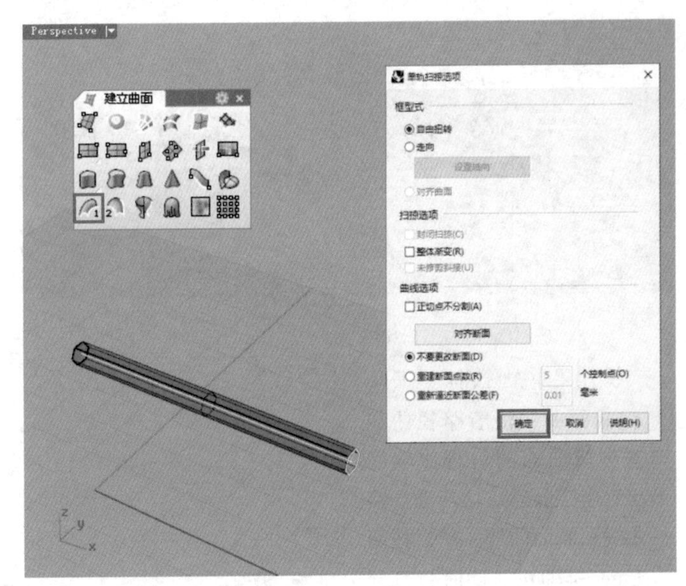

图4-143

操作步骤

①选择扫掠生成的曲面，按 Enter 键确认。

②捕捉直线的两个端点作为扭转轴的起点和终点。

③在 Right（右）视图中捕捉 x 轴上的一点作为扭转角度的第 1 参考点，如图 4-144 所示，然后在命令行中输入 180，表示扭转角度为 180°。

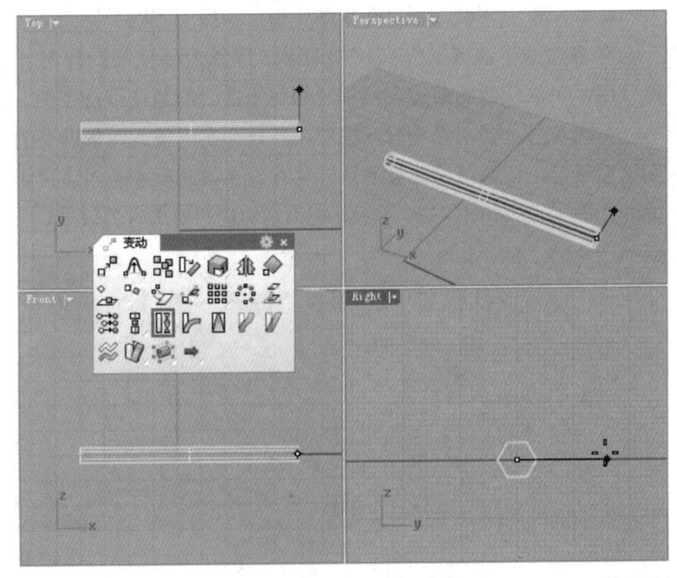

图4-144

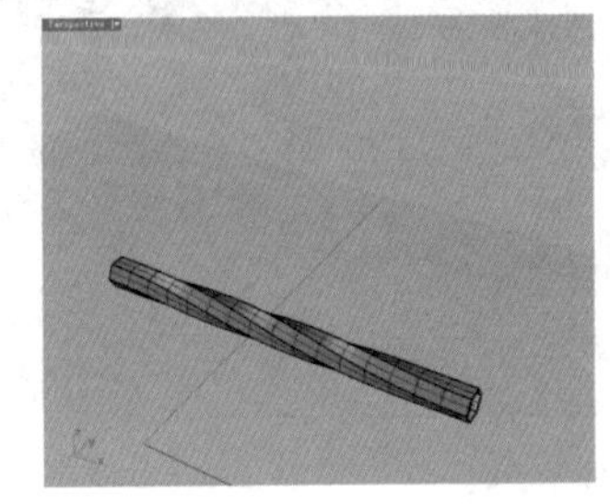

图4-145

05 单击“不等距边缘圆角 / 不等距边缘混接”工具，对多重曲面的边缘进行倒角，如图 4-146 和图 4-147 所示，具体操作步骤如下。

操作步骤

①依次选择曲面的 6 条边缘。

②在命令行中单击“下一个半径”选项，设置半径为 0.2，然后按 3 次 Enter 键完成操作。

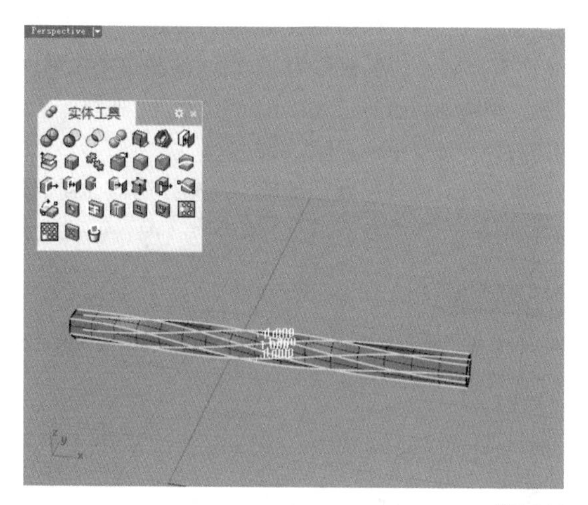

图4-146

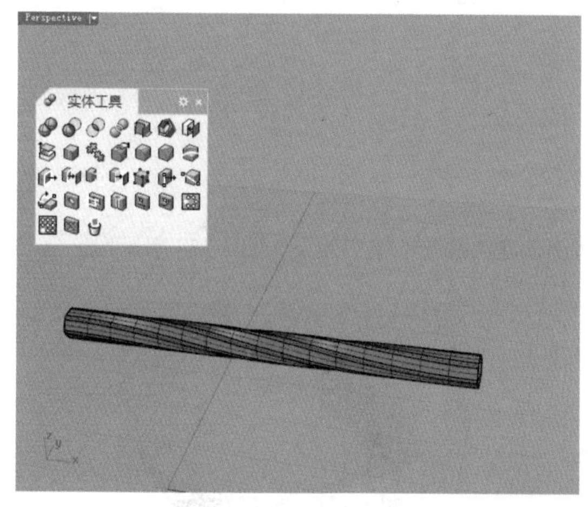

图4-147

06 使用“圆：中心点、半径”工具在 Front（前）视图中绘制一个圆，如图 4-148 所示。

07 单击“沿着曲线流动”工具，将曲面沿着圆流动生成戒指模型，如图 4-149 所示，具体操作步骤如下。

操作步骤

①选择曲面，按 Enter 键确认。

②在命令行中单击“延展”选项，将其设置为“是”。

③在命令行中单击“直线”选项，然后依次捕捉直线的两个端点，最后选择圆。

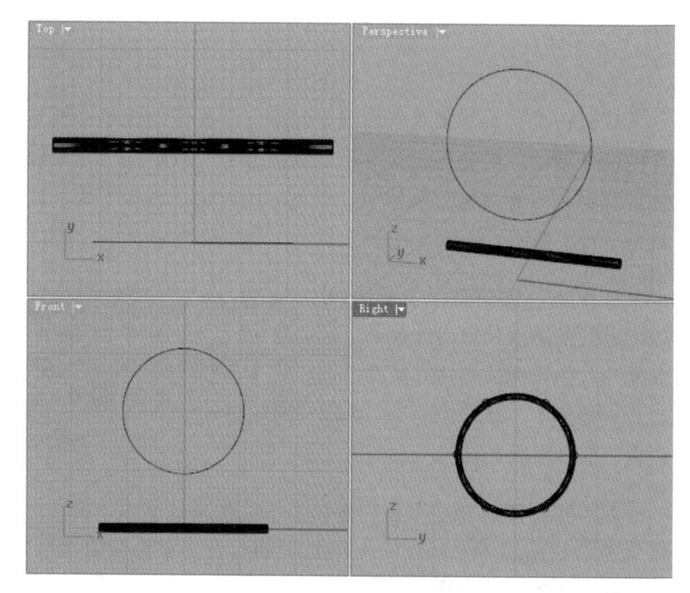

图4-148

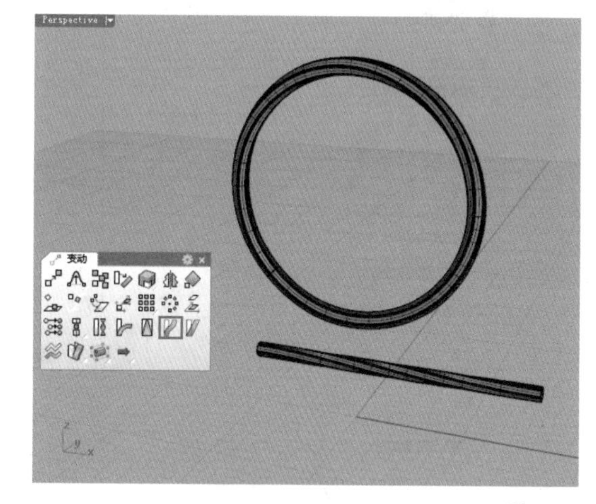

图4-149

08 在“显示”工具面板中单击“渲染模式工作视窗”工具，调整模型的显示效果，如图 4-150 所示。

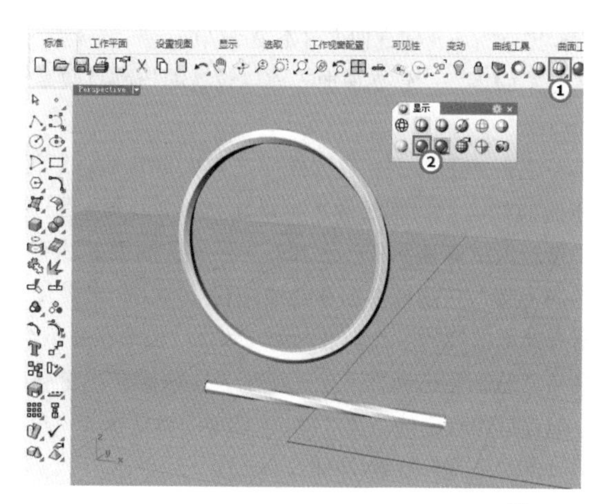

图4-150

★重点★

4.3.6 双轨扫掠

双轨扫掠至少需要3条曲线来创建，两条作为轨迹路线定义曲面的两边，另一条定义曲面的截面部分。双轨扫掠与单轨扫掠类似，只是多出一条轨道，以更好地对形态进行定义，同时也丰富了曲面生成的方式。

使用“双轨扫掠”工具可以沿着两条路径扫掠通过数条定义曲面形状的断面曲线建立曲面，该工具同样位于“建立曲面”工具面板内，如图4-151所示。

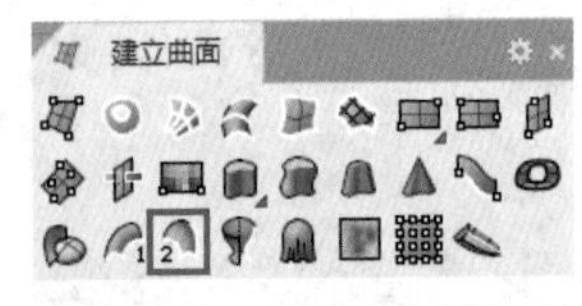

图4-151

同单轨扫掠一样，双轨扫掠也是先选择路径曲线（两条），再选择断面曲线（可以有多条），此时将打开“双轨扫掠选项”对话框，如图4-152所示。

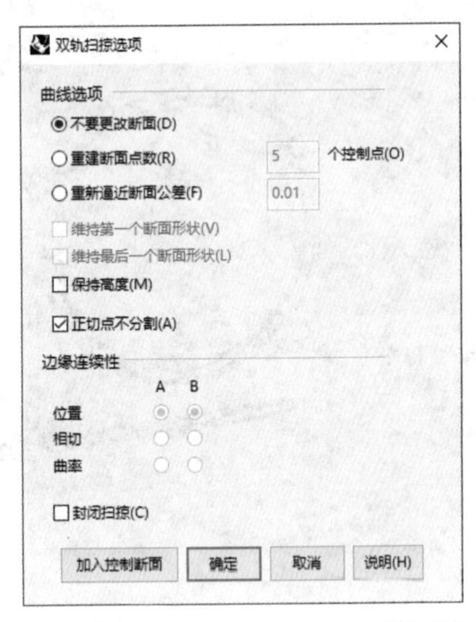

图4-152

双轨扫掠特定参数介绍

不要更改断面：建立曲面时不更改断面。

重建断面点数：建立曲面之前以设置的控制点数重建所有的断面曲线。

重新逼近断面公差：建立曲面之前先重新逼近断面曲线。每条断面曲线的结构都相同才可以建立质量良好的扫掠曲面，使用“重新逼近断面公差”选项时，所有的断面曲线会以3阶曲线重新逼近，使所有断面曲线的结构一致化。未使用该选项时，所有断面曲线的阶数和节点会一致化，但形状并不会改变。可以使用“重新逼近断面公差”选项设置断面曲线重新逼近的公差，但逼近路径曲线是由“Rhino选项”对话框的“单位”面板中的“绝对公差”参数控制的。

维持第一个断面形状：使用相切或曲率连续计算扫掠曲面边缘的连续性时，建立的曲面可能会脱离输入的断面曲线，这个选项可以强迫扫掠曲面的开始边缘符合第一条断面曲线的形状。

维持最后一个断面形状：使用相切或曲率连续计算扫掠曲面边缘的连续性时，建立的曲面可能会脱离输入的断面曲线，这个选项可以强迫扫掠曲面的开始边缘符合最后一条断面曲线的形状。

保持高度：预设的情况下，扫掠曲面的断面会随着两条路径曲线的间距缩放宽度和高度，该选项可以固定扫掠曲面的断面高度不随着两条路径曲线的间距缩放。

正切点不分割：设置是否不分割正切点。

边缘连续性：只有断面曲线为Non-Rational（非有理）曲线（也就是所有控制点的权值都为1）时，这些选项才可以使用。有正圆弧或椭圆结构的曲线为Rational（有理）曲线。

封闭扫掠：设置是否进行封闭扫掠。

加入控制断面：加入额外的断面曲线，用来控制曲面断面结构线的方向。

> **技巧与提示**
>
> 双轨扫掠时，断面曲线的阶数可以不同，但建立的曲面的断面阶数为最高阶的断面曲线的阶数。

重点 实战

利用双轨扫掠创建洗脸池

场景位置	场景文件>第4章>04.3dm
实例位置	实例文件>第4章>实战——利用双轨扫掠创建洗脸池.3dm
视频位置	第4章>实战——利用双轨扫掠创建洗脸池.mp4
难易指数	★★☆☆☆
技术掌握	掌握双轨扫掠的方法

本例创建的洗脸池模型效果如图4-153所示。

图4-153

01 打开本案例的场景文件，如图4-154所示。

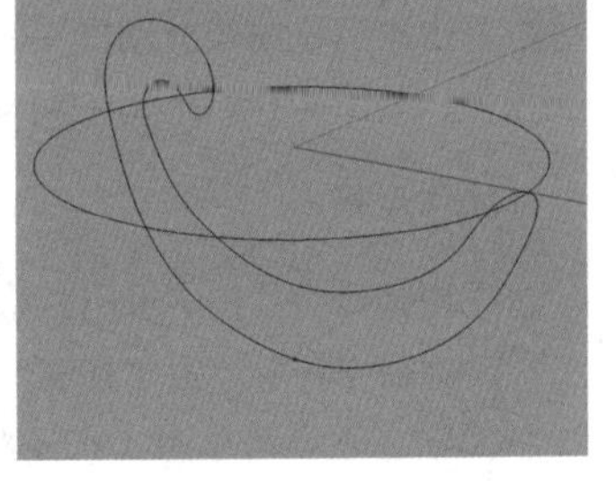
图4-154

02 单击“双轨扫掠”工具，对曲线上半部分进行扫掠生成曲面，如图4-156所示，具体操作步骤如下。

操作步骤

①选择顶部的两条弧线作为扫掠路径，如图 4-155 所示。

②选择圆作为断面曲线，并按 Enter 键打开“双轨扫掠选项”对话框，在该对话框中直接单击“确定”按钮[确定]。

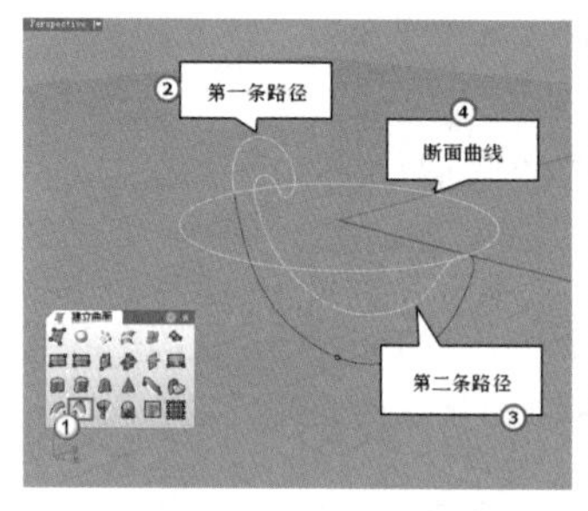

图4-155

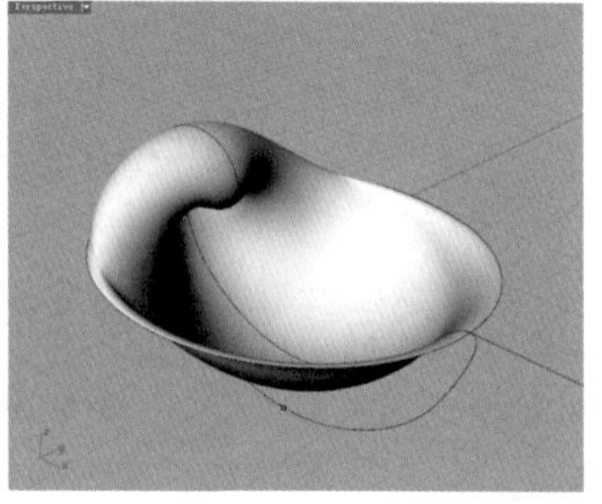
图4-156

03 按 Enter 键或空格键再次启用“双轨扫掠”工具，对下面的曲线进行扫掠，如图 4-158 所示，具体操作步骤如下。

操作步骤

①依次选择下面的两段圆弧，如图 4-157 所示。

②选择圆作为断面曲线，并按 Enter 键打开“双轨扫掠选项”对话框，在该对话框中直接单击“确定”按钮[确定]。

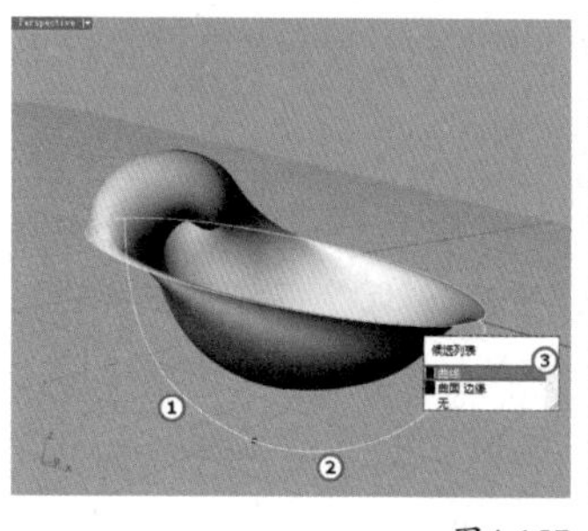
图4-157

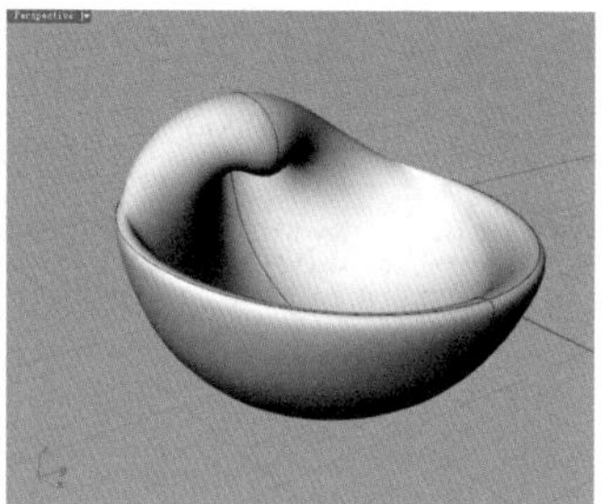
图4-158

★重点★

4.3.7 放样曲面

放样曲面是造型曲面的一种，它通过曲线之间的过渡来生成曲面。放样曲面主要由放样的轮廓曲线组成，可以想象为在一组截面轮廓线构成的骨架上蒙放一张光滑的皮。

放样曲面主要使用“放样”工具，工具位置如图 4-159 所示。

图4-159

放样的过程比较简单，例如，对图 4-160 所示的 3 条曲线进行放样，启用“放样”工具后框选 3 条曲线即可，效果如图 4-161 所示。

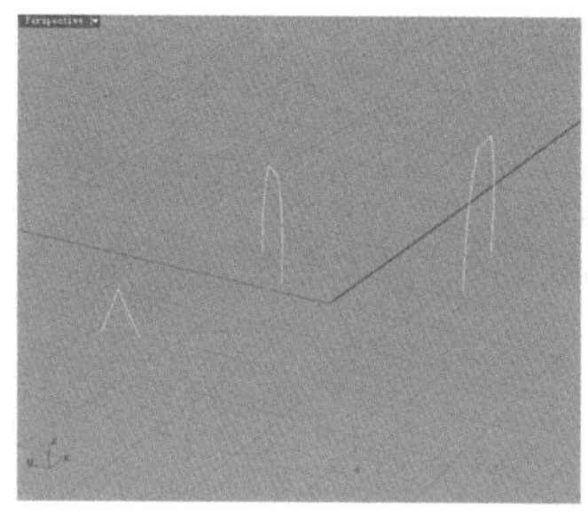
图4-160

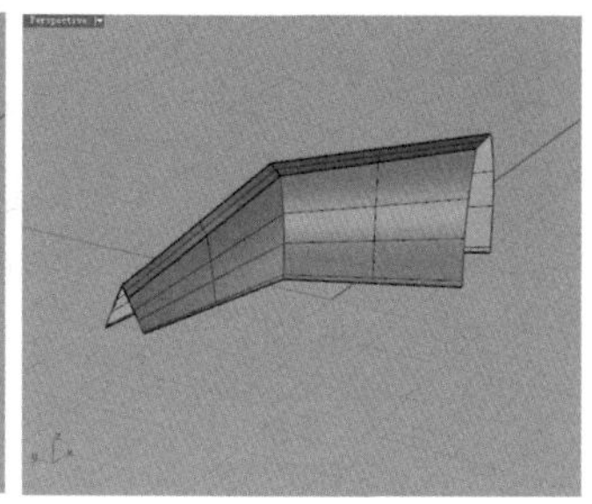
图4-161

放样时将打开“放样选项”对话框，如图 4-162 所示。

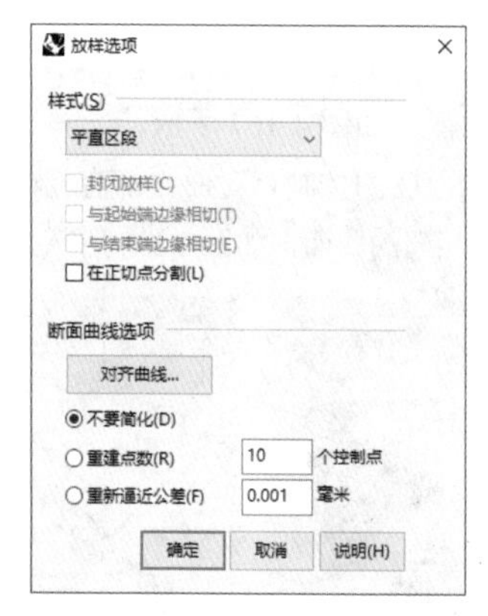

图4-162

放样特定参数介绍

样式：设置生成曲面的方式，包含“标准”“松弛”“紧绷”“平直区段”“可展开的”“均匀”6 种方式。

标准：如果想建立的曲面是比较平缓的，或者断面曲线之间距离比较大，可以使用这个选项，如图 4-163 所示。

松弛：放样曲面的控制点会放置于断面曲线的控制点上，这个选项可以建立比较平滑的放样曲面，但放样曲面并不会通过所有的断面曲线，如图 4-164 所示。

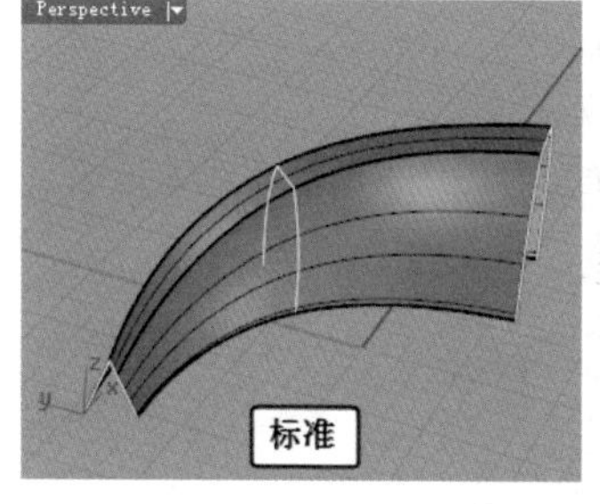

图4-163

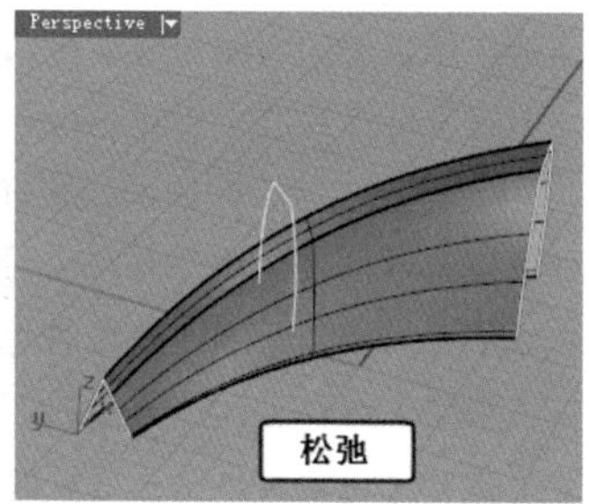

图4-164

紧绷：这一选项适用于建立转角处的曲面，如图 4-165 所示。

平直区段：放样曲面在断面曲线之间是平直的曲面，如图 4-166 所示。

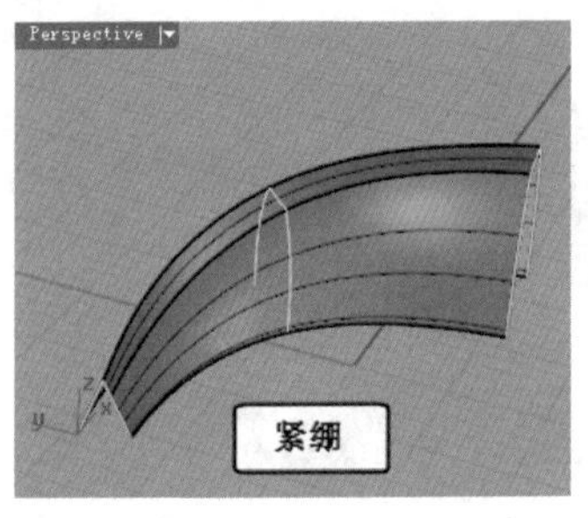

图4-165

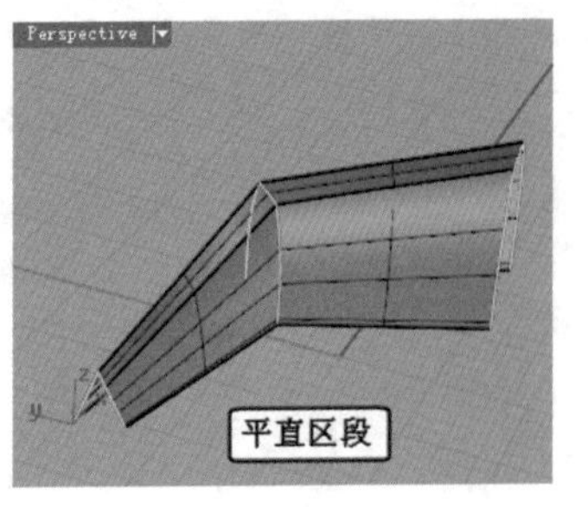

图4-166

可展开的：以每一对断面曲线建立可展开的曲面或多重曲面，该选项适用于需要展开曲面的情况。使用该选项建立的放样曲面展开时不会有延展的问题，但并不是所有的曲线都可以建立这样的放样曲面，如图 4-167 所示。

均匀：建立的曲面的控制点对曲面都有相同的影响力，可以用来建立多个结构相同的曲面，如图 4-168 所示。

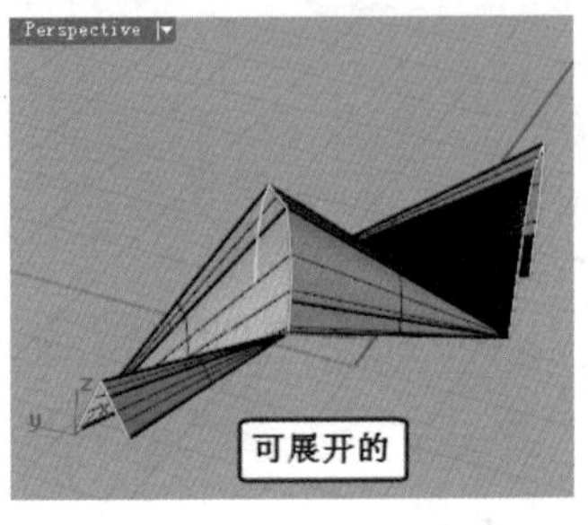

图4-167

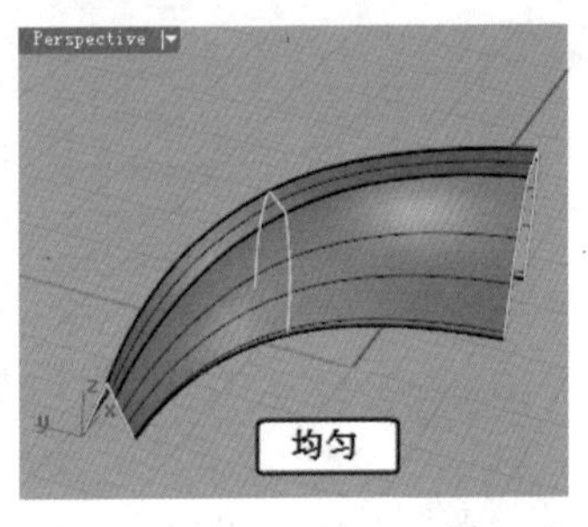

图4-168

封闭放样：建立封闭的曲面时，必须有 3 条或 3 条以上的断面曲线才可以使用。

与起始端边缘相切：如果第 1 条断面曲线是曲面的边缘，放样曲面可以与该边缘所属的曲面形成相切，这个选项必须有 3 条或 3 条以上的断面曲线才可以使用。

与结束端边缘相切：如果最后一条断面曲线是曲面的边缘，放样曲面可以与该边缘所属的曲面形成相切，这个选项必须有 3 条或 3 条以上的断面曲线才可以使用。

在正切点分割：设置是否分割正切点。

对齐曲线：当放样曲面发生扭转时，单击断面曲线靠近端点处可以反转曲线的对齐方向。

不要简化：不重建断面曲线。

重建点数：重建放样点数。

重新逼近公差：重新逼近放样曲面的公差。

重点实战

利用放样曲面创建手提袋

场景位置	无
实例位置	实例文件>第4章>实战——利用放样曲面创建手提袋.3dm
视频位置	第4章>实战——利用放样曲面创建手提袋.mp4
难易指数	★★★☆☆
技术掌握	掌握曲线放样的方法

本例创建的手提袋效果如图 4-169 所示。

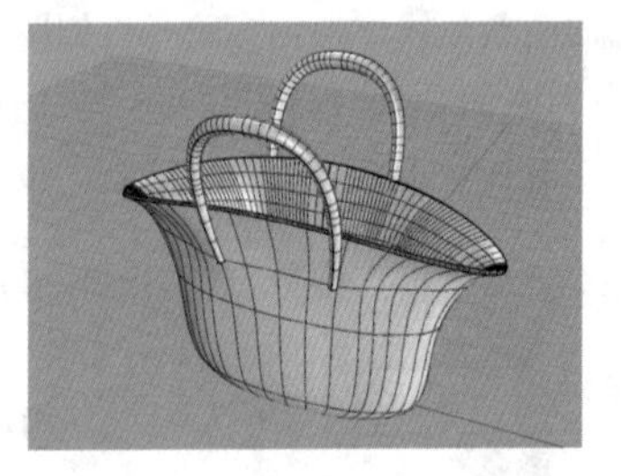

图4-169

01 单击“椭圆：从中心点”工具，在 Top（顶）视图中以坐标轴原点为中心点绘制一个如图 4-170 所示的椭圆。

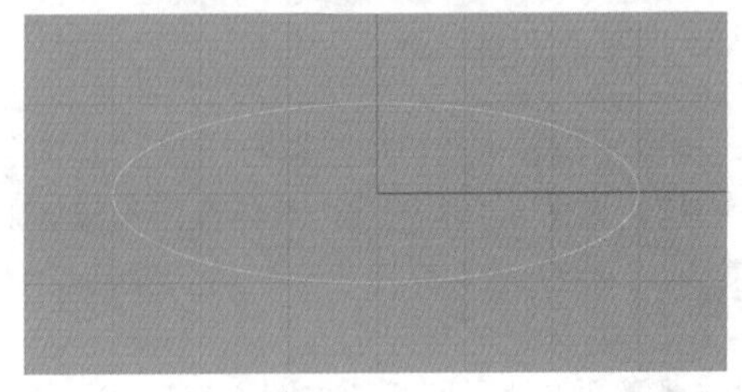

图4-170

02 单击“重建曲线 / 以主曲线重建曲线”工具，然后选择椭圆，并按 Enter 键打开“重建”对话框，接着设置“点数”为 12，“阶数”为 3，单击“确定”按钮对绘制的椭圆进行重建，如图 4-171 所示。

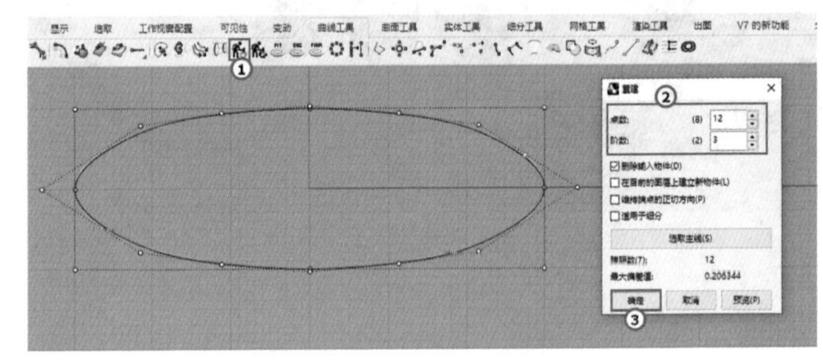

图4-171

03 开启“正交”功能，然后使用“复制 / 原地复制物件”工具复制出 3 个椭圆，如图 4-172 所示。

图4-172

04 使用“二轴缩放”工具依次对复制得到的椭圆进行缩放，

如图 4-173 和图 4-174 所示。

图4-173

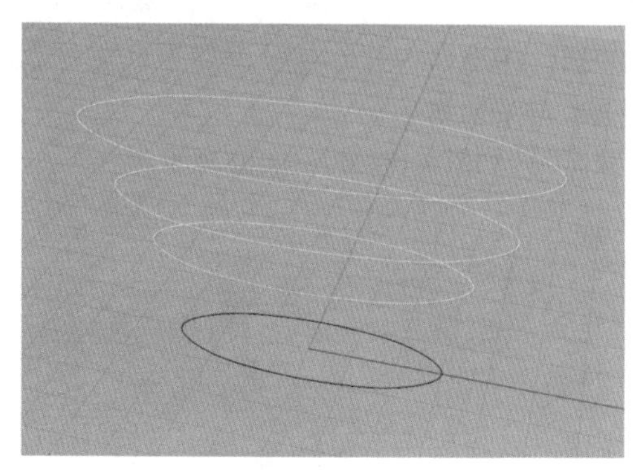

图4-174

疑难问答

问：为什么通过复制和缩放来得到大小不等的椭圆，而不是直接绘制 4 个椭圆呢？

答：主要是希望这几个椭圆的控制点个数和位置基本一致，以便后面利用这几个椭圆创建出的曲面有较理想的 ISO 线和较好的曲面质量，如图 4-175 所示。通常用来创建曲面的诸条曲线在控制点的个数及位置上要尽量保持一致，这样在后期曲面细节创建中才会更加方便。

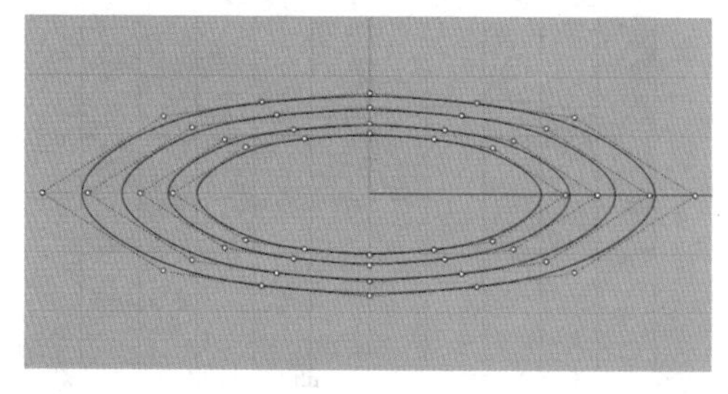

图4-175

05 单击“弯曲”工具，以“对称”方式对最下面的椭圆进行变形，如图 4-176 所示，具体操作步骤如下。

操作步骤

①选择最下面的椭圆，按 Enter 键确认。

②捕捉圆心作为骨干的起点，然后在水平方向上拾取一点作为骨干的终点。

③在命令行中单击“对称”选项，将其设置为“是”。

④在椭圆上方指定一点确定弯曲的通过点。

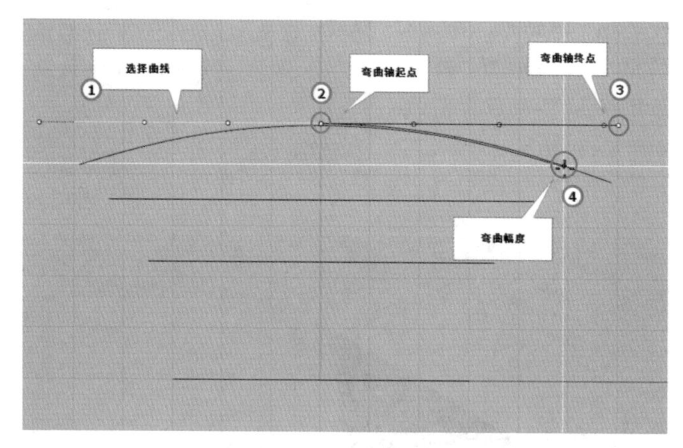

图4-176

06 选择最大的椭圆，然后按 F10 键打开控制点，接着按住 Shift 键间隔选择控制点，使用“二轴缩放”工具对选择的控制点进行缩放，如图 4-177 所示。

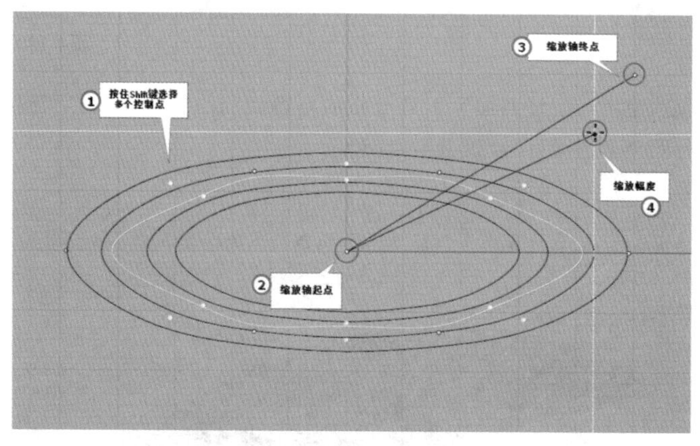

图4-177

07 单击“单点 / 多点”工具，创建一个点，如图 4-178 所示。

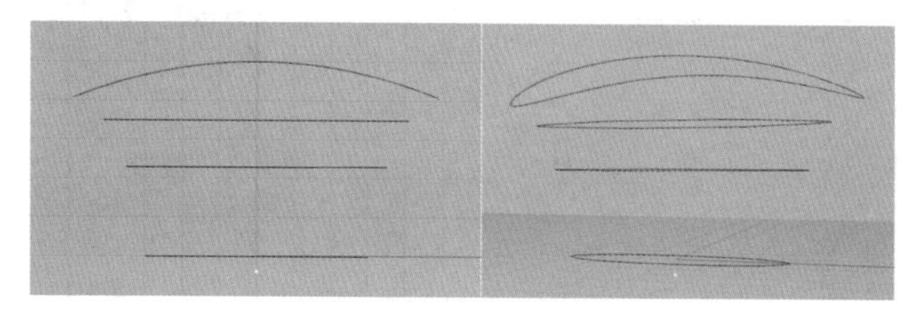

图4-178

08 单击“放样”工具，对曲线和点进行放样，具体操作步骤如下。

操作步骤

①依次选择曲线和点对象，如图 4-179 所示。

②按 Enter 键打开“放样选项”对话框，在该对话框中直接单击“确定”按钮，得到放样曲面，如图 4-180 所示。

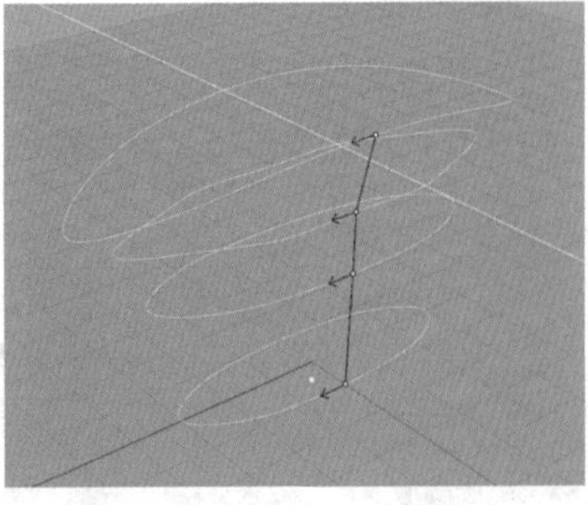

图4-179

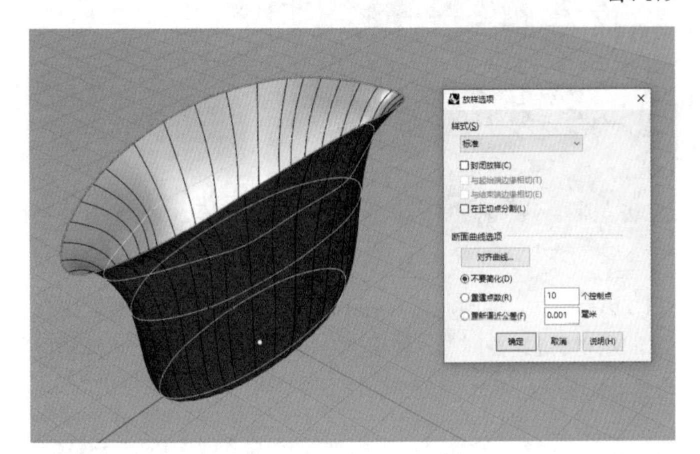

图4-180

09 使用“偏移曲面”工具将放样得到的曲面向内偏移（偏移距离合适即可），如图 4-181 所示。

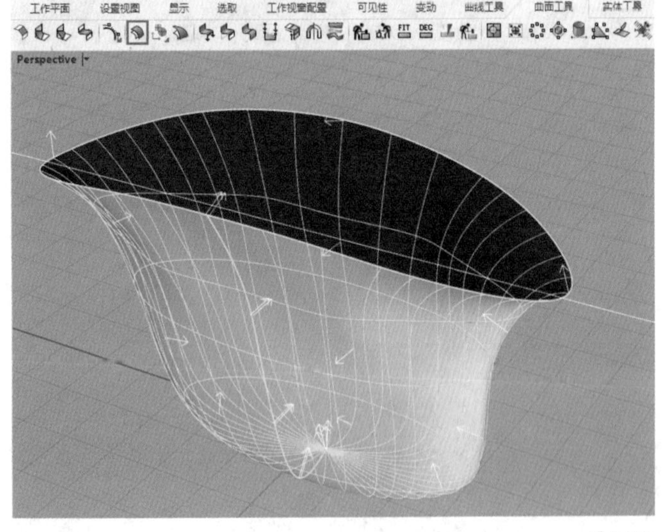

图4-181

10 再次启用“放样”工具，对两个曲面的开口边缘进行放样，如图 4-182 所示。

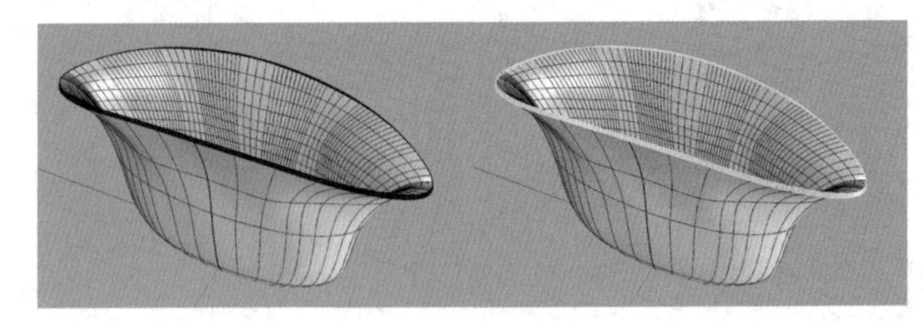

图4-182

11 使用“控制点曲线/通过数个点的曲线”工具在 Front（前）视图中绘制图 4-183 所示的曲线，注意曲线两端最末的两个控制点位置在一条横线上。

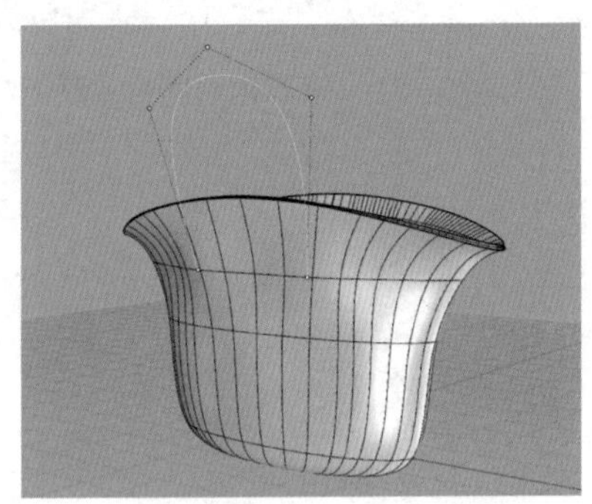

图4-183

12 单击“圆：环绕曲线”工具，环绕曲线绘制 5 个截面圆，如图 4-184 和图 4-185 所示。

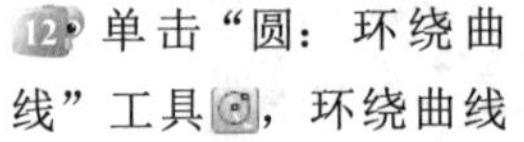

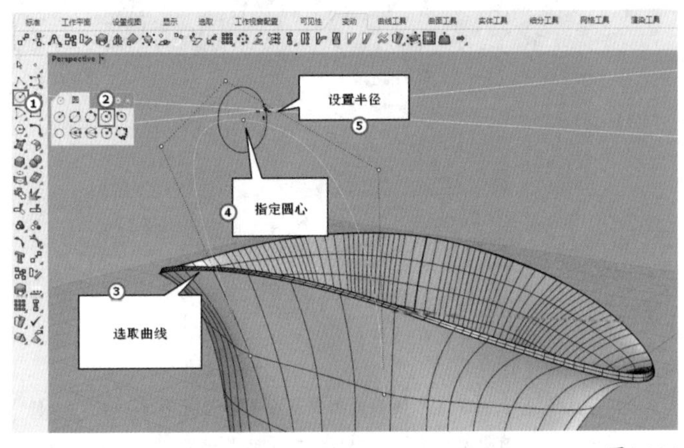

图4-184

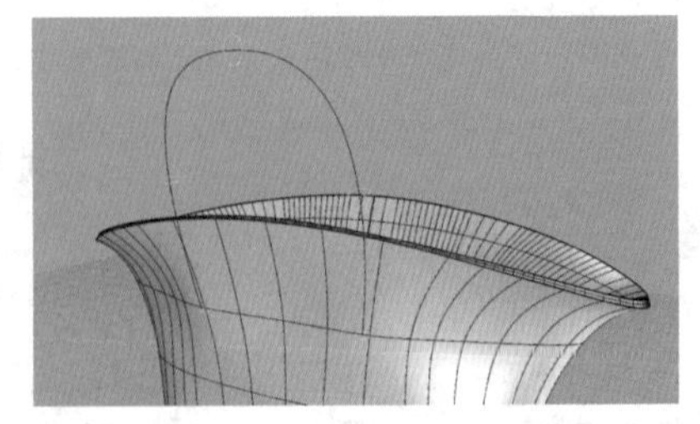

图4-185

13 单击“单轨扫掠”工具，以曲线为路径，以截面圆为端面曲线，创建图 4-186 所示的曲面。

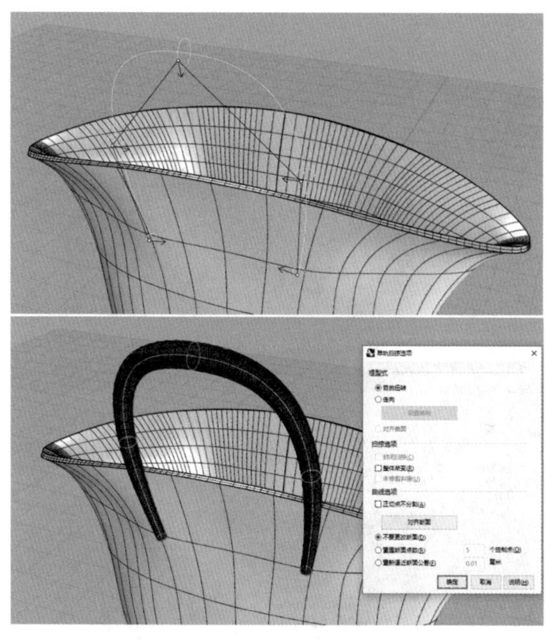

图4-186

14 使用“以平面曲线建立曲面”工具选取上一步生成的圆管的两端，生成端面，如图 4-187 所示。

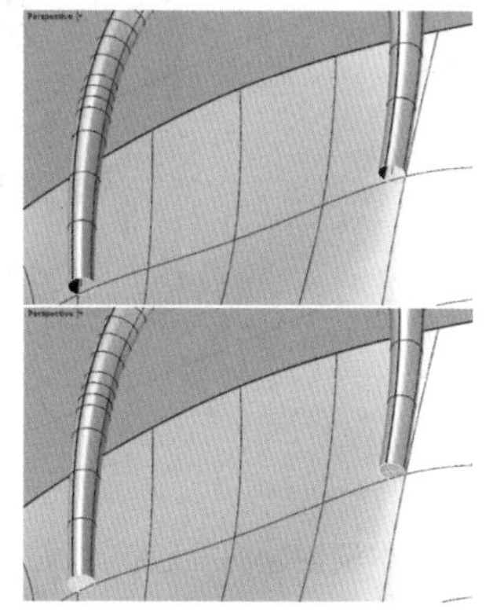

图4-187

15 将圆管与端面组合，如图 4-188 所示。

16 将组合后的手提袋把手进行“镜像”复制，如图 4-189 所示。

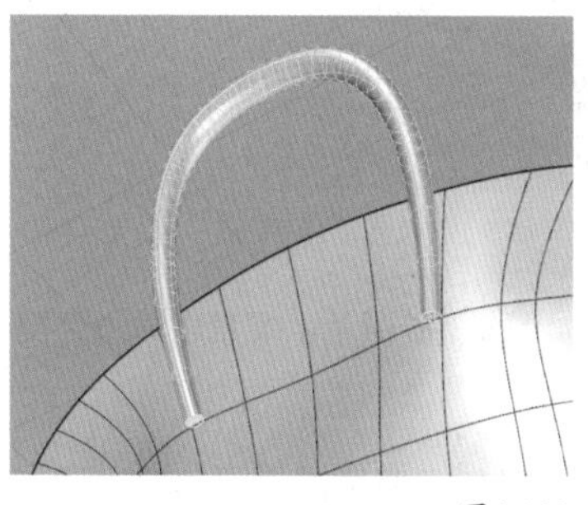

图4-188

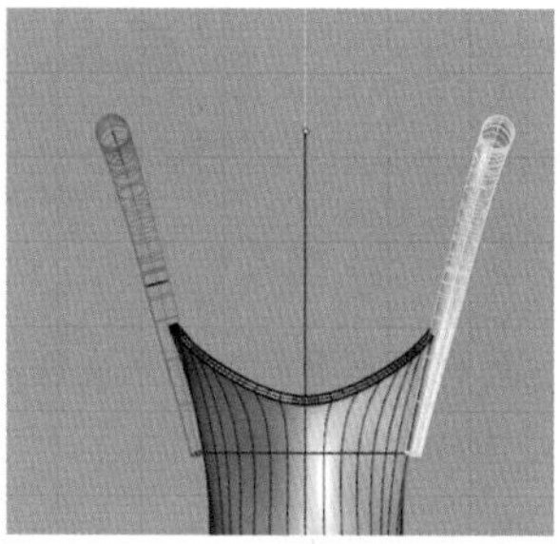

图4-189

现在就完成了手提袋模型的制作，最终效果如图 4-190 所示。

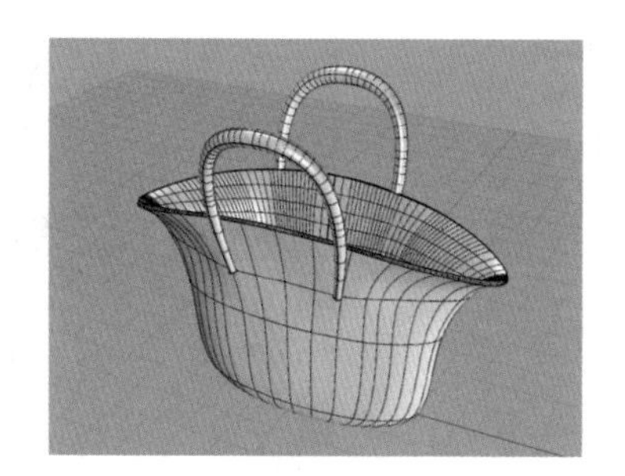

图4-190

★重点★

4.3.8 嵌面

嵌面是通过对边界曲线进行综合分析运算，找出其中的平衡点后重建拟合的曲面。曲面结果与任何一条曲线都没有直接的继承性，它只是一个拟合面、近似面，所以它受公差的影响很大。嵌面完全打乱了 UV 的方向性，仅仅凭曲线的位置来确定曲面的形态。

使用“嵌面”工具可以建立逼近选取的线和点物件的曲面，工具位置如图 4-191 所示。

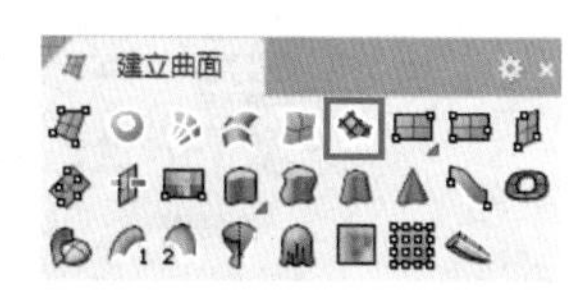

图4-191

启用“嵌面”工具后，选取曲面要逼近的点物件、曲线或曲面边缘，然后按 Enter 键确认，此时将打开“嵌面曲面选项”对话框，如图 4-192 所示。

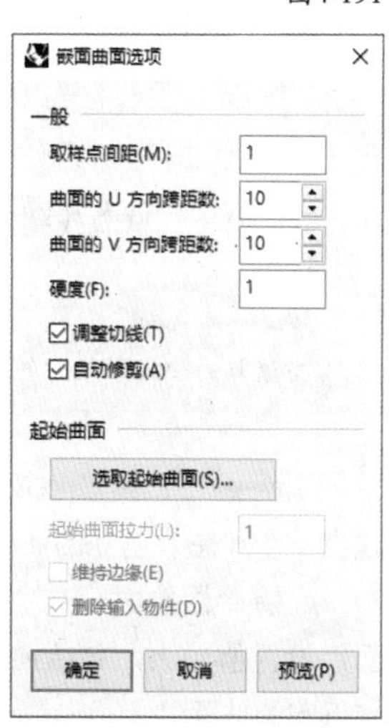

图4-192

嵌面特定参数介绍

取样点间距：对取样点之间的距离进行设置。

曲面的 U 方向跨距数：设置曲面 U 方向的跨距数。

曲面的 V 方向跨距数：设置曲面 V 方向的跨距数。

硬度：Rhino 在建立嵌面的第一个阶段会找出与选取的点和曲线上的取样点最符合的平面，然后将平面变形逼近选取的点和取样点，该参数设置平面的变形程度，数值越大曲面越硬，得到的曲面越接近平面。可以使用非常大（>1 000）或非常小的数值测试这个设置，并预览结果，如图 4-193 所示。

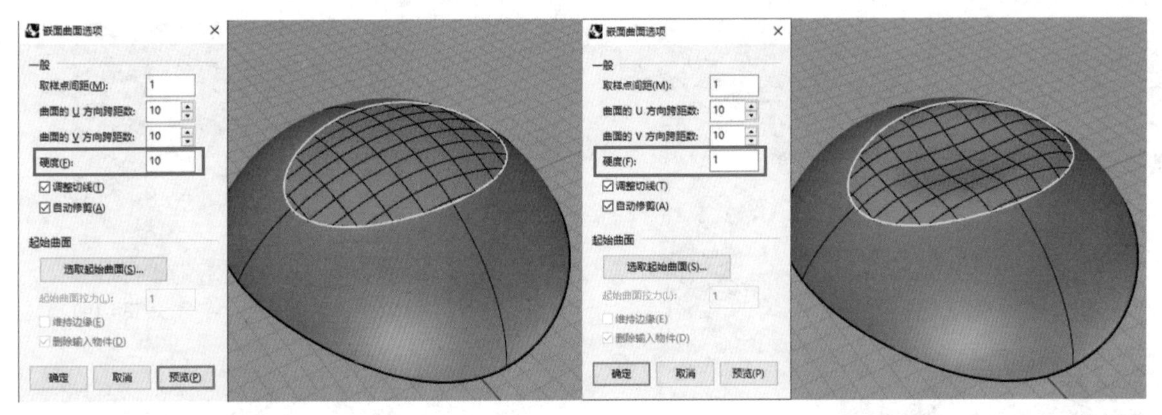

图4-193

调整切线：如果输入的曲线为曲面的边缘，建立的曲面会与周围的曲面相切，如图 4-194 所示。

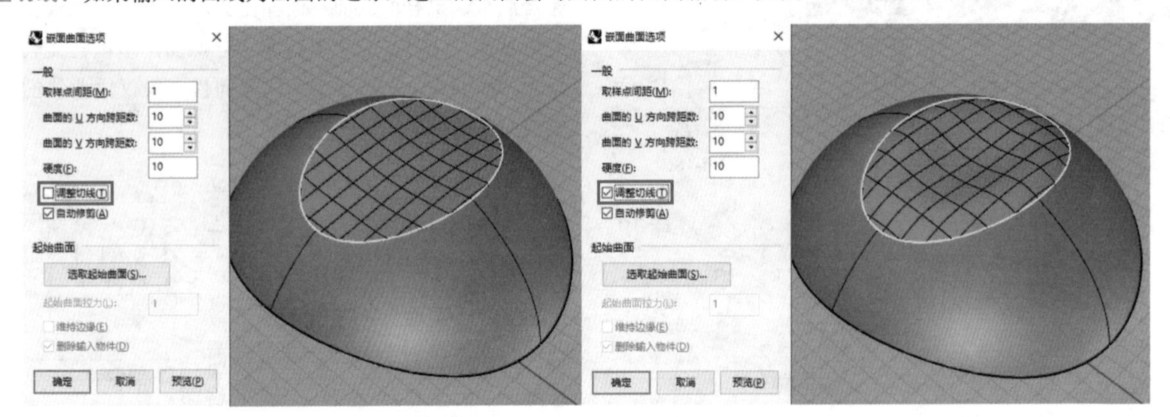

图4-194

自动修剪：试着找到封闭的边界曲线，并修剪边界以外的曲面。

技巧与提示

当选取的曲线形成一个封闭的边界时曲面才可以被自动修剪。

选取起始曲面(S)...：单击该按钮可以选取一个起始曲面，可以事先建立一个和想要建立的曲面形状类似的曲面作为起始曲面。

起始曲面拉力：与“硬度”参数类似，但是它作用于起始面，设置值越大，起始曲面的抗拒力越大，得到的曲面形状越接近起始曲面。

维持边缘：用于固定起始曲面的边缘，这个选项适用于以现有的曲面逼近选取的点或曲线，但不会移动起始曲面的边缘。

删除输入物件：在新的曲面建立以后删除起始曲面。

重点实战

利用嵌面创建三通管

场景位置	场景文件>第4章>05.3dm
实例位置	实例文件>第4章>实战——利用嵌面创建三通管.3dm
视频位置	第4章>实战——利用嵌面创建三通管.mp4
难易指数	★★★☆☆
技术掌握	掌握创建嵌面和光顺曲面过渡的方法

本例创建的三通管效果如图 4-195 所示。

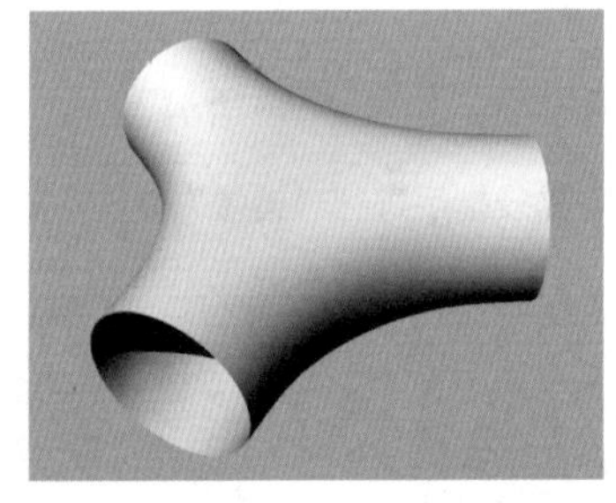

图4-195

01 打开本案例的场景文件，如图 4-196 所示，场景中的物件都是由线组成的。

02 单击“曲线圆角”工具，对任意两个图形顶部的边进行圆角处理，圆角半径为 0，如图 4-197 所示。

03 单击“可调式混接曲线 / 混接曲线”工具，在对应图形的侧面两条边之间建立混接曲线，设置“连续性”为“曲率”，如图 4-198 所示。

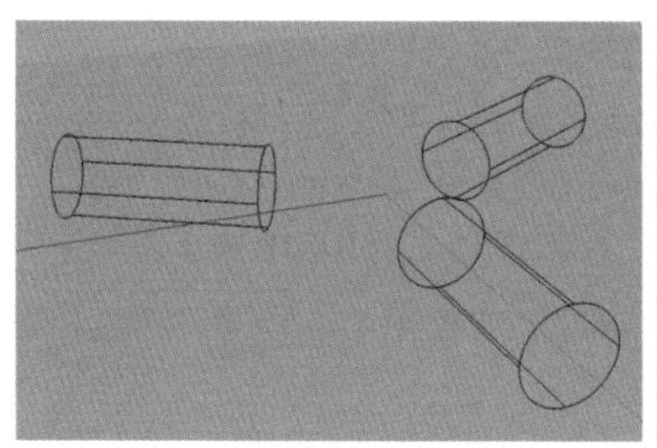

图4-196

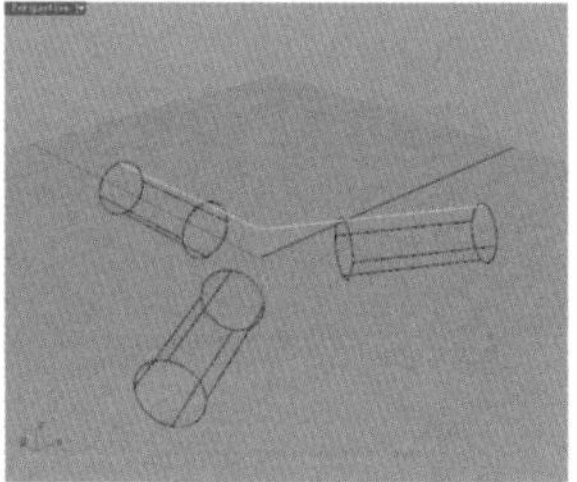

图4-197

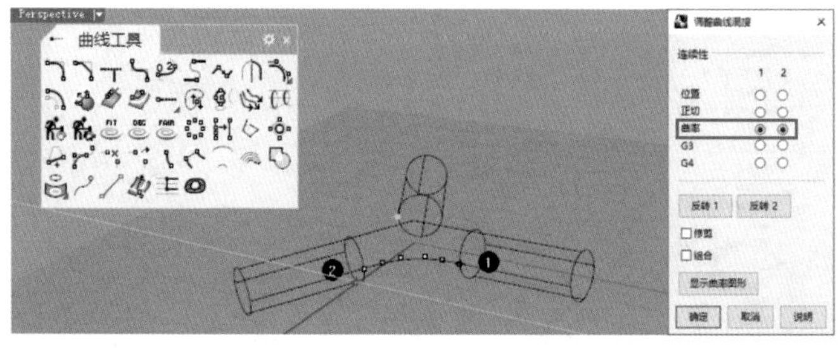

图4-198

04 开启“四分点”捕捉模式，然后单击“直线：起点正切、终点垂直”工具，绘制图 4-199 所示的相切直线，具体操作步骤如下。

操作步骤

①捕捉圆顶部的四分点，按 Enter 键确认。

②在圆顶部四分点的左侧拾取一点。

05 使用相同的方式绘制另一个图形上的直线，如图 4-200 所示。

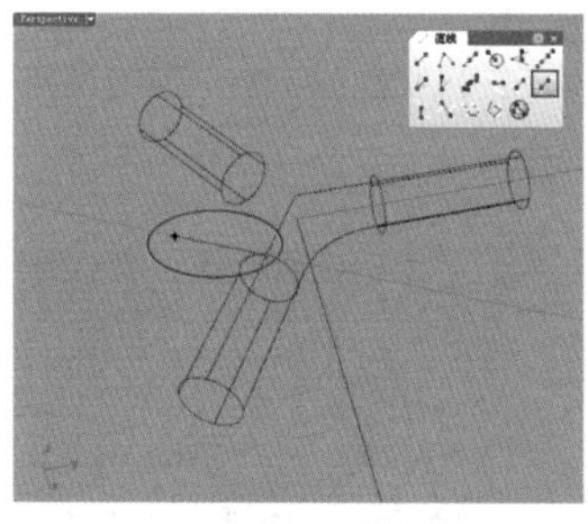

图4-199

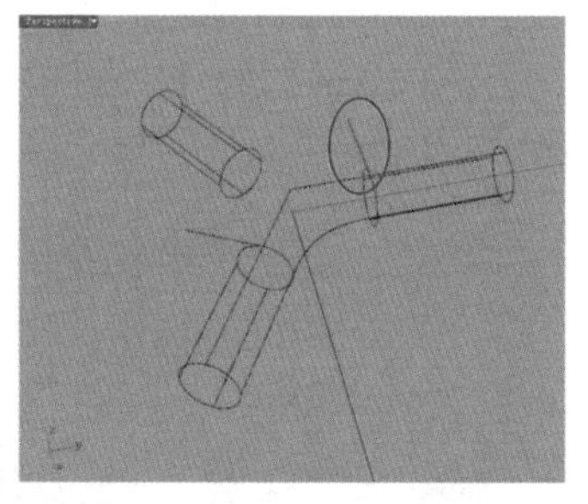

图4-200

06 单击“分割 / 以结构线分割曲面”工具，将圆和直线分别打断，如图 4-201 所示，具体操作步骤如下。

操作步骤

①选择图 4-201 所示的圆 A 和直线 B 作为要分割的物件，按 Enter 键确认。

②选择图 4-201 所示的圆弧 C 和直线 D 作为切割用物件，按 Enter 键确认。

07 使用相同的方式打断另一个图形的圆和直线，如图 4-202 所示。

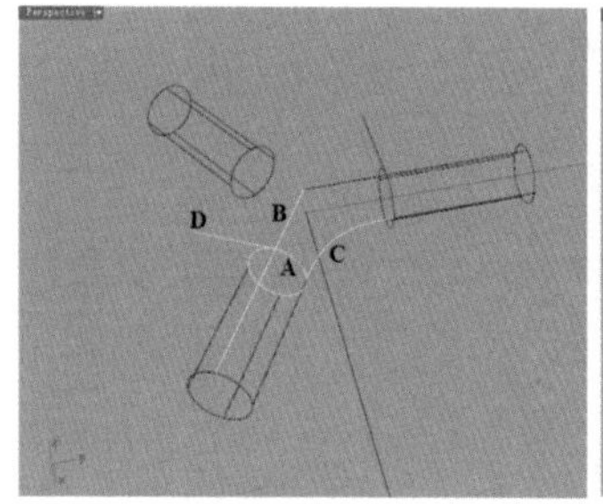

图4-201

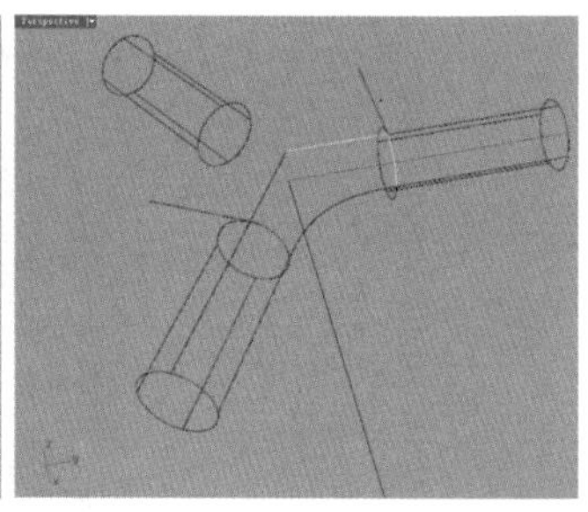

图4-202

08 使用“直线挤出”工具挤出图 4-203 所示的 3 个曲面（长度适当即可）。

09 按 Enter 键或空格键再次启用“直线挤出”工具，挤出图 4-205 所示的曲面，具体操作步骤如下。

操作步骤

①选择图 4-204 所示的 A 直线，按 Enter 键确认。

②在命令行中单击“方向”选项，捕捉 B 直线与 A 直线的交点为方向的基准点，再捕捉 B 直线的另一个端点为方向的第二点。

③捕捉 B 直线的另一个端点指定挤出长度。

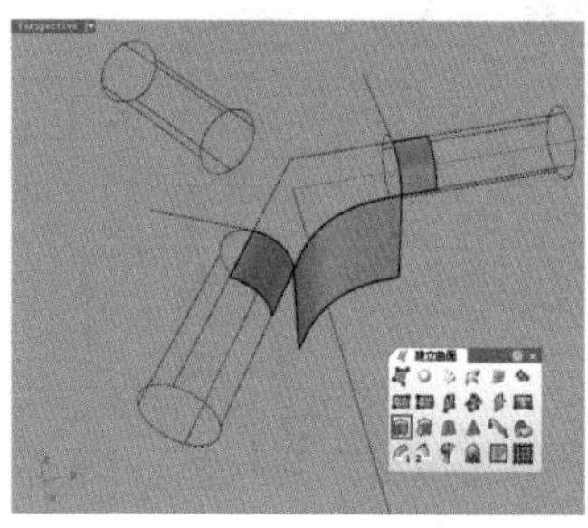

图4-203

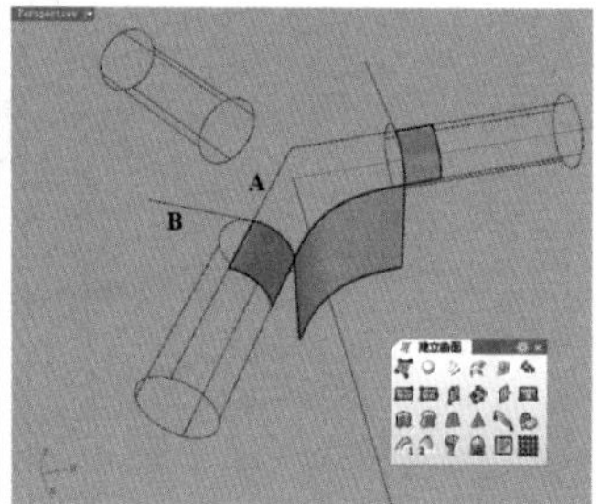

图4-204

10 使用相同的方法挤出另一个平面，如图 4-206 所示。

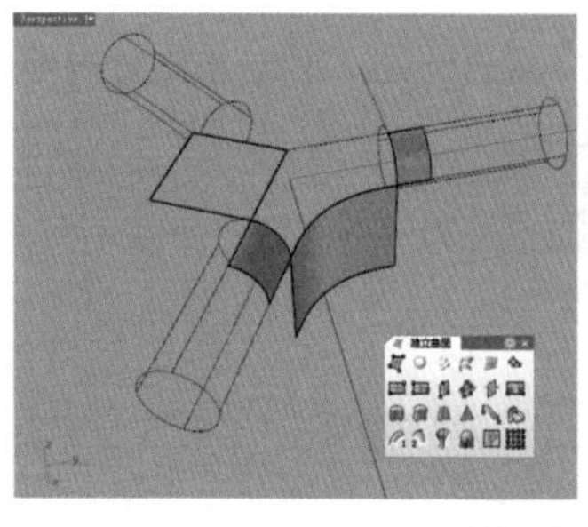

图4-205

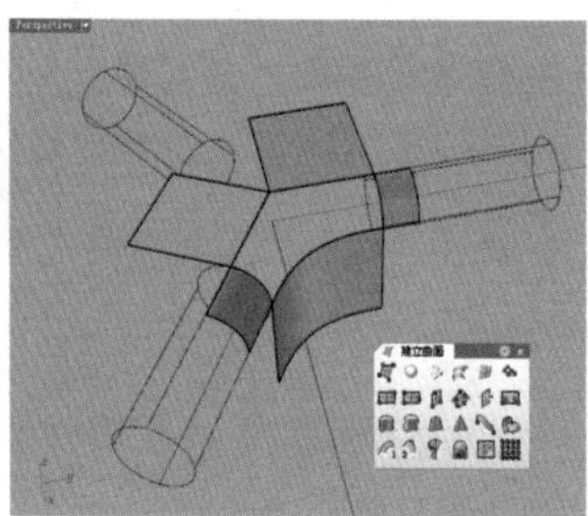

图4-206

11 单击“嵌面”工具，然后依次选择 5 个曲面的边，并按 Enter 键确认，打开“嵌面曲面选项”对话框，单击“确定”按钮，完成嵌面匹配，如图 4-207 所示。

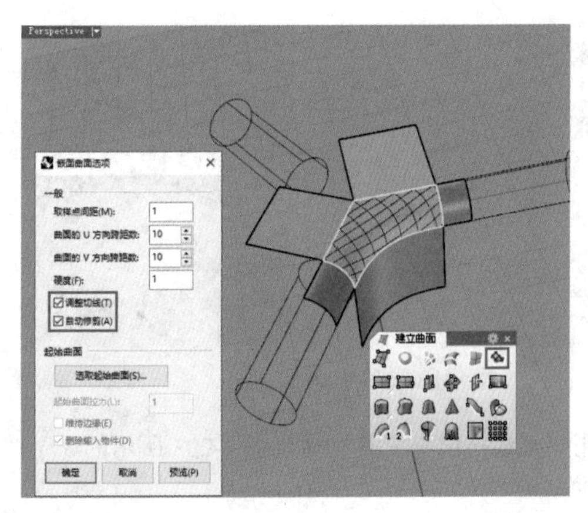

图4-207

12 删除用于生成嵌面的5个曲面，然后选择刚创建的嵌面，并右击“分析方向/反转方向”工具，将曲面法线方向反转，效果如图4-208所示。

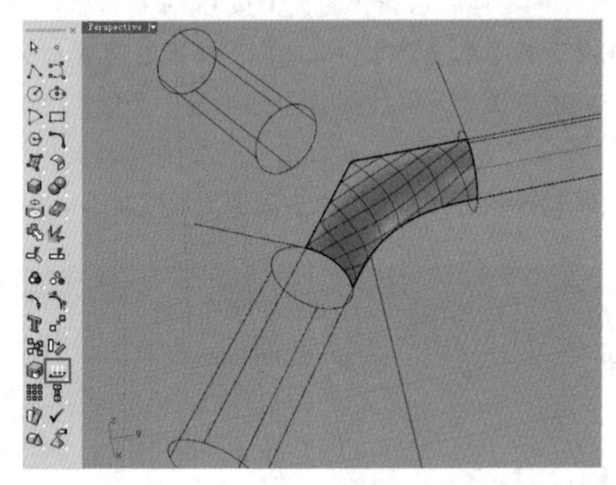

图4-208

13 在“变动”工具面板中单击“环形阵列”工具，对嵌面进行阵列复制，如图4-209所示，具体操作步骤如下。

操作步骤

①选择嵌面，按Enter键确认。

②捕捉嵌面顶部的端点为阵列的中心点，然后指定阵列数为3，接着按3次Enter键完成操作。

14 使用“组合”工具将3个面组合为一个整体，如图4-210所示。

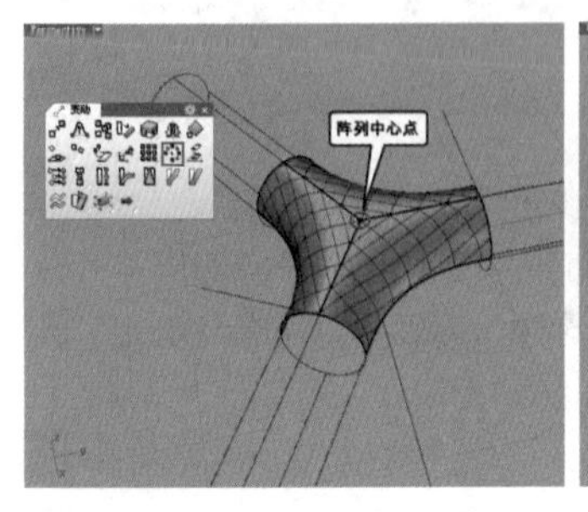

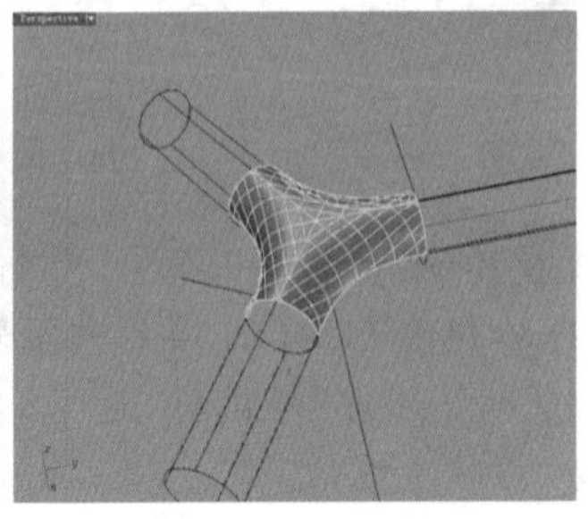

图4-209　　图4-210

疑难问答

问：为什么制作的3个嵌面无法组合？

答：如果无法组合，可能是由于3个面的间隙较大，可以在“Rhino选项”对话框中调整“绝对公差”之后再组合，如图4-211所示。

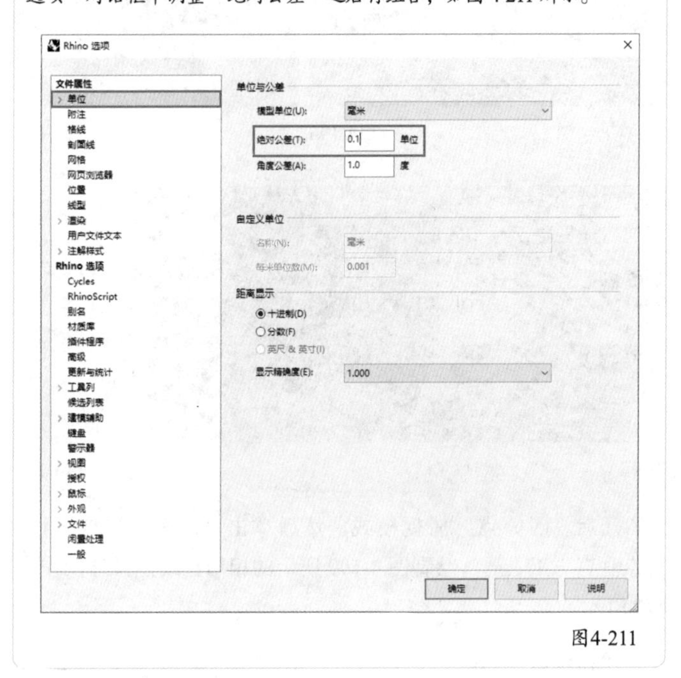

图4-211

15 单击“镜射/三点镜射”工具，将组合的曲面镜像复制一个到下方，如图4-212所示，具体操作步骤如下。

操作步骤

①选择组合后的曲面，按Enter键确认。

②在Front（前）视图或Right（右）视图的x轴上捕捉两点指定镜像轴。

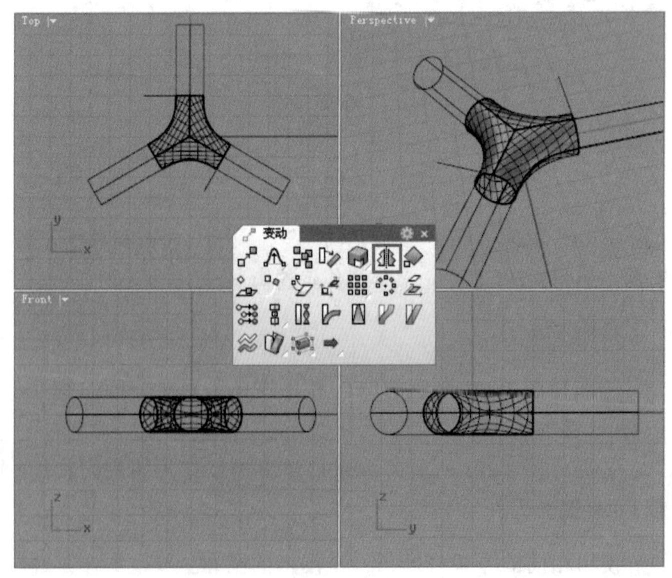

图4-212

16 使用“组合”工具将上下两个部分组合，得到三通管的最终模型，效果如图 4-213 所示。

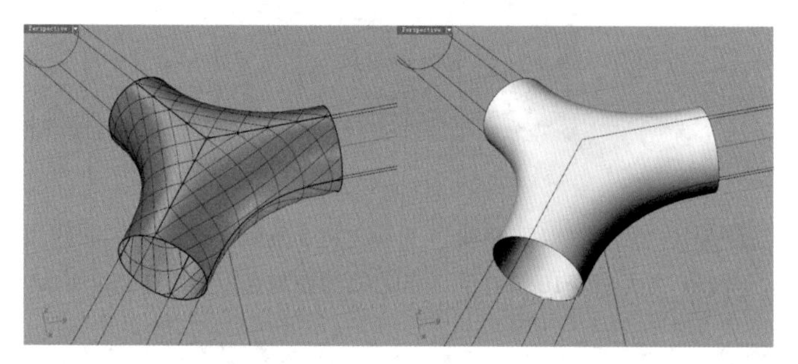

图4-213

★重点★

4.3.9 网格曲面

网格曲面是通过两个不同走向（U、V）的曲线来产生面的。它可以非常精确地描述曲面的形态，并且具有匹配的功能，能保持和相邻的曲面连贯的曲率，是 Rhino 里特别强大的曲面生成工具。

使用“以网线建立曲面”工具可以通过数条曲线来建立曲面，工具位置如图 4-214 所示。但需要注意的是，一个方向的曲线必须跨越另一个方向的曲线，而且同方向的曲线不可以相互跨越。

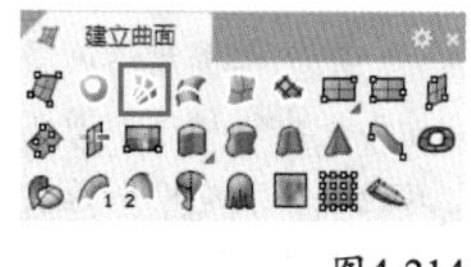

图4-214

启用“以网线建立曲面”工具，然后选取数条曲线，接着按 Enter 键确认，将打开“以网线建立曲面”对话框，如图 4-215 所示。

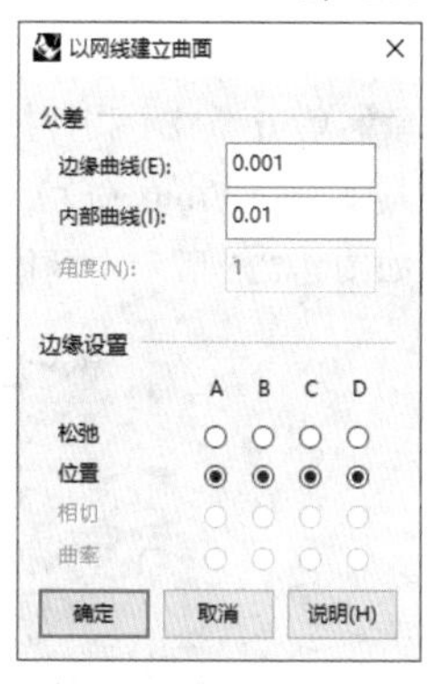

图4-215

网格曲面特定参数介绍

边缘曲线：设置逼近边缘曲线的公差，建立的曲面边缘和边缘曲线之间的距离会小于这个设置值，默认值为系统公差。

内部曲线：设置逼近内部曲线的公差，建立的曲面和内部曲线之间的距离会小于这个设置值，默认值为系统公差 ×10。如果输入的曲线之间的距离远大于公差设置，这个参数会建立最适当的曲面。

角度：如果输入的边缘曲线是曲面的边缘，而且选择让建立的曲面和相邻的曲面以相切或曲率连续相接时，两个曲面在相接边缘的法线方向的角度误差会小于这个设置值。

边缘设置：设置建立的曲面边缘如何符合输入的边缘曲线，“松弛”选项表示建立的曲面的边缘以较宽松的精确度逼近输入的边缘曲线。只有使用的曲线为曲面边缘时，才可以选择“相切”和“曲率”连续性。

重点实战

利用网格曲面创建鼠标顶面

场景位置	无
实例位置	实例文件>第4章>实战——利用网格曲面创建鼠标顶面.3dm
视频位置	第4章>实战——利用网格曲面创建鼠标顶面.mp4
难易指数	★★☆☆☆
技术掌握	掌握创建网格曲面的方法

本例创建的鼠标顶面效果如图 4-216 所示。

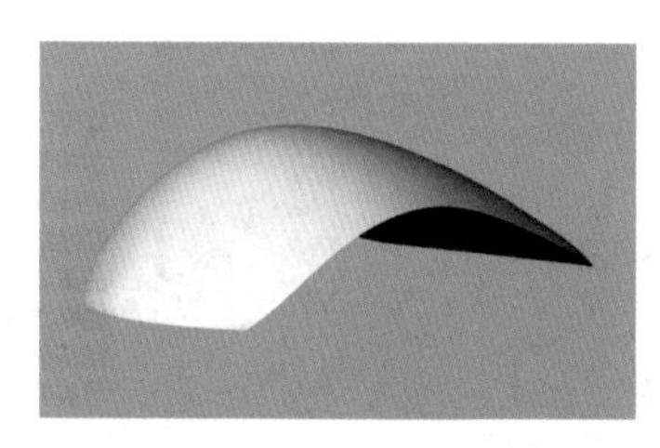

图4-216

01 使用“控制点曲线 / 通过数个点的曲线”工具在 Top（顶）视图中绘制图 4-217 所示的曲线，注意曲线的首尾两个控制点分别在一条水平线上。

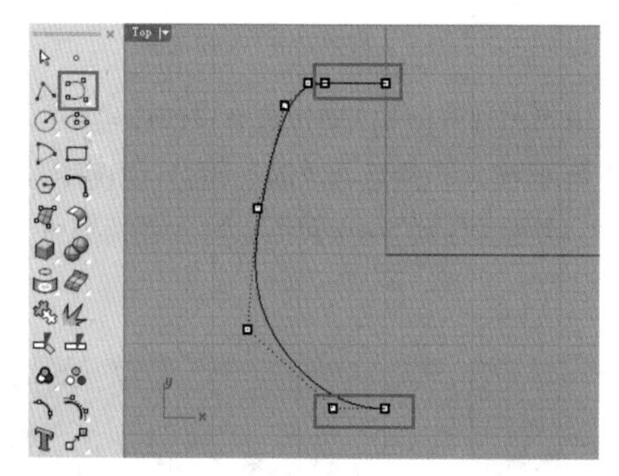

图4-217

02 单击“镜射 / 三点镜射”工具，镜像复制上一步绘制的曲线，如图 4-218 所示。

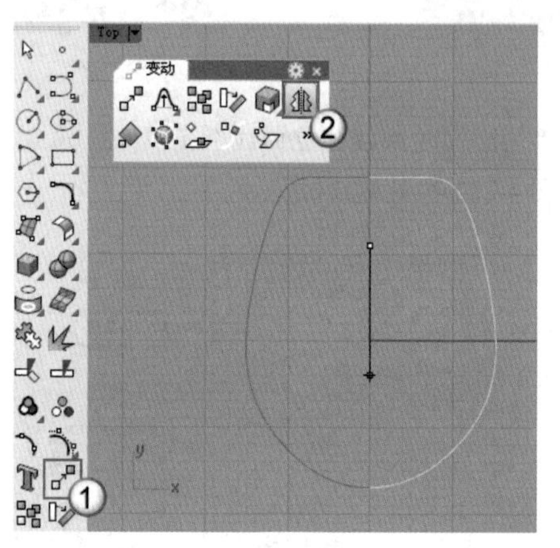

图4-218

03 在“分析”工具面板中单击“两条曲线的几何连续性”工具，然后依次单击两条曲线靠近端点处的位置，检查曲线的连续性，如图 4-219 和图 4-220 所示。

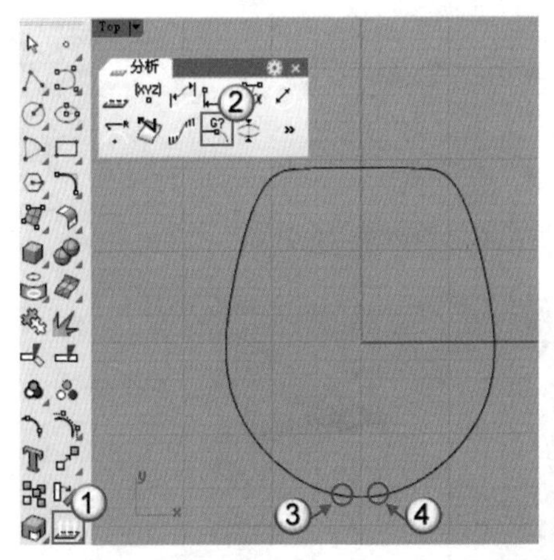

指令：_GCon
曲线端点距离 = 0.00 厘米
曲线端点距离 = 0.00 厘米
曲线端点距离 = 0.00 厘米
曲率半径差异值 = 0.00 厘米
曲率方向差异角度 = 0.00
相切差异角度 = 0.00
两条曲线形成 G2。

图4-219　图4-220

技巧与提示

从图 4-219 中可以看到，两条曲线是 G2 连续，这说明只有使曲线靠近端点的两个控制点保持水平一致，镜射后两条曲线才能形成 G2 连续。

04 再次启用“控制点曲线 / 通过数个点的曲线”工具，并开启“端点”捕捉模式，然后在 Right（右）视图中绘制图 4-221 所示的曲线（注意曲线的起点和终点与上图两条曲线的起点和终点重合）。

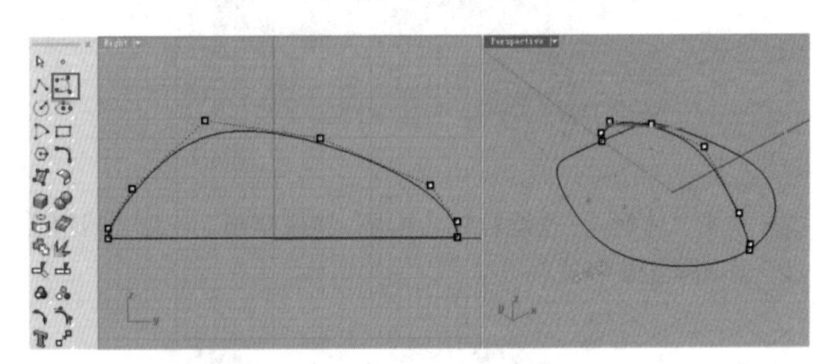

图4-221

05 单击“从断面轮廓线建立曲线”工具，建立 3 条断面轮廓线，如图 4-222 和图 4-223 所示。

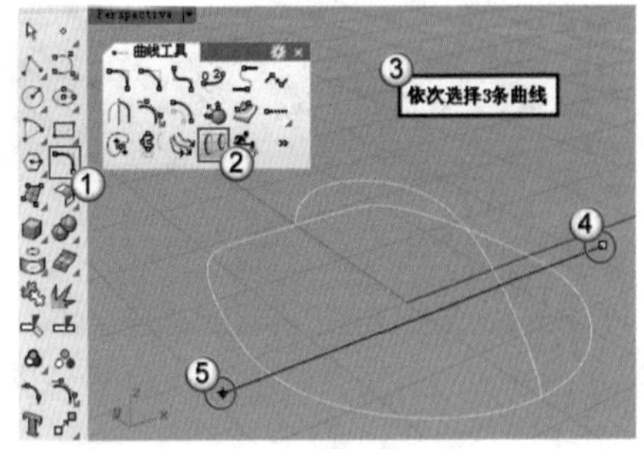

图4-222

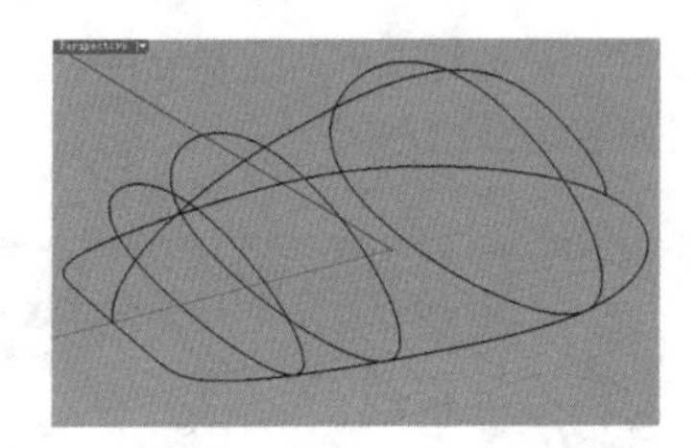

图4-223

06 使用“修剪 / 取消修剪”工具将 3 条断面线底部的曲线段修剪掉，然后按 F10 键打开 3 条曲线的控制点，如图 4-224 所示。

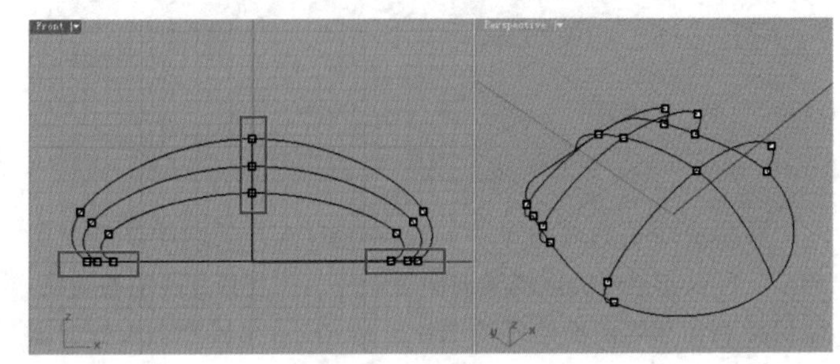

图4-224

技巧与提示

接下来将开始调整这 3 条曲线的走向，为了保证这 3 条曲线与另外 3 条曲线相交，图 4-224 中红色框内的曲线控制点不能移动，因此只能调整没有框选的控制点，如果这些控制点不能达到预想中曲线的走向效果，可以通过重建曲线的方式增加控制点。

07 单击“显示物件控制点”工具，然后单击“单轴缩放”工具，在 Front（前）视图中对中间的那条断面曲线进行缩放，如图 4-225 所示，具体操作步骤如下。

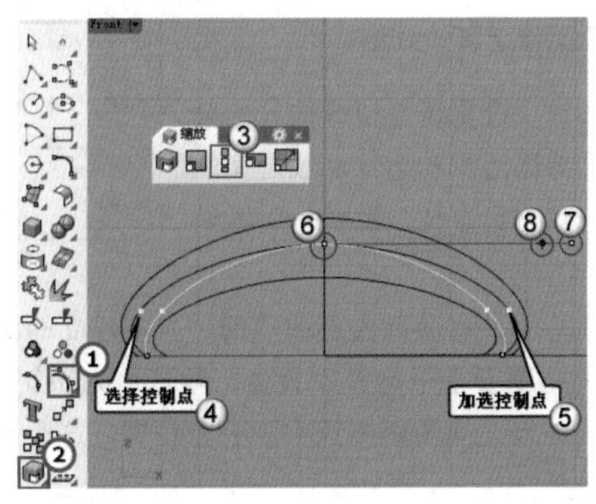

图4-225

操作步骤

①选择曲线左右两侧的控制点，按 Enter 键确认。

②捕捉曲线顶部的控制点作为缩放基点。

③开启“正交”功能，然后在缩放基点的右侧拾取一点，接着在上一点的左侧拾取合适的一点完成缩放操作。

08 使用相同的方法对另外两条曲线的走向进行调整，得到图 4-226 所示的网格曲线。

图4-226

09 单击“以网线建立曲面”工具，创建图 4-228 所示的曲面，具体操作步骤如下。

操作步骤

①框选所有曲线，如图 4-227 所示。

②按 Enter 键打开“以网线建立曲面”对话框，直接单击“确定”按钮。

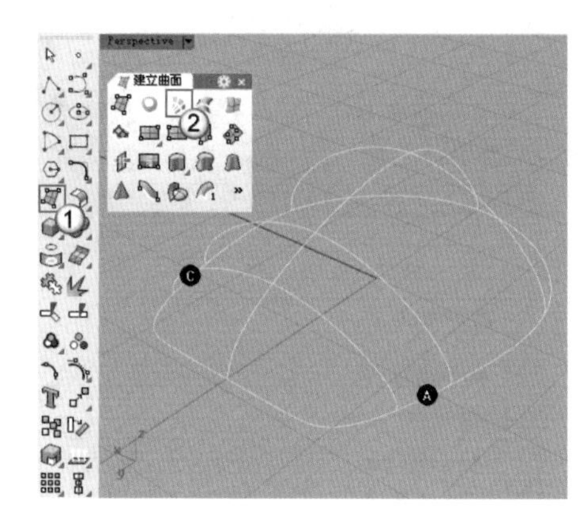

图4-227

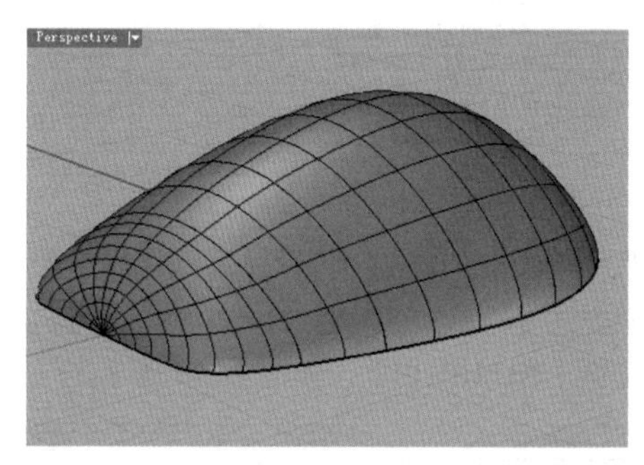

图4-228

10 使用“控制点曲线 / 通过数个点的曲线”工具，在 Right（右）视图中绘制图 4-229 所示的曲线。

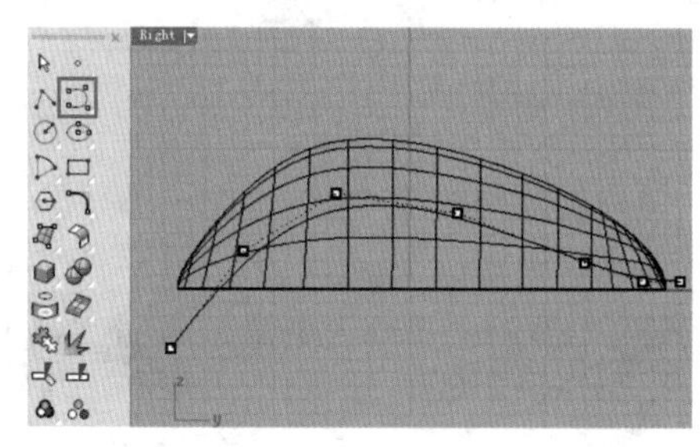

图4-229

11 使用“修剪 / 取消修剪”工具将位于曲线下方的曲面模型剪掉，得到图 4-230 所示的鼠标顶面模型。

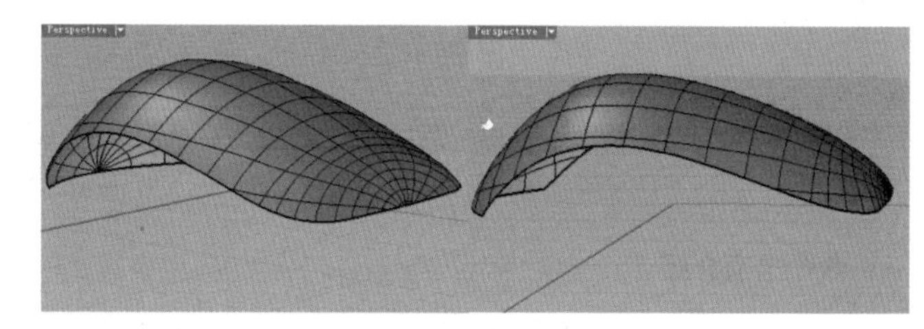

图4-230

★重点★

4.3.10 在物件上产生布帘曲面

使用“在物件上产生布帘曲面”工具可以将矩形的点物件阵列向正在使用的工作平面的方向投影到物件上，以投影到物件上的点作为曲面的控制点建立曲面，工具位置如图 4-231 所示。形象地说，就是在某个物件上方有一块布，现在将这块布垂直向下降落，以产生自然放下去包裹物件的效果。

图4-231

“在物件上产生布帘曲面”工具可以作用于网格、曲面及实体，方法为在物件上方拖曳出一个矩形区域对物件做布帘效果，从而建立一个覆盖在物件上的曲面，如图 4-232 和图 4-233 所示。

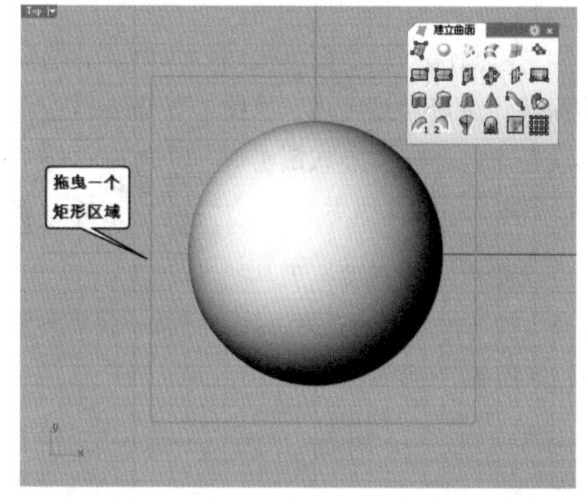

图4-232

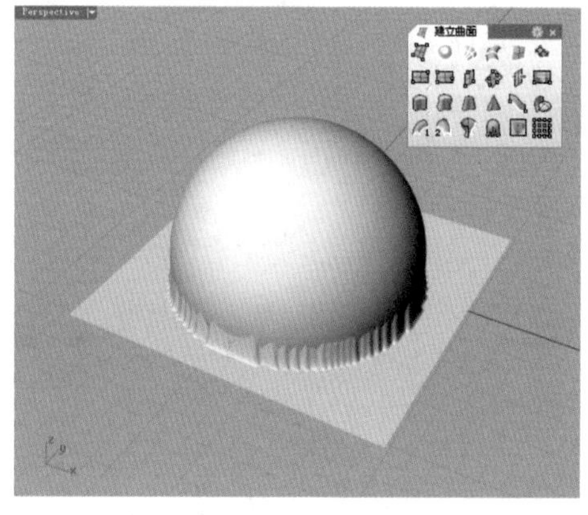

图4-233

启用“在物件上产生布帘曲面”工具后将看到图 4-234 所示的命令选项。

指令: _Drape
框选要产生布帘的范围 (自动间距 (A)=是 间距 (S)=5 自动侦测最大深度 (U)=是):

图4-234

命令选项介绍

自动间距：间距是指控制点之间的间距。该选项设置为“是”表示布帘曲面的控制点以“间距”选项的设置值平均分布，这个选项的数值越小，曲面结构线密度越高；设置为“否”表示可以自定义控制点的间距。

自动侦测最大深度：最大深度是指设置布帘曲面的最大深度，最大深度可以远离摄像机（1.0）或靠近摄像机（0.0），让布帘曲面可以完全或部分覆盖物件。该选项设置为“是”表示自动判断矩形范围内布帘曲面的最大深度；设置为“否”表示可以自定义深度。

技巧与提示

“在物件上产生布帘曲面”工具是以渲染 Z 缓冲区（Z-Buffer）取样得到点物件，再以这些点物件作为曲面的控制点建立曲面。因此，建立的曲面会比原来的物件内缩一点。

4.3.11 以图片灰阶高度创建曲面

以图片灰阶高度创建曲面是以图片黑白灰的色彩灰度来定义曲面的深浅。可以通过使用“以图片灰阶高度”工具这种方式创建曲面，工具位置如图 4-235 所示。

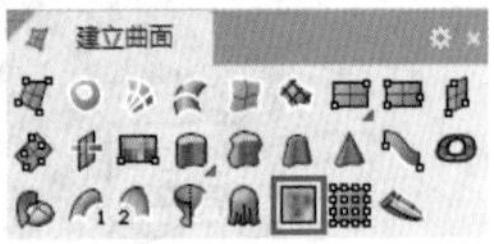

图4-235

启用“以图片灰阶高度”工具后，将打开“打开位图”对话框，打开任意一张需要用于创建曲面的位图，如图 4-236 所示。

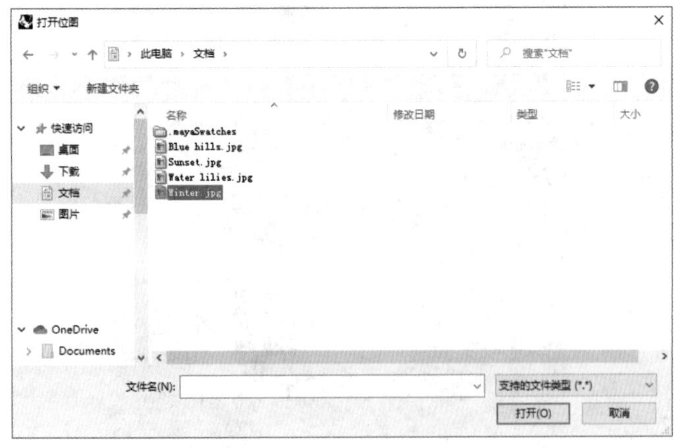

图4-236

将选择的位图打开后，在视图中拖曳出一个矩形区域定义曲面的范围，如图 4-237 所示，完成定义后将打开“灰阶高度”对话框，如图 4-238 所示。

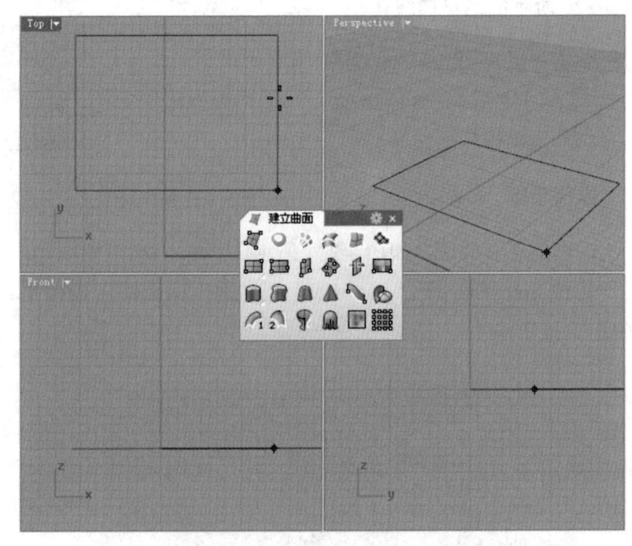

图4-237

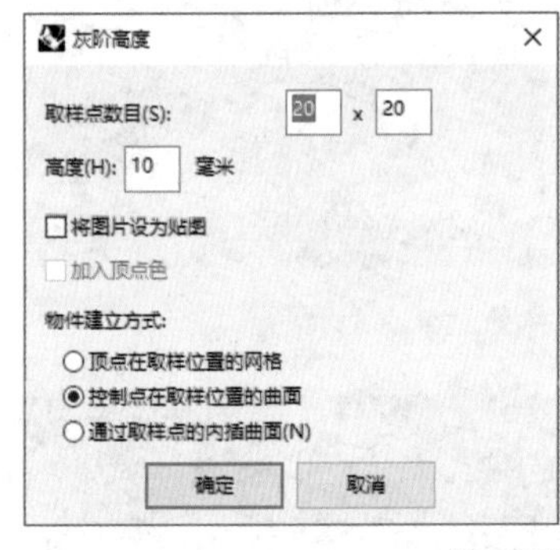

图4-238

在“灰阶高度”对话框中可以指定取样点的数目、曲面的高度和建立方式等，单击“确定”按钮即可自动根据图片的灰阶数值建立 NURBS 曲面，如图 4-239 所示。

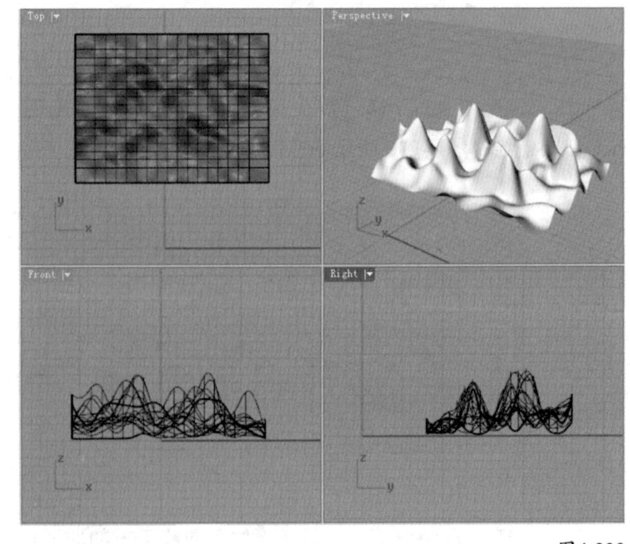

图4-239

灰阶高度特定参数介绍

取样点数目：位图的“高度”以 UV 两个方向设置的控制点数为基准进行取样。

高度：设置曲面高度的缩放比。

物件建立方式：“顶点在取样位置的网格”表示以取样位置作为顶点建立网格；“控制点在取样位置的曲面”表示以取样位置为控制点建立曲面；“通过取样点的内插曲面”表示建立的曲面会通过每一个取样位置得到的高度值。

4.3.12 从点格建立曲面

使用“从点格建立曲面”工具▦可以通过指定多个排列成格状的点建立一个曲面，工具位置如图 4-240 所示。需要注意，这里并不是说通过点物件来建立曲面，而是通过指定曲面上的点来建立曲面。读者可能会想起“指定三或四个角建立曲面”工具，这两个工具的用法比较相似，但不同的是，“从点格建立曲面”工具▦更烦琐一些，不过也可以建立更复杂的曲面。

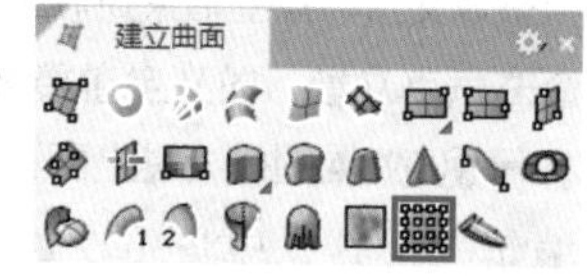

图4-240

之所以说“从点格建立曲面”工具▦烦琐，是因为使用时首先需要指定曲面的 U 方向和 V 方向的控制点数（数值不能小于 3），然后还需要依次指定每一个点的坐标位置。

例如，要建立图 4-241 所示的曲面，为了方便大家理解，这里先将点的位置定好，如图 4-242 所示，从图中可以看到一共有 3 层，每层有 4 个控制点。启用“从点格建立曲面”工具▦后，设置 U 方向的控制点数为 3，设置 V 方向的控制点数为 4，然后依次捕捉最下面一层的 4 个控制点，接着依次捕捉中间一层的 4 个控制点（和上一层对齐），最后依次捕捉最上面一层的 4 个控制点（和前面两层对齐）即可。

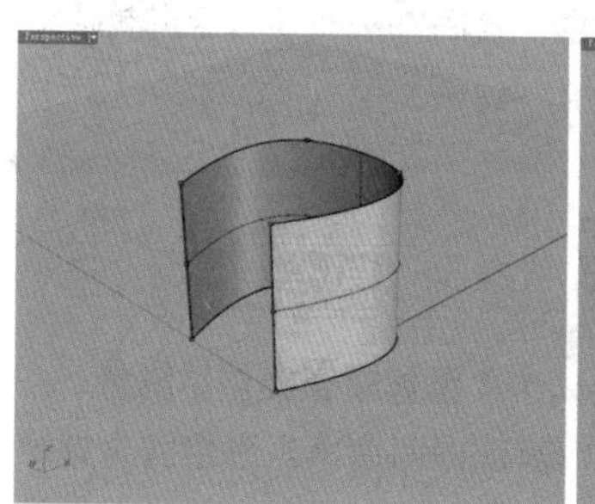
图4-241

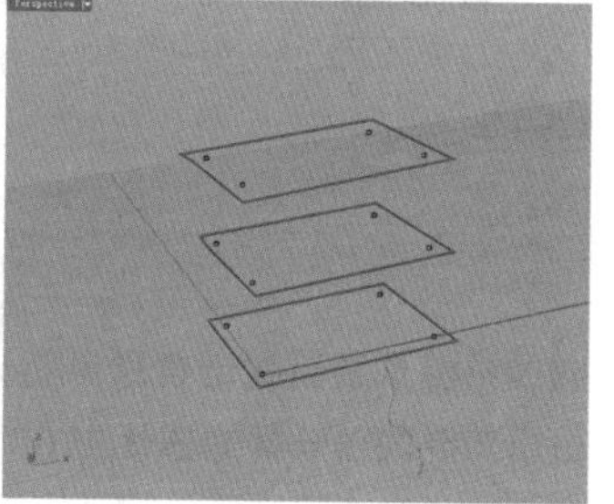
图4-242

> **技巧与提示**
>
> 在上面的操作中，点的顺序非常重要，必须依照顺序拾取控制点或输入点的坐标。

设置 U、V 方向的控制点数时，将看到图 4-243 所示的命令选项。

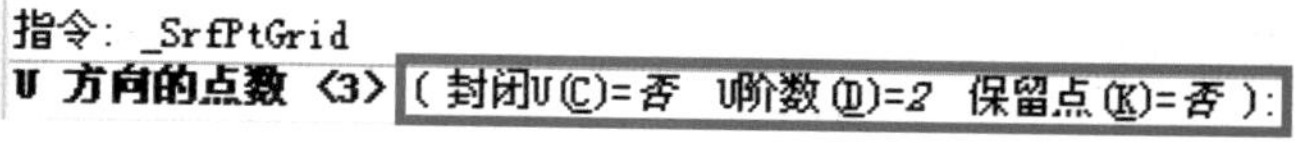

指令：_SrfPtGrid
U 方向的点数 <3>（封闭U(C)=否 U阶数(D)=2 保留点(K)=否）:

图4-243

命令选项介绍

封闭 U/ 封闭 V：设置为“是”将封闭曲面的 UV 方向，如图 4-244 所示。

U 阶数 /V 阶数：设置曲面的阶数，UV 方向的点数至少是阶数 +1。

保留点：设置为“是”将在每个指定点的位置建立云点。

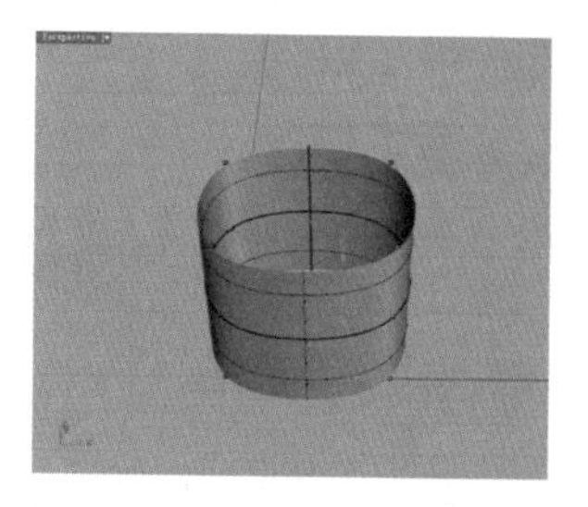
图4-244

4.4 编辑曲面

前面学习了利用曲线来创建曲面的方法，但在大多数情况下，完成一个复杂的模型制作往往还需要通过对曲面进行编辑和修改，把不同的曲面融合在一起。因此，这一小节将介绍如何编辑曲面。

Rhino 用于编辑和修改曲面的工具主要位于“曲面 > 曲面编辑工具”菜单下和“曲面工具”工具面板内，如图 4-245 和图 4-246 所示。

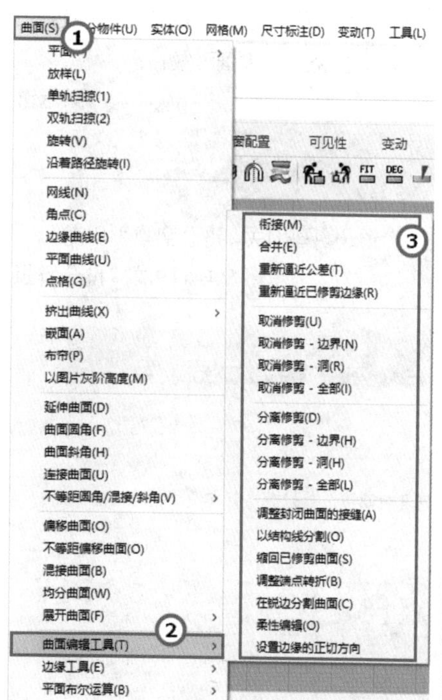

图4-245

图4-246

★重点★

4.4.1 编辑曲面的控制点

移动 / 插入 / 移除控制点

同曲线一样，曲面上的控制点也可以使用相同的方法来移动、插入或移除。

知识链接

具体方法可以参考本书第 3 章 3.6.1 小节。

变更曲面阶数

使用“变更曲面阶数”工具可以改变曲面的阶数，从而在整体上改变某一曲面的控制点数目，这有利于简化复杂曲面的编辑操作，工具位置如图 4-247 所示。该工具的用法比较简单，选取曲面后，依次指定 U、V 两个方向的阶数即可。

图4-247

编辑控制点的权值

使用“编辑控制点权值”工具可以编辑曲线或曲面控制点的权值，启用该工具后选取需要编辑的控制点，此时将打开“设置控制点权值”对话框，在该对话框中可以通过滑块调整选取的控制点的权值，也可以直接输入新的数值，如图 4-248 所示。

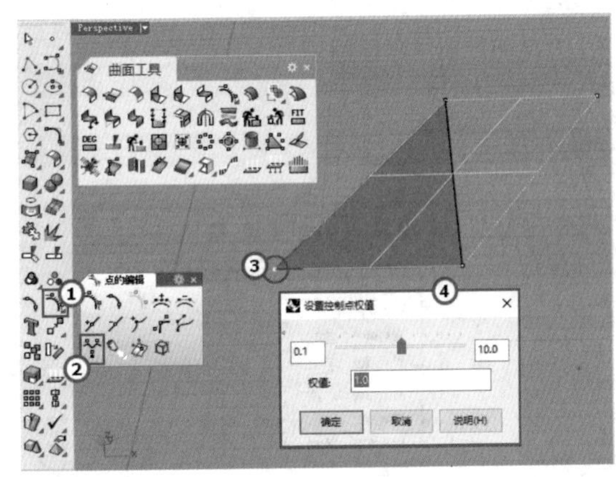

图4-248

技巧与提示

如果需要将物件导出到其他软件，最好保持所有控制点的权值都是 1。

重点实战

利用添加控制点创建锋锐造型

场景位置	场景文件>第4章>06.3dm
实例位置	实例文件>第4章>实战——利用添加控制点创建锋锐造型.3dm
视频位置	第4章>实战——利用添加控制点创建锋锐造型.mp4
难易指数	★☆☆☆☆
技术掌握	掌握创建锋锐造型的方法

本例创建的锋锐造型效果如图 4-249 所示。

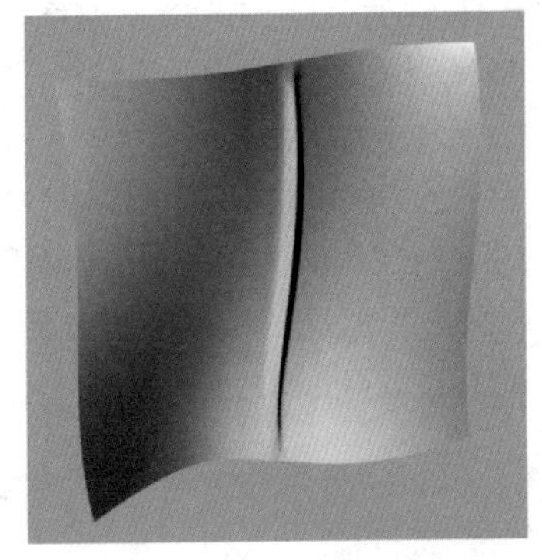

图4-249

01 打开本案例的场景文件，场景中有一个光顺曲面，如图 4-250 所示。

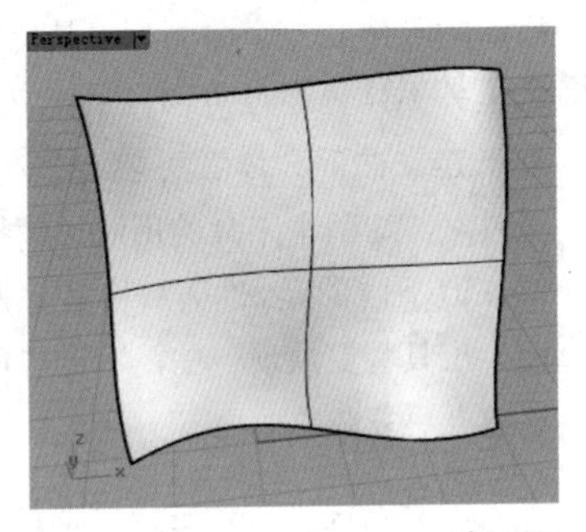

图4-250

02 选择曲面，然后按 F10 键打开控制点，接着在“点的编辑”工具栏中单击“插入一个控制点”工具，在曲面的中间位置通过单击插入 4 条 U 方向的结构线，如图 4-251 和图 4-252 所示。

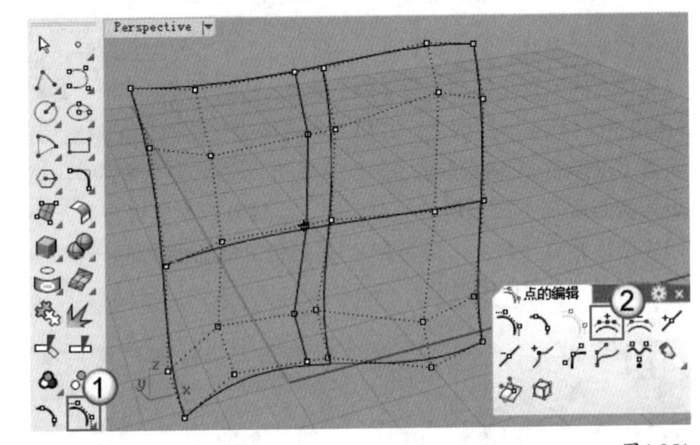

图4-251

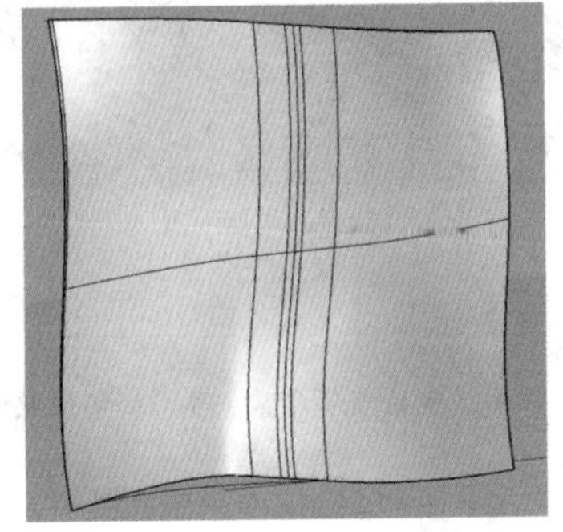

图4-252

03 按住 Shift 键的同时选择中间一条结构线位于曲线内的 3 个控制点，如图 4-253 所示。

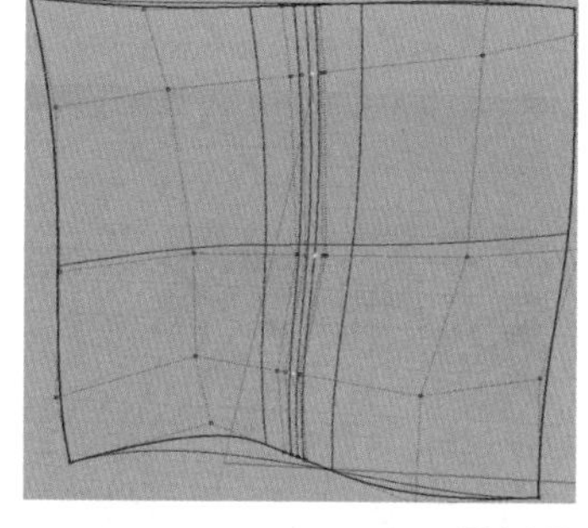
图4-253

04 在状态栏中单击“操作轴”按钮 操作轴 ，在视图中显示出操作轴，如图 4-254 所示。向外拖曳绿色轴，效果如图 4-255 所示。可以看到一个两端渐消的圆角完成了，形成一个锋锐的造型。

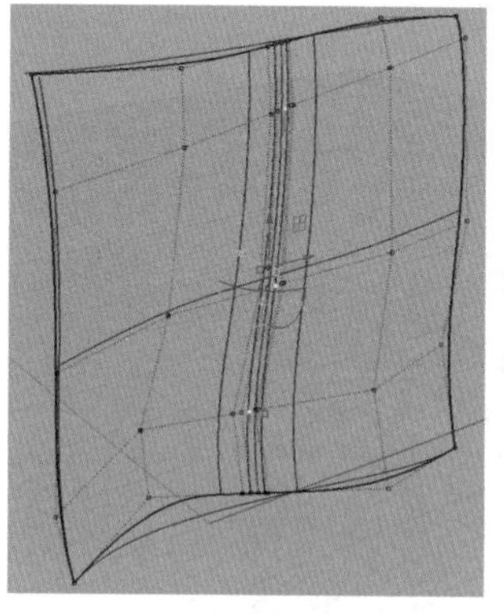
图4-254

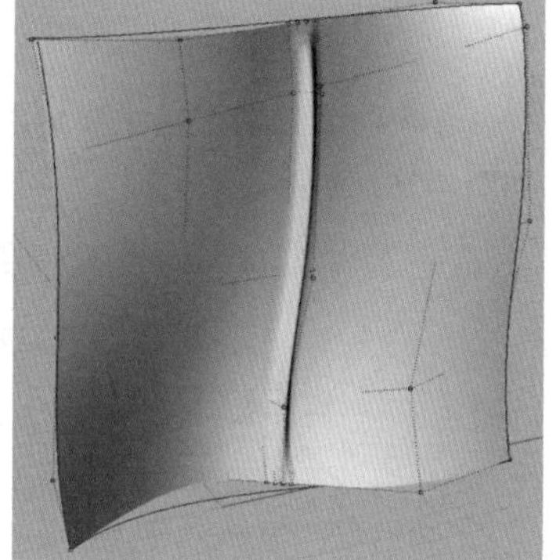
图4-255

技巧与提示

在建模的时候，Rhino 的倒角是一个软肋，有一些情况为了造型的需要必须创建模拟倒角来增加模型表现的效果。

★重点★

4.4.2 编辑曲面的边

曲面边线是控制曲面造型的一种方式，所以要想改变曲面的形状首先考虑改变曲面的边线。

复制曲面的边线

复制曲面边线的工具主要有“复制边缘 / 复制网格边缘”工具、“复制边框”工具和“复制面的边框”工具，如图 4-256 所示。

图4-256

知识链接

这 3 个工具在本书第 3 章的 3.5.2 小节做过详细的介绍，不清楚的读者可以翻阅该小节。

调整曲面边缘

有时候，两个或两个以上的相邻曲面在保证面面匹配的关系下需要对边缘进行调整，这就需要调整某一曲面的边缘。利用“调整曲面边缘转折”工具可以做到这一点，工具位置如图 4-257 所示。

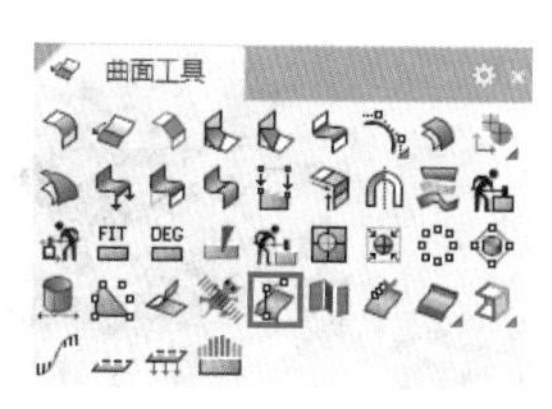

图4-257

使用“调整曲面边缘转折”工具可以调整曲线端点或曲面未修剪边缘处的形状。启用该工具后选取一个曲面边缘，然后在曲面边缘上指定一点，曲面在此点的形状会受到最大影响，接着在曲面边缘上指定两个点定义编辑范围（或直接按 Enter 键将整个曲面边缘当作编辑范围），最后通过拖曳调整点编辑曲面边缘处的形状。调整曲面时，指定点处会受到最大的影响，影响力往编辑范围两端递减至 0。

技术专题：调整曲面边缘转折分析

观察图 4-258，图中的两个模型造型一致（读者可以打开本书学习资源中的“场景文件 > 第 4 章 > 调整曲面边缘转折 .3dm”文件），其中一个模型使用了“斑马纹分析 / 关闭斑马纹分析”工具分析曲面质量，可以看到斑马线连续通顺。

选择没有被分析的一个曲面，按 F10 键打开曲面的控制点，然后选择曲面边上的一个控制点进行移动，可以看到曲面之间出现缝隙，如图 4-259 所示，这说明直接移动曲面边上的控制点，会直接改变曲面之间的连续性。

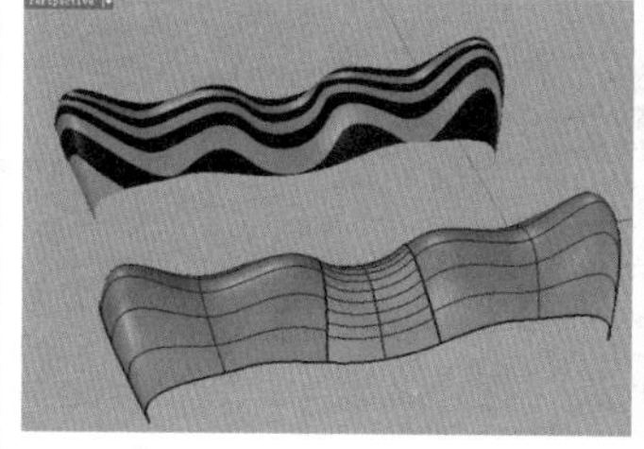
图4-258

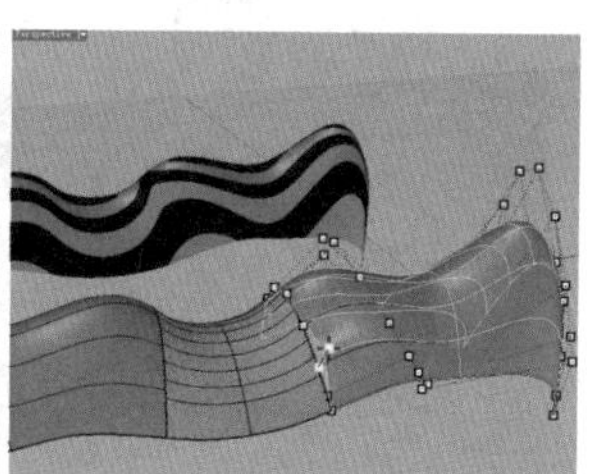
图4-259

如果移动第 2 列的控制点，移动后查看曲面的连续性，可以看到斑马线出现错位，如图 4-260 和图 4-261 所示。这表示原本连续的曲面因为直接移动控制点，改变了曲面的连续性，使其连续性为 G0。

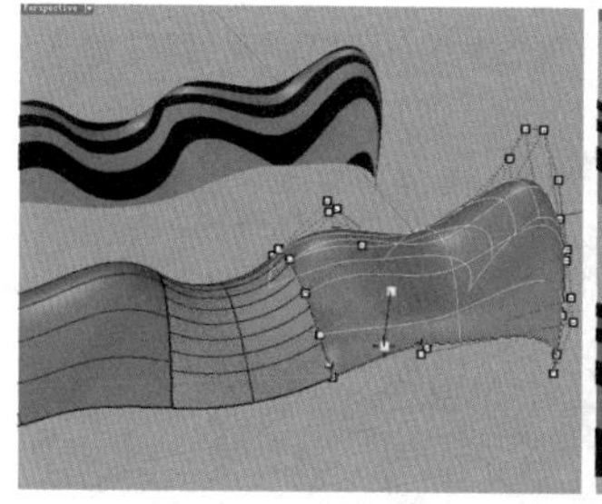
图4-260

图4-261

接下来我们利用“调整曲面边缘转折”工具对其中一个曲面边进行调整。启用“调整曲面边缘转折”工具，然后单击两个曲面相接的位置，此时将弹出“候选列表”面板，选择图 4-262 所示的右侧曲面的边。

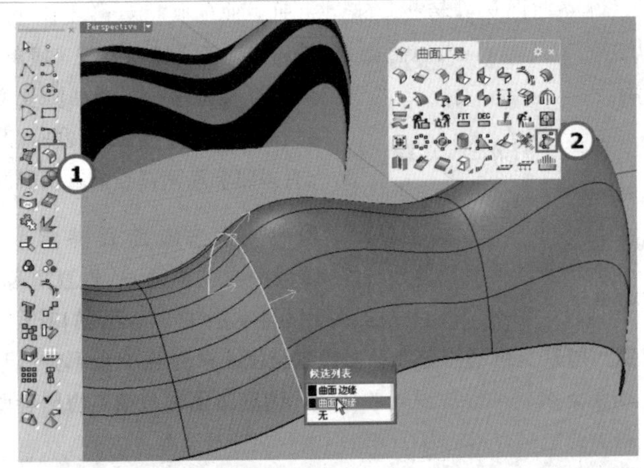

图4-262

在选择的边上拾取一个点，视图中会出现图4-263所示的3个控制点。

图4-263

这3个控制点中曲面边上的控制点不能移动，否则会出现缝隙；其余两个控制点移动后直接改变曲面造型，但不会改变该曲面与相接曲面之间的连续性。例如，移动第2个控制点，曲面造型发生改变，如图4-264和图4-265所示。

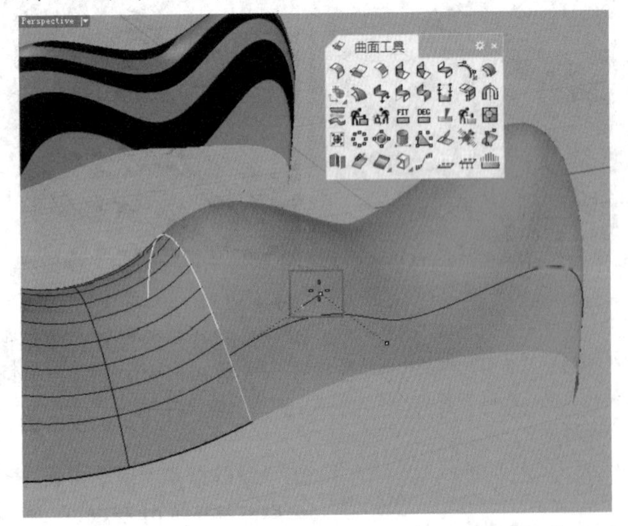

图4-264

完成调整后单击鼠标右键结束操作，然后用斑马纹检查曲面的连续性，可以看到曲面上的斑马线连续流畅，曲面的连续性没有发生改变，如图4-266所示。

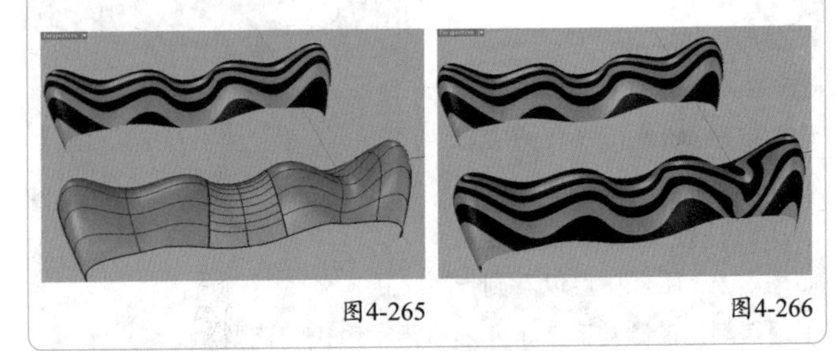

图4-265 图4-266

分析曲面的边

分析曲面边的工具主要集中在“边缘工具”工具面板内，如图4-267所示。

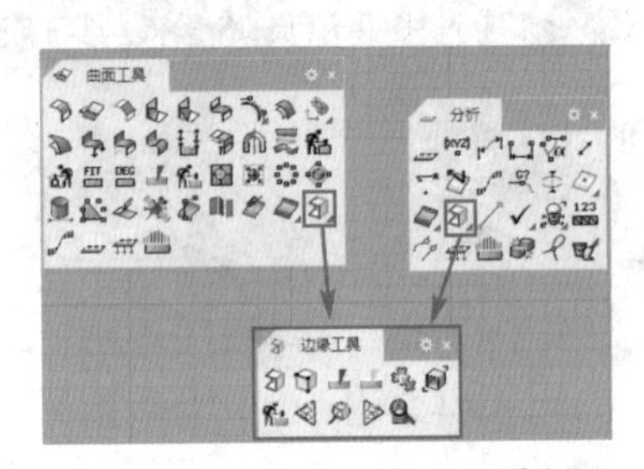

图4-267

〈1〉显示边缘

使用“显示边缘/关闭显示边缘”工具可以显示出曲面和多重曲面的边缘，亮显边缘默认为紫色，断点位置为白色的点，如图4-268所示。

启用“显示边缘/关闭显示边缘”工具后，选取一个物件并按Enter键，曲面边缘会以设置的颜色醒目提示，矩形的点代表曲面边缘的端点，同时会打开“边缘分析”面板，如图4-269所示。

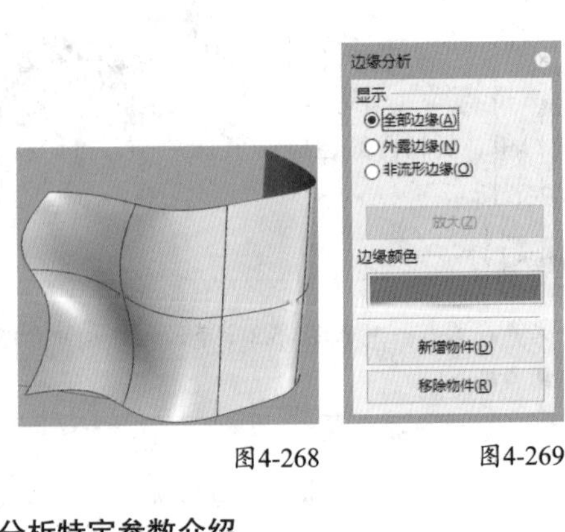

图4-268 图4-269

边缘分析特定参数介绍

显示：“全部边缘”是指显示所有的曲面和多重曲面的边

缘，“外露边缘”是指显示未组合的曲面和多重曲面的边缘。

放大(Z)：放大外露边缘。

边缘颜色：设置显示边缘的颜色。

新增物件(D)：新增要显示边缘的物件。

移除物件(R)：关闭物件的边缘显示。

〈2〉分割边缘 / 合并边缘

使用“分割边缘 / 合并边缘”工具可以在指定点分割曲面边缘或将同一个曲面的数段相邻的边缘合并为一段。

分割边缘只需在选取曲面的边缘后指定分割点，而合并边缘选取相接的两个边缘即可。要注意的是，要被合并的边缘必须是外露边缘，属于同一个曲面，且必须是相邻的边缘，两个边缘的共享点必须平滑没有锐角。

图 4-270 是没有分割前的边缘被挤出后的效果，而图 4-271 是分割后的边缘其中一段被挤出后的效果。

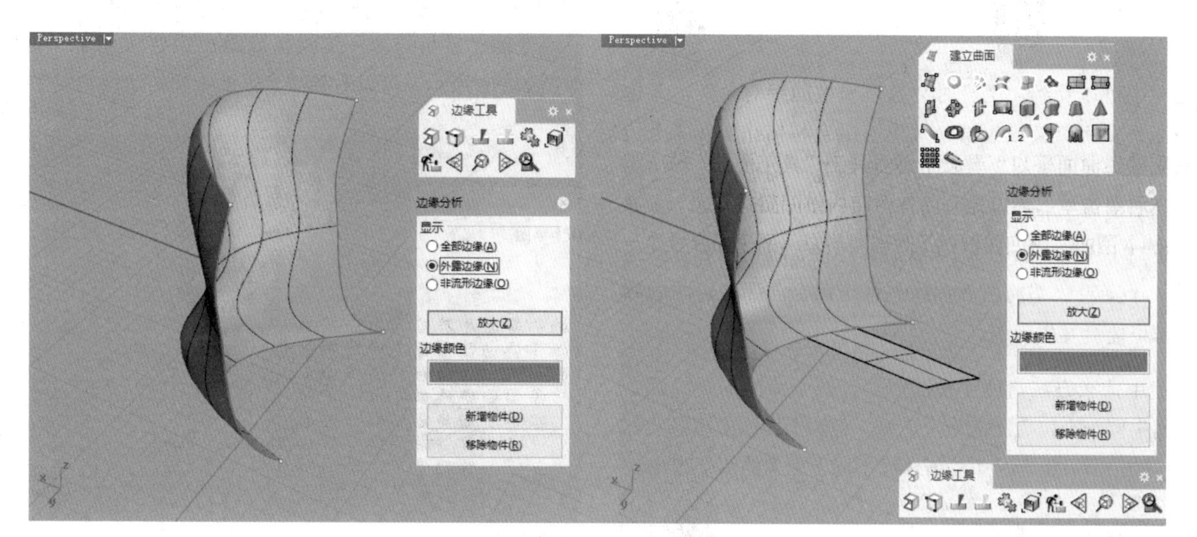

图4-270

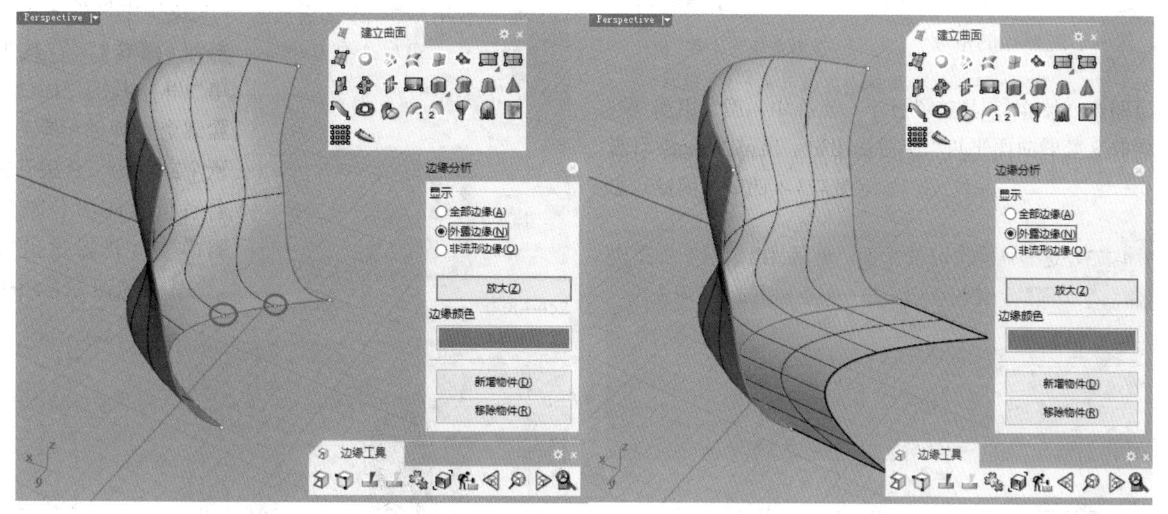

图4-271

〈3〉组合两个外露边缘

使用“组合两个外露边缘”工具可以组合两个距离大于公差的外露边缘，方法为选取两个位置一样或非常接近的曲面或多重曲面边缘，然后按 Enter 键即可。如果两个外露边缘（至少有一部分）看起来是并行的，但未组合在一起，将会弹出一个对话框，提示是否将两个边缘强迫组合，如图 4-272（组合公差根据情况可能不同）所示。

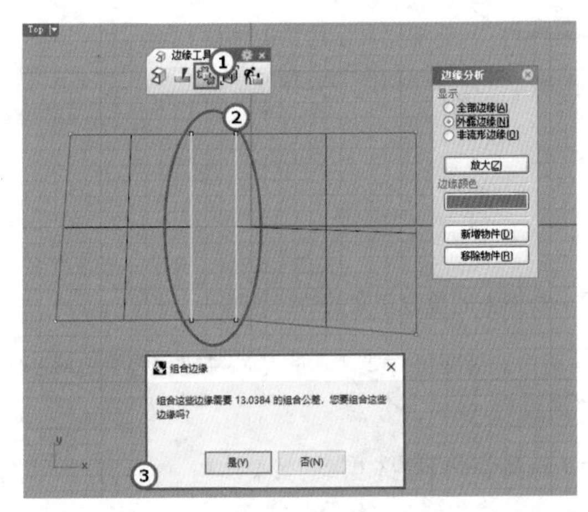

图4-272

从上图中可以看到，组合时会忽略模型的绝对公差，无论两个边缘距离多远都会被组合。这说明组合和拓扑学（两个边缘是否被视为一个边缘）有关，而不是和几何图形（两个边缘的位置关系）有关。但需要注意的是，如果两个曲面的边缘非常接近（距离小于绝对公差），组合后并不会有任何问题；如果两个距离大于绝对公差的曲面边缘被强迫组合，那么后面的某些建模工作可能会发生问题。

不论使用什么方法将两个曲面组合，两个曲面的边缘都会被视为空间中同一个位置上的一个边缘。但两个曲面的边缘实际上并未被移动，所以组合产生的新边缘不同于原来的两个边缘。

〈4〉选取开放的多重曲面

使用“选取开放的多重曲面”工具可以选取所有开放的多重曲面，这属于选择项的范畴。

〈5〉重建边缘

对于因某种原因而离开原来位置的曲面边缘，可以使用“重建边缘”工具复原该边缘。

观察图4-273，这是两个分开的平面，使用“组合两个外露边缘”工具将两个平面的边缘组合到一起，效果如图4-274所示。

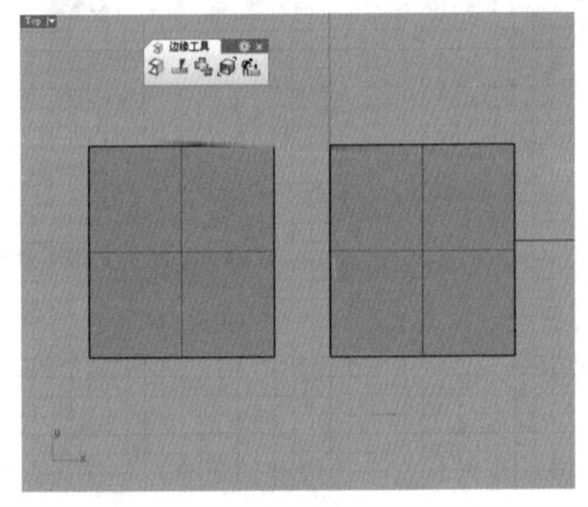

图4-273

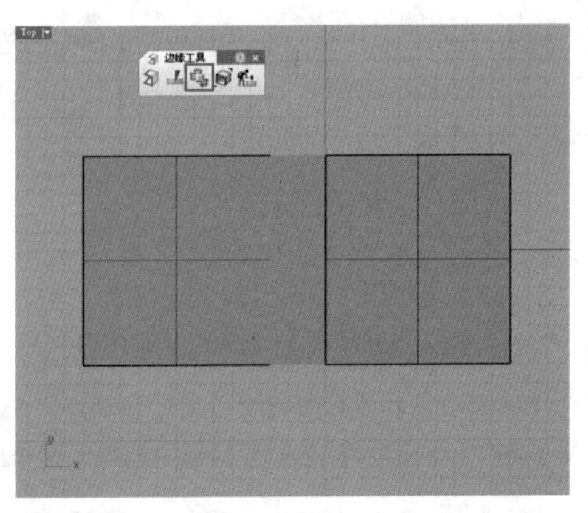

图4-274

使用“显示边缘”工具显示出组合后两个平面的边缘，如图4-275所示，可以看到两个平面中间的边缘线发生了断裂。

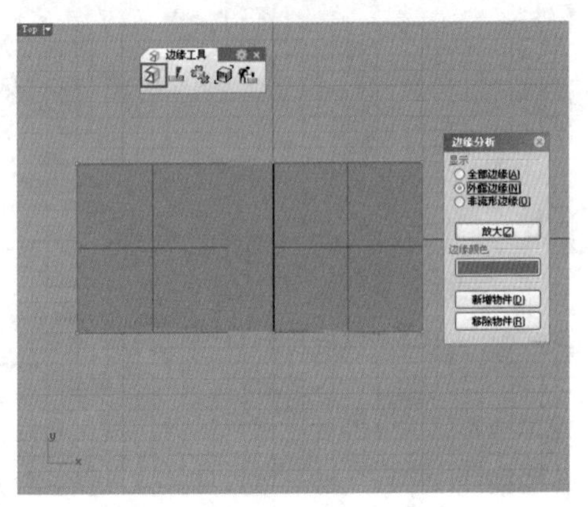

图4-275

如果使用“炸开/抽离曲面”工具将两个面炸开，再分离一定的距离，可以看到其中一个面的边缘线发生了断裂，如图4-276所示。

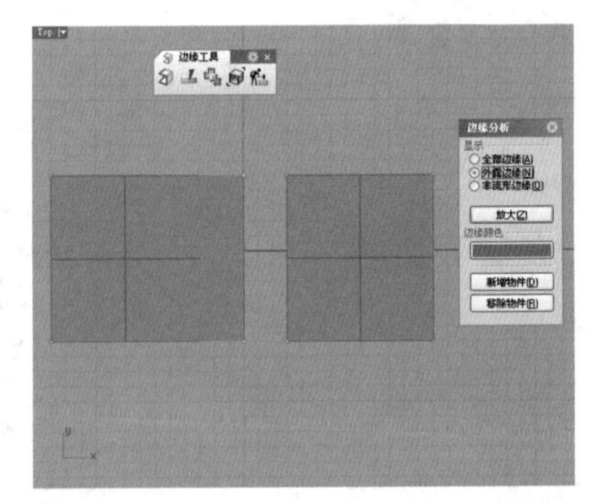

图4-276

此时就可以启用“重建边缘”工具，然后选择两个曲面并按Enter键确认，重建两个面的边缘线，使曲面回归到初始状态，如图4-277所示。

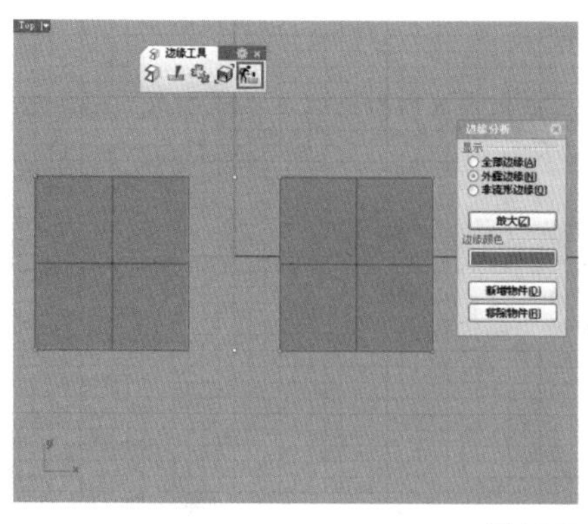

图4-277

★重点★

4.4.3 编辑曲面的方向

在前面的内容中曾多次提到使用 Dir（分析方向）命令可以显示物件的法线方向，而使用 Flip（反转方向）命令可以反转物件的法线方向，这两个命令代表的功能集合在“分析方向 / 反转方向”工具中。

下面举一个小例子来说明曲面方向的重要性。观察图 4-278，图中有一个矩形面和一个圆形面，其中矩形面显示的是正面，而圆形面显示的是背面。

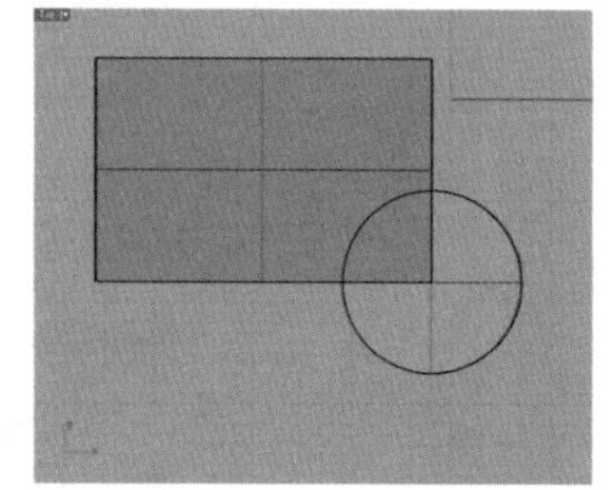
图4-278

现在使用“布尔运算差集”工具（启用工具后，先选择圆形面并按 Enter 键确认，再选择矩形面按 Enter 键确认）对两个面进行差集运算，结果如图 4-279 所示。可以看到矩形面被翻转过来，同圆形面合并为一个整体，也就是说，实际上是进行了并集运算。

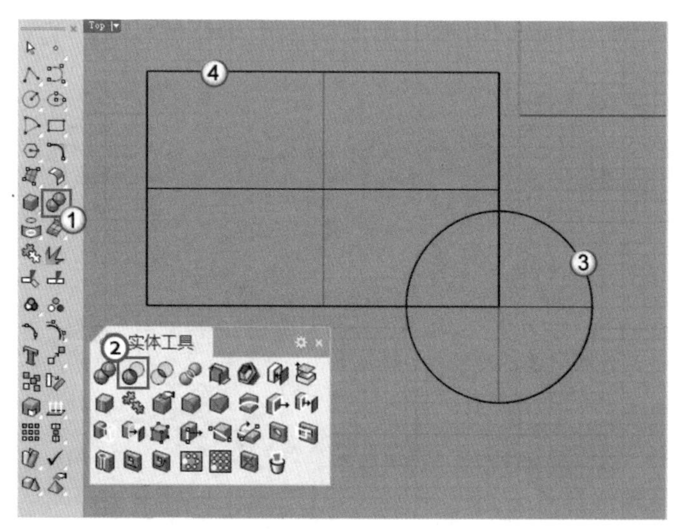

图4-279

如果使用“分析方向 / 反转方向”工具的右键功能将圆形面的方向反转，然后进行差集运算，效果如图 4-280 所示。可以看到圆形面与矩形面重叠的部分已经被减去。

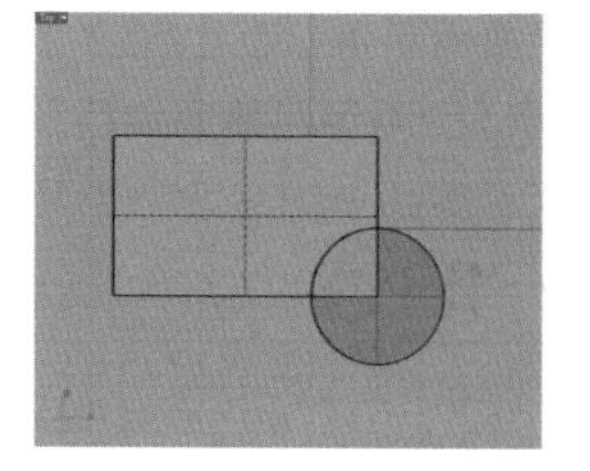
图4-280

4.4.4 曲面延伸

曲面延伸是指在已经存在的曲面的基础上，通过曲面的边界或曲面上的曲线进行延伸，扩大曲面，即在已经存在的曲面上延展。

延伸曲面的方法比较简单，启用“延伸曲面”工具，然后选取一个曲面边缘，接着输入延伸系数或指定两个点进行延伸，如图 4-281 所示。

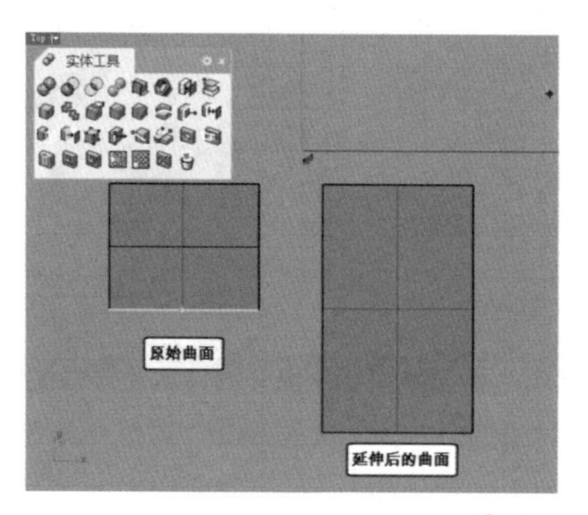

图4-281

延伸曲面有两种类型，一种是“平滑”，指平滑地延伸曲面；另一种是“直线”，指以直线形式延伸曲面。这两种形式可以通过命令行中的“型式”选项进行切换，如图 4-282 所示。

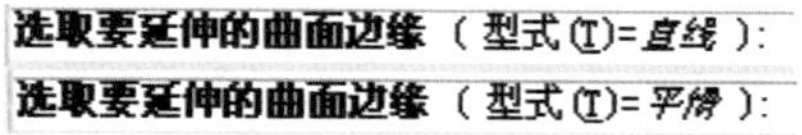

选取要延伸的曲面边缘 (型式(T)=直线):

选取要延伸的曲面边缘 (型式(T)=平滑):

图4-282

★重点★

4.4.5 曲面倒角

对产品进行倒角是设计中很常见的处理方式，通过倒角，产品不光可以显得更加美观，而且可以更加人性化，使操作者使用起来更顺手。在现代的产品设计中，大部分产品的边角都进行了倒角处理，包括有些以硬朗风格为特征的产品。

在 Rhino 中有两种倒角方式，一种是面倒角，另一种是体倒角。而面倒角和体倒角又可分为等距倒角和不等距倒角两种。

Rhino 中用于对曲面倒角的工具主要有“曲面圆角”工具、

“曲面斜角”工具、“不等距曲面圆角 / 不等距曲面混接”工具和“不等距曲面斜角”工具，如图 4-283 所示。

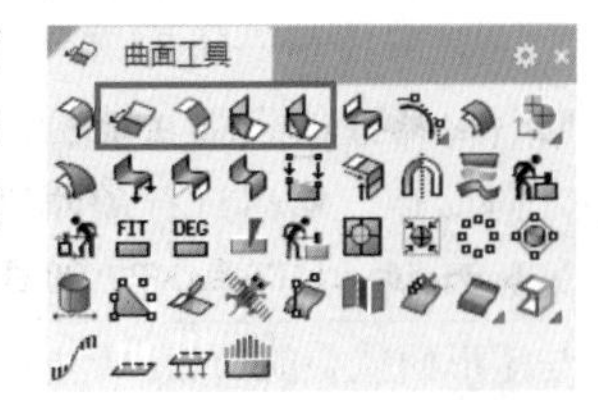

图4-283

曲面圆角

使用“曲面圆角”工具可以在两个曲面之间建立单一半径的相切圆角曲面，方法为选择两个需要建立圆角的曲面即可，建立时会修剪原来的曲面并与圆角曲面组合在一起，如图 4-284 所示。

图4-284

在建立圆角曲面的过程中可以看到图 4-285 所示的命令选项。

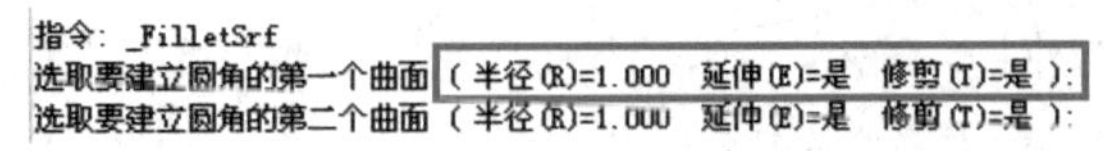

图4-285

命令选项介绍

半径：设置圆角的半径。

延伸：如果设置为“是”，表示曲面长度不一样时，圆角曲面会延伸并完整修剪两个曲面。

修剪：如果设置为“是”，表示以圆角曲面修剪两个原来的曲面。

曲面斜角

使用“曲面斜角”工具可以在两个有交集的曲面之间建立斜角，如图 4-286 所示。

曲面斜角与曲面圆角的建立方法相同，区别在于曲面斜角是通过指定两个曲面的交线到斜角后曲面修剪边缘的距离，如图 4-287 所示。

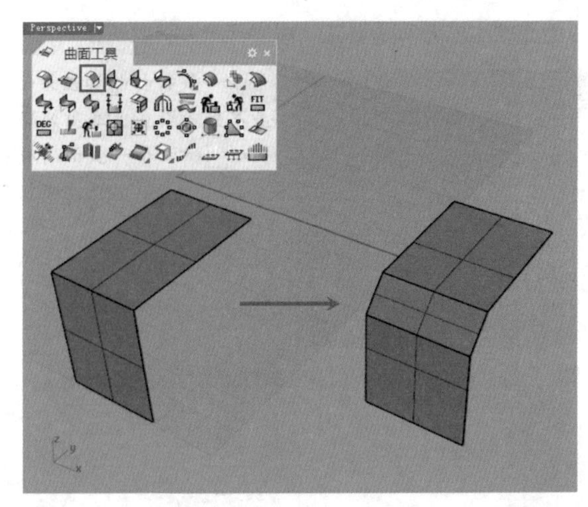

图4-286

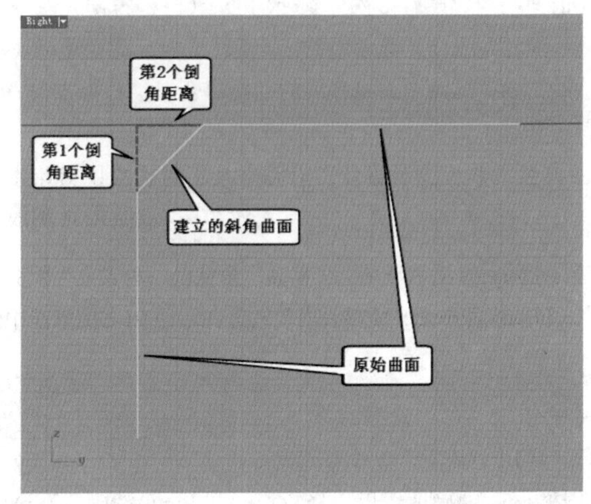

图4-287

不等距曲面圆角 / 不等距曲面混接

使用“不等距曲面圆角 / 不等距曲面混接”工具可以在两个曲面之间建立不等距的相切曲面，如图 4-288 所示。

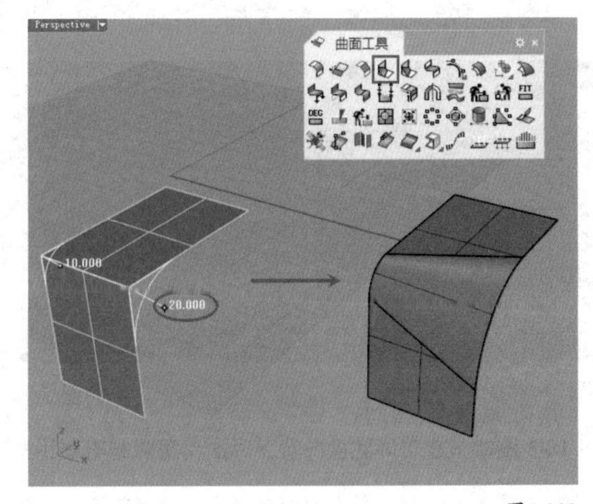

图4-288

单击“不等距曲面圆角/不等距曲面混接”工具，然后选择两个需要建立圆角的曲面，此时将在两个曲面之间显示出控制杆。控制杆是不等距圆角的关键，通过拖曳控制杆上的控制点即可自由设置不同的圆角半径，也可以选择控制杆后，在命令行中输入新的半径值。

建立不等距曲面圆角时将看到图4-289所示的命令选项。

指令: _VariableFilletSrf
选取要做不等距圆角的第一个曲面（半径(R)=1）:
选取要做不等距圆角的第二个曲面（半径(R)=1）:
选取要编辑的圆角控制杆，按 Enter 完成（新增控制杆(A) 复制控制杆(C) 设置全部(S)
连结控制杆(L)=否 路径造型(R)=滚球 修剪并组合(T)=否 预览(P)=否）:

图4-289

命令选项介绍

半径：设置曲面圆角的半径。

新增控制杆：沿着圆角边缘增加新的控制杆。

复制控制杆：以选取的控制杆的半径建立另一个控制杆。

设置全部：设置全部控制杆的半径。

连结控制杆：设置为“是”，指调整控制杆时，其他控制杆会以同样的比例调整。

删除控制杆：这个选项只有在新增控制杆以后才会出现，也只有新增的控制杆可以被删除。

路径造型：有以下3种不同的路径方式可以选择。

路径间距：以圆角曲面两侧边缘的间距决定曲面的修剪路径。

与边缘距离：以建立圆角的边缘至圆角曲面边缘的距离决定曲面的修剪路径。

滚球：以滚球的半径决定曲面的修剪路径。

修剪并组合：设置为“是”时才能在建立曲面圆角的同时修剪原始曲面并与其组合在一起。

不等距曲面斜角

使用“不等距曲面斜角”工具可以在两个曲面之间建立不等距的斜角曲面，该工具的用法与“不等距曲面圆角/不等距曲面混接”工具相似，这里就不再赘述。

重点实战

利用曲面倒角创建多种样式的倒角

场景位置	场景文件>第4章>07.3dm
实例位置	实例文件>第4章>实战——利用曲面倒角创建多种样式的倒角.3dm
视频位置	第4章>实战——利用曲面倒角创建多种样式的倒角.mp4
难易指数	★★☆☆☆
技术掌握	掌握创建曲面倒角的各种方法

本例创建的倒角模型效果如图4-290所示。

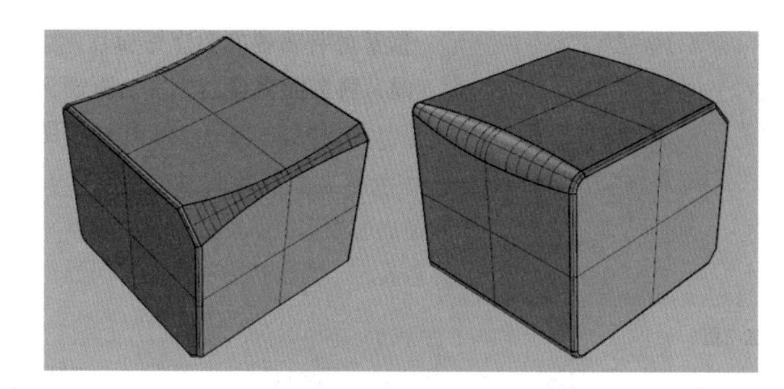

图4-290

01 打开本案例的场景文件，如图4-291所示。

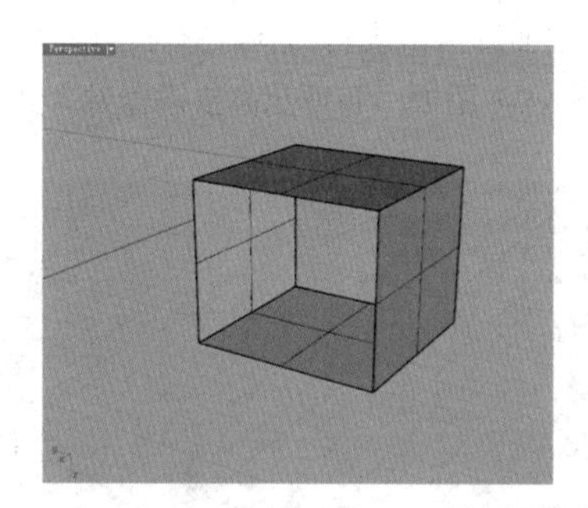

图4-291

02 启用“曲面圆角”工具，对图4-292所示的A、B两个曲面进行圆角处理，具体操作步骤如下。

操作步骤

①在命令行中单击“半径”选项，设置圆角半径为1。

②在命令行中单击“修剪”选项，再单击“是”选项，设置“修剪”为“是”。

③选择图4-292所示的A曲面和B曲面，完成创建圆角操作。

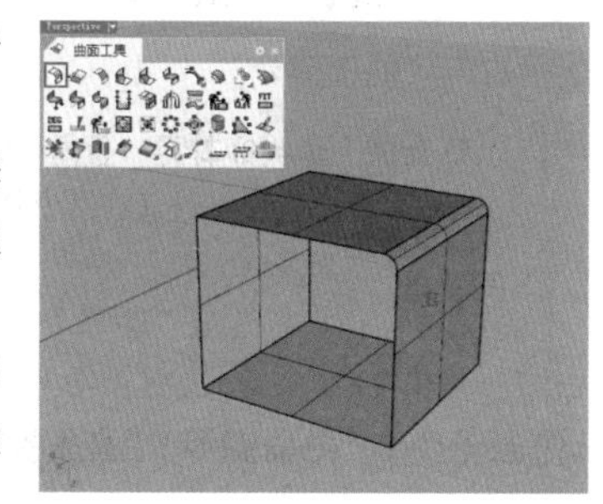

图4-292

03 单击“不等距曲面圆角/不等距曲面混接”工具，为图4-292所示的A、B两个曲面建立不等距曲面圆角，效果如图4-294所示，具体操作步骤如下。

操作步骤

①在命令行中单击“半径”选项，设置圆角半径为1。

②选择图4-293所示的A曲面和B曲面，此时视图中出现控制杆。

③单击“新增控制杆”选项，再单击“目前的半径”选项，设置新控制杆的半径为3，然后在两个曲面的交接处捕捉中点新增一个控制杆，并按Enter键完成控制杆的增加。选择右侧的控制杆，在命令行中输入0.5，并按两次Enter键完成操作。

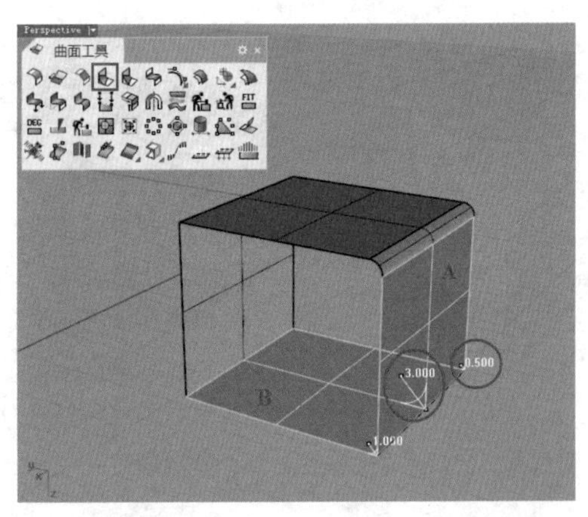

图4-293

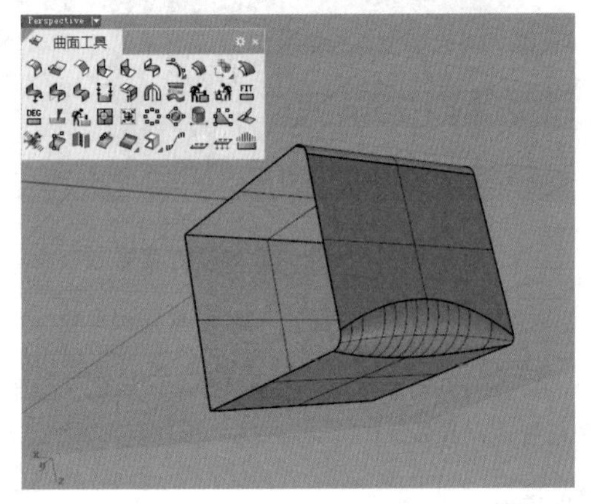

图4-294

04 启用“曲面斜角”工具，建立图4-295所示的斜角，具体操作步骤如下。

操作步骤

①在命令行中单击“距离”选项，设置第1个和第2个斜角距离都为1。

②选择图4-295所示的A曲面和B曲面，完成斜角操作。

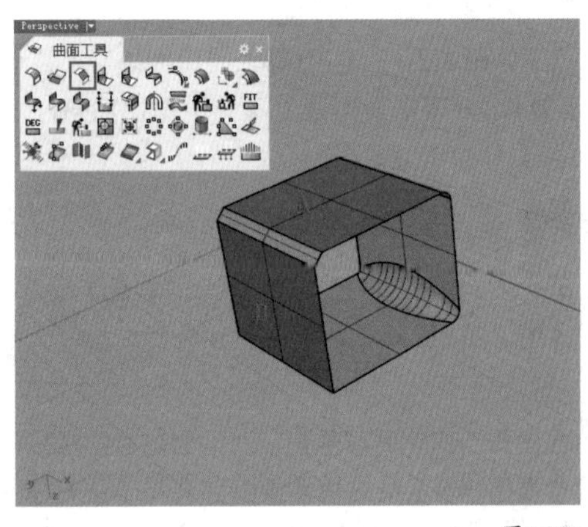

图4-295

05 启用“不等距曲面斜角”工具，建立不等距曲面斜角，如图4-296和图4-297所示，具体操作步骤如下。

操作步骤

①在命令行中单击“斜角距离”选项，设置目前的斜角距离为1。

②选择图4-296所示的A曲面和B曲面，此时视图中出现斜角控制杆。

③单击“新增控制杆”选项，再单击“目前的斜角距离”选项，设置新控制杆的斜角距离为0.5，然后在两个曲面的交接处捕捉中点新增一个控制杆，并按Enter键完成控制杆的增加。

④选择右侧的斜角控制杆，然后在命令行中输入2，并按两次Enter键完成操作。

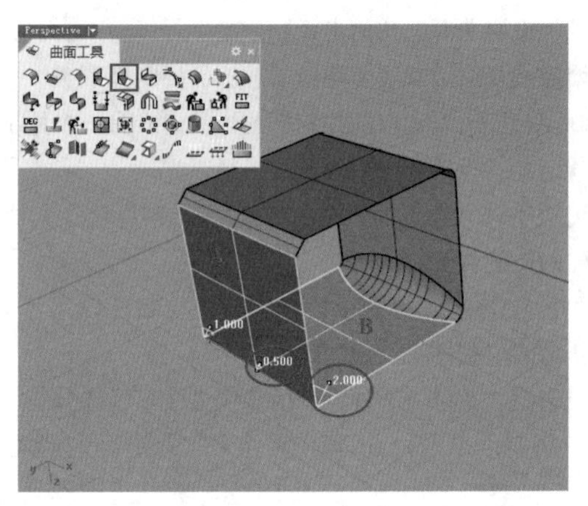

图4-296

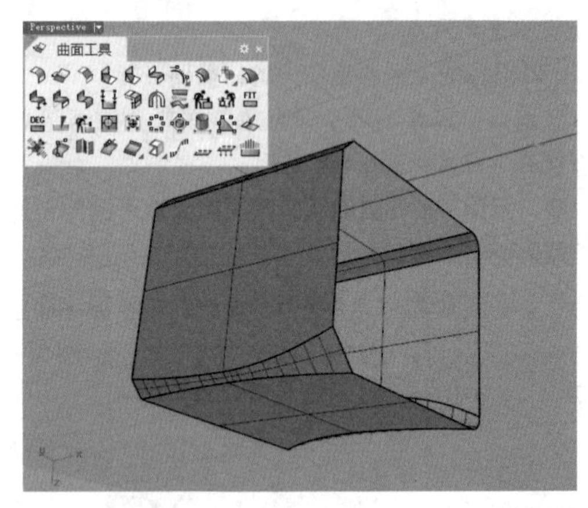

图4-297

06 使用“以平面曲线建立曲面”工具为没有封闭的两个端面建立曲面，结果如图4-298所示。

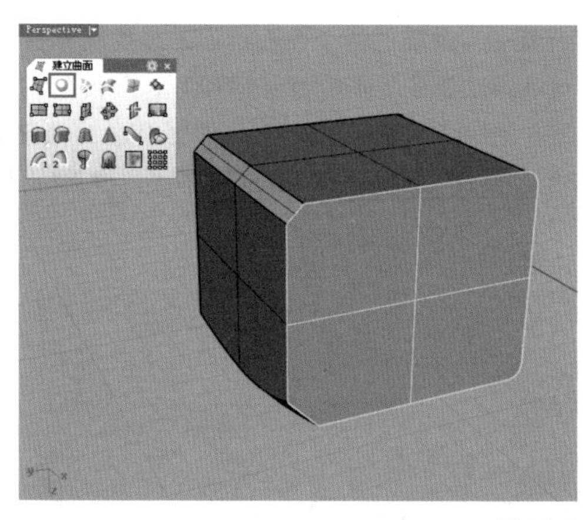

图4-298

技巧与提示

接下来将对封闭的端面与其他侧面进行倒角。若直接建立圆角，会出现一些问题，如对图 4-299 所示的两组面进行圆角处理，可以看到倒角后的模型有破损。使用这种方法倒角后还需要继续修面，比较麻烦，为了倒角一次成功，不再修面，下面介绍利用体倒角的办法。

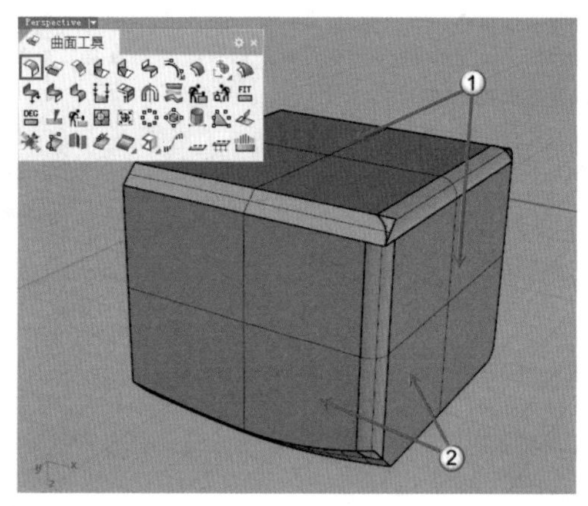

图4-299

07 使用“组合”工具将视图中的所有面组合成一个实体模型，然后在“实体工具”工具面板中单击“不等距边缘圆角 / 不等距边缘混接”工具，对图 4-300 所示的模型边缘进行圆角处理，具体操作步骤如下。倒角后的效果如图 4-301 所示。

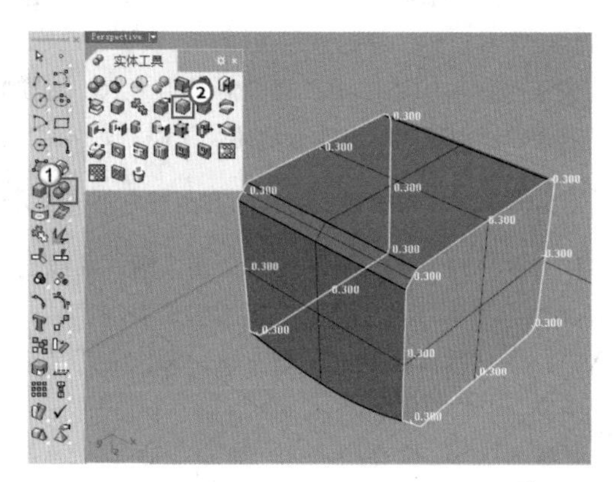

图4-300

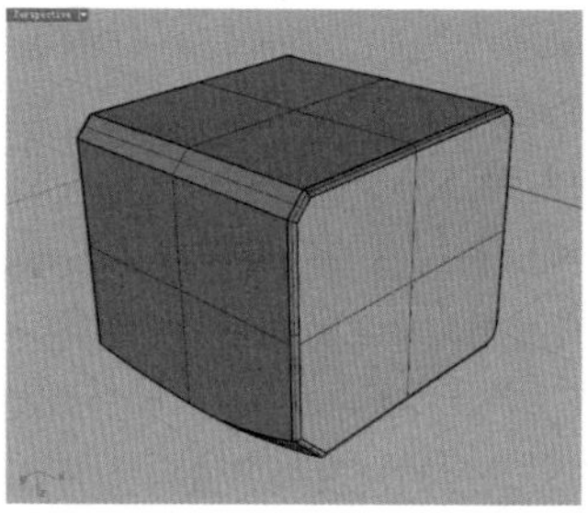

图4-301

操作步骤

①在命令行中单击“下一个半径”选项，设置圆角半径为 0.3。

②依次选取需要倒角的边缘，按两次 Enter 键完成操作。

★重点★

4.4.6 混接曲面

混接曲面是在两个曲面之间创造出过渡曲面，这种过渡曲面同时包含一定的连续性。它的最大特点就是可以选择任意一侧的边来进行混合，而这条边既可以是连续完整的，也可以是断开的，如图 4-302 所示。

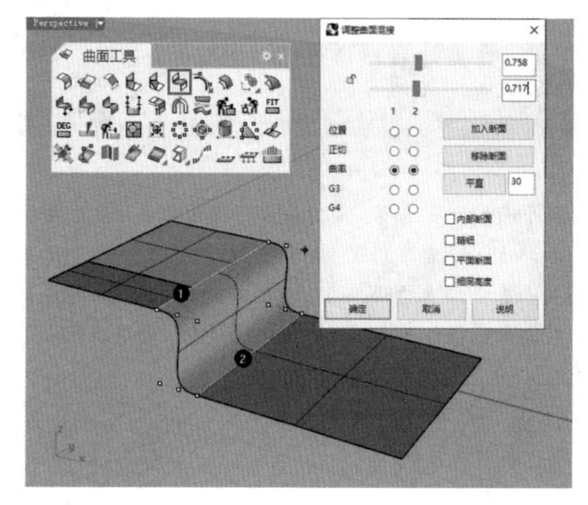

图4-302

启用“混接曲面”工具后，选取需要混接的第 1 个边缘（可以选择多段），按 Enter 键确认，然后选取需要混接的第 2 个边缘，同样按 Enter 键确认，此时在视图中将显示出混接曲面的控制点，同时将打开“调整曲面混接”对话框，如图 4-303 所示。

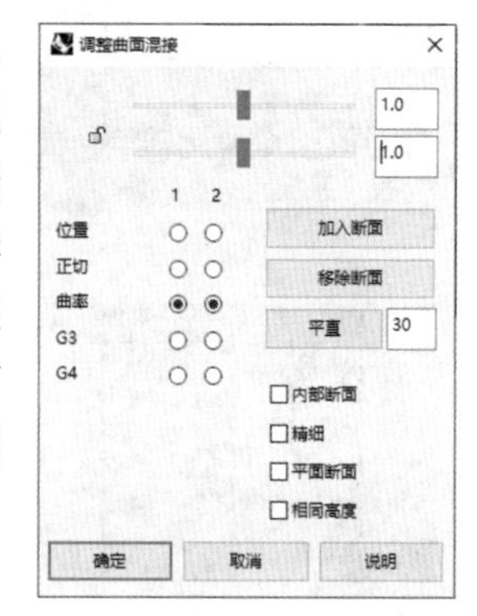

图4-303

混接曲面特定参数介绍

：单击该按钮将切换为锁定显示，此时可以对混接曲面的控制点进行对称性的调整。

滑块：要调整混接曲面的形态，可以通过移动控制点，也可以通过拖曳两个滑块。

加入断面：加入额外的断面控制混接曲面的形状。当混接曲面过于扭曲时，可以使用这个功能控制混接曲面更多位置的形状。在混接曲面的两侧边缘上各指定一个点即可加入控制断面。

移除断面：移除多余的断面，可以清理断面数量，简化形状。

平直 30：按照设定的角度临界值自动增加断面。

内部断面：影响混接曲面的连续性，建议保持勾选状态。

精细：生成更加精细平滑的混接曲面，勾选"内部断面"时该选项不可使用。

平面断面：强迫混接曲面的所有断面为平面并与指定的方向平行。

技术专题："平面断面"选项分析

观察图4-304，"平面断面"选项未勾选，从Top（顶）视图中可以看到混接曲面与原来的两个曲面边线不在一条竖直线上。

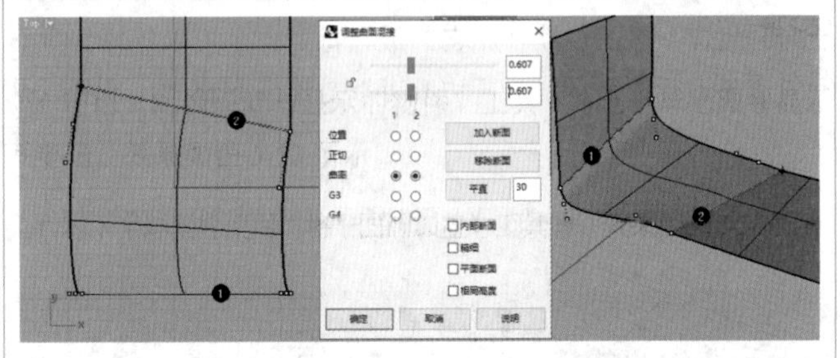

图4-304

勾选"平面断面"选项，此时命令行提示需要指定平面端面的平行线起点和终点，开启"正交"功能，然后在Top（顶）视图中的任意位置指定垂直方向上的两个点，如图4-305所示。此时再来观察混接曲面，其走向已经与原来的两个曲面边线在一条竖直线上了，如图4-306所示。

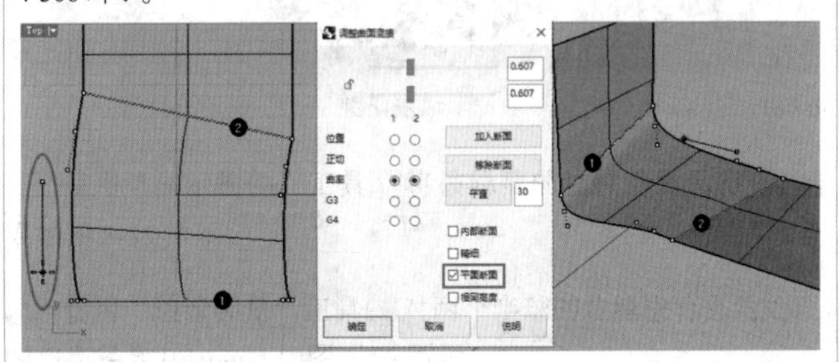

图4-305

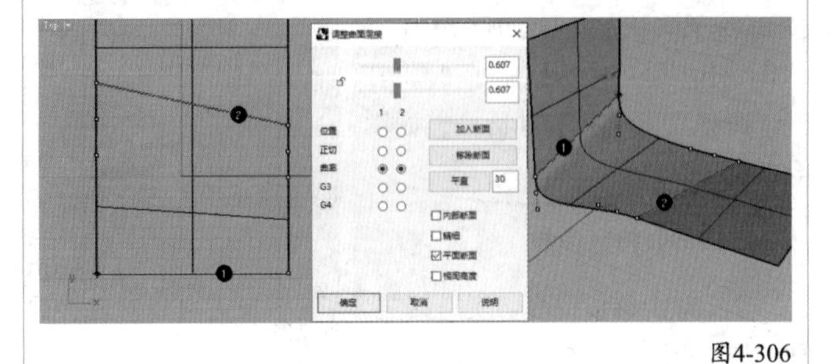

图4-306

相同高度：当混接的两个曲面边缘之间的距离有变化时，这个选项可以让混接曲面的高度维持不变。

连续性：图4-307显示了5种连续性创建的混接曲面效果，对应"调整曲面混接"对话框中的"位置""正切""曲率""G3""G4"选项。

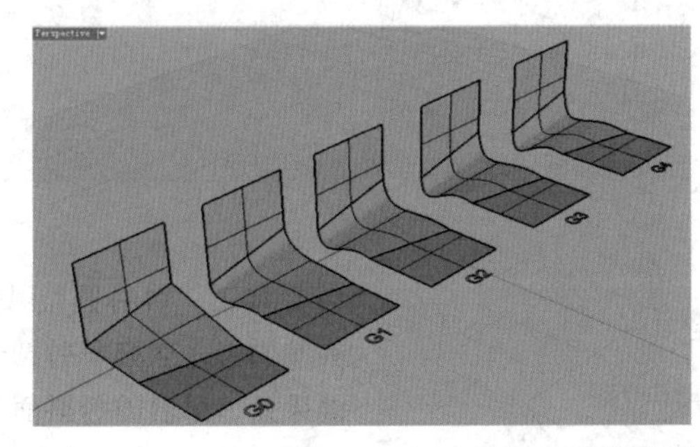

图4-307

技巧与提示

混接曲面在渲染时可能会与其他曲面产生缝隙，这是因为渲染网格（渲染网格只是和真正曲面的形状相似而不是完全一样）设定不够精细。遇到这种情况，可以使用"组合"工具将混接曲面和其他曲面组合成为一个多重曲面，使不同曲面的渲染网格在接缝处的顶点完全对齐，避免出现缝隙。

重点实战

以曲线构建渐消曲面

场景位置	场景文件>第4章>08.3dm
实例位置	实例文件>第4章>实战——以曲线构建渐消曲面.3dm
视频位置	第4章>实战——以曲线构建渐消曲面.mp4
难易指数	★★☆☆☆
技术掌握	掌握以曲线构建渐消面的方法

在同一曲面上产生具有一定的高度差，并在曲面的前段逐渐消失于一个点，而在相接触的位置仍具有G1或G2连续的曲面，称为渐消曲面。在3C产品或一般家用电器的外观产品中，常出现渐消曲面。因为渐消面能以其活泼的外观使产品更显灵活性，从而提升质感并且吸引消费者的目光，增强其购买欲。

造型曲面的一端逐渐消失于一"点"，其实是消失于一"边"，当此边非常短时，看起来就像一点。实际上，在建模中，最好是消失于一极短的边，切勿真的消失于一点，这样曲面质量会较好，之后建构薄壳时也能够避免发生问题。

通过定义渐消深度来构建渐消曲面有两种典型构建方式。

第1种：以曲线定义渐消深度。直接以渐消曲线定义深度的建构方式相当简单，除了可以直接编辑调整深度外，也可以追加插入点，使其具有独立的造型变化。渐消曲线具有同时调节渐消面深度与形状的作用。

第 2 种：以曲面定义渐消深度。以此方式建构渐消曲面的原理是先建构曲面连续至主外观面，该曲面视为渐消面，然后在垂直于渐消面的方向以某一顶点旋转一定角度，因为轮廓与渐消面的角度调整是独立的，所以可得到较为细腻的曲率与较佳的曲面质量。

本例使用第 1 种方式来构建渐消曲面，效果如图 4-308 所示。

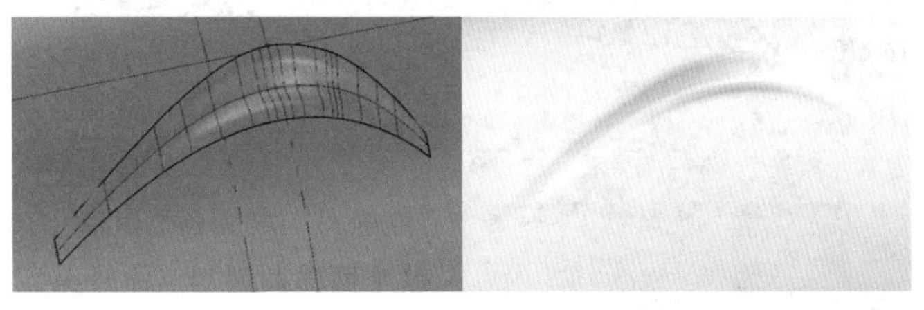

图4-308

01 打开本案例的场景文件，如图 4-309 所示，场景中有一条闭合曲线和一个曲面。

02 单击“分割 / 以结构线分割曲面”工具，以闭合曲线作为切割物件将曲面分割为两部分，然后隐藏中间分割出来的小曲面，得到图 4-310 所示的模型。

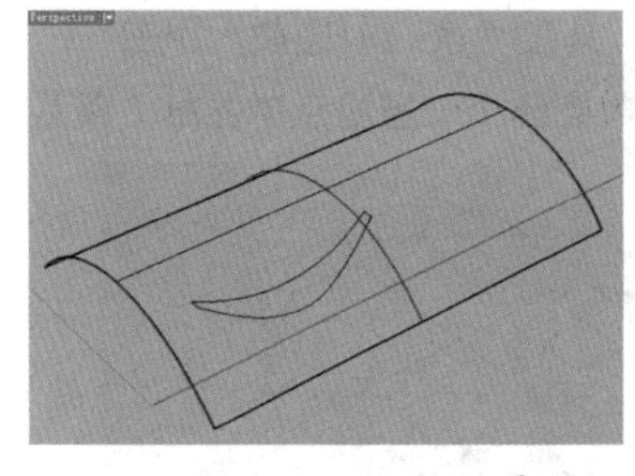

图4-309

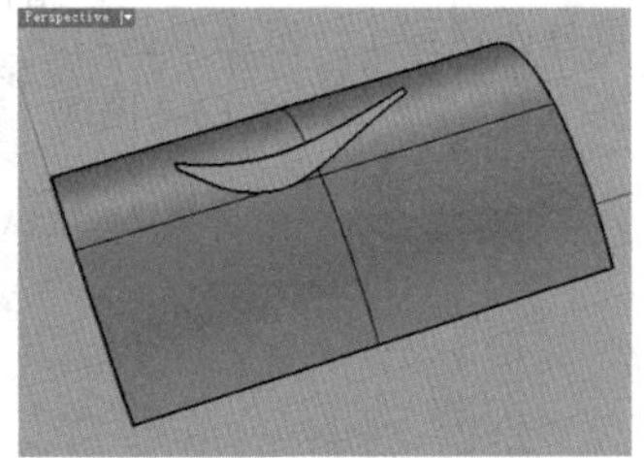

图4-310

03 单击“单点 / 多点”工具，然后开启“四分点”捕捉模式和“智慧轨迹”功能，接着在图 4-311 所示的曲线四分点位置上单击创建一个点。

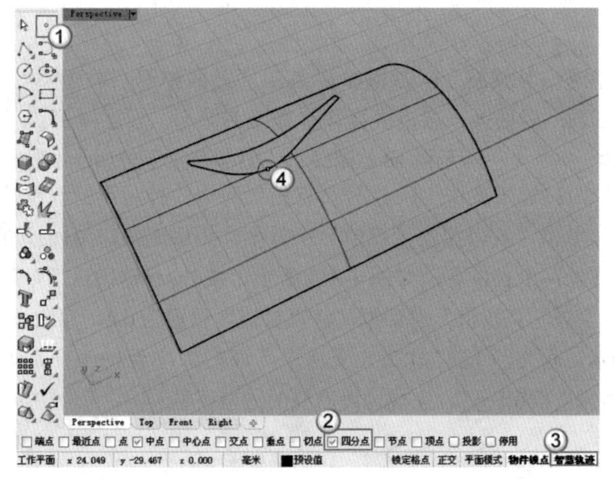

图4-311

04 单击“抽离结构线”工具，然后选择曲面，接着捕捉上一步创建的点，创建结构线，如图 4-312 所示。

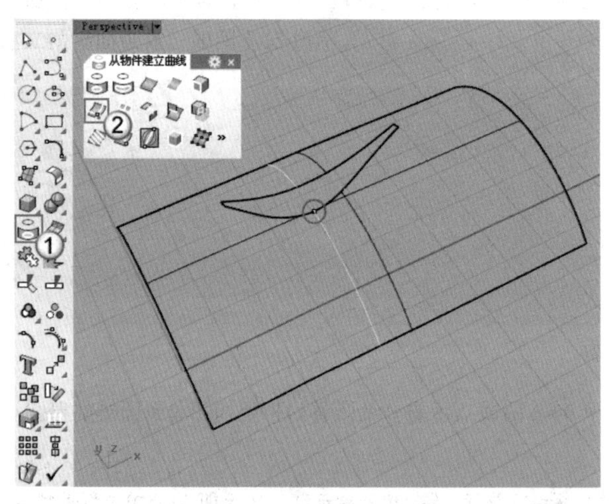

图4-312

技巧与提示

由于曲面中间断开，因此创建的结构线也是断开的，以这两条结构线为基础，就可以定位中间过渡曲线的位置。

05 单击“可调式混接曲线 / 混接曲线”工具，然后分别选择上一步创建的两条结构线，接着在弹出的“调整曲线混接”对话框中单击“确定”按钮，得到过渡曲线，如图 4-313 所示。

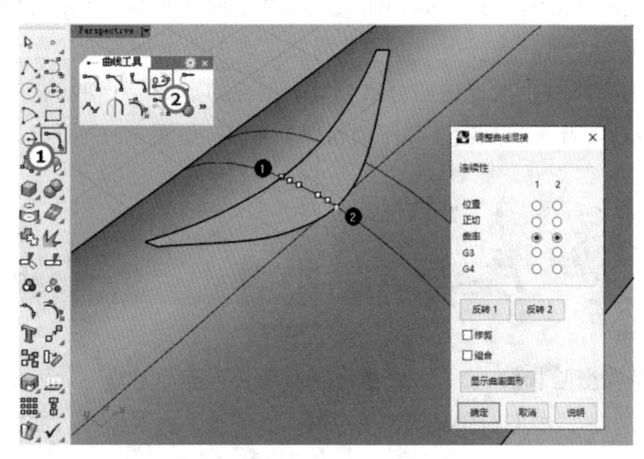

图4-313

06 接下来对这条过渡曲线进行造型编辑。单击“插入一个控制点”工具，在过渡曲线的中间位置插入一个控制点，如图 4-314 所示。

07 选择过渡曲线，按 F10 键打开控制点，然后右击“隐藏物件 / 显示物件”工具，将隐藏的小曲面显示出来，如图 4-315 所示。

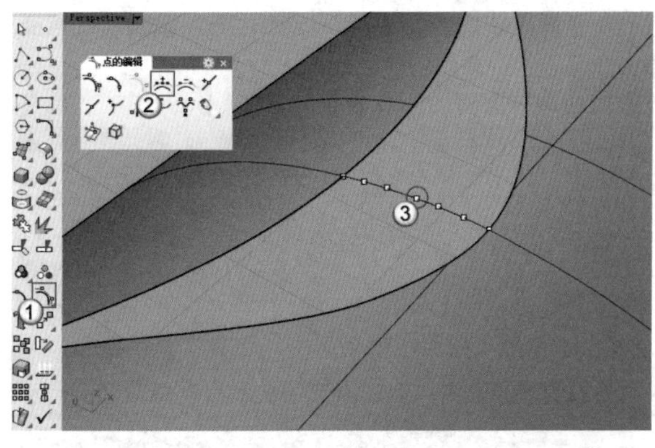

图4-314

图4-315

08 在“工作平面”工具面板中单击“设定工作平面至曲面”工具，然后选择小曲面，并捕捉过渡曲线上加入的控制点确定坐标原点，捕捉在四分点位置上创建的点确定 x 轴方向，如图4-316所示，此时工作平面相切于曲面，如图4-317所示。

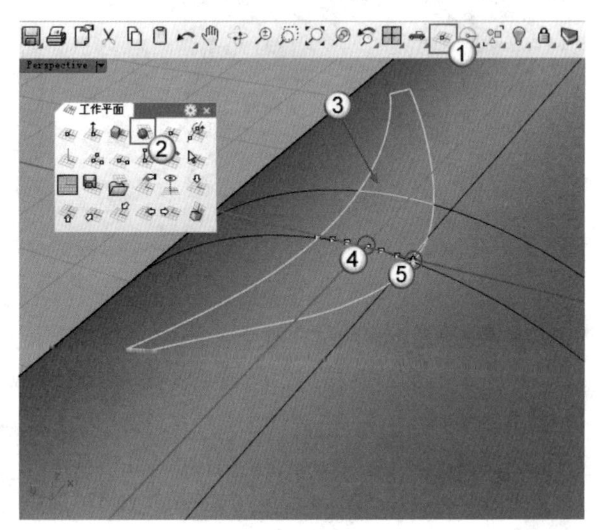

图4-316

图4-317

09 单击“移动”工具，将过渡曲线上新增加的控制点垂直向下移动，如图4-318所示，具体操作步骤如下。

操作步骤

①在Perspective（透视）视图中选择过渡曲线上新增加的控制点。

②在命令行中单击“垂直”选项，将其设置为“是”。

③再次单击这个控制点指定移动的起点，然后在工作平面下方的合适位置拾取一点指定移动的终点。

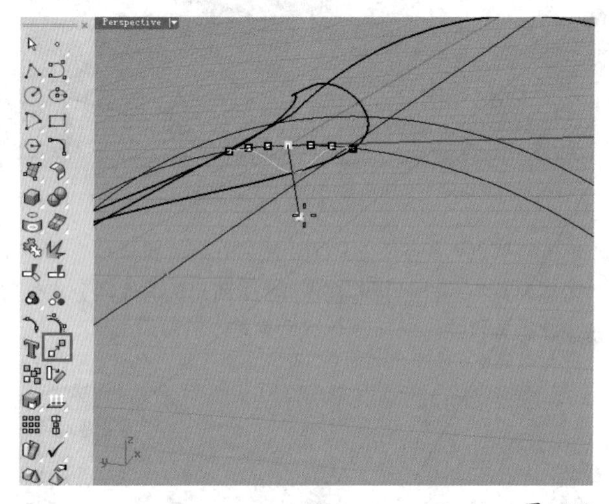

图4-318

10 凹口过于集中，因此需要将相邻两边的控制点的权重值降低。单击“编辑控制点权值”工具，然后选择与中间控制点相邻的两个控制点，如图4-319所示。按Enter键确认后，弹出“设置控制点权值”对话框，将“权值”设置为0.2，如图4-320所示。可以发现凹口变大变深了，同时曲率保持不变，单击“确定”按钮，完成过渡曲线的造型调整。

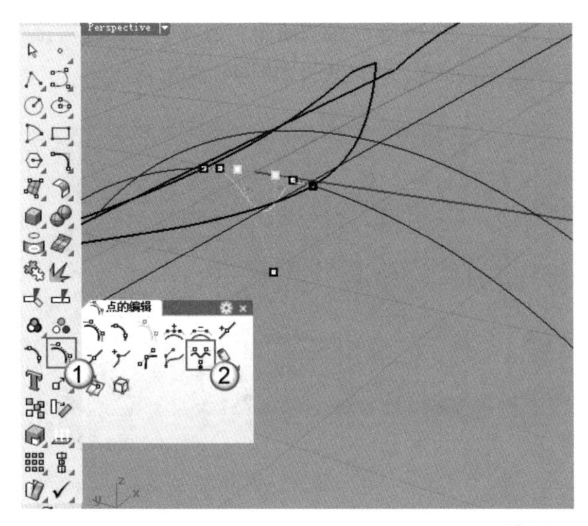

图4-319

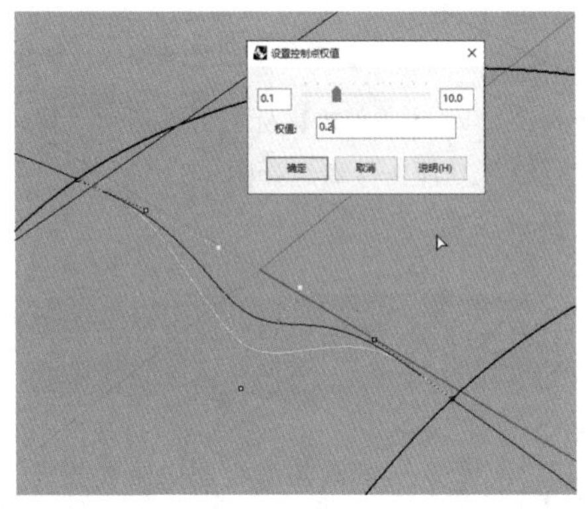

图4-320

11 单击“双轨扫掠”工具，对曲面洞口处的曲线进行扫掠，生成图 4-322 所示的渐消曲面，具体操作步骤如下。

操作步骤

①依次选择曲面洞口处的两条弧形长边作为路径。

②依次选择曲面洞口处的短边、过渡曲线和另一条短边作为截面线，如图 4-321 所示。然后按 Enter 键打开“双轨扫掠选项”对话框，单击“确定”按钮完成操作。

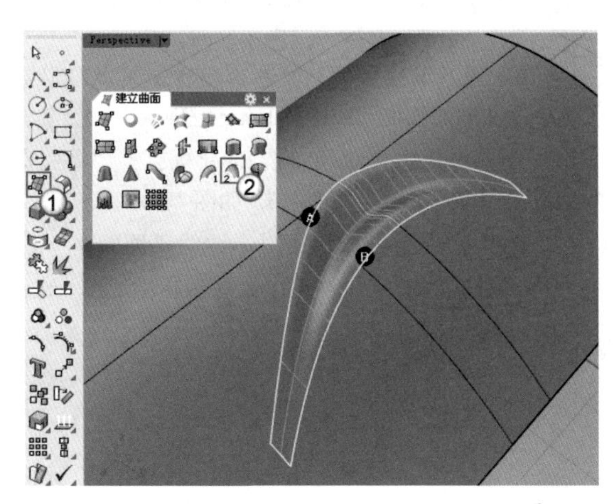

图4-321

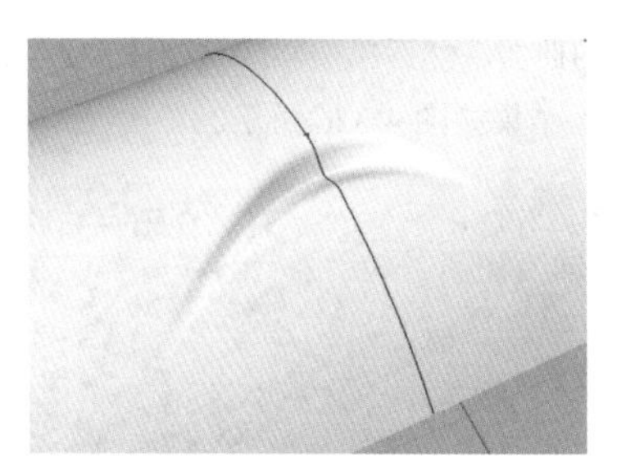

图4-322

重点 实战

以曲面构建渐消曲面

场景位置	场景文件>第4章>09.3dm
实例位置	实例文件>第4章>实战——以曲面构建渐消曲面.3dm
视频位置	第4章>实战——以曲面构建渐消曲面.mp4
难易指数	★★☆☆☆
技术掌握	掌握以曲面构建渐消面的方法

本例创建的渐消曲面效果如图 4-323 所示。

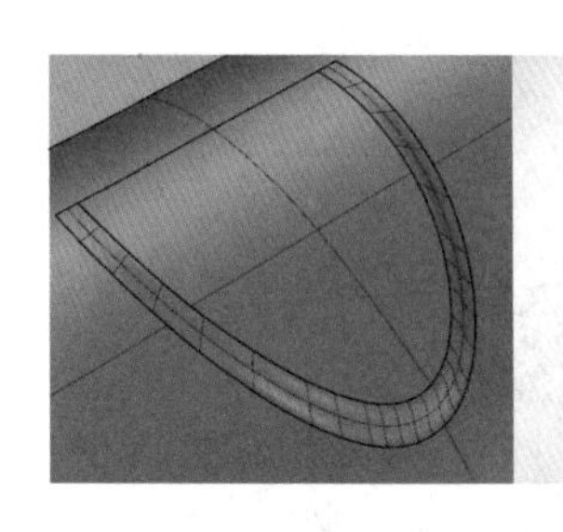
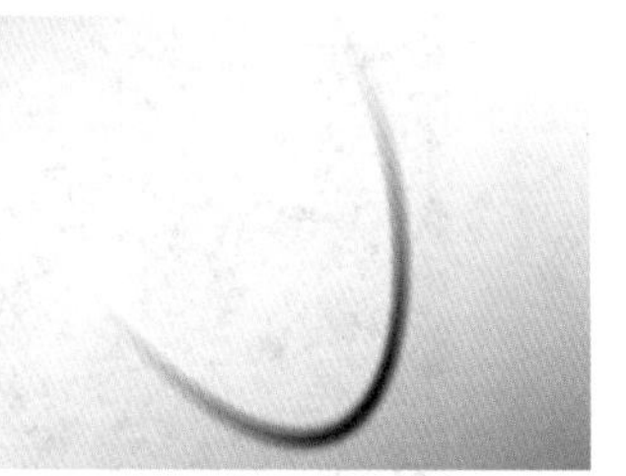

图4-323

01 打开本案例的场景文件，如图 4-324 所示，场景中有 3 条曲线和一个曲面。

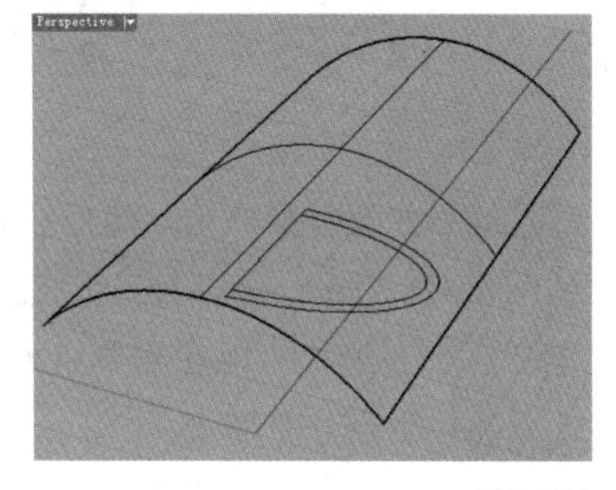

图4-324

02 单击“分割/以结构线分割曲面”工具，以 3 条曲线作为分割物件将曲面分割为 3 个部分，如图 4-325 所示。

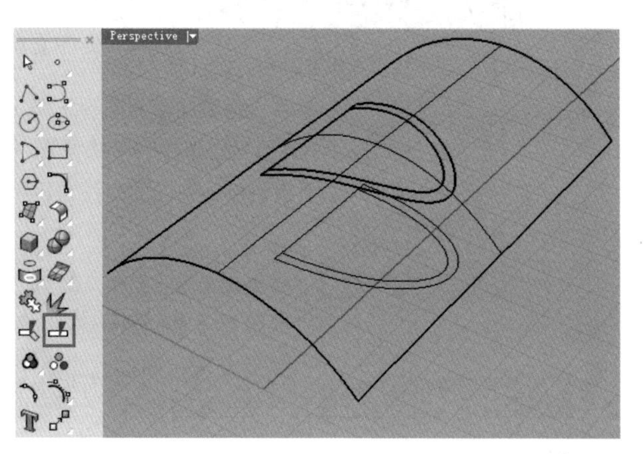

图4-325

03 选择中间的曲面，然后单击“隐藏物件 / 显示物件”工具，将该曲面隐藏，结果如图 4-326 所示。

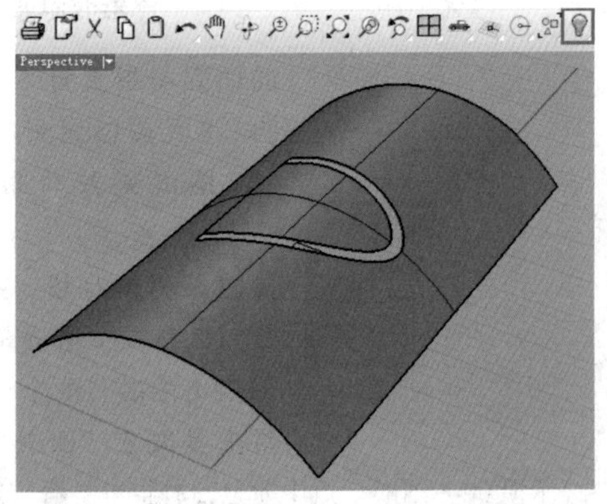

图4-326

04 选择图 4-327 所示的曲面，然后在“工作平面”工具面板中单击“设定工作平面为世界 Right”工具，更改工作平面。

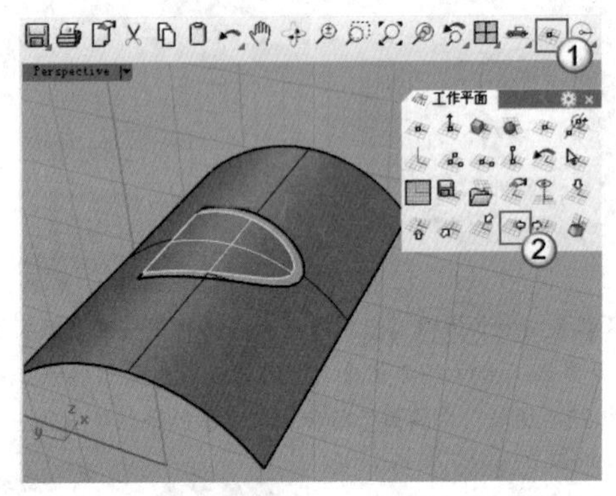

图4-327

05 将小曲面复制一个，然后按 F10 键打开复制曲面的控制点，如图 4-328 所示，可以看到小曲面控制点仍然保持原修剪曲面的控制点分布形式。现在需要将小曲面的控制点缩回到当前曲面造型的控制点分布形式。

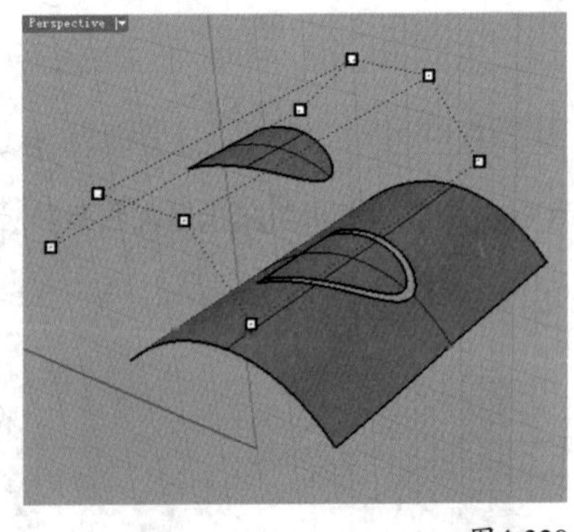

图4-328

06 将复制的曲面删除，然后在“曲面工具”工具面板中单击“缩回已修剪曲面 / 缩回已修剪曲面至边缘”工具，接着选择小曲面并按 Enter 键确认，效果如图 4-329 所示。

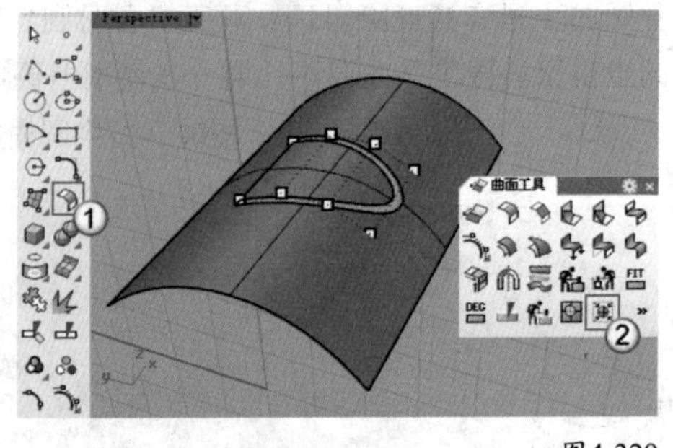

图4-329

知识链接

“缩回已修剪曲面 / 缩回已修剪曲面至边缘”工具的具体用法可以参考本章 4.4.11 小节。

07 在命令行中输入 m 并单击鼠标右键，启用“移动”工具，然后开启“正交”功能，接着选择图 4-330 所示的两个控制点向上移动一段距离。

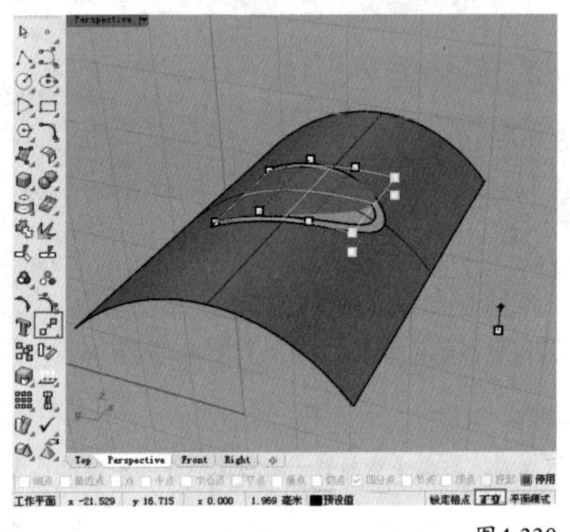

图4-330

08 按 Esc 键取消显示控制点，然后单击“混接曲面”工具，通过两个曲面的弧形边线建立混接曲面，具体操作步骤如下。

操作步骤

①选择大曲面的弧形边线，按 Enter 键确认。

②选择小曲面的弧形边线，按 Enter 键打开“调整曲面混接”对话框，设置连续性为“曲率”，如图 4-331 所示。

③在“调整曲面混接”对话框中勾选“平面断面”，然后设置平面断面平行线的起点和终点，如图 4-332 所示，最后单击“确定”按钮完成操作。

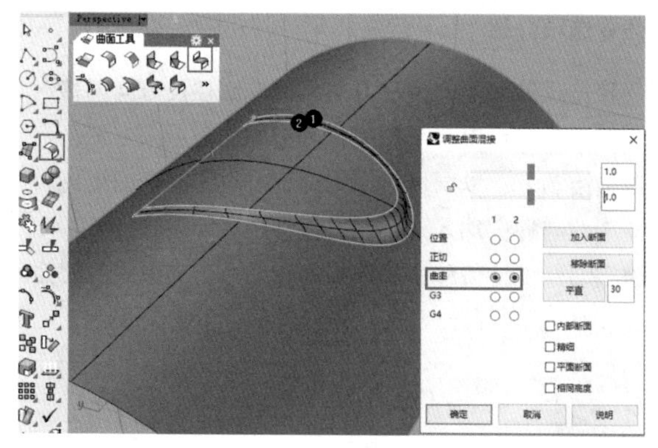

图4-331

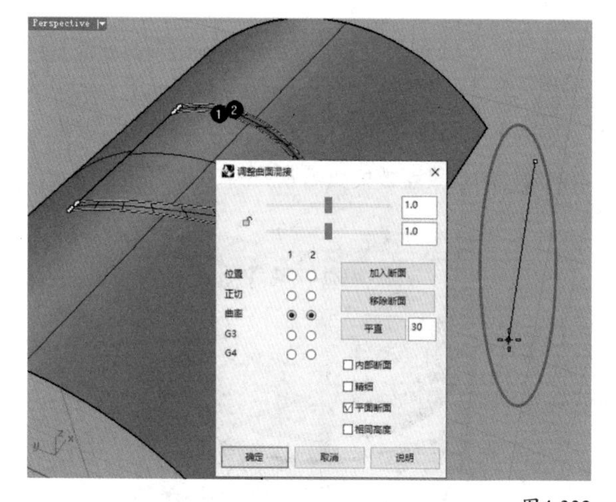

图4-332

疑难问答

问：为什么要重新设置平面断面平行线？

答：从图 4-330 中可以看到圆弧端点位置的 ISO 线有一些扭曲，并不是正常的垂直状态，所以要通过加入平面断面来修正 ISO 线的走向。

09 使用“组合”工具将 3 个曲面合并成一个复合曲面，最终效果如图 4-333 所示。

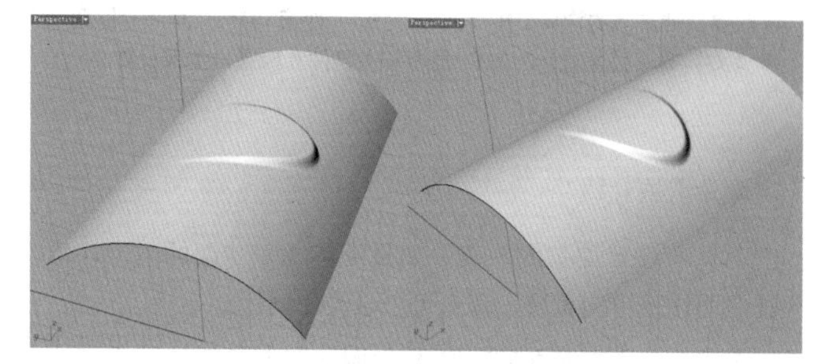

图4-333

★重点★

4.4.7 偏移曲面

偏移曲面是指沿着原始曲面的法线方向，以一个指定的距离复制生成一个被缩小或被放大的新曲面。可以转换原曲面的法向，或切换偏移曲面到相反方向。这一功能通常用在需要制作厚度的曲面上。

偏移曲面具有“等距偏移”和“不等距偏移”两种方式，“等距偏移”可以使用“偏移曲面”工具，“不等距偏移”可以使用“不等距偏移曲面”工具，如图 4-334 所示。

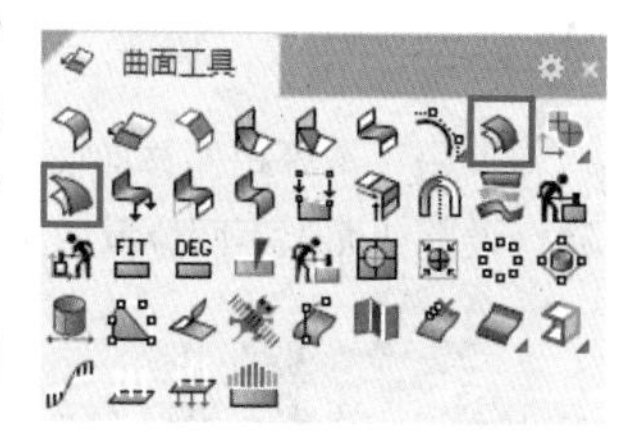

图4-334

等距偏移

启用“偏移曲面”工具后，选择需要偏移的曲面，按 Enter 键将显示出曲面的法线方向，该方向就是曲面的偏移方向，再次按 Enter 键即可完成偏移，如图 4-335 所示。

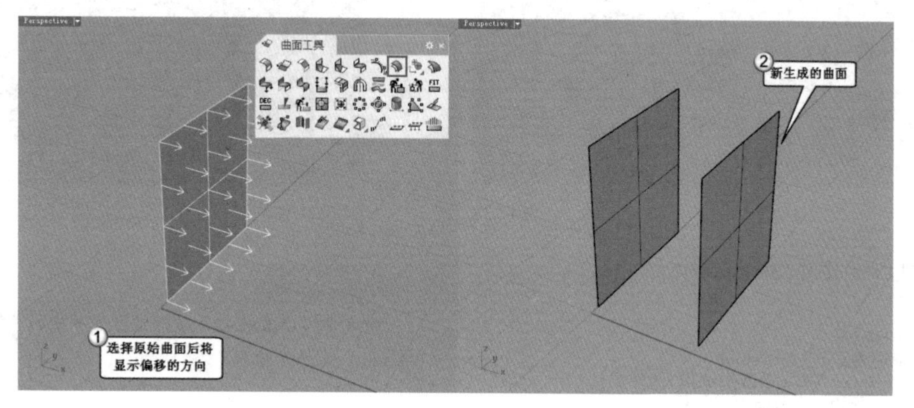

图4-335

偏移的过程中可以看到图 4-336 所示的命令选项。

```
指令: _OffsetSrf
选取要反转方向的物体，按 Enter 完成 ( 距离(D)=1  角(C)=圆角
 实体(S)=是  公差(T)=0.001  删除输入物件(L)=是  全部反转(F) ):
```

图4-336

命令选项介绍

距离：设置偏移的距离。如果不想改变曲面的方向，但又想让曲面往反方向偏移，那么可以设置为负值。

实体：以原来的曲面和偏移后的曲面边缘放样并组合成封闭的实体。

全部反转：反转所有选取的曲面的偏移方向，曲面上箭头的方向为正的偏移方向。

> **技巧与提示**
>
> 在 Rhino 7 之前的版本中，当偏移的曲面为多重曲面时，偏移生成的曲面会分散开来，但在 Rhino 7 中，偏移得到的仍然是多重曲面。

不等距偏移

使用“不等距偏移曲面”工具偏移复制曲面时可以通过控制杆调整曲面上不同位置的距离，如图 4-337 和图 4-338 所示。

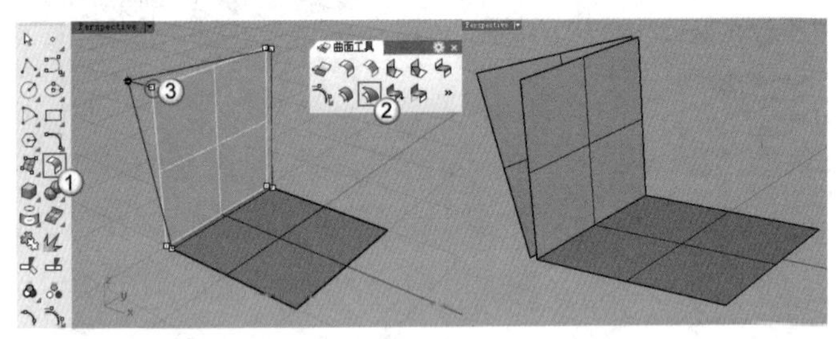

图4-337

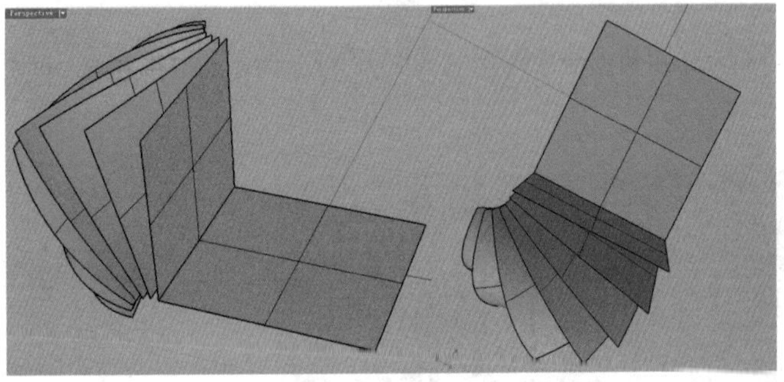

图4-338

偏移的过程中可以看到图 4-339 所示的命令提示。

```
指令: _VariableOffsetSrf
选取要做不等距偏移的曲面 ( 公差(T)=0.01 ):
选取要移动的点，按 Enter 完成 ( 公差(T)=0.01  反转(F)
 设置全部(S)=1  连结控制杆(L)  新增控制杆(A)  边相切(I) ):
```

图4-339

命令选项介绍

反转：反转曲面的偏移方向，使曲面往反方向偏移。

设置全部：设置全部控制杆为相同距离。

连结控制杆：以同样的比例调整所有控制杆的距离。

新增控制杆：加入一个调整偏移距离的控制杆。

边相切：维持偏移曲面边缘的相切方向和原来的曲面一致。

重点实战

利用偏移曲面创建水果盘

场景位置	无
实例位置	实例文件>第4章>实战——利用偏移曲面创建水果盘.3dm
视频位置	第4章>实战——利用偏移曲面创建水果盘.mp4
难易指数	★★☆☆☆
技术掌握	掌握通过偏移创建曲面厚度的方法

本例创建的水果盘效果如图 4-340 所示。

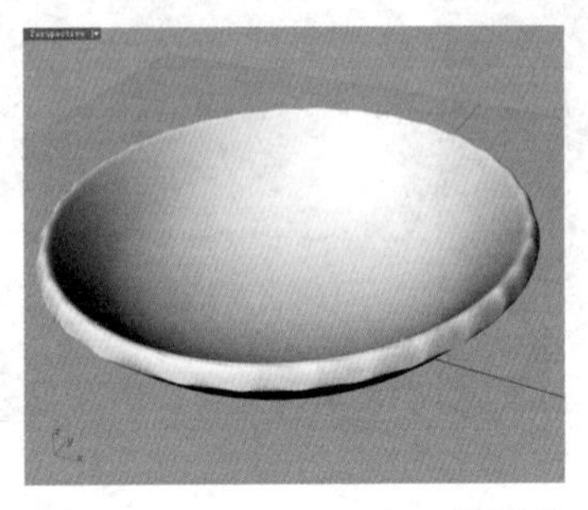

图4-340

01 使用“控制点曲线 / 通过数个点的曲线”工具在 Front（前）视图中绘制图 4-341 所示的曲线。

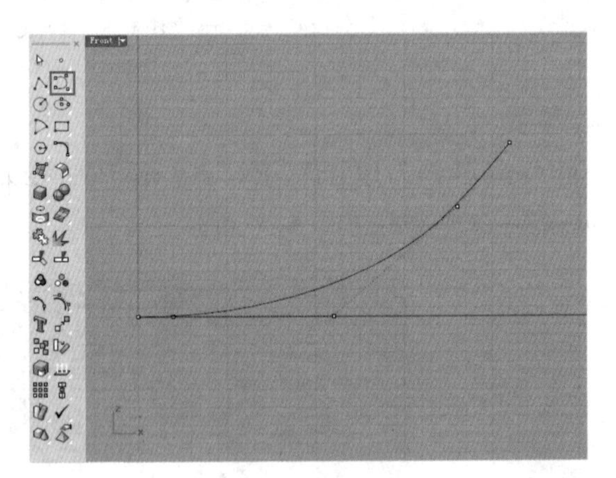

图4-341

> **技巧与提示**
>
> 读者也可以直接打开本书学习资源中的“场景文件 > 第 4 章 > 偏移 .3dm”文件来使用。

02 单击“旋转成形 / 沿路径旋转”工具，在 Front（前）视图中将上一步绘制的曲线旋转生成单面水果盘，如图 4-343 所示，具体操作步骤如下。

操作步骤

①选择上一步绘制的曲线，按 Enter 键确认。

②捕捉曲线的左侧端点作为旋转轴的起点，然后开启“正交”功能，在垂直方向上拾取一点作为旋转轴的终点，如图 4-342 所示，最后按两次 Enter 键完成操作。

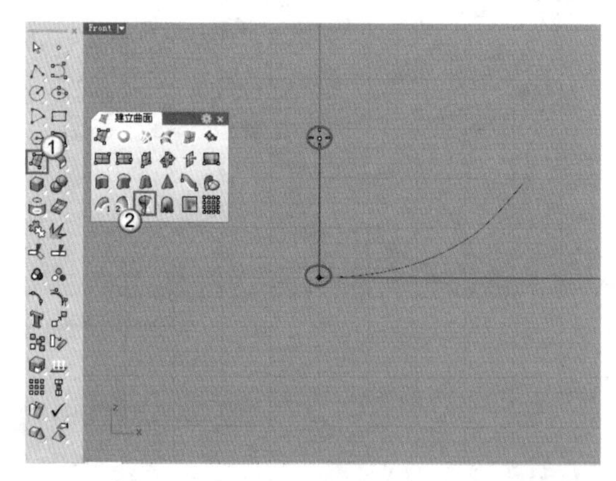

图4-342

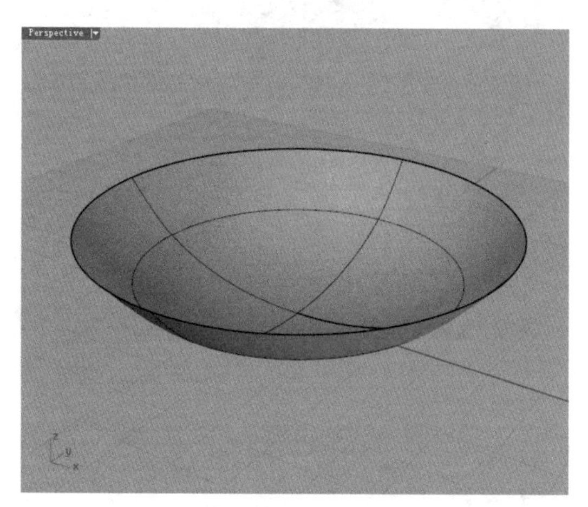

图4-343

03 单击“偏移曲面”工具，对单面水果盘进行偏移复制，如图 4-344 所示，具体操作步骤如下。

操作步骤

①选择旋转生成的曲面，按 Enter 键确认。

②在命令行中单击“全部反转”选项，反转曲面的偏移方向。

③在命令行中单击“距离”选项，设置偏移距离为 4，然后按 Enter 键完成操作。

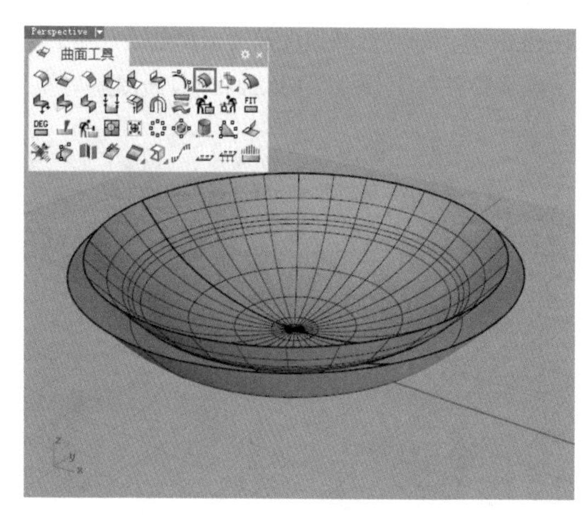

图4-344

04 单击“混接曲面”工具，对两个曲面进行混接，如图 4-346 所示，具体操作步骤如下。

操作步骤

①选择原曲面的边缘，按 Enter 键确认。

②选取偏移后的曲面的所有边缘，按 Enter 键打开“调整曲面混接”对话框，设置连续性为“曲率”，然后在上方拖曳下面的滑块数值为 0.25，如图 4-345 所示，单击“确定”按钮 确定 完成操作。

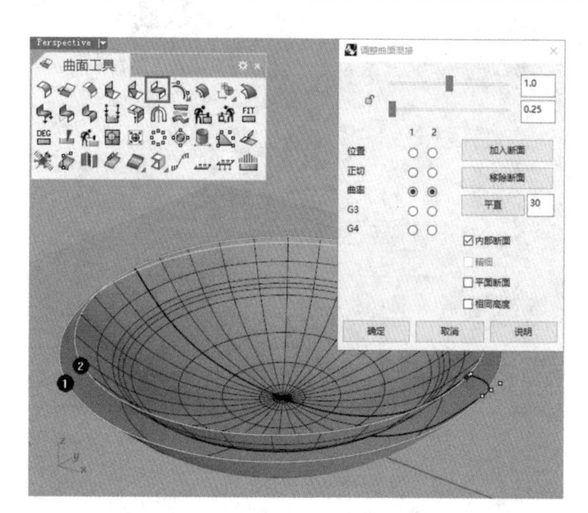

图4-345

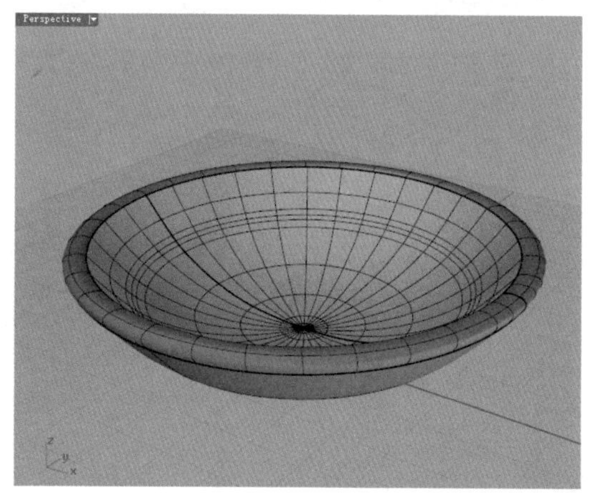

图4-346

05 按住Shift键的同时选择原曲面及偏移曲面，然后单击“隐藏物件/显示物件”工具，将这两个曲面隐藏，如图4-347所示。

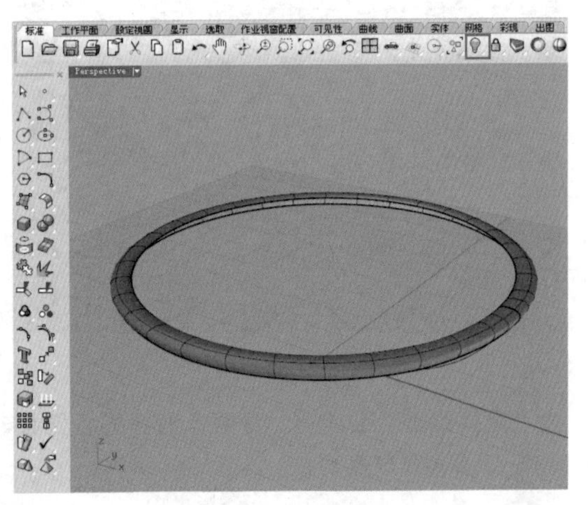

图4-347

06 单击选中混接曲面，然后按F10键打开控制点，可以看到V方向的控制点是6个，如图4-348所示。

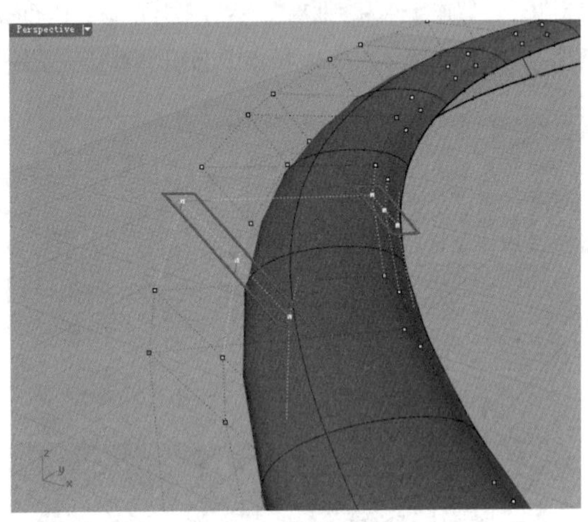

图4-348

07 单击“插入节点”工具，在混接曲面上增加一条圆形的ISO线，如图4-349所示。

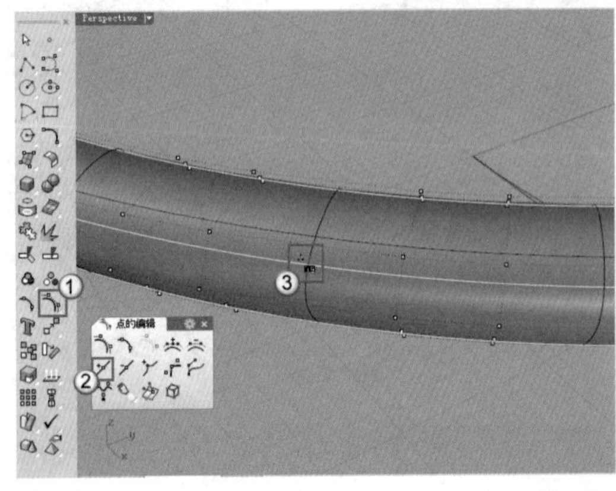

图4-349

08 按住Shift键的同时间隔选择新增加的ISO线上的控制点，如图4-350所示。然后开启“正交”功能，并在Front（前）视图中拖曳选择的控制点至图4-351所示的位置，接着按F11键关闭控制点，得到图4-352所示的混接曲面模型。

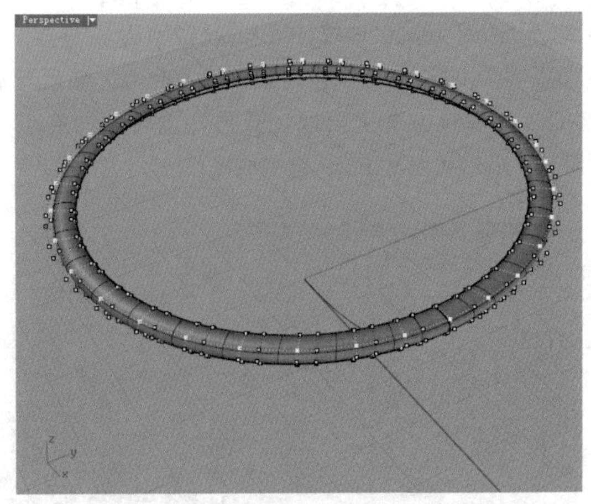

图4-350

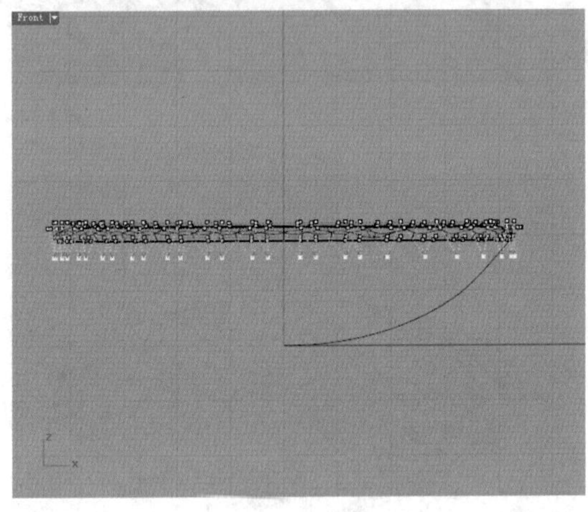

图4-351

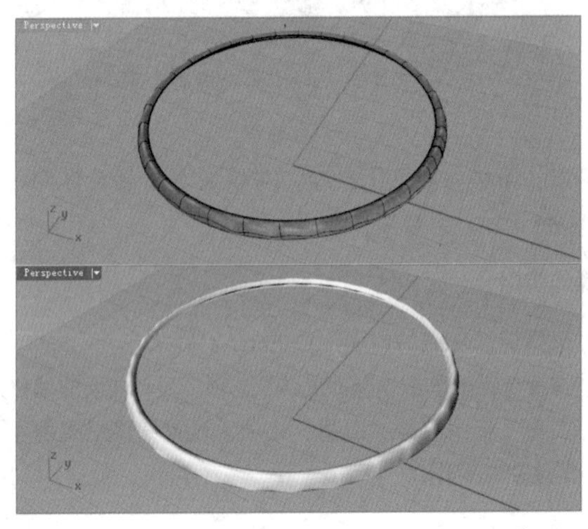

图4-352

09 右击“隐藏物件 / 显示物件”工具，将隐藏的两个曲面显示出来，水果盘模型的最终效果如图 4-353 所示。

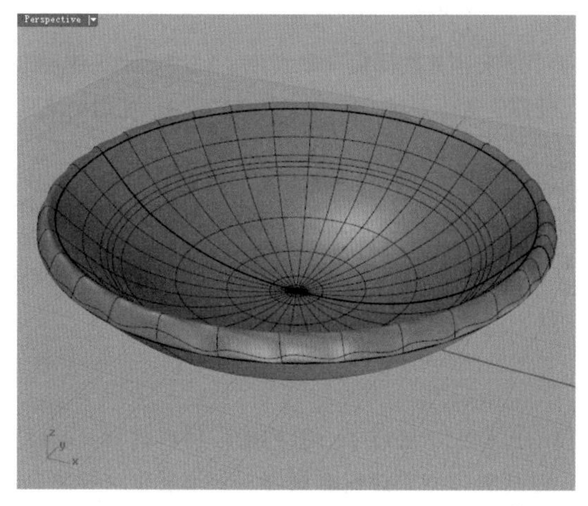

图4-353

4.4.8 衔接曲面

衔接曲面可以通过将曲面变形达到让两个曲面无论是否相交或接触，都可以匹配到一起并且具有一定的连续性。简单地理解就是可以调整曲面的边缘使其和其他曲面形成位置、相切或曲率连续。

“衔接曲面”工具位于“曲面工具”工具面板内，如图 4-354 所示。

启用“衔接曲面”工具后，依次选取要改变的未修剪曲面边缘和需要衔接至的曲面边缘（两个曲面边缘必须选取于同一侧，目标曲面的边缘可以是修剪或未修剪的边缘），此时将打开“衔接曲面”对话框，如图 4-355 所示。

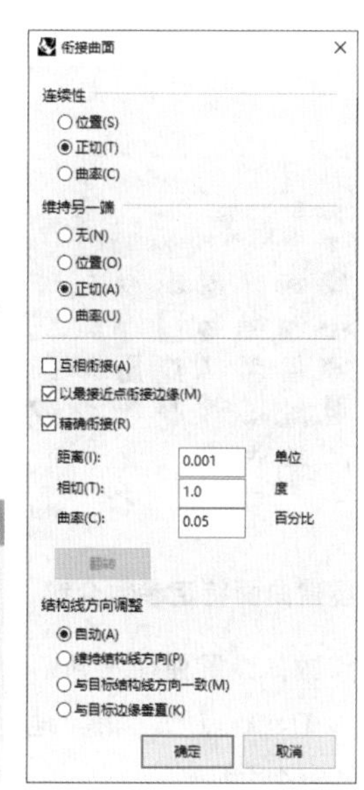

图4-354　图4-355

衔接曲面特定参数介绍

维持另一端：在曲面中加入节点，使曲面的另一端不被改变。如图 4-356 所示，其中第 1 个模型是两个垂直相接的曲面，也是原始模型，其余 4 个模型分别是“无”“位置”“正切”“曲率”4 个不同选项得到的模型。

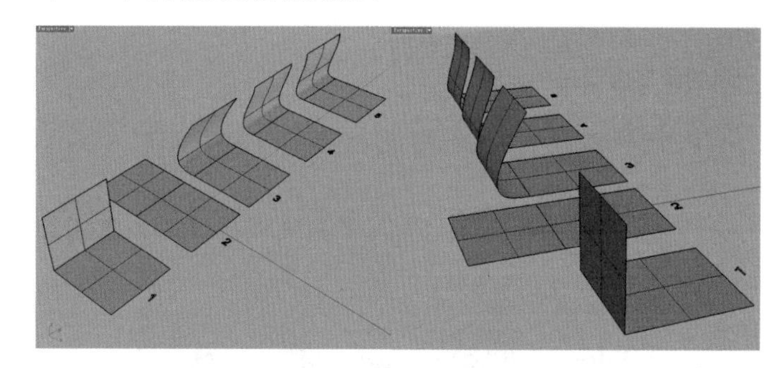

图4-356

互相衔接：如果目标曲面的边缘是未修剪边缘，两个曲面的形状会被平均调整。

以最接近点衔接边缘：改变的曲面边缘和目标边缘有两种对齐方式，一种是延展或缩短曲面边缘，使两个曲面的边缘在衔接后端点对端点；另一种是将改变的曲面边缘的每一个控制点拉到目标曲面边缘上的最接近点。

精确衔接：检查两个曲面衔接后边缘的误差是否小于模型的绝对公差，必要时会在改变的曲面上加入更多的结构线（节点），使两个曲面衔接边缘的误差小于模型的绝对公差。

距离 / 相切 / 曲率：匹配误差容许达到的最大值。

结构线方向调整：设置改变的曲面结构线的方向，包含以下 4 个选项。

自动：如果目标边缘是未修剪边缘，结果和“与目标结构线方向一致”选项相同；如果目标边缘是修剪过的边缘，结果和“与目标边缘垂直”选项相同。

维持结构线方向：不改变曲面结构线的方向。

与目标结构线方向一致：改变的曲面的结构线方向会与目标曲面的结构线平行。

与目标边缘垂直：改变的曲面的结构线方向会与目标曲面边缘垂直。

4.4.9 合并曲面

合并曲面与组合曲面有所不同，组合曲面是创建一个复合曲面，这样的曲面无法再进行曲面编辑，而合并后的曲面依然还是单一曲面，是可以再次进行曲面编辑的。所以，在建模中遇到一些不知道构造方式的曲面时，往往采用细分曲面的方法由小做到大，最后合并成一块整面。不过，合并曲面对两个原始曲面是有要求的，需要两个分离的面是共享边缘，并且未经修剪，所以在创建曲面时要特别注意这一点。

合并曲面可以使用“合并曲面”工具，如图4-357所示。

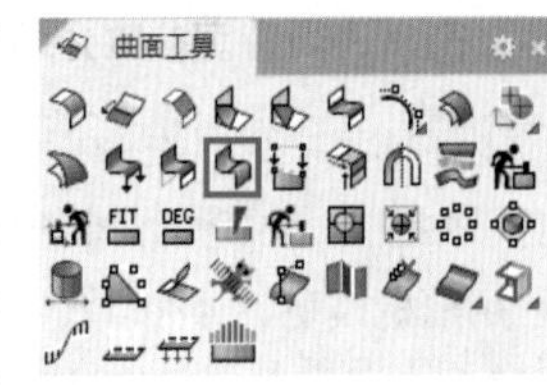

图4-357

合并曲面的过程比较简单，启用“合并曲面”工具后依次选择需要合并的两个曲面即可，如图4-358所示。合并的过程中将会看到图4-359所示的命令选项。

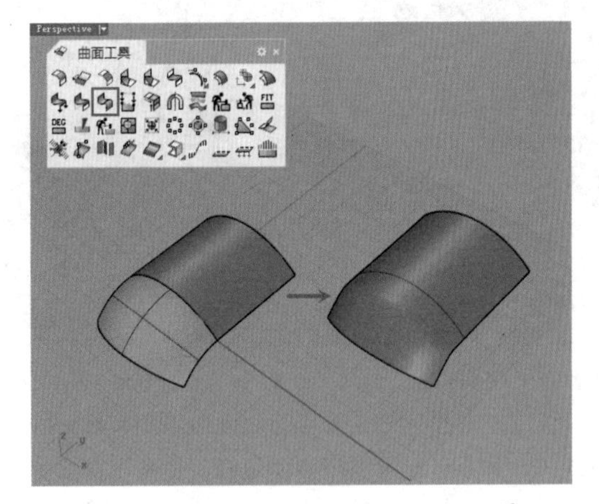

图4-358

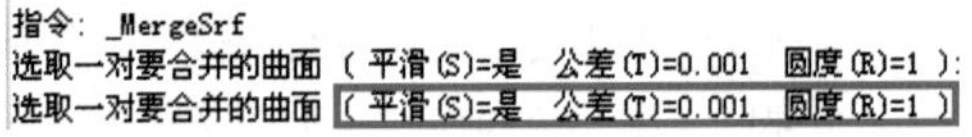

指令：_MergeSrf
选取一对要合并的曲面（平滑(S)=是 公差(T)=0.001 圆度(R)=1）：
选取一对要合并的曲面（平滑(S)=是 公差(T)=0.001 圆度(R)=1）

图4-359

命令选项介绍

平滑：平滑地合并两个曲面，合并以后的曲面比较适合以控制点调整，但曲面会有较大的变形。图4-360所示是设置“平滑”为“是”和“平滑”为“否”的对比效果，可以看到设置“平滑”为“是”时，两个曲面为了平滑过渡而被强行自动匹配了造型，造成两个曲面变形；而设置“平滑”为“否”时，并没有发生曲面变形的情况。从这一点可知，合并曲面的一个关键就是设置平滑。

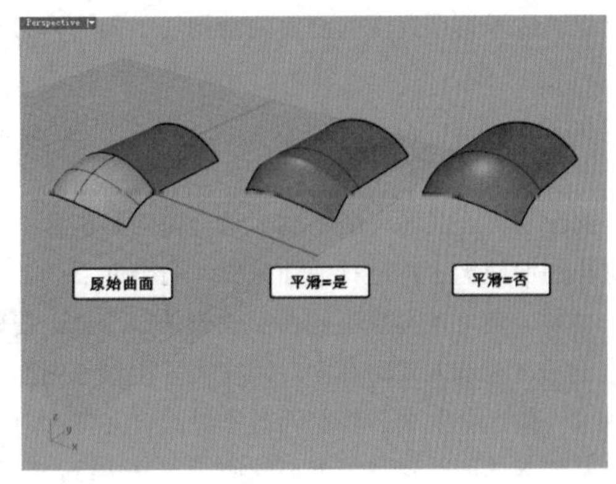

图4-360

公差：两个要合并的边缘的距离必须小于这个设置值。这个公差设置以模型的绝对公差为默认值，无法设置为0或任何小于绝对公差的数值。

圆度：定义合并的圆度（平滑度、钝度、不尖锐度），默认值为1，设置的数值必须介于0（尖锐）与1（平滑）之间。

技巧与提示

要合并的两个曲面除了必须有共享边缘以外，边缘两端的端点也要相互对齐。

★重点★

4.4.10 重建曲面

建模的过程中，进行了一系列操作后，曲面可能会变得相当复杂，这样处理起来速度会很慢。如果发生这种情况，可以通过重建曲面减少曲面的度数或面片数（当然也可以增加曲面的度数和面片数），以便对曲面的形状进行更精确的控制。

重建曲面是在不改变曲面基本形状的情况下，对曲面的U、V控制点数和曲面的阶数进行重新设置，使用“重建曲面”工具可以完成重建曲面操作，工具位置如图4-361所示。

启用“重建曲面”工具后，选择需要重建的曲面，然后按Enter键将打开“重建曲面”对话框，如图4-362所示。

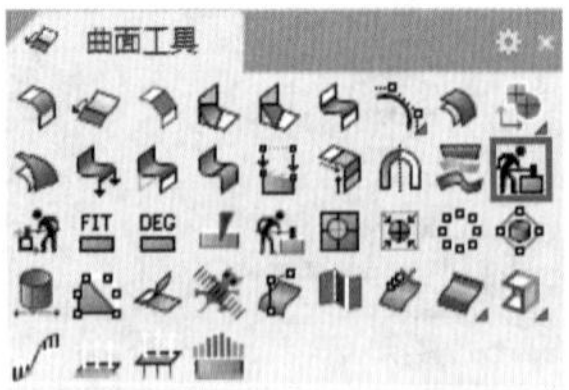

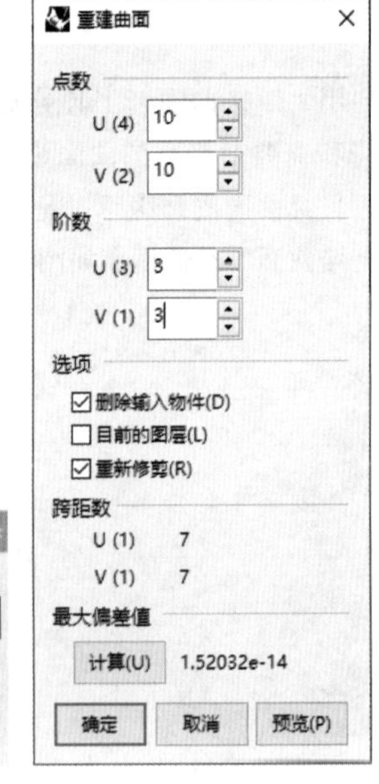

图4-361　图4-362

重建曲面特定参数介绍

点数：设置曲面重建后U、V两个方向的控制点数。增加或减少U、V点数，相应地将增加或减少ISO线，如图4-363和图4-364所示。

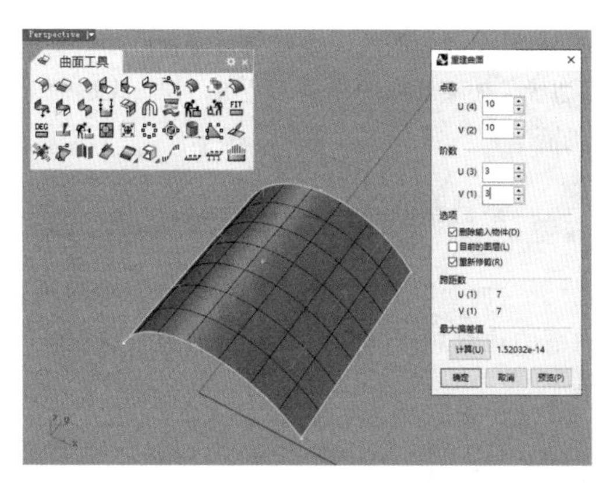

图4-363

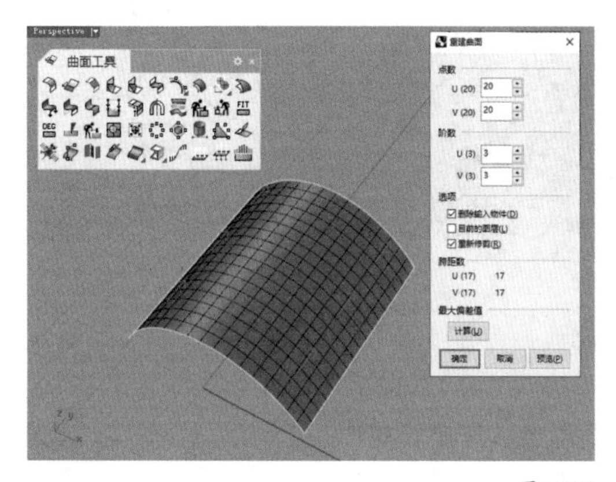

图4-364

阶数：设置曲面重建后的阶数，阶数值可以是 1 ～ 11。

删除输入物件：用于删除建立新物件的原始物件。

目前的图层：在目前的图层建立新曲面。取消选中这个选项会在原曲面所在的图层建立新曲面。

重新修剪：以原来的边缘曲线修剪重建后的曲面。

跨距数：U、V 方向的原本最小跨距数（在括号中）和重建后得到的跨距数。

最大偏差值：在原来的曲面节点及节点之间的中点放置取样点，然后将取样点拉至重建后的曲面上计算偏差值。

技巧与提示

在“重建曲面”对话框中除了设置“点数”和“阶数”外，重点要查看的就是“最大偏差值”，即查看重建曲面与原始曲面间的差值大小，一般是越小越好。当然，建模时重建曲面的要求是曲面的 UV 线和阶数越小越好，因为这样在以后编辑起来会相对简单，不会像原始曲面那样复杂。

计算(U)：计算原来的曲面和重建后的曲面之间的偏差值。指示线的颜色可以用来判断重建后的曲面与原来的曲面之间的偏差值，绿色表示曲面的偏差值小于绝对公差，黄色表示偏差值介于绝对公差和绝对公差的 10 倍之间，红色表示偏差值大于绝对公差的 10 倍。指示线的长度为偏差值的 10 倍。

★重点★

4.4.11 缩回已修剪曲面

缩回已修剪曲面一般发生在剪切后的面片上。当剪切后的曲面相对于原始曲面所占面积较小时，打开较小剪切面的曲面控制点可以发现它们还是以原始面的位置存在，如图 4-365 所示。这不符合剪切后的曲面特征，所以需要通过“缩回已修剪曲面 / 缩回已修剪曲面至边缘”工具重新修正曲面控制点的排布，设定剪切面新的原始性，如图 4-366 所示。

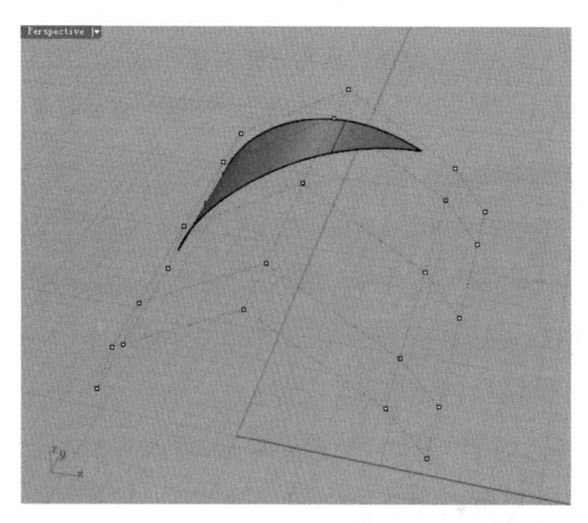

图4-365

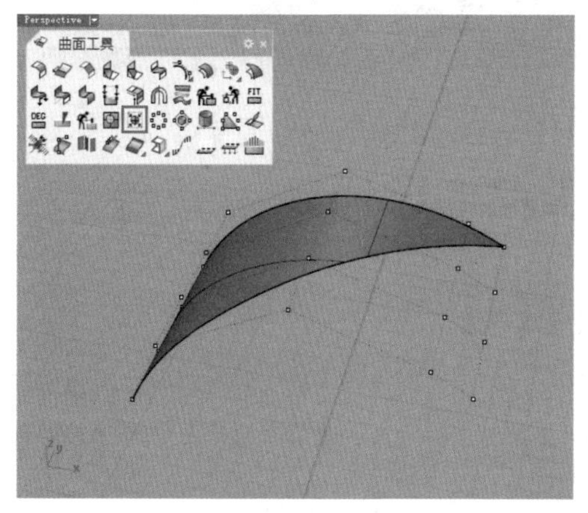

图4-366

“缩回已修剪曲面 / 缩回已修剪曲面至边缘”工具有两种功能，左键功能可以使原始曲面的边缘缩回到曲面的修剪边缘附近，右键功能可以将原始曲面的边缘缩回到与修剪边界接触。该工具两种功能的用法相同，选择需要缩回的已修剪曲面并按 Enter 键即可。

技巧与提示

缩回曲面就像是平滑地逆向延伸曲面，曲面缩回后多余的控制点与节点会被删除。

4.4.12 取消修剪

很多时候，要对已经修剪的曲面重新进行编辑，这就需要将被修剪的曲面恢复成原样，这时就会用到“取消修剪/分离修剪”工具，工具位置如图4-367所示。

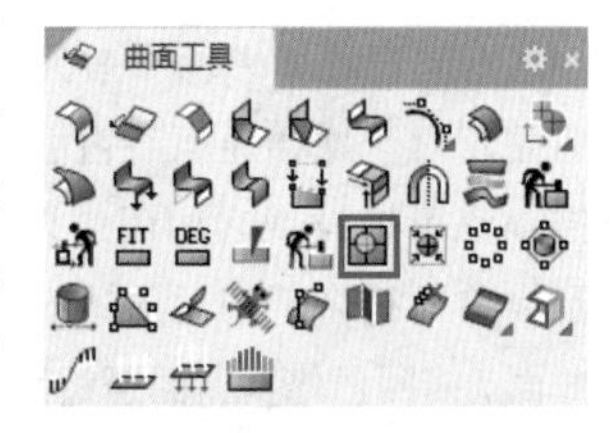

图4-367

使用“取消修剪/分离修剪”工具可以删除曲面的修剪边缘，启用工具后选取曲面的修剪边缘并按Enter键确认即可，如图4-368所示。启用该工具后将会看到图4-369所示的命令选项。

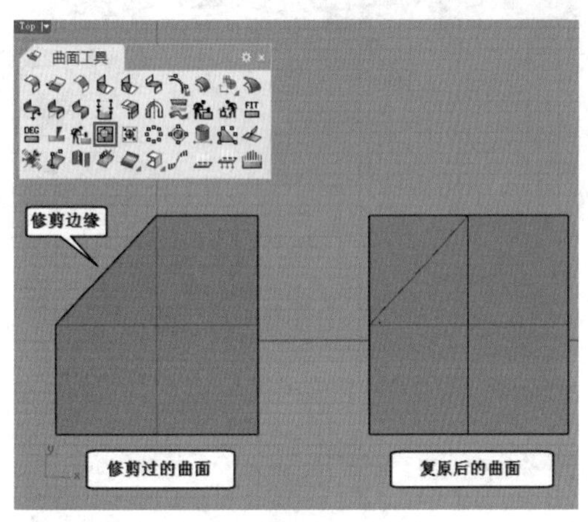

图4-368

指令: _Untrim
选取要取消修剪的边缘 (保留修剪物件 (K)=否 全部 (A)=否):

图4-369

命令选项介绍

保留修剪物件：设置为“是”表示曲面取消修剪后保留修剪曲线，设置为“否”表示曲面取消修剪后删除修剪曲线，如图4-370所示。

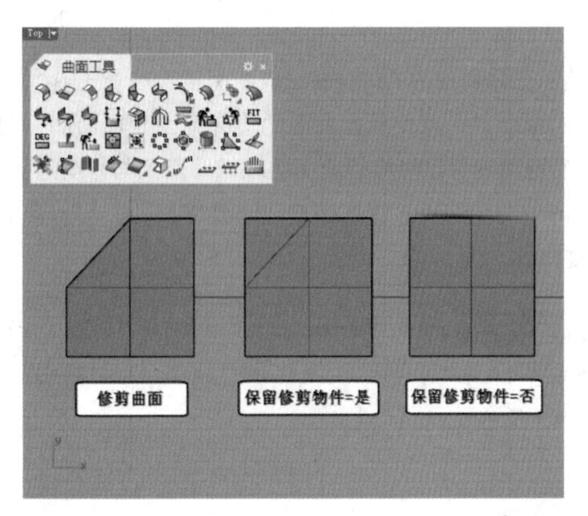

图4-370

全部：只要选取曲面的一个修剪边缘就可以删除该曲面的所有修剪边缘。如果选取的是洞的边缘，同一个曲面上所有的洞都会被删除。

4.4.13 连接曲面

使用“连接曲面”工具可以延伸两个曲面并相互修剪，使两个曲面的边缘相接（前提是两个曲面存在交集），如图4-371所示。

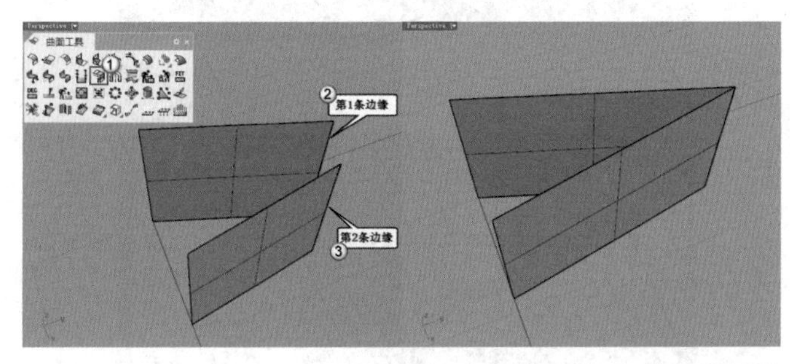

图4-371

★重点★

4.4.14 对称

对称是指镜像曲线和曲面，使两侧的曲线或曲面相切。使用“对称”工具可以对称镜像物件，工具位置如图4-372所示。该工具的操作方式和“镜射/三点镜射”工具类似，选取需要对称的物件后指定对称平面的起点和终点即可。

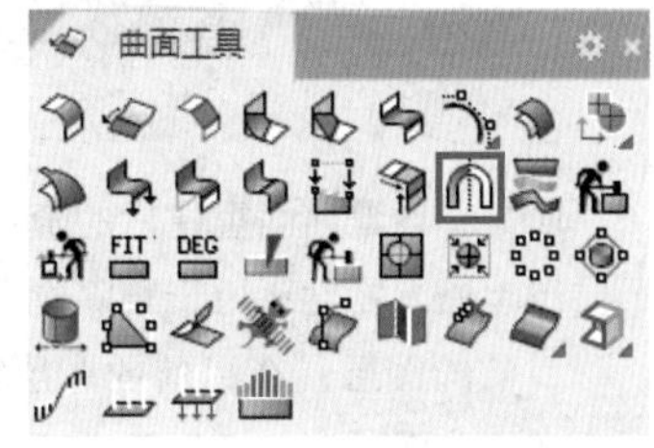

图4-372

技巧与提示

“对称”工具常与“记录建构历史”功能配合使用，当编辑一侧的物件时，另一侧的物件会做对称性的改变。

重点 实战

利用对称制作旋钮

场景位置	无
实例位置	实例文件>第4章>实战——利用对称制作旋钮.3dm
视频位置	第4章>实战——利用对称制作旋钮.mp4
难易指数	★★☆☆☆
技术掌握	掌握曲面对称建模的方法

本例制作的旋钮效果如图4-373所示。

01 使用“单一直线”工具在Top（顶）视图中绘制图4-374所示的两条直线。

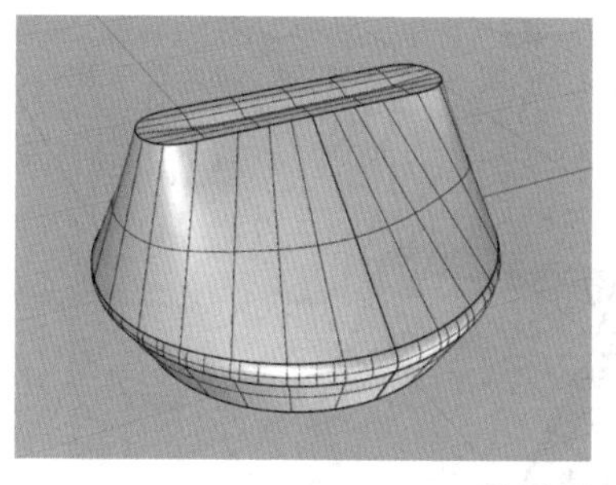

图4-373

图4-374

02 使用“弧形混接”工具，将两条直线的右端连接起来，如图 4-375 所示，然后将两条直线与混接的曲线组合在一起。

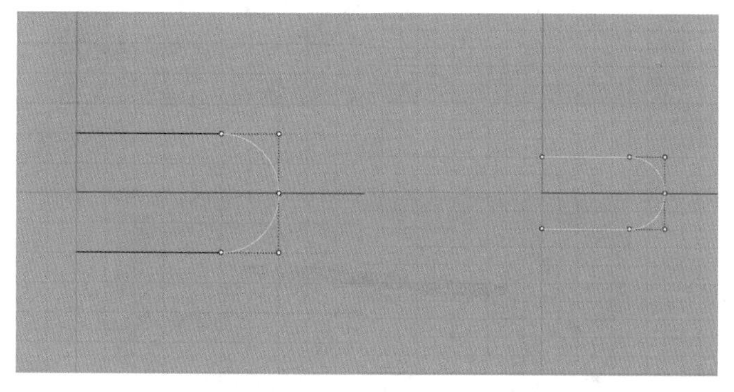

图4-375

03 单击“圆弧：起点、终点、起点方向”工具，绘制一个半圆，如图 4-376 所示。

04 选取所有曲线，使用“重建曲线 / 以主曲线重建曲线”工具，按图 4-377 所示的参数进行重建。

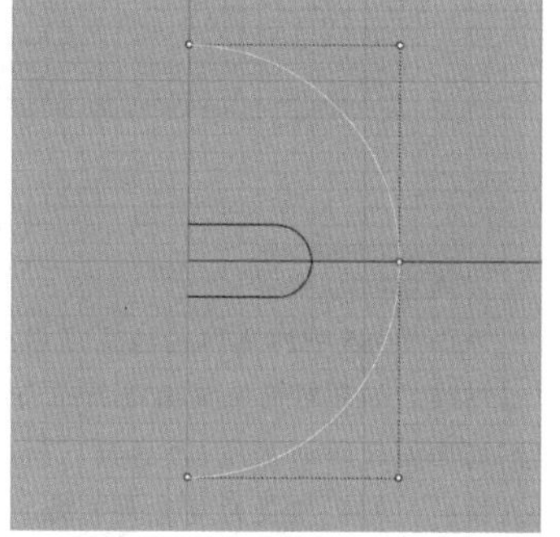

图4-376

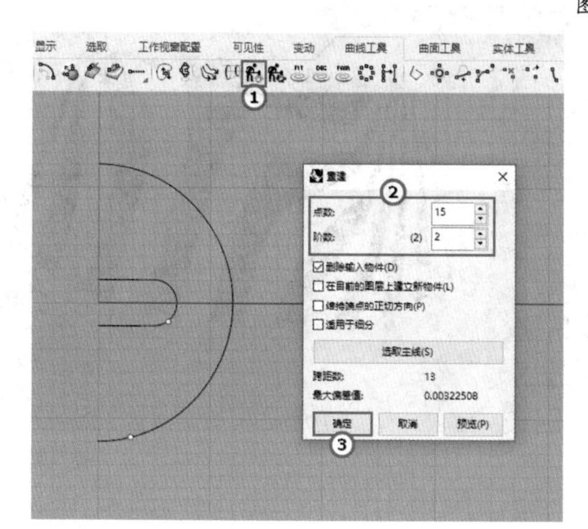

图4-377

05 选中中间的曲线，进行横向拉伸，拉长一段距离，如图 4-378 所示，再使用操作轴将其整体向上移动一段距离，作为旋钮的上表面，如图 4-379 所示。

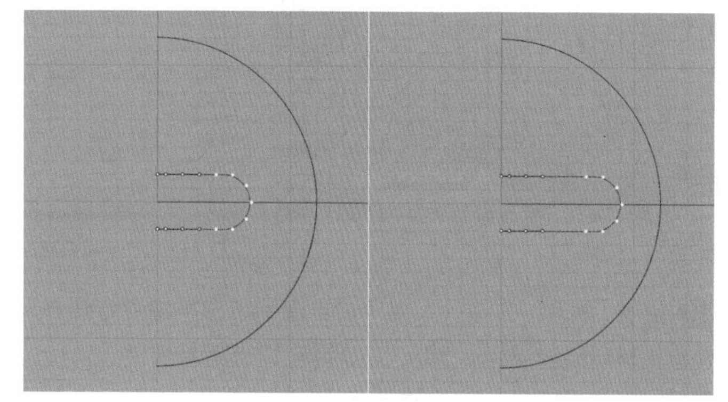

图4-378

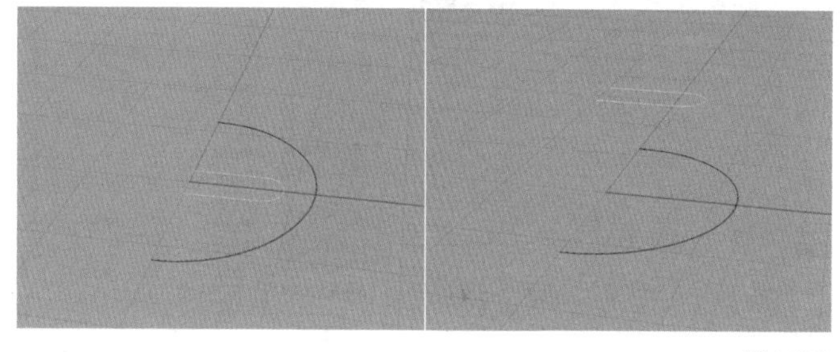

图4-379

06 使用“复制”工具，将底部半圆向下复制一个，如图 4-380 所示。

07 使用“二轴缩放”工具，将复制出来的半圆缩小，如图 4-381 所示。

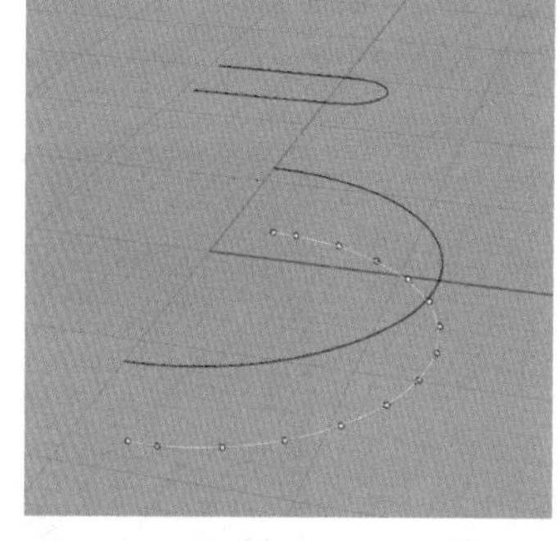

图4-380

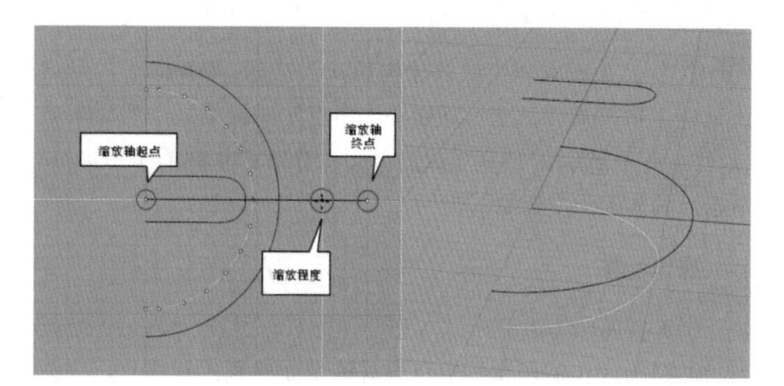

图4-381

08 使用“放样”工具，对上表面曲面与中间半圆进行放样，如图 4-382 所示，单击“确定”按钮生成嵌面模型。

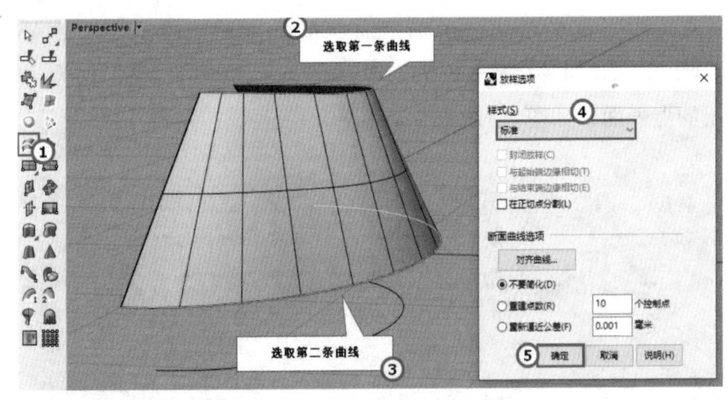

图4-382

09 使用“放样”工具，对中间半圆与下部半圆进行放样，如图 4-383 所示，单击“确定”按钮生成嵌面模型。

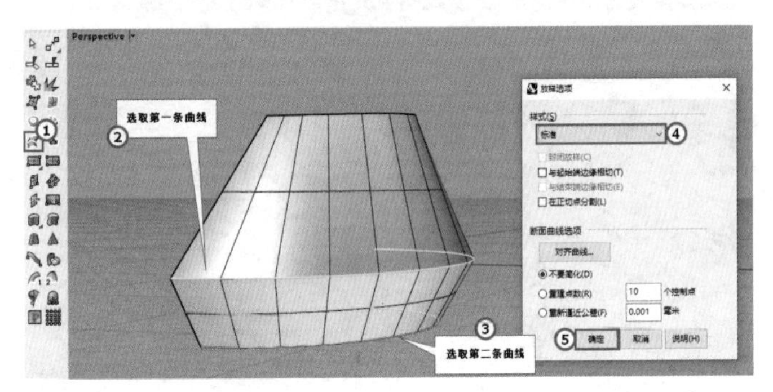

图4-383

10 使用“曲面圆角”工具，将上下两个曲面进行圆角处理，将圆角半径设置为 1，如图 4-384 所示。

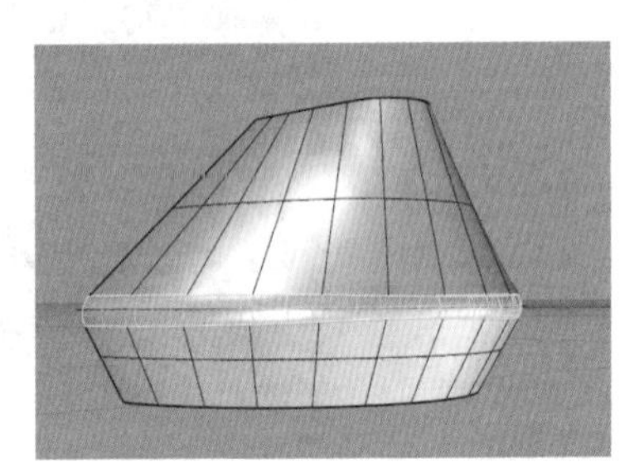

图4-384

11 单击状态栏中的“记录建构历史”按钮，开启该功能，再开启“正交”功能和“端点”捕捉模式，然后单击“对称”工具，对放样生成的曲面进行对称复制，如图 4-386 所示，具体操作步骤如下。

操作步骤

①选择曲面的边缘。

②捕捉底边的两个端点作为对称平面的起点和终点，如图 4-385 所示。

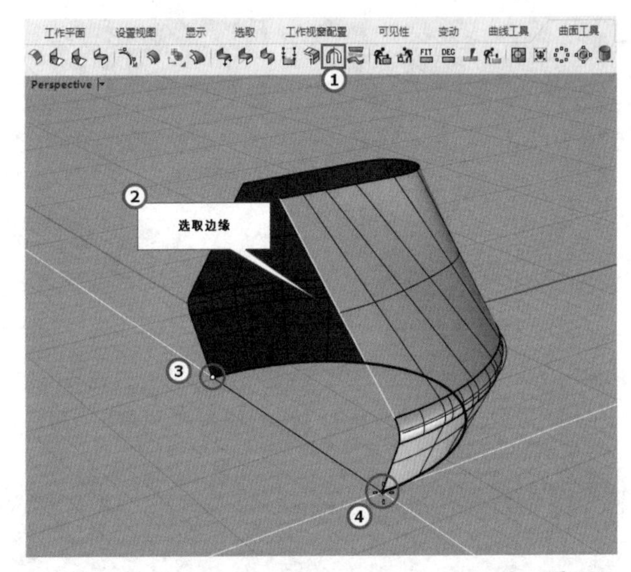

图4-385

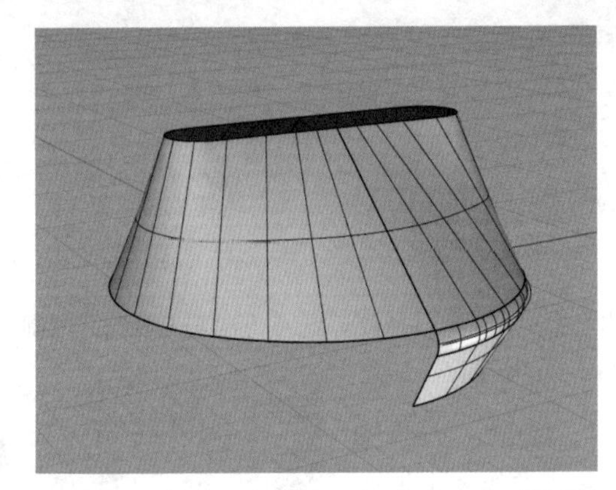

图4-386

技巧与提示

图 4-385 中所选取的边缘是用来对称的边，可以看到该处自动无缝对接。如果对两个曲面进行斑马纹分析，如图 4-387 所示，可以看到两曲面接缝处呈现 G2 连续。这就是“对称”工具与“镜射 / 三点镜射”工具最为显著的区别。

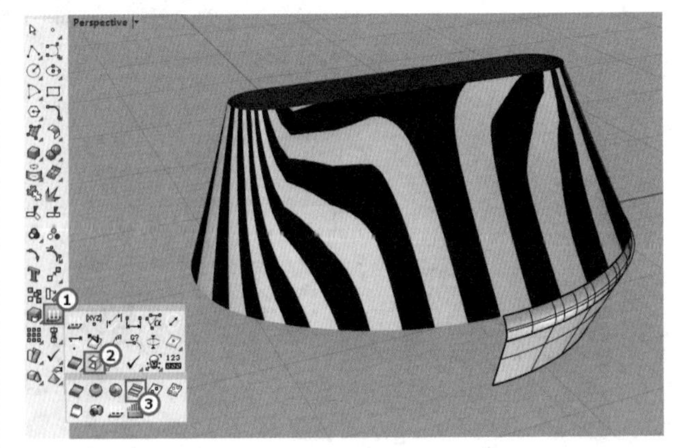

图4-387

12 使用相同的方法对另外两个曲面也进行对称操作，得到图 4-388 所示的模型。

13 使用“以平面曲线建立曲面”工具生成顶部平面与底部平面，效果如图 4-389 所示。

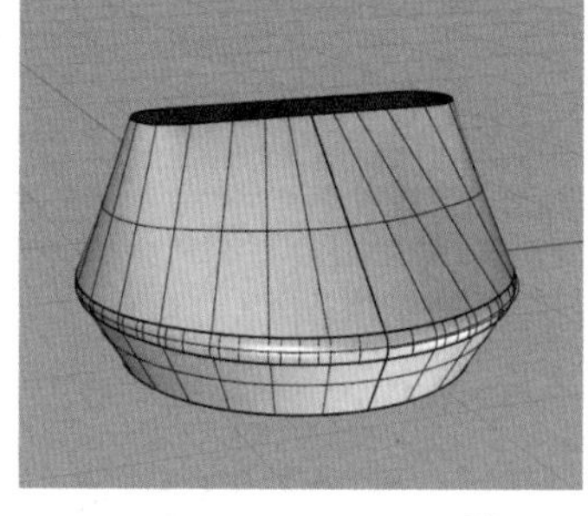

图4-388

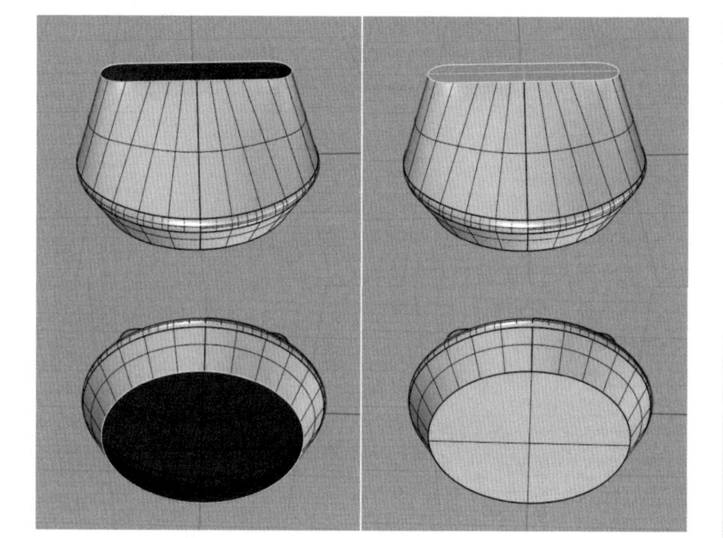

图4-389

14 单击“重建曲面”工具，按照图 4-390 所示的参数对平面进行重建，单击“确定”按钮生成模型。

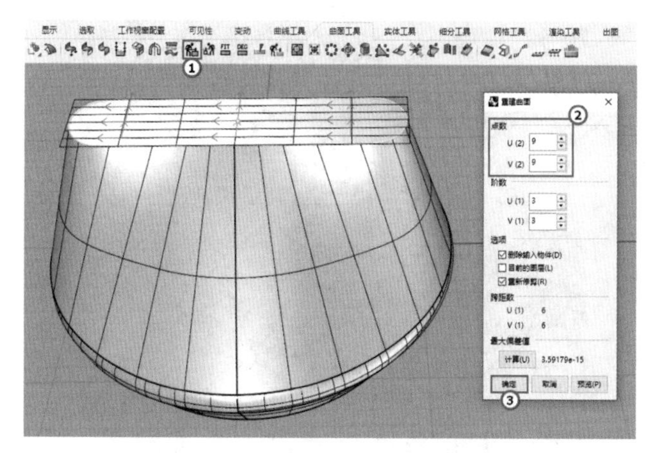

图4-390

15 选中上一步重建的平面，按 F10 键显示控制点，如图 4-391 所示，选取中间的 5 个控制点并向下移动适当距离，如图 4-392 所示，完成后按 F11 键关闭控制点。

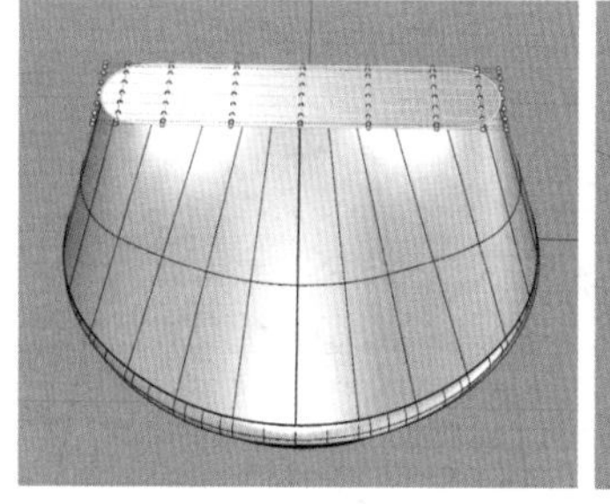

图4-391

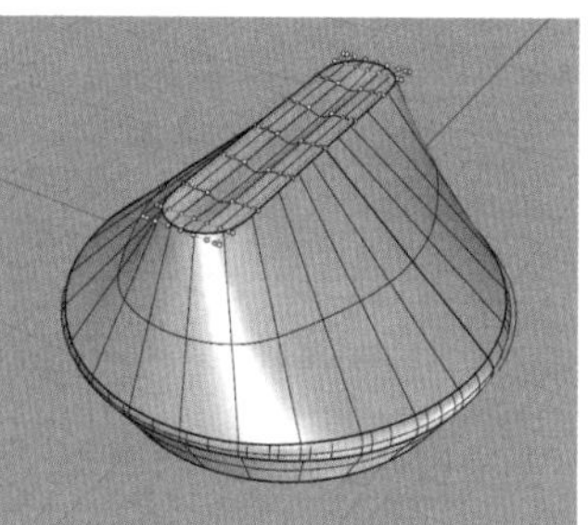

图4-392

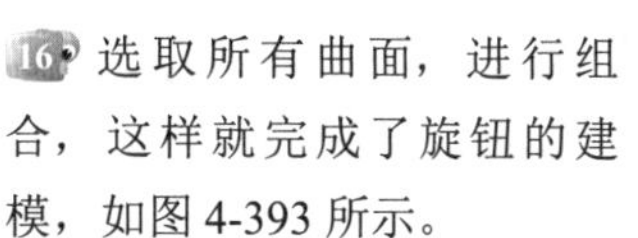

16 选取所有曲面，进行组合，这样就完成了旋钮的建模，如图 4-393 所示。

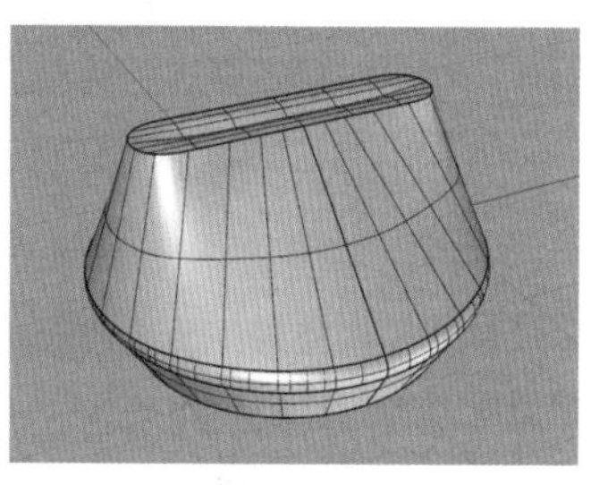

图4-393

技巧与提示

完成建模后，当我们将视图改为渲染模式时，可能会看到图 4-394 所示的这种不光滑的情况。

这是由于 Rhino 的渲染显示设置造成的显示瑕疵，并不是曲面本身出现了问题。要修正这种显示效果，可以选中平面，进入属性面板，勾选“自定义网格”，单击“调整”按钮，进行图 4-395 所示的设置。

图4-394

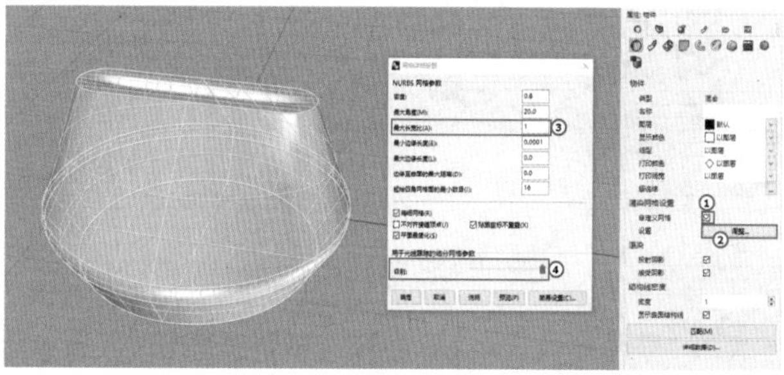

图4-395

退出渲染模式，再重新进入渲染模式就可以看到，曲面变光滑了。

★重点★

4.4.15 调整封闭曲面的接缝

曲面的接缝显示为一条曲线，对于一个封闭曲面，使用“显示边缘 / 关闭显示边缘”工具可以显示曲面的接缝线，如图 4-396 所示。

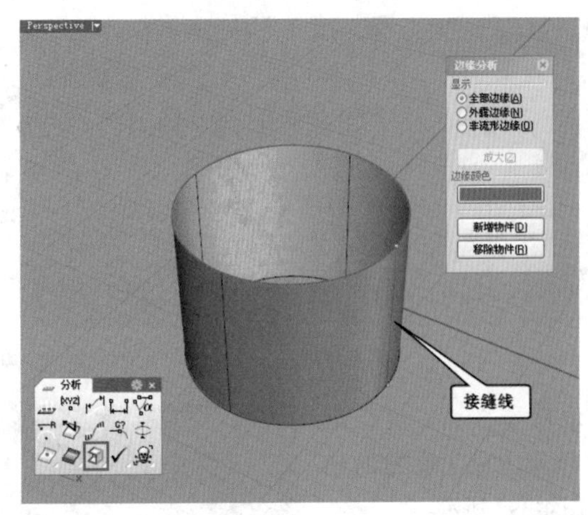

图4-396

使用“调整封闭曲面的接缝”工具可以移动封闭曲面的接缝到其他位置，如图4-397所示。启用该工具后，选取一个封闭曲面，然后指定新的接缝位置即可。

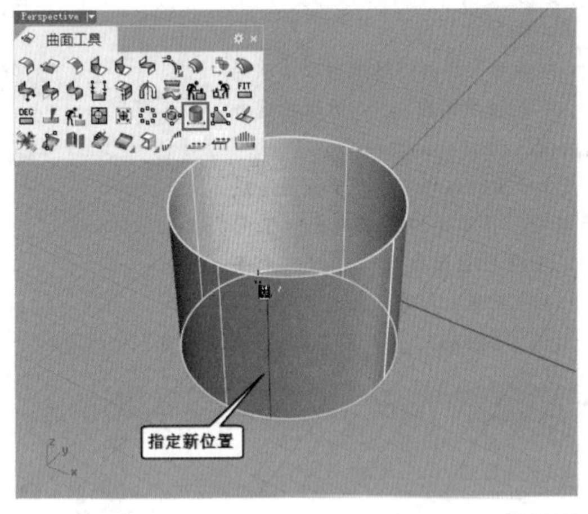

图4-397

4.4.16 移除曲面边缘

使用“移除曲面边缘”工具可以删除曲面的修剪边缘，删除修剪边缘后的曲面不一定会恢复到原始形状，而是根据不同的模式生成不同的形状，有3种模式，如图4-398所示。

```
指令: _RemoveEdge
选取要删除的曲面边缘 ( 保留修剪物件(K)=否  模式(M)=以直线取代 ): 模式
模式 <以直线取代> ( 以直线取代(R)  延伸两侧边缘(E)  选取曲线(S) ):
```

图4-398

命令选项介绍

以直线取代：这种模式以选取的边缘两端之间的直线取代原来的修剪边缘，如图4-399所示。

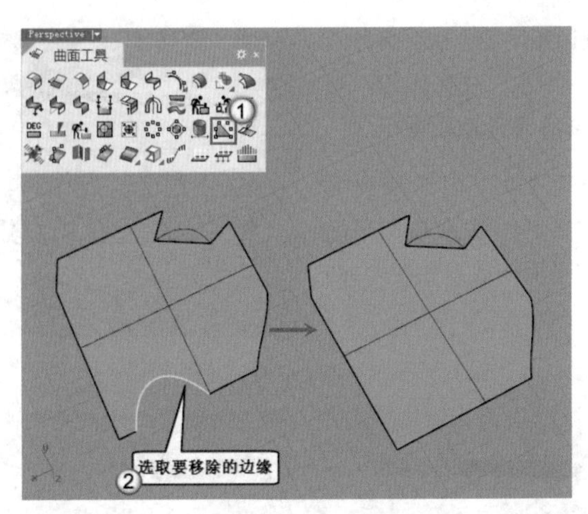

图4-399

技巧与提示

注意，这种模式是有一些限制的，比如图4-400所示的曲面的修剪边缘就不能被移除，因为该边缘本来就是一条直线。

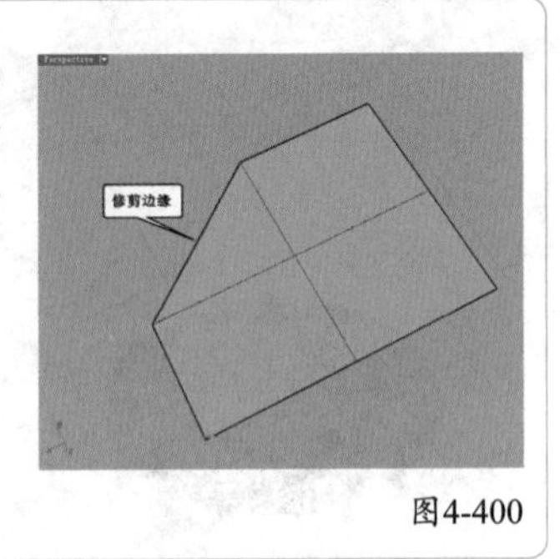

图4-400

延伸两侧边缘：这种模式会延伸两侧边缘作为新的修剪边缘，两侧边缘延伸后的交点必须位于原始曲面的边界内才能成功，如图4-401所示。

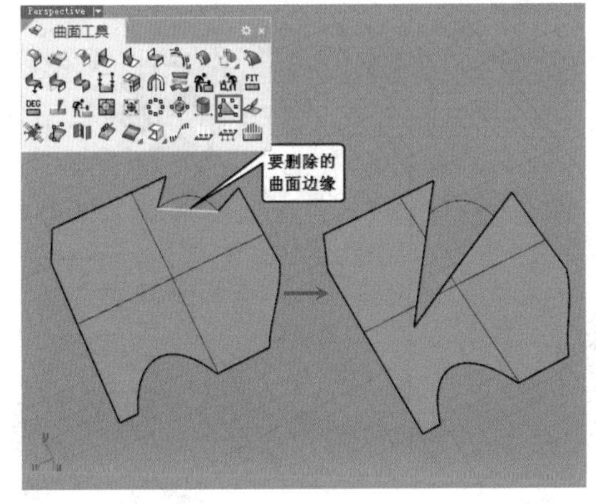

图4-401

选取曲线：这种模式以一条曲线代替要删除的曲面边缘，使用这种模式时必须有一条曲线，并且该曲线的端点与要删除曲面边缘的端点重合，如图4-402所示。

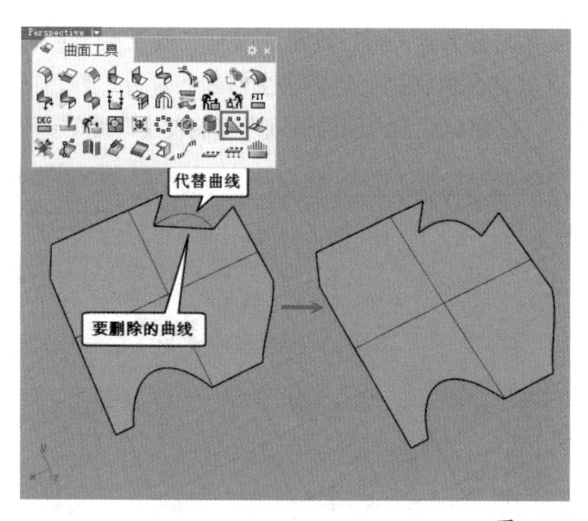

图4-402

4.5 曲面连续性检查

每次将模型部件构建完成后，除了对细节进行有效编辑之外，还要对曲面品质进行检查。因为曲面的品质直接关系到曲面输出后的质量高低，也关系到最终效果的好坏。好品质的曲面不仅有利于模型的构建，更能让设计师养出合理建模的良好习惯。所以，要认真学习曲面连续性的检测。

Rhino用于检测曲面连续性的工具主要位于“分析”和“曲面分析”工具面板内，如图4-403所示。

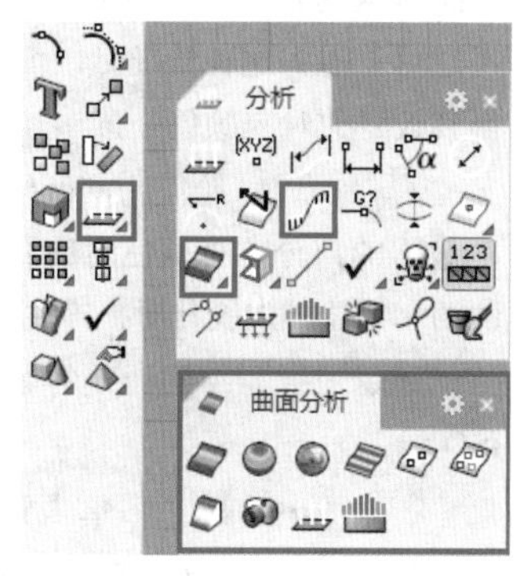

图4-403

★重点★

4.5.1 曲率图形

上一章我们已经接触过“打开曲率图形/关闭曲率图形”工具，同时也了解了使用该工具可以用图形化的方式显示选取的曲面（曲线）的曲率，并会打开“曲率图形”对话框，如图4-404所示。这一小节来了解如何通过曲率图形分析曲面的连续性。

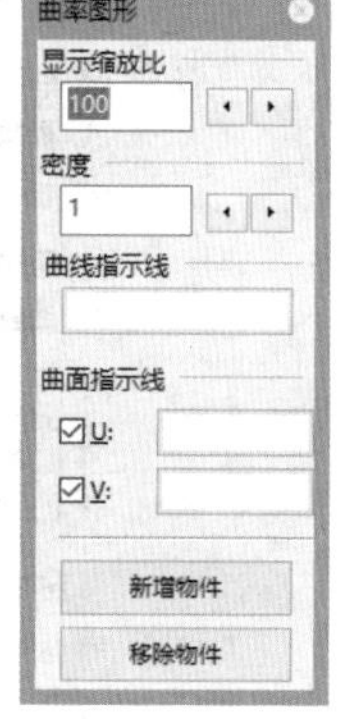

图4-404

曲率图形特定参数介绍

显示缩放比：缩放曲率指示线的长度。指示线的长度被放大后，微小的曲率变化会被夸大，变得非常明显。将该数值设置为100时，指示线的长度和曲率数值为1 ∶ 1。

密度：设置曲率图形指示线的数量。

曲线指示线：设置曲线的曲率图形的颜色。

曲面指示线：设置曲面的曲率图形的颜色。

U/V：显示曲面U或V方向的曲率图形。

新增物件：加入其他要显示曲率图形的物件。

移除物件：关闭选取物件的曲率图形。

对于曲面的连续性分析，其实可以像分析曲线的连续性一样从其他视图中观察。例如，观察图4-405，从交点处的曲率图形可以看出两个曲面为G0连续，表示两条曲面不连续。图4-406所示的两个曲面为G1相切连续，因为接点处的曲率图形有落差，不是曲率连续。图4-407所示的两个曲面为G2曲率连续，因为接点处的曲率图形没有落差（虽然两个跨距在接点处的曲率一致，但曲率变化率不一致）。

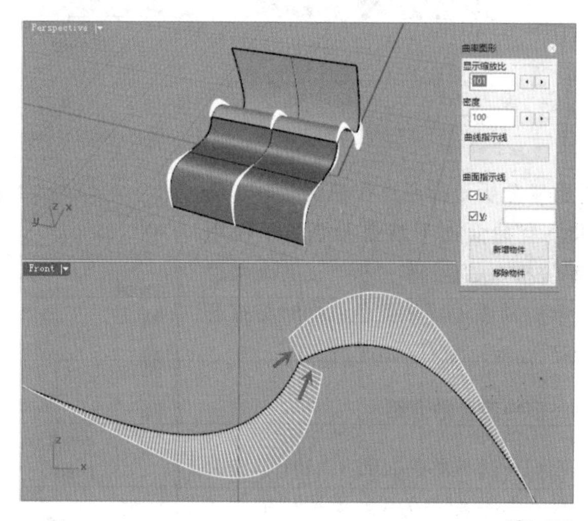

图4-405

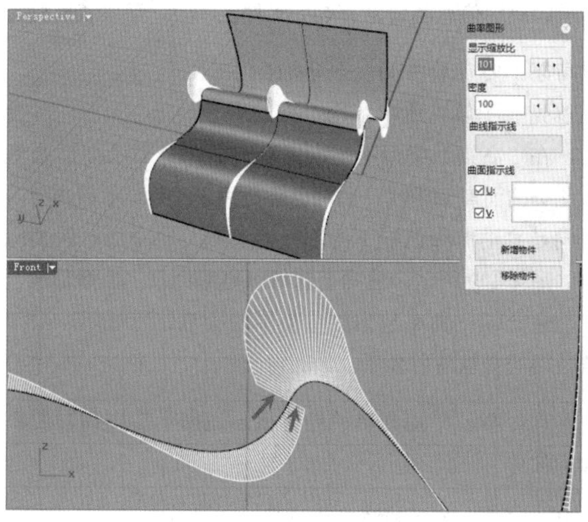

图4-406

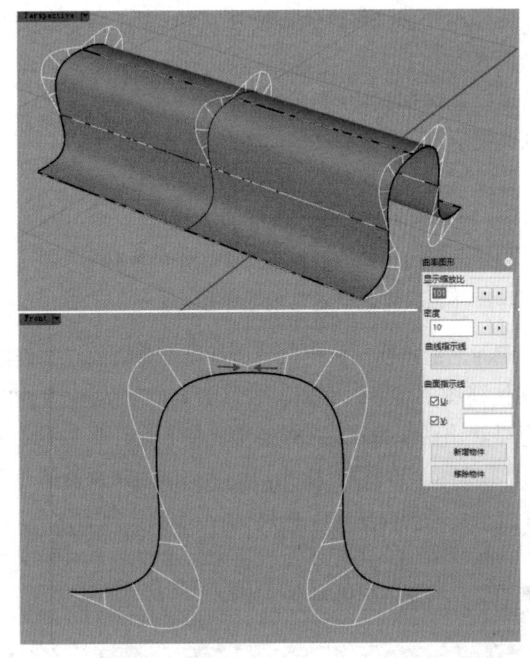

图4-407

★重点★

4.5.2 曲率分析

曲率分析是指通过在曲面上显示假色来查看曲面的形状是否正常，使用“曲率分析 / 关闭曲率分析”工具可以在选取的曲面上显示假色，同时将打开“曲率”面板，如图 4-408 所示。

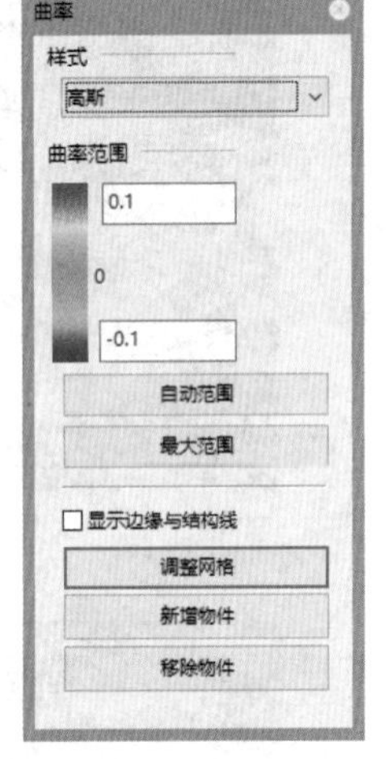

图4-408

曲率特定参数介绍

样式：在本章前面的 4.2.1 小节中介绍过曲率与曲面的关系，其中就提到了曲面的曲率类型。在这里可以设置曲面上显示的曲率信息类型，有以下 4 种。

高斯：要查看曲面上显示的曲率信息，首先要了解“曲率范围”中的颜色含义。在“高斯”类型中，绿色以上的部分表示高斯曲率为正数，此类曲面类似碗状；而绿色部分为 0，则表示曲面至少有一个方向是直的；绿色以下的部分为负数，曲面的形状类似马鞍状，如图 4-409 所示。曲面上的每一点都会以“曲率范围”色块中的颜色显示，曲率超出红色范围的会以红色显示，曲率超出蓝色范围的会以蓝色显示。

平均：显示平均曲率的绝对值，适用于找出曲面曲率变化较大的部分。

最小半径：如果想将曲面偏移一个特定距离 r，曲面上任何半径小于 r 的部分将会发生问题，如曲面偏移后会发生自交。为了避免发生这些问题，可以设置红色 =r、蓝色 =1.5×r，曲面上的红色区域是在偏移时一定会发生问题的部分，蓝色区域为安全的部分，绿色与红色之间的区域为可能发生问题的部分。

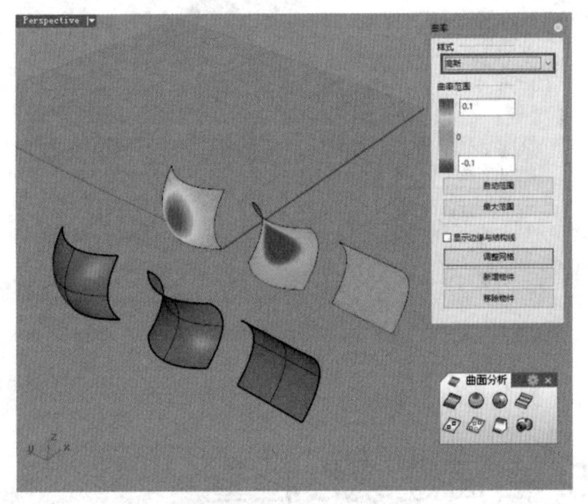

图4-409

最大半径：这种类型适用于找出曲面较平坦的部分。可以将蓝色的数值设得大一点，将红色的数值设为接近无限大，那么曲面上红色的区域为近似平面的部分，曲率几乎等于 0。

自动范围：对一个曲面的曲率进行分析后，系统会记住上次分析曲面时所使用的设置及曲率范围。如果物件的形状有较大的改变或分析的是不同的物件，记住的设置值可能并不适用。遇到这种情况时，可以使用该按钮自动计算曲率范围，得到较好的对应颜色分布。

最大范围：可以使用该按钮将红色对应到曲面上曲率最大的部分，将蓝色对应到曲面上曲率最小的部分。当曲面的曲率有剧烈的变化时，产生的结果可能没有参考价值。

显示边缘与结构线：勾选该选项将显示物体所有选中面的 ISO 线。

调整网格：单击该按钮可以打开“网格详细设置”对话框，用于调整分析网格，如图 4-410 所示。

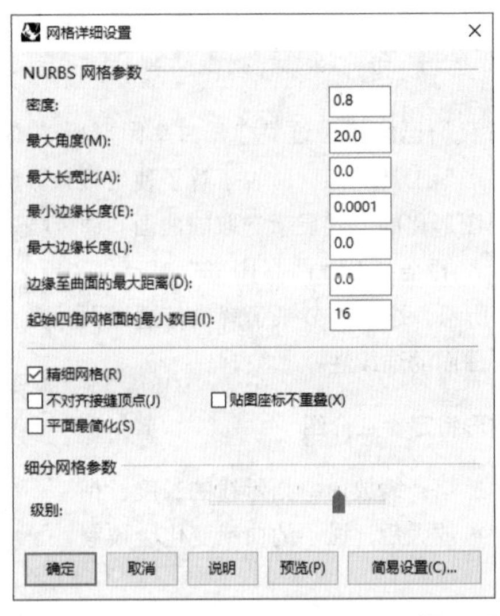

图4-410

技巧与提示

需要说明的是，即便所分析的曲面没有分析网格存在，Rhino 也会以“Rhino 选项”对话框下“网格”面板中的设置建立在工作视窗中不可见的分析网格，如图 4-411 所示。

图4-411

此外，曲面分析网格会存储在 Rhino 的文件里，这些网格可能会让文件变得很大。因此在保存时可以选择“仅储存几何图形”选项，或通过执行“查看 > 更新着色网格”菜单命令清除文件中的分析网格。

分析自由造型的 NURBS 曲面时，必须使用较精细的网格才可以得到较准确的分析结果。

新增物件：加入一个分析物件。

移除物件：去除一个正在分析的物件。

★重点★

4.5.3 拔模角度分析

拔模角度用于从模具中取出成品，对于与模具表面直接接触并垂直于分型面的产品特征，需要有锥角或拔模角度，从而允许适当地顶出。该拔模角度会在模具打开的瞬间产生间隙，从而让制件轻松地脱离模具。如果在设计中不考虑拔模角度，那么由于热塑性塑料在冷却过程中会收缩，紧贴在模具型芯或公模上，则很难被正常地顶出。如果能仔细考虑拔模角度和合模处封胶，则很有可能避免侧向运动，并节约模具及维修成本。

在 Rhino 中，对于制作好的模型可以通过“拔模角度分析 / 关闭拔模角度分析”工具来分析其拔模角度，如图 4-412（两组模型一样，其中一组进行了拔模角度分析）所示。

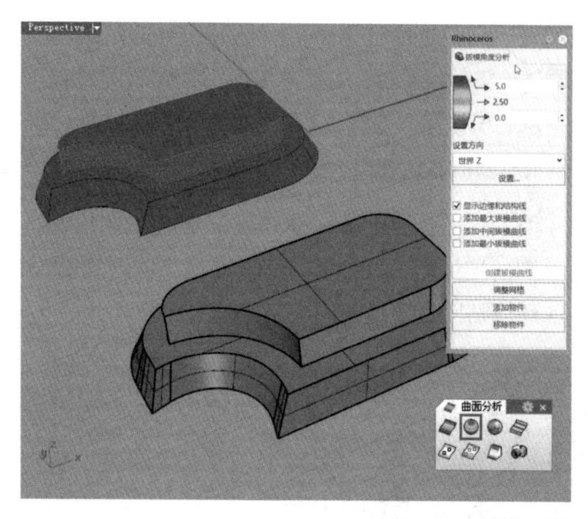

图4-412

在上图中可以看到红色和蓝色，通过在“拔模角度分析”面板中设置的角度显示颜色可以知道，红色表示等于 0°或小于 0°拔模角度的部位（通常就是有问题的部位）；蓝色就是大于或等于 5°的部位，通常来说对于 z 轴正方向拔模是没有问题的；绿色是大约 2.5°的部位，对于一些大件的产品或由表面咬花处理的模型可能会有问题。

技巧与提示

物件的拔模角度是以工作平面为计算依据，当曲面与工作平面垂直时，拔模角度为 0°；当曲面与工作平面平行时，拔模角度为 90°。当拔模角度分析的颜色显示无法看出细节时，可以通过“调整网格”按钮 调整网格 提高分析网格的密度。

如果将最小角度和最大角度设成一样的数值，物件上所有超过该角度值的部分都会显示为红色，此外，曲面的法线方向和模具的拔模方向是一致的。

4.5.4 环境贴图

使用“环境贴图 / 关闭环境贴图”工具可以开启环境贴图曲面分析，用于分析曲面的平滑度、曲率和其他重要的属性。例如，在某些特殊的情况下可以看出其他分析工具和旋转视图所看不出来的曲面缺陷。

启用“环境贴图 / 关闭环境贴图”工具后，选取要显示环境贴图的物件，然后按 Enter 键确认，此时将打开“环境贴图选项”面板，如图 4-413 所示。

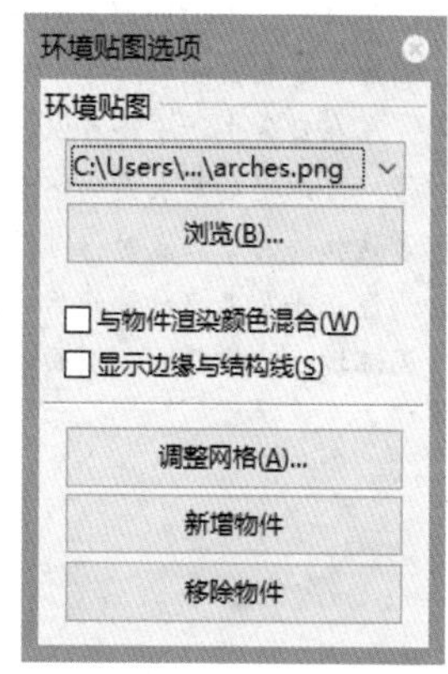

图4-413

环境贴图特定参数介绍

环境贴图：通过下拉列表可以选择不同的环境贴图来测试，

也可以通过“浏览”按钮 选择需要的贴图。

与物件渲染颜色混合：主要是指将环境贴图与物件的渲染颜色混合，从而模拟不同的材质和环境贴图的显示效果。换句话说，模拟不同的材质时，请使用一般的彩色位图，并开启该选项。

图 4-414 是对五棱锥体和球体进行环境贴图检查，通过观察反射贴图的连续影像来判断，五棱锥体上的环境贴图有断裂，而球体的环境贴图是连续的。

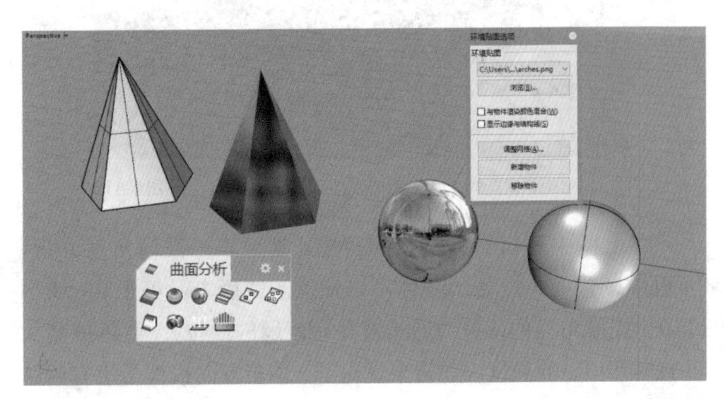

图4-414

技术专题：环境贴图影像

环境贴图的影像是以摄像机在不同的环境中拍摄镜面金属球所得到的照片，如图 4-415 所示。

图4-415

将一张平面的照片修改成圆形的是无法达到上图所示的效果的，因为这样做出来的图片并没有撷取到整个周围的环境。

在日常生活中，可以找出许多外表为镜面材质的物品，如豆浆机等，仔细观察其表面如何反射周围环境，进一步了解这个原理：当看着该物件的中心点时，可以看到自己的影像，但在物件边缘处反射的影像几乎是来自物件的后方，使得镜面球体上反射的是扭曲变形的周围环境（球体前方、侧面、后方）的影像，所有的反射物件都有这种现象。

★重点★

4.5.5 斑马纹分析

在前面的内容中曾经介绍过斑马纹分析，大家应该已经有了一定的了解。所谓斑马纹分析，其实是指在曲面或网格上显示分析条纹（斑马纹），其主要意义在于对曲面的连续性进行分析。

例如，G0 连续的两个曲面，其相接边缘处的斑马纹会相互错开，如图 4-416 所示；G1 连续的两个曲面，边缘处的斑马纹相接但有锐角，两个曲面的相接边缘位置相同，切线方向也一样，如图 4-417 所示；G2 连续的两个曲面，相接边缘处的斑马纹平顺地连接，两个曲面的相接边缘除了位置和切线方向相同以外，曲率也相同，如图 4-418 所示。

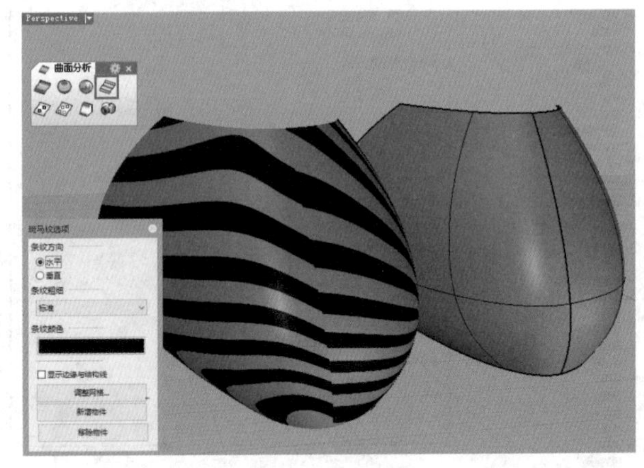

图4-416

图4-417

图4-418

技巧与提示

使用“曲面圆角”工具建立的曲面通常具有 G1 连续特性。使用“混接曲面”工具、“衔接曲面”工具和“从网线建立曲面”工具建立的曲面通常具有 G2 连续特性。

通过曲率图形也可以分析曲面的连续性，但通过斑马纹从视觉上会更直观一些。

使用“斑马纹分析 / 关闭斑马纹分析”工具对曲面进行分析时，将打开“斑马纹选项”面板，通过该面板中的参数可以设置条纹的方向、粗细和颜色等，如图 4-419 所示。

图4-419

4.5.6 以 UV 坐标建立点 / 点的 UV 坐标

如果要以 UV 坐标在曲面上建立点，可以使用“以 UV 坐标建立点 / 点的 UV 坐标”工具。该工具具有两个功能，单击该工具时通过输入介于定义域之间的 U、V 坐标值来建立点，定义域是由所选取的曲面上曲线起点及终点的参数值定义的，建立点后在命令行中会显示该点的世界坐标和工作平面坐标，如图 4-420 所示。

```
指令: _PointsFromUV
选取要测量的曲面 ( 建立点(C)=是  标准化(N)=否 ):
输入介于 0.000 与 19.000 之间的 U 值 ( 建立点(C)=是  标准化(N)=否 ): 12
输入介于 0.000 与 22.804 之间的 V 值 ( 建立点(C)=是  标准化(N)=否 ): 20
该点的 世界座标 = 19.295,-7.789,0.000 工作平面座标 = 19.295,-7.789,0.000
```

图4-420

“以 UV 坐标建立点 / 点的 UV 坐标”工具的右键功能是在所选取的曲面上任意建立点，在命令行中会显示该点的 UV 坐标，如图 4-421 所示。

```
指令: _EvaluateUVPt
选取要取得 UV 值的曲面 ( 建立点(C)=是  标准化(N)=否 ):
要测量的点 ( 建立点(C)=是  标准化(N)=否 ):
该点的 UV 座标 = 6.900, 6.449
要测量的点，按 Enter 完成 ( 建立点(C)=是  标准化(N)=否 ):
该点的 UV 座标 = 12.274, 5.593
```

图4-421

4.5.7 点集合偏差值

使用“点集合偏差值”工具可以分析并回报点物件、控制点、网格顶点与曲面的距离，方法为选取要分析的点，单击鼠标右键确认，然后选取要测试的曲线、曲面和多重曲面，单击鼠标右键确认，此时将打开“点 / 曲面偏差值”面板，在该面板中可以改变偏差值设置，点物件和指示线的颜色会随着偏差值设置而改变，在面板底部会显示物件的点数、点之间的平均距离、中等距离、标准偏差值、最大与最小距离等统计数据，如图 4-422 所示。

点 / 曲面偏差值特定参数介绍

忽略：超过这个距离的点会被忽略。

坏点：超过这个距离的点会显示为红色或被忽略。

良点：这个距离以内的点会显示为蓝色。

曲面上：位于曲线或曲面上的点也会显示为蓝色。

容许角度：对于没有曲线或曲面法线通过的点，如果位于曲线端点或曲面边缘法线容许角度范围内也会被测量，默认值为 1，设为 180 时，所有的点都会被测量。

指示线缩放比：点到曲线或曲面的指示线长度会因为这里的设置值而被放大，默认值为 10。

显示指示线：显示所有条件符合的点的指示线。

保留指示线：指令结束时保留指示线。

自动应用更改：当参数发生改变时自动应用新的参数。

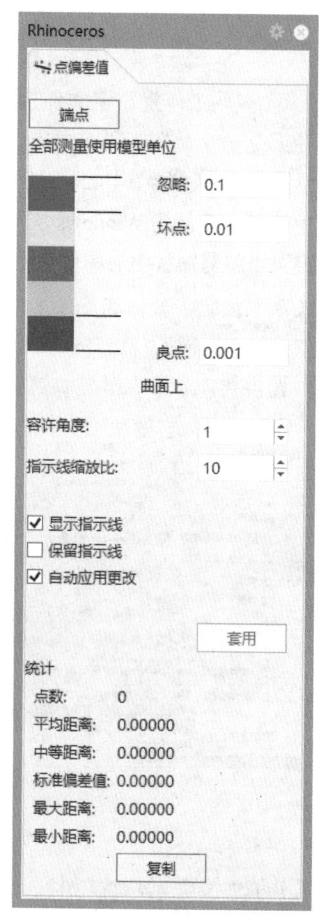

图4-422

套用：改变面板中的设置以后，单击该按钮将重新计算指示线。

4.5.8 厚度分析

使用“厚度分析 / 关闭厚度分析”工具可以对曲面的厚度进行分析，如图 4-423 所示。

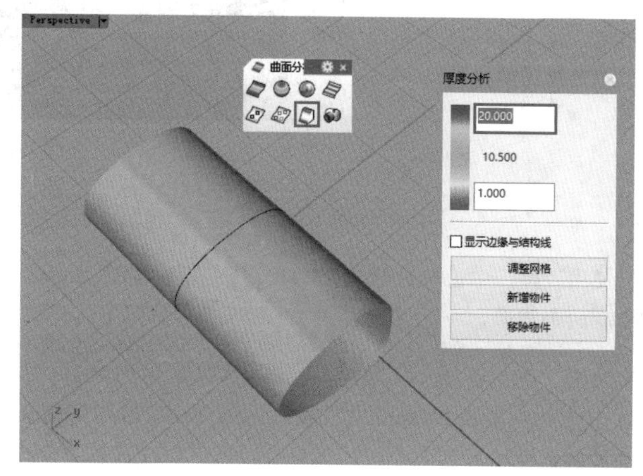

图4-423

4.5.9 撷取工作视窗

“撷取工作视窗至文件 / 撷取工作视窗至剪贴板”工具实际上是一个截图工具，单击该工具可以保存当前工作视窗中的画面为位图，如图 4-424 所示；右击该工具可以将当前工作视窗中的画面存储到 Windows 应用程序的剪贴板（使用 Ctrl+V 快捷键可以将剪贴板中的图像粘贴到其他文件中）中。

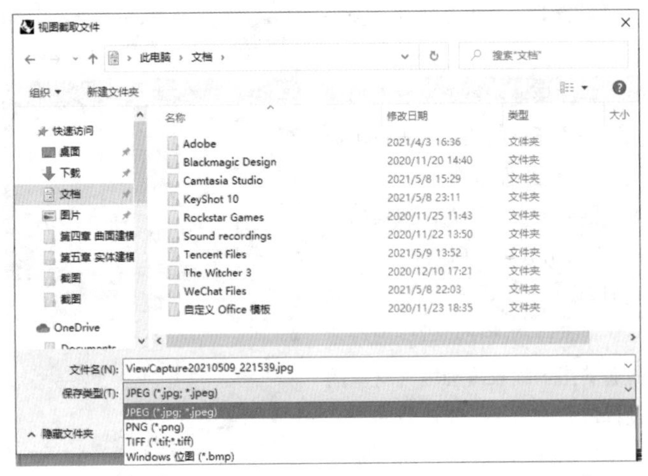

图4-424

4.6 综合实战——吹风机建模表现

场景位置	无
实例位置	实例文件>第4章>综合实战——吹风机建模表现.3dm
视频位置	第4章>综合实战——吹风机建模表现.mp4
难易指数	★★★★☆
技术掌握	掌握旋转、放样、扫描等创建曲面的方法和曲面编辑技巧

本例通过制作一个吹风机模型为大家展示曲面建模的各种方法和技巧，图 4-425 所示是本例的着色效果和渲染效果。

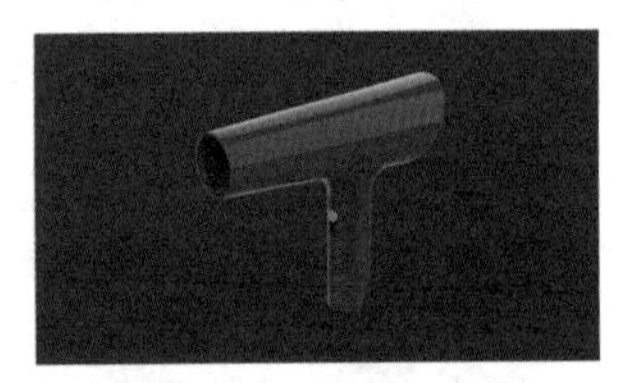

图4-425

4.6.1 制作吹风机主体

01 使用“圆：中心点、半径”工具，在图 4-426 所示的位置绘制两个圆形。

02 使用“单一直线”工具，在图 4-427 所示的 Right（右）视图中绘制一条长 240mm 的直线，这条直线可以作为吹风机风筒的参考轴线。

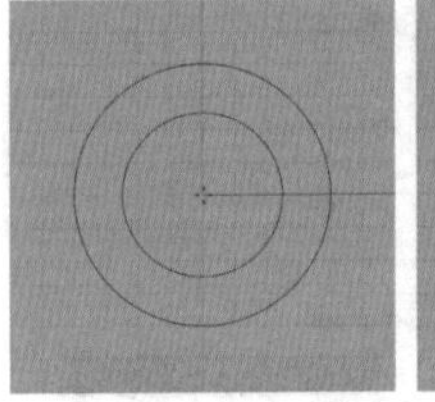

图4-426

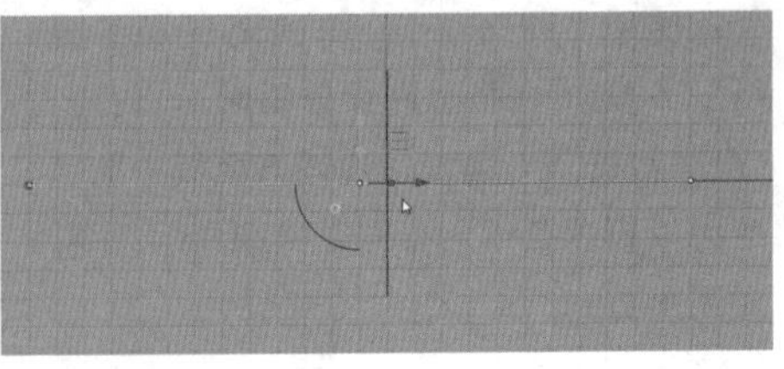

图4-427

03 选择中间这个比较小的圆，将它移动到直线的左端，将大圆移动到直线右端，这样就得到了吹风筒的出风口与进风口的大致形态，如图 4-428 所示。

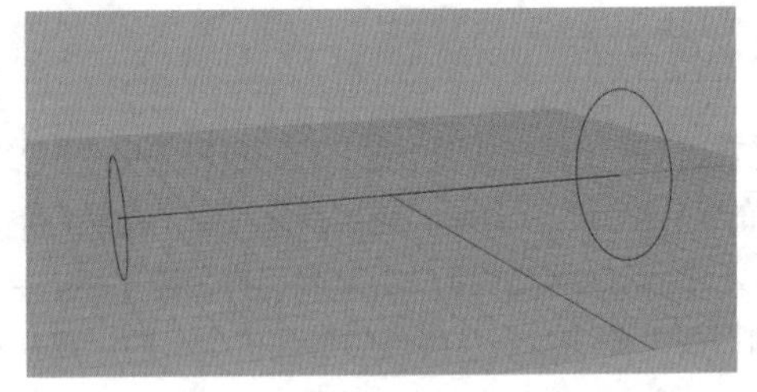

图4-428

04 在“曲面工具”工具面板中，使用“放样”工具，生成吹风筒的外曲面，如图 4-429 所示。

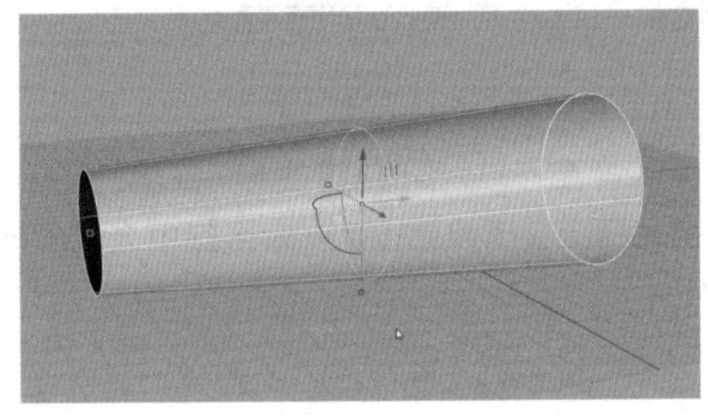

图4-429

05 使用“圆：中心点、半径”工具绘制一个圆，并使用操作轴快捷挤出图 4-430 所示的圆柱体，该圆柱体即为吹风筒的手柄部分。

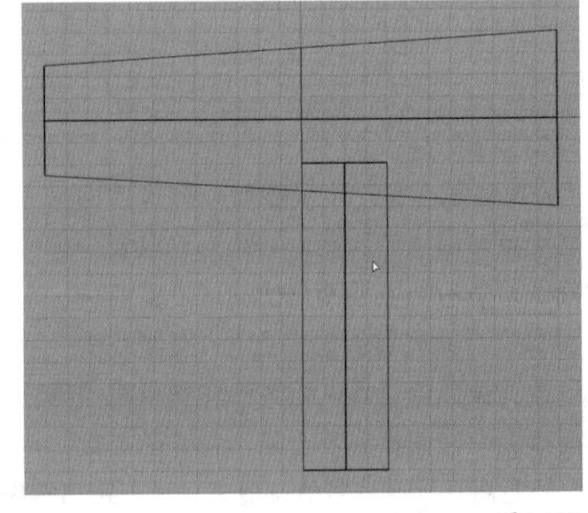

图4-430

06 使用“修剪 / 取消修剪”工具，将吹风筒与手柄进行相互修剪，结果如图 4-431 所示，这样得到了大体的形态，如图 4-432 所示。

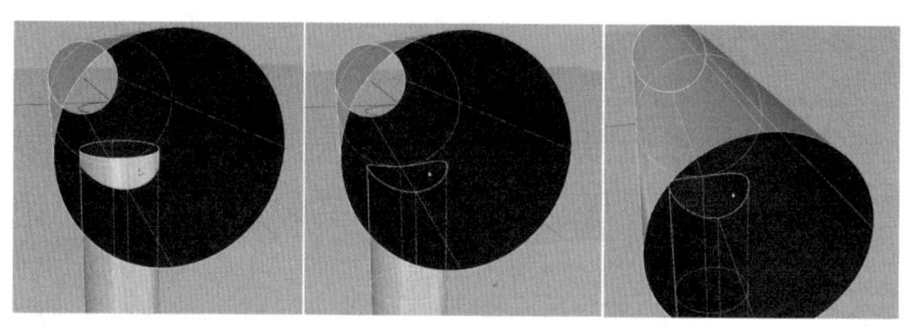

图4-431

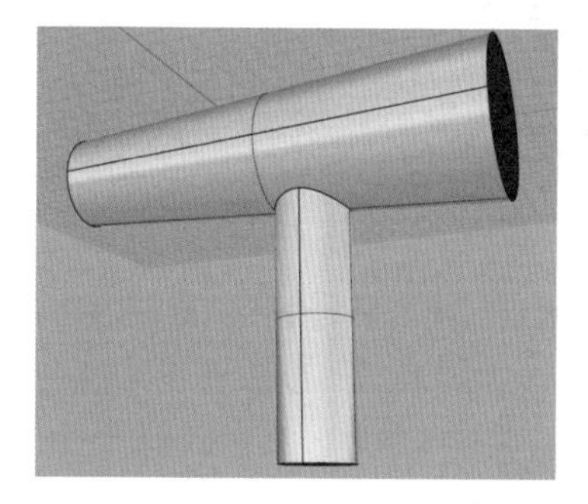

图4-432

4.6.2 吹风机细节建模

01 在“曲面工具”工具面板中使用“曲面圆角”工具，将“半径”设置为 25mm，建立圆角，结果如图 4-433 所示。

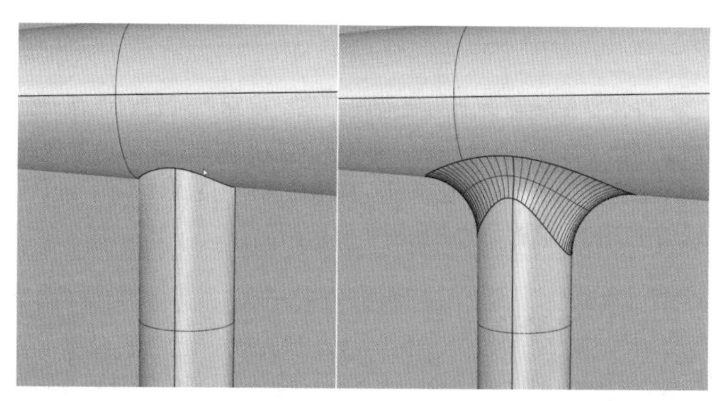

图4-433

02 再次使用“单一直线”工具绘制一条直线，使用该直线对吹风筒进行修剪，结果如图 4-434 所示。

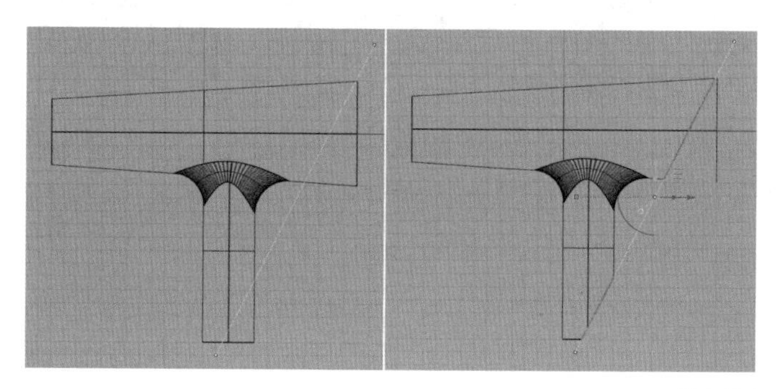

图4-434

03 开启“物件锁点”功能，勾选“端点”选项，如图 4-435 所示，使用“单一直线”工具在图 4-436 所示的位置绘制直线。

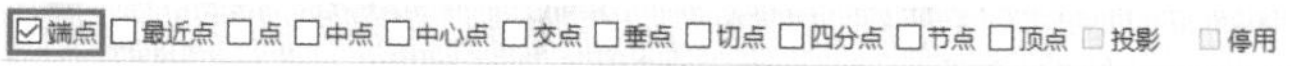

☑端点 ☐最近点 ☐点 ☐中点 ☐中心点 ☐交点 ☐垂点 ☐切点 ☐四分点 ☐节点 ☐顶点 ☐投影 ☐停用

图4-435

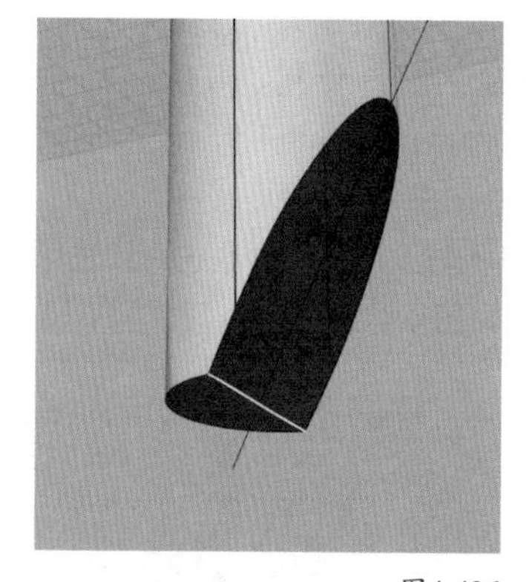

图4-436

04 在“曲面工具”工具面板中选择“以平面曲线建立曲面”工具，框选底部图 4-437 所示的边缘，建立一个平面，使用相同的操作方法建立斜向的平面。

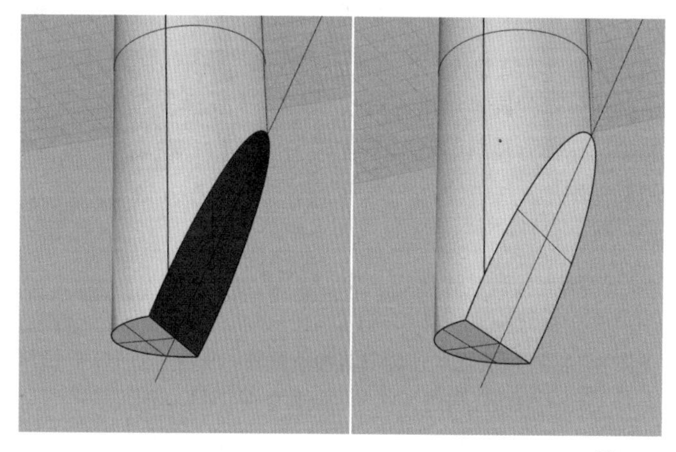

图4-437

05 切换到 Right（右）视图中，勾选“物件锁点”中的“交点”，使用“控制点曲线 / 通过数个点的曲线”工具绘制图 4-438 中黄色高亮显示的曲线，使曲线两端的端点与两侧机身断面的圆形底部重合。

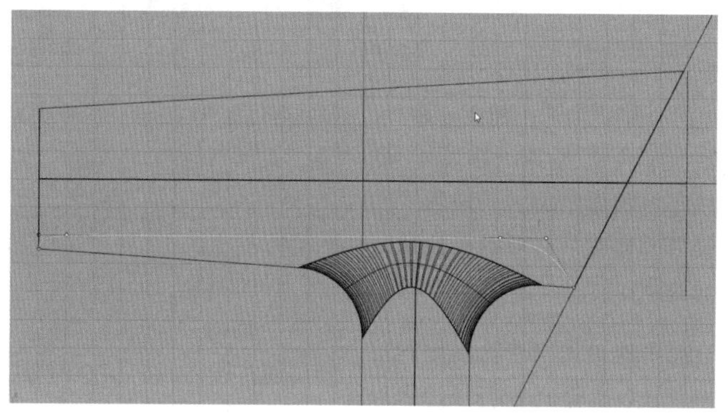

图4-438

06 对上一步得到的曲线使用“镜射 / 三点镜射”工具，镜像复制曲线并调整曲线端点至图 4-439 所示的状态，同样使曲线两端端点与两侧圆形重合。

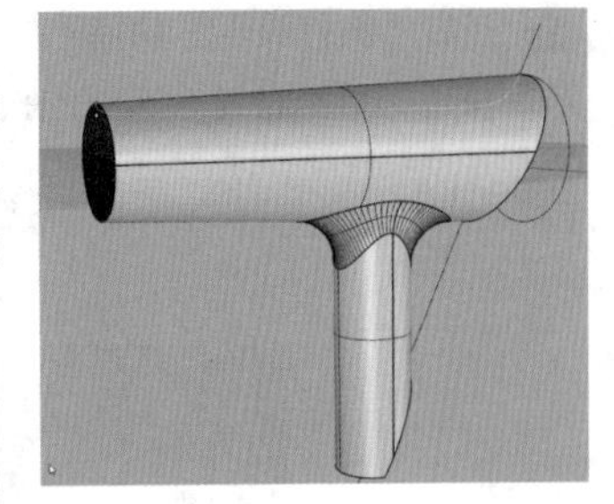

图4-439

07 绘制好曲线之后，使用“多重直线 / 线段”工具绘制出开口的形状，如图 4-440 所示。使用这个形状与上面绘制的这条曲线进行相互修剪，然后进行组合，效果如图 4-441 所示。

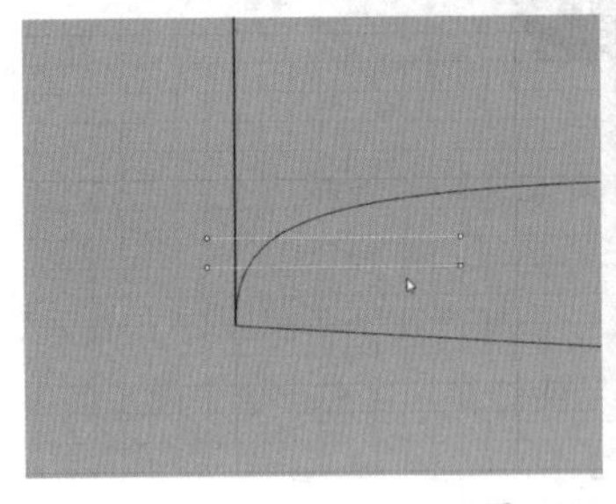

图4-440

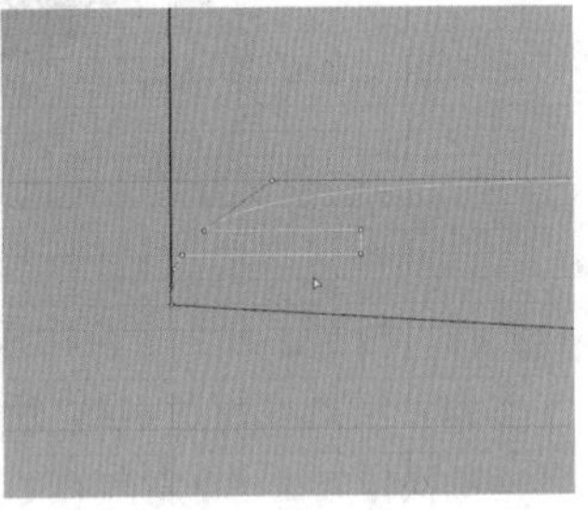

图4-441

08 单击“双轨扫掠”工具，以两侧开口的圆形边缘为扫掠轨道，以绘制得到的两个曲线为截面图形，生成吹风筒内曲面，如图 4-442 所示。

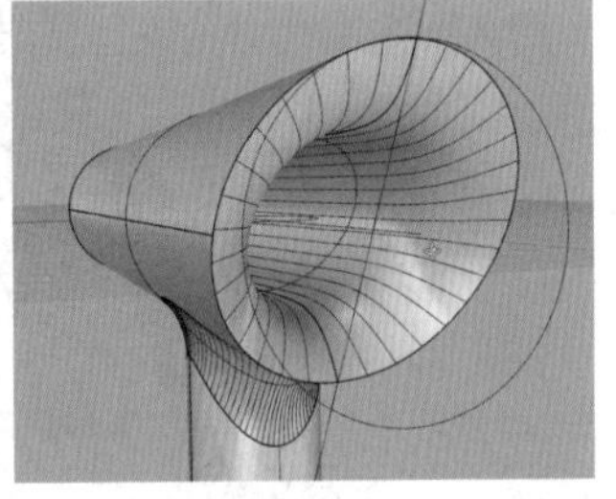

图4-442

09 在 Right（右）视图中，使用“单一直线”工具绘制两条图 4-443 所示的直线，选取这两条直线，使用“修剪 / 取消修剪”工具对吹风筒进行修剪，效果如图 4-444 所示。

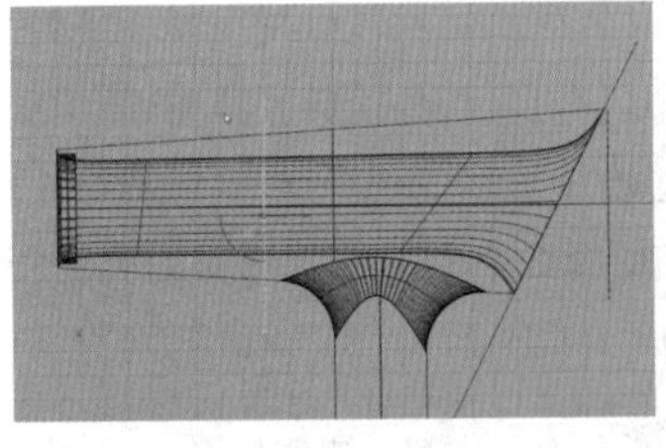

图4-443

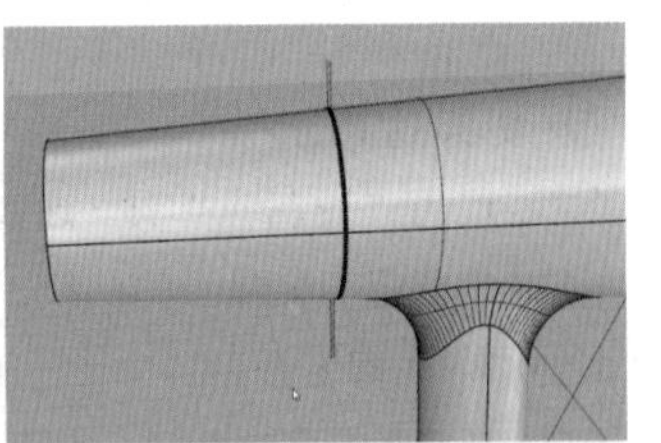

图4-444

10 使用“圆弧：起点、终点、通过点”工具，在图 4-445 所示的位置绘制一条圆弧，并使其与步骤 9 修剪得到的开放边缘相交。

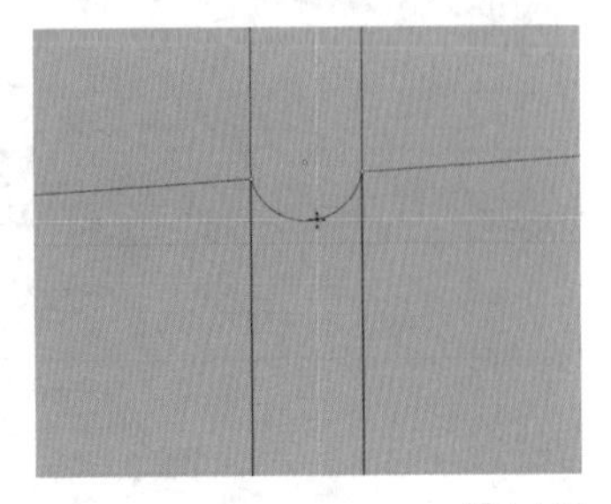

图4-445

11 再次单击“双轨扫掠”工具，以步骤 10 的开放边缘为轨道，以圆弧为断面图形，生成凹槽曲面，如图 4-446 所示。

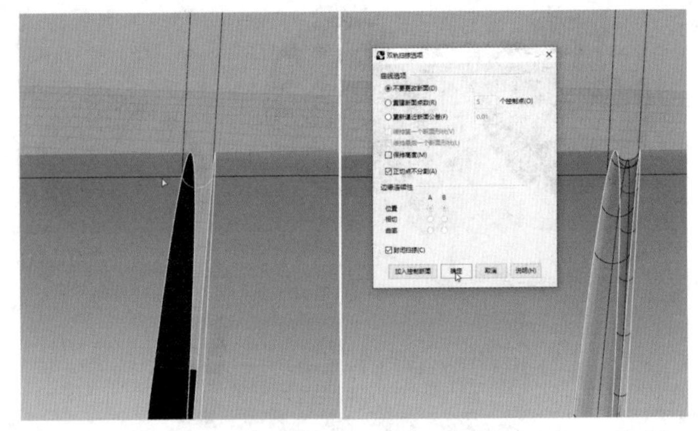

图4-446

12 制作凹槽之后，接下来制作手柄底部的孔。使用“圆：中心点、半径”工具绘制圆形并进行复制，效果如图 4-447 所示。

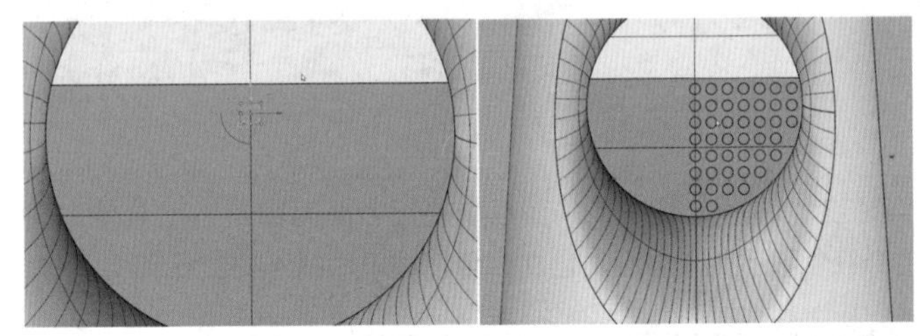

图4-447

13 按住操作轴箭头上的圆点向上拖动鼠标，对它们进行一个向上挤出，如图 4-448 所示。选中所有挤出的曲面并进行镜像复制，如图 4-449 所示。选择所有挤出曲面，用它们与图 4-450 所示的平面相互修剪，效果如图 4-451 所示。

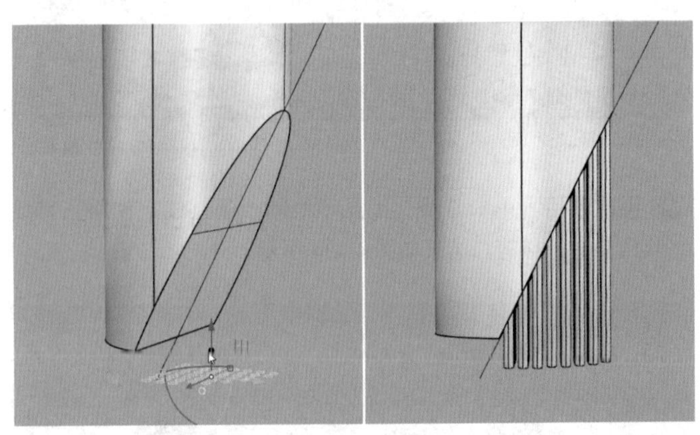

图4-448

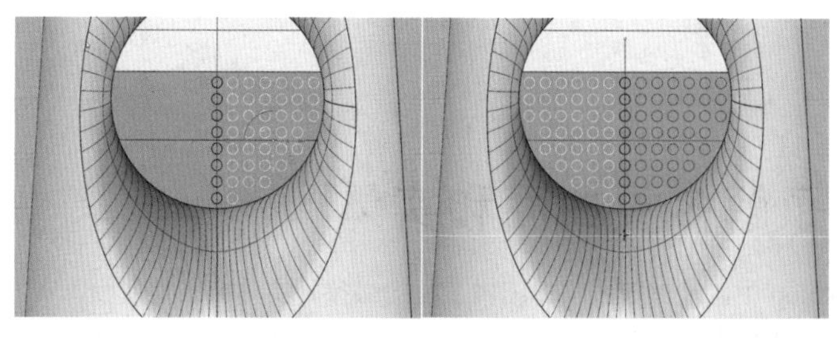

图4-449

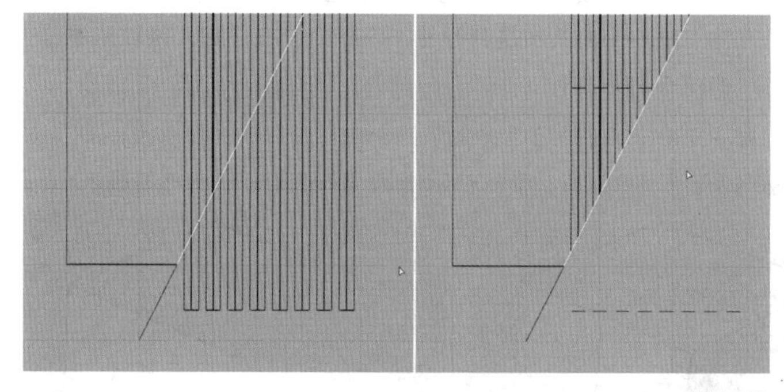

图4-450

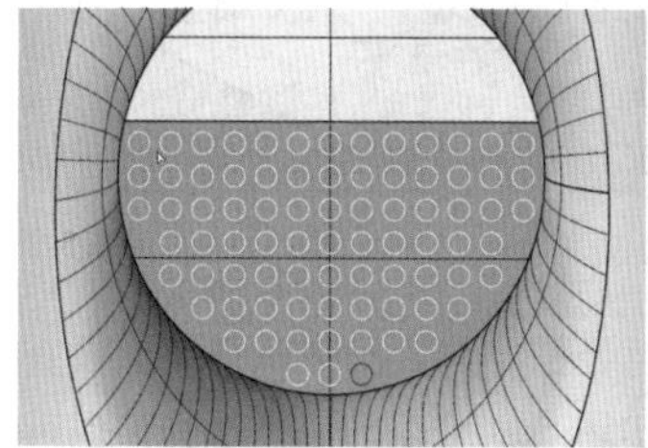
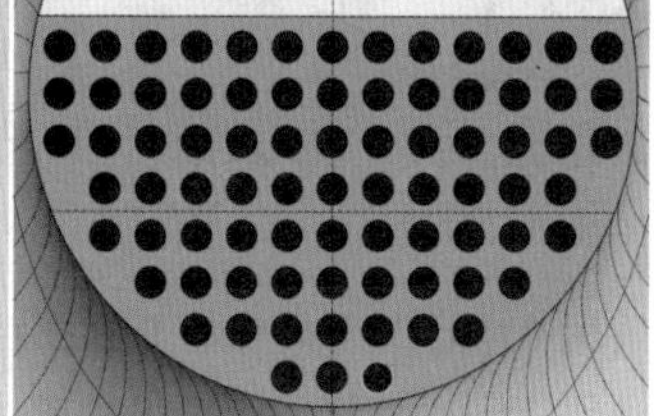

图4-451

14 综合运用“圆：中心点、半径”工具、“分割 / 以结构线分割曲面”工具和“单一直线”工具绘制一个胶囊形状并进行组合。使用这个形状对手柄部分的曲面进行修剪，制作出按键开口，如图 4-452 和图 4-453 所示。

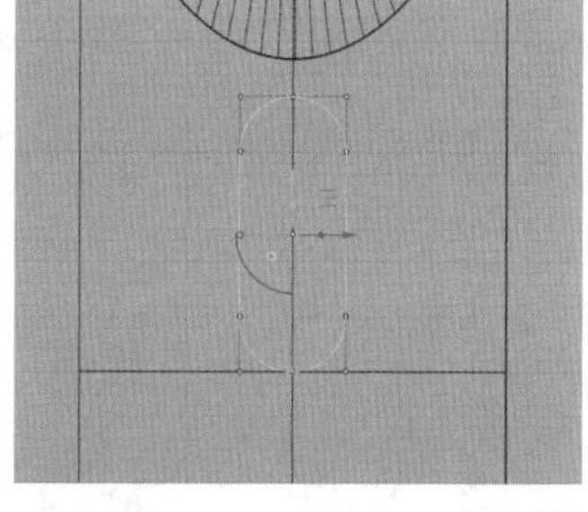

图4-452

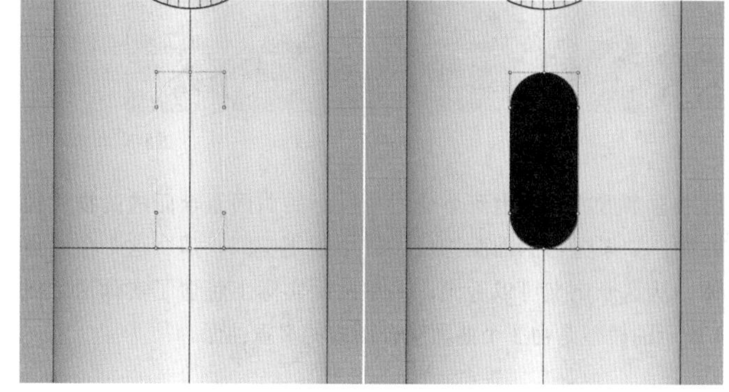

图4-453

15 使用操作轴对胶囊形状进行厚度挤出，并将其移动到图 4-454 的位置，使它与手柄曲面有交叉。

16 使用手柄曲面与胶囊曲面相互修剪，如图 4-455 所示。

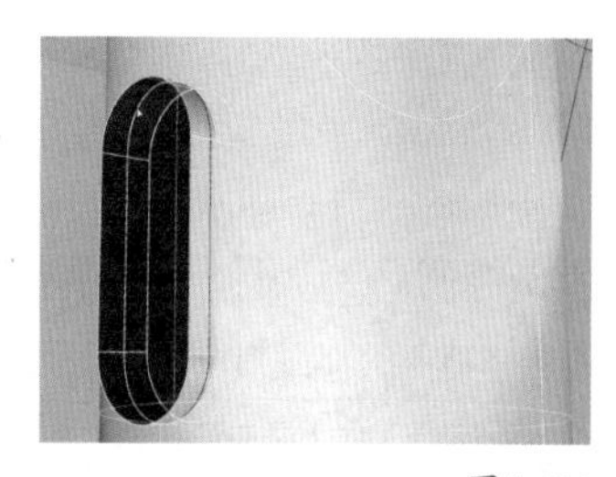

图4-454

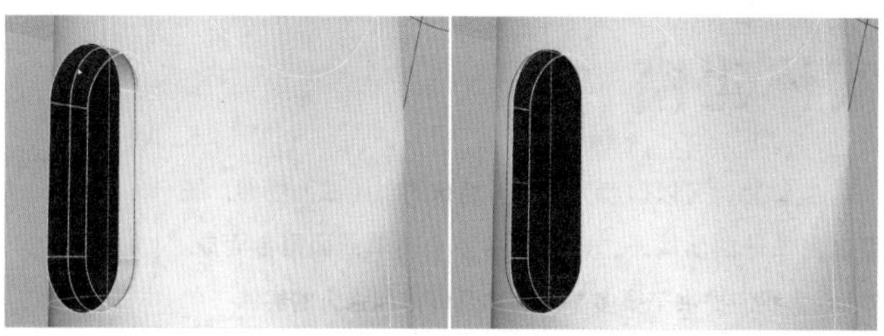

图4-455

17 在“曲面工具”工具面板中选择“以平面曲线建立曲面”工具，选取按键凹槽内部所有的开放边缘，单击鼠标右键，生成一个封底的平面，这样就得到了按钮的凹槽，如图 4-456 所示。

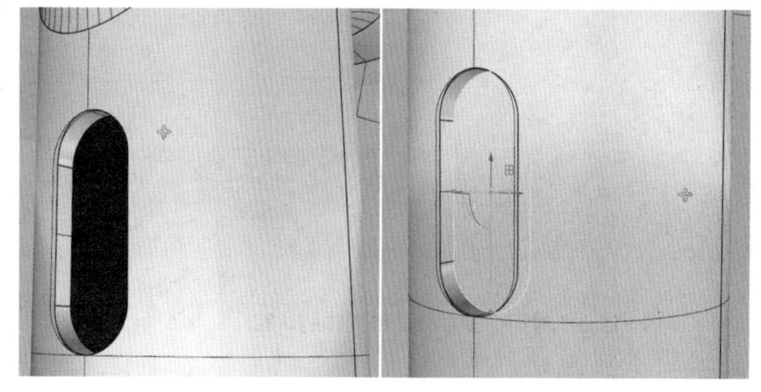

图4-456

18 使用“圆：中心点、半径”工具绘制一个圆形，并对它进行 4mm 的挤出，挤出后使用“以平面曲线建立曲面”工具进行封闭，如图 4-457 所示。

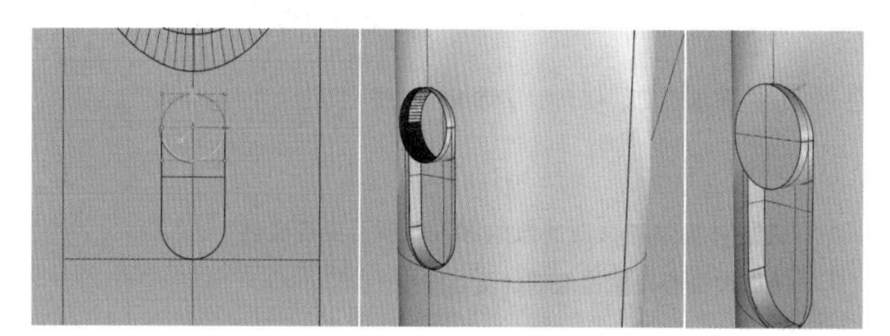

图4-457

19 选取所有的吹风机曲面并进行组合。这样就完成了吹风机建模，如图 4-458 所示。

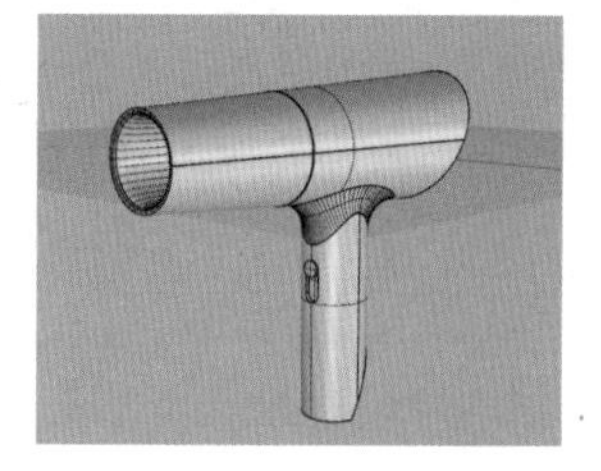

图4-458

第5章

实体建模

实体物件可以理解为是一种特殊的封闭曲面物件，既可以由单一曲面构成，也可以由多个简单曲面围合而成。Rhino 为我们提供了很多基础实体几何体和强大的实体布尔运算指令，还有大量实体编辑指令可便捷地对实体进行圆角、斜角、挖洞、抽面、抽壳等操作。掌握实体物件的生成和编辑方法，可以在一定程度上提高建模效率。

本章学习要点

- 了解 Rhino 7 对面、多重曲面和实体的认定
- 掌握标准体的创建方法
- 掌握挤出实体的创建方法
- 掌握布尔运算、倒角等实体编辑方法
- 通过对实体与曲面关系的深入理解，实现实体建模与曲面建模相互间的灵活转变

5.1 了解多重曲面和实体

在 Rhino 中，能够应用实体编辑工具的必须是实体或多重曲面，实体和多重曲面的区别在于：实体是封闭的，而多重曲面可能是开放的。

观察图 5-1 所示的模型，从视觉上感觉是一个“立方体”，但构成这个“立方体”的 6 个面其实是分开的，没有组合在一起，所以这不是一个实体，如图 5-2 所示。

图5-1

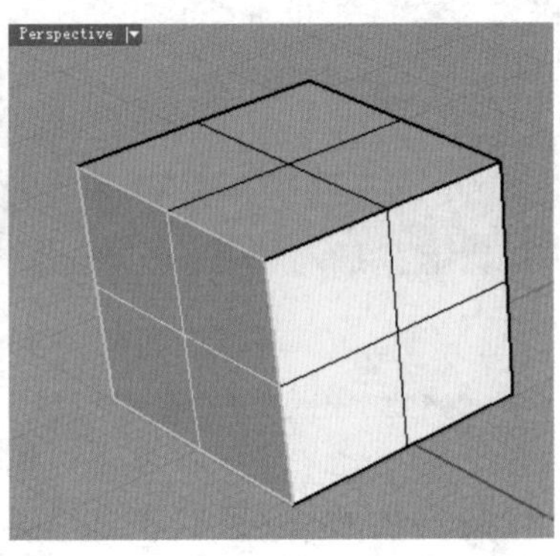

图5-2

如果使用“组合”工具将 6 个面组合在一起，虽然从视觉上没有什么变化，但实际上该物件已经组合成实体了，可以同时被选择，也可以使用实体编辑工具进行编辑，如图 5-3 所示。

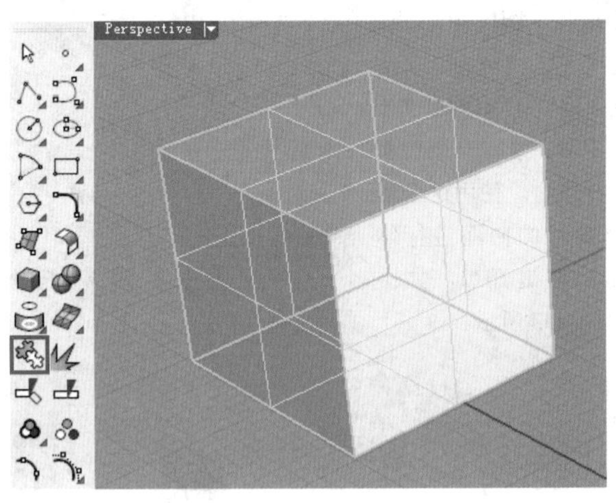

图5-3

我们再来看多重曲面，由两个或两个以上的曲面组合而成的物件被称为多重曲面，如果组合的曲面构成了一个封闭空间，那么这个曲面也被称为实体。从这一定义可以看出，多重曲面实际上包含了实体这个概念。图 5-4 所示的模型是由 3 个曲面组合而成的多重曲面。

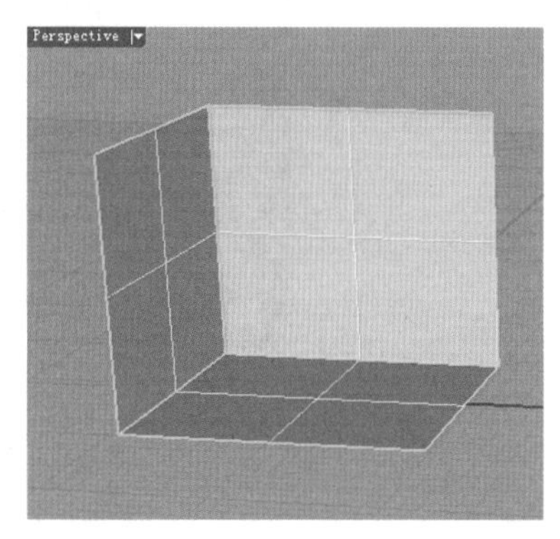

图5-4

5.2 创建标准体

标准体是Rhino自带的一些模型，用户可以通过图5-5所示的“建立实体”工具面板中的工具直接创建这些模型。标准体包含11种对象类型，分别是立方体、圆柱体、球体、椭圆体、抛物面锥体、圆锥体、平顶锥体、棱锥体、圆柱管、环状体和圆管。

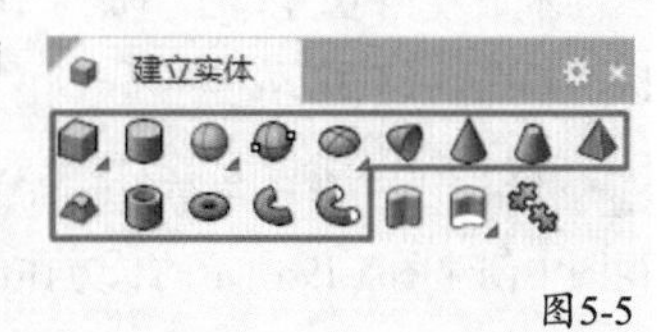

图5-5

除了通过“建立实体”工具面板外，也可以通过“实体工具”选项卡和“实体”菜单找到这些创建工具，如图5-6和图5-7所示。

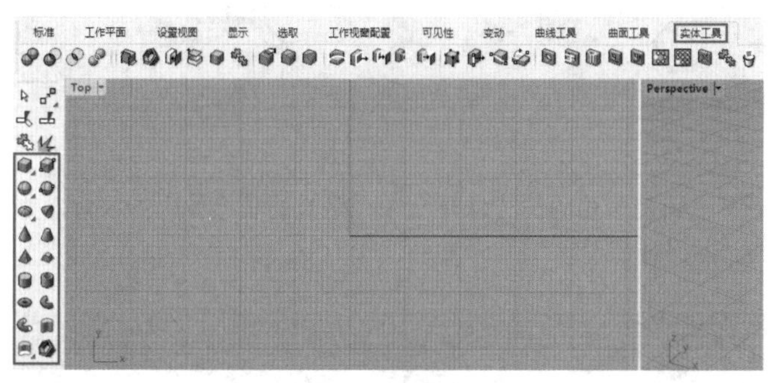

图5-6

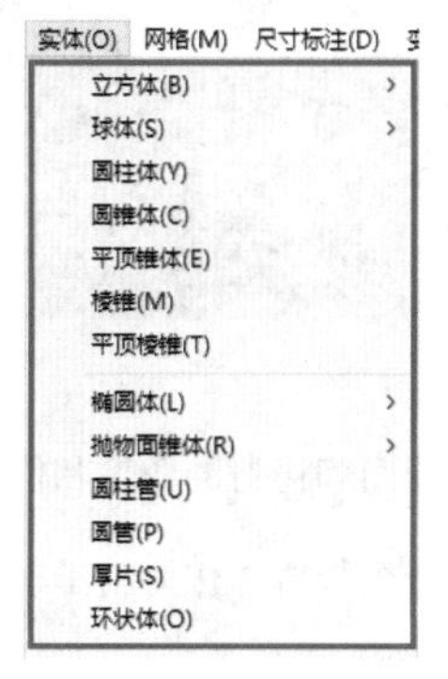

图5-7

★重点★

5.2.1 立方体

立方体是建模中最常用的几何体，现实中与立方体相似的物体很多，可以直接使用立方体创建出很多模型，比如方桌和橱柜等。

Rhino提供了4种创建立方体的方式，如图5-8所示。

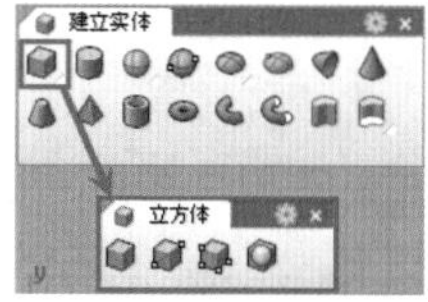

图5-8

角对角、高度

使用“立方体：角对角、高度”工具，可以通过指定立方体底面和高度的方式创建立方体，如图5-9所示。

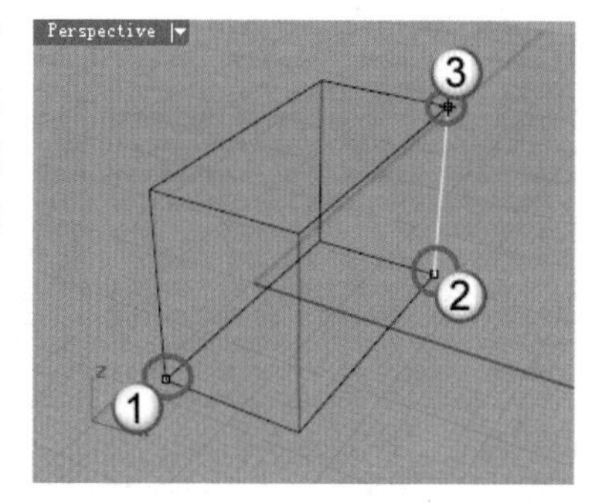

图5-9

对角线

使用“立方体：对角线”工具创建立方体的方式和上一个工具大致相同，不同的是指定底面和高度时都是通过对角线的方式，如图5-10所示。如果配合其他视图，可以直接指定两个点来定义对角线，如图5-11所示。

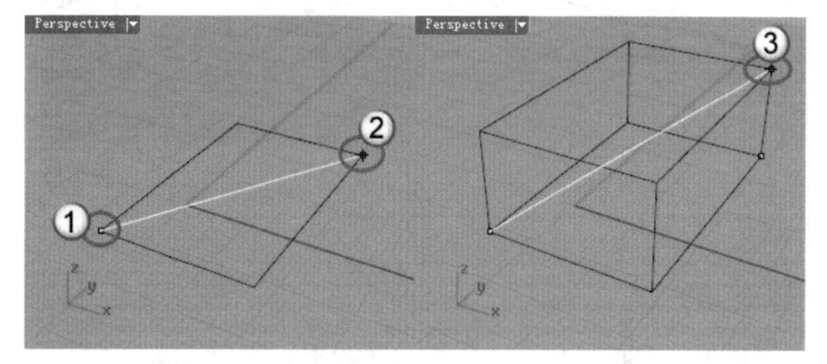

图5-10

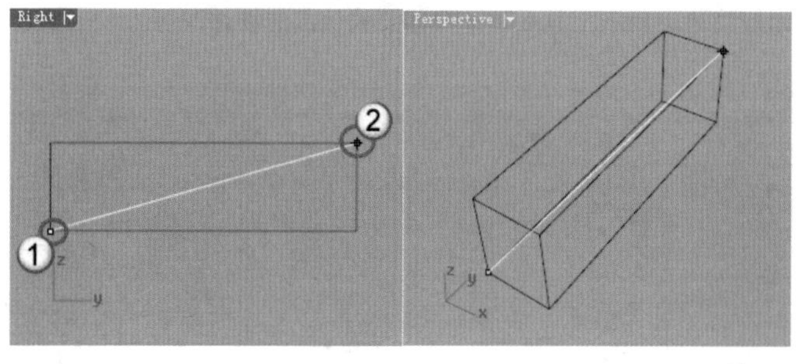

图5-11

技巧与提示

利用“立方体：对角线”工具可以创建正立方体，在命令行中单击“正立方体”选项即可，如图5-12所示。

```
底面的第一角 ( 对角线(D)  三点(P)  垂直(V)  中心点(C) ): _Diagonal
第一角 ( 正立方体(C) ):
```

图5-12

三点、高度

“立方体：三点、高度/立方体：底面中心点、角、高度”工具有两种创建立方体的方式，单击该工具，需要指定底面3个点和高度，如图5-13所示；右击该工具，需要先指定中心点，再指定底面的角点，最后指定高度，如图5-14所示。

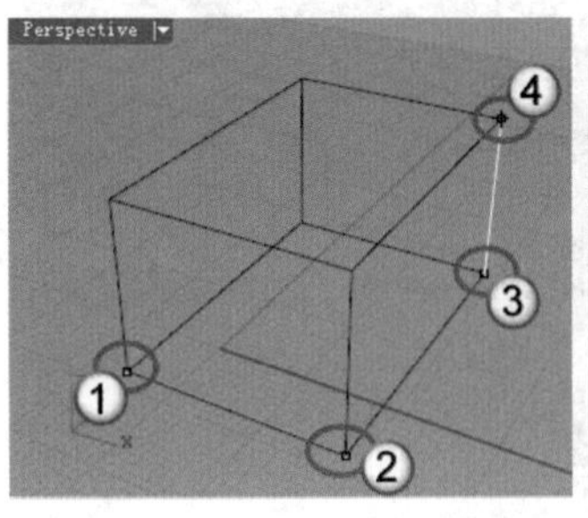

图5-13

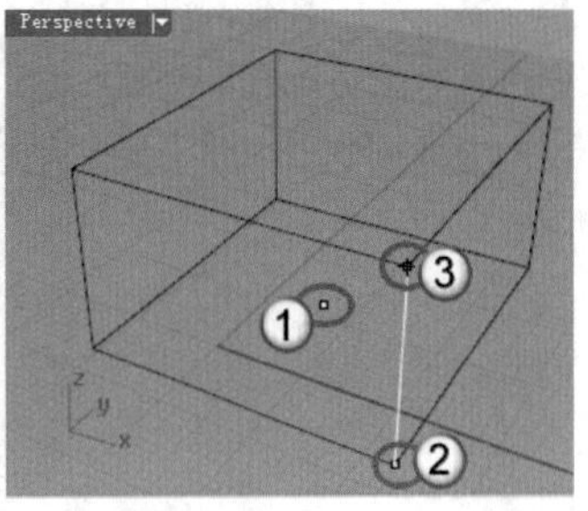

图5-14

技巧与提示

使用“三点、高度”法创建立方体时，如果没有开启正交功能，或指定底面的3个点时没有按住Shift键，那么可以创建与当前工作平面的x轴、y轴不平行的立方体，如图5-15所示。

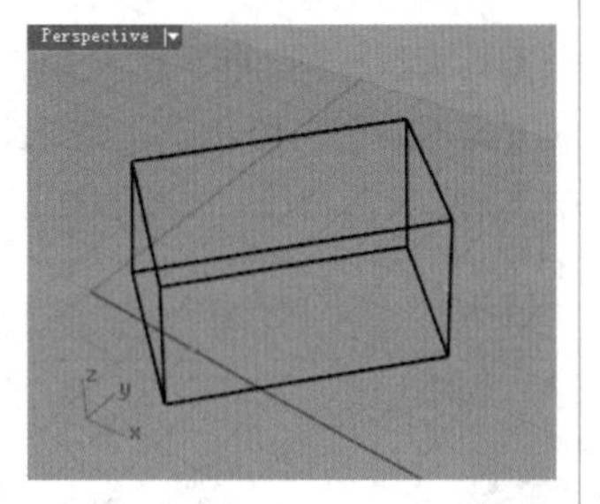

图5-15

边框方块

使用“边框方块/边框方块（工作平面）”工具，可以把选择的物件用一个立方体包围起来，如图5-16所示。操作过程比较简单，启用工具后，选择需要被包围的物件即可。

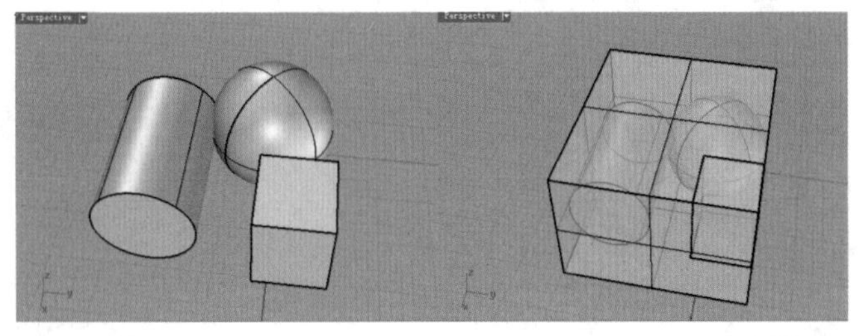

图5-16

技巧与提示

如果选择的物件是一个平面，那么建立的边框方块不是立方体，而是一个矩形，如图5-17所示。

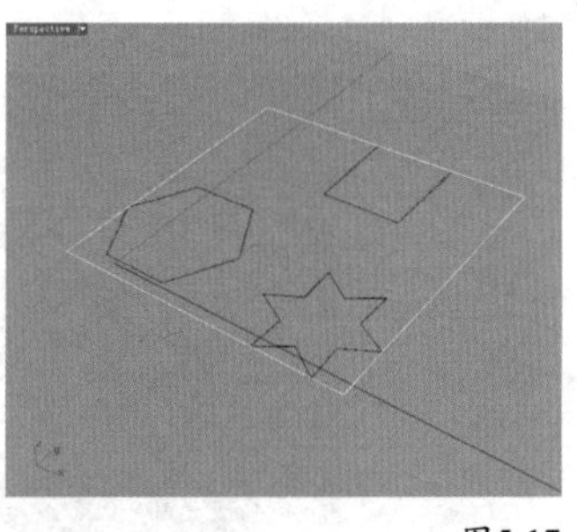

图5-17

重点 实战

利用立方体制作红蓝椅

场景位置	无
实例位置	实例文件>第5章>实战——利用立方体制作红蓝椅.3dm
视频位置	第5章>实战——利用立方体制作红蓝椅.mp4
难易指数	★★☆☆☆
技术掌握	掌握创建立方体的各种方法

本节使用立方体工具来制作工业设计史上非常经典的红蓝椅，如图5-18所示。

01 使用“立方体：角对角、高度”工具，在Perspective（透视）视图中创建图5-19所示的长方体作为椅面（大小适当即可）。

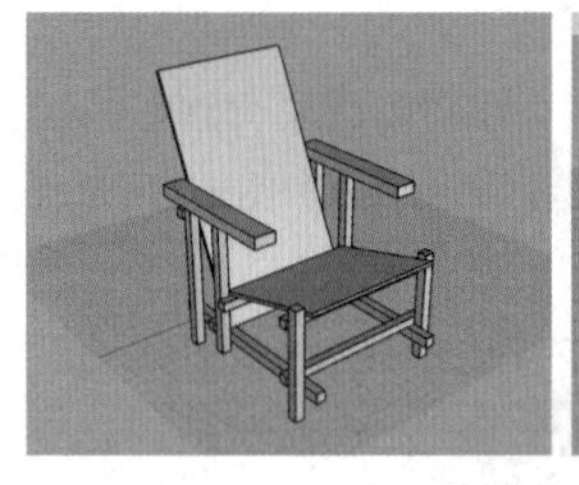

图5-18

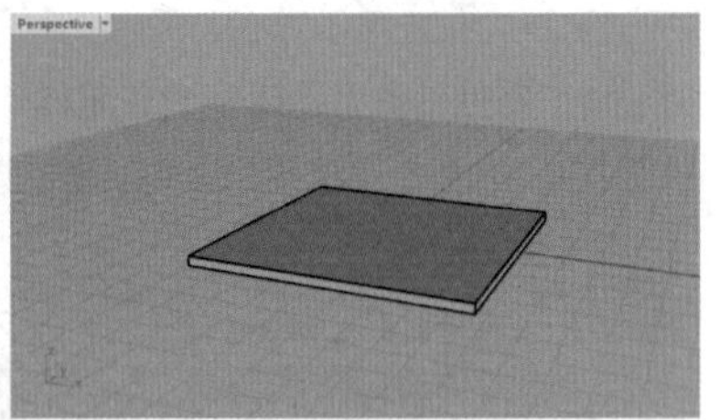

图5-19

02 继续使用相同的方法建立一个竖直的长方体作为椅背，如图5-20所示。

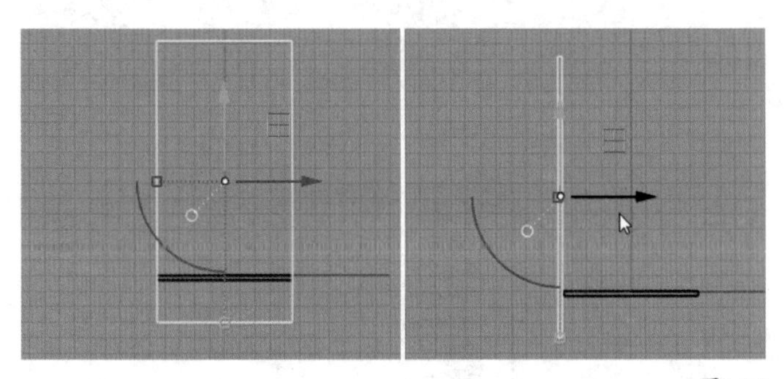

图5-20

03 使用操作轴调整椅面和椅背的角度和位置，如图5-21所示。

04 在椅面下方新建一个长方体作为椅子横梁，如图5-22所示。

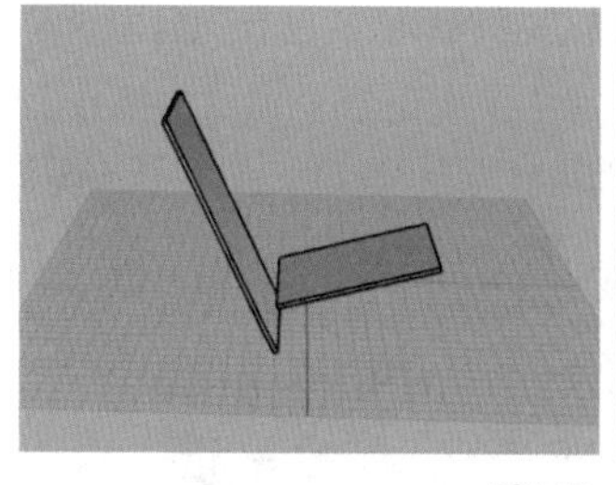

图5-21

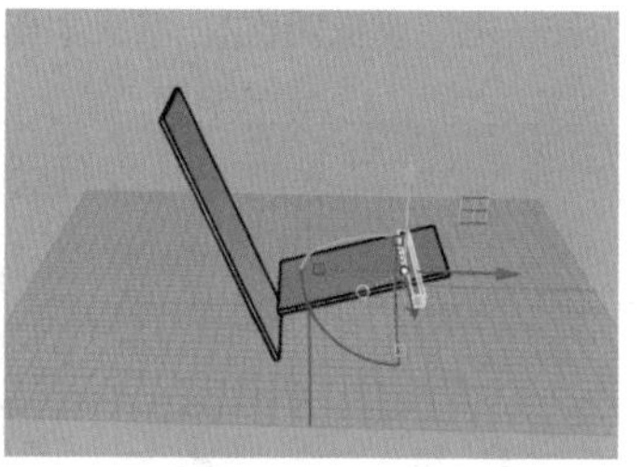

图5-22

05 使用“复制”工具，将横梁复制到图 5-23 所示的位置。

06 新建 3 个竖直的长方体作为椅腿，如图 5-24 和图 5-25 所示。

07 新建一个长方体，作为椅子扶手，如图 5-26 所示。

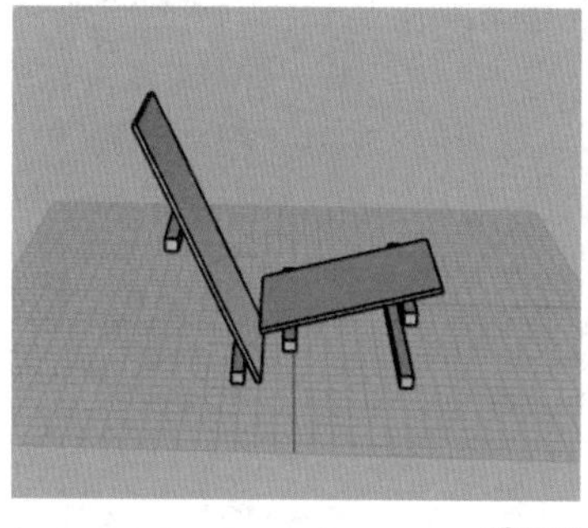

图5-23

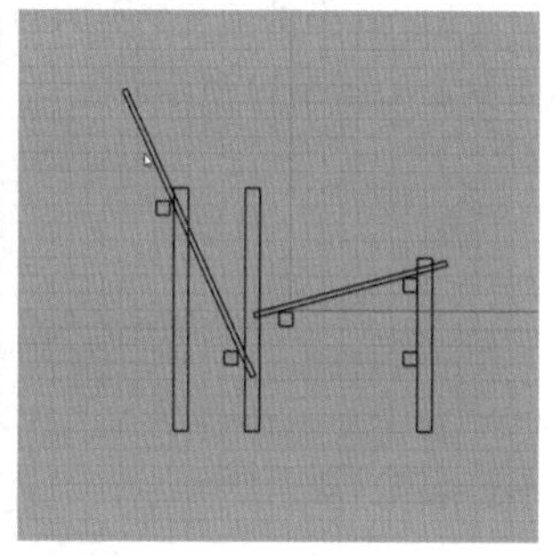

图5-24

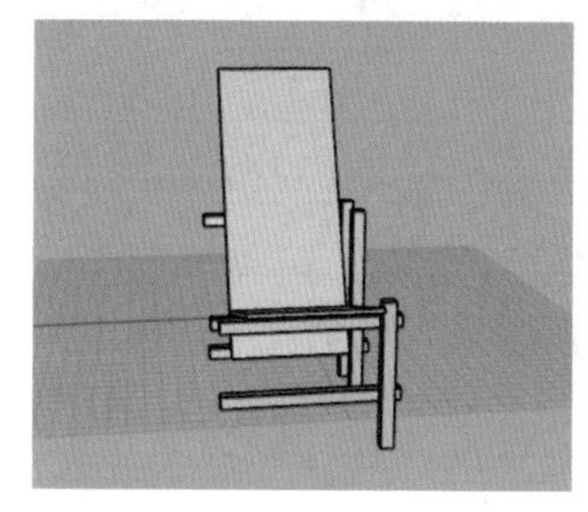

图5-25

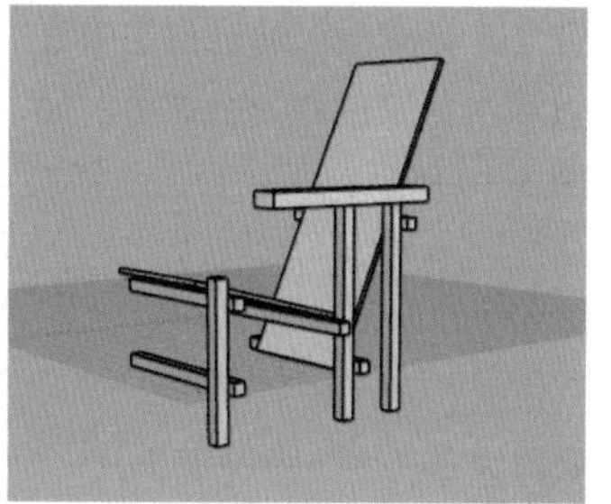

图5-26

08 选取一侧的椅子腿与扶手，使用“镜射 / 三点镜射”工具，复制到另外一侧，如图 5-27 所示。

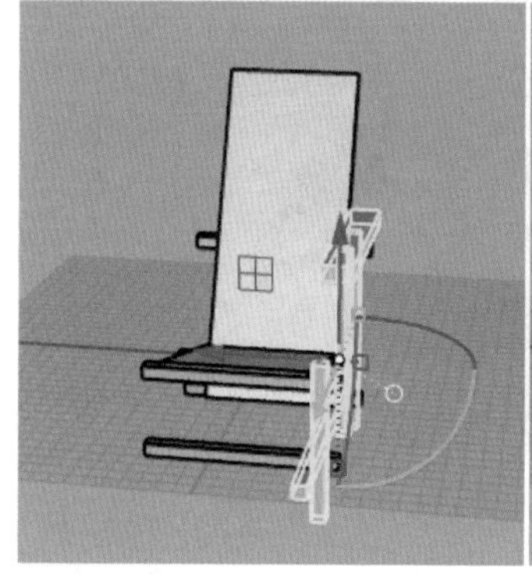

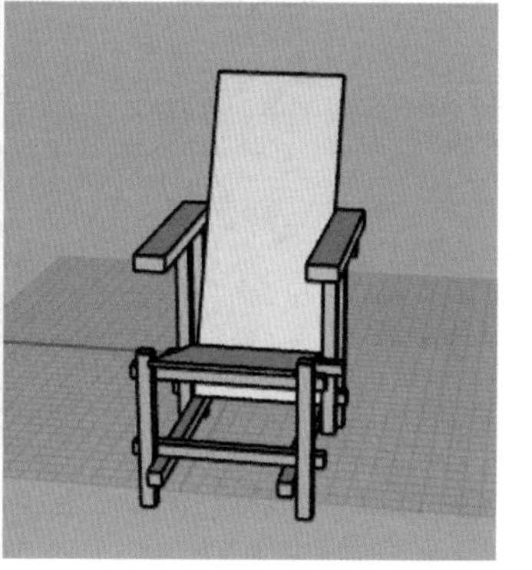

图5-27

09 对椅子宽度和各部件位置进行微调，完成红蓝椅的建模，如图 5-28 所示。

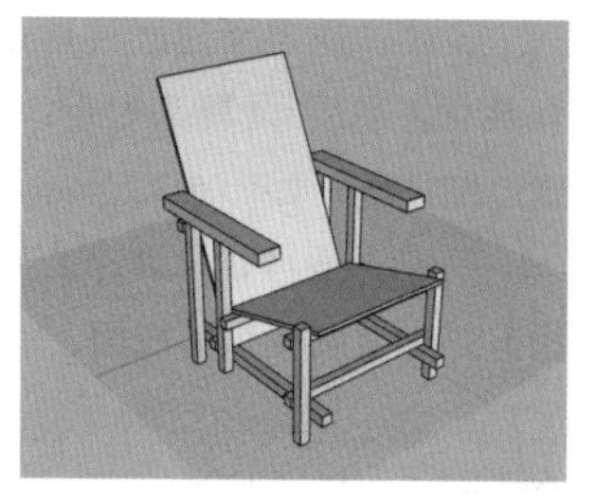

图5-28

★重点★

5.2.2 圆柱体

圆柱体在日常生活中很常见，比如玻璃杯或桌腿等。使用“圆柱体”工具创建圆柱体时，首先指定底面圆心的位置，然后指定底面半径，接着指定高度即可，如图 5-29 所示。

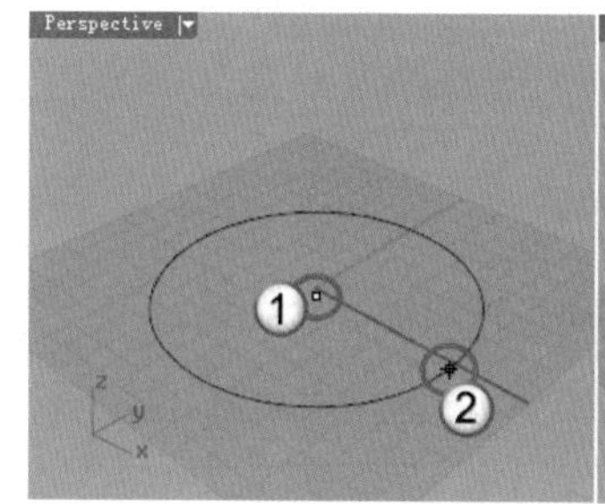

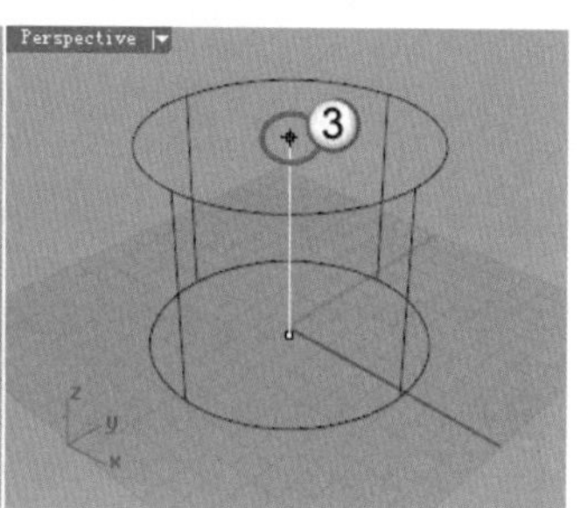

图5-29

在创建圆柱体的过程中，命令行会显示图 5-30 所示的 6 个命令选项，这 6 个选项代表了 6 种不同的创建模式。

```
指令: _Cylinder
圆柱体底面 ( 方向限制(D)=垂直  实体(S)=是  两点(P)
三点(O)  正切(T)  逼近数个点(F) ):
```

图5-30

命令选项介绍

方向限制：包含了“无”“垂直”“环绕曲线”3 个子选项，用来决定圆柱体放置的角度。

无：表示所建圆柱体的方向任意，如图 5-31 所示。

垂直：表示所建圆柱体垂直于圆柱体底面所在的工作平面，这是默认的创建方式。

环绕曲线：表示所建圆柱体端面圆心在曲线上，并且方向与曲线垂直，如图 5-32 所示。

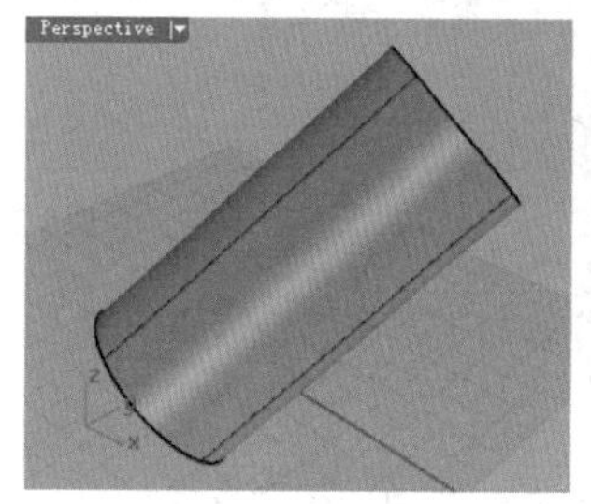

图5-31

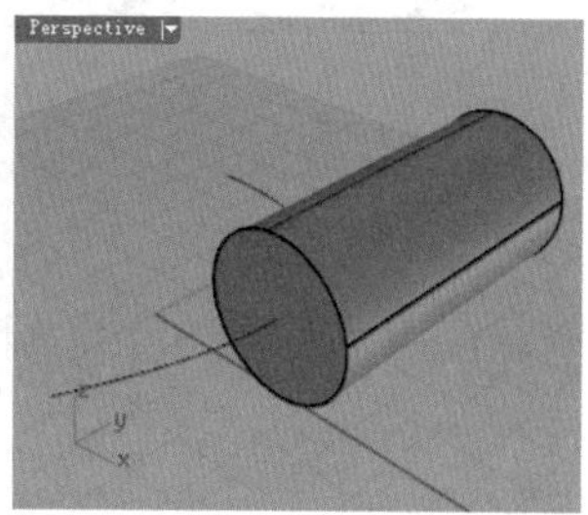

图5-32

实体：决定所建圆柱体是否有端面，如果设置为“否”，将建立圆柱面，如图 5-33 所示。

两点：通过指定两个点（直径）来定义圆柱体的底面。

三点：通过指定圆周上的 3 个点来定义圆柱体的底面。

正切：通过与其他曲线相切的方式定义圆柱体的底面。

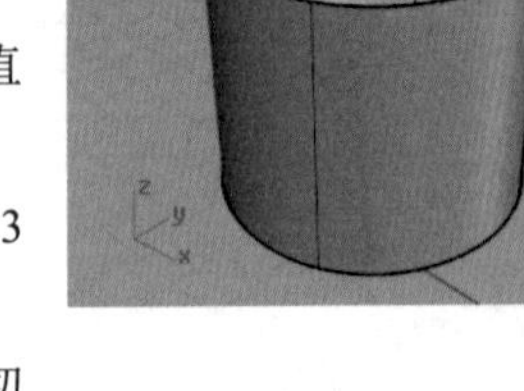

图5-33

逼近数个点：通过多个点（至少 3 个点）定义圆柱体的底面。

重点实战

利用圆柱体制作方桌

场景位置	无
实例位置	实例文件>第5章>实战——利用圆柱体制作方桌.3dm
视频位置	第5章>实战——利用圆柱体制作方桌.mp4
难易指数	★☆☆☆☆
技术掌握	掌握圆柱体的创建方法

本例制作的方桌模型效果如图 5-34 所示。

01 单击“立方体：对角线”工具，创建一个如图 5-35 所示的立方体作为桌面。

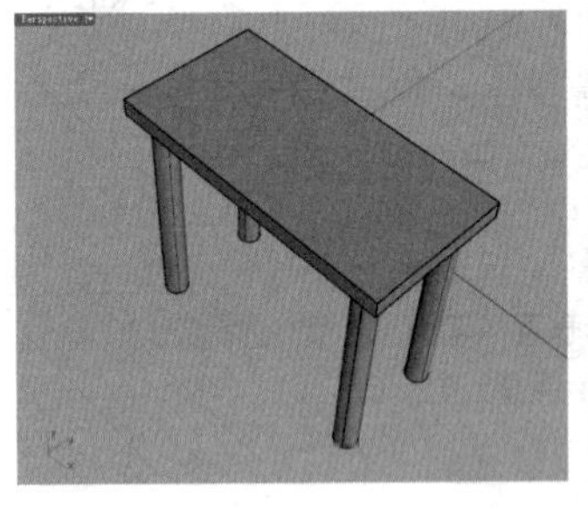

图5-34

图5-35

02 使用“圆柱体”工具创建一个图 5-36 所示的圆柱体，在 Top（顶）视图中指定圆柱体的底面。

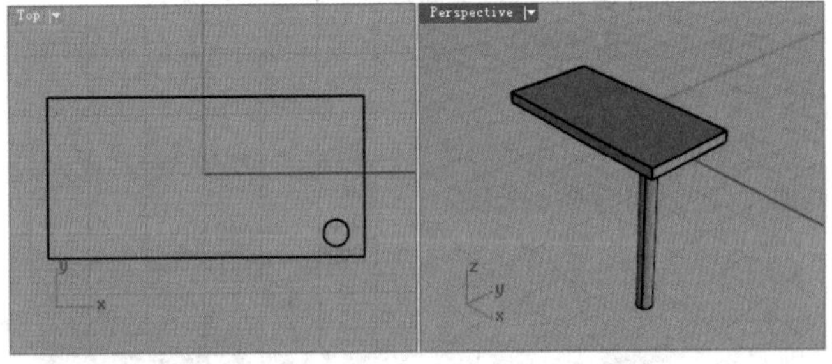

图5-36

03 在 Front（前）视图中将圆柱体向下拖曳到合适的位置，如图 5-37 所示。

04 使用“镜射 / 三点镜射”工具，将圆柱体镜像复制到其余 3 处（需要镜像两次），结果如图 5-38 所示。

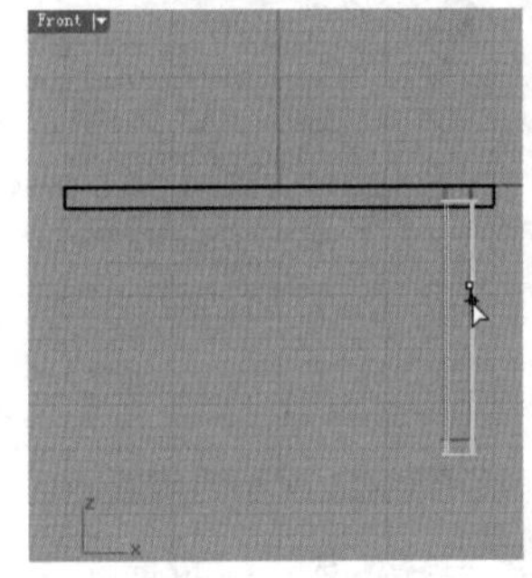

图5-37

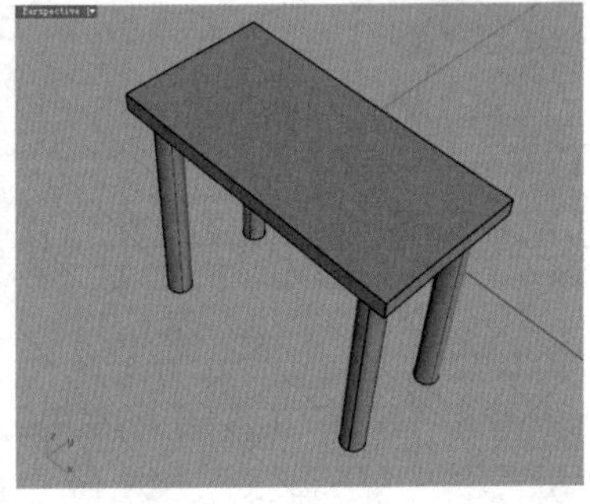

图5-38

★重点★

5.2.3 球体

Rhino 提供了 7 个不同的创建球体的工具，如图 5-39 所示。

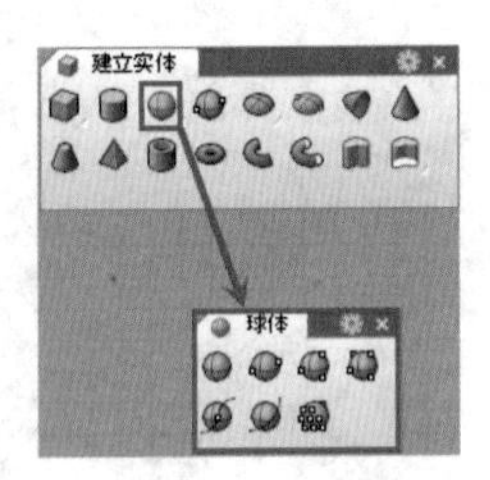

图5-39

中心点、半径

这是默认的球体创建方式，启用“球体：中心点、半径”工具后，通过指定中心点和半径来创建一个球体，如图 5-40 所示。

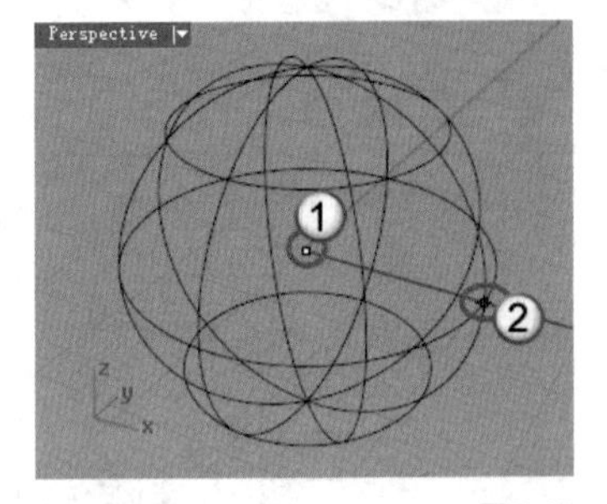

图5-40

直径

使用“球体：直径”工具，可以通过指定一个圆的直径来创建球体，如图 5-41 所示。

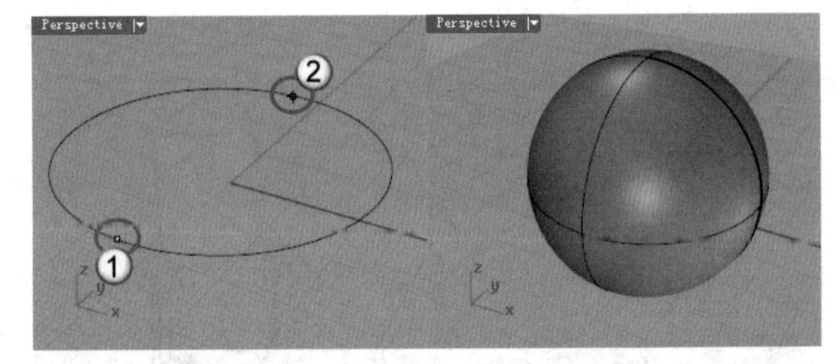

图5-41

三点 / 四点

使用“球体：三点”工具可以通过指定圆周上的 3 个点

来创建一个球体，如图5-42所示。而“球体：四点”工具的用法与其类似，前3个点定义一个基底圆形，第4个点（指定第4点需要配合其他视图）决定球体的大小，如图5-43所示。

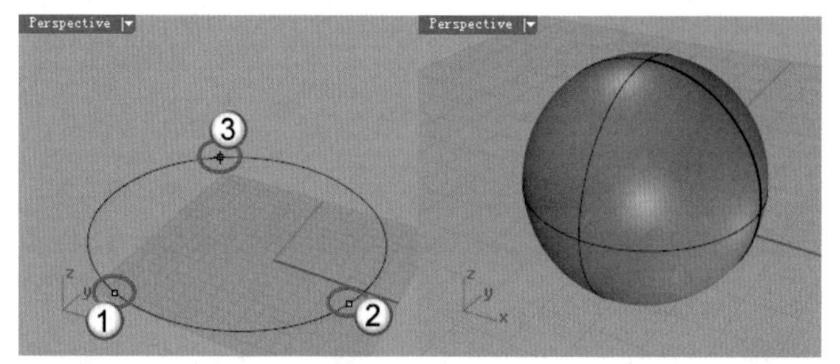

图5-42

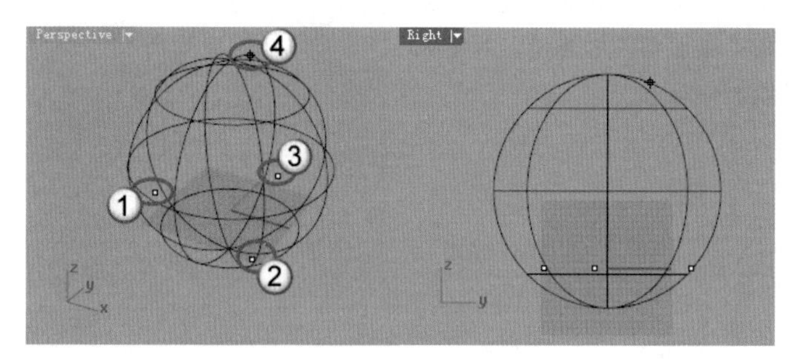

图5-43

环绕曲线

这种方法与使用“球体：中心点、半径”工具类似，区别在于需要指定一条曲线，而球体的球心必须在曲线上，如图5-44所示。

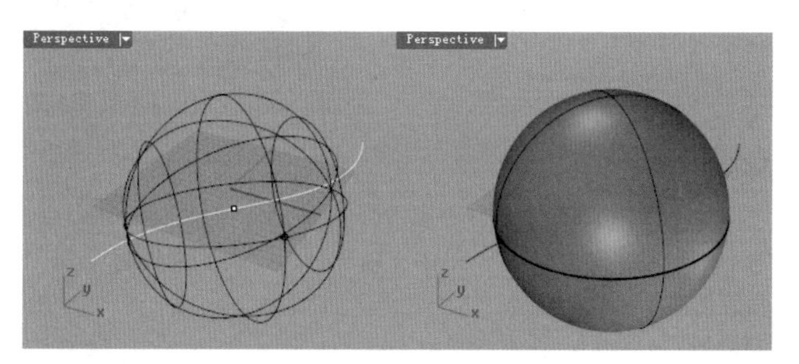

图5-44

与曲线正切

使用“球体：从与曲线正切的圆”工具可以创建与曲线相切的球体，如图5-45所示。

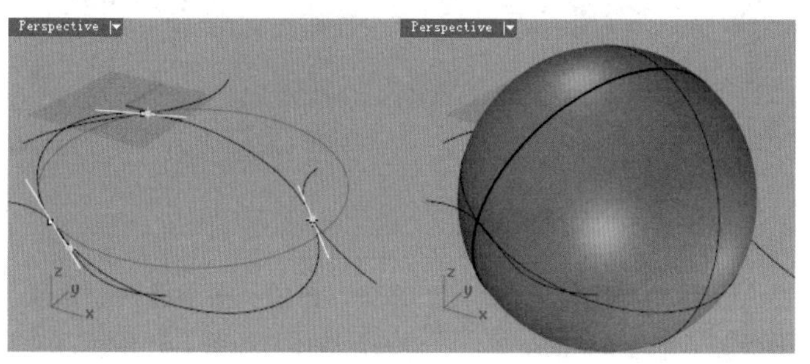

图5-45

配合点

如果要通过场景中的点来创建球体，可以使用“球体：配合点”工具（至少需要3个点），如图5-46所示。

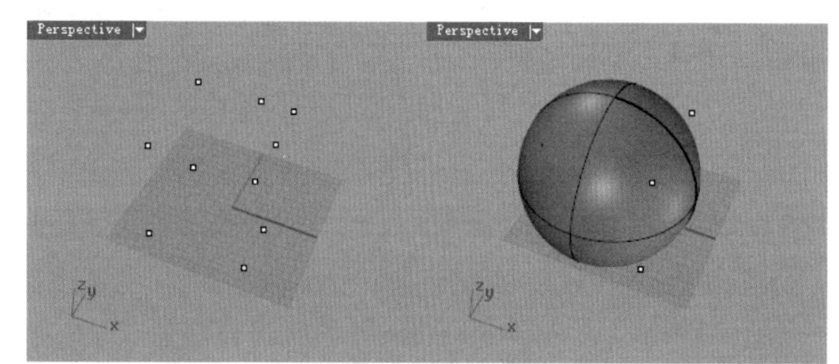

图5-46

重点实战

利用球体制作抽象桌面摆件

场景位置	无
实例位置	实例文件>第5章>实战——利用球体制作抽象桌面摆件.3dm
视频位置	第5章>实战——利用球体制作抽象桌面摆件.mp4
难易指数	★★☆☆☆
技术掌握	掌握创建球体的方法

本例制作桌面摆件模型，效果如图5-47所示。

01 使用“球体：中心点、半径”工具，在场景中创建一个适当大小的球体（中心点为坐标原点），如图5-48所示。

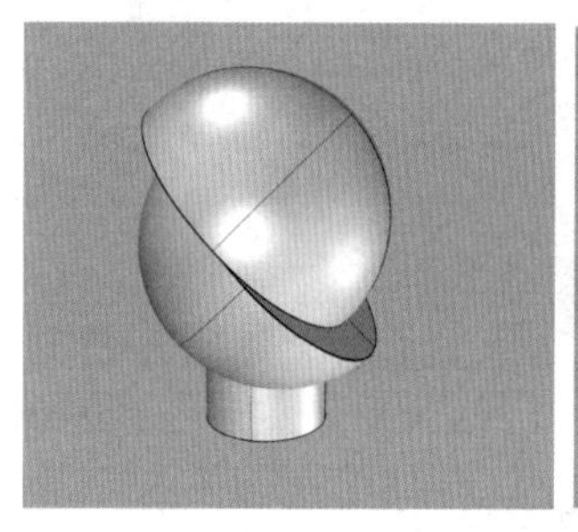

图5-47

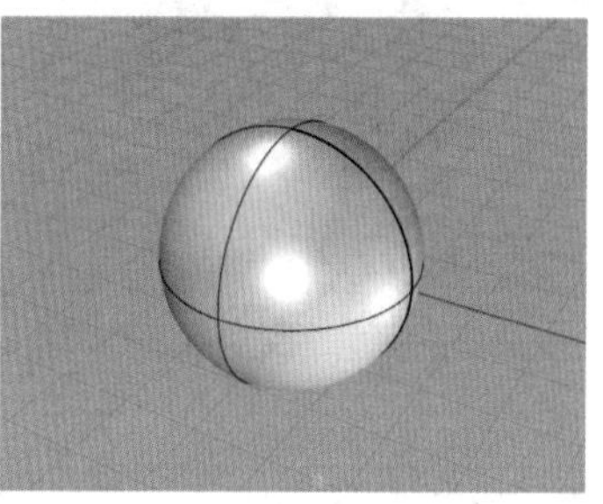

图5-48

02 使用“单一直线”工具绘制一条直线，如图5-49所示。

03 使用“分割/以结构线分割曲面”工具，以直线对球体进行分割，如图5-50所示。

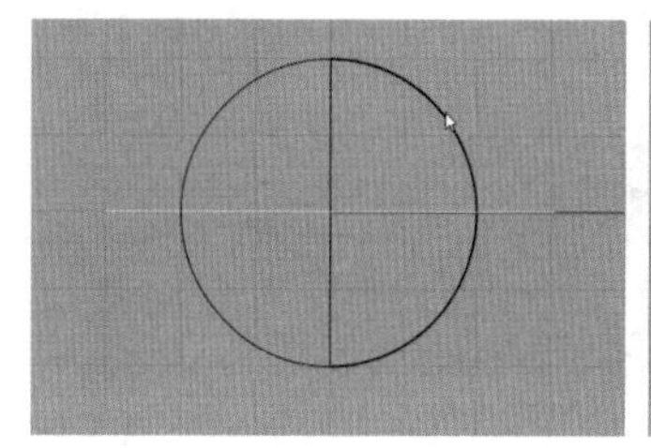

图5-49

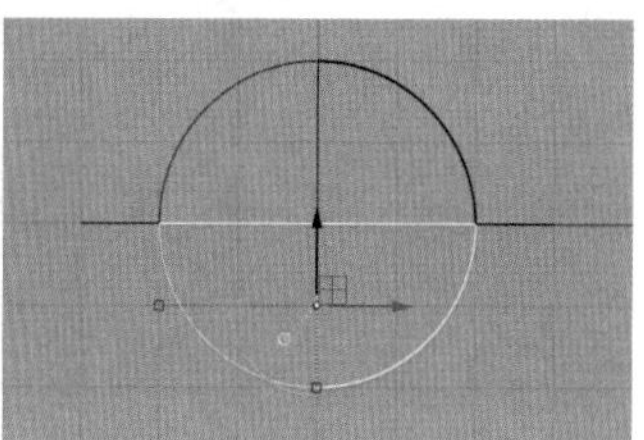

图5-50

04 单击“隐藏物件/显示物件”工具，将球体下半部分隐藏，如图5-51所示。

05 对上部半圆使用“将平面洞加盖”工具，如图5-52所示。

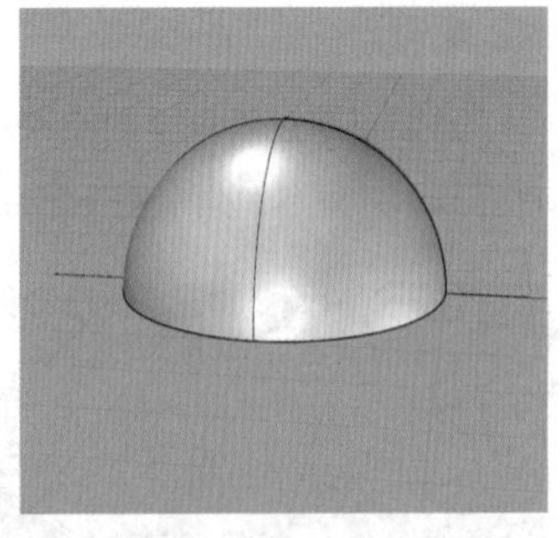
图5-51

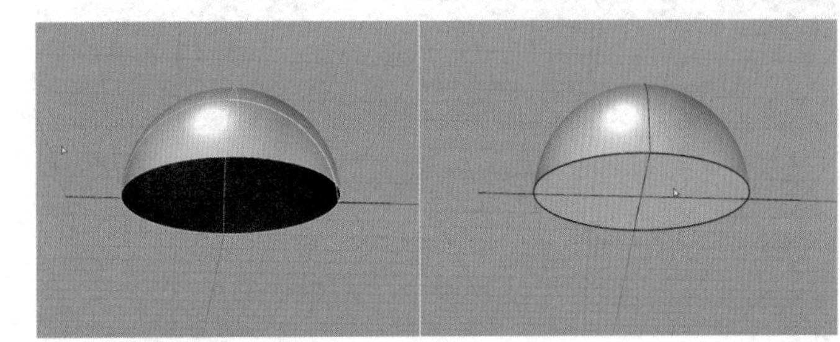
图5-52

06 使用“对调隐藏与显示的物件”工具将上半球隐藏并显示下半球，效果如图5-53所示。

07 对下半球同样使用“将平面洞加盖”工具，效果如图5-54所示。

图5-53

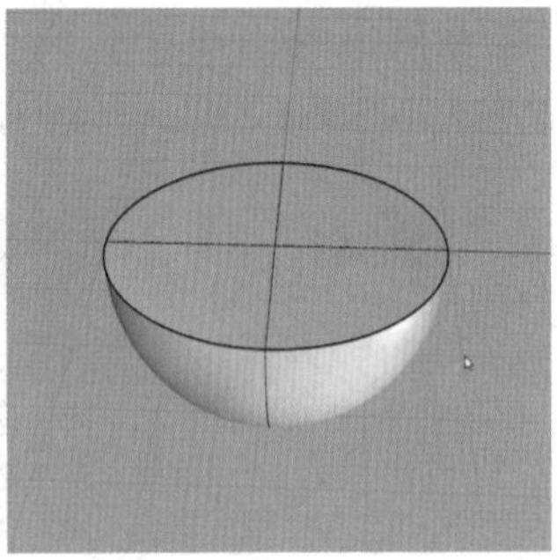

图5-54

08 使用“显示物件”工具将被隐藏的物件都显示出来，结果如图5-55所示。

09 使用“边缘圆角”工具对两个半球的边缘进行圆角处理，圆角半径为0.1mm，如图5-56所示。

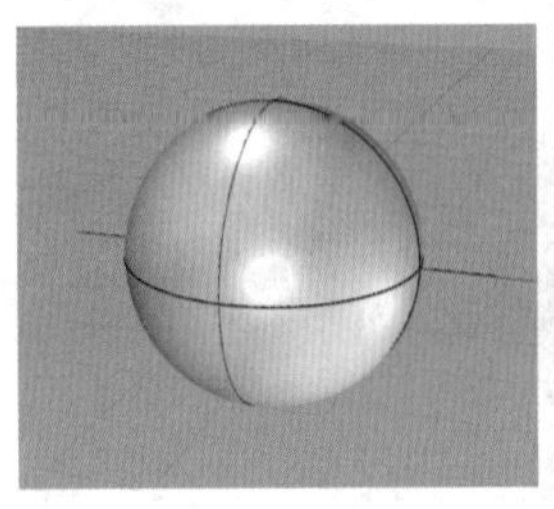
图5-55

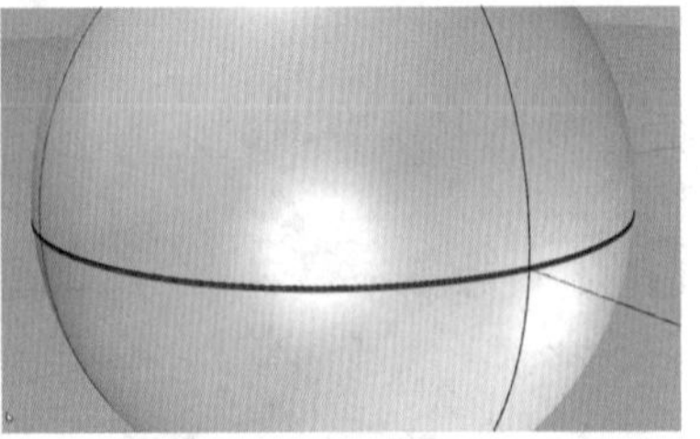
图5-56

10 使用操作轴对两个半球的位置和角度进行调整，如图5-57所示。

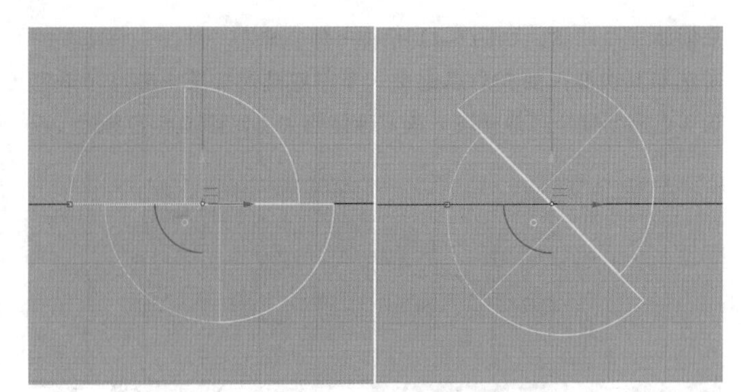
图5-57

11 使用“圆柱体”工具绘制一个圆柱体底座，这样就完成了桌面摆件的建模，效果如图5-58所示。

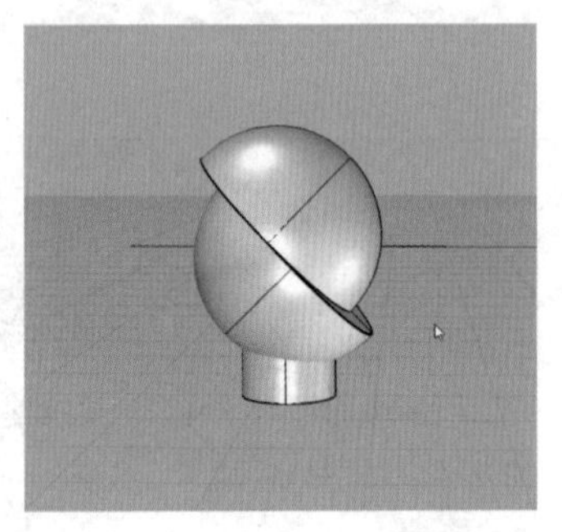
图5-58

5.2.4 椭圆体

创建椭圆体有5种方式，如图5-59所示。

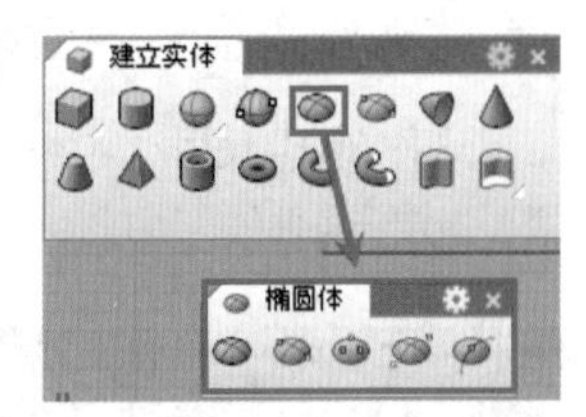

图5-59

从中心点

启用“椭圆体：从中心点”工具后，依次指定中心点、第1轴半径、第2轴半径和第3轴半径，可得到椭圆体，如图5-60所示。

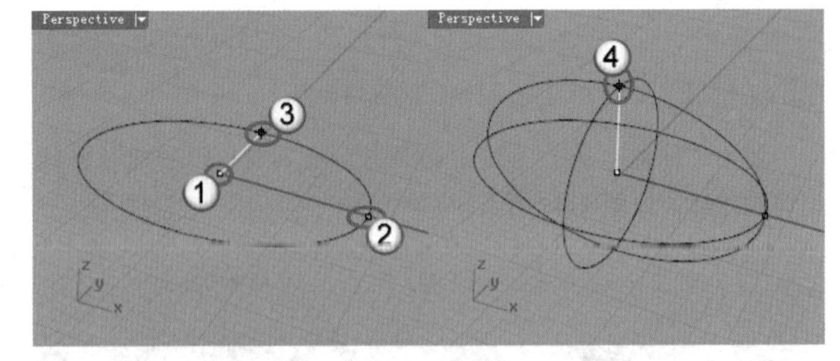

图5-60

直径

启用“椭圆体：直径”工具，指定一条轴的两个端点，再指定另外两条轴的半径，可得到椭圆体，如图5-61所示。

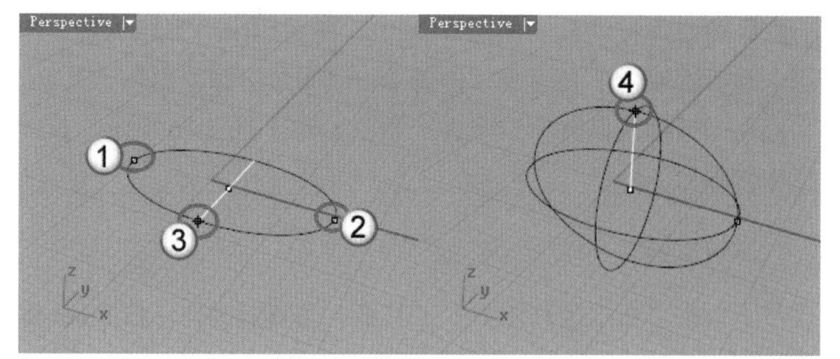

图5-61

从焦点

启用“椭圆体：从焦点”工具后，以椭圆的两个焦点及通过点创建一个椭圆体，如图 5-62 所示。

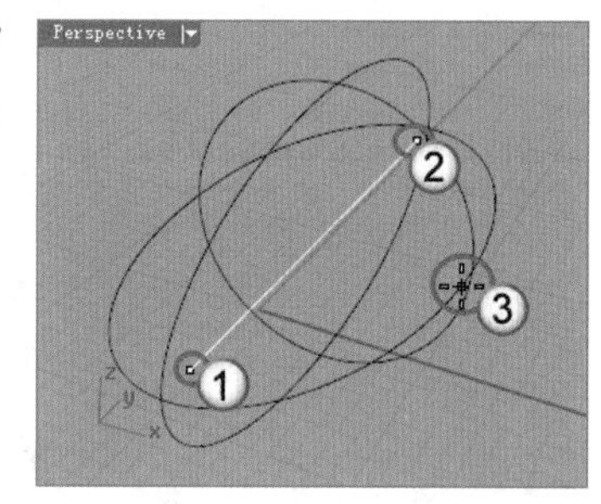

图5-62

角

使用“椭圆体：角”工具可以通过指定一个矩形的对角及第 3 轴的端点创建一个椭圆体，如图 5-63 所示。

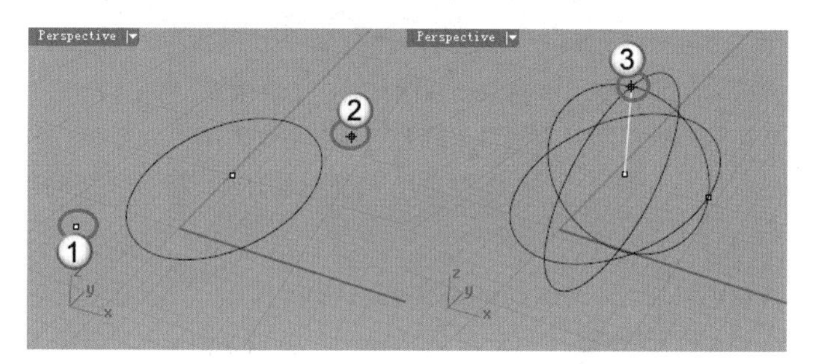

图5-63

环绕曲线

“椭圆体：环绕曲线”工具的用法与“椭圆体：从中心点”工具类似，区别在于前者需要先指定一条曲线，同时椭圆体的中心点位于这条曲线上，如图 5-64 所示。

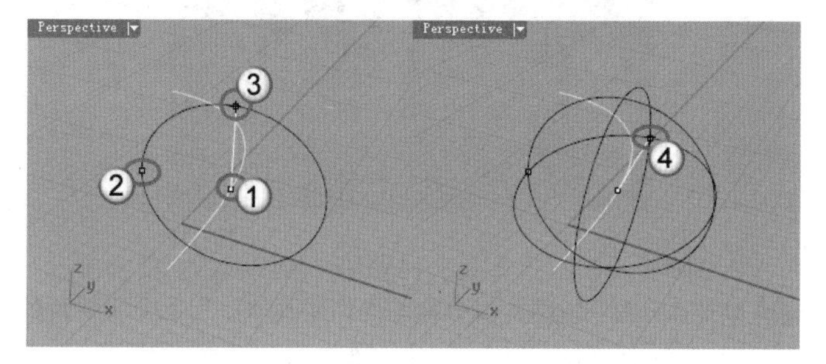

图5-64

5.2.5 抛物面锥体

使用“抛物面锥体”工具可以通过指定焦点或顶点的位置建立抛物面锥体，如图 5-65 所示。

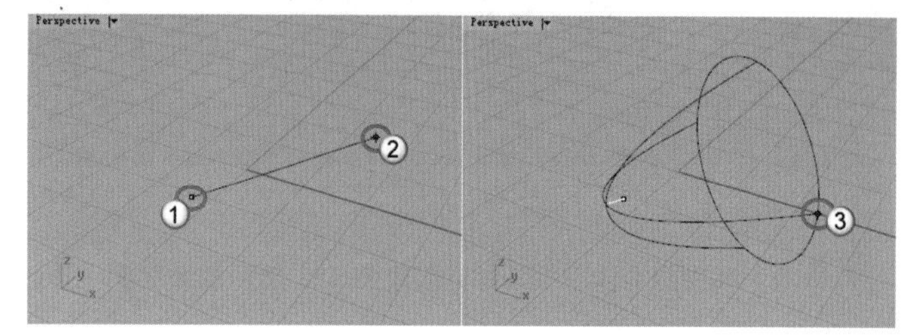

图5-65

创建抛物面锥体的时候可以看到命令提示，如图 5-66 所示。

```
指令: _Paraboloid
抛物面锥体焦点 ( 顶点(V)  标示焦点(M)=是  实体(S)=否 ):
```

图5-66

命令选项介绍

焦点：这是默认的创建方式，也就是图 5-65 所示的创建方式。首先指定抛物面的焦点位置，然后指定抛物面锥体的方向，接着指定抛物面锥体端点。

顶点：通过指定顶点、焦点和端点来创建一个抛物面锥体，如图 5-67 所示。

标示焦点：默认状态下该选项设置为“否”，如果设置为“是”，那么创建的抛物面锥体将显示出焦点，如图 5-68 所示。

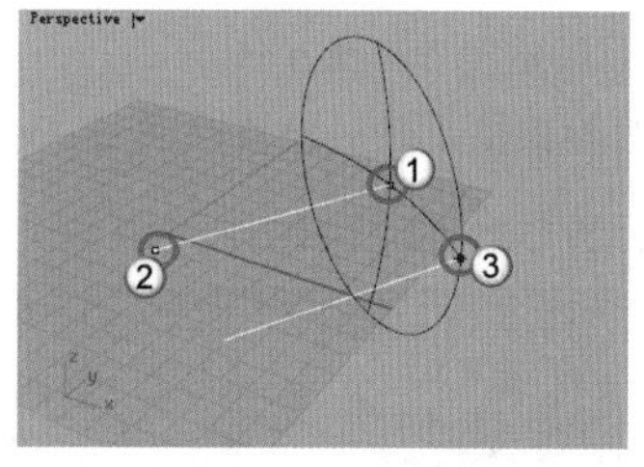

图5-67

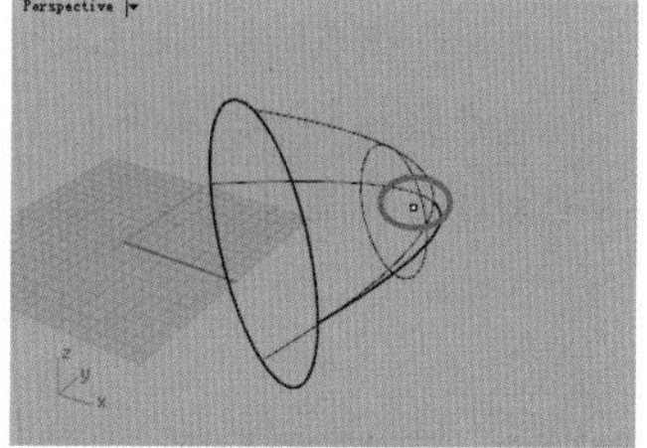

图5-68

实体：默认状态下，该选项设置为“否”，此时创建的是抛物曲面；当设置为“是”时，则会建立抛物锥体实体。

重点实战

利用抛物面锥体制作香薰器

场景位置	无
实例位置	实例文件>第5章>实战——利用抛物面锥体制作香薰器.3dm
视频位置	第5章>实战——利用抛物面锥体制作香薰器.mp4
难易指数	★★★☆☆
技术掌握	掌握抛物面锥体的创建方法和沿着曲面阵列及使用布尔运算的操作技巧

本例制作香薰器，效果如图 5-69 所示。

01 使用“椭圆体：从中心点”工具创建一个椭圆体，如图5-70所示。

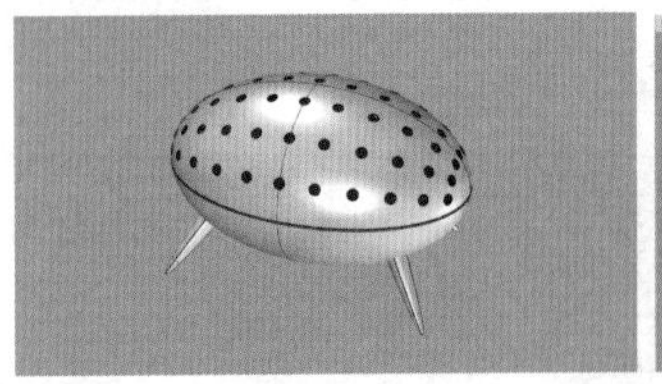

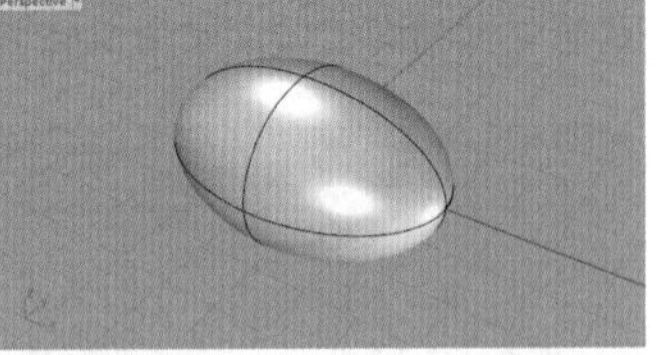

图5-69　　图5-70

02 单击“抛物面锥体”工具，创建图5-71所示的抛物面锥体。

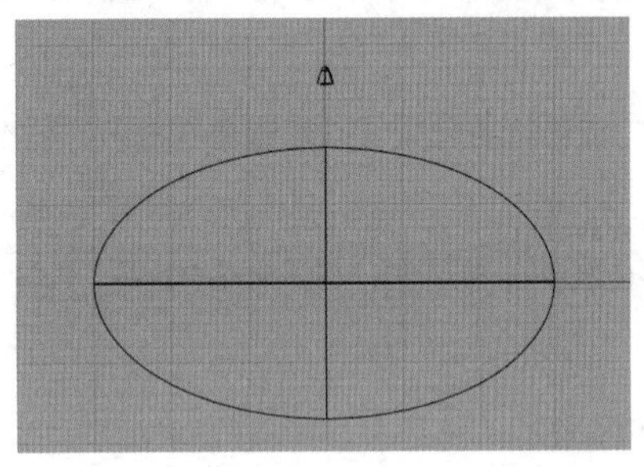

图5-71

03 在“阵列”工具面板中单击“沿着曲面阵列”工具，如图5-72所示，在椭圆体上阵列抛物面锥体，如图5-73所示，具体操作步骤如下。

操作步骤

①选择抛物面锥体作为要阵列的物件，按Enter键确认。

②在抛物面锥体的中间位置拾取一点作为阵列物体的基准点，然后在该点的左侧拾取一点，确定参考法线方向。

③选择椭圆体作为阵列的目标曲面，然后设置曲面U、V方向的项目数都为15。

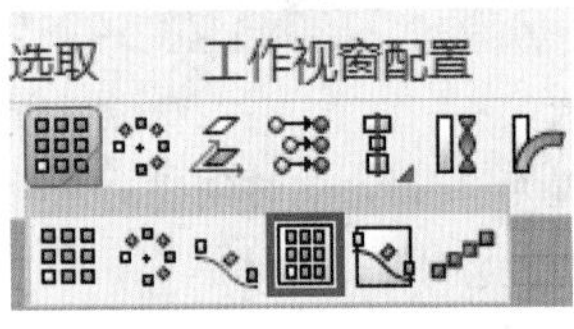

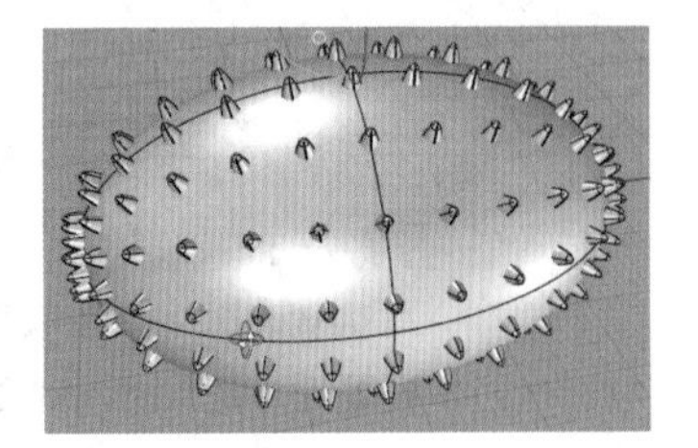

图5-72　　图5-73

04 选择两端挤在一起的圆锥面和下半部所有圆锥面，按Delete键删除，结果如图5-74所示。

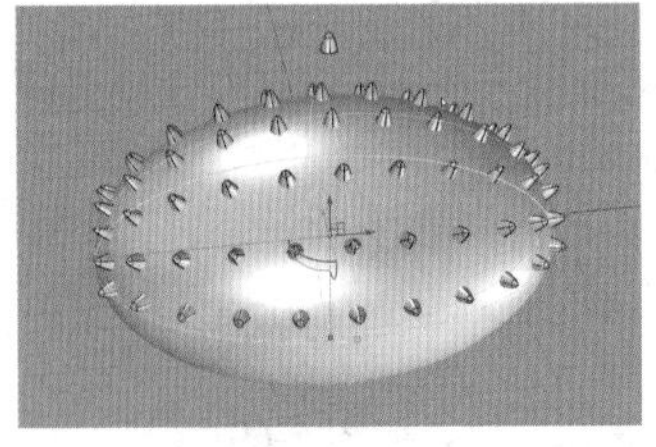

图5-74

05 将椭圆体移动到“图层01”中，然后调出“实体工具”选项卡和“选取”工具面板，接着单击“布尔运算差集”工具，将抛物面锥体从椭圆体中减去，如图5-75和图5-76所示，具体操作步骤如下。

操作步骤

①单击“布尔运算差集”工具，选择椭圆体，按Enter键确认。

②单击“以图层选取/以图层编号选取”工具，然后在弹出的“要选取的图层”对话框中选择“预设图层”，并单击“确定”按钮，最后按Enter键完成操作。

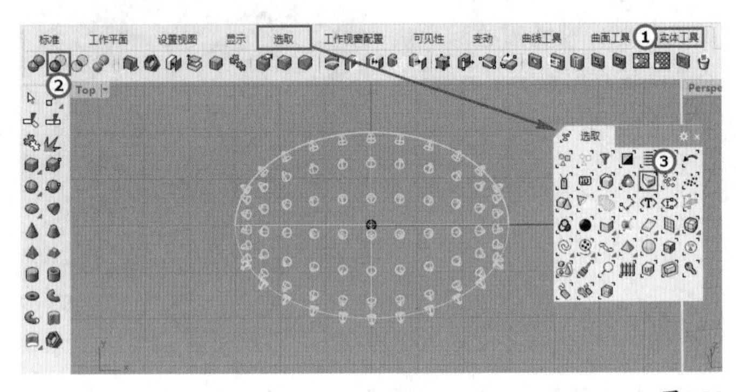

图5-75

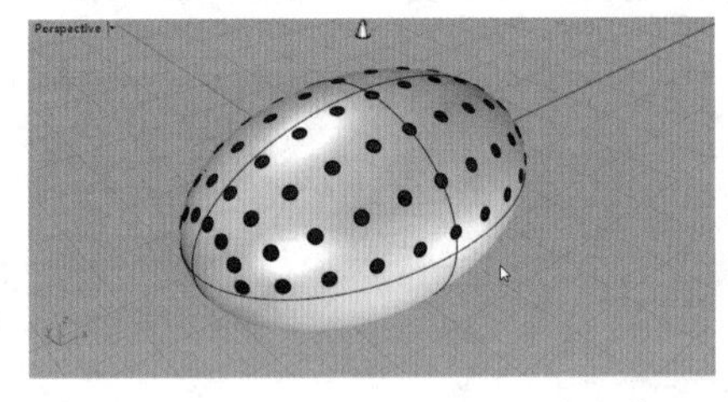

图5-76

> **技巧与提示**
>
> 为了便于观察，运算结束后将“图层01”的颜色设置为黑色。

06 单击“直线：从中点”工具，打开“锁定格点”功能，绘制图5-77所示的直线。

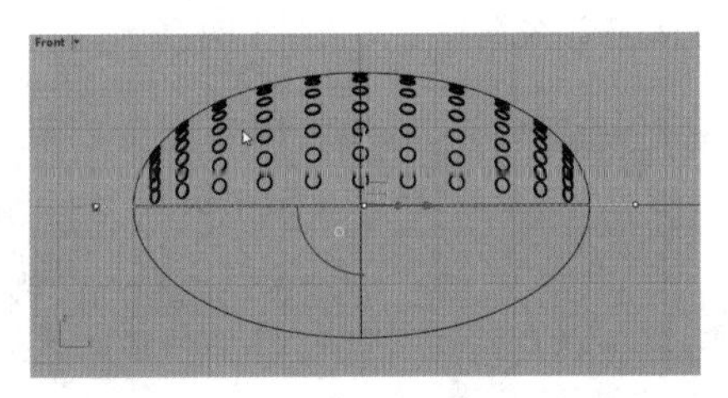

图5-77

07 单击“分割/以结构线分割曲面”工具，用上一步绘制的直线对运算后的椭圆体进行分割，然后将下半部分隐藏，如图5-78和图5-79所示。

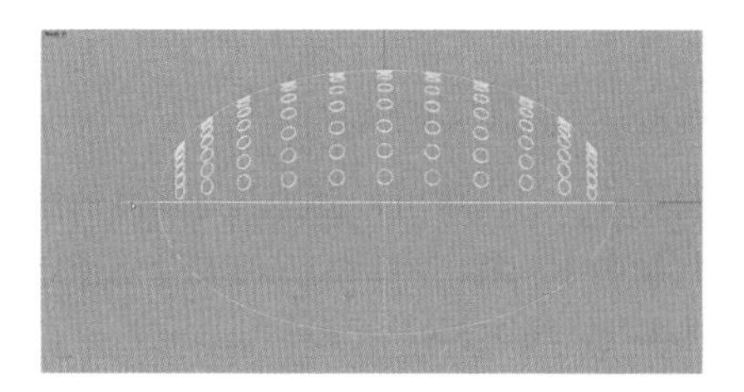

图5-78

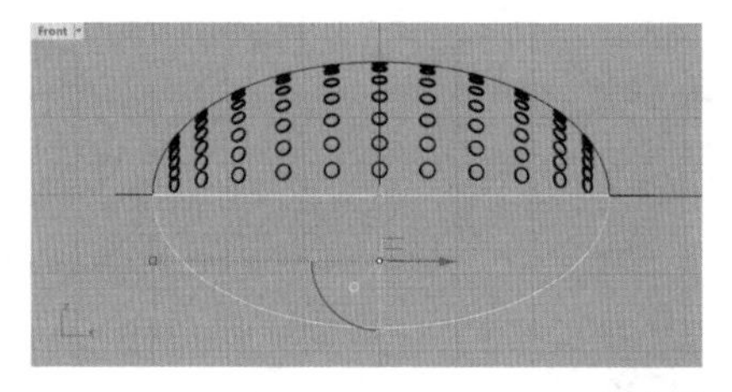

图5-79

08 在“建立曲面”工具面板中单击“彩带”工具，将图5-80所示的边向内挤出一个曲面，然后对这个曲面进行镜像复制。

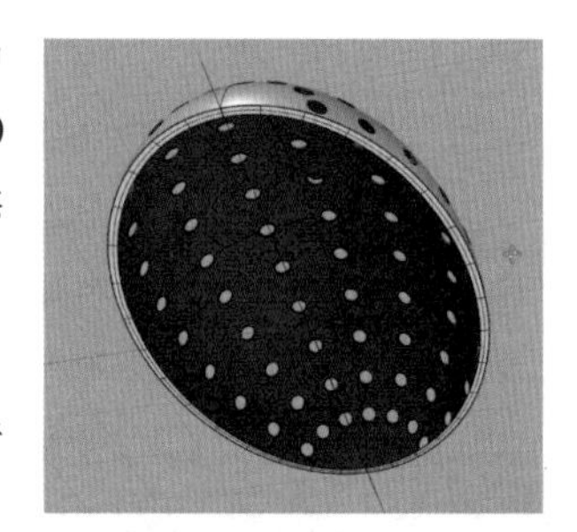

图5-80

09 单击“曲面圆角”工具，对挤出的椭圆体曲面的边缘进行圆角处理，设置圆角半径为0.2，结果如图5-81所示。

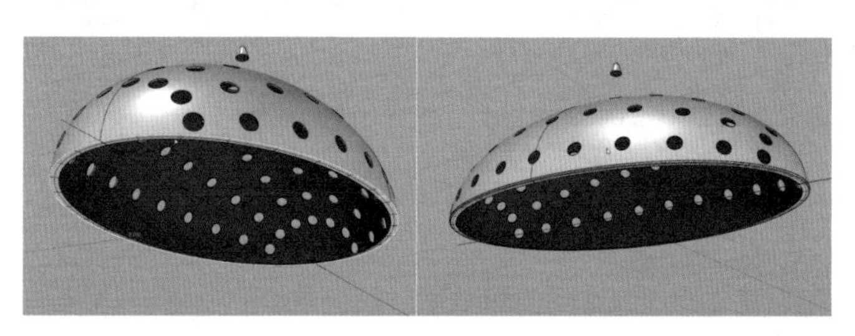

图5-81

10 将隐藏的半球显示出来，然后进行同样的圆角操作，效果如图5-82所示。

11 使用“抛物面锥体”工具，建立一个细长的抛物面锥体，使用操作轴对其进行旋转移动，并镜像复制至四个对角位置，最终效果如图5-83所示。

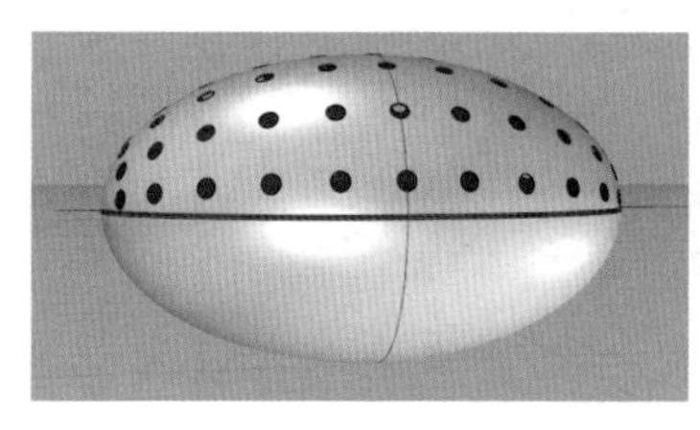

图5-82

图5-83

★重点★

5.2.6 圆锥体

默认创建圆锥体需要指定3个点，第1点指定底面圆心，第2点指定底面半径，第3点指定圆锥体的高度，如图5-84所示。

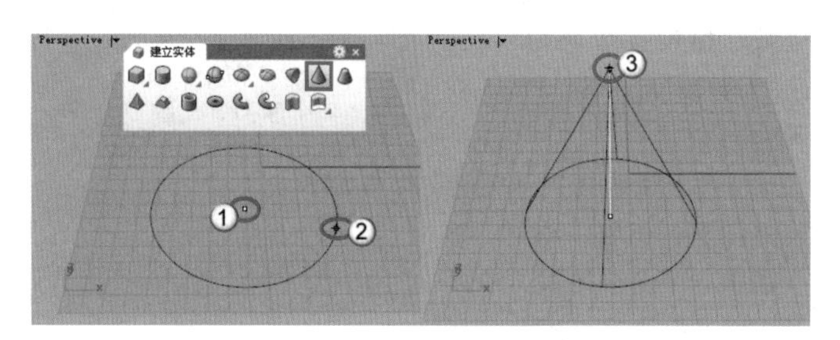

图5-84

5.2.7 平顶锥体

把圆锥体的顶部去掉一部分，得到的就是平顶锥体。平顶锥体的创建方法与圆锥体大致相似，区别在于前者指定锥体的高度后还需要指定顶面的半径，如图5-85所示。

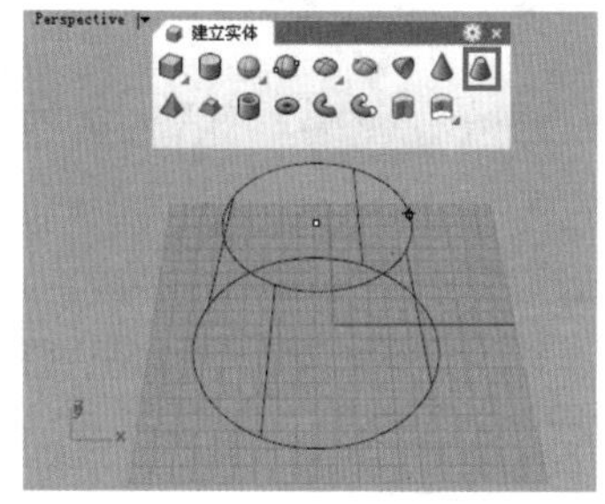

图5-85

知识链接

圆锥体与平顶锥体具有和圆柱体一样的命令选项，读者可以参考本章前面的5.2.2小节。

技巧与提示

Rhino中同类型的工具可能会具有部分相同的命令选项，因此前面介绍过的命令选项后面不再重复介绍。

5.2.8 棱锥体

棱锥体在Rhino中被称作“金字塔”，是以多边形底面和高度建立的实体棱锥。

启用“棱锥”工具，指定棱锥底面的中心点，再指定一个角，然后指定顶点，如图5-86所示。

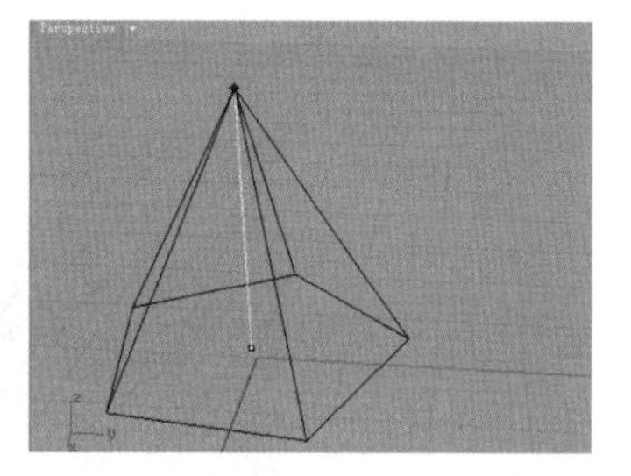

图5-86

棱锥体的创建方法类似于圆锥体，不同的是要确定锥体底面的边数，默认设置的边数是5，因此创建出来的就是五棱锥体。可以通过命令选项修改边数，如图5-87所示。

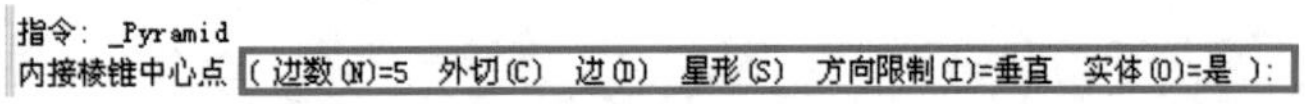

指令: _Pyramid
内接棱锥中心点 (边数(N)=5 外切(C) 边(D) 星形(S) 方向限制(I)=垂直 实体(O)=是):

图5-87

命令选项介绍

边数：设置锥体底面的边数，如设置边数为8，创建的棱锥体效果如图5-88所示。

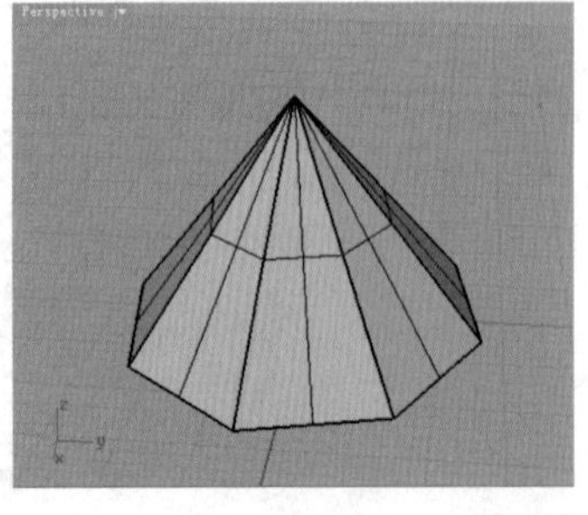

图5-88

外切：默认情况下创建棱锥体是先指定中心点，然后指定一个角，如图5-89所示；而“外切”方式是先指定中心点，再指定锥体底边的中点，如图5-90所示。

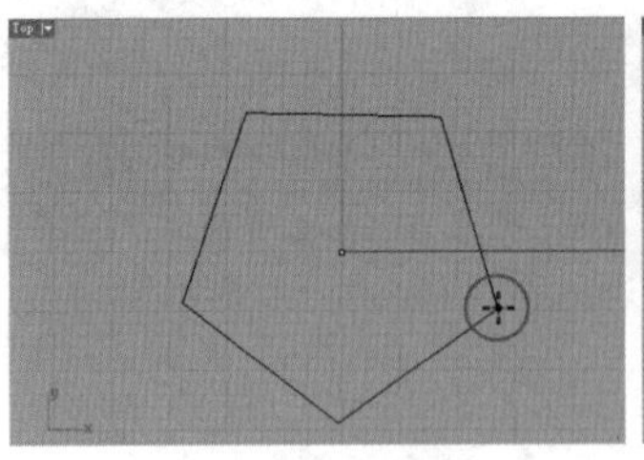

图5-89

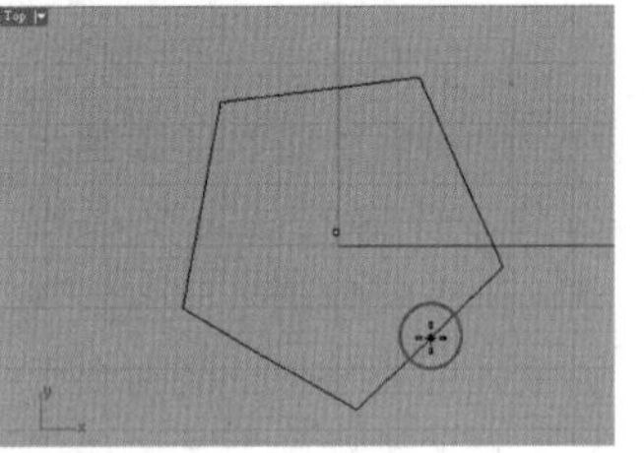

图5-90

> **技术专题：关于外切和内切**
>
> 这里详细介绍一下外切和内切的概念，所谓外切，是指外切于圆，也就是多边形的每条边都与圆相切，如图5-91所示。而内切则是指内切于圆，也就是多边形的每个顶点都位于圆周上，如图5-92所示。
>
> 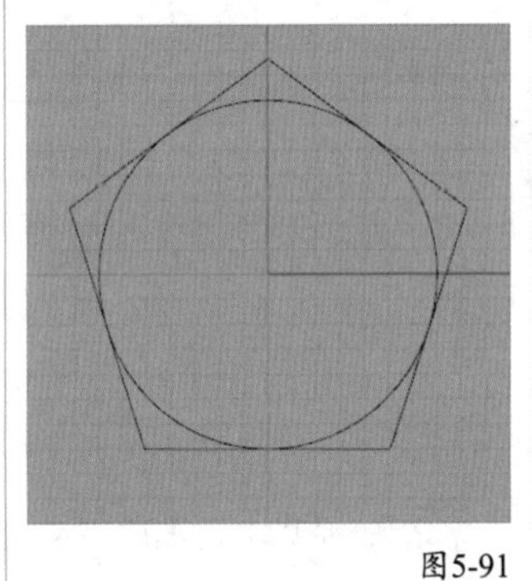
>
> 图5-91
>
> 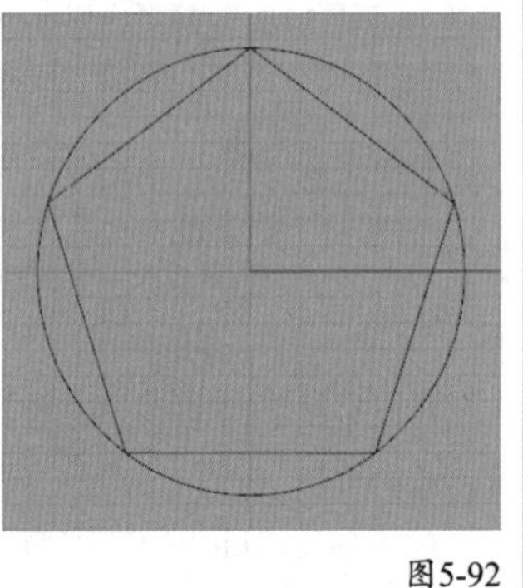
>
> 图5-92

星形：创建底面为星形的棱锥体，如图5-93所示。

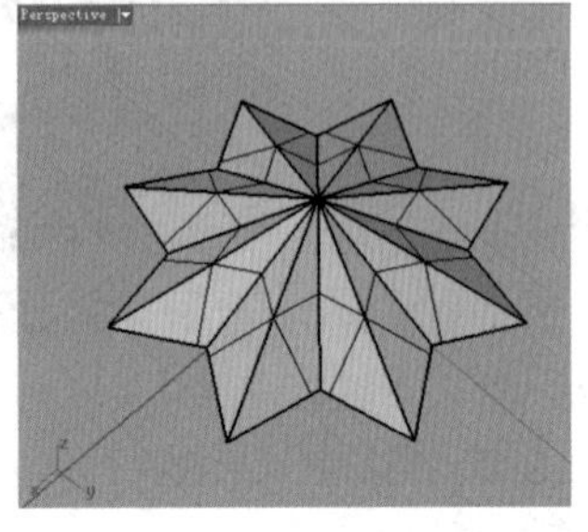

图5-93

★重点★

5.2.9 圆柱管

使用“圆柱管”工具可以创建具有厚度的圆管效果，操作方法和圆柱体基本一样，不同的是需要分别指定圆柱管的外圆半径和内圆半径，如图5-94所示。

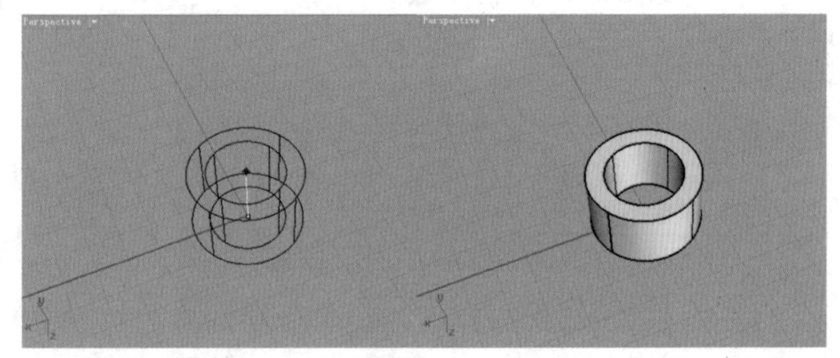

图5-94

★重点★

5.2.10 环状体

使用“环状体”工具可以建立类似游泳圈造型的环状体。启用该工具后，首先确定环状体中心点，然后依次指定环状体的两个半径，得到环状体模型，如图5-95所示。

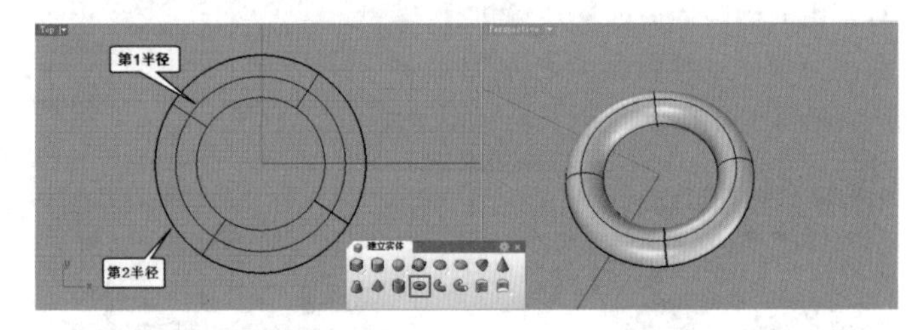

图5-95

> **知识链接**
>
> 圆柱管与环状体具有和圆柱体一样的命令选项，读者可以参考本章前面的5.2.2小节。

★重点★

5.2.11 圆管

Rhino中建立圆管的工具有两个，一是“圆管（平头盖）”工具，另一个是“圆管（圆头盖）”工具。这两个工具的区别在于建立的圆管端面是平头盖还是圆头盖，如图5-96所示。

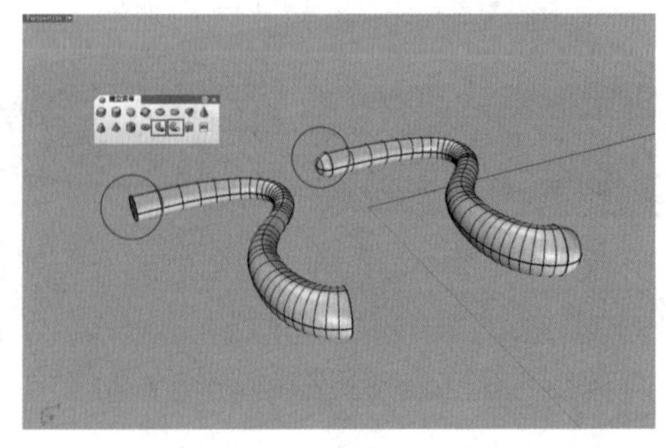

图5-96

“圆管（平头盖）”工具和“圆管（圆头盖）”工具是沿着已有曲线建立一个圆管，启用工具后根据命令提示先选择要建立圆管的曲线，然后依次指定曲线起点和终点处的截面圆（通过指定半径来定义截面圆），接着可以在曲线上其余位置继续指定不同半径的截面圆（可以指定多个），如图5-97所示，定义好截面圆后，按Enter键或单击鼠标右键，即可根据截面圆建立圆管模型，如图5-98所示。

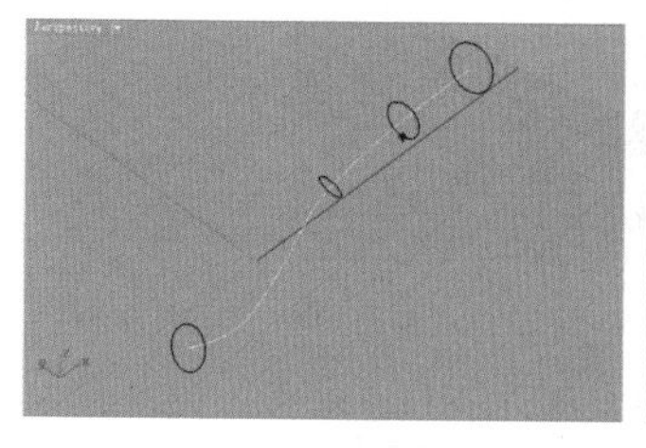

图5-97

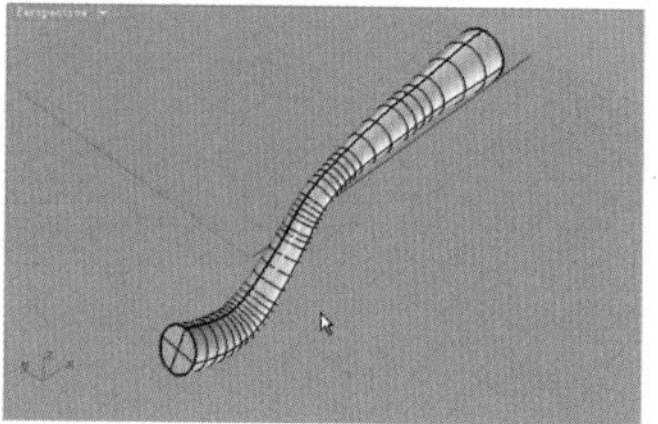

图5-98

如果创建圆管的曲线是条封闭曲线，那么圆管的起点半径等于终点半径（圆管起点截面圆与终点截面圆重合）。例如，以圆为曲线创建圆管，如图5-99所示。图中红色方框内的圆就是圆管起点处和终点处的截面圆，建立的圆管模型，效果如图5-100所示。

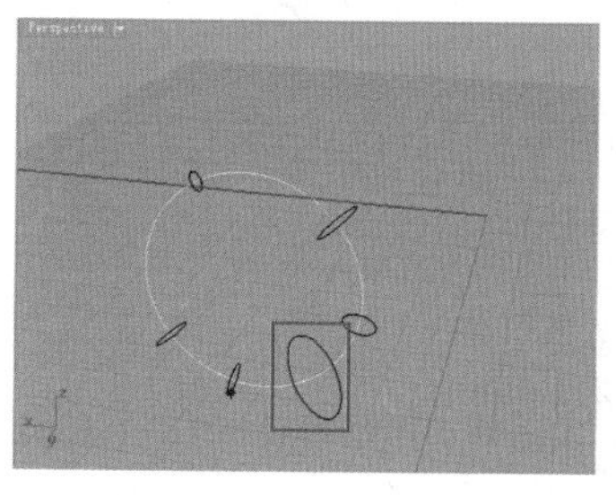

图5-99

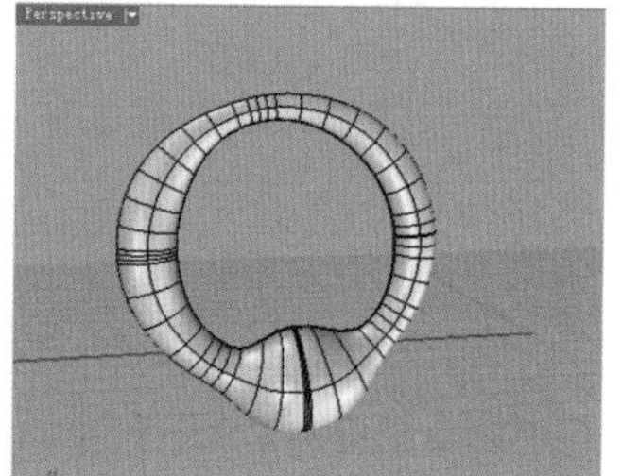

图5-100

在创建圆管的过程中，命令行提示如图5-101所示。

```
指令: _Pipe
选取要建立圆管的曲线 ( 连锁边缘(C)  数条曲线(M) ): _Pause
选取要建立圆管的曲线 ( 连锁边缘(C)  数条曲线(M) ):
起点半径 <10.000> ( 直径(D)  有厚度(T)=否  加盖(C)=圆头  渐变形式(S)=局部  正切点不分割(F)=否 ): _Cap=_Round
起点半径 <10.000> ( 直径(D)  有厚度(T)=否  加盖(C)=圆头  渐变形式(S)=局部  正切点不分割(F)=否 ): _Thick=_No
起点半径 <10.000> ( 直径(D)  有厚度(T)=否  加盖(C)=圆头  渐变形式(S)=局部  正切点不分割(F)=否 ):
终点半径 <20.000> ( 直径(D)  渐变形式(S)=局部  正切点不分割(F)=否 ):
设置半径的下一点，按 Enter 不设置:
```

图5-101

命令选项介绍

直径：默认是以半径的方式定义截面圆，单击该选项可以切换为直径方式。

有厚度：如果设置该选项为“是”，可以设置圆管的厚度，此时每一个截面都需要指定两个半径（圆管内外壁半径），如图5-102所示。

加盖：通过这个选项可以切换圆管端面的加盖方式，包含“平头”“圆头”“无”3种方式。当设置为“无”时，得到的是一个中空的圆管，如图5-103所示。

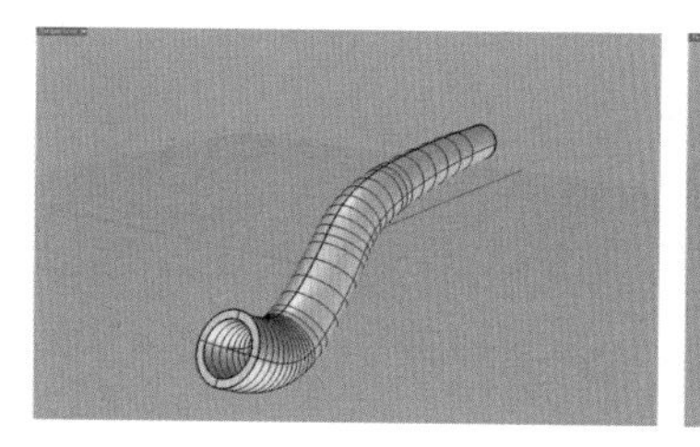

图5-102

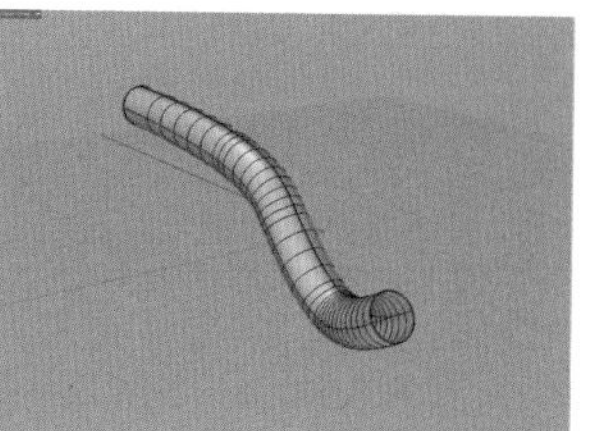

图5-103

重点实战

利用圆管制作流线戒指

场景位置	无
实例位置	实例文件>第5章>实战——利用圆管制作流线戒指.3dm
视频位置	第5章>实战——利用圆管制作流线戒指.mp4
难易指数	★★☆☆☆
技术掌握	掌握创建圆管的方法

本例制作的流线戒指效果如图5-104所示。

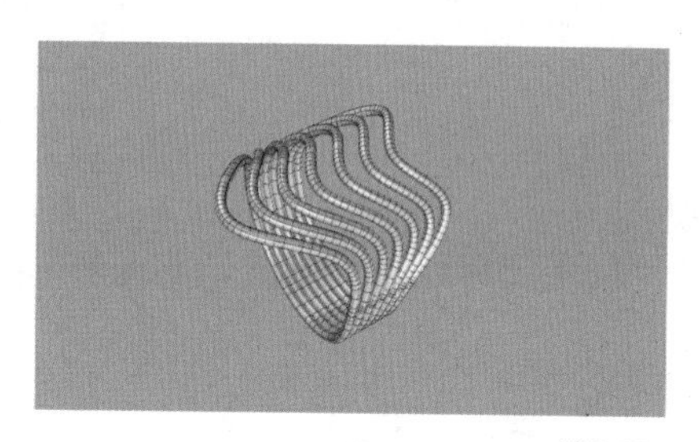

图5-104

01 使用“圆：可塑性的”工具在Front（前）视图中创建一个圆，如图5-105所示。

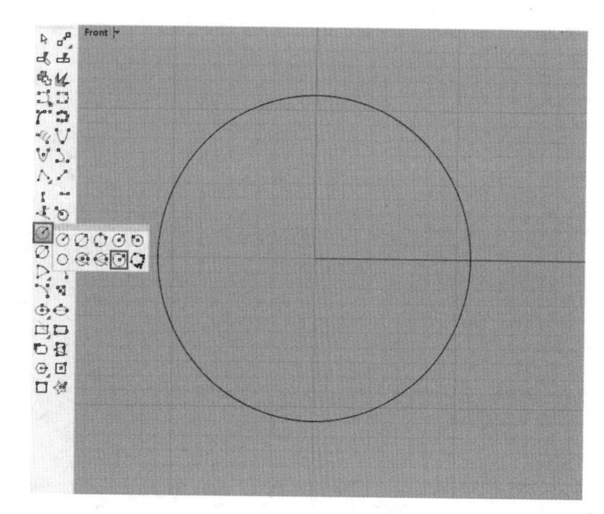

图5-105

02 选取上一步绘制的圆，通过调整控制点对圆进行塑形和移动，如图5-106所示。

03 对上一步调整后的曲线进行镜像复制，并继续通过控制点调整复制图形的形态，如图5-107所示。

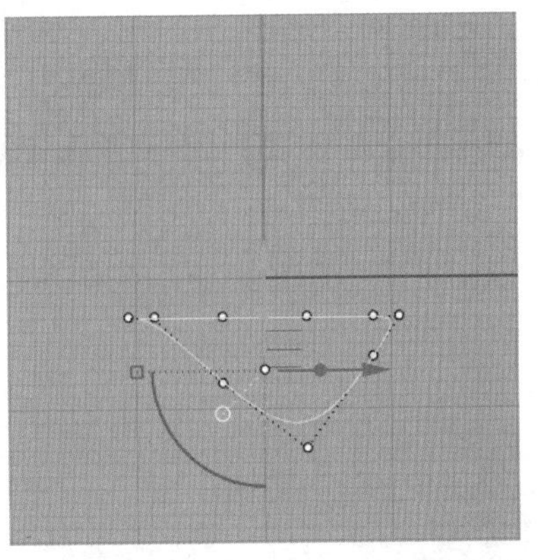

图5-106

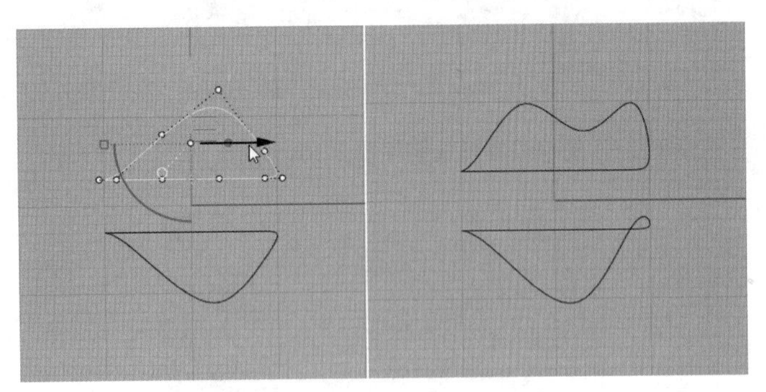

图5-107

04 使用“在两条曲线之间建立均分曲线”工具，选取前面得到的两条曲线，在命令栏中设定“数目=5”，效果如图 5-108 所示。

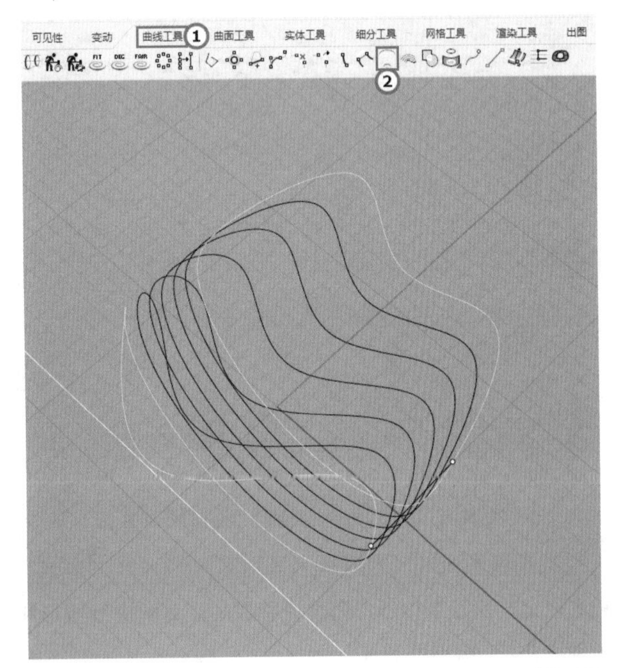

图5-108

05 在“实体工具”工具面板中使用“圆管”工具，选取所有曲线，设定“圆管半径 =0.5”，这样就完成了流线戒指的建模，如图 5-109 所示。

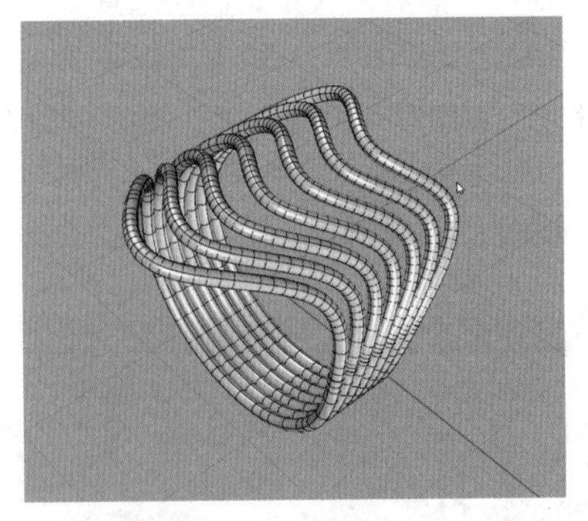

图5-109

5.3 创建挤出实体

在“建立实体”工具面板中长按“挤出曲面”工具，调出“挤出建立实体”工具面板，这里为用户提供了 11 种创建挤出实体的工具，如图 5-110 所示。

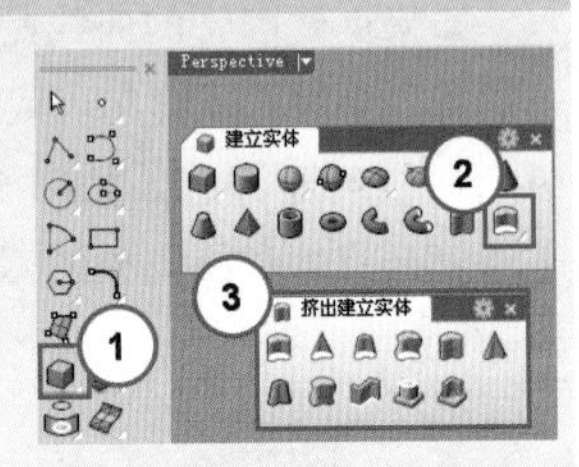

图5-110

★重点★

5.3.1 挤出曲面

“挤出曲面”工具和“实体工具”工具面板中的“挤出面 / 沿着路径挤出面”工具是同一个工具，如图 5-111 所示。这两个工具可以挤出单一曲面，也可以挤出实体模型上的曲面。操作方法比较简单，选择需要挤出的曲面，然后指定挤出距离即可，如图 5-112 所示。

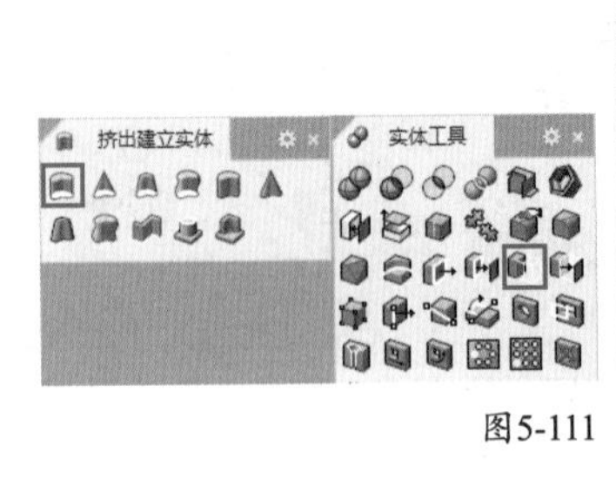

图5-111

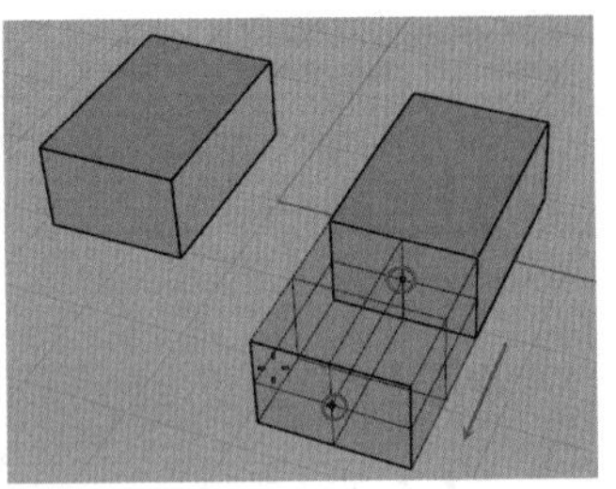

图5-112

5.3.2 挤出曲面至点

使用“挤出曲面至点”工具可以将曲面往指定的方向挤出至一点，形成锥体。

如图 5-113 所示的曲面，启用“挤出曲面至点”工具后，选择该曲面，并单击鼠标右键，然后在 Front（前）视图中指定一点，得到挤出的实体模型，如图 5-114 所示。

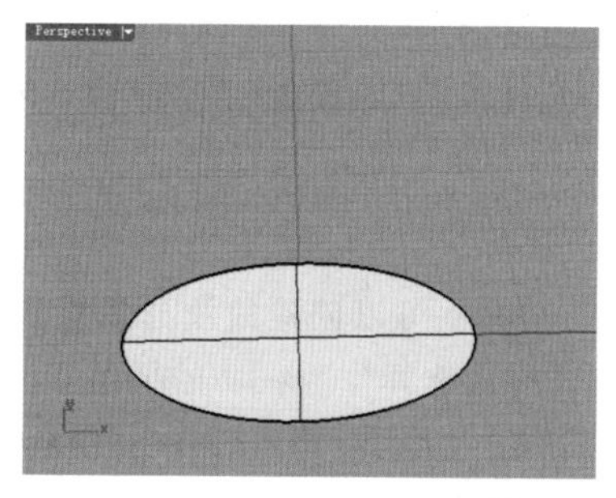

图5-113

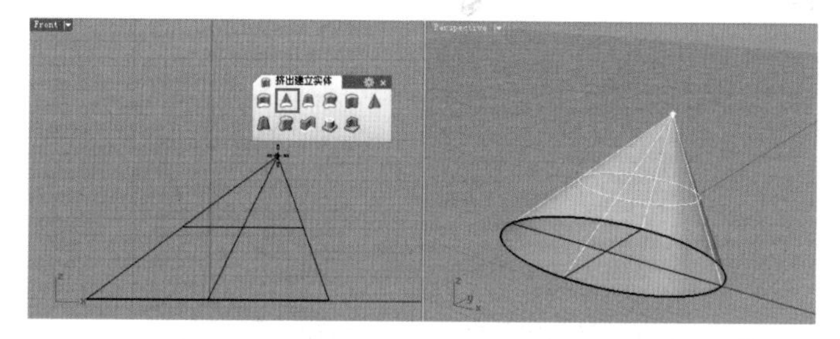

图5-114

★重点★

5.3.3 挤出曲面成锥状

使用“挤出曲面成锥状”工具可以将曲面挤出成为锥状的多重曲面。启用该工具后，首先选择需要挤出的曲面，并按 Enter 键确认，此时将看到图 5-115 所示的命令选项。

挤出长度 < 20> (方向(D) 拔模角度(R)=5 实体(S)=是 角(C)=锐角 删除输入物件(L)=否 反转角度(F) 至边界(T) 设定基准点(B)):

图5-115

命令选项介绍

方向：指定挤出的方向，默认是往工作平面的垂直方向挤出，如图 5-116 所示。

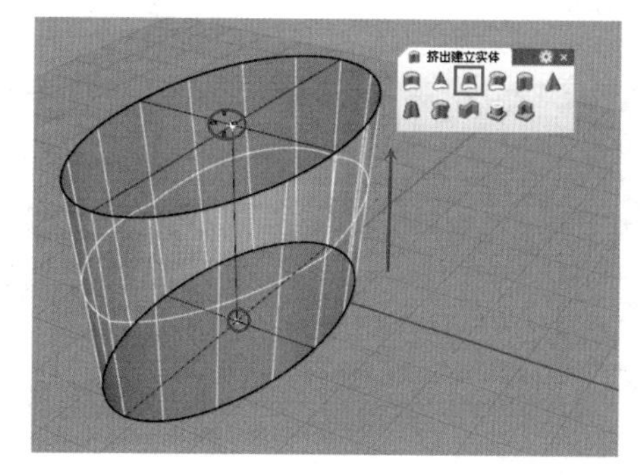

图5-116

拔模角度：设置挤出曲面的拔模角度，也就是锥状化的角度。当拔模角度为正值时，挤出的曲面外展，如图 5-117 所示；当拔模角度为负值时，挤出的曲面内收，如图 5-118 所示。

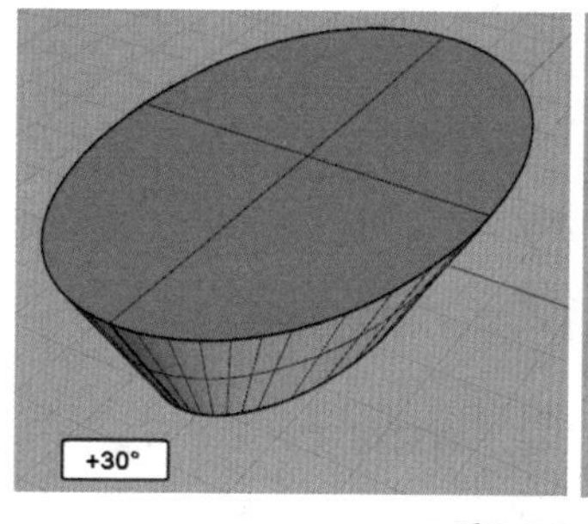

图5-117

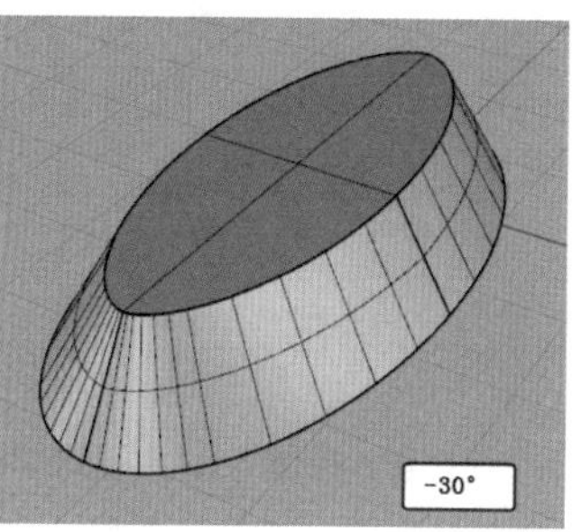

图5-118

★重点★

5.3.4 沿着曲线挤出曲面

使用“沿着曲线挤出曲面 / 沿着副曲线挤出曲面”工具，可以将曲面沿着路径曲线挤出建立实体，因此使用该工具需要有一条曲线和一个曲面。

图 5-119 中有一条曲线和一个椭圆面。启用“沿着曲线挤出曲面 / 沿着副曲线挤出曲面”工具，然后选择椭圆形曲面，并按 Enter 键确认，接着选择曲线，得到图 5-120 所示的实体模型。

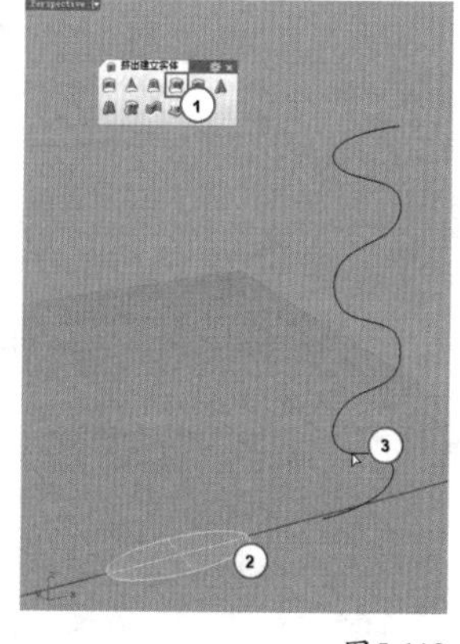

图5-119

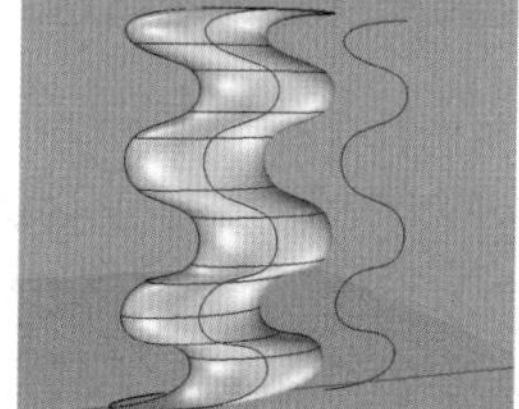

图5-120

★重点★

5.3.5 以多重直线挤出成厚片

使用“以多重直线挤出成厚片”工具，可以将曲线偏移、挤出并加盖建立实体模型。启用该工具后，选择一条需要挤出的曲线，然后指定曲线偏移的距离和方向，建立带状的封闭曲线，如图 5-121 所示，接着指定挤出高度，挤出成为转角处斜接的实体，如图 5-122 所示。

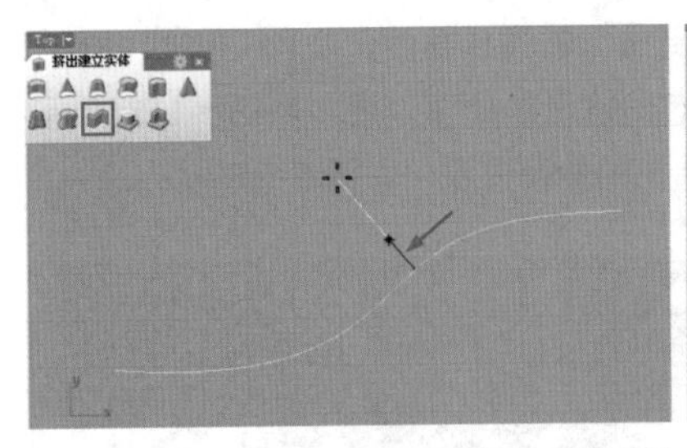

图5-121

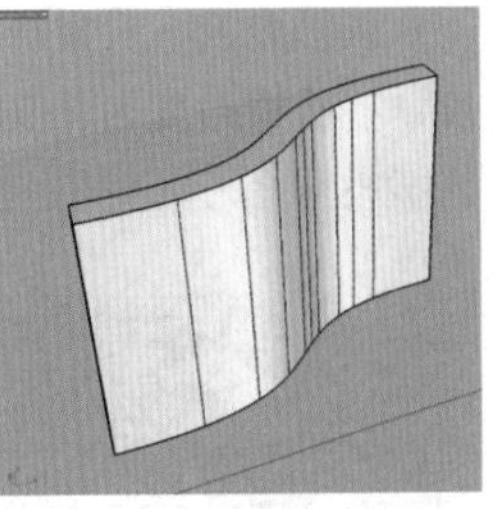

图5-122

5.3.6 凸毂

使用“凸毂”工具可以通过平面曲线在曲面或多重曲面上建立凸缘。该工具的用法比较简单，启用工具后，首先选取平面曲线（必须是封闭曲线），然后按 Enter 键确认，接着选择一个曲面或多重曲面作为边界即可。曲线会以其所在工作平面的垂直方向挤出至边界曲面，边界曲面会被修剪并与曲线挤出的曲面组合在一起。

根据平面曲线与多重曲面位置的不同，能够创建出两种实体。一种是曲线位于边界物件内，如球体中的圆形曲线，此时会在边界物件上挖出一个洞，如图 5-123 所示；另一种是曲线位于边界物件外，建立凸毂后的效果如图 5-124 所示。

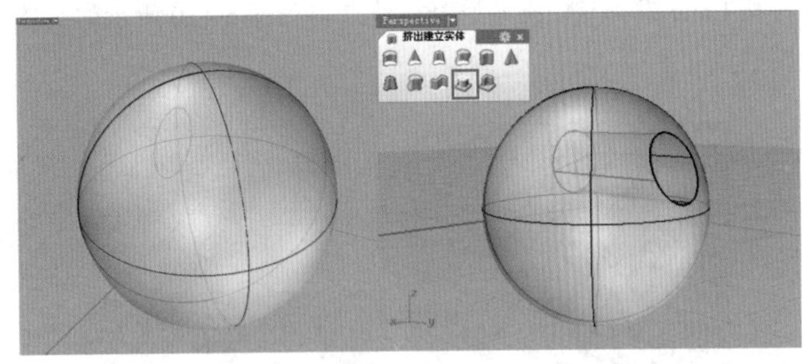

图5-123

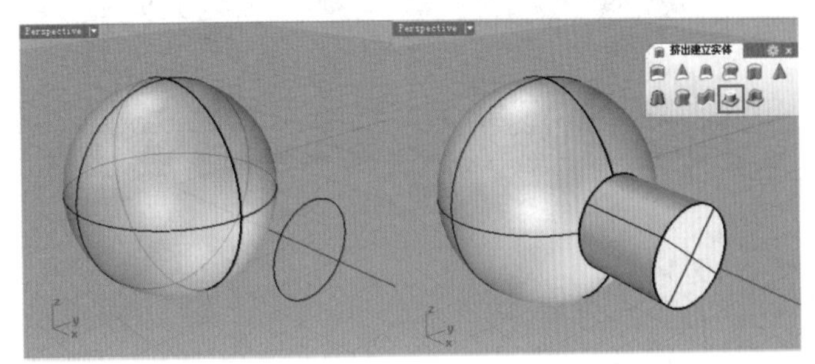

图5-124

“凸毂”工具有两种模式，一种是“直线”，另一种是“锥状”，如图 5-125 所示。

指令：_Boss
选取要建立凸缘的平面封闭曲线（模式(M)=直线）：模式=锥状
选取要建立凸缘的平面封闭曲线（模式(M)=锥状 拔模角度(D)=0）：

图5-125

命令选项介绍

直线：零角度挤出。

锥状：可以通过设置“拔模角度”挤出锥状化的模型。

5.3.7 肋

使用“肋”工具可以创建曲线与多重曲面之间的肋。启用该工具后，首先选择作为柱肋的平面曲线，并按 Enter 键确认，然后选取一个边界物件，此时系统会自动将曲线挤出成曲面，接着往边界物件挤出，并与边界物件结合，如图 5-126 所示。

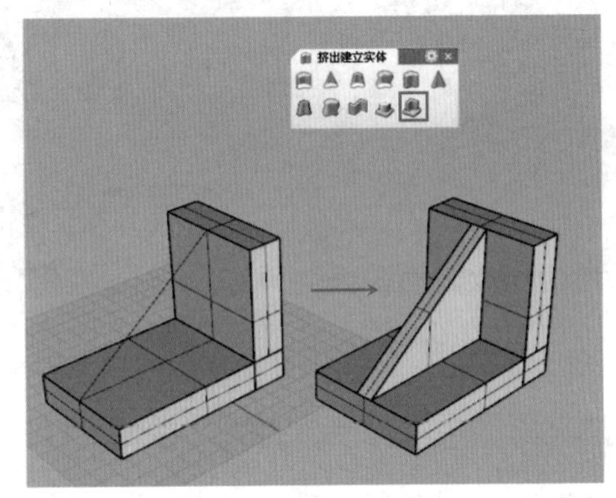

图5-126

创建肋模型时，将会看到图 5-127 所示的命令选项。

指令：_Rib
选取要做柱肋的平面曲线 <1.000>（偏移(O)=曲线平面 距离(D)=1 模式(M)=直线）：

图5-127

命令选项介绍：

偏移：用于指定曲线偏移的模式，有“曲线平面”和“与曲线平面垂直”两种模式。

曲线平面：曲线为肋的平面轮廓时，通常使用这种模式，如图 5-128 所示。

图5-128

与曲线平面垂直：曲线为肋的侧面轮廓时，通常使用这种模式，如图 5-129 所示。

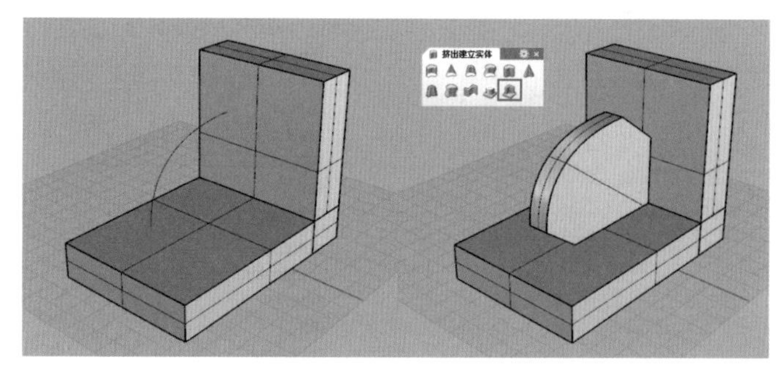

图5-129

距离：设定曲线的偏移距离，也就是肋的厚度。

模式：同样有“直线”和“锥状”两种模式。

重点 实战

利用凸毂和肋制作机械零件

场景位置	无
实例位置	实例文件>第5章>实战——利用凸毂和肋制作机械零件.3dm
视频位置	第5章>实战——利用凸毂和肋制作机械零件.mp4
难易指数	★★★☆☆
技术掌握	掌握凸毂和肋的创建方法

本例制作的机械零件效果如图 5-130 所示。

图5-130

01 使用“圆柱体”工具在 Perspective（透视）视图中创建一个圆柱体，如图 5-131 所示。

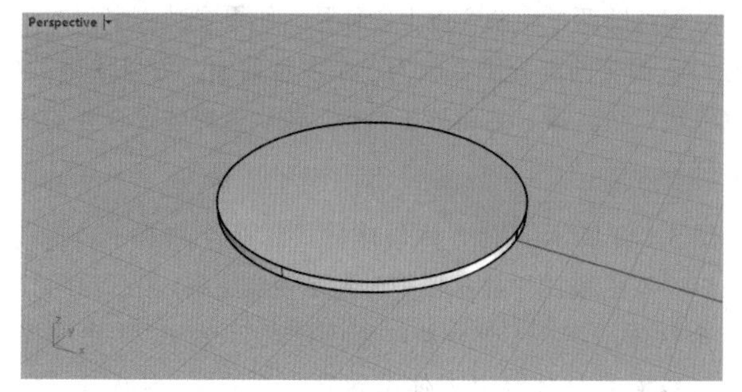

图5-131

02 使用“圆：中心点、半径”工具，在 Top（顶）视图中绘制圆，然后在 Perspective（透视）视图中指定圆的高度，如图 5-132 所示。

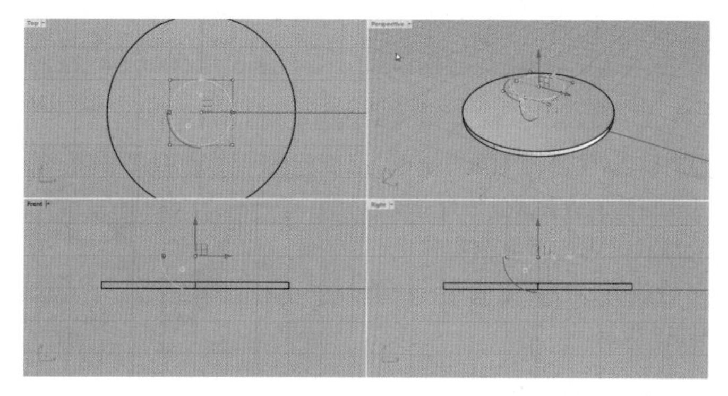

图5-132

03 使用“凸毂”工具，选取上一步得到的圆，指定圆柱体的上表面为边界，得到图 5-133 所示的凸毂造型。

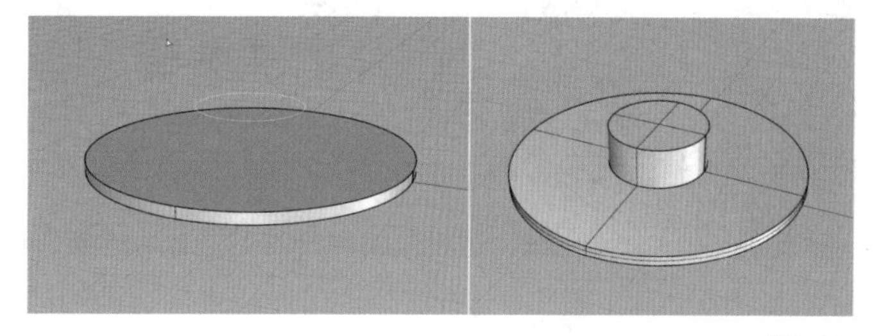

图5-133

04 开启“子物件”模式，选取凸毂基部的边缘，使用操作轴向上移动，效果如图 5-134 所示。

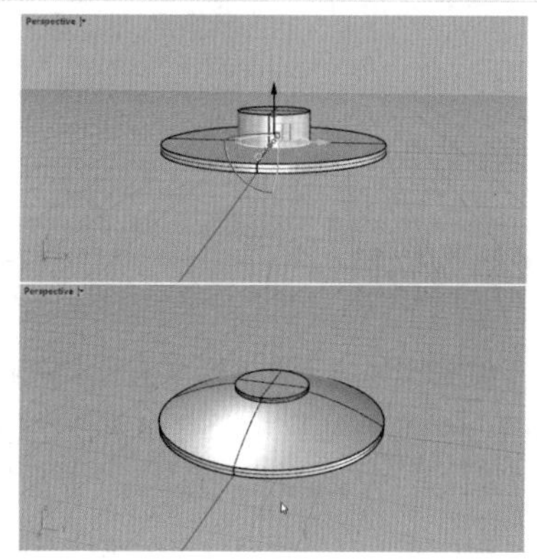

图5-134

05 在“曲线工具”工具面板中，使用“圆弧：起点、终点、通过点”工具绘制一条弧线，如图 5-135 所示。在“变动”面板中使用“环形阵列”工具，以圆柱体上面圆的圆心为阵列轴中心，设定“阵列数 =4”，结果如图 5-136 所示。

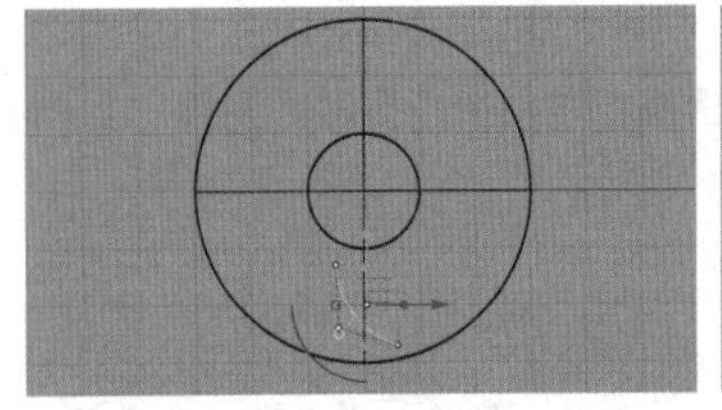

图5-135

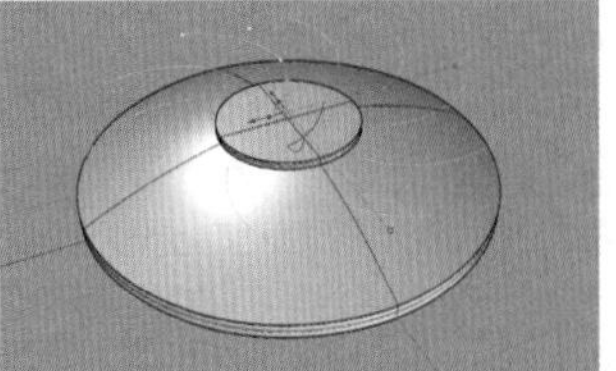

图5-136

06 使用“肋”工具，选取上一步得到的所有圆弧作为生成肋的曲线，再选择底盘物体上凸起的鼓面为边界生成肋，如图5-137所示。

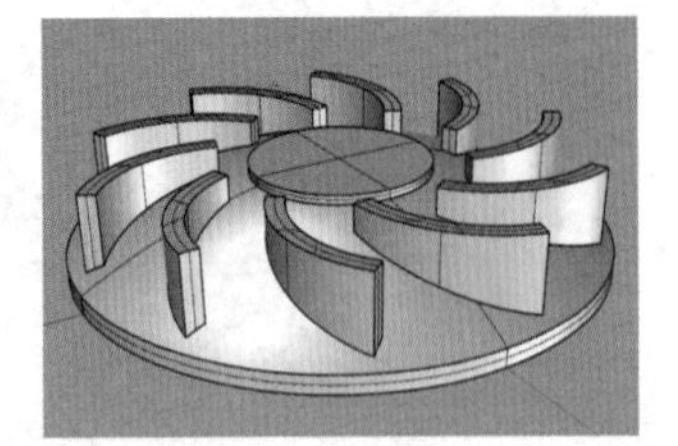

图5-137

07 使用“圆：中心点、半径”工具再绘制一个圆形，并将其移动至图5-138所示的位置。

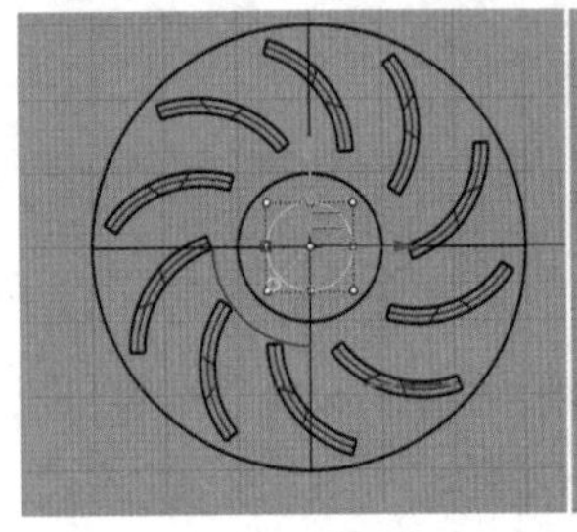

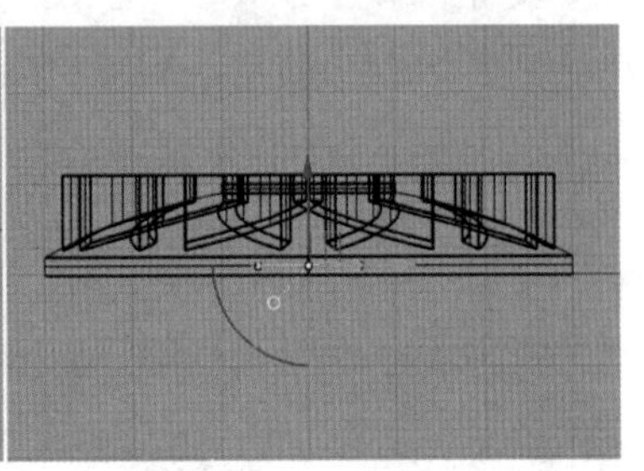

图5-138

08 再次使用“凸毂”工具，选取上一步绘制的圆形，选择底盘中部的上表面，生成中心凹槽，如图5-139所示。

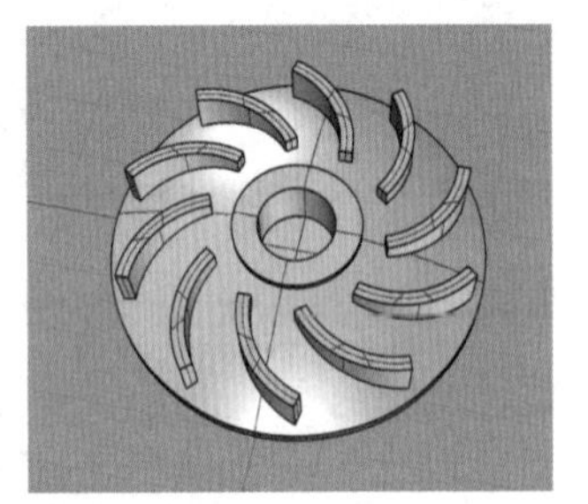

图5-139

5.4 实体编辑

Rhino用于编辑实体的工具主要位于“实体工具”选项卡和“实体工具”工具面板内，如图5-140和图5-141所示。

在“实体”菜单下也可以找到对应的菜单命令，如图5-142所示。

图5-140

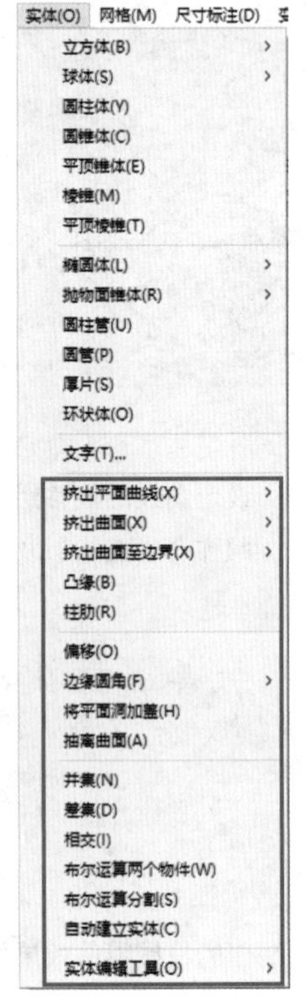

图5-141 图5-142

★重点★

5.4.1 布尔运算

在“实体工具”工具面板内，前4个工具都用于对实体模型进行布尔运算，如图5-143所示。下面分别进行介绍。

图5-143

布尔运算联集

对相交的两个或两个以上的物件，如果要减去交集的部分，同时以未相交的部分组合成为一个多重曲面，可以使用“布尔运算联集”工具。启用该工具后，依次选择需要合并的物件，然后按Enter键即可。

图5-144所示的立方体与球体，这两个物件有一部分相交，以“着色模式”显示模型时，从视觉上看，立方体与球体是一个整体；其实不然，将“着色模式”改为“半透明模式”后，可以看到球体与立方体是独立完整的两个物体，立方体伸入球体的部分及球体伸入立方体的部分都存在，如图5-145所示。

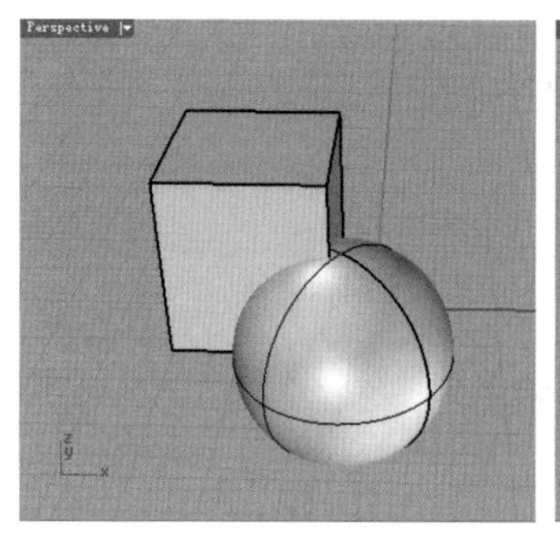
图5-144

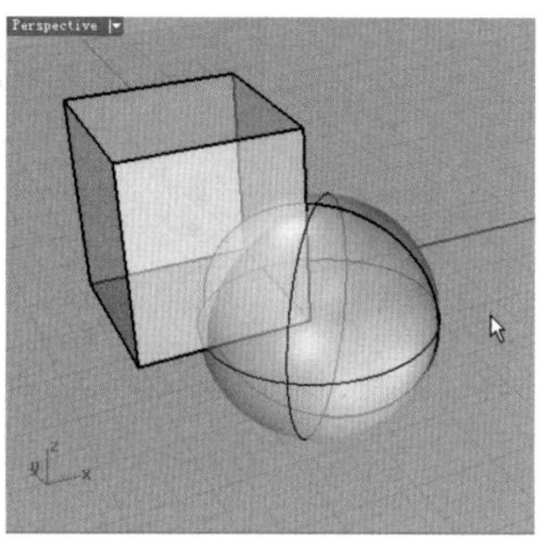
图5-145

使用“布尔运算联集”工具对球体和立方体进行并集运算后，这两个物件就成了一个物体，如图 5-146 和图 5-147 所示。比较图 5-146 和图 5-144，运算前后的视觉效果基本一致，只是运算后的物体相交的位置多了一条边线；再来比较图 5-147 和图 5-145，可以看到原先伸入对方体内的部分已经被减去。这说明经过布尔运算后，原则上已经不存在立方体与球体，因为立方体与球体相交的部分被减去，而余下的部分合并成了一个新的物件。

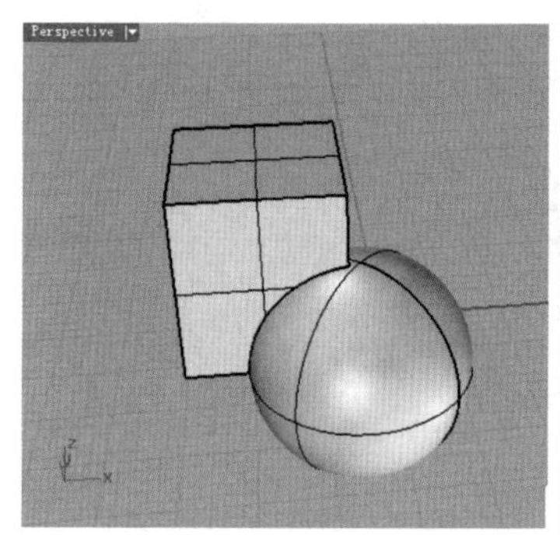
图5-146

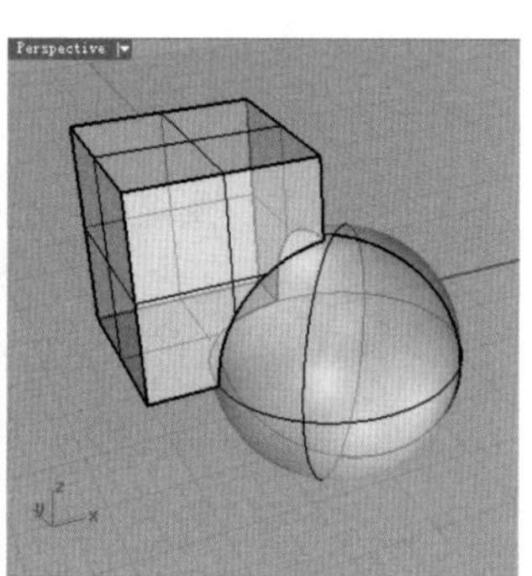
图5-147

疑难问答

问：如何区分相交两物体是否经过布尔运算联集？

答：上面分析了运算前后的差别，但使用上面介绍的方法来区分是否经过布尔运算联集显得烦琐一些。这里介绍一种更简便的方法，对物件进行布尔运算联集后，直接单击其中一个物件，如果同时选中参与运算的物件，那么表示运算成功；如果只选中了该物件，那么表示运算不成功。

布尔运算差集

与布尔运算联集相反，如果从两个相交的物件中减去其中一个物件和相交的部分，可以使用“布尔运算差集”工具。

启用“布尔运算差集”工具后，首先选择被减物体，然后按 Enter 键确认，接着选择起剪刀作用的物体，按 Enter 键完成差集运算。如图 5-148 所示的立方体和球体，如果将球体从立方体中减去，那么先选择立方体作为被减物体，再选择球体作为剪刀，如图 5-149 所示；如果将立方体从球体中减去，那么先选择球体作为被减物体，再选择立方体作为剪刀，如图 5-150 所示。

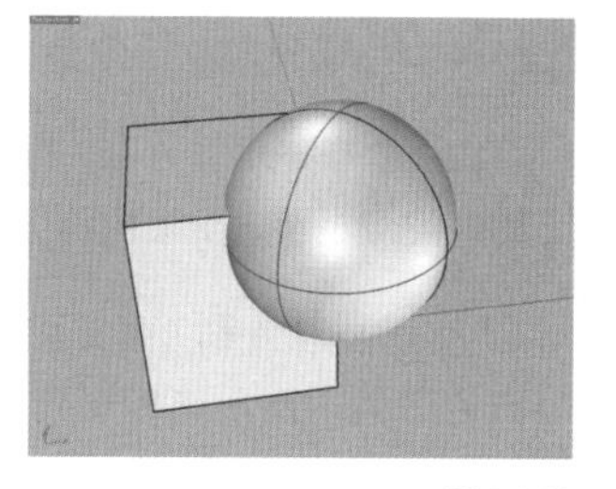
图5-148

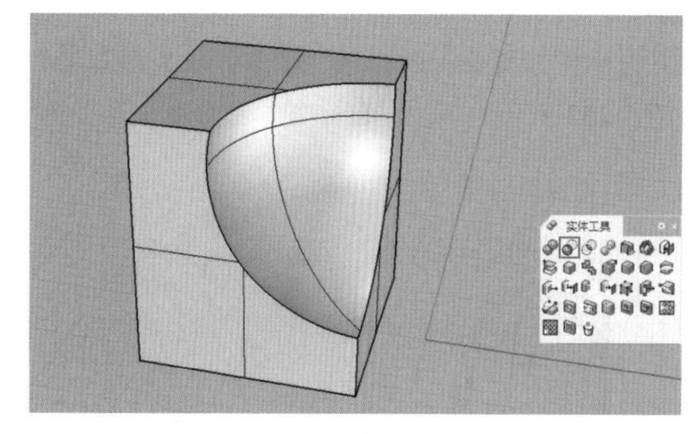
图5-149

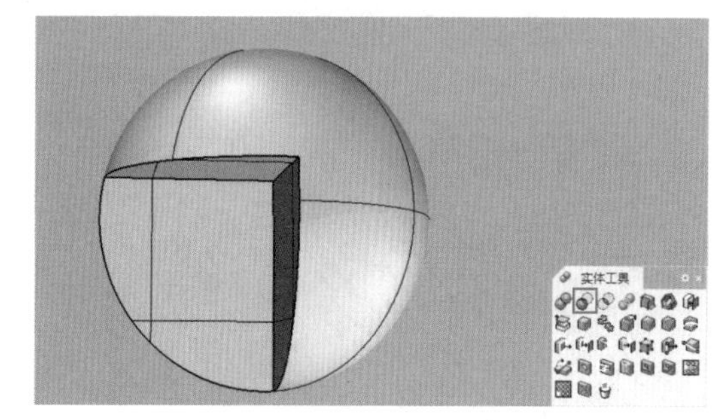
图5-150

布尔运算交集

使用“布尔运算交集”工具可以减去相交物件未产生交集的部分，保留交集的部分。该工具的用法同“布尔运算差集”工具相同，不过不需要区分物件的前后选择顺序。例如，对图 5-148 所示的球体和立方体进行交集运算，先选择一个物件，按 Enter 键确认，再选择另一个物件，同样按 Enter 键确认，得到立方体与球体相交部分的模型，如图 5-151 所示。

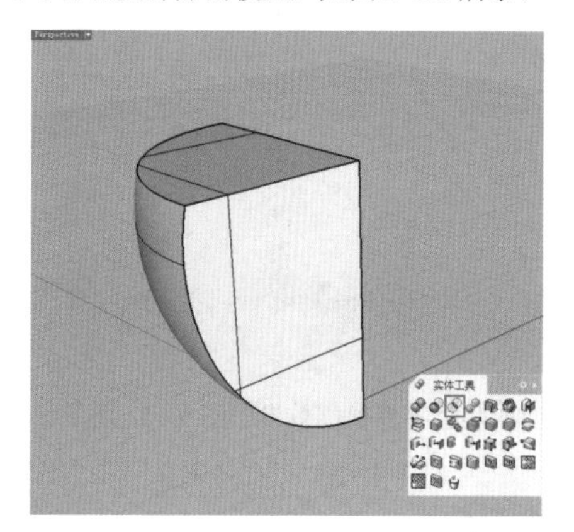
图5-151

布尔运算分割 / 布尔运算两个物件

使用“布尔运算分割 / 布尔运算两个物件”工具可以将相交物件的交集及未交集的部分分别建立多重曲面。

“布尔运算分割 / 布尔运算两个物件”工具有两种用法。单击该工具，然后选择要分割的物体，并按 Enter 键确认，接着选择起到切割作用的物体，最后按 Enter 键结束分割布尔运算。例如，对图 5-152 所示的立方体与球体进行布尔运算分割，将立方体作为要分割的物件，将球体作为切割用的物体，结果如图 5-153 所示，可以看到立方体被分割成两个部分。

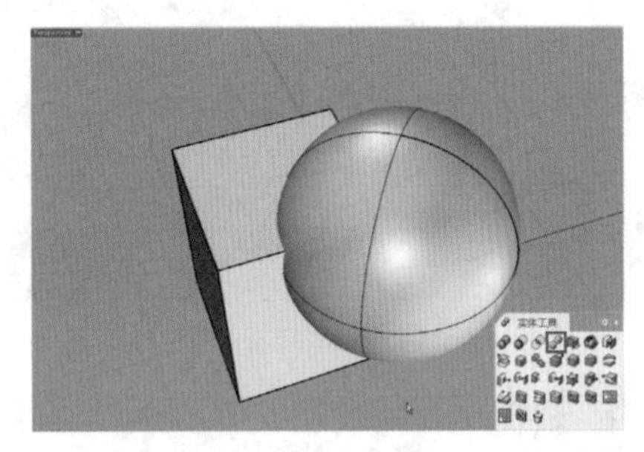

图5-152

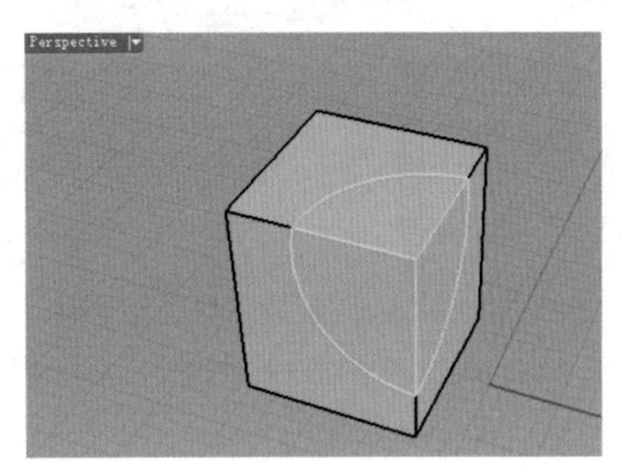

图5-153

“布尔运算分割 / 布尔运算两个物件”工具的右键功能集合了并集、差集和交集功能，右击该工具，然后选择需要进行布尔运算的物件，接着单击鼠标左键即可在 3 种运算结果之间切换，切换到需要的结果后，按 Enter 键完成操作。

重点实战

利用布尔运算创建实体零件模型

场景位置	无
实例位置	实例文件>第5章>实战——利用布尔运算创建实体零件模型.3dm
视频位置	第5章>实战——利用布尔运算创建实体零件模型.mp4
难易指数	★★☆☆☆
技术掌握	掌握标准体的创建方法和对实体模型进行差集运算的方法

本例创建的实体零件模型效果如图 5-154 所示。

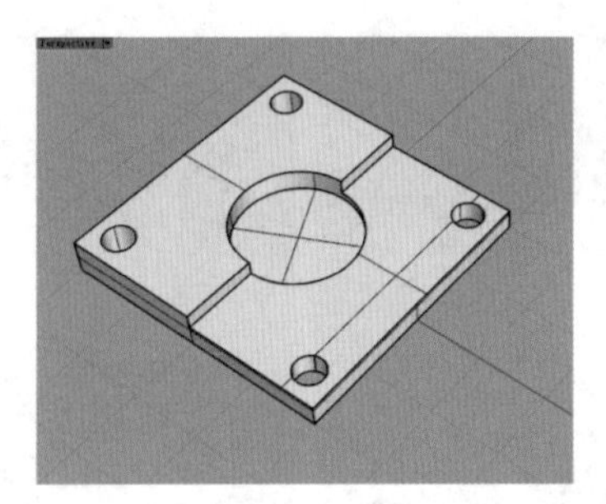

图5-154

01 单击“立方体：角对角、高度”工具，开启“锁定格点”功能，在 Top（顶）视图中指定立方体的底面尺寸，如图 5-155 所示，然后到 Perspective（透视）视图中指定立方体的高度，如图 5-156 所示。

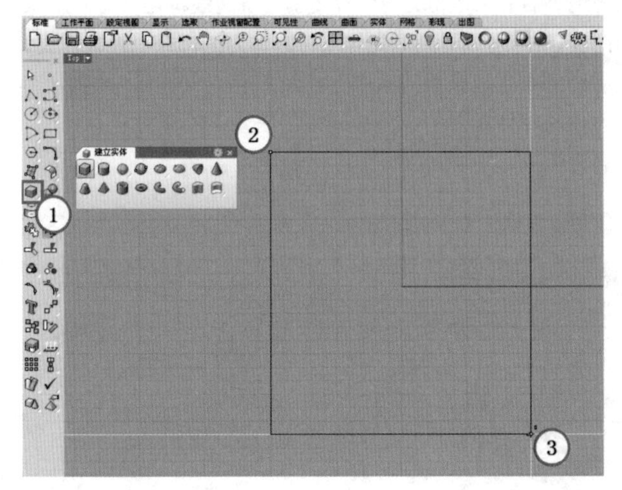

图5-155

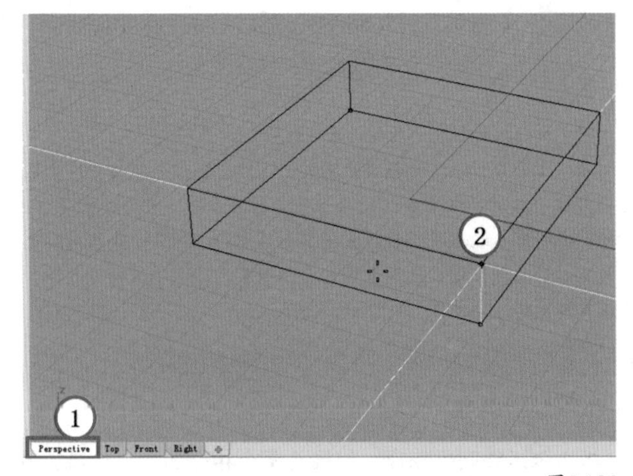

图5-156

02 使用同样的方式再创建一个立方体，如图 5-157 所示。

建立实体
1
2
Perspective
Top
Front
Right

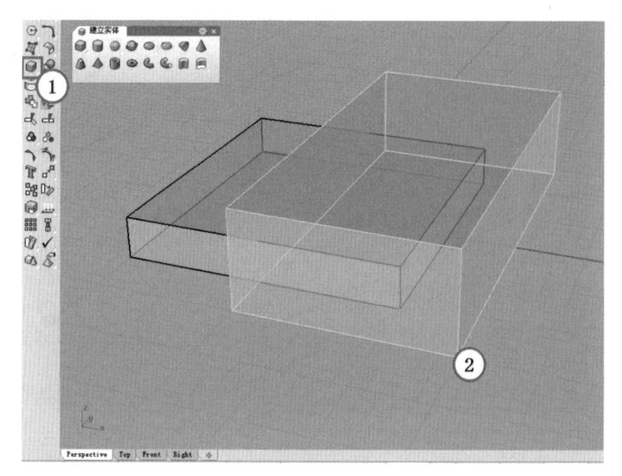

图5-157

03 使用“移动”工具在 Front（前）视图中将上一步创建的立方体移动到图 5-158 所示的位置，使其不超过第 1 个立方体的 2/3。

1
3
2

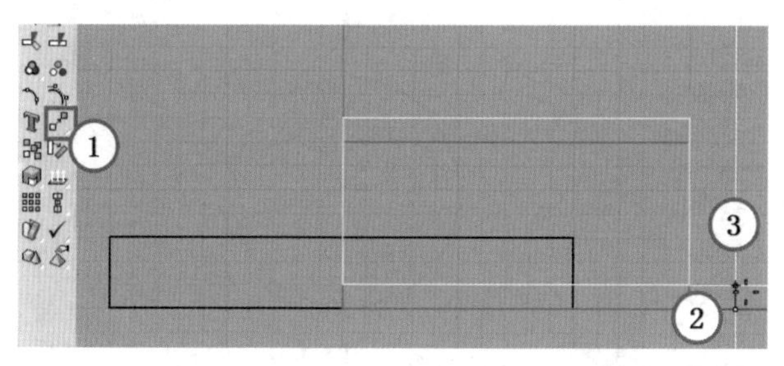

图5-158

04 单击“布尔运算差集”工具，然后选择底部的立方体作为被减物体，按 Enter 键确认后，选择上一步移动的立方体作为要减去的物体，再次按 Enter 键完成运算，结果如图 5-159 所示。

实体工具
2
1
3

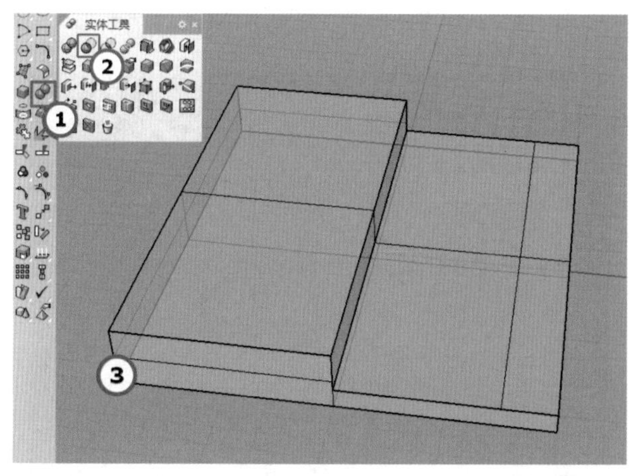

图5-159

05 单击“圆柱体”工具，在 Top（顶）视图中立方体的中心位置指定底面圆心和半径，如图 5-160 所示，然后在命令行中单击“两侧”选项，设置“两侧”为“否”，如图 5-161 所示，接着在 Perspective（透视）视图中指定圆柱体的高度，如图 5-162 所示。

建立实体
2
1
3

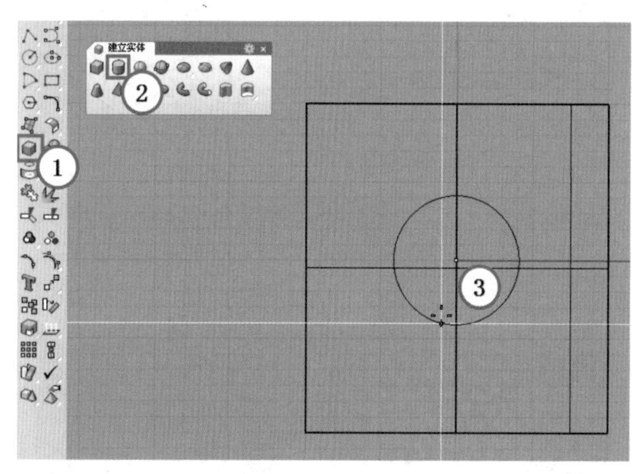

图5-160

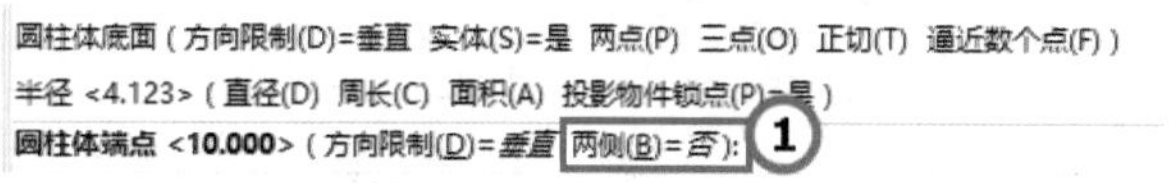

圆柱体底面 (方向限制(D)=垂直 实体(S)=是 两点(P) 三点(O) 正切(T) 逼近数个点(F))
半径 <4.123> (直径(D) 周长(C) 面积(A) 投影物件锁点(P)=是)
圆柱体端点 <10.000> (方向限制(D)=垂直 两侧(B)=否):
1

图5-161

1
建立实体
2

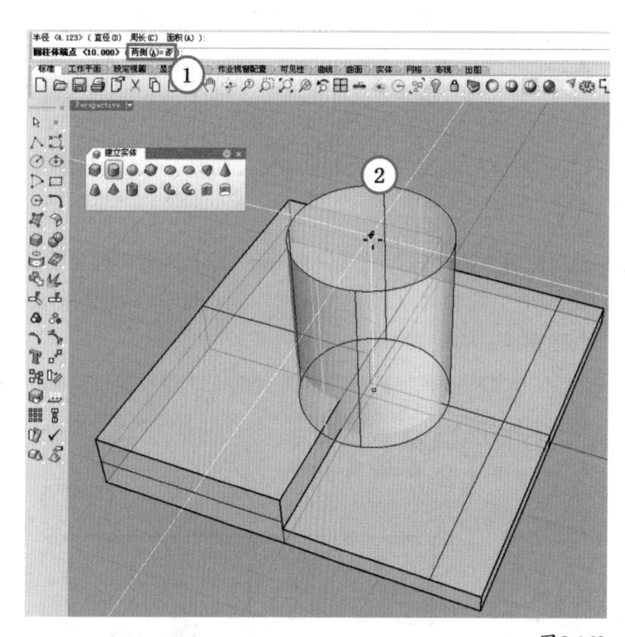

图5-162

06 从图 5-162 中可以看到，圆柱体的底面与运算后几何体的底面位于同一平面，需要使用“移动”工具将圆柱体向上移动一段距离，使其不超过运算前第 1 个立方体的 2/3，如图 5-163 所示。

07 单击“布尔运算差集”工具，将圆柱体从运算后的几何体中减去，如图 5-164 所示。

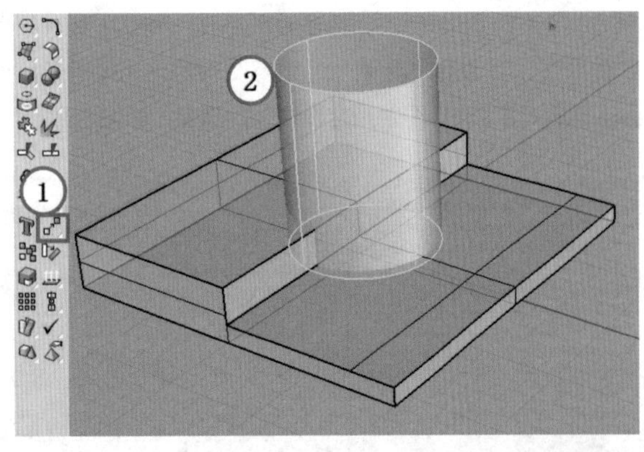

图5-163

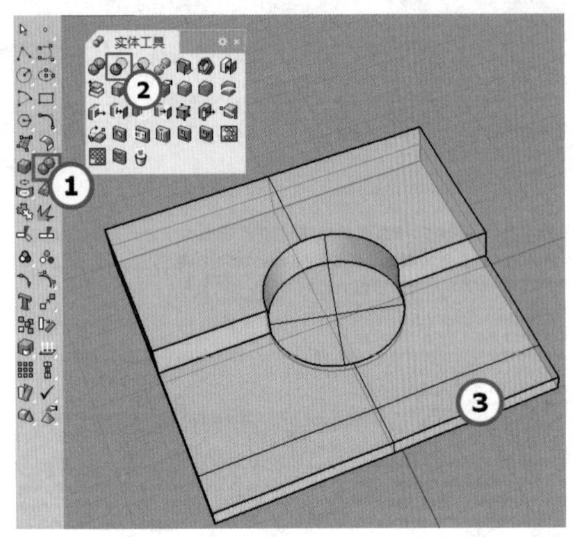

图5-164

08 再次使用“圆柱体”工具在Top（顶）视图中模型的左上角创建一个小圆柱体（设置“两侧”为“是”），如图5-165所示，创建完成后的效果如图5-166所示。

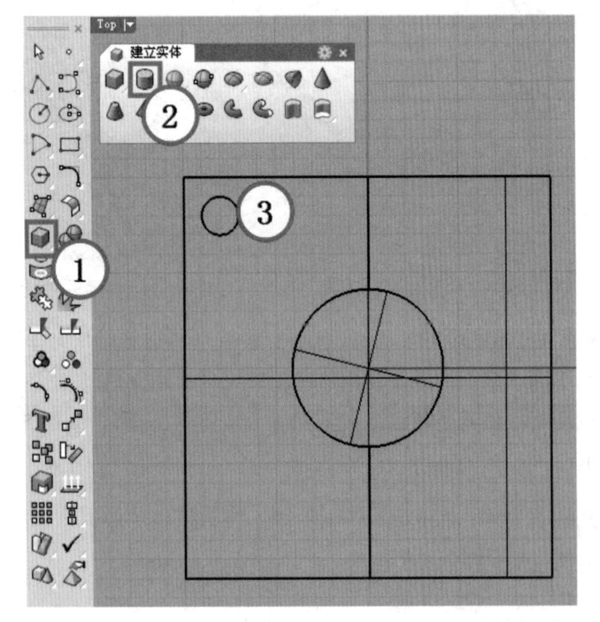

图5-165

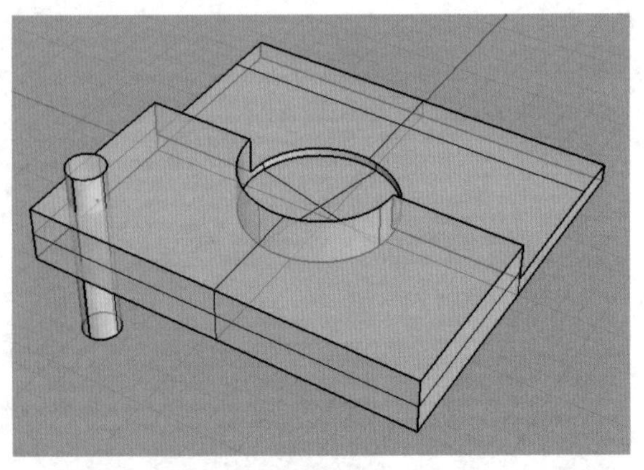

图5-166

09 单击“复制/原地复制物件”工具，将上一步创建的圆柱体复制到其余3个角上，如图5-167所示。

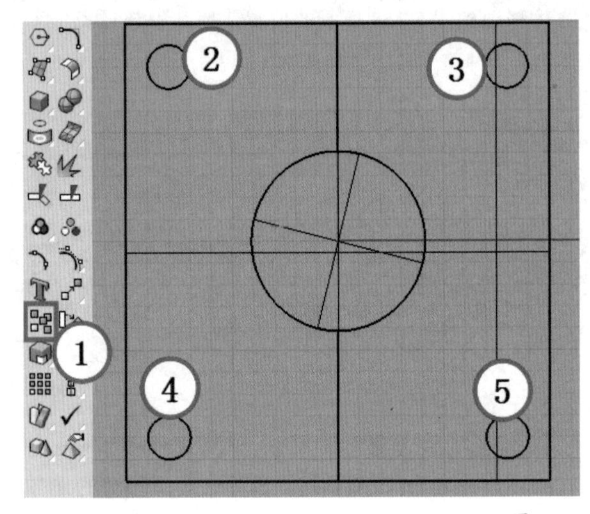

图5-167

10 再次启用“布尔运算差集”工具，将4个小圆柱体从模型中减去，得到实体零件模型，如图5-168所示。

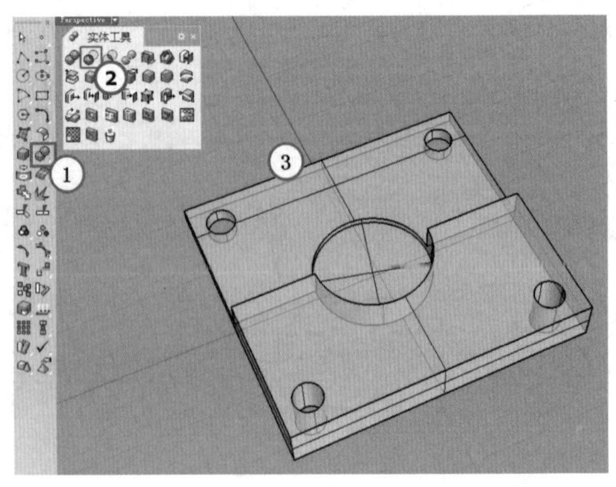

图5-168

重点实战

利用布尔运算制作喷雾器

场景位置	无
实例位置	实例文件>第5章>实战——利用布尔运算制作喷雾器.3dm
视频位置	第5章>实战——利用布尔运算制作喷雾器.mp4
难易指数	★★★☆☆
技术掌握	掌握通过标准体制作复杂形体的方法和对实体模型进行布尔运算的方法

本例制作的喷雾器效果如图 5-169 所示。

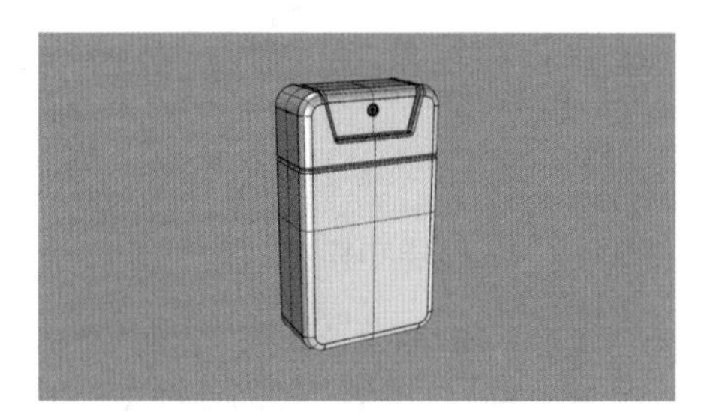

图5-169

01 单击“立方体：角对角、高度”工具，建立一个立方体，如图 5-170 所示。

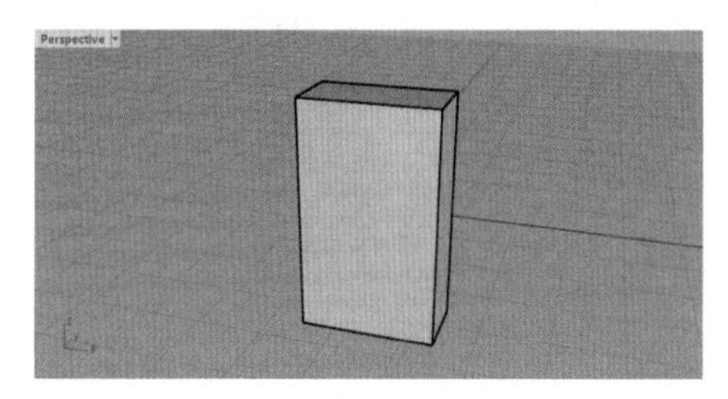

图5-170

02 单击“边缘圆角”工具，设置“下一个半径 =4”，对立方体的四角进行圆角处理，如图 5-171 所示。

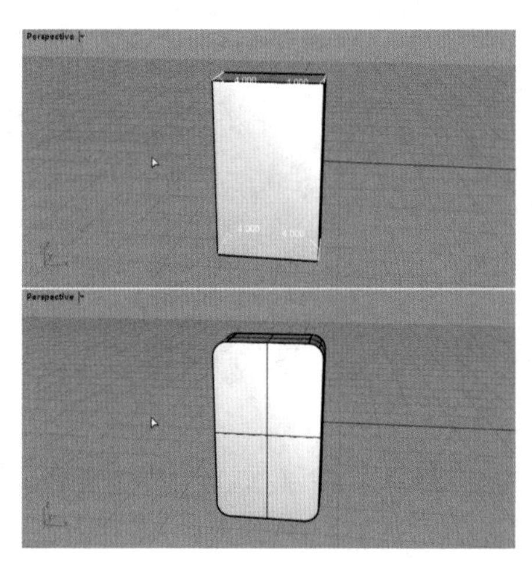

图5-171

03 再次使用“边缘圆角”工具对圆角立方体正反两面的边缘进行圆角处理，设置“下一个半径 =2”，如图 5-172 和图 5-173 所示。

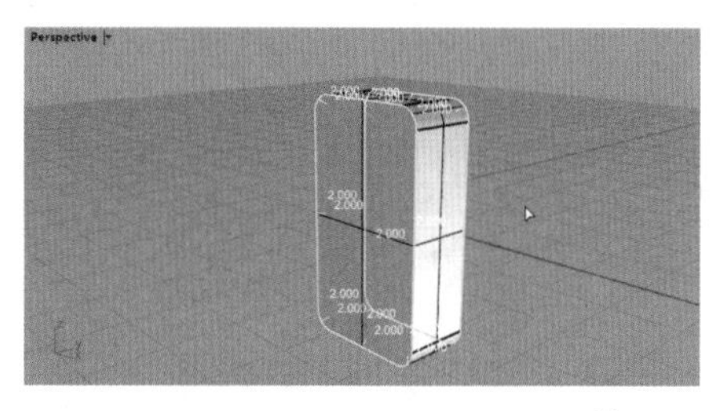

图5-172

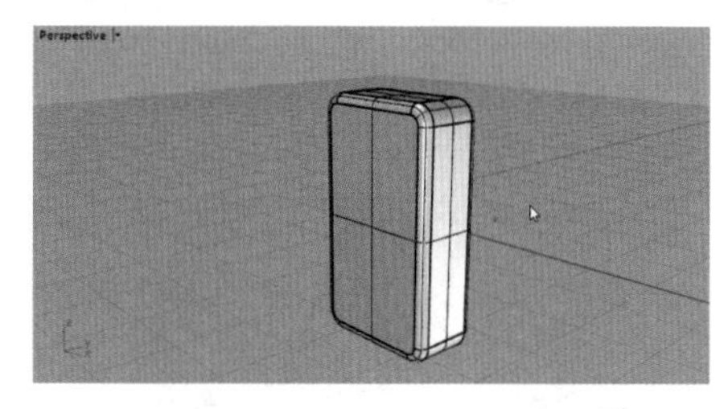

图5-173

04 下面来制作喷雾器上部的接缝，在 Front（前）视图中，使用“单一直线”工具在图 5-174 所示的位置绘制一条单一直线。

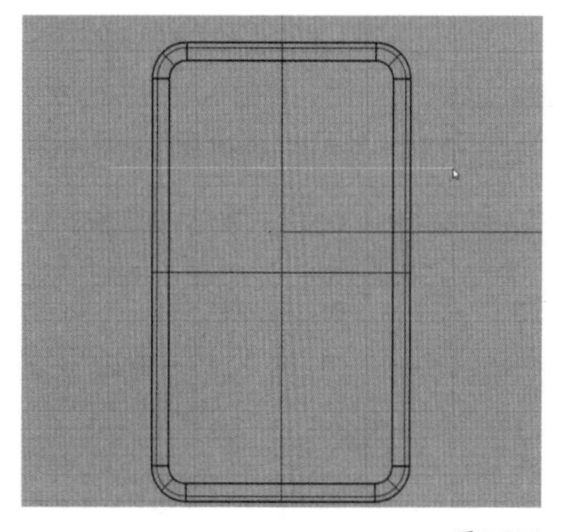

图5-174

技巧与提示

注意，要从 Front（前）视图进行分割，否则可能会出现分割错误的情况。

05 单击“分割 / 以结构线分割曲面”工具，选取圆角立方体，再选取上一步绘制的直线，使用直线对立方体进行分割，结果如图 5-175 所示。

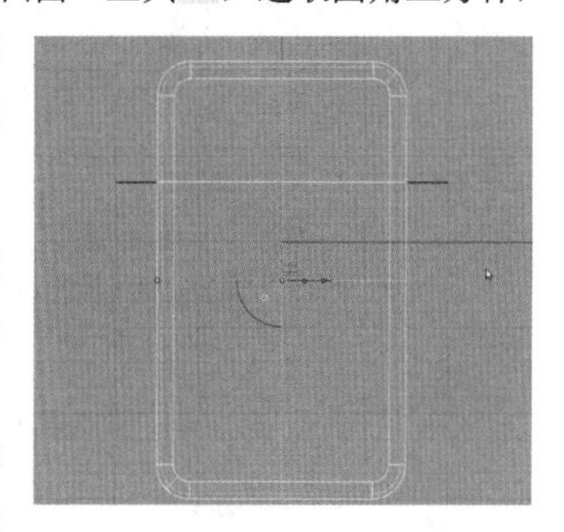

图5-175

06 使用“将平面洞加盖”工具，选取上一步分割出来的两个部分，如图 5-176 所示，按 Enter 键完成操作。此时移开（仅为展示效果而移开，实际操作中无须移动）上部会看到，两个部分都已经被封闭，效果如图 5-177 和图 5-178 所示。

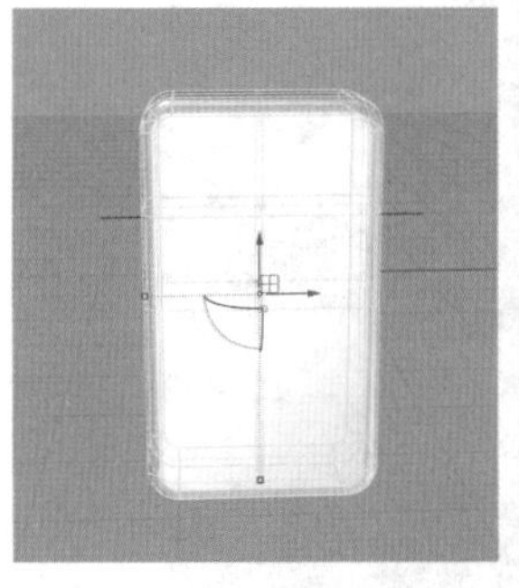

图5-176

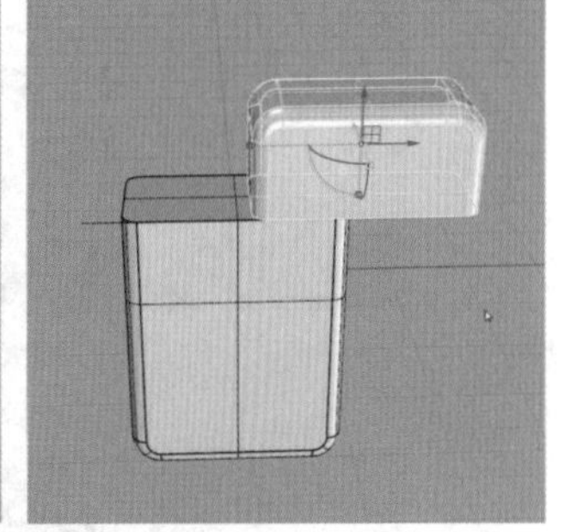

图5-177

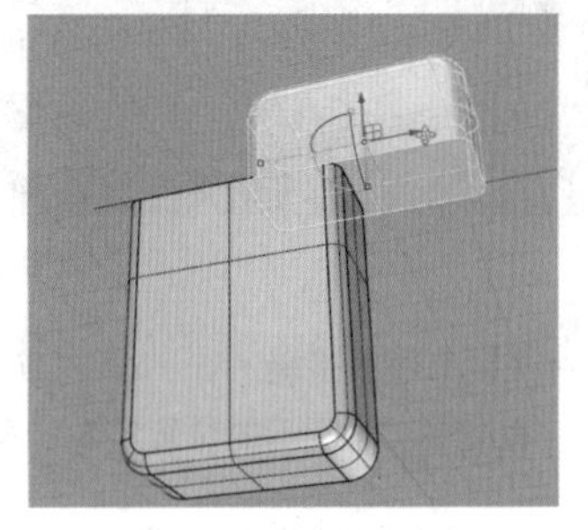

图5-178

07 选取中间的边缘，使用“边缘圆角”工具对其进行圆角处理，圆角半径设置为 0.5，如图 5-179 所示，效果如图 5-180 所示。

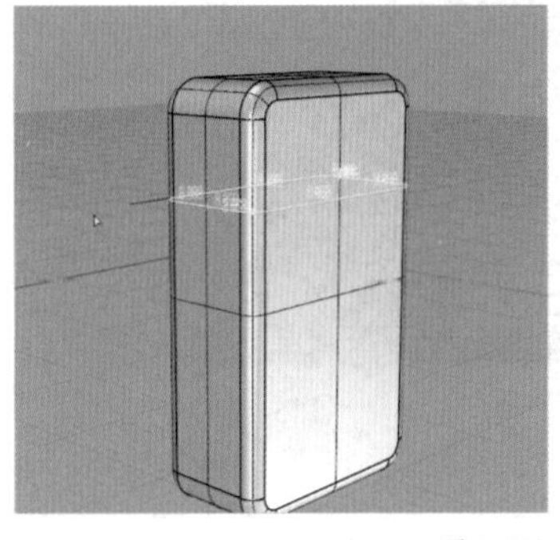

图5-179

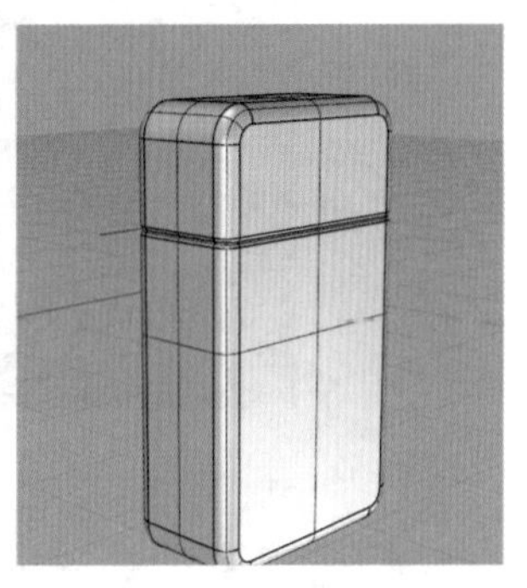

图5-180

08 使用“多重直线 / 线段”工具在 Front（前）视图中绘制一个图 5-181 的图形。

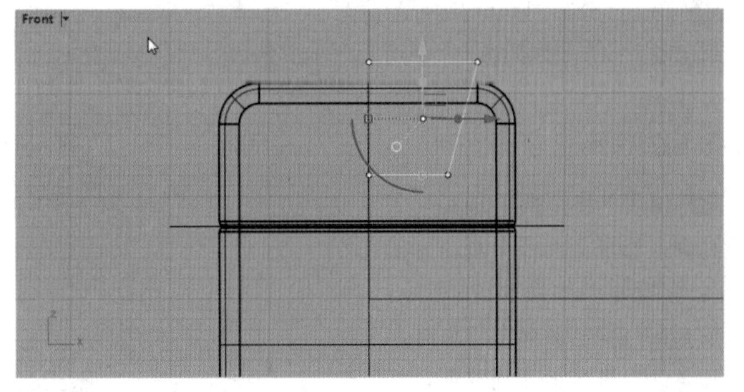

图5-181

09 单击“镜射 / 三点镜射”工具，在指令栏中设置“复制 = 是”，以 Front（前）视图的 y 轴为对称轴进行对称复制，效果如图 5-182 所示。操作完成后，选取两侧的图形进行组合。

10 使用“挤出封闭的平面曲线”工具，将上一步组合得到的图形进行挤出，如图 5-183 所示。

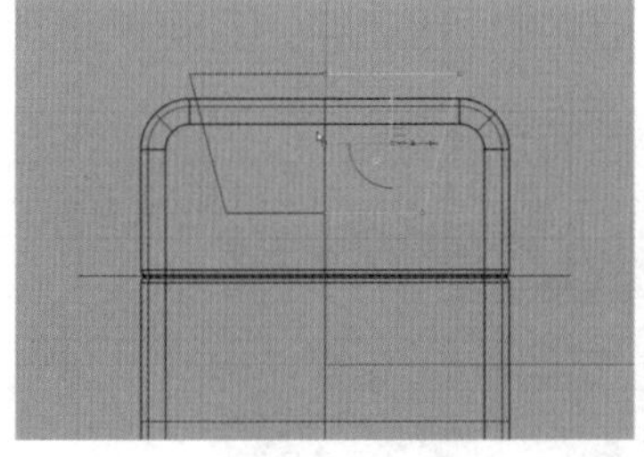

图5-182

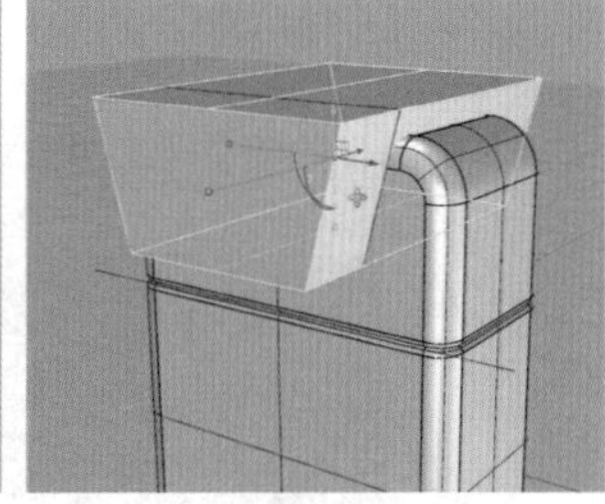

图5-183

11 使用“布尔运算分割 / 布尔运算两个物件”工具，分别选取喷雾器挤出物件和上部模型，按 Enter 键或右击确认，如图 5-184 所示，然后删除挤出物件，得到图 5-185 所示的模型。

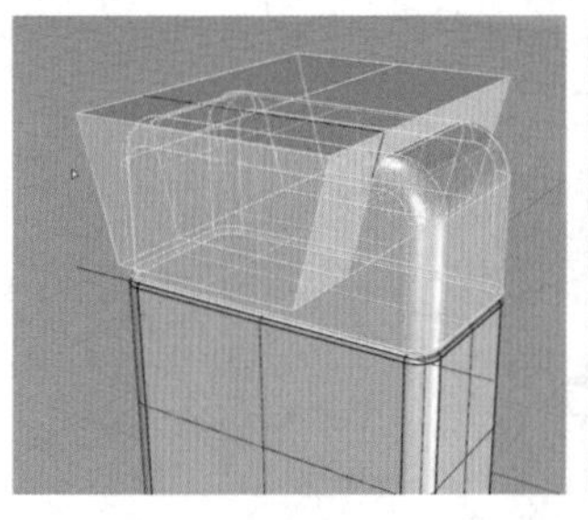

图5-184

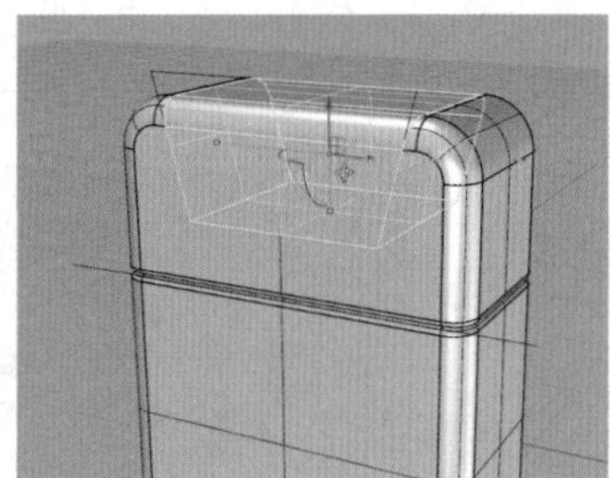

图5-185

12 配合操作轴，对上一步布尔分割得到的模型进行缩放，得到图 5-186 所示的喷雾按钮模型。

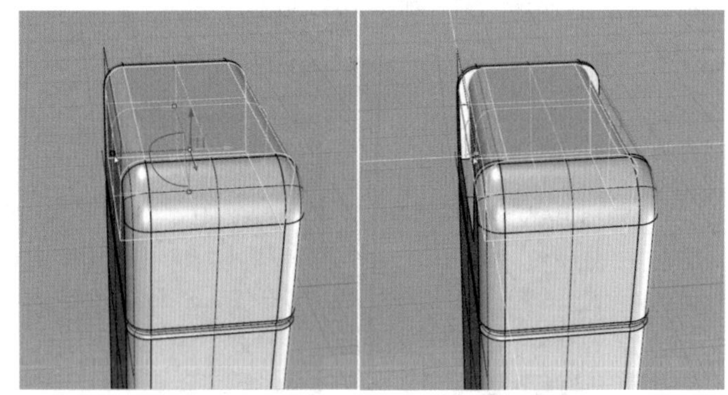

图5-186

13 单击“边缘圆角”工具，选取喷雾按钮模型的边缘，设置“下一个半径 =0.5”，进行圆角处理，如图 5-187 和图 5-188 所示。

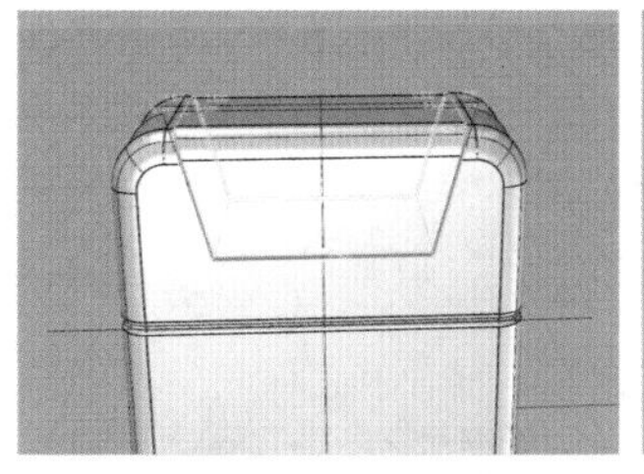

图5-187

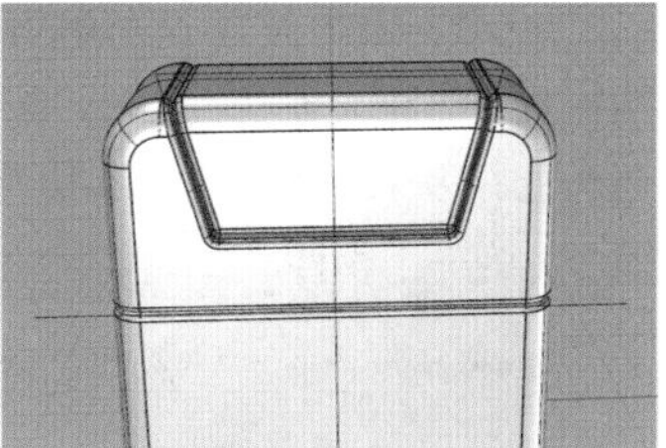

图5-188

14 使用“圆柱体”工具，在Front（前）视图中绘制一个圆柱，并利用操作轴移动到图5-189所示的位置，使圆柱体与喷雾按钮模型有一定交叉。

15 单击“布尔运算差集”工具，先选取喷雾按钮模型，再选取圆柱体，从喷雾按钮上减去圆柱体，形成内凹的洞，如图5-190所示。

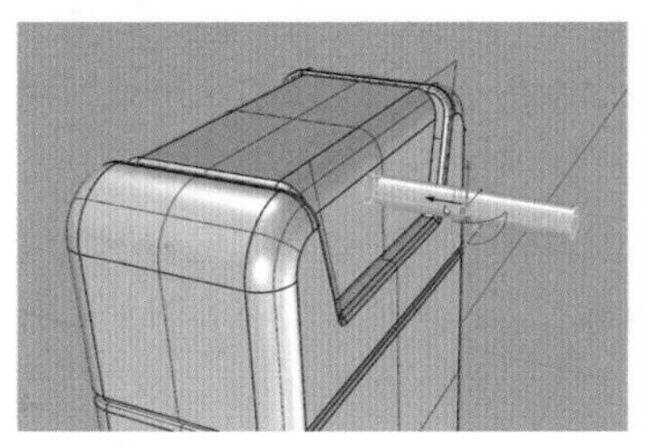

图5-189

图5-190

16 使用“圆柱管”工具，在喷雾按钮的孔洞处新建一个内径为0.5、外径与孔洞直径相同的圆柱管，如图5-191所示。使用操作轴将圆柱管向内移动一段距离，如图5-192所示。这样就完成了喷嘴的制作。

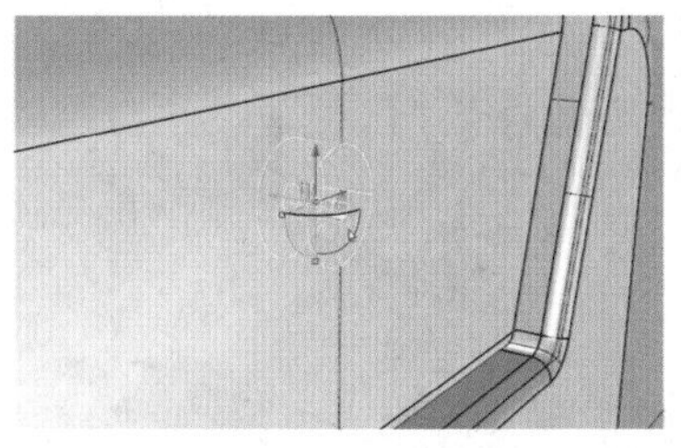

图5-191

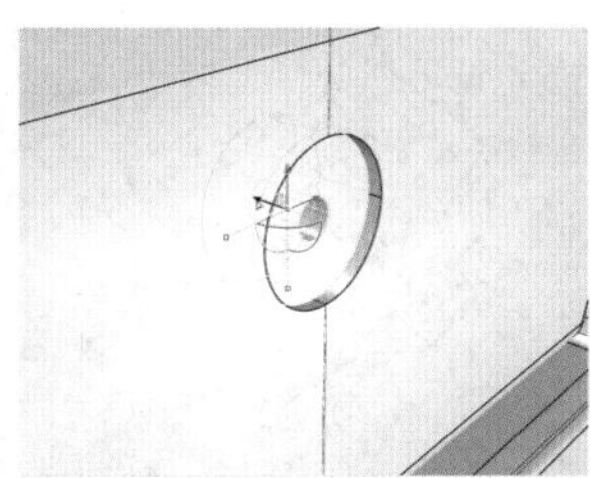

图5-192

17 使用“边缘圆角”工具，将喷嘴周围的边缘进行圆角处理，设置圆角半径为0.2，如图5-193所示。最终效果如图5-194所示。

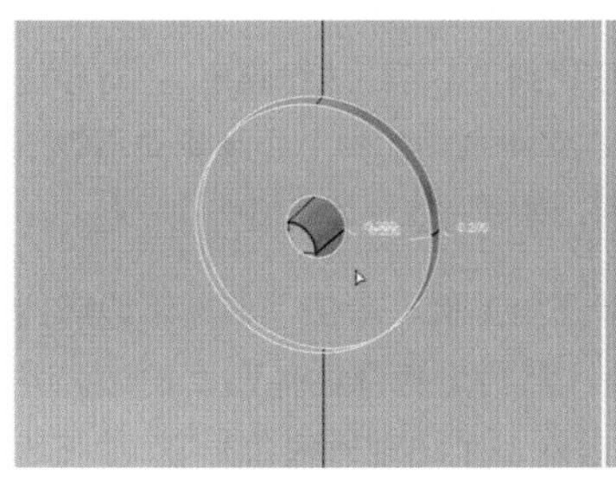

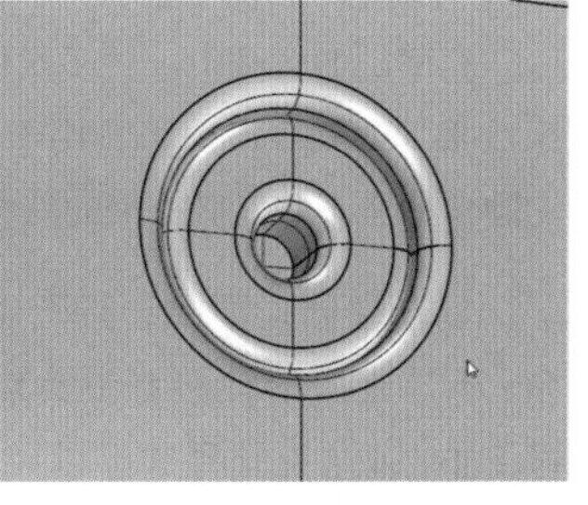

图5-193

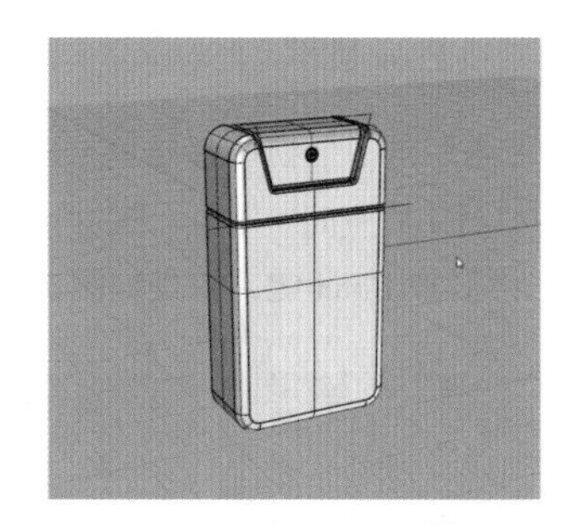

图5-194

5.4.2 打开实体物件的控制点

使用“打开实体物件的控制点/关闭点”工具可以显示或关闭实体模型的控制点，显示的效果如图5-195所示。该工具多用来进行实体造型的调整，通过移动控制点来改变实体的形状。

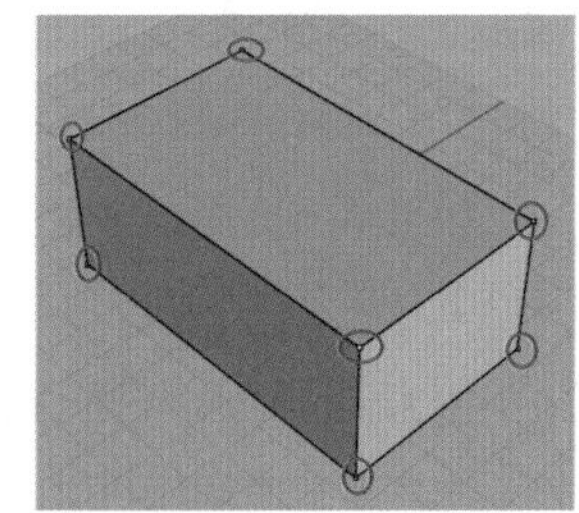

图5-195

在前面我们介绍过，显示或关闭曲线和曲面的控制点可以通过F10键和F11键，这里所说的曲面一定是单一曲面，如果是多重曲面和实体就必须使用“打开实体物件的控制点/关闭点”工具。

当然，按F10键也可以在实体上显示出控制点，如图5-196所示，图中显示的3个点主要用来对立方体物件进行旋转（拖曳控制点即可），如图5-197所示。

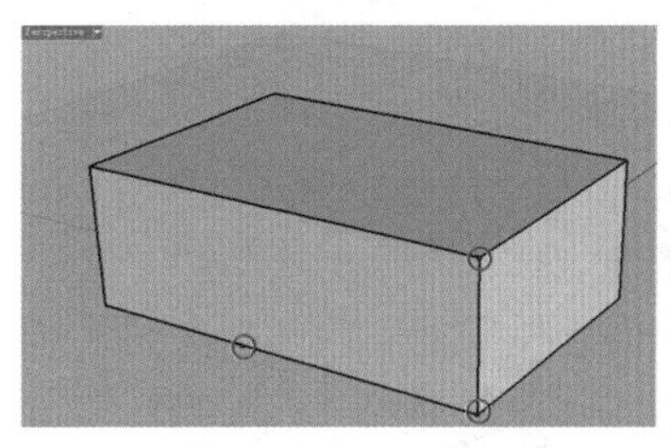

图5-196

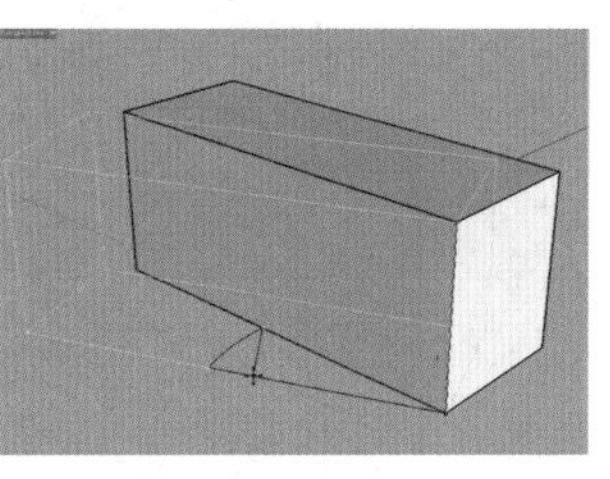

图5-197

疑难问答

问：如何区分单一曲面和多重曲面？

答：区分单一曲面和多重曲面可以使用“炸开/抽离曲面”工具，如球体、椭圆体和圆管无法炸开，因此是单一曲面，可以使用F10键打开控制点；抛物面锥体和圆锥体这两种实体，有封闭端面时可以炸开，因此是多重曲面，无封闭端面时为单一曲面；而立方体、圆柱体和棱锥体等实体模型都是多重曲面。

5.4.3 自动建立实体

“自动建立实体”工具是以选取的曲面或多重曲面所包围的封闭空间建立实体。启用该工具后，框选构成封闭空间的曲面或多重曲面，然后按Enter键即可自动建立实体模型。

例如，图5-198所示的3个物件都是单一曲面，并且这3个单一曲面围成了一个封闭的空间。使用“自动建立实体”工具，框选这3个曲面，然后按Enter键，效果如图5-199所示。

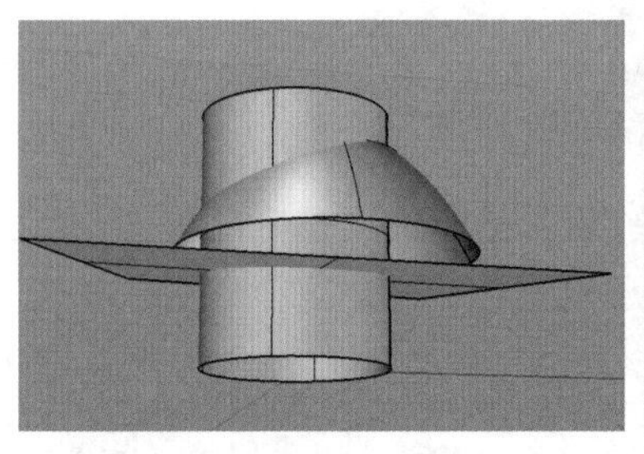
图5-198

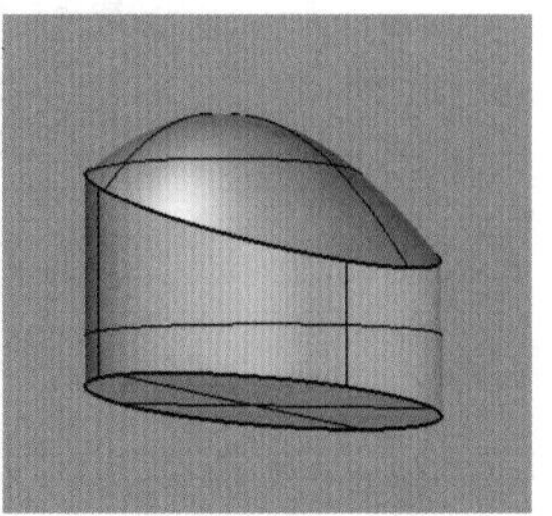
图5-199

如果单一曲面或多重曲面所围合的封闭空间不是一个，而是多个，那么将建立多个封闭的实体。

图5-200所示的闭合圆柱体、闭合抛物面锥体和平面，由于圆柱体和抛物面锥体都是封闭的实体模型，因此就构成了3个封闭的空间，使用“自动建立实体”工具可以建立3个实体模型，如图5-201所示。

图5-200

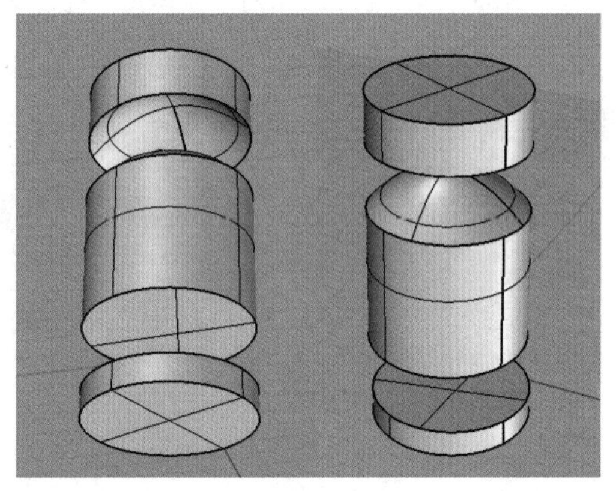
图5-201

技巧与提示

图5-201中是将建立的3个模型分开，并且以不同角度观察的效果。

5.4.4 将平面洞加盖

使用“将平面洞加盖”工具可以为物件上的平面洞建立平面，其功能与“以平面曲线建立曲面”工具相似，区别在于“将平面洞加盖”工具操作的对象是曲面或多重曲面，而“以平面曲线建立曲面”工具操作的对象是曲线。

“将平面洞加盖”工具的用法比较简单，选择需要为平面洞加盖的曲面或多重曲面后，按Enter键即可。如果曲面或多重曲面上有多个平面洞，那么所有的洞都将被加盖，并且与原曲面合并为一个物件。

技巧与提示

注意，必须是平面洞才能够加盖。图5-202所示的不是平面洞，因此不能应用“将平面洞加盖”工具。

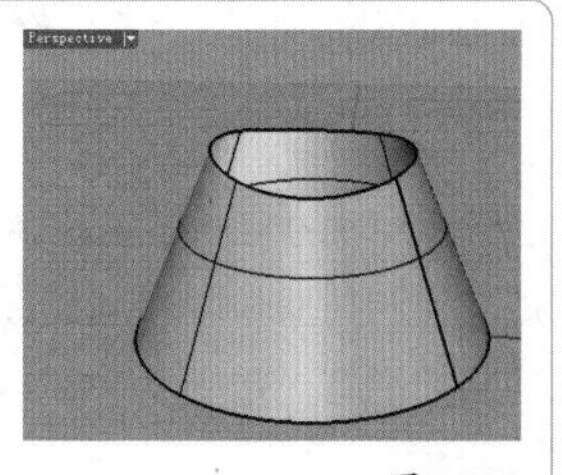

图5-202

★重点★

5.4.5 抽离曲面

如果要抽离或复制多重曲面上的个别曲面，那么可以使用“抽离曲面”工具。该工具与“将平面洞加盖”工具正好是一对相反的工具。“抽离曲面”工具是把多重曲面中的单个曲面分离开来，而“将平面洞加盖”工具是给物体上的平面洞添加曲面，使之成为实体。

图5-203所示的模型是一个整体模型，如果要将下凹的曲面分离出来，启用“抽离曲面”工具后选择下凹的曲面，然后按Enter键即可。为了方便观察，将抽离的下凹曲面移开一定距离，其余曲面仍然是一个整体，如图5-204所示。

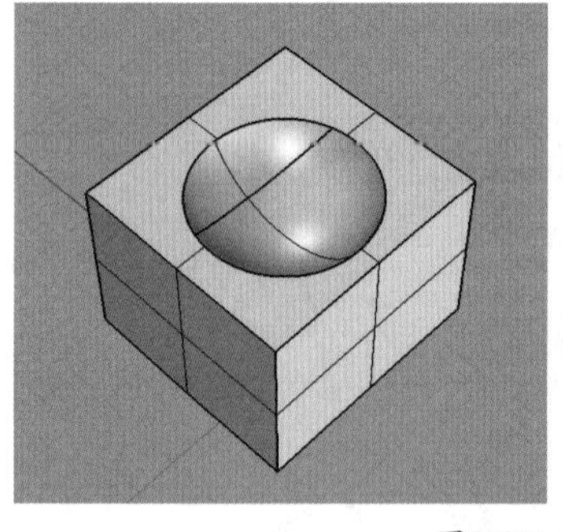
图5-203

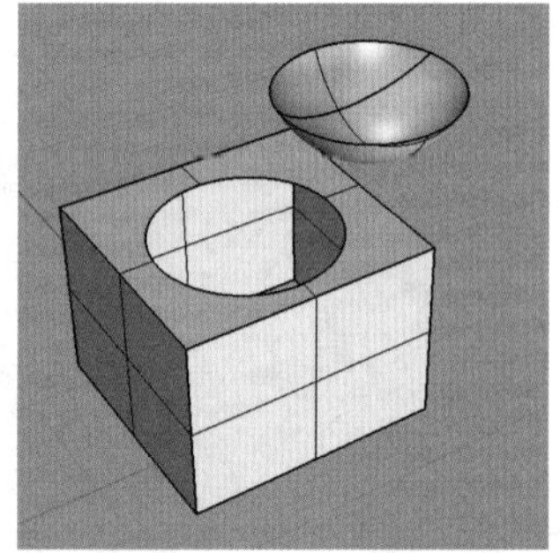
图5-204

★重点★

5.4.6 不等距边缘圆角/不等距边缘混接

在前面的实战中，曾多次使用到“不等距边缘圆角/不等距边缘混接”工具，该工具用于在多重曲面的多个边缘建立不等距的圆角曲面，并修剪原来的曲面，使其与圆角曲面组合在一起。

以圆柱体顶面的边进行倒圆角为例，单击“不等距边缘圆角/不等距边缘混接”工具，然后选择圆柱体顶面的边，并按Enter键结束选择（可以同时对多个边进行倒角）。此时在选择的边缘上将出现倒角半径的提示和倒角控制杆，如图 5-205 所示，可以直接在命令行中输入倒角半径，也可以拖曳倒角控制杆直观地设置倒角的大小，如图 5-206 所示。

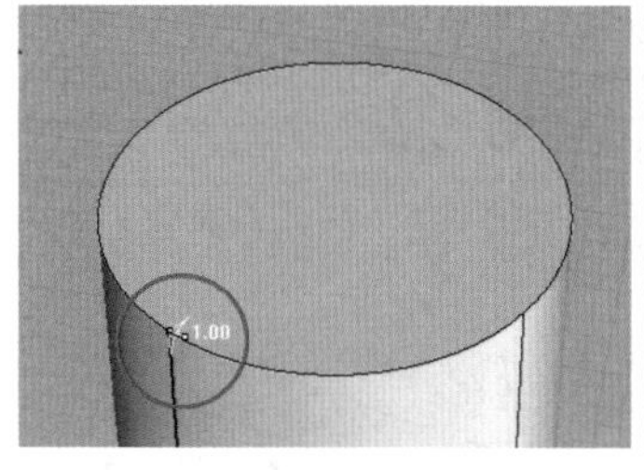

图5-205

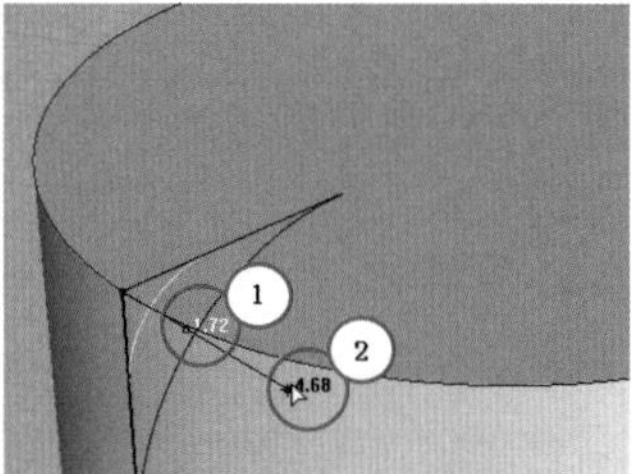

图5-206

技巧与提示

倒角控制杆上有两个控制点，其中位于倒角边上的控制点决定了倒角控制杆在倒角边上的位置，如图 5-207 所示的红色圆圈内的控制点，另一个控制点决定倒角的半径大小，如图 5-207 所示的红色方框内的控制点。

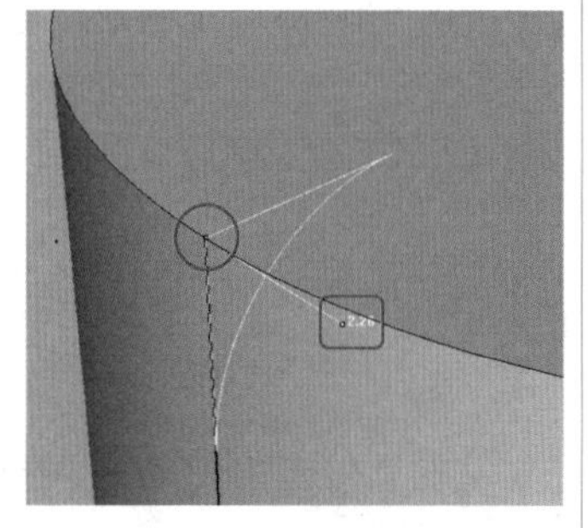

图5-207

如果是希望得到相同半径的圆角，可以直接按 Enter 键或右击结束倒角操作，得到图 5-208 所示的模型。

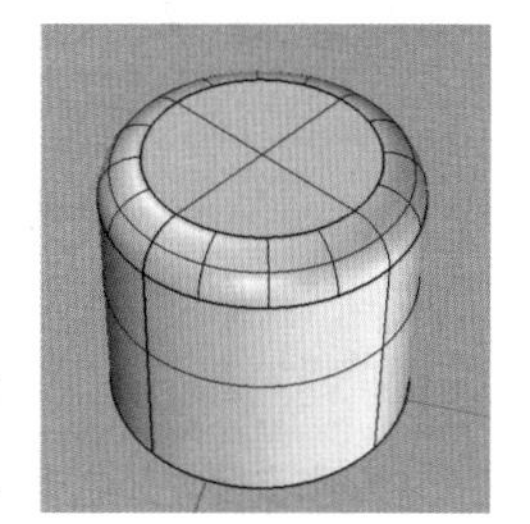

图5-208

如果希望得到半径是变化的圆角，可以在选择倒角边后单击命令行中的"新增控制杆"选项，然后在倒角边上指定新的控制杆的位置（可以增加多个控制杆），接着对增加的控制杆的半径进行调整，如图 5-209 所示，倒角后的效果如图 5-210 所示。

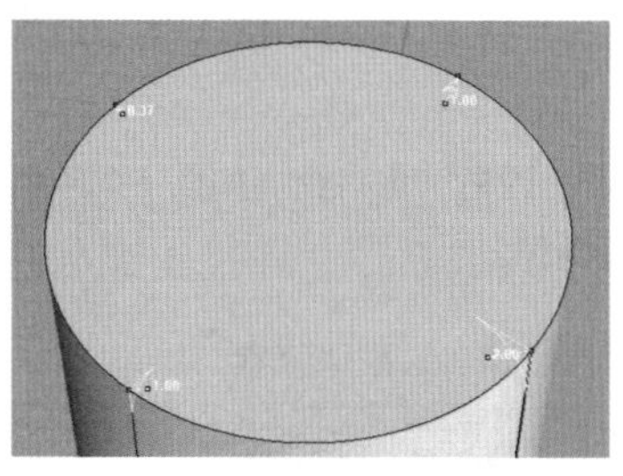

图5-209

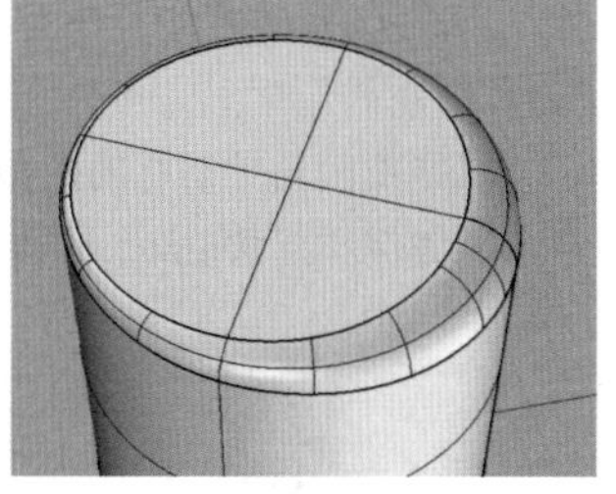

图5-210

技巧与提示

如果需要增加的控制杆的半径与已有控制杆的半径相同，也可以通过命令行中的"复制控制杆"选项进行复制。

知识链接

"不等距边缘圆角 / 不等距边缘混接"工具具有多个命令选项，这些选项的含义可以参考本书第 4 章的 4.4.5 小节。

重点实战

变形几何体倒角

场景位置	无
实例位置	实例文件>第5章>实战——变形几何体倒角.3dm
视频位置	第5章>实战——变形几何体倒角.mp4
难易指数	★★☆☆☆
技术掌握	掌握创建倒角的方法

本例创建的变形几何体倒角效果如图 5-211 所示。

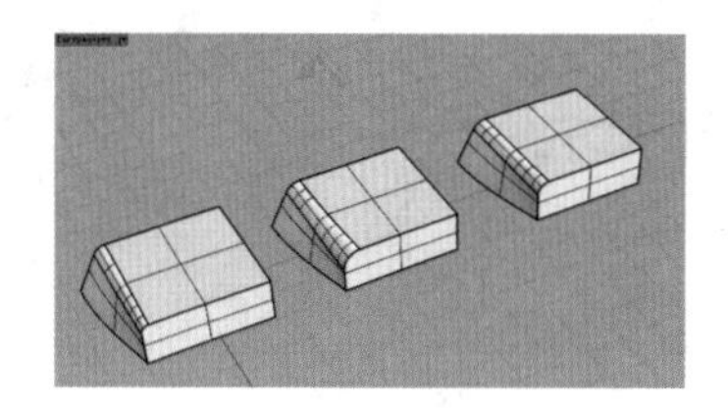

图5-211

01 首先创建变形几何体，创建完成后的效果如图 5-212 所示，从图中可以看到，这一变形几何体的部分面与立方体一致，最大区别在于侧面外倾的造型，因此可以利用立方体作为基础模型，在基础模型上创建变异的侧面曲面。单击"立方体：角对角、高度"工具，在 Top（顶）视图中创建一个立方体，如图 5-213 所示。

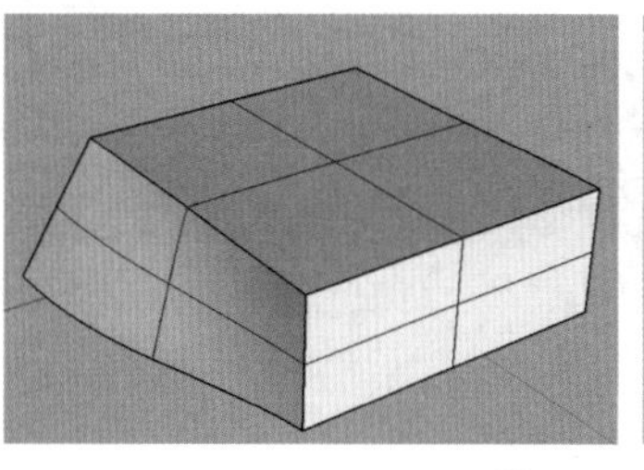

图5-212

图5-213

02 单击"抽离曲面"工具，将立方体底面及侧面从立方体中抽离出来，如图 5-214 和图 5-215 所示。

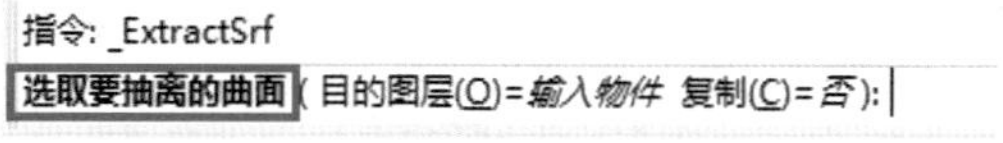

指令: _ExtractSrf

选取要抽离的曲面 (目的图层(O)=输入物件 复制(C)=否):

图5-214

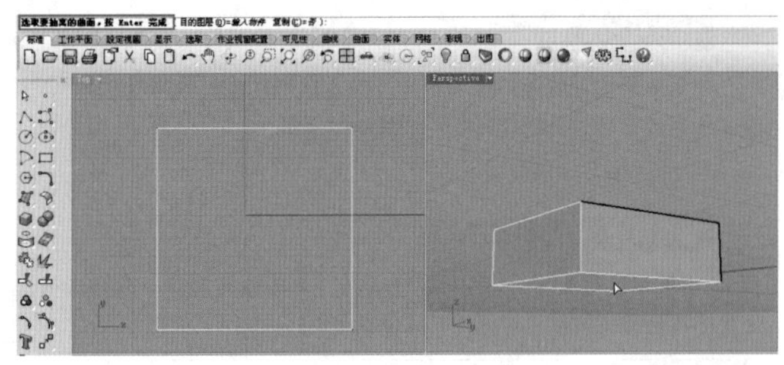

图5-215

03 按住 Shift 键的同时选择被分离出来的底面及侧面，然后按 Delete 键删除，得到图 5-216 所示的几何体。

04 现在要创建变形的侧面，单击“打开实体物件的控制点”工具，然后选择几何体，按 Enter 键或右击结束命令，该几何体控制点被打开。选择左下角的控制点，按住 Shift 键的同时拖曳该控制点到合适的位置，如图 5-217 所示。

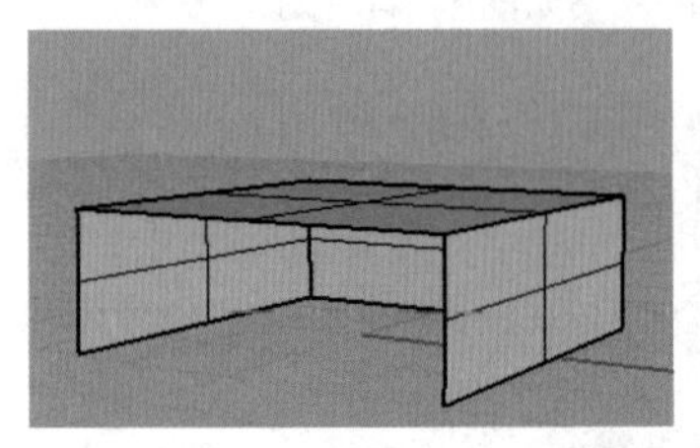

图5-216

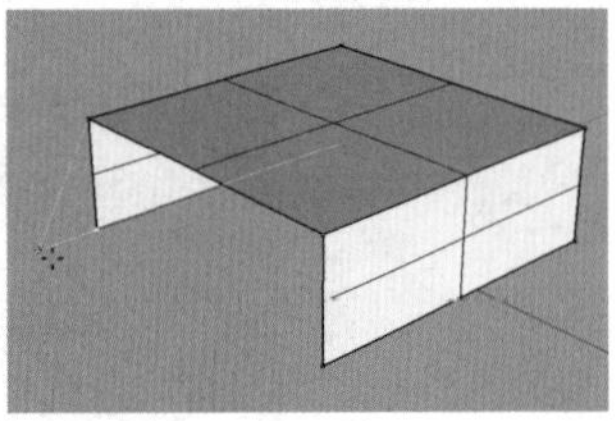

图5-217

05 使用“控制点曲线 / 通过数个点的曲线”工具绘制图 5-218 所示的曲线。

06 选择上一步绘制的曲线，按 F10 键打开该曲线的控制点，然后移动控制点调整曲线的走向，如图 5-219 所示。

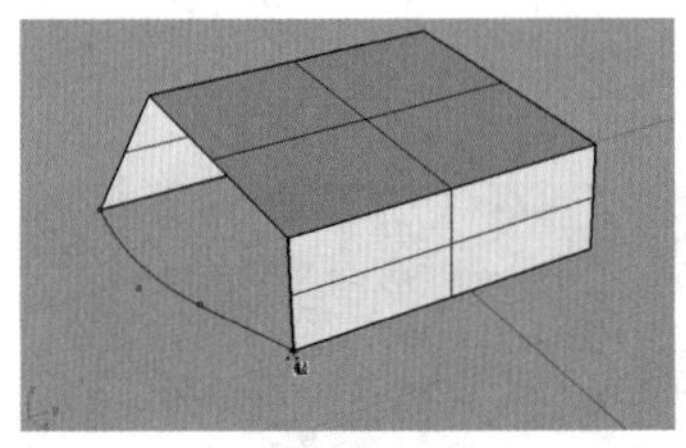

图5-218

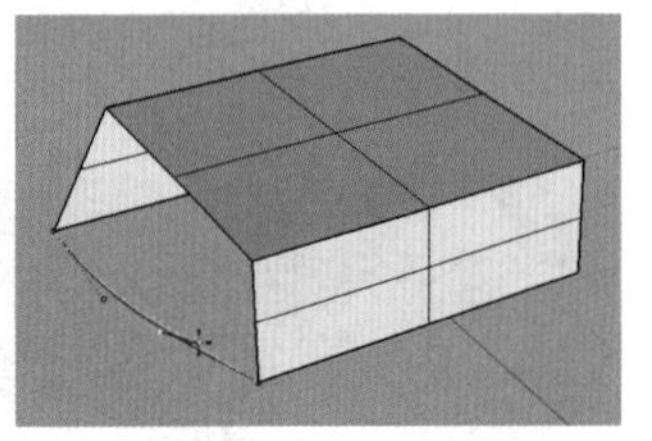

图5-219

技巧与提示

为保证创建的变形曲面与立方体两侧面的关系，注意曲线的两个端点不能移动。

07 单击“双轨扫掠”工具，分别选择图 5-220 所示的 A、B 曲线作为双轨扫掠的路径，再选择其余两条曲线作为断面曲线，按 Enter 键或右击后，打开“双轨扫掠选项”对话框，参考图 5-220 中的参数进行设置，单击“确定”按钮，得到变异曲面。

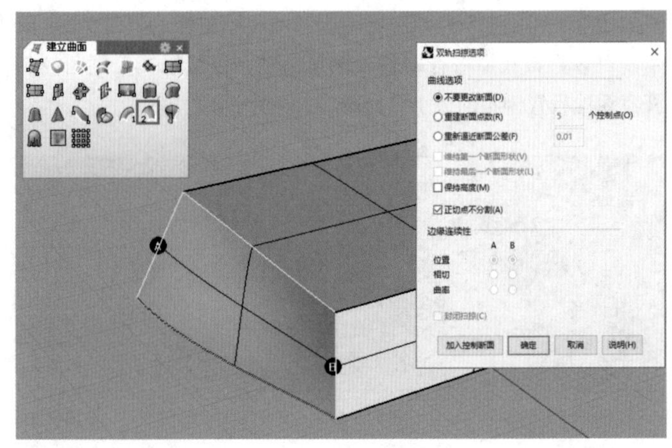

图5-220

08 使用“组合”工具组合变异曲面和立方体曲面，以便进行体的倒角，将组合后的几何体复制两个，如图 5-221 所示。下面对 3 个变形几何体分别进行不同路径造型的倒角处理。

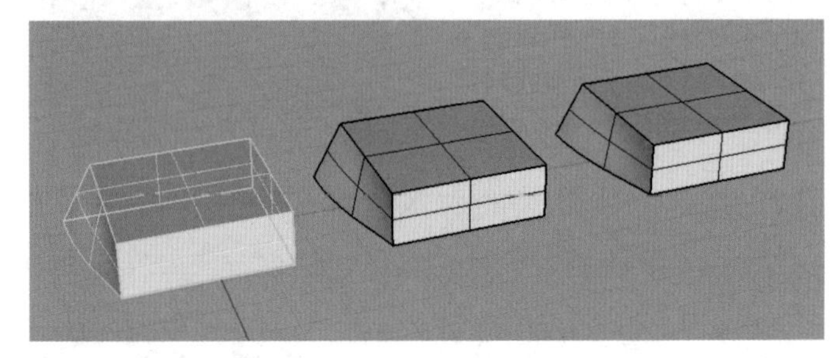

图5-221

09 单击“不等距边缘圆角 / 不等距边缘混接”工具，选择变异曲面与顶面的交线进行倒角，倒角效果如图 5-222 所示，具体操作步骤如下。

操作步骤

①选择变异曲面与顶面的交线，按 Enter 键确认，如图 5-223 所示。

②在命令行中单击“连结控制杆”选项，设置“连结控制杆”为“是”，再单击“路径造型”选项，设置“路径造型”为“与边缘距离”。

③拖曳倒角控制杆的控制点，调整倒角半径，如图 5-224 所示，完成调整后按 Enter 键结束操作。

图5-222

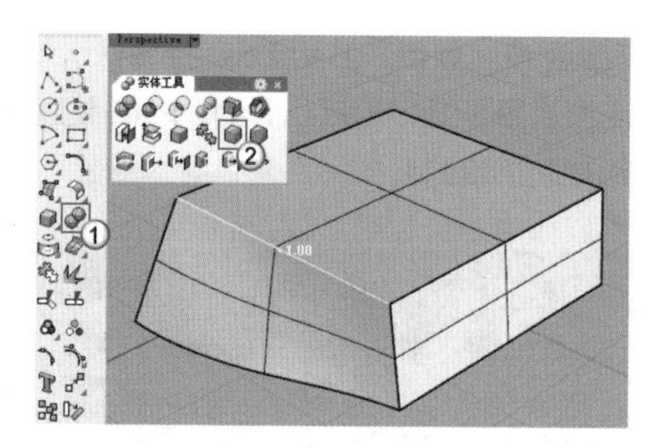

图5-223

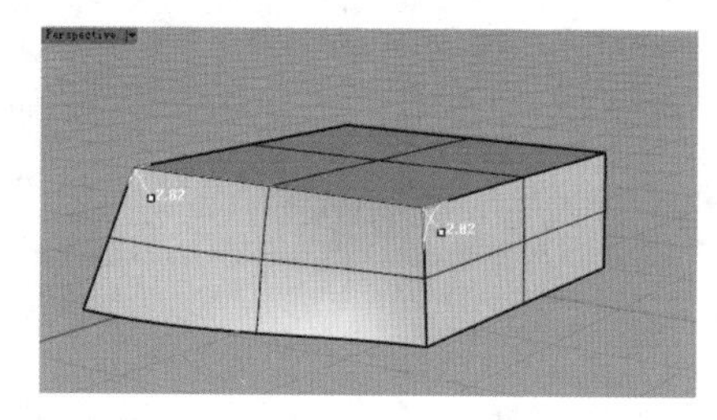

图5-224

10 再次单击“不等距边缘圆角 / 不等距边缘混接”工具，选择另一个变形几何体的变异曲面与顶面的交线进行倒角，设置“路径造型”为“滚球”，并将其中一个半径设置大一些，如图 5-225 所示，倒角效果如图 5-226 所示。

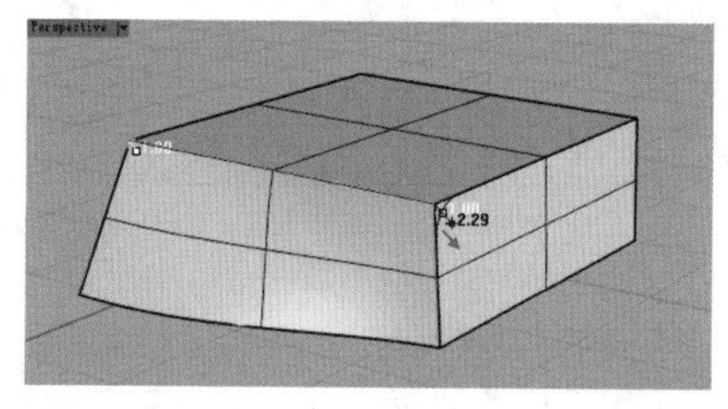

图5-225

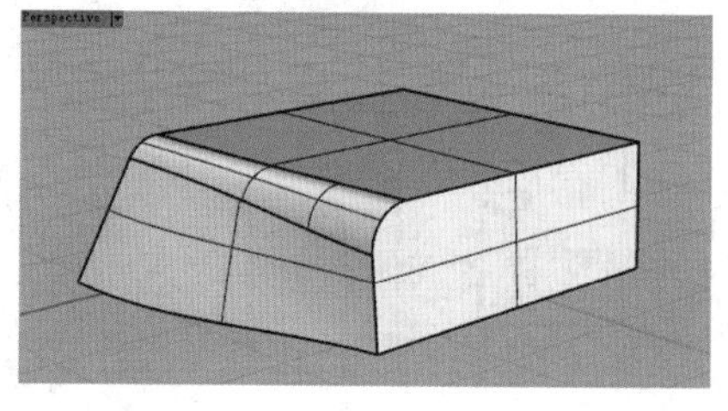

图5-226

11 使用相同的方法对第 3 个变形几何体的变异曲面与顶面的交线进行倒角，设置“路径造型”为“路径间距”，并调整倒角半径的大小，如图 5-227 所示，倒角后的效果如图 5-228 所示。

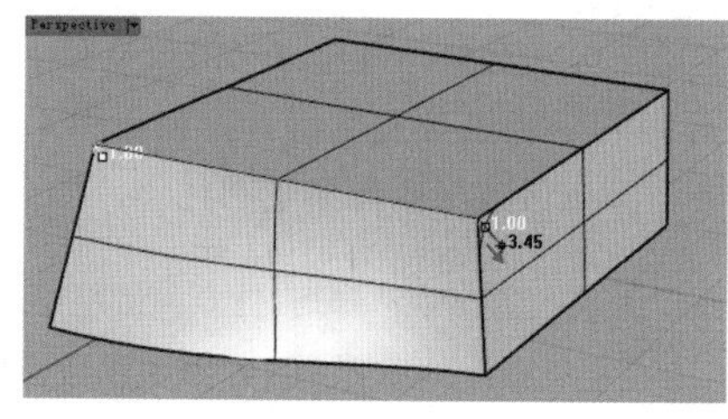

图5-227

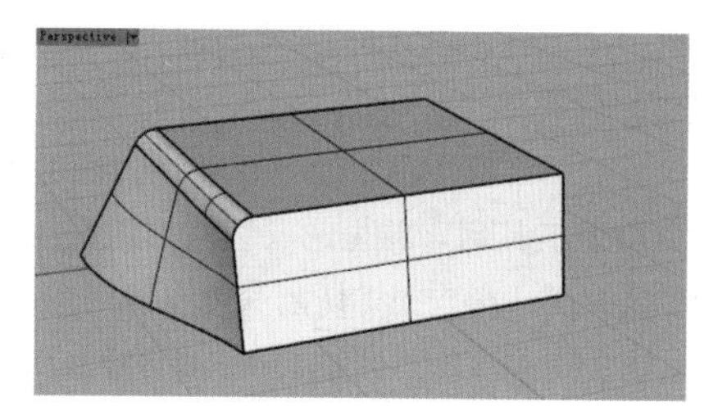

图5-228

现在就完成了本例的操作，对 3 个变形几何体倒角之后的效果，如图 5-229 所示。其中第 1 个变形几何体采用“与边缘距离”路径方式倒角，第 2 个变形几何体采用“滚球”路径方式倒角，第 3 个变形几何体采用“路径间距”路径方式倒角。

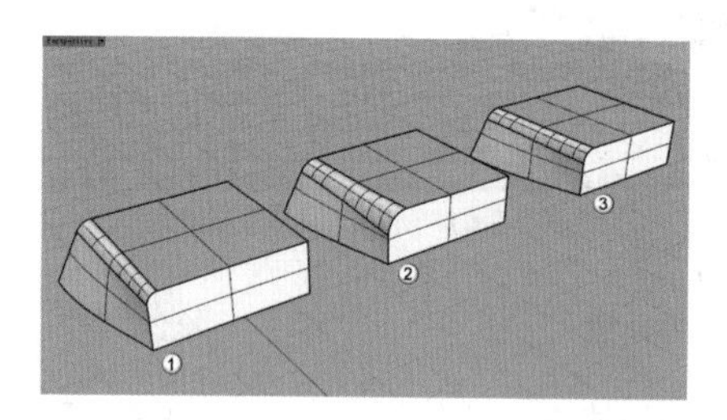

图5-229

5.4.7 不等距边缘斜角

使用“不等距边缘斜角”工具可以在多重曲面的多个边缘建立不等距的斜角曲面，并修剪原来的曲面，使其与斜角曲面组合在一起，如图 5-230 和图 5-231 所示。“不等距边缘斜角”工具与“不等距边缘圆角 / 不等距边缘混接”工具的使用方法基本一致，只是两个工具倒角得到的造型不同，一个是斜角，一个是圆角。

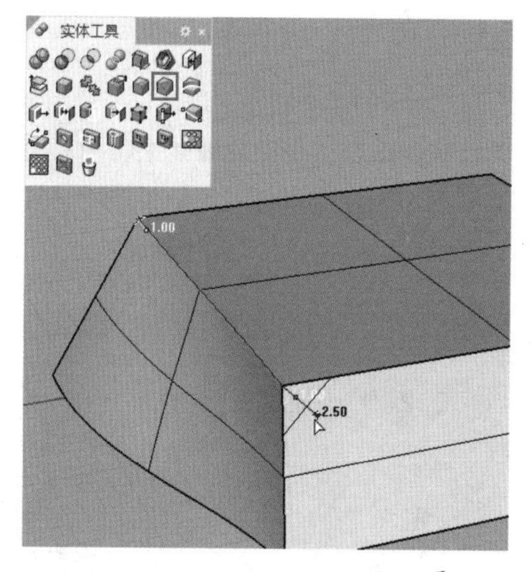

图5-230

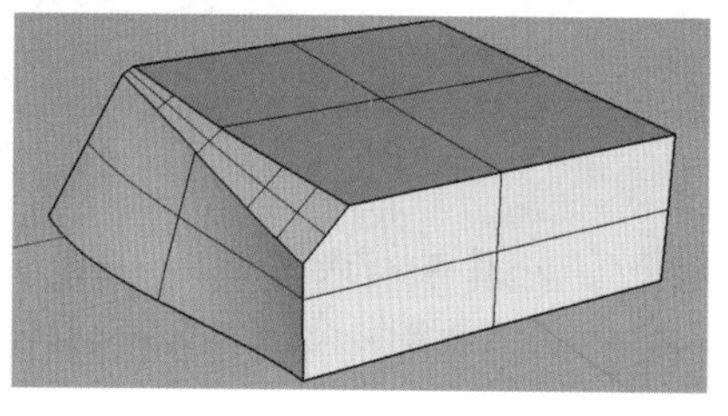

图5-231

5.4.8 线切割

使用“线切割”工具可以通过开放或封闭的曲线来切割多重曲面。启用该工具后，首先选取切割用的曲线，然后选取一个曲面或多重曲面，指定第 1 切割深度点或按 Enter 键切穿物件，接着指定第 2 切割深度点或按 Enter 键切穿物件，最后选取要切掉的部分。

使用“线切割”工具时，关键是注意切割方向的选择，如图 5-232 所示。

```
指令: _WireCut
选取切割用曲线 ( 直线(L) ):
选取要切割的物件:
选取要切割的物件，按 Enter 完成:
曲线法线不明确，方向设置为工作平面法线。
第一切割深度点，按 Enter 切穿物件 ( 方向(D)=与曲线垂直  删除输入物件(L)=否  两侧(B)=否 ): 方向
方向 <与曲线垂直> ( X(A)  Y(B)  Z(D)  与曲线垂直(N)  工作平面法线(C)  指定(P) ):
第一切割深度点，按 Enter 切穿物件 ( 方向(D)=与曲线垂直  删除输入物件(L)=否  两侧(B)=否 ):
第二切割深度点，按 Enter 切穿物件 ( 方向(D)=与第一个挤出方向垂直  两侧(B)=否 ): 方向
方向 <与第一个挤出方向垂直> ( X(A)  Y(B)  Z(C)  与第一个挤出方向垂直(N)  指定(P) ):
```

图5-232

命令选项介绍

X/Y/Z：限制切割用曲线挤出的方向为世界 x 轴、y 轴、z 轴方向。

与曲线垂直：限制切割用曲线挤出的方向与曲线平面垂直。

工作平面法线：限制切割用曲线挤出的方向为工作平面 z 轴的方向。

指定：指定两个点，设置切割用曲线的挤出方向。

与第一个挤出方向垂直：限制切割用曲线的第 2 个挤出方向与第 1 个挤出方向垂直。

以开放曲线切割

观察图 5-233 所示的两个物件，这是一个顶面为斜面的圆柱体和一条开放曲线，现在使用开放曲线来切割顶面为斜面的圆柱体，定义不同的切割深度所得到的结果也不一样，下面分别进行介绍。

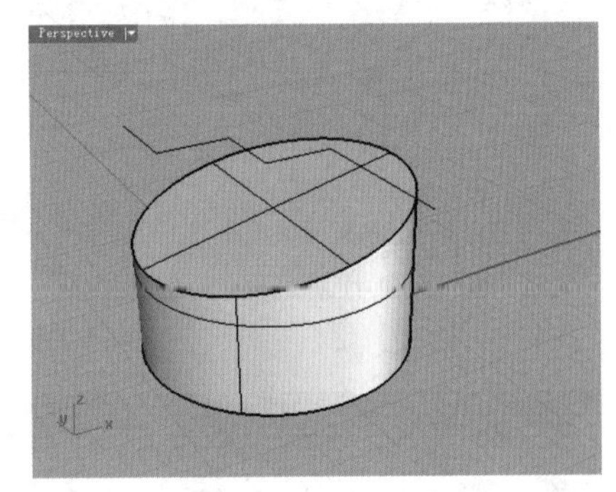

图5-233

启用“线切割”工具，先选择曲线，再选择顶面为斜面的圆柱体，按 Enter 键结束选择，然后拖曳鼠标指针在垂直方向上指定第 1 切割深度，如图 5-234 所示，接着在水平方向上指定第 2 切割深度，如图 5-235 所示，最后按 Enter 键结束操作，得到图 5-236 所示的切割模型。

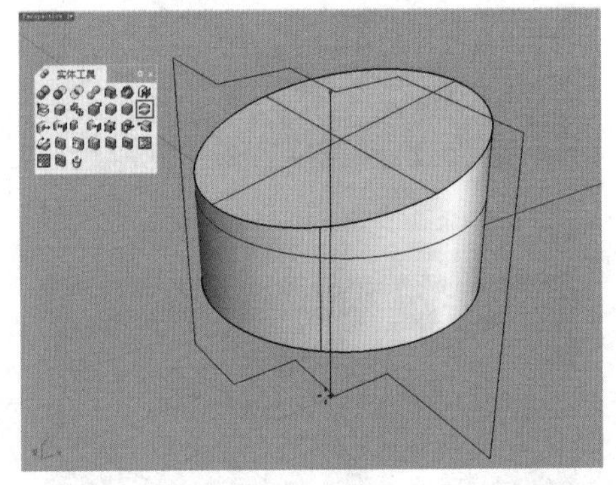

图5-234

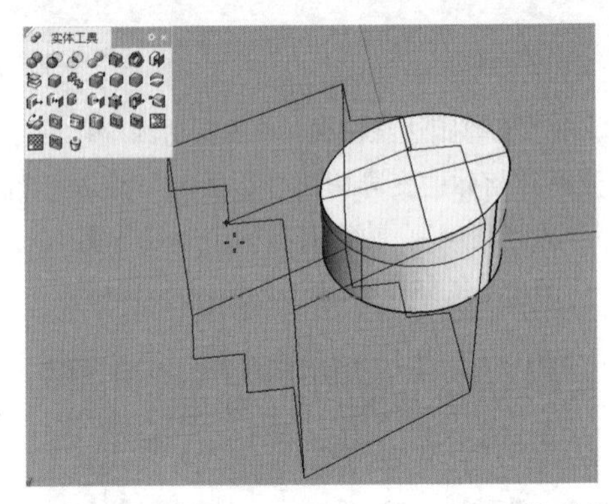

图5-235

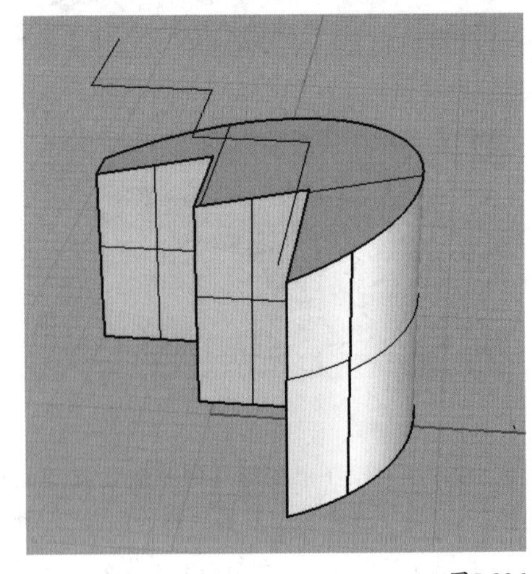

图5-236

从上面的图中可以看到，两次切割都是贯穿了圆柱体本身的范围，所得到的结果也是完全剖开。如果第 1 切割深度没有贯穿圆柱体，第 2 切割深度贯穿了圆柱体，如图 5-237 和图 5-238 所示，那么得到的结果如图 5-239 所示。

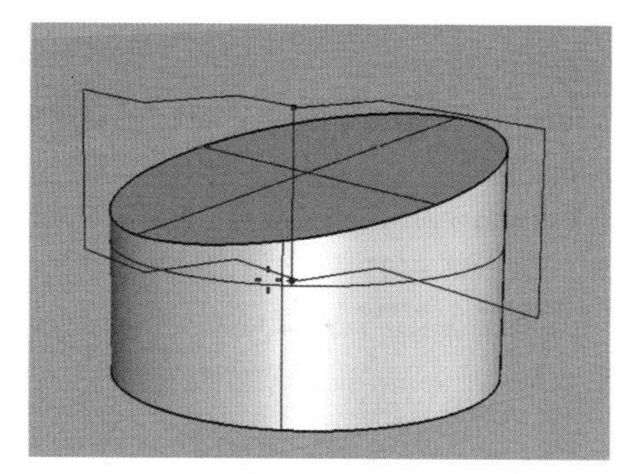

图5-237

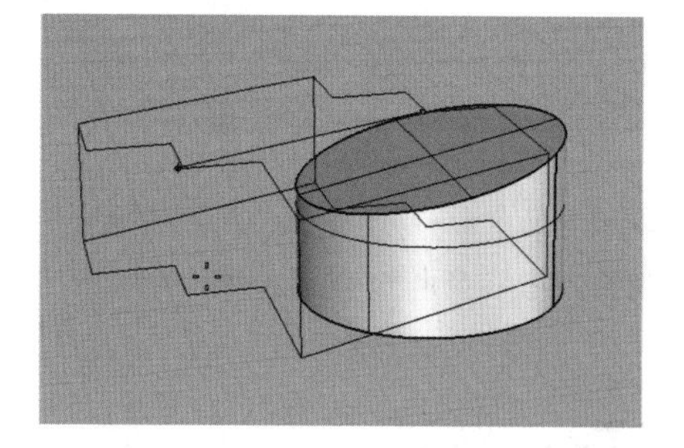

图5-238

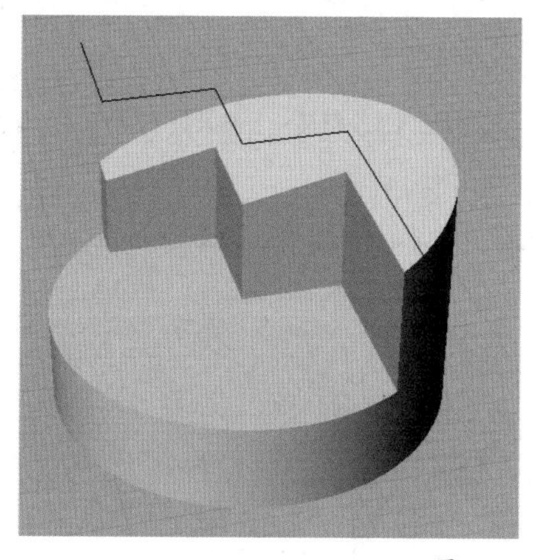

图5-239

如果两个方向的切割深度都没有贯穿圆柱体，如图 5-240 和图 5-241 所示，得到的模型效果如图 5-242 所示。

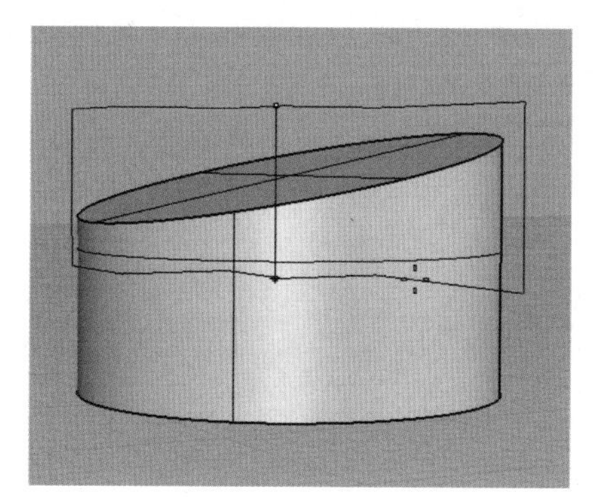

图5-240

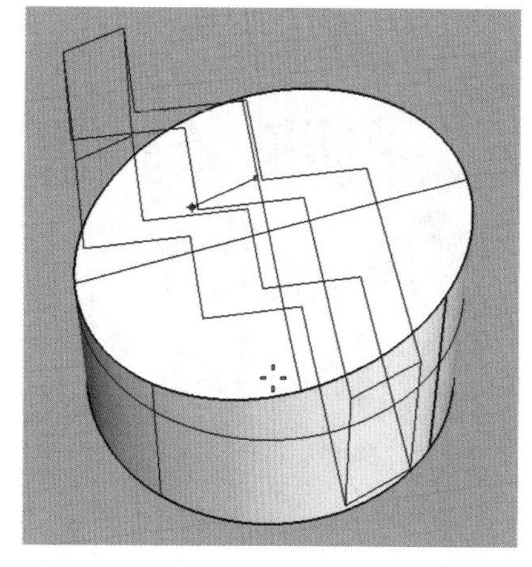

图5-241

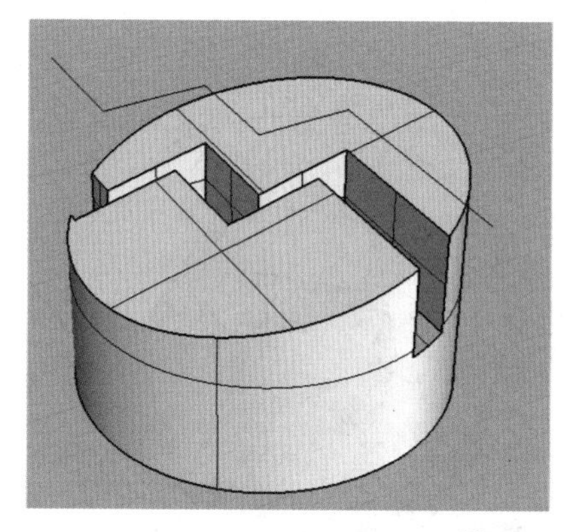

图5-242

以封闭曲线切割

现在来看使用封闭曲线切割多重曲面。如图 5-243 所示的圆柱体与五边形，启用“线切割”工具，先选择五边形曲线，再选择圆柱体，按 Enter 键结束选择，然后通过拖曳确定切割深度，如图 5-244 所示，得到切割后的模型效果如图 5-245 所示。从图中可以看到，使用封闭曲线切割不涉及第 2 切割深度，只有开放曲线才涉及第 1 和第 2 切割深度。

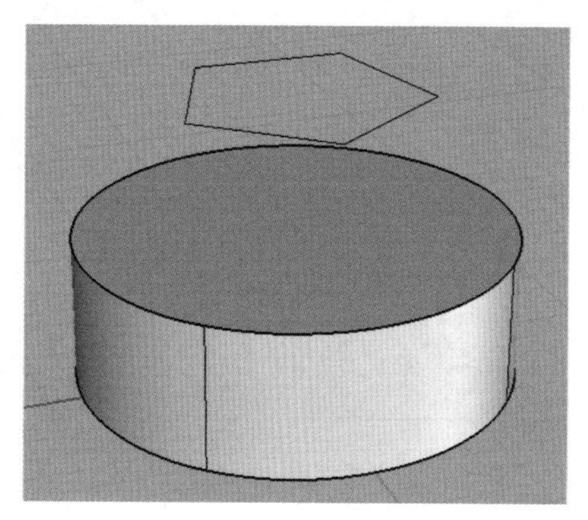

图5-243

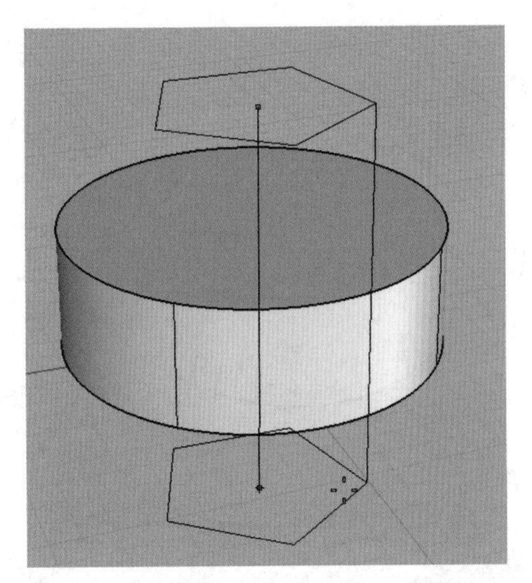

图5-244

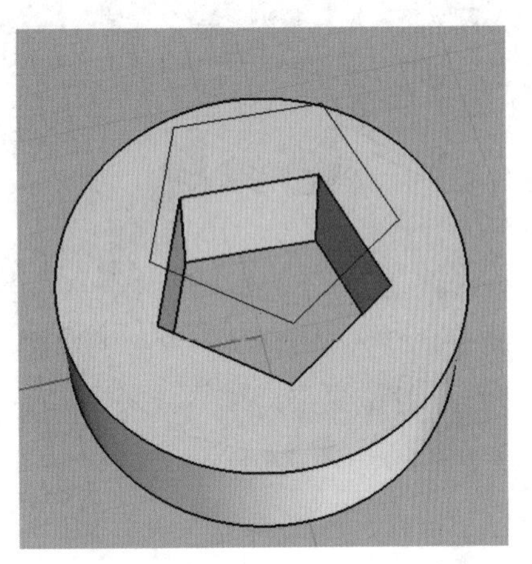

图5-245

技术专题：不同方向切割效果的差异

这里深入介绍一下不同方向切割效果的差异。为了让大家能够直观地感受这些差异，在讲解前先打开本书学习资源中的“场景文件 > 第 5 章 >01.3dm”文件，方便进行实际的演练，如图 5-246 所示。图中显示了圆柱体与曲线的位置关系，其中用于切割的曲线与 *x* 轴、*y* 轴、*z* 轴呈一定角度。

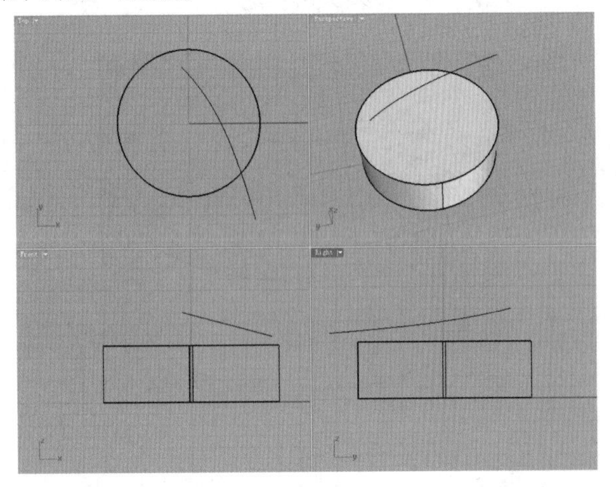

图5-246

1. 第 1 方向沿着 *x*/*y*/*z* 轴

启用“线切割”工具后，按照命令行提示选择开放曲线，再选择圆柱体，按 Enter 键或右击结束选择，接下来在命令行中单击“方向”选项，调整为 *z* 轴方向，移动鼠标向下拖曳切割曲线，单击鼠标左键确定切割深度，如图 5-247 所示。

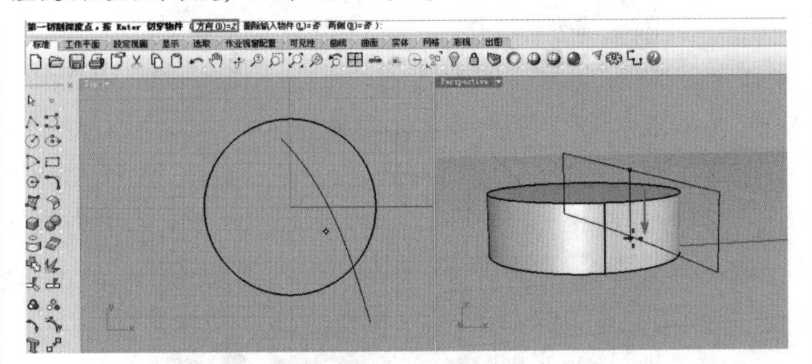

图5-247

在命令行提示指定第 2 方向时，设置为“与第一个挤出方向垂直”，再拖曳出与第一个挤出方向垂直的切割曲线，单击鼠标左键确定切割深度，如图 5-248 所示，最后右击结束切割，得到实体模型，如图 5-249 所示。

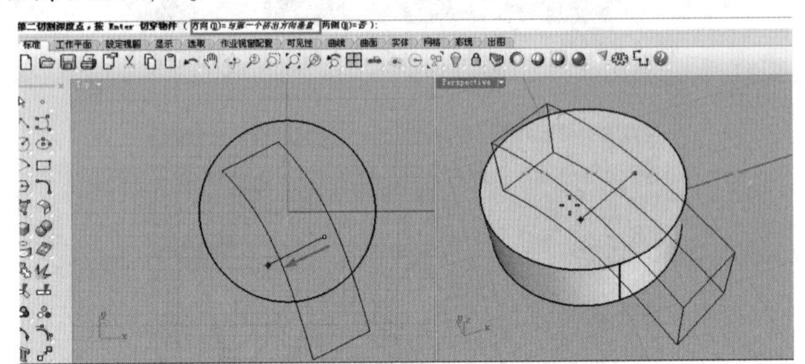

图5-248

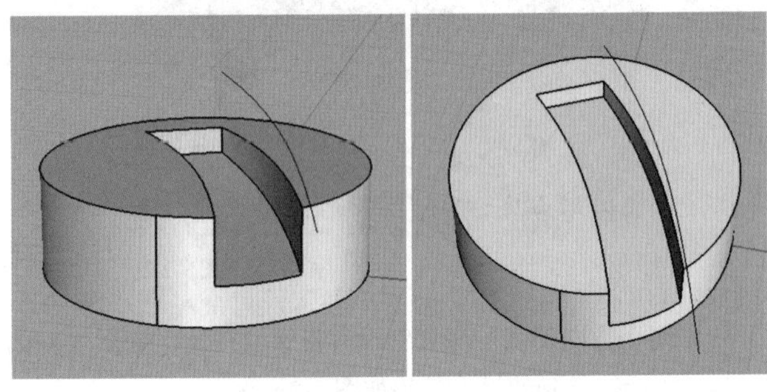

图5-249

如果在确定第 2 方向时，选择的是 *x* 轴方向，如图 5-250 所示，切割后的效果如图 5-251 所示。

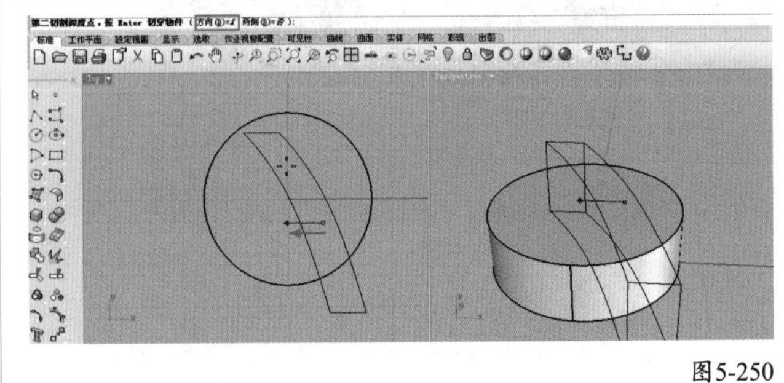

图5-250

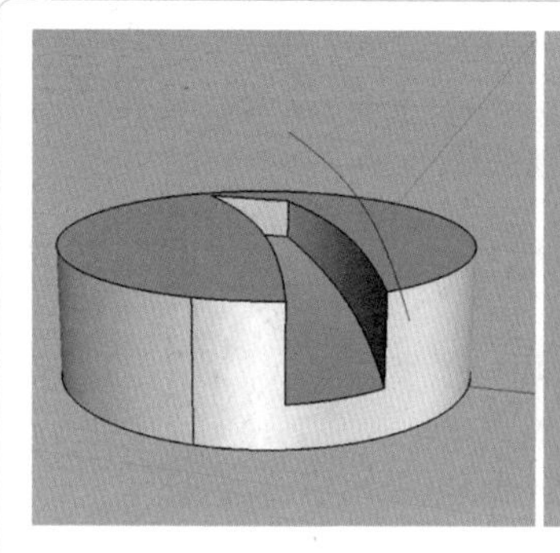
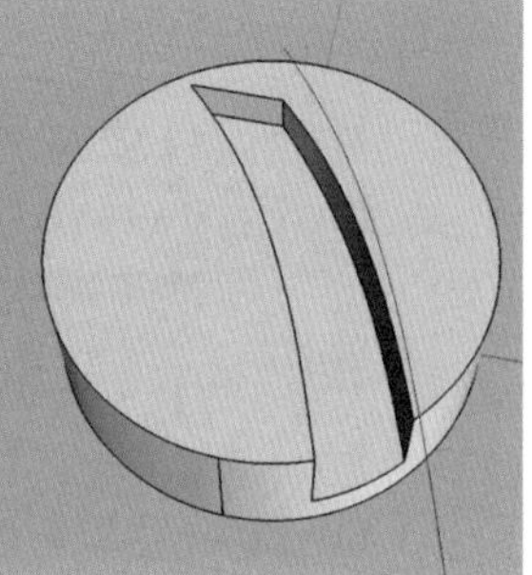

图5-251

2. 第 1 方向与曲线垂直

如果在指定第 1 方向时设置为“与曲线垂直”，则可以看到切割曲线与圆柱体顶面呈一定角度，如图 5-252 所示。

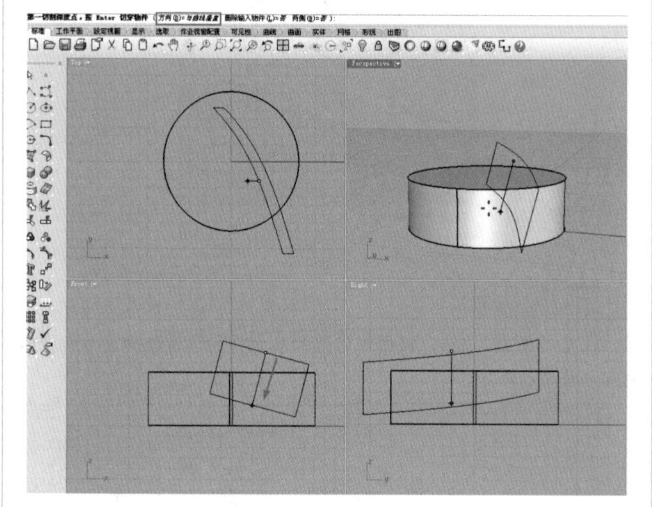

图5-252

再指定第 2 方向为“与第一个挤出方向垂直”，如图 5-253 所示，切割效果如图 5-254 所示。对比图 5-251 和图 5-254，第 1 方向为“与曲线垂直”的切割方式获得的实体模型，其圆柱体侧面的凹槽不再垂直于圆柱体底面。

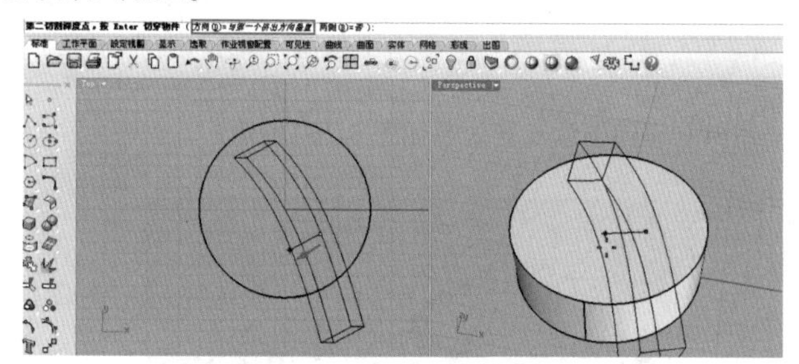

图5-253

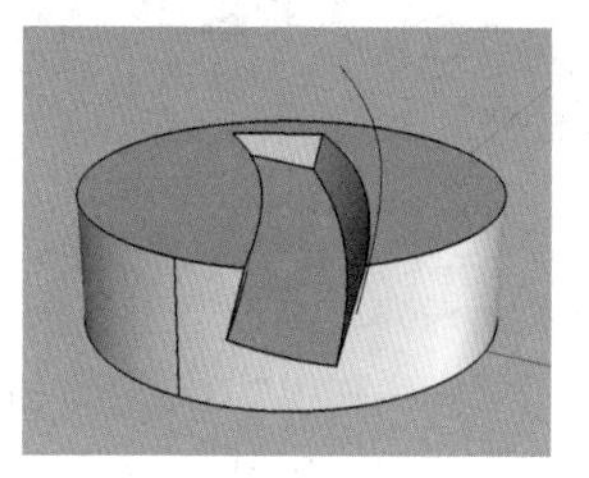

图5-254

3. 第 1 方向为工作平面法线

首先将切割曲线进行镜像复制，如图 5-255 所示。

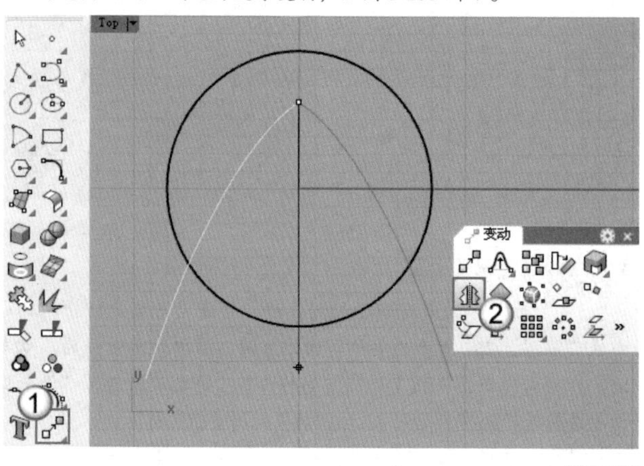

图5-255

启用“线切割”工具后，按照命令行提示选择开放曲线，再选择圆柱体，按 Enter 键或右击结束选择，然后调整第 1 方向为“工作平面法线”，拖曳出切割曲线，可以看到切割曲线与圆柱体顶面成一定角度，接着指定第 2 方向为“与第一个挤出方向垂直”，得到图 5-256 所示的切割效果。

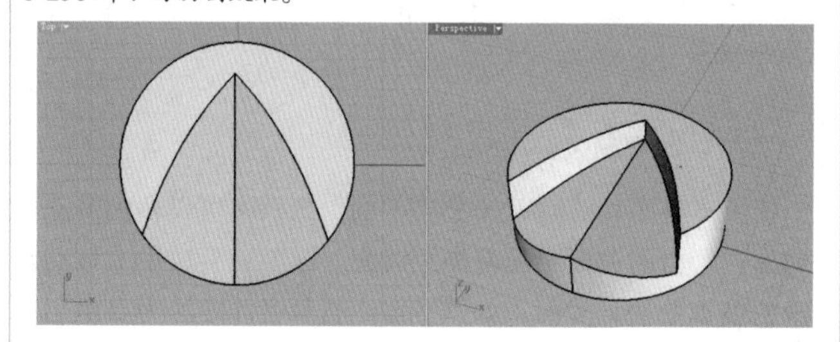

图5-256

4. 第 1 方向为指定

对图 5-255 所示的实体与曲线进行线切割，指定第 1 方向时设置为“指定”，然后在 Right（右）视图中指定第 1 方向的起始点和终点，得到线切割的第 1 方向，如图 5-257 所示；切割深度如图 5-258 所示。

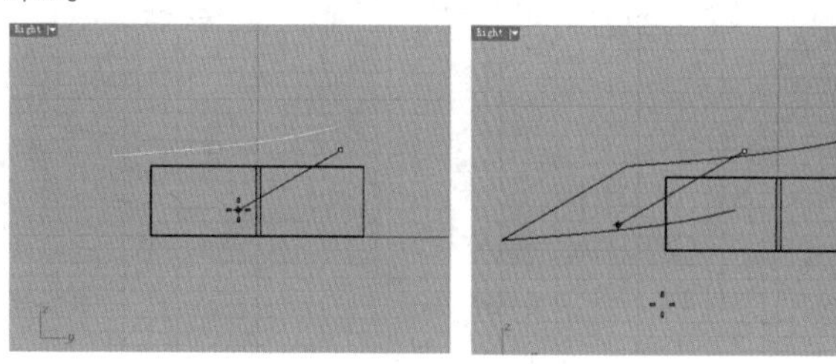

图5-257　　图5-258

指定第 2 方向时，同样设置为“指定”，在 Top（顶）视图中指定第 2 方向的起始点和终点，得到线切割的第 2 方向，如图 5-259 所示，在第 2 方向上进行贯穿切割，得到图 5-260 所示的切割效果。

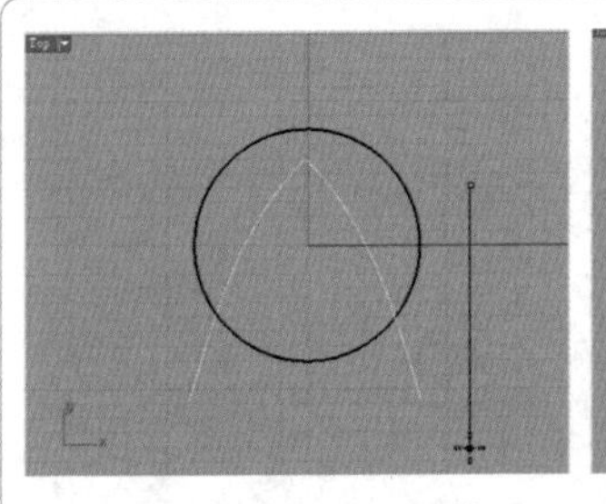

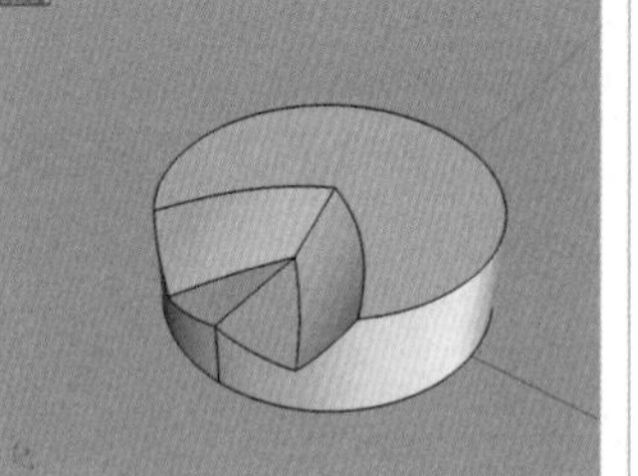

图5-259 图5-260

5. 第1方向沿着曲线

“沿着曲线”方式只适用于封闭曲线，它是沿着曲线挤出洞的轮廓曲线。以图5-261所示的实体与曲线为例，图中封闭曲线为线切割曲线，开放曲线是用来指定切割方向的曲线（也就是设置为“沿着曲线”方式时选择的挤出路径），切割效果如图5-262所示。

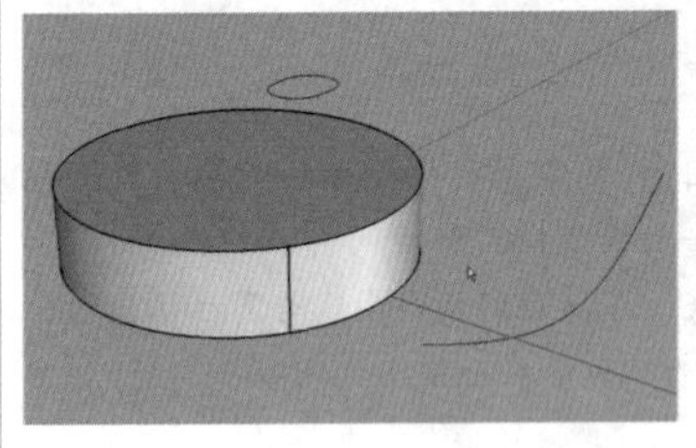

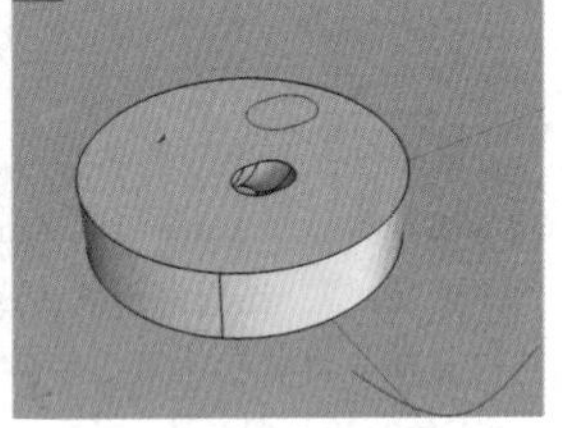

图5-261 图5-262

5.4.9 将面移动

使用“将面移动/移动未修剪的面”工具可以移动多重曲面的面，周围的曲面会随着进行调整。这个工具适用于移动较简单的多重曲面上的面，如调整物体的厚度。方法为启用工具后选取一个面，然后指定移动的起点和终点即可，如图5-263所示的模型，移动凹面后的效果如图5-264所示。

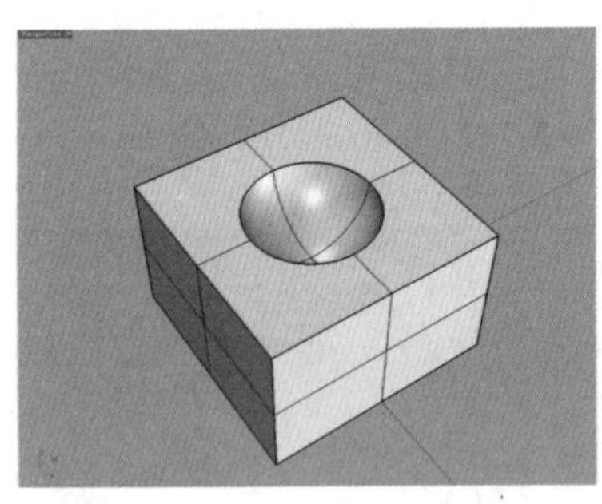

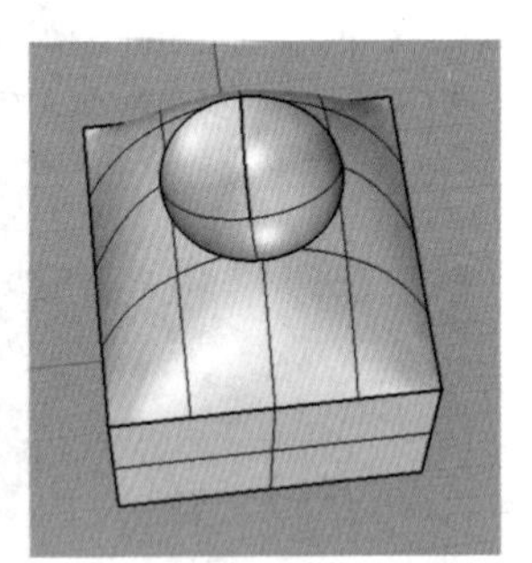

图5-263 图5-264

5.4.10 将面移动至边界

对于两个不相交的物件，如果要将其中一个物件的某个面延伸至与另一个物件相交，可以使用“将面移动至边界”工具。

观察图5-265所示的两个模型，现在要将圆柱体的圆面延伸至与立方体相交，那么启用“将面移动至边界”工具后，选择圆柱体的圆面，然后按Enter键结束选择，接着选择立方体，得到图5-266所示的模型。

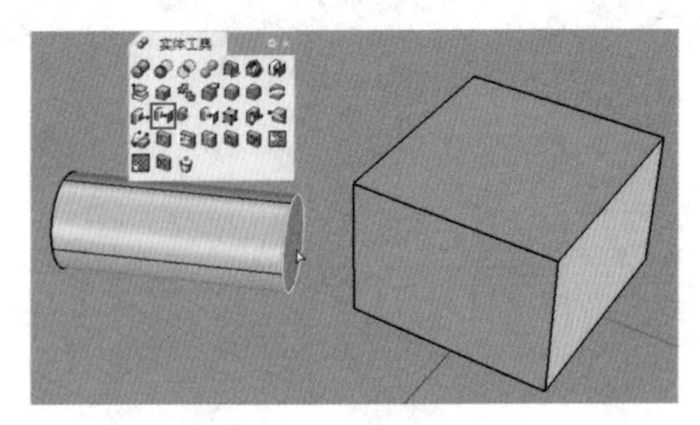

图5-265

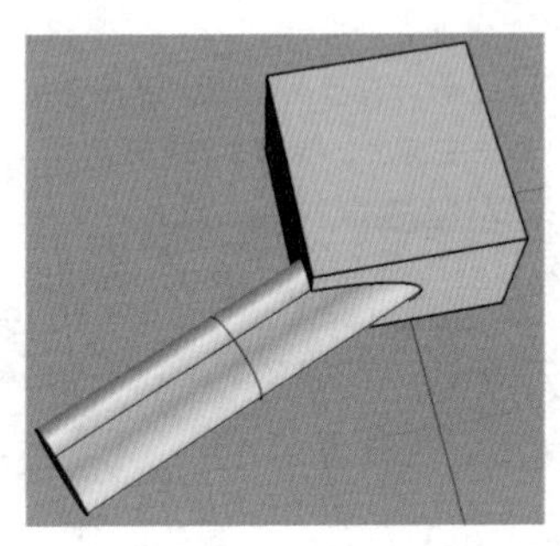

图5-266

技巧与提示

注意观察图5-266，圆柱体的圆面延伸至与立方体相交后，多余的部分被自动修剪。

重点实战

利用将面移动至边界制作创意长凳

场景位置	无
实例位置	实例文件>第5章>实战——利用将面移动至边界制作创意长凳.3dm
视频位置	第5章>实战——利用将面移动至边界制作创意长凳.mp4
难易指数	★★★☆☆
技术掌握	掌握将面移动至边界等实体编辑方法

本例制作的创意长凳效果如图5-267所示。

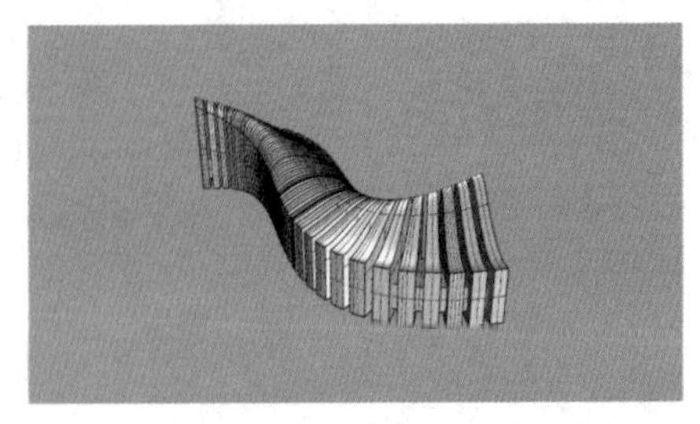

图5-267

01 单击“立方体：角对角、高度”工具，创建一个长条形的立方体，然后单击“直线阵列”工具，如图5-268所示，对创建的立方体进行阵列复制，如图5-269和图5-270所示，具体操作步骤如下。

操作步骤

①选择立方体，然后在命令行中设置复制数为 30。

②在 Top（顶）视图中确定 x 方向阵列间距。

③在 Front（前）视图中确定 z 方向的阵列间距，如图 5-270 所示，最后按 Enter 键完成阵列。

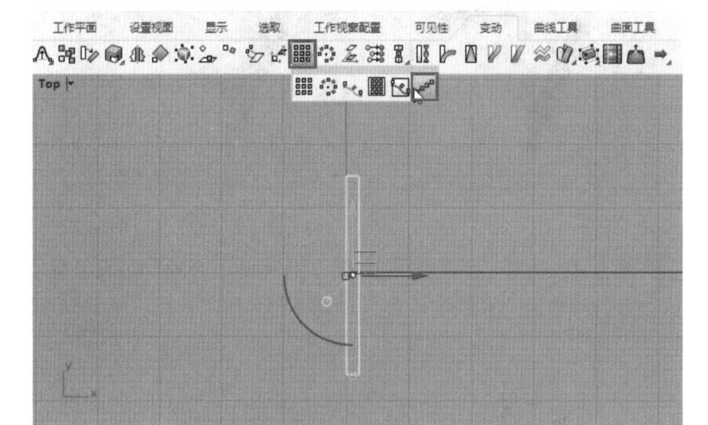

图5-268

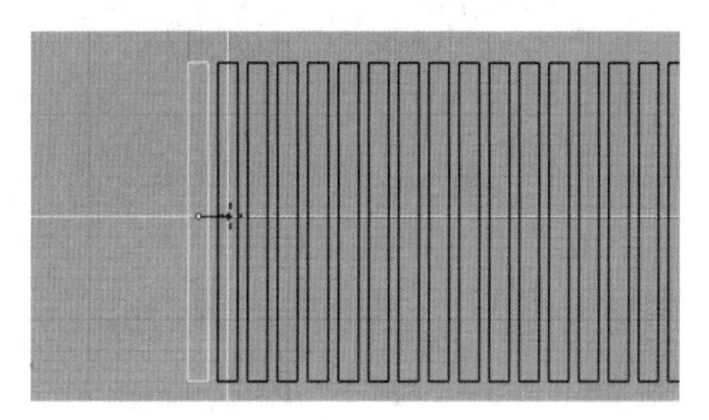

图5-269

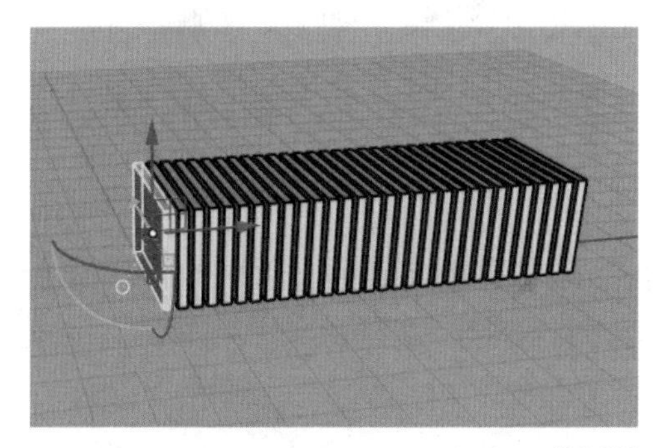

图5-270

02 使用“控制点曲线 / 通过数个点的曲线”工具，在 Front（前）视图中创建一个如图 5-271 所示的曲线。

03 在（Front）前视图中，单击“镜射 / 三点镜射”工具，设置“复制 = 是”，对曲线进行镜像复制，如图 5-272 所示。

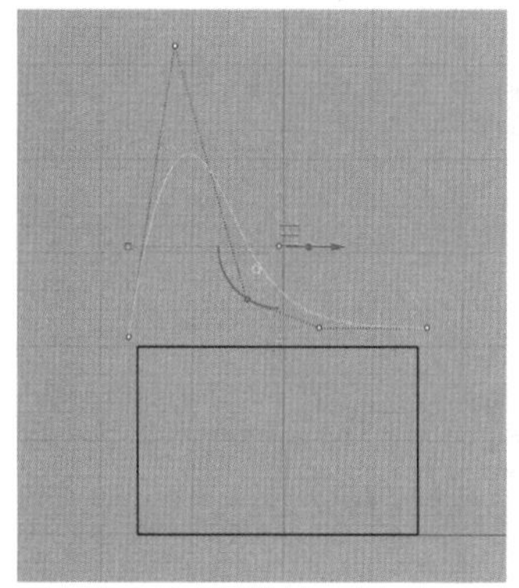

图5-271

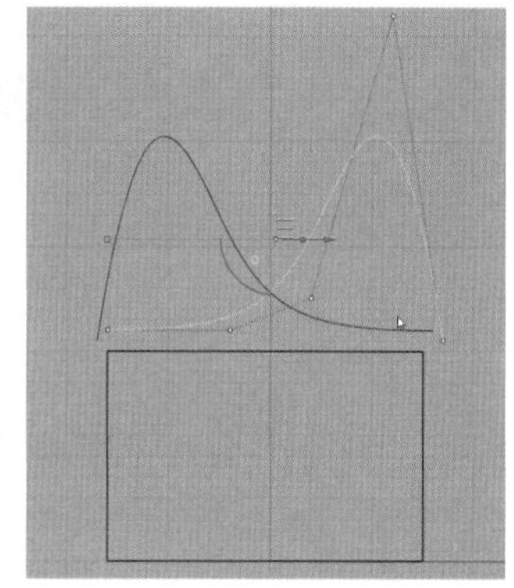

图5-272

04 使用操作轴对镜像复制得到的曲线进行移动，使其与立方体阵列的另一端对齐，如图 5-273 所示。

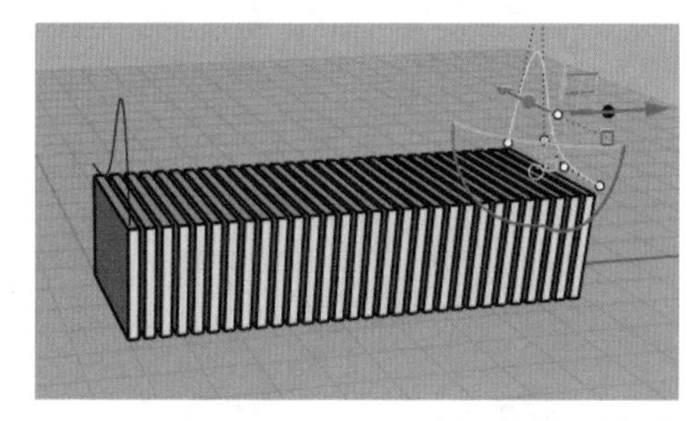

图5-273

05 使用“放样”工具，分别选取两端的曲线，在弹出的对话框中将“样式”改为“松弛”，生成曲面，如图 5-274 所示。

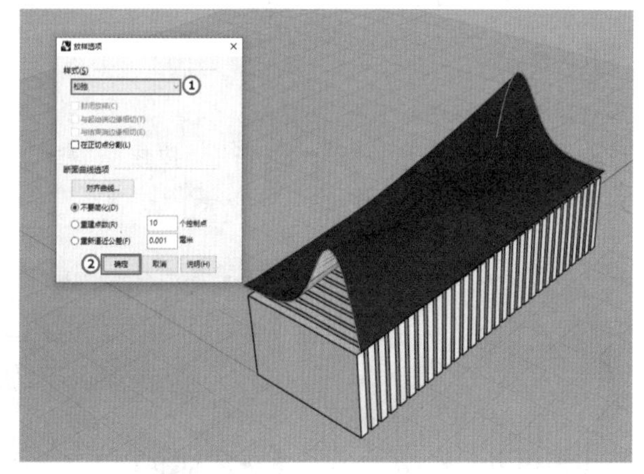

图5-274

技巧与提示

使用“放样”工具选取曲线时，选择的两条曲线的位置要在同一侧，否则可能会出现曲面错误。

06 对上一步得到的曲面使用“重建曲面”工具，并进行设置，最后单击“确定”按钮，完成重建，如图 5-275 所示。

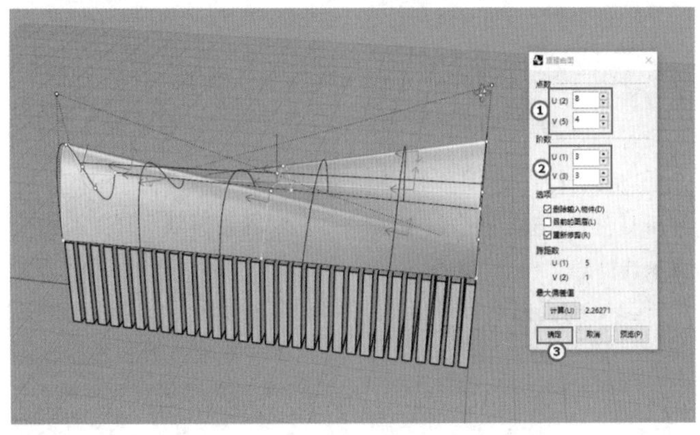

图5-275

07 完成重建后，通过控制点调整曲线至图 5-276 所示的造型。

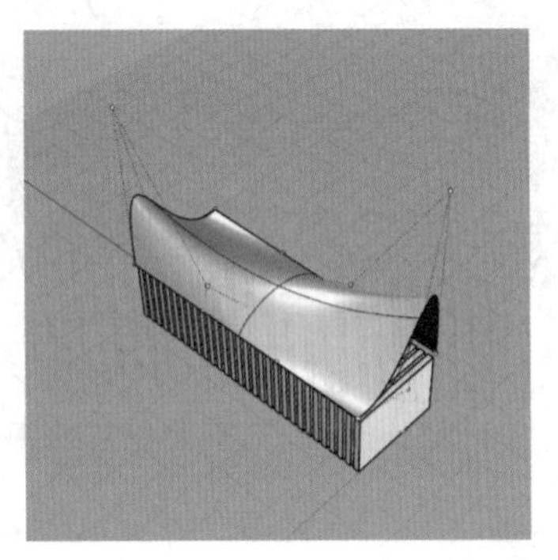

图5-276

08 使用“将面移动至边界”工具将立方体阵列的上表面移动至上部曲面，最终效果如图 5-278 所示，具体操作步骤如下。

操作步骤

①使用“将面移动至边界”工具。
②选取需要移动的面，如图 5-277 所示，按 Enter 键确认。
③选取边界曲面，完成移动。

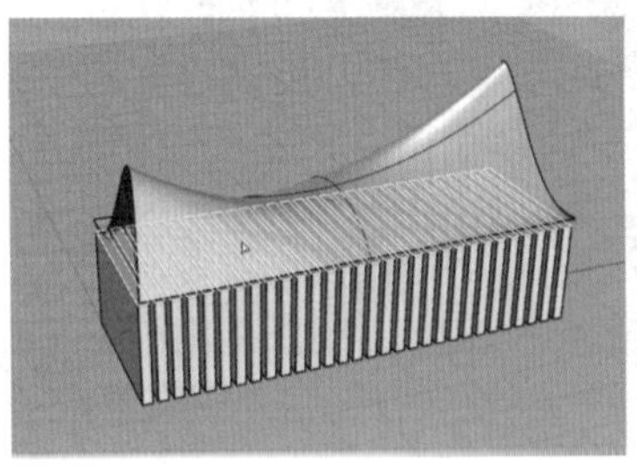

图5-277　　图5-278

疑难问答

问：如果不慎多选了要移动的面，该怎么办？

答：按住 Ctrl 键的同时单击多选的面，即可将其排除在选择集外。

09 单击“隐藏物件 / 显示物件”工具，选取上部曲面，将其隐藏，如图 5-279 所示。

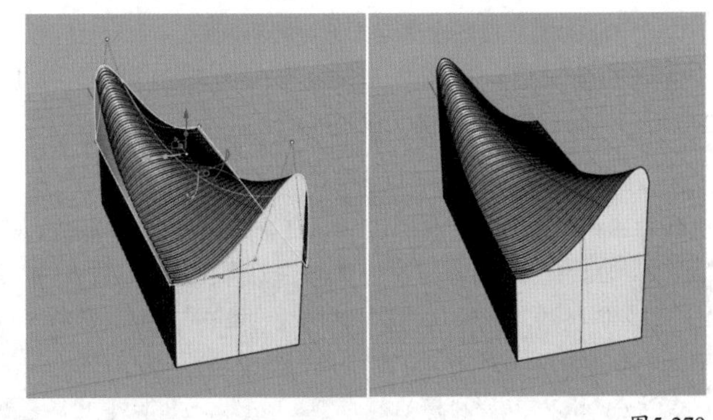

图5-279

10 单击“立方体：角对角、高度”工具，绘制一个立方体，这个立方体将成为长椅的内梁，如图 5-280 所示。

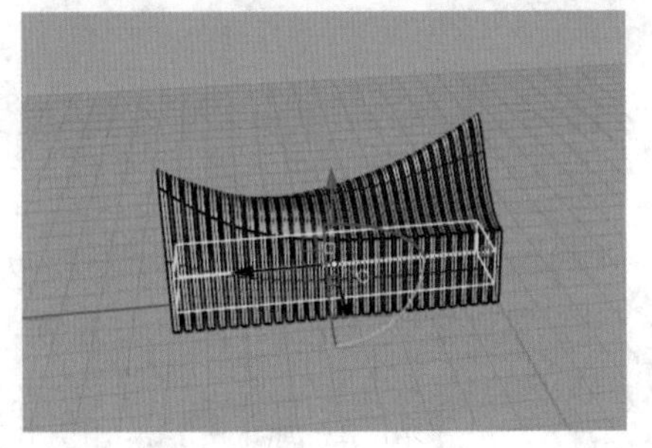

图5-280

11 在 Top（顶）视图中，使用“单一直线”工具在立方体阵列中间绘制一条中线，如图 5-281 所示。

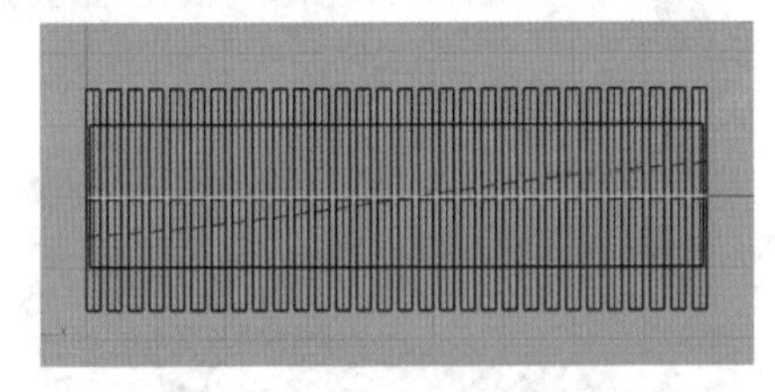

图5-281

12 同样在 Top（顶）视图中使用“控制点曲线 / 通过数个点的曲线”工具，绘制图 5-282 所示的一条曲线。

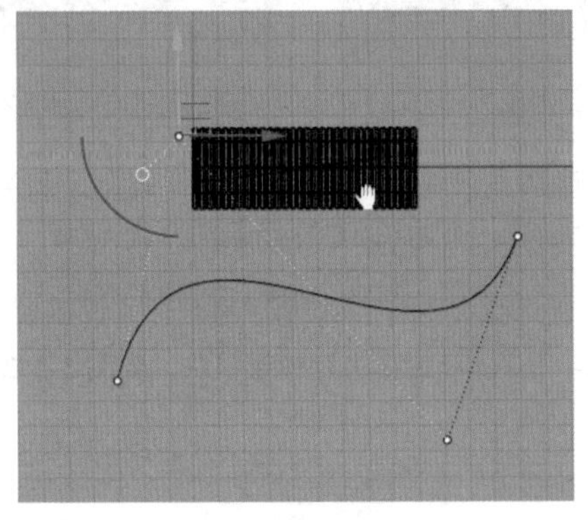

图5-282

13 选择所有的立方体阵列与内梁立方体，使用“沿着曲线流动”工具，在命令栏中设定“延展 = 是”，“维持结构 = 是”，如图 5-283 所示，流动后的结果如图 5-284 所示，具体操作步骤如下。

操作步骤

①选取立方体阵列与内梁立方体。

②使用“沿着曲线流动”工具。

③选取基准线，按 Enter 键确认。

④选取目标曲线，确认流动。

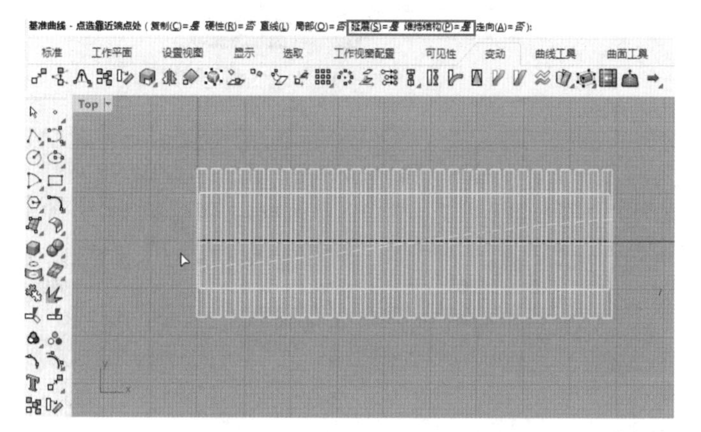

图5-283

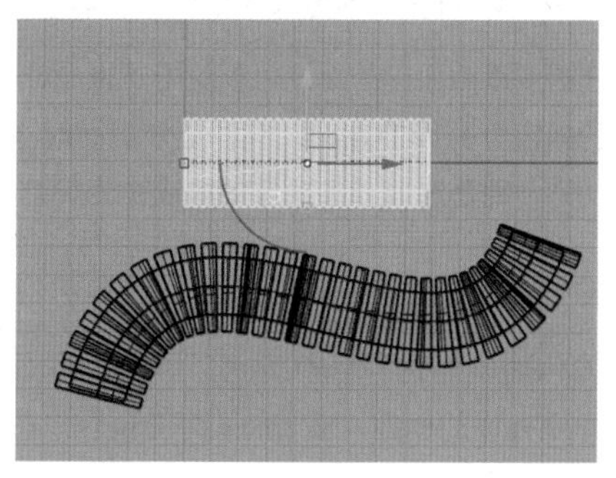

图5-284

14 执行“隐藏物件”指令，将流动前的所有物件都隐藏，到这里就完成了创意长凳的建模，最终效果如图 5-285 所示。

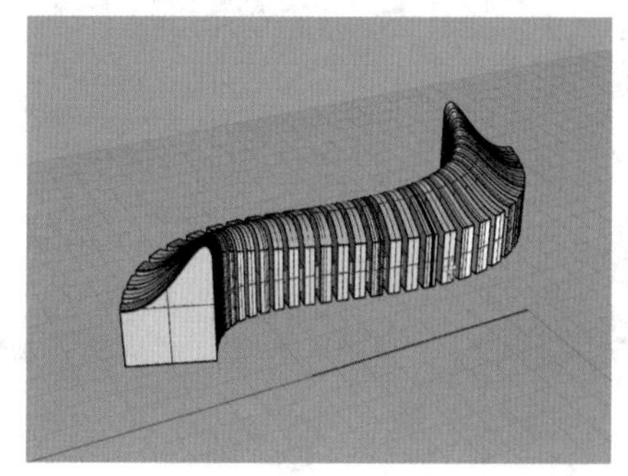

图5-285

★重点★

5.4.11 挤出面 / 沿着路径挤出面

使用“挤出面 / 沿着路径挤出面”工具可以将曲面挤出建立实体，该工具有两种用法，左键功能用于挤出面，右键功能用于沿着路径挤出面，工具位置如图 5-286 所示。

图5-286

挤出面

单击“挤出面 / 沿着路径挤出面”工具，然后选择要挤出的曲面，如图 5-287 所示，按 Enter 键结束选择后指定挤出的厚度即可，如图 5-288 所示。

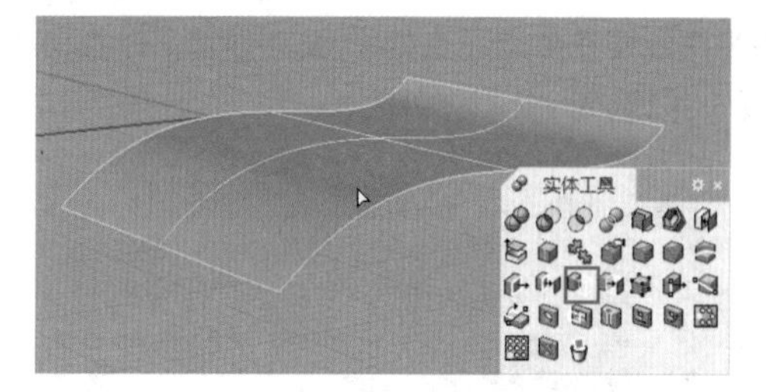

图5-287

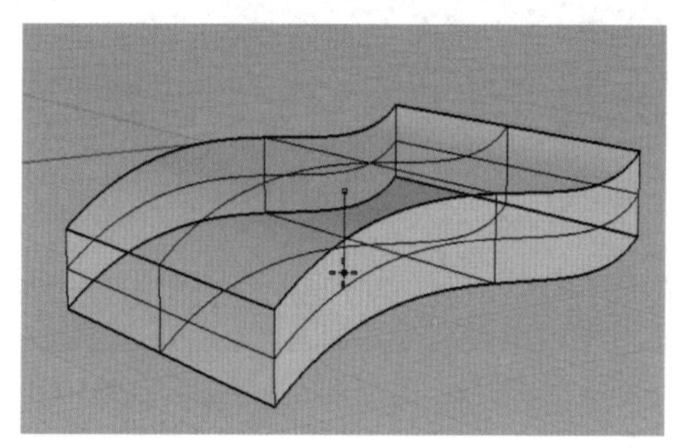

图5-288

挤出面的时候，通过命令选项中的“方向”选项可以指定不同的挤出方向，如挤出为斜方向，如图 5-289 所示。通过“实体”选项可以定义挤出的是实体模型还是曲面模型，图 5-290 所示是设置“实体”为“否”的挤出效果。

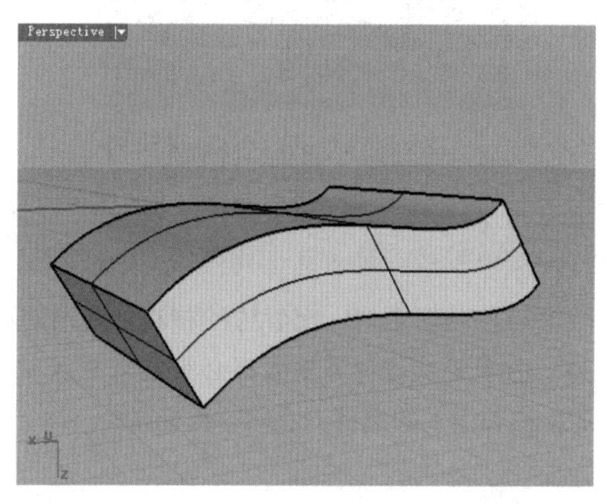

图5-289

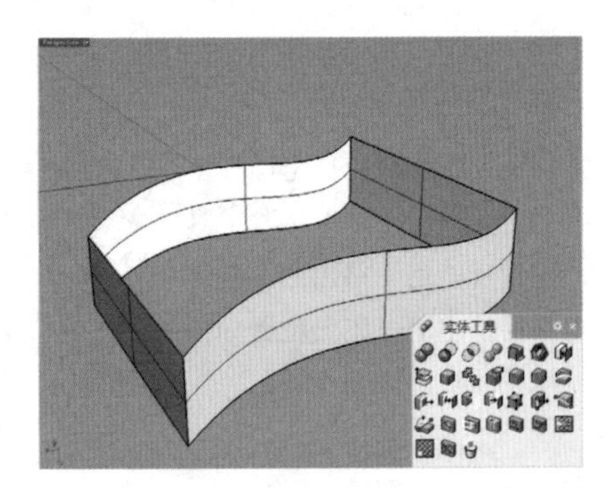

图5-290

沿着路径挤出面

右击“挤出面 / 沿着路径挤出面”工具，选择需要挤出的曲面，如图 5-291 所示，按 Enter 键确认后，再选择路径曲线（选取路径曲线要在靠近起点处），曲面即可沿路径曲线进行挤出，如图 5-292 所示。

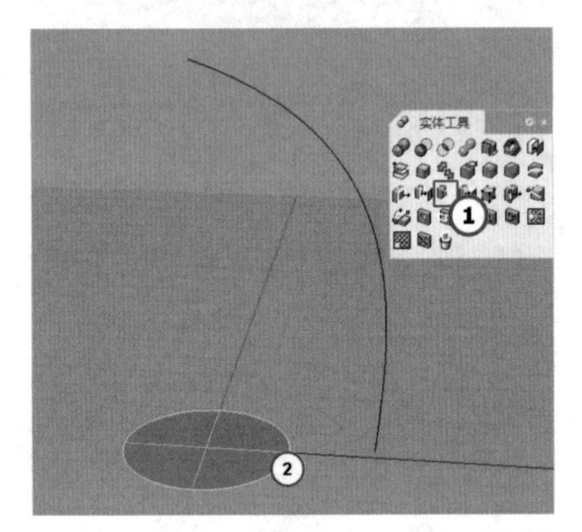

图5-291

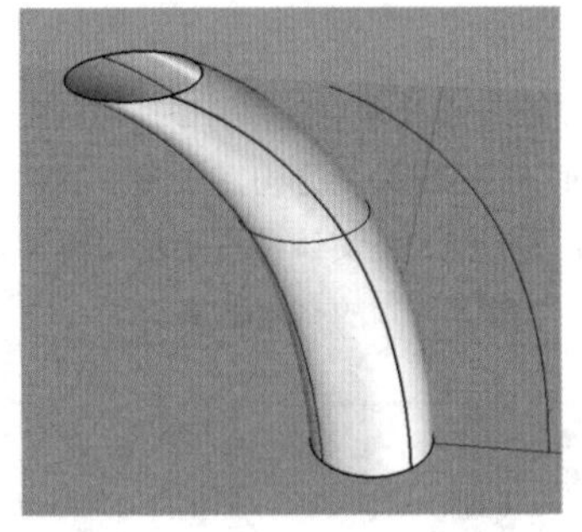

图5-292

5.4.12 移动边缘

移动边缘与移动面类似，随着边的移动，周围的曲面会随着进行调整。由于所有被调整的面都必须是平面或容易延展的面，因此通常相邻面上的洞都无法移动或延展。

启用“移动边缘 / 移动未修剪的边缘”工具后，选择需要移动的多重曲面边缘，如图 5-293 所示，按 Enter 键确认后，再指定移动的起点和终点即可，如图 5-294 所示。

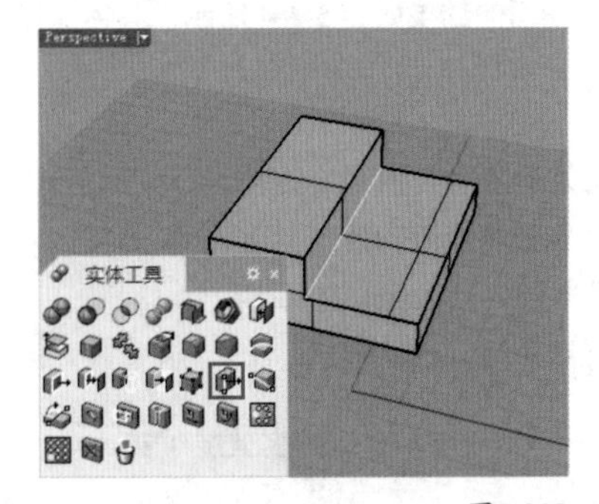

图5-293

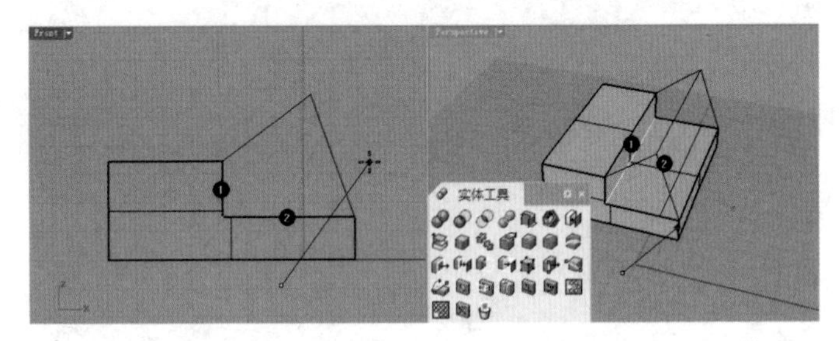

图5-294

5.4.13 将面分割

如果要分割多重曲面中的面，可以使用“将面分割”工具。该工具有两种指定分割线的方式，一种是分割面时指定分割轴的起点及终点，另一种是选取一条现有的曲线作为切割用物件。

指定分割轴分割

以对立方体的侧面进行分割为例，单击“将面分割”工具，然后选择立方体的侧面，按 Enter 键确认后，在分割面的边线上依次拾取两个点确定分割轴，如图 5-295 所示，分割后的效果如图 5-296 所示。现在立方体就不再只是 6 个面组成的体，而是由 7 个面组成的，此时这些曲面是一个整体。

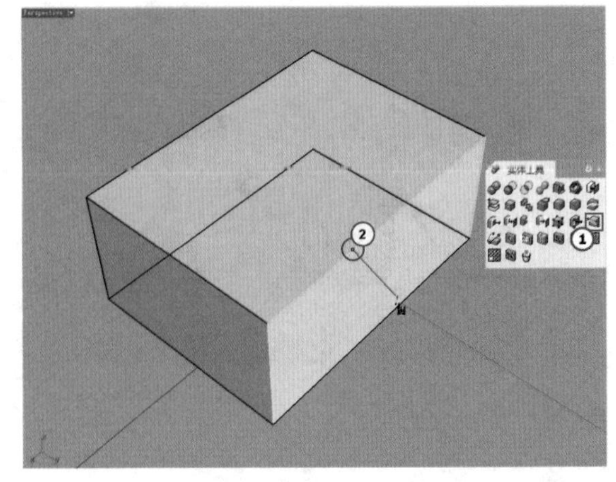

图5-295

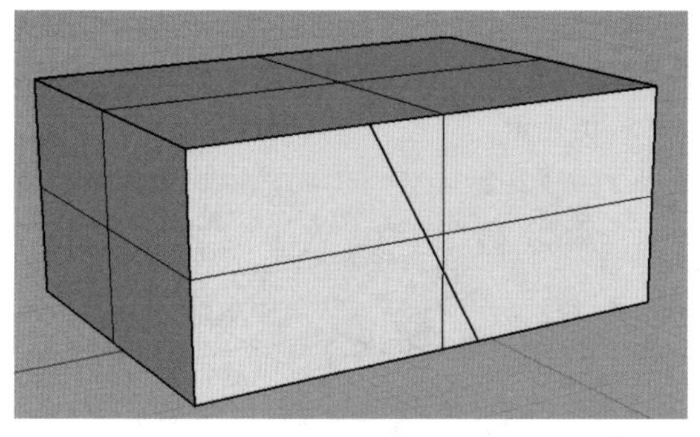

图5-296

被切割的立方体侧面由两个面组成，可以通过“抽离曲面”工具将其中一个面抽离出来，这样可以清楚地感受到立方体侧面被分割的形状，如图 5-297 所示。

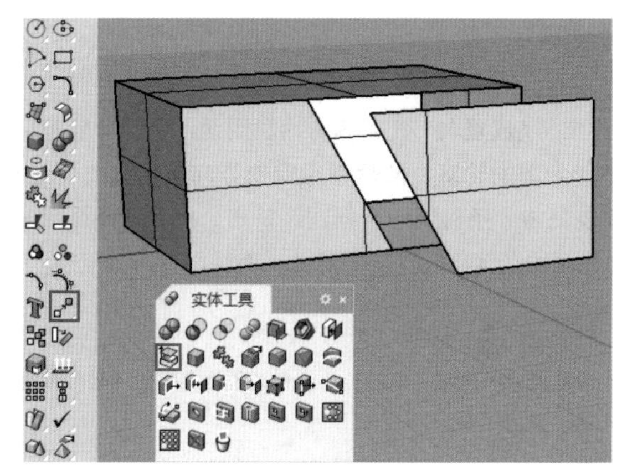

图5-297

以现有曲线分割

以现有曲线分割曲面，需要曲线能够投影至曲面上或经过延伸后能与曲面相交，否则分割操作不会成功。

如图 5-298 所示，如果要以太极图形对椭圆体进行分割，那么启用“将面分割”工具后，选择椭圆体，并右击结束选择，然后在命令行中单击“曲线”选项，接着选择太极图形，并再次右击结束命令，得到图 5-299 所示的分割模型。

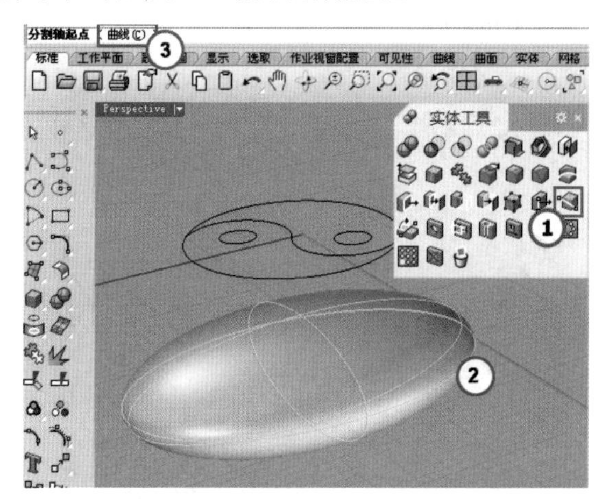

图5-298

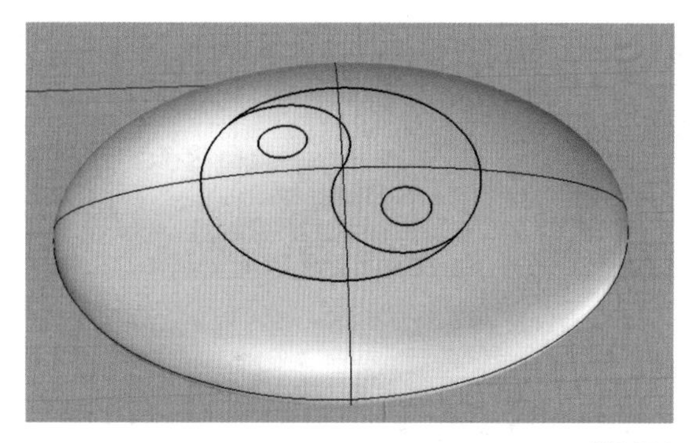

图5-299

5.4.14 将面摺叠

使用“将面摺叠”工具可以将多重曲面中的面沿着指定的轴切割并旋转，周围的曲面会随着进行调整。

启用“将面摺叠”工具后，需要选取一个面，然后在该面上指定叠合轴的起点和终点，接着指定叠合轴所分开的两个面的旋转角度。

以对立方体的顶面进行摺叠为例，先来看一下摺叠后的效果，如图 5-300 所示。

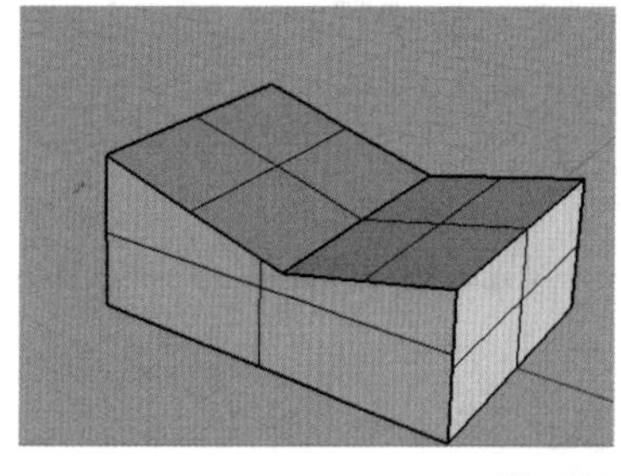

图5-300

图 5-301 中设置叠合轴的起点和终点为顶面两条对边的中点，此时顶面被分割为左右两个面，接下来要做的就是依次指定这两个面的旋转角度，指定角度时可以直接在命令行中输入角度值，也可以通过指定两个点来自定义角度的范围，如图 5-302 和图 5-303 所示。

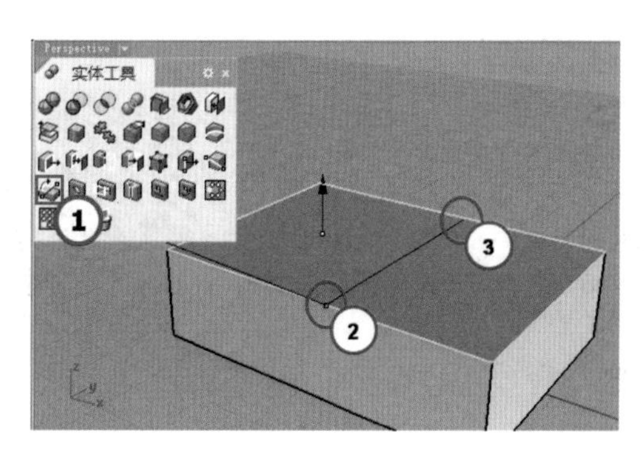

图5-301

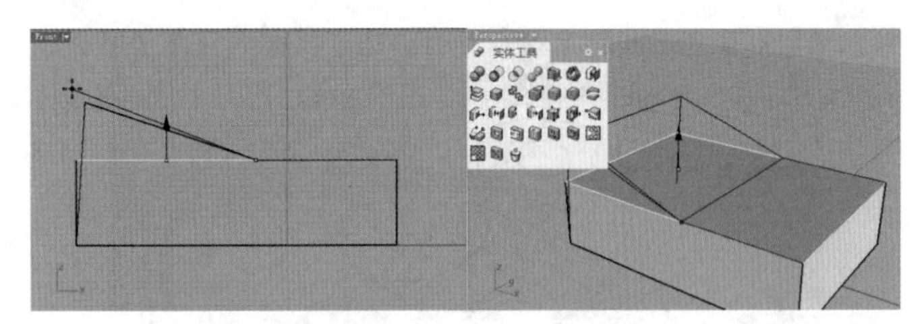

图5-302

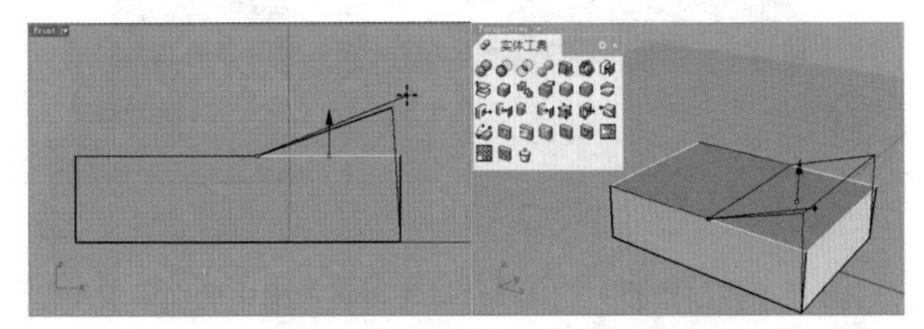

图5-303

5.4.15 建立圆洞

使用“建立圆洞”工具可以在曲面或多重曲面上建立圆洞，该工具的命令提示中提供了图 5-304 所示的命令选项。

指令: _RoundHole
选取目标曲面:
中心点 (深度(D)=1 半径(R)=1 钻头尖端角度(T)=180 贯穿(T)=否 方向(C)=工作平面法线):

图5-304

命令选项介绍

深度 / 半径：设置圆洞的深度和半径，如图 5-305 所示。

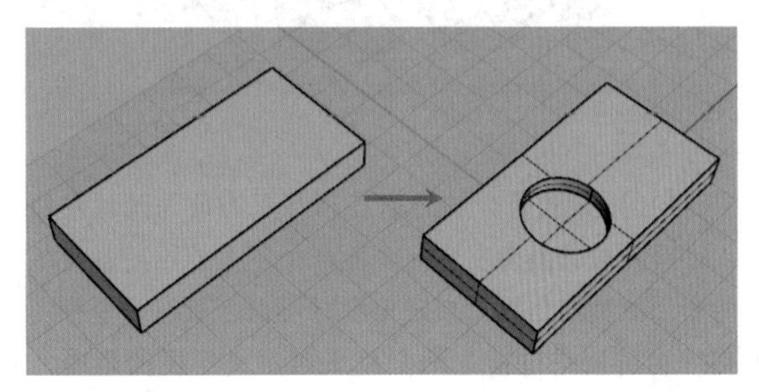

图5-305

技巧与提示

启用“建立圆洞”工具后，选择一个曲面或多重曲面，此时鼠标指针会显示出一个圆柱体，用于创建圆洞时实时预览，该圆柱体的底面半径和高度就是这里设置的“深度”和“半径”数值，如图 5-306 所示。

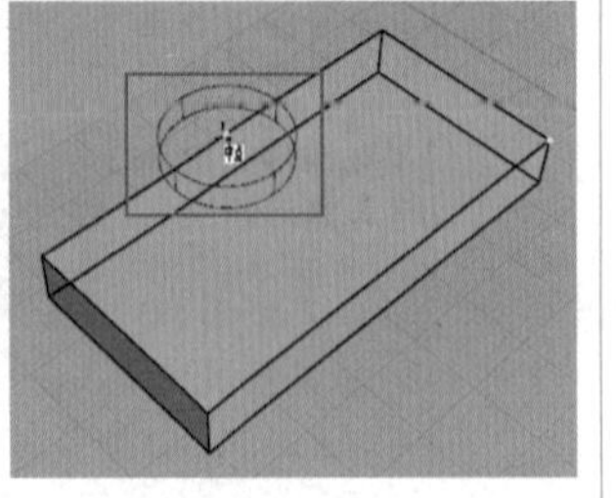

图5-306

钻头尖端角度：设定洞底的角度，默认为 180°，表示洞底为平面；如果设置为其他数值，那么可以得到底部为锥形的圆洞，如图 5-307 所示。

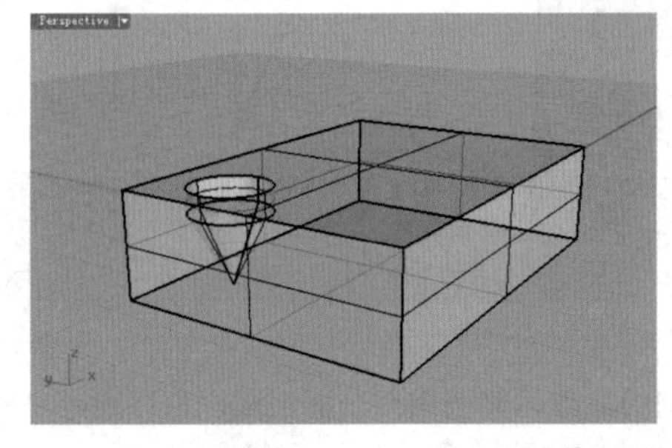

图5-307

贯穿：如果设置为“是”，表示创建的圆洞贯穿实体。

5.4.16 建立洞 / 放置洞

“建立洞 / 放置洞”工具有两种用法，左键功能是以封闭的曲线作为洞的轮廓，然后以指定的方向挤出到曲面建立洞；右键功能是将一条封闭的平面曲线挤出，然后在曲面或多重曲面上以设定的深度与旋转角度挖出一个洞。

技巧与提示

无论是左键功能还是右键功能，都必须要有一条封闭的曲线作为洞的轮廓。

建立洞

使用“建立洞 / 放置洞”工具的左键功能前，必须先创建好一个实体模型和一条封闭曲线，并将曲线放置到希望建立洞的位置。该工具是以类似投影的方式来建立洞的。

以图 5-308 所示的正五边形在立方体上建立洞为例，首先单击“建立洞 / 放置洞”工具，然后选择正五边形，并按 Enter 键确认，接着选择立方体，此时拖曳鼠标指针可出现一个虚拟的正五边形，并且原来的正五边形与虚拟的正五边形的中心点相连，如图 5-309 所示。

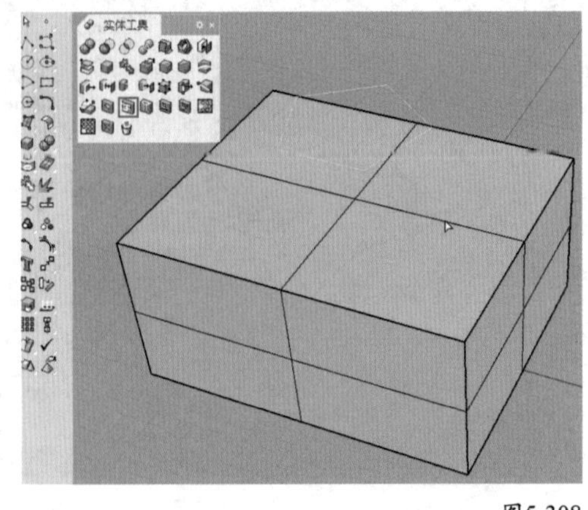

图5-308

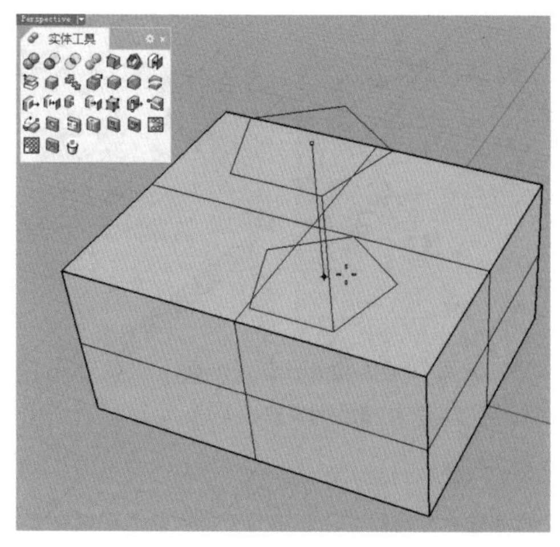

图5-309

虚拟的正五边形的中心点就是洞的深度点，所以在命令行中输入一个数值或在视图中指定一个点后，就可以确定建立的洞的深度，这个深度是从原始封闭曲线处开始计算的，如图 5-310 所示。

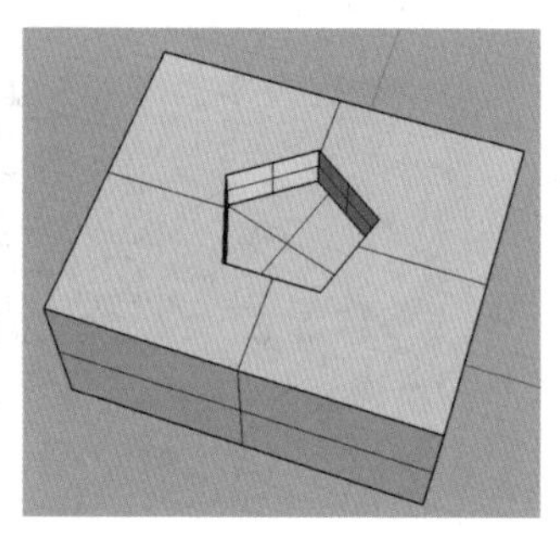

图5-310

放置洞

“建立洞 / 放置洞”工具的右键功能与左键功能的区别在于，右键功能不需要将曲线放置到希望建立洞的位置，只要是封闭曲线，那么在任意位置都可以。

如图 5-311 所示的两个物件，右击“建立洞 / 放置洞”工具，然后选择曲线，此时需要指定洞的基准点和方向，基准点就是后面放置洞时的放置点，如图 5-312 所示。

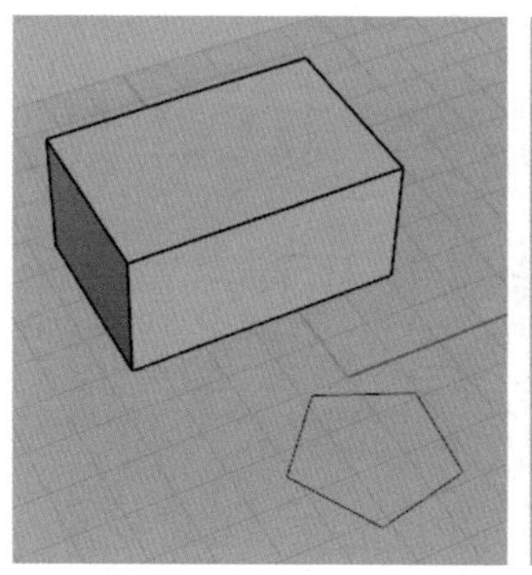

图5-311

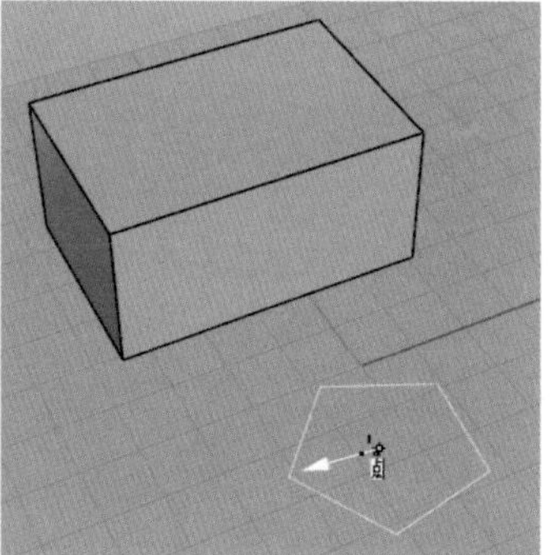

图5-312

完成基准点和方向的设置后，接下来要选择目标曲面，可以选择任意面，选择后需要在目标曲面上拾取一点确定洞的放置位置，最后通过命令行指定洞的深度和旋转角度，如图 5-313 和图 5-314 所示。

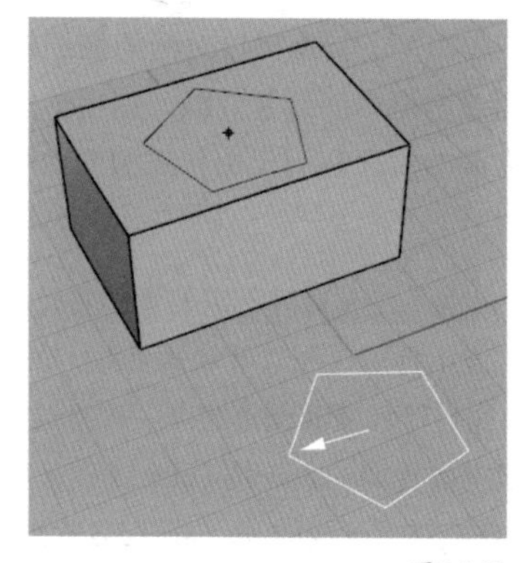

图5-313

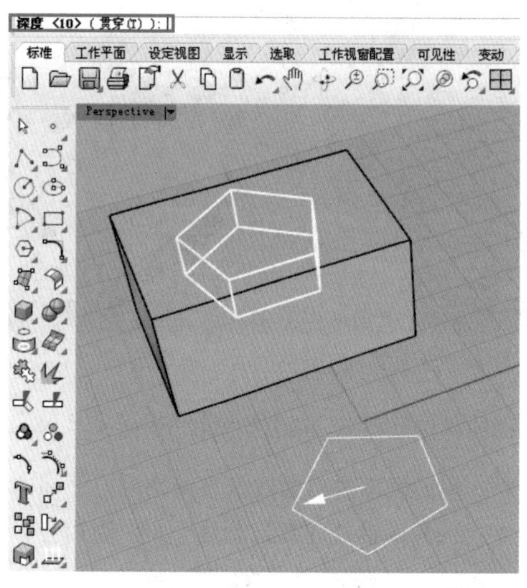

图5-314

指定洞的深度和旋转角度后，还没有完成操作，通过继续指定目标点在曲面上再次放置洞，直到按 Enter 键结束命令，图 5-315 所示即是放置了两个洞之后的效果。

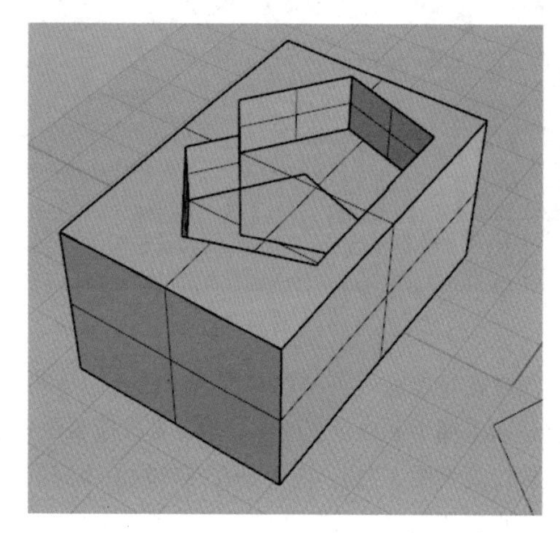

图5-315

5.4.17 旋转成洞

使用“旋转成洞”工具可以对洞的侧面轮廓曲线进行旋转，从而在曲面或多重曲面上建立洞。使用该工具之前，需要先创建好要建立洞的曲面和用于旋转成洞的曲线，曲线可以在任意位置。

使用“旋转成洞”工具并不需要真的将轮廓曲线旋转成为实体模型。启用该工具后，先选择轮廓曲线，然后指定基准点，基准点是轮廓曲线与目标曲面交集的点，接着选择目标曲面，并在目标曲面上指定放置洞的点，按 Enter 键确认后即可在目标曲面上建立轮廓曲线旋转后形成的洞，如图 5-316 所示。

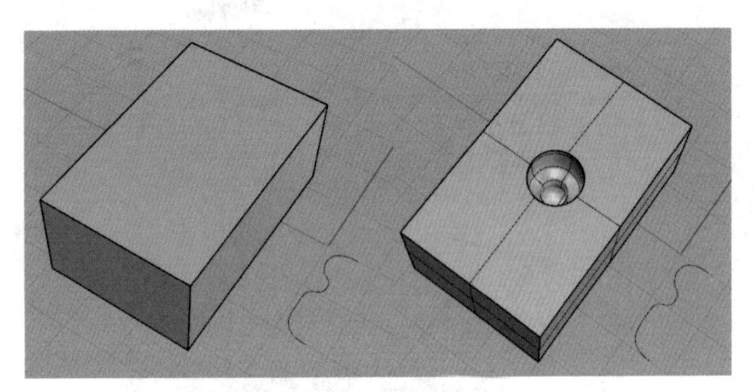

图5-316

在上面的操作过程中，需要注意以下两点。

第 1 点：洞的侧面轮廓曲线是以两个端点之间的直线为旋转轴，绘制洞的轮廓曲线时要注意这一点，因为会影响洞的造型。图 5-317 中白色的直线就是旋转轴。

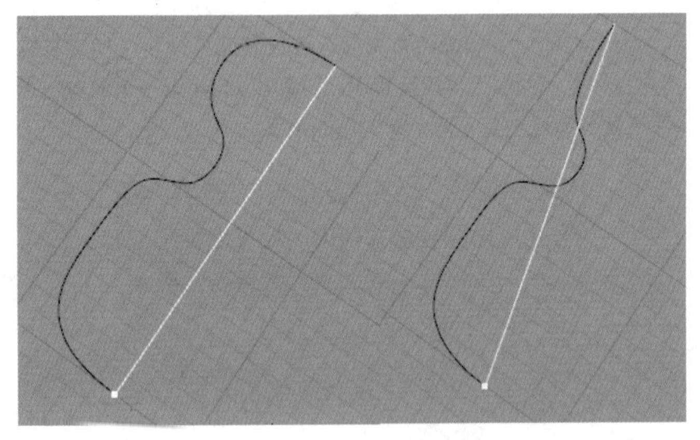

图5-317

第 2 点：在轮廓曲线上拾取基准点时，通常是在旋转轴上拾取，就是在上图中的白色直线上拾取。要注意点位置的选择，这非常重要。观察图 5-318，图中是在旋转轴的中间位置拾取的基准点，该点右侧白色的部分就是最终在曲面上挖出洞的部分，如图 5-319 所示。

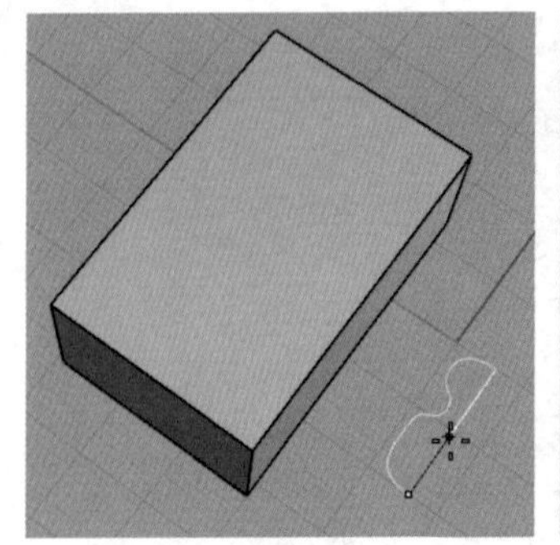

图5-318

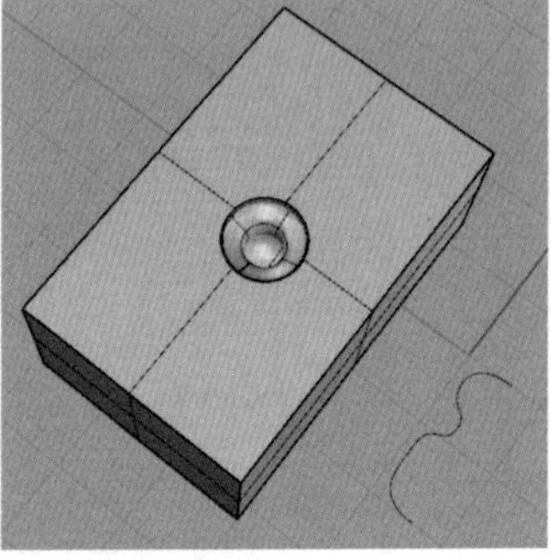

图5-319

技巧与提示

如果是以轮廓曲线的首尾端点作为基准点，那么会出现两种结果，一种是洞完全位于多重曲面内部，如图 5-320 所示；另一种是无法创建出洞。

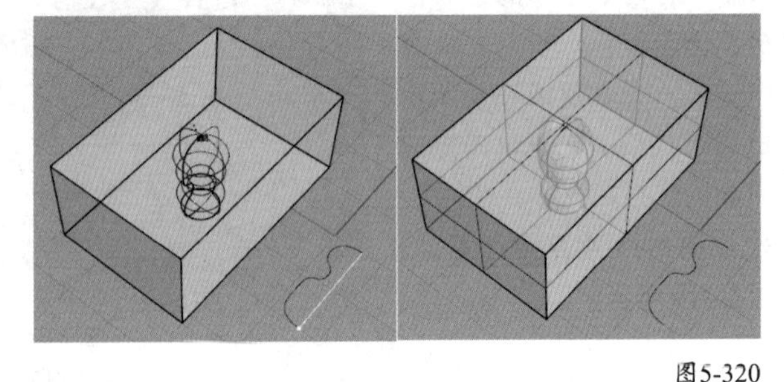

图5-320

5.4.18 将洞移动 / 将洞复制

“将洞移动 / 将洞复制”工具同样具有两种用法，左键功能是移动模型上的洞，右键功能是复制模型上的洞。

将洞移动

单击“将洞移动 / 将洞复制”工具，然后选择模型上的洞，并按 Enter 键确认，接着指定移动的起点和终点即可，如图 5-321 所示。

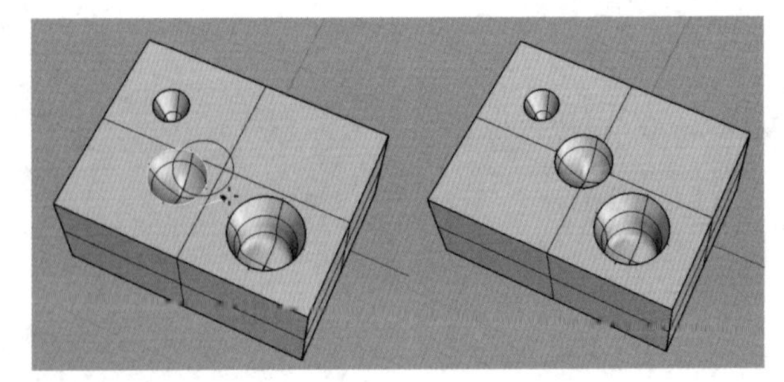

图5-321

将洞复制

“将洞移动 / 将洞复制”工具的右键功能的用法与左键功能的类似，选择需要复制的洞，按 Enter 键确认后，再指定复制的起点和终点，如图 5-322 所示。

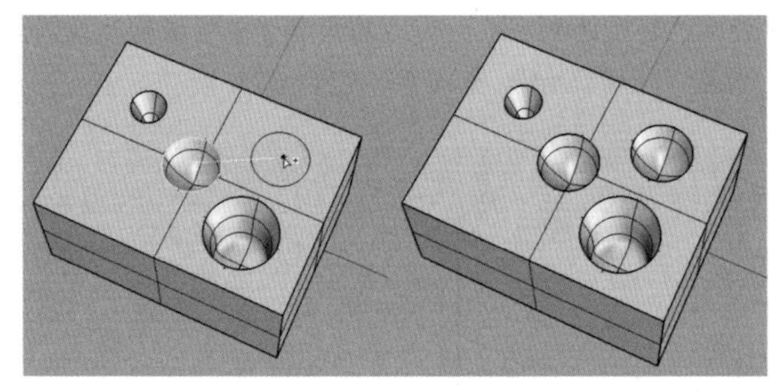

图5-322

5.4.19 将洞旋转

如果要旋转模型上的洞，可以使用“将洞旋转”工具，旋转时需要指定旋转中心点和旋转角度，也可以指定两个点来定义旋转角度，还可以利用命令行中的“复制”选项进行复制旋转，如图 5-323 所示。

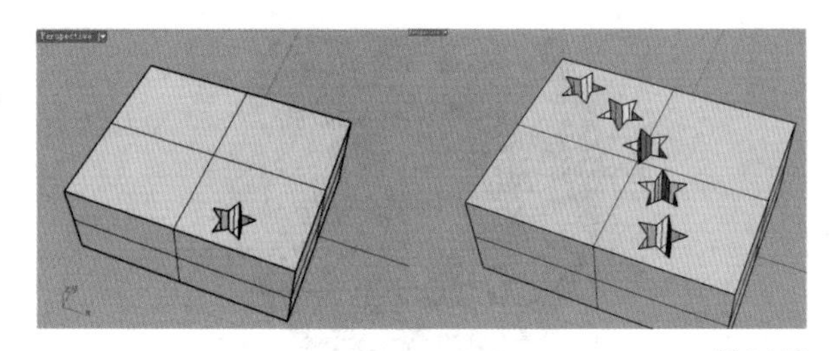

图5-323

5.4.20 阵列洞

与其他物件不同，洞一般是嵌入模型中的，因此使用常规的阵列工具无法对洞进行阵列复制，只能阵列包含洞的物件。

要阵列洞，需要使用“以洞做环形阵列”工具和“以洞做阵列”工具，工具位置如图 5-324 所示。前者是对洞进行环形阵列，与“环形阵列”工具的用法相似，后者是对洞进行矩形阵列，与“矩形阵列”工具的用法相似，如图 5-325 所示。

图5-324

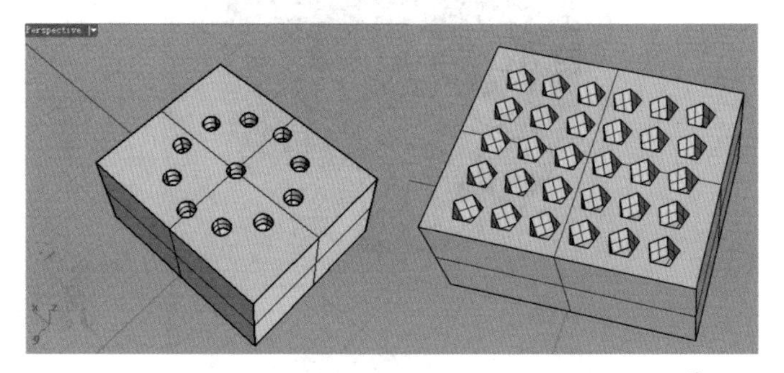

图5-325

> **技巧与提示**
>
> “以洞做阵列”工具只能在平面的两个方向上进行阵列，Rhino 称其为 A 方向和 B 方向。

重点实战

通过建立洞创建台灯

场景位置	无
实例位置	实例文件>第5章>实战——通过建立洞创建台灯.3dm
视频位置	第5章>实战——通过建立洞创建台灯.mp4
难易指数	★★★☆☆
技术掌握	掌握建立内凹洞和凸洞的方法

本例制作的台灯效果如图 5-326 所示。

01 单击“立方体：角对角、高度”工具，创建一个立方体，如图 5-327 所示。

图5-326

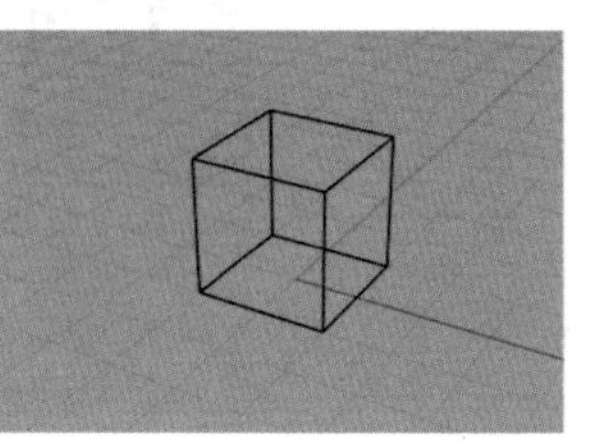

图5-327

02 使用“控制点曲线 / 通过数个点的曲线”工具，在 Front（前）视图中绘制一条图 5-328 所示的曲线，注意曲线的首尾两个端点在一条竖线上，并且曲线两端的垂直距离长于立方体的高度。

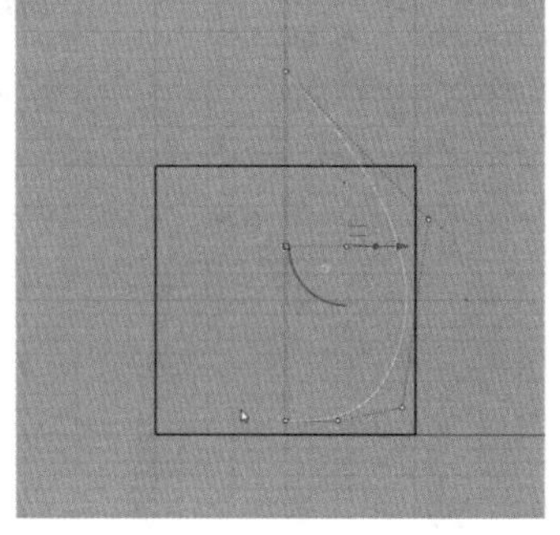

图5-328

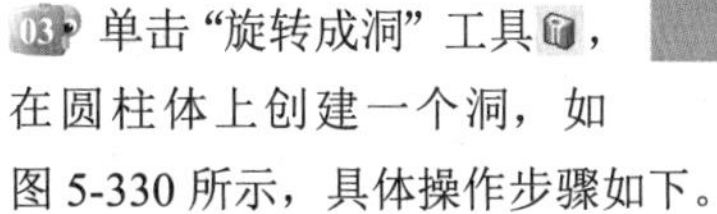

03 单击“旋转成洞”工具，在圆柱体上创建一个洞，如图 5-330 所示，具体操作步骤如下。

操作步骤

①选择曲线，然后捕捉曲线底端点为基准点，如图 5-329 所示。

②选择圆柱体的底面为目标面。

③在命令行中单击“反转”选项，开启“中心点”捕捉模式，再捕捉底面的中心点指定洞的中心点，最后按 Enter 键完成操作。

04 单击“抽离曲面”工具，将上一步创建的洞内侧面抽离出来，如图 5-331 所示，然后将其他曲面删除，得到图 5-332 所示的模型。

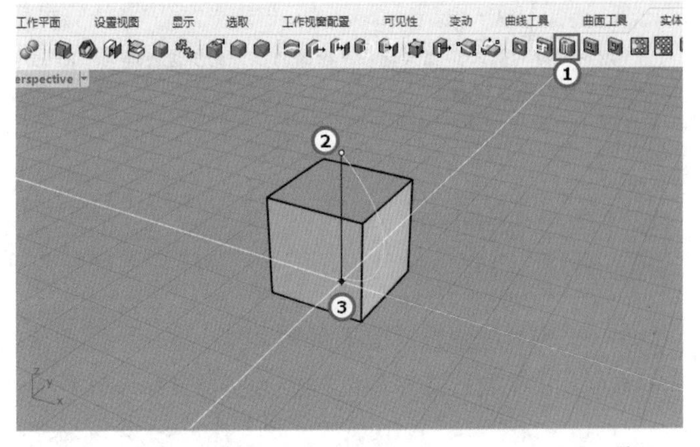

图5-329

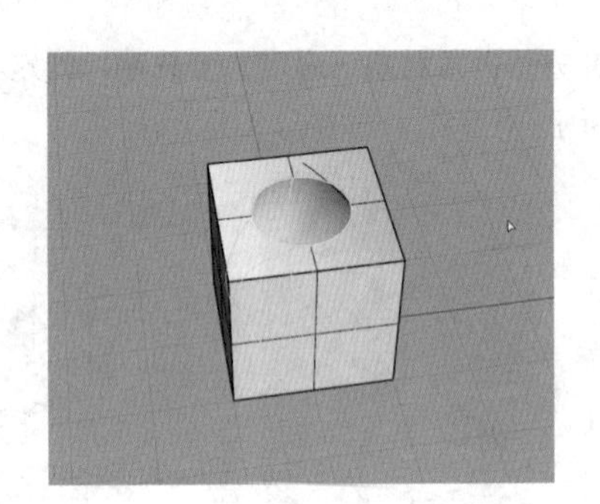

图5-330

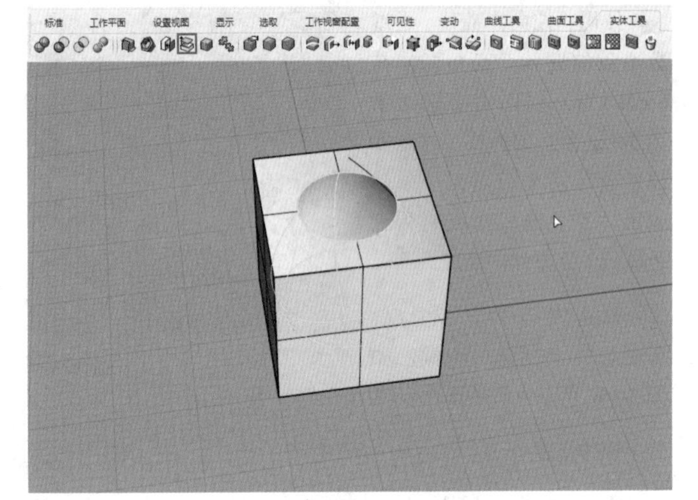

图5-331

图5-332

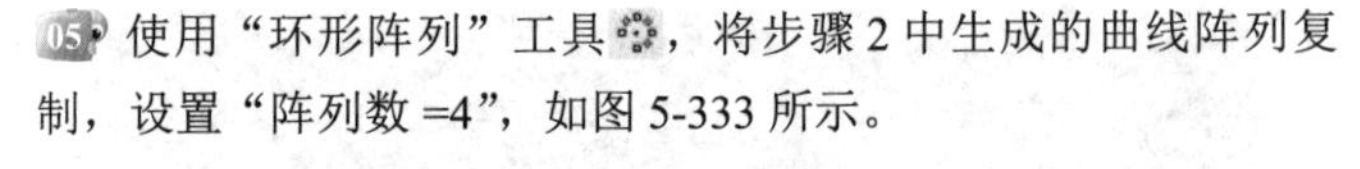

05 使用“环形阵列”工具，将步骤2中生成的曲线阵列复制，设置“阵列数 =4”，如图5-333所示。

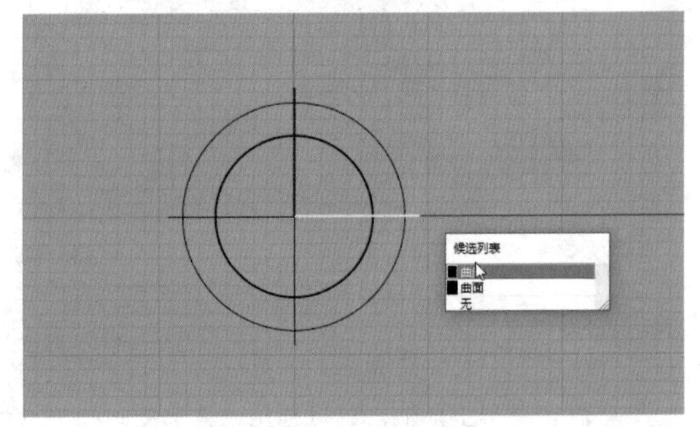

图5-333

06 单击“抽离结构线”工具，选择曲面，在图5-334所示的位置右击结束命令，将曲面的结构线抽离。

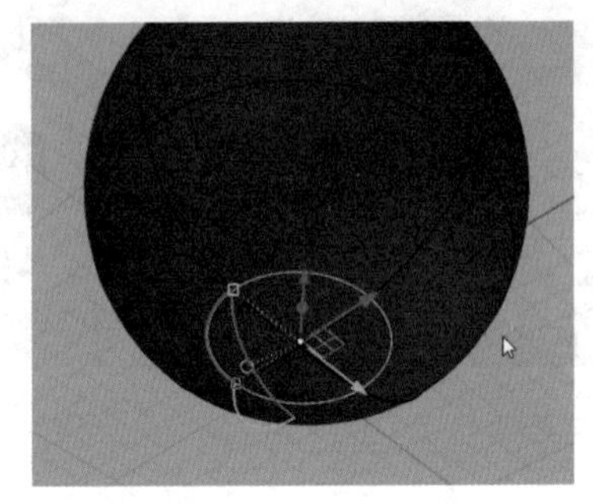

图5-334

技巧与提示

抽离结构线的目的是为下一步操作中洞的放置位置定位。

07 打开“交点”捕捉模式，然后单击“建立圆洞”工具，接着选择曲面，并分别捕捉结构线交点放置圆洞，如图5-335所示，创建完成后的效果如图5-336所示。

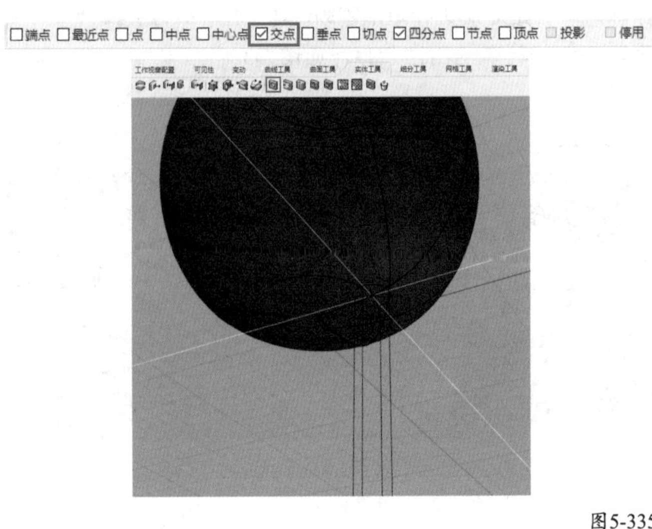

图5-335

图5-336

技巧与提示

“建立圆洞”工具的工作原理是，向曲面法线方向相反的方向挖进，生成洞。当曲面法线方向向外时，生成的就是向内的凹洞，当曲面方向向内时，生成的就是向外的凸洞。

08 选取所有曲面，在“曲面工具”选项卡中，使用“反转方向”工具，将所有曲面的法线方向反转至朝外，如图 5-337 所示。

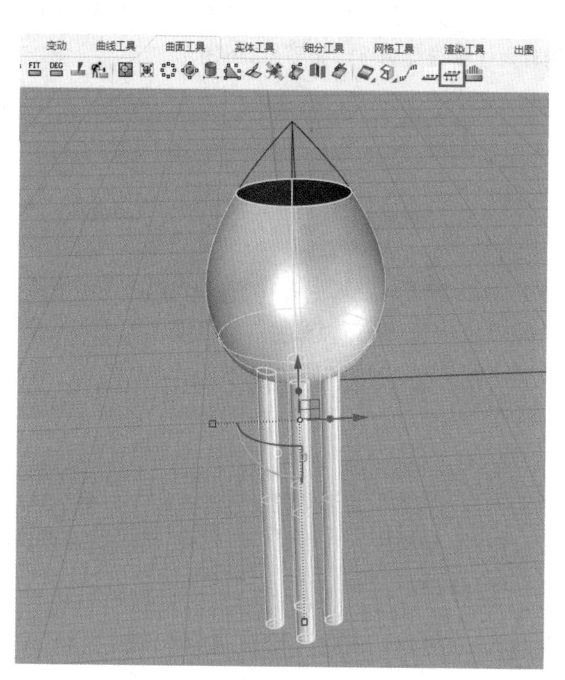

图5-337

09 使用“平顶锥体”工具，绘制一个上面直径略小，下面直径略大的平顶锥体，如图 5-338 所示。

10 使用“圆：直径”工具，绘制图 5-339 所示的圆形。

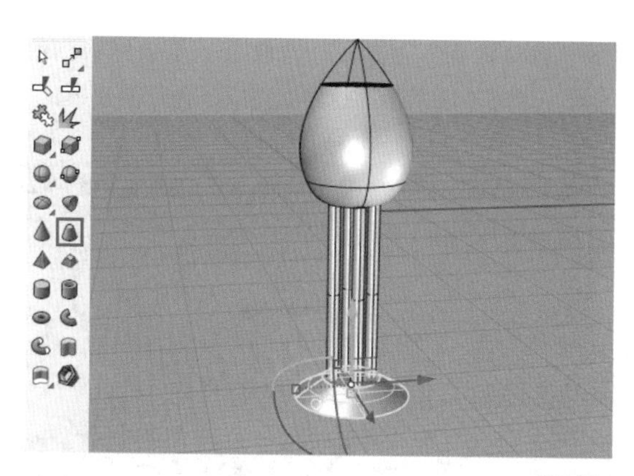

图5-338

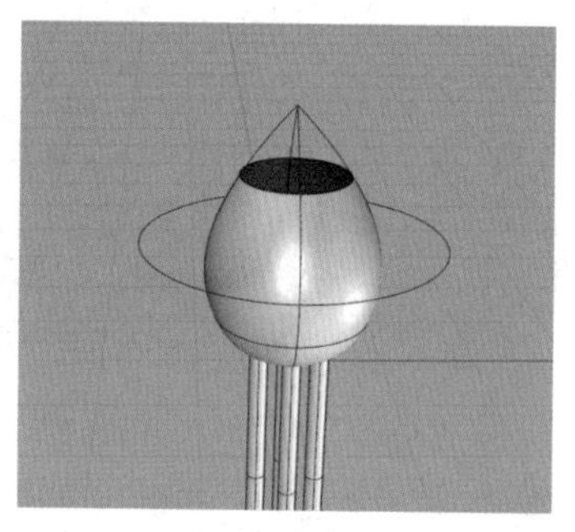

图5-339

11 单击“放样”工具，对两个圆进行放样，如图 5-340 所示。然后使用“反转方向”工具反转该曲面的法线方向，如图 5-341 所示。

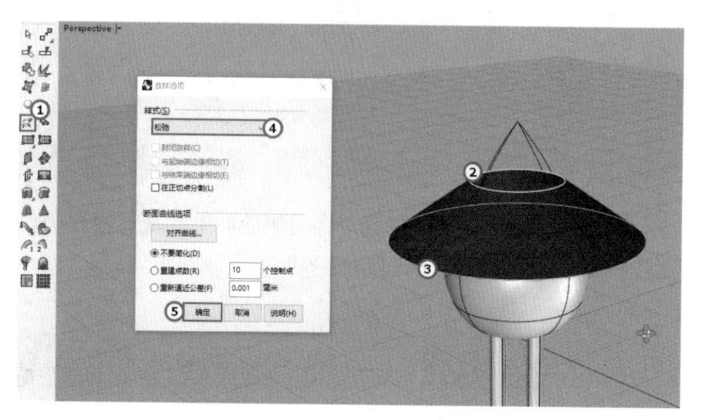

图5-340

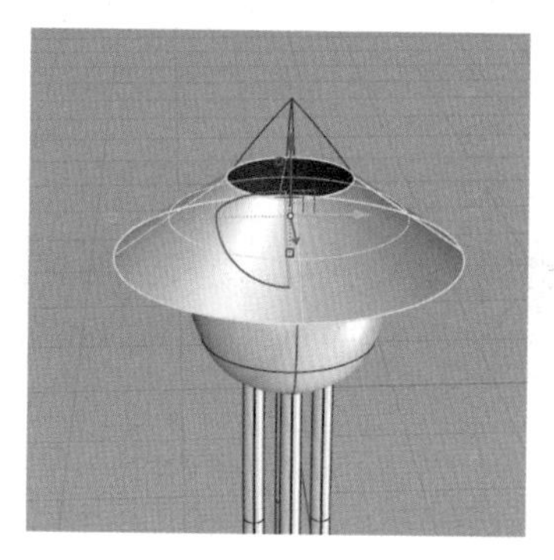

图5-341

12 单击“偏移曲面”工具，选取上一步放样得到的曲面，如图 5-342 和图 5-343 所示。这样就完成了台灯的建模。

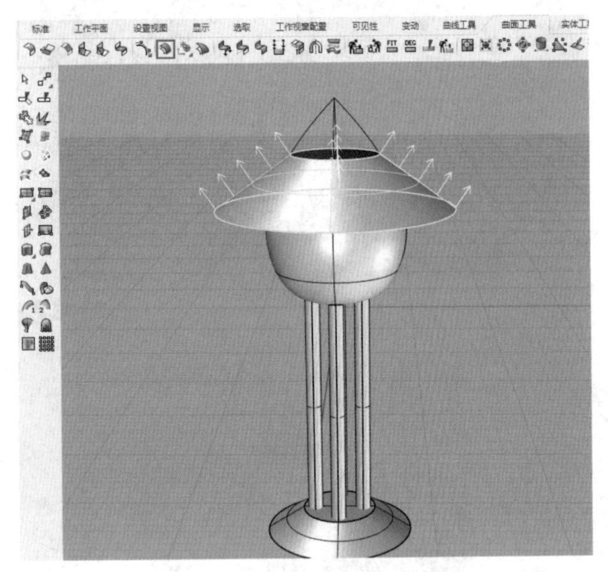

图5-342

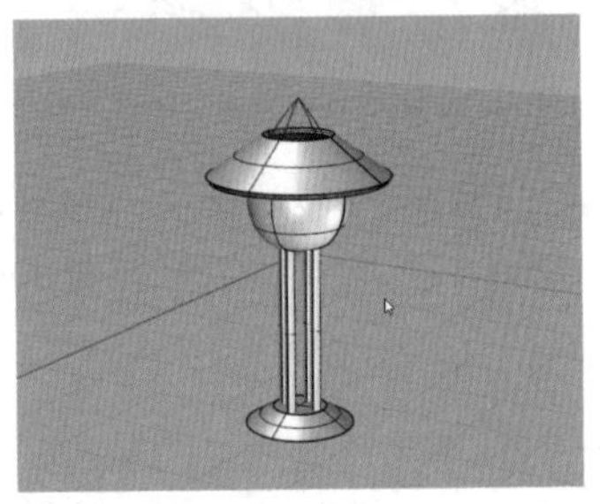

图5-343

5.4.21 将洞删除

如果要删除洞，可以使用“将洞删除”工具，操作方法比较简单，启用工具后选择洞的边界即可。

5.5 综合实战——概念游戏手柄建模

场景位置	无
实例位置	实例文件>第5章>综合实战——概念游戏手柄建模.3dm
视频位置	第5章>综合实战——概念游戏手柄建模.mp4
难易指数	★★★★☆
技术掌握	掌握实体的建模思路和编辑方法

本例将制作一个游戏手柄，综合运用各种创建和编辑实体模型的方法和技巧。图 5-344 所示是本例的示例图。

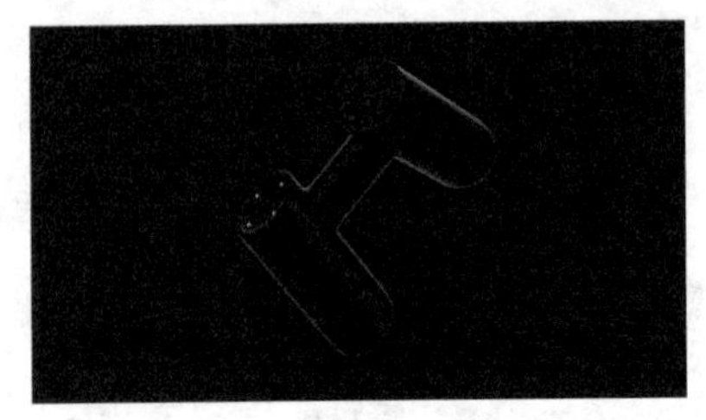

图5-344

5.5.1 制作游戏手柄基础模型

01 使用“圆柱体”工具在 Top（顶）视图中绘制一个圆柱体，如图 5-345 所示。

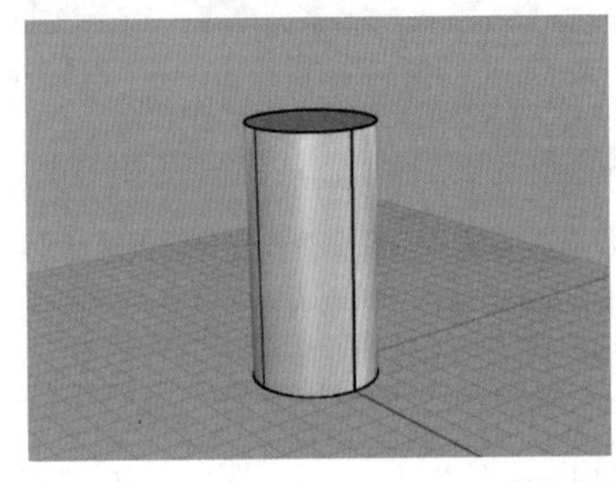

图5-345

02 激活选取过滤器的“子物件”模式，选取圆柱体上部的边缘，配合操作轴进行调整，如图 5-346 所示。

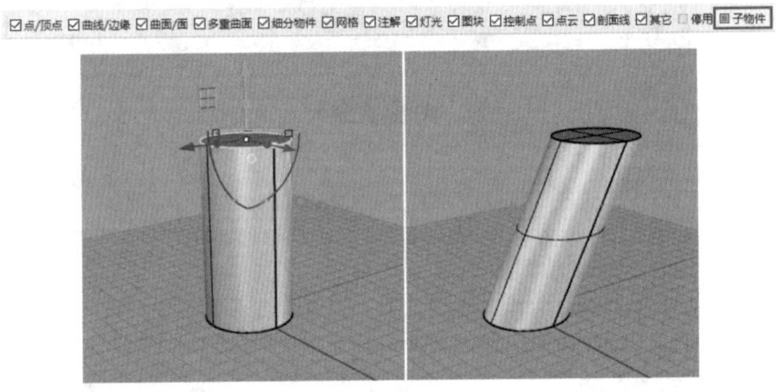

图5-346

03 使用“单一直线”工具绘制一条直线，如图 5-347 所示。单击“分割 / 以结构线分割曲面”工具，用直线分割圆柱体，结果如图 5-348 所示。

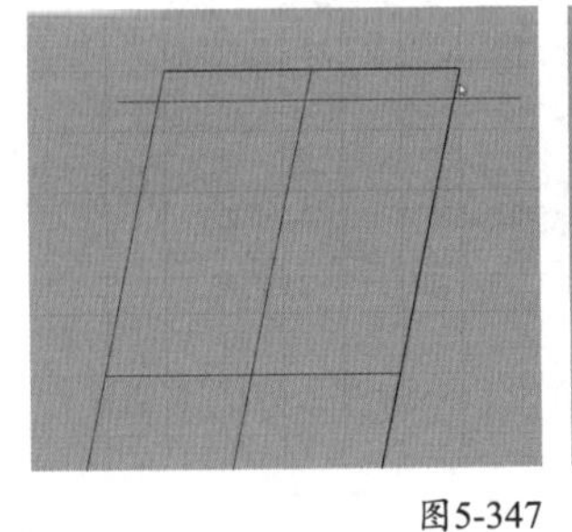

图5-347

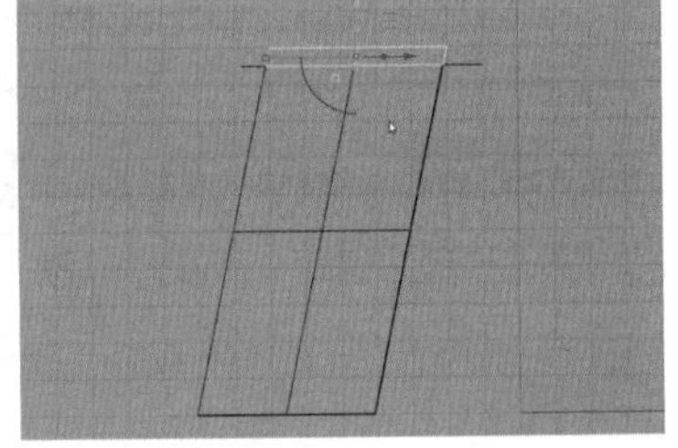

图5-348

04 在“实体工具”工具面板中，使用“将平面洞加盖”工具，选取上一步分割的两个部分，将它们重新封闭成实体（图仅为展示效果，实际操作无须移动上部物件），如图 5-349 所示。

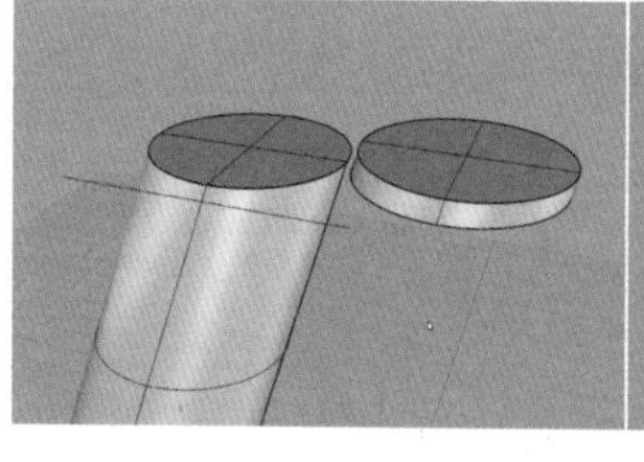
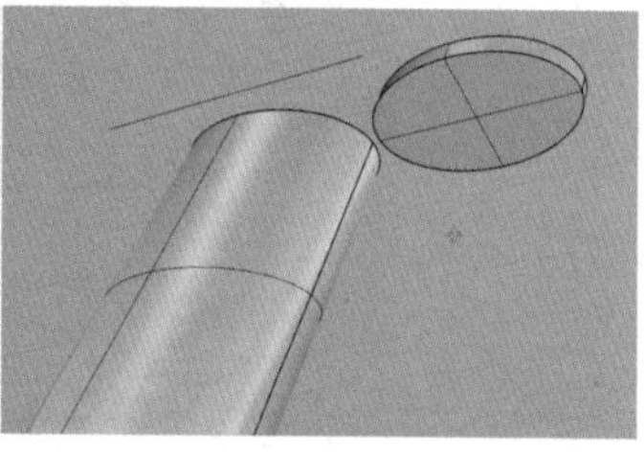

图5-349

05 再次使用“圆柱体”工具创建一个新的圆柱体，如图 5-350 所示。

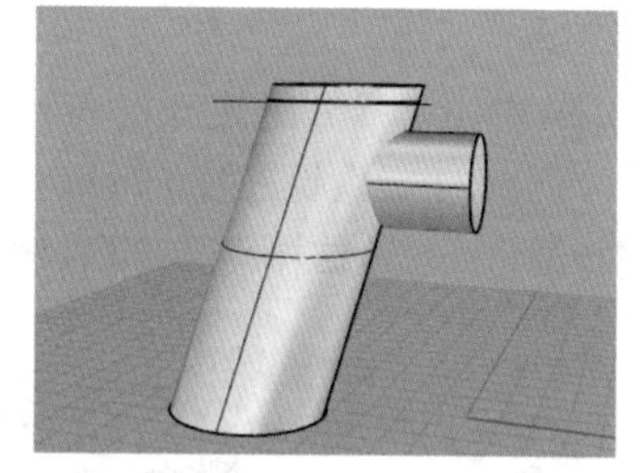

图5-350

06 使用“布尔运算联集”工具，将两个圆柱体合并为一体。这样就得到了手柄的基础模型，如图 5-351 所示。

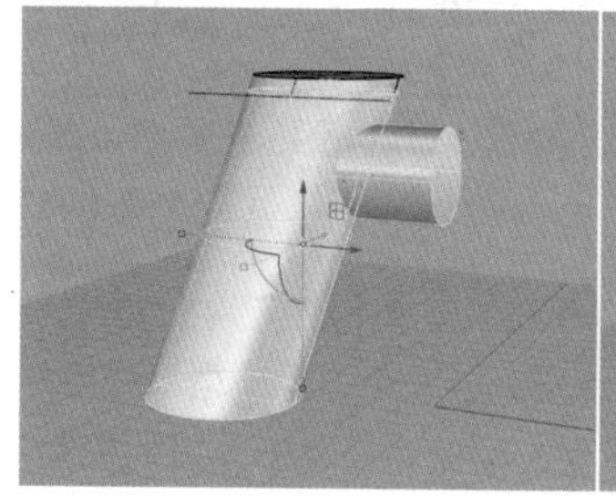
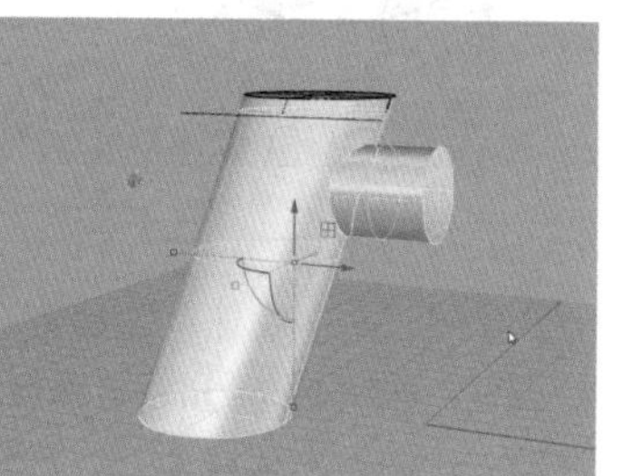

图5-351

5.5.2 游戏手柄主按键建模

01 使用“椭圆体：以中心点”工具建立一个椭圆体，如图 5-352 所示。

02 单击“布尔运算差集”工具，在手柄基体上挖出一个凹槽，如图 5-353 所示。

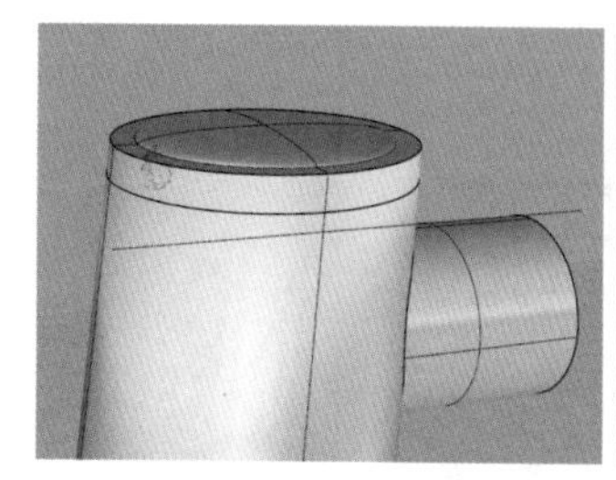

图5-352

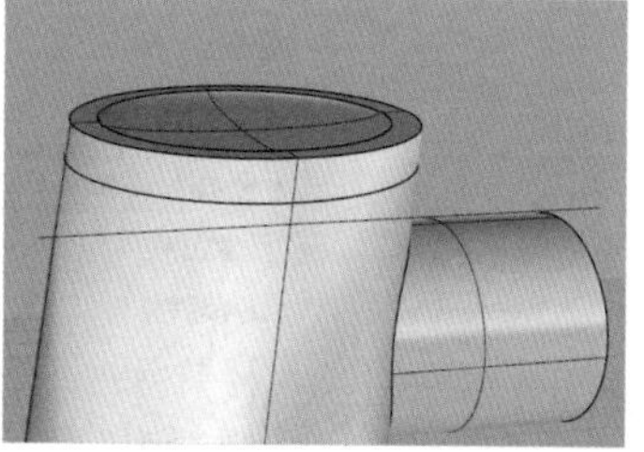

图5-353

03 接下来进行圆角处理。单击“边缘圆角”工具，设置“下一个半径”为 1mm，对边缘进行圆角处理，如图 5-354 所示。

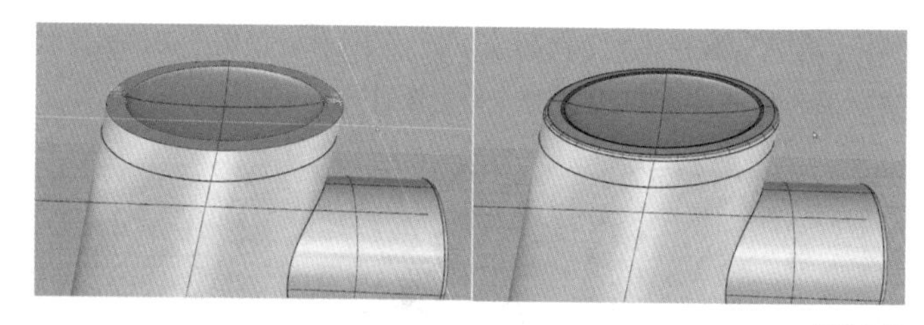

图5-354

04 使用“边缘圆角”工具，右击“不等距边缘圆角 / 不等距边缘混接”工具，将“下一个半径”设置为 0.2mm，选取边缘进行圆角处理，这样就得到一个非常细微的圆角接缝，如图 5-355 所示。

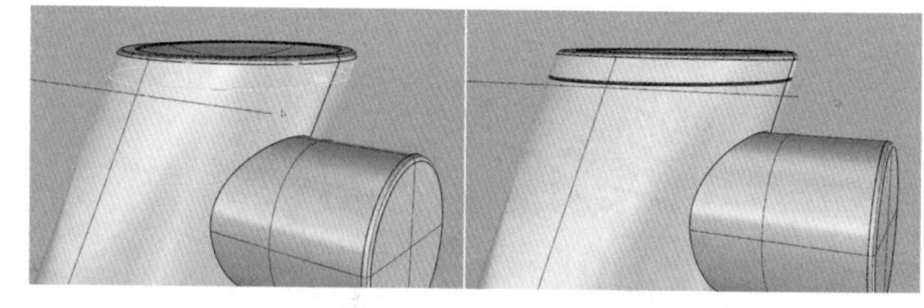

图5-355

05 再次右击“不等距边缘圆角 / 不等距边缘混接”工具，将“下一个半径”设置为 6mm，选中手柄横竖两个圆柱结构的交接边缘进行圆角处理，如图 5-356 所示。

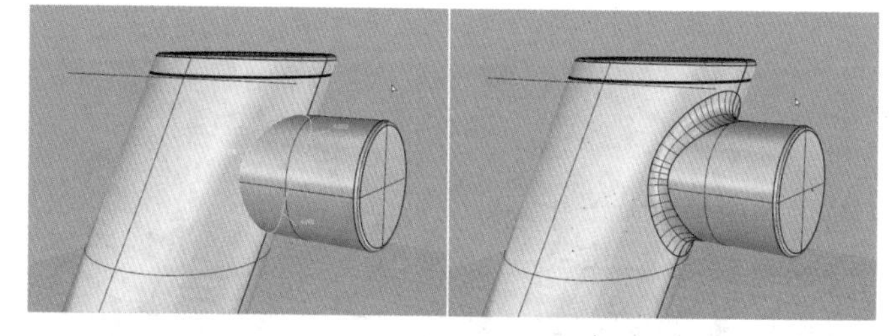

图5-356

06 再次右击“不等距边缘圆角 / 不等距边缘混接”工具，将“下一个半径”设为 15mm，选中底部的所有的边缘进行圆角处理，结果如图 5-357 所示。

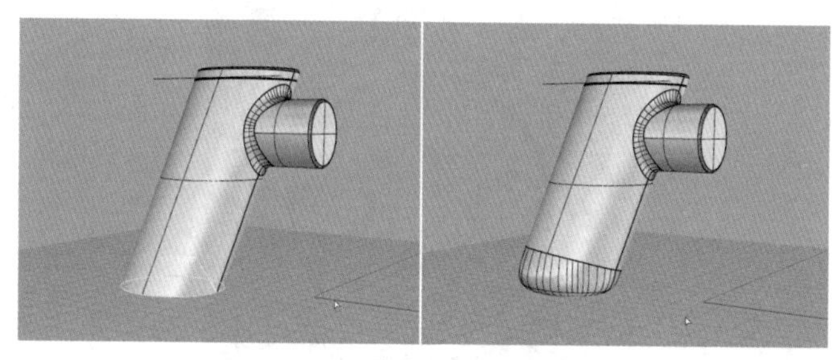

图5-357

07 选取所有的手柄主体的物件，使用“镜射 / 三点镜射”工具对手柄主体进行镜像，如图 5-358 所示。

08 使用“椭圆体：从中心点”工具绘制一个椭圆体，如图 5-359

所示。使用“圆柱体”工具绘制一个圆柱体。使用“布尔运算联集”工具将椭圆体与圆柱体合并为按钮模型，如图5-360所示。

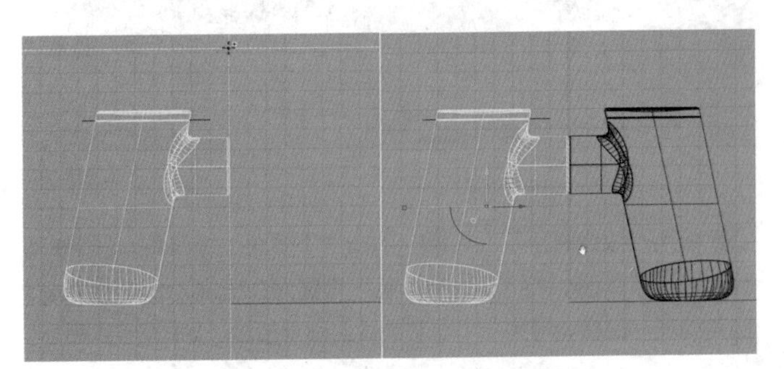
图5-358

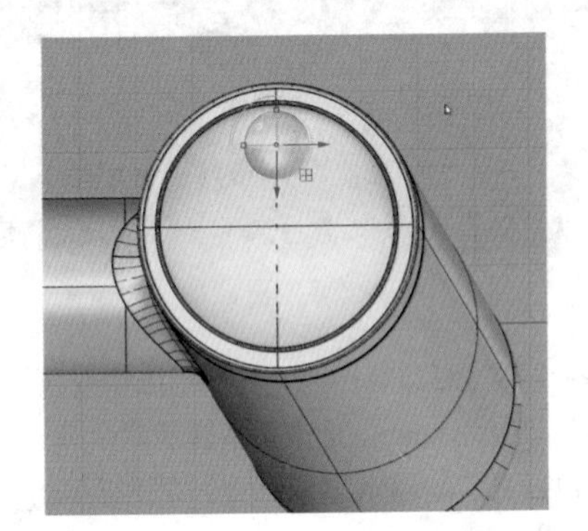
图5-359

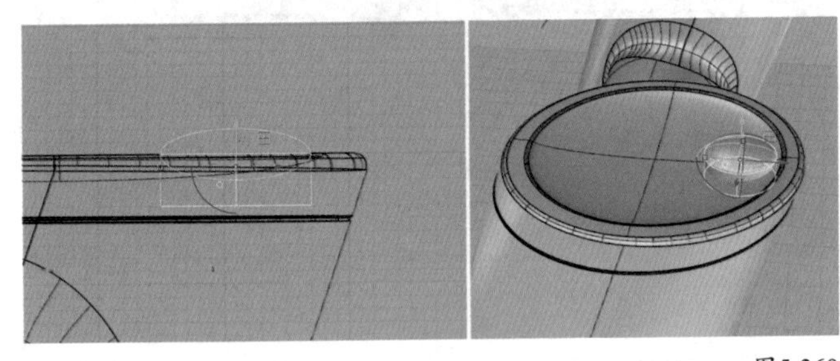
图5-360

09 对按钮模型进行复制和移动，结果如图5-361所示。

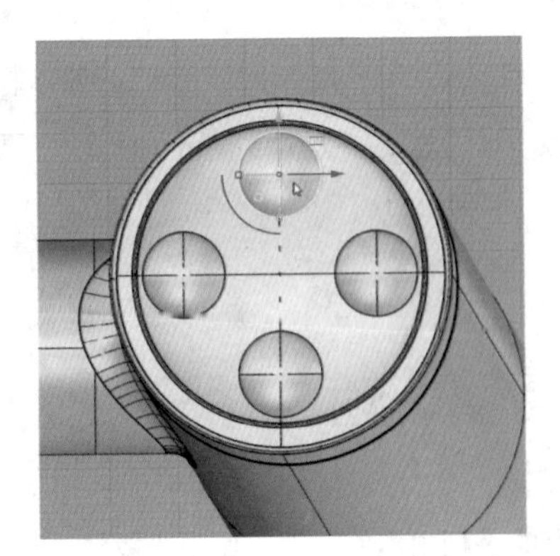
图5-361

10 按快捷键Ctrl+C和Ctrl+V对它们进行一次原地复制，单击“布尔运算差集”工具，并使用复制体在右侧手柄模型上挖出对应的按键槽（图为展示效果，实际操作无须移动按键模型），如图5-362所示。

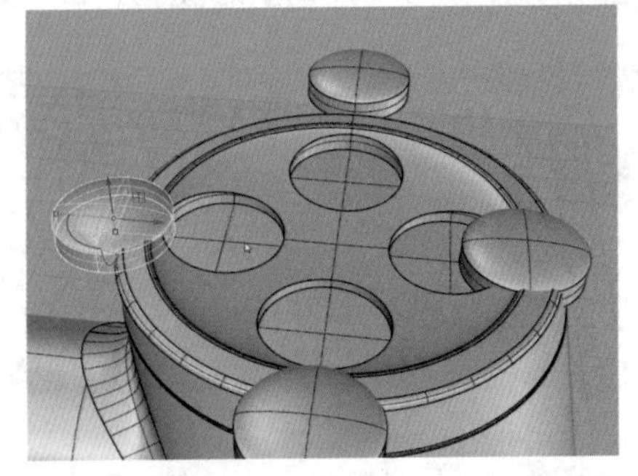
图5-362

11 右击“不等距边缘圆角/不等距边缘混接”工具，将“下一个半径”设置为0.2mm，选取按键槽的4个锐利的边缘进行圆角处理，这样就得到了按键槽处的接缝，如图5-363所示。

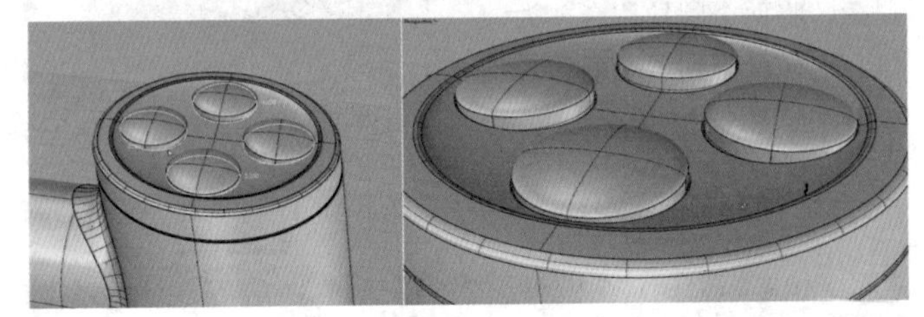
图5-363

12 使用“文本物件”工具，并在“文本物件”对话框中进行设置，如图5-364所示。这样就得到了一个字母模型，使用相同的方法制作出其他3个字母模型，缩放并放置于合适的位置，如图5-365和图5-366所示。

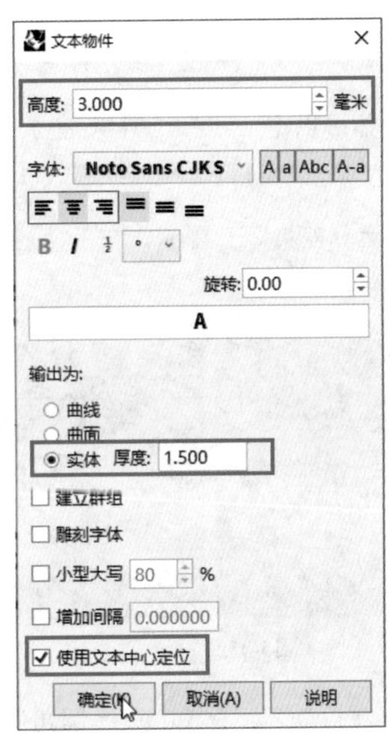

图5-364

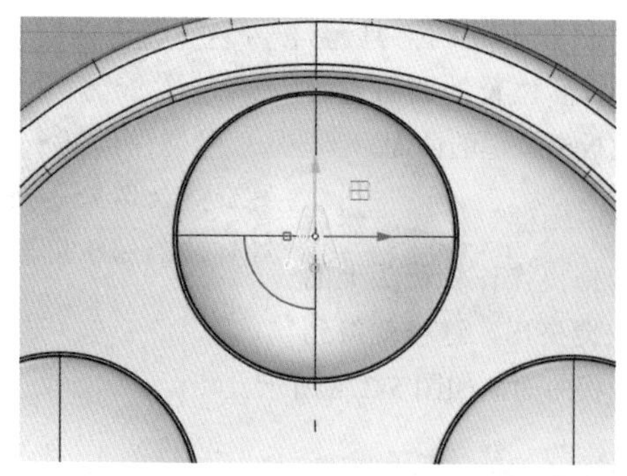

图5-365

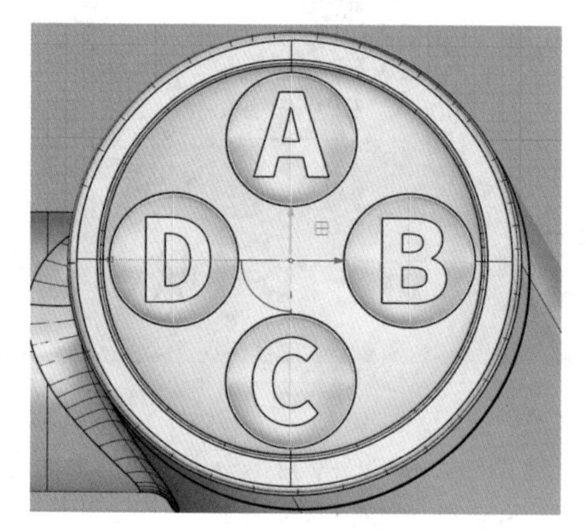

图5-366

13 再次单击“布尔运算差集”工具，在按键上挖出字母凹槽，如图 5-367 所示。

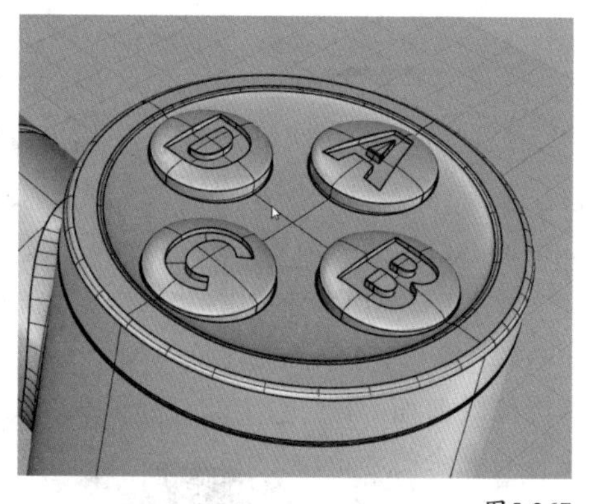

图5-367

14 接下来进行方向键的制作。使用“圆：中心点、半径”工具，在图 5-368 所示的位置绘制一个小圆形，并对它进行复制，如图 5-369 所示。

15 单击“分割 / 以结构线分割曲面”工具，用 4 个圆形对手柄左侧上部的模型进行分割，这样就得到了 4 个独立的小圆面，在渲染呈现时可以方便地为这 4 个小圆面赋予发光材质，作为方向指示灯，如图 5-370 所示。

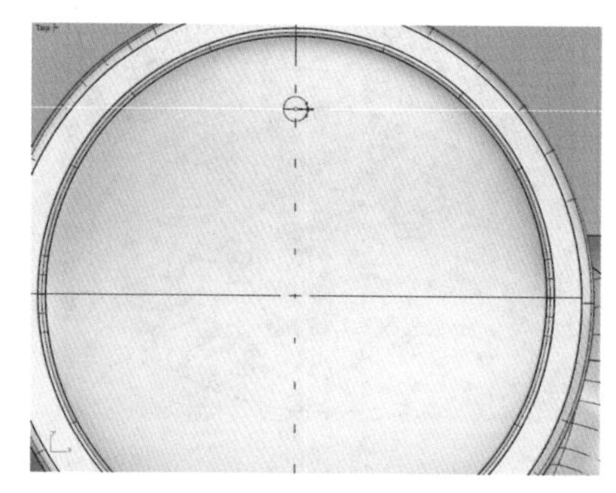

图5-368

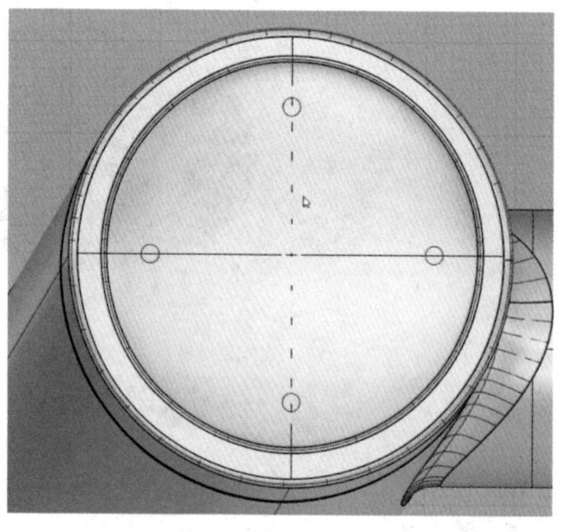

图5-369

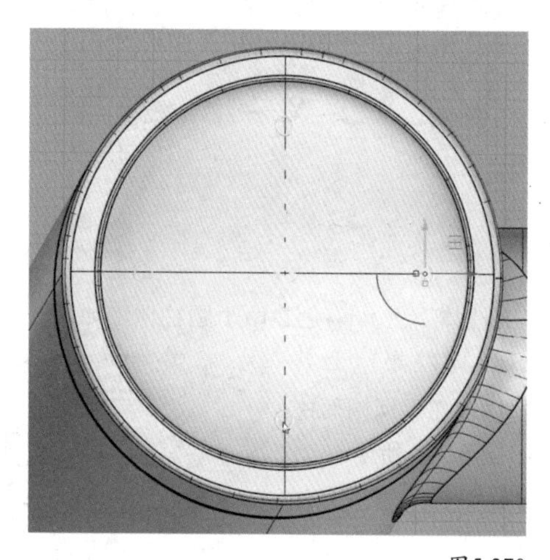

图5-370

16 这个时候如果将底部的模型进行隐藏，会看到模型底部也同样被分出了 4 个面，我们不希望底部出现这种分离的小面，如图 5-371 所示。在“实体工具”工具面板中使用“抽离曲面”工具将底面进行抽离，然后将其删除，使用“将平面洞加盖”工具重新给它加一个底盖，这样就可以得到一个完整的底面了，如图 5-372 和图 5-373 所示。

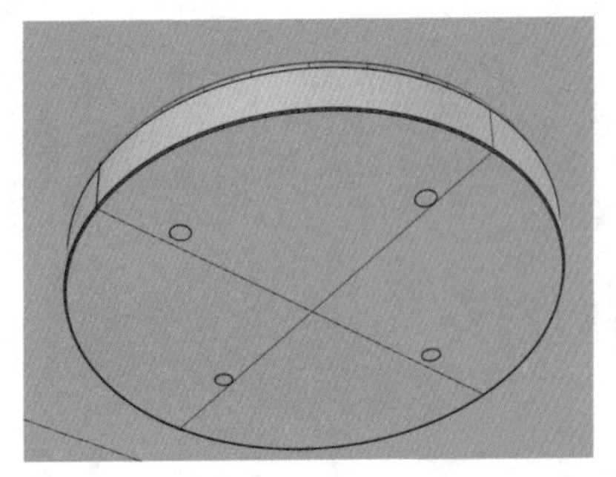

图5-371

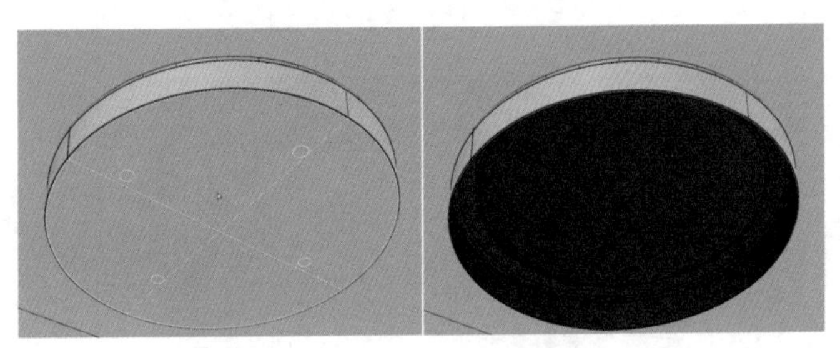

图5-372

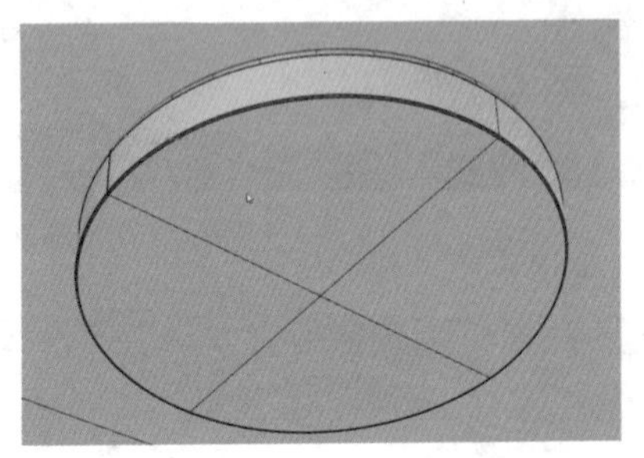

图5-373

5.5.3 游戏手柄辅助按键建模

01 使用“圆柱体”工具创建两个圆柱体，如图 5-374 所示。单击“布尔运算差集”工具，使用圆柱体在手柄侧面挖出凹槽，如图 5-375 所示。单击“边缘圆角”工具，选取凹槽边缘进行圆角处理，设置“下一个半径”为 2mm，效果如图 5-376 所示。

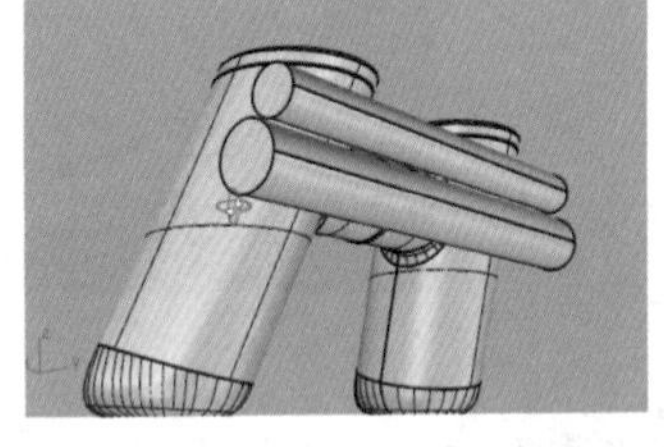

图5-374

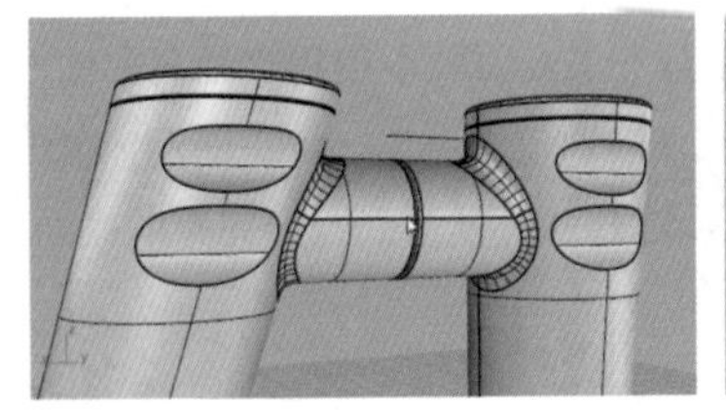

图5-375

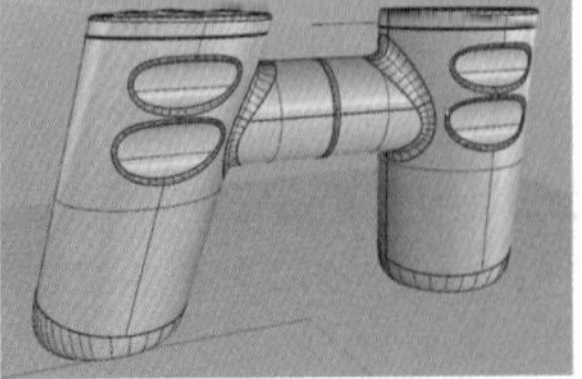

图5-376

02 使用“抽离曲面”工具，将图 5-377 所示位置的曲面进行抽离，形成扳机按键的曲面。

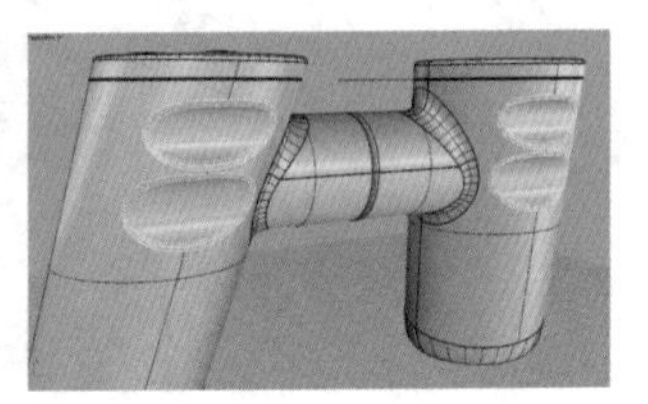

图5-377

03 开启“子物件”模式，然后选取边缘，拖曳操作轴箭头上的圆点进行快捷挤出，这样就得到了新的环带状曲面，如图 5-378 所示。

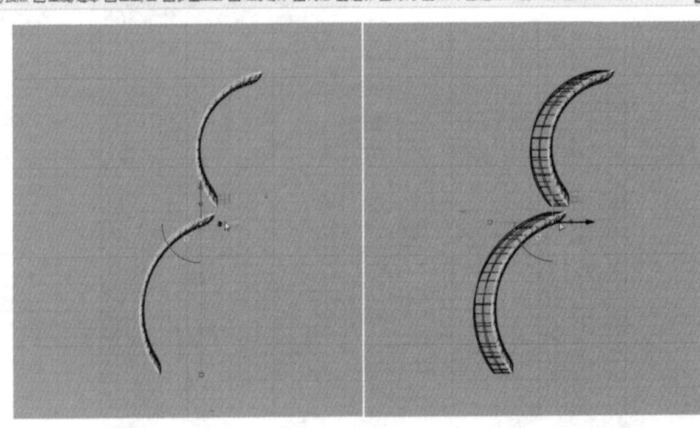

图5-378

04 按快捷键 Ctrl+C 和 Ctrl+V 对上一步挤出的曲面进行复制，并镜像复制至另一侧，如图 5-379 所示。

05 选取复制得到的环带状曲面，使用“组合”工具，将它们与扳机按键表面组合在一起（图仅为展示组合状态，实际操作无须移动，保持重合即可），如图 5-380 所示。

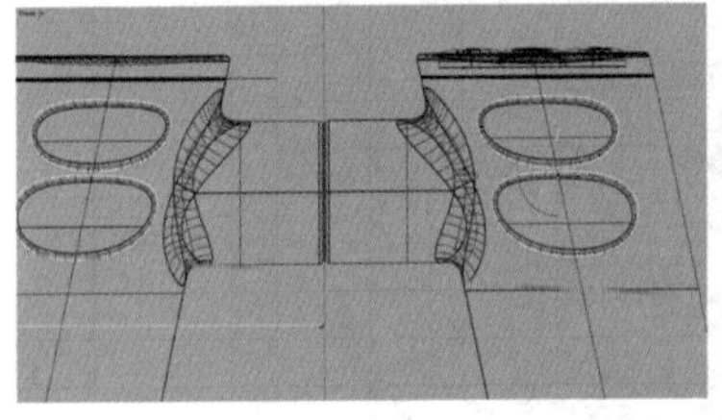

图5-379

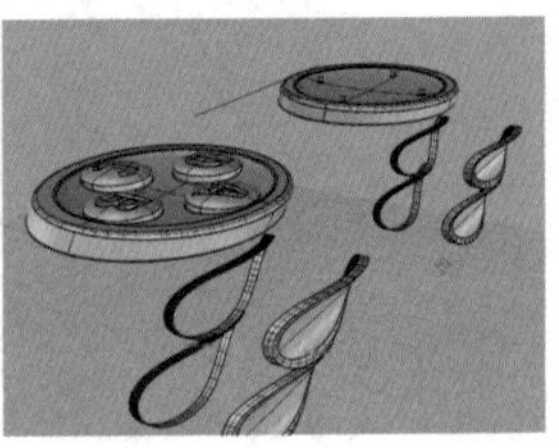

图5-380

06 隐藏扳机按键曲面，只显示手柄主体与剩余的环带状曲面，再次使用“组合”工具，将它们也组合在一起，如图 5-381 所示。

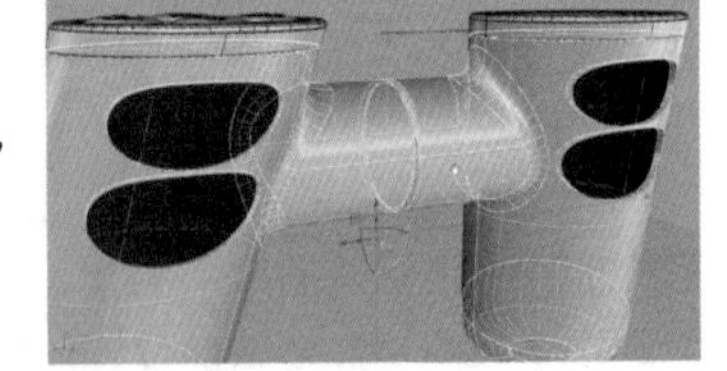

图5-381

07 显示所有物件，使用“边缘圆角”工具对扳机按键的接缝进行圆角，设置“下一个半径”为 0.2mm，如图 5-382 所示。

08 综合使用“圆：中心点、半径”工具、“单一直线”工具、“分割 / 以结构线分割曲面”工具和“移动”工具绘制一个胶囊图形，如图 5-383 所示。

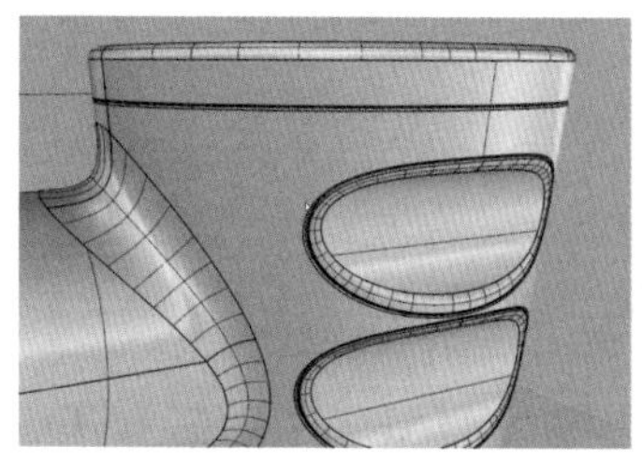

图5-382

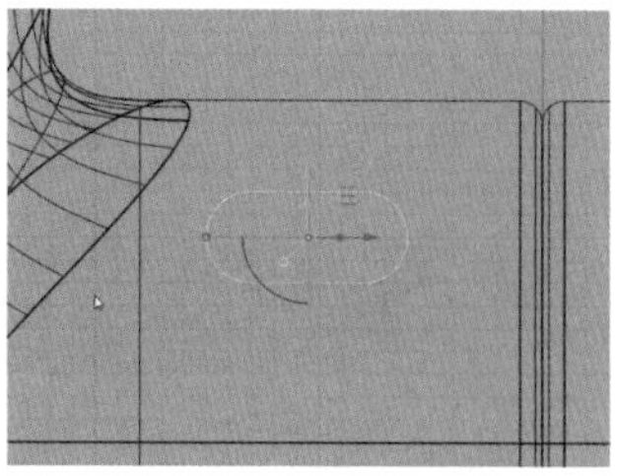

图5-383

09 在“实体工具”工具面板中，使用“挤出封闭的平面曲线”工具得到一个实体，并调整其位置，如图 5-384 和图 5-385 所示。然后进行镜像复制，如图 5-386 所示。

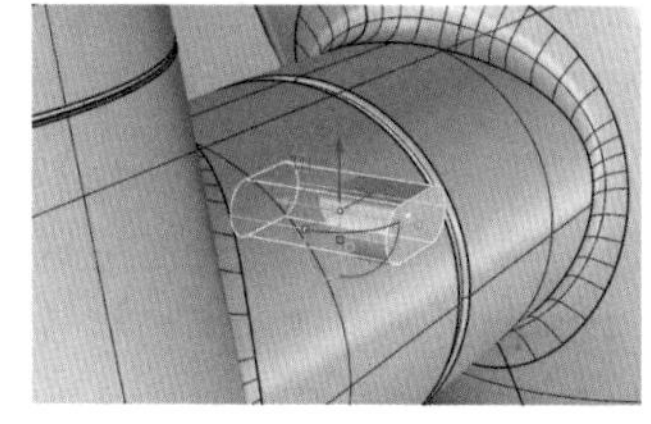

图5-384

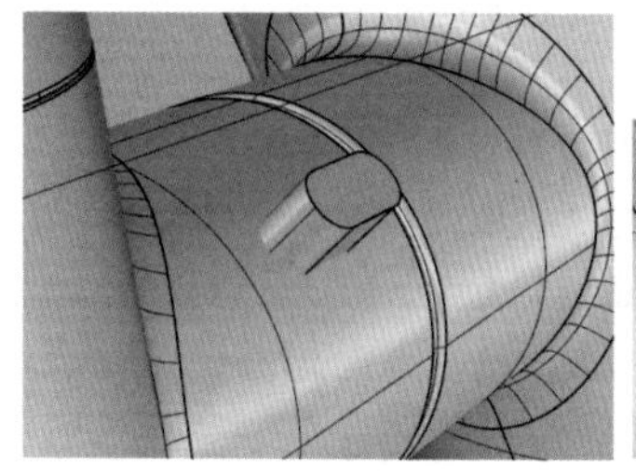

图5-385

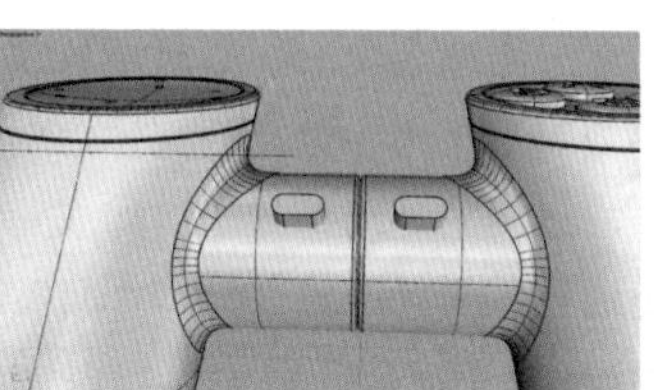

图5-386

10 使用“布尔运算分割 / 布尔运算两个物件”工具，用挤出物件分割手柄主体，然后删除挤出物件，这时我们会看到两者重合的地方被分离成了独立的模型，如图 5-387 和图 5-388 所示。

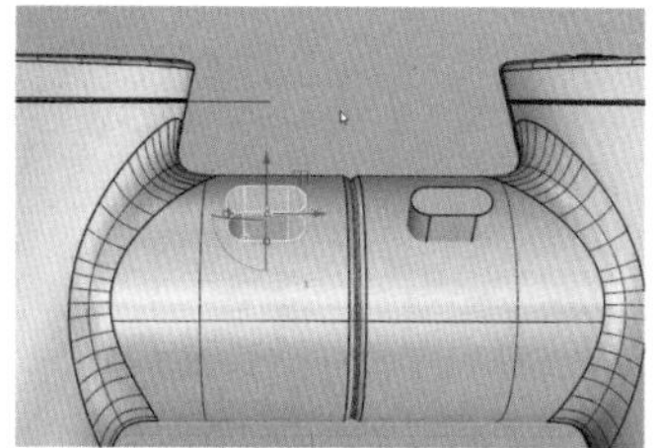

图5-387

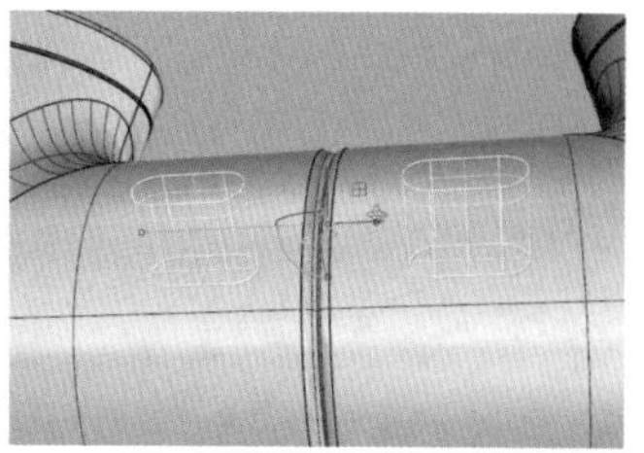

图5-388

11 再次单击“边缘圆角”工具，设置“下一个半径”为 0.2mm，对按键接缝部分进行圆角，如图 5-389 所示。

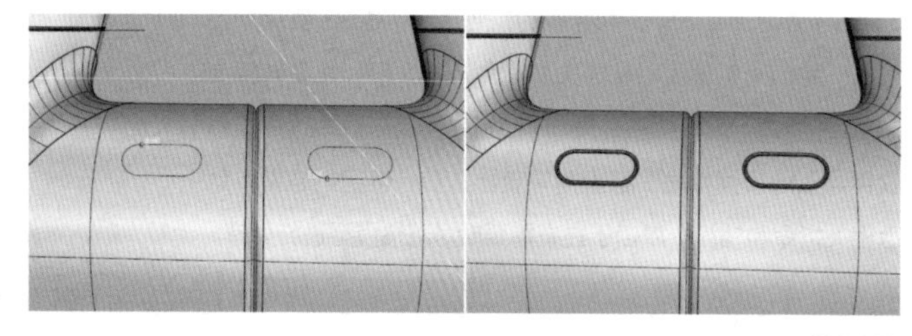

图5-389

这样就完成了游戏手柄的建模，如图 5-390 所示。

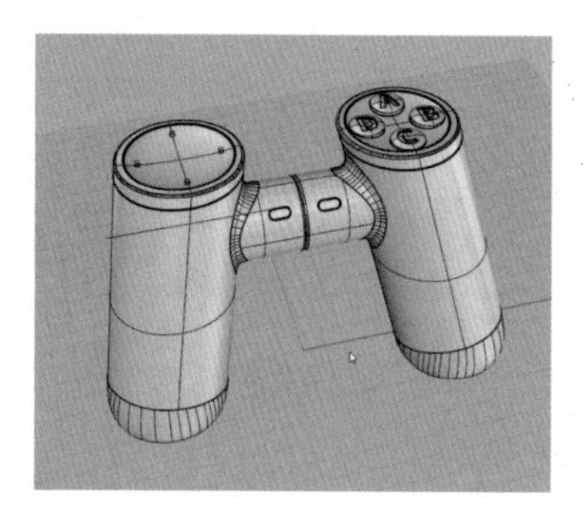

图5-390

第6章

网格建模

网格物件在Rhino中更多的是作为一种补充功能来使用的，我们一般使用网格相关的指令来起大形，之后转换为NURBS形式，或者用来处理3D扫描数及从其他多边形建模软件导入的模型数据，极少用来直接建模。但我们也需要熟悉相关指令和功能，以便于在有需要时对网格模型进行处理。

本章学习要点

- 了解网格面与NURBS曲面的关系
- 了解网格模型的分类
- 掌握网格面的创建方法
- 掌握NURBS曲面与网格的转换方法
- 掌握网格的常用编辑方法
- 掌握导入和导出网格面的方法

6.1 了解网格

在Rhino中，网格的作用主要体现在将NURBS复合曲面转化成网格曲面。由于只有少数工程软件才需要使用NURBS复合曲面进行结构表现或其他用途，因此在大部分情况下，Rhino的模型都需要涉及网格化。例如，模型着色显示或Rhino的渲染器工作都需要事先把NURBS曲面转化为在造型上近似NURBS曲面的网格物体，通过使用这个网格物体代替显示或渲染出NURBS曲面。而且到后期材质贴图及与其他软件数据交换上，都需要先网格化，因为这直接决定了物体表现的最终品质和精度。

6.1.1 关于网格面

在三维建模中，网格对象与几何参数对象的区别主要在于：几何参数对象采用参数化的整体控制方式；而网格对象没有几何控制参数，采用的是局部的次级构成元素控制方式。因此，网格建模主要是通过编辑“节点”“边”“面”等次级结构对象来创建复杂的三维模型。

在这些次级结构对象中，“节点”是网格对象的结构顶点，“边”是两个节点之间的线段，“面”是网格对象上的三角结构面或四边形面片，“多边形”是由多个三角结构面或四边形面片组成的次级结构对象。

在Rhino中，网格是指若干定义多面体形状的顶点和多边形的集合，包含三角形和四边形面片，如图6-1所示。

图6-1

6.1.2 网格面与NURBS曲面的关系

要了解网格面与NURBS曲面的关系，首先要知道网格面与NURBS曲面的异同。

NURBS和网格都是一种建模方式（其他的软件也有），NURBS

建模方式最早起源于造船业，它的理念是曲线概念，其物体都是用一条条曲线构成的面，而网格建模是由一个个面构成物体。这两种建模方式中，NURBS 建模方式侧重于工业产品建模，而且不用像网格那样展开 UV，因为 NURBS 是自动适配 UV，网格建模方式侧重于角色、生物建模，因为其修改起来比 NURBS 方便。

技巧与提示

目前市面上有很多软件制作的模型都是用多边形的网格来近似表示几何体，如 3D Studio Max、LightWave、AutoCAD 中的 .dxf 格式都支持多边形网格，所以 Rhino 也可以生成网格对象或把 NURBS 的物体转换为网格对象，以支持 .3ds、.lwo、.dwg、.dxf、.stl 等文件格式。

6.2 创建网格模型

Rhino 中用于建立网格模型的工具主要位于“建立网格”工具面板内，如图 6-2 所示。

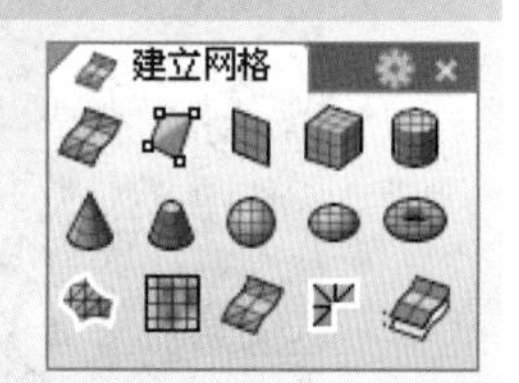

图6-2

通过“网格”工具栏和“网格”菜单也可以找到这些工具和对应的命令，如图 6-3 和图 6-4 所示。

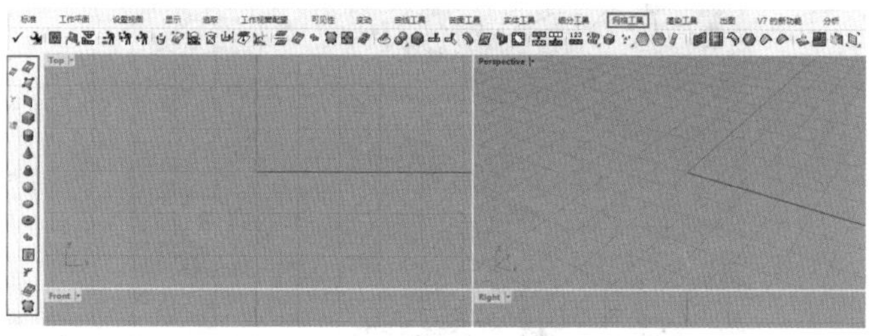

图6-3

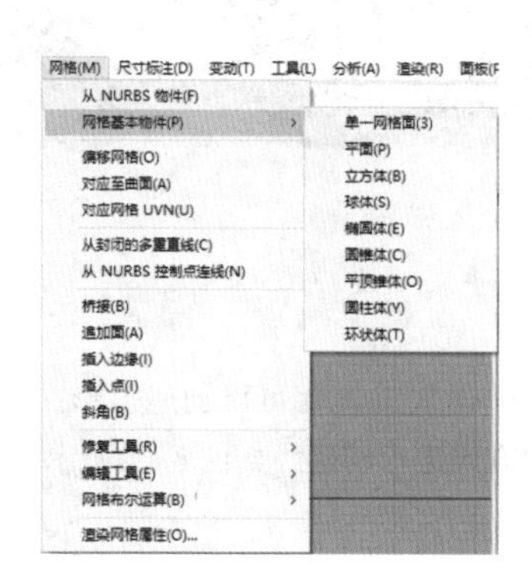

图6-4

★重点★

6.2.1 转换曲面 / 多重曲面为网格

使用“转换曲面 / 多重曲面为网格”工具，可以将 NURBS 曲面或多重曲面转换为网格对象。该工具的用法比较简单，启用工具后，选择需要转换为网格对象的模型即可。图 6-5 中有两个球体，启用“转换曲面 / 多重曲面为网格”工具后选择其中一个球体，并按 Enter 键确认，此时将打开“网格选项”对话框，如图 6-6 所示。

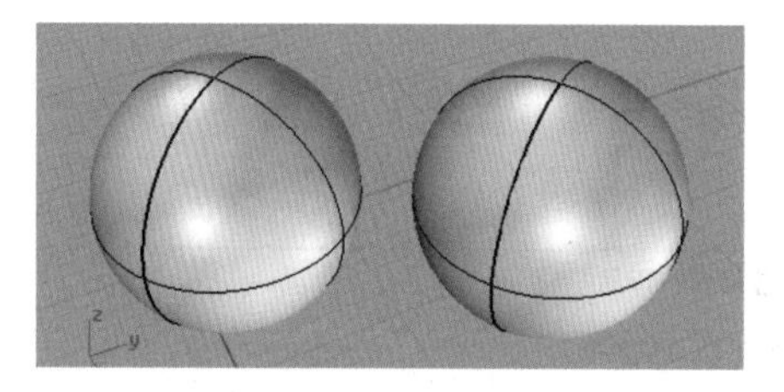

图6-5

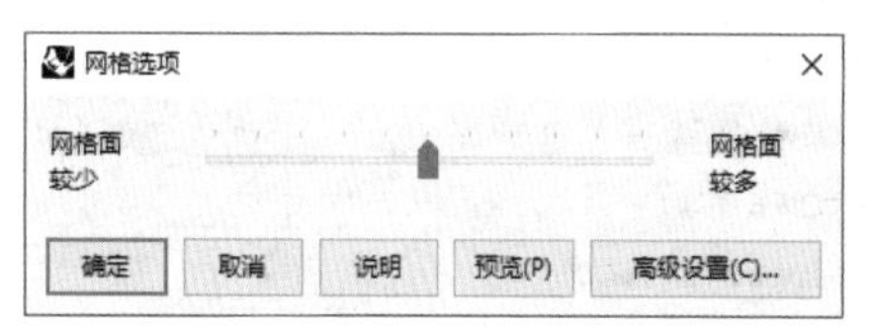

图6-6

在“网格选项”对话框中，通过拖曳滑块可以设定网格面的数量。滑块向右滑动时，网格面数较多，模型较精细，但是占用的内存也多；滑块向左滑动时，网格面数较少，模型较粗糙，但是占用的内存也少，运行的速度较快。

在“网络选项”对话框中单击“预览”按钮 预览(P)，可以预览 NURBS 球体转换成网格球体的效果，如图 6-7 所示，如果直接单击“确定”按钮 确定，可以得到图 6-8 所示的模型。

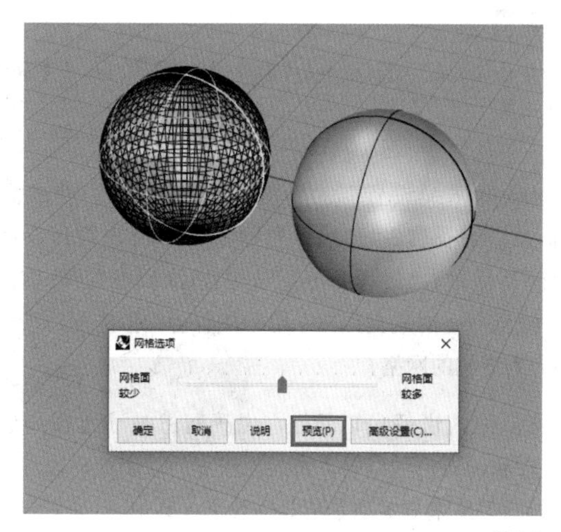

图6-7

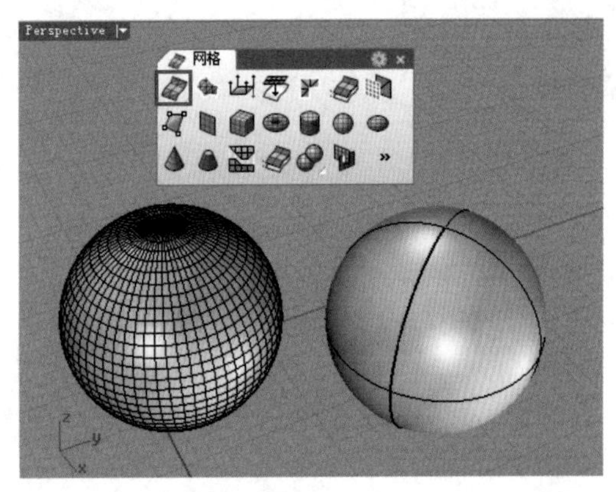

图6-8

此外，如果单击“高级设置”按钮，可以打开“网格详细设置”对话框，如图6-9所示。

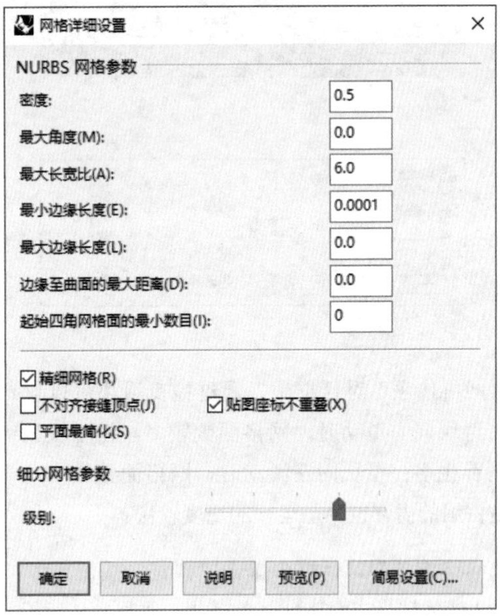

网格详细设置

NURBS 网格参数

密度: 0.5

最大角度(M): 0.0

最大长宽比(A): 6.0

最小边缘长度(E): 0.0001

最大边缘长度(L): 0.0

边缘至曲面的最大距离(D): 0.0

起始四角网格面的最小数目(I): 0

☑精细网格(R)

☐不对齐接缝顶点(J) ☑贴图座标不重叠(X)

☐平面最简化(S)

细分网格参数

级别:

确定 取消 说明 预览(P) 简易设置(C)...

图6-9

知识链接

“网格详细设置”对话框中各个参数的具体含义可以参考本书第1章1.4.1小节。

在“网格详细设置”对话框提供的参数中，“最大长宽比”“最大边缘长度”“起始四角网格面的最小数目”用于控制初始网格生成。“最大角度”“最大边缘长度”“最小边缘长度”“边缘至曲面的最大距离”用于控制初始生成四边形网格时需要划分为更细的网格。

对照前面的讲解可以看出，由于网格是通过微小的平面（即三角形和四边形的结合）来显示模型的，因此可以通过控制这些参数的数值来规定显示的具体要求。其中，“最大角度”参数的默认值应适当设置得小一些，其他的数值读者可以根据每次模型的大小和需要的精确程度来具体设置。

网格创建主要分为以下3个步骤。

步骤1：初始划分四边形网格，预估符合标准。

步骤2：细分以满足设置要求。

步骤3：调整适合边界。

6.2.2 创建单一网格面

使用“单一网格面”工具可以建立一个3D网格面，该工具的用法与“指定三或四个角建立曲面”工具相同，区别在于建立的模型类型不同。

使用“单一网格面”工具可以建立四边形的网格面，也可以建立三角形的网格面，如图6-10和图6-11所示。

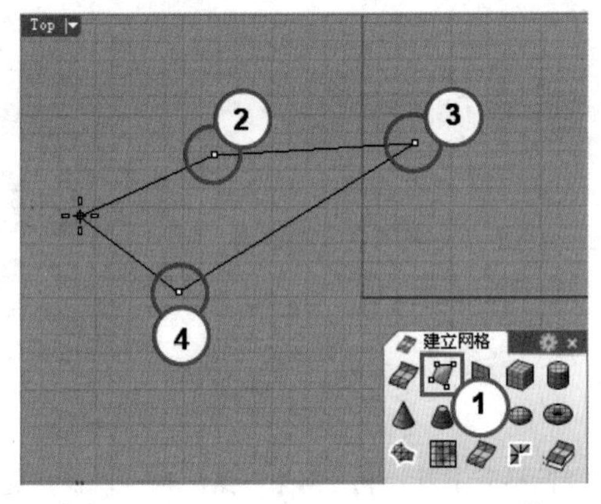

图6-10

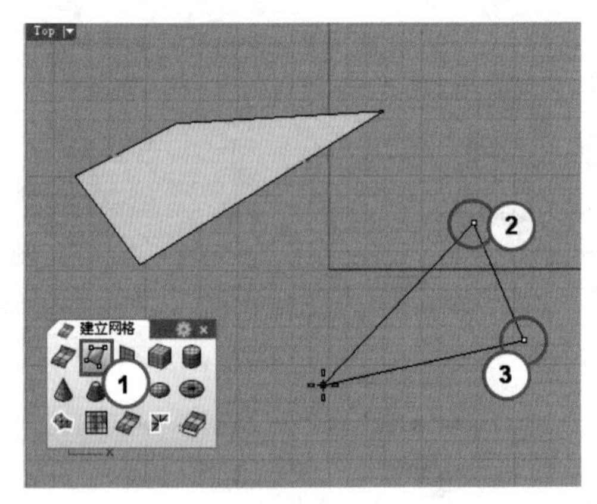

图6-11

6.2.3 创建网格平面

使用“网格平面”工具可以创建矩形网格平面，默认是以指定对角点的方式进行创建，如图6-12所示。

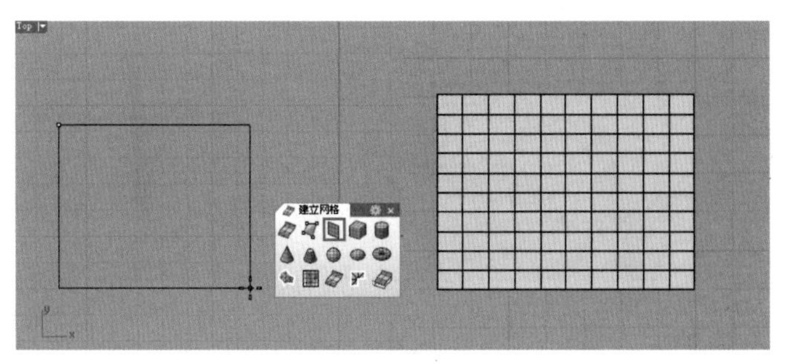

图6-12

启用“网格平面”工具后，在命令行中将看到图 6-13 所示的命令选项。

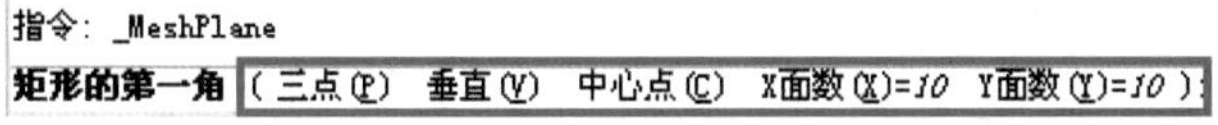

指令: _MeshPlane
矩形的第一角 (三点(P) 垂直(V) 中心点(C) X面数(X)=10 Y面数(Y)=10):

图6-13

命令选项介绍

三点：通过指定 3 个点来创建网格平面，前面两个点定义网格平面一条边的长度，第 3 点定义网格平面的宽度，如图 6-14 所示。

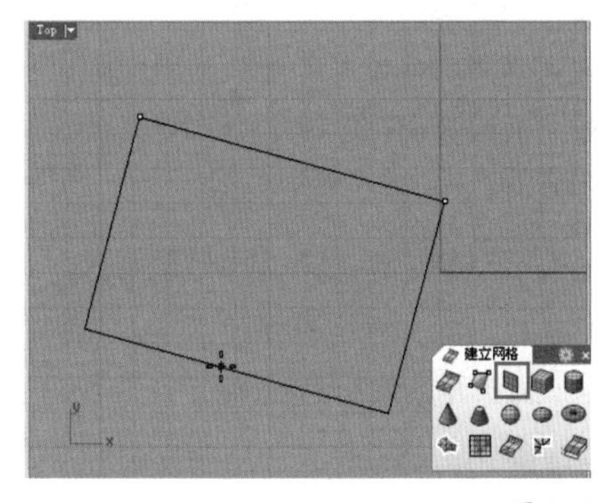

图6-14

技巧与提示

从图 6-14 中可以看到，“三点”方式可以创建任意方向的网格平面。

垂直：创建与工作平面垂直的网格平面，同样是通过指定 3 个点来创建，如图 6-15 所示。

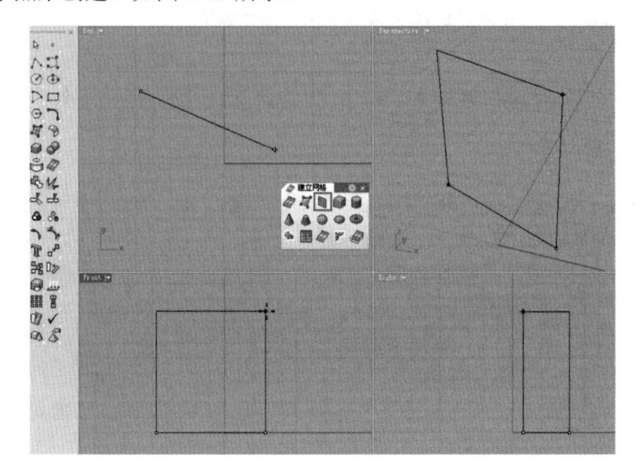

图6-15

中心点：通过指定中心点和一个角点来创建网格平面，如图 6-16 所示。

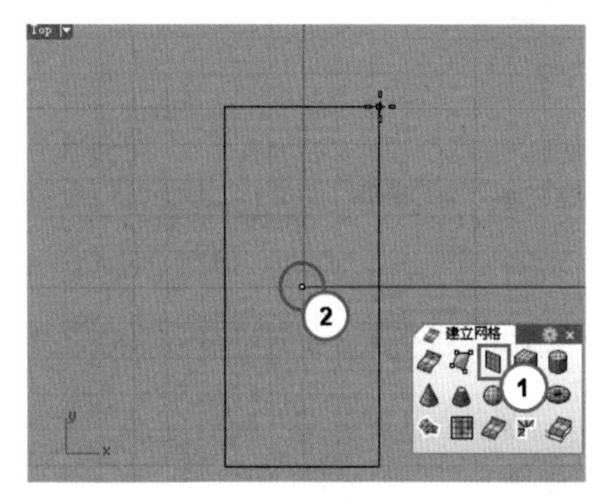

图6-16

X 面数 /Y 面数：这两个选项分别控制矩形网格面 x 方向和 y 方向的网格数。见图 6-17，左侧网格平面的“X 面数”为 5，“Y 面数”为 6；右侧网格平面的“X 面数”为 10，“Y 面数”为 12。

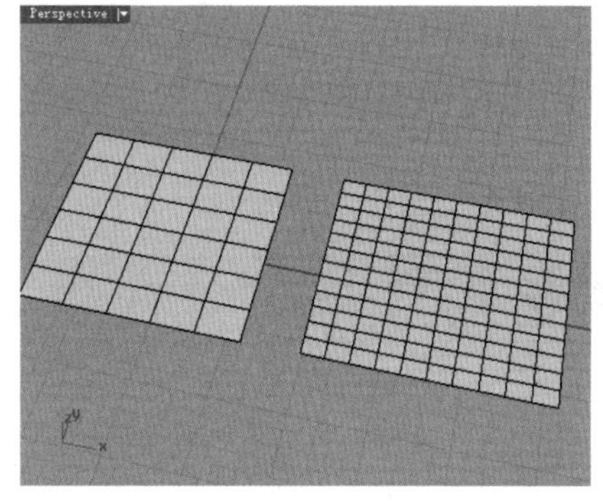

图6-17

★重点★

6.2.4 创建网格标准体

同上一章介绍的 NURBS 实体模型一样，Rhino 为网格模型也提供了一些标准体，包括网格立方体、网格圆柱体、网格圆锥体、网格平顶锥体、网格球体、网格椭圆体和网格环状体 7 种类型，如图 6-18 所示。

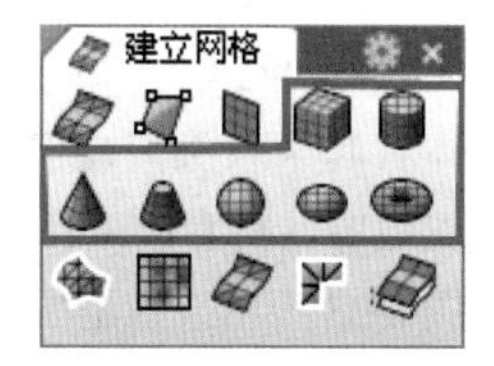

图6-18

创建各种网格标准体的方法与上一章介绍的标准实体一致，不同的是创建网格实体时命令行中会多出一项控制网格数的选项。例如创建网格立方体，单击“网格立方体”工具后，其命令行提示如图 6-19 所示，对比立方体的命令选项，如图 6-20 所示，可以看出图 6-19 中多了“X 面数”“Y 面数”“Z 面数”3 个选项，这 3 个选项分别用于控制所建网格立方体 3 个方向的网格数。

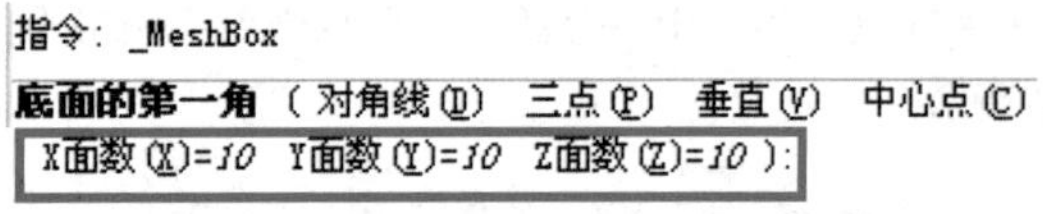

指令: _MeshBox

底面的第一角 (对角线(D) 三点(P) 垂直(V) 中心点(C)

X面数(X)=10 Y面数(Y)=10 Z面数(Z)=10):

图6-19

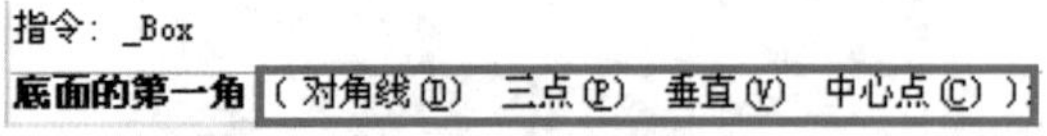

指令: _Box

底面的第一角 (对角线(D) 三点(P) 垂直(V) 中心点(C)):

图6-20

图 6-21 中给出了网格实体与 NURBS 实体的对比效果。

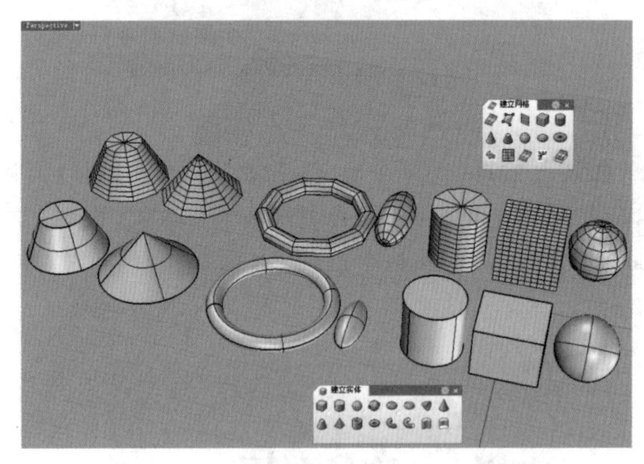

图6-21

6.3 网格编辑

★重点★

6.3.1 熔接网格

熔接网格是网格编辑中非常重要的内容，开始介绍如何熔接网格前，先来了解一下为什么要熔接网格。

首先要知道，是否熔接网格顶点会影响渲染的效果。观察图 6-22，这是以“线框模式”显示的两个网格物件，这两个物件看起来很类似；但切换到“着色模式”或“渲染模式”后，左边的网格看起来比较平滑，而右边的网格有明显的锐边，如图 6-23 所示。这是因为左边网格上的顶点都熔接在了一起，所以比较平滑，而右边网格上的顶点只是重叠在一起，并未熔接，所以每一个网格面的边缘都清晰可见。

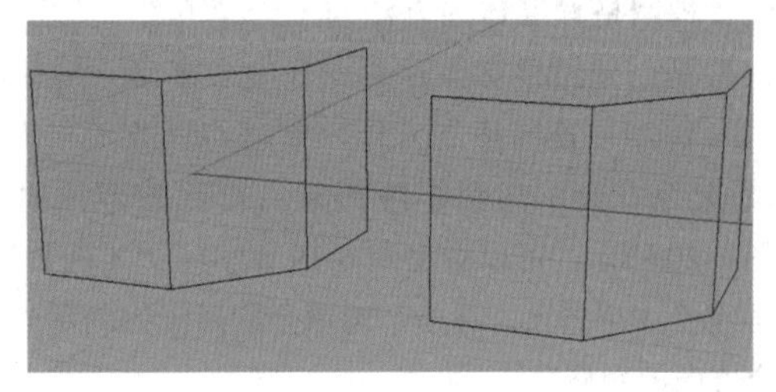

图6-22

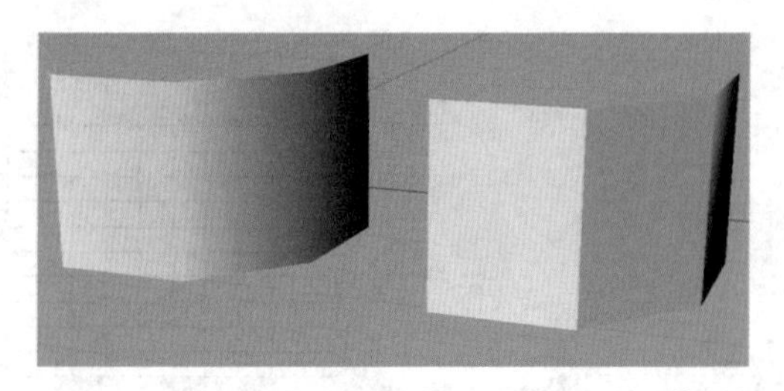

图6-23

其次，是否熔接网格顶点也会影响网格上的贴图对应。网格物体最大的特点就在于贴图，贴图如何包覆在物件上是由贴图坐标所控制的，贴图坐标会将贴图的 2D 坐标对应在网格顶点上，然后依据顶点的数值将贴图影像插入在相邻的顶点之间。位图左下角的坐标为原点（0,0），右下角的坐标为（1,0），左上角的坐标为（0,1），右上角的坐标为（1,1），贴图坐标的数值永远都在这些数值以内。每一个顶点只能含有一组贴图坐标，重叠的几个顶点含有的几组贴图坐标在熔接后只有一组会被留下来。当一个网格的贴图坐标遗失后，将无法从该网格复原遗失的贴图坐标。

最后，是否熔接网格顶点还会影响导出为 .stl 格式的文件，因为某些软件只能读取 .stl 格式的网格文件。通过以下步骤可以确保导出的是有效的 .stl 格式文件。

步骤 1：使用“组合”工具组合网格。

步骤 2：使用“熔接网格 / 解除熔接网格”工具，熔接组合后的网格（设置“角度公差”为 180）。

步骤 3：使用“统一网格法线 / 反转网格法线”工具统一网格法线，建立单一的封闭网格。

步骤 4：使用“显示并选取未熔接的网格边缘点”工具检查网格是否完全封闭（没有外露边缘）。

技巧与提示

使用“熔接网格 / 解除熔接网格”工具熔接位于不同网格上的顶点时，必须先将网格组合以后才可以进行熔接。

熔接网格主要通过“熔接”工具面板中提供的 3 个工具，如图 6-24 所示。

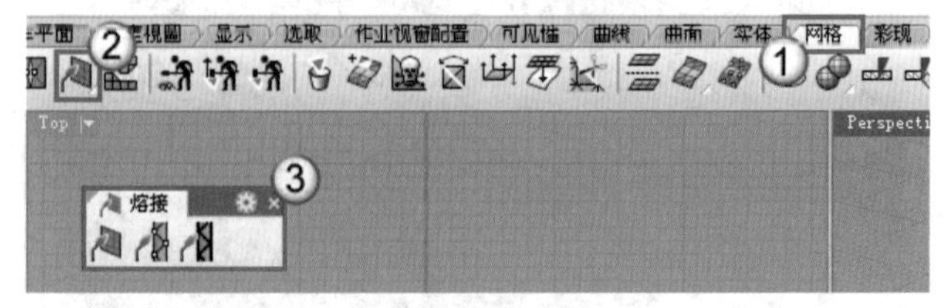

图6-24

熔接网格 / 解除熔接网格

使用“熔接网格 / 解除熔接网格”工具可以熔接重叠的网格顶点，熔接后网格顶点的贴图坐标信息会被删除。该工具通常用于熔接组合后的网格，熔接时需要指定角度公差，两个网格面法线之间的角度小于这个角度公差时，熔接这两个网格面的顶点。如果同一个网格的不同边缘有顶点重叠在一起，且网格边缘两侧的网格面法线之间的角度小于角度公差的设置值时，重叠的顶点会以单一顶点取代。

例如，在图 6-25 中，如果想要让右边的网格看起来和左边的网格一样平滑，必须先确定网格的熔接角度公差值，如果锐边两侧的网格面之间的角度小于该值，那么网格熔接后在“渲染模式”下会看到锐边消失。

图6-25

技巧与提示

由不同网格组合而成的多重网格在熔接顶点以后会变成单一网格。

使用“熔接网格 / 解除熔接网格”工具的右键功能可以解除熔接网格，同时会加入贴图坐标信息到解除熔接后的每一个网格顶点。解除熔接以后的网格在“渲染模式”下或渲染时网格上会有明显的锐角。

熔接网格顶点

使用“熔接网格顶点”工具可以将组合在一起的数个顶点合并为单一顶点，同时删除重叠网格顶点的贴图坐标信息。使用该工具可以只熔接选取的网格顶点，而不必熔接整个网格。

“熔接网格顶点”工具不用设置熔接角度公差，启用该工具，选择要熔接的网格顶点，然后按 Enter 键即可完成操作。

熔接网格边缘 / 解除熔接网格边缘

使用“熔接网格边缘 / 解除熔接网格边缘”工具，可以在组合的网格边缘上熔接共点的网格顶点，同时删除重叠顶点的贴图坐标信息。该工具的右键功能是将网格面的共用顶点解除熔接。

技术专题：关于组合与熔接

每一个网格都是由网格点和面组成的，网格点包含了位置、法线、贴图坐标和顶点色等属性，而面主要用来描述网格点连接形成的图形。

对于两个边缘相接的网格，其相接处的网格点是重合的，也就是每一个点的位置上实际上有两个点。如图 6-26 所示的两个网格面，红色方框内的就是相接处的网格点，单击其中一个点，将弹出“候选列表”面板，其中列出了两个选项，表示该处有两个网格点，如图 6-27 所示。

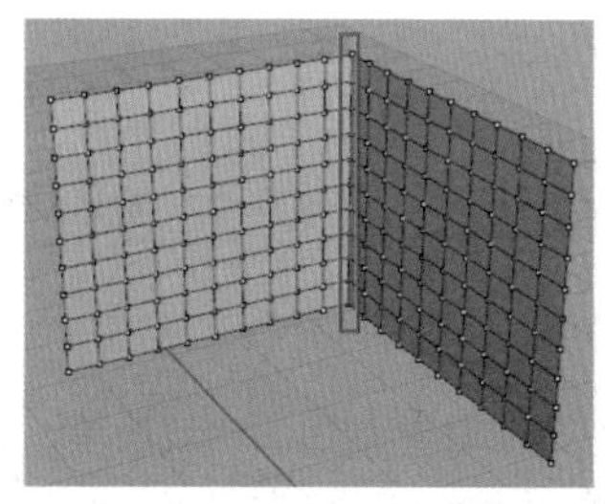

图6-26

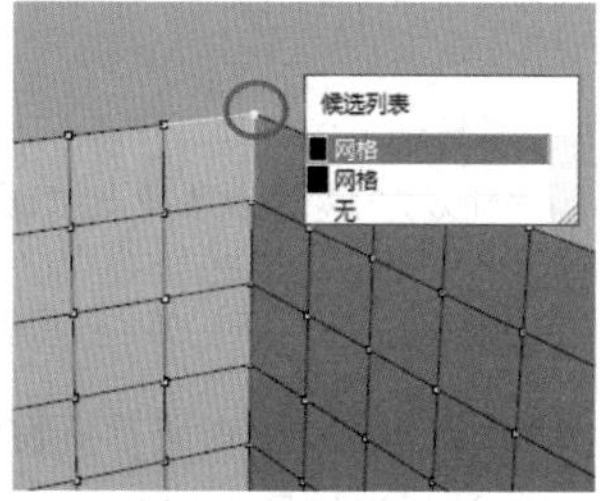

图6-27

每一个网格点都具有自己独立的属性，这些属性无法通过组合来改变，虽然组合后两个网格合并成了一个多重网格，但其相接处的网格点仍然是重合的两个，并没有减少或增加。而当网格面熔接成一个网格时则有所不同，相同位置的顶点会被一个新的顶点与新的属性取代，如熔接后新顶点的法线方向是原来两个顶点法线方向的平均值。

由此可以得出一个结论，组合不会改变网格点的任何属性，而熔接会重新计算网格点的所有属性。

★重点★

6.3.2 网格布尔运算

网格布尔运算和 NURBS 布尔运算类似，可以选择曲面、多重曲面和网格进行网格布尔运算，但得到的结果都是网格。

对网格进行布尔运算的工具主要有“网格布尔运算联集”工具、“网格布尔运算差集”工具、“网格布尔运算交集”工具和“网格布尔运算分割”工具，如图 6-28 所示。

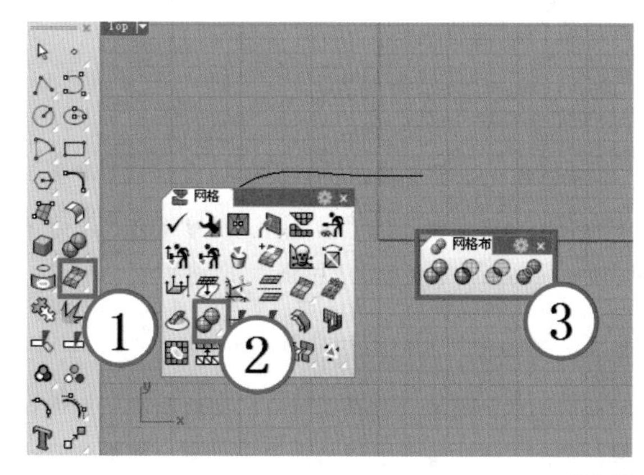

图6-28

知识链接

网格布尔运算工具的具体用法请参考本书第 5 章的 5.4.1 小节。

★重点★

6.3.3 检查网格

当导入或导出网格对象时，可以使用“检查物件 / 检查所有新物件”工具✓，检查网格物件是否有错误，并根据提示清理、修复或封闭网格。

技巧与提示

Rhino 7 将原来版本中的“检查网格”和“检查物件”功能合在一起了。

“检查物件 / 检查所有新物件”工具✓的用法比较简单，启用该工具后选取网格物件，并单击鼠标右键确定即可，此时将弹出“检查”对话框，如图 6-29 所示。在该对话框中列出了网格物件的详细数据，作为修复网格时的检查列表。

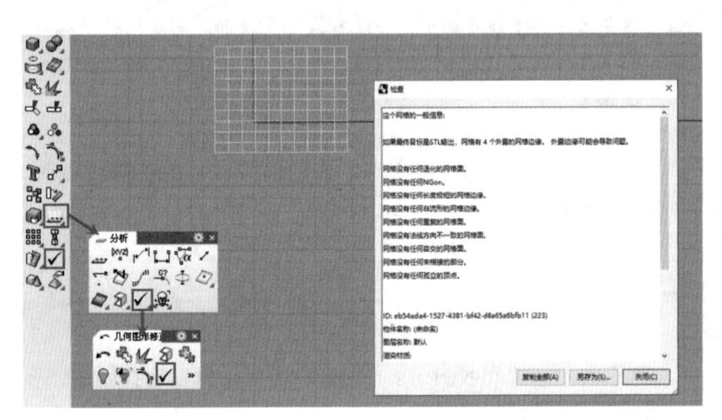

图6-29

技巧与提示

不论是导入 Rhino 或是在 Rhino 里由曲面转换为网格，都可以使用“检查物件 / 检查所有新物件”工具✓检查网格是否有错误，以减少后续处理可能产生的问题。

★重点★

6.3.4 网格面常见错误及修正方式

下面介绍网格面常见的错误及对应的修正方式，修正这些错误时所使用的工具主要位于“网格”工具栏下。

退化的网格面 / 非流形网格边缘

所谓退化的网格面是指面积为 0 的网格面或长度为 0 的网格边缘，使用“剔除退化的网格面”工具可以将其删除。启用该工具后，选择一个网格，并按 Enter 键即可。

组合 3 个网格面或曲面的边缘称为非流形边缘，图 6-30 中以洋红色显示的边缘就是非流形网格边缘。非流形网格边缘可能会导致布尔运算失败，可使用“剔除退化的网格面”工具将其删除。

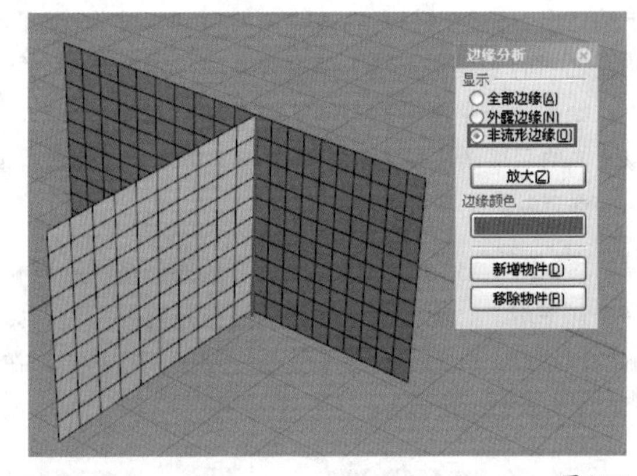

图6-30

技巧与提示

使用“显示边缘 / 关闭显示边缘”工具，可以分析网格的非流形网格边缘和外露边缘。

外露的网格边缘

外露的网格边缘是指未与其他边缘组合的网格边缘，网格上可以有外露边缘存在，但在输出为其他格式的文件时可能会发生问题。

通常需要修补的外露网格边缘是指网格上不应该存在的洞或网格模型上出现了缝隙，这两个问题可以使用“填补网格洞 / 填补全部网格洞”工具和“衔接网格边缘”工具来消除外露的网格边缘。

重复的网格面

如果网格中存在重复的网格面，可以使用“抽离网格面”工具将其抽离。

技巧与提示

通常在“着色模式”下使用“抽离网格面”工具，因为可以直接选取网格面，也可以选取网格边缘。

网格面的法线方向不一致

网格有“顶点法线”和“网格面法线”两种法线。所有的网格都有法线方向，但有些网格没有顶点法线，如单一网格面、网格标准体以及不是以 .3dm 或 .3ds 格式导入的网格都没有顶点法线。

通常，网格面顶点的顺序决定了网格面的法线方向，顶点顺序必须是顺时针或逆时针方向，如果网格面的顶点顺序不一致，就会导致网格面的法线方向不一致。使用“统一网格法线 / 反转网格法线”工具，可以使所有熔接后的网格面的顶点顺序一致。

技巧与提示

如果“统一网格法线 / 反转网格法线”工具对网格不产生作用，请先将网格炸开，将网格面的法线方向统一以后再组合一次。

未相接的网格

对于边缘未接触，但组合在一起的网格，如果要将其分开，可以使用“分割未相接的网格”工具。启用该工具后选择需要分割的组合网格，按 Enter 键即可。

孤立的网格顶点

孤立的网格顶点通常不会造成问题，因此不用理会。

分散的网格顶点

如果出现原本应该位于同一个位置的许多顶点，因为某些因素而被分散的情况，可以使用“以公差对齐网格顶点”工具进行修复。

启用该工具后，需要注意“要调整的距离”选项，如果网格顶点之间的距离小于该选项设置的距离，那么这些顶点会被强迫移动到同一个点。

6.3.5 其余网格编辑工具

这里简单介绍在实际工作中可能会用到的其余网格编辑工具，如表 6-1 所示。

表6-1 其余网格编辑工具简介

工具名称	工具图标	功能介绍
重建网格法线		该工具可以删除网格法线，并以网格面的定位重新建立网格面和顶点的法线
重建网格		该工具可以去除网格的贴图坐标、顶点颜色和曲面参数，并重建网格面和顶点法线。常用于重建工作不正常的网格
删除网格面		删除网格物件的网格面产生网格洞
嵌入单一网格面		以单一网格面填补网格上的洞
对调网格边缘		对调有共享边缘的两个三角形网格面的角，选取的网格边缘必须是两个三角形网格面的共享边缘
套用网格至NURBS曲面		以被选取的网格同样的顶点数建立另一个包覆于曲面上的网格。该工具只能作用于从NURBS转换而来具有UV方向数据的网格
分割网格边缘		分割一个网格边缘，产生两个或更多的三角形网格面
套用网格UVN		根据网格和参数将网格和点物件包覆到曲面上
四角化网格		将两个三角形网格面合并成一个四角形网格面
三角化网格/三角化非平面的四角网格面		将网格上所有的四角形网格面分割成两个三角形网格面
缩减网格面数/三角化网格		缩减网格物件的网格面数，并将四角形的网格面转换为三角形
以边缘长度摺叠网格面		移动长度大于或小于指定长度的网格边缘的一个顶点到另一个顶点

知识链接

“分割网格”工具和“修剪网格”工具的用法可以参考本书第 2 章 2.4.7 小节。

“偏移网格”工具的用法可以参考本书第 4 章 4.4.7 小节。

“复制网格洞的边界”工具的用法可以参考本书第 5 章 5.4.18 小节。

6.4 网格面的导入与导出

★重点★

6.4.1 导入网格面

Rhino 中网格面的导入可根据软件的类别分为两种情况，一种是同类软件之间的导入，另一种是不同类软件之间的导入。

同类软件之间的导入

通常情况下，一款软件是不可能打开两个窗口的，也就是不能同时运行，如 AutoCAD，这类软件一般具有两组窗口控制按钮，其中上面一组用于控制软件的最小化、最大化和关闭，下面一组用于控制文件的最小化、最大化和关闭，这是为了应对同时编辑多个文件的情况，如图 6-31 所示。

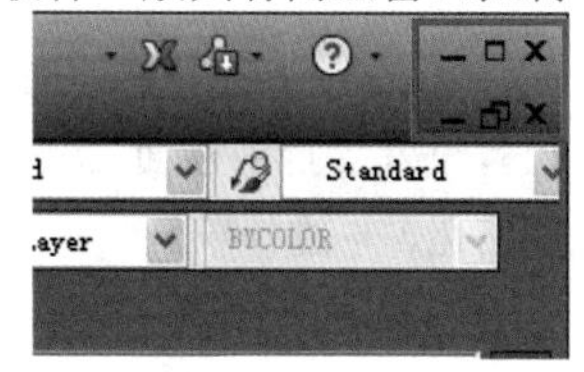

图6-31

而 Rhino 不同，Rhino 可以同时打开多个窗口，每个窗口只能编辑一个文件。因此，当一个窗口中的模型需要导入另一个窗口时，就会涉及同类软件之间的导入。最简便的方法就是通过“复制→粘贴”模式，也就是在第 1 个窗口中先复制，然后到另一个窗口中粘贴即可，快捷键为 Ctrl+C 和 Ctrl+V，也可以通过对应的工具和菜单命令，如图 6-32 和图 6-33 所示。

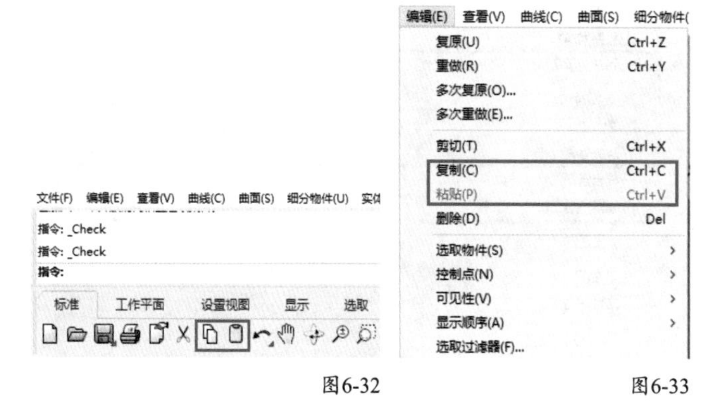

图6-32　　图6-33

不同类软件之间的导入

不同类软件的导入有两种方式，一种是通过“文件”菜单下的“打开”或“导入”命令，如图 6-34 所示；另一种是通过 Rhino 的插件导入，前提是需要先安装插件。

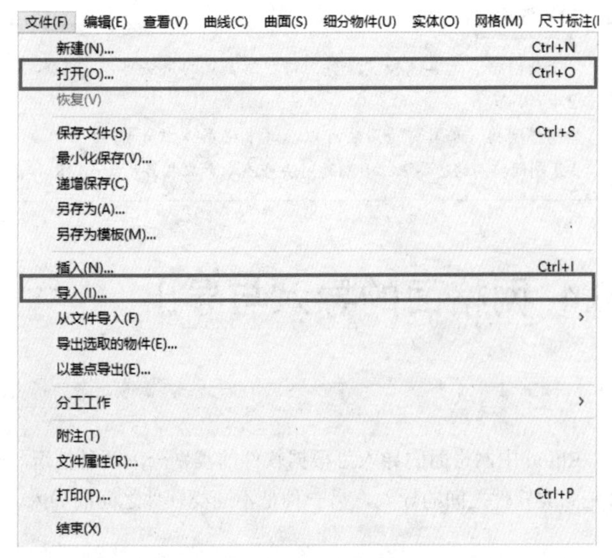

图6-34

★重点★

6.4.2 导出网格面

Rhino 中导出网格面同样可以分为两种情况，一种是直接导出，设置支持网格面的文件格式即可；另一种是先在 Rhino 中网格化，再进行导出。

直接导出

通过“文件”菜单下的“另存为”“导出选取的物件”或“以基点导出”命令即可直接导出，如图 6-35 所示。

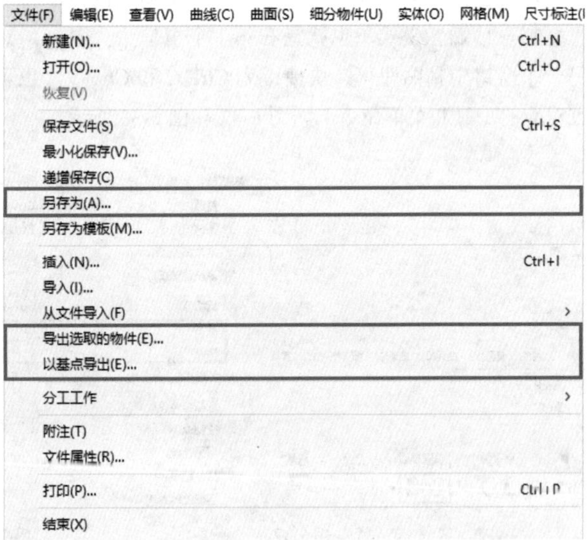

图6-35

这 3 种导出方式中，执行“另存为”和“导出选取的物件”命令将直接打开“储存”和“导出”对话框，而执行“以基点导出”命令还需要在视图中先指定基点才能打开“导出”对话框。用户可以在对话框的“保存类型”列表下选择 3DS、DWG、DXF、OBJ、IGES、STL 和 STEP 等格式进行导出，如图 6-36 所示。

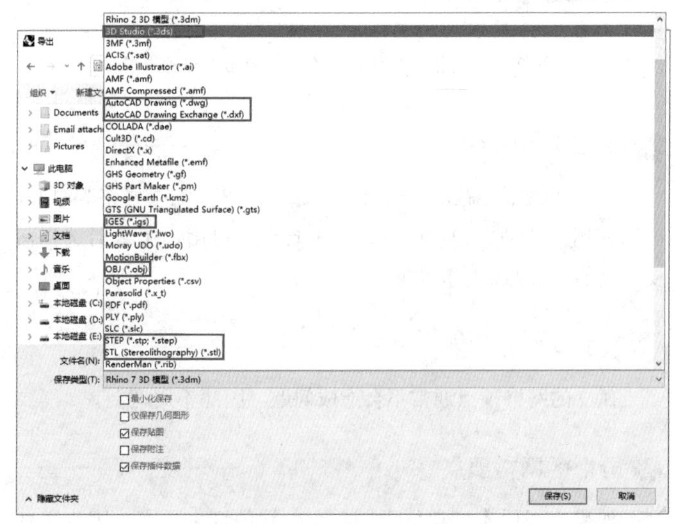

图6-36

先网格化再导出

这种方式是使用“转换曲面 / 多重曲面为网格”工具将物件先转换为网格模型，然后通过“文件”菜单下的“另存为”“导出选取的物件”或“以基点导出”命令进行导出。

技术专题：Rhino 常用格式介绍及注意事项

1.IGES

IGES 的全称为 Initial Graphics Exchange Specifications，这类文件的扩展名为 .igs 或 .iges。它是一种中立的文件格式，可用于曲面模型的文件交换。

这种格式的文件如果以“打开”命令导入 Rhino，IGES 文件的单位与公差会成为 Rhino 的单位与绝对公差，必要时可做一些调整，避免因 IGES 文件自身公差设定不合理，而导致 Rhino 中的绝对公差出现偏差，影响后续操作；如果以“导入”命令导入 Rhino，Rhino 的公差不变，并以自身的公差或更小的公差值重新计算曲面；如果文件的单位与 Rhino 的单位不同，可以设定导入 IGES 文件的缩放选项，使导入的 IGES 几何图形符合目前 Rhino 的单位系统。

Rhino 中的网格对象无法导出为 IGES 格式的文件，如果要将 3DS 格式的文件（网格）导入 Rhino 再输出，则 IGES 文件为空。

2. STL

STL 的全称为 Stereolithography，这类文件的扩展名为 .stl，是常用的网格文件输出格式，它的网格没有颜色、没有贴图坐标或其他任何属性资料，它的网格面全部都是三角形，并且网格顶点全部解除熔接。

STL 文件只能包含网格物件，导入 Rhino 后仍然是网格物件，不会转换成 NURBS 物件。导出时通过“选项”按钮 选项(O)... 可以打开“STL 导出选项”对话框，如图 6-37 所示。

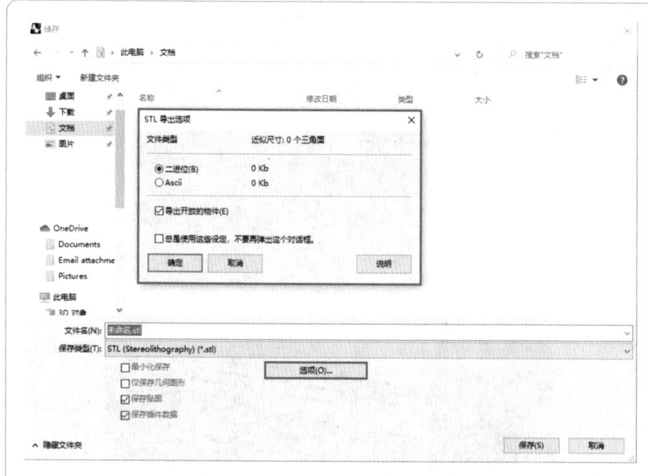

图6-37

在“STL 导出选项”对话框中可以控制文件的类型为“二进位”或 Ascii，而勾选“导出开放的物件”选项可以允许未完全封闭的对象输出。如果要用 STL 格式则不选此选项，此时如有不封闭对象则导出失败。

此外，如果导出的是 NURBS 物件，由于 STL 文件只能包含网格物件，因此导出时会将 NURBS 物件转换为网格物件，同时会弹出“STL 网格导出选项”对话框，如图 6-38 所示。

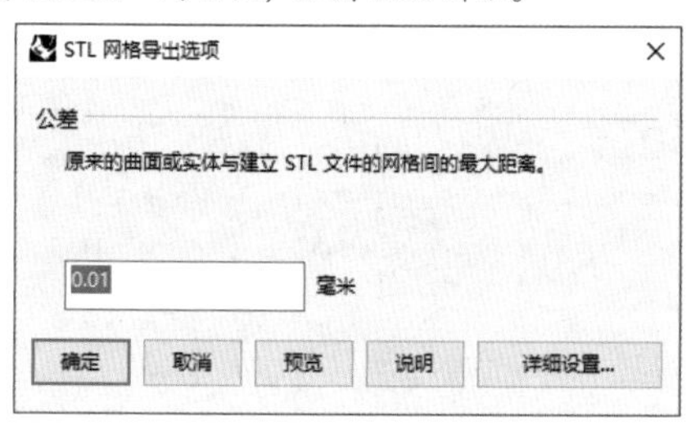

图6-38

在“STL 网格导出选项”对话框中，“公差”参数用于设置原始物体和所创建的多边形网格间的最大距离。而通过“详细设置”按钮 详细设置... 可以打开图 6-39 所示的“网格详细设置”对话框，该对话框在前面的内容中已经出现过多次，这里不再介绍。

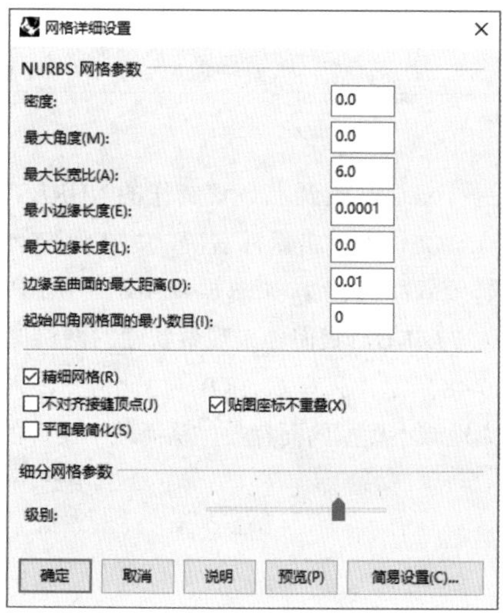

图6-39

3. 3DS

3DS 的全称为 3D Studio Max，这类文件的扩展名为 .3ds。

3DS 文件只能包含网格物件，导入 Rhino 后仍然是网格物件，并不会转换成 NURBS。

Rhino 可以读取 3DS 文件的纹理对应坐标。

导出 3DS 文件时会尽量保留物件的名称。

如果物件在 Rhino 里的名称为 RhinoObjectName，导出为 3DS 时只能保留物件名称的前 10 个字符，成为 RhinoObjec，因为 MAX 或 3DS 文件的物件名称最长只能有 10 个字符。

Rhino 会检查物件名称是否已经存在，发现有同样名称的物件时，Rhino 会将物件名称截短为 6 个字符，并加上 “_” 及 3 个数字，例如：RhinoO_010，结尾的 3 个数字是由导出程序的网格计数器产生的。

如果导出的物件没有名称，Rhino 会以 Obj_000010 的格式命名物件，结尾的 6 个数字是由导出程序的网格计数器产生的。

重点 实战

制作红蓝椅模型

场景位置	无
实例位置	实例文件>第6章>实战——制作红蓝椅模型.3dm
视频位置	第6章>实战——制作红蓝椅模型.mp4
难易指数	★★★☆☆
技术掌握	掌握网格模型的建模思路和编辑方法

在本书第 5 章中曾运用 Rhino 的实体工具制作了红蓝椅模型，本节我们通过运用网格工具来重建该模型，并进行一些对比，模型的效果如图 6-40 所示。

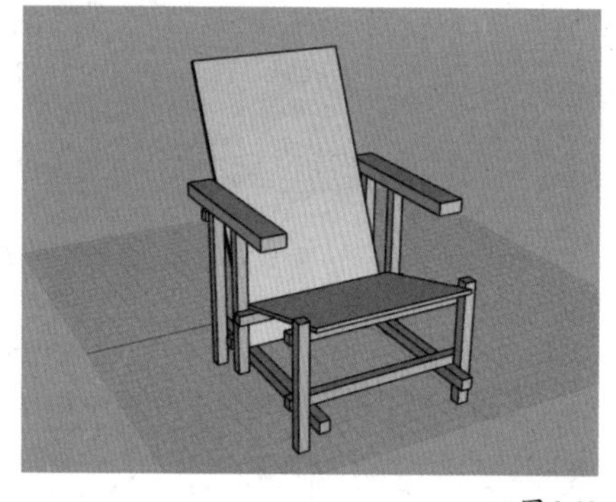

图6-40

01 打开本书学习资源中的“实例文件 > 第 5 章 > 实战——利用立方体制作红蓝椅 .3dm”文件，然后进入“图层”面板，锁定默认图层，并将“图层 02”的颜色改为黑色，如图 6-41 所示。

02 切换到“网格工具”工具栏，重建支柱，单击“网格立方体”工具，在命令行中设置 x、y、z 面数都为 1，这样可以极大地减少物体的面片数，开启“物件锁点”功能，并打开“端点”捕捉模式，再通过捕捉原始红蓝椅模型的扶手端点，创建网格扶手模型，如图 6-42 所示。

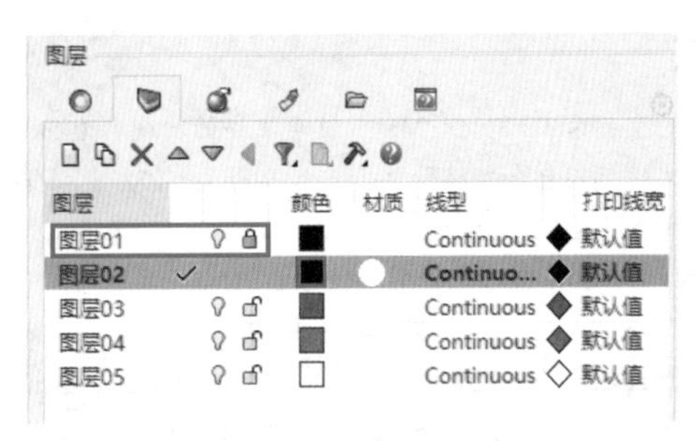

图6-41

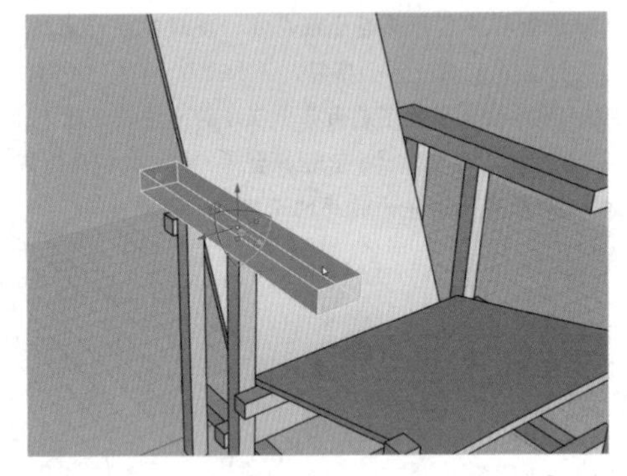

图6-42

03 使用同样的方法创建 3 个椅子腿模型，如图 6-43 所示。

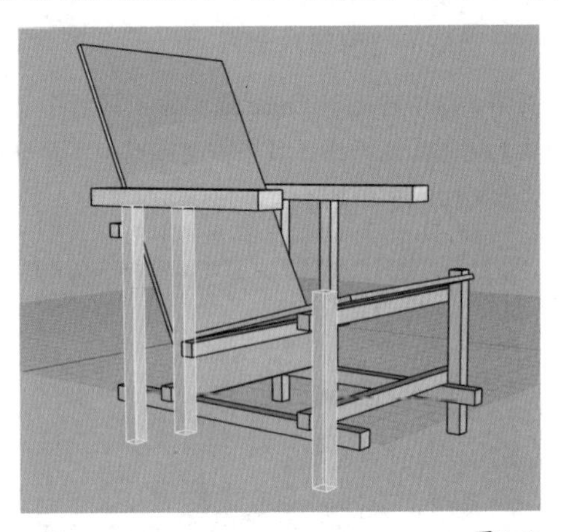

图6-43

04 以同样的方式创建椅子横梁模型，效果如图 6-44 所示。

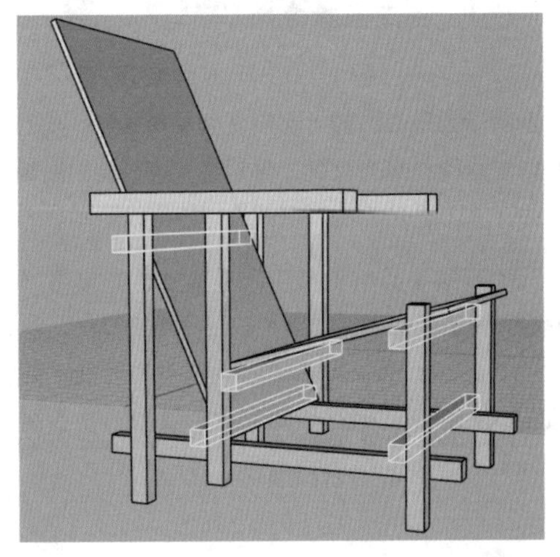

图6-44

05 将一侧制作好的椅子扶手与椅腿镜像到另一侧，如图 6-45 所示。

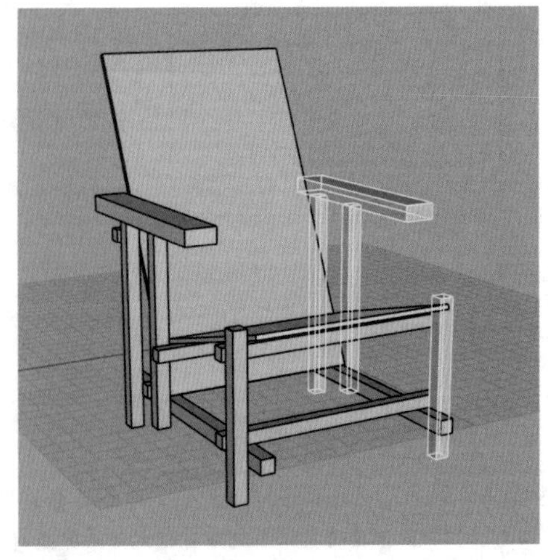

图6-45

06 选择重建的网格红蓝椅模型，然后执行“文件 > 导出选取的物件”菜单命令，并将导出文件的名称命名为“实战——利用网络制作红蓝椅 .3dm”，如图 6-46 所示。

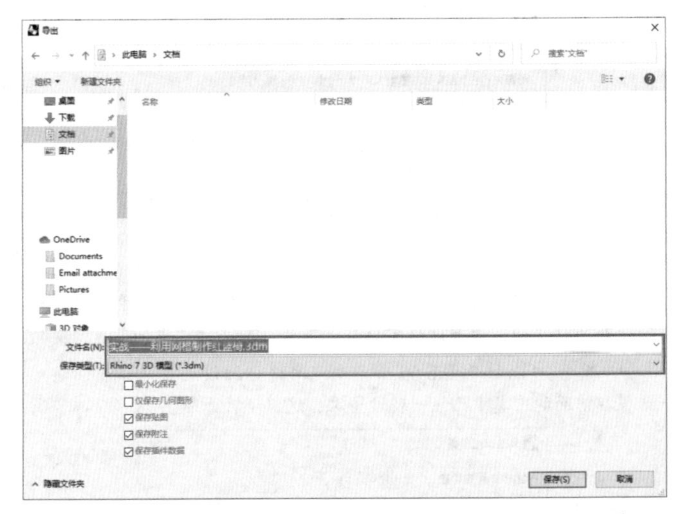

图6-46

07 现在来进行对比，找到上一章制作的 NURBS 红蓝椅模型文件，然后在该文件上单击鼠标右键，并在弹出的菜单中选择“属性”选项，观察其大小，如图 6-47 所示，从图中可以看到，模型的大小为 77.5KB，我们再来观察新建的网格储物架模型的大小，如图 6-48 所示，只有 60.1KB。由此可见，人为地控制网格数可以极大地减小模型的面片数，从而减小文件的大小。

图6-47

图6-48

技术专题：网格面要注意的地方

为避免产生过大的网格文件，可以用相应的网格工具建模，因为网格物体的内存占有量相对 NURBS 要小。

为了输出 STL 文件，最好将高级网格控制中的最大角度和最大长宽比设置为 0。将边缘到曲面的最大距离按所需的加工精度进行设置，一般可设置为 0.125mm 左右。

最好一次只修改一个设置，以观察其影响。

一旦生成网格，隐藏原来 NURBS 对象，用“平坦着色模式”检查网格。

第7章

细分建模

细分建模是 Rhino 7 版本中新增加的一种建模方式。它的本质是多边形网格建模，同样通过点、边缘、网格面对模型进行直接编辑，但同时也保留了一部分类似 NURBS 的编辑方法。使用细分建模可以像捏泥塑一样非常直观地完成模型的造型，同时保证模型的曲率连续及封闭性。但在一些情况下，细分建模的精确度不如 NURBS 建模，因此要根据情况选择合适的建模方式。掌握细分建模可以极大地扩展造型的丰富程度，一些 NURBS 建模难以完成的自然造型，可以使用细分建模来完成。

本章学习要点

- 了解细分建模
- 掌握细分模型的创建方法
- 掌握 NURBS 曲面与细分模型的转换方法
- 掌握细分建模的常用编辑方法
- 掌握导入和导出细分模型的方法

7.1 了解细分建模

在 Rhino 7 中，增加了一种新的建模方法——细分曲面建模。细分曲面建模是一种介于 NURBS 曲面建模与网格建模之间的建模方式，吸取了两者的很多优点，具有易于拓扑和控制曲面连续性，操作简便，便于局部细化，可以方便地在 NURBS 曲面和网格面转换等特性。

7.1.1 关于细分曲面

细分曲面又叫子分曲面，是一种将网格体进行无穷细分，逼近数学极限进而产生的平滑曲面。它的基本概念是对基础网格体进行反复细化，通过细分算法插入新顶点，形成细分拓扑结构，进而得到平滑的网格体。

在 Rhino7 中，细分曲面包含顶点、网格边缘、网格面 3 个控制层级。细分建模的基本过程就是通过对细分曲面的顶点、边缘和面进行不断调整，最终得到目标模型的过程。Rhino 7 中的细分表面如图 7-1 所示。

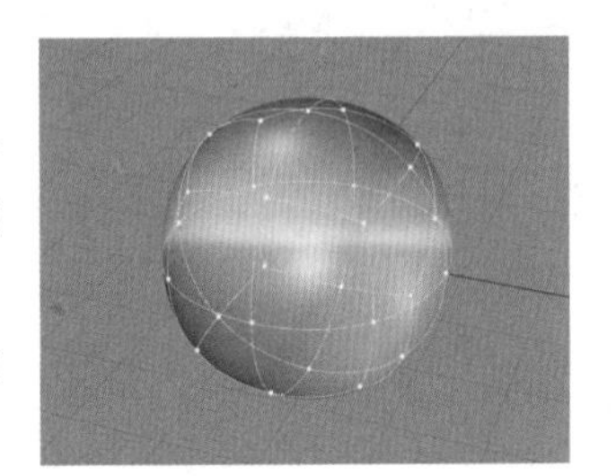

图7-1

7.1.2 细分曲面、网格面与 NURBS 曲面的关系

可以说细分曲面的基础是网格面，在实际操作中，所有关于网格面的理解都可以迁移到细分曲面中。

但在插入平滑细分的算法上有类似 NURBS 曲面的特点，都是通过数学算法控制曲面的曲率与插入细分的拓扑结构。因此细分曲面也可以方便地换转为 NURBS 曲面。

与 NURBS 建模以曲面围合成实体所不同的是，细分曲面建模可以通过基础几何体的编辑来得到完整且复杂的实体模型，而且细分模式下会自动对曲面进行平滑处理，不会出现表面曲率不连续和反复检查模型封闭性的问题，也正是由于细分表面的平滑算法是逼近式的近似算法，严格来说，在建模精度上 NURBS 建模要比细分建模更加精确。

技巧与提示

细分曲面建模相较于 NURBS 建模和网格面建模来说是一种新型的建模方式，但由于它易于学习、控制便捷、建模效率高的特点，一经面世就受到了广泛认可。目前主流的建模软件，比如 3ds Max、Maya、CINEMA 4D、Alias 等，都支持细分曲面建模。

7.2 创建细分模型

Rhino 中用于建立细分模型的工具主要位于“细分工具”栏内，如图 7-2 所示。

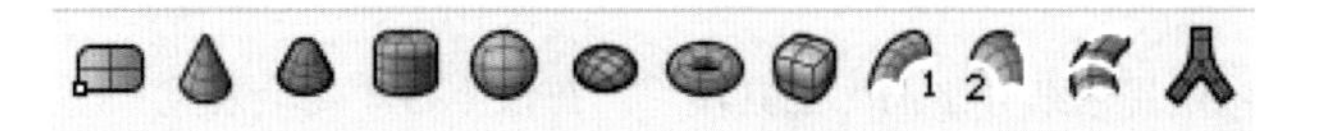

图7-2

通过“细分工具”选项卡和“细分物件”菜单也可以找到这些工具和对应的命令，如图 7-3 和图 7-4 所示。

图7-3

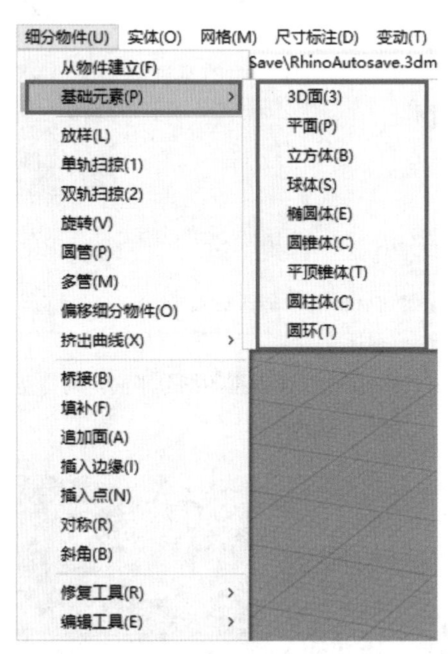

图7-4

★重点★

7.2.1 细分曲面与 NURBS 曲面、网格之间的转换

使用“转换为细分物件”工具，如图 7-5 所示，可以方便地将 NURBS 曲面与网格物件转换为细分物件。该工具的操作非常简单，只需在使用工具后选取需要转换的物件即可。例如图 7-6 中有一个 NURBS 球体和一个网格立方体，使用“转换为细分物件”工具，选择两个物件，在指令输入栏中设置“网格锐边 = 否”，“删除输入物件 = 是”，并按 Enter 键确认，就可以看到这两个物件均被转换为了细分物件，如图 7-6 所示。

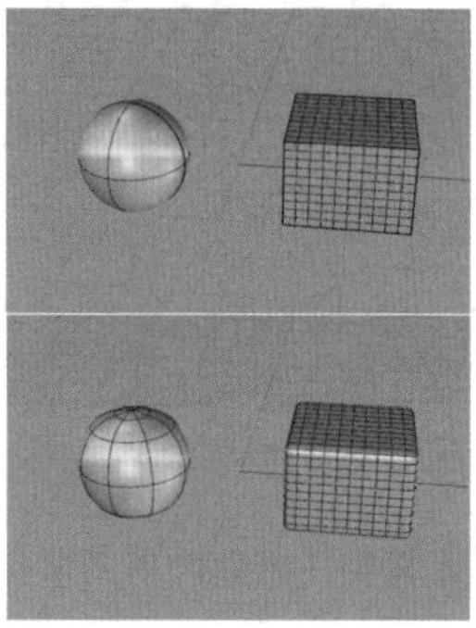

图7-5　　图7-6

选取物件之后单击鼠标右键或按 Enter 键，可以在命令栏进行一些调整，如图 7-7 所示。

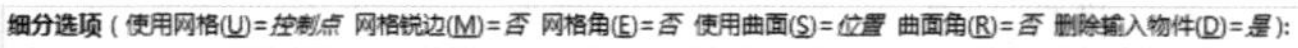

细分选项 (使用网格(U)=控制点 网格锐边(M)=否 网格角(E)=否 使用曲面(S)=位置 曲面角(R)=否 删除输入物件(D)=是):

图7-7

命令选项介绍

使用网格：可以设置为“控制点”或“位置”，这两种参数的区别在于控制网格边缘生成的规则。“控制点”使用与“控制点曲线”相同的规则生成网格边缘，“位置”则使用“内插点曲线”的规则生成网格边缘。

网格锐边：该参数设置为“是”的时候，生成的细分曲面模型包含锐边；设置为“否”的时候，生成完全平滑的模型。该选项仅用于将网格物件转换为细分物件。

网格角：设置为“是”的时候，生成的网格边缘包含锐角；设置为“否”的时候，生成完全平滑的曲线网格边缘。该选项仅用于将网格物件转换为细分物件。

使用曲面：设置为“控制点”表示使用 NURBS 曲面原本的控制点为细分曲面的控制点来生成曲面；设置为“位置”表示生成的细分曲面尽可能符合原曲面的造型，在这种模式下可能会插入额外的曲面。该选项仅用于将 NURBS 物件转换为细分物件。

曲面角：设置为“是”，则保留原 NURBS 曲面的锐角；设置为“否”，则生成完全平滑的曲面边缘。该选项仅用于将 NURBS 物件转换为细分物件。

删除输入物件：用于控制是否保留转换前的物件。

使用“将物件转换为 NURBS”工具，如图 7-8 所示，可以将细分物件转换为 NURBS 曲面。该工具的使用方式与“转换为细分物件”工具类似，使用该工具，选取需要转换的对象，按 Enter 键确认即可，如图 7-9 所示。

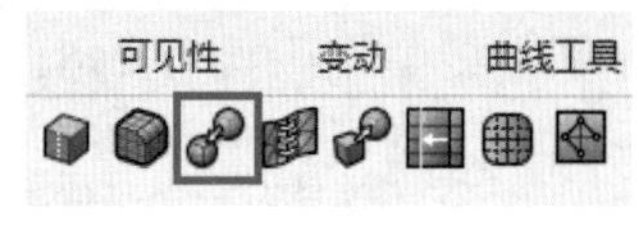

图7-8

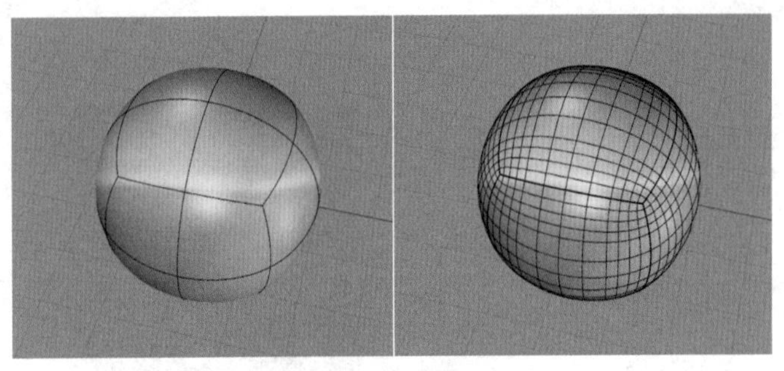

图7-9

选取物件之后，单击鼠标右键或按 Enter 键，可以在指令输入栏进行一些调整，如图 7-10 所示。

NURBS 转换选项 (删除输入物件(D)=是 细分选项(S)):

图7-10

命令选项介绍

删除输入物件：用于控制是否保留转换前的物件。

细分选项：包含“面”“星点”两个子选项。

面：“面 = 拼合”表示转换后所有曲面组合为一个物件，“面 = 拆分”表示转换后所有曲面不进行组合。

星点：控制细分模型上的星点结构转换为 NURBS 之后的连续性，有 G0、G1、G1x、G2 这 4 种连续性可供选择。

> **技巧与提示**
>
> 星点是多边形建模中一种常见的拓扑结构，是两条或两条以上边缘交汇于一点形成的。

7.2.2 创建单一细分面

使用“单一细分面”工具可以建立一个 3D 细分面，该工具的用法与“单一网格面”工具相同，区别在于建立的模型类型不同。

使用“单一细分面”工具最少需要使用 3 个顶点来生成，也可以生成多边形面，如图 7-11 和图 7-12 所示。

图7-11

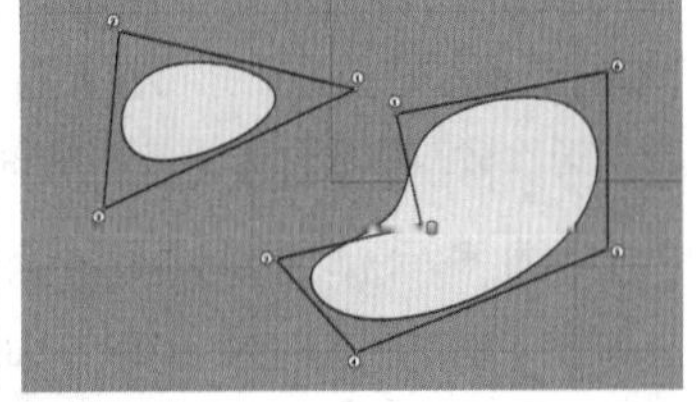

图7-12

7.2.3 创建细分平面

使用“细分平面”工具可以创建矩形细分平面，默认是以指定对角点的方式进行创建，如图 7-13 和图 7-14 所示。

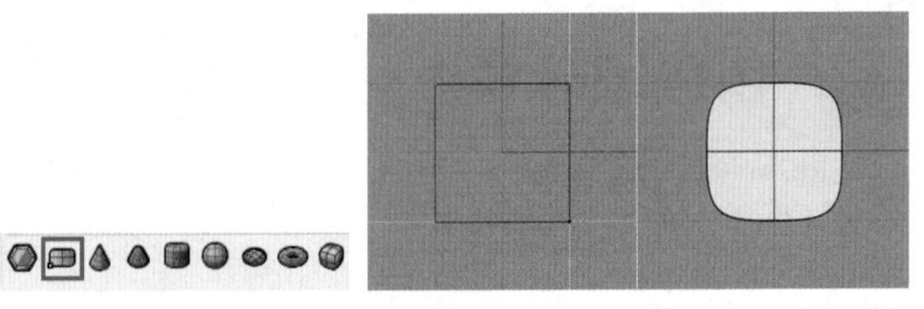

图7-13　图7-14

使用“细分平面”工具后，在命令行中将会看到图 7-15 所示的命令选项。

指令: _SubDPlane

矩形的第一角 (三点(P) 垂直(V) 中心点(C) 环绕曲线(A) X数量(X)=2 Y数量(Y)=2):

图7-15

命令选项介绍

三点：通过指定 3 个点来创建细分平面，前面两个点定义细分平面一条边的长度，第 3 点定义细分平面的宽度，如图 7-16 所示。

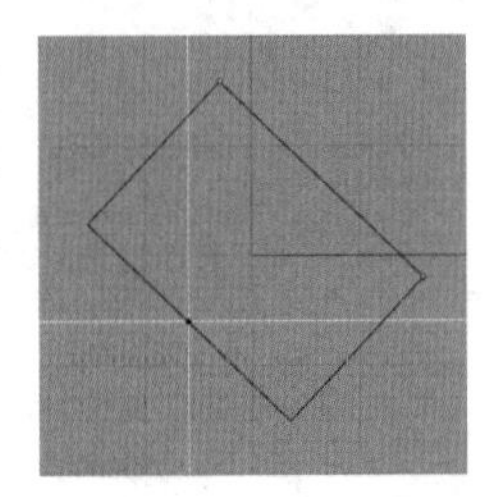

图7-16

> **技巧与提示**
>
> 从图 7-16 中可以看到，“三点”方式可以创建任意方向的细分平面。

垂直：创建与工作平面垂直的细分平面，同样是通过指定 3 个点来创建，如图 7-17 所示。

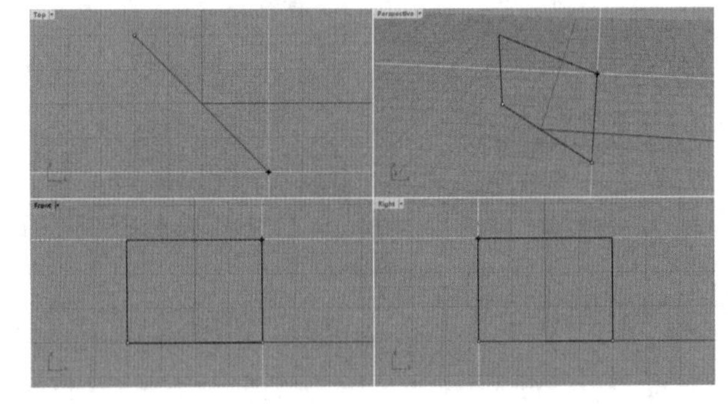

图7-17

中心点：通过指定中心点和一个角点来创建细分平面，如图 7-18 所示。

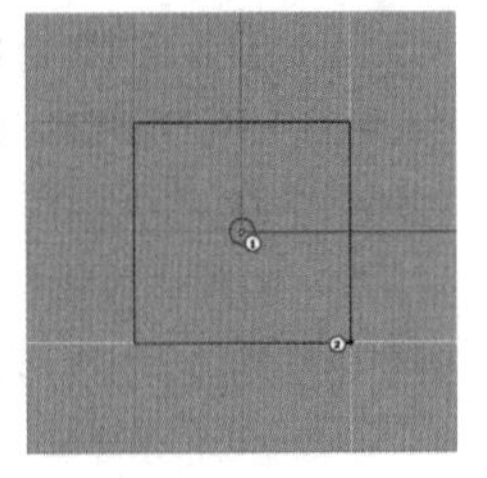

图7-18

环绕曲线：将曲线上一点作为平面中心，创建垂直于曲线上该点的平面，如图 7-19 所示。

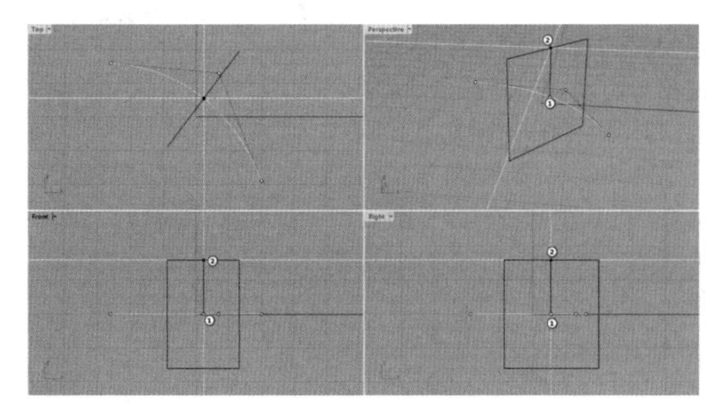

图7-19

X 数量 /Y 数量：这两个选项分别控制矩形细分面 x 方向和 y 方向的细分数。左侧细分平面的“X 数量”为 5，“Y 数量”为 6；右侧细分平面的“X 数量”为 10，“Y 数量”为 12，如图 7-20 所示。

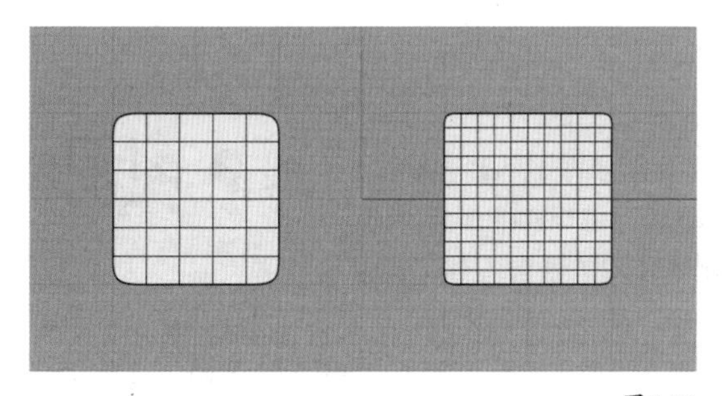

图7-20

★重点★

7.2.4 创建细分几何体

同上一章介绍的网格模型一样，Rhino 为细分模型也提供了一些标准几何体，包括细分立方体、细分圆柱体、细分圆锥体、细分平顶锥体、细分球体、细分椭圆体和细分环状体 7 种类型，如图 7-21 所示。

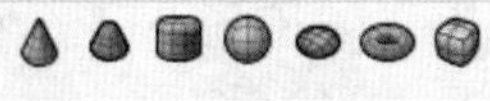

图7-21

创建各种细分几何体的方法、设置选项（如图 7-22 所示）与上一章介绍的网格标准几何体类似，只是生成的模型类型不同。

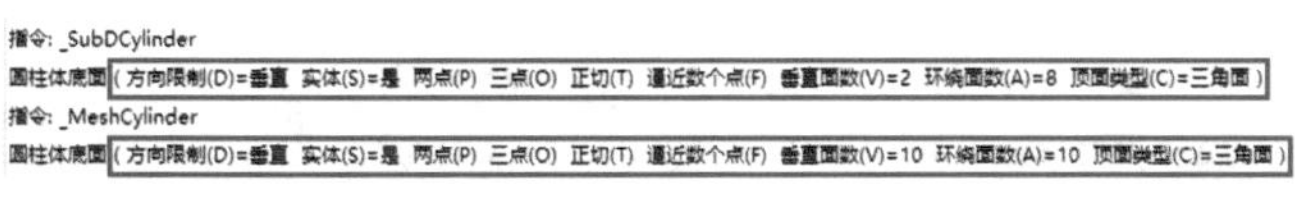

指令: _SubDCylinder
圆柱体底面 (方向限制(D)=垂直 实体(S)=是 两点(P) 三点(O) 正切(T) 逼近数个点(F) 垂直面数(V)=2 环绕面数(A)=8 顶面类型(C)=三角面)
指令: _MeshCylinder
圆柱体底面 (方向限制(D)=垂直 实体(S)=是 两点(P) 三点(O) 正切(T) 逼近数个点(F) 垂直面数(V)=10 环绕面数(A)=10 顶面类型(C)=三角面)

图7-22

图 7-23 给出了细分物件、NURBS 实体与网格模型的对比效果。

细分曲面几何体
NURBS几何体
网格几何体

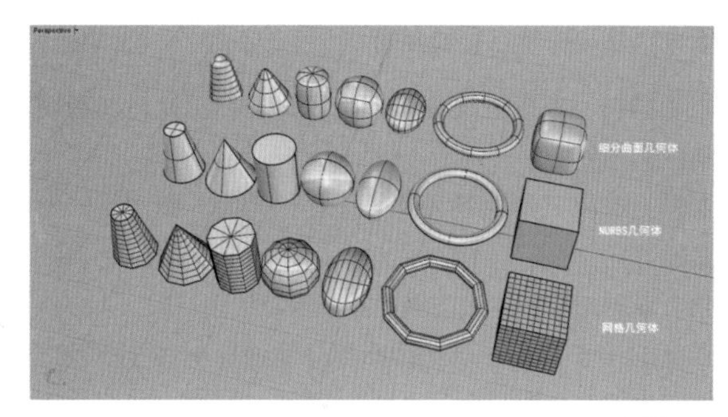

图7-23

★重点★

7.2.5 细分扫掠

由于细分建模与 NURBS 建模有相似性，所以 NURBS 建模中的一些方法也可以在细分建模中进行运用。这就产生了细分扫掠命令。细分扫掠命令的使用方法与曲面工具中的扫掠命令类似，同样分为单轨扫掠与双轨扫掠。

细分单轨扫掠

与 NURBS 曲面的“单轨扫掠”工具一样，使用“细分单轨扫掠”工具后需要依次选取扫掠路径和断面图形，单击鼠标右键或按 Enter 键，并在弹出的对话框中进行进一步设置，最后单击“确定”按钮，即可生成细分曲面，如图 7-24~ 图 7-26 所示。

图7-24

图7-25

细分单轨扫掠
自由扭转
走向
轴: 0.00,0.00,1.00
角
封闭
在扭结处折边
原本的断面段数: 8
原本的路径段数: 3
可调断面的分段数: 8
可调路径的分段数: 3
确定(K)
取消(A)
说明

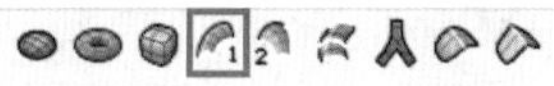

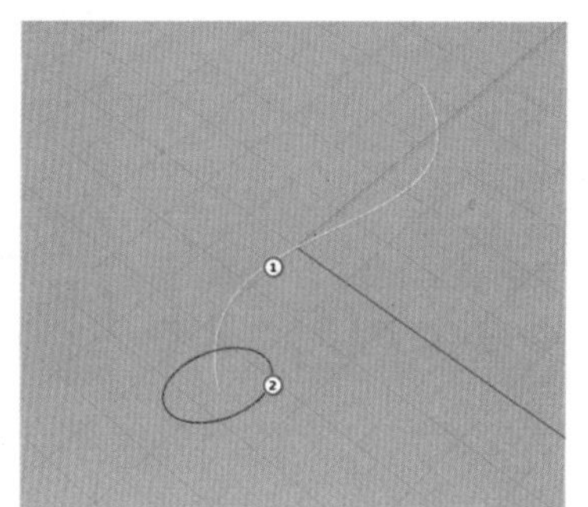

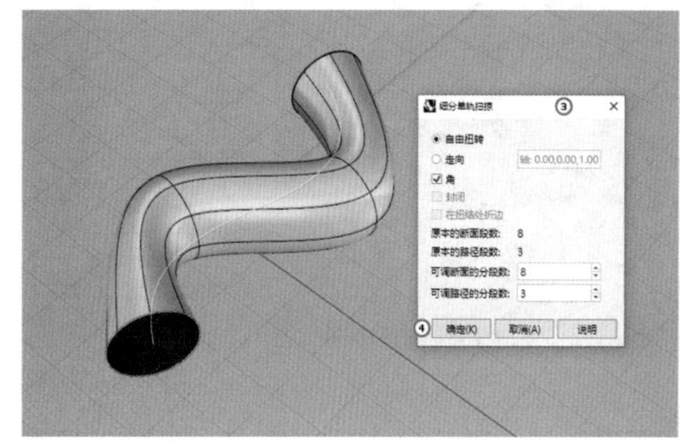

图7-26

细分单轨扫掠特定参数介绍

自由扭转：在以三维曲线为路径进行扫掠时，断面图形会进行相应的倾斜。

走向：在以三维曲线为路径进行扫掠时，断面图形始终保持一致的方向。

角：设置扫掠所生成的曲面是否保持锐角。

封闭：用于设置在以封闭路径且断面图形在 3 个以上进行扫掠时，生成的曲面是否自动封闭成环状。

在扭结处折边：用于设置当断面图形有锐角时，所生成的曲面是否在对应位置形成折边。

原本的断面段数：用于设置断面曲线的段数。

原本的路径段数：用于设置路径曲线的段数。

可调断面的分段数：用于调整扫掠生成的曲面上的断面分段数。

可调路径的分段数：用于调整扫掠生成的曲面上的路径分段数。

细分双轨扫掠

与 NURBS 曲面的“双轨扫掠”工具一样，使用“细分双轨扫掠”工具后需要依次选取扫掠路径和断面图形，单击鼠标右键或按 Enter 键，并在弹出的对话框中进行进一步设置，最后单击“确定”按钮，即可生成细分曲面，如图 7-27~ 图 7-29 所示。

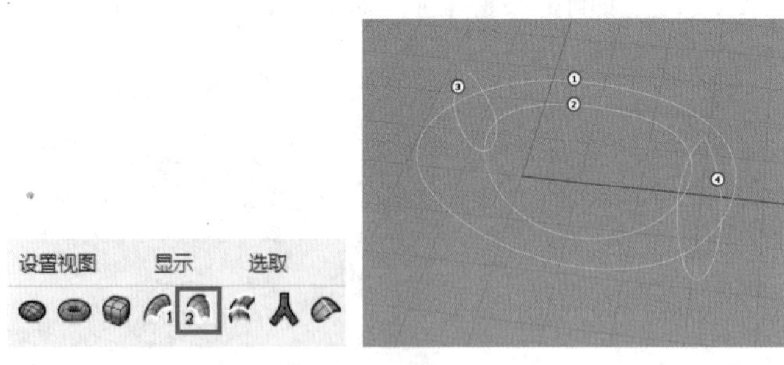

图7-27　　图7-28

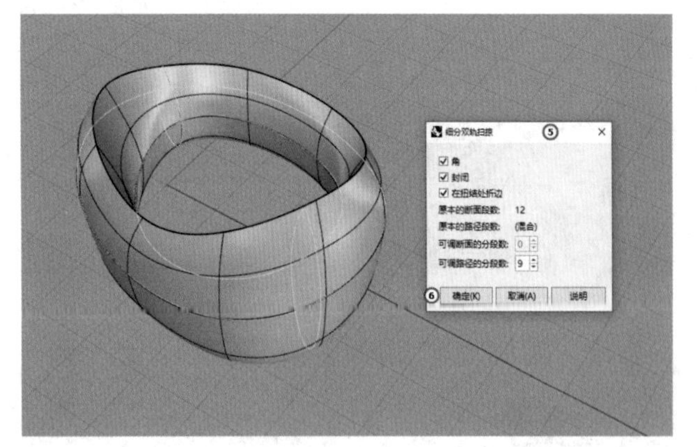

图7-29

在“细分双轨扫掠”对话框中可以对扫掠进行进一步的设置，参数的具体介绍可参考“细分单轨扫掠”参数介绍。

★重点★

7.2.6 细分放样

“细分放样”工具与 NURBS 曲面的“放样”工具的操作方式类似，仅对话框的设置有一些区别，如图 7-30 和图 7-31 所示。

图7-30

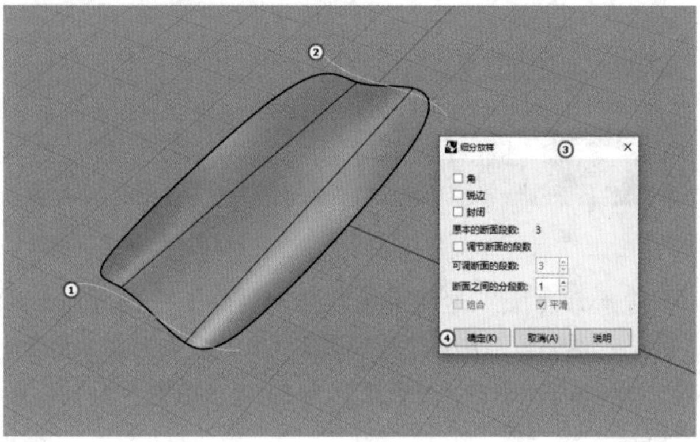

图7-31

★重点★

7.2.7 多管细分物件

“多管细分物件”工具是伴随 Rhino 细分建模功能而新增的，它的基本使用方法与实体工具中的“圆管”类似，不同之处在于，它可以自动将相互穿插的曲线合并起来，生成多重分叉圆管，如图 7-32 和图 7-33 所示。

图7-32

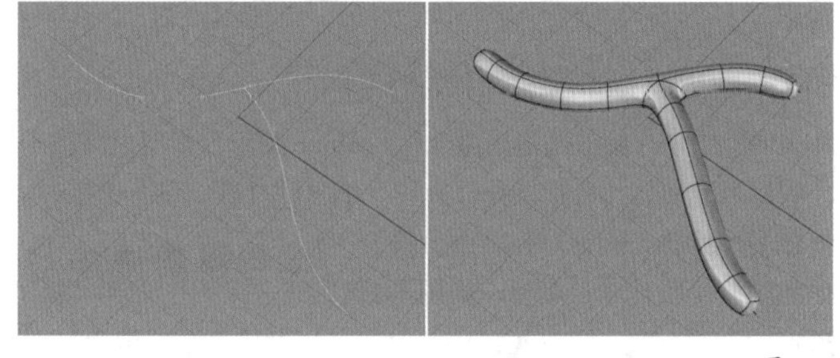
图7-33

该工具的使用方法如下。

1. 使用“多管细分物件”工具，选取曲线，按 Enter 确认。
2. 设置圆管半径，按 Enter 确认。
3. 设置端点加盖是否打开，按 Enter 确认。
4. 设置路径方向的分段数（光滑曲线设置为 0），按 Enter 确认。

7.3 细分编辑

7.3.1 细分选取过滤器

由于细分曲面的建模逻辑与 NURBS 不同，因此 Rhino 7 增强了原本的过滤器功能，在原本过滤器的基础上增加了“子物件”模式，如图 7-34 所示。

图7-34

在开启“子物件”模式之后，过滤器中原本的“点”“曲线”“曲面”3 个选项会变为“点 / 顶点”“曲线 / 边缘”“曲面 / 面”，其中“顶点”“边缘”“面”即对应细分曲面建模的顶点、网格边缘和网格面 3 个编辑层级。为了便于使用，在“细分工具”选项卡中也设置了“选取过滤器：网格边缘”“选取过滤器：顶点”“选取过滤器：网格面”的快速切换工具，如图 7-35 所示。

图7-35

在曲面建模中，直接单击这 3 个工具即可在 3 个层级之间快速切换，在工具上单击鼠标右键可以取消过滤器选取，恢复到默认模式。3 个层级的编辑效果如图 7-36~ 图 7-38 所示。

使用“选取过滤器：顶点”工具。

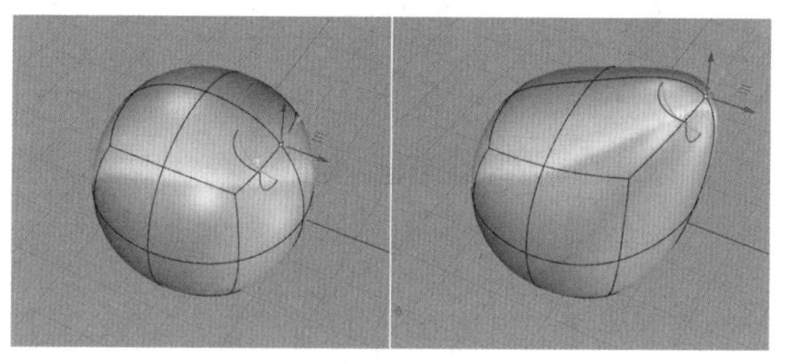

图7-36

使用“选取过滤器：网格边缘”工具。

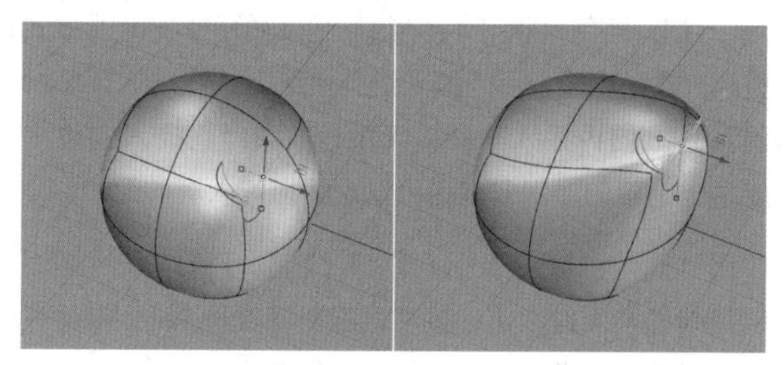

图7-37

使用“选取过滤器：网格面”工具。

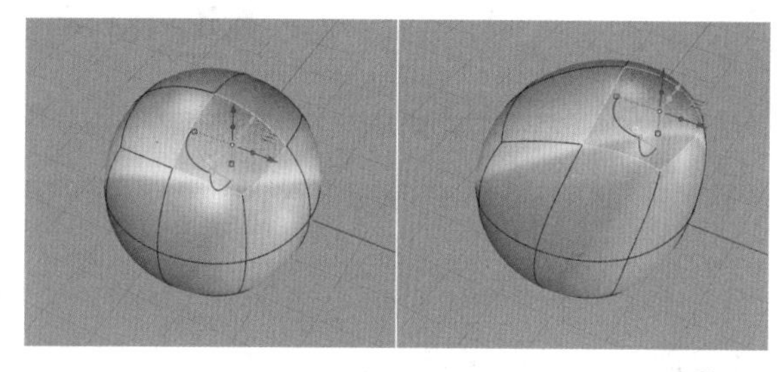

图7-38

★重点★

7.3.2 切换细分显示

在大多数细分建模软件中，都会有平滑 / 平坦两种模式，Rhino 中也不例外，两种模式的切换就通过“切换细分显示”工具来进行，如图 7-39 所示。

图7-39

单击“切换细分显示”工具就可以直接在平滑或平坦模式之间进行切换，如图 7-40 所示。需要注意的是，这个切换是全局切换，也就是说同一场景内所有的细分物件都会统一进行切换，该工具的快捷键为 Tab 键。

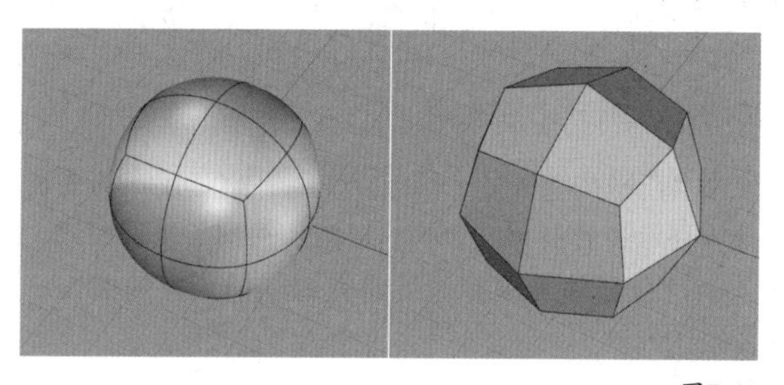

图7-40

★重点★

7.3.3 添加 / 移除锐边

当进行切换细分显示时，会发现所有的锐边都会被平滑，需要在平滑模式下保持锐边时，就会用到“添加锐边”工具，使用“添加锐边”工具，选取细分物件上需要锐化的边缘，按 Enter 键，即可将所选边缘设置为锐边，如图 7-41 和图 7-42 所示。

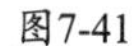

图7-41

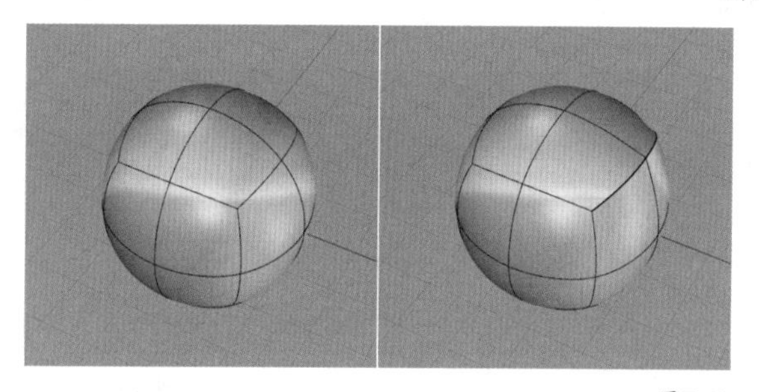

图7-42

当需要在平滑模式下消除锐边时，就需要使用“移除锐边”工具。该工具的使用方式与“添加锐边”工具相同，效果相反，如图7-43和图7-44所示。

图7-43

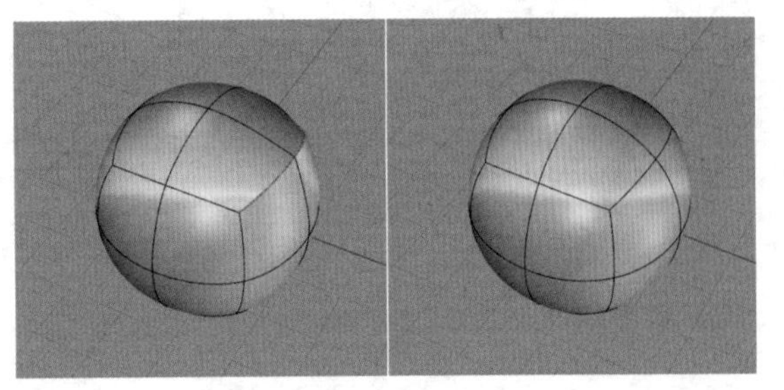

图7-44

★重点★

7.3.4 插入细分顶点 / 边缘 / 面

细分建模的本质与网格建模一样，是通过对点、线、面的编辑来改变拓扑结构，从而塑造造型，这些编辑操作不可避免地会涉及顶点、边缘、面的添加和删除。在 Rhino 中，我们可以使用 6 个工具来实现对应的添加操作，分别是“在网格或细分上插入点”“插入细分边缘（循环 / 环形）”“插入细分边缘”“对细分面再细分”“追加到细分”“桥接网格或细分”。

在网格或细分上插入点

使用“在网格或细分上插入点”工具，单击需要插入点的细分物件，会看到该细分物件自动切换到了平坦模式，在需要插入点的位置单击鼠标左键就完成了插入点的操作，如图7-45所示。

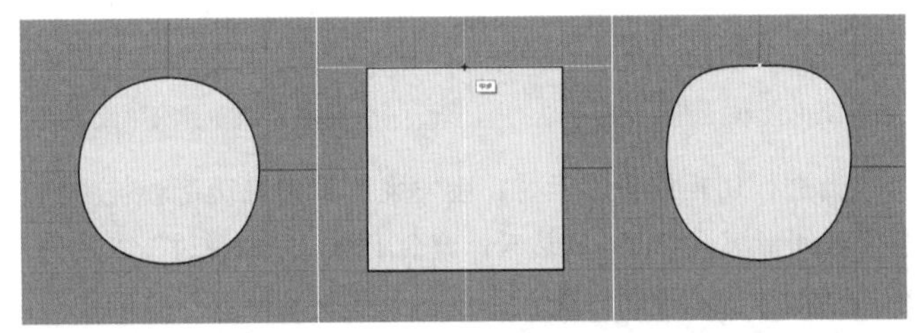

图7-45

当插入多个点时，插入的点之间会自动形成新的边缘，如图 7- 46 所示。

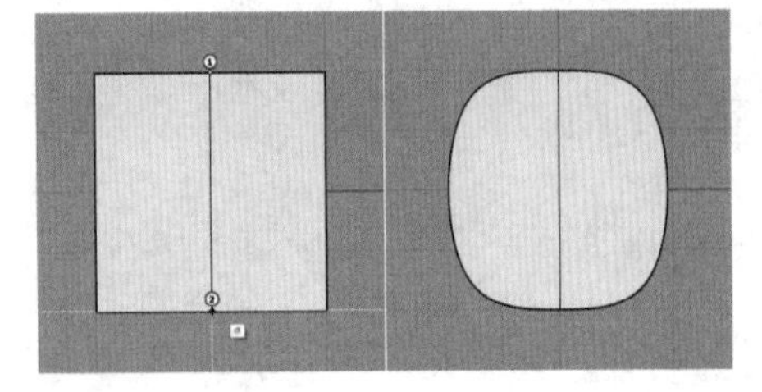

图7-46

插入细分边缘（循环 / 环形）

“插入细分边缘（循环 / 环形）”工具（如图7-47所示）分为插入循环边缘和插入环形边缘两个指令，分别对应左键功能和右键功能。

图7-47

单击该工具，选择细分曲面中间的边缘，按 Enter 键确认，拖动鼠标将新插入的边缘放置于合适位置，单击鼠标左键或按 Enter 键确认，这样就完成了循环边缘的插入，如图7-48所示。

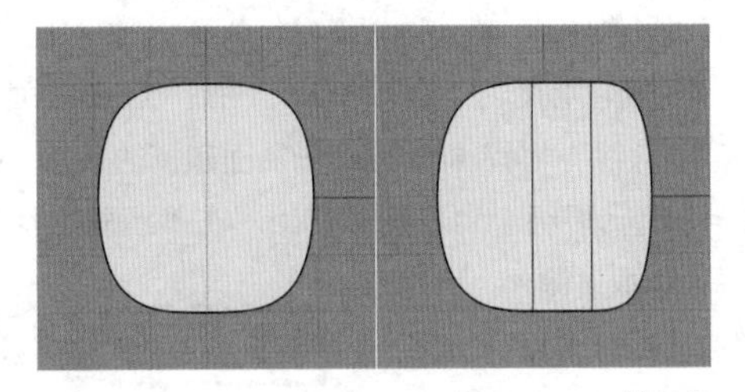

图7-48

右击该工具，选择细分曲面中间的边缘，按 Enter 键确认，拖动鼠标将新插入的边缘放置于合适位置，单击鼠标左键或按 Enter 键确认，就完成了环形边缘的插入，如图7-49所示。

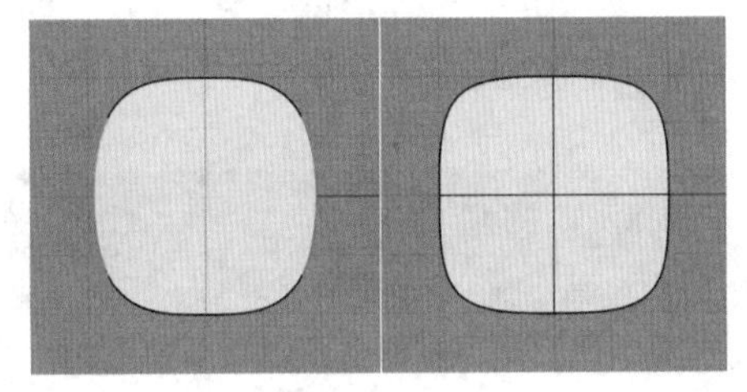

图7-49

插入细分边缘

“插入细分边缘”在字面上非常容易与“插入细分边缘（循环 / 环形）”相混淆，但是这两个工具的使用效果有显著区别。

“插入细分边缘（循环 / 环形）”是以循环或环形的方式直接插入整列 / 整行边缘，而“插入细分边缘”是以所选细分网格面的边缘为基准向内插入与外边缘平行的边缘，插入的边缘同样围合成了一个新的面，效果也可以理解为插入新的面。

使用“插入细分边缘”工具，选取目标细分网格面，拖动鼠标控制插入面的大小，单击鼠标左键或按 Enter 键就完成了插入，如图7-50和图7-51所示。

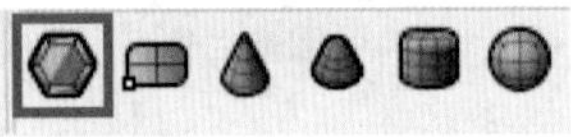

图7-50

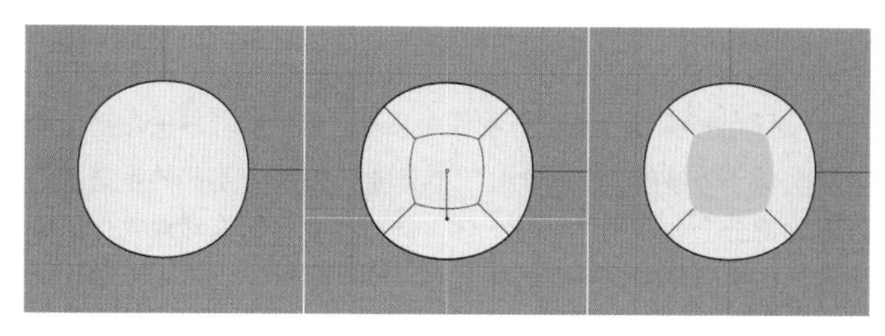

图7-51

对细分面再细分

使用“对细分面再细分”工具是对物件整体增加细分面数，细分程度增加可以为模型带来更多的点、边缘和面，从而增加模型的可编辑性。

使用“对细分面再细分”工具，选取目标细分物件，按Enter键即可完成一次再细分，反复使用该工具即可进行更多细分，如图7-52和图7-53所示。

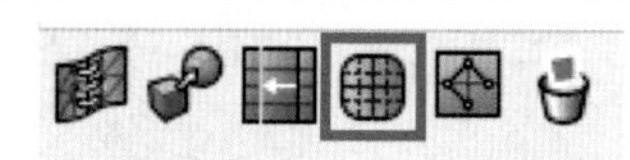

图7-52

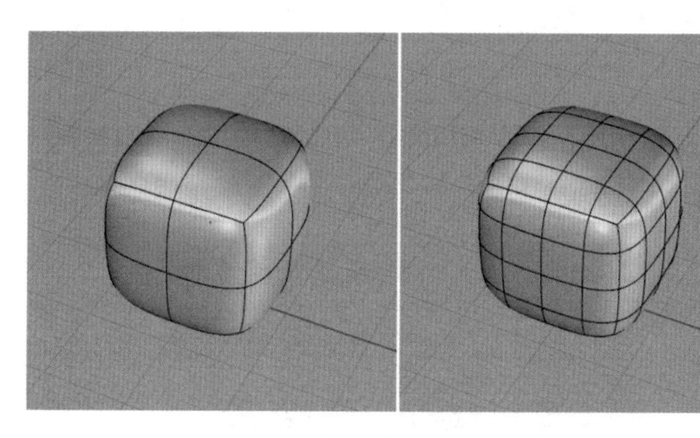

图7-53

> **技巧与提示**
>
> 需要注意的是，细分面越多，对计算机系统资源的消耗也就越多，可能会引起Rhino反应迟钝或卡顿的情况，因此需要根据情况适度增加细分。

追加到细分

“追加到细分”工具也用于增加细分面，但与“对细分面再细分”工具不同，该工具的功能是对指定位置局部增加细分面。

使用“追加到细分”工具，选取目标细分物件，将鼠标指针锁定到需要添加细分的顶点位置开始创建，完成创建后，新的细分面会与相接触的原细分面合并为一体，如图7-54和图7-55所示。

图7-54

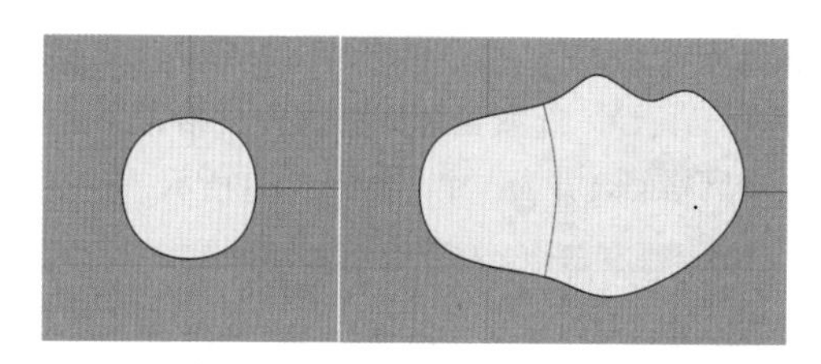

图7-55

桥接网格或细分

“桥接网格或细分”工具可以通过生成新面的方式将原本不相连的两个面桥接在一起，与曲面工具中的混接曲面类似，如图7-56和图7-57所示。

图7-56

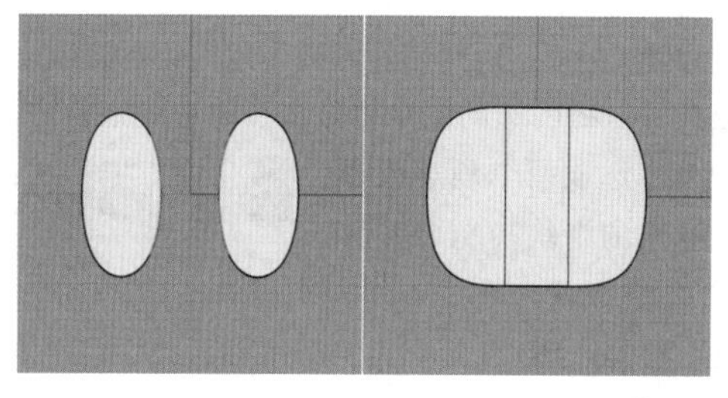

图7-57

★重点★

7.3.5 合并/删除细分顶点/边缘/面

Rhino中与合并/删除细分顶点、边缘和网格面相关的工具有“合并两个共面的网格面/合并全部共面的网格面”“缝合网格或细分物件的顶点或边缘”“删除网格面”“合并网格面”。

合并两个共面的网格面/合并全部共面的网格面

该工具同时适用于细分物件和网格物件，功能都是进行网格面的合并，区别在于“合并两个共面的网格面”仅合并指定的两个共面网格面，而“合并全部共面的网格面”则一次将所有共面网格面都合并。

单击“合并两个共面的网格面/合并全部共面的网格面”工具，选取目标细分物件上相邻的两个网格面，即可将这两个网格面合并为一个，如图7-58和图7-59所示。

图7-58

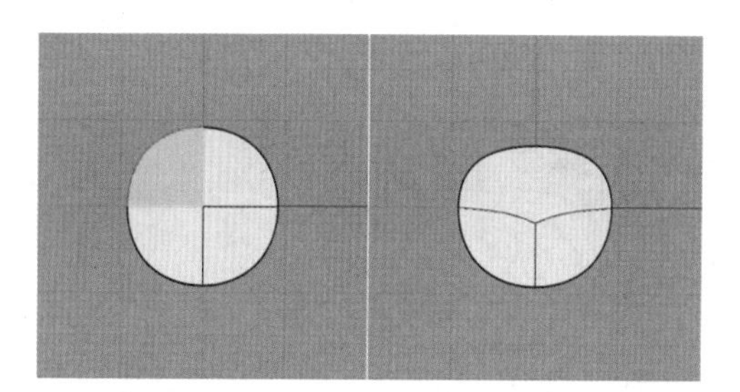

图7-59

单击鼠标右键执行“合并两个共面的网格面 / 合并全部共面的网格面”工具，选取目标细分物件上相邻的两个网格面，即可将所有网格面合并为一个，如图 7-60 所示。

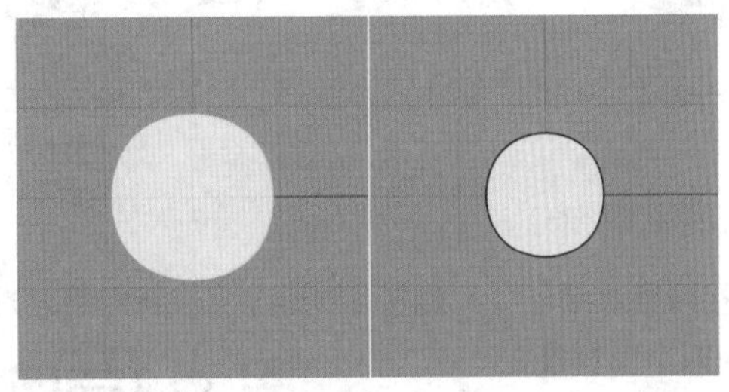

图7-60

缝合网格或细分物件的顶点或边缘

“缝合网格或细分物件的顶点或边缘”工具如图 7-61 所示，该工具可以将所选的两个细分顶点或边缘进行合并。使用该工具，单击选取两个顶点或边缘，使用弹出的滑块控制合并后的顶点或边缘位置，完成合并，如图 7-61~ 图 7-63 所示。

图7-61

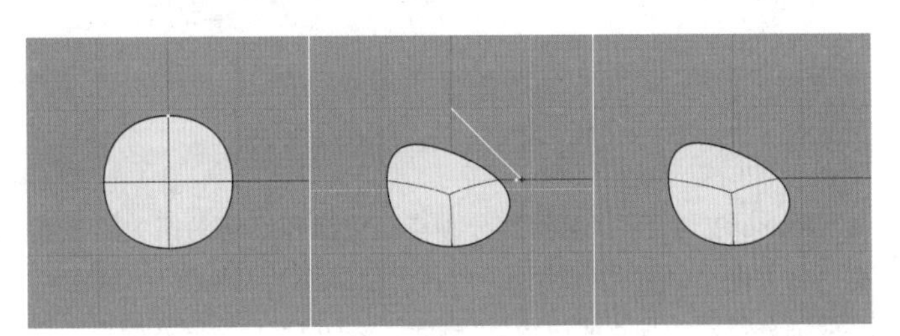

图7-62

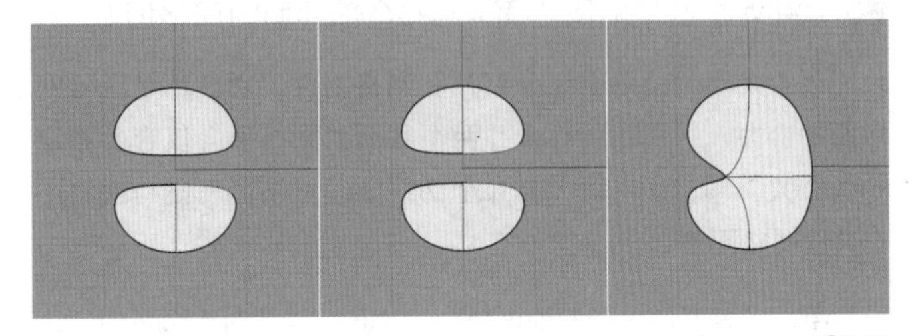

图7-63

合并网格面

“合并网格面”工具一般使用较少，可以用于网格物件或细分物件上面的合并，如图 7-64 和图 7-65 所示。

图7-64

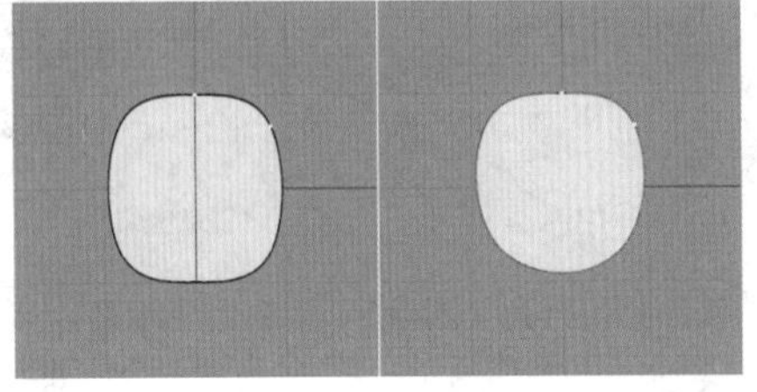

图7-65

★重点★

7.3.6 对称细分物件 / 从细分物件中移除对称

“对称细分物件 / 从细分物件中移除对称”工具的左键功能效果类似于“镜射 / 三点镜射”工具，但两者不同的是前者经过对称部分会与原物件保持一体，同时也会将所有对原物件的编辑操作镜像地反映到对称部分上来，对称部分会以暗灰色显示。

单击“对称细分物件 / 从细分物件中移除对称”工具，选取目标物件，设定对称轴，选取要保留的一侧，单击 Enter 键确认，完成对称，如图 7-66 和图 7-67 所示。

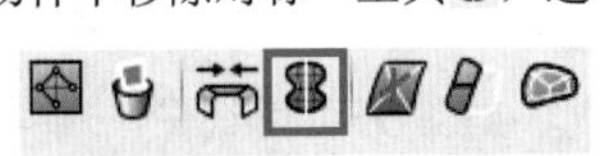

图7-66

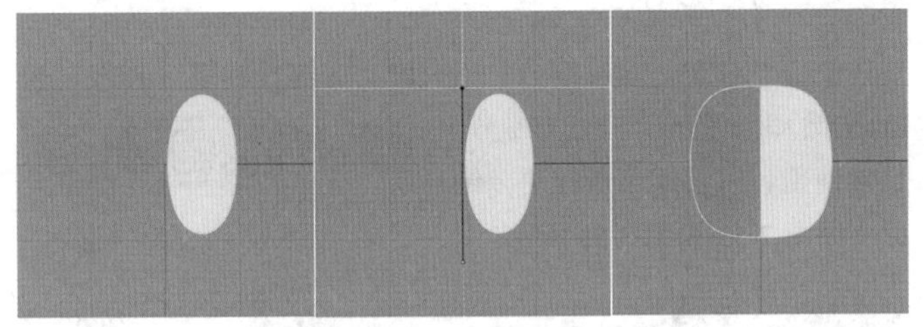

图7-67

此时对于所有的原物件顶点、边缘和面的编辑都会反映到对称后的部分上去，如图 7-68 所示。

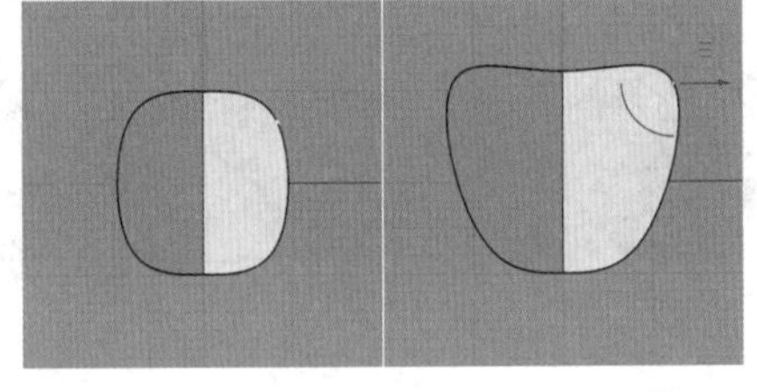

图7-68

右击“对称细分物件 / 从细分物件中移除对称”工具，选取需要移除对称的细分物件，即可移除对称，移除后对称部分会与原部分合并，显示颜色完全相同，同时也不会再对编辑操作进行反映，如图 7-69 所示。

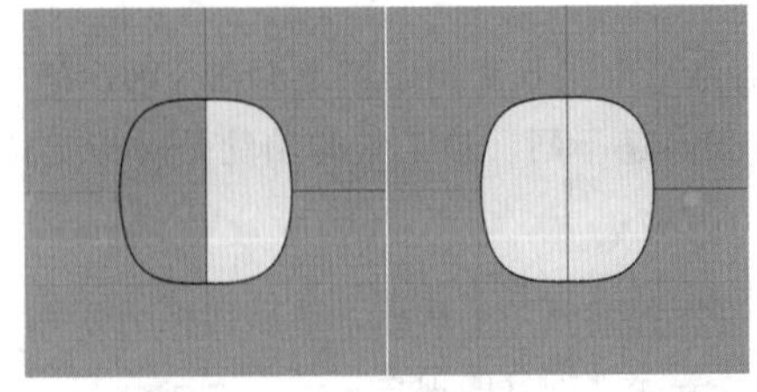

图7-69

7.3.7 其他细分指令

简单介绍一下其他细分指令，如表 7-1 所示。

表7-1 其他细分指令简介

工具名称	工具图标	功能介绍
填补细分网格洞		用于填补细分物件的洞，效果类似于“将平面洞加盖”工具
挤出细分物件		用于挤出细分物件上的面，效果类似于“挤出”工具相同
偏移细分		对细分网格面进行偏移，效果与“偏移曲面”相同
以四边面重构网格		对物件进行重新拓扑，使物件所有的面都变为四边面
修复细分		检查细分物件，并删除破损或重合的顶点、边缘或面
选取细分物件		选取场景内的所有细分物件
选取循环边缘		选取细分物件上的循环边缘
选取环形边缘		选取细分物件上的环形边缘
选取循环面		选取细分物件上的循环面
以笔刷选取		以笔刷的形式选取细分物件或细分物件上的顶点、边缘或面
已命名选集面板		打开“已命名选集”面板
网格或细分斜角		与曲面和边缘斜角一样，可以对细分物件的边缘进行斜角或圆角

7.3.8 细分物件的导入与导出

细分网格面的导入与导出同网格面的导入与导出流程一致。

需要注意的是，细分物件无论是在平坦模式下导出还是在平滑模式下导出，导出结果都是平滑后的网格体，并且除了导出为 3DM 格式之外，其他导出的任何格式都会导致细分物件失去细分可编辑性。

重点实战

制作概念花盆

场景位置	无
实例位置	实例文件>第7章>实战——制作概念花盆.3dm
视频位置	第7章>实战——制作概念花盆.mp4
难易指数	★★★☆☆
技术掌握	掌握细分曲面的建模思路和编辑方法

本例使用细分工具进行概念花盆的建模，并通过这个案例学习细分曲面的建模流程。

01 在“细分工具”中使用“创建细分圆柱体”工具，得到图 7-70 所示的细分的圆柱体。

图7-70

02 使用“选取过滤器：网格面”工具选取顶部所有的面和底部所有的面，按 Delete 键将它们删除，如图 7-71 所示。

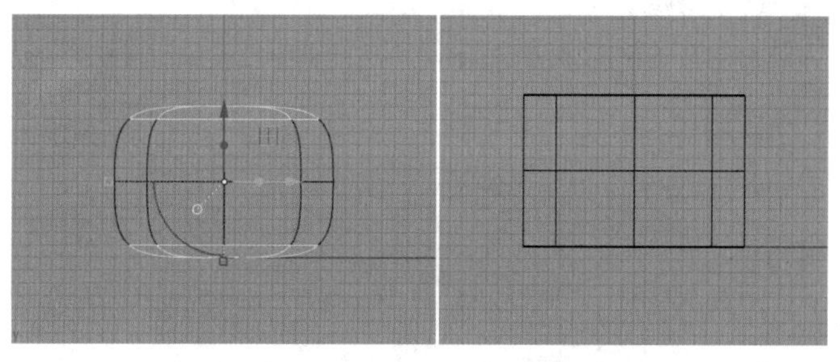

图7-71

03 使用“填补细分网格洞”工具，然后选择顶底两侧的开放边缘，单击鼠标右键，并在指令输入栏里面选择单面进行封闭，如图 7-72 和图 7-73 所示。这样就对顶底两侧进行了重新布线，有助于后面的调节操作。

图7-72

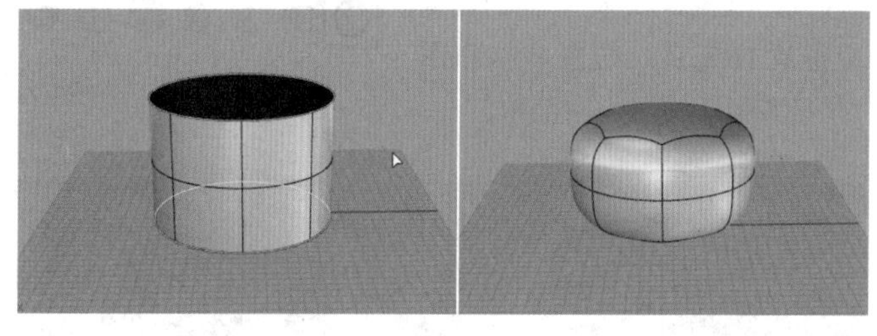

图7-73

04 使用“插入细分边缘”工具，插入边缘，如图 7-74 和图 7-75 所示。

图7-74

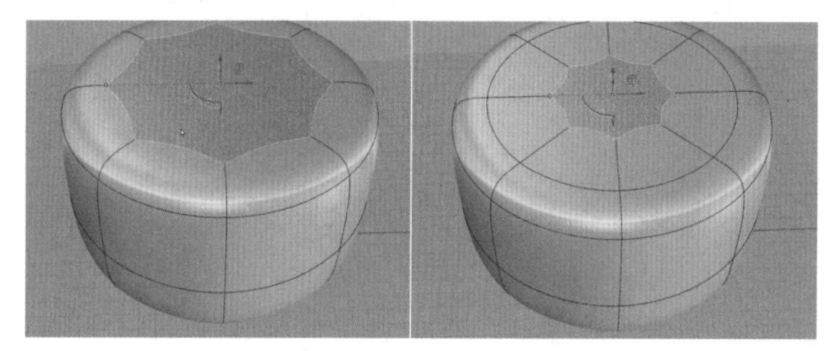

图7-75

05 按 Tab 键切换至平坦模式，选中顶部的面，对它进行适当的缩放，再次按 Tab 键切换回平滑模式并向下移动，如图 7-76 和图 7-77 所示。

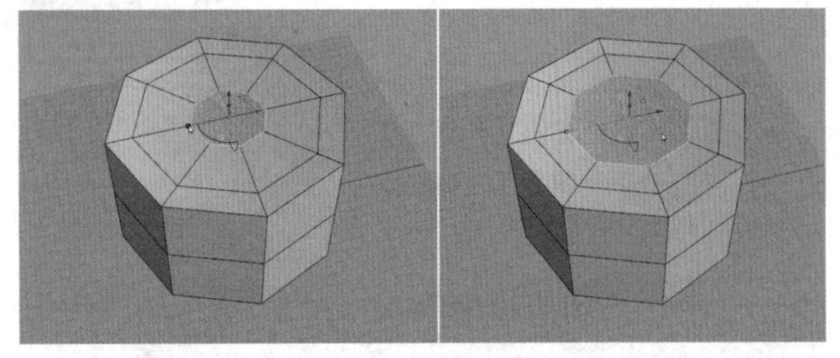

图7-76

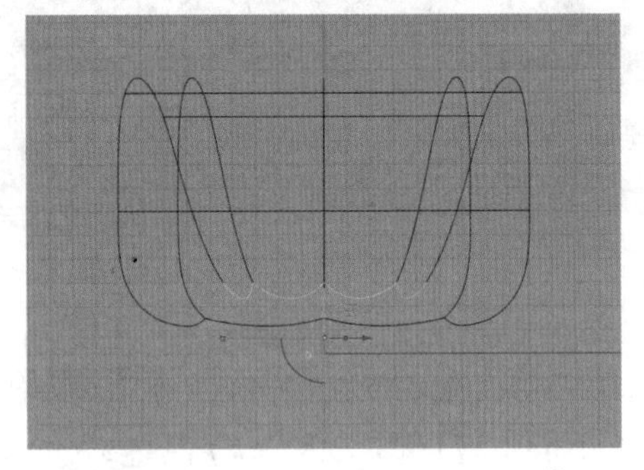

图7-77

06 选中圆柱底部的平面，使用“插入细分边缘”工具插入新的细分边缘，这时底面的边缘变得比较挺直，如图 7-78 和图 7-79 所示。

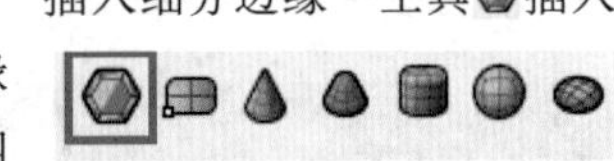

图7-78

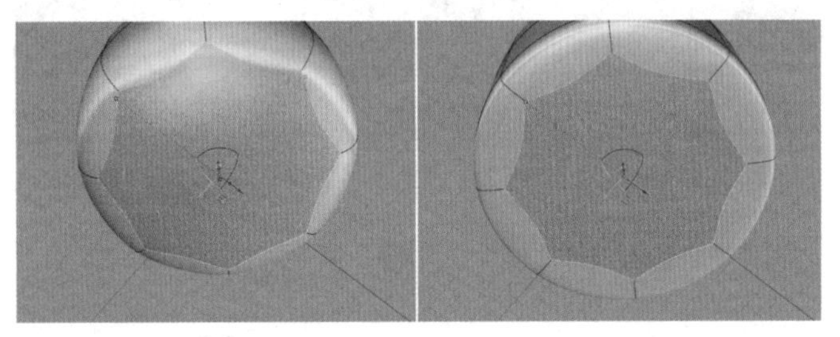

图7-79

07 使用“选取过滤器：顶点”工具，选取顶部两侧所有的顶点，将它们向上移动，如图 7-80 所示。

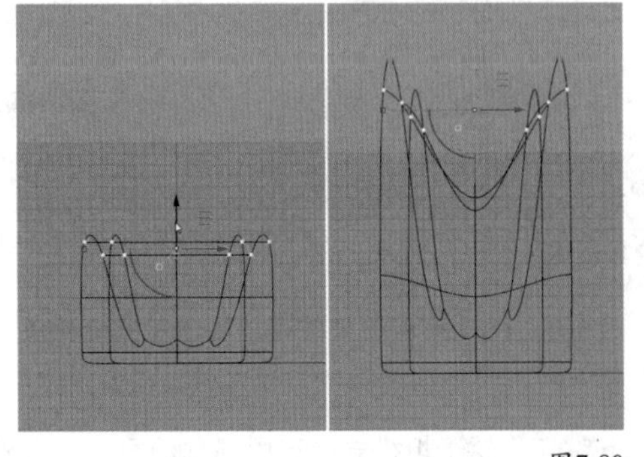

图7-80

08 右击“插入循环边缘（循环 / 环形）”工具，选取边缘，单击鼠标右键进行插入，如图 7-81 和图 7-82 所示。再次右击该工具，选取内部所有的边缘，如图 7-83 所示。

图7-81

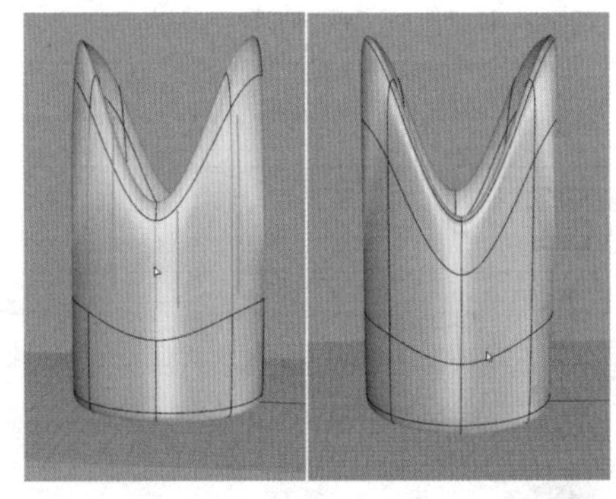

图7-82

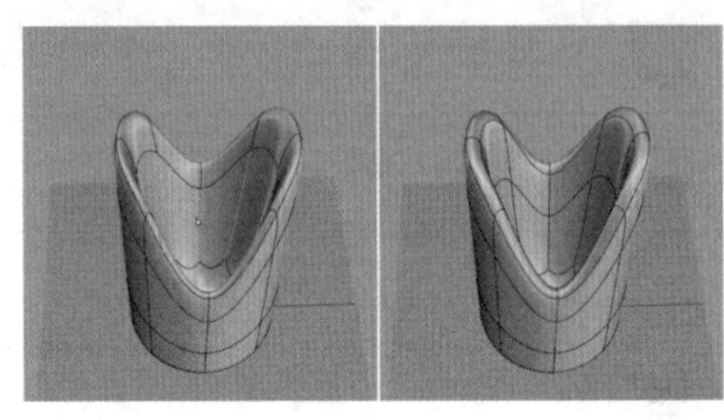

图7-83

09 使用“选取过滤器：顶点”工具，如图 7-84 所示，选取刚刚插入的所有顶点，调整至图 7-85 所示的状态。

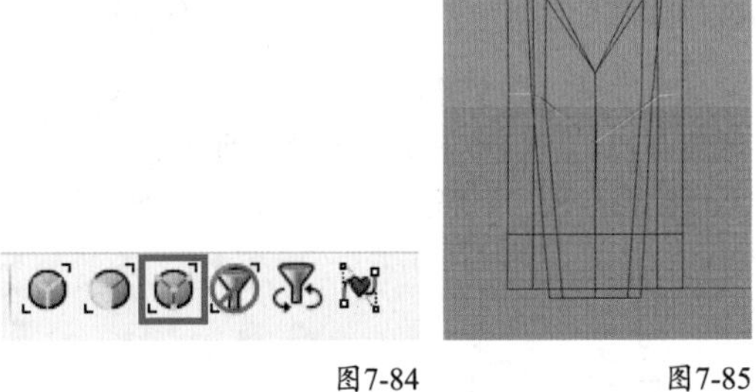

图7-84　　图7-85

10 在平坦模式下，将顶点调整至图 7-86 所示的状态。

图7-86

11 再次右击“插入循环边缘（循环环形）”工具，在外侧位置插入细分边缘，在内侧位置也插入细分边缘，如图 7-87 和图 7-88 所示。通过拖曳这些边缘来对花盆的造型进行改变，如图 7-89 所示。

图7-87

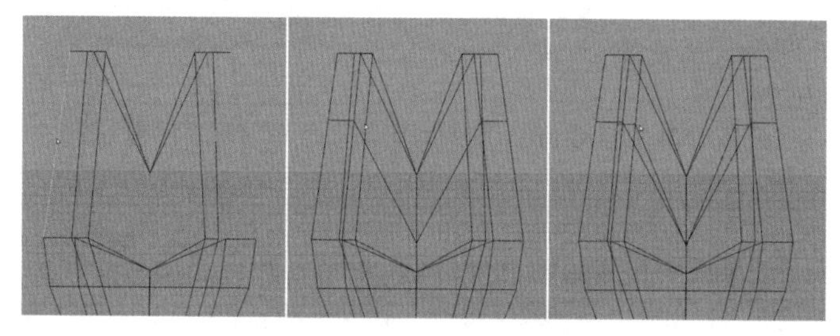

图7-88

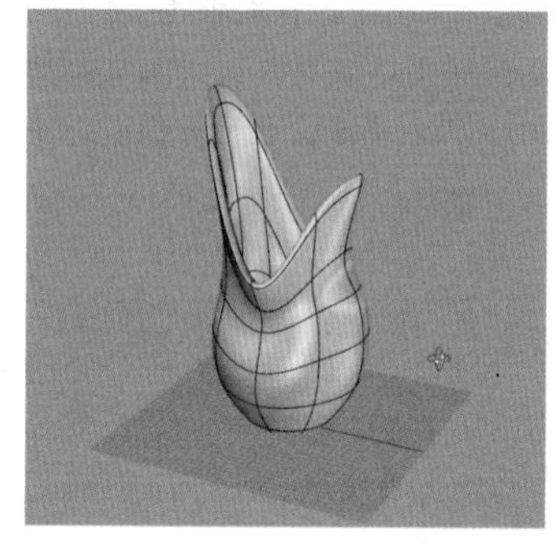

图7-89

12 单击“选取循环边缘”工具，如图 7-90 所示，选取花盆开口两侧的所有边缘，再单击“网格或细分斜角”工具，设定分段数为 1，斜角数值为 0.5，通过插入斜角就得到了一个比较规整的开口的形态，如图 7-91 所示。

图7-90

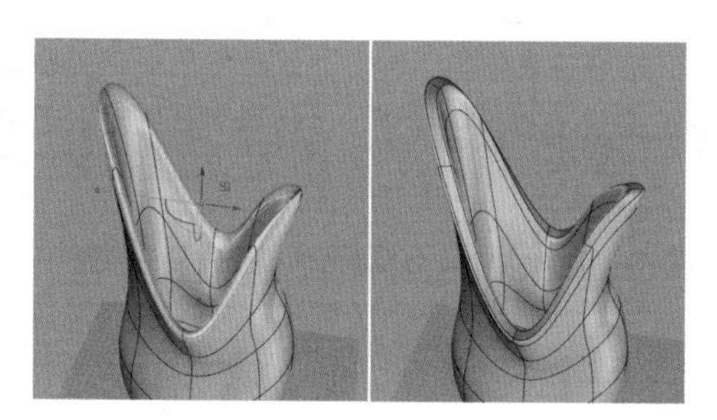

图7-91

13 使用“选取过滤器：顶点”工具，如图 7-92 所示，对花盆开口处进行一些微调，最终结果如图 7-93 所示。

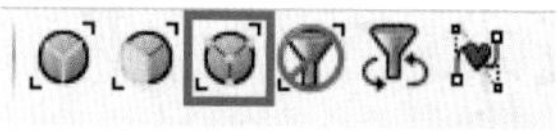

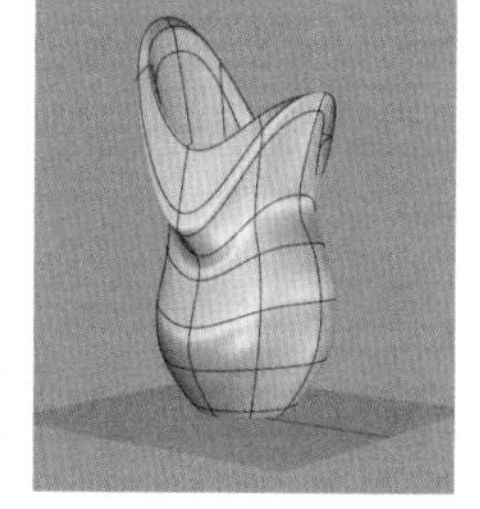

图7-92　　图7-93

14 选取点，使用操作轴进行图 7-94 所示的旋转。

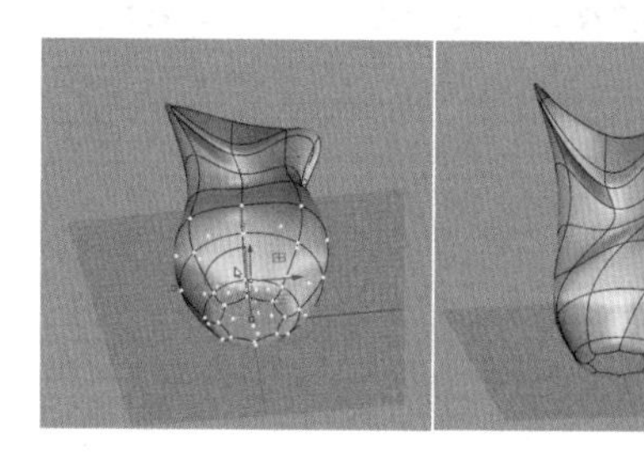

图7-94

15 这样就完成了概念花盆的细分曲面建模，如图 7-95 所示。

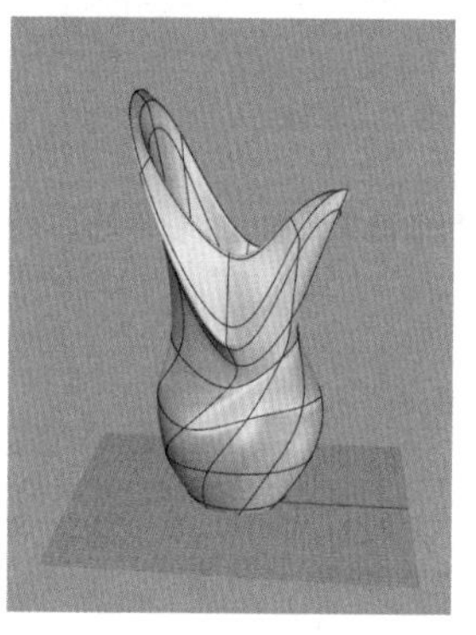

图7-95

第8章

KeyShot渲染技术

KeyShot 是在工业设计中非常常用的渲染软件，功能强大，内置丰富的材质、背景等资源，可以快速完成高质量的静帧及产品动画渲染，能够极大提高 Rhino 模型的视觉表现力。

本章学习要点

- **了解 Rhino 常用的渲染器和渲染软件及基本用途**
- **了解 KeyShot 渲染器**
- **熟悉 KeyShot 渲染器的工作界面**
- **掌握 KeyShot 与 Rhino 的对接技巧**
- **掌握 KeyShot 的常用操作**

8.1 Rhino常用渲染器和渲染软件

渲染是产品设计表现最重要的一个环节，通过渲染能够使产品设计方案更加真实地展现出来，也能够增加设计的感染力。下面来介绍 Rhino 常用的渲染器和渲染软件。

8.1.1 VRay for Rhino

VRay 是效果图制作常用的渲染引擎，特点是速度快、容易学习。VRay 最开始是 3ds Max 上一套享有盛名的外挂渲染软件，早期的时候为了让 Rhino 制作的模型能够达到 VRay 的渲染效果和速度，不得不在 Rhino 和 3ds Max 之间导入、导出，操作比较烦琐。而近年来 Chaos Group 公司推出 VRay Next for Rhino 版本后，对 Rhino 渲染的支持有了长足进步，满足了大量 Rhino 用户的需求。目前，VRay Next for Rhino 已经推出 5.10 版本，支持 Rhino 7 版本。

8.1.2 Brazil for Rhino

Brazil r/s 是 SplutterFish 公司的一款非常优秀的渲染器，是为那些希望利用渲染器获得高品质图像的 CG 设计师而设计的。Brazil r/s 由 RayServer（光线跟踪服务器）、ImageSampler（图像采样器）、LumaServer（全局光服务器）、RenderPassControl（渲染进程控制器）等模块组成，每个模块都有自身独特的功能。

Brazil r/s 是一个基于 Raytracing（光线跟踪）的渲染引擎，与 Rhino 自身的 Raytracing 相比，Brazil r/s 的 Raytracing 有着更快的速度和更高的品质，Brazil r/s 采用的是 Bucket（块）的渲染方式，并且支持 GlobalIllumination（全局光）技术和 Caustics（焦散）特效，还有使用光子贴图技术可以让用户快速地重复调用先前使用的运算结果。此外，Brazil r/s 还有着极其丰富逼真的材料库，其算法是基于真实物理属性的算法，结合优秀的渲染引擎和采样设置，能让物体产生超乎想象的真实质感。

但截至本书成书时，Brazil 已经有较长一段时间没有更新源代码了。

8.1.3 Flamingo

Flamingo 是最早用于 Rhino 的渲染插件，同时具备 Raytrace 与 Radiosity 渲染引擎。Flamingo 最拿手的是金属与塑料质感的表现，这方面的着色速度非常快。以目前的角度来看，Flamingo 使用的技术虽然稍嫌老旧，但仍然可以计算出很出色的图片。

从 Rhino 7 版本开始，已经逐渐被新的基于 Cycles 的 Rhino Render 取代。

8.1.4 Maxwell

Maxwell 是基于真实物理特性的一款独立的 GI 渲染器，由于其本身是一个独立的渲染软件，因此具有很强大的兼容性，市面上所有三维软件创建的模型和场景几乎都可以用 Maxwell 来渲染。

Maxwell 把光定义为一种符合真实世界光谱频率的电磁波（该软件的名字就是为了纪念著名的物理学家 Maxwell，电磁波的发现者），Maxwell 的光谱范围也是从红外线到紫外线，这样最终渲染的每一个像素都与光谱中响应的频率的能量对应，这种能量的来源就是场景中的光源。更有意思的是，Maxwell 把这种光线能量最后的结果设定为摄像机底片接收后的结果，也就是说最终渲染的每一个像素都是不同频率的光线到摄像机底片或者是视网膜后的真实结果，这使得最终的效果非常真实。

8.1.5 Penguin

Penguin 是一套提供给 Rhino 与 AutoCAD 使用的非真实渲染器，可以表现出非拟真的手绘素描、水彩及卡通笔触的质感。Penguin 可以作为帮助前端设计理念沟通用的工具。

8.1.6 Cinema 4D

Cinema 4D 是由德国 MAXON Computer 公司开发的 3D 设计软件，以极高的运算速度和强大的渲染插件著称，在广告、电影、工业设计等方面都有出色的表现。

8.1.7 3ds Max

3ds Max 是由 Autodesk 公司开发的一款集造型、渲染和动画制作于一身的三维软件，由于可以应用于众多领域，因此在市面上的使用率很高。

8.2 KeyShot 渲染器

前面介绍了目前在 Rhino 中比较常用的渲染器和渲染软件，除此之外，还有其他一些诸如 Maya、RhinoGold 等渲染软件适合在不同领域内表现，这里就不再一一介绍了。下面将重点介绍本书推荐的 KeyShot 渲染器。

为什么会选择 KeyShot 渲染器？首先要了解不同领域对渲染器的要求是不一样的，Rhino 目前较多地用于工业设计领域，而工业设计是一个展示新产品概念特征的平台，因此对展示产品本身的效果要求比较高，对于空间、贴图及机器配置等其他要求相对较低。所以，要选择的渲染器应该符合以下几个要点。

第 1 点：硬件要求低。

第 2 点：使用简单方便。

第 3 点：渲染速度快。

第 4 点：渲染质量好。

通过比较，KeyShot 渲染器正好满足这 4 点。

8.2.1 了解 KeyShot 渲染器

KeyShot 是由 Luxion 公司推出的一个互动性的光线追踪与全域光渲染程序，是一个基于物理的渲染引擎。其凭借先进的技术水平算法，并根据物理方程模拟光线流，能够产生照片级的真实图像。

KeyShot 的优点在于几秒钟之内就能够渲染出令人惊讶的作品，这使得无论是沟通早期理念，还是尝试设计决策，或者是创建市场和销售图像，KeyShot 都能打破一切复杂限制，快速、方便、惊人地帮助用户创建出高品质的渲染效果图。此外，KeyShot 还提供了实时渲染技术，可以让使用者更加直观和方便地调节场景的各种效果，大大缩短了传统渲染作业所花费的时间。

目前，KeyShot 推出了最新版本 KeyShot 10，在大幅提高渲染效率的同时增加了强大的动画功能，具有完整的交互式光线追踪环境和实时播放、物体移动动画、镜头动画等功能。

★重点★

8.2.2 KeyShot 的工作界面

双击桌面上的 KeyShot 软件启动图标，首先出现的是启动界面，如图 8-1 所示。

运行 KeyShot，打开其工作界面，如图 8-2 所示。

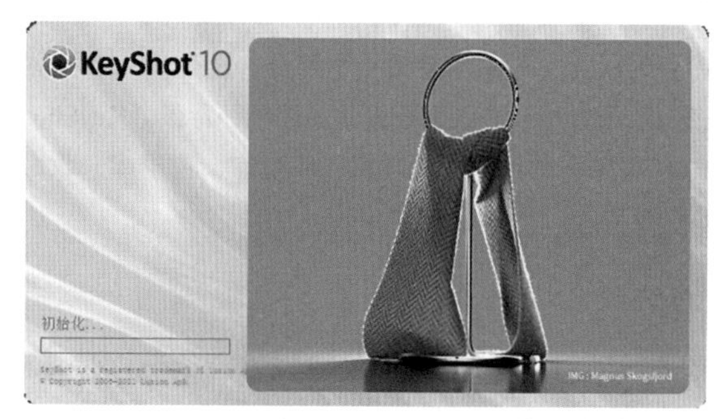

图8-1

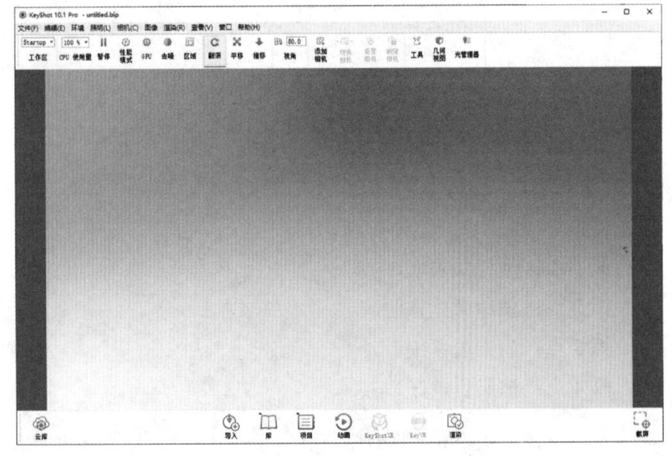

图8-2

KeyShot 的界面非常简洁，主要由菜单栏、工作窗口和底部的 7 个按钮组成，这 7 个按钮基本上包含了 KeyShot 的核心功能，下面分别进行介绍。

导入

单击“导入”按钮，打开“导入文件”对话框，可以导入多种格式的文件，如图 8-3 所示。

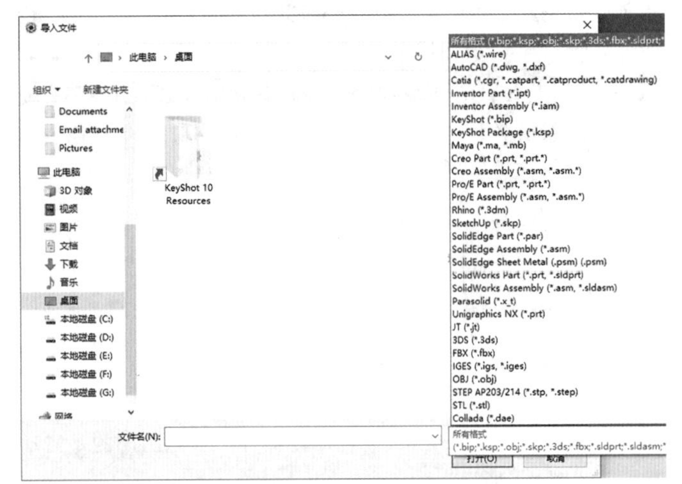

图8-3

库

库是 KeyShot 非常重要的一个部分，通过库可以非常方便地为模型赋予材质，或者为场景添加环境和背景。KeyShot 中的库包含材质库、颜色库、纹理库、环境库、背景库、收藏夹和模型库。

〈1〉材质库

单击“库”按钮，打开“库”面板，如图 8-4 所示。KeyShot 提供了完整的材质库，而且分类清晰直观，非常便于使用。这些材质一般都是直接使用，只有在需要特别凸出某些质感时才有可能调节材质球的参数。

〈2〉颜色库

切换到“颜色”选项卡，颜色库内置了 KeyShot 预设的各种颜色，只需要将其拖放就可以为材质应用各种颜色，如图 8-5 所示。

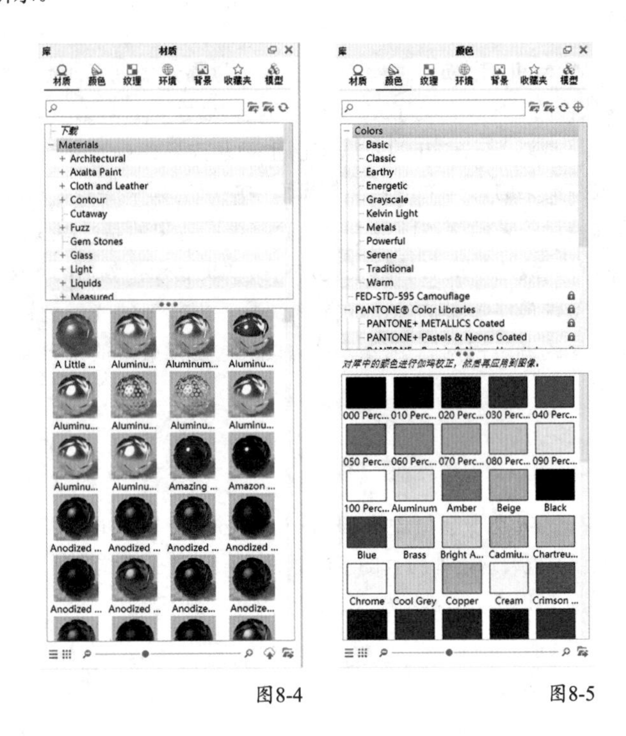

图8-4　　图8-5

〈3〉纹理库

KeyShot 预设的纹理贴图库包含了材质库中所需要的所有贴图文件。当场景中需要给材质库添加新的贴图时，就可以单击纹理贴图库中的“导入”按钮，添加所需的图片。如果想要自定义纹理贴图库，可以在 Textures 列表下通过右键快捷菜单中的“添加”选项创建自己的纹理贴图文件库，如图 8-6 所示。

〈4〉环境库

切换到“环境”选项卡，如图 8-7 所示。环境库里面的环境贴图是 KeyShot 与其他软件相比最特别的地方，因为 KeyShot 是没有灯光系统的，所以它所有的光照必须通过环境库里面的 HDR 环境贴图来实现。

> **技巧与提示**
>
> HDR 的全称为 High-Dynamic Range，译为“高动态光照渲染”，是计算机图形学中的渲染方法之一，可令立体场景更加逼真，大幅增加三维虚拟的真实感。HDR 环境贴图可以模拟人眼自动适应光线变化的能力这一效果，因此，它就像灯一样控制环境的光照。

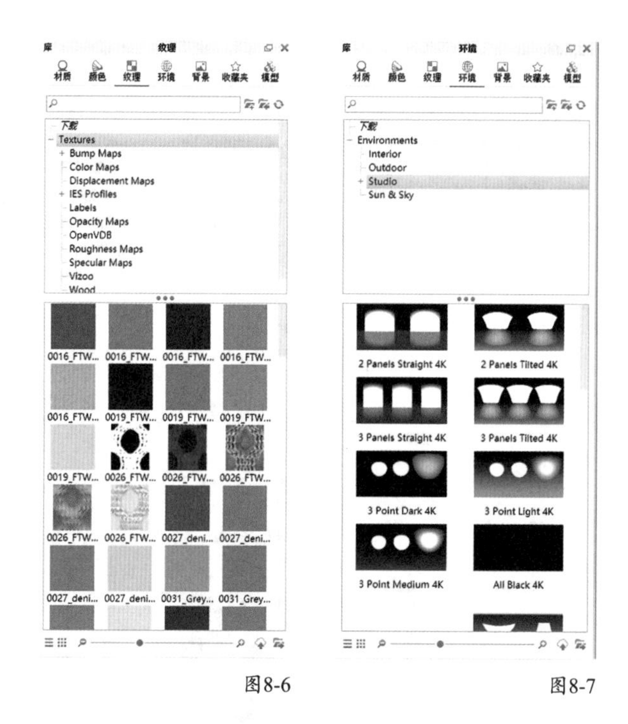

图8-6　　图8-7

环境库不但有很多专业的分类，而且提供了许多专业摄影棚灯光，非常适合各类产品的渲染，如图 8-8 和图 8-9 所示。

图8-8

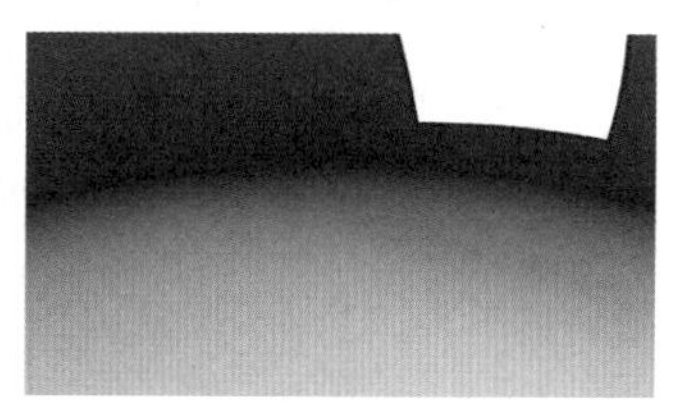

图8-9

〈5〉背景库

背景库中提供的图片用于为场景添加背景，如图 8-10 所示。

图8-10

〈6〉收藏夹

收藏夹可以将惯用的材质、颜色、纹理、环境、背景进行收藏，以便于快速调用，如图 8-11 所示。

图8-11

〈7〉模型库

在模型库中可以对 KeyShot 预设或下载的模型进行管理和调用，如图 8-12 所示。

技巧与提示

如果要在库中添加材质种类、环境或背景贴图，可以通过桌面 KeyShot Resources 文件夹快捷方式访问 KeyShot 资源文件夹，只要拥有相同的文件后缀名，就可以在“库”面板的对应分类下找到。

项目

单击工作窗口底部的“项目”按钮，打开“项目”面板，如图 8-13 所示。该面板用于管理场景中的模型、材质、环境、相机等对象。

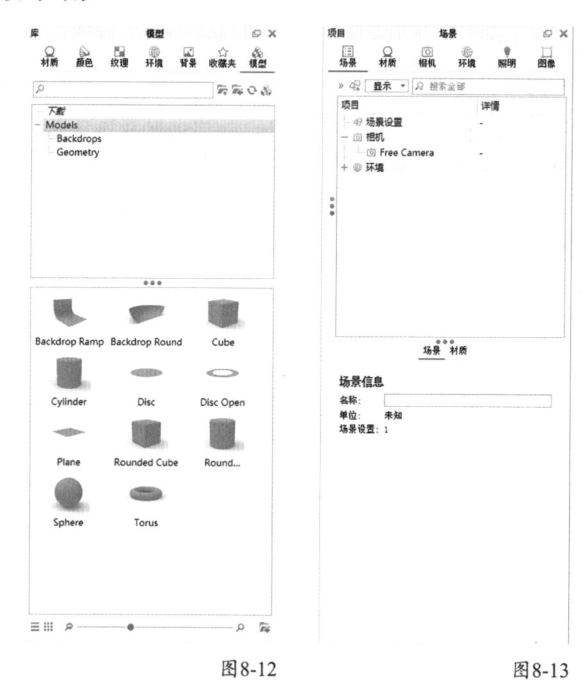

图8-12　　图8-13

〈1〉场景

“场景”选项卡用来管理场景中的模型、相机和动画，如图 8-14 所示。当需要隐藏场景中某一模型、相机或动画时，只需单击列表中的眼睛图标隐藏即可。

〈2〉材质

当选择一个材质后，其相应的名称、类型、材质属性、贴图和标签会显示在“材质”选项卡中，供使用者调节，如图 8-15 所示。

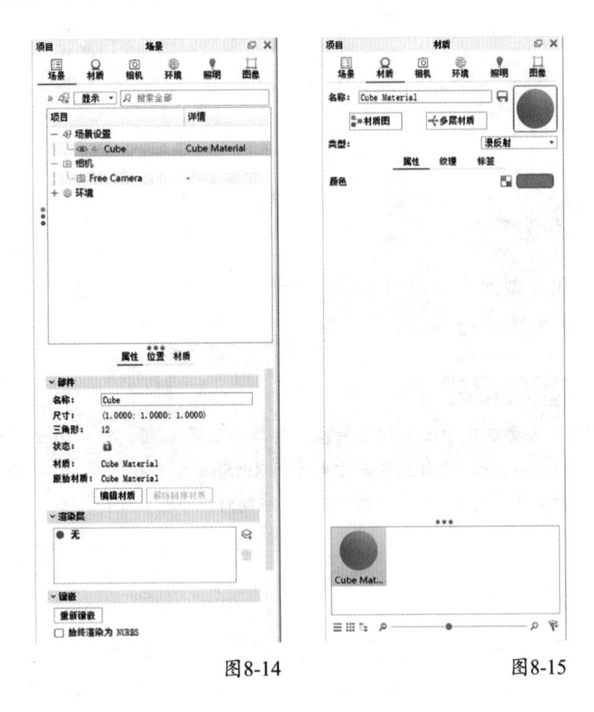

图8-14　　图8-15

〈3〉相机

在“相机”选项卡中，“相机”选项的列表中显示的是场景中所有的相机选项，当在列表中选择一个相机后，即时观看视图也会转换成相应的相机视图模式，相机也能通过左侧的“添加相机”“添加相机和工作”“删除当前相机”“重置相机”“保存当前相机”按钮进行对应操作，如图 8-16 所示。

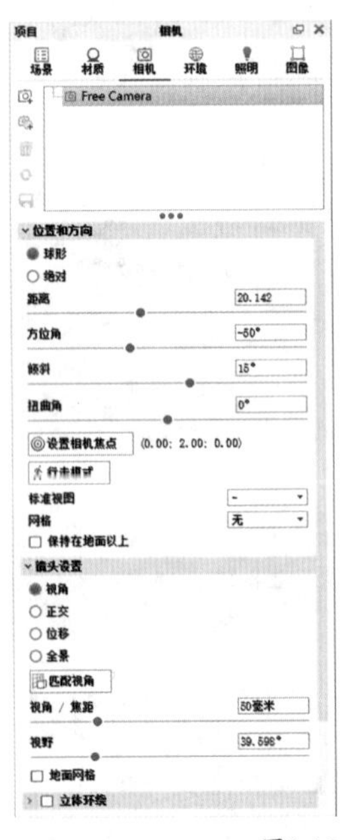

图8-16

〈4〉环境

“环境”选项卡中的参数主要用于对环境贴图进行调整，此外也可以设置背景和地面，如图 8-17 所示。

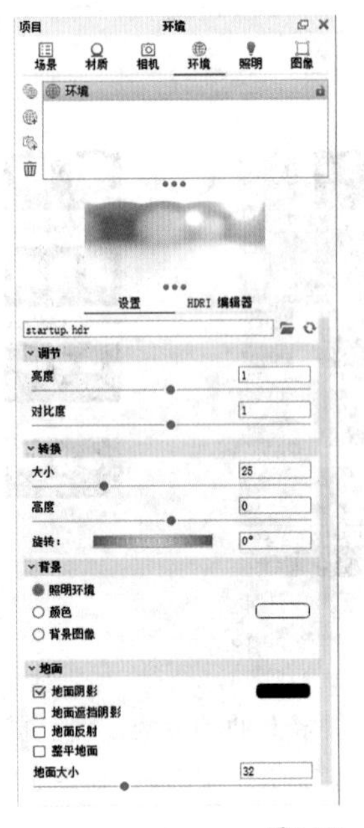

图8-17

〈5〉照明

在“照明”选项卡中，可以对 KeyShot 的照明预设进行设置，如图 8-18 所示。

〈6〉图像

“图像”选项卡中的参数是用来调节即时观看视图的分辨率、曝光、伽马值等，进行各种后期效果的处理，如图 8-19 所示。

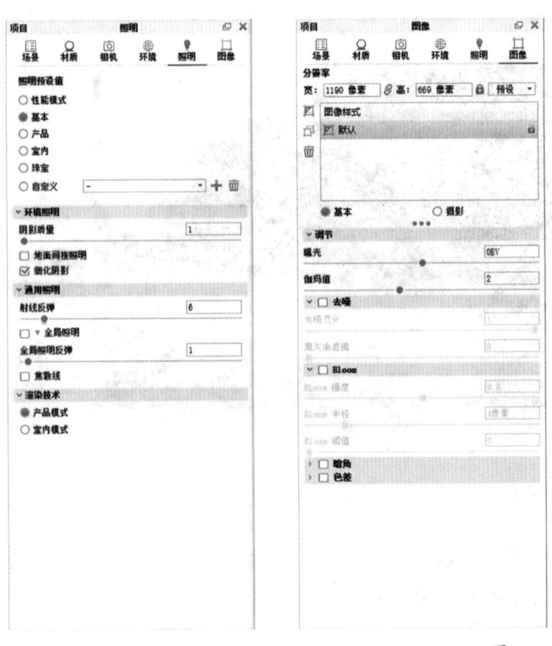

图8-18　　图8-19

动画

KeyShot 动画系统用来制作简单的移动组件动画，它主要针对设计师和工程师，而不是职业动画师。它并非运用传统的关键帧系统去创造动画，而只是运用旋转、移动和变形等方式显示于时间轴中。

单击“动画”按钮，打开“动画”工具栏，如图 8-20 所示。

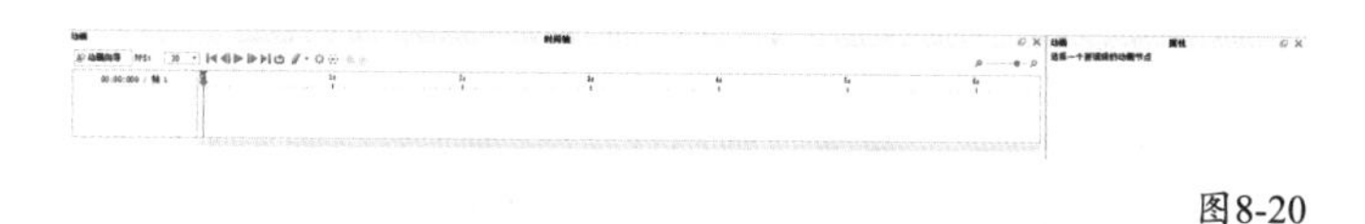

图8-20

KeyShotXR

KeyShotXR 可以通过向导设置的方式生成虚拟交互式产品演示，并支持内置于网页或程序中。

单击“KeyShotXR”按钮，打开“KeyShotXR 向导”对话框，如图 8-21 所示。

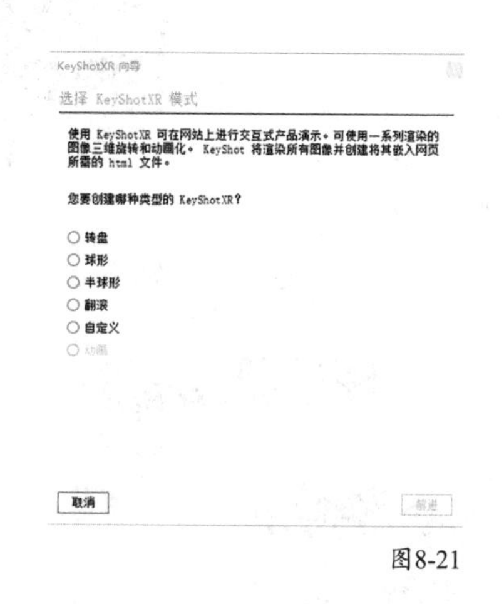

图8-21

KeyVR

KeyVR 可以通过虚拟显示的方式进行渲染设置，需要 VR 设备的支持。

连接 VR 设备后，单击“KeyVR”按钮，即可启动 VR 功能。

渲染

因为 KeyShot 是实时渲染，所以这里说的渲染实际上是指渲染设置，如图 8-22 所示。在测试渲染阶段，建议保持默认的分辨率不动，或设置更小一些的分辨率。因为实时渲染时，分辨率越高，消耗的时间也越长，只有在需要输出较大尺寸的图片时再调高分辨率。

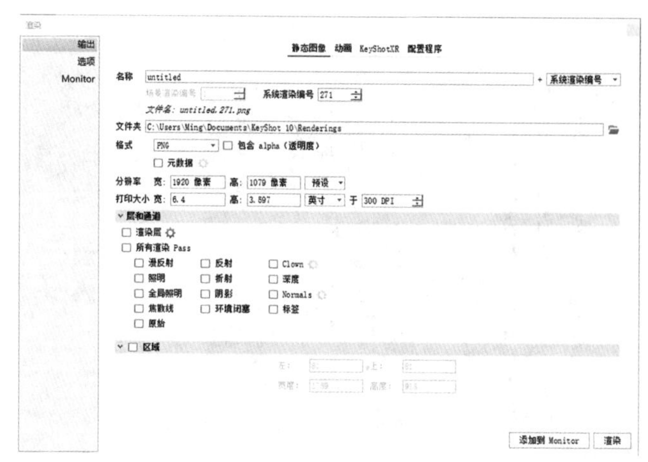

图8-22

截屏

单击“截屏”按钮，可以截取当前显示的画面，并自动保存为一张 .jpg 格式的图片，保存的图片在“KeyShot 10 / Renderings”文件夹内可以找到，如图 8-23 所示。

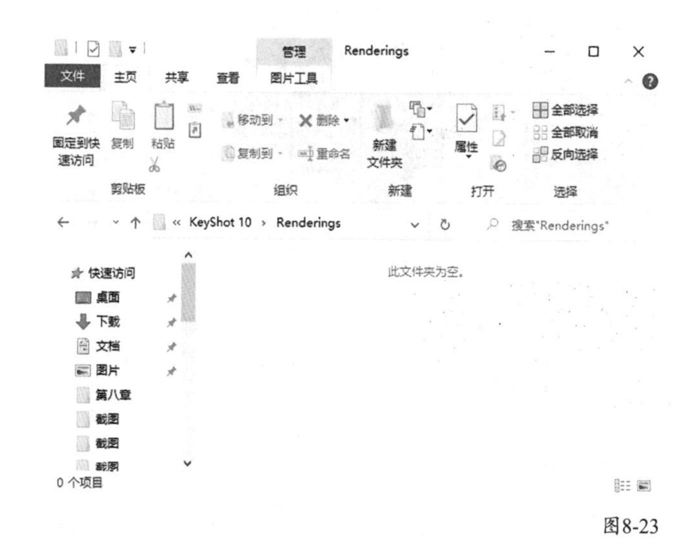

图8-23

8.3 KeyShot 与 Rhino 的对接

Rhino 的文件可以直接在 KeyShot 中打开，但需要注意的是，如果 Rhino 文件中的所有模型都只在一个图层内，那么在 KeyShot 内打开后，这些模型将被看作是一个整体。

例如，图 8-24 所示的创意坐凳模型，其所有部件都位于“默认”图层内。如果将这个文件在 KeyShot 中打开，并赋予其中一个部件任意材质，可以看到整个模型都变成相同的材质，如图 8-25 所示。

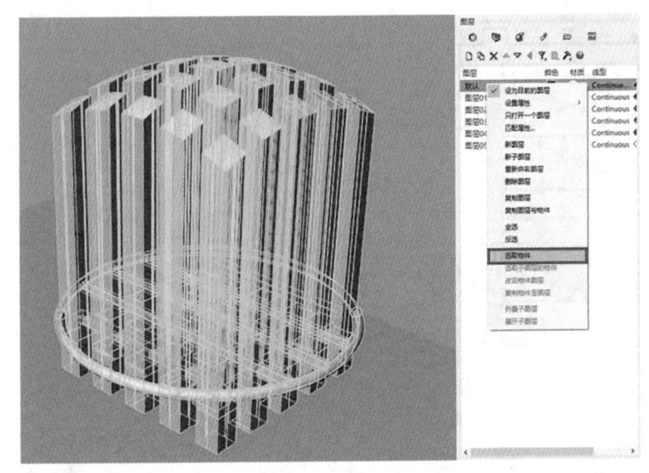

图8-24

图8-25

因此，将 Rhino 中的模型导入 KeyShot 之前，必须先对模型进行分层处理，这样 KeyShot 与 Rhino 模型就可以正常对接，如图 8-26 所示。

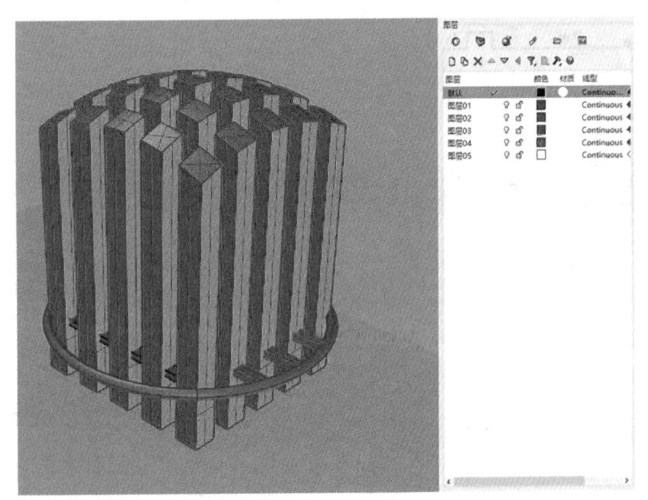

图8-26

8.4 KeyShot 常用操作

将 Rhino 中的模型导入 KeyShot 之后，可以在 KeyShot 中进行一些简单的编辑，如隐藏或显示、移动、旋转、赋予材质、修改材质和选择贴图等。下面具体介绍 KeyShot 中的一些常用编辑功能。

★重点★

8.4.1 移动 / 旋转 / 缩放场景

在 KeyShot 中，通过滚动鼠标中键可以放大或缩小场景，按住鼠标中键不放可以移动整个环境，而使用鼠标左键则提供了自由旋转功能。

★重点★

8.4.2 组件的隐藏和显示

为了便于大家理解，下面通过实际操作来介绍组件的隐藏和显示。首先打开本书学习资源中的“场景文件 > 第 8 章 > 实战——利用立方体制作储物架 .3dm”文件。在 Rhino 中模型保留了预设的图层颜色（黑色），整个模型看上去都是黑色的，如图 8-27 所示。

图8-27

打开“项目”面板，查看场景信息，如图 8-28 所示。

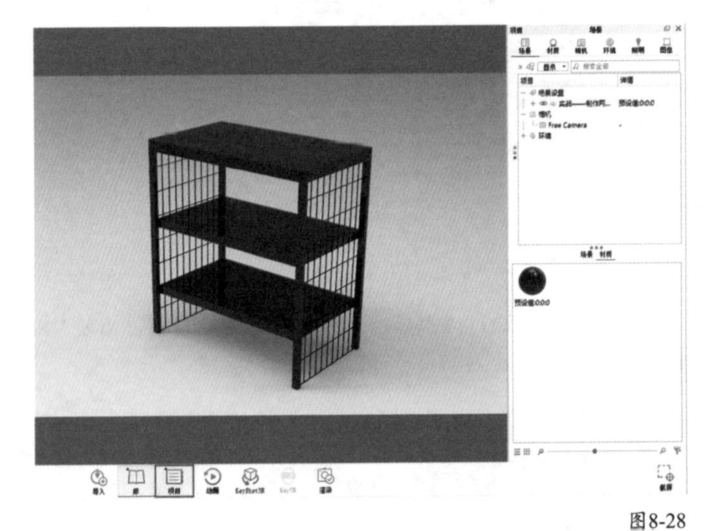

图8-28

单击“实战——利用立方体制作储物架”名称左边的 + 号，可以看到场景中的模型组件，如图 8-29 所示。

如果关闭任意一个组件左边的 ◉ 符号，那么该组件将被隐藏。例如，关闭“铁架”组件左边的 ◉ 符号，效果如图 8-30 所示。此外，隐藏组件也可以在即时视窗中进行操作，将光标指向“铁架”组件，然后单击鼠标右键，在弹出的菜单中选择“隐藏模型”选项即可，如图 8-31 所示。

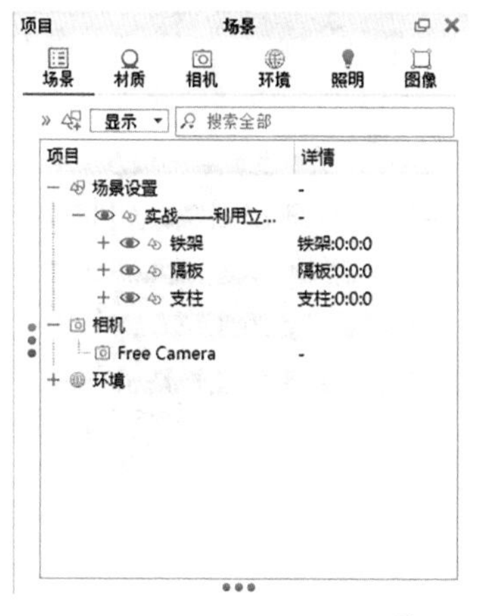

图8-29

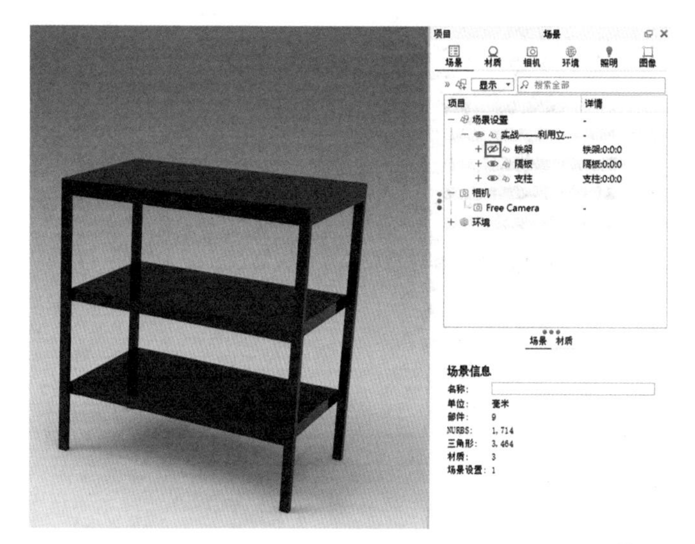

图8-30

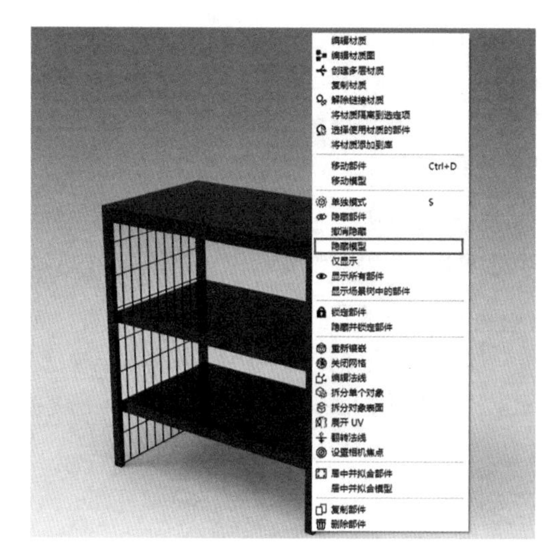

图8-31

疑难问答

问：已经隐藏的物件如何在不取消隐藏效果的情况下显示出来？

答：在编辑物体时，常常需要查看已经隐藏的组件，以便于把握整体效果，这时如果先显示出来，查看完后又隐藏会显得比较烦琐。而有一种方法可以在不显示隐藏组件的情况下进行查看，就是在“项目”面板中单击该组件，此时该组件在面板中以蓝色亮显，而在即时渲染视图中则以黄色轮廓线勾勒出现，如图 8-32 所示。

图8-32

★重点★

8.4.3 移动组件

在“场景”选项卡中选择一个组件后，可以发现下面出现了“位置”控制面板，该面板左右两侧分别是“属性”和“材质”控制面板，如图 8-33 所示。

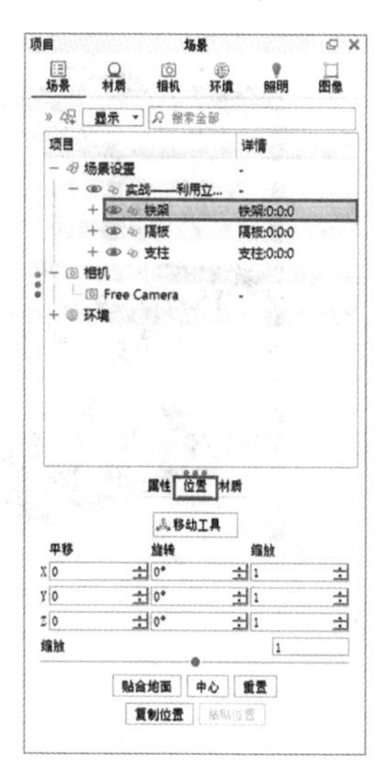

图8-33

“位置”控制面板用于控制 KeyShot 中物件的移动、旋转和缩放。例如，想要依据某短距离来移动、旋转和缩放“铁架”组件，可以在对应方向的参数栏中输入数值，如图 8-34 ～图 8-36 所示。

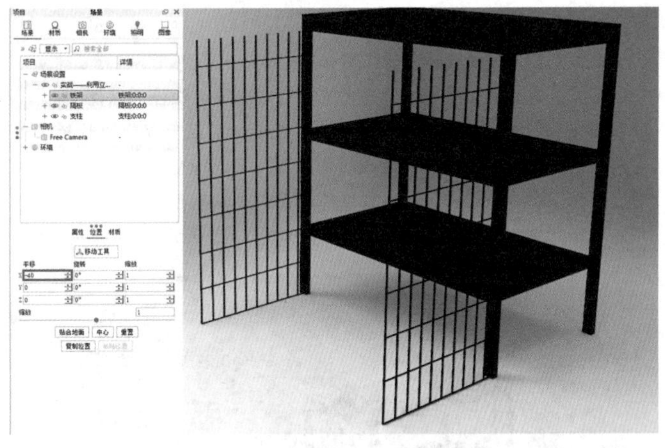

图8-34

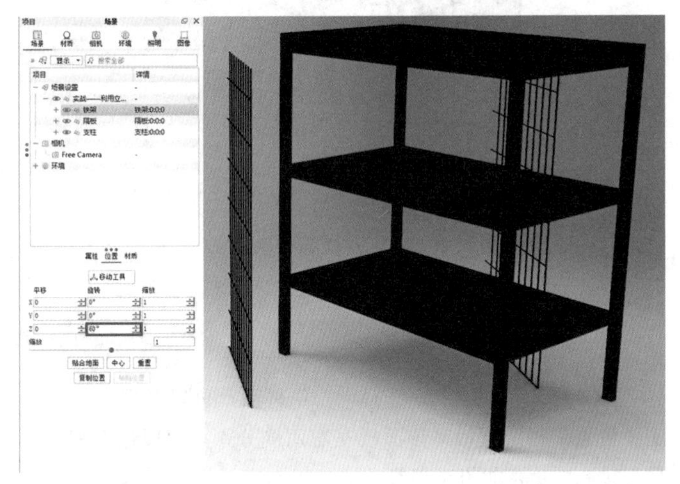

图8-35

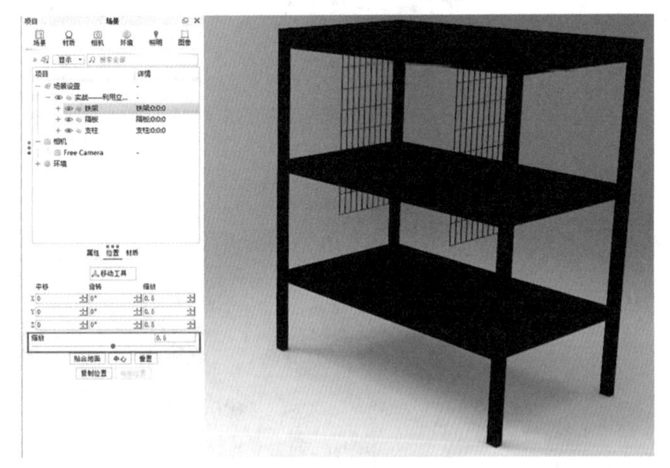

图8-36

如果想要自由移动组件，可以在组件名称或模型上单击鼠标右键，然后在弹出的菜单中选择“移动”或“移动部件”选项，如图 8-37 所示。此时在模型上将出现红、蓝、绿 3 色操作坐标轴，并且在视图底部会出现一个对话框，将鼠标光标放置在任一轴上，然后按住鼠标左键不放并拖曳即可将组件朝预设的轴方向移动，如果确认位置合适，在对话框中单击“确定”按钮✓即可完成操作，如图 8-38 所示。

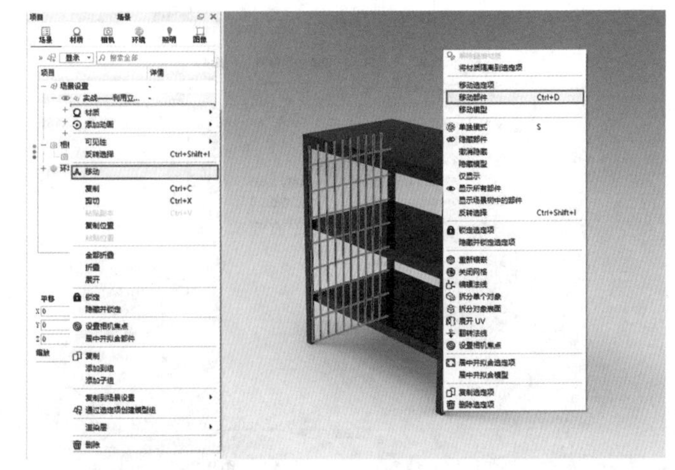

图8-37

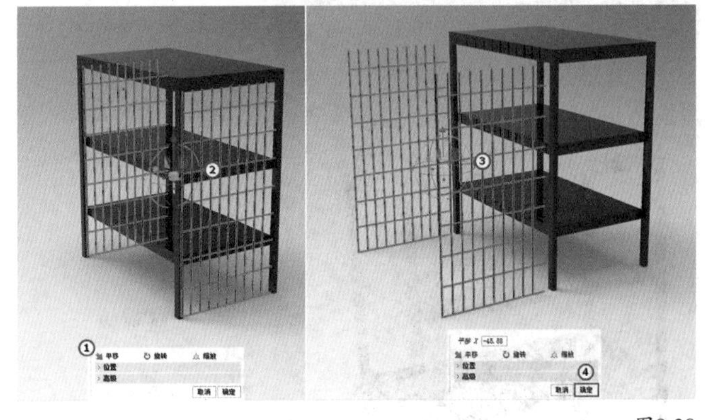

图8-38

★重点★

8.4.4 编辑组件材质

如果想要编辑组件的材质，可以在组件的右键快捷菜单中选择“编辑材质”选项，如图 8-39 所示，此时“项目”面板会直接切换到“材质”选项卡，单击“类型”参数右侧的 塑料 按钮，弹出下拉菜单，在这里可以设置材质的类型，如图 8-40 所示。

为材质选择一种类型，如“金属”类型，然后通过“颜色”参数和右边的色块可以调节材质的颜色，如图 8-41 所示。

如果想要使用 KeyShot 自带的材质赋予组件，可以打开“库”面板，然后选择一个材质，将其直接拖曳至模型上，这是 KeyShot 最实用也是最常用的赋予材质的方法，如图 8-42 所示。

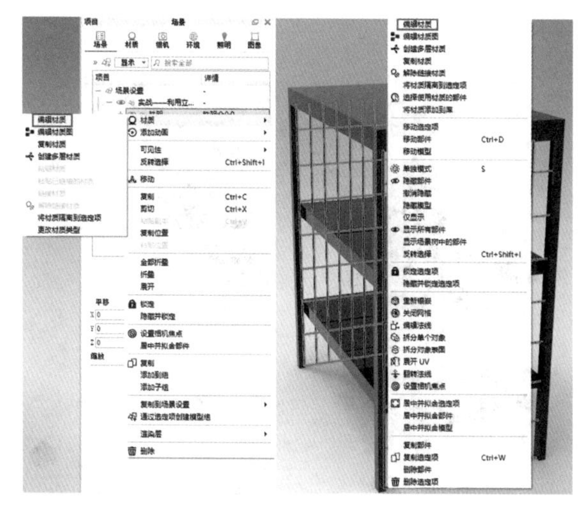

图8-39

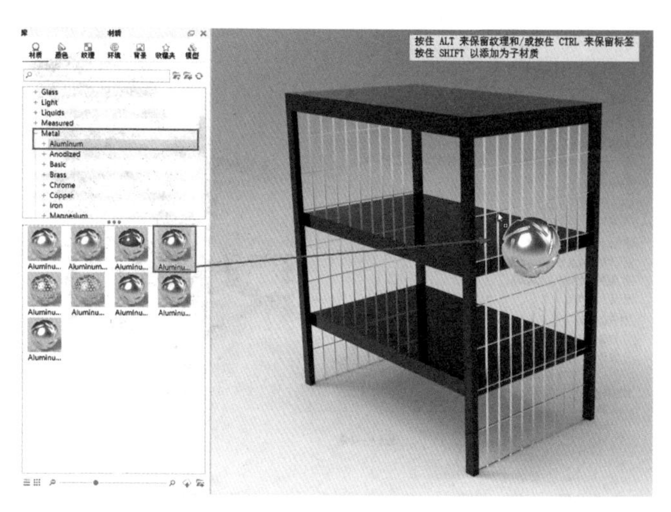

图8-42

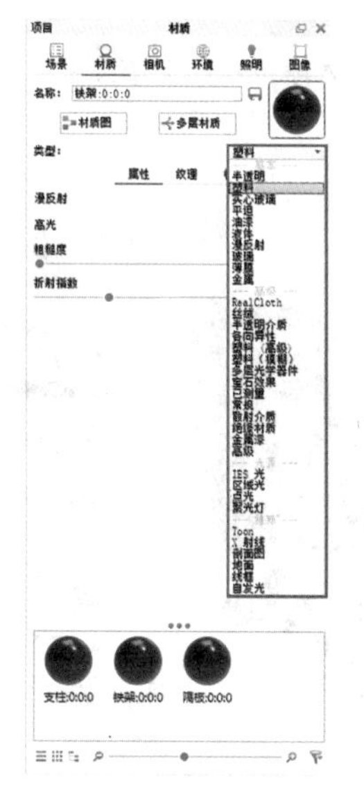

图8-40

★重点★

8.4.5 赋予组件贴图

如果要为组件赋予贴图，可以在“项目”面板的“材质”选项卡下进入“纹理”控制面板，然后双击“漫反射”选项，并在弹出的对话框中选择需要的贴图，如图 8-43 所示。

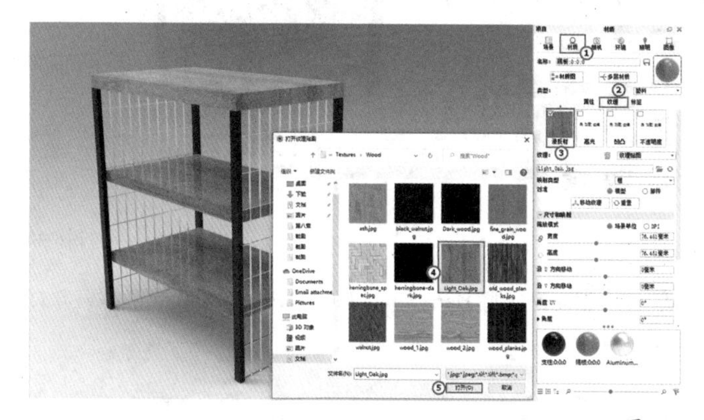

图8-43

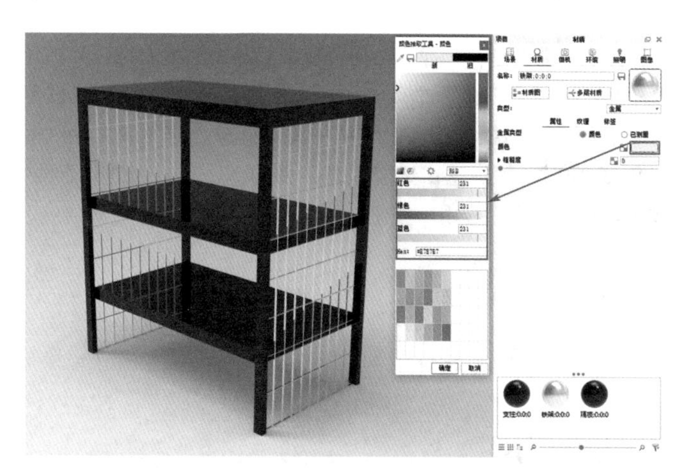

图8-41

重点 实战

渲染红蓝椅

场景位置	场景文件 > 第 8 章 > 实战——渲染红蓝椅.3dm
实例位置	实例文件 > 第 8 章 > 实战——渲染红蓝椅.bip
视频位置	第 8 章 > 实战——渲染红蓝椅.mp4
难易指数	★★★☆☆
技术掌握	掌握使用 KeyShot 渲染器渲染 Rhino 模型的方法

01 打开 KeyShot，将“渲染红蓝椅.3dm”拖放到实时渲染窗口中。在弹出的“KeyShot 导入”对话框中单击“导入”按钮，如图 8-44 和图 8-45 所示。

02 接下来进行材质分配。在 Plastic（塑料）材质目录下找到 Hard Shiny Plastic Red（红色光滑塑料）材质，将其拖放到椅背模型上，如图 8-46 所示。

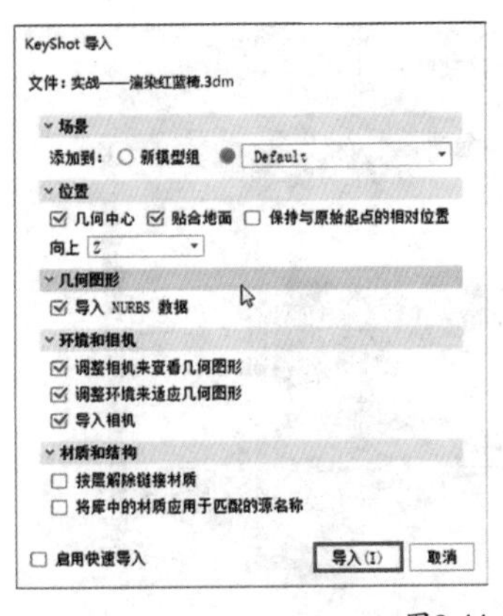

图8-44

图8-45

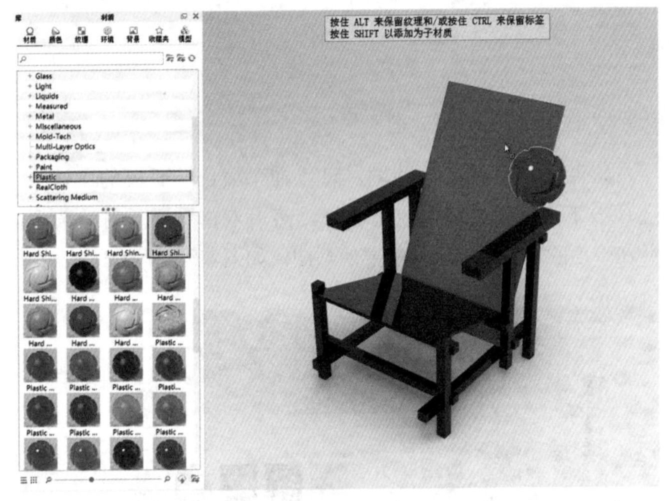

图8-46

03 使用相同操作将 Hard Shiny Plastic Blue（蓝色光滑塑料）材质赋予座板模型，如图 8-47 所示。

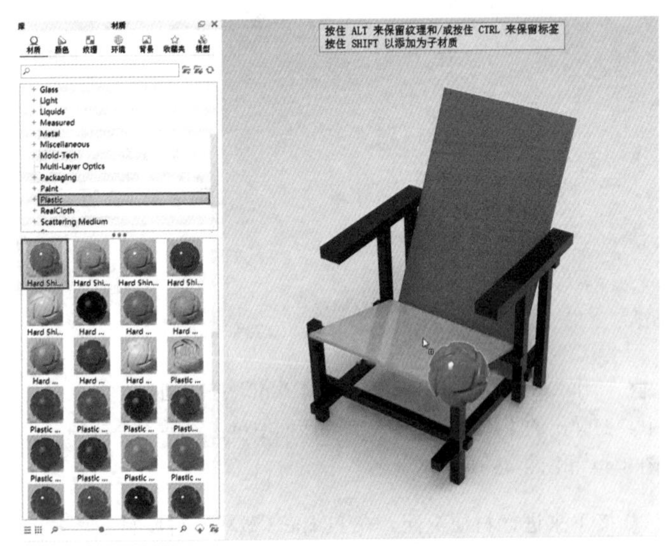

图8-47

04 双击椅背模型进入椅背材质调节面板，对红色进行调整，如图 8-48 所示。

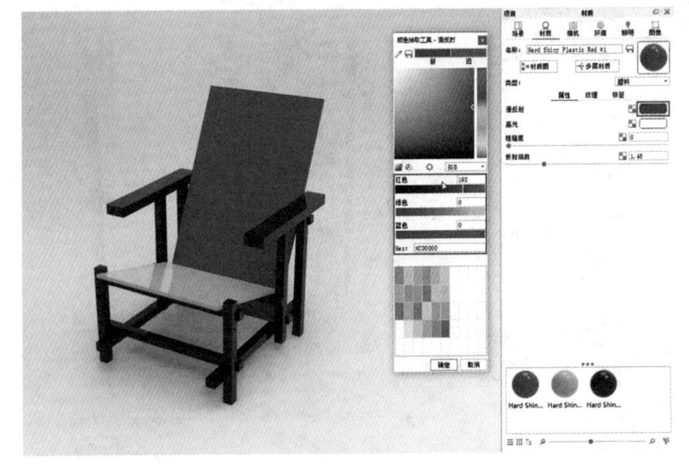

图8-48

05 双击座板模型进入座板材质调节面板，对蓝色进行调整，如图 8-49 所示。

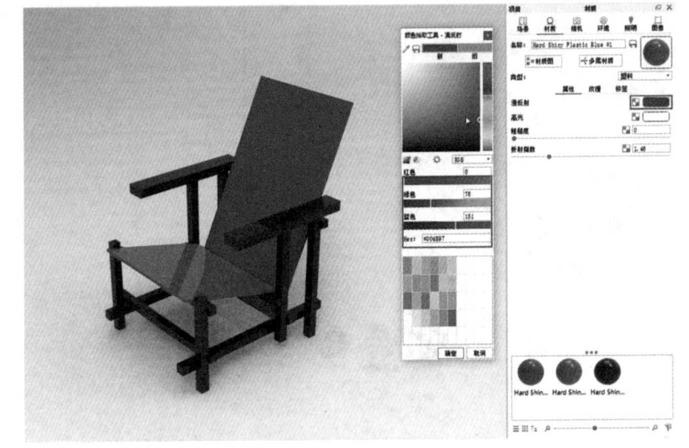

图8-49

06 接下来需要进行分面。在椅背模型上单击鼠标右键，并选择菜单中的“拆分对象表面”选项，如图 8-50 所示，打开“拆分对象表面”对话框，在该对话框中将“拆分方法”设置为“拆分角度：45”，然后单击选取模型正面的面，单击“拆分表面”按钮，最后单击“应用”按钮，如图 8-51 所示。

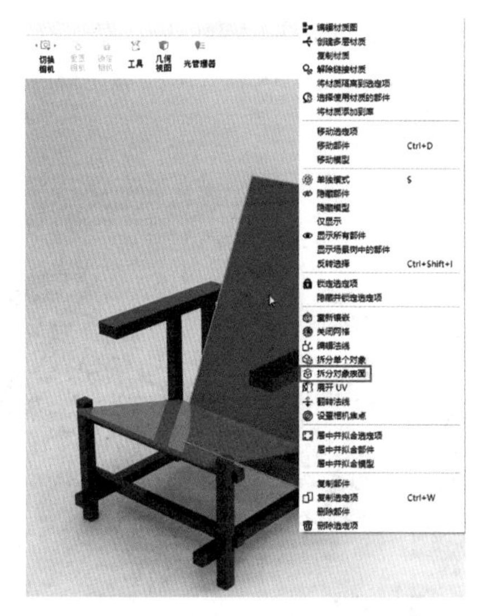

图8-50

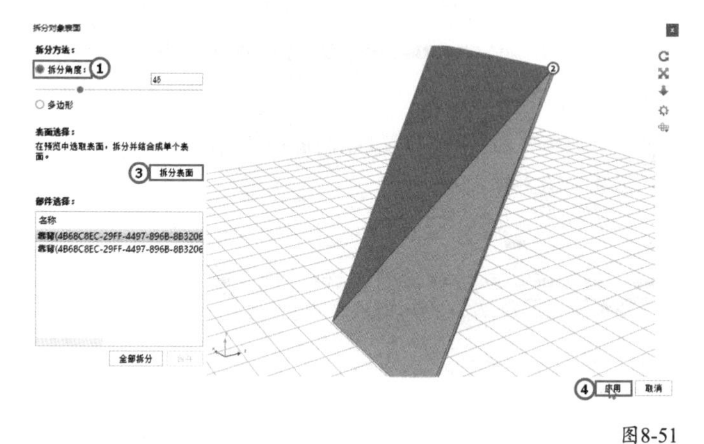

图8-51

07 完成拆分后，选择靠背背面的面，在“材质”面板中将黑色塑料材质赋予靠背背面，如图 8-52 所示，最终效果如图 8-53 所示。

08 使用相同的操作方法将对座板进行表面拆分，并分离材质，效果如图 8-54 所示。

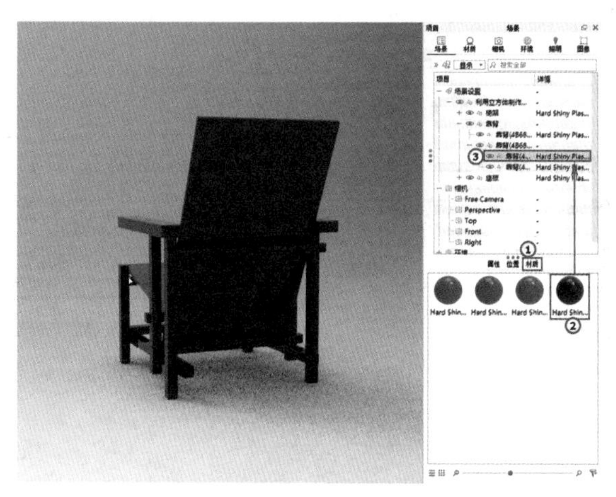

图8-52

图 8-53　　图 8-54

09 选中扶手模型，同样进行表面拆分。在选择平面时按住 Ctrl 键可选择两端的端面，将它们分离出来，如图 8-55 所示。

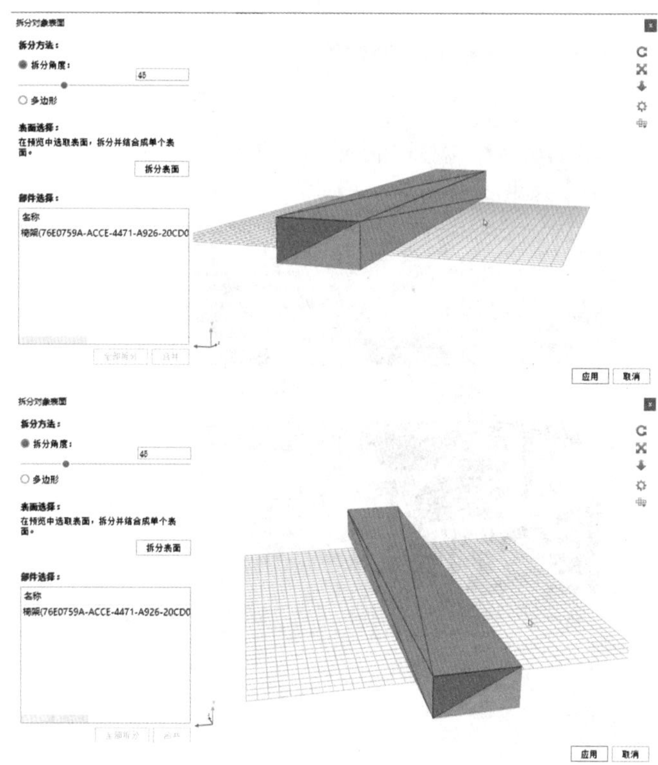

图8-55

10 在扶手模型上单击鼠标右键，在弹出的快捷菜单中选择“解除链接材质”，如图 8-56 所示。

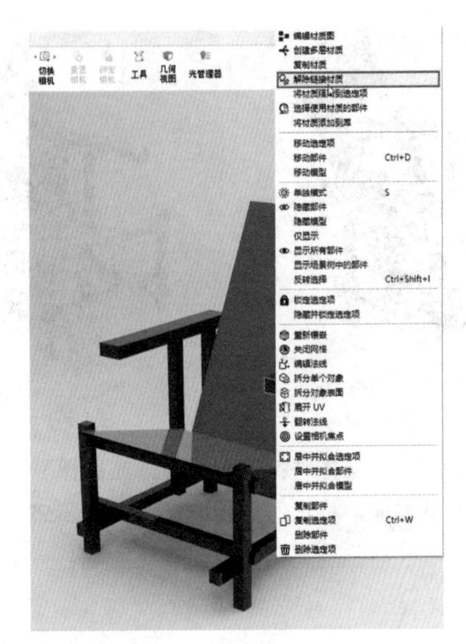

图8-56

11 双击端面进入“材质”面板，将端面材质的“漫反射”颜色改为黄色，如图 8-57 所示。

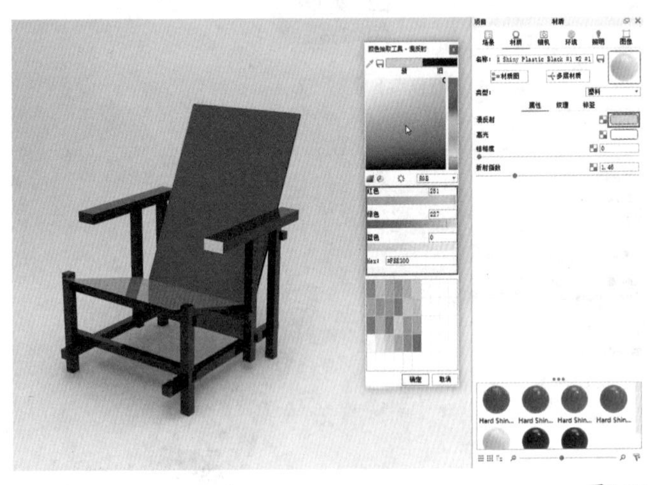

图8-57

12 使用相同的方法将所有椅框端面都赋予相同的黄色材质，如图 8-58 所示。

图8-58

13 在“环境”面板中，进入 Interior（室内）目录，双击“hdrmaps-cyclorama-studio-2-3K”这张环境贴图，应用到场景中，如图 8-59 所示。

图8-59

14 在“环境”面板中对环境贴图进行调整，如图 8-60 所示，最终效果如图 8-61 所示。

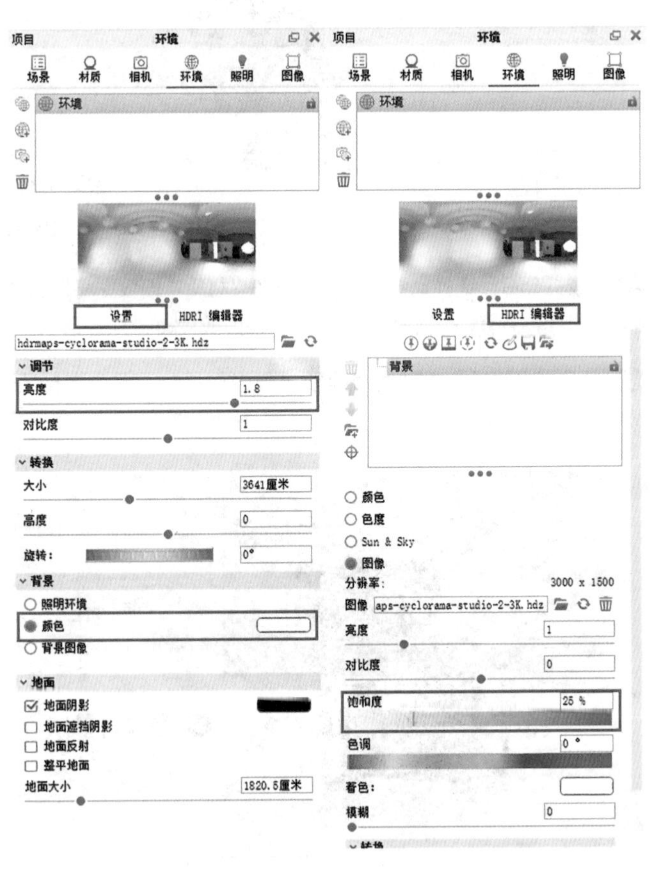

图8-60

图8-61

15 单击“渲染”按钮，打开“渲染”对话框，进行图 8-62 所示的设置，完成红蓝椅的渲染，效果如图 8-63 所示。

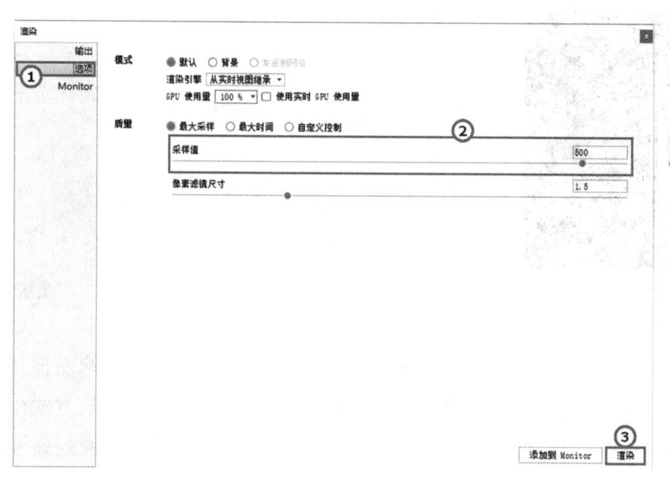

图8-62

图8-63

第9章

综合实例——制作口红

本章我们将学习如何利用曲面建模的方法来完成口红的建模，并通过这个案例深入理解 NURBS 建模原理、曲面建模分面思路及复杂曲面的建立方法，同样我们也会学习如何使用 KeyShot 来表现口红质感并完成具有时尚感的画面渲染。

本章学习要点

- 了解模型分面建模的思路
- 掌握建模环境的设置方法
- 熟练掌握通过曲线构建复杂模型的方法
- 熟练掌握 Rhino 各个建模和编辑工具的运用方法
- 掌握从分析到建模再到渲染的产品制作流程

9.1 案例分析

本章将会通过一个口红的建模来学习 Rhino 的 NURBS 建模原理，通过绘制曲线生成曲面，通过曲面组合成模型物件，最终效果如图 9-1 所示。

口红模型一共分为口红盖、口红管、口红膏体和基座 4 个部分，在对这些部分进行建模的过程中，要综合运用各种曲面建模的工具。

对口红模型进行整体造型分析会发现，口红盖子、口红管和基座是一个一体的造型，从顶部看是一个缺角的橄榄形状；从侧面看是一个顶部切圆的矩形，从正面看有一道明显的凹陷接缝，接缝从顶部造型开始向下汇聚，一直延伸到基座底部，如图 9-2 所示。

图9-1

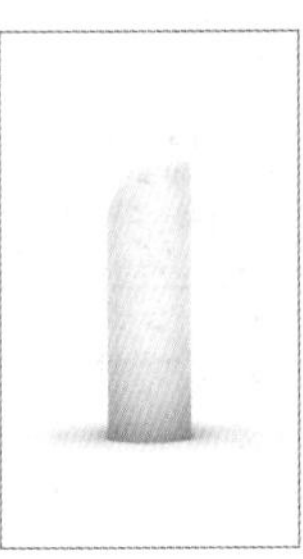
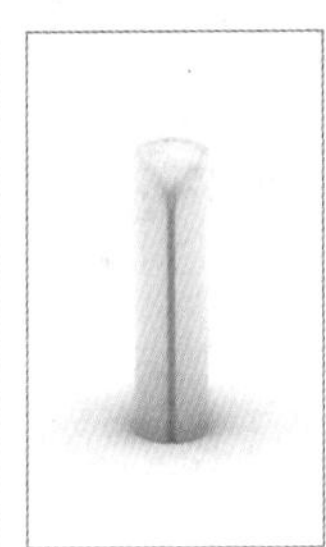

图9-2

进一步分析，从模型横截面来看，口红模型从上到下的横截面保持高度一致，只有顶部有一个圆形切面，因此我们可以使用挤出的方式生成大的造型，再通过曲线裁切的方式雕琢细节，最后进行模型的封闭和圆角处理。

完成分析后，接下来就进入建模环节。

技巧与提示

建模分析是上手建模之前非常重要的一个环节，我们要从多角度对模型的整体造型进行切分，将复杂的造型转化成简单元素的组合，再考虑每个元素上的曲线边缘如何分布，从而减少建模中的反复试错，提高建模效率。

对模型的横截面进行分析也是很常用的一种分析方式，大量的工业造型都可以通过横截面的挤出、扫掠、旋转制作出来，再辅助以修剪、裁切等手段，我们可以快速完成很多复杂的形状。

9.2 设置建模环境

01 打开 Rhino 7，在“标准”选项卡中单击图标，如图 9-3 所示。

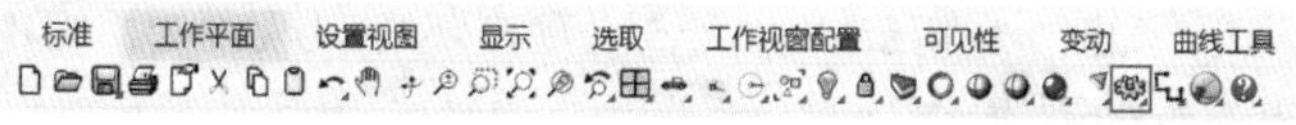

图9-3

02 在打开的“Rhino 选项”对话框中找到“单位”选项，并在对话框右侧的设置中，将“模型单位”改为“毫米”，如图 9-4 所示。

图9-4

9.3 绘制基础曲线

01 首先来绘制一个基圆，单击“圆：中心点、半径”工具，打开“锁定格点”功能，在 Top（顶）视图中绘制一个直径为 15mm 的圆形，且圆心在坐标轴圆点上，再次使用“圆：中心点、半径”工具绘制一个直径为 18mm 的圆形，如图 9-5 所示。

02 选择刚刚绘制的外围的圆形，框选上下两端的顶点，使用操作轴来对它们进行缩放，缩放完成后得到一个橄榄的形状，如图 9-6 所示。

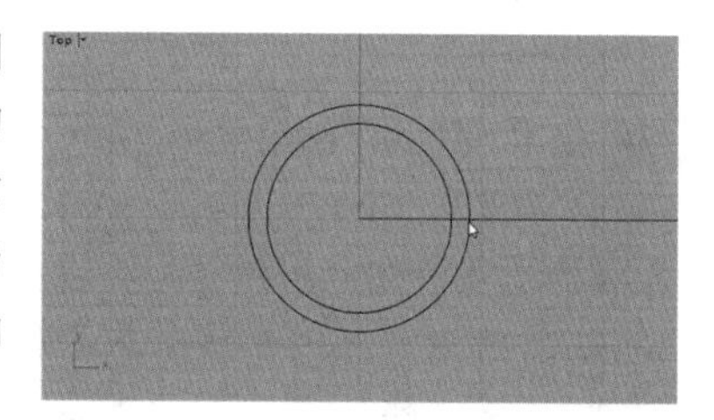

图9-5

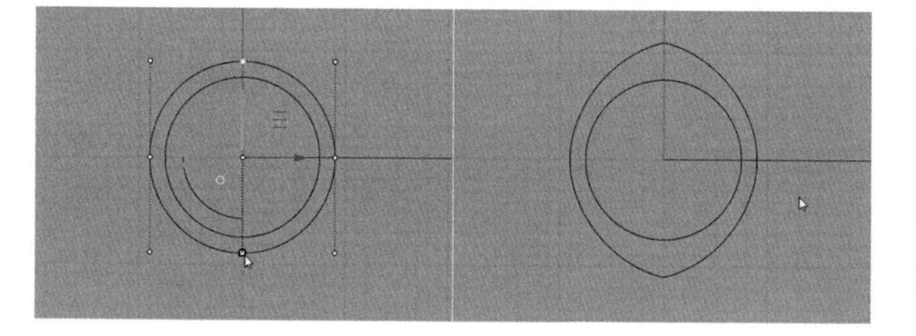

图9-6

03 打开“物件锁点”，确保“端点”处在勾选的状态，再绘制一个直径为 2mm 的圆形，圆的中心在橄榄形下端的尖角处，如图 9-7~ 图 9-9 所示。

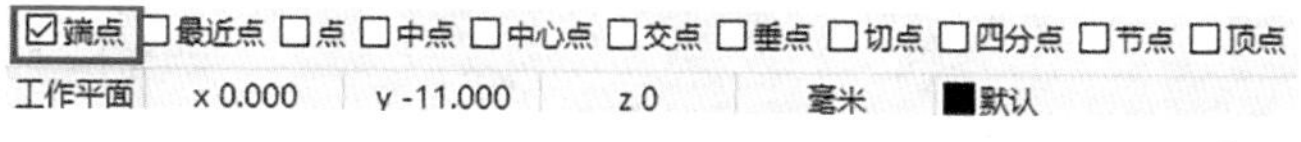

图9-7

图9-8

04 单击“分割 / 以结构线分割曲面”工具，用前面绘制的橄榄形和底部小圆相互分割，删除小圆的下半部分，然后将小圆上部中间的控制点向上移动 0.5mm，结果如图 9-10 和图 9-11 所示。

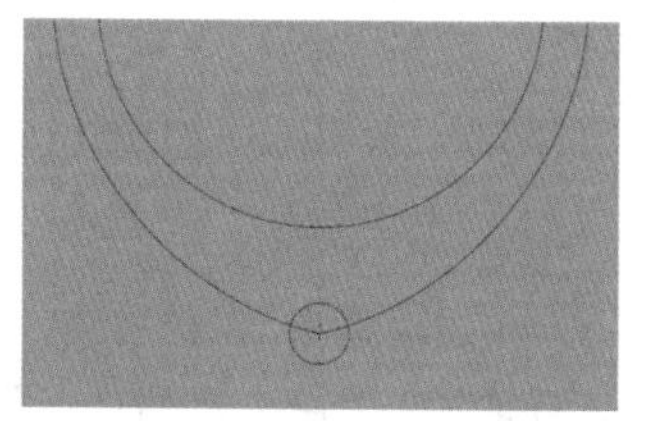

图9-9

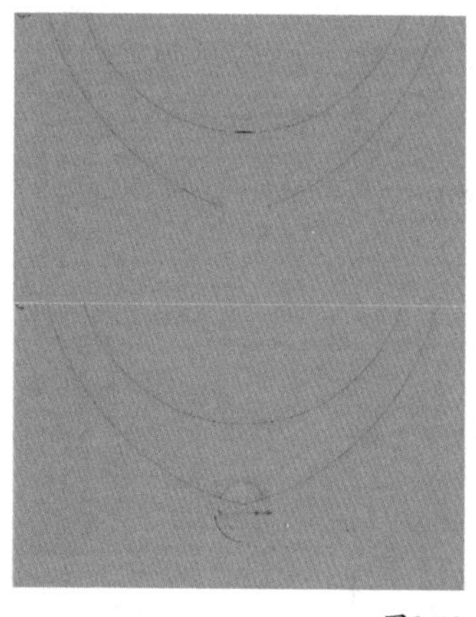

图9-10

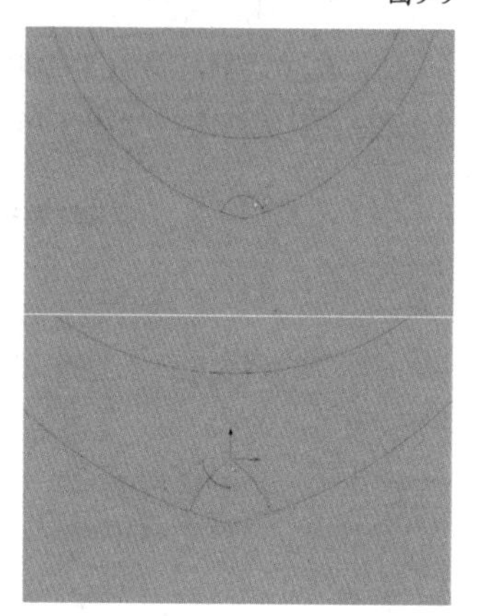

图9-11

这样就完成了模型基线的绘制。

9.4 口红主体建模

01 选中前面绘制得到的截面曲线，在 Perspective（透视）视图中，单击操作轴上面的圆点，输入 70，把它向上挤出 70mm，如图 9-12 所示。

技巧与提示

使用操作轴方向箭头上的圆点可以进行快速挤出操作，效果与使用“挤出”类工具一样。

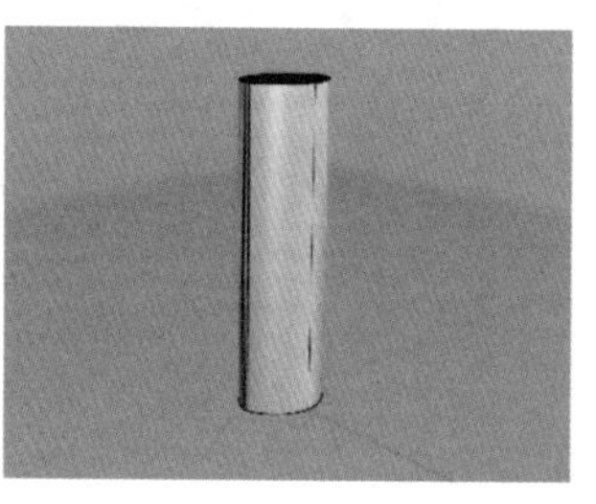

图9-12

02 在“从物件建立曲线”子菜单中，单击“复制边缘 / 复制网格边缘”工具，选中前面挤出的橄榄形前端曲面的边缘，将它提取为一条直线，如图 9-13 和图 9-14 所示。

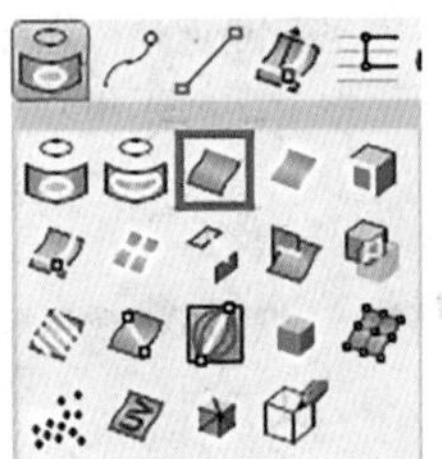
图 9-13

图9-14

03 切换到 Right（右）视图，开启“物件锁点”，勾选“端点”，使用“单一直线”工具绘制一条斜线，如图 9-15 所示。

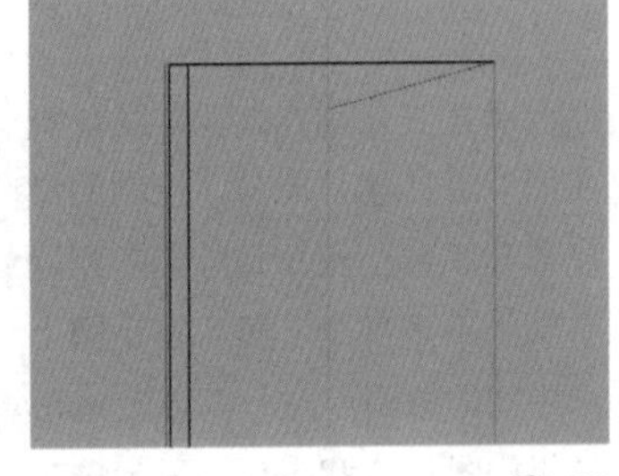
图9-15

04 单击“分割 / 以结构线分割曲面”工具，开启“点”模式，对步骤 2 中提取出来的直线进行分割，将上半部删除或隐藏，使用“弧形混接”工具生成混接曲线，如图 9-16~ 图 9-18 所示。

选取切割用物件 (点(P)):

图9-16

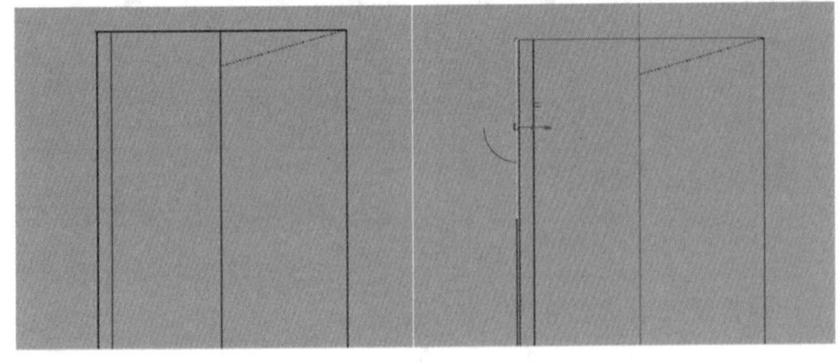
图9-17

05 单击“修剪 / 取消修剪”工具，使用步骤 4 得到的曲线对主体曲面进行修剪，如图 9-19 所示。使用“单一直线”工具，在整个造型的中下部绘制两条倾斜的直线，使它们与顶部倾斜角保持一致，如图 9-20 所示。

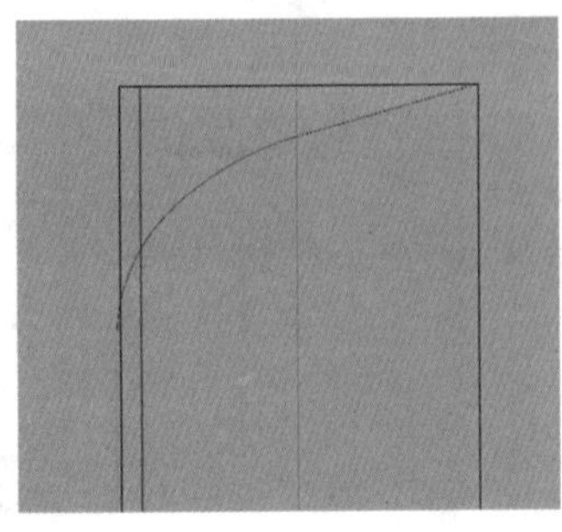
图9-18

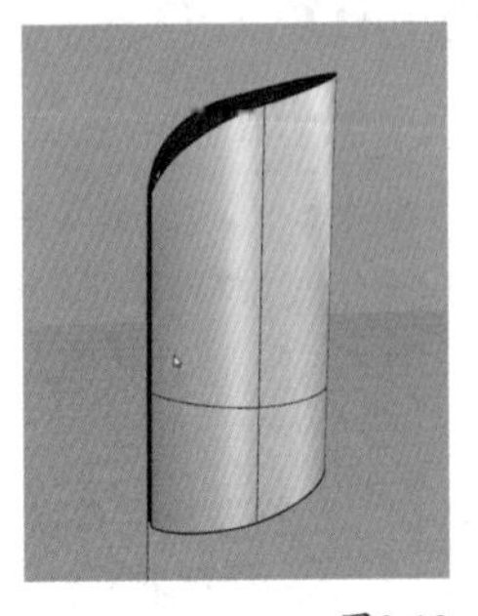
图9-19

06 选择主体曲面，然后单击“分割 / 以结构线分割曲面”工具，选择两条刚刚绘制的斜线进行分割，将所有的曲面分成 3 个部分，如图 9-21 所示，这 3 个部分就可以作为顶盖、口红管和基座的外围曲面。

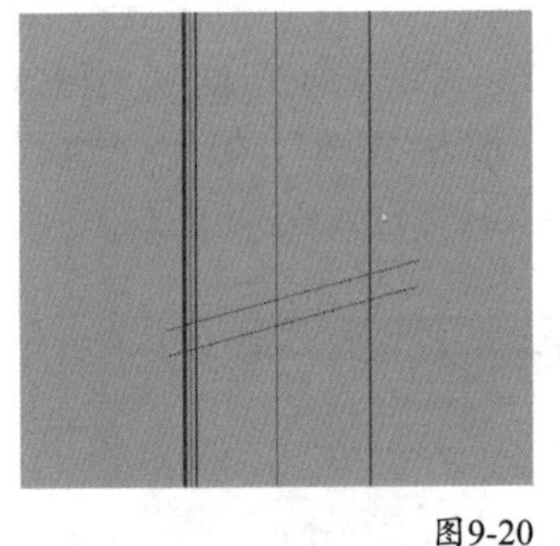
图9-20

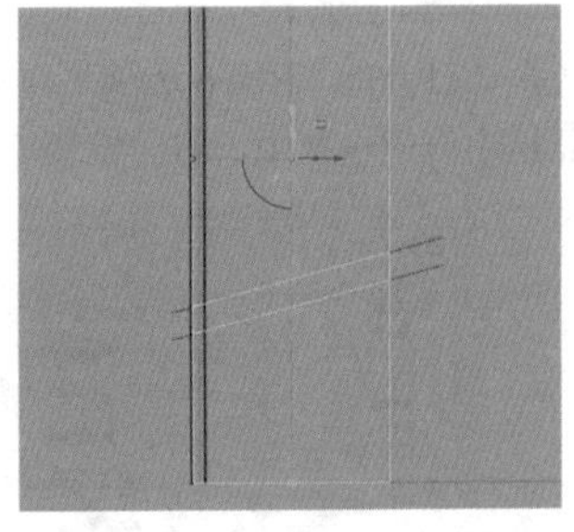
图9-21

9.5 口红顶盖建模

接下来进行口红顶盖的细化建模。

01 隐藏中下部曲面，只让顶盖曲面处在显示的状态。切换到 Perspective（透视）视图，如图 9-22 所示，删除顶盖部分内凹的曲面，后面会进行重建，如图 9-23 所示。删除后，单击“复制边缘 / 复制网格边缘”工具，将外围曲面的竖直边缘和上部弧形的边缘全都提取为曲线，如图 9-24 所示。

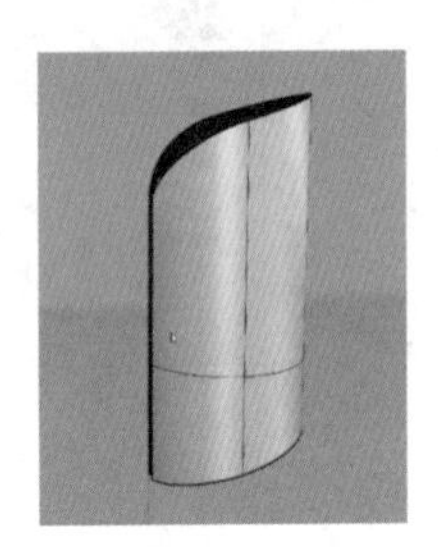
图9-22

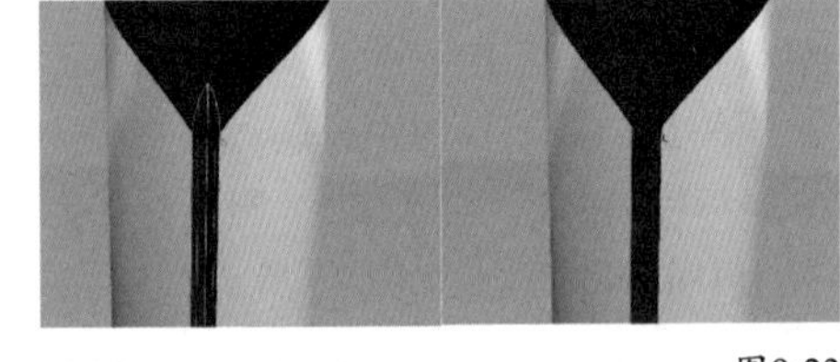
图9-23

图9-24

02 使用“球体：中心点、半径”工具，打开“物件锁点”，勾选“端点”，以上一步提取的直线与曲线的交点为球心，建立一个直径为 10mm 的球体，如图 9-25 所示。单击“分割 / 以结构线分割曲面”工具，用球体分割直线和曲线，完成分割后删除球体和球体内部的线，如图 9-26 所示。

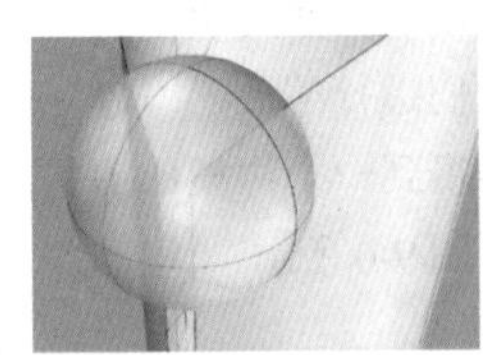
图9-25

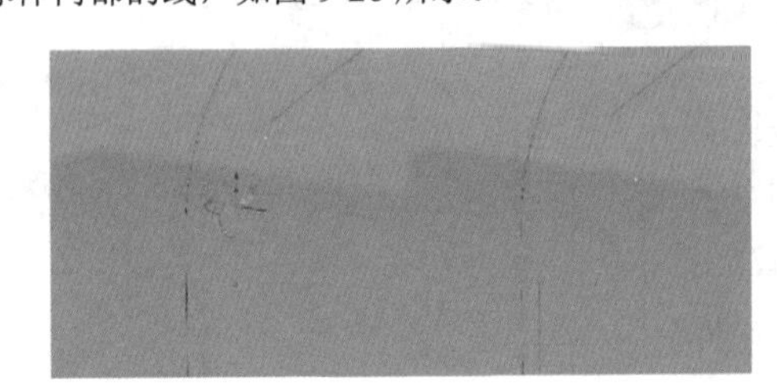
图9-26

03 单击“弧形混接”工具，选取前一步中分割得到的上部曲线的下端和下部直线的上端，生成过渡的弧线，如图 9-27 所示。单击“修剪 / 取消修剪”工具，用生成的弧线在 Front（前）视图中对顶盖外围曲面的锐角进行修剪，如图 9-28 所示。单击“炸开 / 抽离曲面”工具，将外围曲面炸开，将没有修剪的一侧删掉，使用“镜射 / 三点镜射”工具，对已修剪边缘的一侧进行镜像复制，如图 9-29 所示。

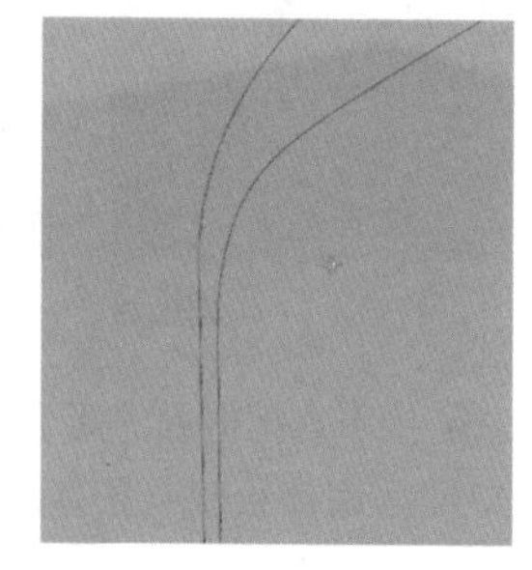
图9-27

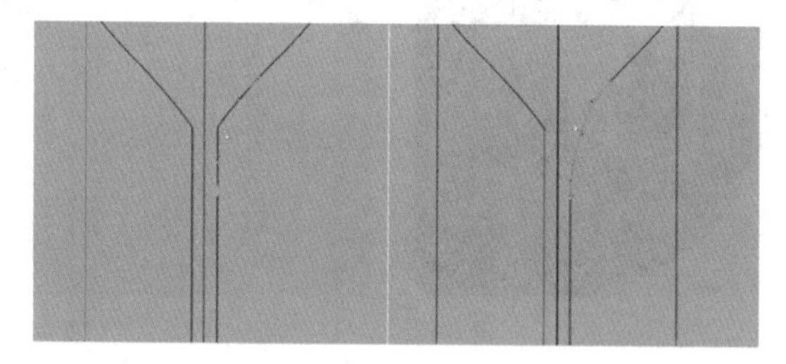
图9-28

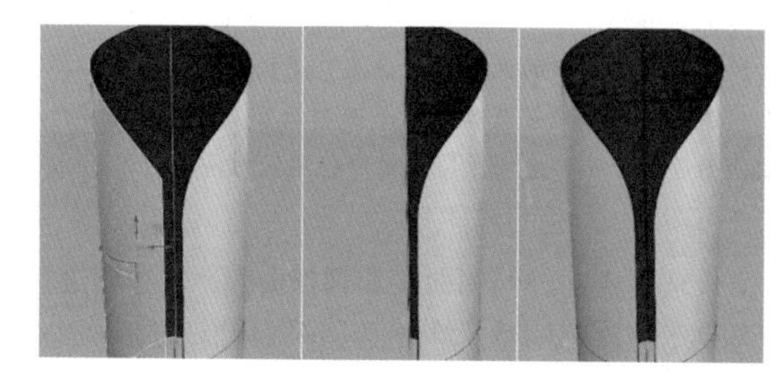
图9-29

04 接下来需要重建顶盖的内凹曲面。使用“显示选取物件”工具，将中部的内凹曲面显示出来，使用“复制边缘 / 复制网格边缘”工具，将底部的两个边缘复制出来，然后将中部的内凹曲面隐藏，这样就得到了重新建立的底部的两条内凹曲线，如图 9-30 所示。

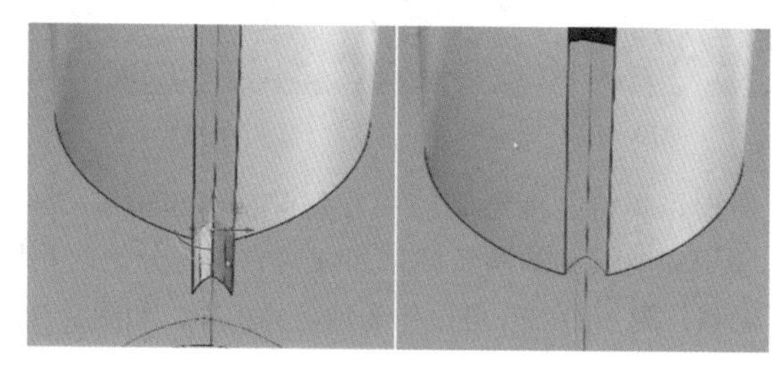
图9-30

05 单击“曲线圆角”工具，对两条内凹曲线进行半径为 0.2mm 的圆角处理，如图 9-31 所示。接下来选择弧线两侧的两条曲线。使用“复制”工具，对圆角之后的曲线进行复制移动，如图 9-32 所示。完成后绘制一条直线将它们连接在一起，对直线和两侧曲线再进行一次圆角处理，如图 9-33 所示。

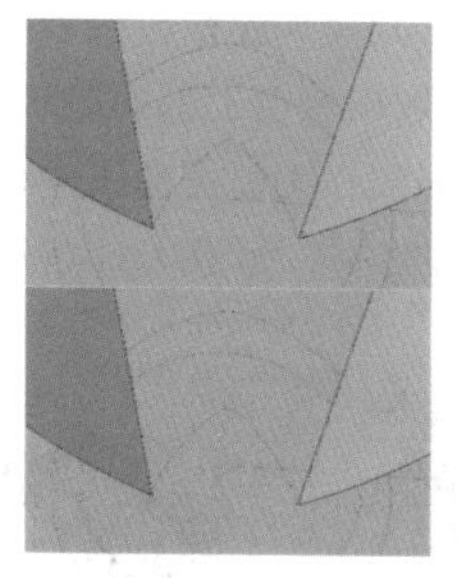
图9-31

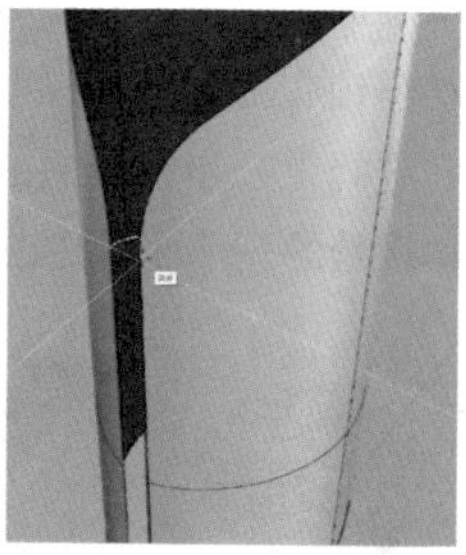

图9-32

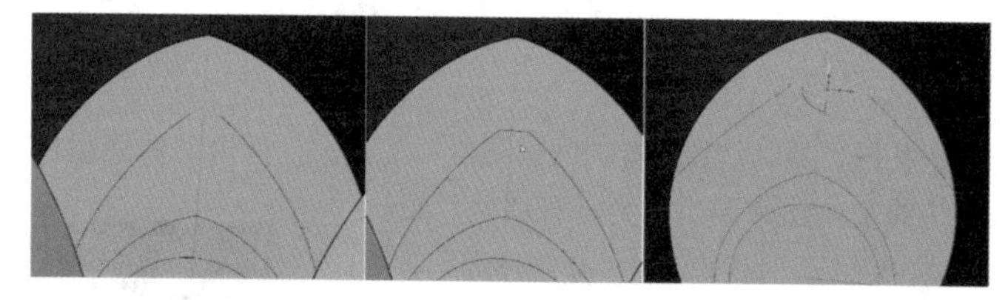
图9-33

06 将前两步中得到的两组曲线分别组合，单击“双轨扫掠”工具，选择外围曲面竖直的两条边缘为轨道，两组内凹曲线为断面，重新生成内凹曲面，如图 9-34 所示。开启“物件锁点”的“端点”，使用“单一直线”工具在图 9-35 所示的位置绘制一条直线，并使用直线对内凹曲面进行修剪，修剪掉上方凸出的部分。

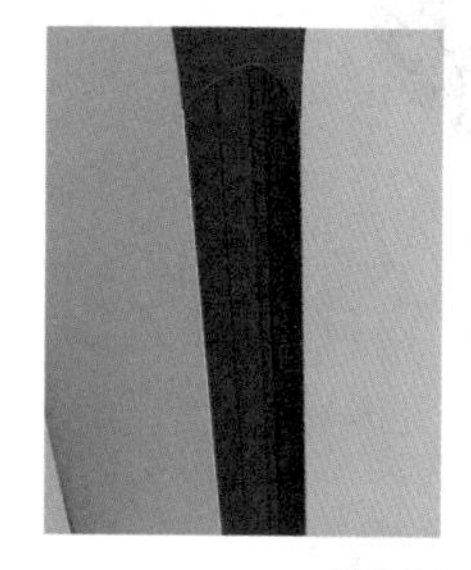
图9-34

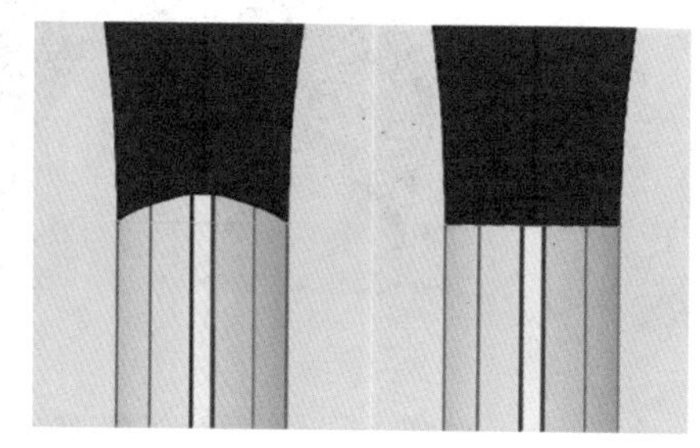
图9-35

07 接下来需要对顶部的开口进行建模。使用“单一直线”工具在图 9-36 所示的位置绘制一条倾斜的直线。单击“复制边缘 / 复制网格边缘”工具，选择曲面一侧的边缘，将它提取出来，如图 9-37 所示。

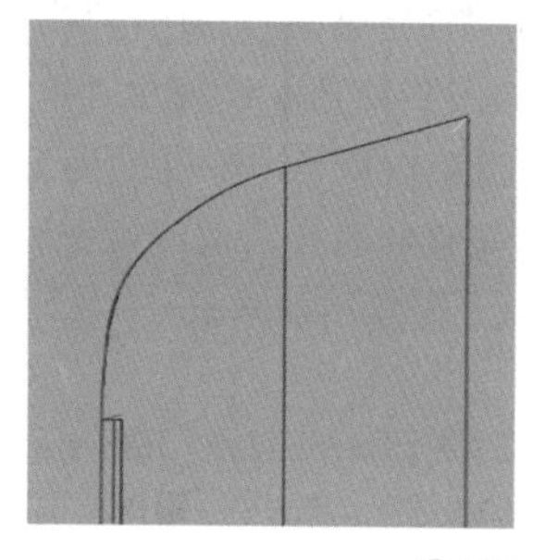
图9-36

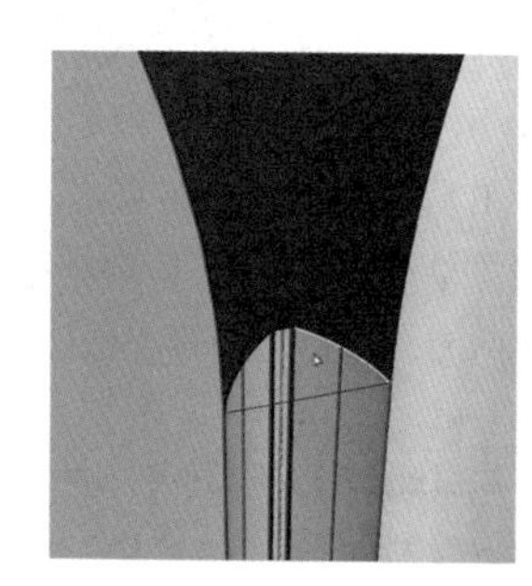
图9-37

08 使用“单轨扫掠”工具，同时开启“连锁边缘”，并且打开“自动连锁”，这样就可以直接提取出整个上部的边缘作为扫掠轨道。选择上一步得到的曲线和斜线作为断面曲线进行扫掠，得到开口接缝的侧曲面，并进行镜像复制，如图 9-38 所示。

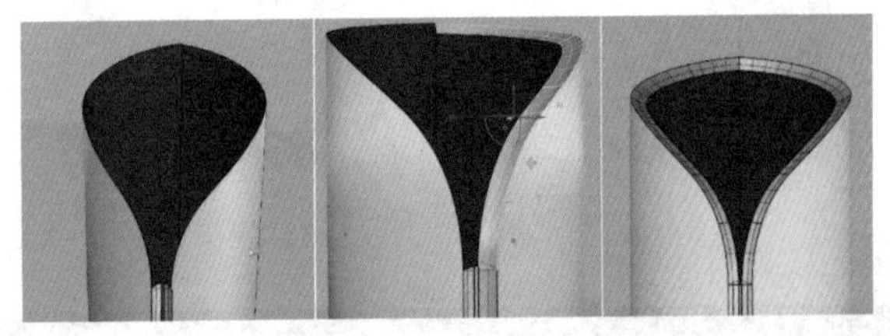

图9-38

09 使用“复制边缘 / 复制网格边缘”工具，把内凹曲面顶部的边缘复制出来，组合为一条曲线，如图 9-39 所示，再次单击“复制边缘 / 复制网格边缘”工具，选择顶部开口处内侧的边缘，复制出来之后将它们进行组合，然后进行镜像复制，如图 9-40 所示。选择这步中得到的所有曲线，使用“二、三或四个边缘曲线建立曲面”工具，这样就得到了整个中间填补的曲面，如图 9-41 所示。

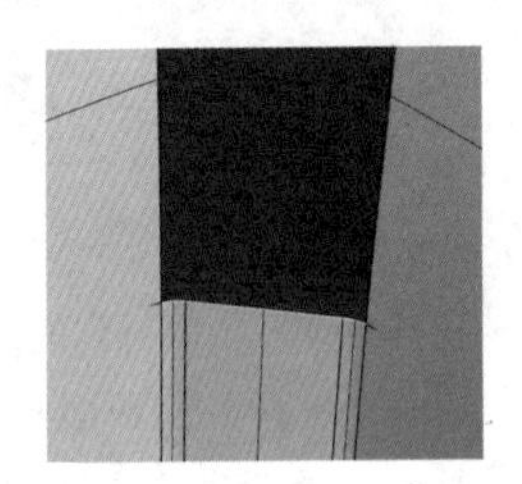

图9-39

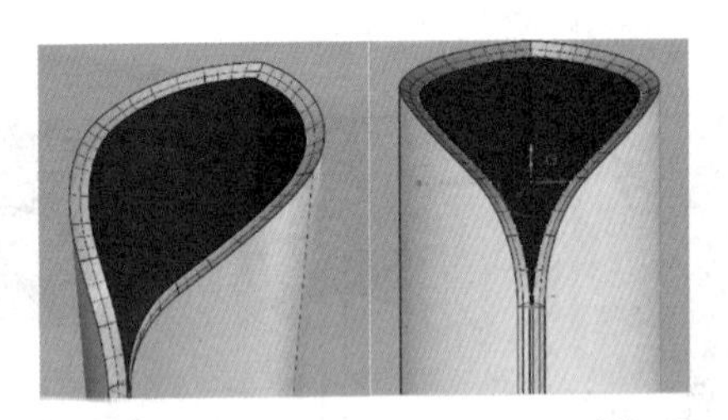

图9-40

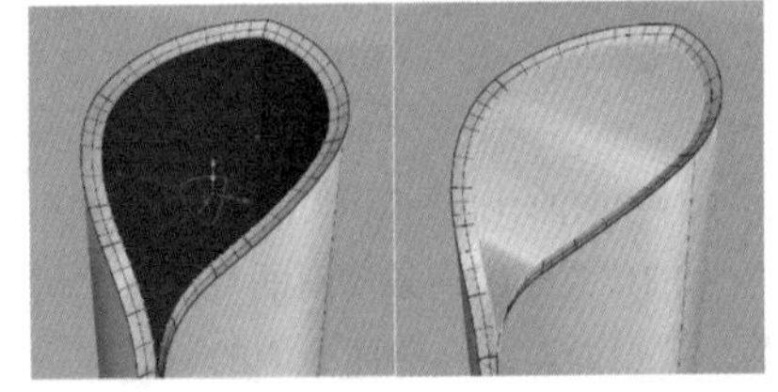

图9-41

10 将上一步的曲面隐藏，关闭“锁定格点”，打开“物件锁点”，并且勾选“端点”锁定，如图 9-42 所示，使用“单一直线”工具，绘制两条直线，如图 9-43 所示，长度均为 1mm。使用“单轨扫掠”工具对这两条直线与开口曲线进行扫掠，生成曲面，将该曲面进行镜像复制，如图 9-44 所示。

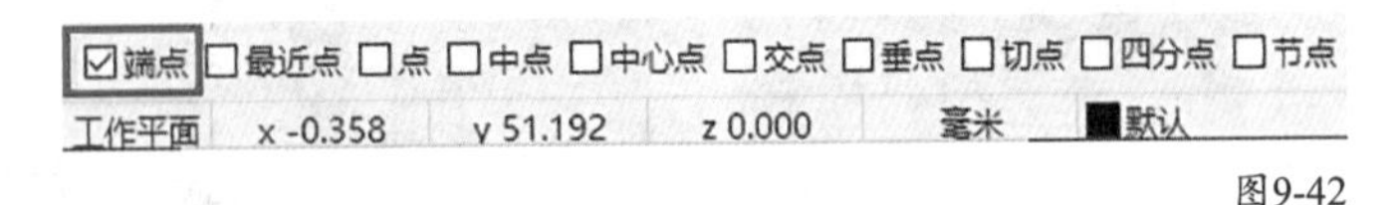

图9-42

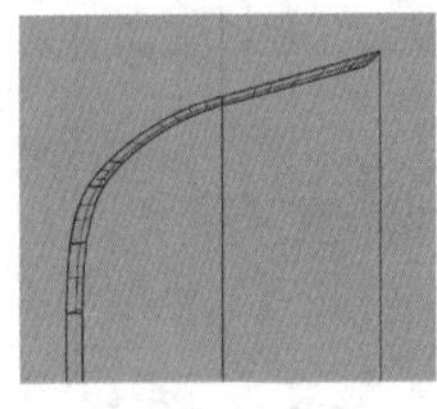

图9-43

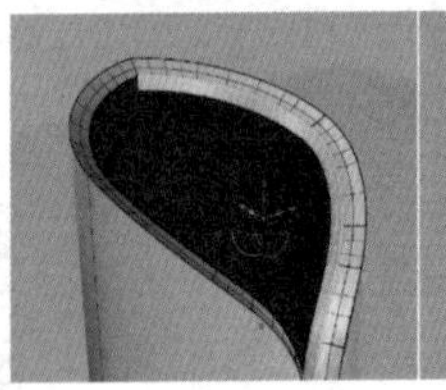
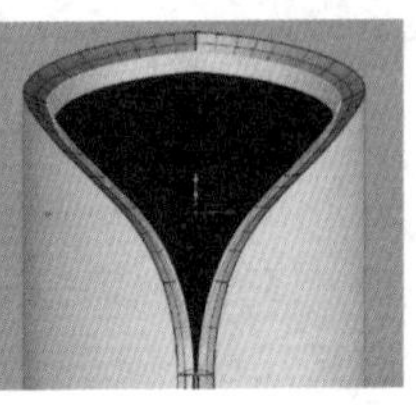

图9-44

11 接下来把得到的两个曲面进行复制，并将原曲面隐藏。在开口曲面底部绘制一条直线，如图 9-45 所示，然后使用“以平面曲线建立曲面”工具建立曲面，这样就得到了一个完整的底部封口的平面，如图 9-46 所示。

图9-45

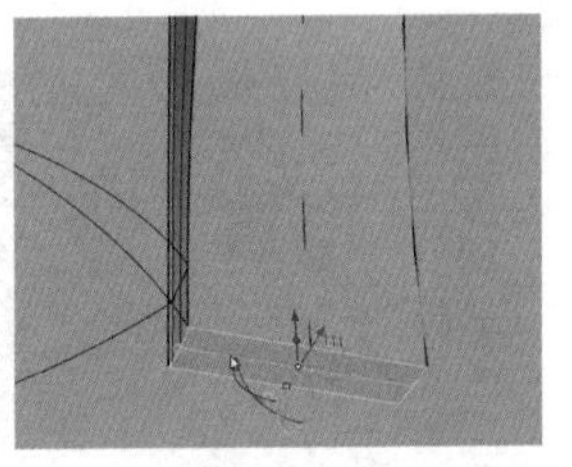

图9-46

技巧与提示

之所以特地把上部的曲面做出厚度，是因为我们希望在顶部能够制一个接缝，这个接缝是顶部的一个造型细节。同时接缝将开口曲面与外围曲面进行分隔，也便于渲染时进行不同材质的分配。

12 接下来选择竖向的两侧曲面和顶部曲面，对它们进行组合，这样就得到了顶盖的模型。单击“边缘圆角”工具，将“下一个半径”改为 0.1mm，然后开启“连锁边缘”，将两侧的边缘全部选中，确认进行圆角处理，如图 9-47 所示。对开口曲面的脊背处尖角也进行圆角处理，设置圆角半径为 0.3mm，如图 9-48 所示。

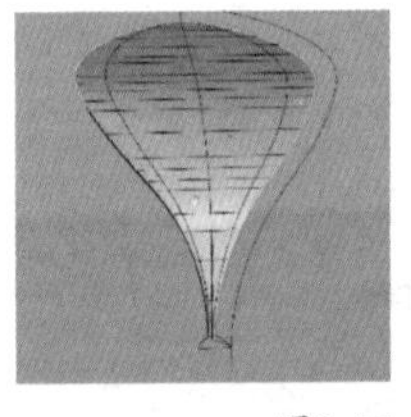

图9-47

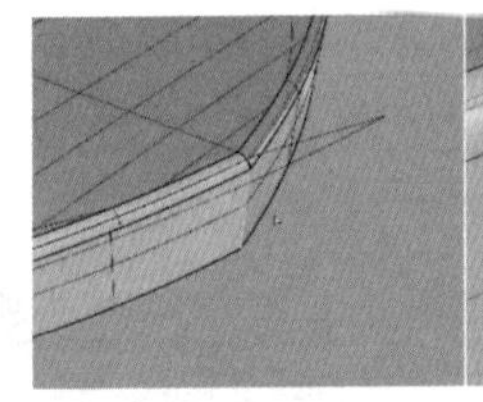
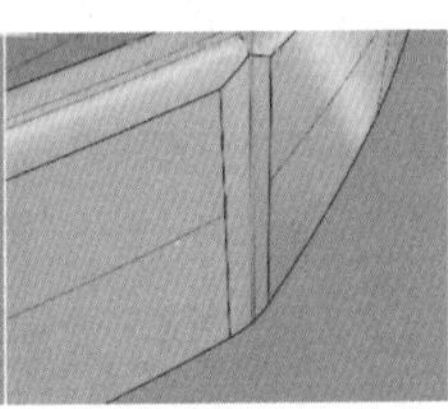

图9-48

13 使用操作轴将之前绘制的中心基圆挤出 60mm，如图 9-49 所示，使用先前绘制的两条中部斜线对它进行分割，并将中下两部分隐藏，剩下的部分可以作为顶盖的内膛，如图 9-50 所示。

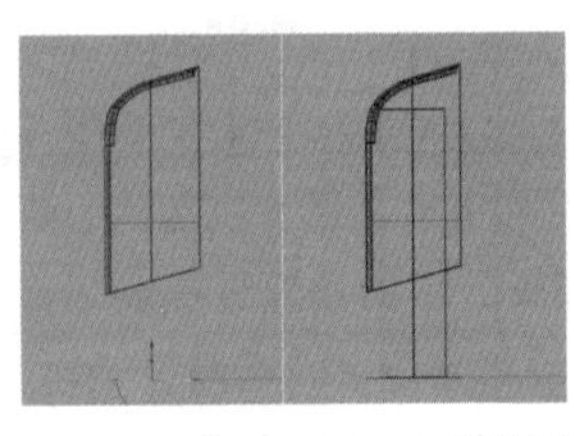

图9-49

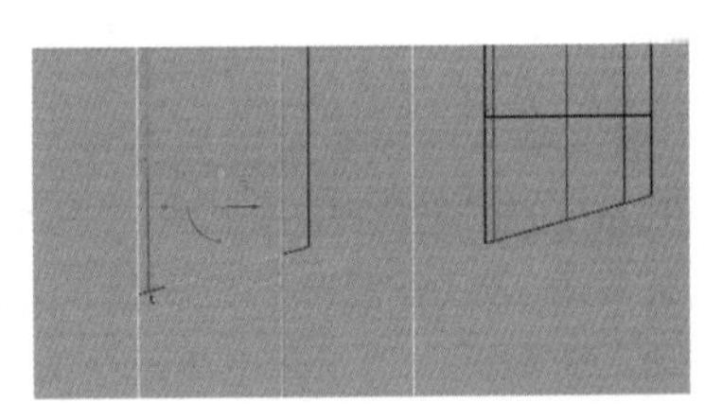

图9-50

14 接下来需要对内膛进行封闭。单击“以平面曲线建立曲面”工具，选择内膛曲面顶部的开口边缘，建立圆形平面，如图 9-51 所示。再次单击“以平面曲线建立曲面”工具，选择底部所有的曲线，生成封口平面，如图 9-52 所示。选中所有顶盖曲面，对它们进行组合，组合后对开口与底面的所有边缘使用“边缘圆角”工具，设置圆角半径为 0.1mm，如图 9-53 所示。

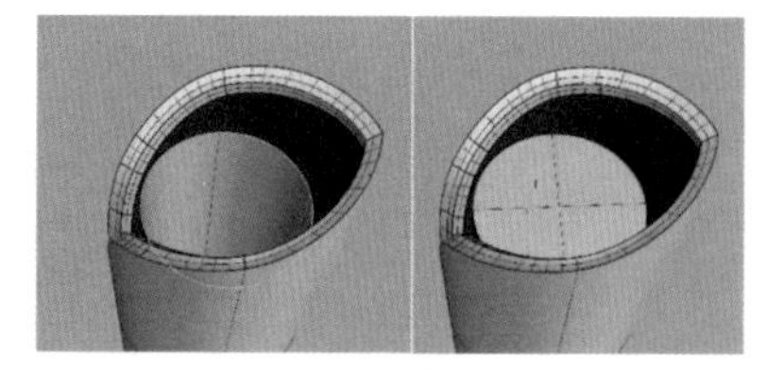

图9-51

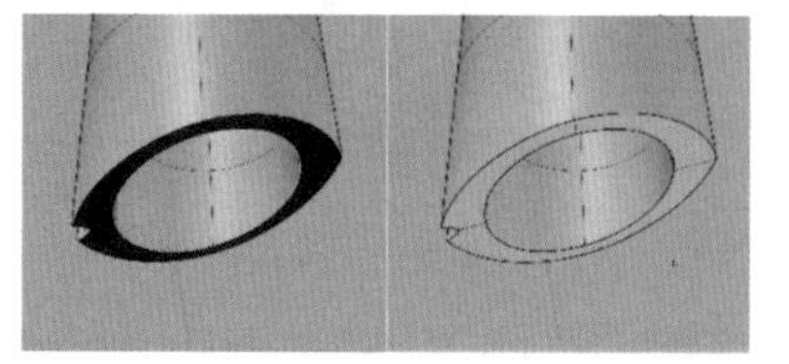

图9-52

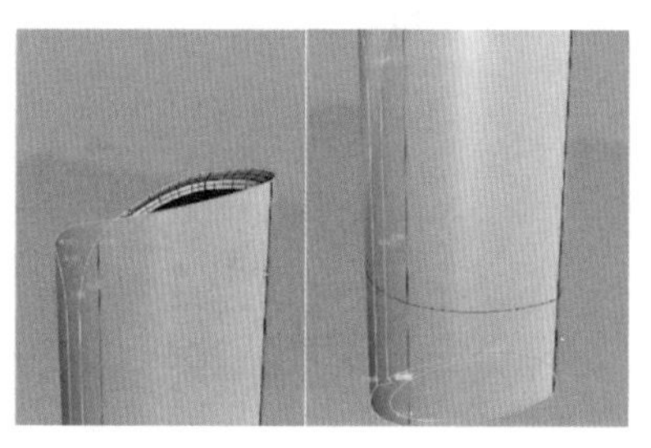

图9-53

15 对顶盖脊背部分的边缘也使用“边缘圆角”工具，设置圆角半径为 0.3mm，如图 9-54 所示。

16 对开口内侧的边缘进行圆角处理，这个部分也是顶部接缝的部分。再次使用“边缘圆角”工具，开启“连锁边缘”，选择边缘，对接缝脊背部分的边缘进行圆角处理，设置圆角半径为 0.3mm，如图 9-55 所示。

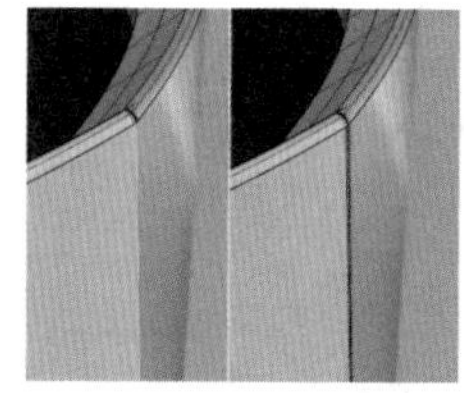

图9-54

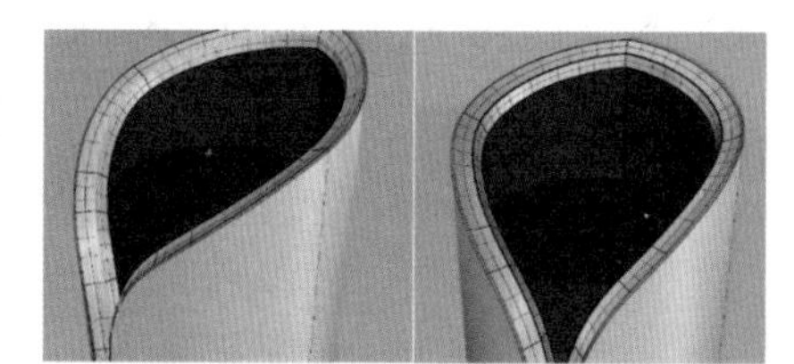

图9-55

17 切换到 Top（顶）视图，会看到顶盖上出现了一个空洞，接下来对它进行修复。开启“物件锁点”的“端点”，如图 9-56 所示，使用“单一直线”工具绘制两条直线，连接两边圆角的端点，然后使用这两条边缘来修剪曲面，如图 9-57 所示。

18 使用“二、三或四个边缘曲线建立曲面”工具，直接生成中间填补洞的曲面，如图 9-58 所示。

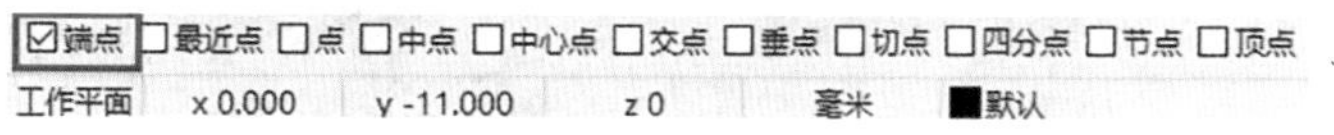

图9-56

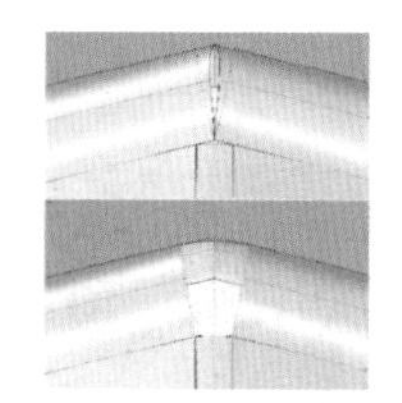

图9-57

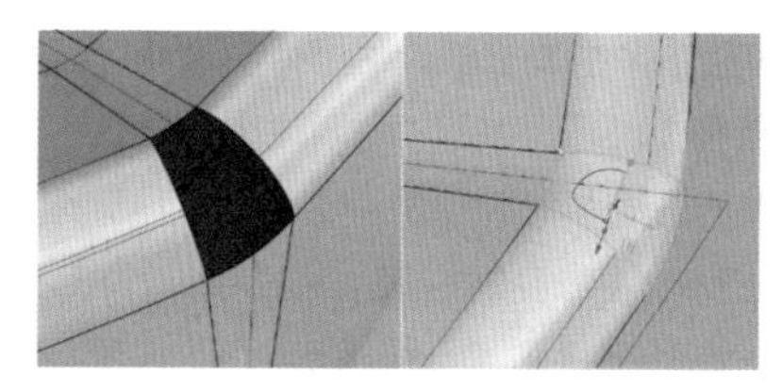

图9-58

19 放大视图，我们会看到在开口与正面内凹交接处也有两个小面没有填补，同样使用“二、三或四个边缘曲线建立曲面”工具，生成曲面，如图 9-59 所示。

20 将所有模型组合，这样就完成了口红顶盖的建模，如图 9-60 所示。

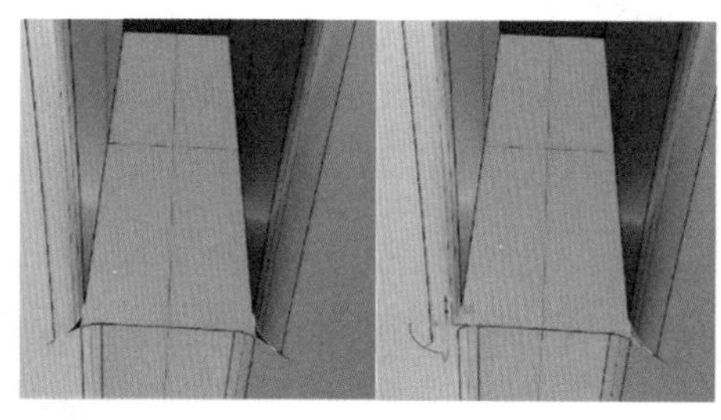

图9-59

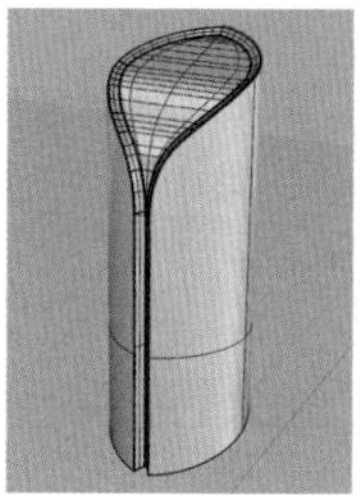

图9-60

9.6 口红管建模

01 隐藏所有其他模型，只显示中部的外围曲面和内部圆形曲面。使用“复制边缘 / 复制网格边缘”工具，将中间圆管的上部边缘提取出来，然后将圆管删除，如图 9-61 所示。

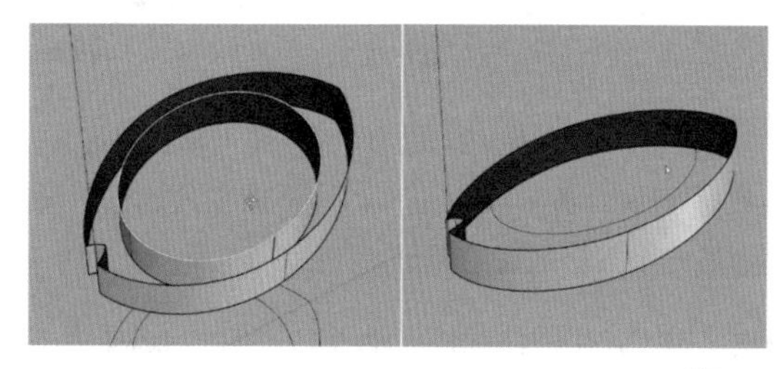

图9-61

02 执行“以平面曲线建立平面”指令，选择上部所有的曲线，自动生成了封口的曲面，如图 9-62 所示。

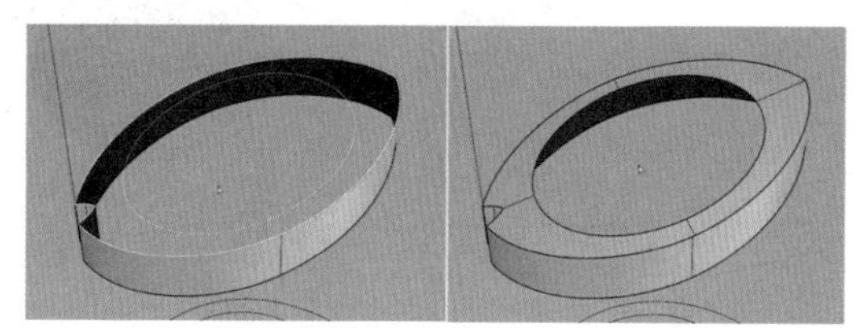

图9-62

03 接下来在 Top（顶）视图中，使用“显示选取物件”工具，将顶盖恢复显示，使用“复制边缘/复制网格边缘”工具，将顶盖内壁上部的边缘复制出来，这样我们就在顶部得到了一个圆形，可以作为口红管的顶部基线，如图9-63 所示。[该视图为 Right（右）视图，这个视图中显示的是圆形的侧面，圆形曲线没有厚度，因此显示为一条线。]

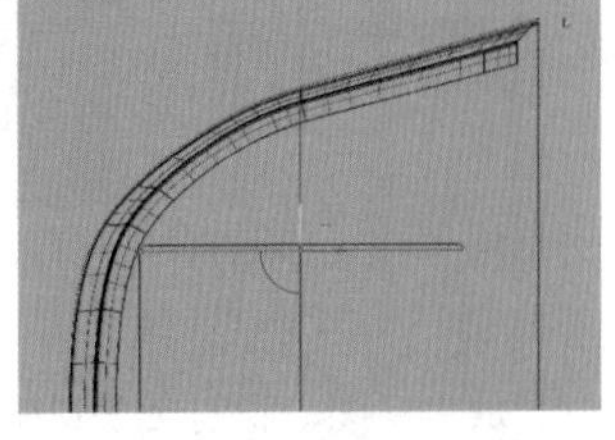
图9-63

04 回到 Perspective（透视）视图，开启“物件锁点”，勾选“交点”和“垂点”的前提下，使用“单一直线”工具绘制一条直线，如图 9-64 和图 9-65 所示。

05 单击“双轨扫掠”工具，以上部的圆形和下部的圆形为轨道，以中间的直线为断面曲线，生成口红管的外壁曲面，如图 9-66 所示。

图9-64

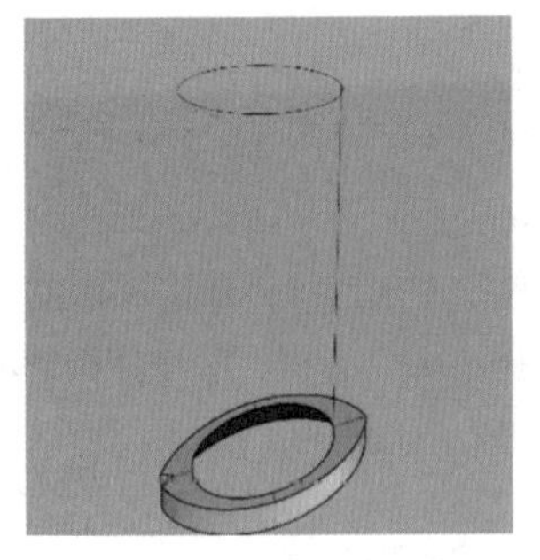
图9-65 图9-66

06 在 Top（顶）视图中，对顶部圆形使用“偏移曲线”工具，设定距离是 1mm，方向向内偏移，这样就在顶部圆形同高的位置上得到了一个偏移之后的圆形，如图 9-67 所示。

07 再次单击“以平面曲线建立曲面”工具，选择顶部内外两个圆形，生成厚度平面，如图 9-68 所示。然后选择内部的小圆，使用操作轴将它向下挤出，如图 9-69 所示。

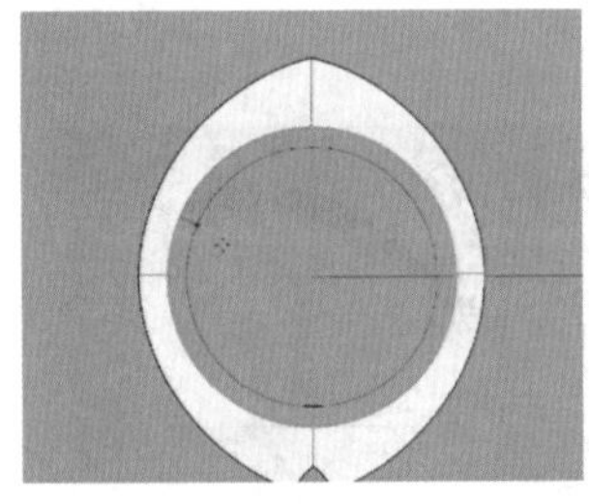
图9-67

图9-68

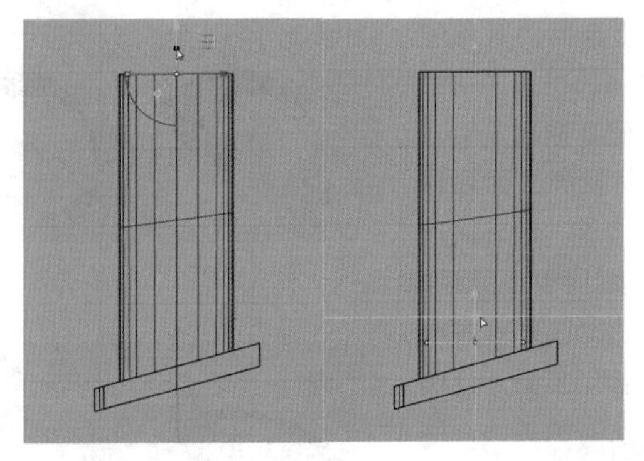
图9-69

08 框选口红管所有的曲面，进行组合，组合完成之后，使用“将平面洞加盖”工具，这样就直接将底部的平面填补起来了，如图 9-70 所示。

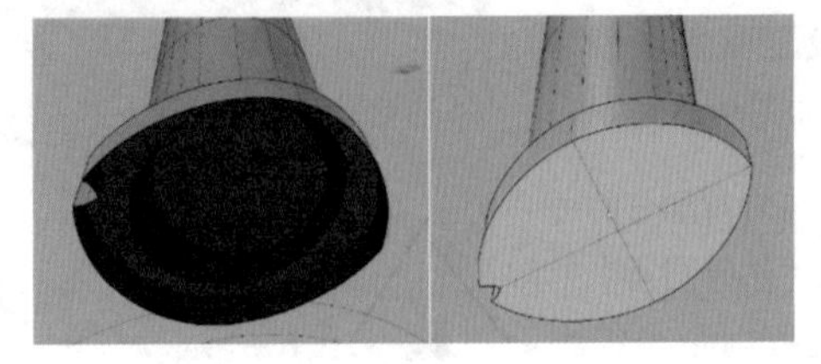
图9-70

09 选择除顶部外沿和脊背边缘之外的所有边缘，使用“边缘圆角”工具，设定“下一个半径”为 0.1mm，进行圆角处理，如图 9-71 所示。选择脊背边缘，再次使用“边缘圆角”工具，设定“下一个半径”为 0.3mm，进行圆角处理，如图 9-72 所示。选择顶部外沿边缘，使用“边缘圆角”工具，设定“下一个半径”为 0.8mm，进行圆角处理，如图 9-73 所示。

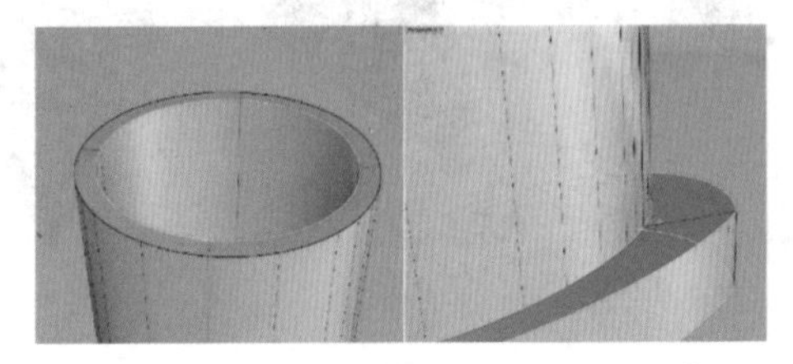
图9-71

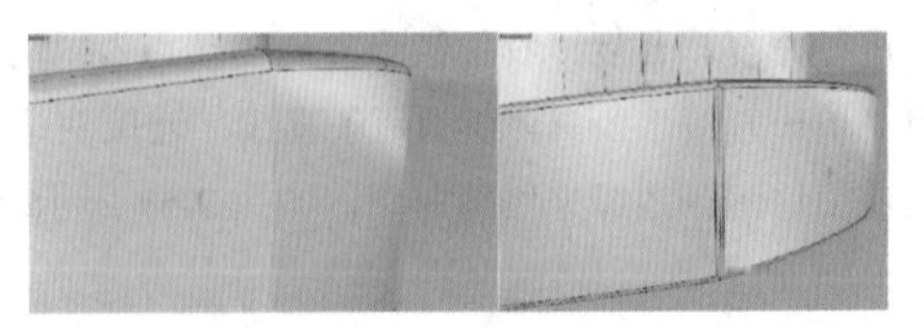
图9-72

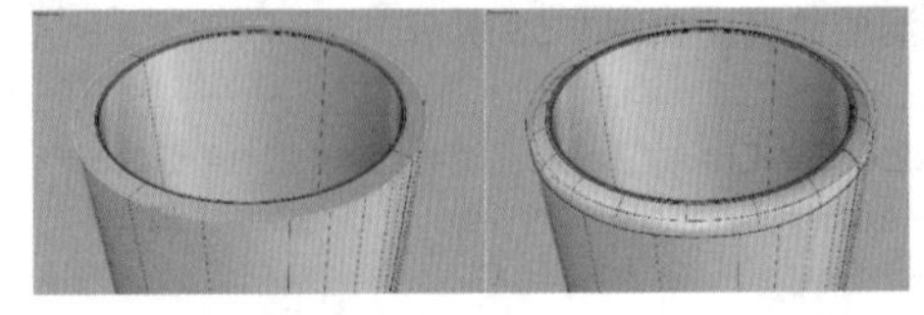
图9-73

10 选择顶部的圆形，对它进行复制并移动至图 9-74 所示的位置。使用“圆管”工具，将直径设定为 0.3mm，生成一个 0.3mm 截面的圆环，如图 9-75 所示。单击“布尔运算差集”工具，用口红管模型减去圆环，这样就在口红管的外壁上挖出了一道槽。使用“边缘圆角”工具，对这道槽的上下两个边缘进行圆角处理，设置圆角半径为 0.1mm，如图 9-76 所示。

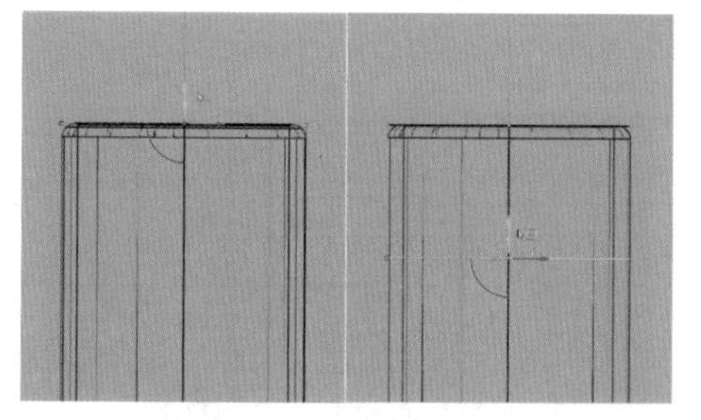

图9-74

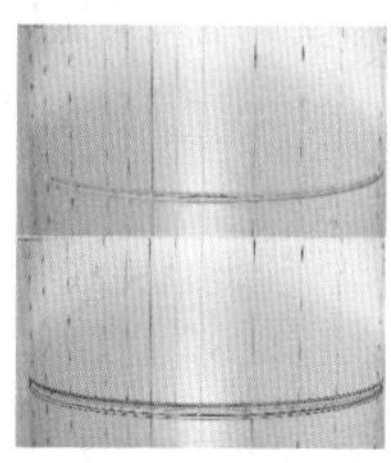

图9-75

图9-76

到此就完成了口红管的建模。

9.7 口红基座建模

01 隐藏所有除基座外围曲面之外的模型。将基座内凹曲面与外围曲面进行组合。使用“将平面洞加盖”工具，将基座上下的开口封闭，如图 9-77 所示。

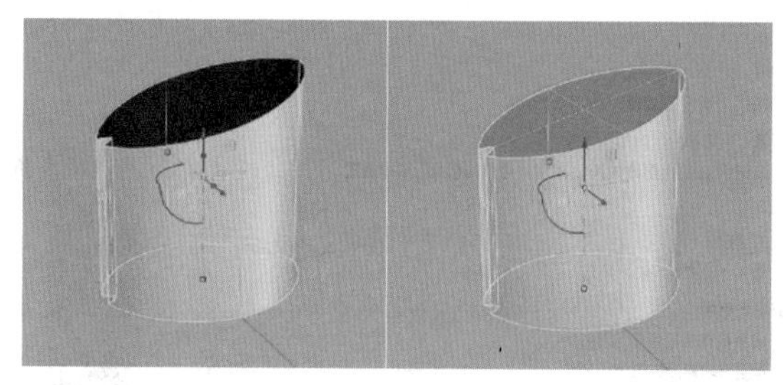

图9-77

02 使用“边缘圆角”工具，将除脊背边缘之外的边缘都进行 0.2mm 的圆角处理。对脊背边缘进行半径为 0.3mm 的圆角处理，如图 9-78 和图 9-79 所示。

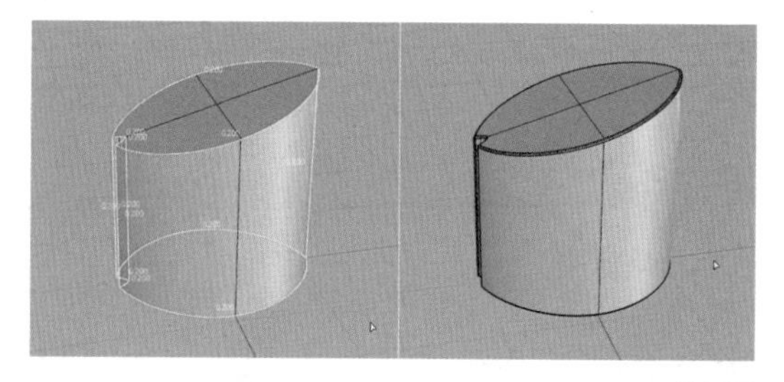

图9-78

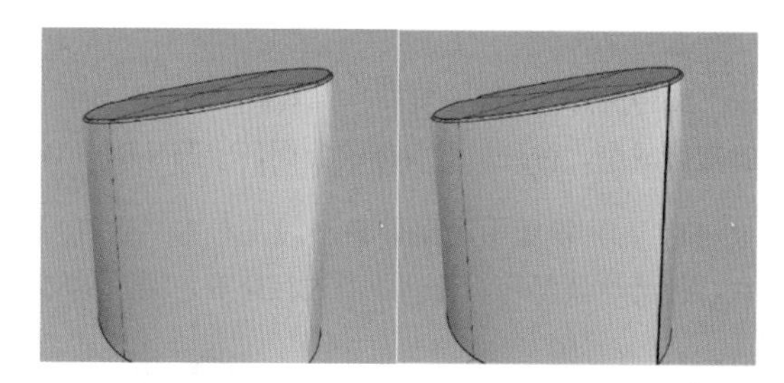

图9-79

这样就完成了口红基座的建模。

9.8 口红膏体建模

01 在 Top（顶）视图中绘制一个直径为 13mm 的圆形，使用“与工作平面垂直的直线”工具，以圆心为起点绘制一条与工作平面垂直的直线，如图 9-80 所示，这样就得到了口红膏体的基线。

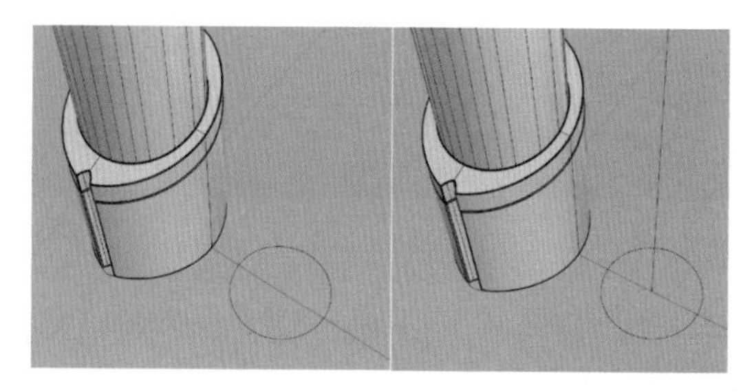

图9-80

02 使用“控制点曲线 / 通过数个点的曲线”工具绘制一条控制点曲线，绘制的时候要注意曲线下方的端点一定要与底部的圆形相交，这条曲线就是口红膏体的截面轮廓，如图 9-81 所示。

03 将上一步得到的轮廓线进行镜像复制，然后单击“曲线圆角”工具，将圆角半径设置为 0.1mm，对这两条曲线的尖角进行圆角操作，如图 9-82 所示。

04 使用中间的直线对一侧进行修剪，如图 9-83 所示，将剩余部分进行组合。

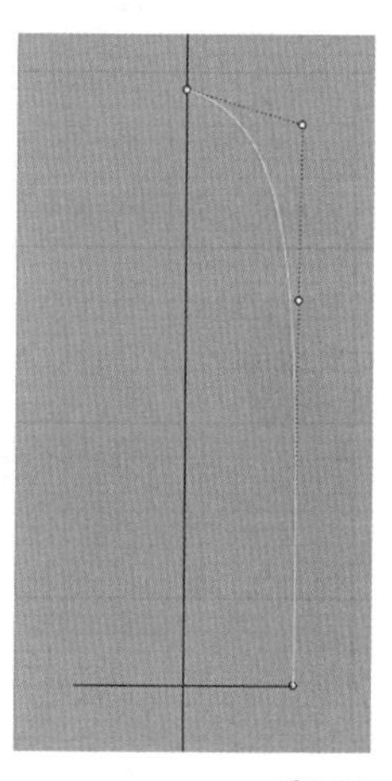

图9-81

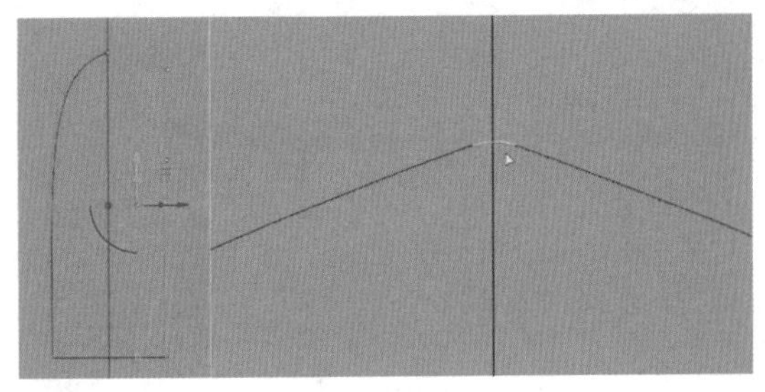

图9-82

05 单击“旋转成形 / 沿路径旋转”工具，对上一步得到的轮廓线进行旋转成型，得到口红膏体的曲面，如图 9-84 所示。

06 在 Right（右）视图中绘制一条斜线，单击“修剪 / 取消修剪”工具，使用这条斜线对膏体曲面进行修剪，如图 9-85 所示。

图9-83

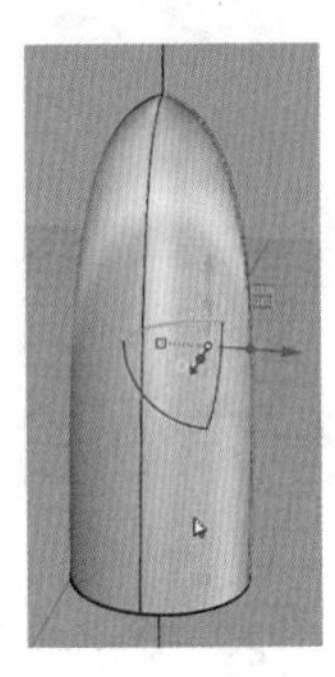

图9-84

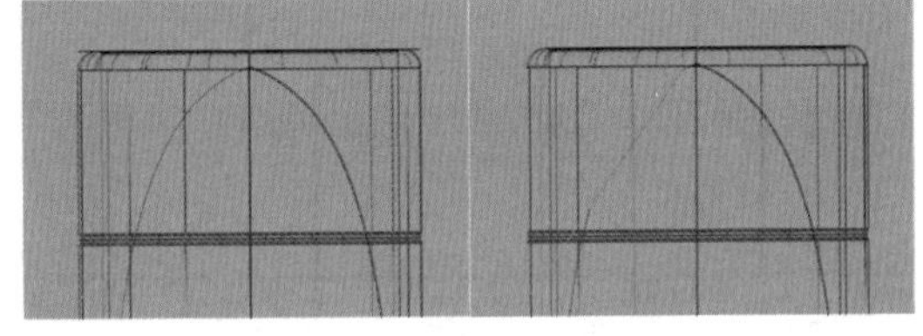

图9-85

07 使用“将平面洞加盖”工具，这样就可以将整个口红膏体封闭起来，如图 9-86 所示。

08 使用“边缘圆角”工具，将“下一个半径”设置为 0.1mm，对顶部斜面的边缘进行圆角处理，再次使用“边缘圆角”工具，对膏体底面进行圆角处理，设置“下一个半径”为 0.3mm，如图 9-87 和图 9-88 所示。

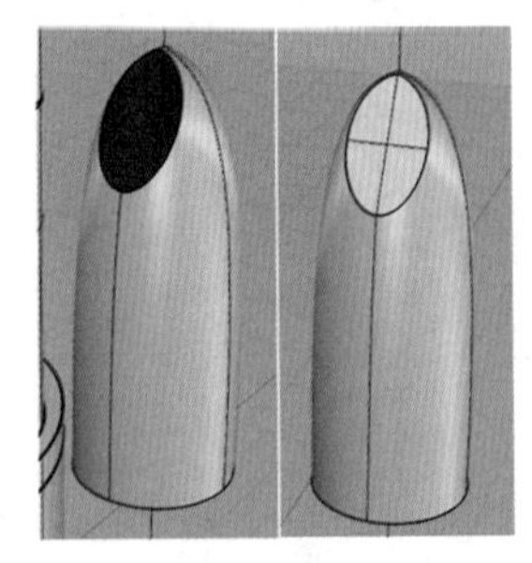

图9-86

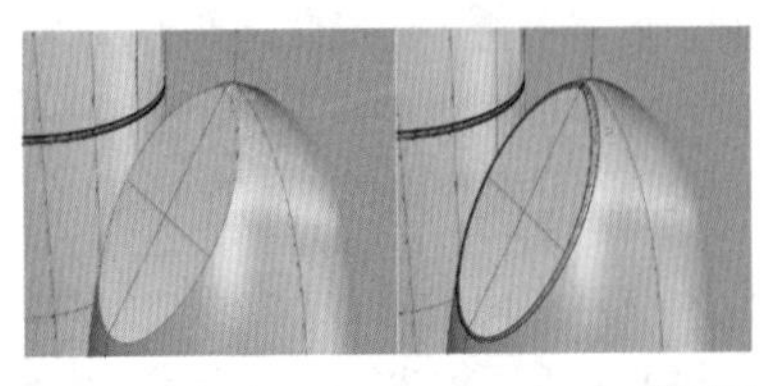

图9-87

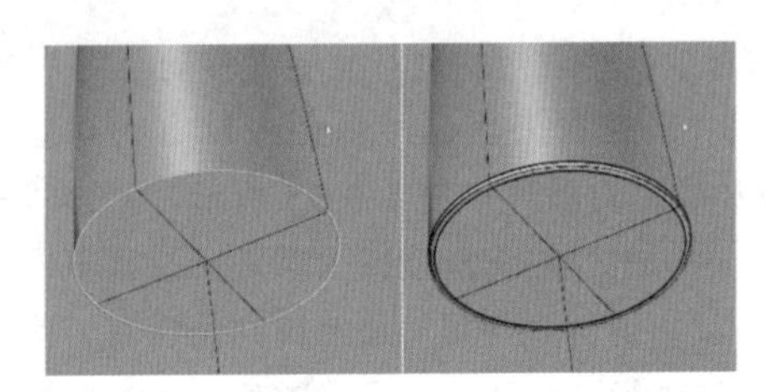

图9-88

09 开启“锁定格点”，将口红膏体移动到口红管中，如图 9-89 所示。

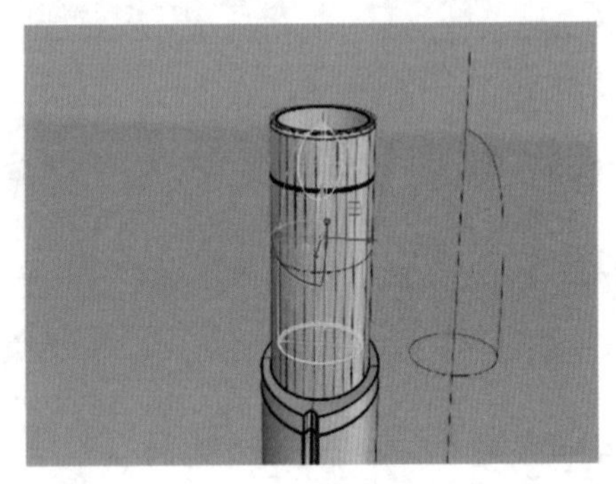

图9-89

至此就完成了口红所有模型的建模。

9.9 口红渲染

本节进行口红的渲染设置。

01 将口红模型文件拖放到 KeyShot 的窗口中，在弹出的对话框中进行设置，如图 9-90 所示，效果如图 9-91 所示。

02 将 Anodized Aluminum Rough Blue（蓝色粗糙电解铝）材质赋予口红模型，这时会看到口红模型整个都变成了哑光蓝色，如图 9-92 和图 9-93 所示。

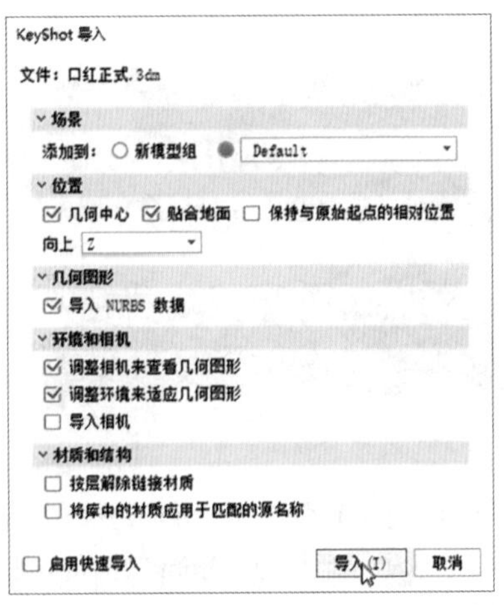

图9-90

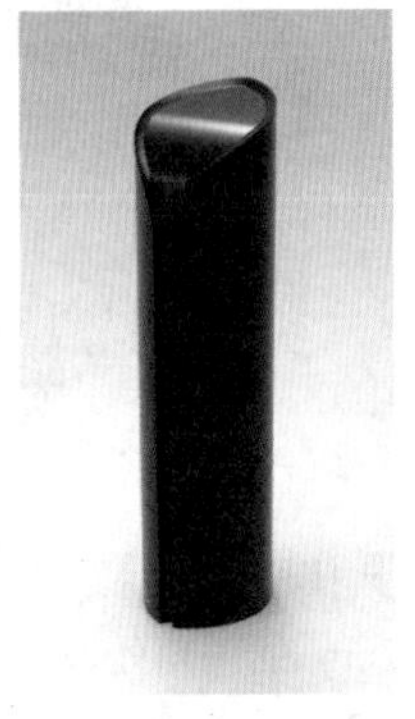

图9-91

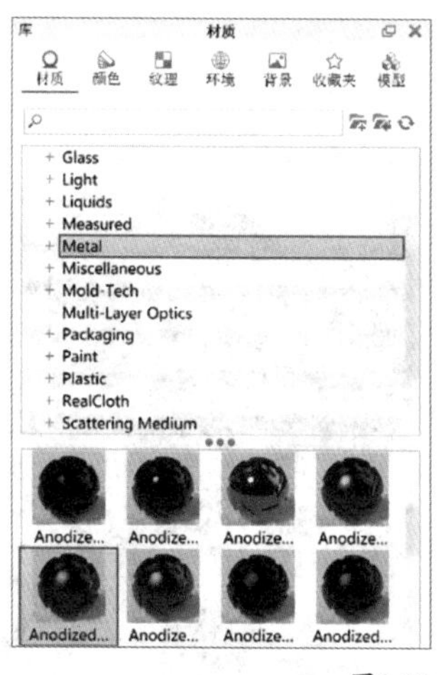

图9-92

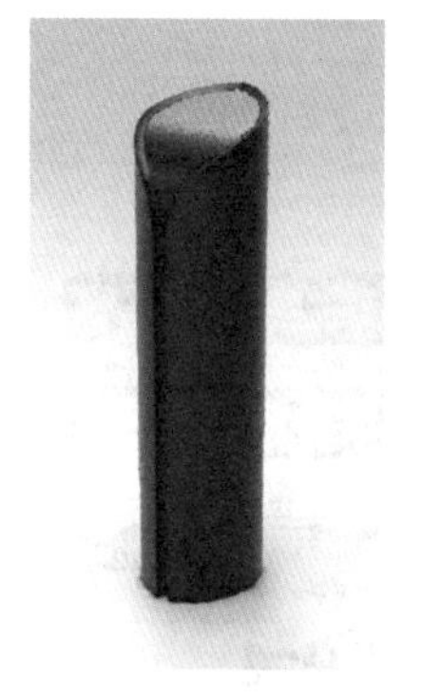

图9-93

03 将 Gold 24k Polish（24K 金抛光）材质赋予顶盖的开口曲面和口红管模型，如图 9-94 和图 9-95 所示。

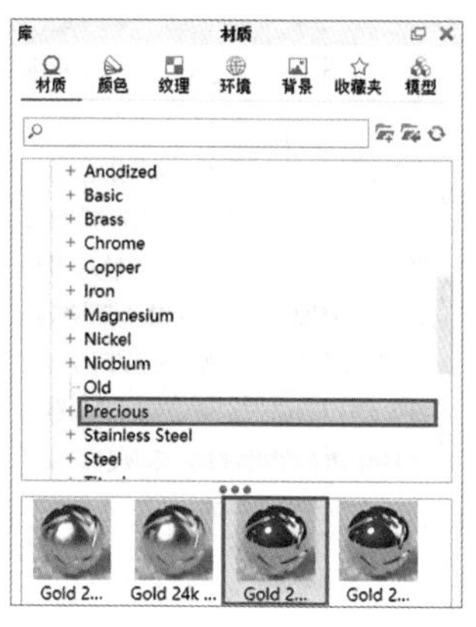

图9-94

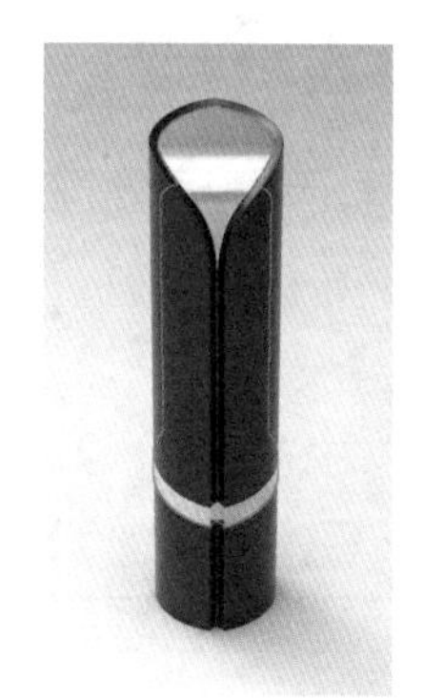

图9-95

技巧与提示

如果直接将 24K 金抛光材质拖放到实时渲染窗口的模型上，会发现 24K 金抛光材质直接取代了蓝色哑光铝材质，这是因为我们没有在 Rhino 中将模型进行分层。

可以使用鼠标拖曳配合场景列表进行材质的区分。在场景列表中选中需要分件赋予材质的模型。然后打开“场景”面板，可以看到场景列表中所选模型被高亮显示。在材质库中选取想要的材质，按住鼠标左键拖曳到场景列表的模型名称上面，完成材质赋予。

如果不想用这种方法，可以提前在 Rhino 中将所有模型分配到不同颜色的图层上，这样在 KeyShot 中就可以直接通过拖曳的方式进行分件赋予材质了。

04 隐藏口红顶盖，将 Soft Rough Red（红色哑光软塑料）材质赋予口红膏体模型，如图 9-96 和图 9-97 所示。

05 进入“模型”面板，双击 Backdrop Ramp（背景斜坡模型），将 Backdrop Ramp 添加到场景中，并在移动工具中单击“贴合地面”按钮，将其与地面贴合，如图 9-98 和图 9-99 所示。

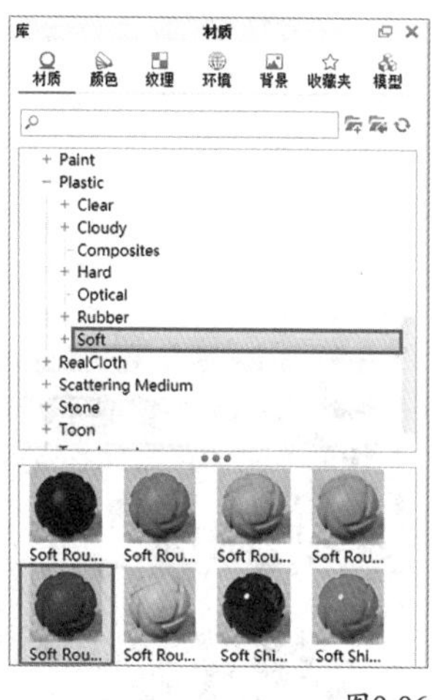

图9-96

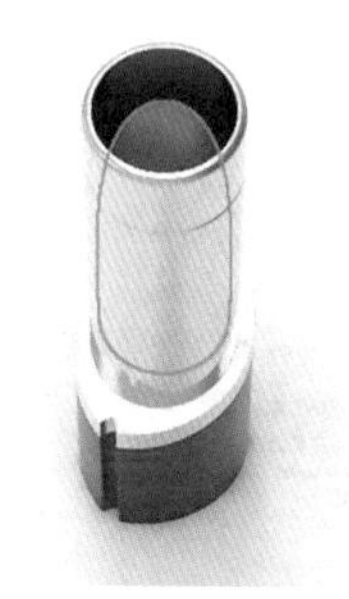

图9-97

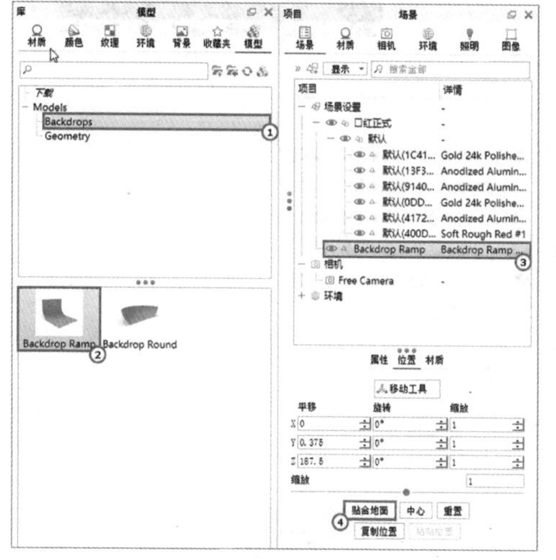

图9-98

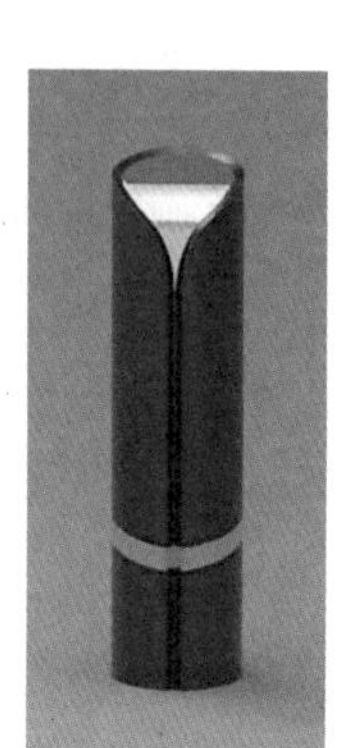

图9-99

06 将 Rubber（橡胶）材质赋予背景斜坡模型，如图 9-100 所示。到这里就完成了材质的分配，如图 9-101 所示。

07 在场景列表中，在口红模型上单击鼠标右键，在弹出的菜单中选择“复制”选项，如图 9-102 所示，进行一次整体复制，然后单击“位置”选项卡中的“移动工具”按钮，将两个口红模型进行摆放，效果如图 9-103 所示。

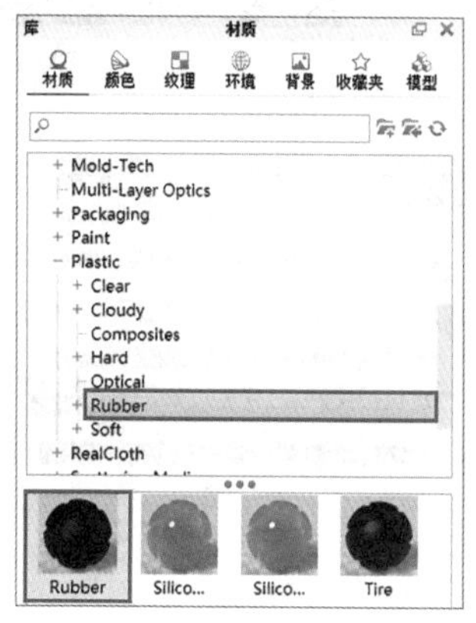

图9-100

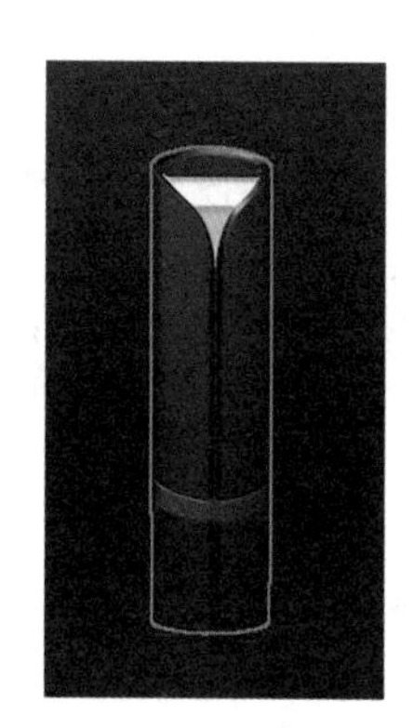

图9-101

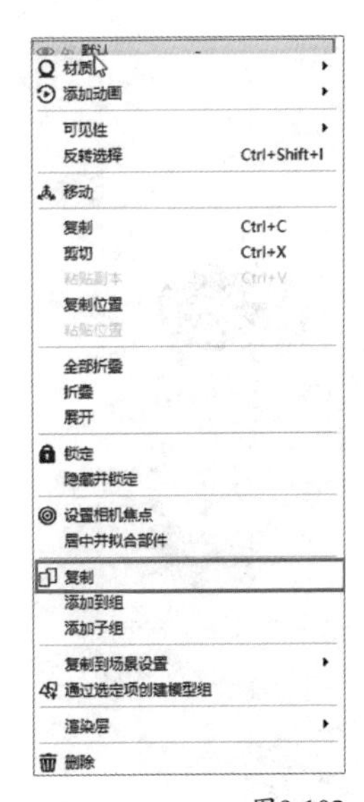

图9-102

图9-103

08 接下来需要改变一下画幅，在“图像”面板的“预设”里将“分辨率”改成1200×1600的竖向模式，调整相机角度，使模型处于画面中间位置，如图9-104和图9-105所示。

图9-104

图9-105

09 下面要进行灯光和环境的设置，在“环境”面板中，找到3 Panels Straight 4K这张HDRI贴图，双击将其应用到当前场景中，如图9-106和图9-107所示。

10 在“环境”面板中，切换到HDRI编辑器，会看到第一个Rectangular Pins目录下面是灰色的，说明这个目录被锁定了，单击右侧的锁图标把它打开，然后打开它的下拉菜单，将第二个灯光针的“亮度”改为0.1，如图9-108所示。

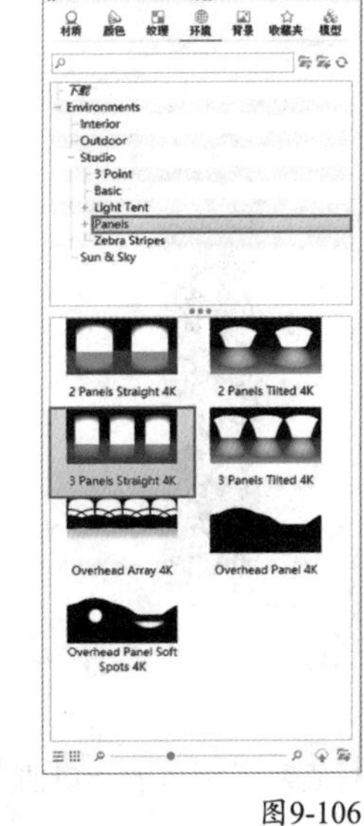

图9-106

图9-107

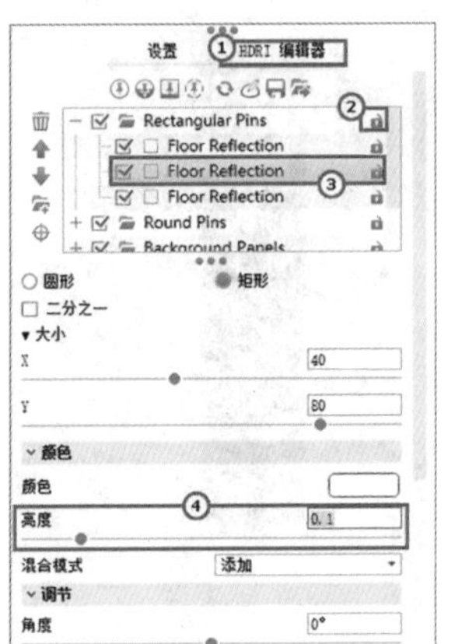

图9-108

11 打开Background Panels目录，将第一个灯光针的“亮度”设置为1，把第二个灯光针的“亮度”设置成0.5，第三个灯光针保持不变，如图9-109和图9-110所示。

12 新增彩色的氛围灯光。新增一个矩形灯光针，大小为50×80，将“颜色”改为蓝色，“亮度”改为3，使它照亮画面最左侧，如图9-111和图9-112所示。

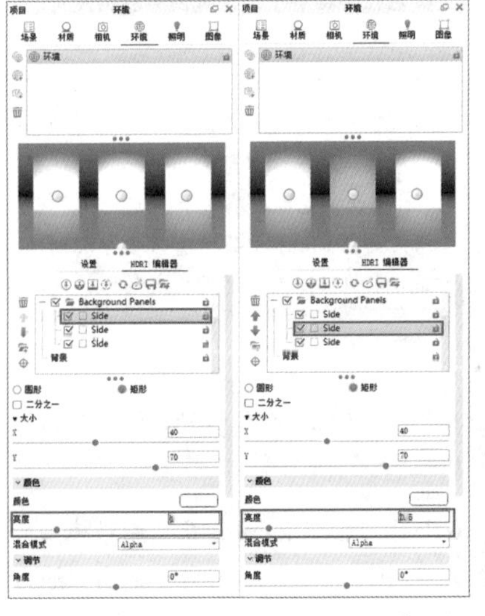

图9-109

图9-110

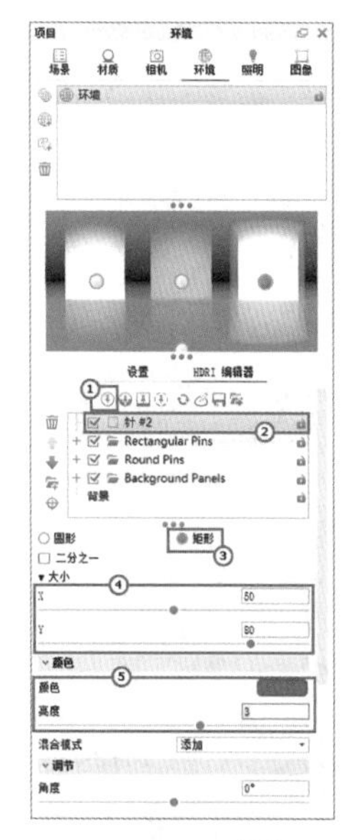

图9-111

图9-112

技巧与提示

在 KeyShot 中移动 HDRI 灯光针的方法有 3 种，如下所示。

方法 1：在“HDRI 编辑器”中选中灯光针，使用鼠标拖曳进行移动。

方法 2：在灯光针参数栏的最下方，调整方位角和仰角值。

方法 3：开启灯光针列表左侧的“设置高亮显示”按钮⊕，在实时渲染窗口中，单击需要照亮的位置。

13 新增一个矩形灯光针，设置大小为 50×80，将“颜色”改为红色，“亮度”改为 3，使它照亮画面最右侧，并略微向下移动一些，如图 9-113 和图 9-114 所示。

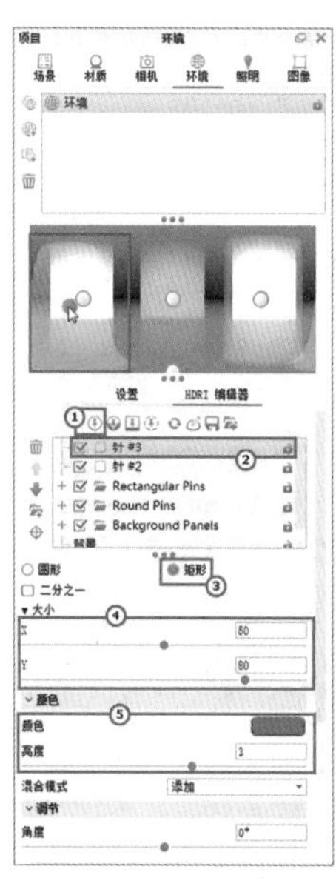

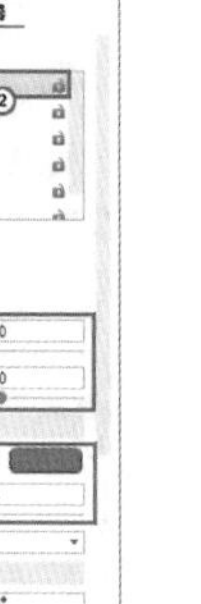

图9-113

图9-114

14 完成设置之后，在“相机”面板的相机列表中新增一个相机，将相机的“视角 / 焦距”改为 75 毫米，单击“保存当前相机”按钮，将它锁定起来，如图 9-115 所示。

技巧与提示

相机的“视角 / 焦距”参数影响画面的透视效果，设置的值越大越接近正交效果，越小则透视越明显。

15 切换到“照明”面板，将“照明预设值”改为“珠宝”模式，这个珠宝模式是光照最准确的，也是光照效果最好的一个模式，如图 9-116 所示。

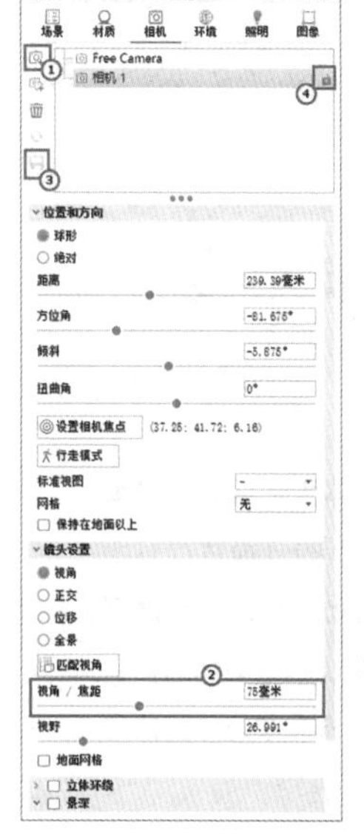

图9-115

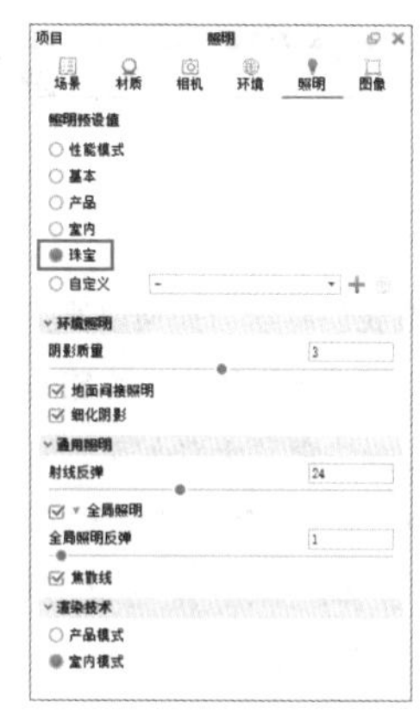

图9-116

16 单击界面下方的“渲染”按钮，在“渲染”对话框中进行图 9-117 所示的设置。在界面上方的快捷功能栏中开启“去噪”功能，如图 9-118 所示，完成最终的渲染，如图 9-119 所示。

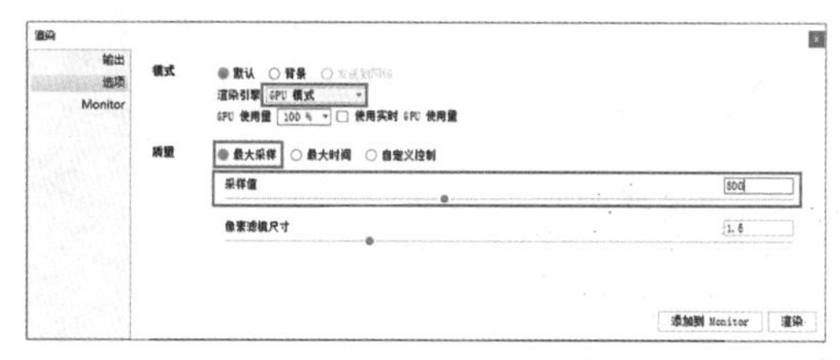

图9-117

图 9-118

图9-119

技巧与提示

KeyShot 可以使用 CPU、GPU 两种模式进行渲染，CPU 的光线计算更加稳定，对系统要求较低，渲染速度较慢；GPU 模式渲染速度更快，但需要更好的显卡。

第10章

综合实例——制作无线音箱

本章我们将学习如何以实体几何体为基础制作精细的产品模型。本章的建模思路与第 9 章的分面建模有所不同，更加注重从大形入手，逐步细化细节，最终得到精细模型。这种思路非常适合外形明确、整洁的产品，有利于把握整体造型比例。在案例最后我们会学习如何使用 KeyShot 来完成极简风格的产品渲染。

本章学习要点

- 了解产品的组成结构
- 熟练掌握建模环境的设置方法
- 熟练掌握通过基础模型构建精细模型的方法
- 熟练掌握产品的建模思路
- 熟练掌握对模型进行渲染的方法

10.1 案例分析

本章将学习如何使用基础几何体制作精细的模型，并通过这种方法完成无线音箱的建模，如图 10-1 和图 10-2 所示。

图10-1

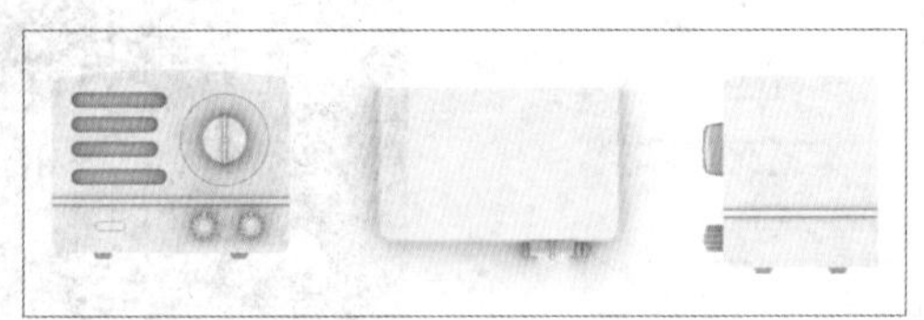

图10-2

本案例中的无线音箱从大造型上来看近似于一个长方体，将长方体作为基础造型元素，然后通过修剪、分割在基础造型上制作细节，最后加上凸出的旋钮和底部垫脚就可以完成全部的模型制作了。

10.2 设置建模环境

01 打开 Rhino 7，在“标准”选项卡中单击图标，如图 10-3 所示。

图 10-3

02 打开“Rhino 选项”对话框，找到“单位”选项，并在对话框右侧的设置中将“模型单位”改为“毫米”，如图 10-4 所示。

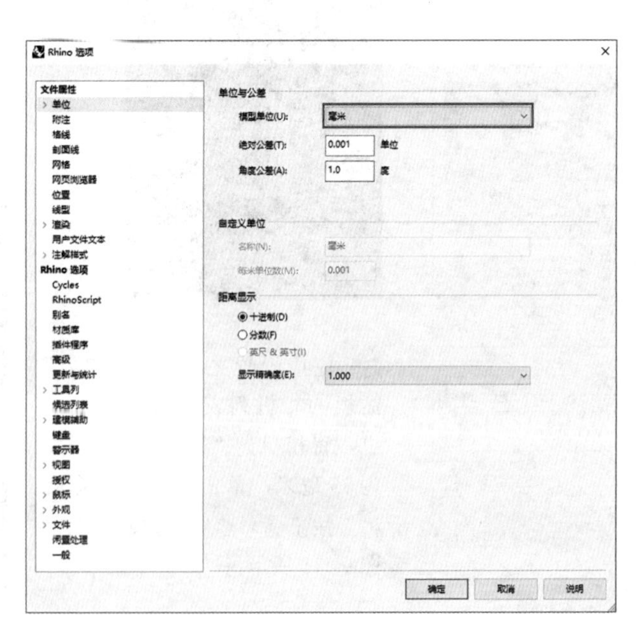

图10-4

10.3 无线音箱主体建模

首先进行无线音箱的主体建模。

01 在 Frnot（前）视图中使用“立方体：角对角、高度”工具，打开“锁定格点”，在 Frnot（前）视图中绘制一个长为 80mm，高度为 60mm，深度为 50mm 的长方体，如图 10-5 和图 10-6 所示。

默认 锁定格点 正交 平面模式

图10-5

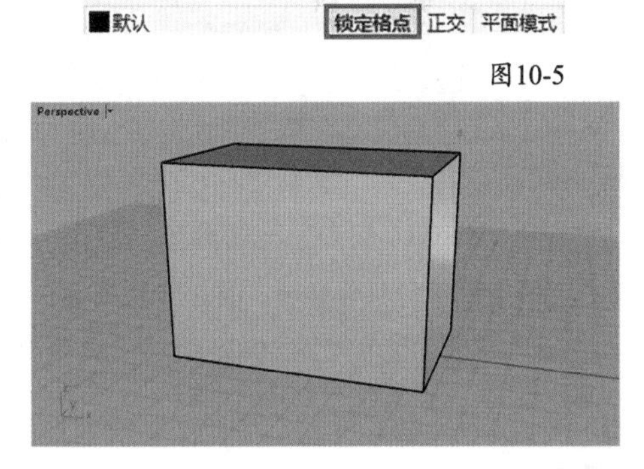

图10-6

02 使用“双向置中”工具，这样长方体的中心就会对齐到鼠标指针上面，开启“锁定格点”，把模型的中心与视图坐标轴进行重合，在 Right（右）视图中对它进行一些调整，使其整个回到世界坐标轴的中心，如图 10-7 所示。

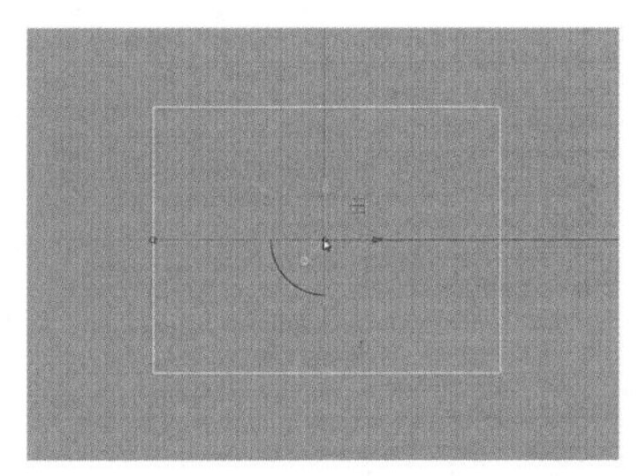

图 10-7

03 使用“圆弧：起点、终点、通过点”工具绘制图 10-8 所示的圆弧。

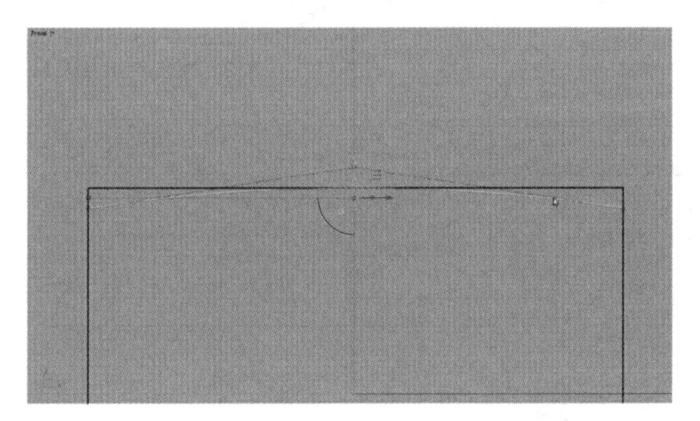

图10-8

04 单击“修剪 / 取消修剪”工具，使用上一步得到的圆弧对立方体的顶部进行修剪，如图 10-9 所示。

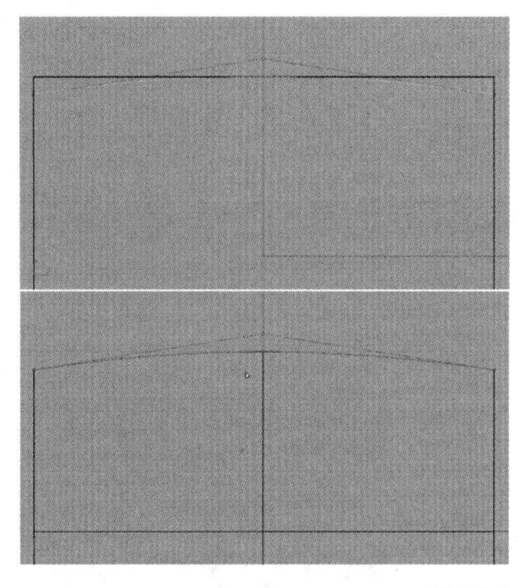

图10-9

05 使用“单轨扫掠”工具，选取绘制的弧线曲线作为轨道，选取左侧的边缘作为起始的截面，选择右侧的直线作为结束的断面曲线，扫掠生成图 10-10 所示的曲面。

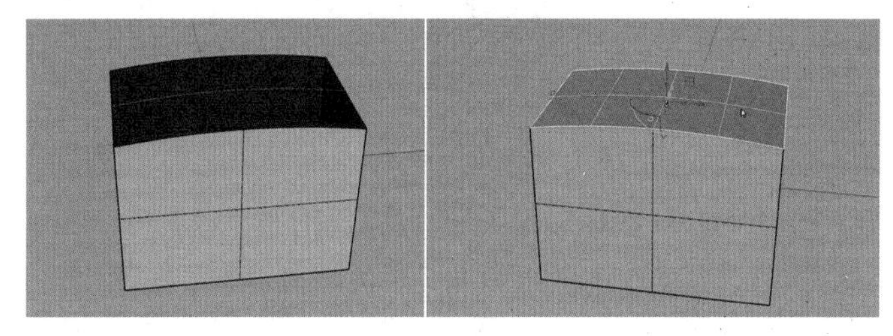

图10-10

06 选取所有的曲面并使用“组合”工具对它们进行组合，这样就得到了音箱的大造型，接下来进行模型的细化，如图 10-11 所示。

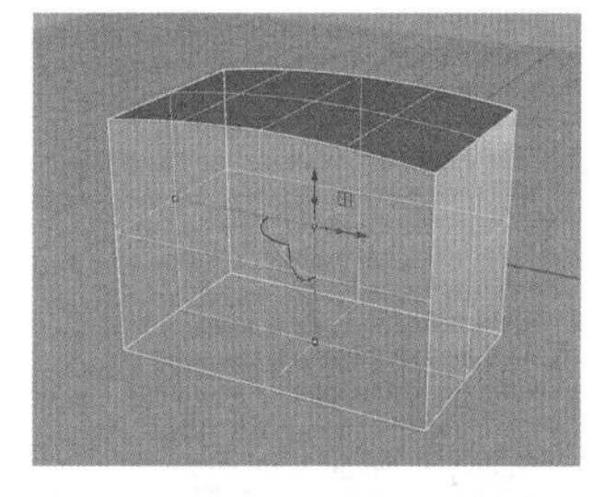

图10-11

10.4 无线音箱细节建模

01 使用“单一直线”工具在 Front（前）视图中绘制两条直线，如图 10-12 所示。

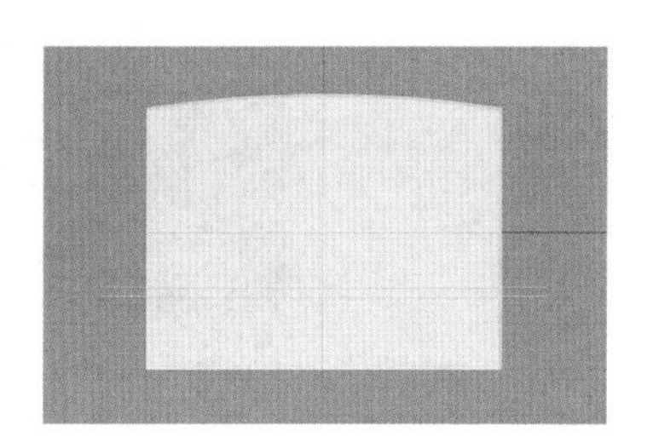

图10-12

02 单击“分割 / 以结构线分割曲面”工具，选取两条直线，对主体模型进行分割，如图 10-13 所示。

03 使用“圆：中心点、半径”工具，分别绘制直径为30mm和15mm的两个圆形，这两个圆用来确定表盘和旋钮的位置，如图10-14所示。

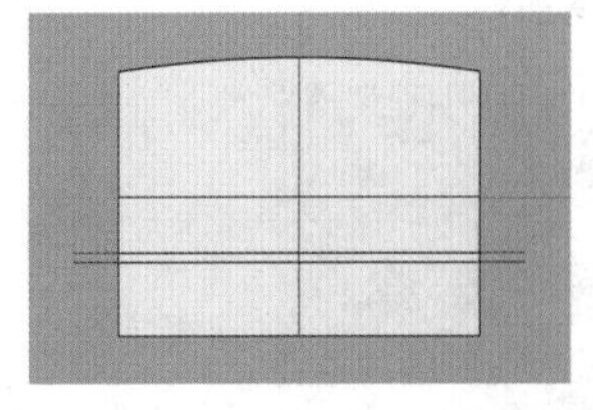

图10-13

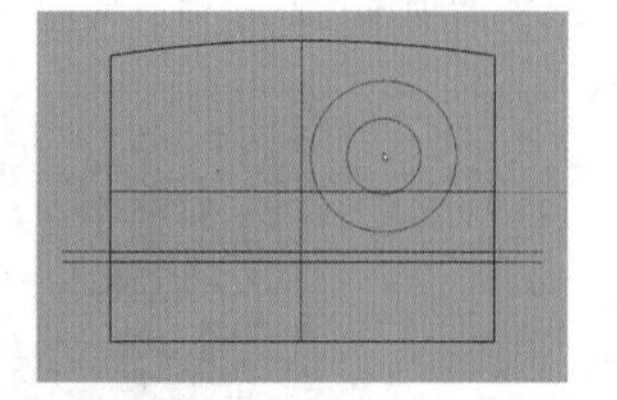

图10-14

04 继续使用“圆：中心点、半径”工具在左侧合适的位置绘制一个直径为5mm的圆形，使用“单一直线”工具再绘制一条直线，贯穿整个圆形，用直线对圆形进行分割，如图10-15所示。

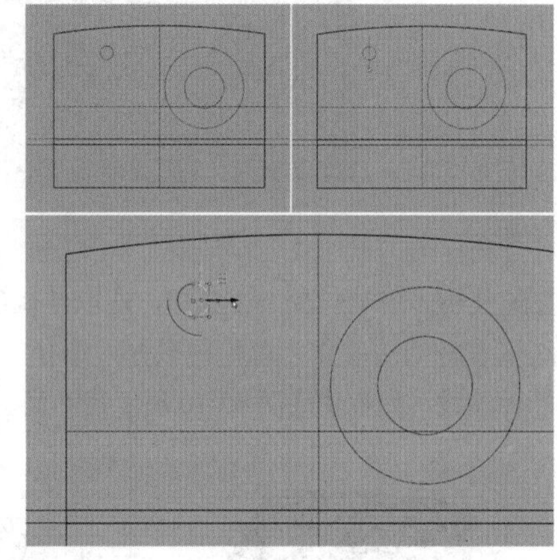

图10-15

05 接下来绘制音箱喇叭口，将步骤4中圆形的两个部分分别向左右平移，使它们分开一段距离，单击“单一直线”工具，同时打开“物件锁点”并勾选“端点”，将这两个半圆连接起来，形成一个胶囊的形状，将胶囊的形状复制3次，然后将中间两个胶囊缩短，如图10-16和图10-17所示。

图10-16

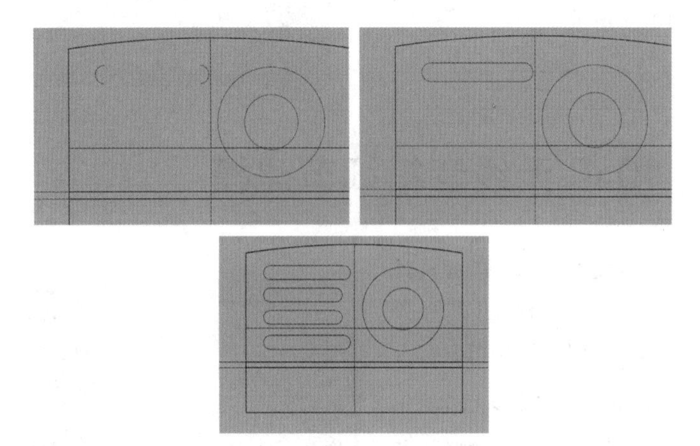

图10-17

技巧与提示

使用操作轴在移动的过程中按Alt键，使鼠标指针左上角出现一个“+”标志，就可以对被选对象进行快捷移动复制了。

06 使用“圆：中心点、半径”工具在右下角位置绘制旋钮的基圆，如图10-18所示。

07 使用与步骤5中同样的方法绘制指示灯曲线。这样就完成了音箱的基本布局，如图10-19所示。

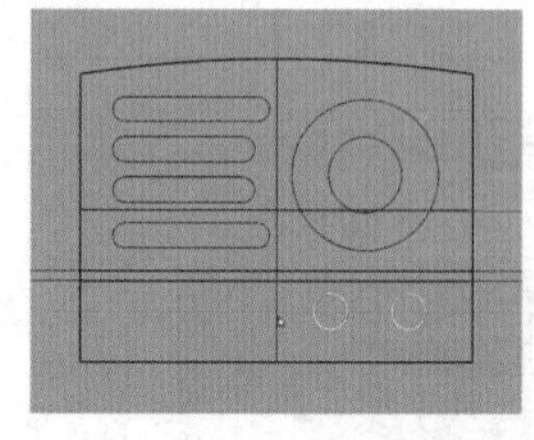

图10-18

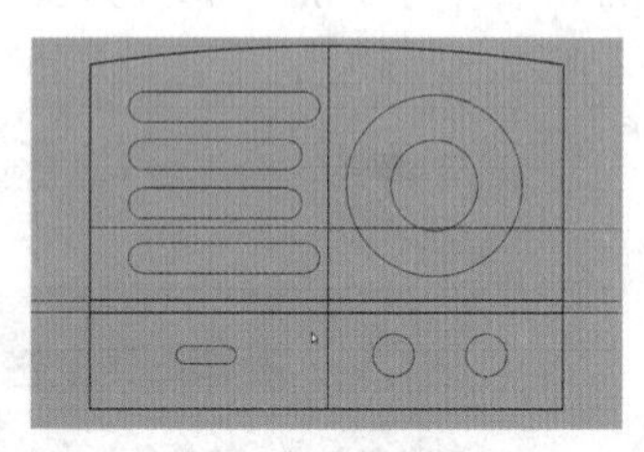

图10-19

08 接下来对大的造型进行细化建模。使用“边缘圆角”工具，将“下一个半径”设置为4，如图10-20所示，对图10-21所示的边缘进行圆角处理。

选取要建立圆角的边缘，按 Enter 完成 (显示半径(S)=是 下一个半径(N)=4 连锁边缘(C) 面的边缘(F) 预览(P)=否 编辑(E)):

图10-20

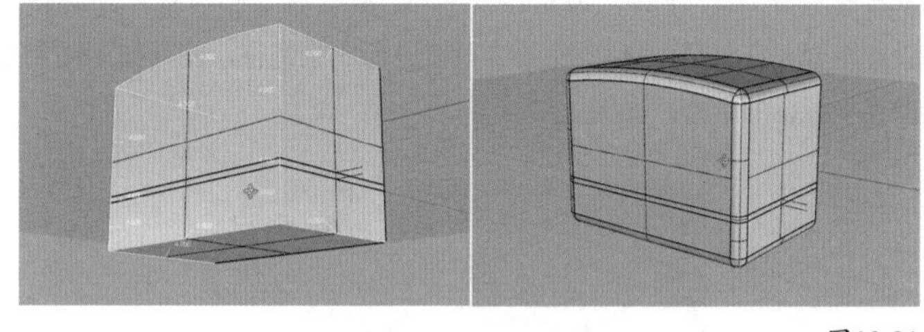

图10-21

09 单击“抽离曲面”工具，注意在这里要设置“复制=否”，然后选中主体模型背面所有的平面，把它们抽离出来，抽取完成之后，将它们删除，如图10-22和图10-23所示。

图10-22

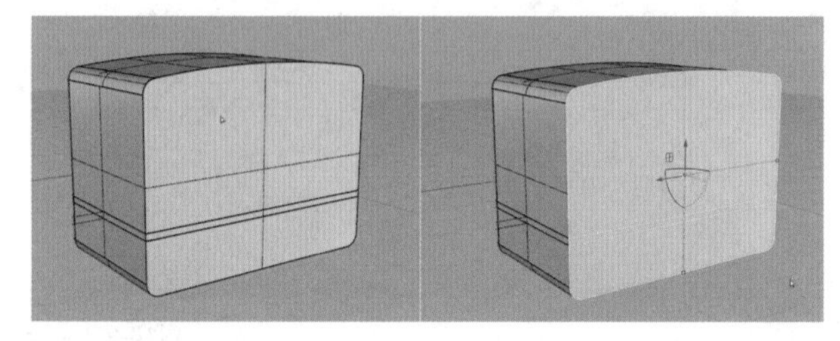

图10-23

10 单击“以平面曲线建立曲面”工具，然后框选开口处所有的边缘，重新生成一个整体的曲面，如图 10-24 所示。

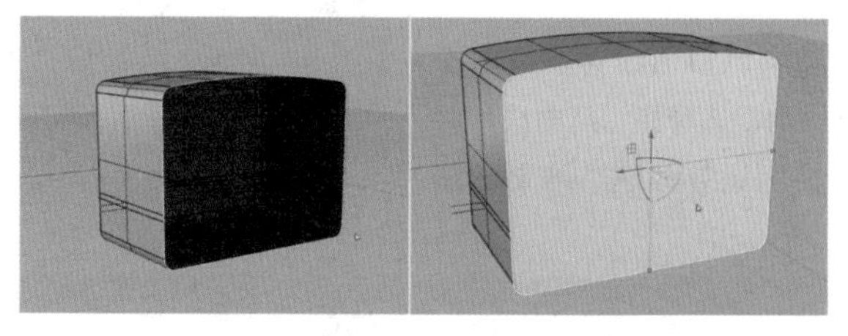

图10-24

11 使用“复制边缘 / 复制网格边缘”工具，将整个曲面的边框进行复制，将它提取为一条封闭的曲线，如图 10-25 所示。使用“偏移曲线”工具，设置“距离”为 1.5mm，进行向内的偏移，如图 10-26 所示。偏移完成之后，单击“分割 / 以结构线分割曲面”工具，用偏移完成之后的曲线对原本的曲面进行一个分割，这样就将背面的平面分割成了一个中心平面和外面的一圈环形平面，如图 10-27 所示。

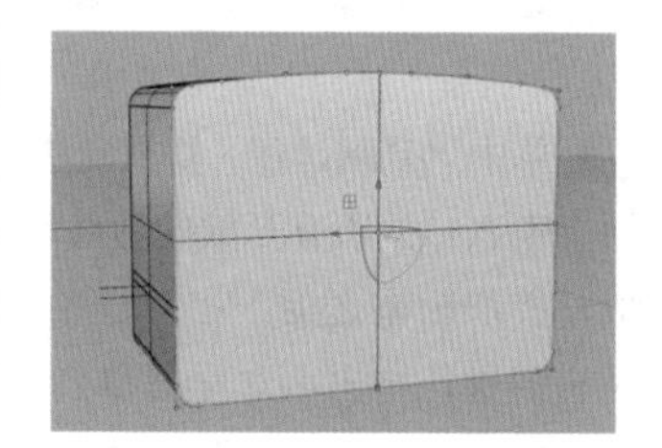

图10-25

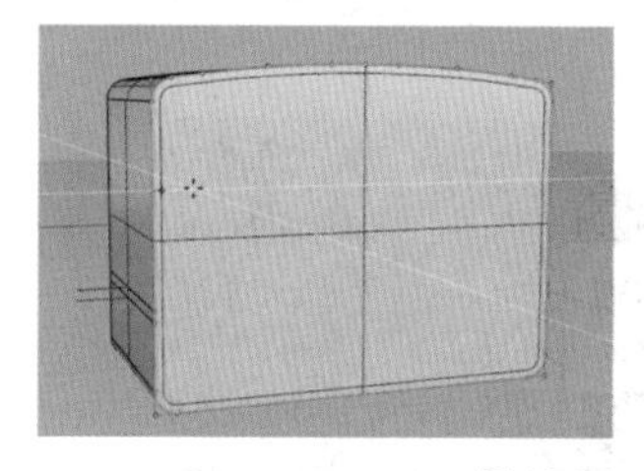

图10-26

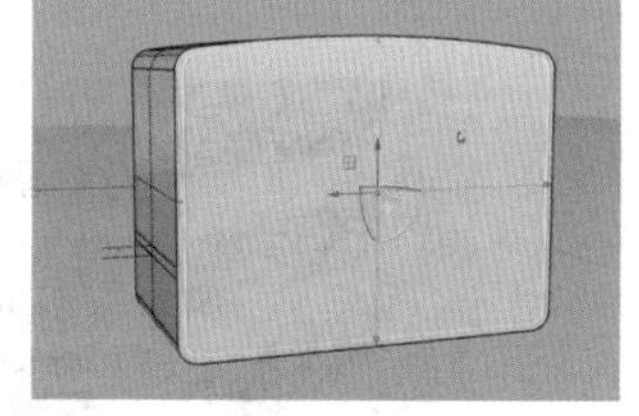

图10-27

12 选择中部的装饰带曲面，单击“偏移曲面”工具，设置“距离”为 0.75mm，并且确保“实体 = 是”，“删除输入物件 = 否”，对装饰带进行一次偏移，如图 10-28 和图 10-29 所示。偏移完成之后，保持原本的装饰带曲面在选取的状态下，再次使用“偏移曲面”工具，这次需要单击“全部反转”选项，其他所有的参数都保持一致，如图 10-30 所示。这样就生成了两个紧挨在一起的实体，但是它们的方向是相反的，如图 10-31 所示。

选取要反转方向的物体，按 Enter 完成 (距离(D)=0.75 角(C)=圆角 实体(S)=是 公差(T)=0.001 删除输入物件(L)=否 全部反转(F)):

图10-28

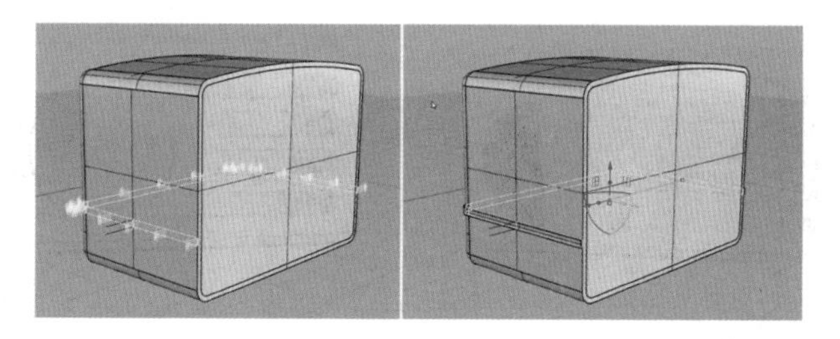

图10-29

选取要反转方向的物体，按 Enter 完成 (距离(D)=0.75 角(C)=圆角 实体(S)=是 公差(T)=0.001 删除输入物件(L)=否 全部反转(F)):

图 10-30

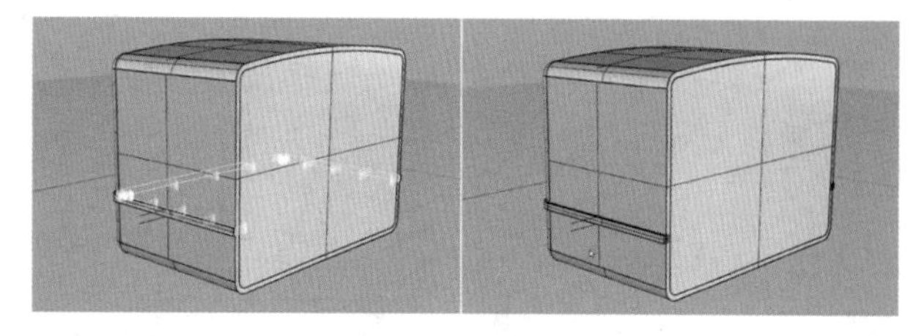

图10-31

13 使用“隔离物件”工具，将外部装饰带模型独立显示，在屏幕的右下角勾选“子物件”，选取内表面并全部删除，如图 10-32 所示。使用相同的方法将内部装饰带模型的外表面删除，如图 10-33 所示。接下来关闭“子物件”功能，选择内外两条装饰带的曲面对它们进行组合，两组装饰带曲面就变成了一个实体。

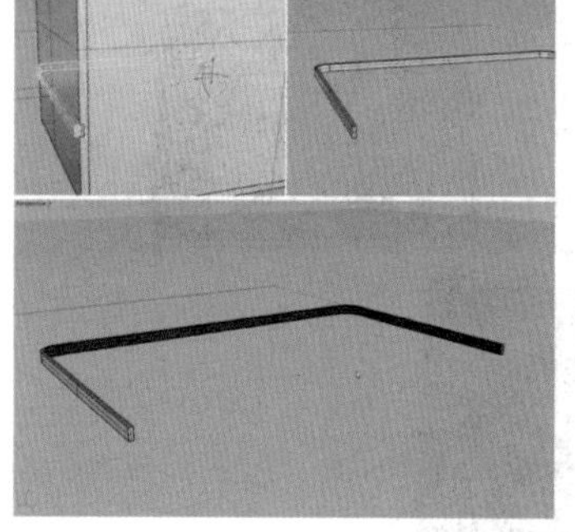

图10-32

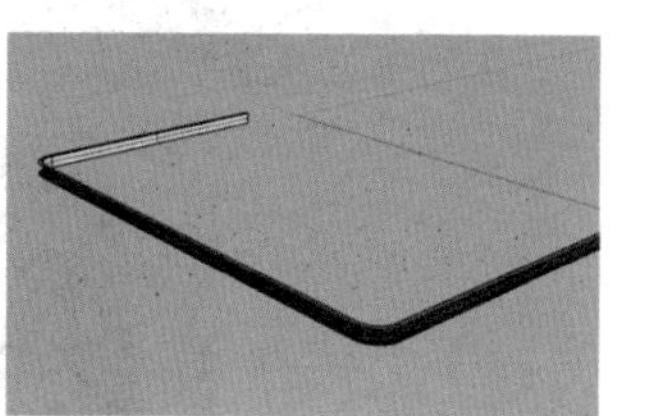

图10-33

14 选择刚刚得到的装饰带，使用“修剪 / 取消修剪”工具对背面的环状平面进行修剪，修剪结果如图 10-34 所示。

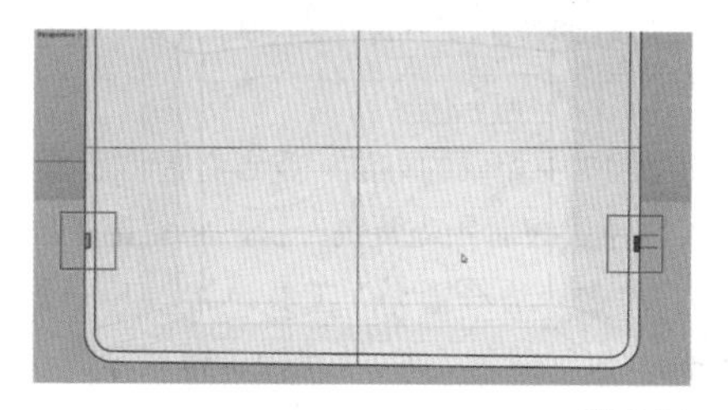

图10-34

15 使用“复制边缘 / 复制网格边缘”工具，将两侧内凹的缺口处的直线全部提取出来，然后将它们进行组合，如图 10-35 所示。单击“双轨扫掠”工具，打开“连锁边缘”，并且设置“自动连锁 = 是”，选择主体模型中部的两条开口边缘作为扫掠轨道，选择两侧内凹的曲线作为扫掠断面图形，得到封口曲面，如图 10-36 所示，最后将它与主体模型进行组合。

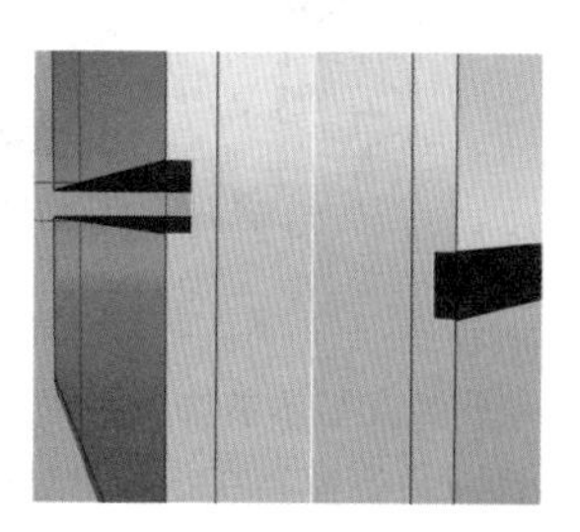

图10-35

16 单击“边缘圆角”工具，设置“下一个半径”为0.2，然后选取图10-37所示的边缘进行圆角处理。

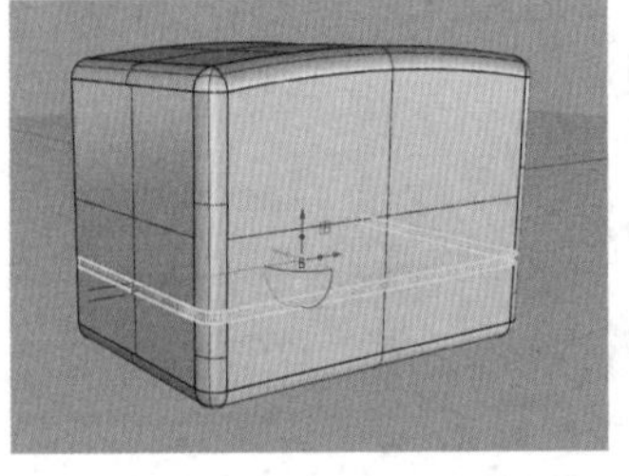

图10-36

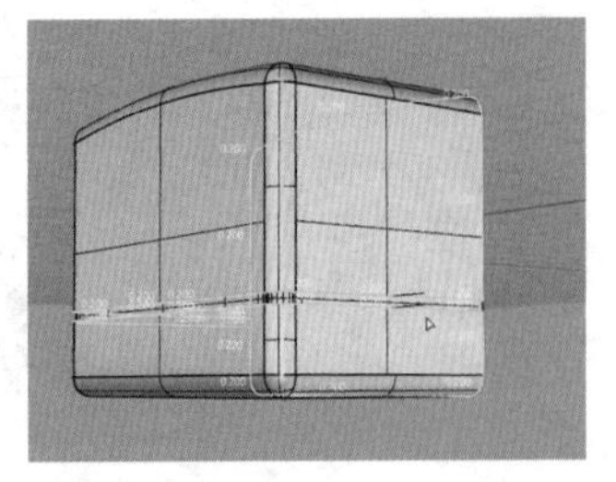

图10-37

17 为了便于后续操作，单击“隐藏物件 / 显示物件”工具，将背后的平面隐藏，选择步骤11偏移后得到的环状曲面，将它的内边缘向内挤出2mm。然后将它与外壳组合，并将转角处进行圆角处理，设置圆角半径为0.2mm，如图10-38所示。

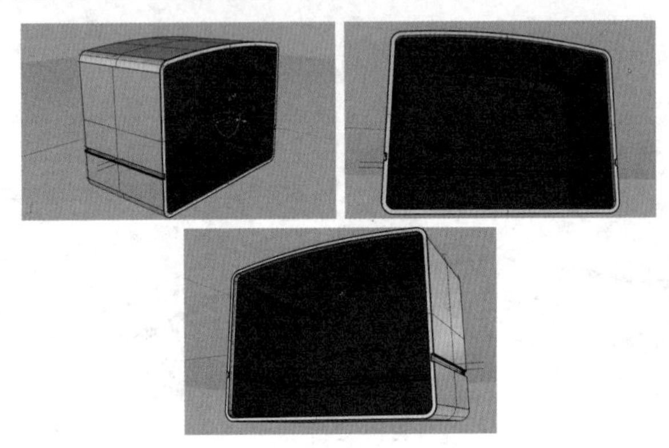

图10-38

技巧与提示

挤出时有两种方法：方法1是使用“直线挤出”工具。方法2是使用操作轴箭头上的实心圆点进行快捷挤出。

18 使用与步骤17中相同的方法，或者直接将步骤17中向内挤出2mm得到的环状曲面预先复制一份，将背部平面与此环状曲面进行组合，单击“边缘圆角”工具，将“下一个半径”同样设置为0.2mm，进行圆角处理，如图10-39所示。

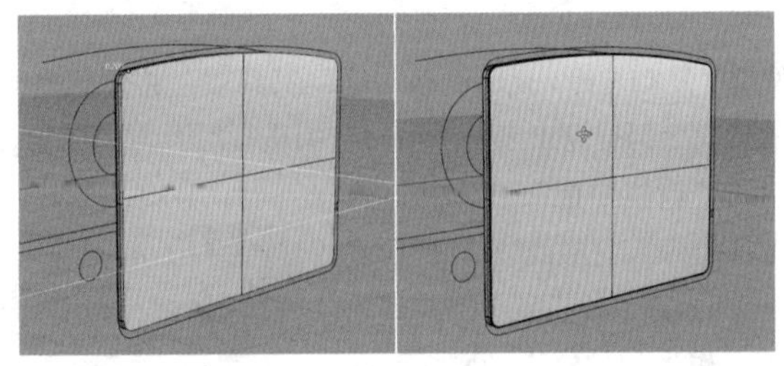

图10-39

19 独立显示装饰条带模型，再次单击“边缘圆角”工具，设置圆角半径为0.2mm，对所有的直角边缘进行圆角处理，如图10-40所示。

20 接下来将其他暂时不需要的模型全部隐藏，只显示前盖，对音箱上面的细节进行雕琢，使用音箱喇叭口曲线对前盖曲面进行修剪，选择指示灯曲线，对前盖曲面进行分割，结果如图10-41所示。

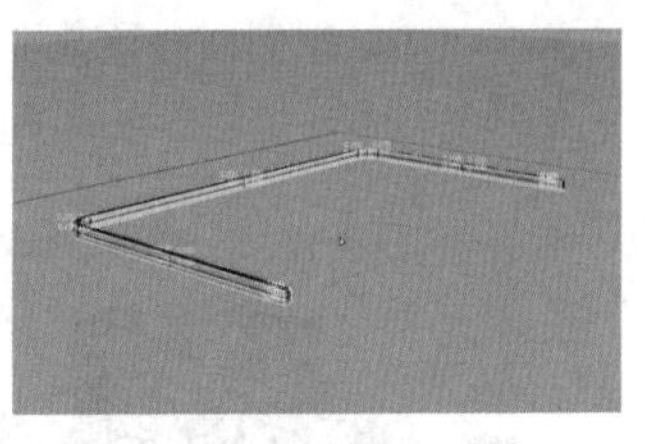

图10-40

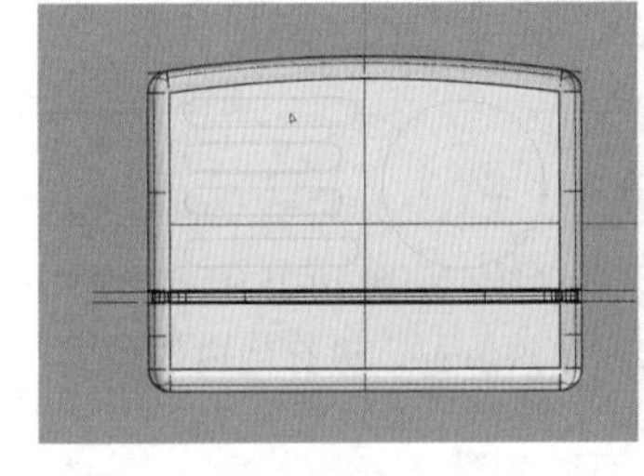

图10-41

21 单击“复制边缘 / 复制网格边缘”工具，然后选择音箱曲面上喇叭口处所有开放的边缘和右侧表盘处的开放边缘，进行提取，提取出来之后，在操作轴上单击绿色箭头的圆点，输入2，对它们进行挤出，这样就得到了内部有厚度的环面，如图10-42所示。将这些面都与外壳进行组合，选择所有的边缘进行边缘圆角的操作，将圆角半径同样设置为0.2mm，如图10-43所示。

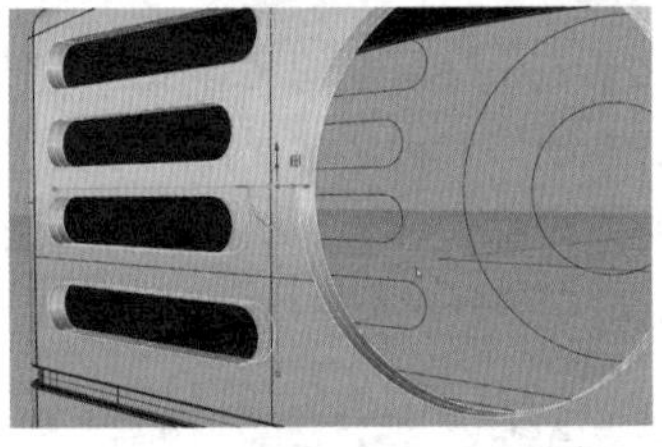

图10-42

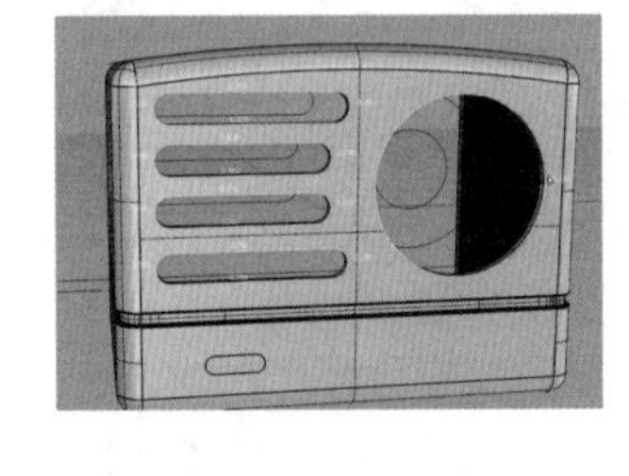

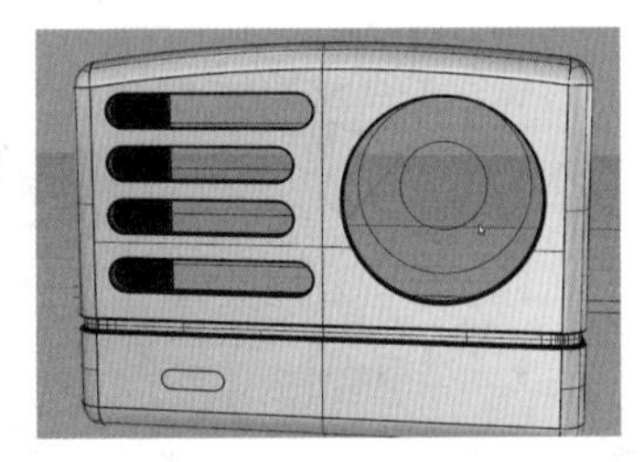

图10-43

22 执行“矩形平面：角对角”指令，绘制一个矩形平面。我们可以在 KeyShot 当中很方便地对这个平面赋予网格材质，作为喇叭口的罩子，在这里就不再进行进一步编辑，如图 10-44 所示。

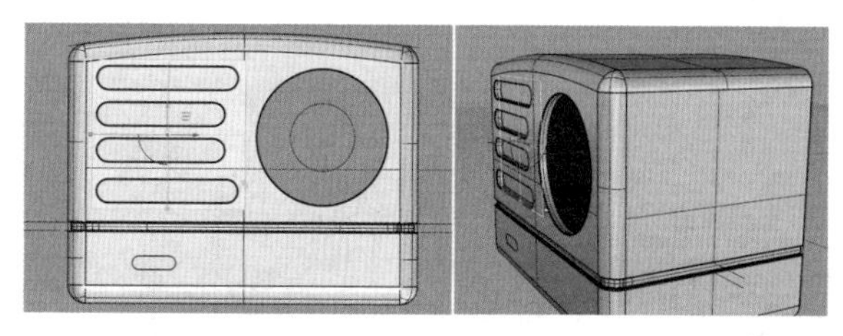

图10-44

10.5 无线音箱配件建模

接下来开始制作无线音箱的配件部分。

01 使用“复制边缘 / 复制网格边缘”工具，将表盘开口内侧的圆形提取出来，如图 10-45 所示。开启“物件锁点”，勾选“中心点”，如图 10-46 所示。使用“单一直线”工具绘制图 10-47 所示的直线。

02 使用“圆弧：起点、终点、通过点”工具绘制一条圆弧，圆弧一端在步骤 1 绘制的中线上，另一端在圆上，如图 10-48 所示。单击“旋转成形 / 沿路径旋转”工具，将旋转轴锁定到中线上面，旋转角度设定为 360 度，得到一个曲面，如图 10-49 所示。

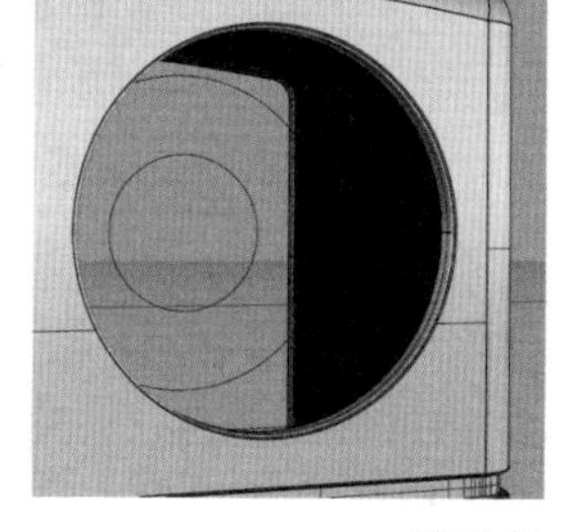

图10-45

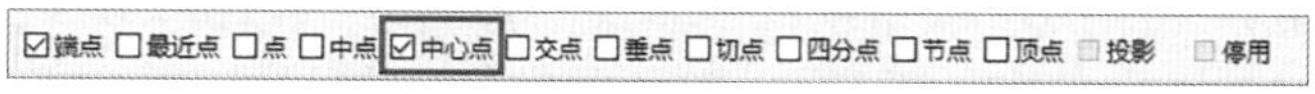

☑端点 ☐最近点 ☐点 ☐中点 ☑中心点 ☐交点 ☐垂点 ☐切点 ☐四分点 ☐节点 ☐顶点 ☐投影 ☐停用

图10-46

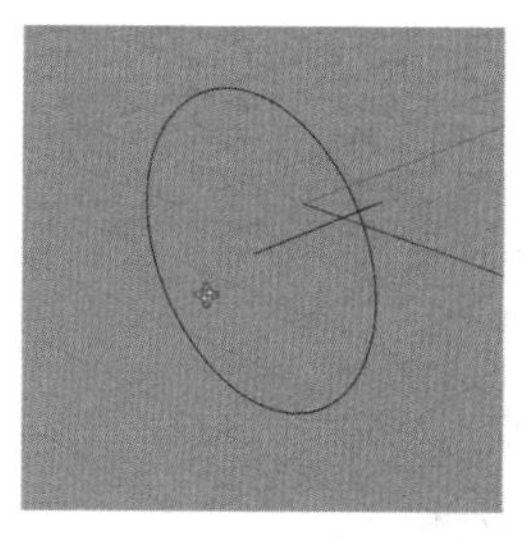

图10-47

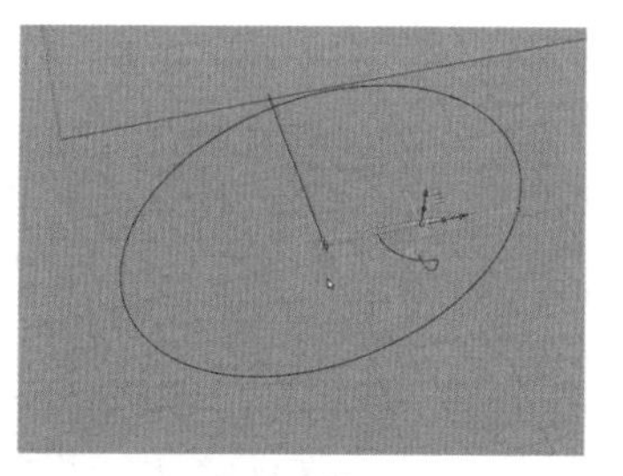

图10-48

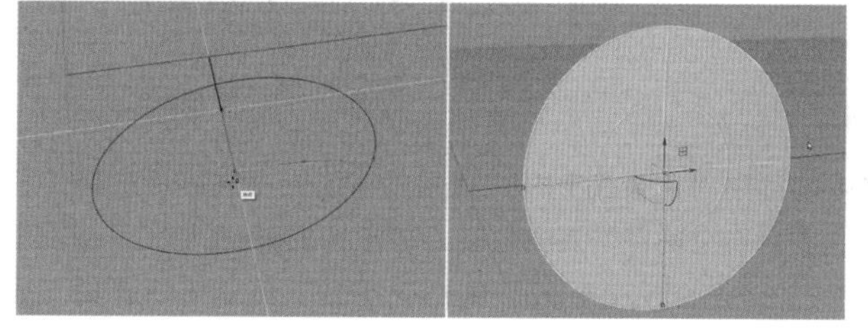

图10-49

03 再选择步骤 1 中提取的表盘圆形，然后将它向内挤出 1.5mm，这样就得到了一个环状曲面，选择两个曲面进行组合，使用“边缘圆角”工具，对它进行 0.2mm 半径的圆角的操作，如图 10-50 所示。

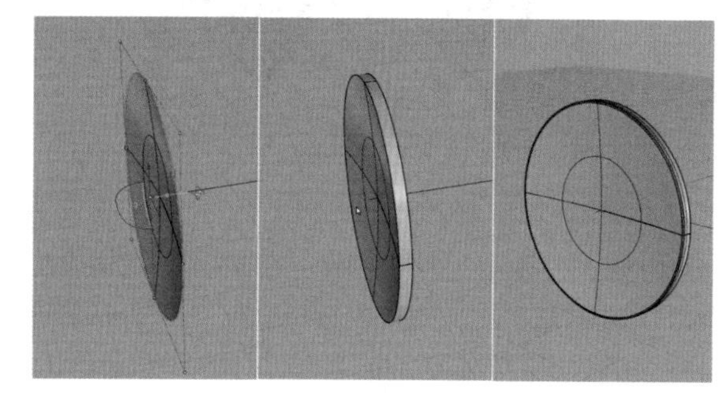

图10-50

04 使用“圆：中心点、半径”工具在步骤 2 中的曲面上绘制一个圆形，圆心与曲面中心重合。单击“修剪 / 取消修剪”工具，用这个圆形对中间的平面进行修剪，在上面再挖出一个洞，如图 10-51 所示。

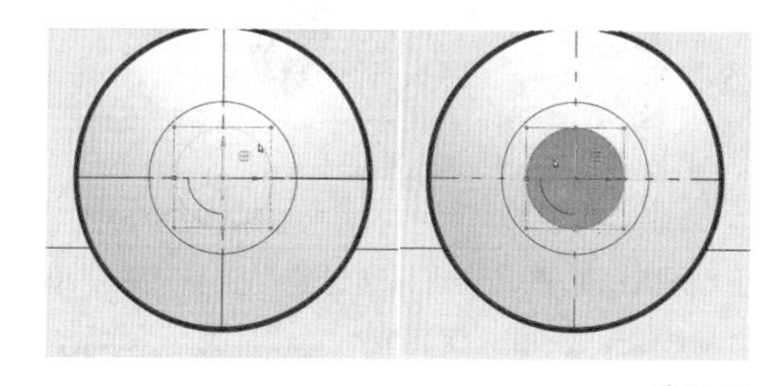

图10-51

05 开启“子物件”模式，如图 10-52 所示，选取里面的圆形，对它也进行挤出，挤出的距离设置为 1mm。将它与中心的所有的曲面进行组合，并对边缘进行 0.2mm 的圆角处理，这样就完成了表盘玻璃的制作，如图 10-53 所示。

☑注解 ☑灯光 ☑图块 ☑控制点 ☑点云 ☑剖面线 ☑其它 ☐停用 子物件

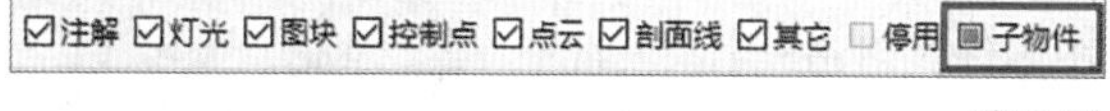

图10-52

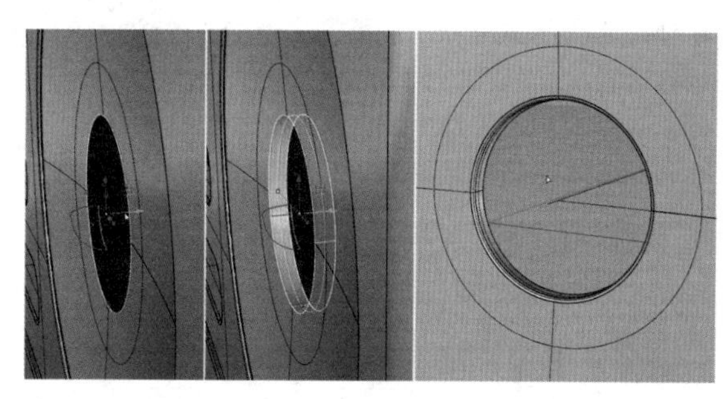

图10-53

06 单击“以平面曲线建立曲面”工具，选取外面圆形的边缘，得到一个独立的圆形平面，该平面即为旋钮后面的指示表盘平面，如图 10-54 所示。

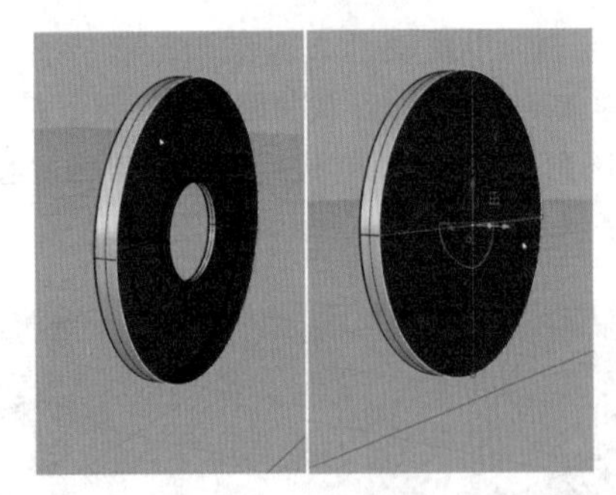

图10-54

07 将之前绘制的旋钮基圆显示出来。点击操作轴上面的圆点对它进行挤出，设置距离为5mm，这样就得到了一个空心的环状的曲面，如图10-55所示。

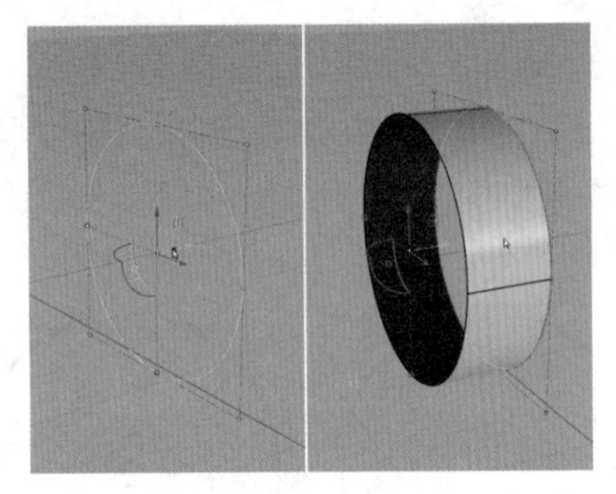

图10-55

08 使用“圆弧：起点、终点、通过点”工具和“单一直线”工具绘制线条，使用“旋转成形/沿路径旋转”工具，生成一个弧面的封口。接下来选择图10-56所示的两个曲面进行组合，使用“将平面洞加盖”工具，进行封闭，如图10-56所示。

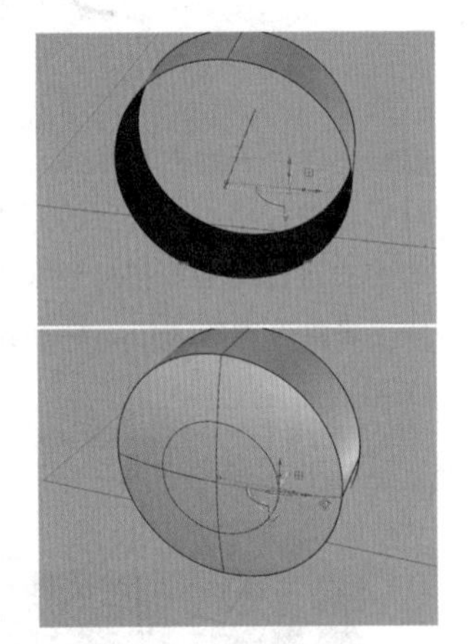

图10-56

09 使用“圆柱体”工具，在圆的中心位置创建一个与表盘空洞直径等大的圆柱体。将圆柱体与旋钮使用“布尔运算联集”工具进行运算，单击“边缘圆角”工具，将“下一个半径”设置为1.5mm，如图10-57所示。

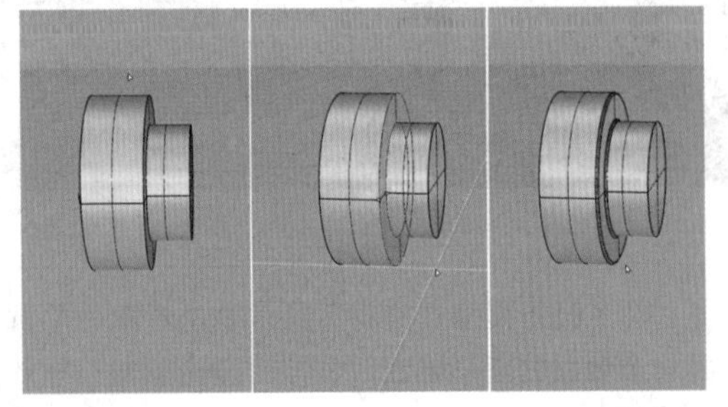

图10-57

10 使用“多重直线/线段”工具绘制一个梯形，使用“曲线圆角”工具对梯形四角进行圆角处理，设置钝角处的圆角半径为2.5mm，锐角处的圆角半径为0.2mm，如图10-58所示。单击“挤出封闭的平面曲线”工具，设置挤出长度为1mm，如图10-59所示。

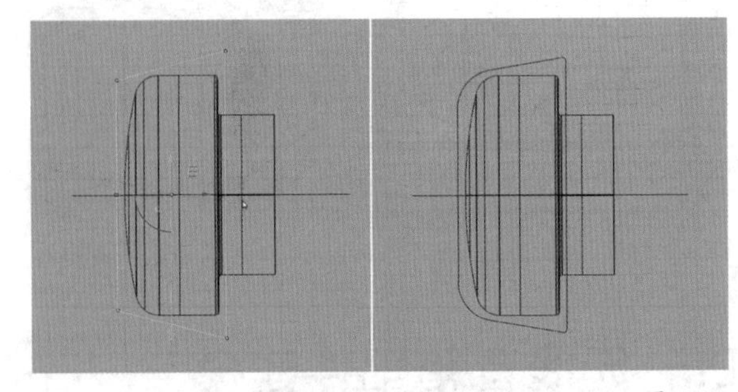

图10-58

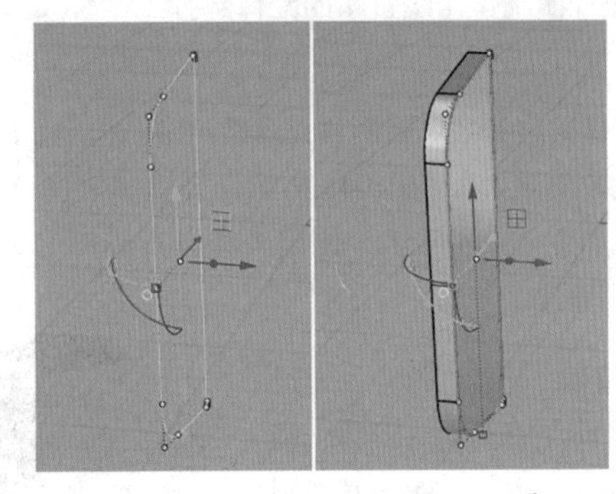

图10-59

11 使用“圆柱体”工具创建一个半径为1mm、高度为2mm的圆柱体。开启“子物件”模式，选取圆柱体的顶面，按住Shift键对它进行等比缩放，然后将这个圆柱体放置于合适位置，使它与旋钮主体相交，如图10-60和图10-61所示。

图10-60

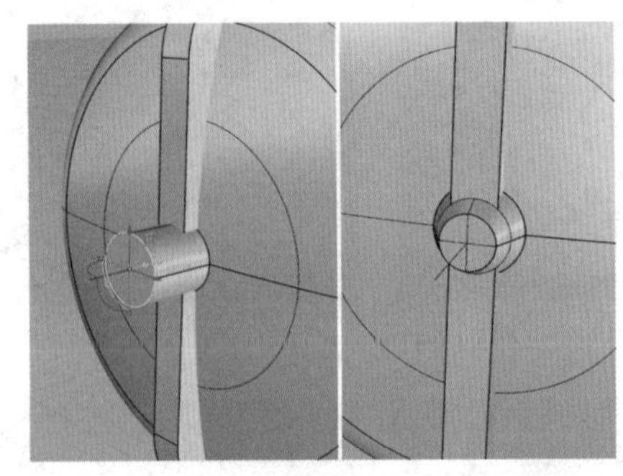

图10-61

12 选择所有的旋钮物件，使用“布尔运算联集”工具将它们合并为一个物件，完成之后，单击“边缘圆角”工具，设置“下一个半径”为0.1mm，这样就完成了大旋钮的建模，如图10-62所示。

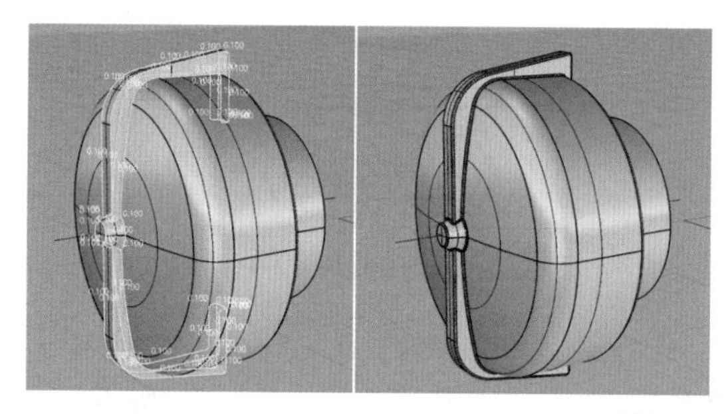

图10-62

13 选择底部指示灯的平面，将它向内挤出 2mm，如图 10-63 所示。单击“边缘圆角”工具，设定“下一个半径”为 0.2mm，对指示灯所有边缘进行圆角处理，如图 10-64 所示。

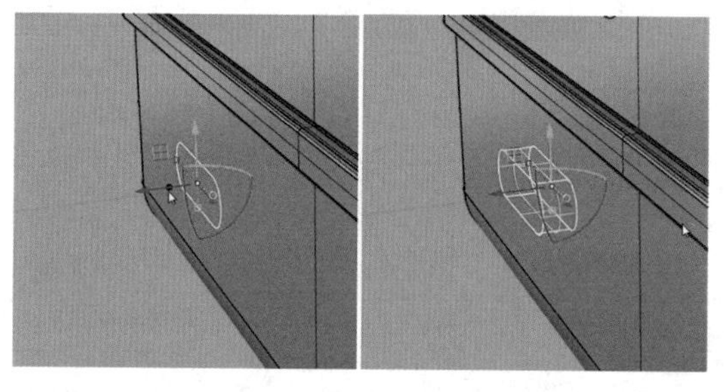

图10-63

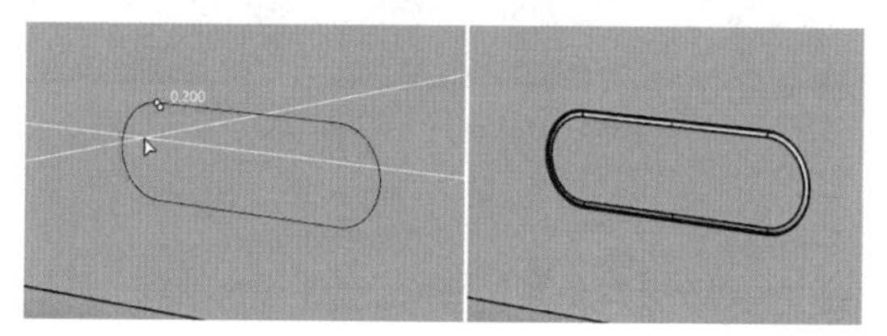

图10-64

14 单击“抽离曲面”工具，选择背面的面，将它分离出来。使用“反转方向”工具，让其法线方向朝向音箱的正面方向，如图 10-65 所示。

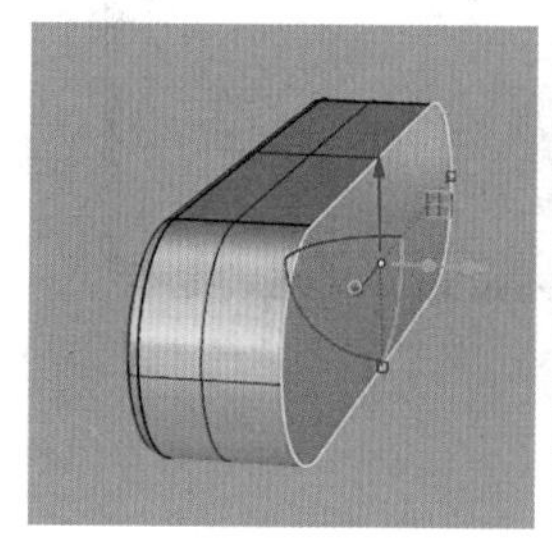
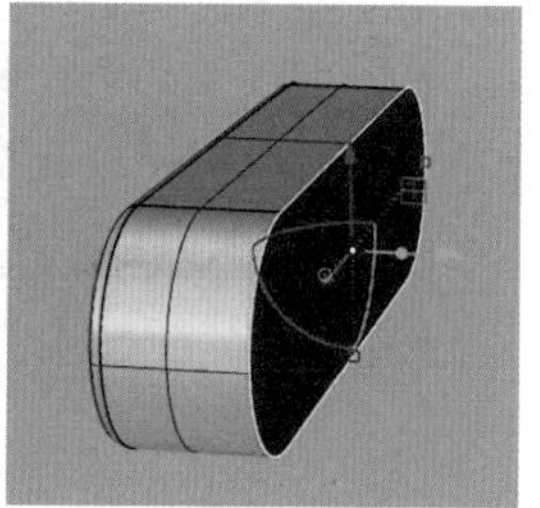

图10-65

15 接下来需要做外壳上的指示灯开口。开启“子物件”模式，选择开口的边缘，将它挤出 2mm 的距离，生成一个环形的曲面，然后关闭“子物件”模式，选择整个环形曲面，将它与外壳进行组合，如图 10-66 和图 10-67 所示。使用“边缘圆角”工具，将所有的边缘都进行半径为 0.2mm 的圆角处理。这样就完成了指示灯部分的制作，如图 10-68 所示。

☑注解 ☑灯光 ☑图块 ☑控制点 ☑点云 ☑剖面线 ☑其它 停用 子物件

图10-66

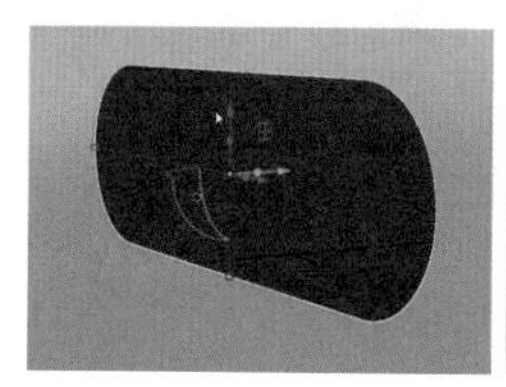
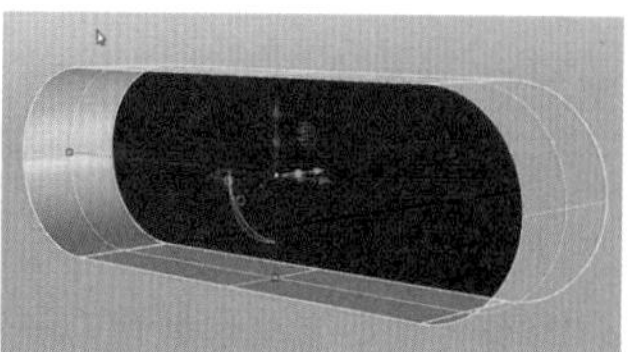

图10-67

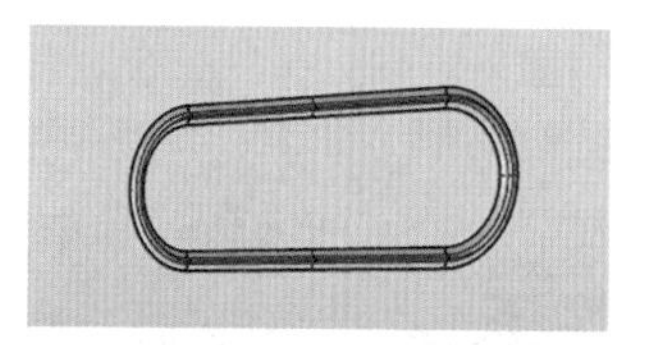

图10-68

16 使用“单一直线”工具和“圆弧：起点、终点、通过点”工具绘制图 10-69 所示的图形，并将它们组合。单击“旋转成形 / 沿路径旋转”工具，形成旋钮的主体，使用“边缘圆角”工具，对旋钮进行圆角的操作，设置圆角半径为 0.2mm，如图 10-70 所示。

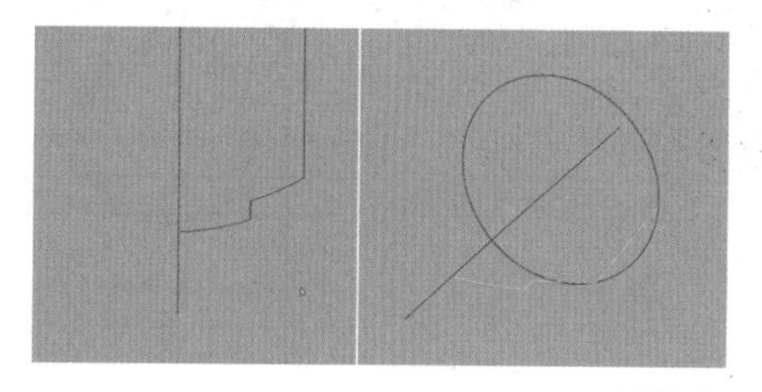

图10-69

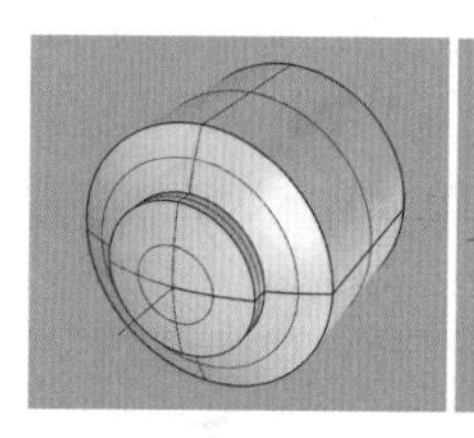
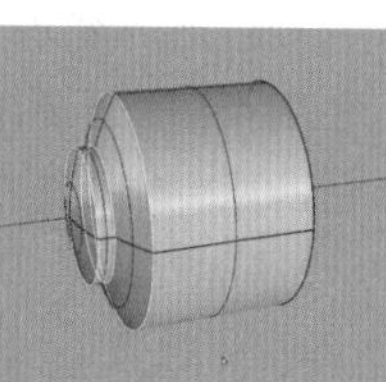
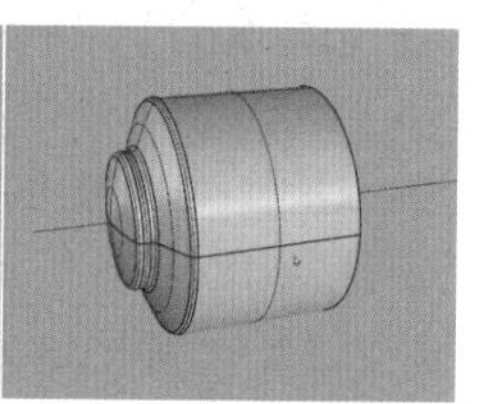

图10-70

17 使用“复制边缘 / 复制网格边缘”工具，将上一步旋转成形的边缘提取出直线，然后选中直线前端的点，将它延长一些，如图 10-71 所示。

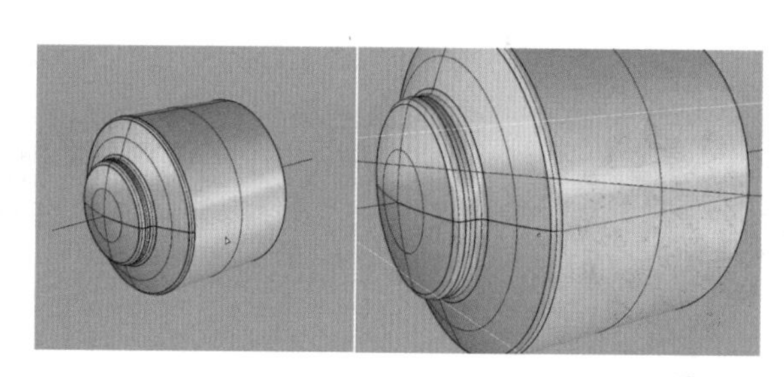

图10-71

18 使用“圆管（圆头盖）”工具，将起点、终点直径均设置为1，得到了一个如图10-72所示的形状。

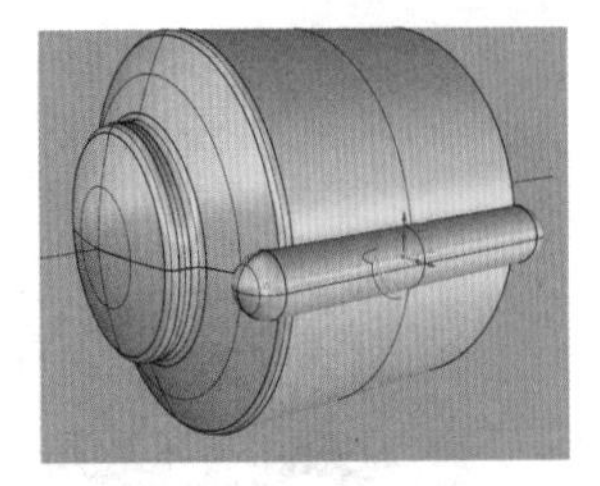
图10-72

19 使用基圆曲线对圆管进行修剪，选取圆管，如图10-73所示。使用“环形阵列”工具，将环形阵列的中心设定为圆形旋钮的中心，阵列数量设置为12，这样就得到了底部旋钮的装饰圆柱，如图10-74所示。

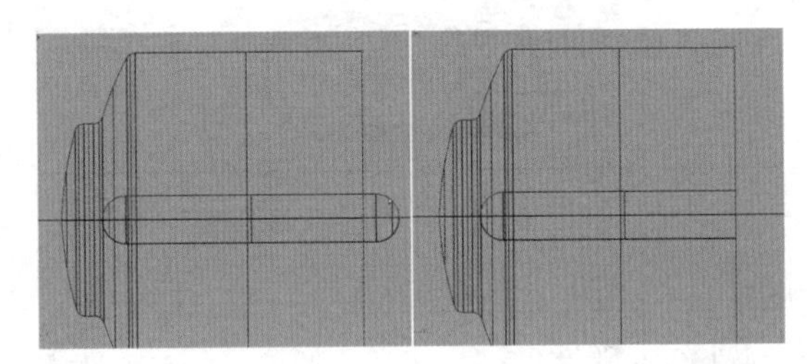
图10-73

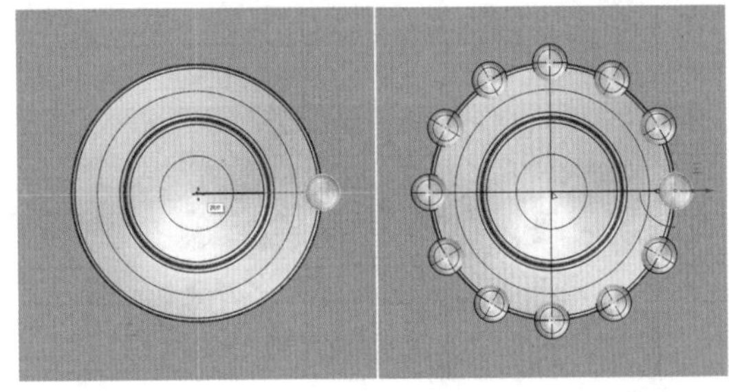
图10-74

20 选择顶端的装饰圆柱，将它缩放得更大更宽，如图10-75所示。全选所有的物件，使用“将平面洞加盖”工具，将它们进行封闭。完成封闭之后，再次对所有的底面进一次边缘圆角处理，如图10-76所示，然后将它们移动并复制到图10-77所示的位置。这样就完成了底部旋钮的制作。

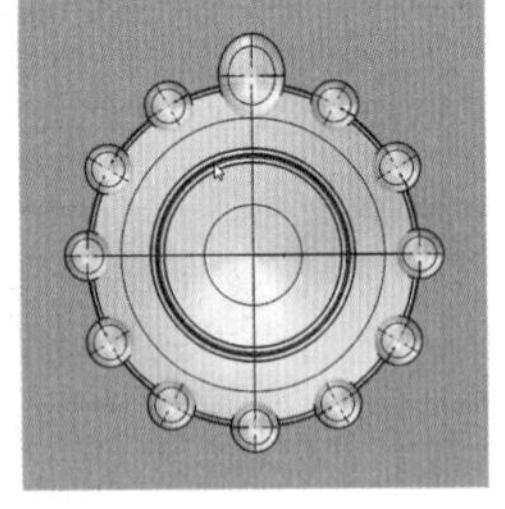
图10-75

21 使用“多重直线/线段”工具绘制图10-78所示的线条，单击“旋转成形/沿路径旋转”工具，形成实体，使用“边缘圆角”工具进行圆角处理，如图10-79所示。

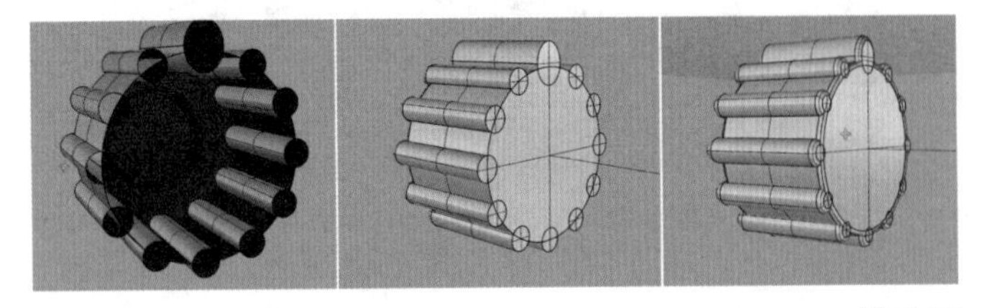
图10-76

图10-77

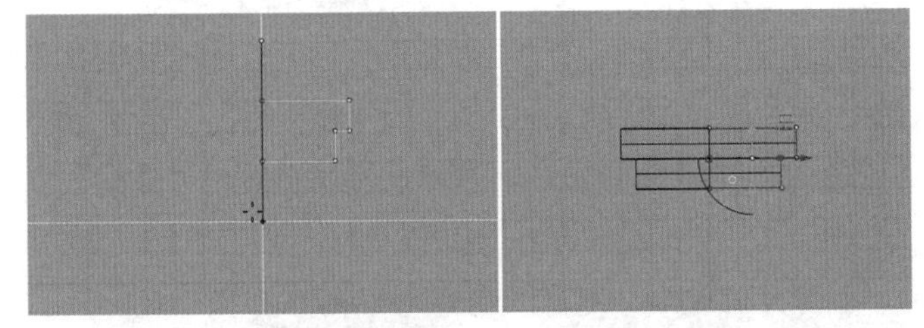
图10-78

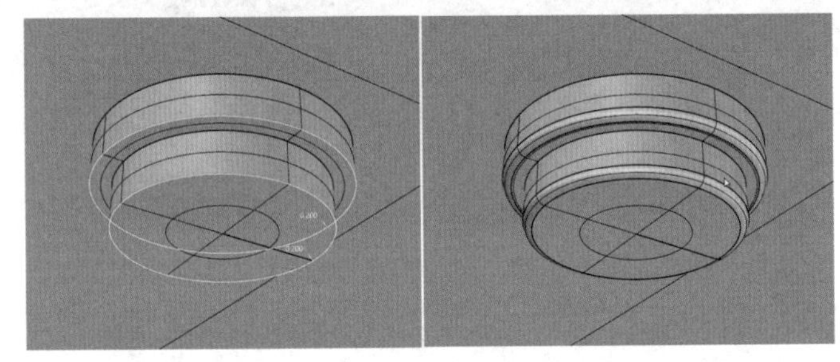
图10-79

22 选取上一步制作好的脚垫物体，使用操作轴将它复制并摆放到图10-80所示的位置。

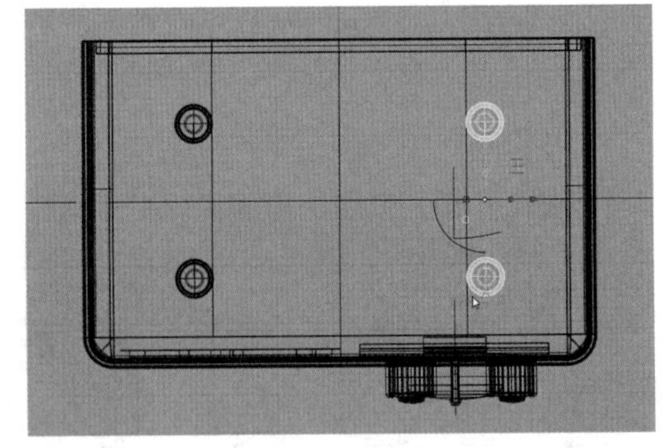
图10-80

23 到这里已经完成了所有模型的建模工作，接下来可以进行一步额外的操作，将所有模型物件按材质的不同分配到不同的图层上，以方便在Keyshot中进行材质分配，如图10-81所示。

图10-81

> **技巧与提示**
>
> 当然也可以选择不进行这一步操作，而是在 Keyshot 中进行分离操作，两种方法的结果相同，只是操作阶段不同而已，大家可以根据个人习惯进行选择。

10.6 无线音箱渲染

接下来进行无线音箱的渲染。

01 将音箱模型文件拖入 Keyshot 实时渲染窗口中，在弹出的对话框中进行图 10-82 所示的设置。可以看到导入的模型的颜色与在 Rhino 当中分配的不同的颜色层是完全一致的，如图 10-83 所示。在这种状态下，就可以直接通过将材质拖曳到不同模型上来进行分件分配材质了。

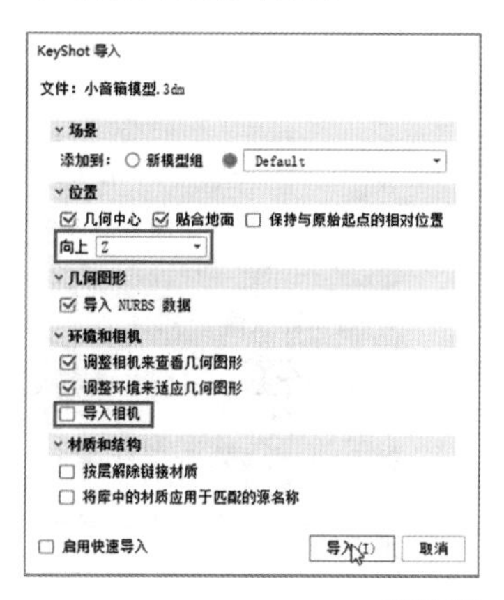

图10-82

图10-83

02 在 Paint（油漆）目录中，找到 Paint Gloss Green（绿色光面油漆）材质，然后将它拖放到音箱外壳上面，双击音箱模型进入“材质”面板，对材质颜色进行调整，如图 10-84~ 图 10-86 所示。

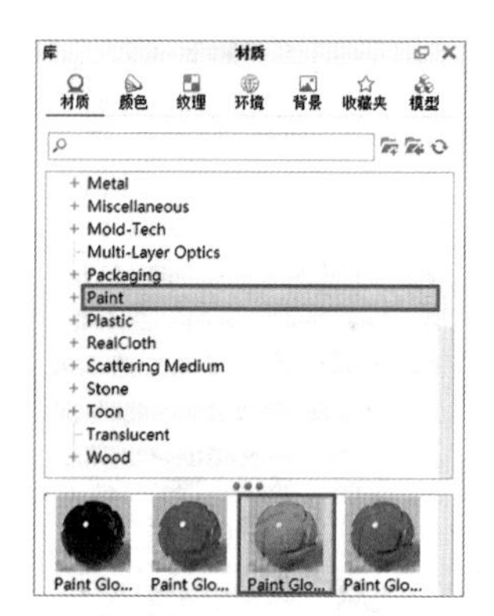

图10-84

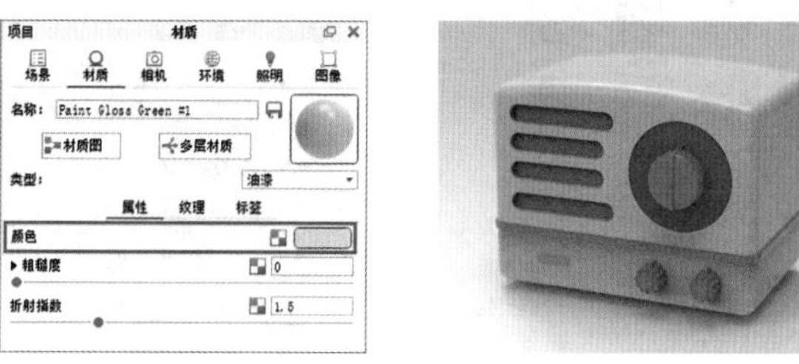
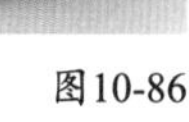

图10-85

图10-86

03 在 Metal（金属）目录下的 Steel（不锈钢）子目录中，找到 Steel Polised（抛光不锈钢）材质，如图 10-87 所示。将其拖放到旋钮上，这时可以看到，由于我们在 Rhino 中将装饰条带与旋钮设置到了同一图层，因此装饰条带也会同时被赋予抛光不锈钢材质，如图 10-88 所示。

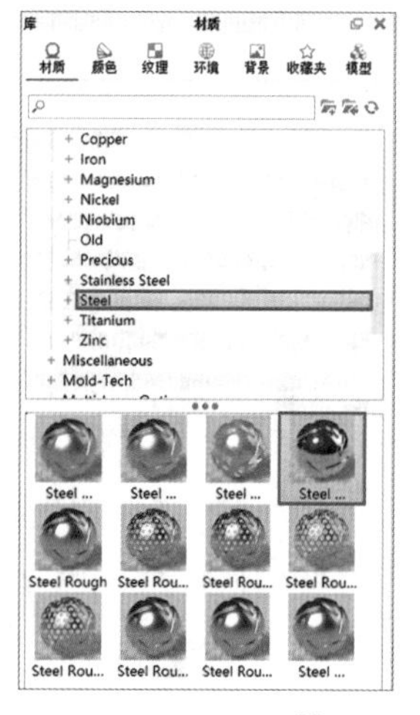

图10-87

图10-88

04 将 Steel Rough 10mm Circulae Mesh（不锈钢圆孔网格）材质赋予音箱喇叭口内的平面，如图 10-89 所示，双击平面，对材质进行图 10-90 所示的设置，效果如图 10-91 所示。

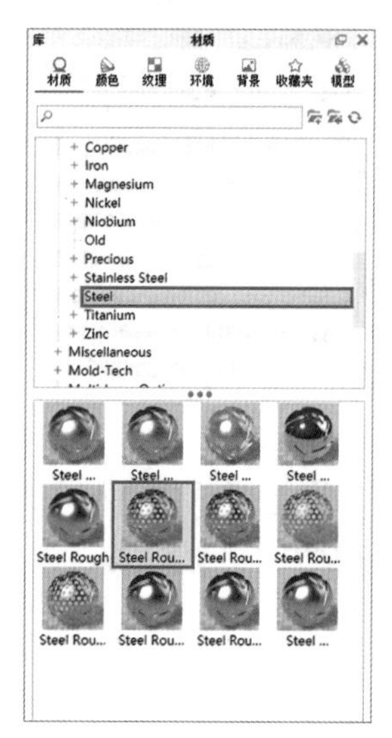

图10-89

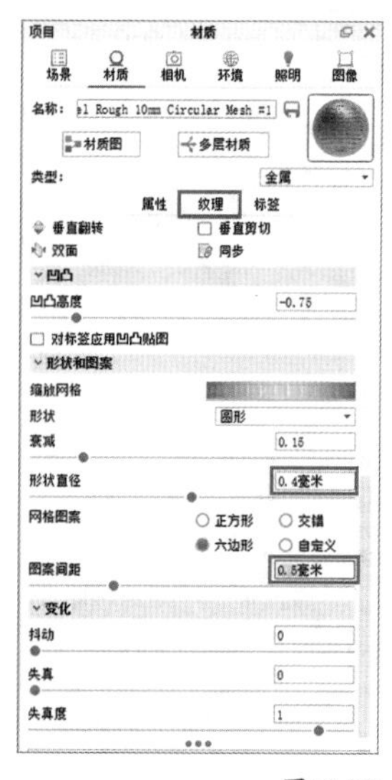

图10-90

图10-91

05 在Glass（玻璃）目录中，找到Glass（Solid）White（白色固体玻璃）材质，如图10-92所示，将此材质赋予表盘盖，效果如图10-93所示。

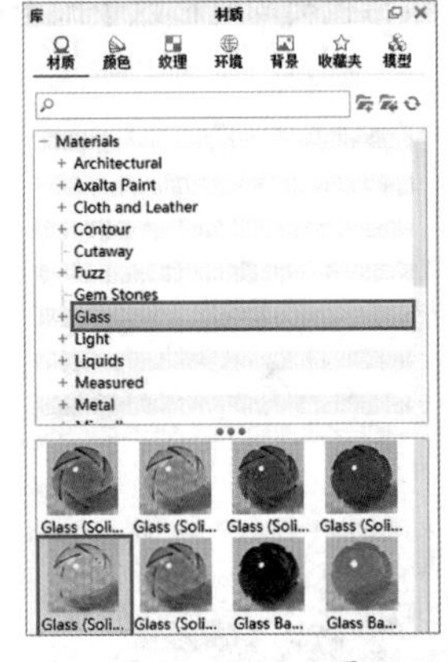

图10-92

图10-93

06 将表盘玻璃盖隐藏，双击表盘平面，进入表盘平面的“材质”面板，将“类型”改为“自发光”，并进行图10-94所示的设置，效果如图10-95所示。

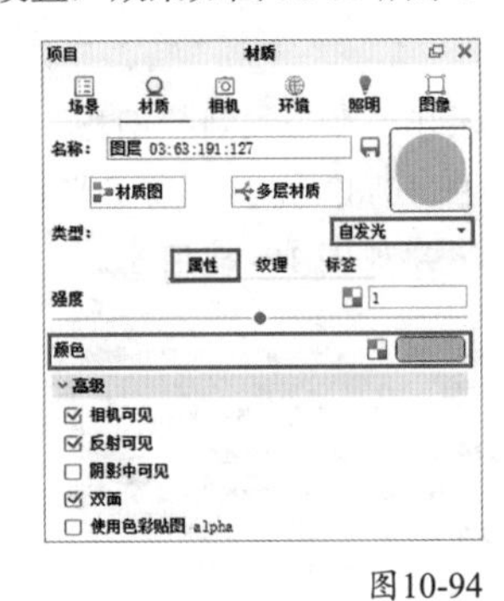

图10-94

图10-95

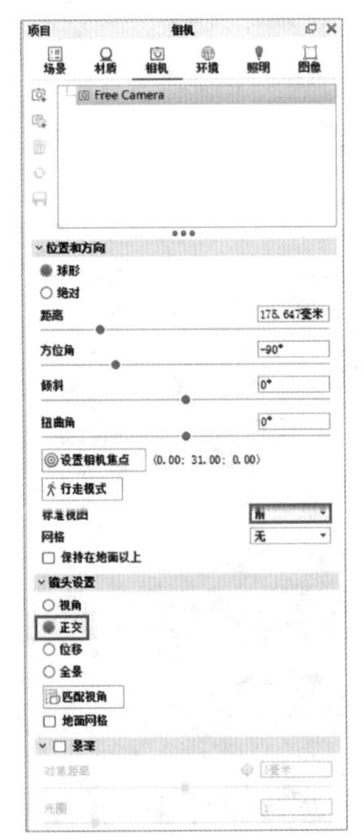

图10-96

07 接下来需要将视图摆正，在“相机”面板中设置“标准视图”为“前”视图，然后把“镜头设置”改为“正交”模式来关闭透视的影响，如图10-96和图10-97所示。

图10-97

08 选择本书学习资源中的“素材文件>第11章>表盘.png”文件，如图10-98所示，直接将其拖曳到表盘平面上面，然后在弹出的面板中选择“添加标签”，如图10-99所示，在“材质”面板的“标签”选项卡中进行图10-100所示的设置。完成后恢复表盘玻璃盖的显示，如图10-101所示。

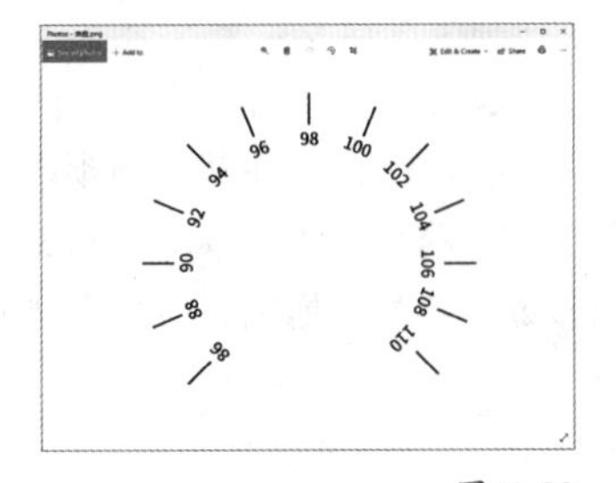

图10-98

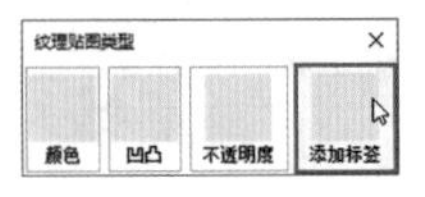

图10-99

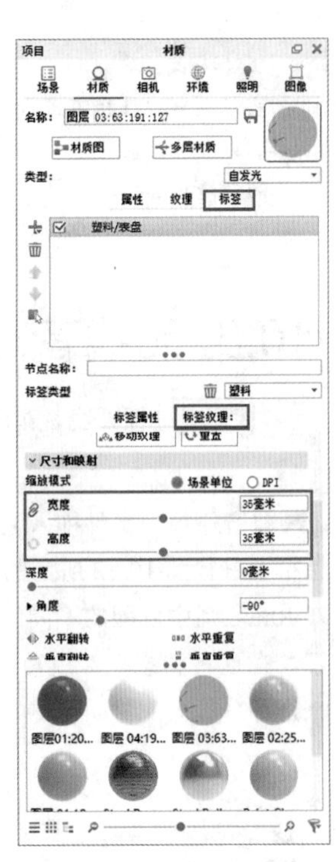

图10-100

09 在Pastic（塑料）目录中，将Plastic Cloudy Rough White 3mm（白色粗糙雾面）材质赋予指示灯罩物体，并减小透明距离，如图10-102和图10-103所示。然后将指示灯罩隐藏，显示出后面的指示灯平面，如图10-104所示。

图10-101

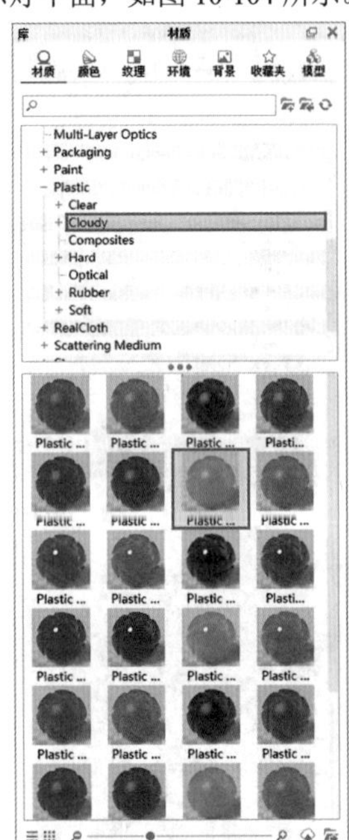

图10-102

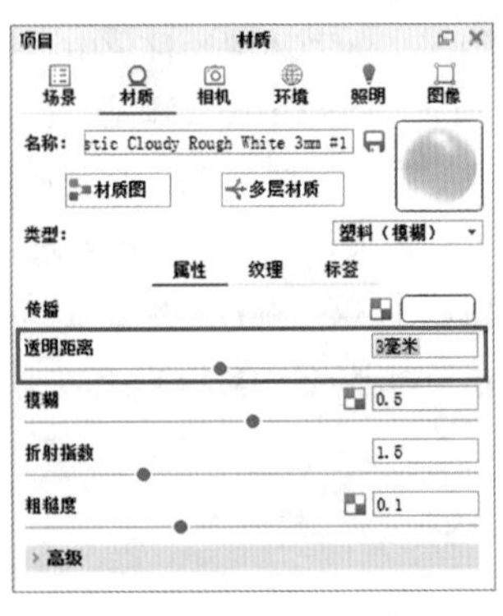

图10-103

图10-104

10 在“场景”面板的“材质”选项卡中，将步骤 6 中得到的自发光贴图赋予指示灯平面，如图 10-105 所示。完成后恢复指示灯罩的显示，如图 10-106 所示。

图10-105

图10-106

11 选择本书学习资源中的“素材文件 > 第 11 章 >vol.png”文件，如图 10-107 所示，将其拖曳到音箱的外壳上，然后在弹出的面板中选择“添加标签”，使用移动工具对标签位置进行调整，并在“材质”面板的“标签”选项卡中进行图 10-108 所示的设置，效果如图 10-109 所示。

图10-107

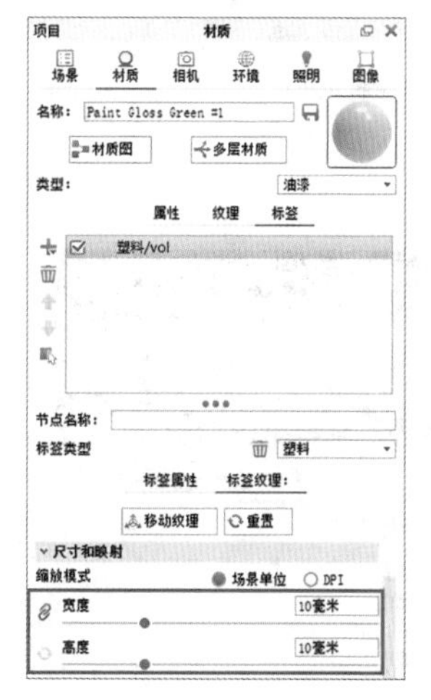

图10-108

图10-109

12 选择本书学习资源中的“素材文件 > 第 11 章 > 开关 .png”文件，如图 10-110 所示，将文件拖放到音箱外壳上，然后在弹出的面板中选择“添加标签”，使用移动工具对标签位置进行调整，并在“材质”面板的“标签”选项卡中进行如图 10-111 所示的设置，效果如图 10-112 所示。

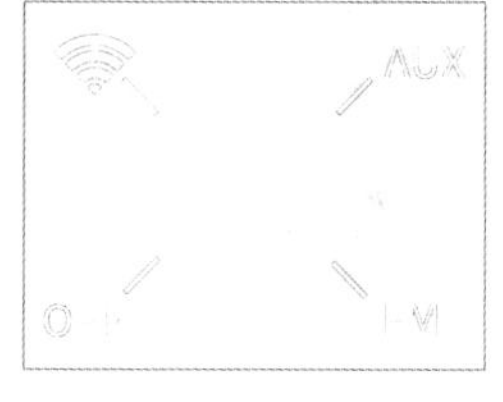

图10-110

图10-111

图10-112

13 在进行环境设置之前，在“场景”面板中使用移动工具将各个旋钮调整一下位置，可以使渲染效果更加活泼，不至于太呆板，如图 10-113 所示。

图10-113

14 将相机调整回“视角”模式，在“材质”面板的 Plastic（塑料）目录中，找到 Rubber（橡胶）材质，将它赋予垫脚物体，如图 10-114 和图 10-115 所示，效果如图 10-116 所示。

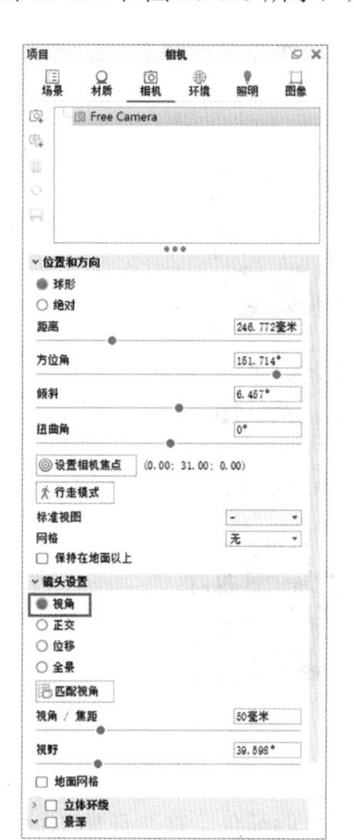

图10-114

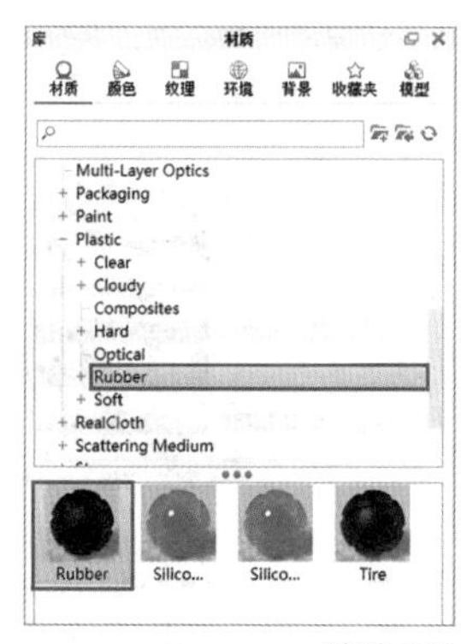

图10-115

图10-116

15 在硬塑料（Hard Plastic）目录中，找到Hard Rough Black（黑色哑光硬质塑料）并将它赋予后盖物体，如图10-117和图10-118所示。

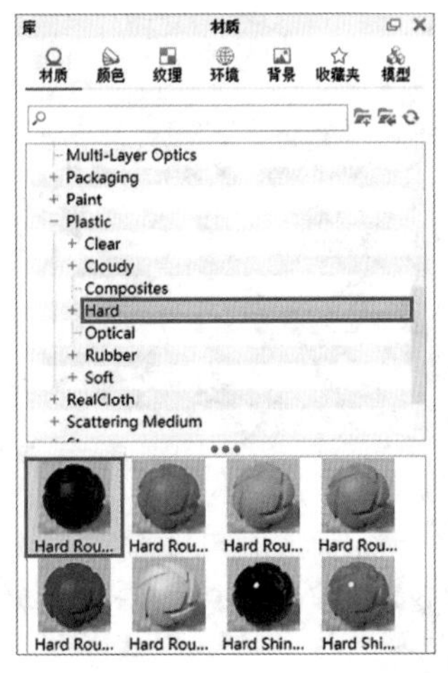

图10-117

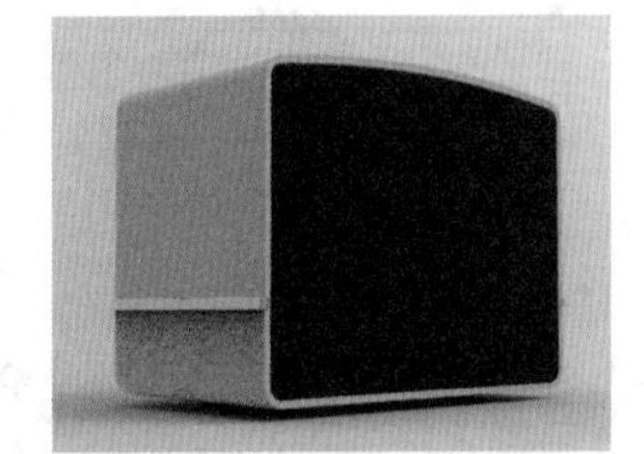

图10-118

16 接下来进入环境与照明设置。在“环境”面板中，找到hdrmaps-rims-storehouse-2-3K贴图并对它进行双击，将其应用到当前的场景当中，如图10-119所示。

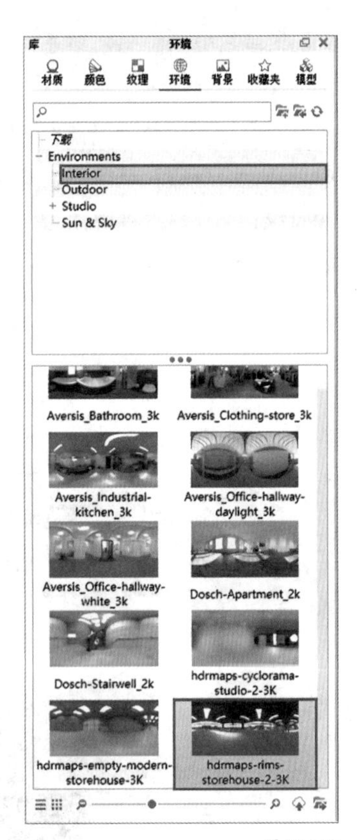

图10-119

17 将背景颜色改为与音箱外壳一样的绿色，在“环境”面板当中进行设置，如图10-120所示。

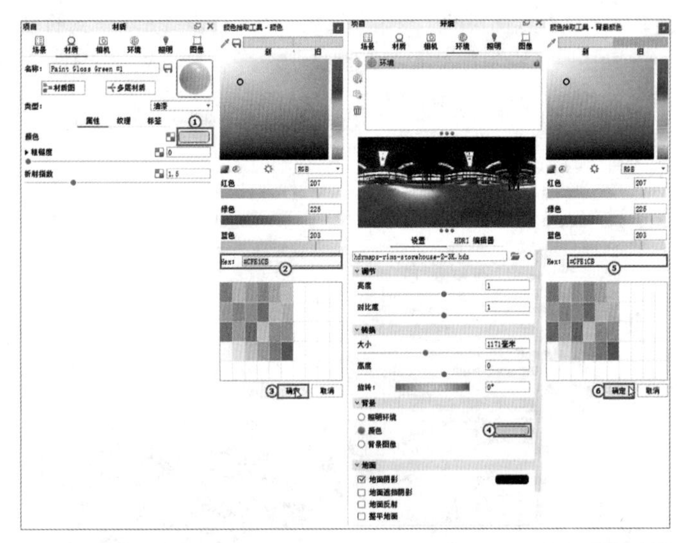

图10-120

技巧与提示

有一个设置颜色的简便方法，在“材质”面板中，找到材质的颜色，在颜色编辑下方会有一个Hex值，将Hex值进行复制，然后回到“环境”面板当中，打开背景颜色的设置，将Hex值粘贴进去，然后单击“确定”按钮，这样就可以得到相同的颜色了，操作过程如图10-120所示。

18 在“环境”面板中进行图10-121所示的设置，效果如图10-122所示。

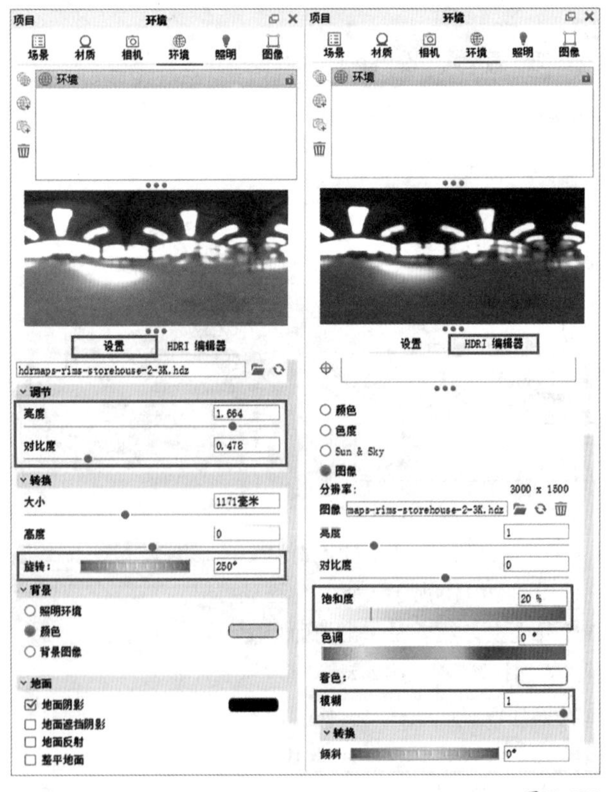

图10-121

图10-122

19 切换到“相机”面板中，使用滑块来对相机各种角度进行微调，最终调整至图 10-123 所示的角度。设置完相机之后，单击“新增相机”按钮，将相机进行锁定，设定步骤与参数如图 10-123 所示。

图10-123

20 接下来进行照明预设的设置，在“照明”面板中，选择“珠宝”模式。完成设置之后，可以单击右上角的生成全分辨率 HDRI 贴图图标，将背景贴图进行刷新，效果如图 10-124 所示。

图10-124

21 完成这些设置之后，在 Keyshot 界面上部的快捷工具栏中打开“GPU”模式，开启“去噪”，如图 10-125 所示，然后单击界面下方的“渲染”按钮，在弹出的“渲染”对话框中进行图 10-126 所示的设置，完成最终的渲染，效果如图 10-127 所示。

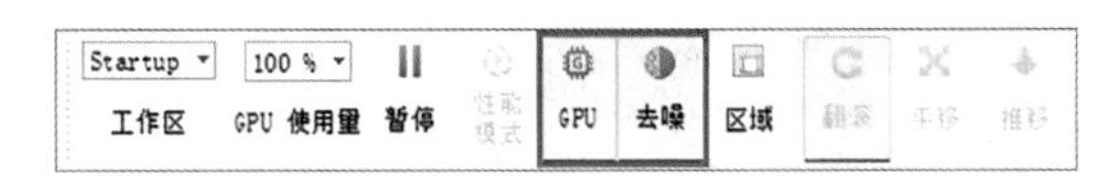

图10-125

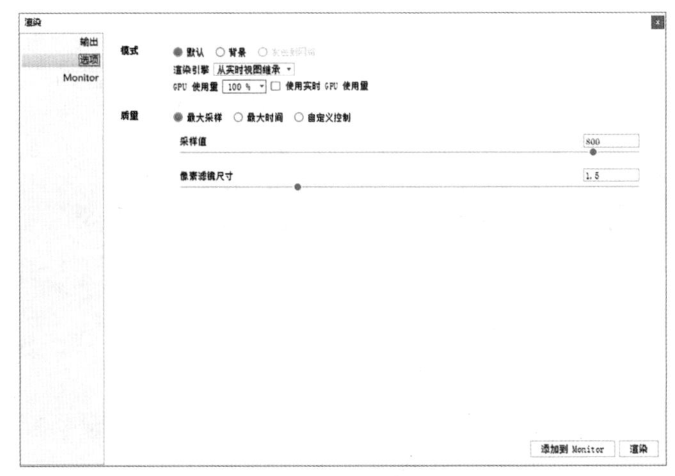

图10-126

图10-127

第11章

综合实例——制作琉璃水壶

本章我们将学习如何制作和渲染带有表面肌理的琉璃水壶。水壶的表面肌理分为两部分，一部分是通过建模制作的折痕式肌理，另一部分是在渲染时通过材质附加的曲线棱纹肌理，通过两种肌理的混合作用使水壶的细节表现更丰富。

本章学习要点

- 了解产品的组成结构
- 掌握产品的建模思路
- 熟练掌握建模环境的设置方法
- 熟练掌握构建复杂模型的方法
- 熟练掌握在 KeyShot 中渲染模型的技巧

11.1 案例分析

本案例是一个琉璃水壶的建模案例，通过本案例可以学习在模型上进行竖直条纹肌理建模的方法。

通过对模型进行分析可以看到，水壶整体造型接近于圆锥体的形状，并且在壶身侧面有竖直的凹槽纹理，如图 11-1 和图 11-2 所示。

图11-1

图11-2

需要注意的是，壶身不但需要建立外表面还需要建立内表面，而且在渲染时要得到正确的结果。同时，壶身外表面的凹槽纹理，导致上下两端边缘比较细碎，因此需要进行手动圆角处理，手动圆角处理是本案例的一个重点操作，也是提高建模质量必须掌握的建模操作之一。

壶身之外，还有 3 个配件，分别是壶嘴、壶盖和水壶把手，如图 11-3 所示。这 3 个配件都可以从壶身曲面上进行分离，经过细化得到。

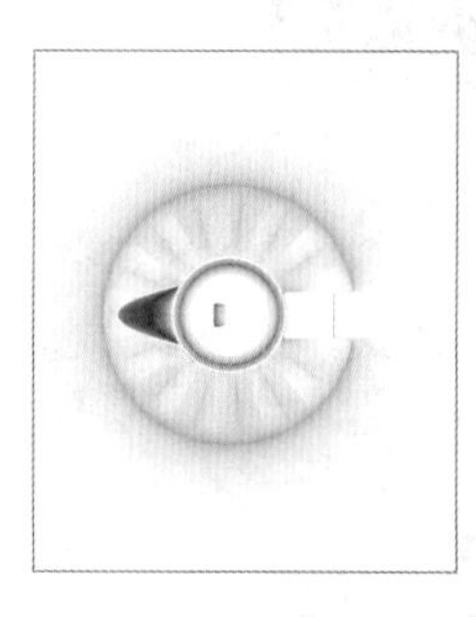

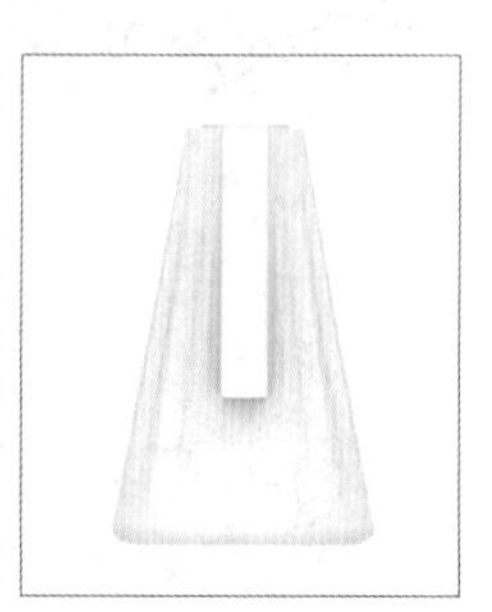

图11-3

11.2 设置建模环境

01 打开 Rhino 7，在“标准”选项卡中单击图标，如图 11-4 所示。

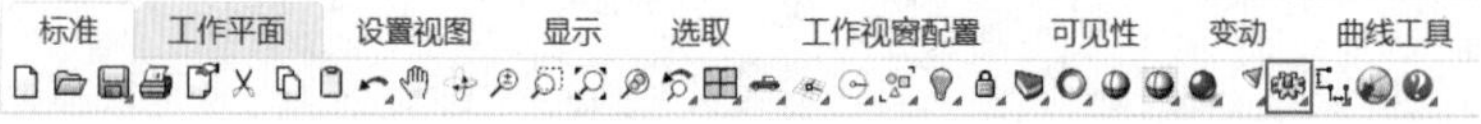

标准 工作平面 设置视图 显示 选取 工作视窗配置 可见性 变动 曲线工具

图11-4

02 在打开的“Rhino 选项”对话框中找到“单位”选项，并在对话框右侧的设置中将“模型单位”改为“厘米”，如图 11-5 所示。

图11-5

11.3 水壶主体建模

01 使用“圆：中心点、半径”工具在坐标轴的原点绘制两个直径分别为 10cm、22cm 的圆形，然后将直径 10cm 的圆形向上移动 32cm，如图 11-6 所示。

02 使用“放样”工具，依次选取两个圆形，得到壶身的基础曲面，如图 11-7 所示。

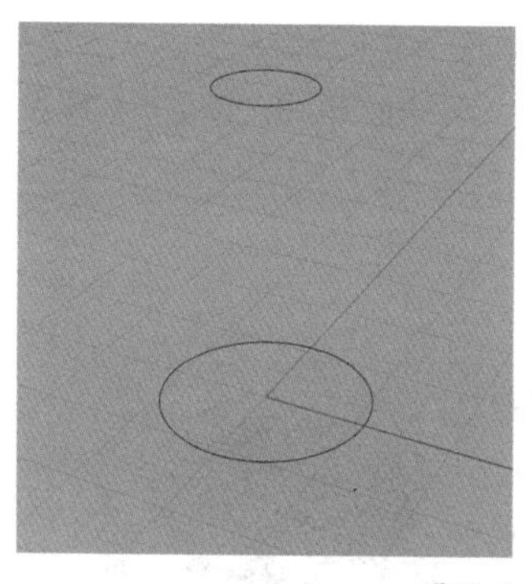

图11-6

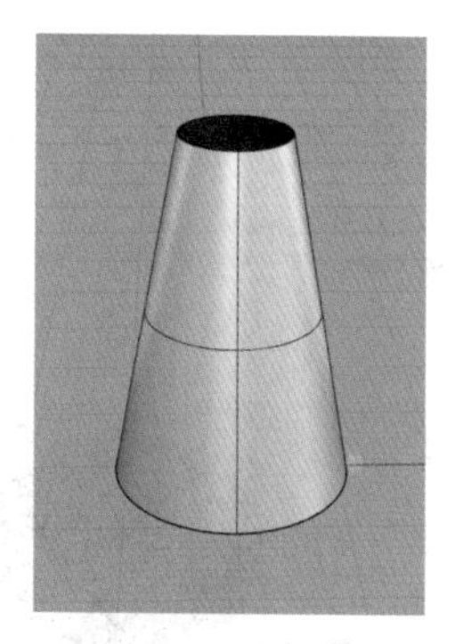

图11-7

03 切换到 Right（右）视图，使用“单一直线”工具在 Right（右）视图中绘制一条直线，使用它对壶身基础曲面进行分割，如图 11-8 和图 11-9 所示。

04 单击“复制边缘 / 复制网格边缘”工具，选择前一步分割出来的中间边缘，将它抽离成一个圆形曲线，如图 11-10 所示。

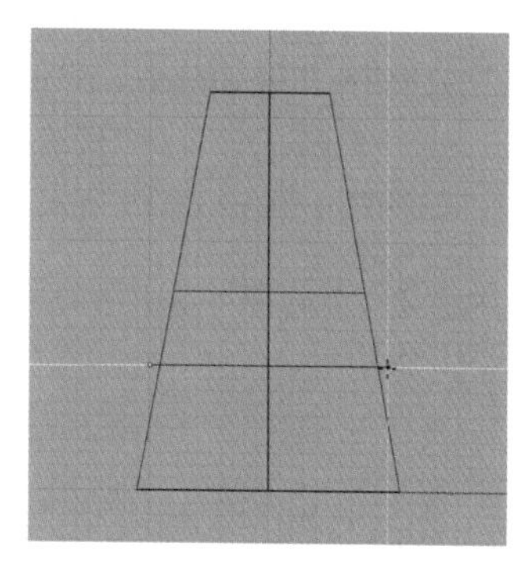

图11-8

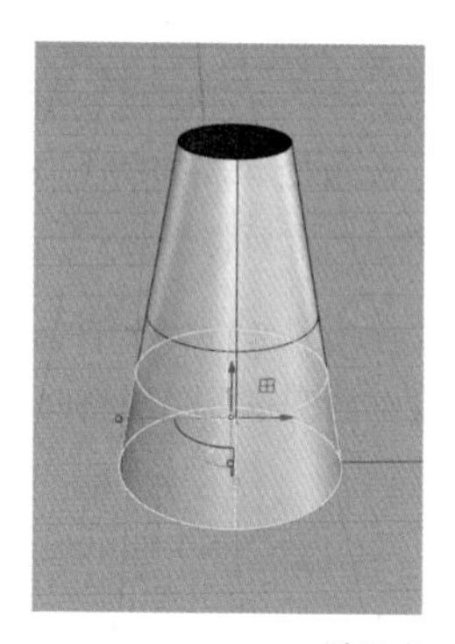

图11-9

05 使用“从焦点建立抛物线”工具绘制一条抛物线，如图 11-11 所示。

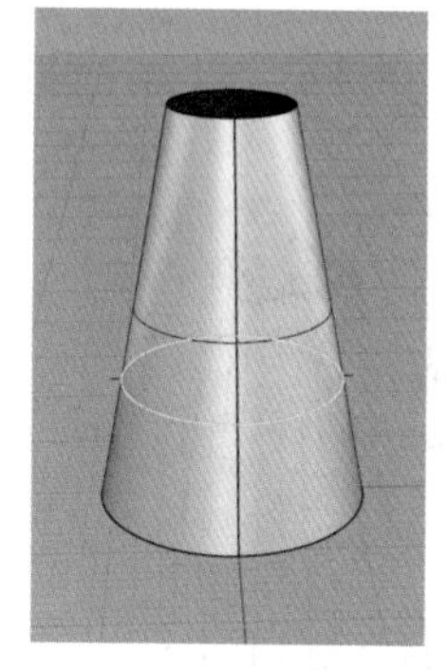

图11-10

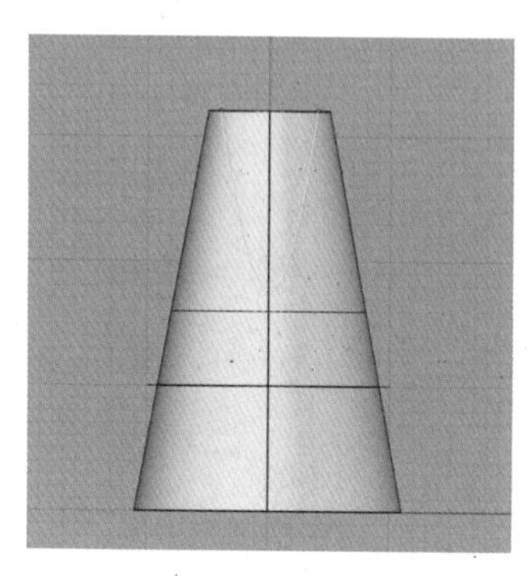

图11-11

06 单击“修剪 / 取消修剪”工具，使用抛物线对上部壶身曲面进行修剪，修剪完成后将背面不需要的部分删除，然后将下部的壶身曲面也删除。删除完成之后，将刚刚修剪出来的曲面进行隐藏，以备后面使用，如图 11-12 和图 11-13 所示。

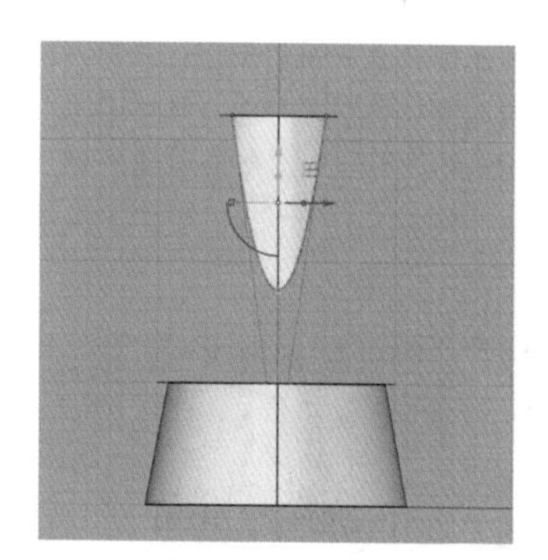

图11-12

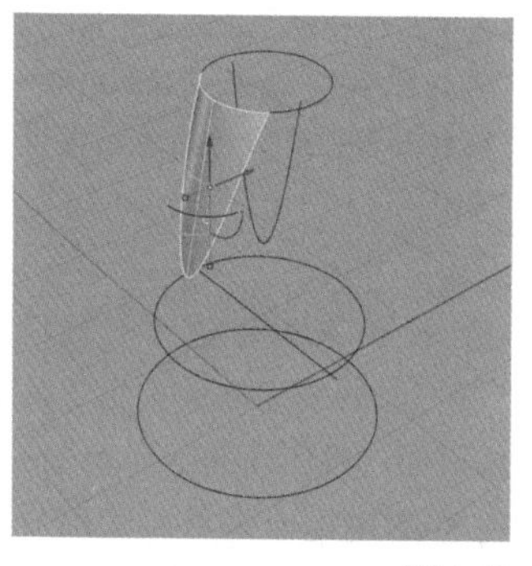

图11-13

07 打开“物件锁点”，勾选“端点”“最近点”“中点”“交点”，如图 11-14 所示。开启“平面模式”，使用“多边形：星形”工具，设置“边数 =15”，绘制一个 15 角星，如图 11-15 所示。

图11-14

08 执行“全部圆角”指令，设定圆角半径=0.1cm，对星形进行圆角处理，如图11-16所示。选中星形，使用“二轴缩放”工具，重新将星形的顶角与外接圆相交，如图11-17所示。

09 使用“放样”工具，依次选择上部的圆形、中间的星形和底部的圆形，生成曲面，如图11-18所示。

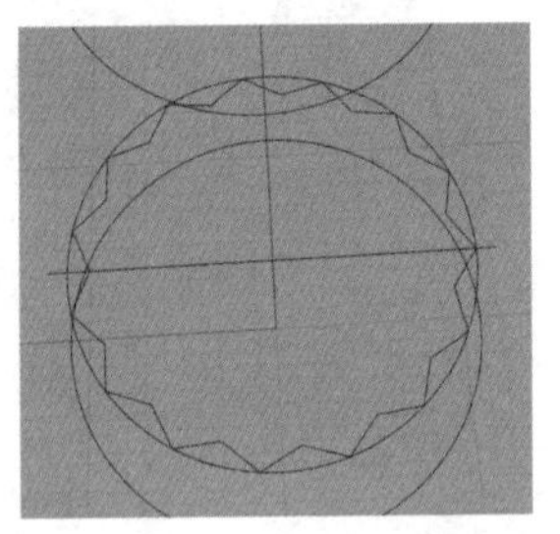

图11-15

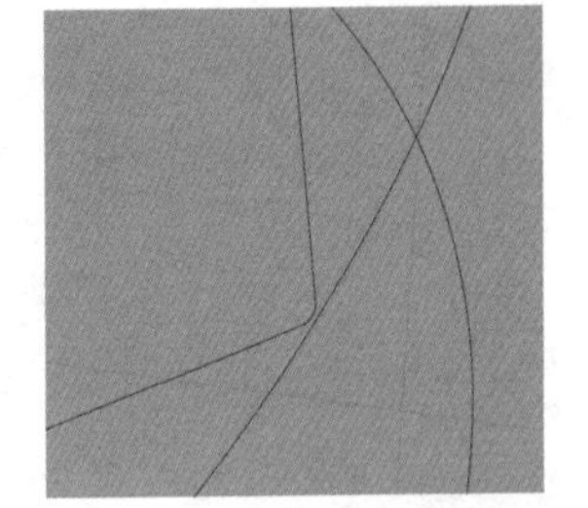

图11-16

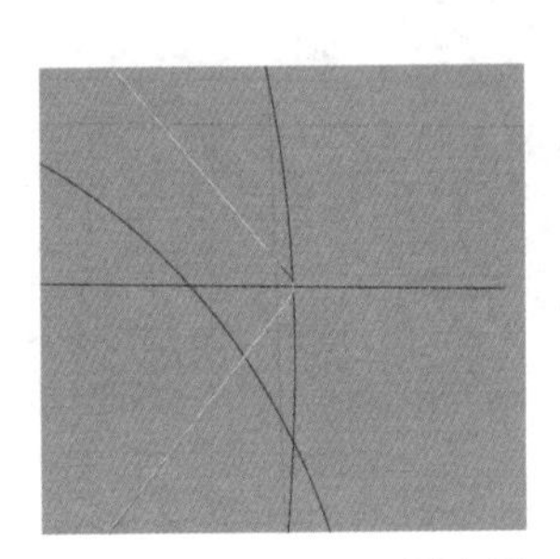

图11-17

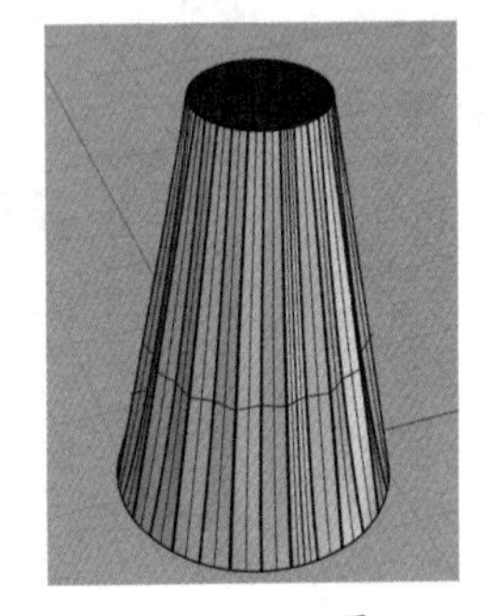

图11-18

技巧与提示

放样时，可能会出现端点对齐到星形顶角后，控制线却不是一条直线的情况，出现这种情况是因为星形是奇数角的图形，没有与圆端点对齐，如果直接执行放样，曲面可能会发生扭曲。这时只要旋转星形，使它的端点朝向与圆形端点方向一致，再重新放样就可以了。

10 接下来对它进行封底，使用“以平面曲线建立曲面”工具生成底面，将底面向下移动2cm。按住Shift键配合操作轴的缩放控制器，将它向内等比缩放2cm，如图11-19和图11-20所示。

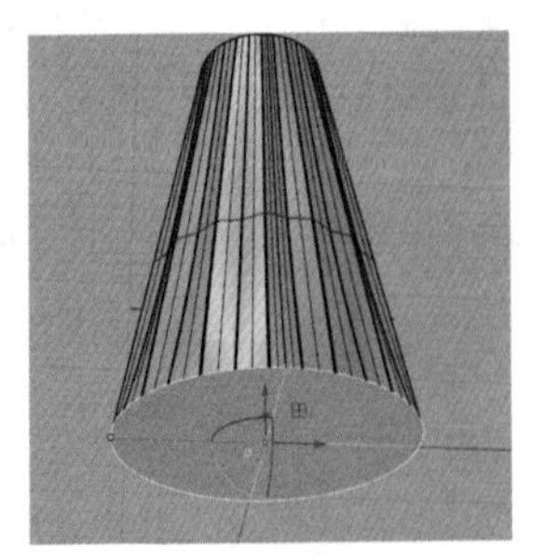

图11-19

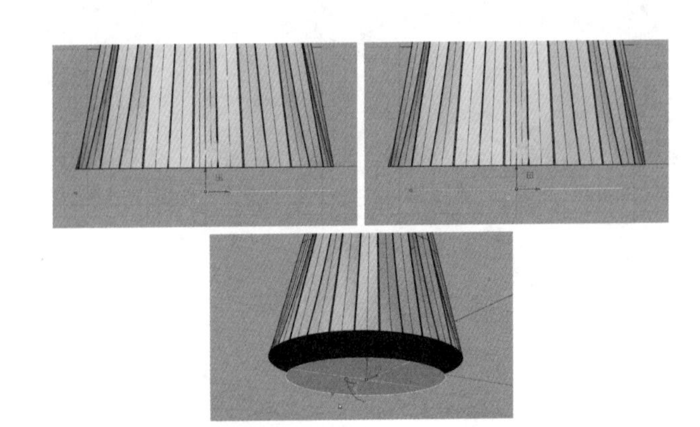

图11-20

11 单击“混接曲面”工具，打开“连锁边缘”，确保“自动连锁＝是”，选择两条边缘，生成过渡的曲面，具体设置如图11-21所示，效果如图11-22所示。

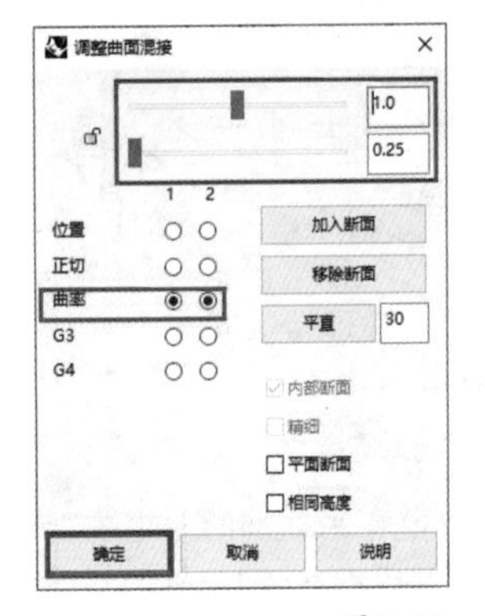

图11-21

图11-22

12 使用“偏移曲线”工具，设定偏移的距离是0.2cm，将上部开口的圆形向内偏移。使用操作轴箭头上的圆点，将偏移后得到的圆形向下挤出0.5cm。接下来开启过滤器中的“子物件”模式，如图11-23所示，选取挤出曲面的下边缘，按住Shift键配合操作轴的缩放控制器，将其缩小为原来的0.9倍，如图11-24所示。

图11-23

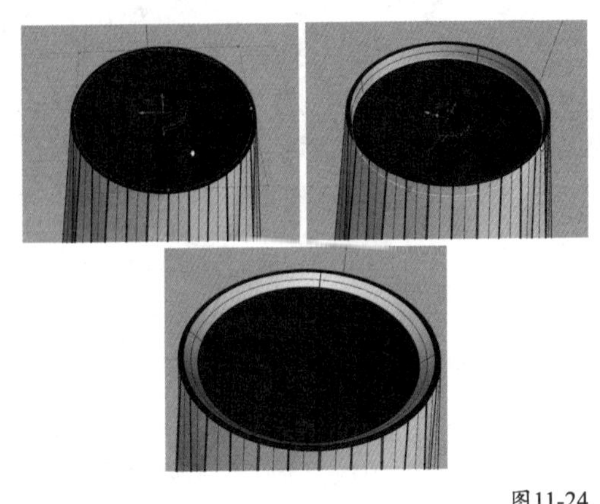

图11-24

13 退出“子物件”模式，再次单击“混接曲面”工具，打开“连锁边缘”，确保“自动连锁 = 是”，选择上部开口处的两条边缘，生成过渡的曲面，具体设置如图 11-25 所示，效果如图 11-26 所示。

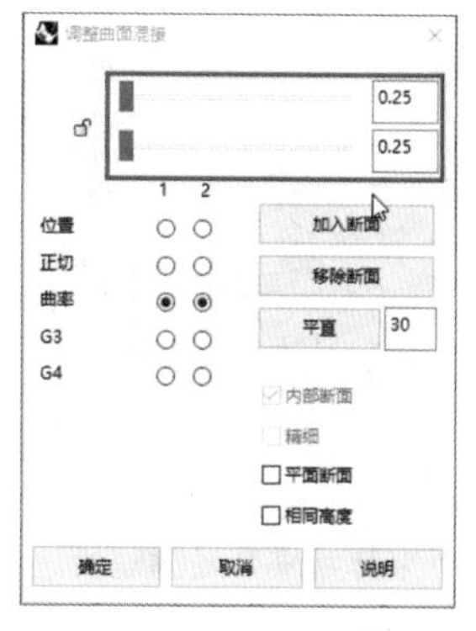

图11-25

图11-26

14 重新开启“子物件”模式，如图 11-27 所示，再次选取内凹曲面的下边缘，使用操作轴箭头上的圆点，将下边缘向下挤出，做成水壶的内胆曲面，如图 11-28 所示。

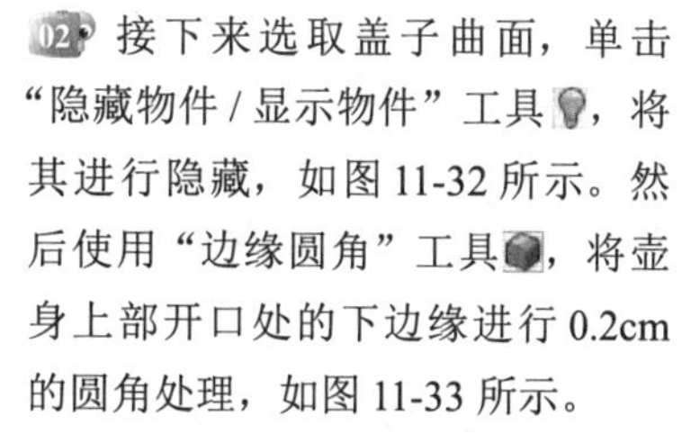

图11-27

15 使用“以平面曲线建立曲面”工具对内胆曲面进行封闭，如图 11-29 所示。然后选中所有壶身曲面，对它们进行组合。单击“边缘圆角”工具，将圆角半径设置为 1cm，对内胆曲面的底部边缘进行圆角处理，如图 11-30 所示。

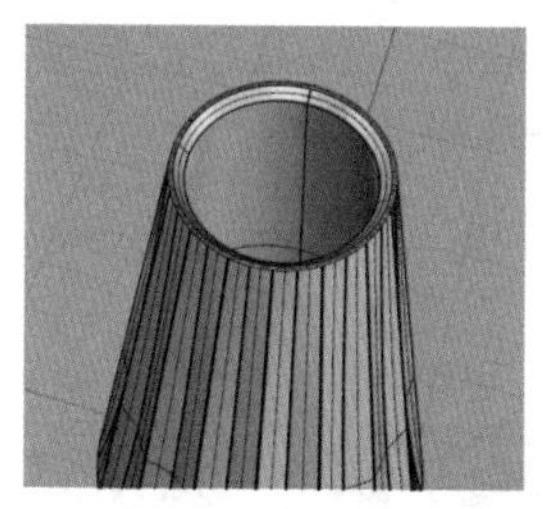

图11-28

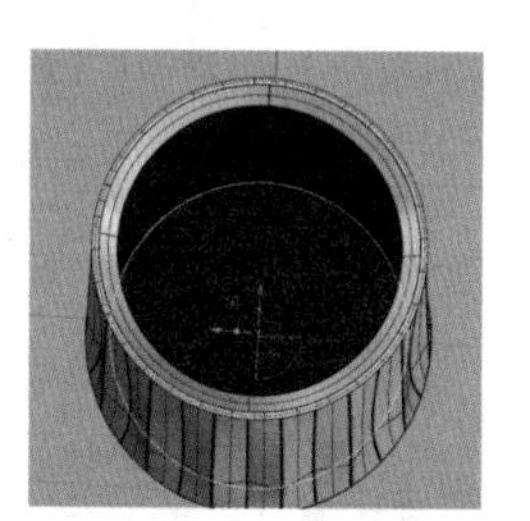

图11-29

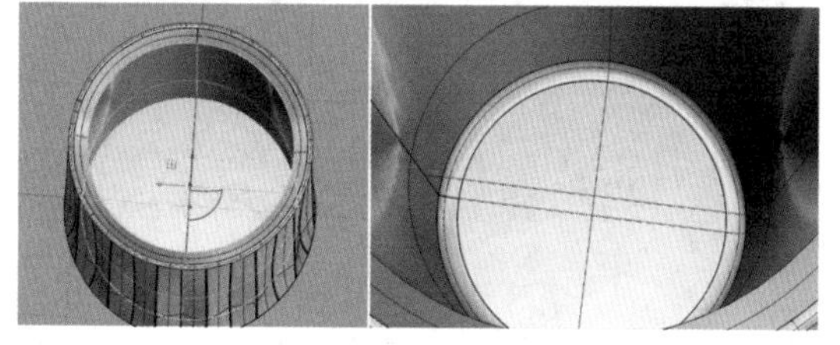

图11-30

到这里，就基本完成了水壶主体的建模。

11.4 水壶盖建模

01 开启“子物件”模式，选择壶身模型上部的下边缘，使用操作轴将其向上挤出，将挤出距离设置为 1cm，然后选取其上边缘进行缩放，按住 Shift 键并选择操作轴的缩放控制器，在里面输入 0.8，输入完成之后退出“子物件”模式，如图 11-31 所示。

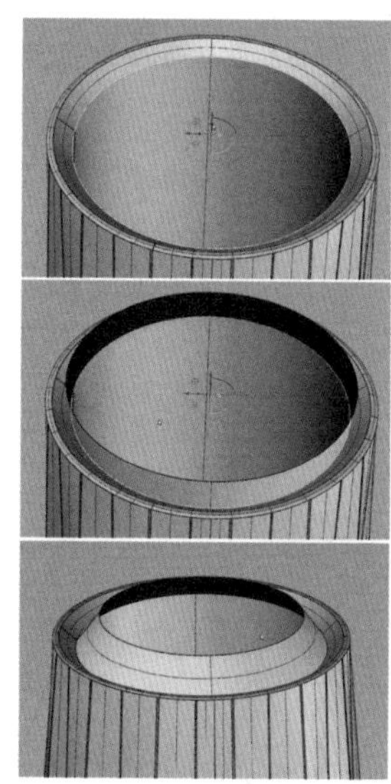

图11-31

02 接下来选取盖子曲面，单击“隐藏物件 / 显示物件”工具，将其进行隐藏，如图 11-32 所示。然后使用“边缘圆角”工具，将壶身上部开口处的下边缘进行 0.2cm 的圆角处理，如图 11-33 所示。

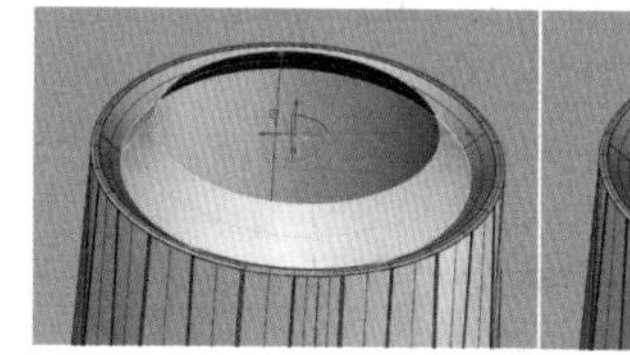
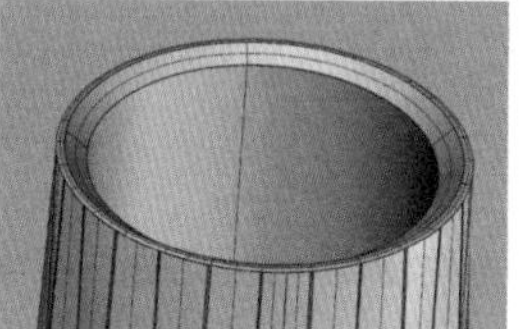

图11-32

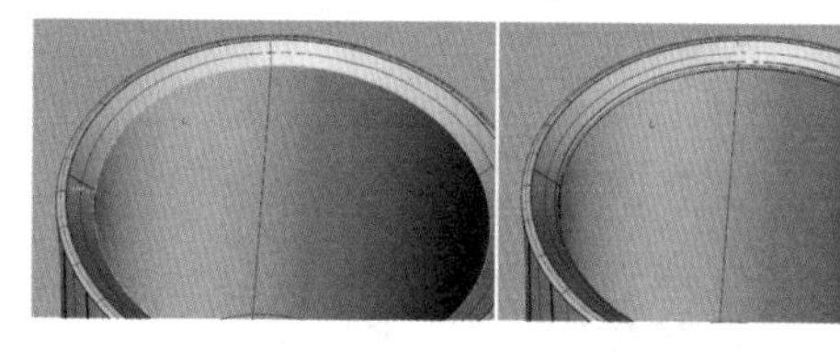

图11-33

技巧与提示

之所以需要先制作出顶盖的曲面，再进行圆角，是因为圆角之后，圆角边缘会发生位移，偏离原来的位置，造成壶盖边缘与壶口边缘不对齐的情况。

03 使用“显示选取物件”工具，将壶盖环面显示出来，对壶盖使用“将平面洞加盖”工具，这样就得到了壶盖的实体模型，如图 11-34 所示。

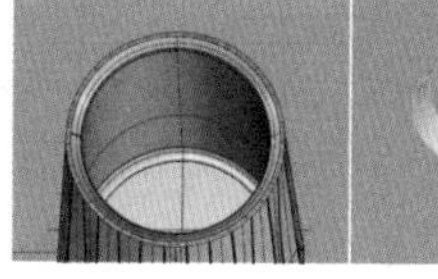

图 11-34

04 使用“圆柱体”g 工具绘制一个直径为 2cm，厚度为 0.5cm 的圆柱体，将它旋转 30°，如图 11-35 所示，使其与壶盖有重合，再使用“布尔运算差集”工具，从壶盖上抠出一个向内倾斜的凹槽，如图 11-36 所示。

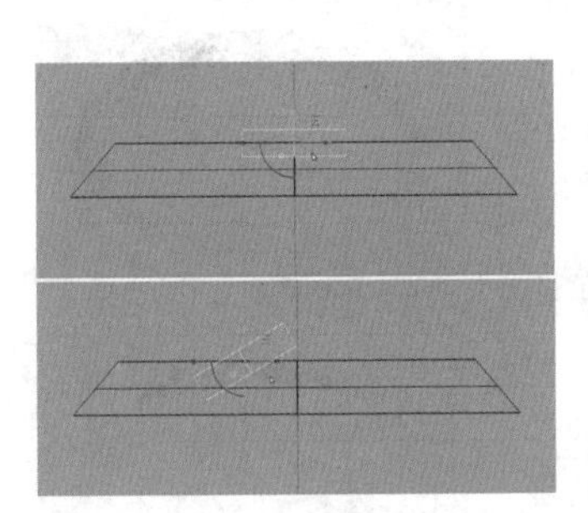

图11-35

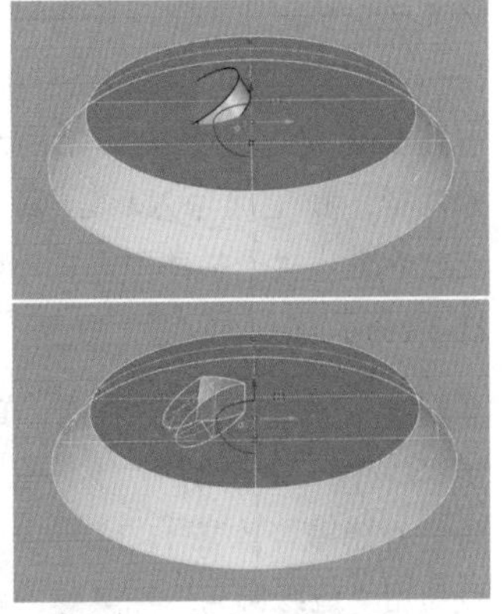

图11-36

05 单击“抽离曲面”工具，设置“复制 = 否”，如图 11-37 所示，将壶盖底面抽离出来，将它向下移动 1cm，开启“子物件”模式，选中底面的边缘，再将它向上挤出 1cm，结果如图 11-38 所示。退出“子物件”模式，选取所有的壶盖曲面进行组合。

图11-37

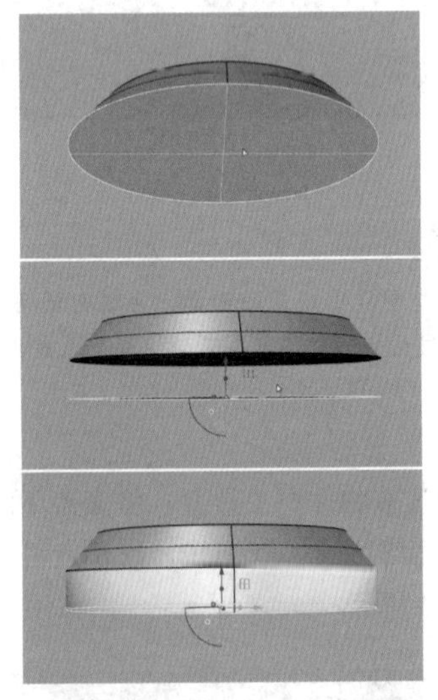

图11-38

06 单击“边缘圆角”工具，设定“下一个半径”为 0.2，对所有壶盖外边缘进行圆角处理。再次单击“边缘圆角”工具，将“下一个半径”设置为 0.05，对壶盖凹槽边缘进行圆角处理，如图 11-39 所示。

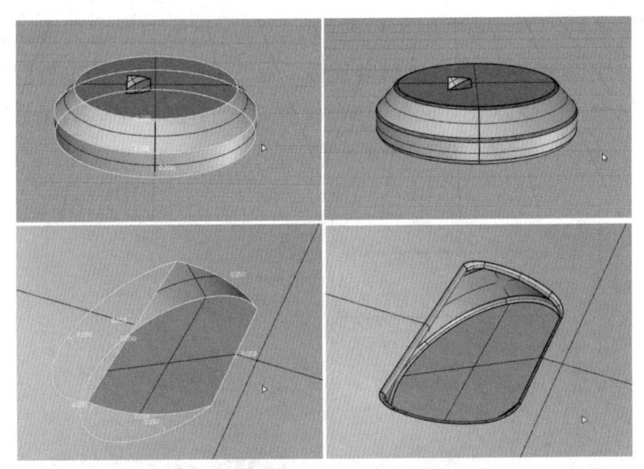

图11-39

这样就完成了壶盖建模，接下来开始进行壶嘴建模。

11.5 水壶嘴建模

01 使用“从焦点建立抛物线”工具，并开启“锁定格点”，绘制一条抛物线作为水壶嘴的基础曲线。使用操作轴将曲线挤出一段比较长的距离，并旋转 15°，与竖直曲面相交，如图 11-40 和图 11-41 所示。

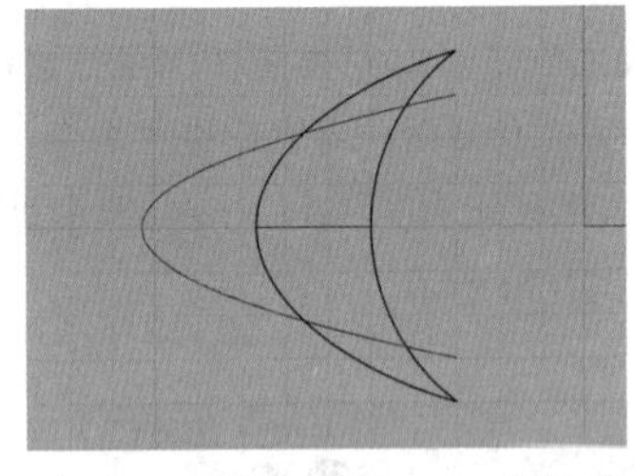

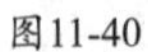

图11-40

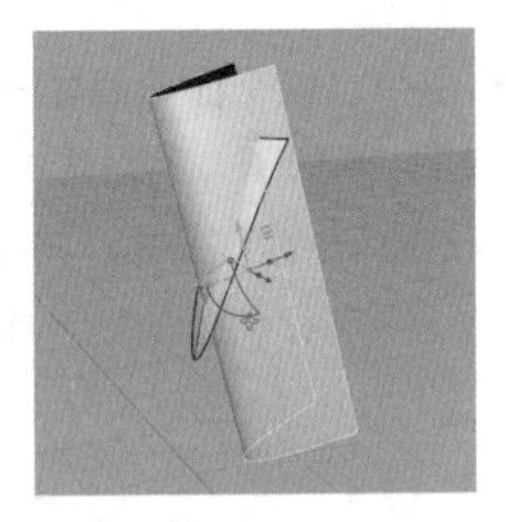

图11-41

02 选取壶嘴曲面，使用“修剪 / 取消修剪”工具对竖直曲面进行修剪，如图 11-42 所示。

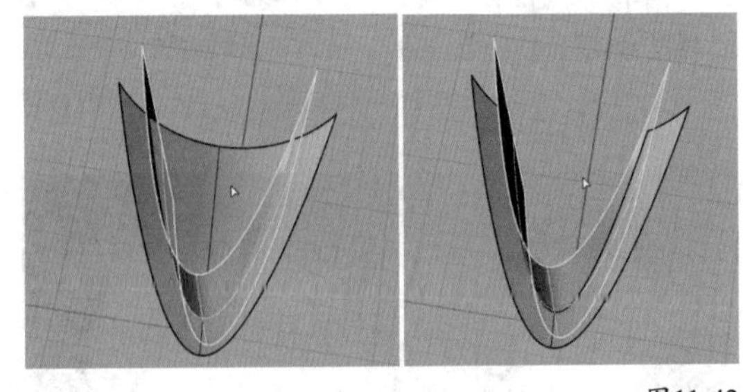

图11-42

03 单击“抽离结构线”工具，确保“物件锁点”在开启的状态，并勾选“端点”，如图 11-43 所示，将鼠标指针锁定到竖直的曲面的顶点上，完成抽离，这样就在壶嘴曲面上抽离出来一条与竖直曲面相交的结构线。使用这条结构线对壶嘴曲面进行修剪。使用竖直曲面对壶嘴曲面后部进行修剪，将这两个曲面进行组合，如图 11-44 所示。

☑端点 ☑最近点 □点 ☑中点 □中心点 ☑交点 □垂点 □切点 □四分点 □节点 □顶点 □投影 □停用

图11-43

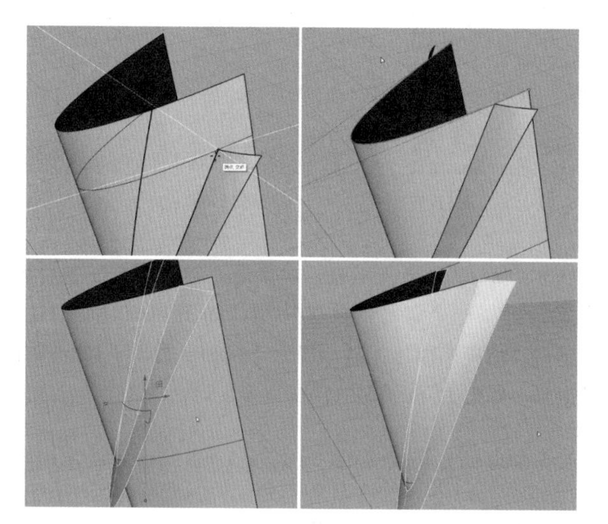

图11-44

04 将组合后的曲面复制一次，使用操作轴向外移动 0.3cm，再进行纵向压缩，调整后的效果如图 11-45 所示。

05 使用“单一直线”工具在两角位置绘制两条直线，连接两个曲面，如图 11-46 所示。

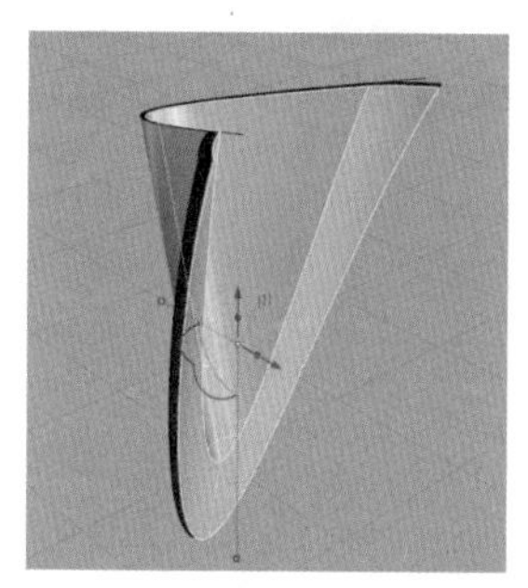

图11-45

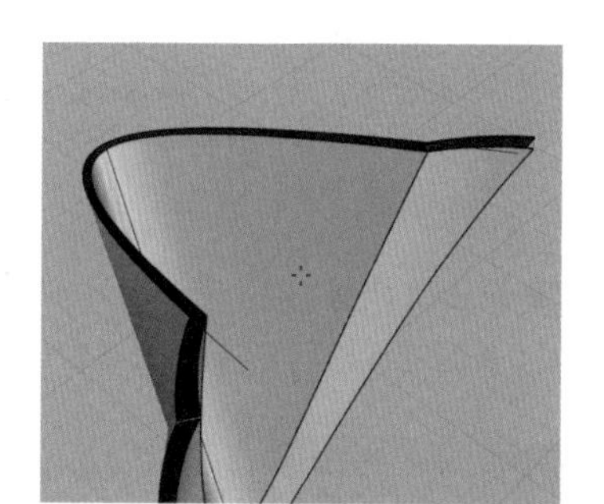

图11-46

06 使用“双轨扫掠”工具将两个曲面之间的空隙进行填补，填补后将所有曲面组合，如图 11-47 所示。

07 单击“边缘圆角”工具，将“下一个半径”设置为 0.035，选择壶嘴模型的所有边缘，进行圆角处理，如图 11-48 所示。

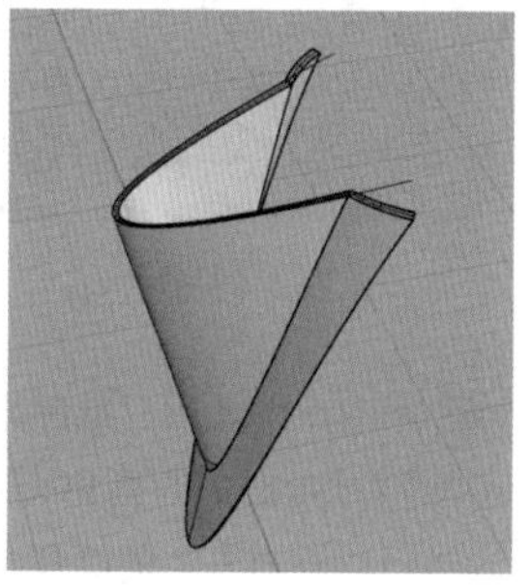

图11-47

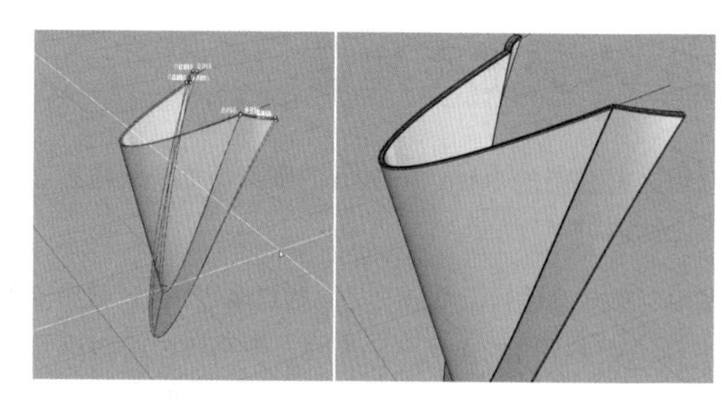

图11-48

08 使用操作轴对壶嘴模型的位置和角度进行微调，如图 11-49 所示。

图11-49

09 使用“圆柱体”工具，并开启“锁定格点”，绘制一个直径为 0.5cm，长度较长的圆柱体，将圆柱体复制一次，并向上移动 1cm。使用“环形阵列”工具，将环形阵列的圆心与圆柱体圆心重合，将阵列数量设置为 8，进行阵列，如图 11-50 所示。

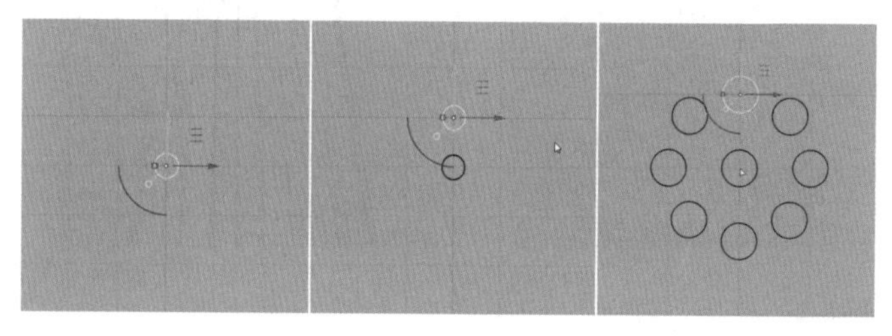

图11-50

10 选择所有圆柱体，将其移动到图 11-51 所示的位置。使用“布尔运算差集”工具，从水壶主体上挖出出水口，如图 11-52 所示。

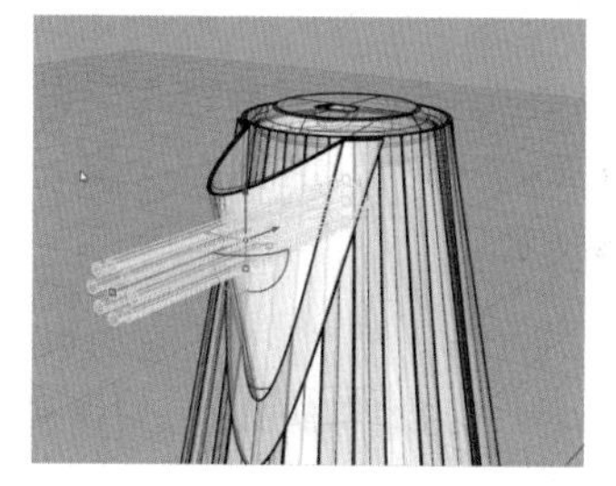

图11-51

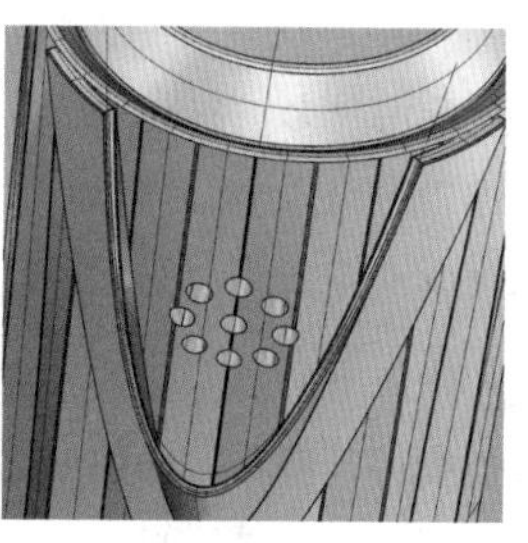

图11-52

这样就完成了壶嘴建模。

11.6 水壶把手建模

01 利用之前绘制的 10cm 和 22cm 的圆形，重新放样出壶身基础曲面，如图 11-53 所示。

02 使用“单一直线”工具与“控制点曲线 / 通过数个点的曲线”工具绘制图 11-54 所示的曲线。使用该曲线对壶身基础曲面进行修剪，如图 11-55 所示。将得到的曲面旋转 180°，放置于图 11-56 所示的位置。

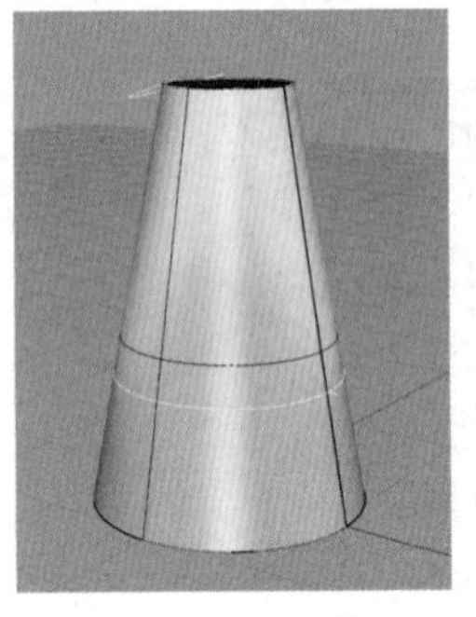

图11-53

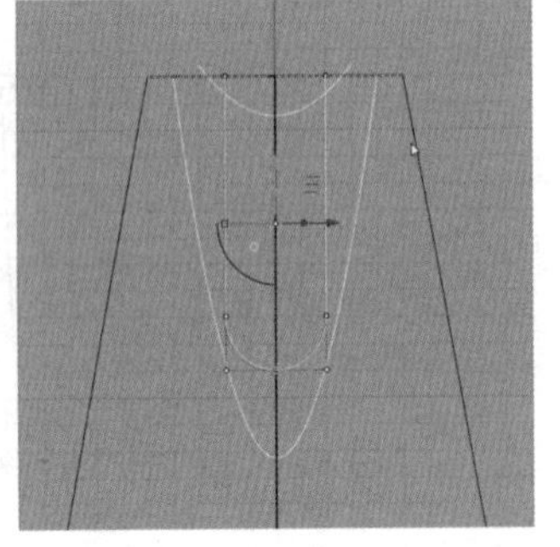

图11-54

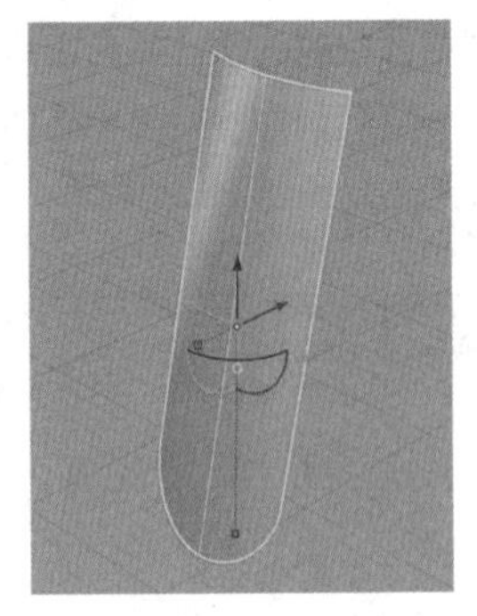

图11-55

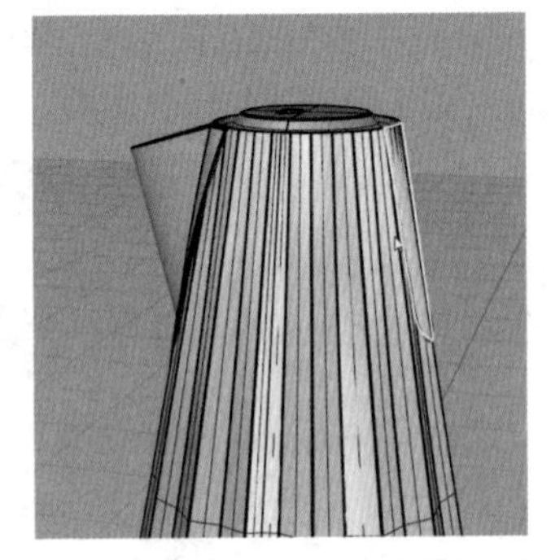

图11-56

技巧与提示

由于曲线接缝在背面，如果我们直接对壶身曲面的背面进行修剪，则会得到两个一半的曲面，不便于后面的建模，因此这里先对前面进行修剪，再旋转 180°。

03 单击“多重直线 / 线段”工具，开启“物件锁点”，并且勾选“端点”，然后开启“平面模式”和“锁定格点”功能，绘制折线，如图 11-57 和图 11-58 所示。

04 使用“偏移曲线”工具，将“下一个半径”设定为 2cm，对折线进行偏移，如图 11-59 所示。使用背部的曲面，对偏移之后得到的折线进行修剪。

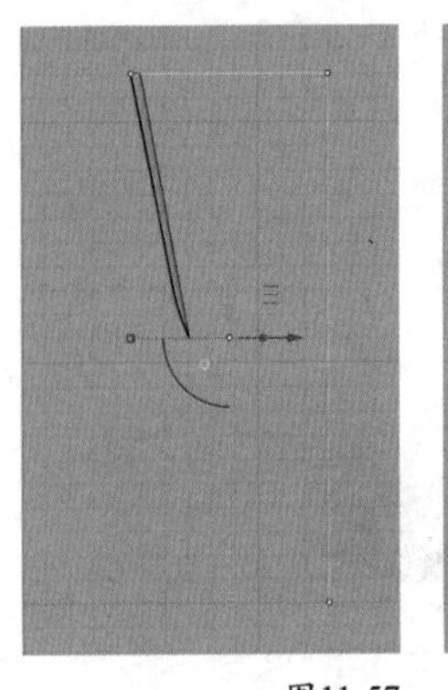

图11-57

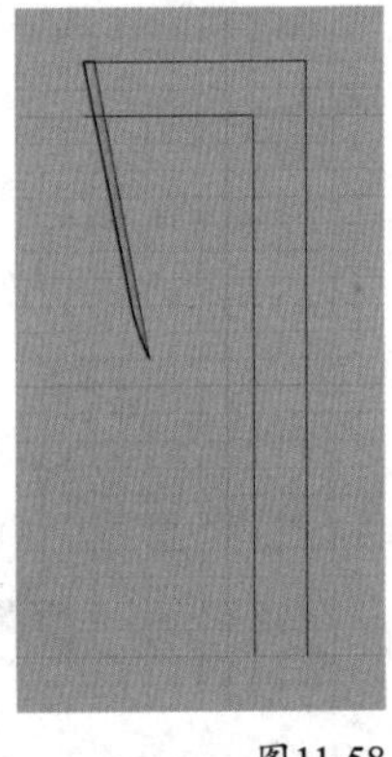

图11-58

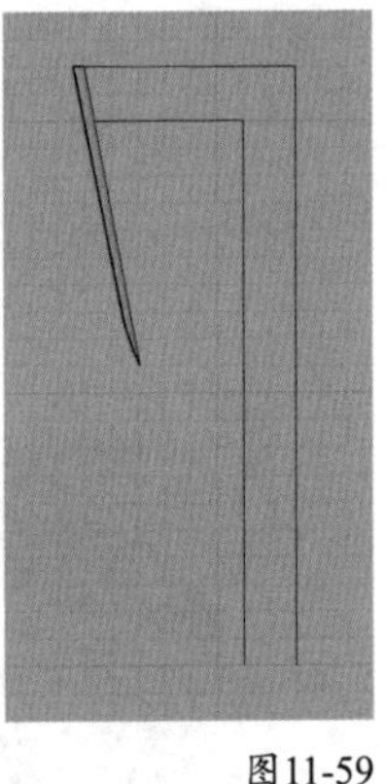

图11-59

05 单击“偏移曲面”工具，再单击“全部反转”，执行偏移，这样就得到了一个背部的实体模型，如图 11-60 和图 11-61 所示。单击“抽离曲面”工具，确保“复制 = 否”，将原本的曲面提取出来，如图 11-62 和图 11-63 所示。

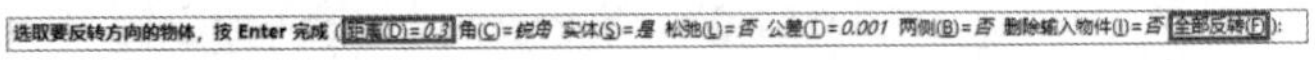

选取要反转方向的物体，按 Enter 完成 (距离(D)=0.3 角(C)=锐角 实体(S)=是 松弛(L)=否 公差(T)=0.001 两侧(B)=否 删除输入物件(I)=否 全部反转(F)):

图11-60

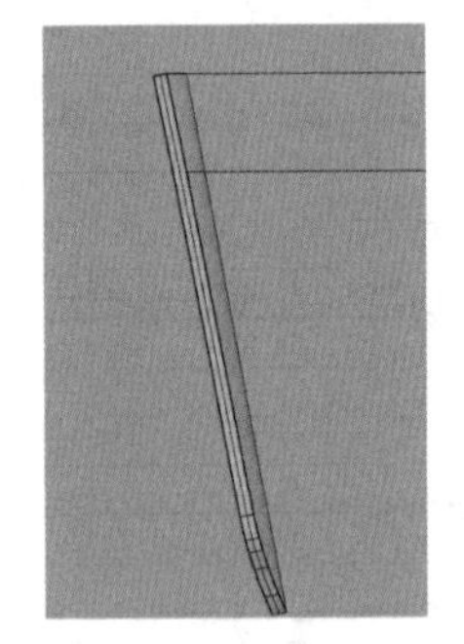

图11-61

选取要抽离的曲面 (目的图层(O)=输入物件 复制(C)=否):
标准
工作平面
设置视图
显示
选取

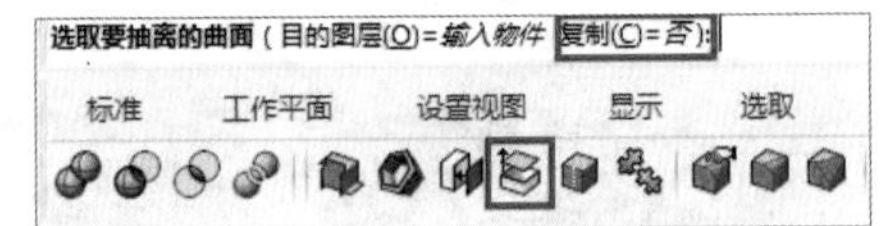

图11-62

06 单击“修剪 / 取消修剪”工具，用下面的折线对刚才提取出来的曲面进行修剪，如图 11-64 所示。

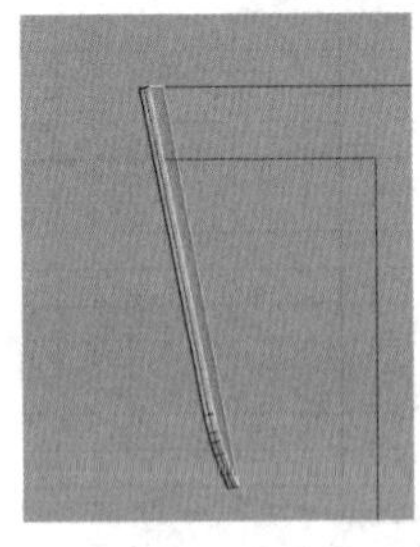

图11-63

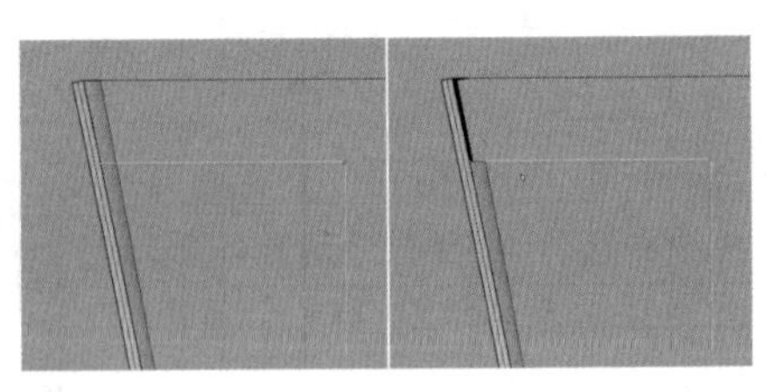

图11-64

07 完成操作之后，继续编辑水壶把手的曲线。使用“曲线圆角”工具对壶把手的直角进行圆角处理，设置内部直角的圆角半径为 2cm，外部直角的圆角半径为 4cm，效果如图 11-65 所示。

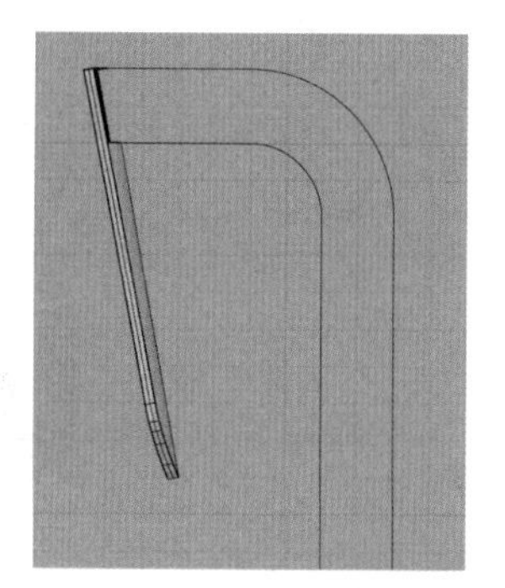

图11-65

08 使用“单一直线”工具将整个壶把手图形进行封闭，然后全部组合，如图 11-66 所示。单击“挤出封闭的平面曲线”工具，将挤出长度设置为 4，这样就得到了壶把手的模型，如图 11-67 所示。

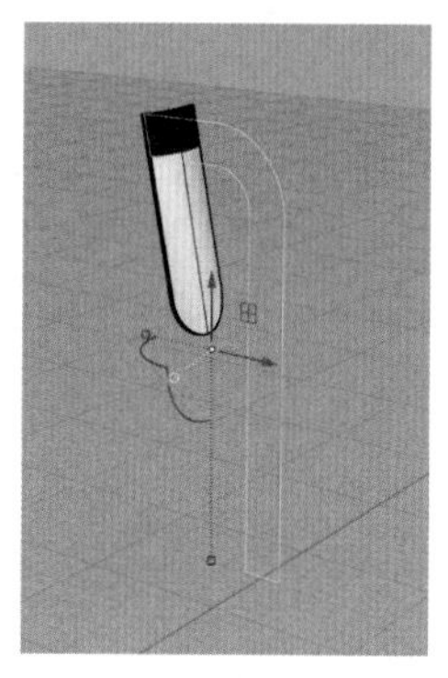

图11-66

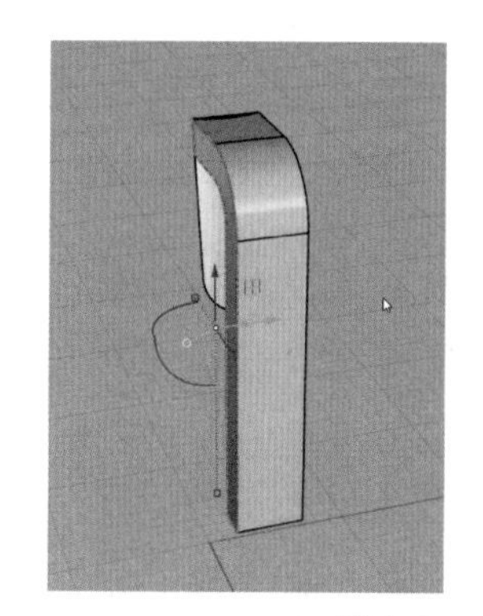

图11-67

09 使用“修剪 / 取消修剪”工具，将壶把手与背部模型相交的部分相互修剪掉，然后组合，效果如图 11-68 所示。

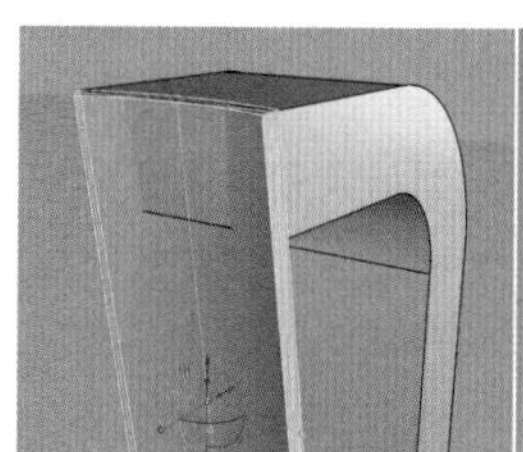

图11-68

技巧与提示

这里也可以使用“布尔运算联集”工具。

10 在壶把手转弯处的左端绘制一条竖向直线，如图 11-69 所示，将壶把手进行分割。分割完成之后对这两部分同时使用“将平面洞加盖”工具，这样两个部分分别变成了两个实体，一个是连接壶体的部分，另一个是壶把手的握持部分。

11 单击“边缘圆角”工具，设置“下一个半径”为 1cm，然后选取握持部分所有的侧边的 4 个边缘，进行圆角处理。再单击“边缘圆角”工具，设置“下一个半径”为 0.5cm，对下端边缘进行圆角处理，最后对上端边缘进行半径为 0.2cm 的圆角处理，效果如图 11-70 所示。

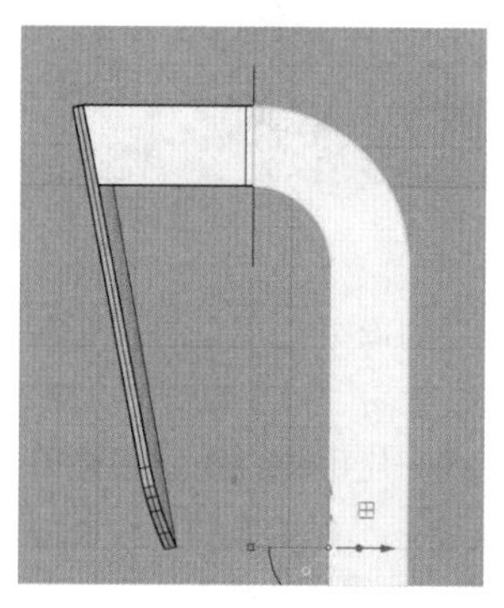

图11-69

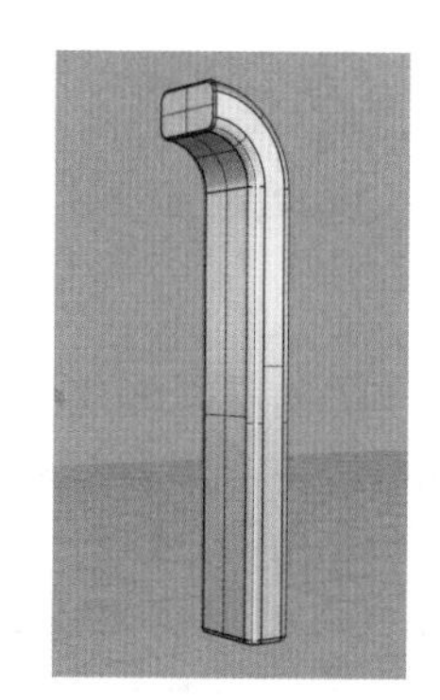

图11-70

12 接下来对连接体进行圆角处理。对连接体侧边缘进行半径为 0.2cm 的圆角处理，如图 11-71 所示。对连接体下部边缘进行半径为 0.2cm 的圆角处理，如图 11-72 所示。对与握持部分连接的端面边缘进行半径为 0.1cm 的圆角处理，如图 11-73 所示。对图 11-74 所示的连接体的边缘进行半径为 0.05cm 的圆角处理。

图11-71

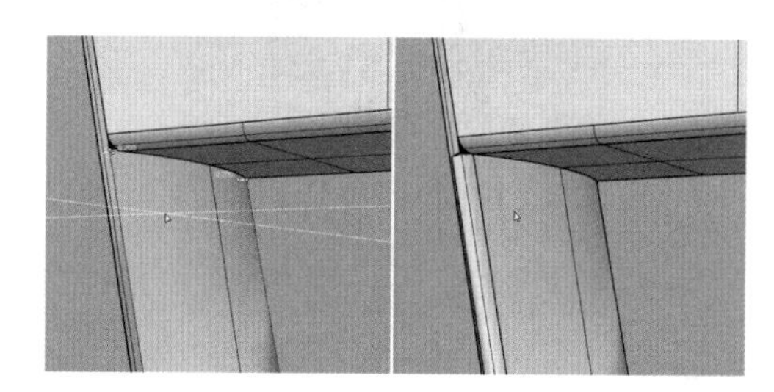

图11-72

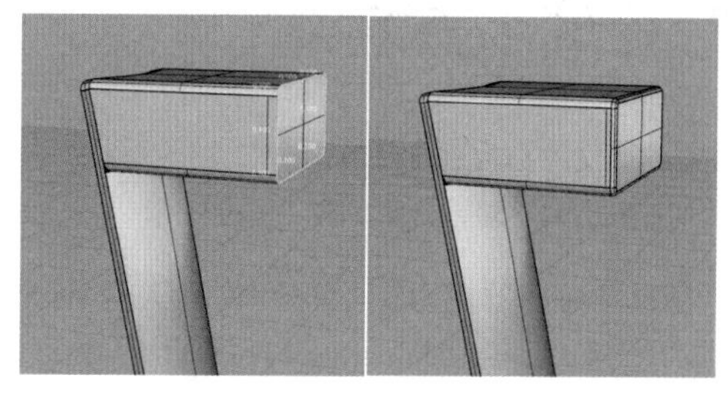

图11-73

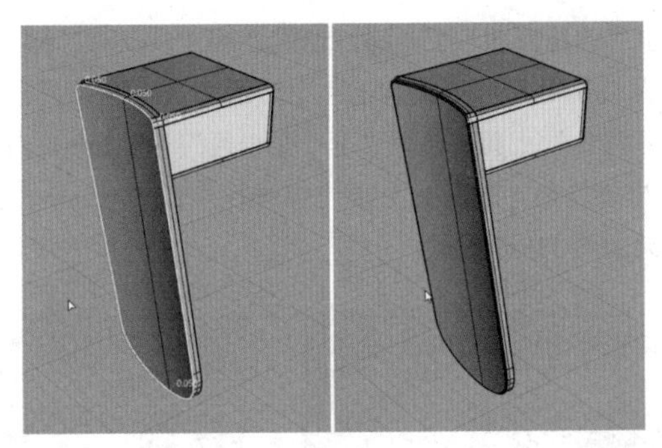

图11-74

13 完成后会看到图11-75所示的部分出现了一个孔洞。开启“物件锁点”，并勾选“端点”，使用“单一直线”工具在图11-75所示的位置绘制一条直线，使用该直线进行修剪。修剪完成后使用“双轨扫掠”工具，形成中间的过渡曲面，如图11-76所示，用同样的操作对另一侧也进行修补，最后将所有曲面组合。

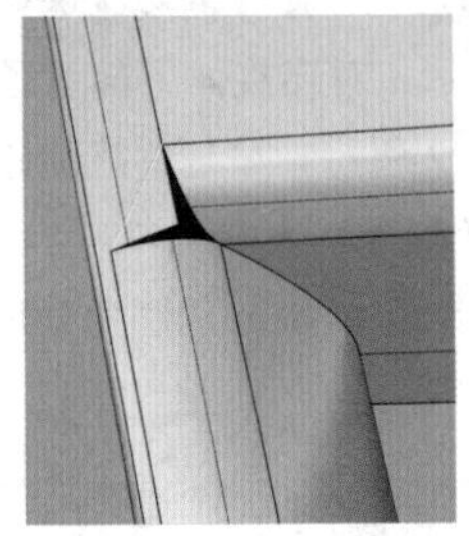

图11-75

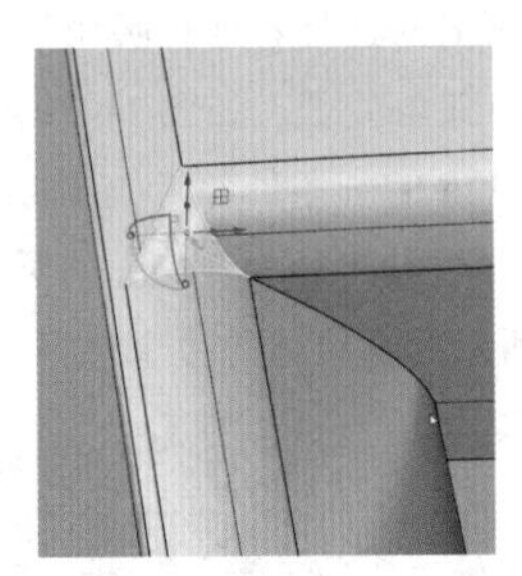

图11-76

14 调整壶把手模型的位置，到此就完成了全部建模，如图11-77所示。

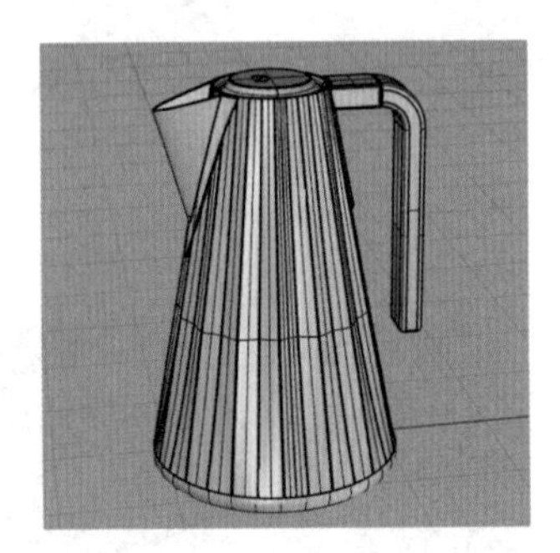

图11-77

11.7 琉璃水壶渲染

01 将水壶模型文件拖放到实时渲染窗口中，在弹出的对话框中进行图11-78所示的设置，效果如图11-79所示。

02 在“材质”面板的Metal（金属）目录下的Stainless Steel（不锈钢）子目录中，将Stainless Steel Polished（抛光不锈钢）材质赋予模型，并将颜色改为白色，如图11-80和图11-81所示。

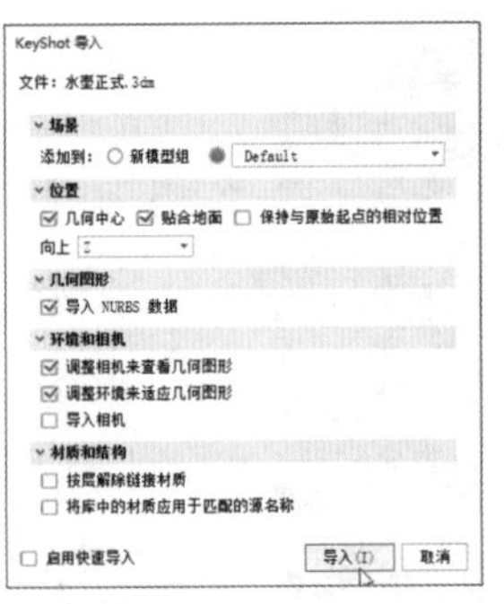

图11-78

图11-79

图11-80

图11-81

03 在Glass（玻璃）目录中，将Glass Ridges Orange（橙色条纹玻璃）材质拖放到场景列表的壶体模型的名称上面，这样就将该材质单独赋予了壶体，然后对材质进行设置，如图11-82~图11-84所示。

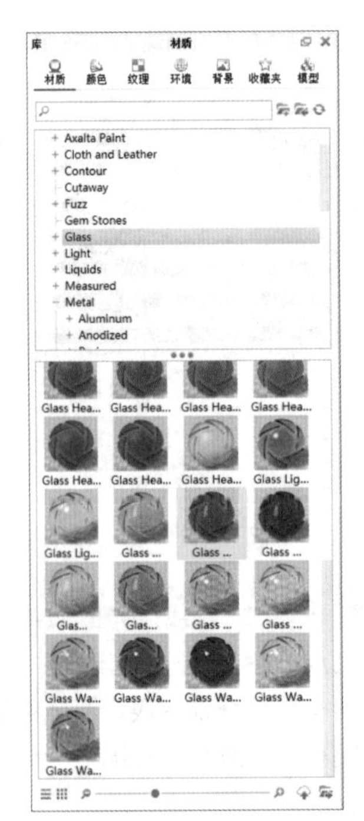

图11-82

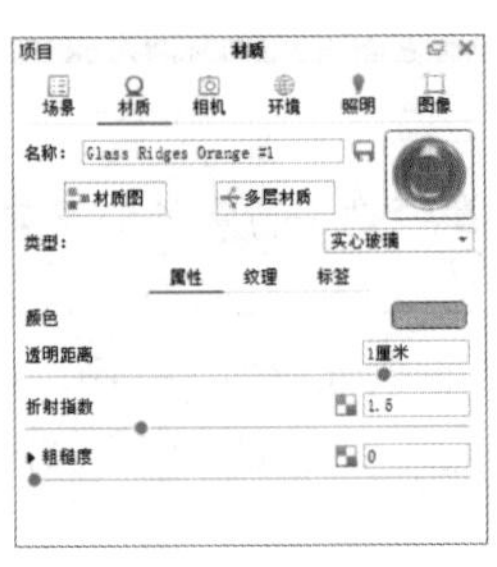

图11-83

图11-84

04 将水壶模型整体复制一次，使用“移动工具”移动工具调整两个水壶的位置，如图 11-85 和图 11-86 所示。

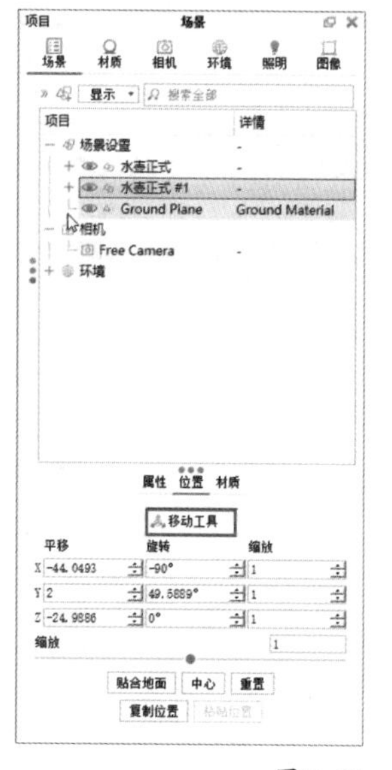

图11-85

图11-86

技巧与提示

在场景列表中，在模型或部件名称上单击鼠标右键，在弹出的菜单中选择“复制”，即可对选定的对象进行复制。

05 在“编辑”菜单中执行“添加几何图形 > 添加地平面”命令，如图 11-87 所示，选中添加的地平面，在移动工具的面板中单击“贴合地面”。双击地面模型，进行图 11-88 所示的设置，效果如图 11-89 所示。

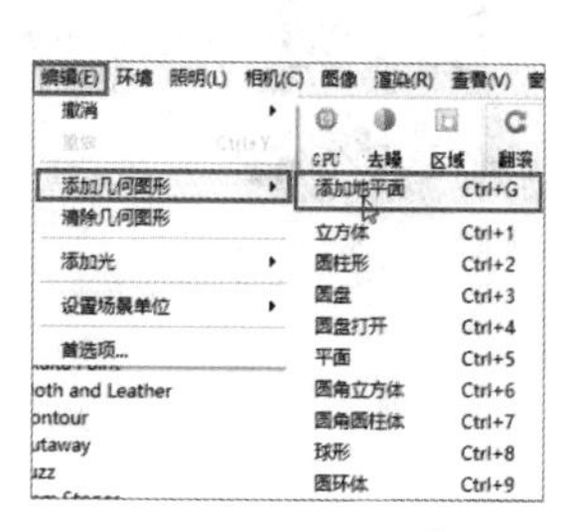

图11-87

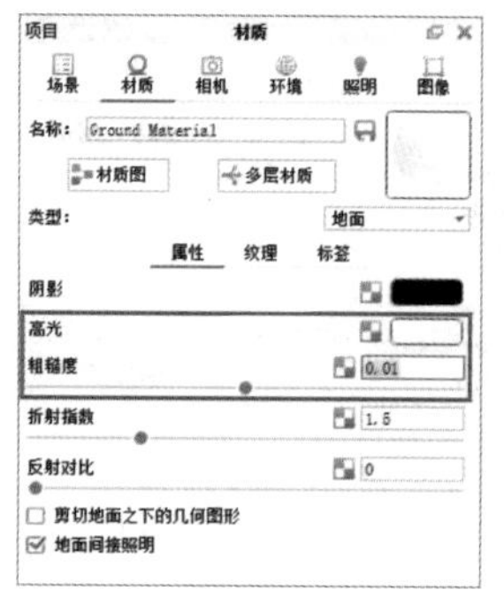

图11-88

图11-89

06 在“图像”面板中，对画面分辨率进行图 11-90 所示的设置，将画幅设置成竖向的画幅，如图 11-91 所示。

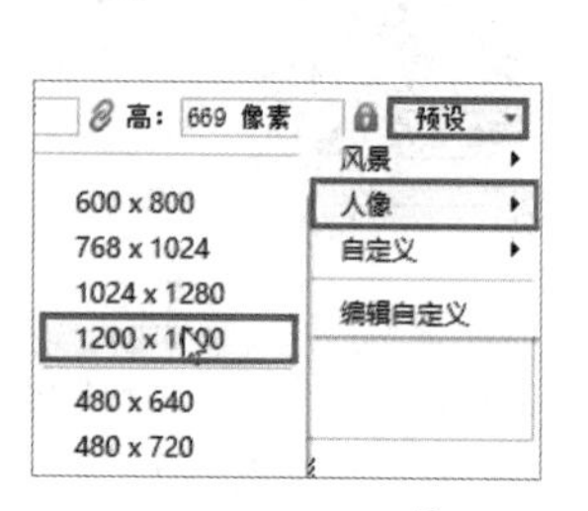

图11-90

图11-91

07 在“相机”面板中单击“新增相机”按钮，将相机的“视角 / 焦距”改为 100 毫米，如图 11-92 所示，这样透视能更好地还原模型真实比例。完成相机的操作之后，进行锁定。

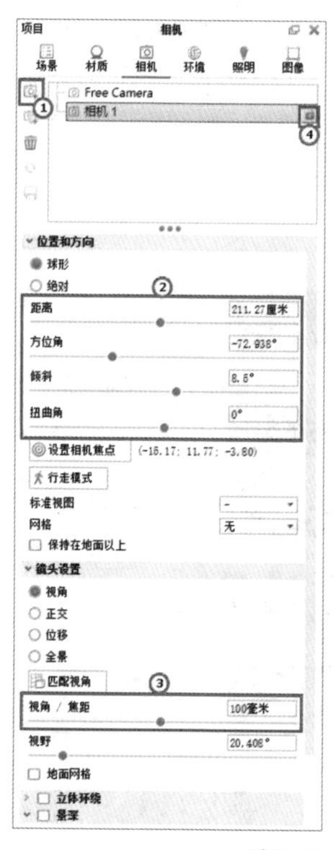

图11-92

08 两个水壶同颜色比较单调，需要对两个壶体的颜色进行区分。在实时渲染窗口的壶体模型上单击鼠标右键，选择“解除链接材质”选项，如图 11-93 所示。双击右侧的壶体模型，对材质颜色进行修改，如图 11-94 和图 11-95 所示。

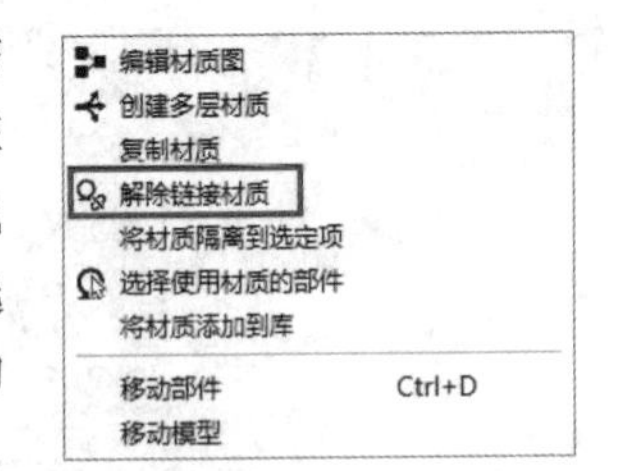

图11-93

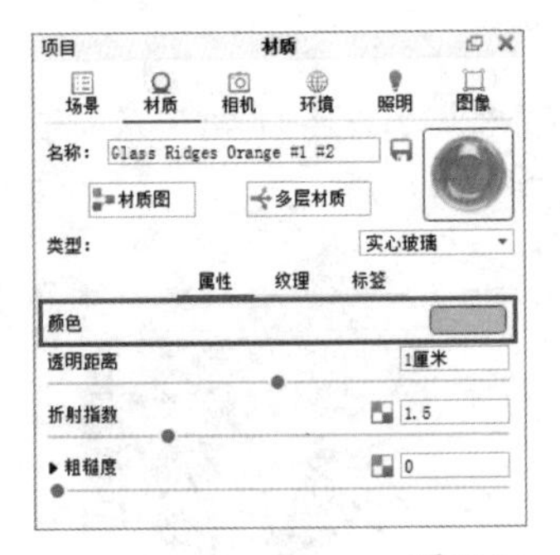

图11-94

图11-95

09 在“环境”面板中找到 Interior（室内）目录，然后找到 Aversis_Office_hallway_Whiste 3k（办公室白色走廊）HDRI 环境贴图，双击应用到场景当中。在“环境”面板中进行设置，如图 11-96 和图 11-97 所示。

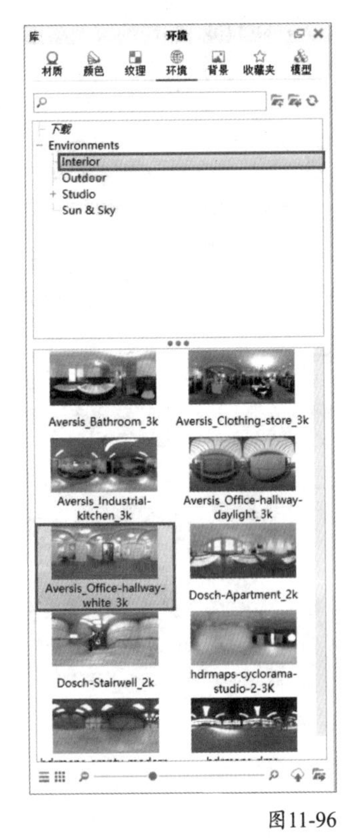

图11-96

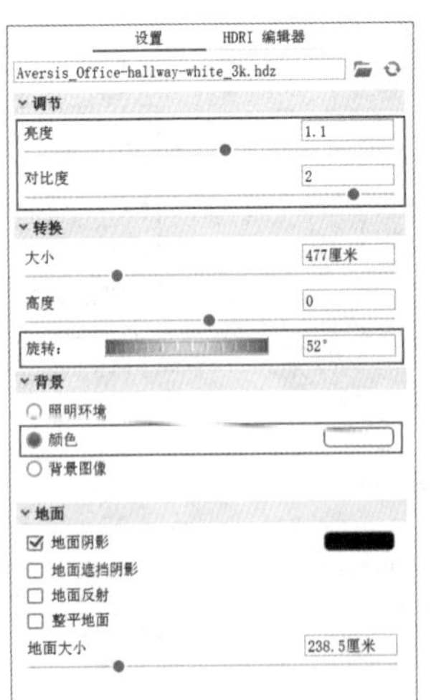

图11-97

10 在“HDRI 编辑器”中，增加灯光针，并进行图 11-98~ 图 11-100 所示的设置，效果如图 11-101 所示。

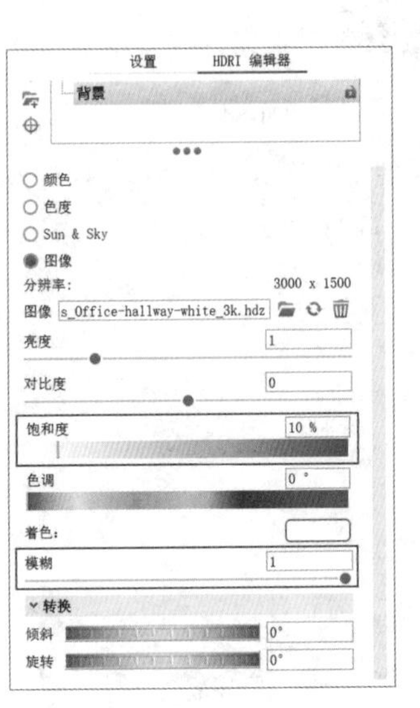

图11-98

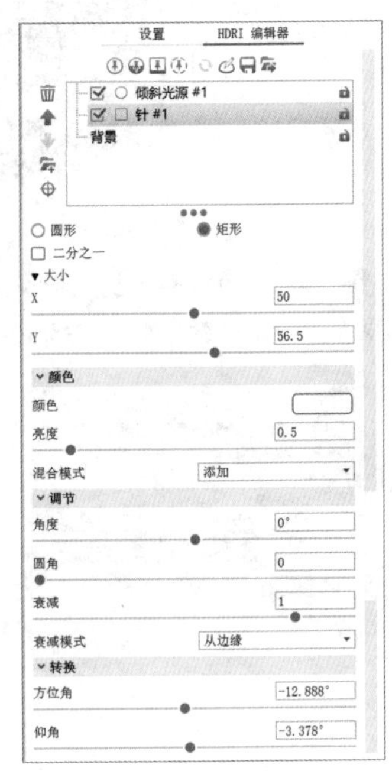

图11-99

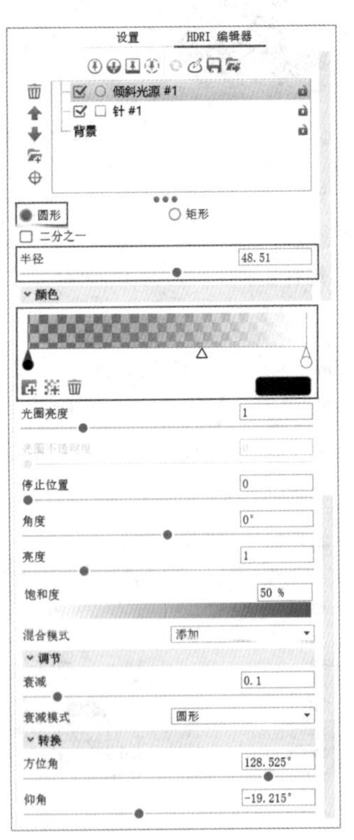

图11-100

图11-101

11 在 Keyshot 快捷功能栏中开启 GPU 模式和去噪功能，如图 11-102 所示，在“渲染”对话框中单击“渲染”按钮，如图 11-103 所示。

图11-102

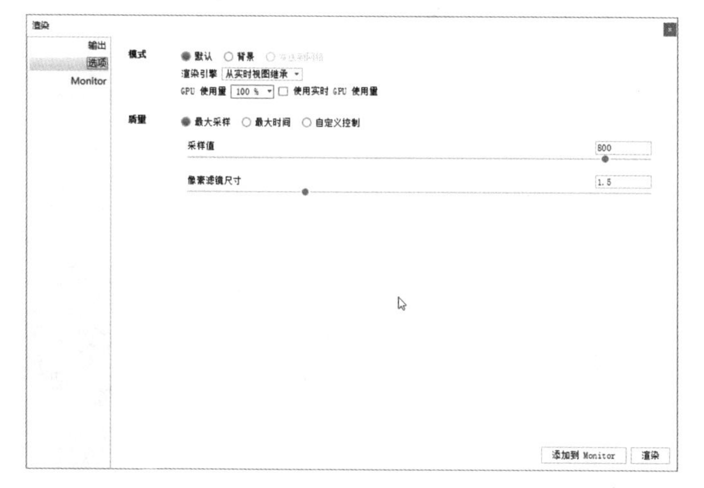

图11-103

到这里就完成了琉璃水壶的渲染，效果如图 11-104 所示。

图11-104

第12章

综合实例——制作洗发液瓶

本章我们将学习如何通过绘制产品轮廓快速细化完成产品外观建模。在本案例中，瓶盖部分的造型较为复杂，需要特别注意瓶盖结构。由于模型材质较为简单，因此需要在渲染时注意通过布光为画面增添细节。除此之外，通过本案例我们可以学习如何在 KeyShot 中通过标签系统完成商标贴图的制作。

本章学习要点

- 学会分析产品的轮廓结构
- 了解产品的制作难点
- 熟练掌握建模环境的设置方法
- 掌握在基础模型上构建出复杂曲面的方法
- 熟练掌握在 KeyShot 中渲染模型的技巧

12.1 案例分析

本章将制作一个洗发液瓶，渲染效果如图 12-1 所示。

图12-1

仔细观察瓶身造型可以发现，瓶身虽然造型比较复杂，但可以大体抽象为图 12-2 所示的轮廓进行整体塑造，在整体造型的基础上进行细节分割及细化。

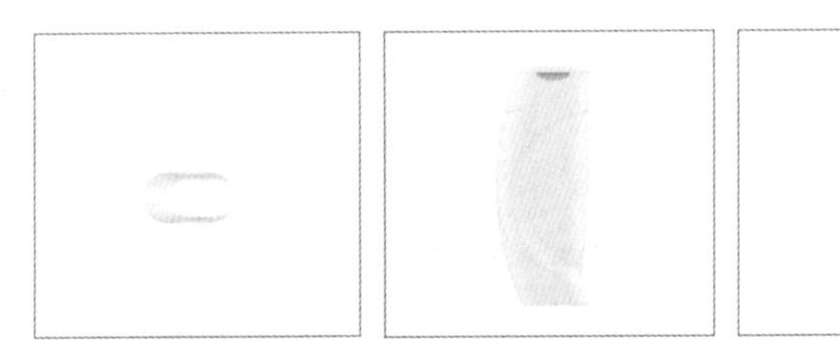

图12-2

建模的难点在于瓶盖造型及瓶身渐开面的建模，建模完成后的效果如图 12-3 所示。

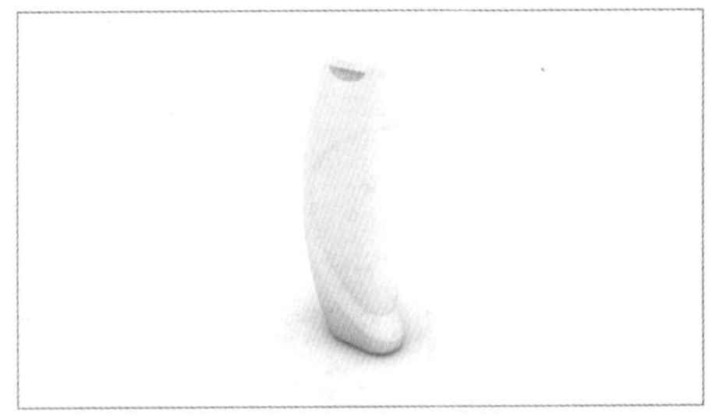

图12-3

12.2 设置建模环境

01 打开 Rhino 7，在“标准”选项卡中单击图标，如图 12-4 所示。

标准 工作平面 设置视图 显示 选取 工作视窗配置 可见性 变动 曲线工具

图12-4

02 在打开的“Rhino 选项”对话框中找到“单位”选项，并在对话框右侧的设置中将“模型单位”改为“毫米”，如图 12-5 所示。

图12-5

12.3 主体曲面建模

下面先制作洗发水瓶的主造型。

01 在“曲线工具”中使用“矩形：角对角”工具，在 Top（顶）视图中绘制一个长 55mm，宽 30mm 的矩形，如图 12-6 所示。

02 单击“曲线圆角”工具，把半径设置为 15，然后对矩形的 4 个角分别进行曲线圆角的操作，完成之后就会得到一个类似于胶囊的形状，作为洗发水瓶的截面图形，如图 12-7 所示。

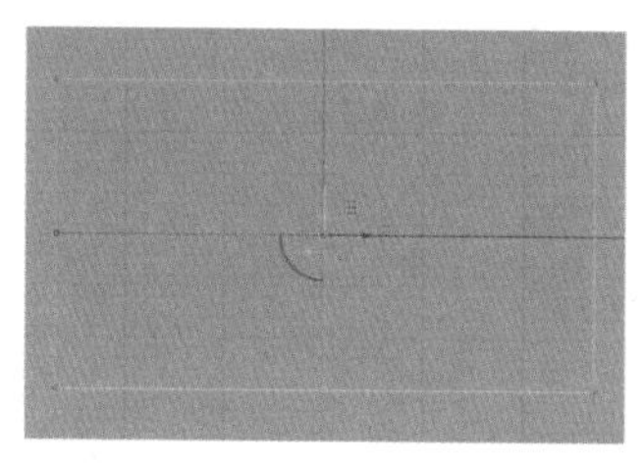

图12-6

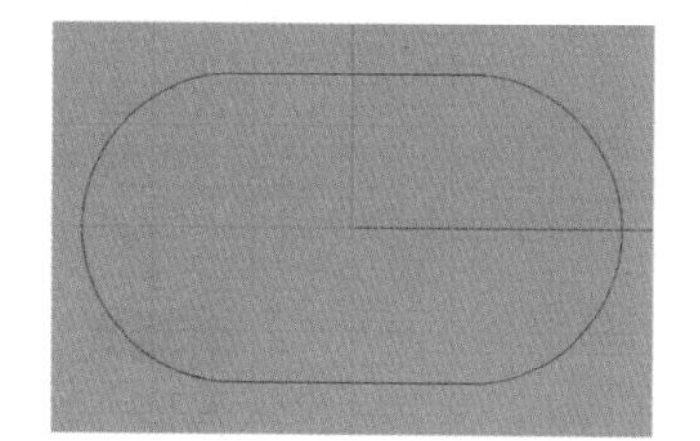

图12-7

03 在 Front（前）视图中将上一步得到的截面图形向上移动 95mm，然后在“变动”工具面板中使用“镜射 / 三点镜射”工具进行镜像复制，得到洗发水瓶的上下两个底面，如图 12-8 和图 12-9 所示。

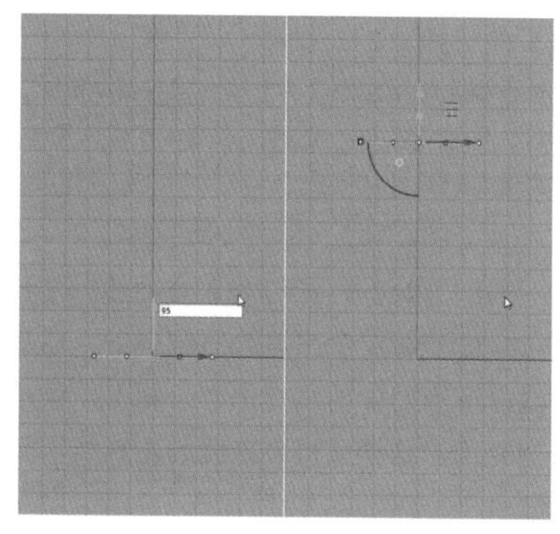

图12-8

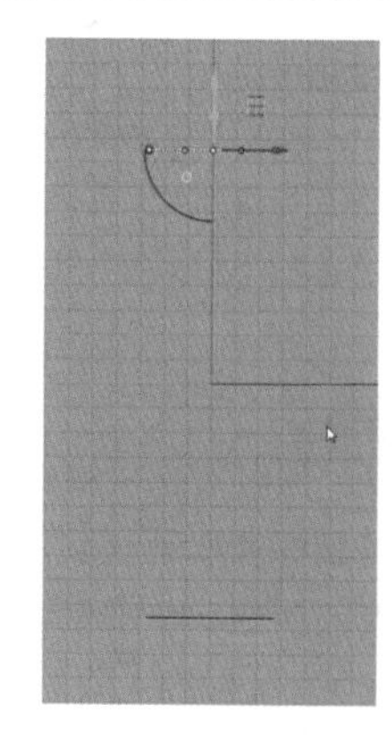

图12-9

04 开启“物件锁点”，勾选“端点”锁定，如图 12-10 所示，使用“多重直线 / 线段”工具，在两个截面图形中间绘制一条直线，将它们连在一起，这样就得到了瓶体侧面的轮廓线，如图 12-11 所示。

锁定格点 正交 平面模式 物件锁点 智慧轨迹 操作轴 记录建构历史 过滤器

☑端点 □最近点 □点 □中点 □中心点 □交点 □垂点 □切点 □四分点 □节点 □顶点 □投影 □停用

图12-10

05 选中上部截面，复制并移动到图 12-12 所示的位置，然后使用操作轴将它适当放大。在“变动”中选择“移动”工具，开启“物件锁点”，勾选“点”和“垂点”，将复制的截面对齐到竖直的轮廓线上，如图 12-13 所示。

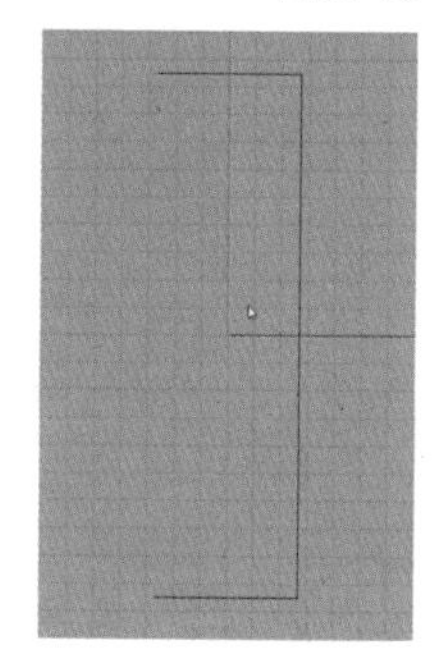

图12-11

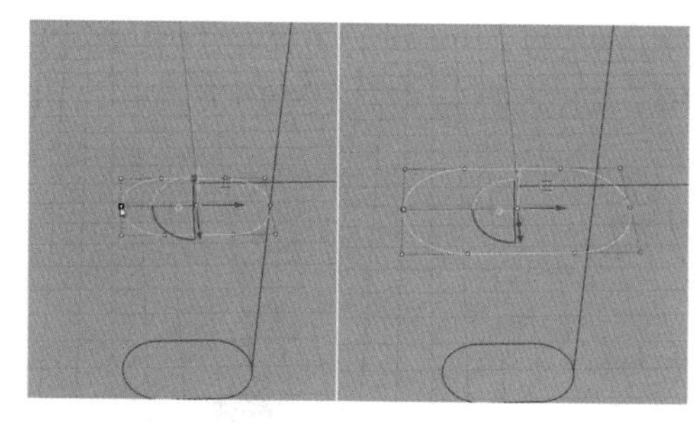

图12-12

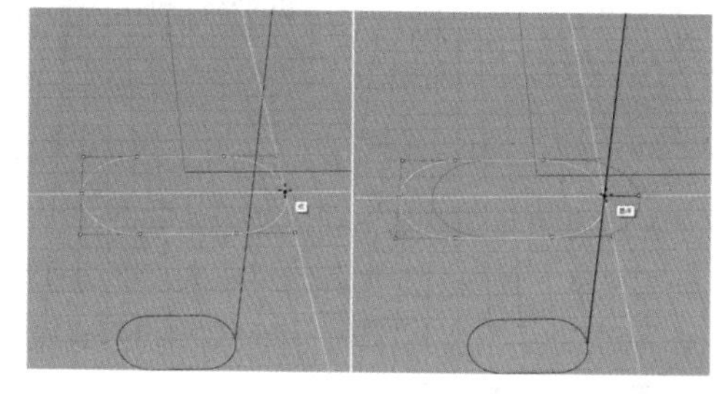

图12-13

技巧与提示

快速等比缩放：按住 Shift 键拖曳操作轴空心方块可以进行快速等比缩放。

快速复制移动：使用操作轴在拖曳方向箭头移动的同时按 Alt 键，当鼠标指针右上角出现 + 时，即表示已进行复制，此时在目标位置松开鼠标即可将选中的物件快速复制至目标位置。

06 在“曲线工具”中，使用“内插点曲线 / 控制点曲线”工具，同时确保“物件锁点”的“端点”在勾选的状态下，然后将鼠标依次锁定到 3 个截面图形左侧的端点上，绘制出一条平滑的曲线，单击鼠标右键完成，这样就得到左侧的轮廓线，如图 12-14 和图 12-15 所示。

07 选中 3 个截面图形，单击“分割 / 以结构线分割曲面”工具，选取两侧的轮廓线，使用轮廓线将截面图形一分为二，如图 12-16 所示。

图12-14

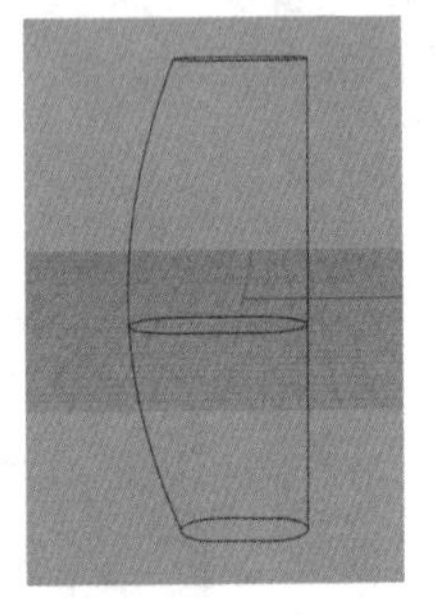

图12-15

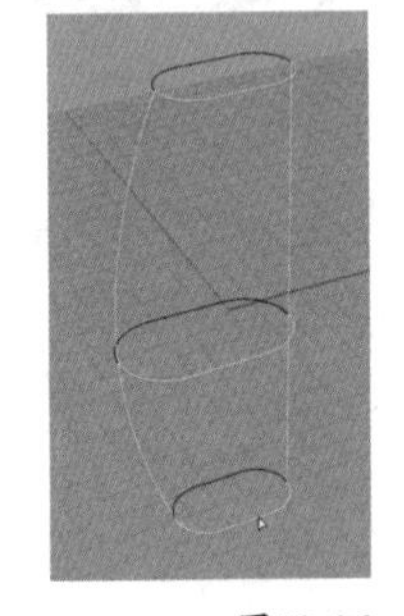

图12-16

08 在“曲面工具”中单击“从网线建立曲面”工具，选取图 12-16 所示的曲线，单击鼠标右键，在弹出的对话框中将“边缘设置”设置为松弛，如图 12-17 所示，然后单击“确定”按钮完成。在“变动”中单击“镜射 / 三点镜射”工具，将新建的曲面进行镜像，这样就得到了瓶身主体的曲面，如图 12-18 所示。

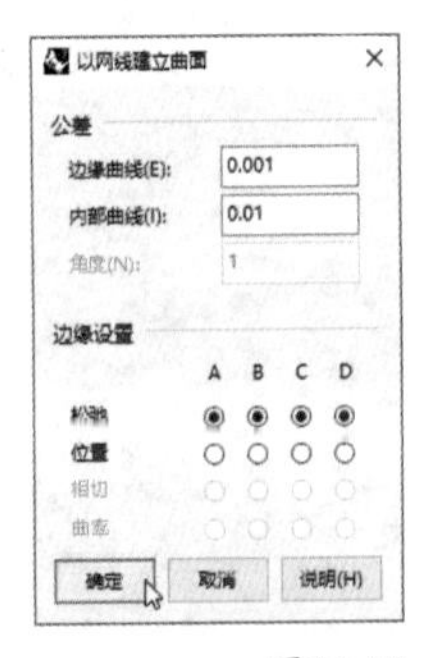

图12-17

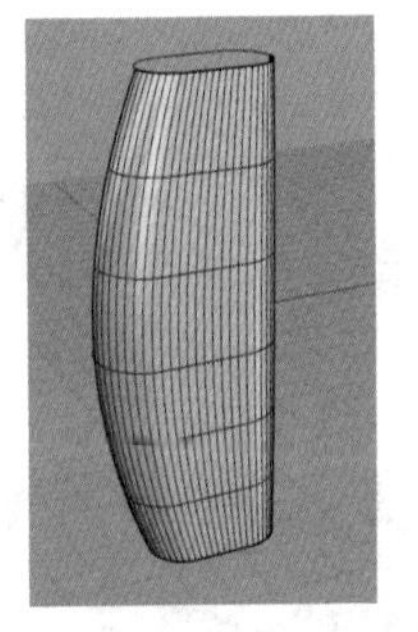

图12-18

09 接下来在瓶身整体的曲面上切出瓶盖的部分，在“曲线工具”中，使用“单一直线”工具绘制一条水平的直线，如图 12-19 所示。再次使用“控制点曲线 / 通过数个点的曲线”工具绘制一条曲线，如图 12-20 所示。

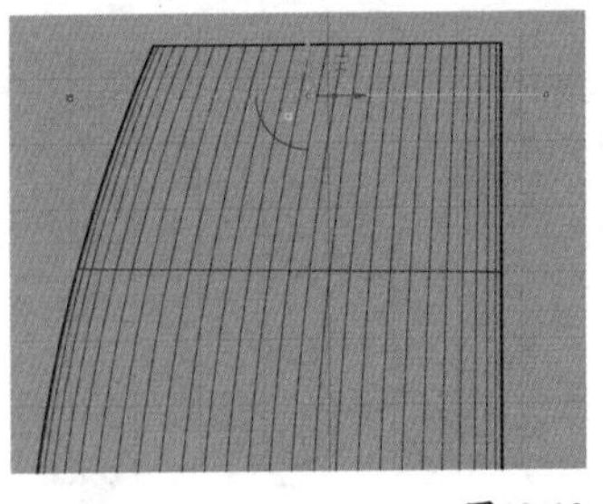

图12-19

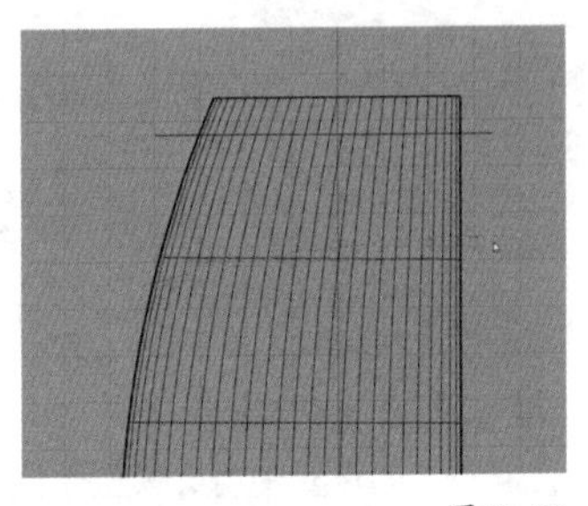

图12-20

10 单击“分割 / 以结构线分割曲面”工具，用刚刚绘制的两条线对瓶身主体进行分割，如图 12-21 所示。

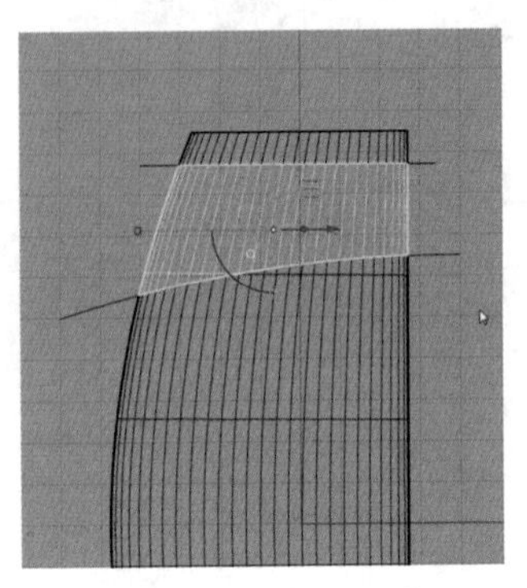

图12-21

11 选中瓶盖曲面，将它移动到“图层 01”上，将瓶身的主体转移到“图层 02”上，并且将两个图层的颜色都改为黑色，如图 12-22~ 图 12-24 所示。

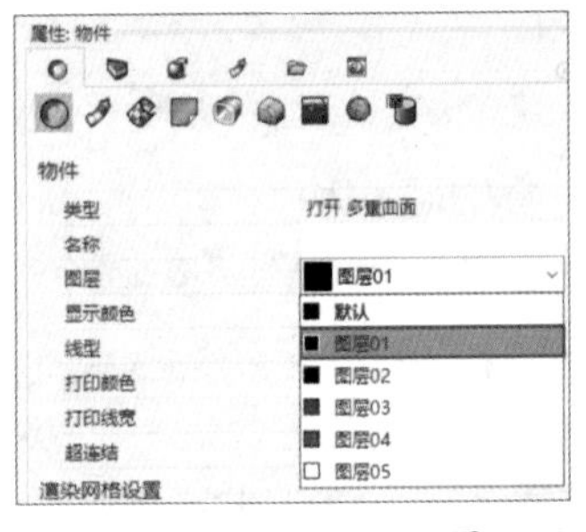

图12-22

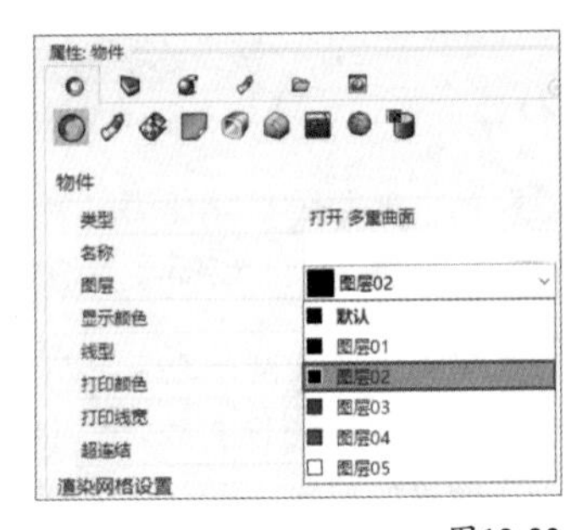

图12-23

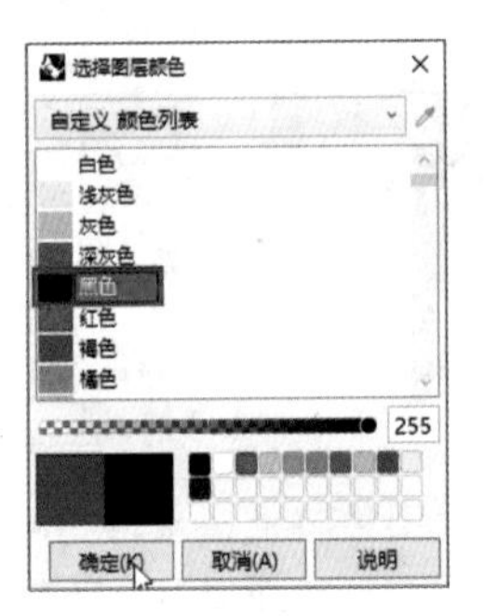

图12-24

这样就完成了洗发水瓶主体曲面的建模。

12.4 瓶盖建模

接下来进行瓶盖及翻盖的建模。

01 单击“以平面曲线建立曲面”工具，然后框选顶部的开放边缘，生成翻盖的顶面，如图 12-25 所示。

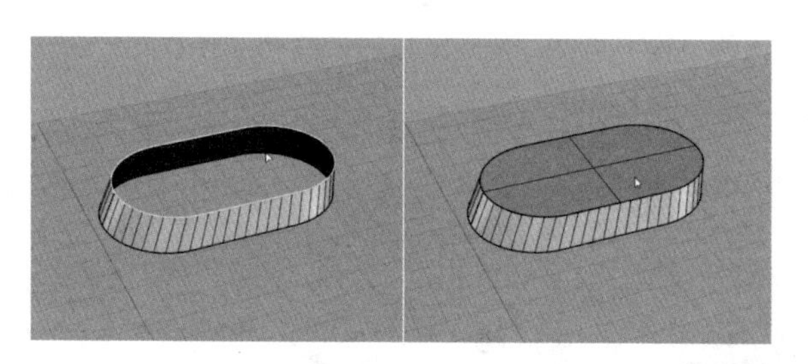

图12-25

02 选取顶盖两个曲面进行组合，然后在“曲面工具”中单击“偏移曲面”工具，选择“全部反转”，将偏移方向全部向内，将偏移距离设置为 0.5mm，这样就给整个顶盖增加了一个厚度，如图 12-26 所示。

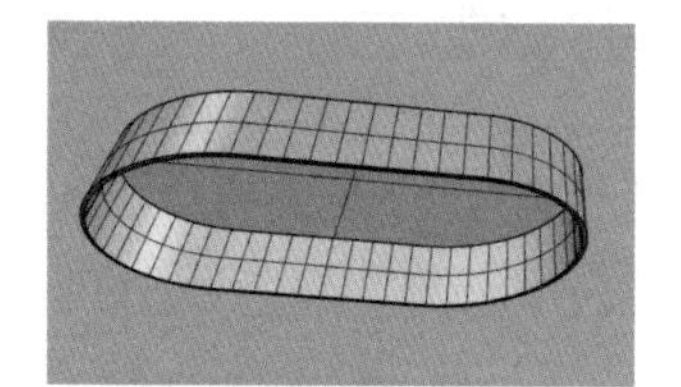

图12-26

03 单击“边缘圆角”工具，将“下一个半径”设置为 5mm，选取顶部的内外两个边缘进行圆角处理，结果如图 12-27 所示。

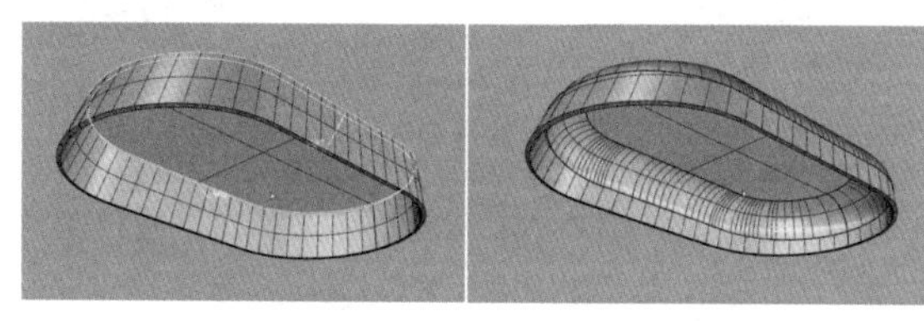

图12-27

04 单击“边缘圆角”工具，将“下一个半径”设置为 0.2mm，框选底部所有的边缘，对它们进行统一的圆角处理，结果如图 12-28 所示。

05 显示出瓶盖基座的造型，然后双击“图层 01”，切换到“图层 01”的编辑模式，然后将默认图层进行隐藏，下面对瓶盖进行封盖操作。在“曲面工具”中单击“以平面曲线建立曲面”工具，选取顶部开口边缘，生成封口平面，如图 12-29 所示。

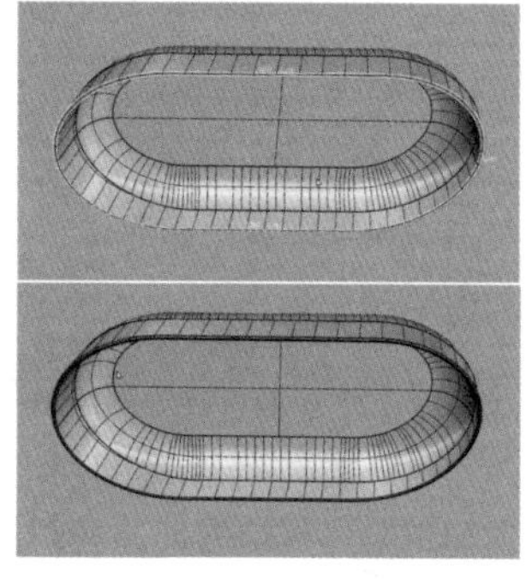

图12-28

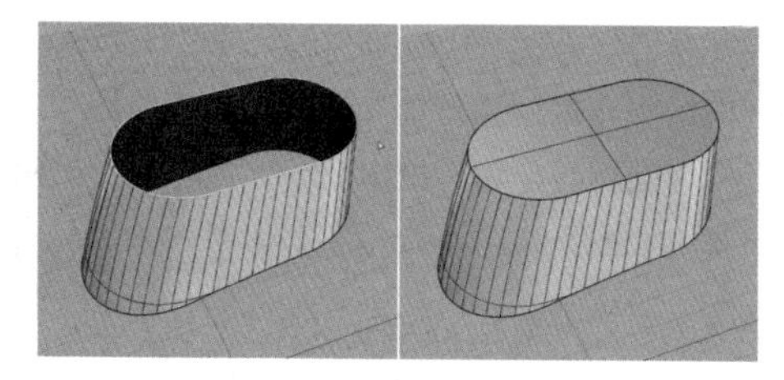

图12-29

06 将平面和曲面进行组合，选择组合后的模型，单击“偏移曲面”工具，再单击“全部反转”，使“实体 = 是”，将距离同样设置为 0.5mm，生成偏移后的曲面，如图 12-30 所示。

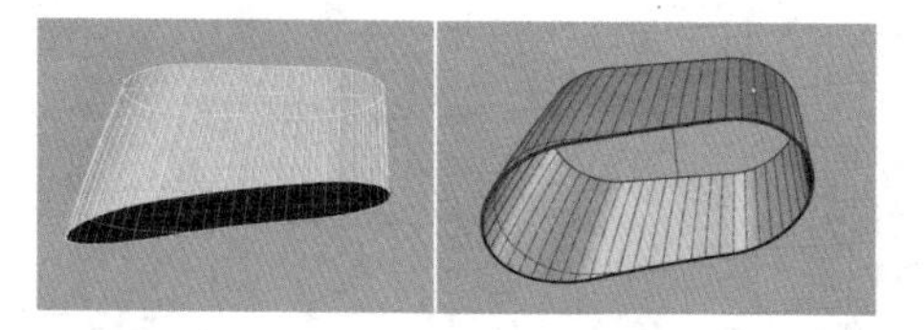

图12-30

07 接下来制作瓶嘴。使用“多重直线 / 线段”工具，在图 12-31 所示的位置绘制一条折线。绘制完成后将它向下复制一次。

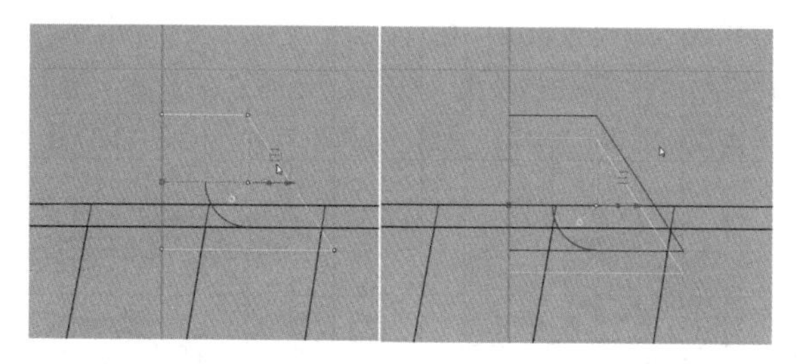

图12-31

08 对这两条折线使用“曲面工具”中的“旋转成形 / 沿着路径旋转”工具，重新开启“锁定格点”，将旋转轴设定为 y 轴，确认旋转。然后关闭“锁定格点”，使用操作轴对曲面的位置进行微调，如图 12-32 所示。在“实体工具”工具面板中使用“布尔运算联集”工具，将瓶盖基座与圆台合并为一体，如图 12-33 所示。

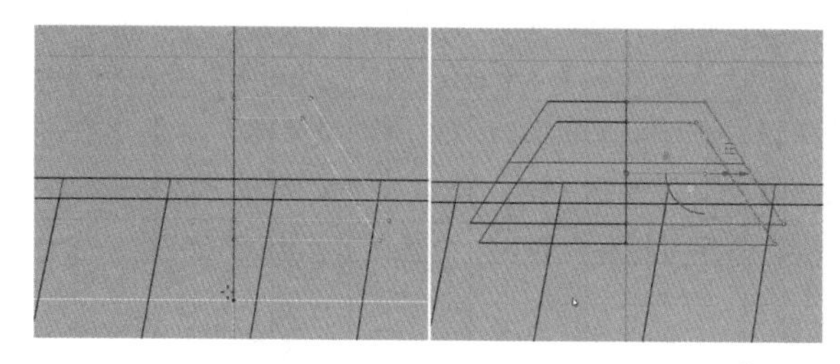

图12-32

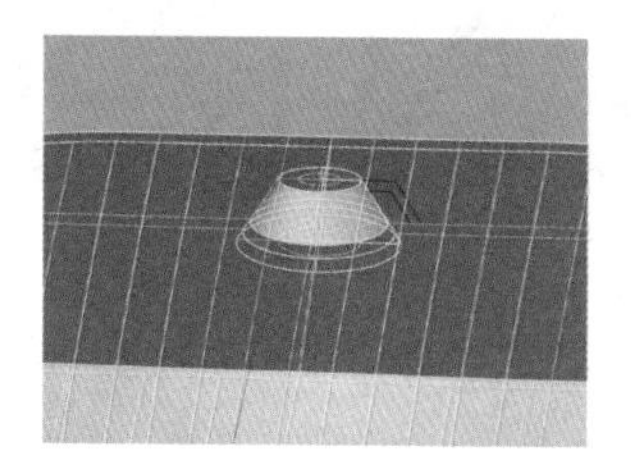

图12-33

09 完成合并之后，再次选中联集运算得到图形，单击“布尔运算差集”工具，单击下方的圆台几何体，挖出瓶嘴的凹槽，如图 12-34 所示。

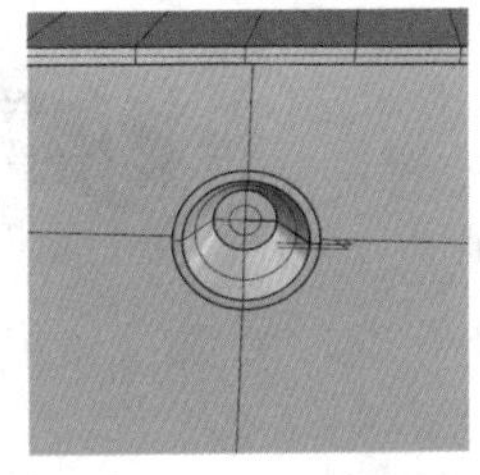
图12-34

10 使用“复制边缘 / 复制网格边缘”工具，从瓶嘴上部外轮廓线中复制出一个圆形，按住 Shift 键，单击操作轴的缩放控制器，在弹出的面板中输入 0.5，这样将它缩小为原本的 1/2，如图 12-35 所示。

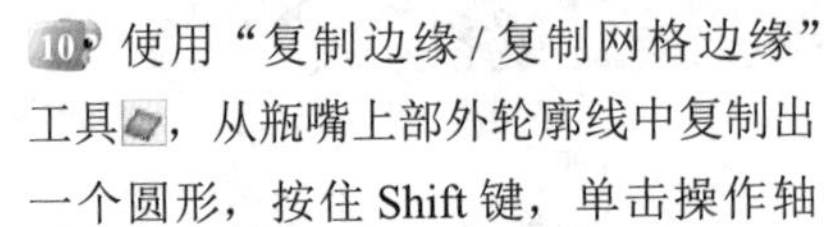

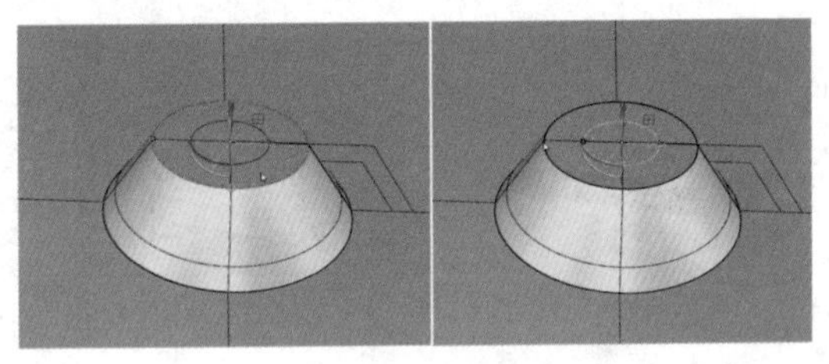
图12-35

11 在“实体工具”中单击“挤出封闭的平面曲线”工具，使用该工具挤出一个比较长的圆柱体，使它能够穿透整个瓶盖，如图 12-36 所示。对瓶盖再次使用“布尔运算差集”工具，选中圆柱体，单击鼠标右键，这样就得到了瓶嘴的圆孔，如图 12-37 所示。

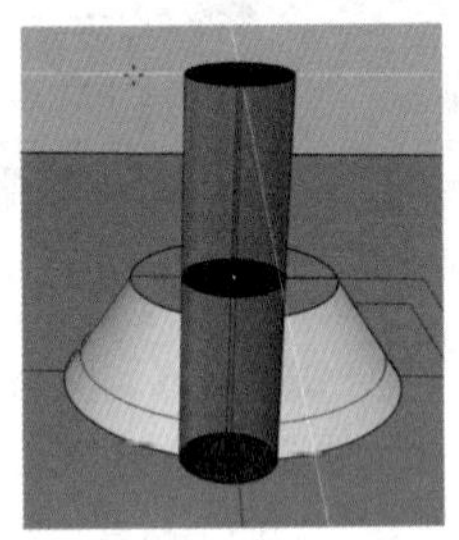
图12-36

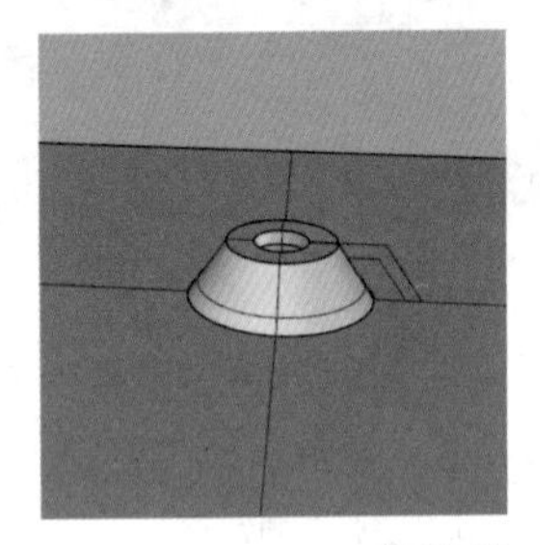
图12-37

12 接下来我们绘制瓶盖内部的结构。使用“圆柱管”工具，开启“锁定格点”，并勾选“中心点”选项，以瓶嘴圆心为锁定点，建立一个外径为 16mm，内径是 15mm，高度为 14.2mm 的圆柱管，使用操作轴移动圆柱管，使圆柱管与瓶盖横隔面有 0.2mm 的交叉，如图 12-38 所示。使用“布尔运算联集”工具，将圆柱管与瓶盖合并为一个整体，如图 12-39 所示。

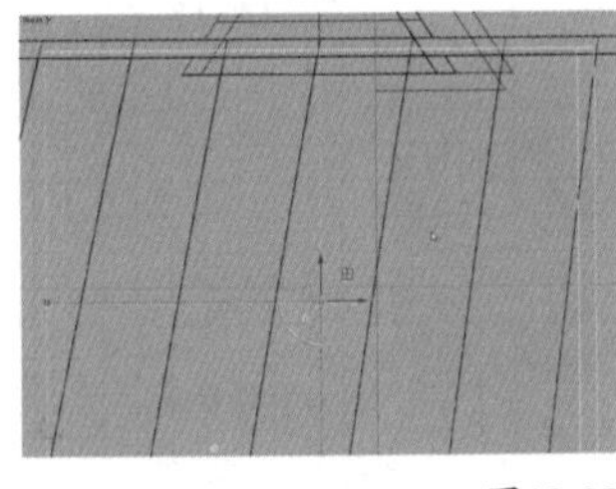
图12-38

图12-39

技巧与提示

使用布尔运算工具时，尽量使参与运算的模型之间有一定的交叉，这样更有利于运算的成功。重合尺寸过小可能会导致公差不够，导致布尔运算失败。

13 接下来切换到 Front（前）视图中，绘制瓶盖的凹槽。使用“椭圆体：从中心点”工具建立一个椭圆体，使用操作轴调整椭圆体的位置和角度，使椭圆体的接缝朝上并且与瓶盖没有任何交叉，如图 12-40 所示。

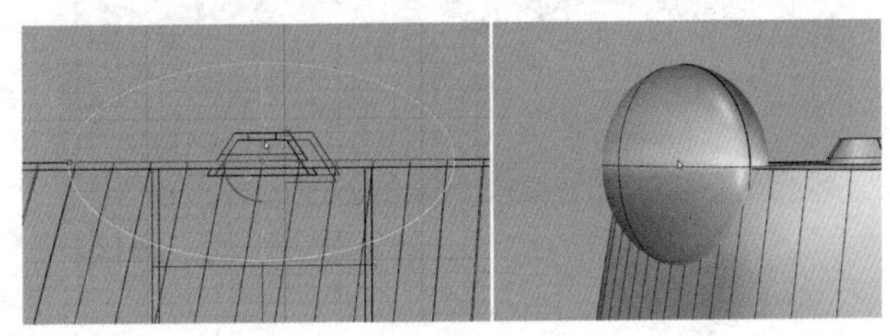
图12-40

14 选中顶盖，单击“修剪 / 取消修剪”工具，然后单击椭圆体对它进行修剪，这样就得到了一个椭圆体的曲面，如图 12-41 所示。单击“偏移曲面”工具，再单击“全部反转”，并使“实体 = 否”，同样将距离设置为 0.5mm，在厚度上对修剪后的椭圆面进行偏移，如图 12-42 所示。

图12-41

图12-42

15 使用操作轴对偏移得到的曲面进行缩放，使偏移后的曲面与瓶盖模型外表面有穿插。这样就得到了瓶盖开口的所有曲面，如图 12-43 所示。

16 接下来进行修剪。选取偏移后的曲面，单击“修剪 / 取消修剪”工具，使用该曲面对瓶盖外表面进行修剪，然后选取瓶盖模型对偏移后的曲面穿插出来的部分进行反向修剪，结果如图 12-44 和图 12-45 所示。

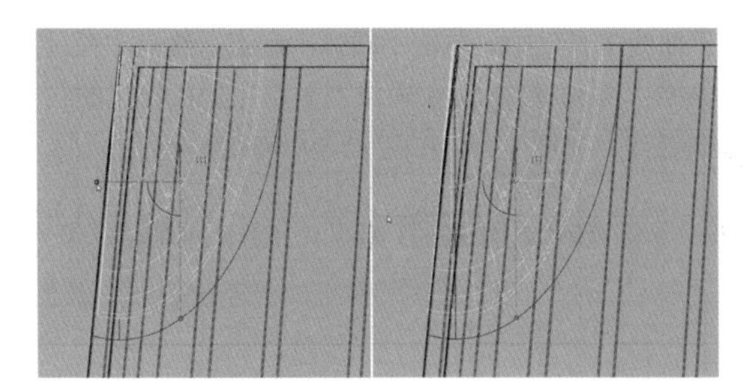

图12-43

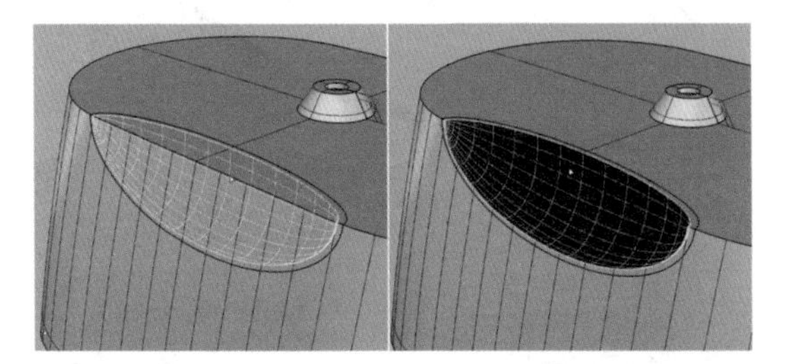

图12-44

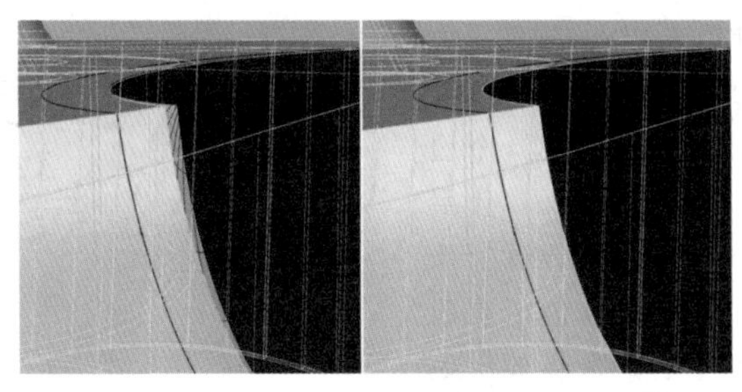

图12-45

17 选取瓶盖模型，单击“修剪 / 取消修剪”工具，使用瓶盖模型对步骤 14 中得到的曲面在厚度上进行修剪，如图 12-46 所示。选取修剪得到的曲面，再反向对瓶盖的内表面进行修剪，效果如图 12-47 所示。这样就得到了开口的曲面。

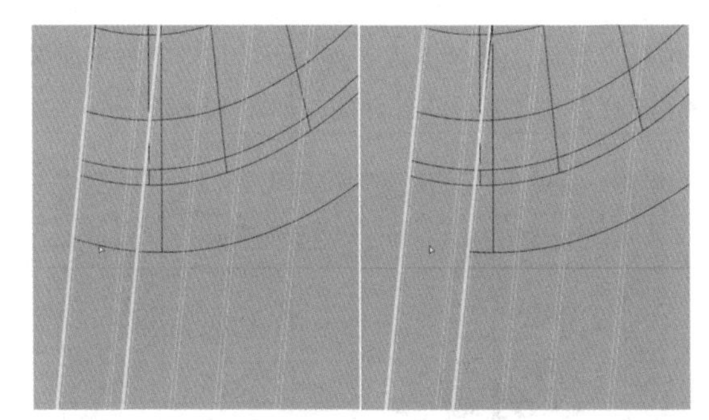

图12-46

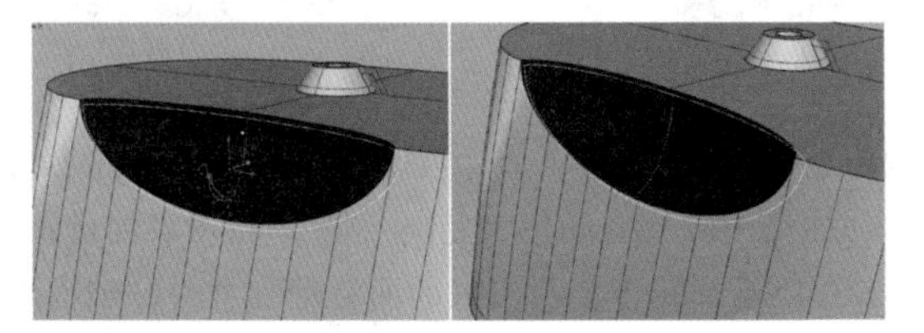

图12-47

18 选取所有的瓶盖曲面，使用“组合”工具将它们进行组合，如图 12-48 所示。

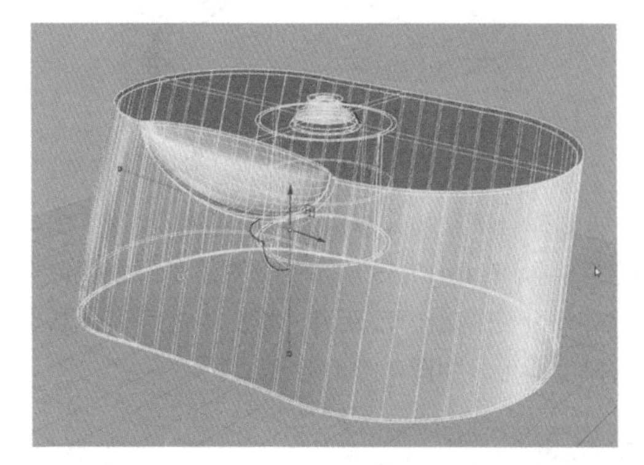

图12-48

19 在“实体工具”中，单击“边缘圆角”工具，设置“下一个半径”为 0.2mm，对除底部边缘之外的所有边缘进行圆角处理，结果如图 12-49 所示。

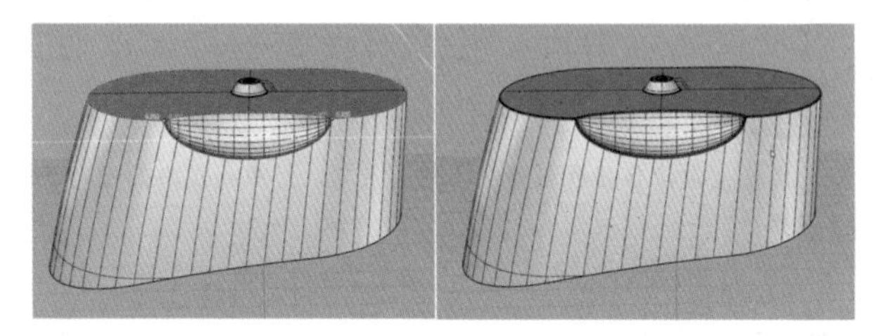

图12-49

20 因为底部的边缘情况比较复杂，所以需要进行手动圆角。选中整个顶盖，单击“炸开 / 抽离曲面”工具对它进行炸开，然后直接将所有厚度的面全部删除，如图 12-50 所示。在“曲面工具”中选择“混接曲面”工具，同时开启“连锁边缘”，使“自动连锁 = 是”，然后依次选择内部所有的开放边缘和外部所有的开放边缘，单击鼠标右键进行混接。在弹出的对话框中进行图 12-51 所示的设置，这样就得到了底部的圆角面。重新将顶盖所有曲面进行组合，如图 12-52 所示。

图12-50

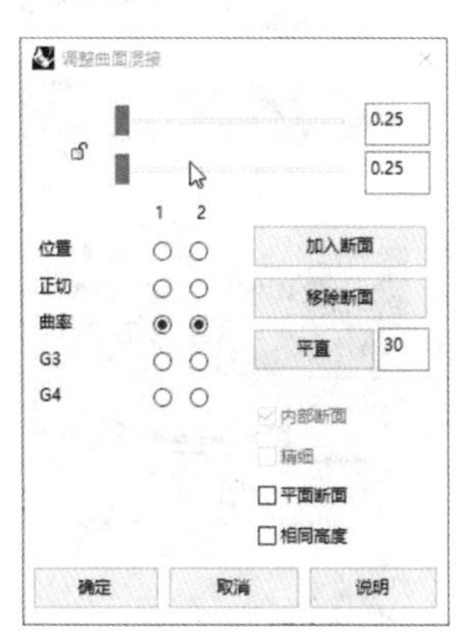

图12-51

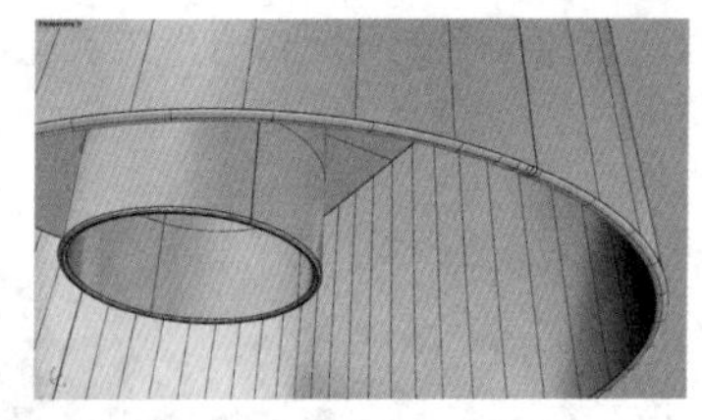

图12-52

21 接下来制作合页结构。单击“多重直线 / 线段”工具，开启“锁定格点”，在图 12-53 所示的位置绘制一个哑铃形状，然后使用操作轴将它挤出一段距离，挤出距离可自行掌握，只要长于瓶盖厚度即可，如图 12-54 所示。

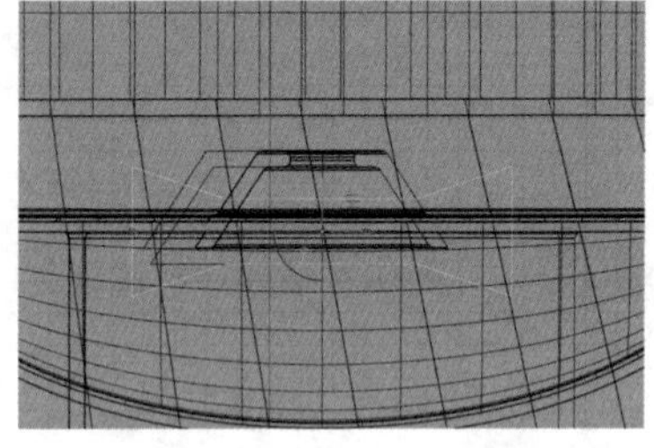

图12-53

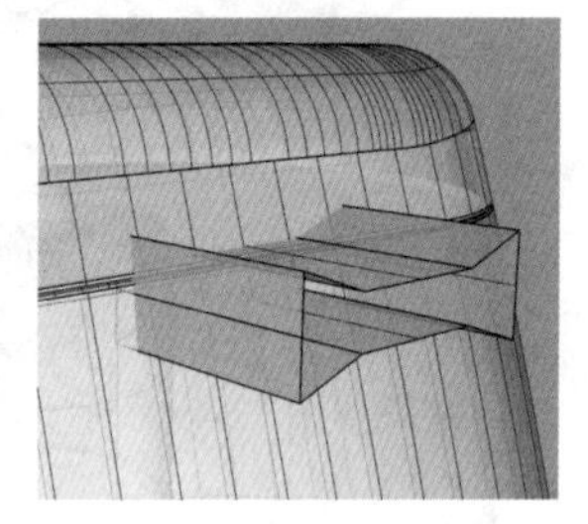

图12-54

技巧与提示

用鼠标左键按住操作轴箭头上的圆点可以对曲线或曲面进行快速挤出操作。

22 对哑铃形状使用“将平面洞加盖”工具，用快捷键 Ctrl+C 和 Ctrl+V 复制一份，如图 12-55 所示。单击“布尔运算差集”工具，分别使用瓶盖顶盖和瓶盖基座减去哑铃状模型，从而在瓶盖上挖出缺口，如图 12-56 所示。

23 接下来开启“子物件”模式，选中缺口厚度上面几个小面，对其进行删除，使它们呈现出开放的状态，如图 12-57 所示。

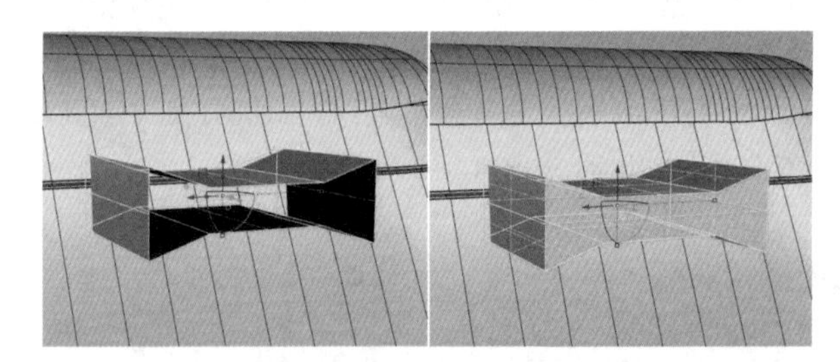

图12-55

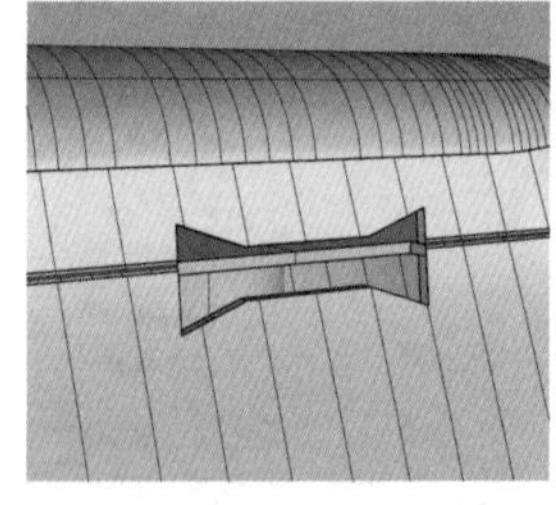

图12-56

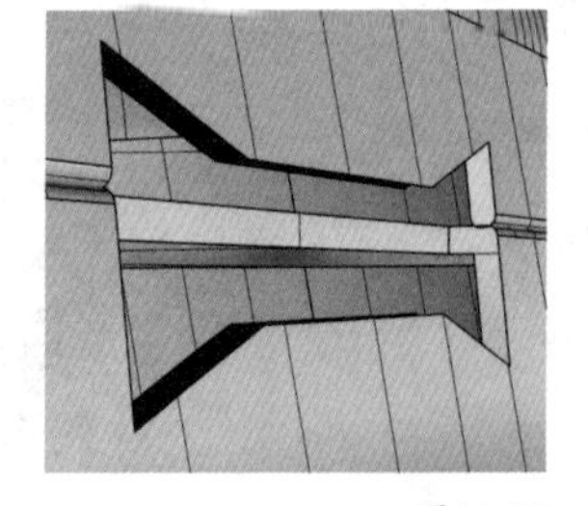

图12-57

24 在“曲线工具”中，单击“圆弧：起点、终点、通过点”工具，开启“物件锁点”，并确保“端点”处在勾选的状态，绘制出 8 条弧线，如图 12-58 和图 12-59 所示。

锁定格点 正交 平面模式 物件锁点 智慧轨迹 操作轴 记录建构历史 过滤器

☑端点 □最近点 □点 □中点 □中心点 □交点 □垂点 □切点 □四分点 □节点 □顶点 □投影 □停用

图12-58

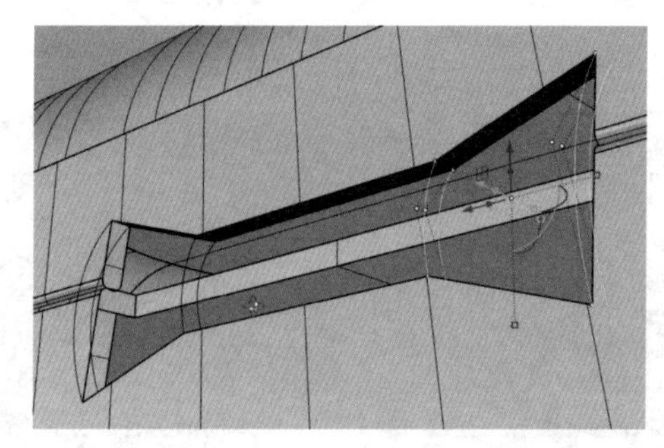

图12-59

25 使用“二、三或四个边缘曲线建立曲面”工具，依次选择内部的这 4 个边缘和曲线生成曲面。使用相同的过程生成合页其他曲面，然后将顶盖所有曲面进行组合，最终效果如图 12-60 所示。

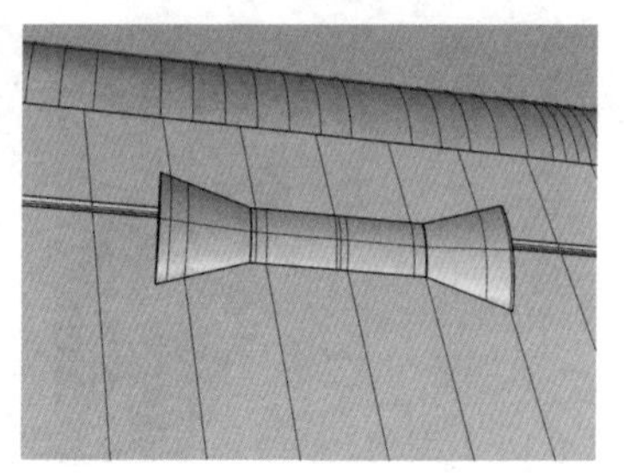

图12-60

这样就得到了瓶盖的整体模型。

12.5 瓶身建模

01 选中瓶身主体，在“实体工具”中，使用“将平面洞加盖”工具，就会自动在瓶身底部补面，如图 12-61 所示。

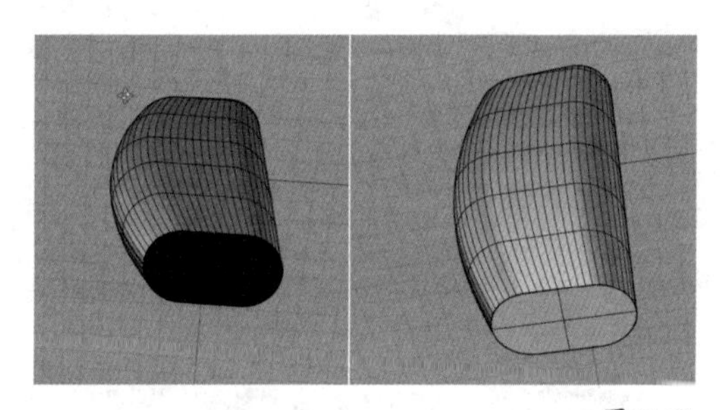

图12-61

02 重新显示出顶盖模型，在“实体工具”中单击“抽离曲面”工具，抽离的时候要确保“复制 = 是”，将内表面进行复制，如图 12-62 所示，并将复制出来的面移动到“图层 02”中，重新隐藏“图层 01”。

03 在“曲面工具”中，选择“混接曲面”工具，开启“连锁边缘”，确保“自动连锁 = 是”，选择圆柱状曲面的底部边缘，再选择瓶身曲面上部的开放边缘，在弹出的对话框中进行图 12-63 所示的设置，生成瓶颈曲面，如图 12-64 所示。

04 切换回 Front（前）视图。下面需要对侧面的渐消面进行建模。使用“控制点曲线 / 通过数个点的曲线”工具绘制两条曲线，然后使用两条曲线对曲面进行分割，分割完成后删除两条曲线之间的曲面，如图 12-65 所示。

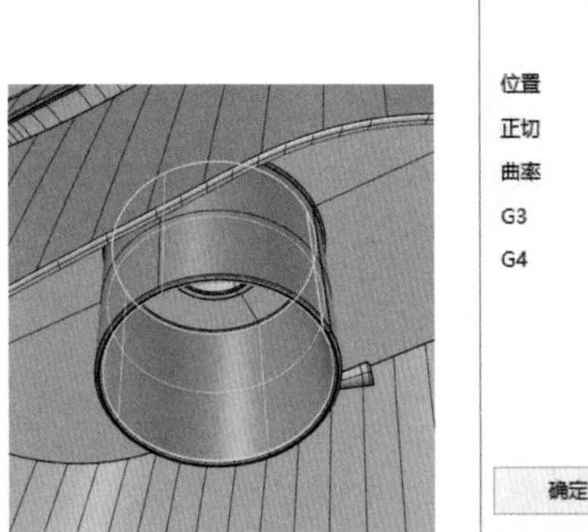

图12-62

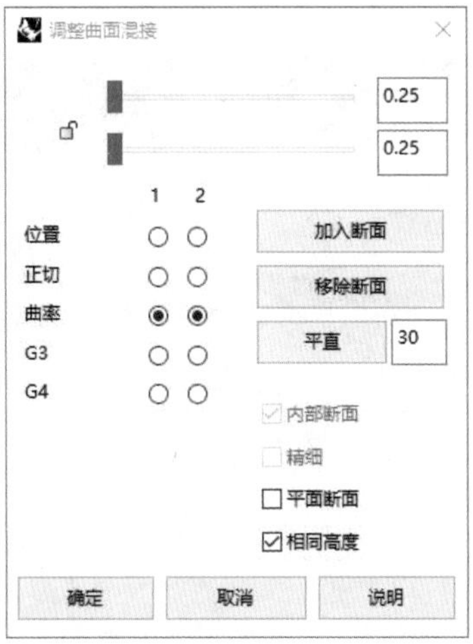

图12-63

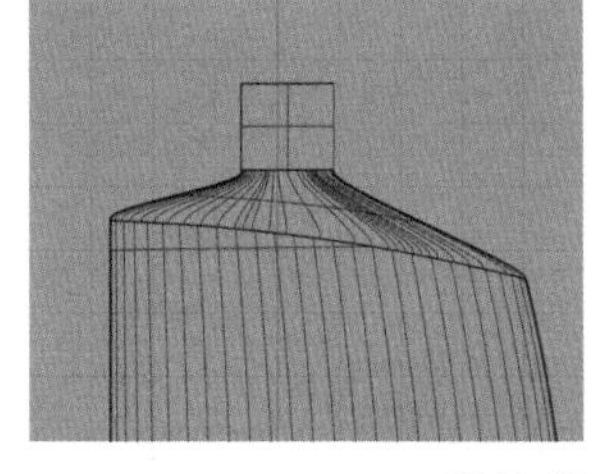

图12-64

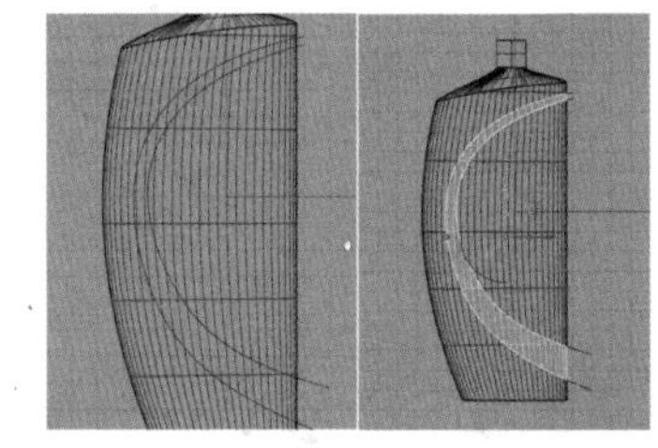

图12-65

05 选中曲线右侧的曲面，在“变动”中使用“变形控制器编辑”工具，在指令输入栏中选择“边框方块”模式，坐标系选择“世界”，变形控制器参数可以保持默认不变，生成边框之后，可以在 Front（前）视图对其进行一些缩放操作，效果如图 12-66 所示。完成了所有的变形之后，选中边框并删除，以防止边框干扰后续操作。

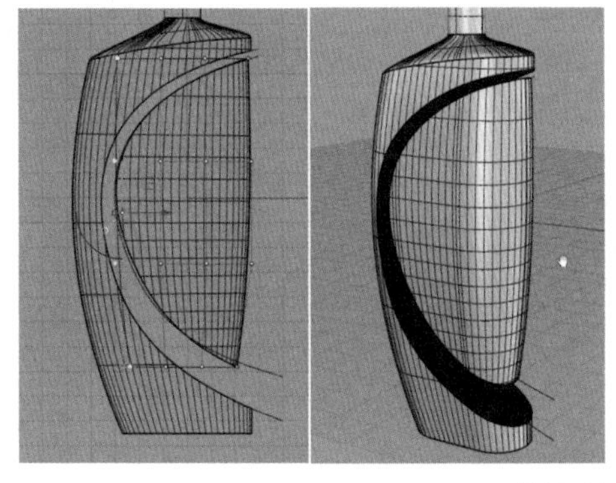

图12-66

06 选择瓶身主体部分的曲面进行组合，完成组合之后，单击“偏移曲面”工具，再单击“全部反转”，确保“实体 = 否”，将距离设置为 0.5mm，生成瓶身内壁曲面，如图 12-67 所示。选择变形之后的曲面也进行相同操作，生成内壁曲面，如图 12-68 所示。

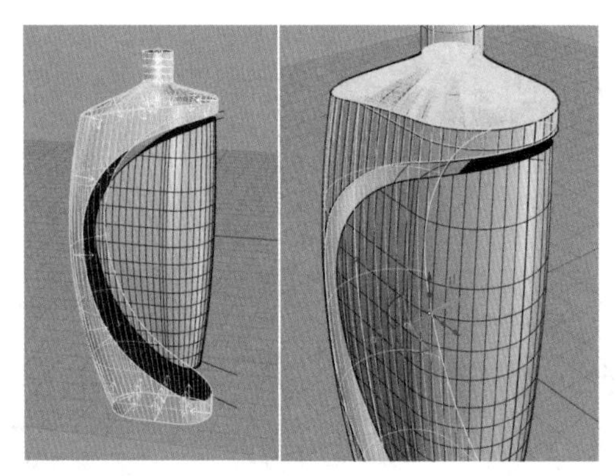

图12-67

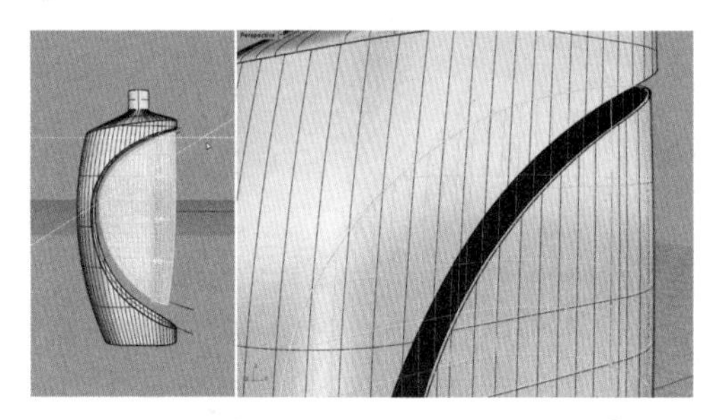

图12-68

07 单击“以平面曲线建立曲面”工具，选择瓶口内外两条圆形边缘，单击鼠标右键，这个时候就会自动生成中间封口的曲面，如图 12-69 所示。

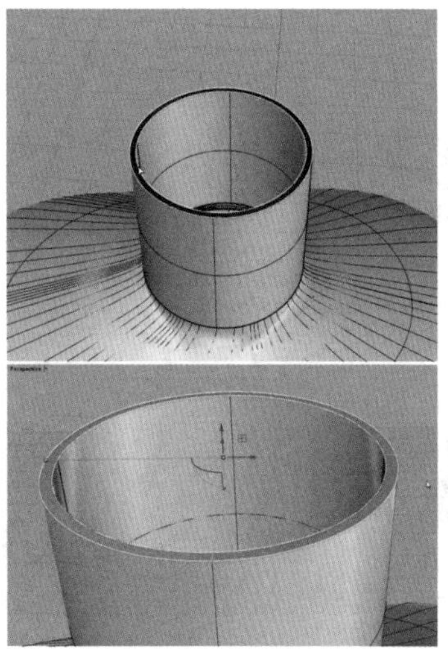

图12-69

08 单击“曲面工具”中的“混接曲面”工具，开启“连锁边缘”，确保“自动连锁＝是”，在弹出的对话框中进行图12-70所示的设置，先生成内部的渐开面，如图12-71所示。再次单击“混接曲面”工具，用相同的设置生成外部渐开面，然后框选所有瓶身曲面，对它们进行组合，如图12-72和图12-73所示。

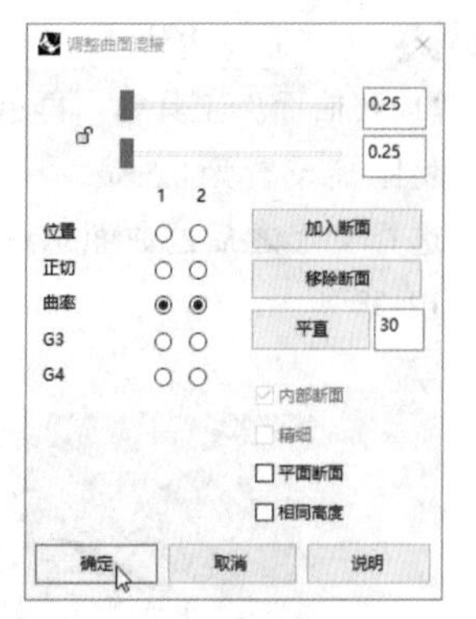

图12-70

图12-71

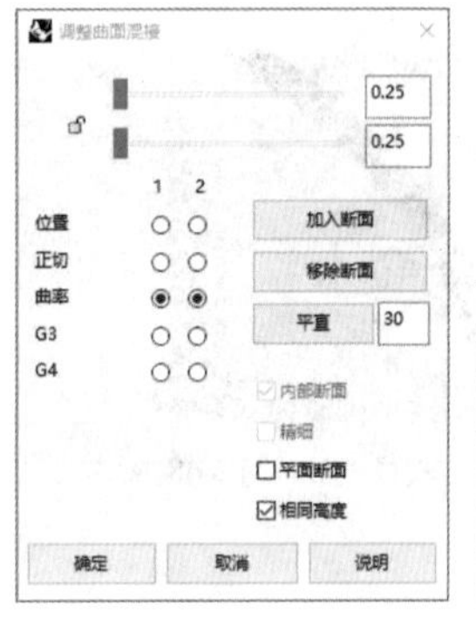

图12-72

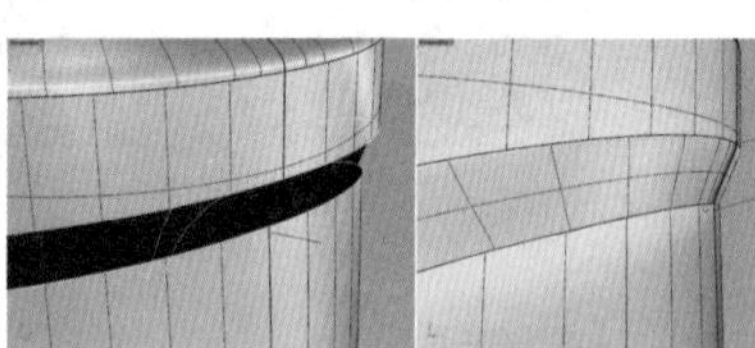
图12-73

09 在“实体工具”中，单击“边缘圆角”工具，设置“下一个半径”为5mm，框选底部的边缘，进行圆角处理，如图12-74所示。

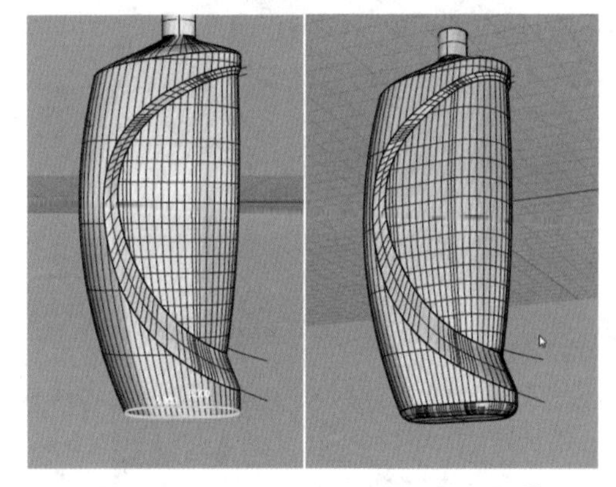
图12-74

10 再次单击“边缘圆角”工具，设置“下一个半径”为0.2mm，对瓶口进行边缘圆角操作，如图12-75所示。

11 显示瓶盖，将瓶盖向上移动0.4mm，如图12-76所示。

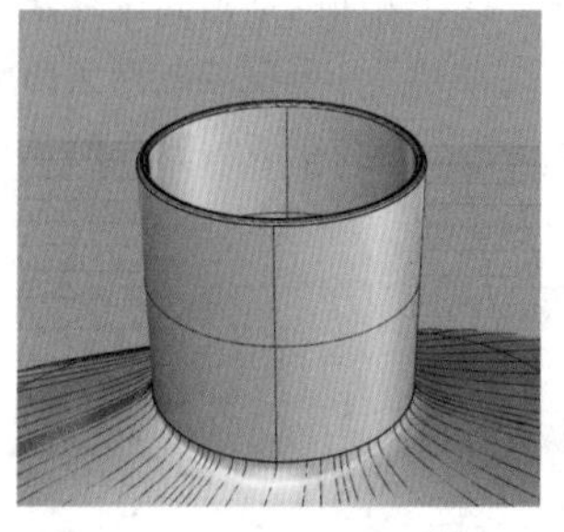
图12-75

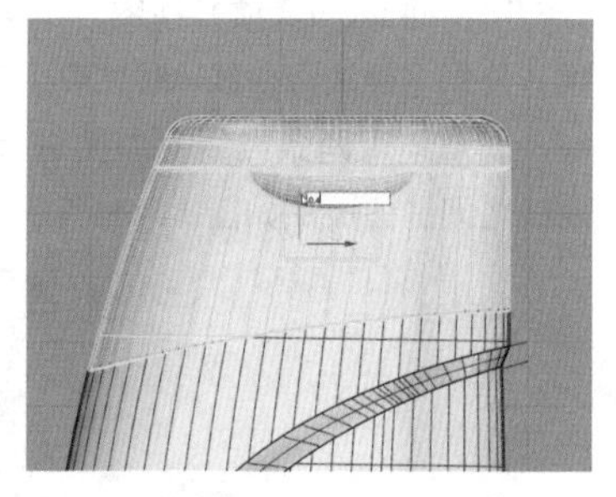
图12-76

到这里，就完成了整个洗发水瓶的建模，效果如图12-77所示。

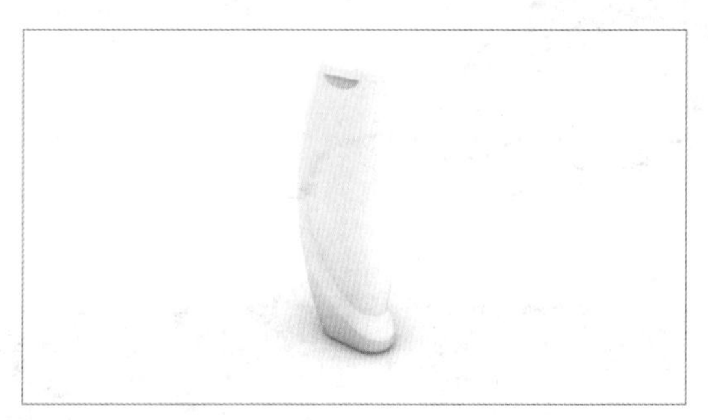
图12-77

12.6 洗发水瓶渲染

接下来进行洗发水瓶的渲染。

01 打开KeyShot 10，将洗发水瓶的模型拖放到KeyShot实时渲染窗口中，在弹出的对话框中进行图12-78所示的设置，效果如图12-79所示。

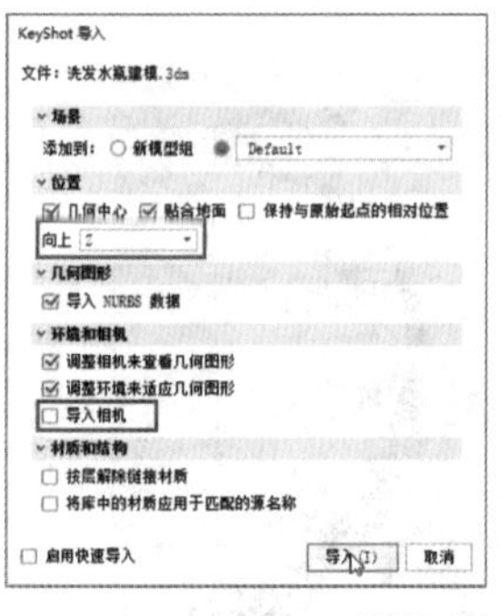

图12-78

图12-79

02 在“材质”面板的Plastic（塑料）目录下，找到Hard Shining Plastic White（硬质光亮塑料）材质，将它赋予洗发水瓶身，如图 12-80 和图 12-81 所示。

图12-80

图12-81

03 同样在 Plastic（塑料）目录下，找到 Plastic Cloudy Textured Blue 3mm（磨砂哑光蓝色塑料）材质，如图 12-82 所示，将它赋予瓶盖模型。双击瓶盖模型，在瓶盖的“材质”面板中进行图 12-83 所示的设置，效果如图 12-84 所示。

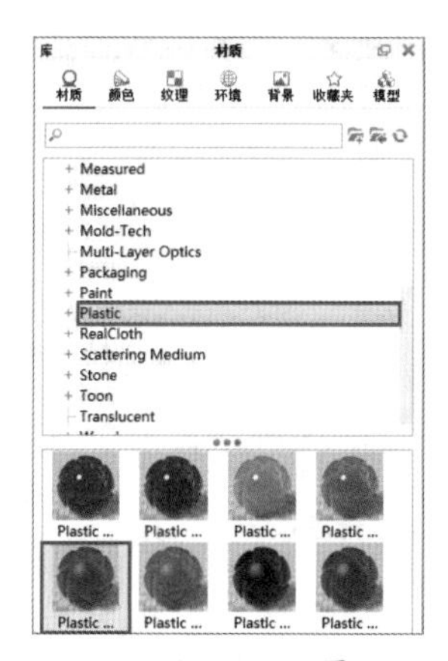

图12-82

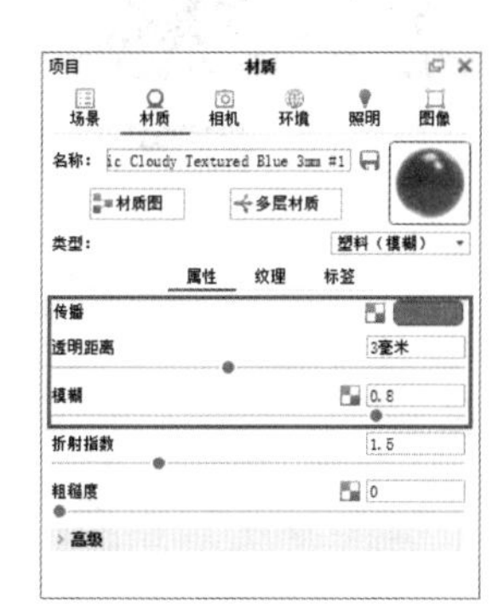

图12-83

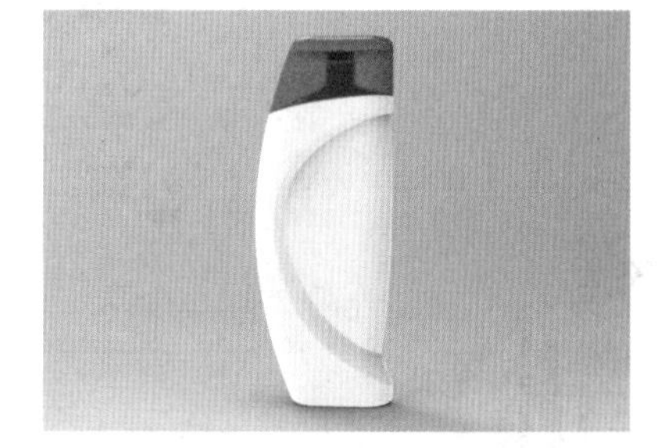

图12-84

04 选择本书学习资源中的“素材文件 > 第 12 章 > 透明贴图 .png”文件，并将它拖放到实时渲染窗口的瓶身模型上，在弹出的面板中选择“添加标签”，如图 12-85 所示。这样就以新导入的贴图为基准，增加了一个新的标签材质，如图 12-86 所示。

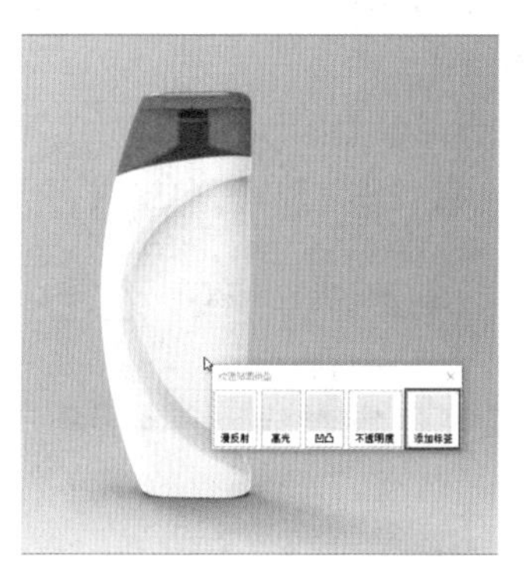

图12-85

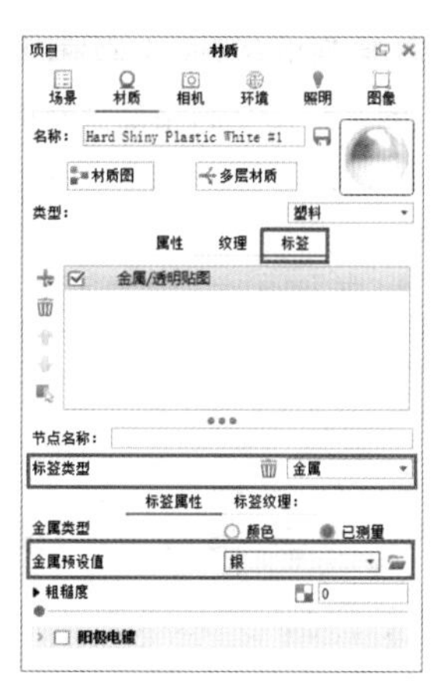

图12-86

05 单击“移动纹理”按钮 移动纹理，使用纹理的控制器对贴图位置进行调整位，使其刚好能够对齐瓶身凹陷的曲面，并确保侧面贴图连接在一起没有断开，如图 12-87 和图 12-88 所示。

图12-87

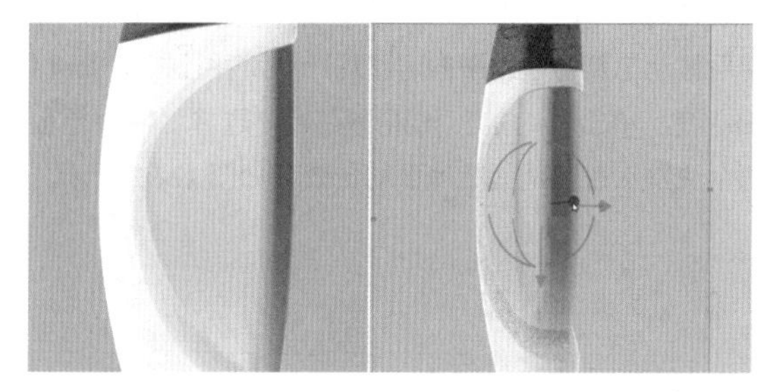

图12-88

06 选择本书学习资源中的“素材文件 > 第 12 章 > 颜色贴图 .png”文件，并将它拖放到实时渲染窗口的瓶身模型上，在弹出的面板中选择“添加标签”，如图 12-89 所示。这样就以新导入的贴图为基准，增加了一个新的标签材质，标签材质保持默认设置即可。

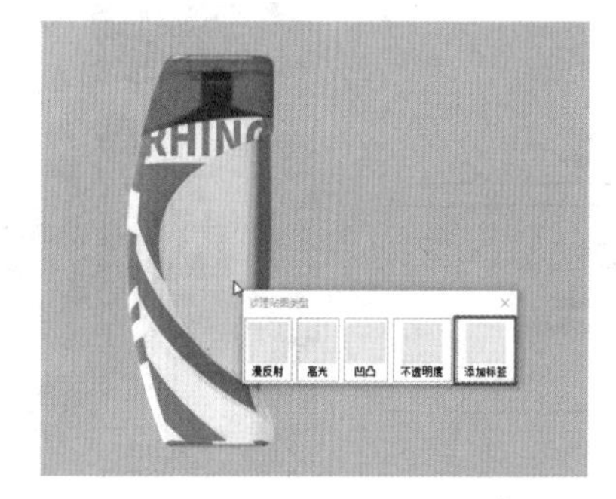

图12-89

07 回到步骤5的金属透明贴图的数据面板中，将所有与位置有关的参数都复制粘贴至新的颜色贴图对应的参数下面，完成两层贴图的对位，如图12-90所示。

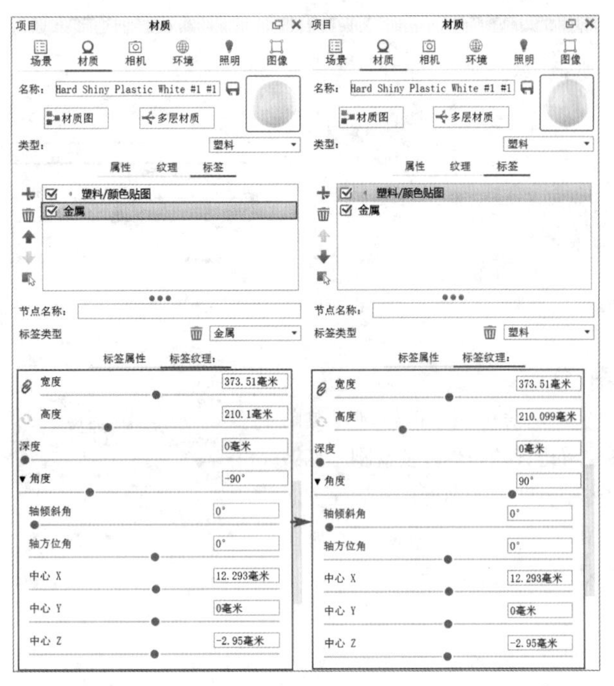

图12-90

08 在场景列表中，对洗发水瓶模型进行复制，如图12-91所示，然后使用移动工具将它水平向右移动一些，并且按住Shift键将它旋转180度，单击“确定”按钮 后，选择“贴合地面”，确保这两个洗发水瓶都是紧贴地面的，效果如图12-92所示。

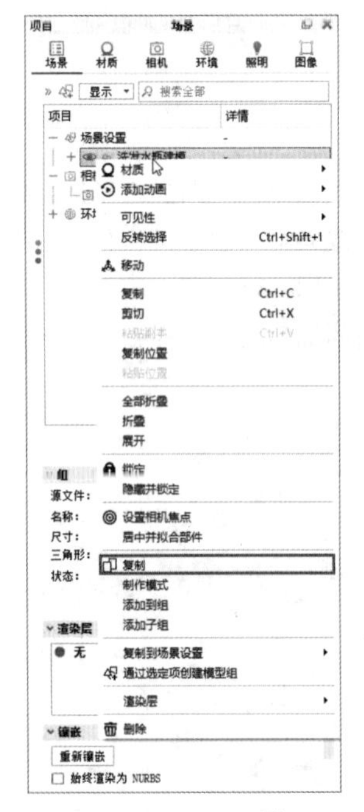

图12-91

图12-92

09 在“环境”面板的Studio（工作室）目录中，双击3 Panels Straight 4K环境贴图，如图12-93所示，将它应用到场景中，使其照亮环境中的物体，并丰富反射效果，然后进行图12-94所示的设置，效果如图12-95所示。

10 接下来添加一个灯光针照亮贴图的金属部分。在“HDRI编辑器”标签中，在灯光针列表上方单击“添加针”按钮，并对新增的针进行设置，如图12-96所示。

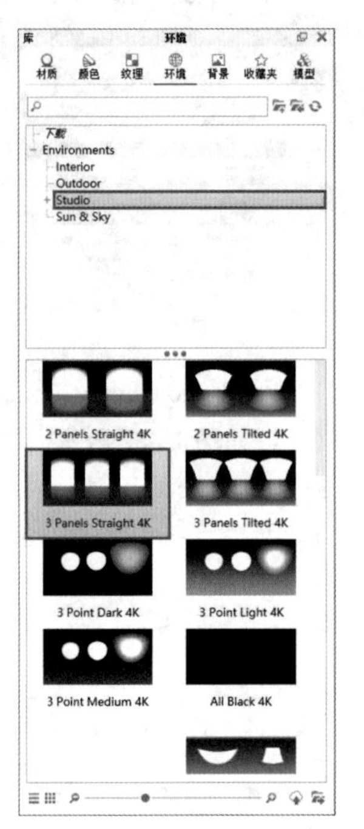

图12-93

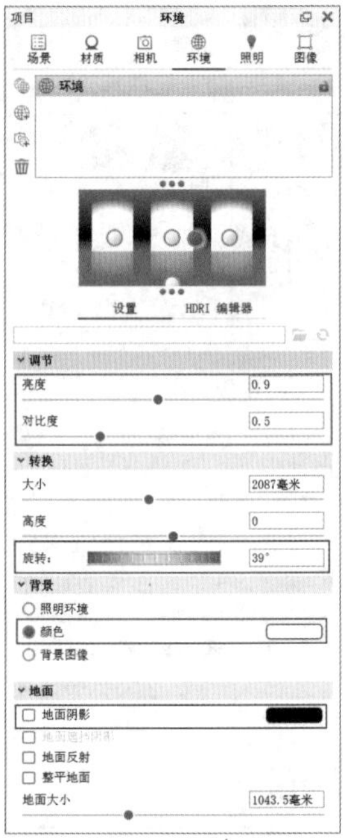

图12-94

图12-95

图12-96

11 对 HDRI 环境贴图的 3 个主光源针进行设置，如图 12-97~图 12-99 所示。

12 在“相机”面板中，单击相机列表左侧的“新增相机”按钮，新增一个相机，并对新增相机进行设置，如图 12-100 所示。

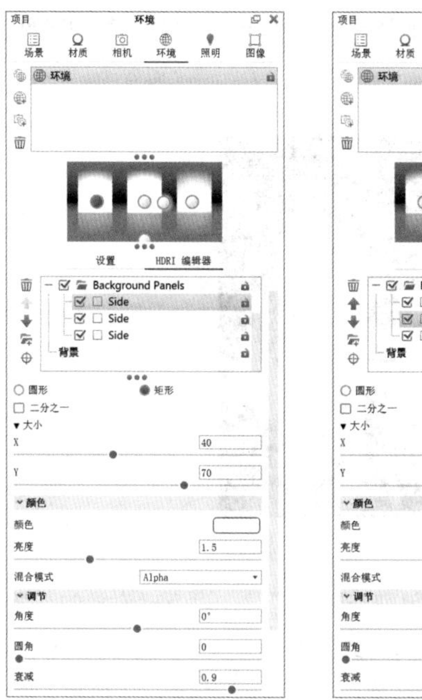

图12-97

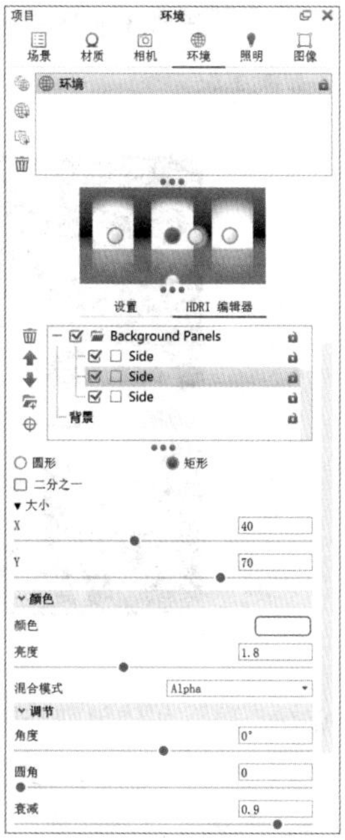

图12-98

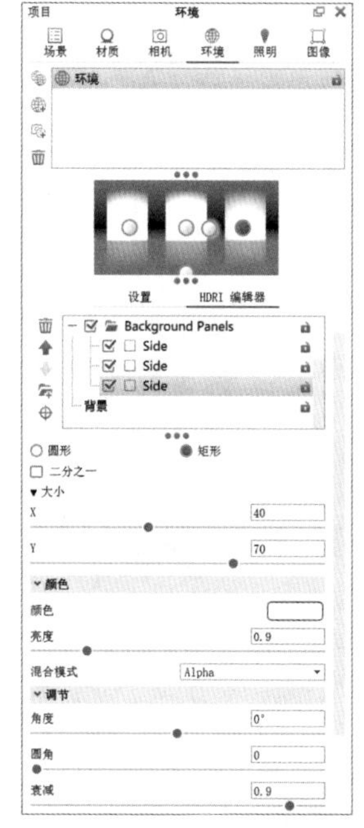

图12-99

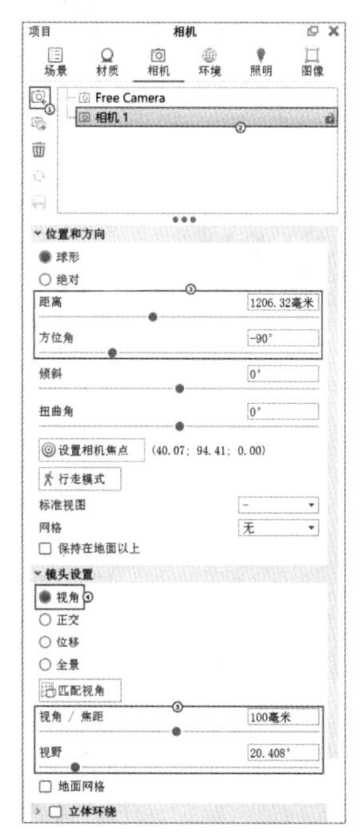

图12-100

13 单击界面下方的“渲染”按钮，进行图 12-101 所示的设置。洗发水瓶的渲染完成，效果如图 12-102 所示。

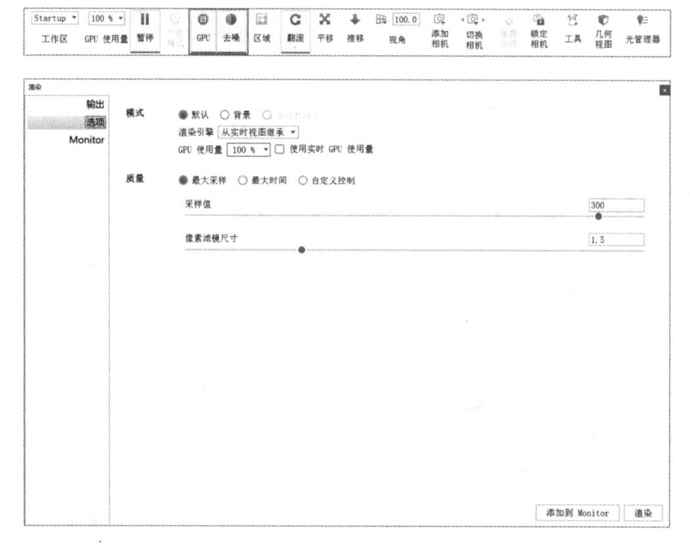

图12-101

图12-102

第13章

综合实例——制作高档酒瓶

本章我们将学习如何使用 Rhino 7 新增的细分建模功能完成一个高档酒瓶的建模。本案例的建模过程基本覆盖了各种常用细分建模的工具，除对瓶身进行分体建模之外，还对瓶中的液体进行了建模，以便于在 KeyShot 中得到比较好的渲染效果。此外，我们也会学习如何在 KeyShot 中通过布光、背景及 KeyShot 后期效果综合调整完成画面渲染。

本章学习要点

- 学会分析产品的结构
- 了解产品的制作难点
- 熟练掌握建模环境的设置方法
- 掌握细分表面的建模方法
- 熟练掌握在 KeyShot 中渲染模型的技巧

13.1 案例分析

本章使用 Rhino 7 新增的细分建模方法来进行高档酒瓶的建模，完成效果如图 13-1 所示。

图13-1

本章的难点在于熟悉和使用细分建模工具，以及适应新的细分建模思路。通过分析模型，我们可以看到整个模型大体可以分为 4 个部分：瓶盖、玻璃瓶身、金属瓶身和瓶底，如图 13-2 和图 13-3 所示。除此之外，为了渲染能够更加逼真，可以额外再做一个瓶内液体的模型。如果无须渲染，则可以省略瓶内液体的建模。

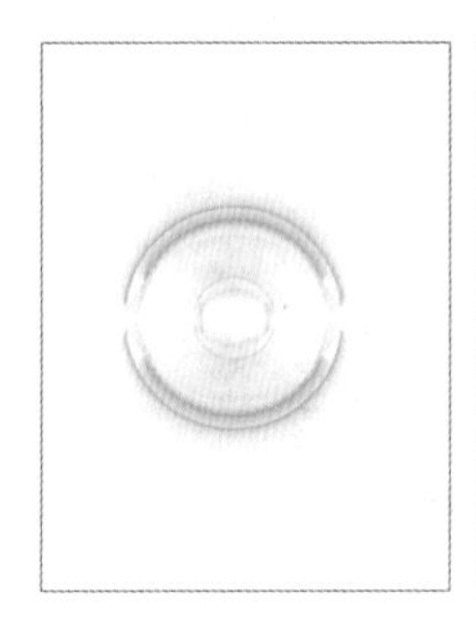

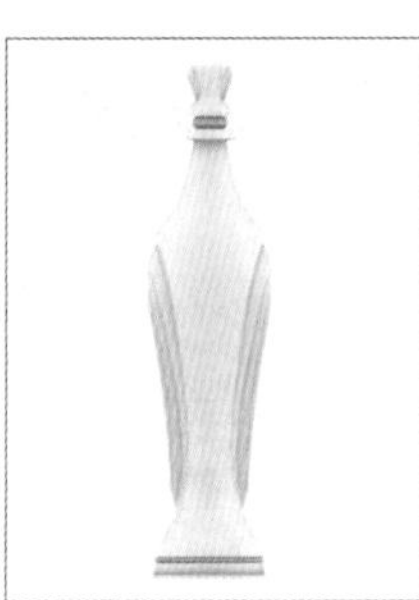

图13-2

图13-3

13.2 设置建模环境

01 打开 Rhino 7，在“标准”选项卡中单击图标，如图 13-4 所示。

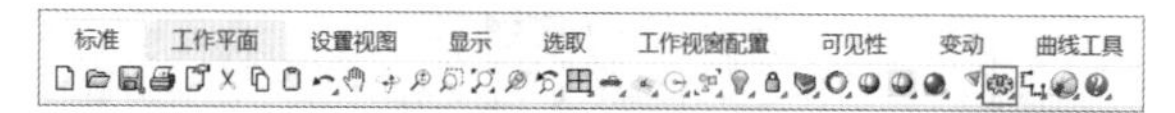

图13-4

02 在打开的“Rhino 选项”对话框中找到“单位”选项，并在对话框右侧的设置中将“模型单位”改为“毫米”，如图 13-5 所示。

图13-5

13.3 酒瓶大形建模

01 在“细分工具”中使“创建细分圆柱体”工具，打开“锁定格点”，将垂直面数设置为 2，将环绕面数设置为 8，并且在直径处输入 15，然后在圆柱体端点处输入 10，它的高度是 10mm，如图 13-6 所示。

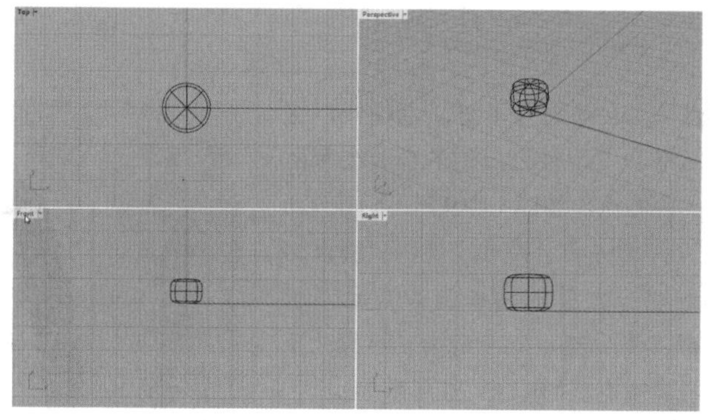

图13-6

02 按 Tab 键，进入网格显示模式，使用“选取过滤器：顶点”工具，框选圆柱体下方所有的顶点，将它向下移动 268mm，这样就得到了一个瓶身的高度，如图 13-7 所示。使用操作轴将圆柱体对齐到坐标轴原点。

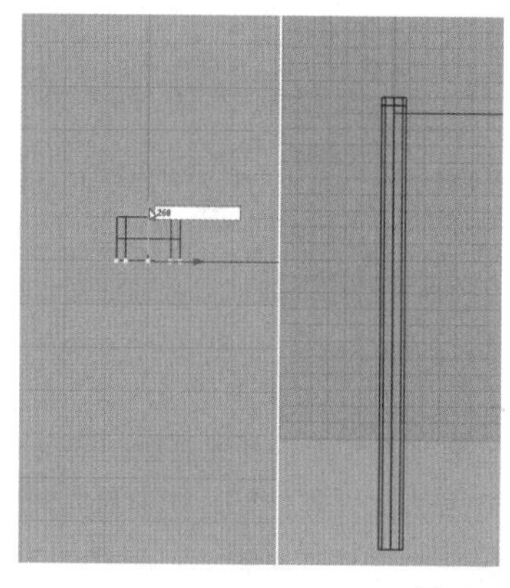

图13-7

03 接下来使用“选取过滤器：网格边缘”工具选择圆柱体底部所有的边缘，然后使用“插入细分边缘循环”工具插入横向的边缘，相同的操作再重复 3 次，在图 13-8 所示的位置插入 4 条新的边缘。

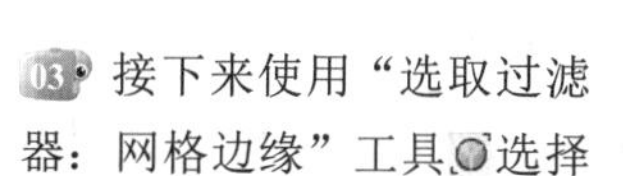

04 使用“选取过滤器：顶点”工具，切换回顶点选取的层级，配合操作轴对圆柱体的顶点进行缩放调节，使圆柱体呈图 13-9 所示的形状。

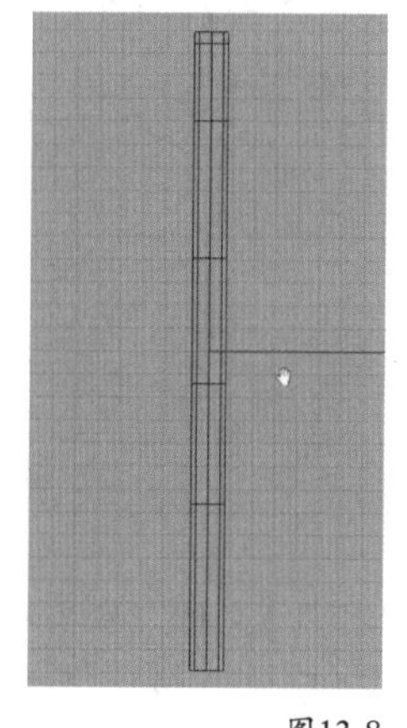

图13-8

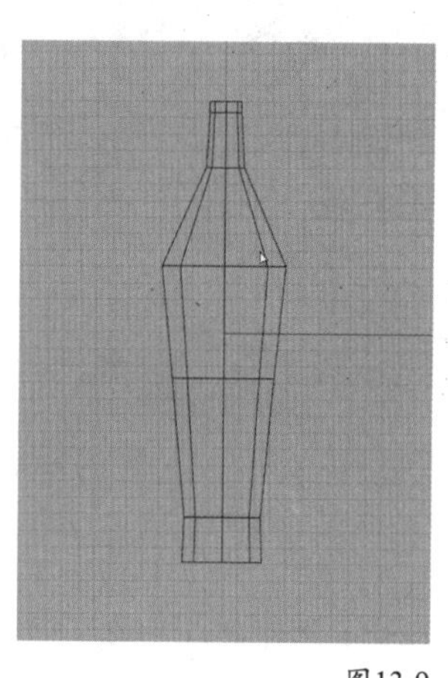

图13-9

05 继续使用“插入细分边缘循环”工具插入横向的边缘，并进行调整，如图 13-10 和图 13-11 所示。

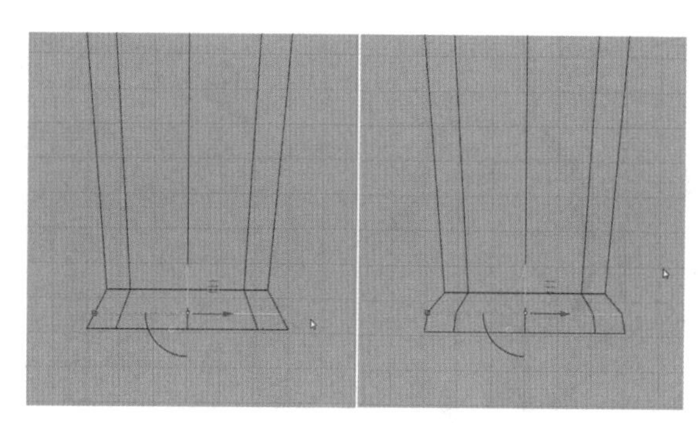

图13-10

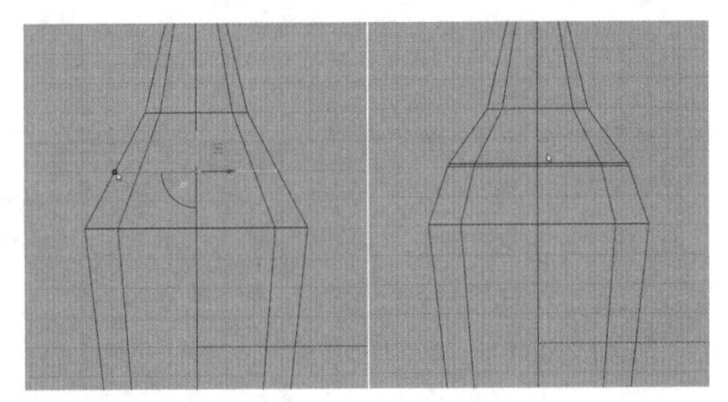

图13-11

06 切换到面选择的层级，使用“选取过滤器：网格面”工具选择左侧所有的面，然后将其删除，只保留一侧，如图 13-12 所示。在“选取过滤器：网格面”工具上单击鼠标右键，退出面选取的层级，重新选取酒瓶主体，然后单击“对称细分物件 / 从细分物件中移除对称”工具，选择纵轴坐标轴作为对称轴，结果如图 13-13 所示。深灰色的部分是被镜像出来的部分，在这种情况下，如果我们对浅灰色的部分进行编辑，深灰色的部分也会对应地改变。

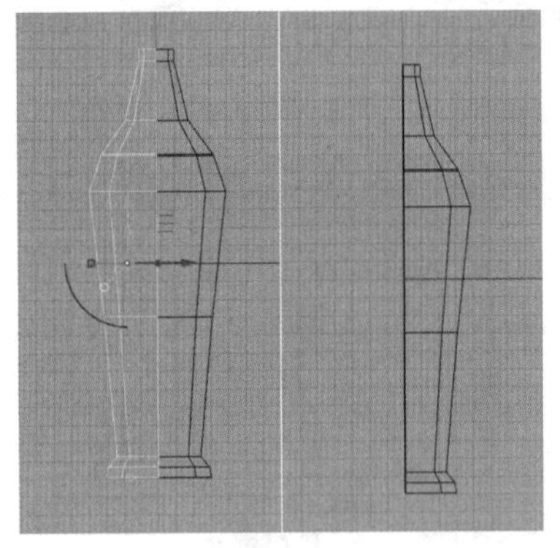

图13-12

图13-13

07 接下来使用“在网格或细分上插入点”工具，选择瓶身物体，开启“物件锁点”，勾选“顶点”，如图 13-14 所示。在图 13-15 所示的位置通过插入顶点进行面的切割。

☐端点 ☐最近点 ☐点 ☐中点 ☐中心点 ☐交点 ☐垂点 ☐切点 ☐四分点 ☐节点 ☑顶点 ☐投影 ☐停用

图13-14

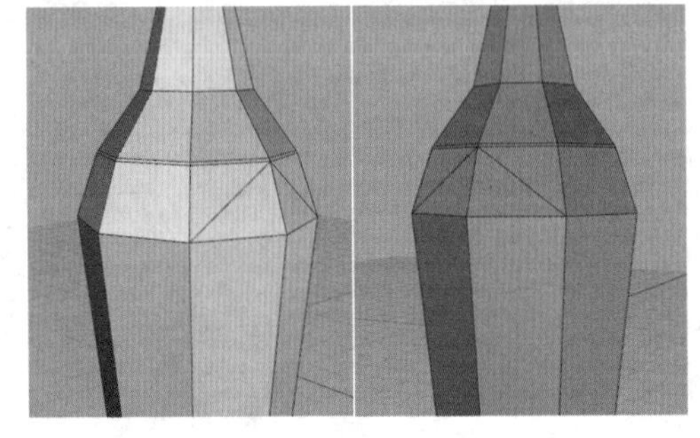

图13-15

08 使用“选取过滤器：网格边缘”工具，选中瓶子颈部边缘进行删除，这样就完成了这个部分的重新布线，如图 13-16 所示。

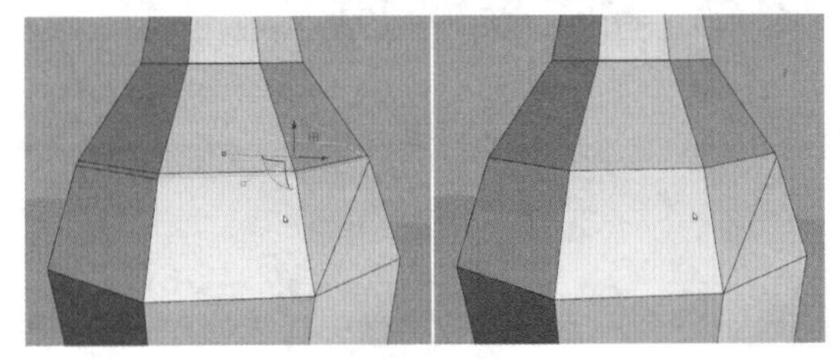

图13-16

09 使用“插入细分边缘循环”工具在瓶体下部插入边缘，并调整顶点的位置，如图 13-17 所示。

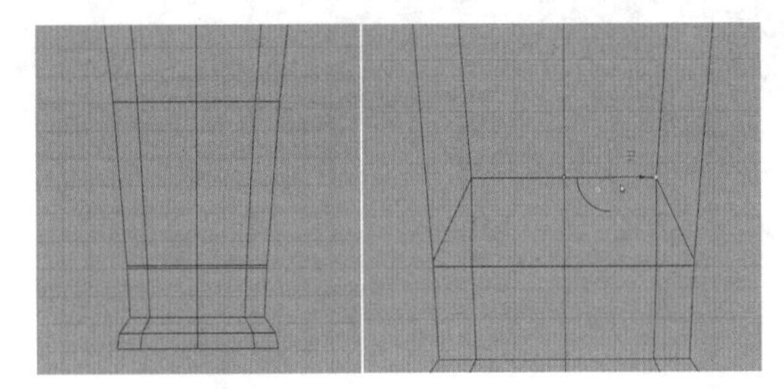

图13-17

10 切换到面选取的层级，使用“选取过滤器：网格面”工具选取右侧的网格面，将其删除，使整个酒瓶呈现出两侧通透的状态，如图 13-18 所示。

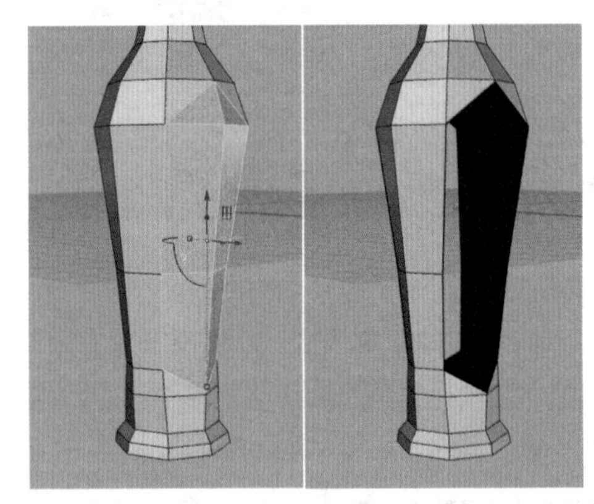

图13-18

11 按 Tab 键进入平滑显示模式，这个时候会发现接近瓶颈的部分会有两个尖锐的点，如图 13-19 所示。按 Tab 键回到网格显示模式，使用“缝合网格或细分物件的边缘或者顶点”工具，将尖锐点向上缝合，这样就消除了尖锐点，如图 13-20 所示。

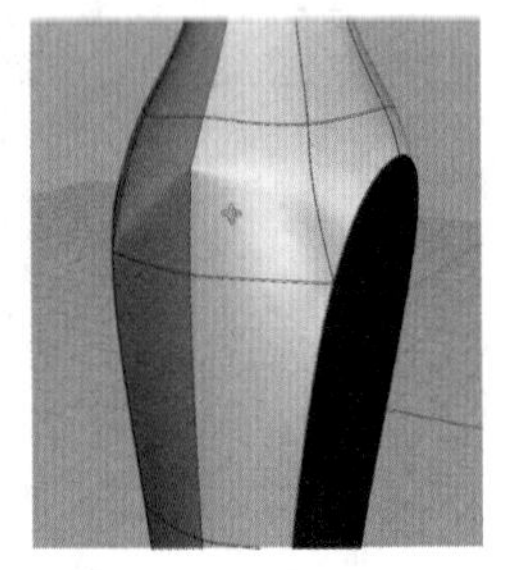

图13-19

图13-20

12 在网格边缘的选取层级中，使用“选取过滤器：网格边缘”工具，选中右侧镂空处的边缘，使用操作轴进行快捷挤出，如图 13-21 所示。

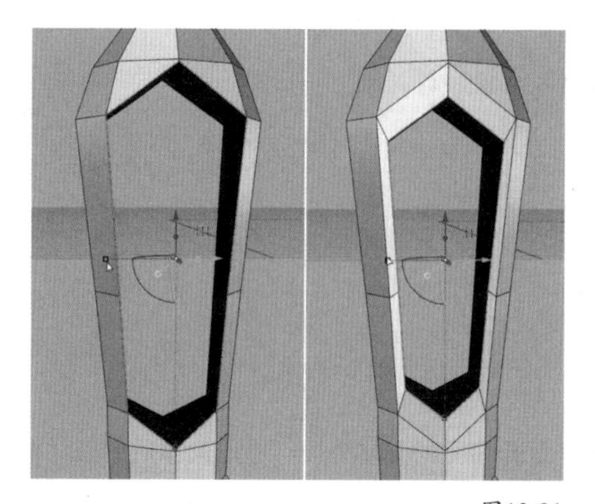

图13-21

技巧与提示

使用操作轴进行快捷挤出：首先按住 Shift 键，然后使用鼠标拖曳缩放操纵杆（就是操作轴上空心的方块），这个时候会看到刚刚选取的边缘或面在进行缩放操作，在缩放的过程中按住 Ctrl 键，就可以进行快捷的挤出。在得到一个合适的挤出距离之后，松开鼠标左键和 Ctrl 键，这样就完成了快捷挤出操作。

13 使用“选取过滤器：顶点”工具，回到点选取的层级，继续使用操作轴对顶点进行调节，如图 13-22 所示。

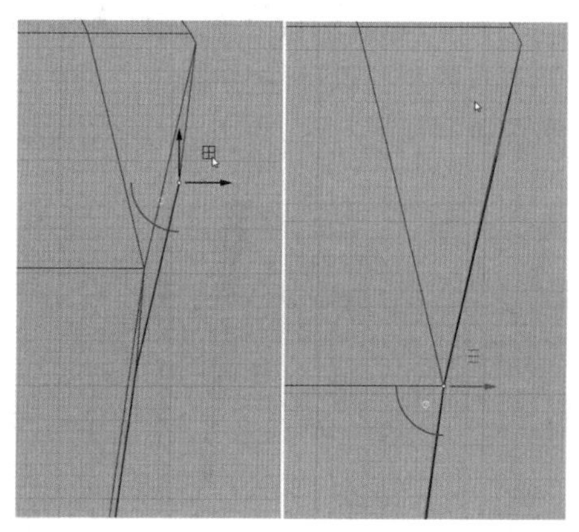

图13-22

14 单击“选取循环边缘”工具，然后在开口处直接单击，就可以一次选取所有的边缘，这时候单击鼠标右键就完成了选取，完成选取之后，按住操作轴上的方向箭头上的圆点进行 x 轴方向的挤出，如图 13-23 所示。

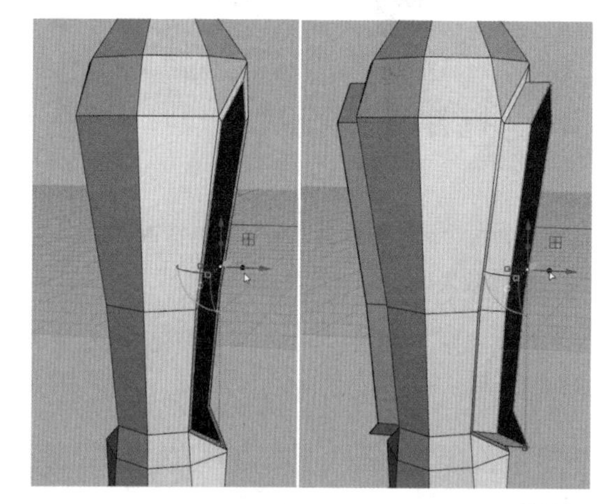

图13-23

15 切换到顶点选取的层级，使用“选取过滤器：顶点”工具，对每个顶点位置都进行调整，调整至图 13-24 所示的状态。

16 反复使用挤出边缘和调整顶点的方法，直到完成所有瓶体侧面的阶梯结构，如图 13-25 所示。

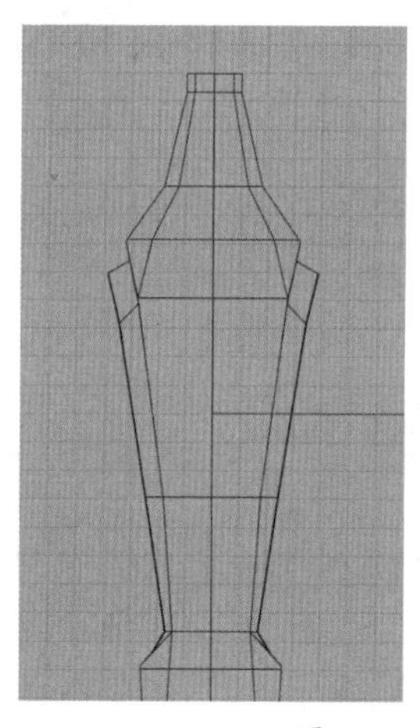

图13-24

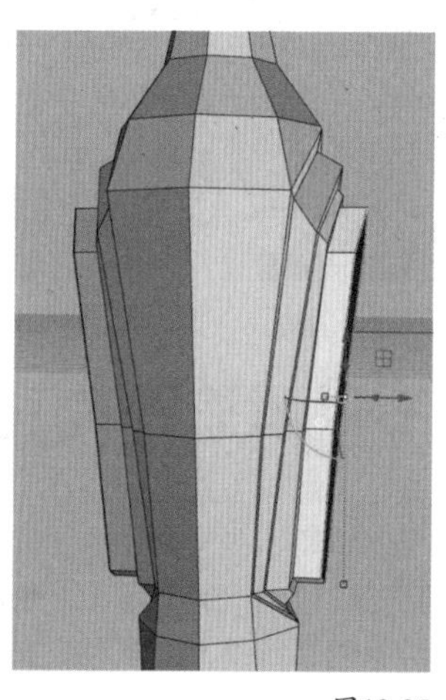

图13-25

17 保持瓶身侧面开放边缘在选取的状态，使用“填补细分网格洞”工具，将开放边缘封闭。使用“在网格或细分上插入点”工具，开启“物件锁点”，勾选“顶点”，如图 13-26 所示，将封闭面的顶点进行图 13-27 所示的连接。

☐端点 ☐最近点 ☐点 ☐中点 ☐中心点 ☐交点 ☐垂点 ☐切点 ☐四分点 ☐节点 ☑顶点 ☐投影 ☐停用

图13-26

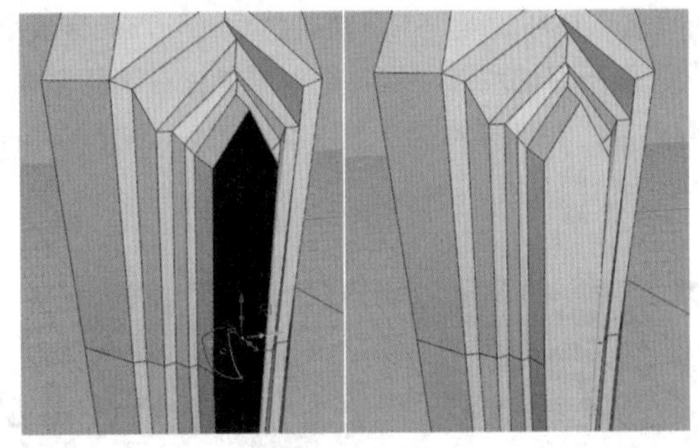

图13-27

18 完成后保持顶点的选取层级，通过移动顶点进行造型上的微调，调整后整体效果如图 13-28 所示。

19 瓶身厚度比较厚，可以进入 Right（右）视图进行缩放调整，效果如图 13-29 所示。

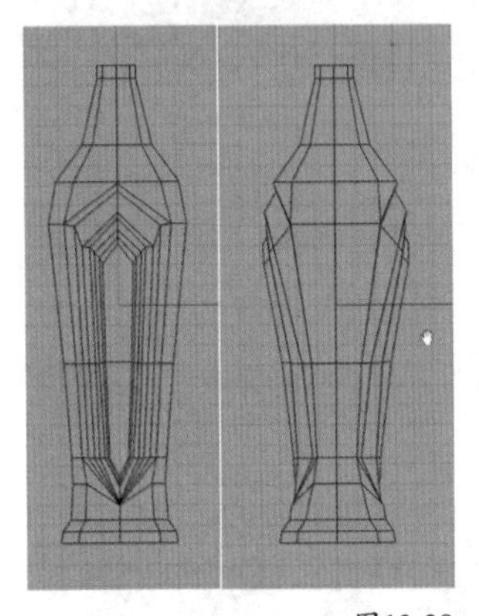

图13-28

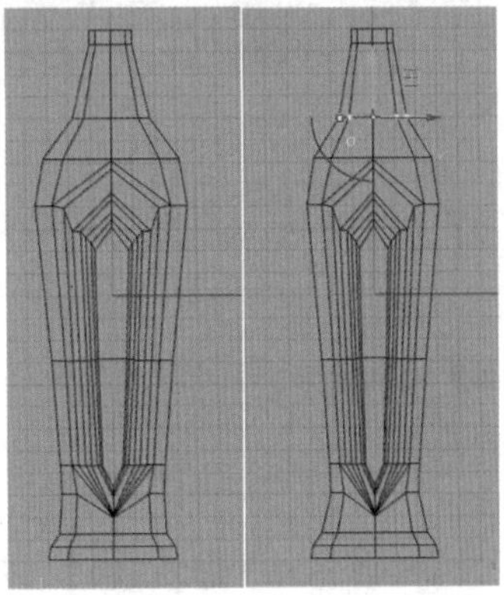

图13-29

这样就完成了瓶身大形体的建模，接下来开始对瓶体金属外壳和玻璃瓶身进行分离，并刻画细节。

13.4 酒瓶外壳建模

01 按 Tab 键回到网格显示模式，切换到面选择的层级，将瓶口的面删除，如图 13-30 所示。使用“偏移细分”工具，选取整个细分物件，确保“实体 = 是”“偏移距离 =0.2”“删除输入物件 = 否”，进行偏移，如图 13-31 所示。

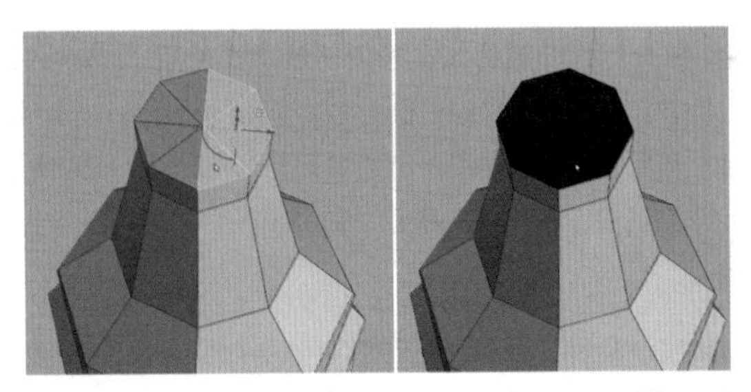

图13-30

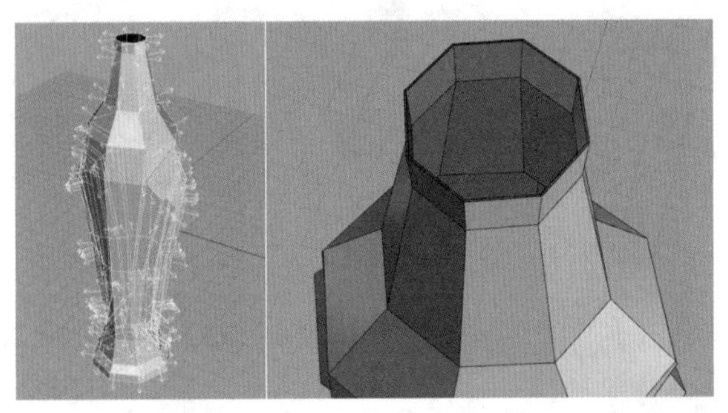

图13-31

02 选中原本的瓶身，将它移动到“图层 01”，然后将“图层 01”隐藏，只保留偏移后的瓶体外壳，如图 13-32 和图 13-33 所示。

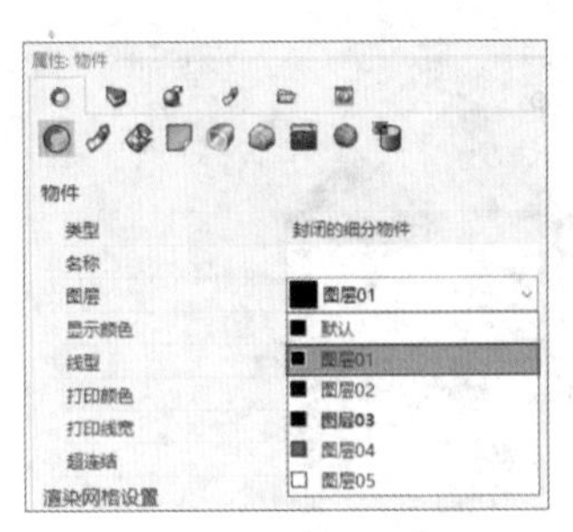

图13-32

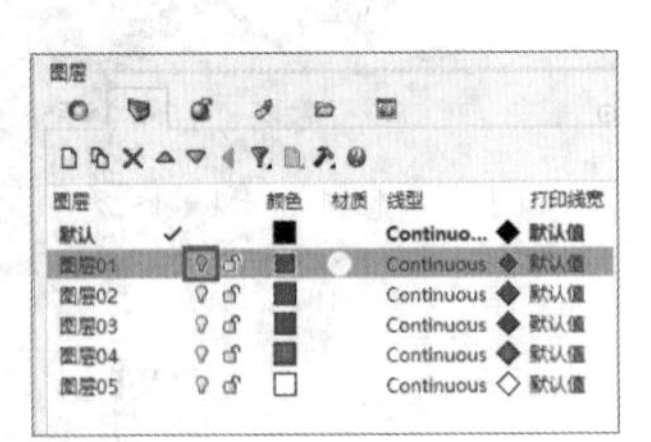

图13-33

03 接下来制作瓶体的金属外壳，选取偏移后的瓶体侧翼的所有网格面，按 Delete 键删除，如图 13-34 所示。

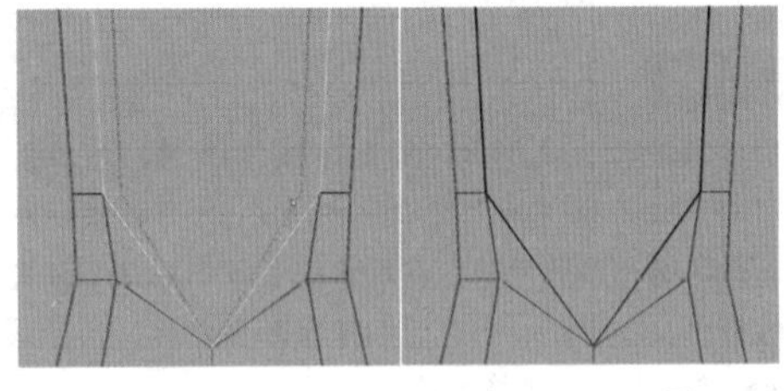

图13-34

04 删除之后看到厚度上面出现了开口，在这里就需要将开口进行封闭。使用“选取循环边缘”工具选取所有内部的边缘，向外挤出，挤出的长度差不多即可，如图 13-35 所示。使用“缝合网格或细分物件的边缘或者顶点”工具，选取刚刚挤出的边缘的顶点，再选取原本外侧边缘的顶点，逐个将它们缝合回去，如图 13-36 和图 13-37 所示。

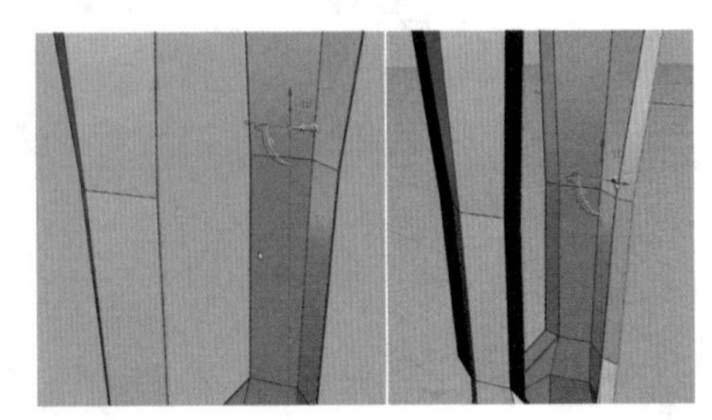

图13-35

图13-36　　图13-37

05 接下来再次使用“选取循环边缘”工具选取外侧所有的边缘，然后使用“网格或细分斜角”工具，保持“分段数 =1”，对边缘进行 0.1mm 的斜角处理，如图 13-38 所示。

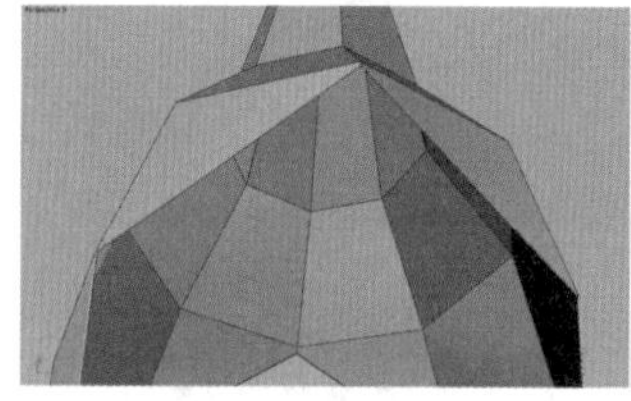
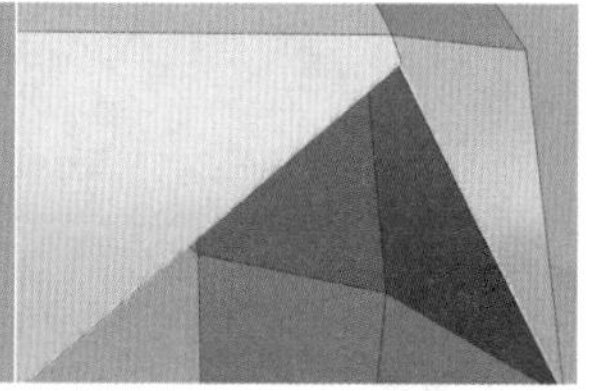

图13-38

06 单击“选取循环边缘”工具，切换到边缘选取的层级下面，选取图 13-39 所示的边缘，使用“网格或细分斜角”工具进行 0.2 的斜角处理。这个时候如果再按 Tab 键，就会看到顶角的部分已经出现了一个比较尖锐的转折，如图 13-40 所示。

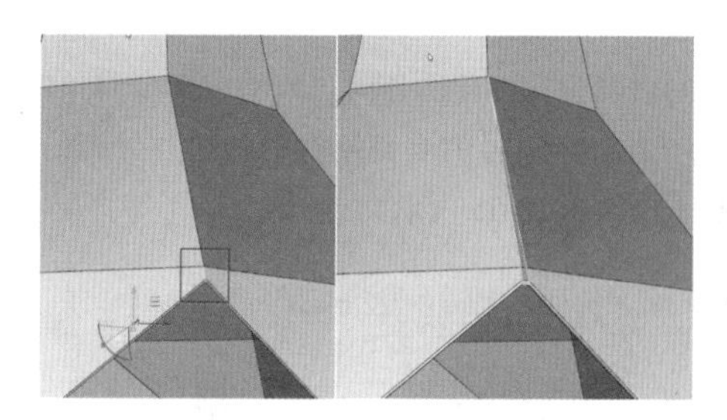
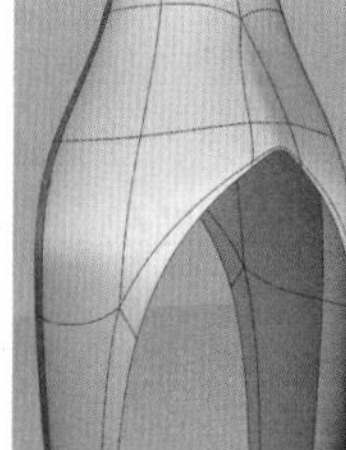

图13-39　　图13-40

07 显示“图层 01”，并隐藏瓶体外壳。使用“选取循环边缘”工具选取所有的底部边缘，如图 13-41 所示，对边缘使用“网络或细分斜角”工具，进行 0.1mm 的斜角处理。在平滑模式下，可以看到底部的转角变得比较规则了，如图 13-42 所示。

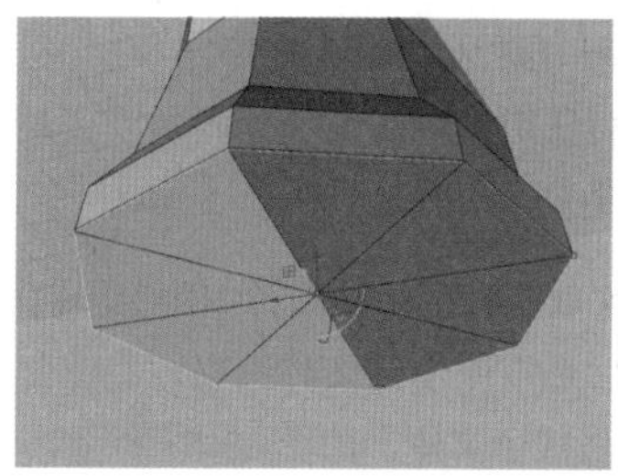
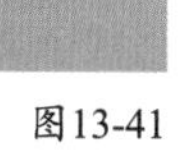
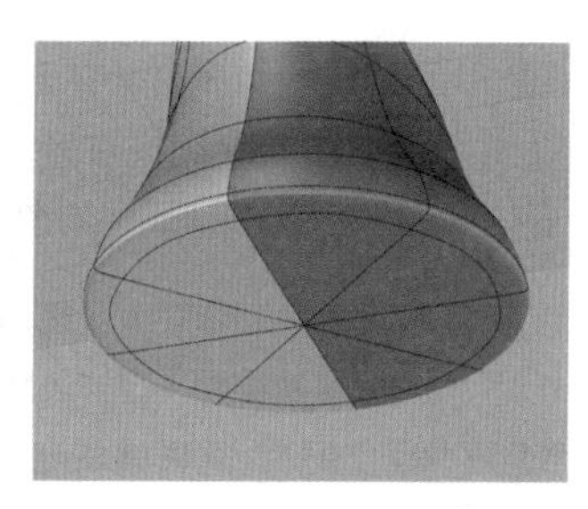

图13-41　　图13-42

08 单击“选取循环边缘”工具，框选图 13-43 所示位置的内外两层边缘，使用“不等距边缘斜角”工具进行 0.5mm 的斜角处理，如图 13-44 所示。按 Tab 键切换到平滑模式，可以看到瓶子的底部就有了一个比较硬的转折，如图 13-45 所示。

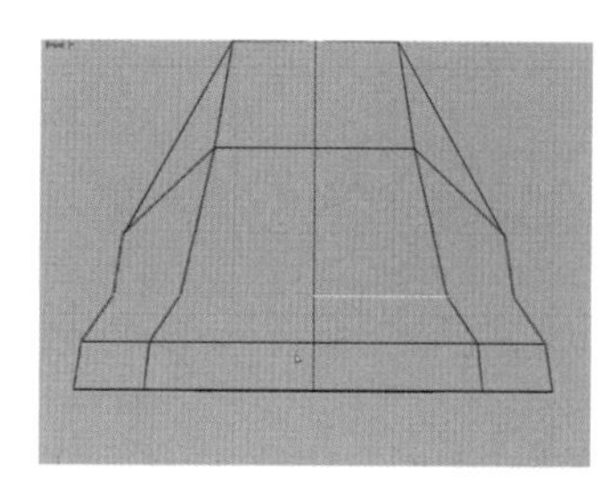

图13-43

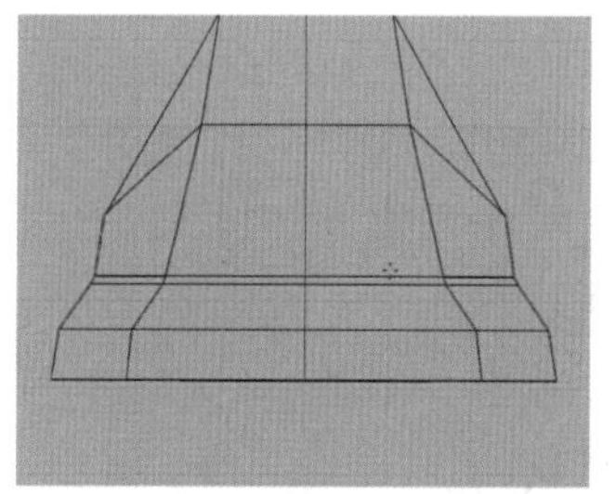
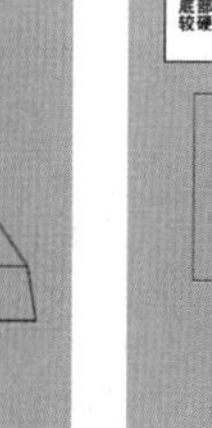

图13-44　　图13-45

09 按 Tab 键切换回网格显示模式，使用“挤出细分物件”工具，然后单击“选取过滤器：网格面”工具，切换到网格面选取的层级，选择瓶口的所有外部边缘，这里一定要注意瓶身现在是一个双层的结构，所以只选取外部的网格面，而不要选取内部的网格面。在指令输入栏中设定“基准 =UVN”，“方向 =N”，挤出一定距离，效果如图 13-46 所示。

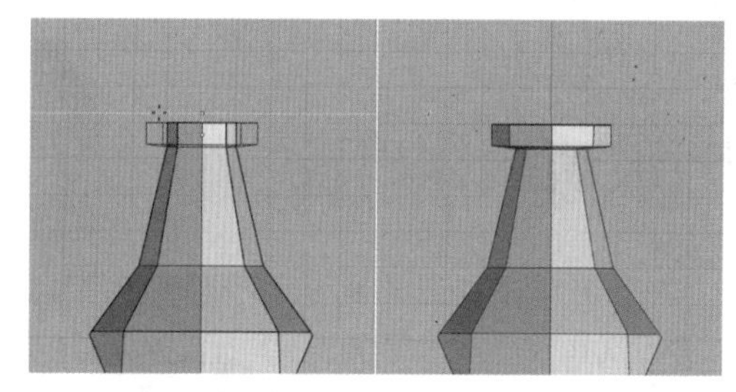

图13-46

10 选取瓶口内侧的所有边缘，统一向下移动 0.5mm，效果如图 13-47 所示。

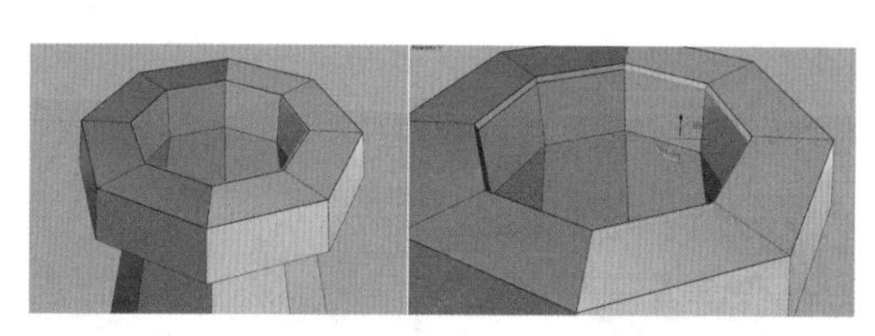

图13-47

11 继续使用“选取循环边缘”工具选择瓶口外侧的所有边缘，如图 13-48 所示，完成之后对它们都进行 0.1mm 的斜角处理，效果如图 13-49 所示。

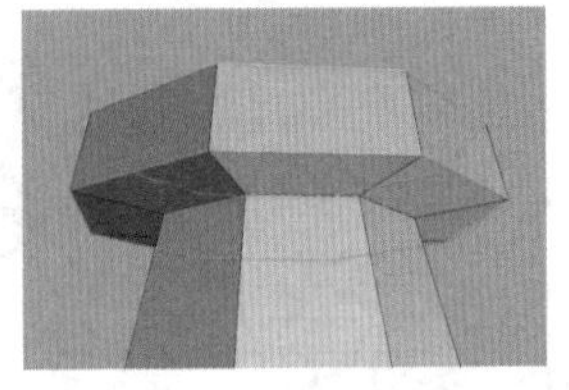

图13-48

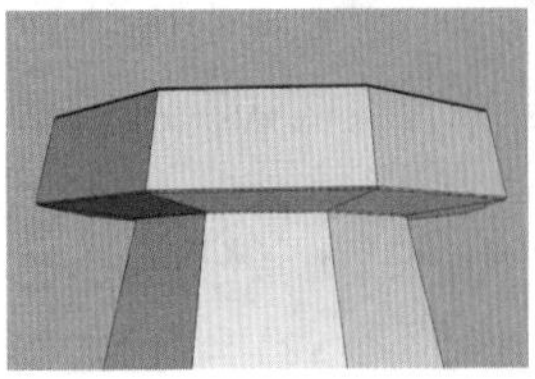

图13-49

12 使用“移除锐边”工具，框选顶部所有边缘，然后单击鼠标右键完成操作，这时候就能看到边缘变成了圆角的状态，如图 13-50 所示。

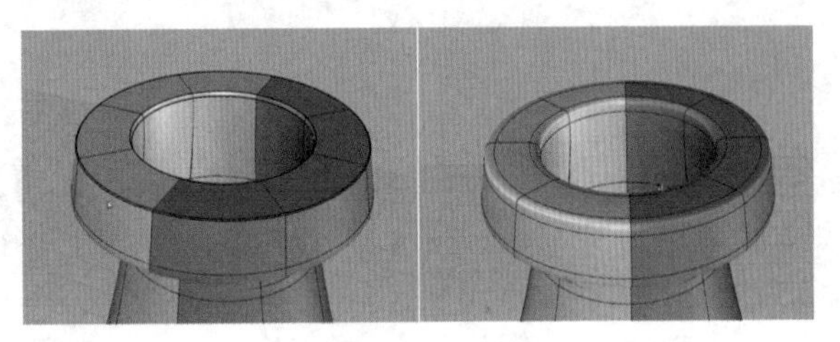

图13-50

技巧与提示

瓶口下部会有一些穿面的情况出现，这是因为只对瓶口外侧的部分进行倒角，而没有对内部边缘进行倒角，内部边缘曲率与外部边缘的曲率会有差别。在这里简单地将瓶口内部变形进行缩放即可。

这样就得到了瓶体的金属外壳，接下来对玻璃瓶体进行细节的刻画。

13.5 玻璃瓶体建模

01 显示“图层 01”，首先会看到瓶口的部分出现比较严重的穿模现象，如图 13-51 所示。选取瓶口顶点进行缩放，如图 13-52 所示，这样就可以很好地避免穿模情况的出现。

图13-51

图13-52

02 接下来需要对瓶底进行一些调整。单击“选取过滤器：网格面”工具，切换到网格面选取层级，框选底部所有的面，按 Delete 键删除，如图 13-53 所示。底面现在形成了一个开放的边缘，选取底部所有的边缘，配合操作轴进行快速向内挤出，然后使用“填补细分网格洞”工具，进行封闭，如图 13-54 所示。

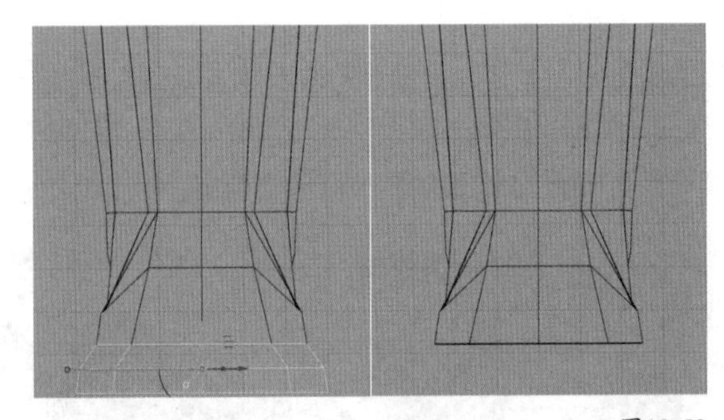

图13-53

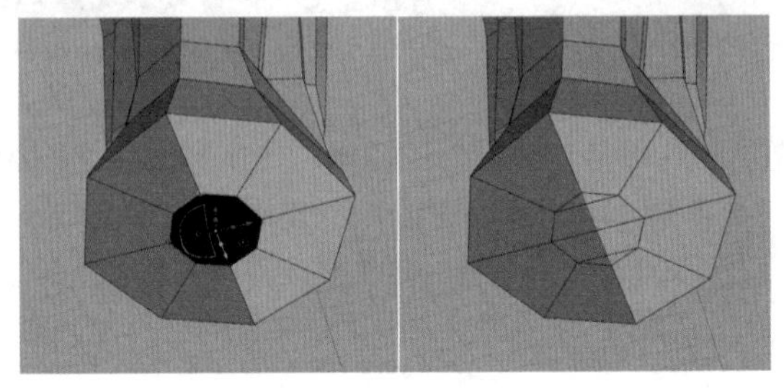

图13-54

03 接下来对玻璃瓶的肩部进行细化。使用“网格或细分斜角”工具，设置数值为 0.2mm，这样就看到瓶身的侧边与外壳的侧边可以匹配在一起了，如图 13-55 所示。

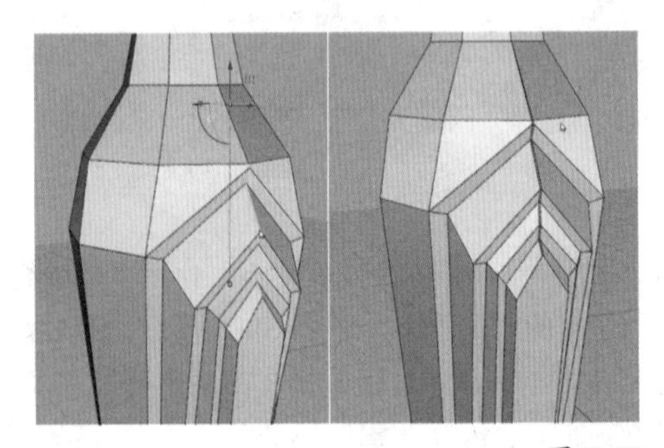

图13-55

04 使用“选取循环边缘”工具选取所有瓶体侧翼的边缘，也就是瓶子的侧面阶梯状的部分，使用“网格或细分斜角”工具，设置数值为 0.1mm，如图 13-56 所示。

05 使用“偏移细分”工具，选取瓶身模型，调整“偏移距离 = 0.8”“删除输入物件 = 否”，然后选取原本的瓶体网格，将它隐藏到“图层 05”。这样就将瓶身做成了实体，如图 13-57 所示。

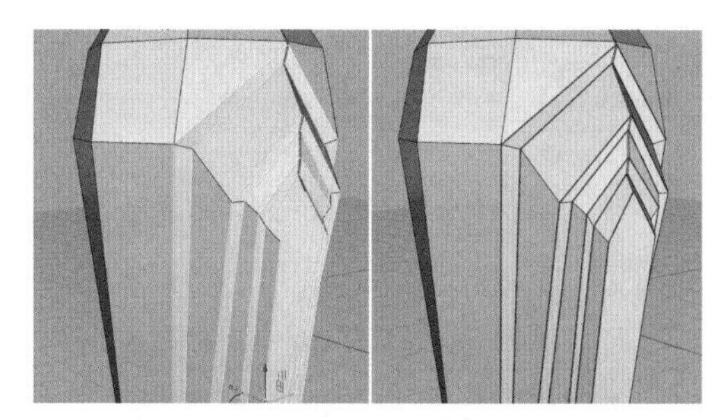

图13-56

图13-57

06 使用“选取循环边缘”工具选取瓶口两侧的边缘，然后进行 0.1mm 的斜边处理，效果如图 13-58 所示，使用“移除锐边”工具，使瓶口倒角变得圆滑，如图 13-59 所示。

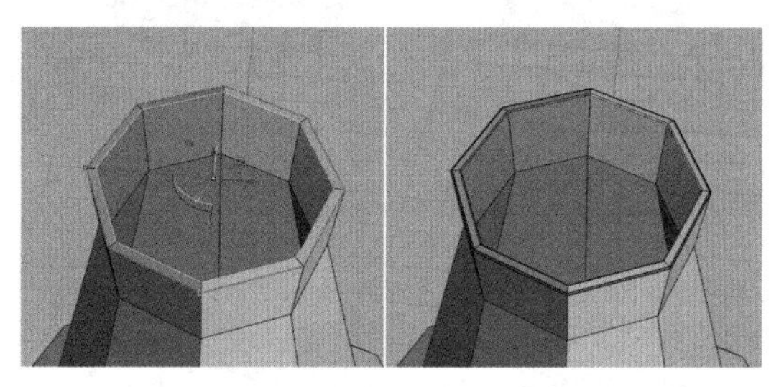

图13-58

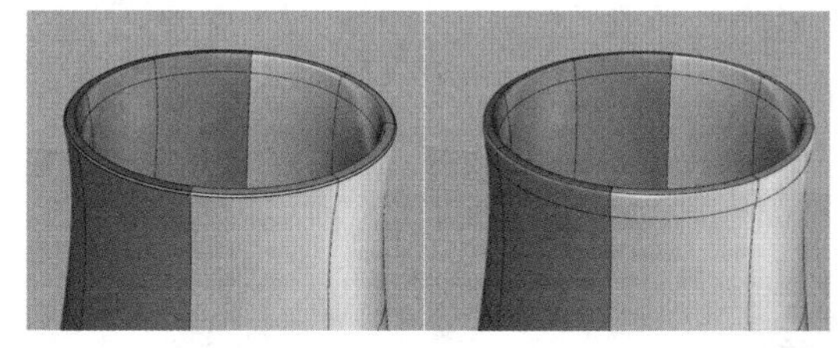

图13-59

到这里就完成了玻璃瓶身的细节塑造。

13.6 瓶内液体建模

为了渲染美观且符合真实效果，可以额外制作一个瓶内液体的模型。

01 显示“图层 05”的单层瓶身网格体，并隐藏“图层 01”，如图 13-60 所示。

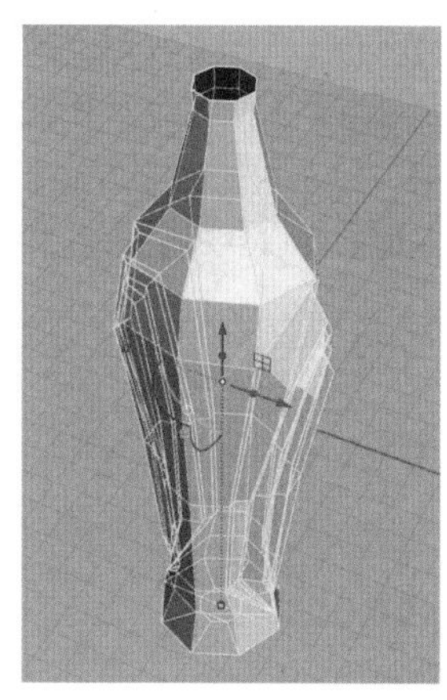

图13-60

02 使用“偏移细分”工具，在指令输入栏中单击“全部反转”，将距离设定为 0.81mm，使“实体 = 否”，进行偏移，这样就得到了瓶内液体的网格面模型，如图 13-61 所示。

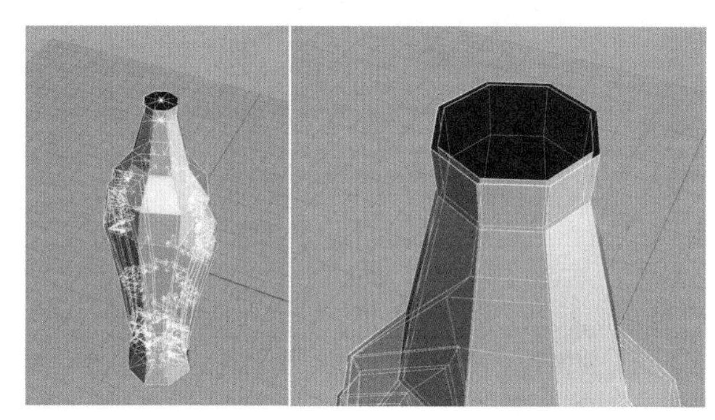

图13-61

03 切换到面选取的层级，将瓶口网格面删除，因为不需要这些，如图 13-62 所示。然后使用“填补细分网格洞”工具，将瓶口的所有边缘进行选取，对它进行封面操作，如图 13-63 所示。

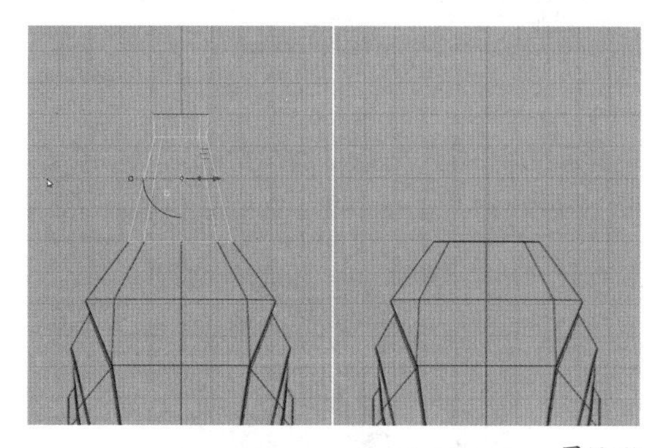

图13-62

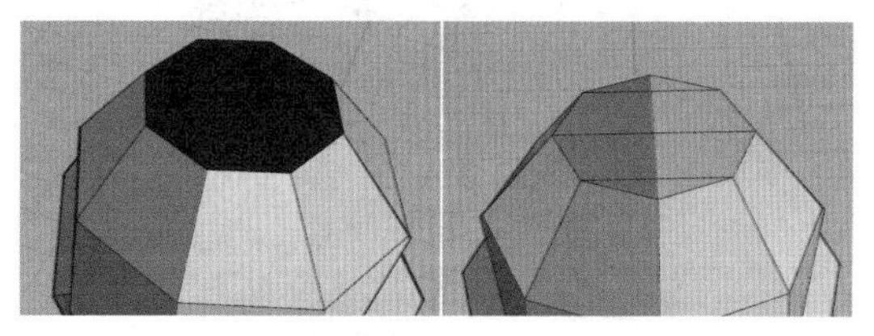

图13-63

04 右击“对称细分物件 / 从细分物件中移除对称”工具，然后选取作为液体的模型来移除对称，如图 13-64 所示。接下来需要将顶面和底面的 3 条边缘删除，因为它们是多余的，需要将顶面和底面分别变为一个单独的面，如图 13-65 所示。

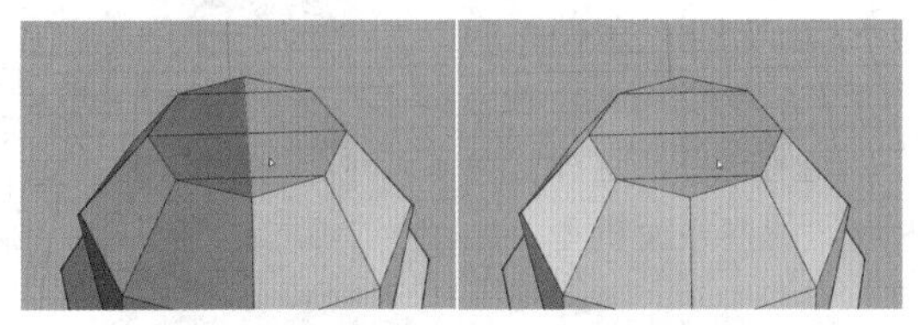

图13-64

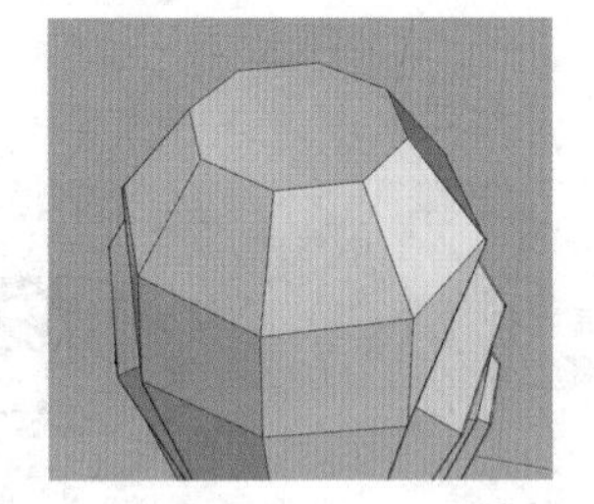

图13-65

05 回到面选取的层级，对顶部平面进行向内挤出操作，再将其向下移动，切换到平滑的显示模式，使上部呈现出一个内凹的曲面，如图 13-66 所示。

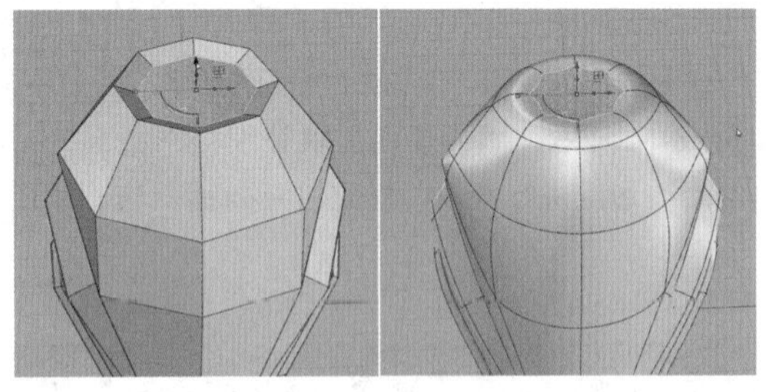

图13-66

06 同时显示玻璃瓶身、外壳和液体模型，进行一些微调，最终效果如图 13-67 所示。

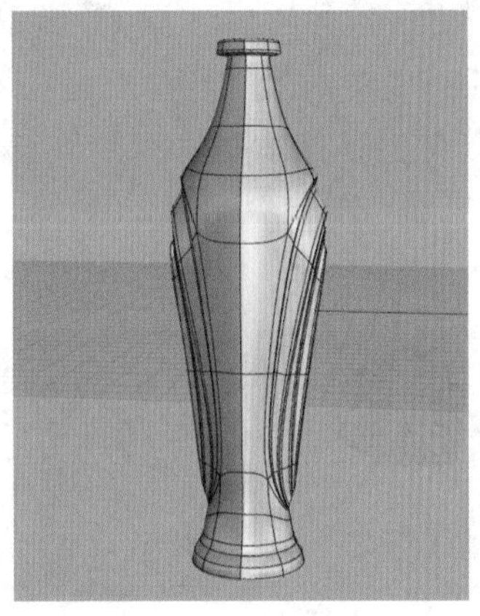

图13-67

13.7 瓶盖建模

01 使用“创建细分圆柱体”工具，新建一个与瓶口等大的细分圆柱体，如图 13-68 所示。

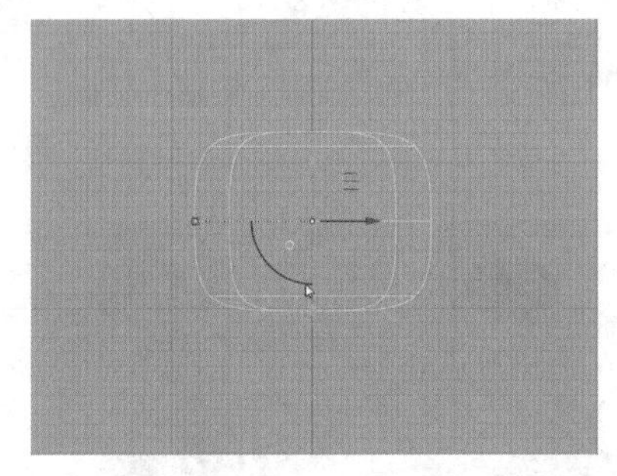

图13-68

02 单击“选取过滤器：网格面”工具，切换到面选取的层级，将细分圆柱体顶面全部删除，如图 13-69 所示。使用“填补细分网格洞”工具，将开放边缘进行封闭，如图 13-70 所示。配合操作轴，使用“插入细分边缘循环”工具，将封闭的面向上挤出，如图 13-71 所示。

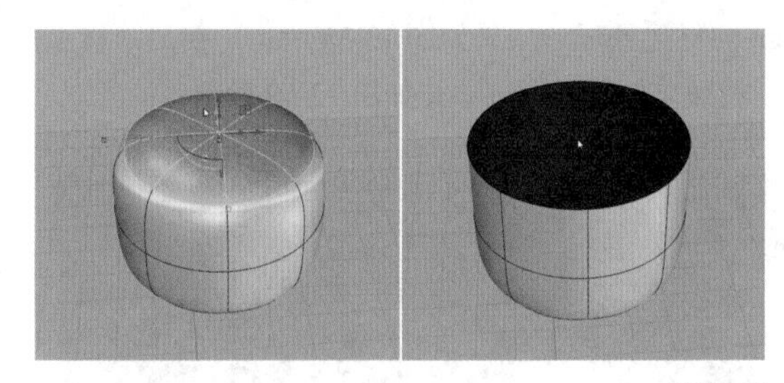

图13-69

图13-70

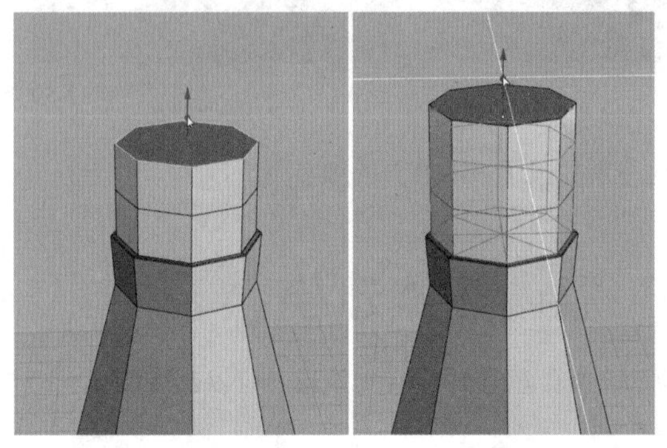

图13-71

03 使用“插入细分边缘循环”工具，在图 13-72 所示的位置插入新的边缘。切换到面选取的层级，选取中间的这一层面，使用“挤出细分物件”工具，对它来进行法线方向的挤出，挤出后对这部分的边缘进行缩放调整，效果如图 13-73 所示。

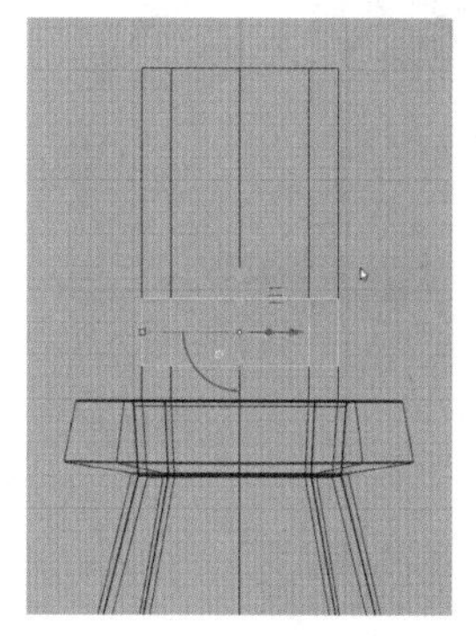

图13-72

图13-73

04 选取图 13-74 左图所示的部分边缘，进行斜角细分，此处可以在指令输入栏中输入斜角距离为 1，如图 13-74 上图所示，再进行一定微调，结果如图 13-74 右图所示。

斜角定位，选取点或给一个数值 (分段数(S)=1 偏移模式(O)=绝对 平直(T)=0 保留锐边(K)=是): 1

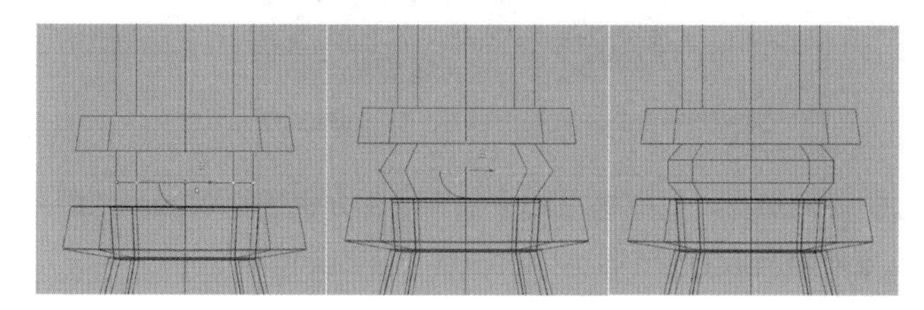

图13-74

05 再次使用“插入细分边缘循环”工具插入新的边缘，如图 13-75 所示。然后切换到点层级，使用操作轴进行调整，最终效果如图 13-76 所示，使它呈现出一个类似于皇冠的形态。

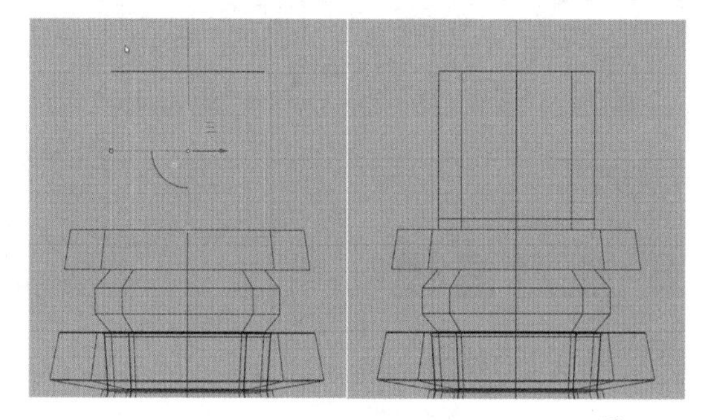

图13-75

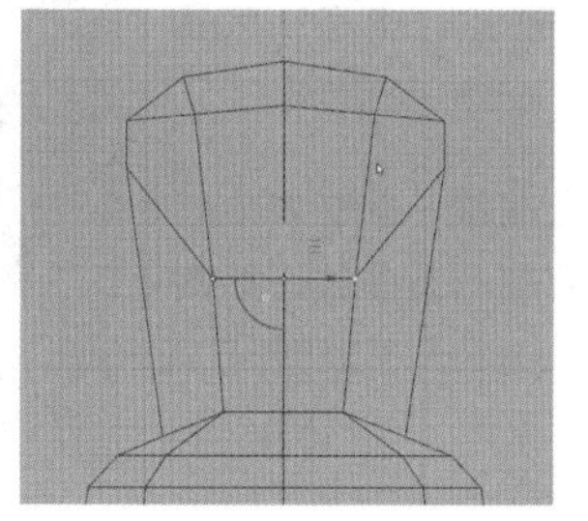

图13-76

06 切换到面选择的层级，右击“对称细分物件 / 从细分物件中移除对称”工具，将侧面的这些部分全部删除，形成开放边缘。然后将坐标轴一侧所有的面也进行删除，单击“对称细分物件 / 从细分物件中移除对称”工具，进行对称，完成后，切换到点层级，进行进一步调整，如图 13-77 所示。

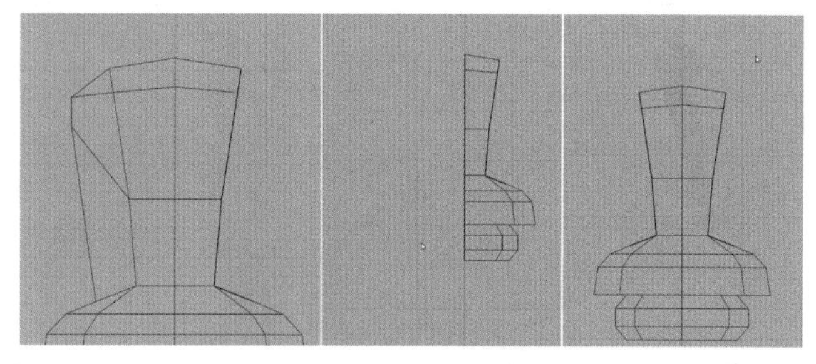

图13-77

07 接下来进行与瓶体侧翼类似的操作。将步骤 6 中的开放边缘进行挤出，在点层级进行调整，效果如图 13-78 所示。

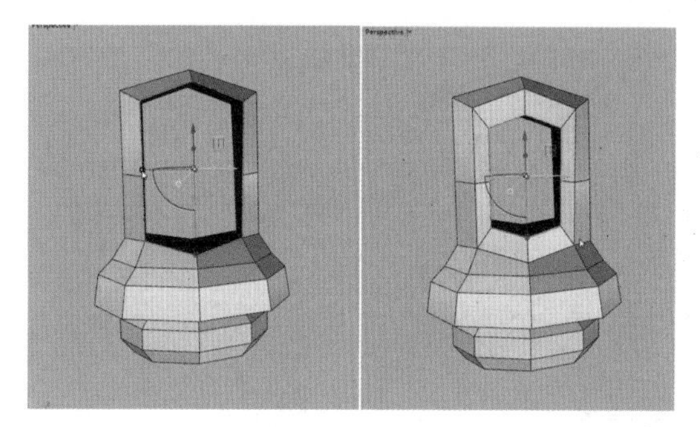

图13-78

08 调整完成后，再次选取开放边缘，进行 x 轴向的挤出，并对点进行调整，如图 13-79 和图 13-80 所示。

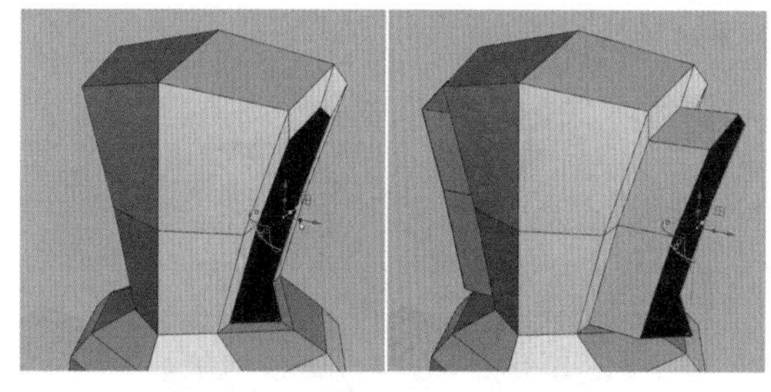

图13-79

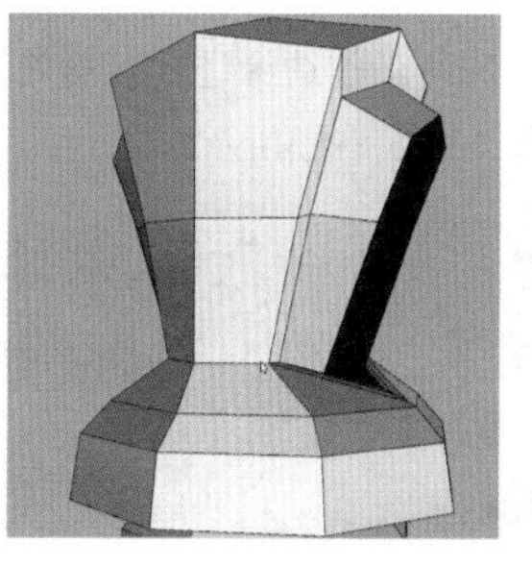

图13-80

09 重复前两步的操作，得到第二层瓶盖侧翼。使用“填补细分网格洞”工具，将开放边缘封闭，如图13-81所示。使用“在网格或细分上插入点”工具，将封闭网格面上的点进行连接，效果如图13-82所示。

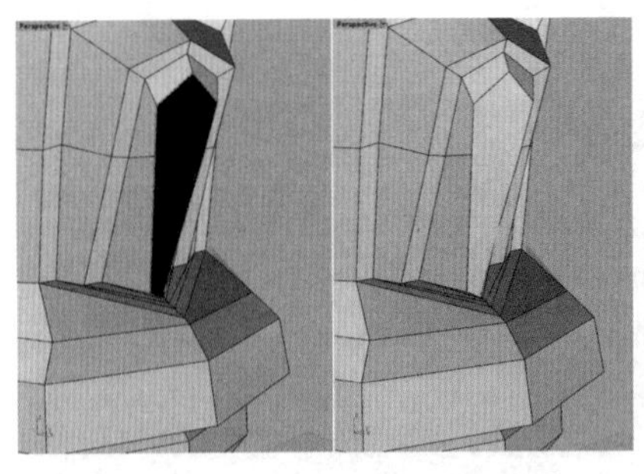

图13-81

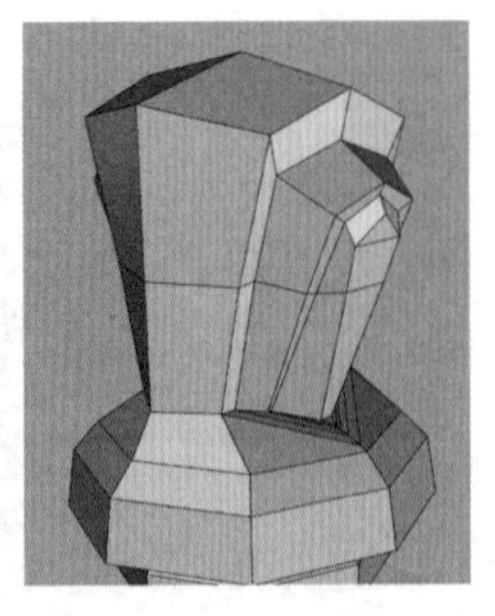

图13-82

10 选取侧翼边缘，对它们进行0.1mm的斜角处理，效果如图13-83所示。

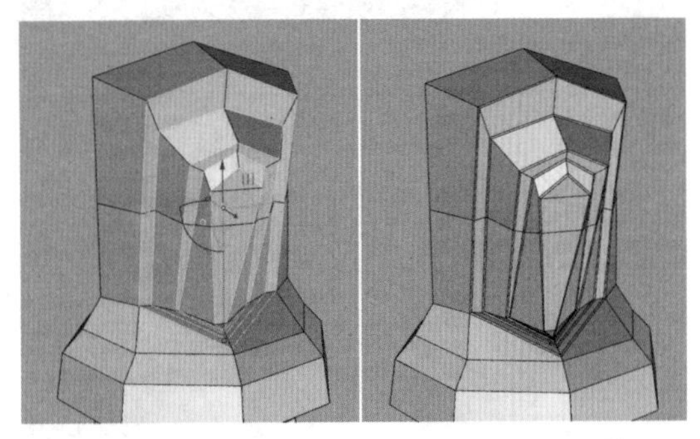

图13-83

11 想要让瓶盖顶部也能够形成尖角效果，需要使用“选取循环边缘”工具选取顶部边缘，对它进行0.2mm的斜角处理，效果如图13-84所示。

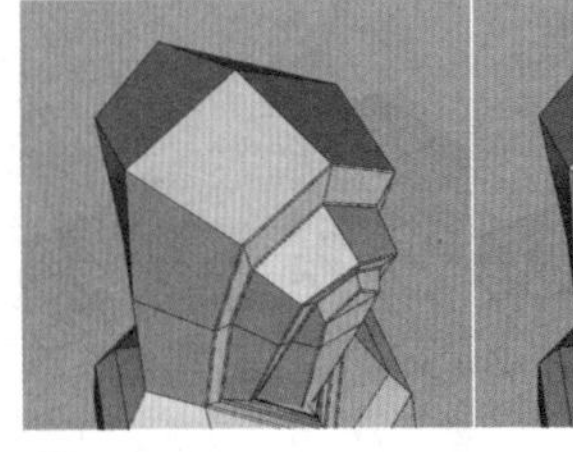

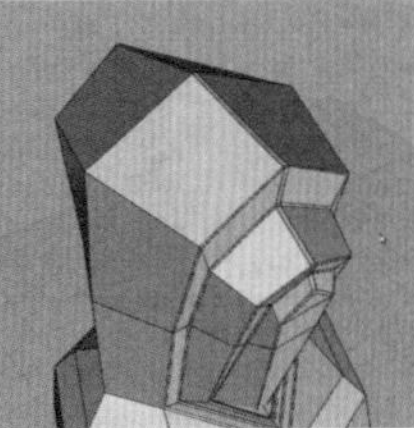

图13-84

12 对图13-85左图所示的边缘进行斜角处理，设置斜角距离为0.1mm，效果如图13-85右图所示。

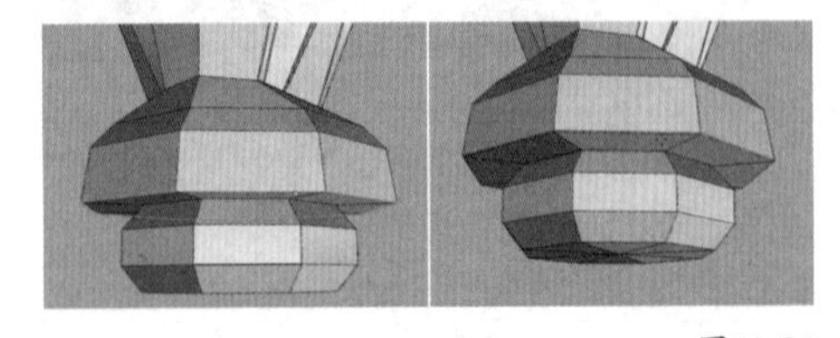

图13-85

13 切换到面选取的层级，选取瓶塞底部所有的平面，将其向下挤出，如图13-86所示，然后使用操作轴按住Shift键对其进行缩放，效果如图13-87所示。

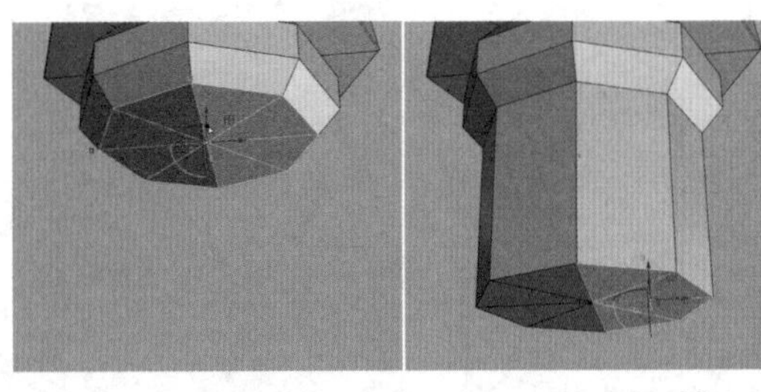

图13-86

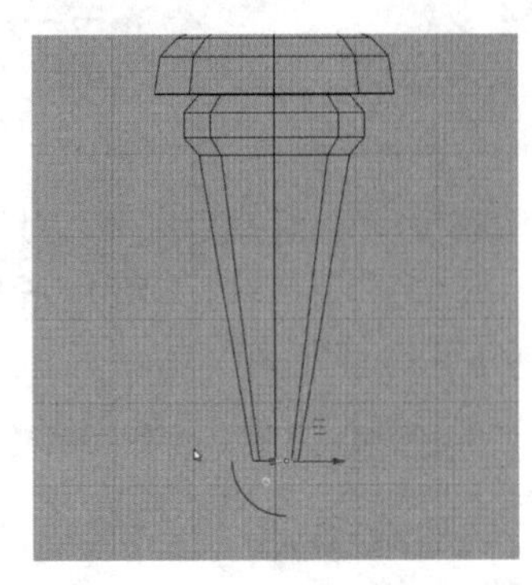

图13-87

14 隐藏瓶身，对瓶塞鼓起来的下半部分也进行0.1mm的斜角处理，如图13-88所示。

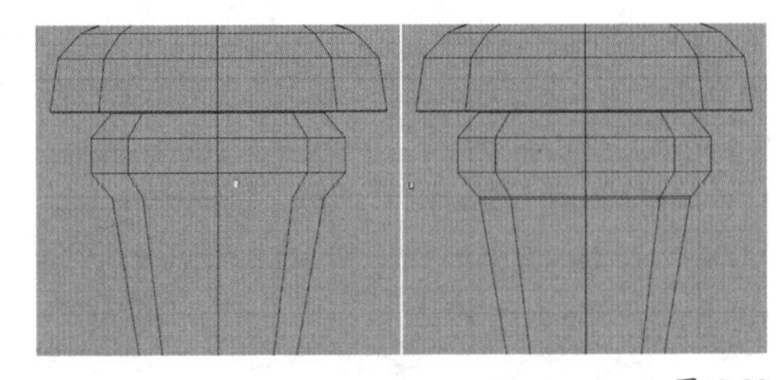

图13-88

13.8 瓶底建模

对整个瓶底进行建模。

01 使用“圆：中心点、半径”工具绘制一个圆形，如图13-89所示。

02 使用“控制点曲线/通过数个点的曲线”工具绘制一条曲线，如图13-90所示。

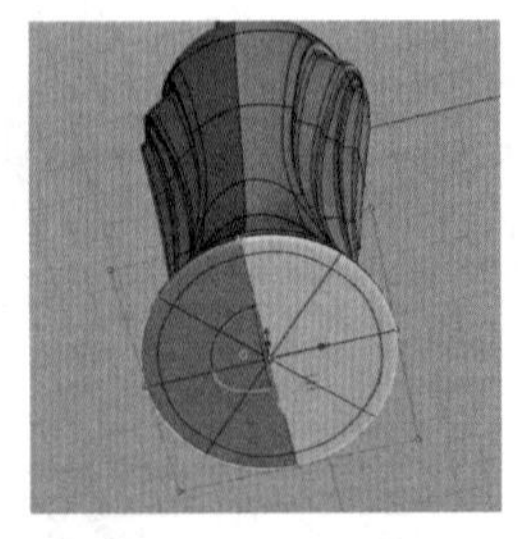

图13-89

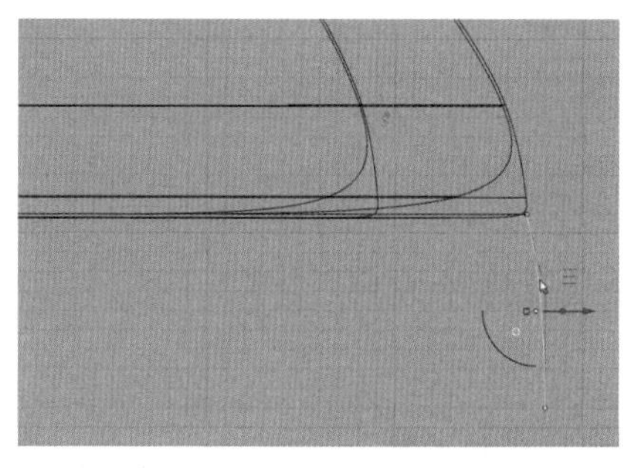

图13-90

03 使用“多重直线 / 线段”工具绘制一个内凹的凹槽线，如图 13-91 所示，使用这条线与上一步绘制的曲线相互修剪，效果如图 13-92 所示。将修剪后的曲线进行组合，就得到了瓶底的截面图形，如图 13-93 所示。

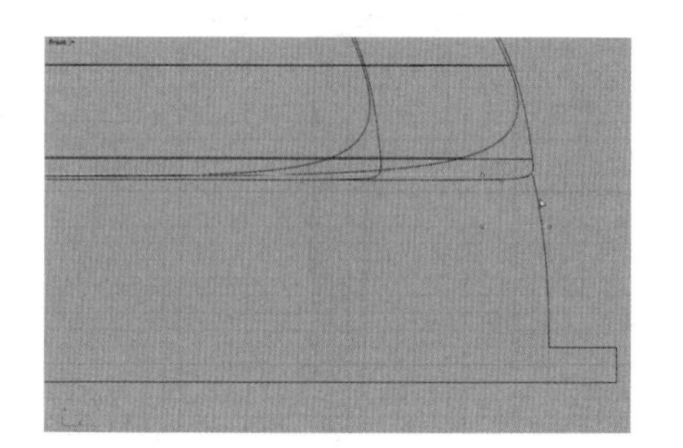

图13-91

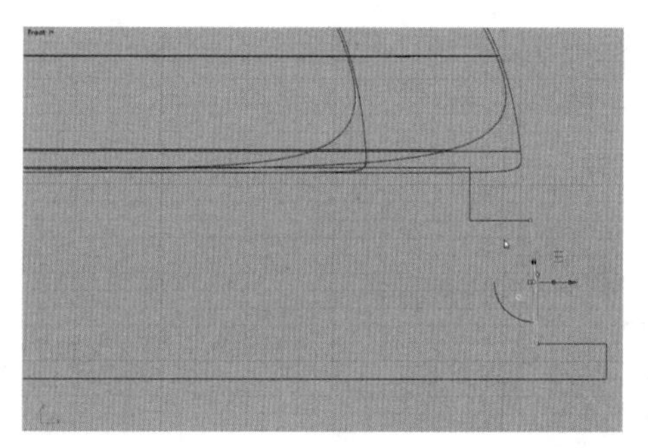

图13-92

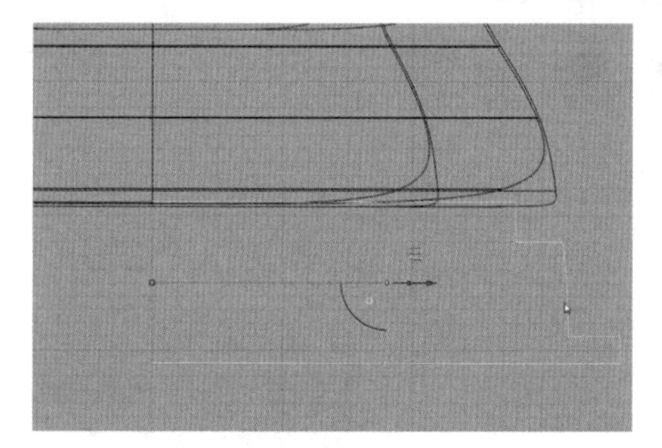

图13-93

04 在“曲线工具”中选择“曲线圆角”工具，设置圆角半径为 0.5，对截面图形进行圆角操作，将曲线都进行圆角处理，如图 13-94 所示。

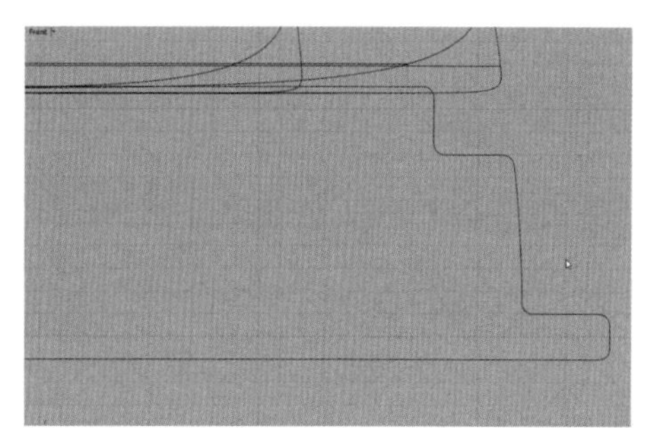

图13-94

05 选取底面圆台形状，在“曲面工具”中单击“旋转成形 / 沿路径旋转”工具，以 *y* 轴为旋转轴，执行旋转，然后就可以得到瓶底基座，如图 13-95 所示。

06 在“曲线工具”中，单击“抽离结构线”工具，选取底部的圆台，确保“方向 =U”，这样就抽离出一条圆形结构线，对该线条进行缩放，如图 13-96 所示。

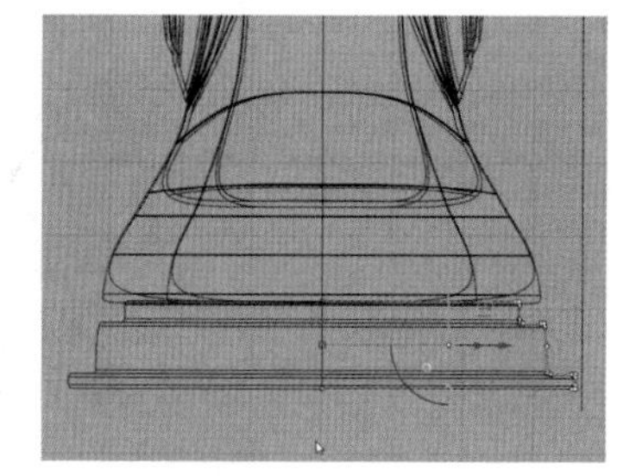

图13-95

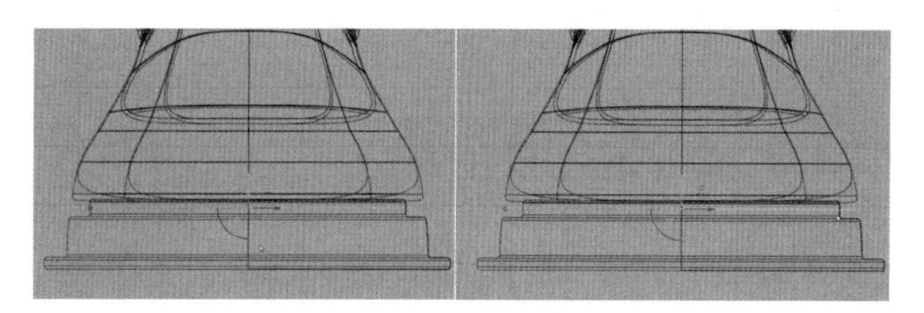

图13-96

07 在“曲线工具”中使用“弹簧线”工具，在命令栏中单击“环绕曲线”，切换到“环绕曲线”模式，然后选取刚刚抽离出来的圆作为环绕的轴线，要保证圈数在 30 圈左右，可得到图 13-97 所示的弹簧线。

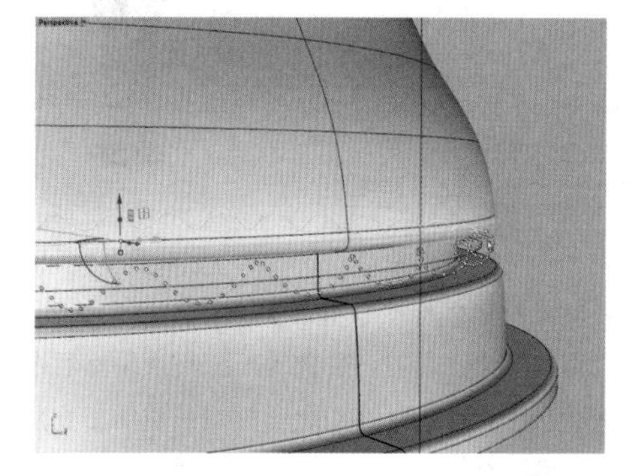

图13-97

08 在“实体工具”中使用“圆管”工具，将圆管的半径设置为 1mm，得到图 13-98 所示的实体弹簧线。

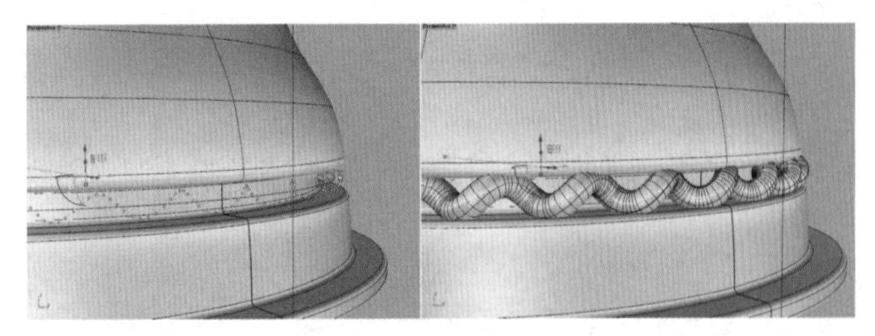

图13-98

09 选中实体弹簧线，按快捷键 Ctrl+C 和 Ctrl+V 进行复制。复制完成之后，选中任意一个实体弹簧线，将它以自身垂直轴向旋转 6 度，这样就得到了麻绳模型，对它进行略微缩放，效果如图 13-99 所示。

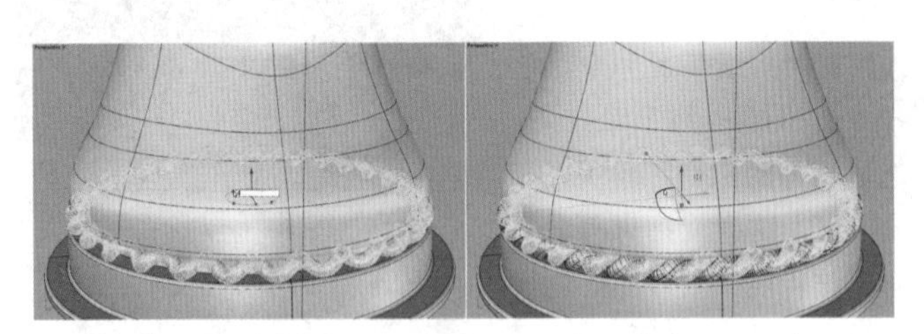

图13-99

这样就完成了高档酒瓶的建模。

13.9 高档酒瓶渲染

01 将酒瓶建模文件拖曳到 KeyShot10 中，在弹出的对话框中进行设置，如图 13-100 和图 13-101 所示。

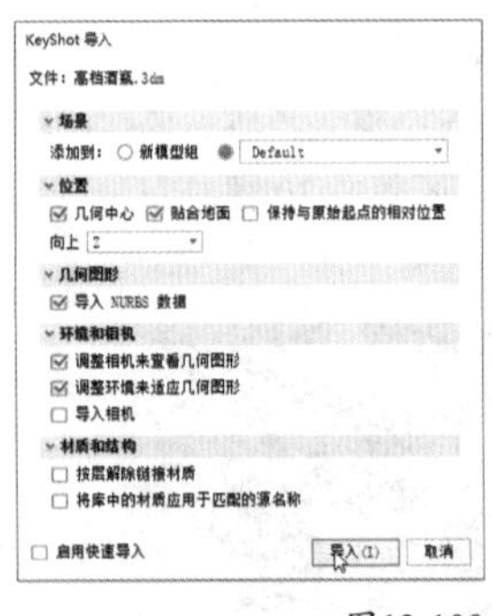

图13-100　图13-101

02 接下来进行材质的赋予。在“材质”面板中找到 Metal（金属）目录，再找到 Precious（贵金属）子目录，然后在里面找到 Gold 24k Polished（抛光的 24K 金）材质，然后将它赋予瓶身外壳、瓶盖和瓶底，如图 13-102~ 图 13-104 所示。

03 在 Glass（玻璃）目录中找到 Glass（Solid）White（白色实心玻璃）材质，将它赋予玻璃酒瓶模型，如图 13-105~ 图 13-107 所示。

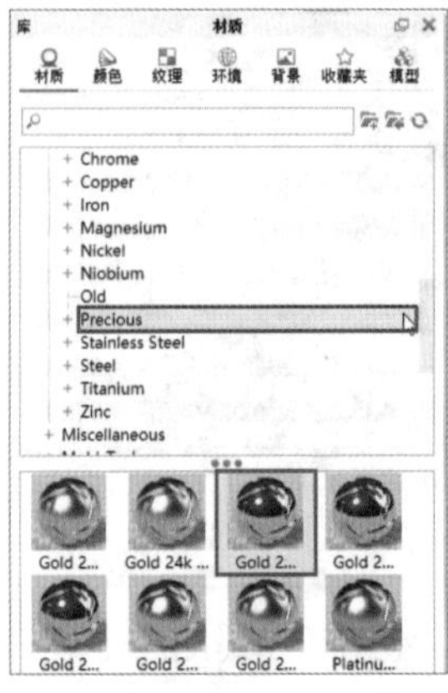

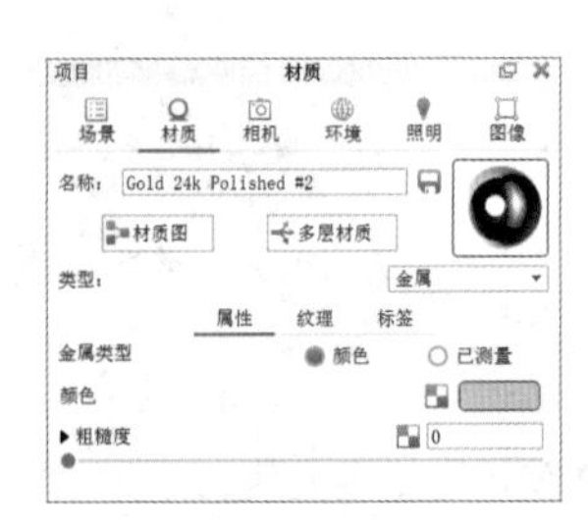

图13-102　图13-103

图13-104

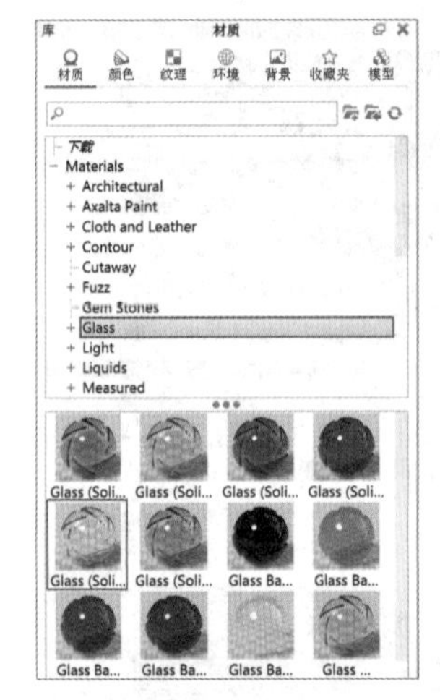

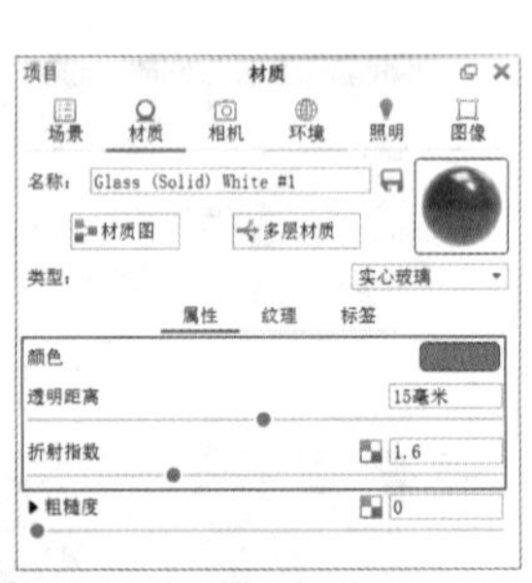

图13-105　图13-106

图13-107

04 在 Liquids（液体）目录中找到 Liquids Cola Bubbles（气泡可乐）材质，如图 13-108 所示，将它赋予瓶内液体模型，并进行图 13-109 所示的设置，单击“材质图”按钮[材质图]，打开“材质图”窗口，删除气泡节点，然后单击“几何图形节点”按钮[几何图形节点]，如图 13-110 所示。效果如图 13-111 所示。

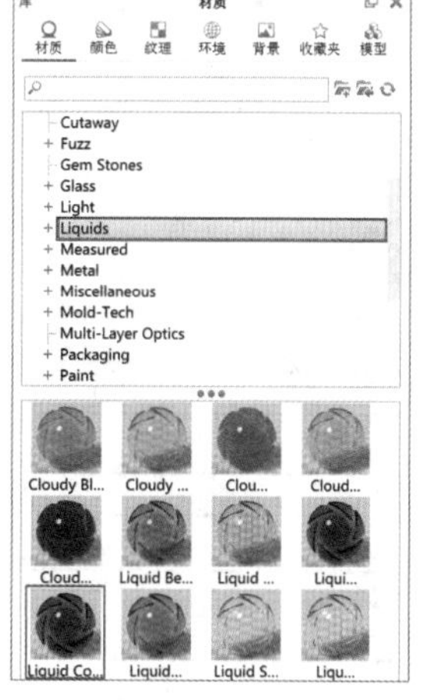

图13-108

图13-109

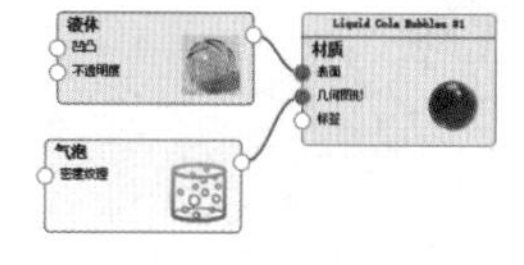

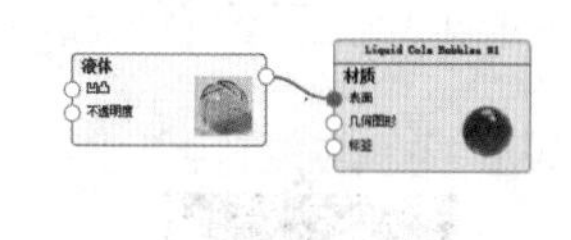

图13-110

05 接下来需要使用标签系统在金属材质上面赋予贴图，选择本书学习资源中的“素材文件 > 第 13 章 >LOGO.png”文件，将它直接拖放到瓶身的金属模型上面，在弹出的面板中选择“添加标签”，然后使用“移动纹理”工具进行对位，如图 13-112~ 图 13-115 所示。

图13-111

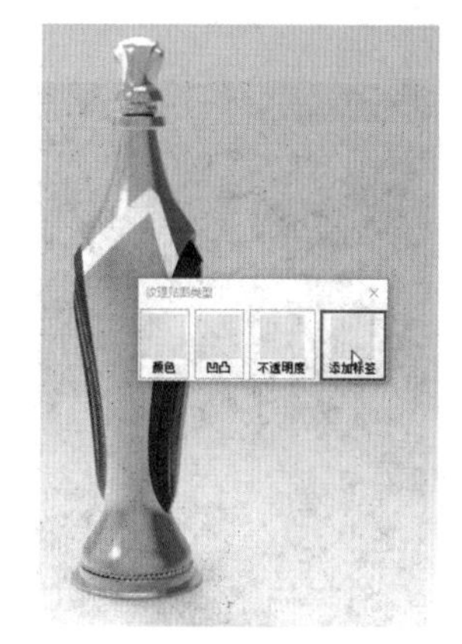

图13-112

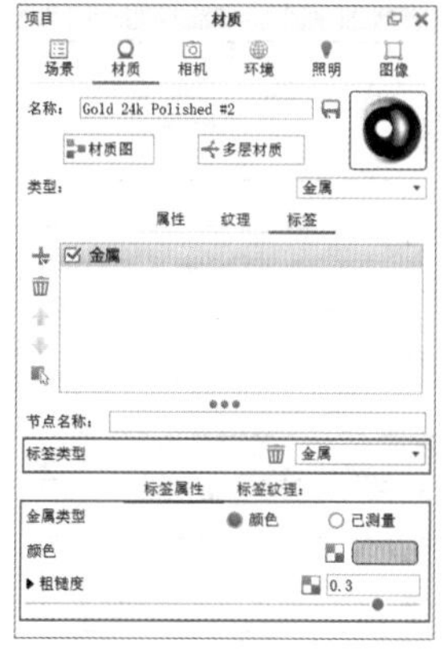

图13-113

图13-114

图13-115

06 在“图像”面板中，更改实时渲染窗口的画幅为 1200×1600，如图 13-116 所示。

图13-116

07 在“环境”面板中选择 3 Point Medium 4K 环境贴图，双击应用到当前场景，并将背景颜色改为黑色，如图 13-117~ 图 13-119 所示。

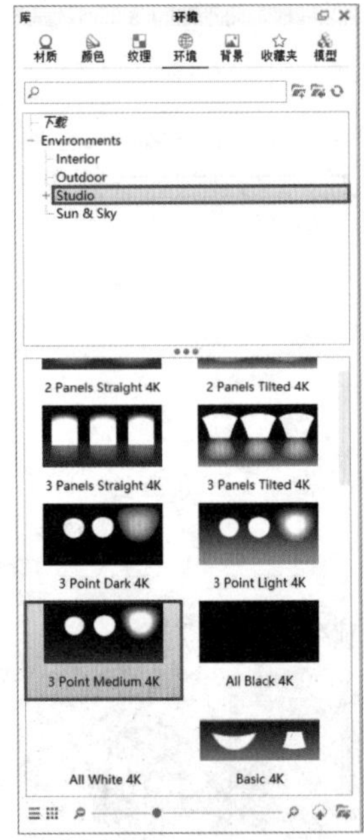

图13-117

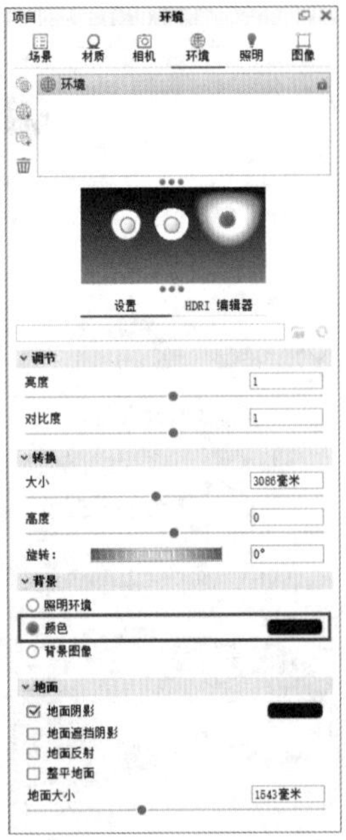

图13-118

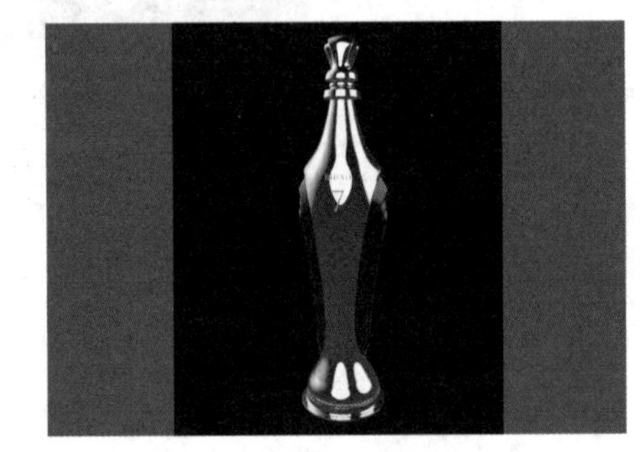

图13-119

08 切换到“HDRI编辑器”标签，降低背景亮度，如图13-120和图13-121所示。

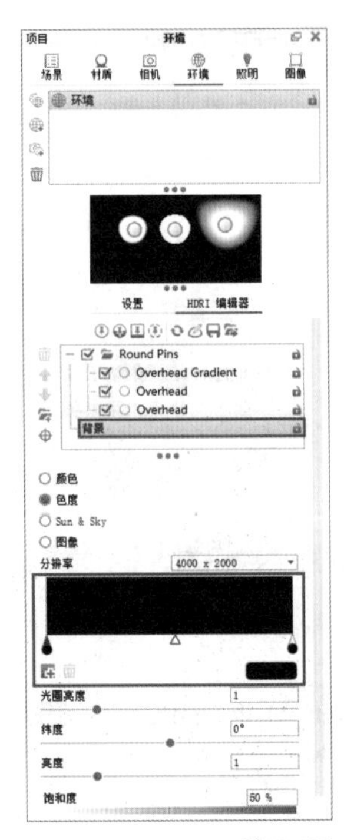

图13-120

图13-121

09 删除环境中间的灯光针，如图13-122所示。对剩下的灯光针进行图13-123和图13-124所示的设置，效果如图13-125所示。

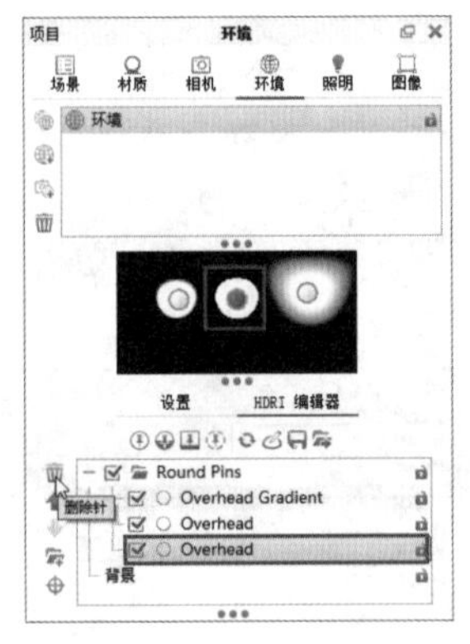

图13-122

图13-123

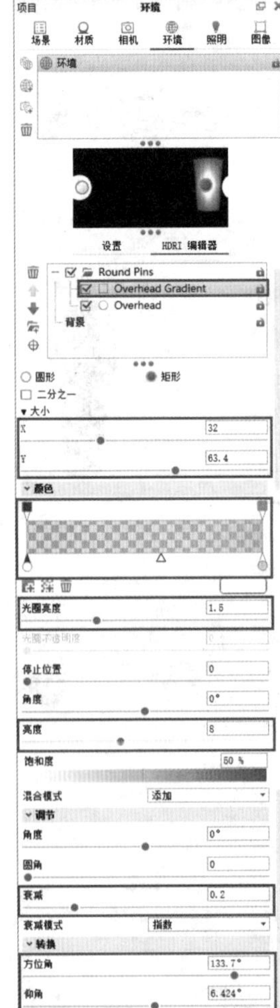

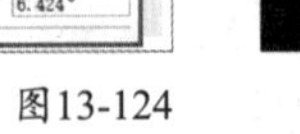

图13-124

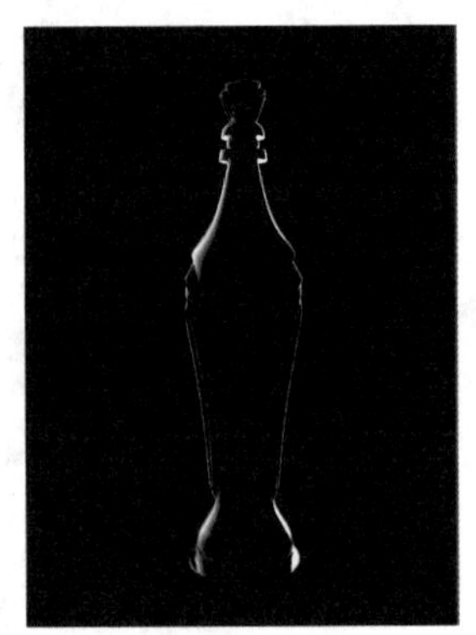

图13-125

10 单击灯光针列表上方的“添加倾斜光源”按钮，新增一个倾斜光源，并进行图 13-126 所示的设置，效果如图 13-127 所示。

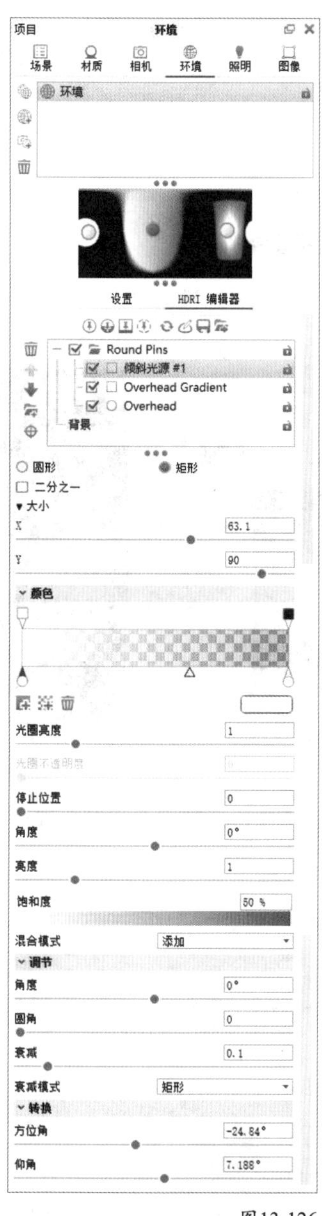

图13-126

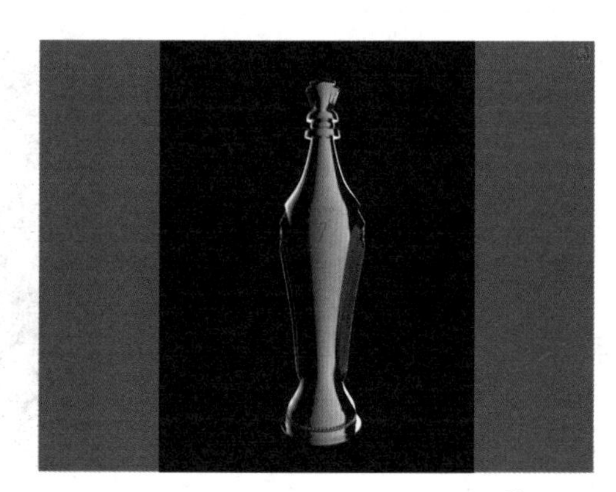

图13-127

11 单击灯光针列表上方的“添加针”按钮，新增一个灯光针，并进行图 13-128 所示的设置，效果如图 13-129 所示。

图13-128

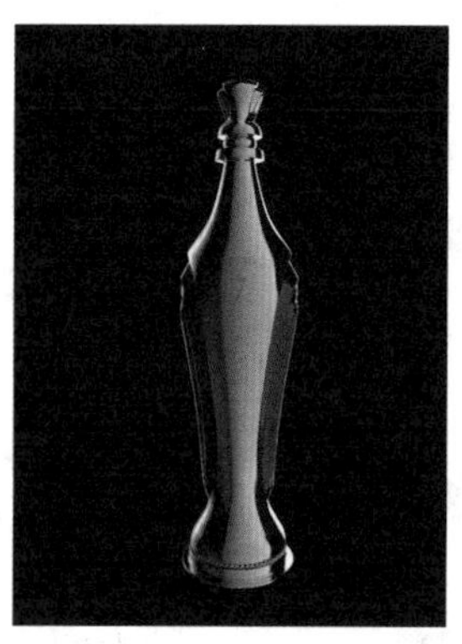

图13-129

12 单击灯光针列表上方的“添加针”按钮，新增一个灯光针，并进行图 13-130 所示的设置，效果如图 13-131 所示。

图13-130

图13-131

13 单击灯光针列表上方的“添加针”按钮⊕，新增一个灯光针，并进行图 13-132 所示的设置，效果如图 13-133 所示。

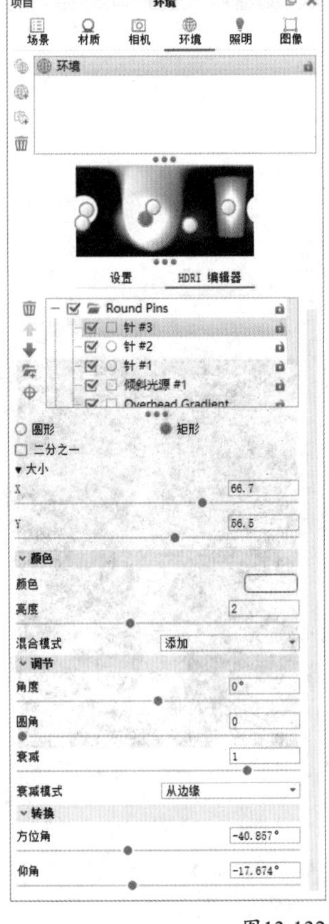

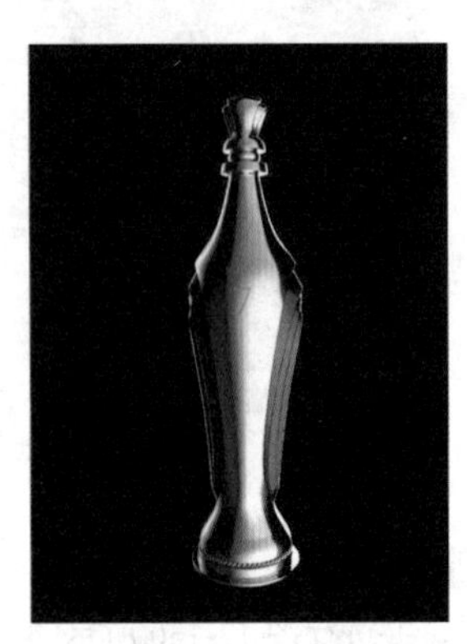

图13-132　　图13-133

14 在“照明”面板中，将“照明预设值”改为“珠宝”，如图 13-134 所示，这样就能看到瓶子内部亮了起来，效果如图 13-135 所示。

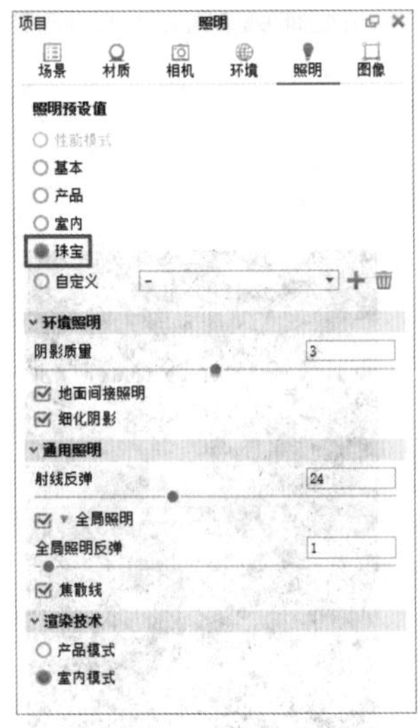

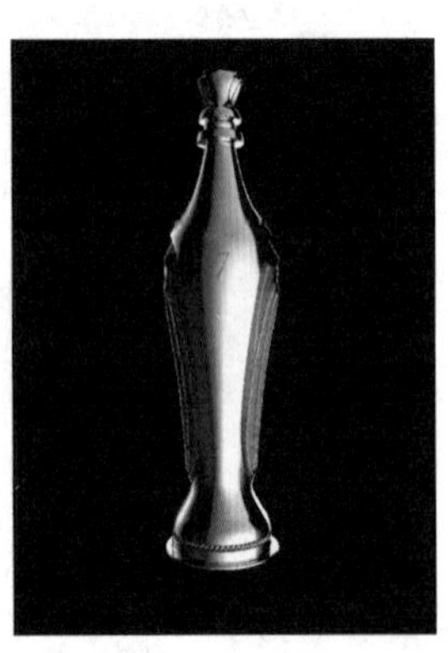

图13-134　　图13-135

15 在“环境”面板中，将“背景”改为“背景图像”并载入背景图片，如图 13-136 所示，效果如图 13-137 所示。

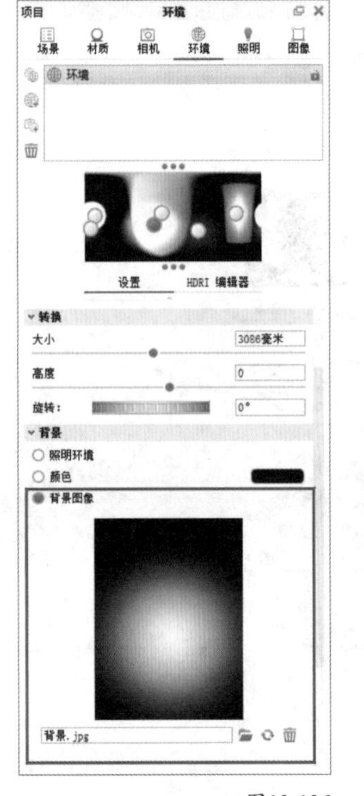

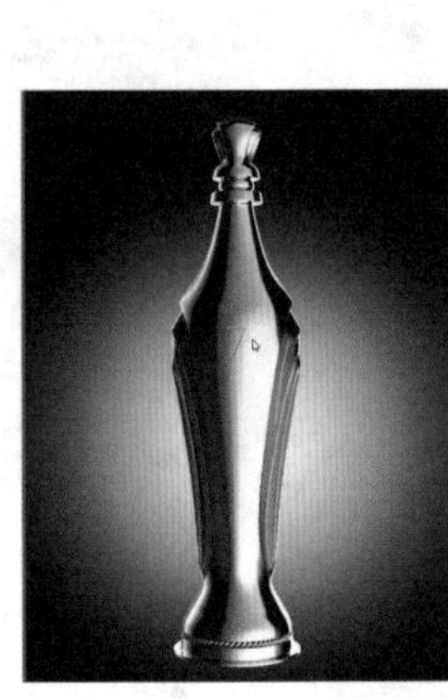

图13-136　　图13-137

16 在“相机”面板中，新增一个相机并进行图 13-138 所示的设置，效果如图 13-139 所示。

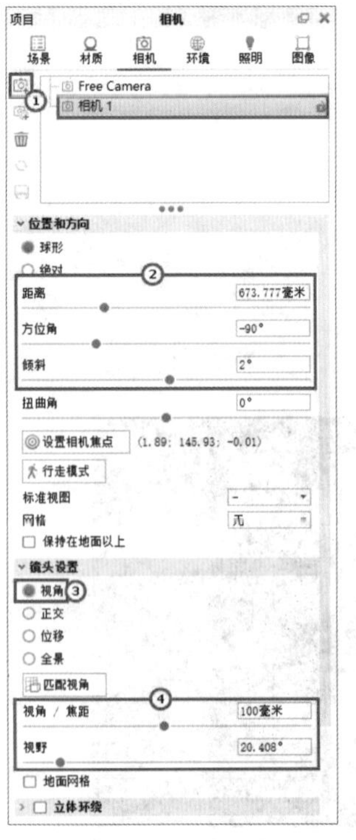

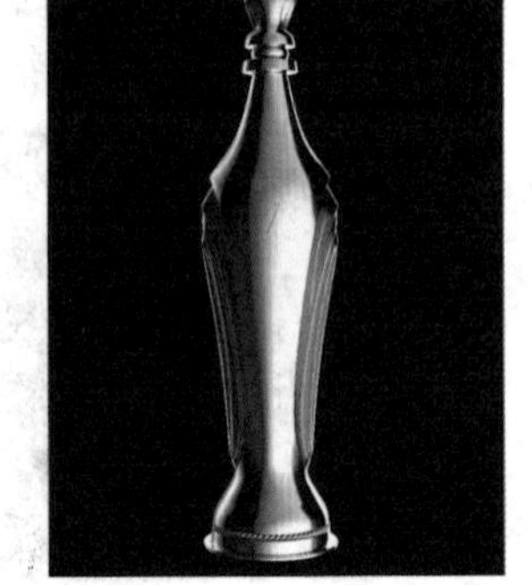

图13-138　　图13-139

17 进入“图像”面板，将图像模式改为“摄影”模式，具体设置如图 13-140 所示，效果如图 13-141 所示。

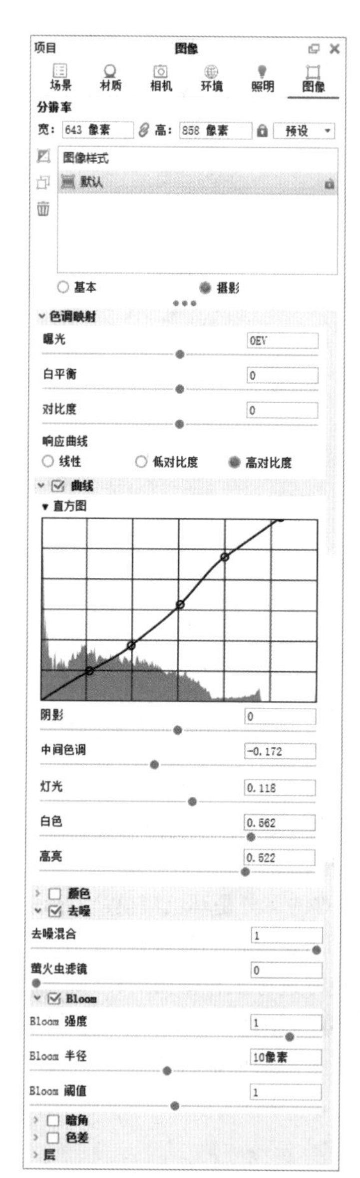

图13-140

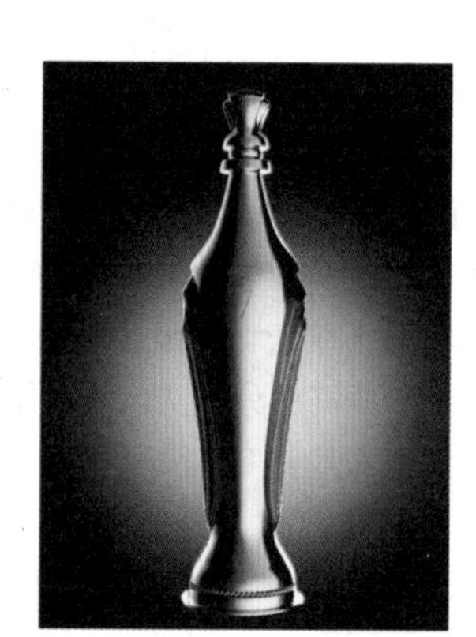

图13-141

18 单击界面下方的“渲染”按钮，在设置页面进行图 13-142 所示的设置，完成本案例的渲染，效果如图 13-143 所示。

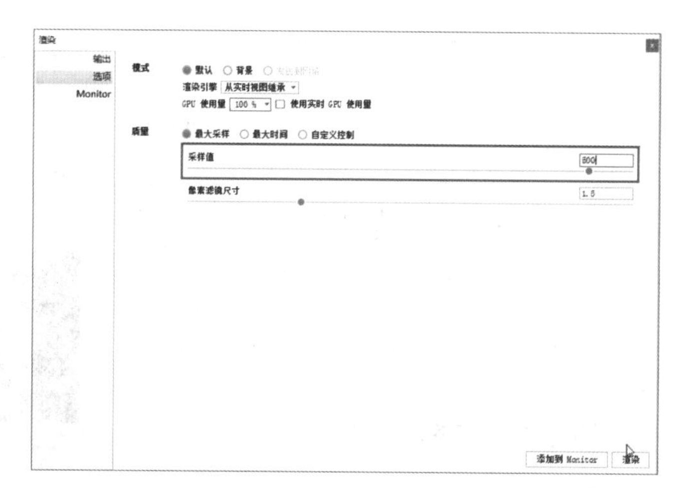

图13-142

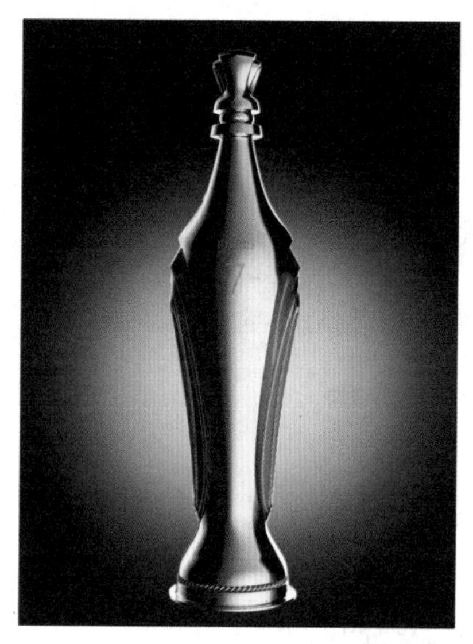

图13-143

这样就完成了高档酒瓶的渲染。

第14章

综合实例——制作蓝牙耳机

本章我们将学习如何综合使用NURBS建模方法完成较为复杂的产品模型。本案例将会配合使用各种曲线、曲面、实体NURBS建模工具，配合工作平面的切换调整来完成倾斜表面的建模，最终使用KeyShot完成产品渲染。

本章学习要点

- 学会分析产品的结构
- 了解产品的制作难点
- 熟练掌握建模环境的设置方法
- 掌握构建复杂曲面的方法
- 熟练掌握配合不同工作平面的建模方法
- 熟练掌握在KeyShot中渲染模型的技巧

14.1 案例分析

本章将制作一个蓝牙耳机模型，渲染效果如图14-1所示，模型效果如图14-2和图14-3所示。

图14-1

图14-2

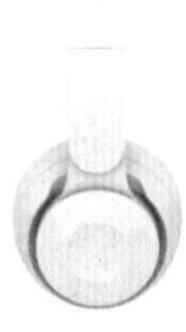

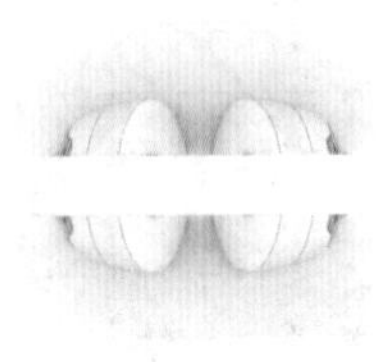

图14-3

通过分析模型可以看到，蓝牙耳机是一个高度对称的造型，可以对蓝牙耳机的头箍、蓝牙耳机单侧分别进行建模，再通过镜像来完成全部的模型。比较困难的部分是耳机建模，耳机部分虽然是一个较为规则的形态，但建模轴向与默认的世界坐标轴并不统一，这就要求在建模时进行工作平面的转换。同时蓝牙耳机部分与头箍连接部分的开口曲面较为复杂，需要通过二次布线进行修剪，最后重新生成曲面的方式进行建模。

> **技巧与提示**
>
> 在进行产品表面的细节建模时，经常会用到在产品表面二次布线的操作，这样可以非常方便地完成产品表面细节的雕琢。

14.2 设置建模环境

01 打开Rhino 7，在“标准”选项卡中单击图标，如图14-4所示。

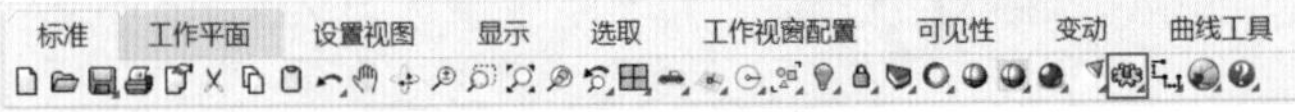

标准　工作平面　设置视图　显示　选取　工作视窗配置　可见性　变动　曲线工具

图14-4

02 在打开的“Rhino 选项”对话框中找到“单位”选项，并在对话框右侧的设置中将“模型单位”改为“厘米”，如图 14-5 所示。

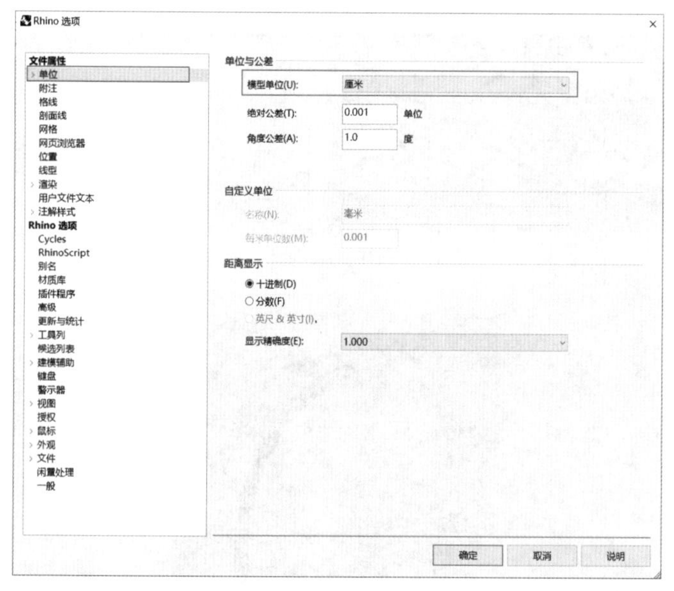

图14-5

14.3 头箍建模

01 在 Front（前）视图中，使用“控制点曲线 / 通过数个点的曲线”工具绘制一条曲线，作为头箍的基础曲线，如图 14-6 所示。

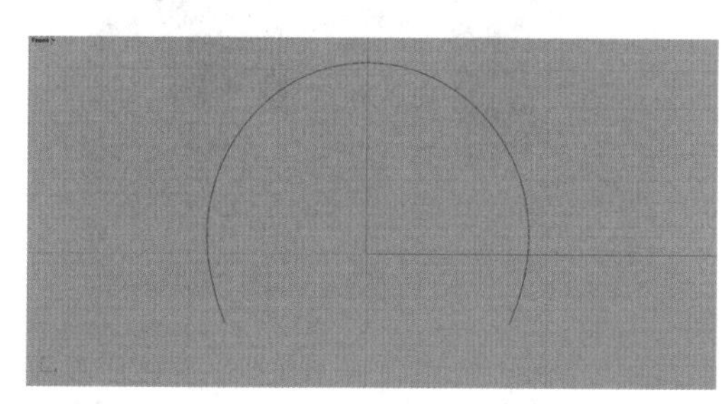

图14-6

02 在 Perspective（透视）视图中，选中该曲线，按快捷键 Ctrl+C、Ctrl+V 复制两次，配合操作轴将复制得到的两条曲线分别向前、向后移动 1.5cm，结果如图 14-7 所示。

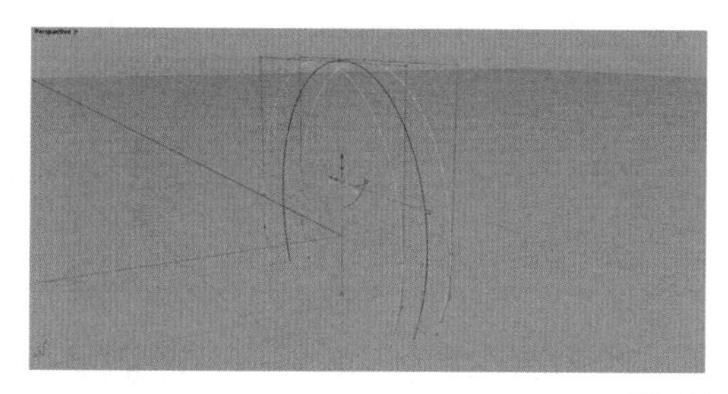

图14-7

03 在 Right（右）视图中，单击“圆弧：起点、终点、通过点”工具，开启“物件锁点”功能，并勾选“端点”，如图 14-8 所示。在前后两条曲线的顶端绘制一条圆弧，使圆弧的起点与终点和两条曲线顶端相交，该曲线将作为扫掠的断面曲线，如图 14-9 所示。

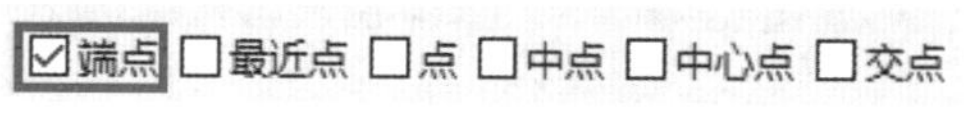

图14-8

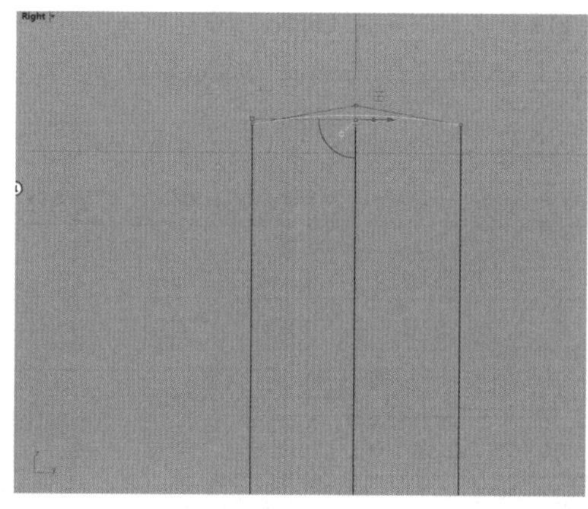

图14-9

04 在 Perspective（透视）视图中，单击“双轨扫掠”工具，选取前后两条曲线为路径，将上一步绘制的圆弧作为断面曲线进行扫掠，并在弹出的对话框中选中“不要更改断面”，单击“确定”按钮，生成头箍的基础曲面，如图 14-10 和图 14-11 所示。

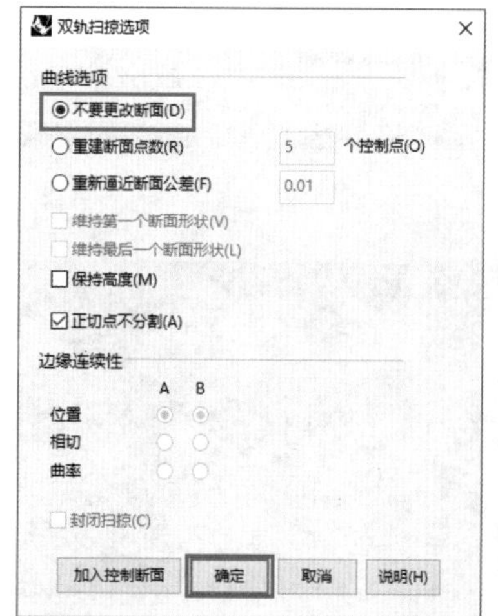

图14-10

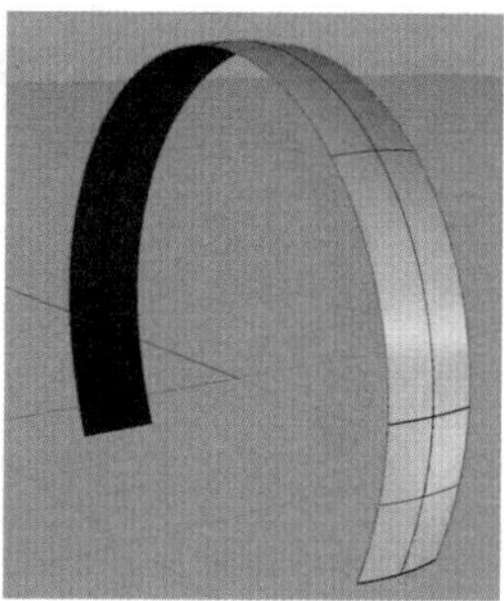

图14-11

05 使用“单一直线”工具在 Right（右）视图中绘制一条直线，并使用该直线对两侧曲线进行修剪，如图 14-12 和图 14-13 所示。

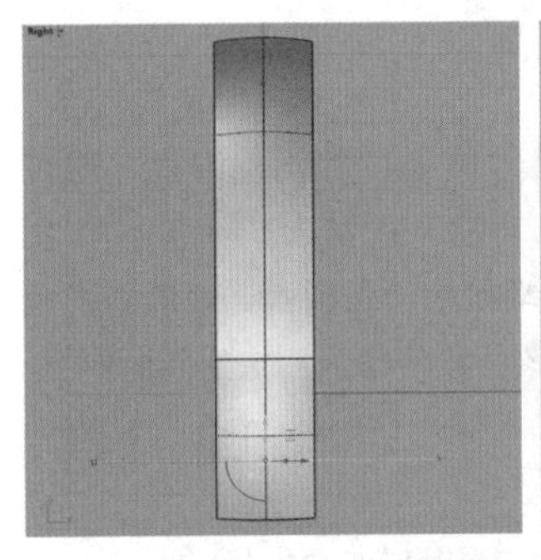

图14-12

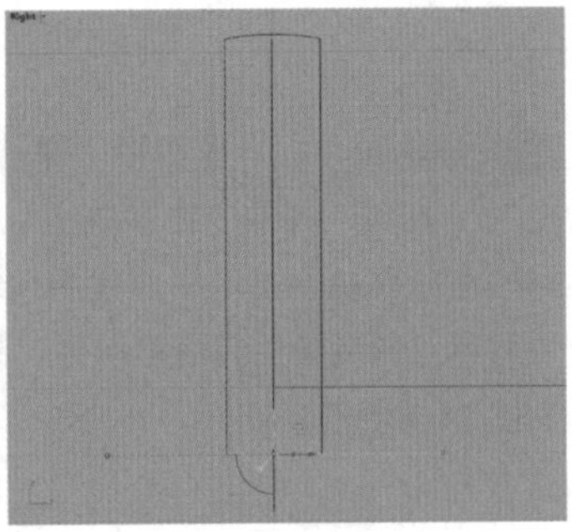

图14-13

06 在 Perspective（透视）视图中单击“弧形混接”工具，选取两侧修剪后的曲线生成混接曲线，如图 14-14 所示。

07 使用上一步生成的混接曲线对头箍曲面进行修剪，如图 14-15 所示。

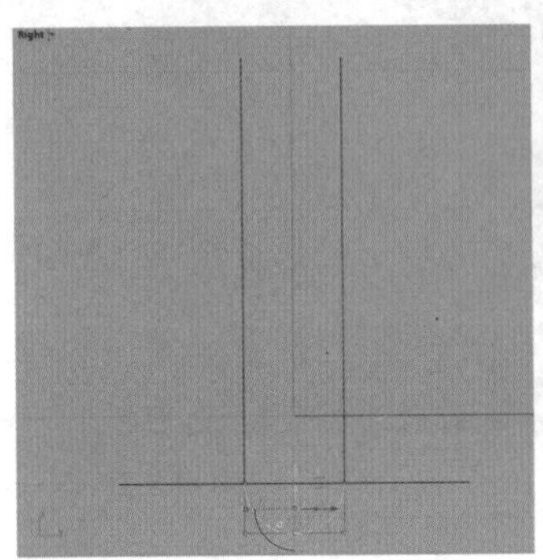

图14-14

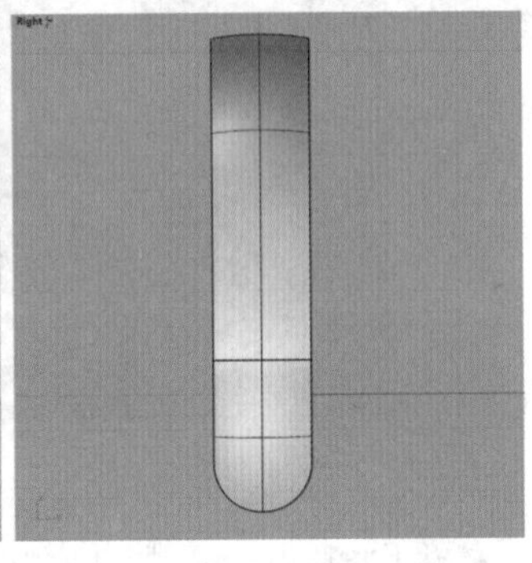

图14-15

08 选择修剪后的曲面，单击“偏移曲面”工具，设置偏移距离为 0.2，使“实体 = 是”，并单击“全部反转”，如图 14-16 和图 14-17 所示，最终效果如图 14-18 所示。

图14-16

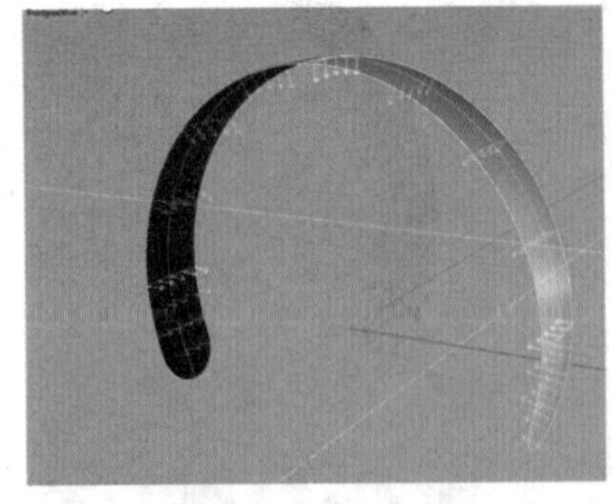

图14-17

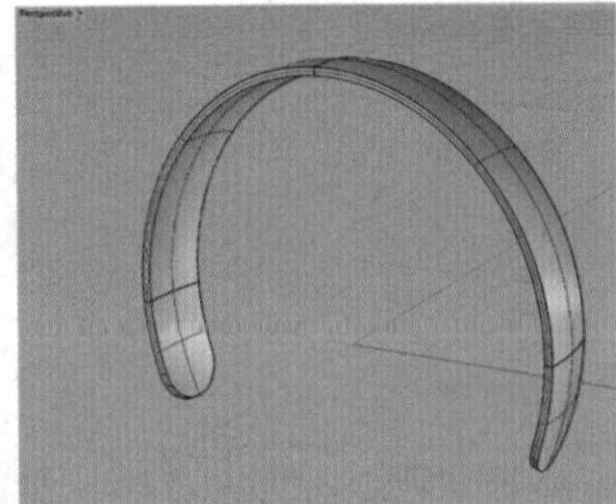

图14-18

09 将 Right（右）视图改为线框模式，并绘制一条断面曲线，如图 14-19 所示。以步骤 5 中修剪后得到的曲线为路径，选择断面曲线，单击“双轨扫掠”工具，在打开的对话框中进行图 14-20 所示的设置，得到图 14-21 中的曲面，该曲面可以作为头箍衬里的部分。

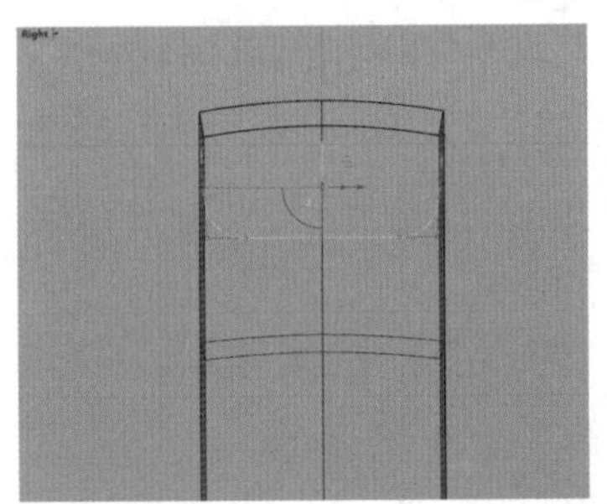

图14-19

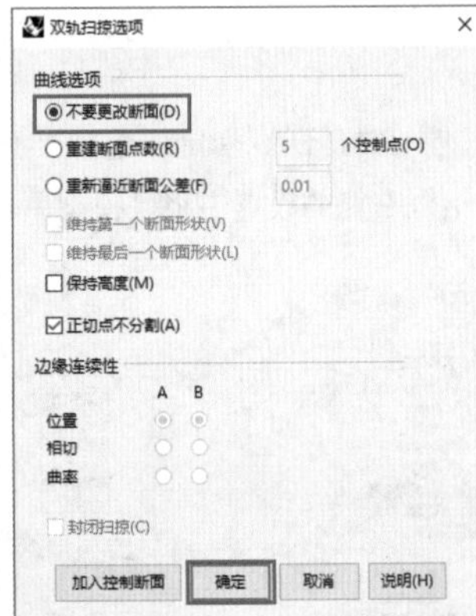

图14-20

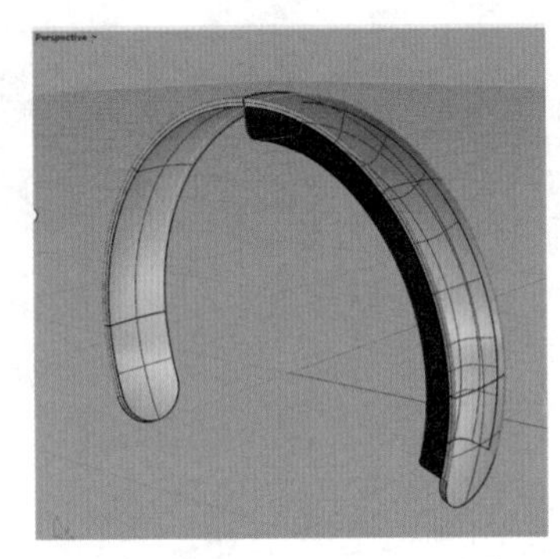

图14-21

10 在 Front（前）视图中绘制一条曲线，如图 14-22 所示，曲线两端一端在衬里曲面的中点上，一端与底部圆弧的中点相交。

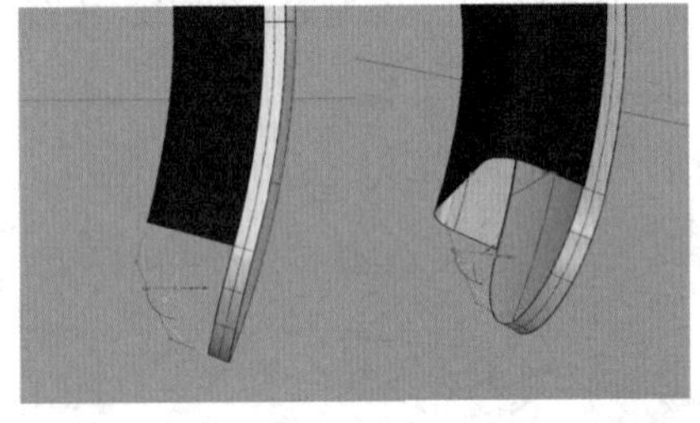

图14-22

11 使用“从网线建立曲面”工具，选取上一步绘制的曲线、衬里曲面的边缘和底部圆弧，在弹出的对话框中保持默认设置，单击“确定”按钮，生成衬里的封口曲面，如图 14-23 和图 14-24 所示。

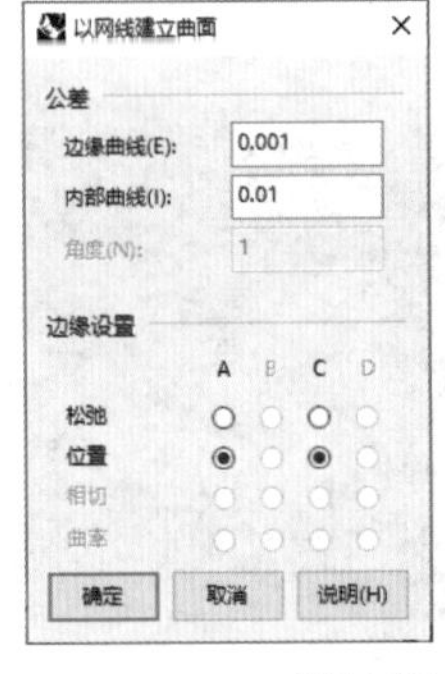

图14-23

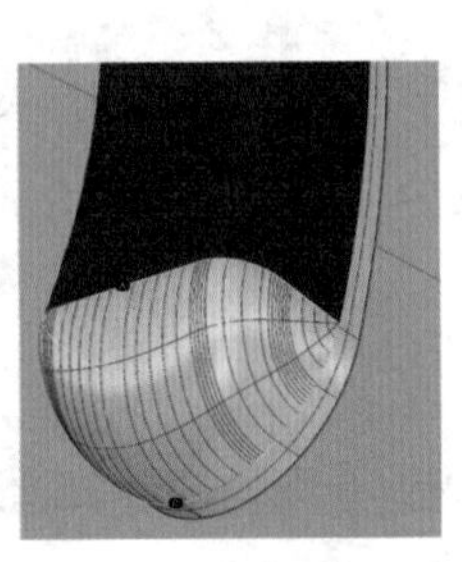

图14-24

12 在 Front（前）视图中绘制一条直线，使用该直线对头箍内曲面进行分割，如图 14-25 所示，这个曲面会在下一节中用到。

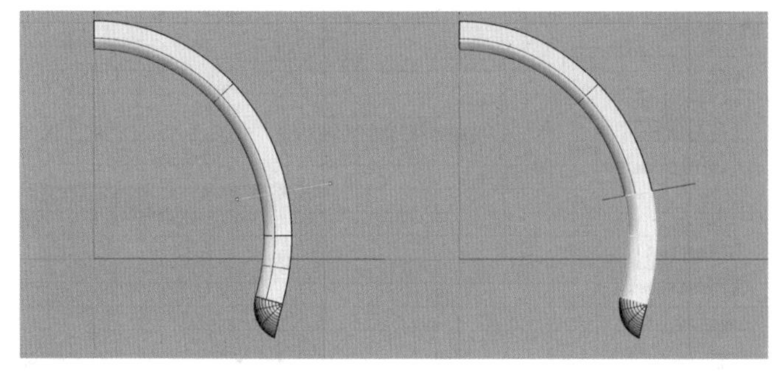

图14-25

14.4 蓝牙耳机连接件建模

01 暂时隐藏不需要的模型，只保留蓝牙耳机头箍的外壳模型。单击“抽离曲面”工具，并确保“复制 = 是”，如图 14-26 所示，选取图 14-27 所示的曲面，将曲面抽离出来。

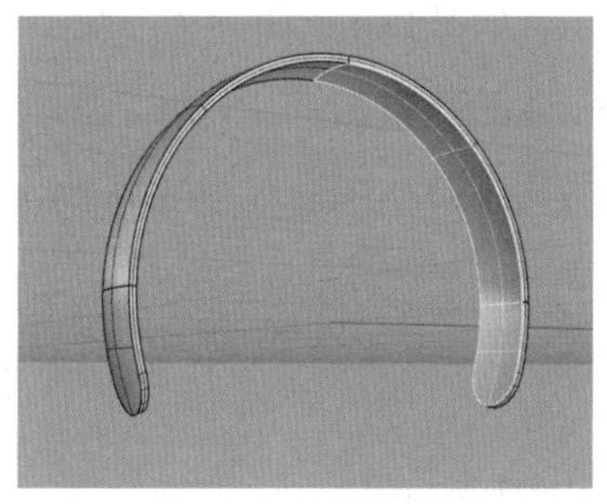

图14-26　图14-27

02 使用上一节步骤 12 中绘制的直线对上部曲面进行分割，如图 14-28 所示，分割完成后将它们复制一次，然后将其与对应的头箍内曲面合并，如图 14-29 所示。使用“将平面洞加盖”工具，将它封闭，然后隐藏备用。

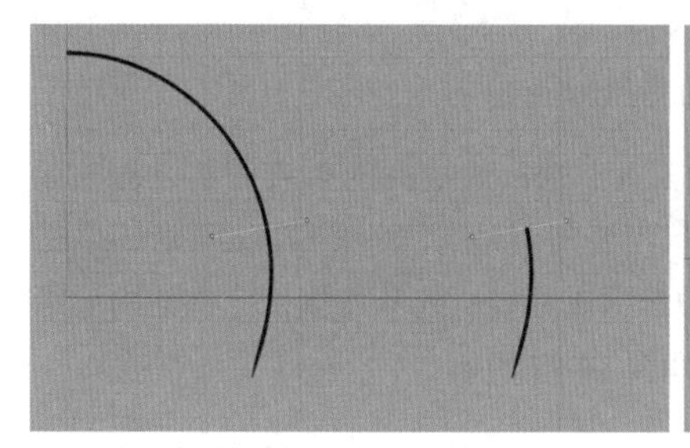

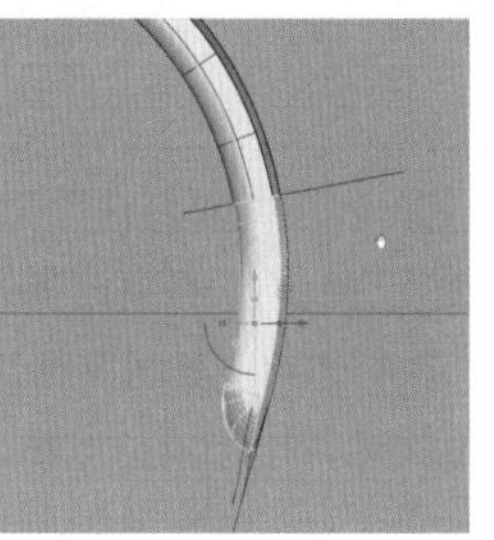

图14-28　图14-29

03 使用上一节步骤 5 中绘制的直线对该曲面进行修剪，将下部半圆形部分修剪掉，如图 14-30 所示。

04 单击“抽离结构线”工具，并开启“物件锁点”，勾选“中点”选项，如图 14-31 所示，在曲面上抽离出中线，如图 14-32 所示。

图14-30

图14-31

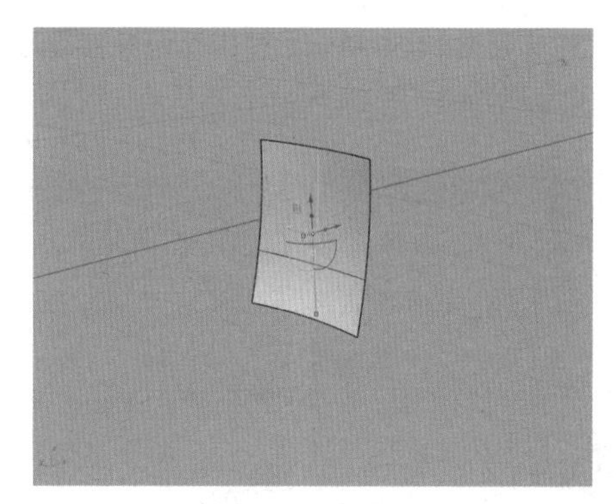

图14-32

05 执行“延伸曲线”指令，将上一步中抽取出来的中线延伸至图 14-33 所示位置。

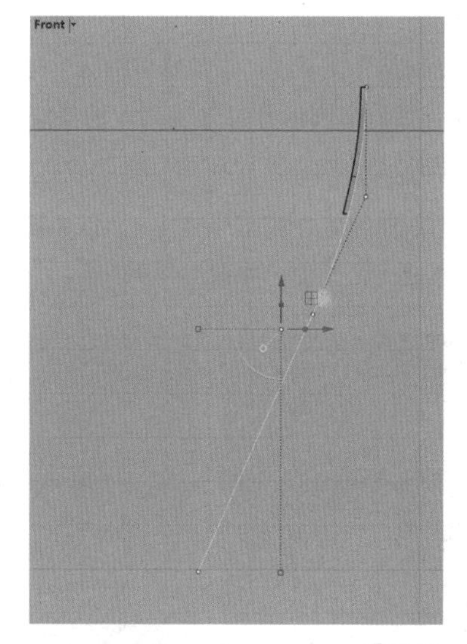

图14-33

06 使用“圆：直径”工具，勾选“物件锁点”中的“端点”和“最近点”，如图 14-34 所示，在延伸出的曲线上绘制一个圆形，圆形大小如图 14-35 所示。

Perspective Top Front Right
☑锁点 ☑最近点 □点 □中点 □中心点 □交点 □垂点
工作平面 x -88.329 y 84.213 z 0.000 厘米

图14-34

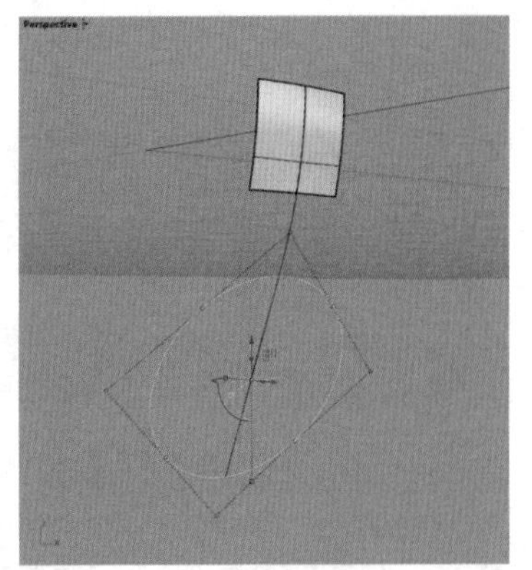

图14-35

07 开启“物件锁点”，勾选“点”选项，在上一步绘制的圆中绘制两条直线，如图 14-36 所示。使用这两条直线对圆进行修剪，修剪结果如图 14-37 所示。

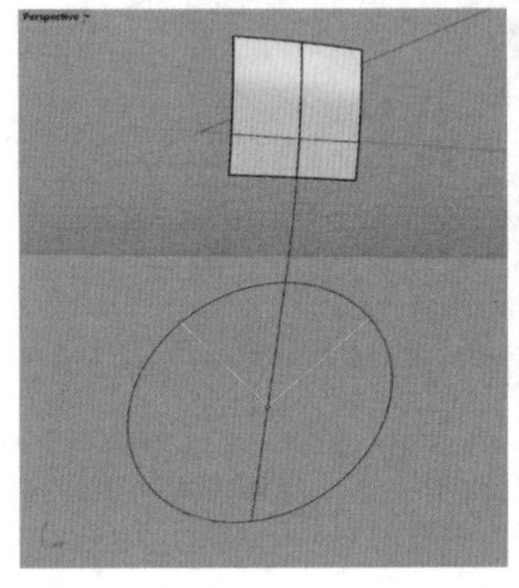

图14-36

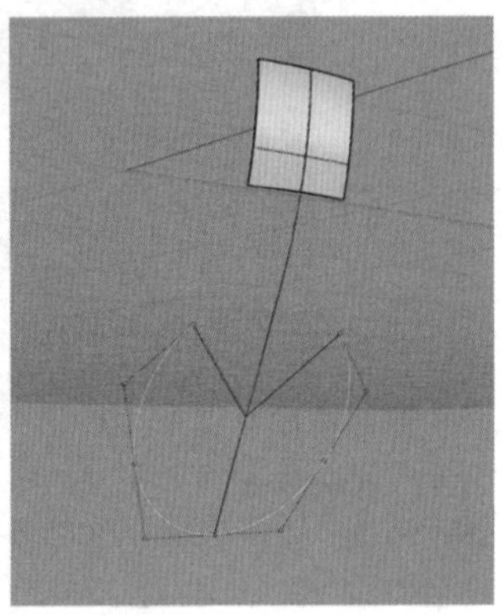

图14-37

08 使用“弧形混接”工具，在被修剪的圆形与曲面两边之间建立衔接曲线，然后在圆形开口处绘制一条直线将它封闭，效果如图 14-38 所示。

09 单击“以平面曲线建立曲面”工具，以步骤 7 中绘制的开口圆形和横线生成一个平面，如图 14-39 所示。

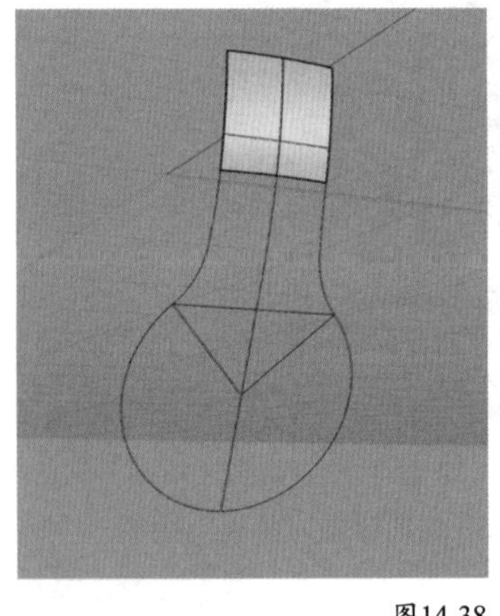

图14-38

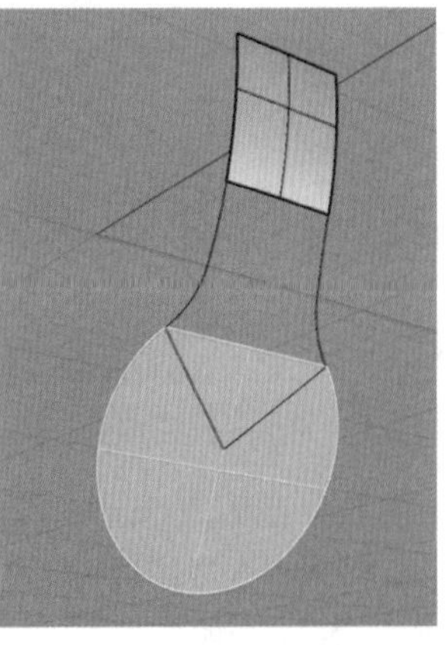

图14-39

10 使用“双轨扫掠”工具，以衔接曲线与两端的截面线为边缘生成过渡曲面，如图 14-40 和图 14-41 所示。

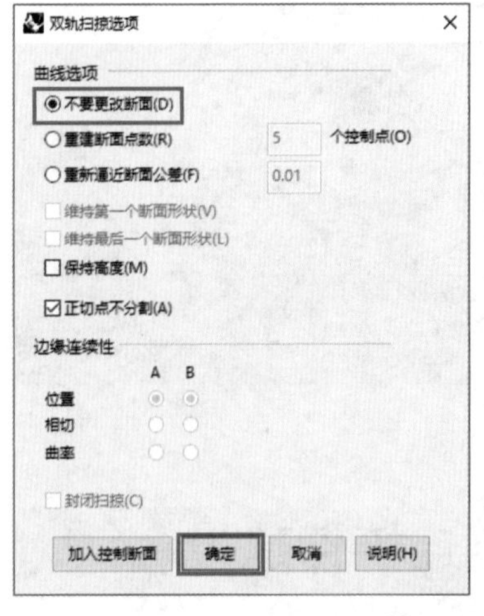

图14-40

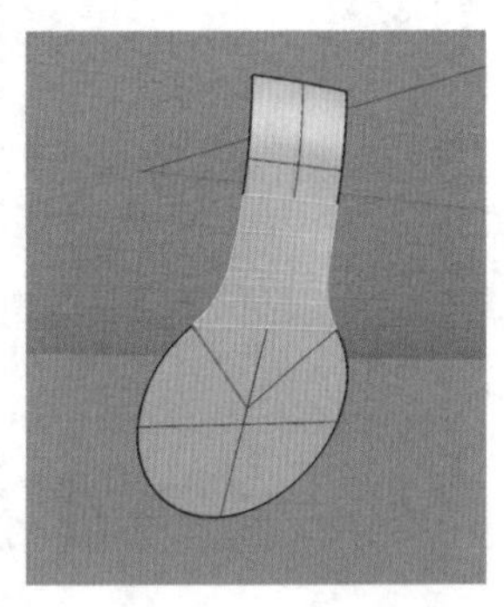

图14-41

11 得到连接件的所有曲面后，显示在步骤 2 中复制的上部曲面，将其与下部 3 个曲面进行组合，然后单击“偏移曲面”工具，如图 14-42~ 图 14-44 所示。

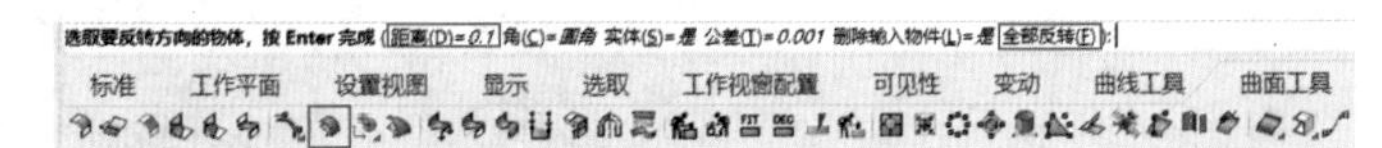

图14-42

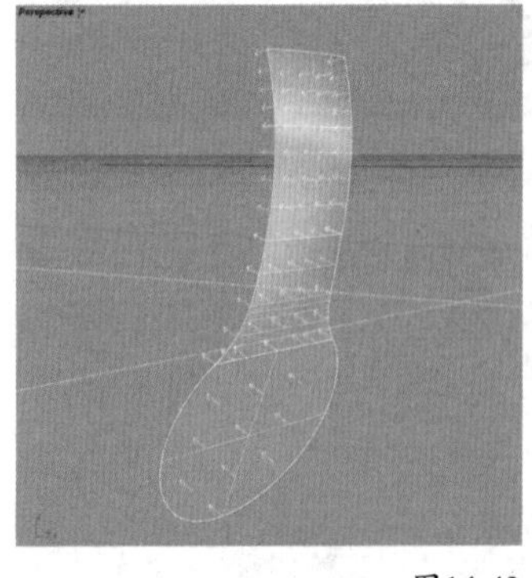

图14-43

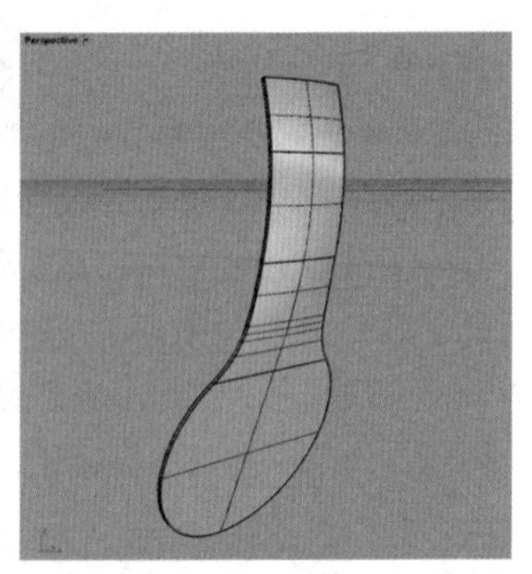

图14-44

12 单击“抽离曲面”工具，选取连接件的内表面的过渡曲面进行抽离，抽离时确保“复制 = 是”，如图 14-45 所示。单击“复制边缘 / 复制网格边缘”工具，选取连接件上部的内边缘进行复制，如图 14-46 和图 14-47 所示。

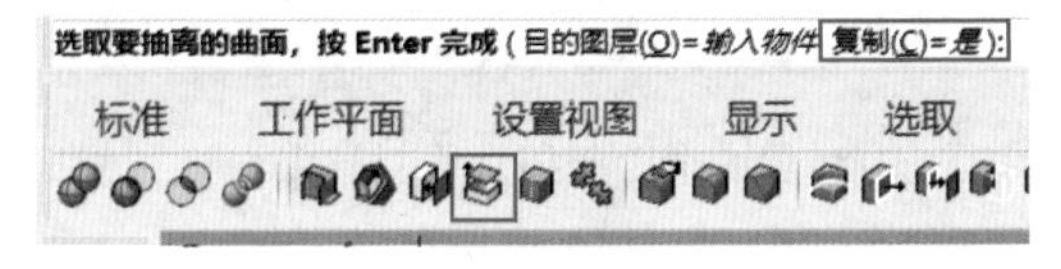

图14-45

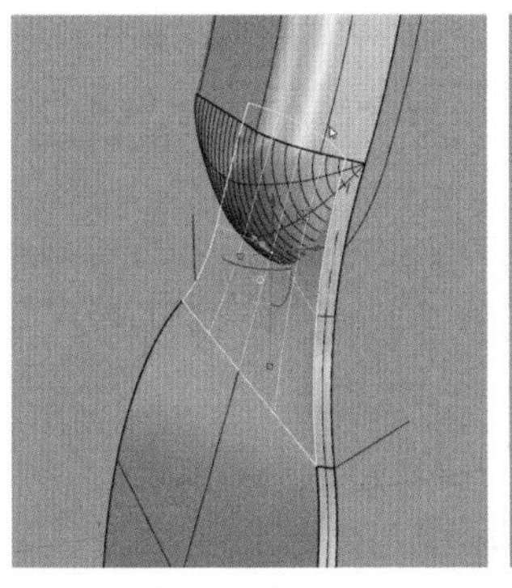

图14-46

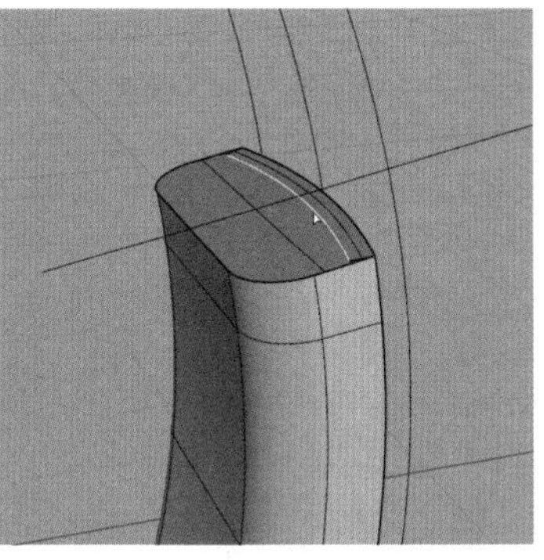

图14-47

13 对抽离的过渡曲面使用“延伸曲面”工具，将其两侧各延伸 0.2cm，效果如图 14-48 所示。

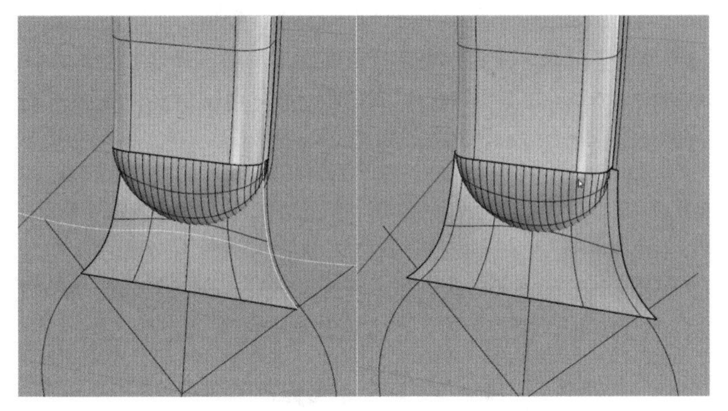

图14-48

14 使用“单轨扫掠”工具，选取头箍基线为扫掠轨道，如图 14-49 所示，选取步骤 12 中抽离出来的边缘曲线与过渡曲面的上边缘为截面进行扫掠，得到图 14-50 所示的曲面。再次使用“延伸曲面”工具，将该曲面上部边缘延伸一段距离，最后将这两个曲面合并，如图 14-51 所示。

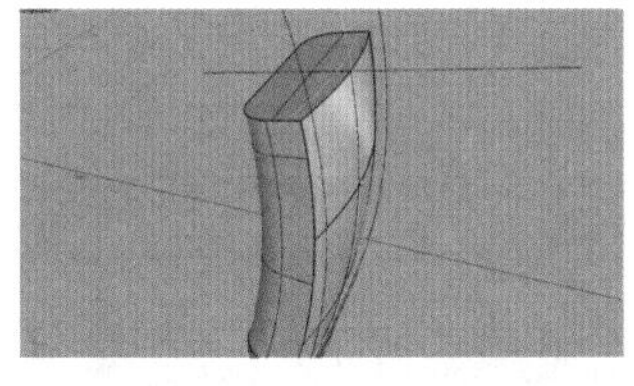

图14-49

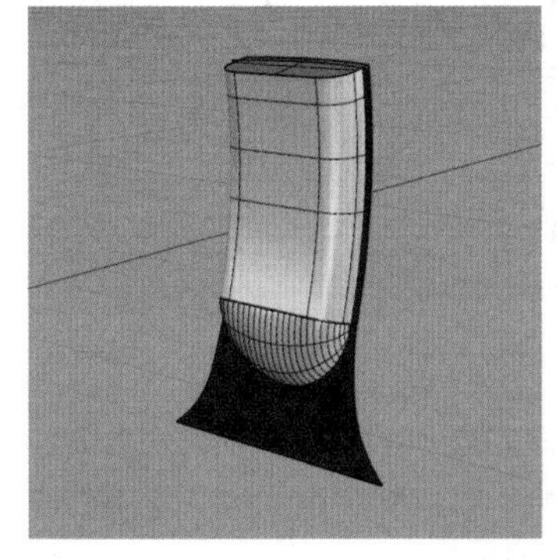

图14-50

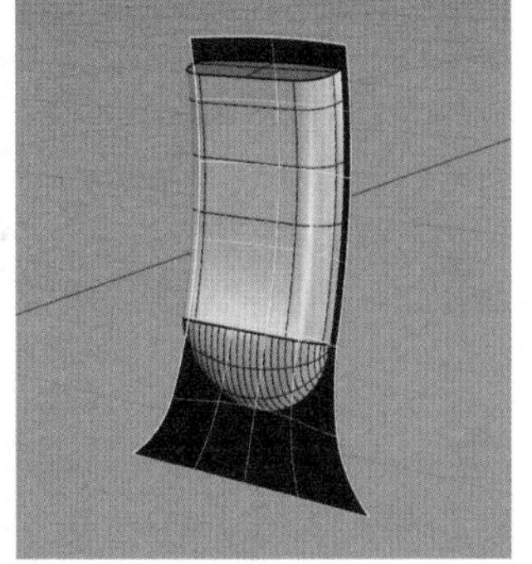

图14-51

15 单击“修剪 / 取消修剪”工具，使用上一步得到的曲面与头箍曲面进行相互修剪，得到图 14-52 所示的结果，然后将两部分合并。这样就完成了连接件衬里的制作。

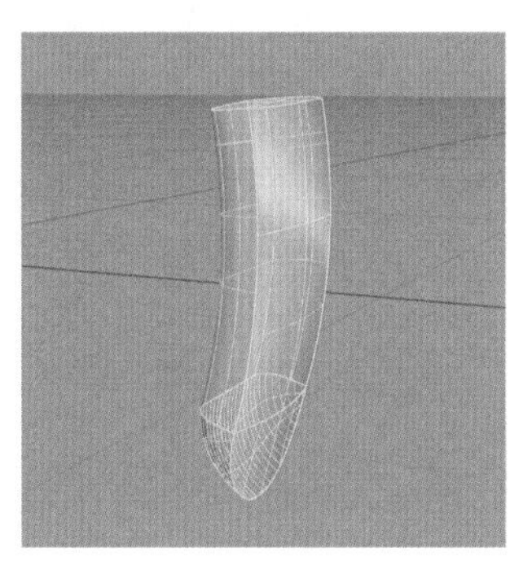

图14-52

14.5 蓝牙耳机听筒建模

接下来制作蓝牙耳机听筒部分。蓝牙耳机听筒的方向与默认的世界坐标方向有一定夹角，在建模的时候可以先在正交的方向上进行建模，再进行旋转对位，但经过旋转难免会产生一些误差，下面我们选择直接进行斜向建模，这里就用到了 Rhino 设置工作平面的工具。

01 在“工作平面”中，使用“设定工作平面至物件”工具，然后选择连接件下方的圆形平面，将工作平面对齐至该平面，如图 14-53 所示。

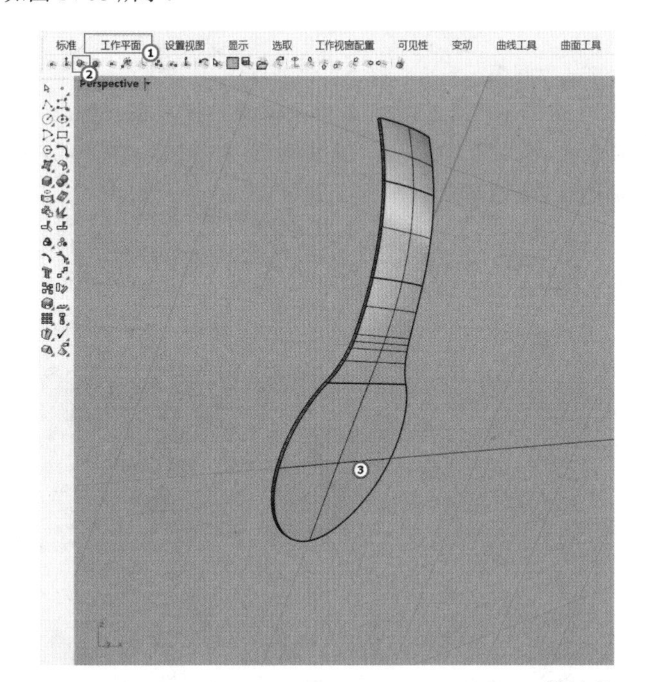

图14-53

02 在“曲线”中，使用“直线：与工作平面垂直”工具，同时勾选“物件锁点”中的“中心点”选项，在连接件下方圆形的中心绘制一条垂线作为辅助线，如图 14-54 所示。

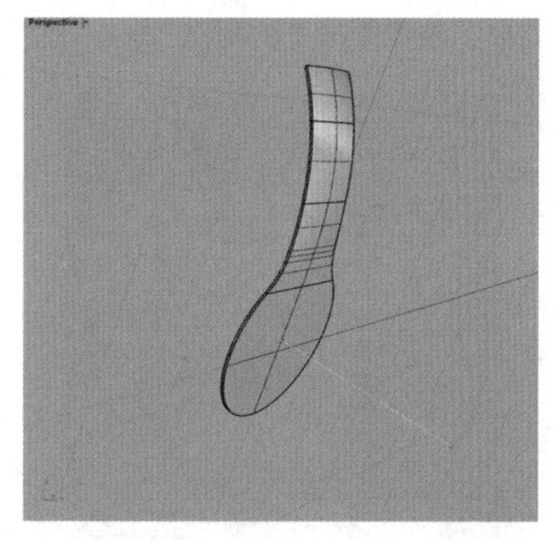

图14-54

03 选取之前绘制的圆形，单击操作轴方向箭头上的圆点，挤出0.2cm，如图14-55所示。

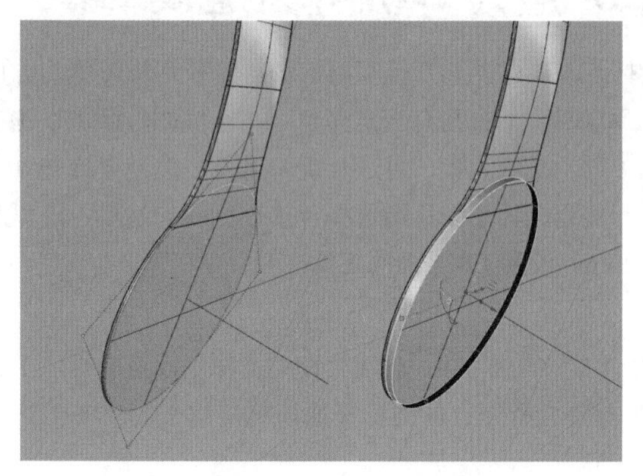

图14-55

04 单击“圆弧：起点、终点、通过点”工具，开启“物件锁点”，并勾选“端点”，如图14-56所示，在Front（前）视图中绘制图14-57所示的圆弧，圆弧两端分别在步骤3挤出的环带状曲面的上下两端。

图14-56

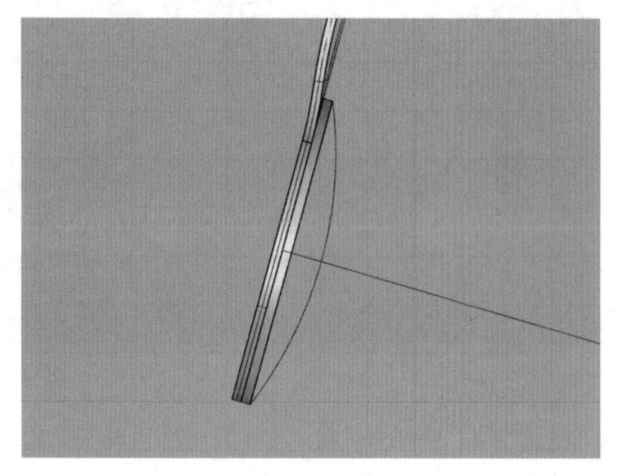

图14-57

05 选中上一步绘制的圆弧，将其复制一次，并使用操作轴将其移动至图14-58所示的位置，使用两条圆弧与辅助轴线相互修剪，修剪结果如图14-59所示。

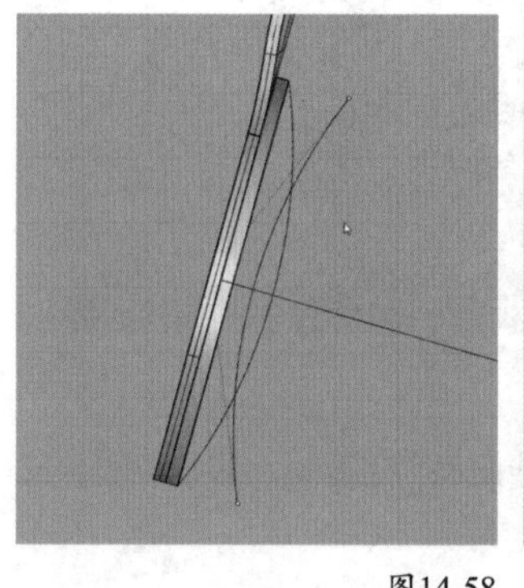

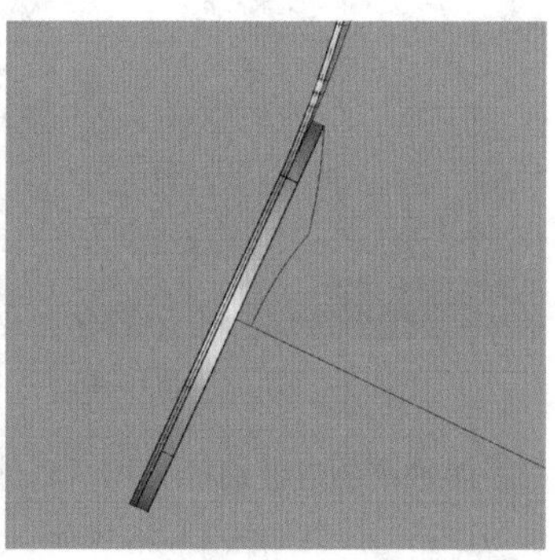

图14-58　　图14-59

06 单击“分割/以结构线分割曲面”工具，并在指令输入栏中单击“点”，如图14-60所示，通过点将内部的反向圆弧平均分为3段，如图14-61所示。

07 右击“旋转成形/沿着路径旋转”工具，选取挤出曲面的外边缘为旋转路径，将辅助垂线作为旋转轴，生成蓝牙耳机听筒外壳曲面，如图14-62所示。这样就得到了听筒外壳，并且外壳分为外、中、内3个部分，方便在渲染时分别赋予材质。

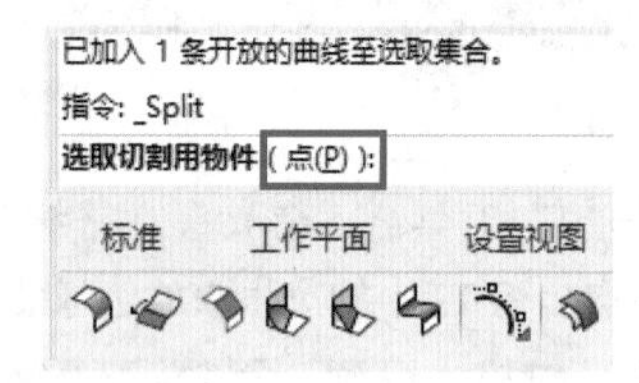

图14-60

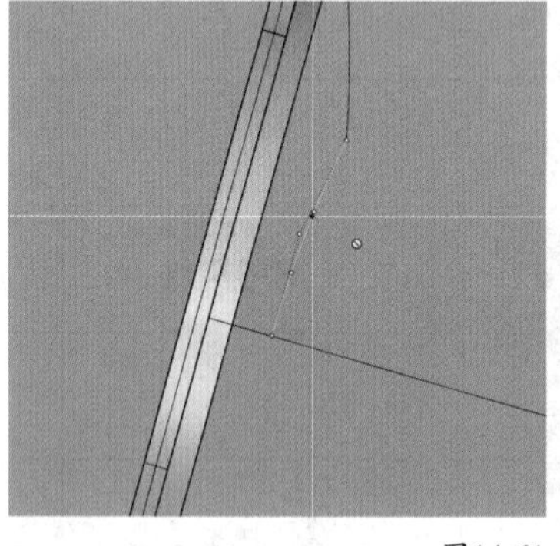

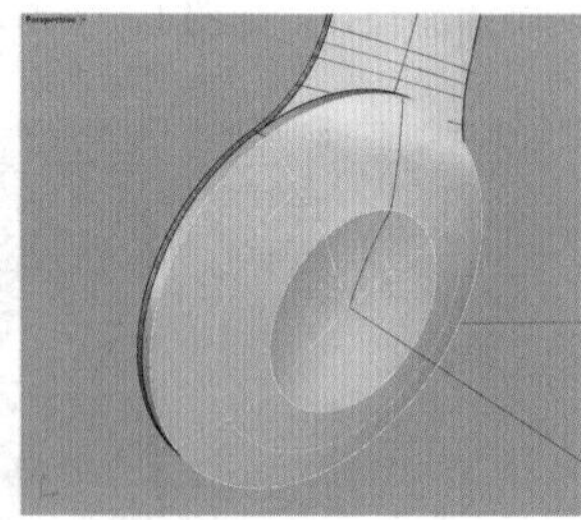

图14-61　　图14-62

08 接下来进行听筒壳的建模。开启“物件锁点”，勾选“中心点”选项，如图14-63所示，锁定到连接件内侧的平面上中心点上，以此作为圆心，使用“圆：中心点、半径”工具，绘制一个直径为7.5cm的圆形，圆形与连接件背面共面，如图14-64所示，将该圆移动到图14-65所示的位置。

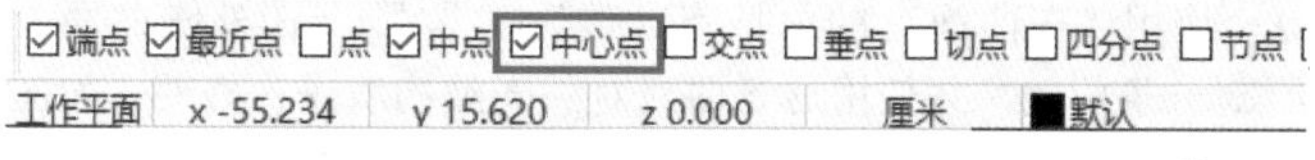

图14-63

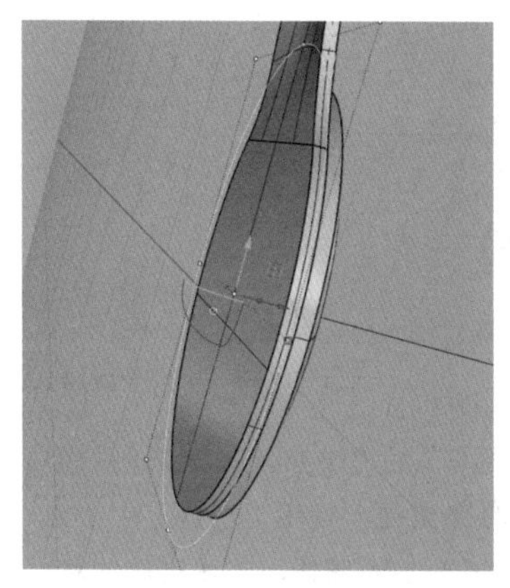

图14-64

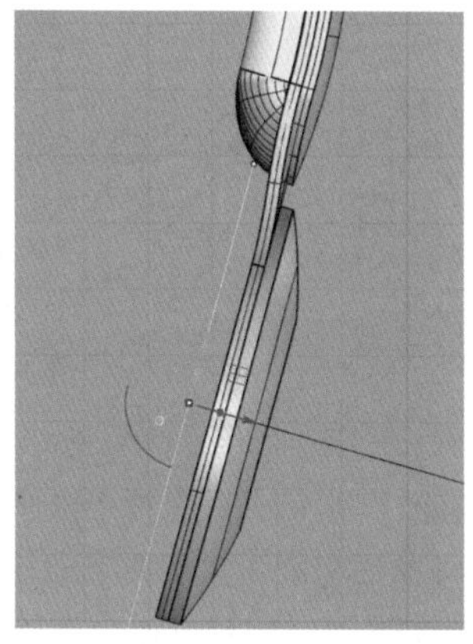

图14-65

09 使用相同的方法再绘制一个直径为 6.5cm 的圆形，并移动到图 14-66 所示的位置。

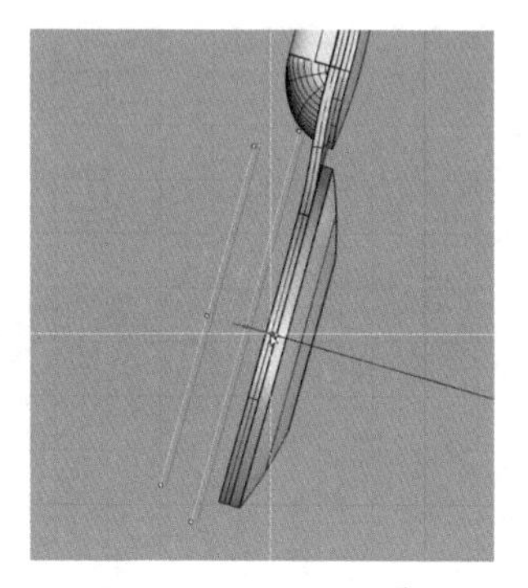

图14-66

10 使用“单一直线”工具绘制一条直线，连接两个圆形的顶端，如图 14-67 所示。使用“双轨扫掠”工具，以这两个圆形为扫掠路径，以直线为截面进行扫掠，生成曲面，如图 14-68 所示。

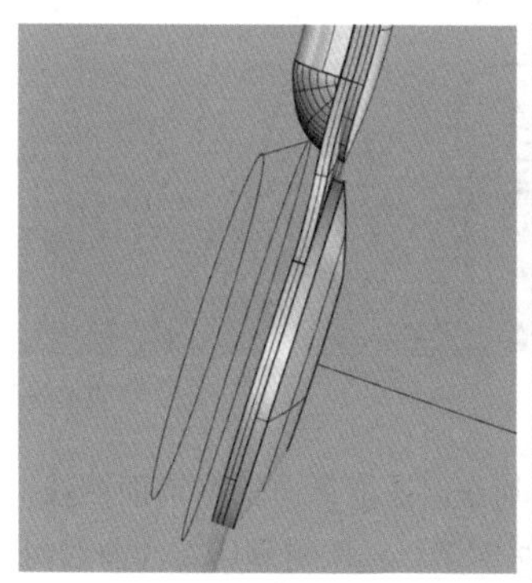

图14-67

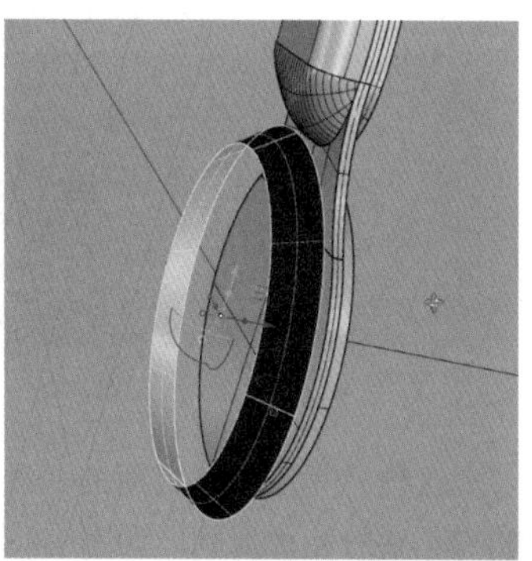

图14-68

11 使用与步骤 8 相同的方法再绘制一个直径为 8.5cm 的圆形，并将其移动到图 14-69 所示的位置。

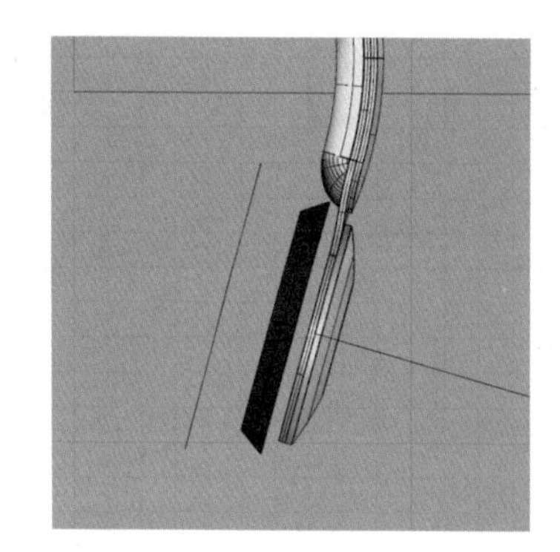

图14-69

12 单击“圆弧：起点、终点、通过点”工具，开启“物件锁点”，勾选“端点”选项，如图 14-70 所示，在图 14-71 所示的两个圆形下端绘制一条弧线。

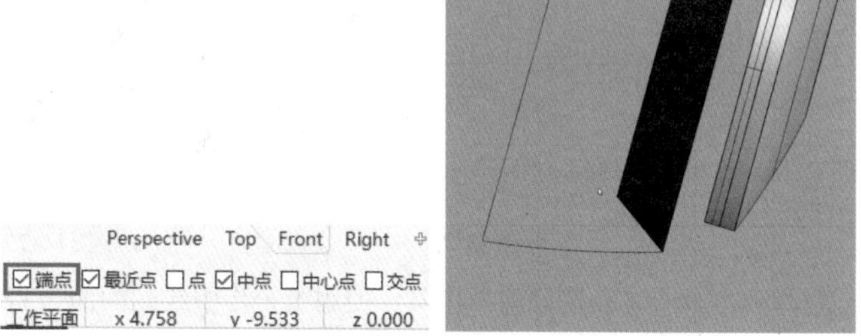

图14-70

图14-71

13 以这条弧线为截面，弧线两端的圆形为轨道，选择“双轨扫掠”工具，在弹出的对话框中进行图 14-72 所示的设置，生成图 14-73 所示的外壳曲面。

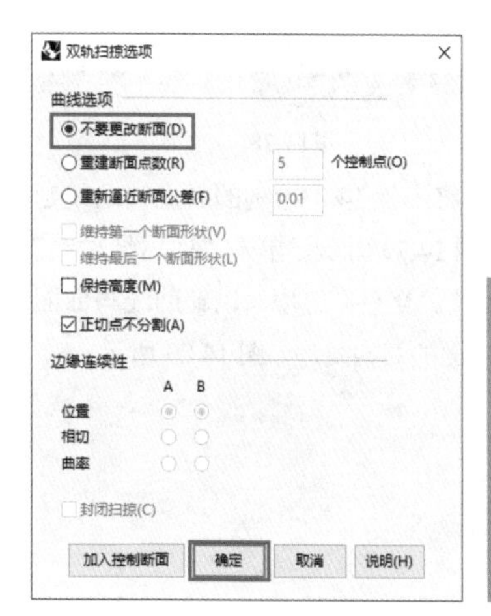

图14-72

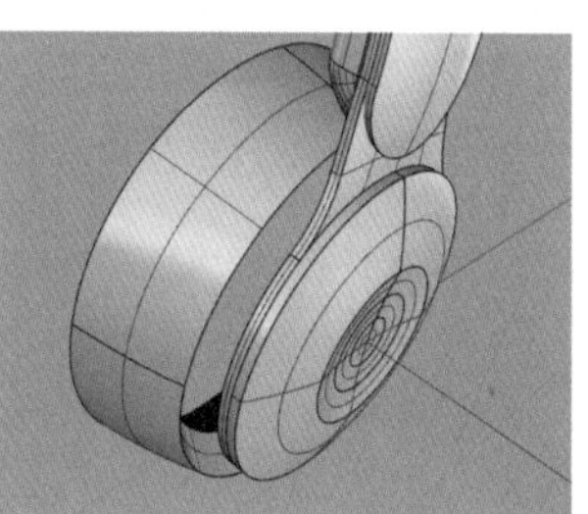

图14-73

14 接下来隐藏其他模型，只显示听筒外壳的曲面。开启“物件锁点”，勾选“端点”和“中心点”选项，使用“单一直线”工具，绘制一条直线连接中间圆心和圆形上端，作为辅助线，如图 14-74 所示。使用“直线：指定角度”工具，绘制一条与此直线夹角为 45 度的斜线，并将该斜线镜像复制，效果如图 14-75 所示。

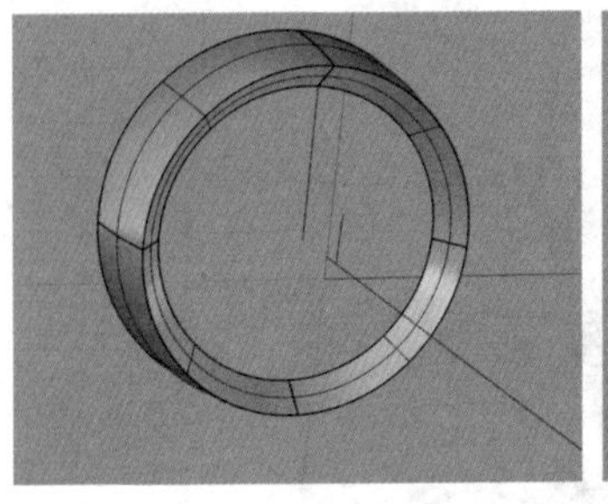
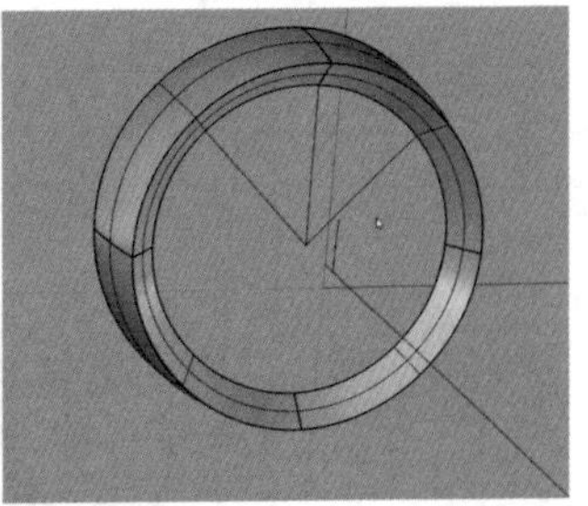

图14-74　　图14-75

15 开启“物件锁点”，勾选“端点”“垂点”，以上一步绘制的两条斜线上端为起点绘制两条垂直于外圈圆形的直线，如图14-76 和图 14-77 所示。

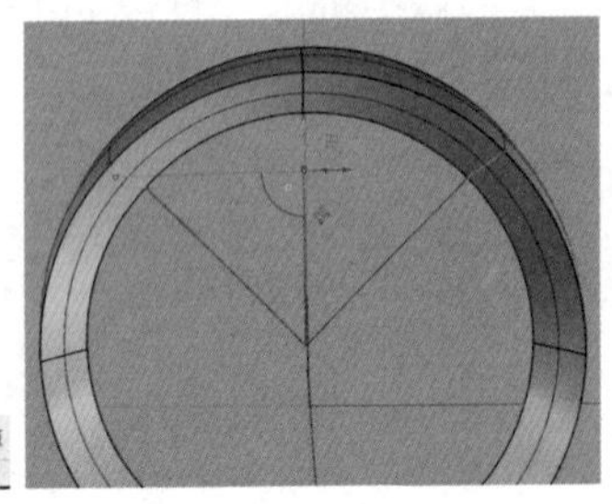

图14-76　　图14-77

16 单击“修剪 / 取消修剪”工具，使用上一步中绘制的两条直线对内圈曲面进行修剪，修剪结果如图 14-78 所示。

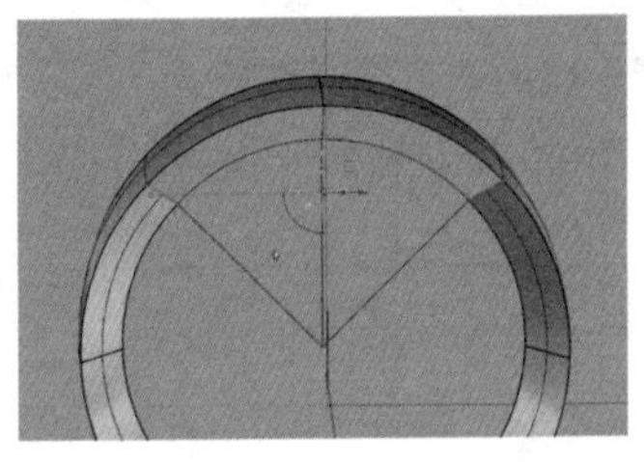

图14-78

17 使用“延伸曲线”工具，将步骤 14 中绘制的竖直辅助线延长，穿出外壳曲面的上部，如图 14-79 所示。单击“抽离结构线”工具，开启“物件锁点”，勾选“交点”选项，以辅助线与曲面的交点为锁定点，抽离出外壳曲面的结构线，如图 14-80 所示。

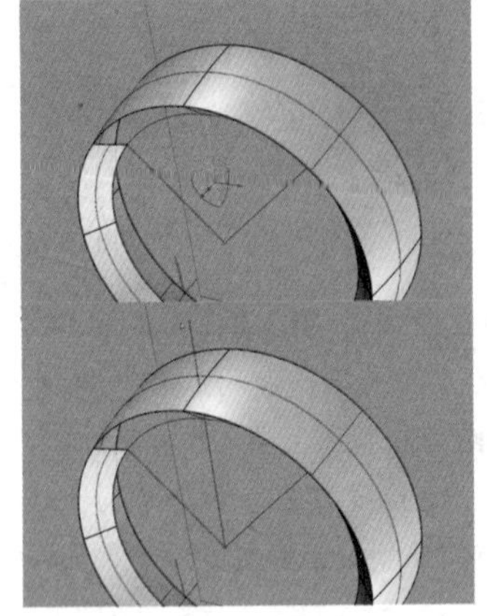
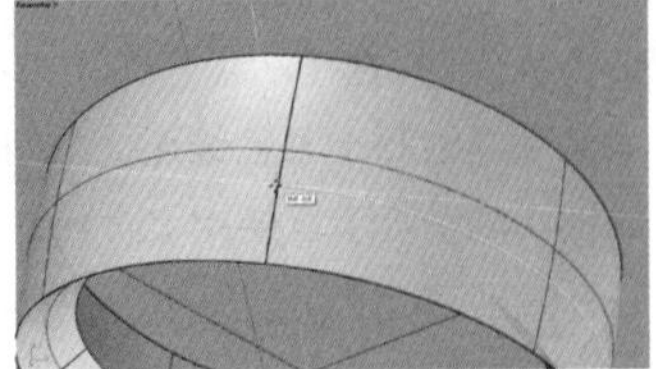

图14-79　　图14-80

18 使用“在曲面上的内插点曲线”工具，在外侧曲面上绘制一条曲线，并使用这条曲线对外壳结构线进行修剪，如图14-81 和图 14-82 所示。

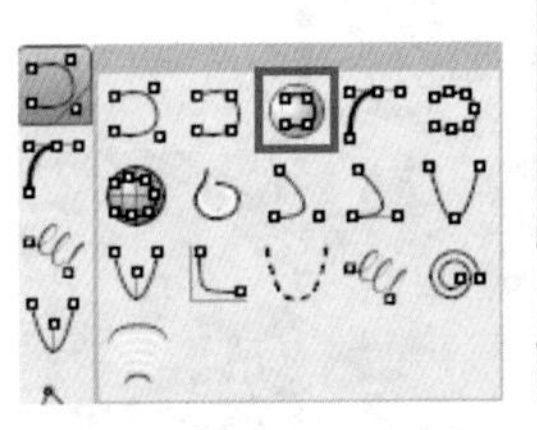

图14-81　　图14-82

19 修剪完成后保持“物件锁点”的“端点”在勾选的状态，将鼠标指针锁定到两条曲线的交点处，使用“球体：中心点、半径”工具建立一个直径为 0.5cm 的球体，并使用球体对两条曲线进行修剪，修剪完成后删除球体，结果如图 14-83 所示。使用“弧形混接”工具建立过渡曲线，将两条曲线重新链接起来，如图 14-84 所示。

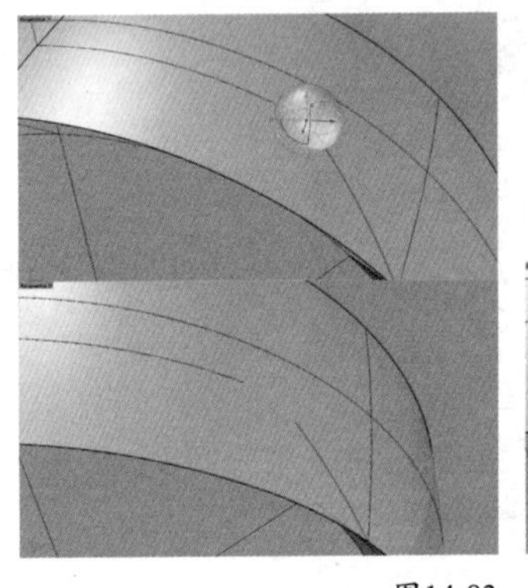
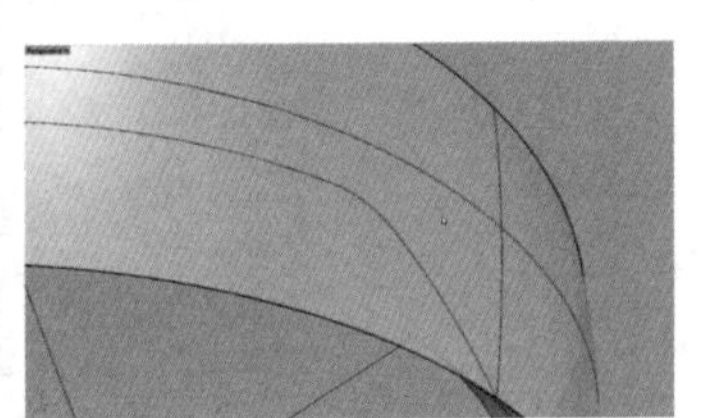

图14-83　　图14-84

20 选取步骤 15 中绘制的两条直线对外圈的圆形进行分割，如图 14-85 所示，然后使用与上一步相同的方法，在图 14-86 所示处建立过渡曲线。

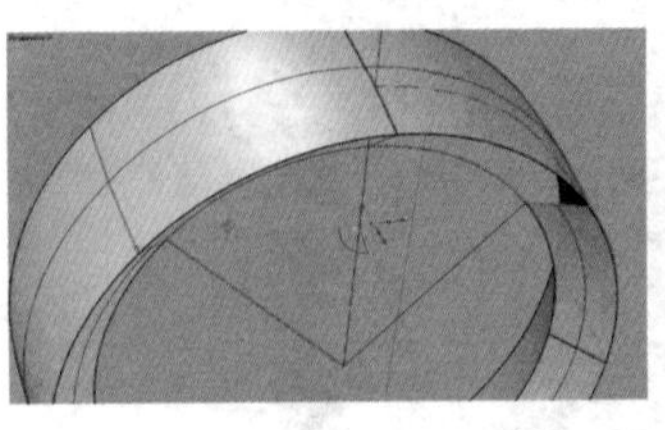
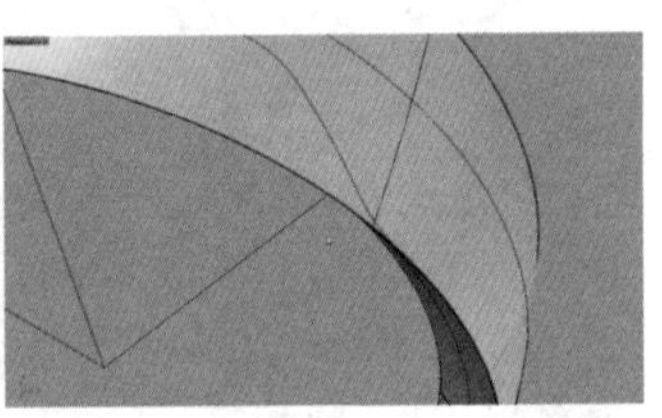

图14-85　　图14-86

21 这样就完成了渐消面的曲线制作，选取所有的渐消面曲线，将它们进行镜像复制，如图 14-87 所示。选取两侧所有的曲线对外壳曲面进行修剪，得到图 14-88 所示的曲面。

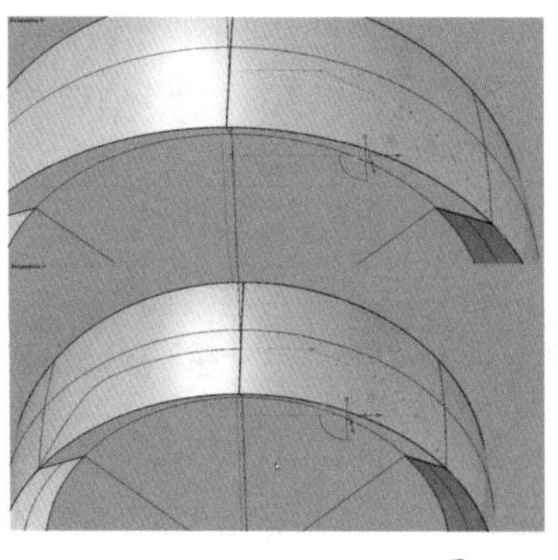

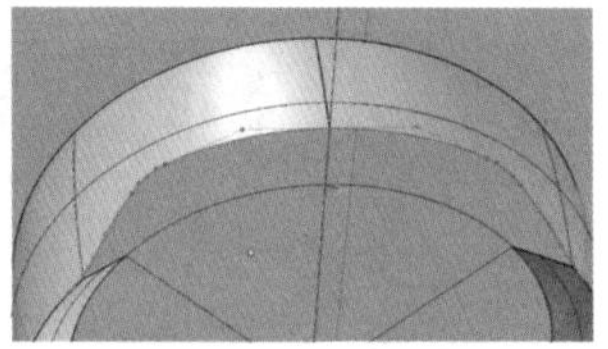

图14-87　　图14-88

22 使用“单一直线”工具，在渐消面曲线的两端绘制两条直线，并使用这两条直线对内圈曲面进行再次修剪，如图 14-89 所示。

23 在图 14-90 所示的位置绘制 3 条直线，使 3 条直线与曲面的交点恰好处于过渡曲线两端，并使用 3 条直线对内圈圆形进行分割。

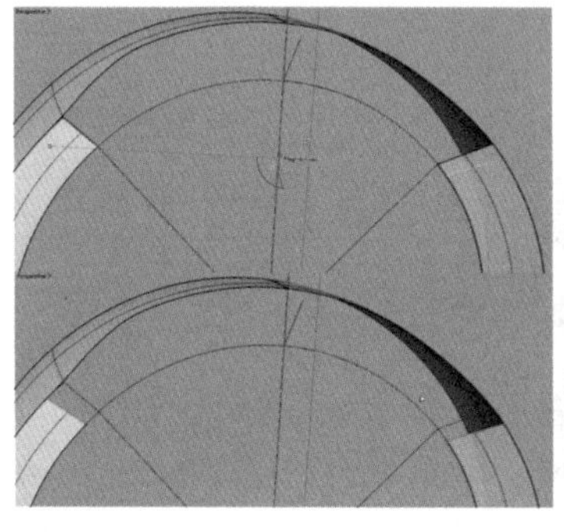

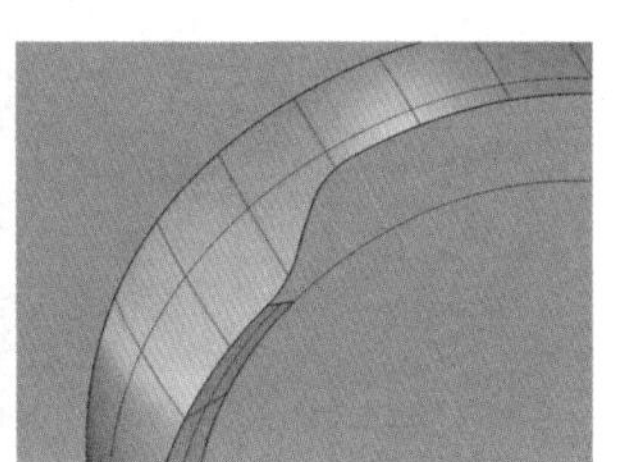

图14-89　　图14-90

24 使用“以二、三或四个边缘曲线建立曲面”工具用 3 条直线生成过渡曲面，如图 14-91 所示，然后将生成的过渡曲面镜像复制到另一侧。

图14-91

25 使用“以平面曲线建立曲面”工具生成外壳中心的圆形平面，使用“双轨扫掠”工具生成上部的弧形曲面，完成该部分的封闭，如图 14-92 所示。

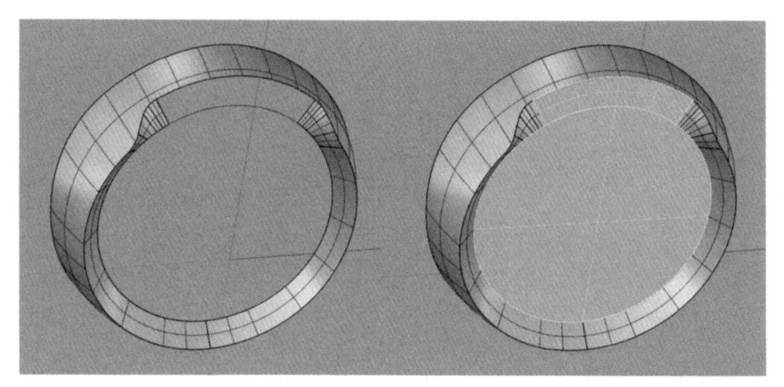

图14-92

26 对外壳背面同样使用“以平面曲线建立曲面”工具进行封闭，如图 14-93 所示。

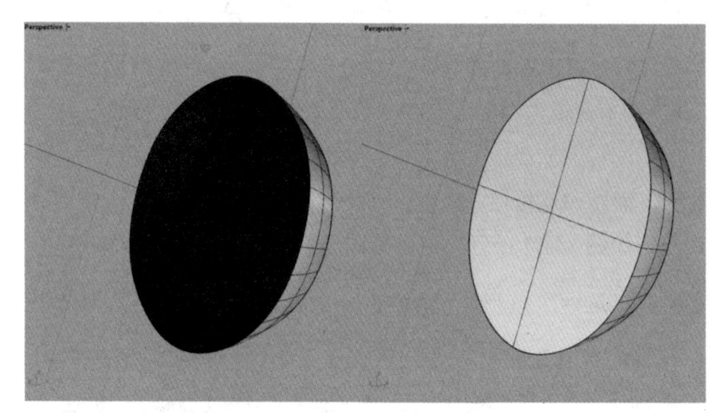

图14-93

27 在 Front（前）视图中，使用“控制点曲线 / 通过数个点的曲线”工具绘制图 14-94 所示的曲线，然后选择曲线，单击“旋转成形 / 沿路径旋转”工具，生成听筒海绵物体。

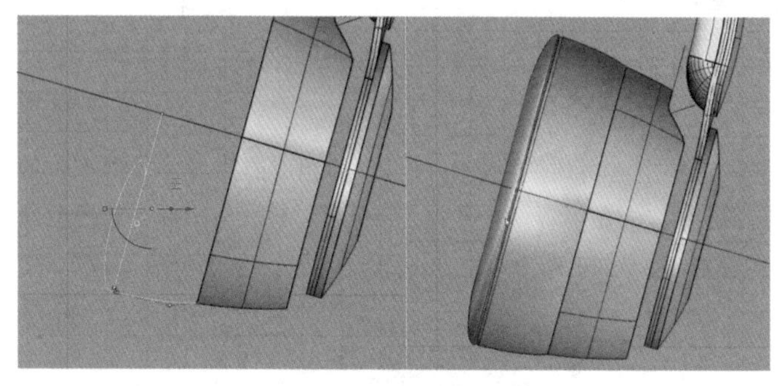

图14-94

28 这时发现，连接件与听筒中间有一个空挡，需要建立两个圆柱体来进行填补。建立圆柱体的时候同样要开启“物件锁点”，勾选“中心点”和“端点”选项，在连接件的平面上进行绘制，第一个圆柱体的直径为 6.5cm，厚度为 0.2cm，如图 14-95 所示，第二个圆柱体的直径略小于第一个圆柱体，厚度与剩下的缝隙相同即可，如图 14-96 所示。

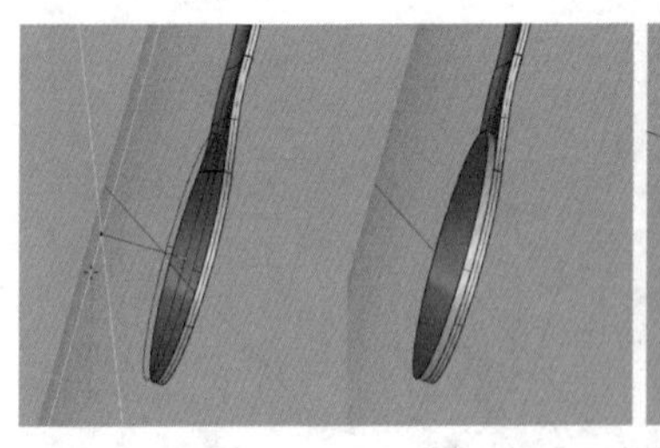

图14-95

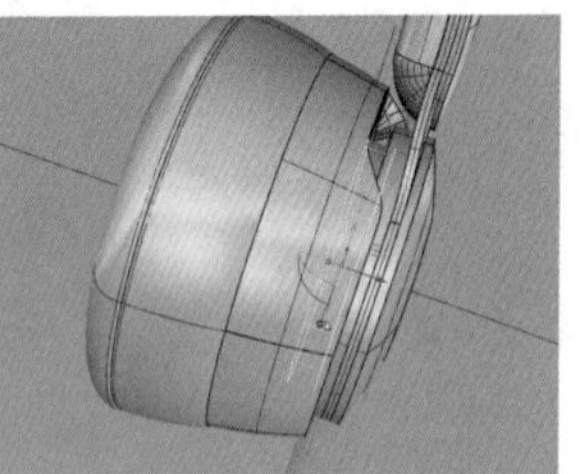

图14-96

到这里基本完成了蓝牙耳机大形的制作，接下来开始进行细节处理。

14.6 蓝牙耳机细节处理

完成蓝牙耳机的大形建模之后，下面进行细节的处理，建模细节在很大程度上会影响模型的完成度和视觉观感。

01 下面制作连接件的合页，切换到 Left（左）视图，绘制两个图形，如图 14-97 所示，这两个图形就是合页的截面图形。

02 选择这两个图形，使用“挤出封闭的平面曲线”工具将它们挤出为实体，如图 14-98 所示。

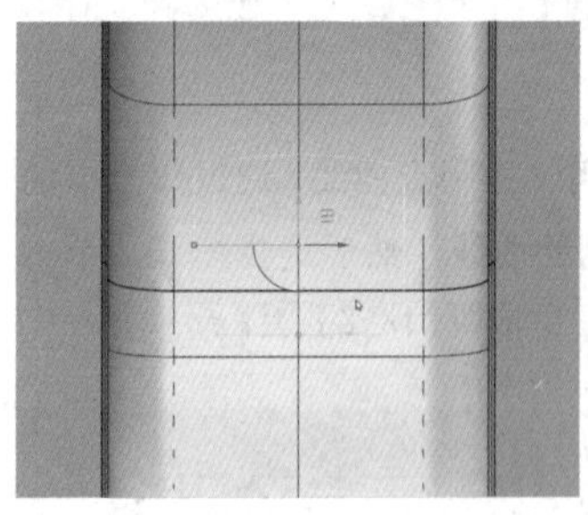

图14-97

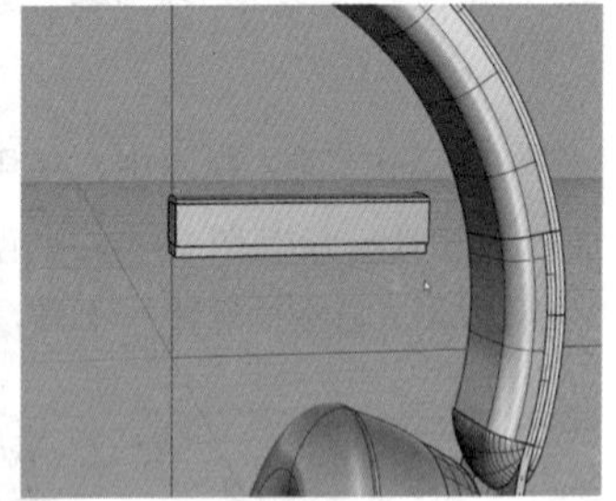

图14-98

03 将挤出的实体拖曳到与耳机头箍相交的位置，单击“布尔运算分割 / 布尔运算两个物件”工具，将其与头箍上部模型进行分割，如图 14-99 所示。

图14-99

04 使用“隔离物件”工具，将分割出来的中间物体进行独立显示，然后绘制一个立方体，将其放置于图 14-100 所示的位置，使用“布尔运算差集”工具，将中间物体的顶部剪掉，如图 14-100 所示。开启过滤器中的“子物件”模式，选择中间物件背后的两个点，向上拖曳一定距离，如图 14-101 和图 14-102 所示。最后对中间物件前面的边缘使用“边缘圆角”工具，进行 0.2cm 的圆角处理，结果如图 14-103 所示。

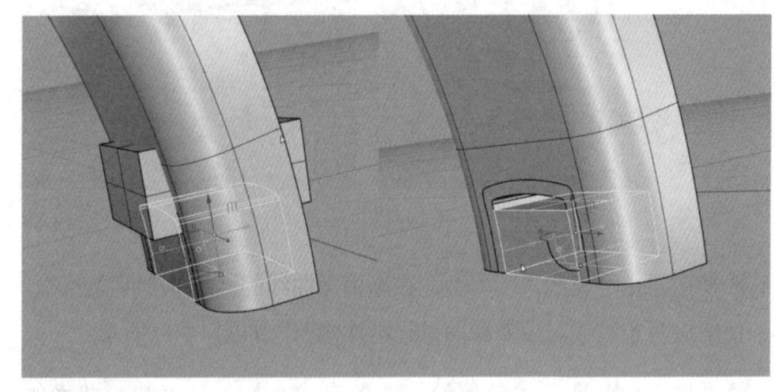

图14-100

☑注解 ☑灯光 ☑图块 ☑控制点 ☑点云 ☑剖面线 ☑其它 □停用 ▣子物件

图14-101

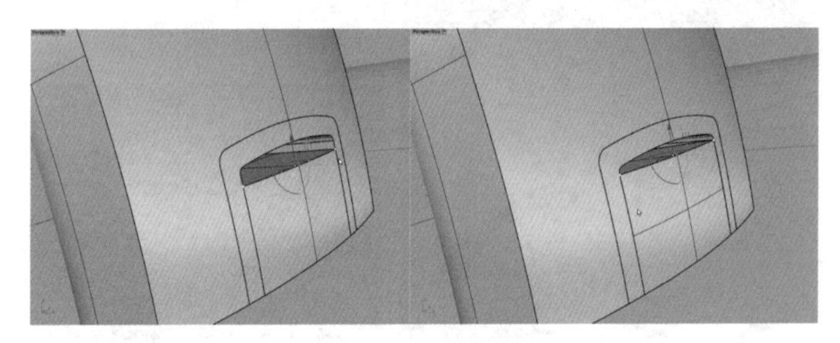

图14-102

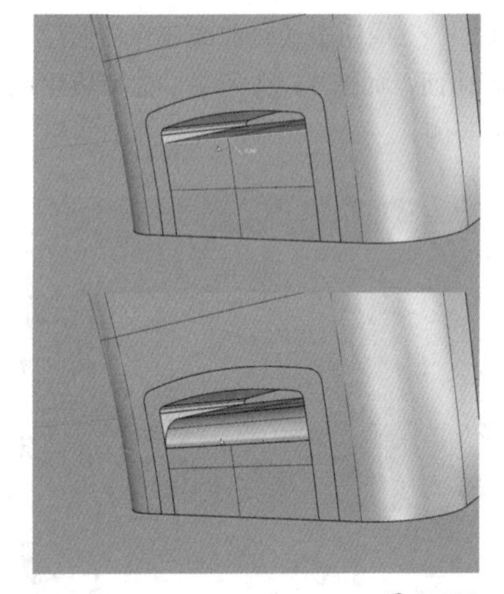

图14-103

05 接下来进行整体的圆角操作。将连接件上的衬里模型隔离显示，并且全部炸开，这是一个比较特殊的模型，需要手动进行圆角处理。使用“复制边缘 / 复制网格边缘”工具，提取该模型的所有边缘，提取时要注意将细微的短边缘也提取出来，以避免后续错误的操作，全部提取后将这些曲线组合，如图 14-104 所示。

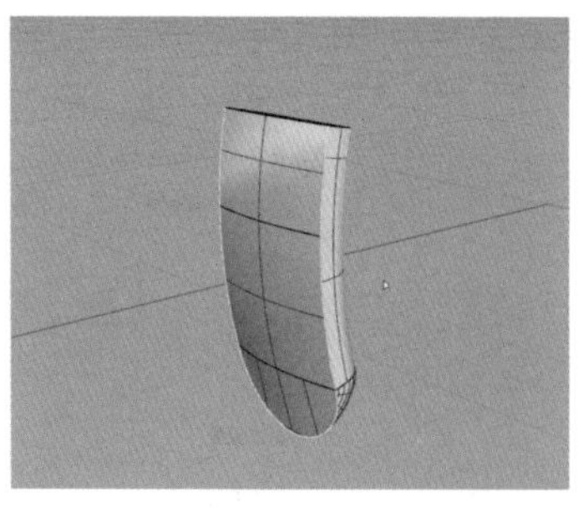

图14-104

06 使用“圆管”工具，沿曲线生成开口圆管，将圆管半径设定为 0.2cm，使用圆管对两侧的曲面进行修剪，修剪效果如图 14-105 和图 14-106 所示。

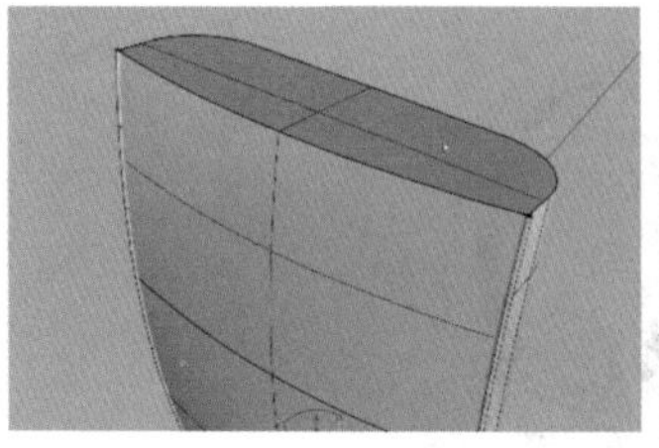

图14-105

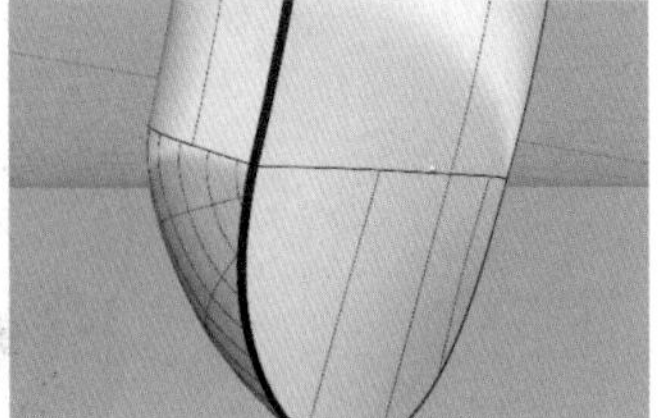

图14-106

07 使用“混接曲面”工具将底部弧面进行混接，如图 14-107 所示。用同样的方法，将其他被修剪的曲面也进行混接，如图 14-108 所示。

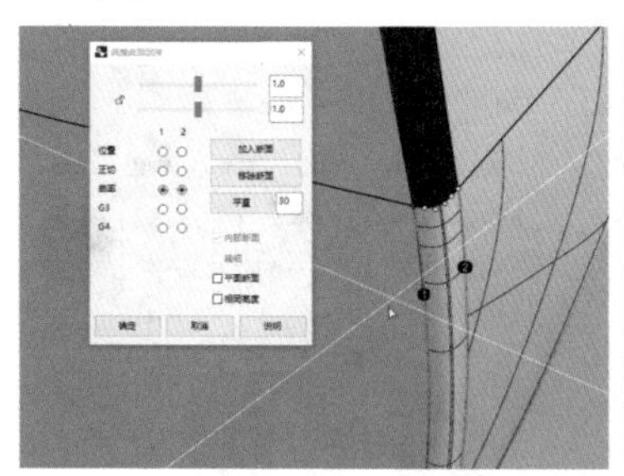

图14-107

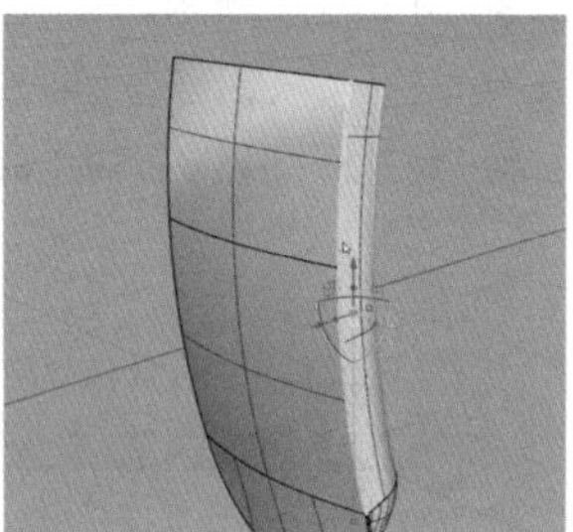

图14-108

08 对顶部也用与步骤 7 相同的方法进行修剪和混接，这时在 3 个曲面交汇的地方会形成图 14-109 所示的空洞。在这里可以使用“以二、三或四个边缘曲线建立曲面”工具，对这个洞进行填补，如图 14-110 所示。

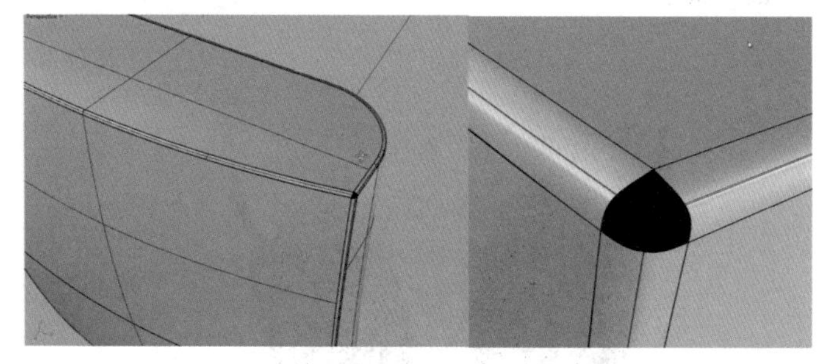

图14-109

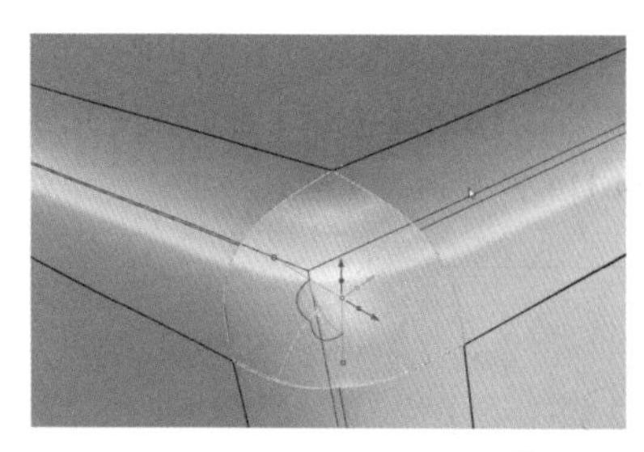

图14-110

09 检查剩下模型的封闭性，将所有未封闭的部分都进行封闭，然后对所有外边缘都使用“边缘圆角”工具，进行半径为 0.2cm 的圆角处理，将头箍没有听筒的部分修剪掉，结果如图 14-111 所示。

10 显示所有隐藏物体，对蓝牙耳机进行镜像复制，就得到了蓝牙耳机的完整模型，如图 14-112 所示。

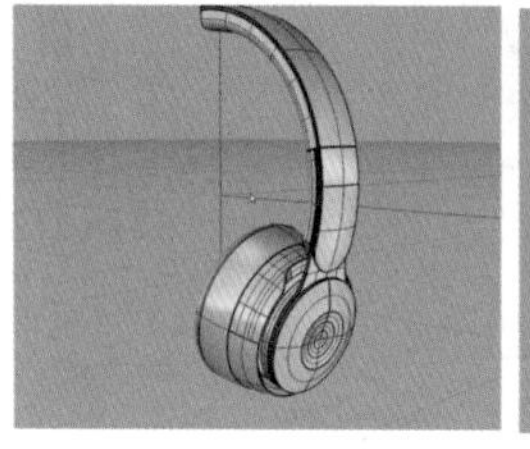

图14-111

图14-112

11 在蓝牙耳机一侧建立一个直径为 0.8cm，高度为 0.5cm 的圆柱体，如图 14-113 所示。单击“布尔运算分割 / 布尔运算两个物件”工具，对蓝牙耳机外壳进行分割，然后删除该圆柱体，得到蓝牙耳机按钮，如图 14-114 所示。

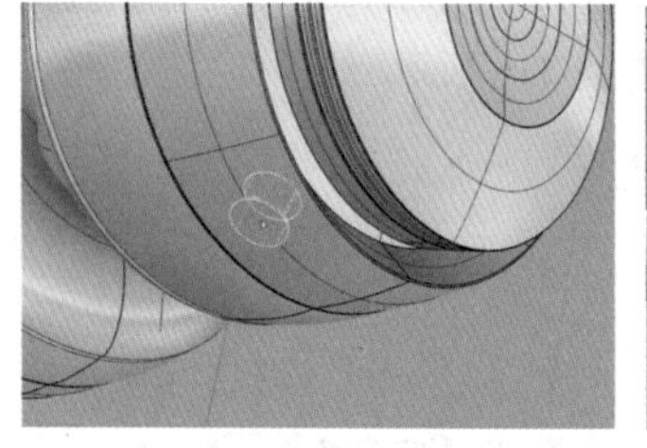

图14-113

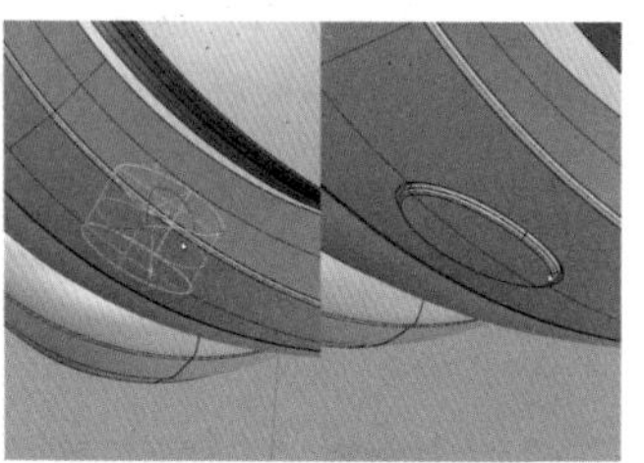

图14-114

12 使用相同的方法制作出另一侧蓝牙耳机底部的充电接口，如图 14-115 所示。

图14-115

13 使用“文本物件”工具建立L和R两个字母模型，使用“布尔运算差集”工具在左右两个合页物件上挖出对应的字母凹槽，如图14-116和图14-117所示。

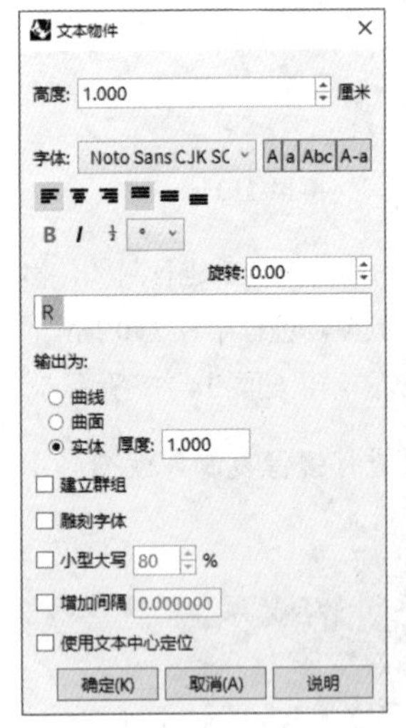

图14-116

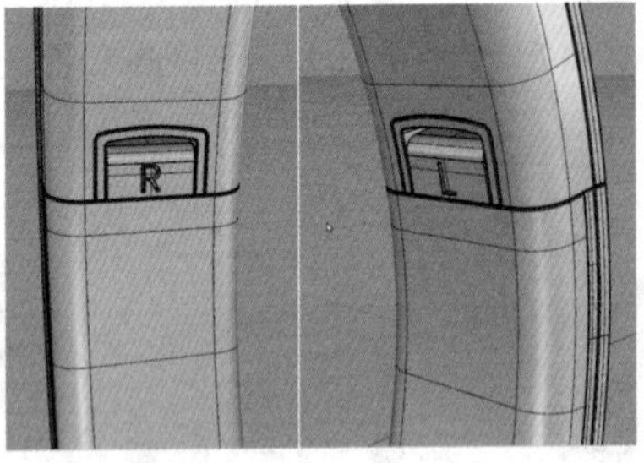

图14-117

到此就完成了蓝牙耳机的全部建模工作。

14.7 蓝牙耳机渲染

接下来进行蓝牙耳机的渲染。

01 将保存的Rhino建模文件拖入KeyShot实时渲染窗口中，在弹出的对话框中进行设置，如图14-118所示。导入后耳机模型会出现在实时渲染窗口中，如图14-119所示。

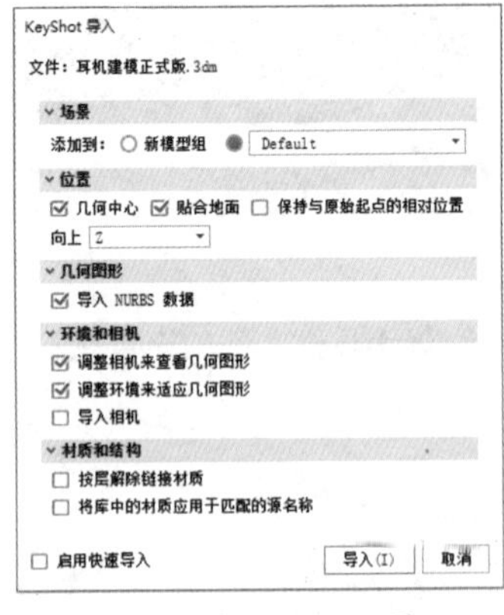

图14-118

图14-119

02 导入模型后，开始进行材质分配。在“材质”面板中找到Velvet Red（红色天鹅绒）材质，将其赋予耳机头箍的衬里模型，并在“材质”面板中将漫反射颜色改为米黄色，如图14-120~图14-122所示。

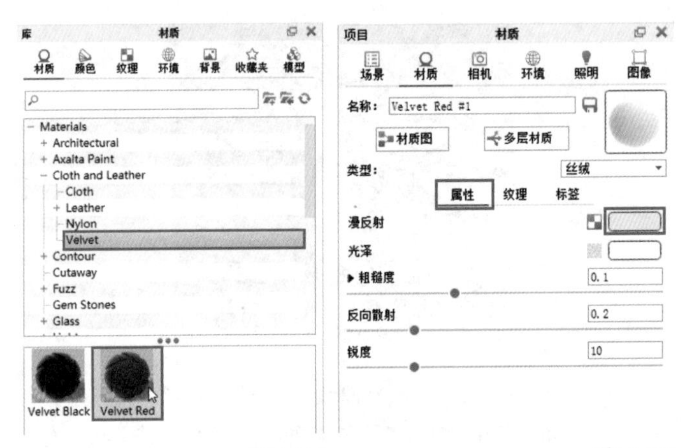

图14-120

图14-121

图14-122

03 将Leather Black 1000mm（黑色皮革）材质赋予耳机听筒模型，然后将漫反射纹理的“缩放”设置为“15厘米”，如图14-123~图14-125所示。

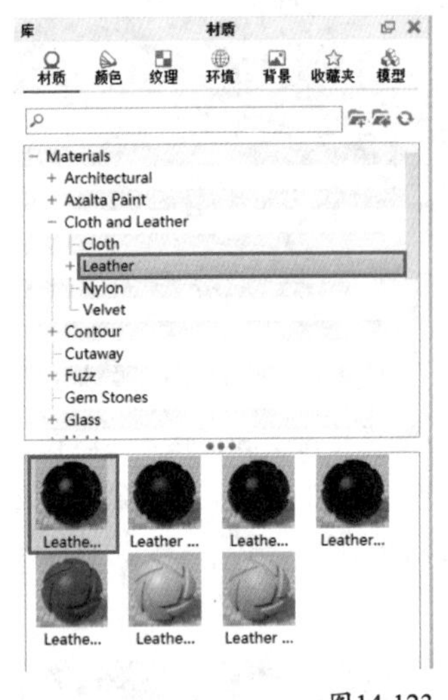

图14-123

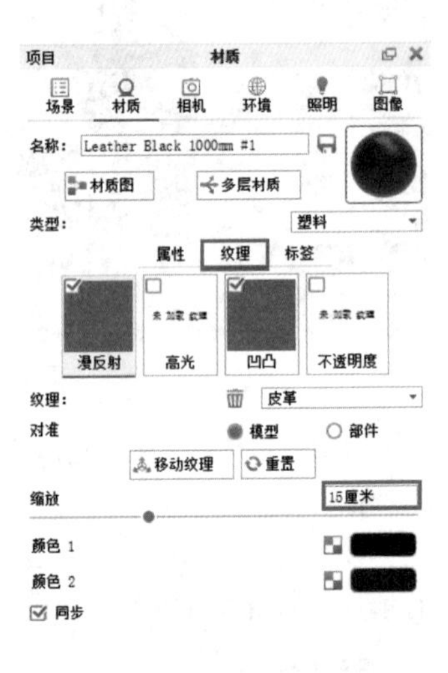

图14-124

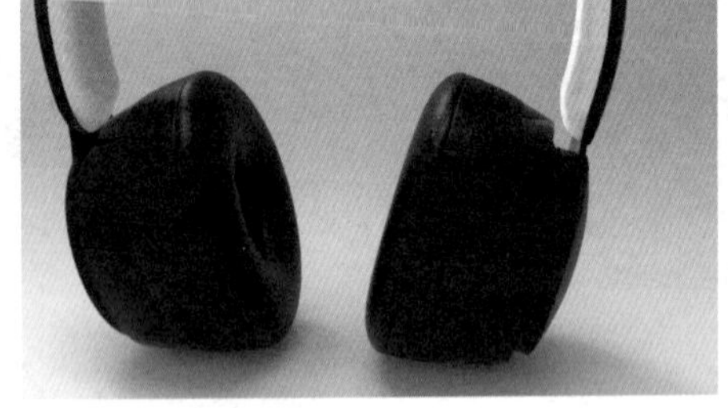

图14-125

04 将 Steel Brushed 90°（拉丝不锈钢）材质赋予耳机两侧的连接件，并将颜色调整为金色，如图 14-126~ 图 14-128 所示。

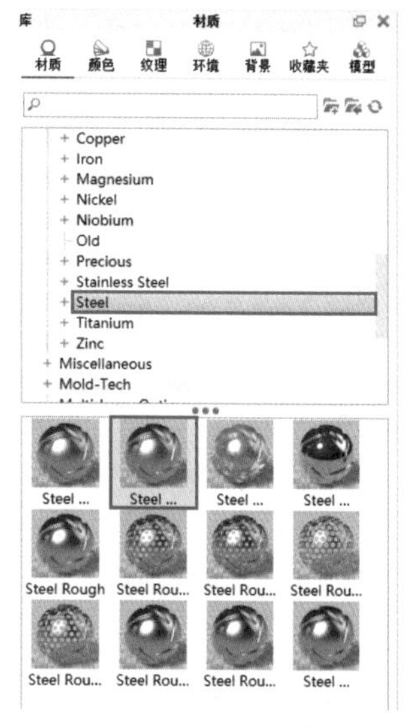

图14-126

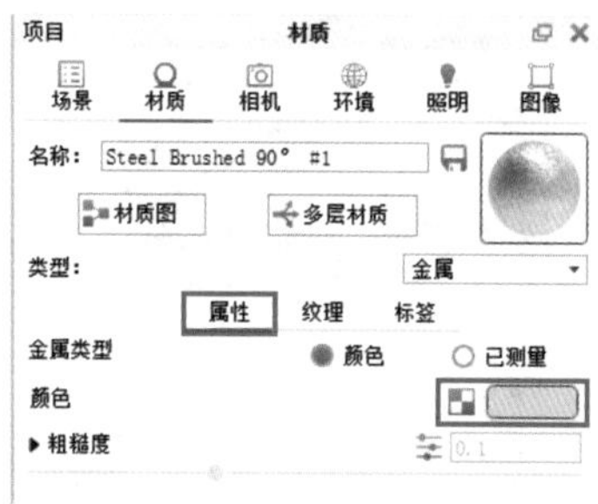

图14-127

图14-128

05 选择 Steel Polished（抛光不锈钢）材质赋予耳机外盖上的圆环曲面和合页物件，并将颜色调整为与拉丝不锈钢材质相同的颜色，效果如图 14-129~ 图 14-132 所示。

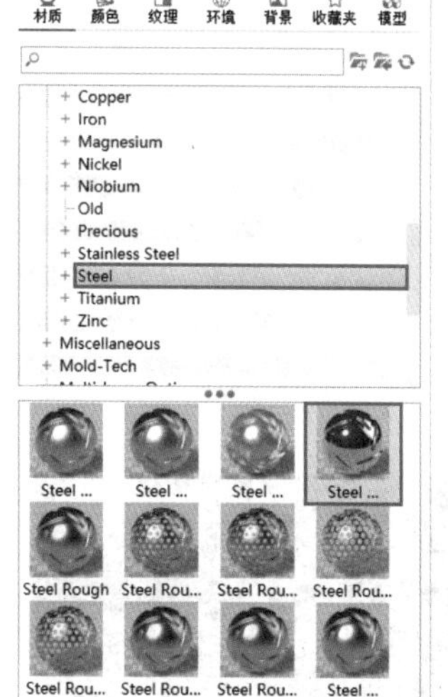

图14-129

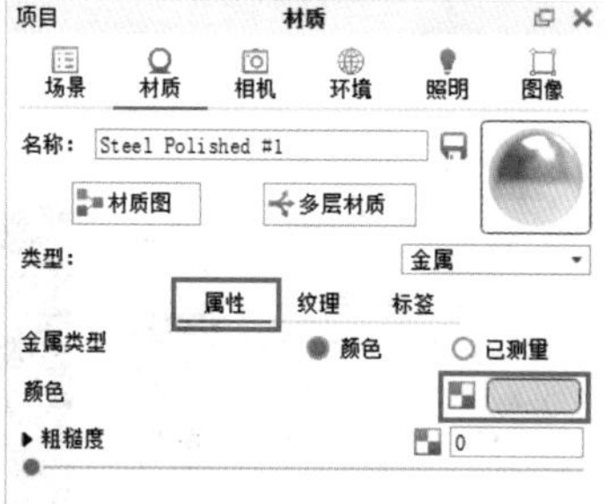

图14-130

图14-131

图14-132

06 为底部充电口模型赋予 Steel Polished（抛光不锈钢）材质，为充电口内部的金属片赋予 Brass Polished（黄铜）材质，颜色保持默认，如图 14-133 和图 14-134 所示。

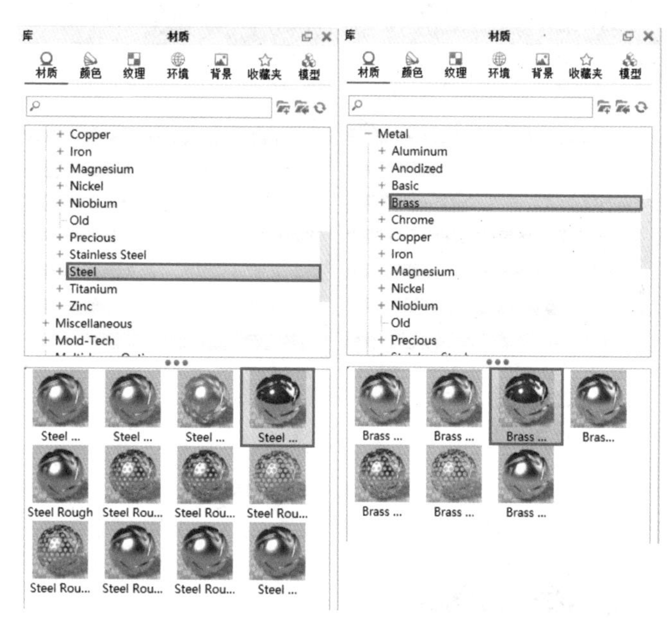

图14-133

图14-134

07 为剩下的所有模型赋予 Hard Rough Plastic Black（黑色粗糙硬塑料）材质。至此就完成了蓝牙耳机的材质赋予工作，如图 14-135 和图 14-136 所示。

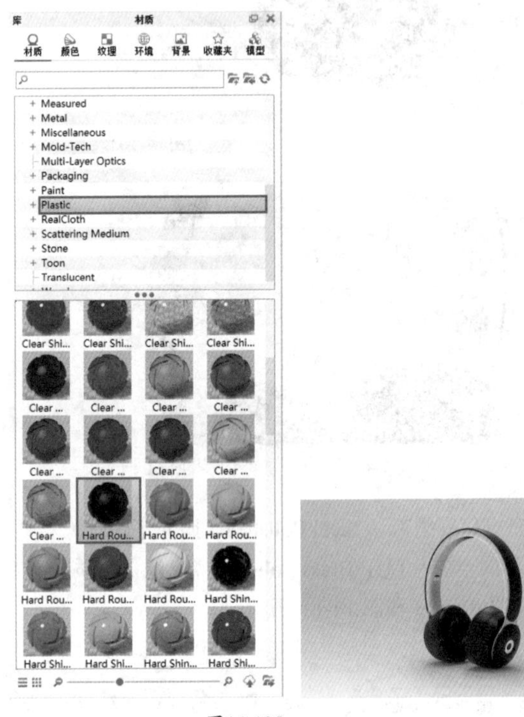

图14-135　　图14-136

08 接下来对环境进行设置。单击界面左侧的“环境”面板，在里面找到名为 Dosch-Apartment_2k 的 HDR 贴图，双击应用到当前场景，如图 14-137 和图 14-138 所示。

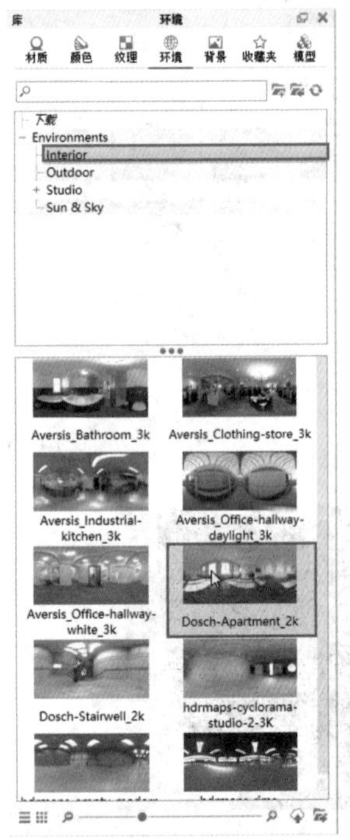

图14-137　　图14-138

09 进入界面右侧的“环境”面板，对 HDR 环境贴图进行调整，降低 HDR 环境贴图对模型材质固有色的影响，如图 14-139 和图 14-140 所示。

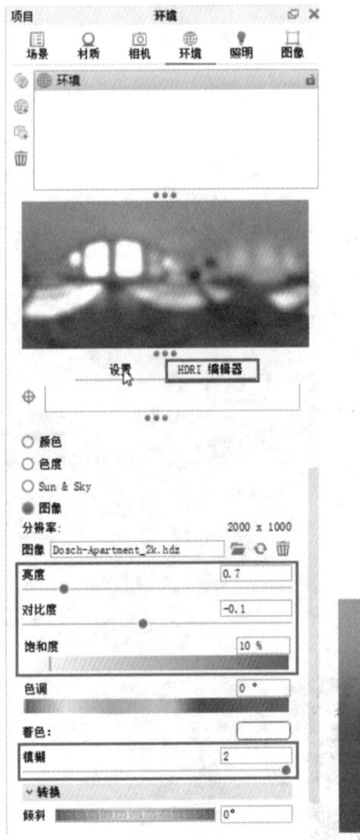

图14-139　　图14-140

10 设置完成后切换到“设置”标签，将背景颜色改为一个较深的灰色，并调整“旋转”参数到一个合适的角度，如图 14-141 和图 14-142 所示。

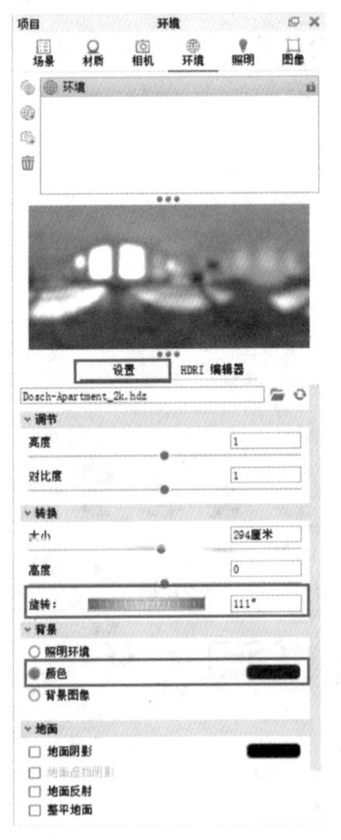

图14-141　　图14-142

11 调整耳机的角度，单击界面下方的“渲染”按钮 渲染 ，在弹出的“渲染”对话框中将“最大采样”设置为400，开启“去噪”功能，单击“渲染”按钮 渲染 ，如图14-143所示，最终效果如图14-144所示。

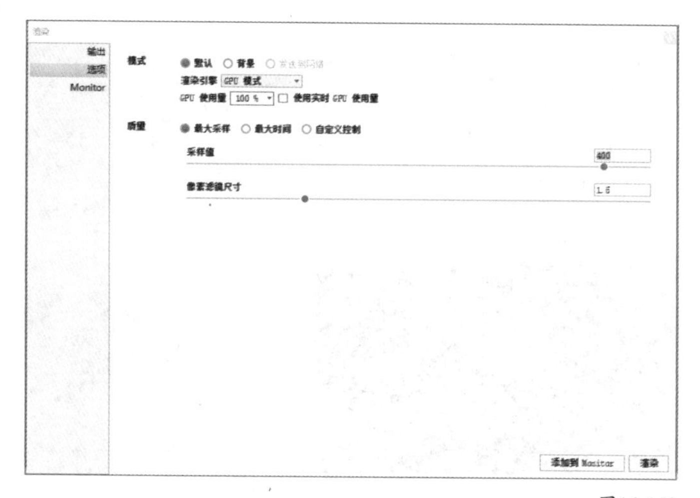

图14-143

图14-144

第15章

综合实例——制作徽记戒指

本章我们将学习如何配合使用NURBS建模与细分建模两种建模手段完成徽记戒指的建模。建模过程分为使用NURBS建模方法制作戒圈，以及使用细分建模制作鸢尾花戒面两个部分。最终我们会使用KeyShot完成徽记戒指渲染。

本章学习要点

- 学会分析产品的结构
- 了解产品的制作难点
- 熟练掌握建模环境的设置方法
- 掌握构建复杂曲面的方法
- 熟练掌握NURBS曲面与细分曲面建模方法
- 熟练掌握在KeyShot中渲染模型的技巧

15.1 案例分析

本章我们来制作一个徽记戒指，模型渲染效果如图15-1所示，模型形态如图15-2和图15-3所示。

图15-1

图15-2

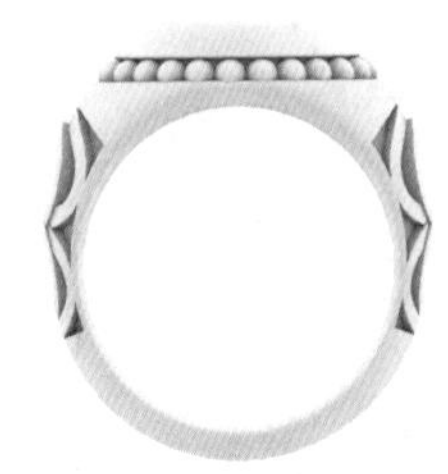

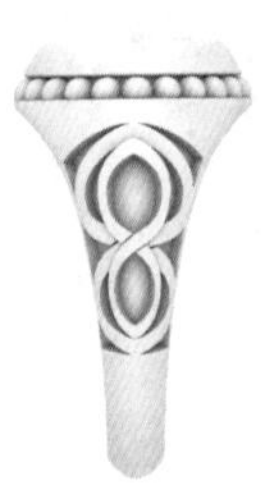

图15-3

通过对戒指模型的分析，可以看到戒指由戒圈和鸢尾花纹饰装饰两部分组成。在建模的时候，我们可以根据戒指造型的特点来选择建模方法，戒圈本体比较规则的部分可以使用NURBS建模方法，而鸢尾花纹饰则可以使用细分曲面的建模方法。

15.2 设置建模环境

01 打开Rhino 7，在“标准”选项卡中单击图标，如图15-4所示。

标准 工作平面 设置视图 显示 选取 工作视窗配置 可见性 变动 曲线工具

图15-4

02 在打开的“Rhino选项”对话框中找到“单位”选项，并在对话框右侧的设置中将“模型单位”改为“厘米”，如图15-5所示。

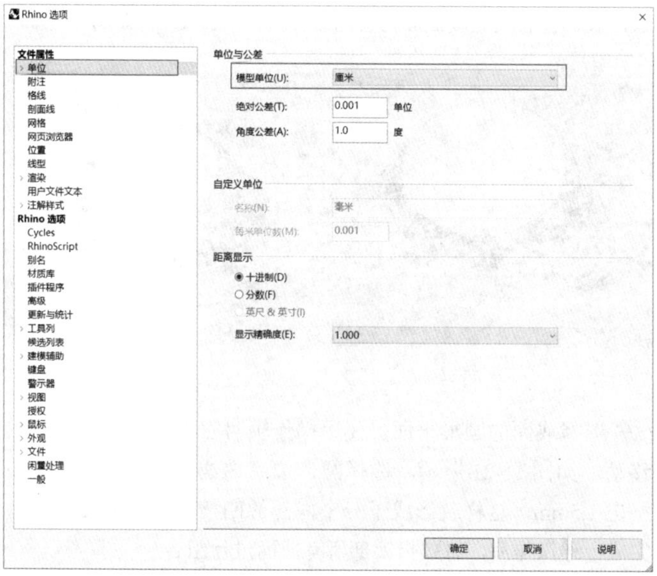

图15-5

15.3 戒指主体建模

01 使用“环状体”工具绘制一个直径为16.1mm，截面直径为2mm的圆环，作为戒指的主体，如图15-6所示。

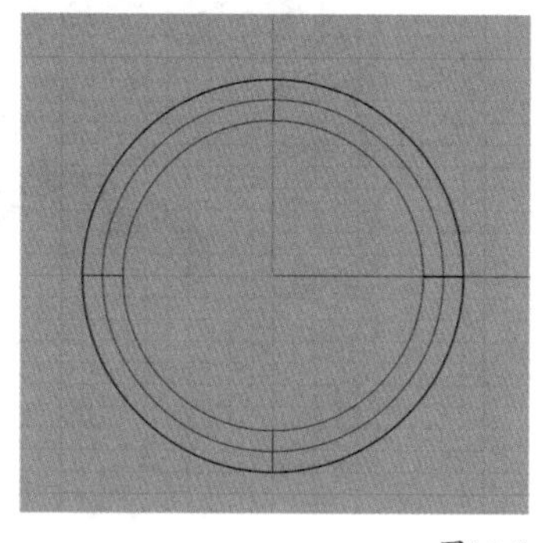

图15-6

02 在“曲线工具”中单击“抽离结构线”工具，选取圆环曲面，然后开启“物件锁点”，勾选“中点”选项，如图15-7所示，把鼠标指针锁定到图15-8所示位置，抽离出环形的内圆作为辅助线。

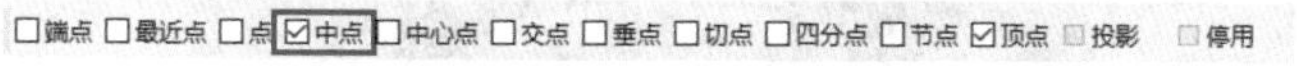

☐端点 ☐最近点 ☐点 ☑中点 ☐中心点 ☐交点 ☐垂点 ☐切点 ☐四分点 ☐节点 ☑顶点 ☐投影 ☐停用

图15-7

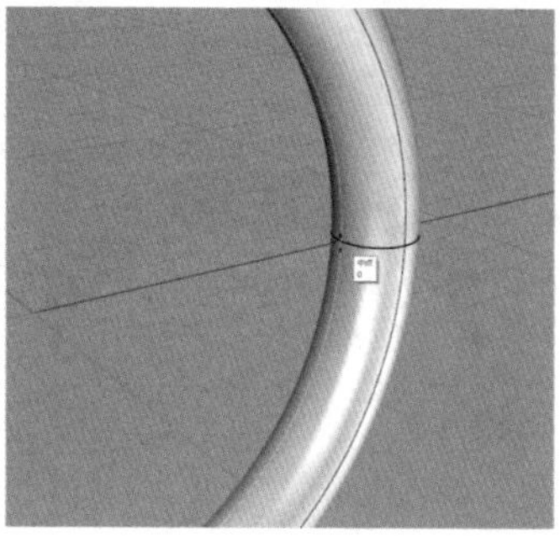

图15-8

03 勾选“点”选项，如图15-9所示，切换到“标准”选项卡，然后在工具列当中单击“单点 / 多点”工具，建立一个单点，如图15-10和图15-11所示。

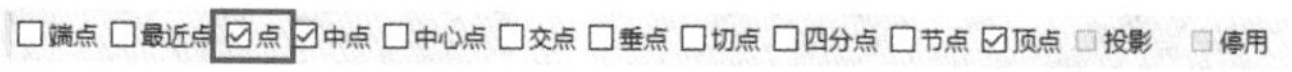

☐端点 ☐最近点 ☑点 ☑中点 ☐中心点 ☐交点 ☐垂点 ☐切点 ☐四分点 ☐节点 ☑顶点 ☐投影 ☐停用

图15-9

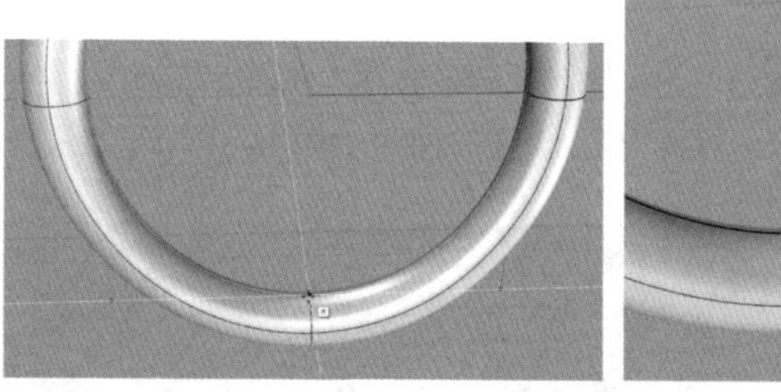

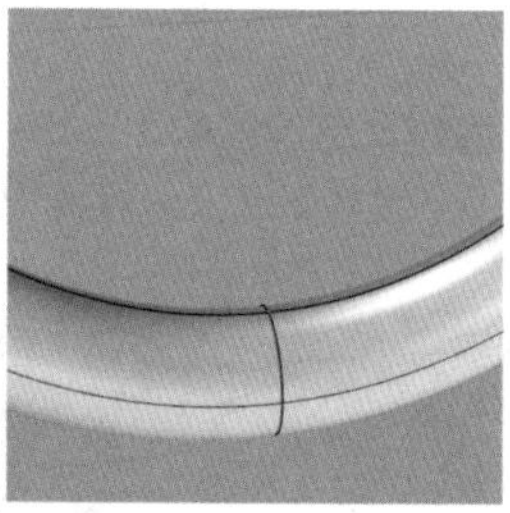

图15-10　　图15-11

04 在“曲面工具”中使用“调整封闭曲面的接缝”工具，将鼠标指针锁定到上一步建立的这个点上面，完成接缝朝向的调整，然后删除辅助线和单点，如图15-12所示。

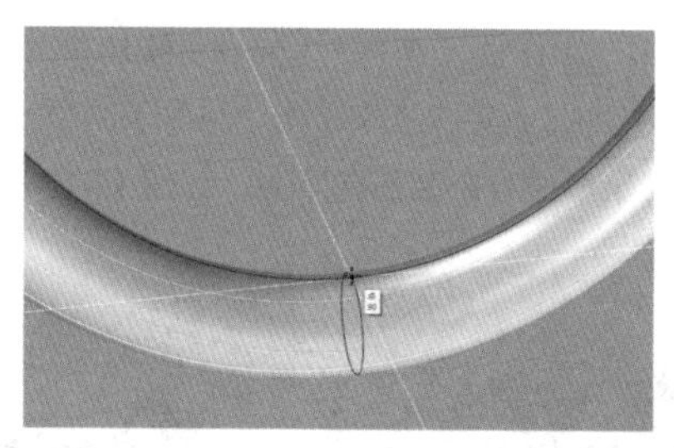

图15-12

05 选中圆环，使用“重建曲面”工具，进行图15-13所示的设置。

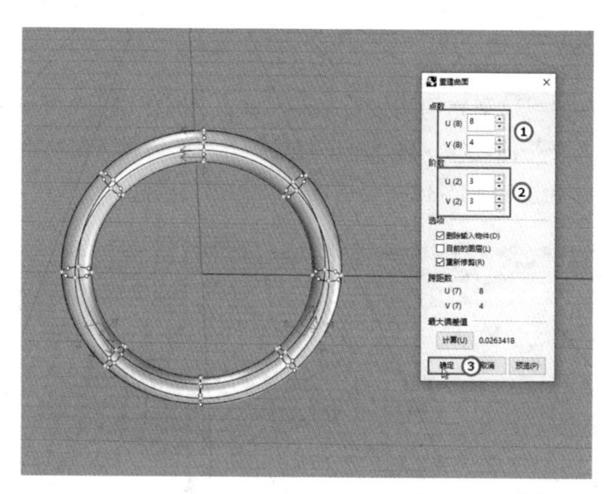

图15-13

06 完成重建后，按快捷键F10，就会看到圆环的控制点，如图15-14所示。配合操作轴对圆环控制点进行图15-15所示的调整。完成操作之后，按快捷键F11，关闭控制点。

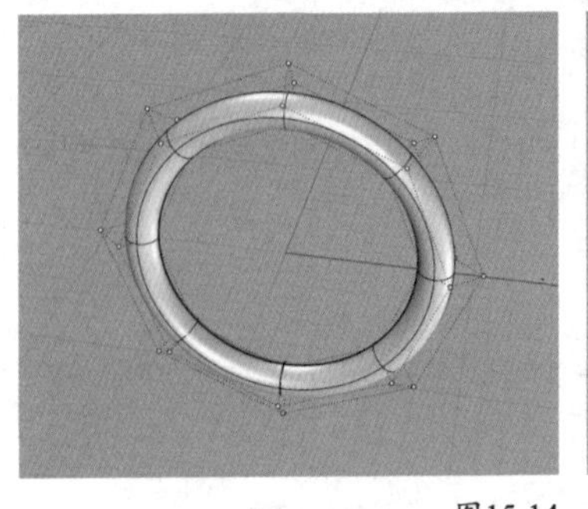

图15-14　　图15-15

07 在“曲线工具”中，使用“单一直线”工具绘制一条直线，然后使用直线对戒指主体进行修剪，如图 15-16 所示。

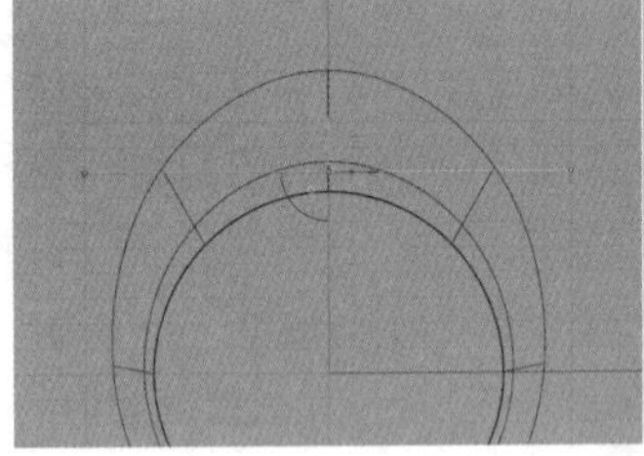
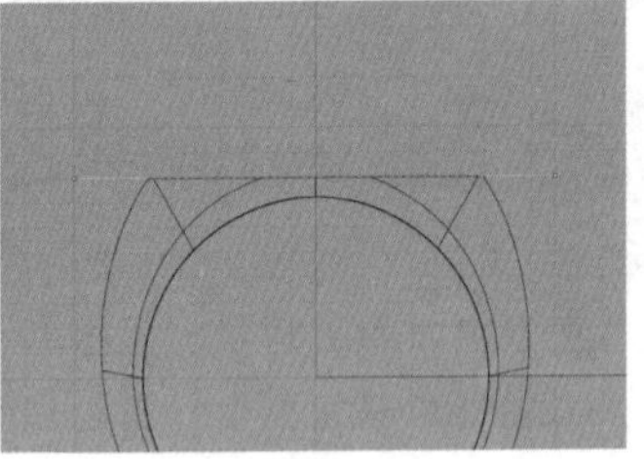

图15-16

08 使用“圆：中心点、半径”工具绘制一个圆形，如图 15-17 所示。在“曲面工具”中单击“以平面曲线建立曲面”工具，以圆形来形成一个圆形的平面，如图 15-18 所示。

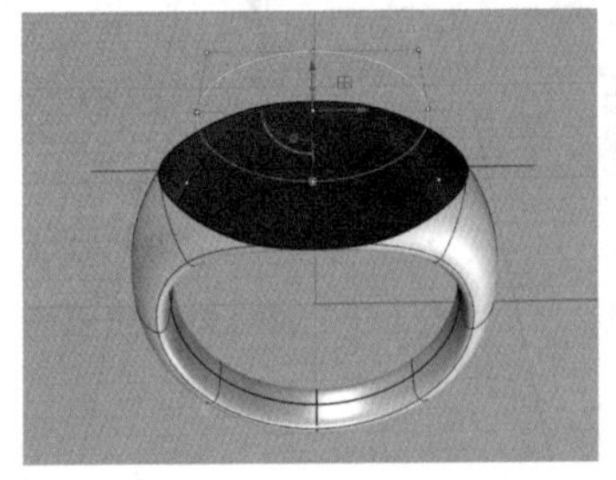

图15-17

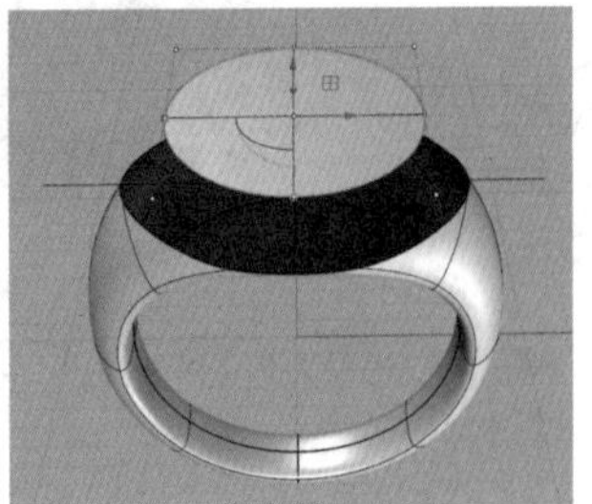

图15-18

09 打开“记录建构历史”功能，单击“混接曲面”工具，选择圆形平面边缘，再选择下部戒指开口的边缘，在弹出的对话框口中进行图 15-19 所示的设置，生成过渡曲面。

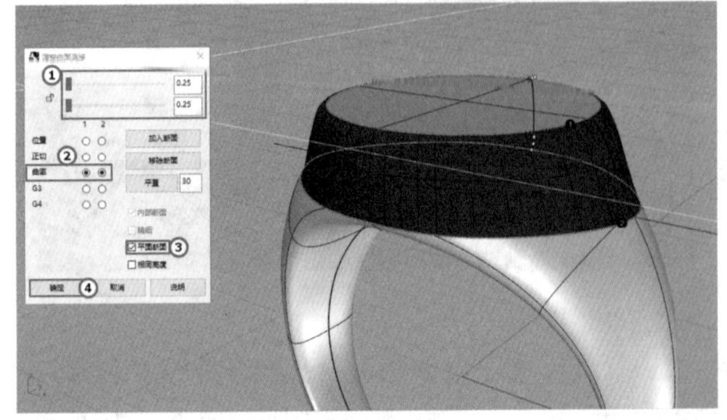

图15-19

10 这时我们可以看到过渡曲面需要调整，在确保上一步操作开启“记录建构历史”的前提下，配合操作轴对戒面圆形进行缩放，我们会看到过渡曲面也会随着变形，结果如图 15-20 所示。

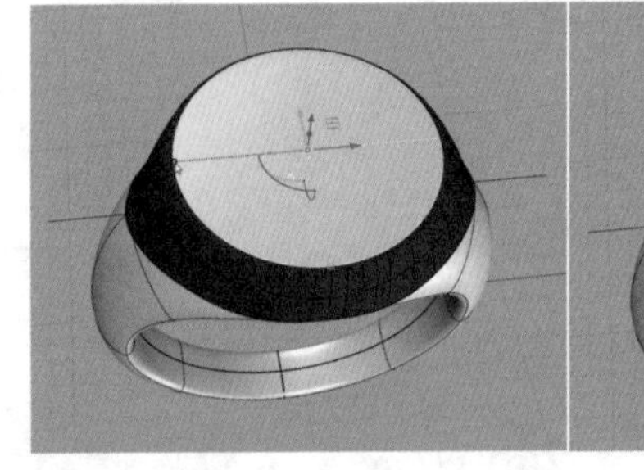
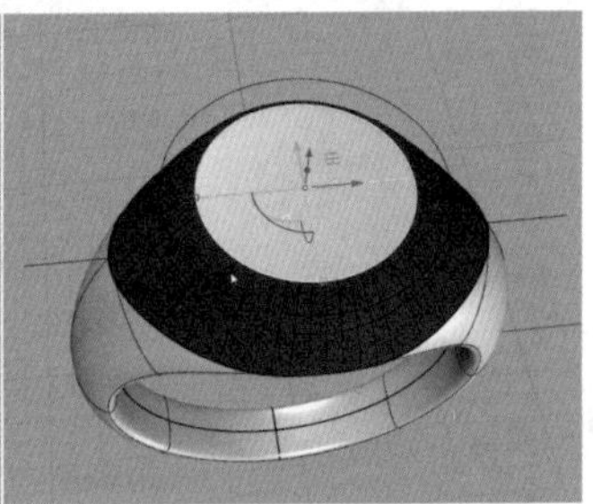

图15-20

11 选择戒面的圆形平面，使用操作轴对它进行负向 1.5mm 的移动，如图 15-21 所示。选择圆形边缘曲线，使用操作轴向下挤出 1.5mm，这样就形成了一个内部的凹槽，如图 15-22 所示，完成上述操作后，将戒指上部所有曲面进行组合。

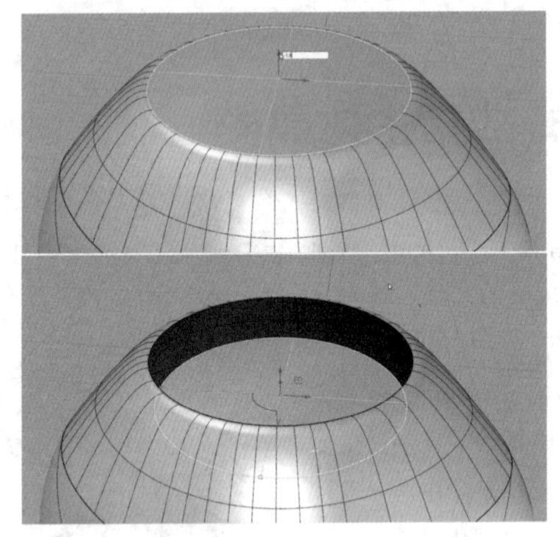

图15-21

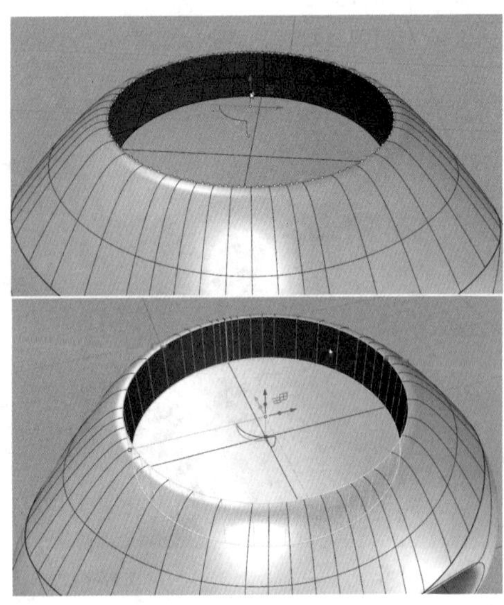

图15-22

12 在“实体工具”中，单击“边缘圆角”工具，将“下一个半径”设置为 0.02mm，然后对上部的边缘进行一个极其微弱的圆角处理，如图 15-23 所示。再次单击“边缘圆角”工具，将“下一个半径”设置为 0.1mm，对凹槽底部边缘进行圆角处理，如图 15-24 所示。

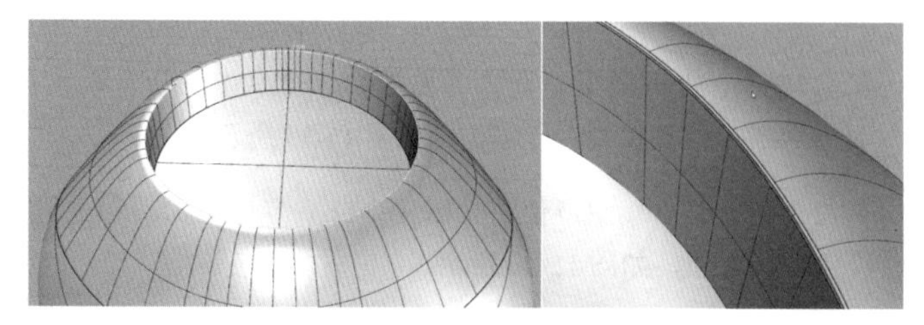

图15-23

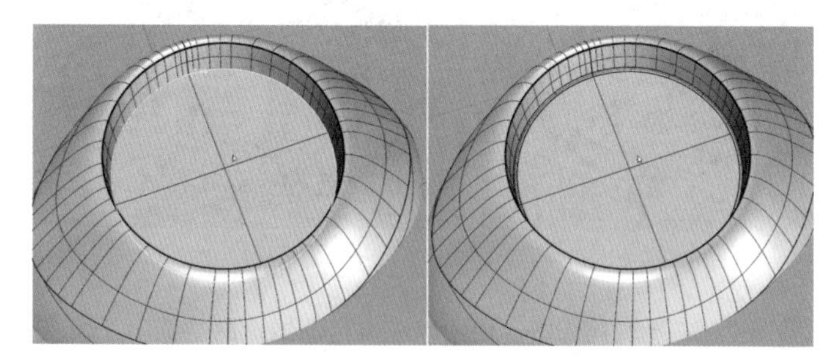

图15-24

13 单击“抽离曲面”工具，确保“复制 = 否”，将图 15-25 所示的曲面进行抽离。这样便于渲染时分配不同材质。

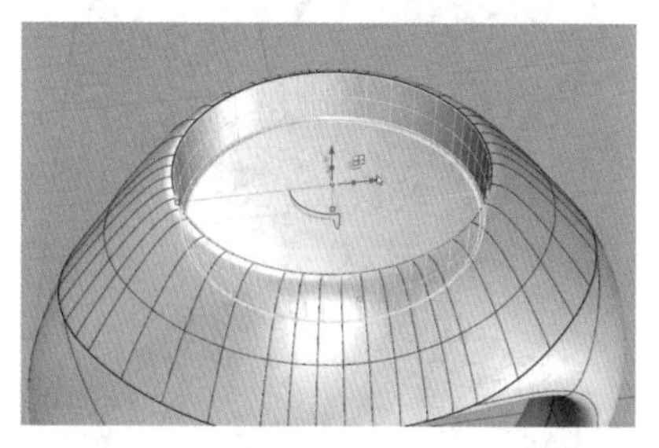

图15-25

14 使用“组合”工具，将过渡曲面与底部戒指主体进行组合，如图 15-26 所示。在 Front（前）视图中绘制两条直线，如图 15-27 所示，然后使用这两条直线对戒指主体进行修剪，效果如图 15-28 所示。

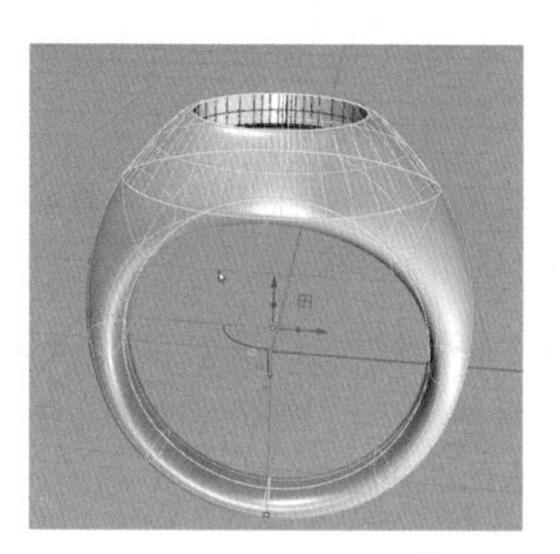

图15-26

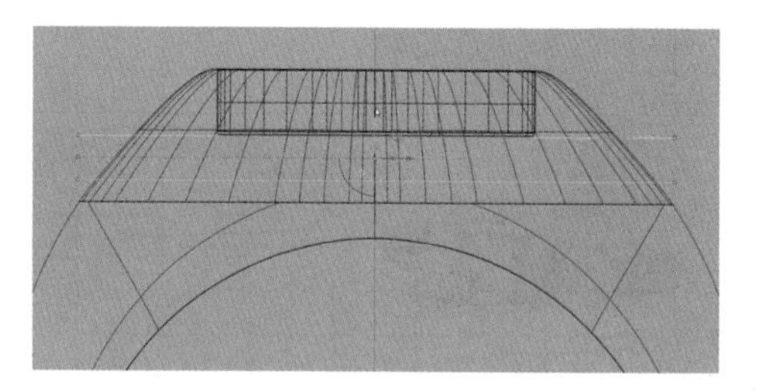

图15-27

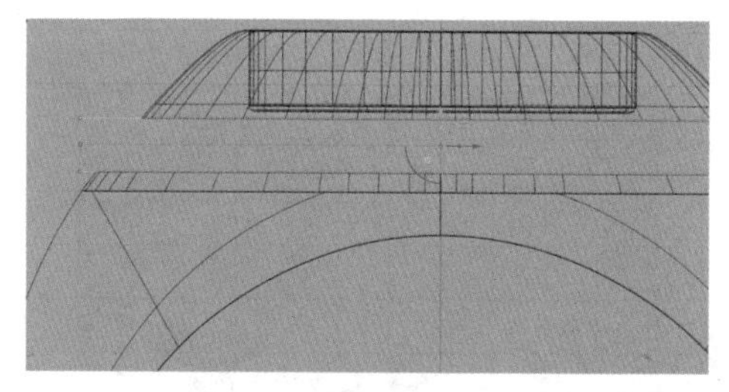

图15-28

15 单击“复制边缘 / 复制网格边缘”工具，然后把修剪得到的两个开口边缘的曲线复制出来，如图 15-29 所示。

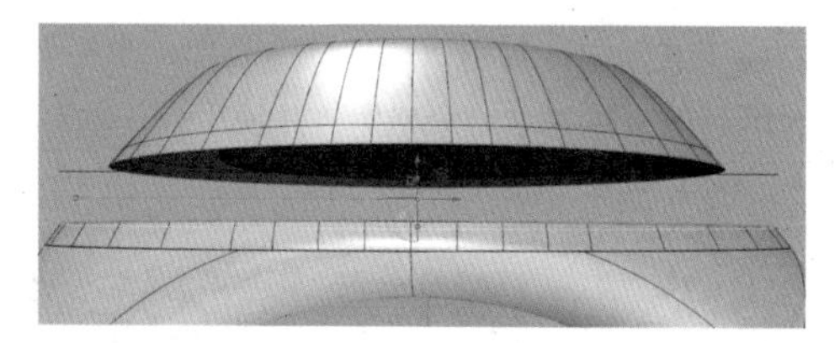

图15-29

16 对两条复制得到的曲线分别使用“彩带”工具，生成曲面，如图 15-30 和图 15-31 所示。

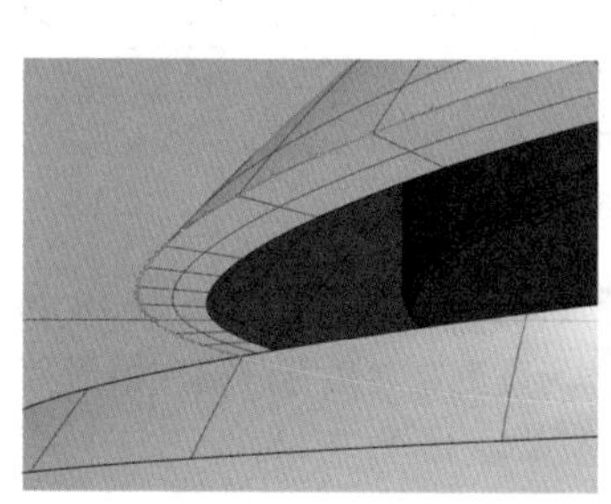

图15-30

图15-31

17 在图 15-32 所示的位置绘制一条直线，将两条彩带内边缘连接起来。在“曲面工具”中单击“双轨扫掠”工具，以两条彩带内边缘为轨道，中间直线为截面线，生成凹槽内面，并将它们与戒指主体组合为一体，如图 15-33 所示。

18 使用“抽离结构线”工具抽取出凹槽内面的中线，如图 15-34 所示。

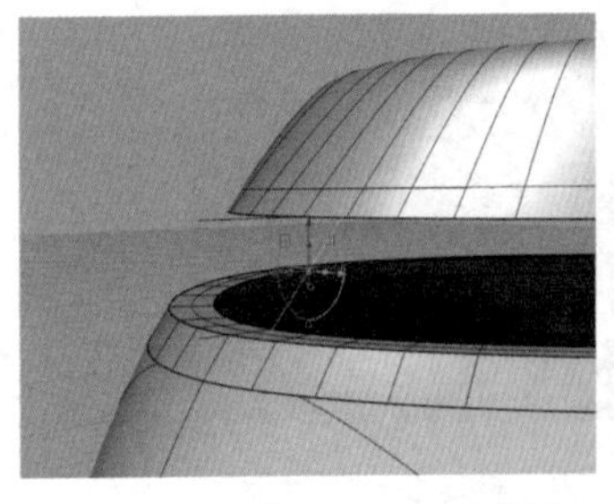

图15-32

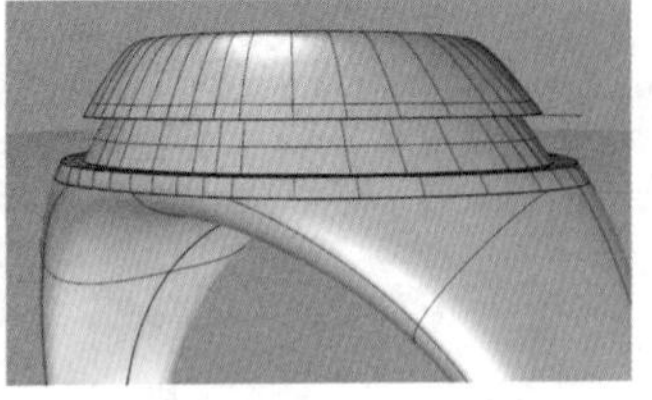

图15-33

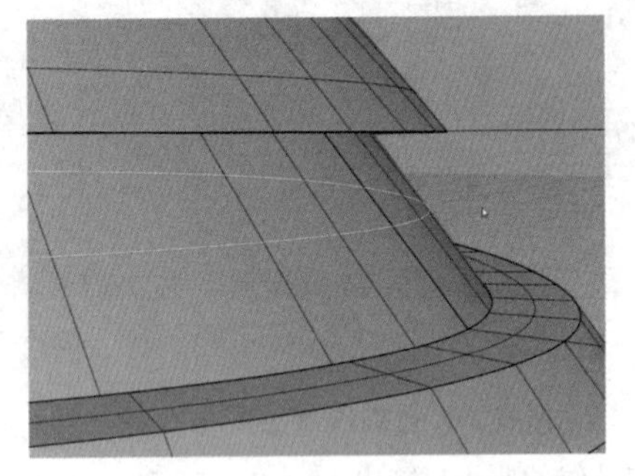

图15-34

19 在“实体工具”中，使用“球体：中心点、半径”工具，在图15-35所示的位置建立一个球体，并使用操作轴对球体进行移动和缩放调整，结果如图15-36所示。

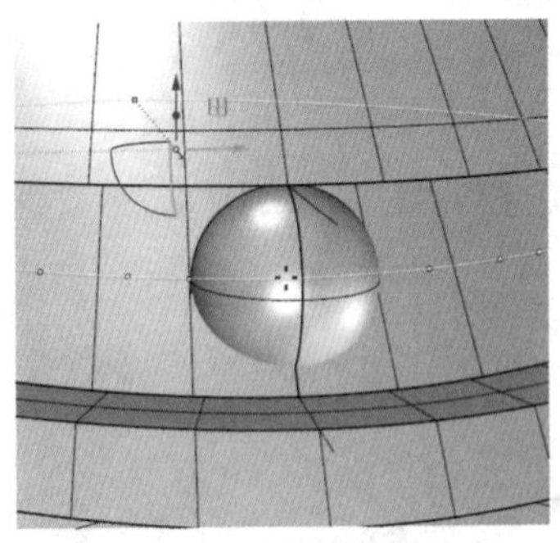

图15-35

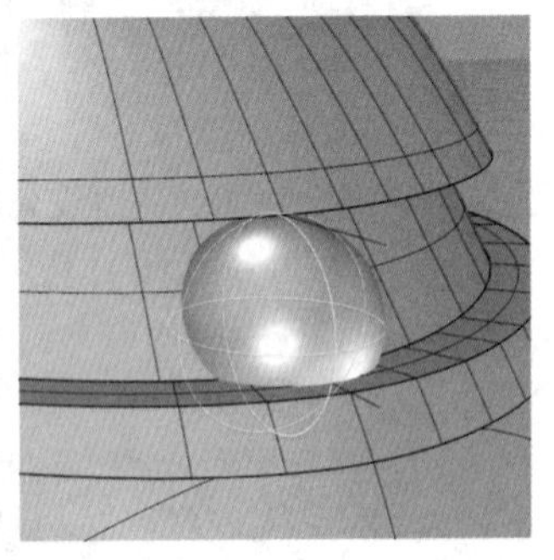

图15-36

20 在“变动”中使用“沿着曲线阵列”工具，以步骤18中提取的中线为阵列路径，以球体为阵列物体进行阵列，根据实际情况对阵列间距进行调整，结果如图15-37所示。

21 在“实体工具”中单击“边缘圆角”工具，设置合适的“下一个半径”，对凹槽的内外边缘进行圆角处理，如图15-38所示。

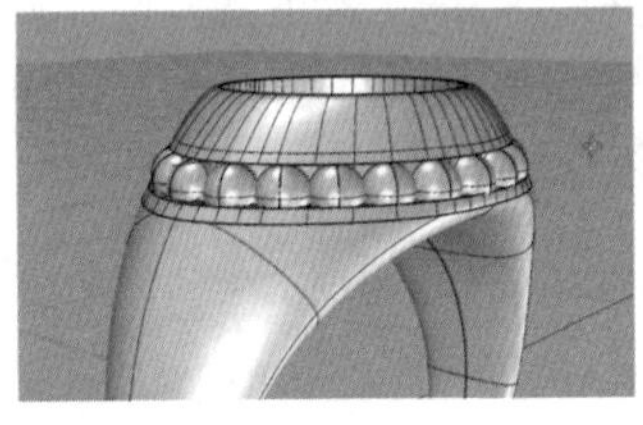

图15-37

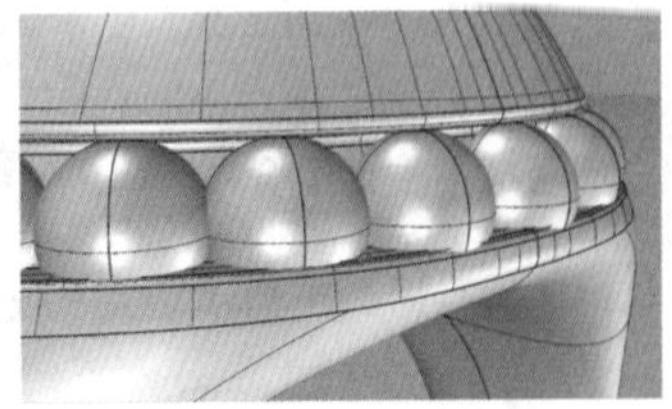

图15-38

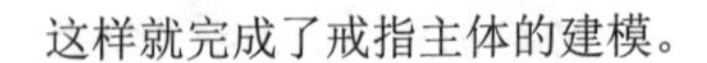

这样就完成了戒指主体的建模。

15.4 鸢尾花纹饰建模

接下来使用细分建模方式进行鸢尾花的建模。

01 选择整个戒指模型，在“可见性”选择卡中使用“锁定”工具将整个戒指模型进行锁定，如图15-39所示。

02 在“细分工具”中，使用“创建细分立方体”工具创建一个细分立方体，如图15-40所示。

图15-39

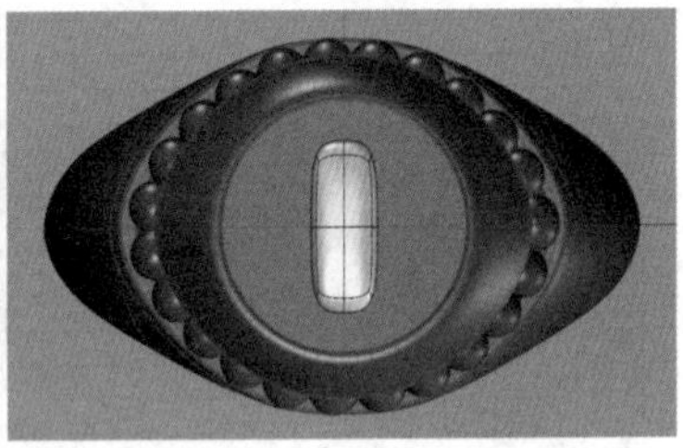

图15-40

03 在“细分工具”中，使用“选取过滤器：网格面”工具选取图15-41所示的一半曲面，按Delete键删除。

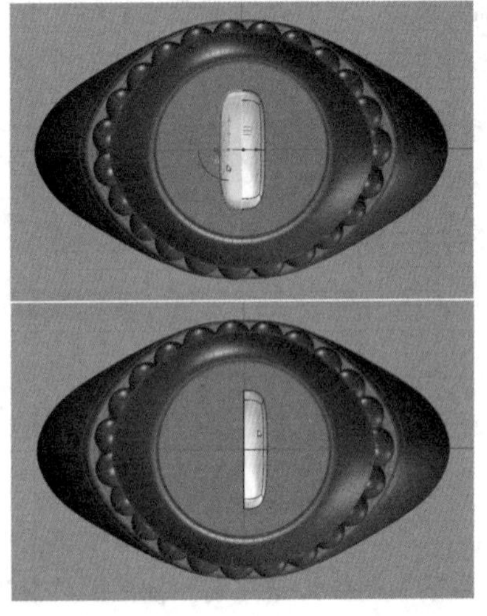

图15-41

04 对剩余部分单击“对称细分物件/从细物件中移除对称”工具，结果如图15-42所示。这样暗灰色部分就可以直接将亮灰色部分的编辑映射过去。

05 使用“选取过滤器：顶点”工具，通过对顶点的调整使立方体成为图15-43所示的状态。

06 使用“选取环形边缘”工具选取图15-44所示的边缘，使用“插入细分边缘循环”工具在选取的边缘上插入新的细分边缘，并对新插入的细分边缘进行图15-45所示的调整。

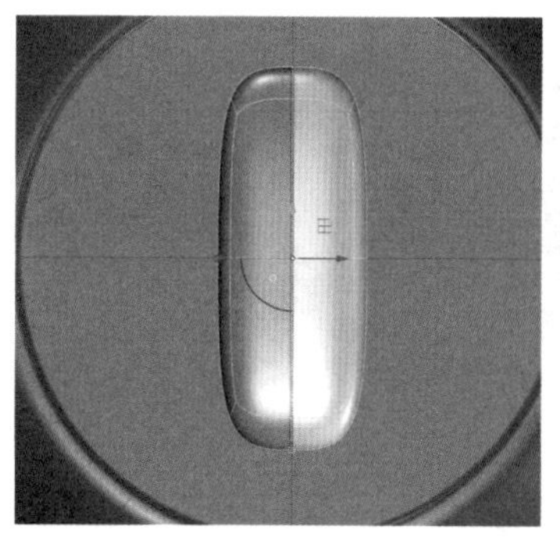

图15-42

图15-43

图15-44

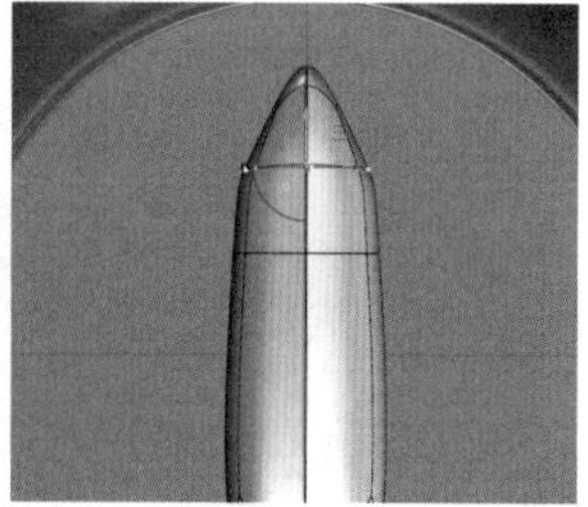

图15-45

07 重复步骤 6 的操作，不断插入新的边缘并对顶点和边缘进行调整，直至得到图 15-46 所示的形状。

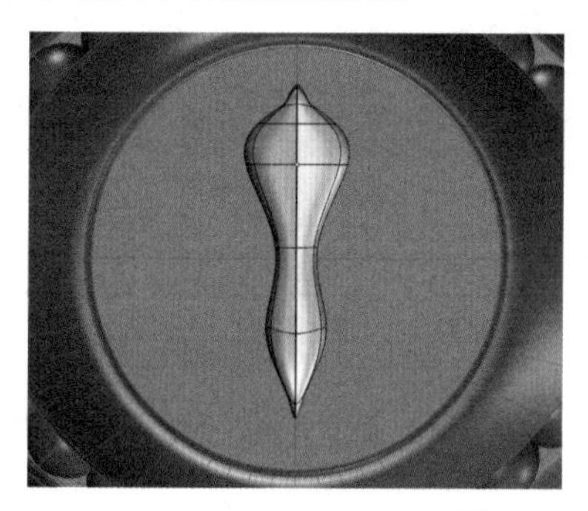

图15-46

08 切换到 Perspective（透视）视图，使用“选取过滤器：顶点”工具，对顶点进行高度上的调整，使侧面有起伏，并且更加圆滑，这样就完成了鸢尾花纹饰中间部分的建模，如图 15-47 和图 15-48 所示。

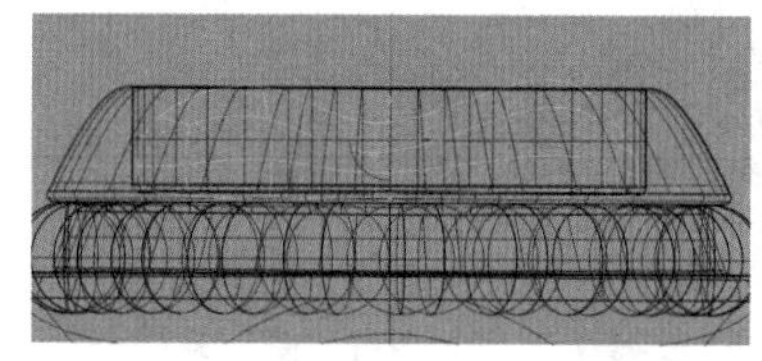

图15-47

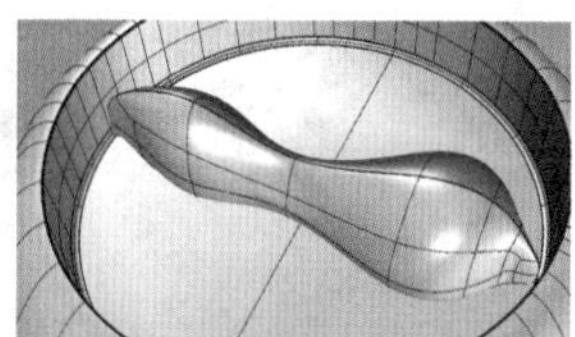

图15-48

09 再次使用“创建细分立方体”工具在图 15-49 所示的位置创建一个细分立方体。直接对该立方体使用“对称细分物件 / 从细分物件中移除对称”工具，得到另一半立方体。

10 使用“选取过滤器：顶点”工具，对顶点进行调整，使立方体成为图 15-50 所示的状态。

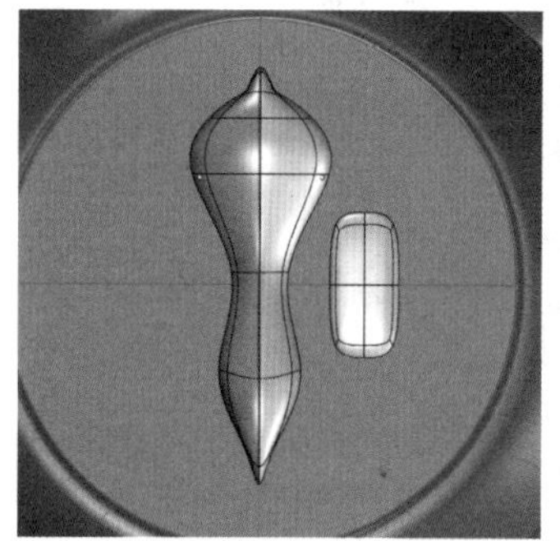

图15-49

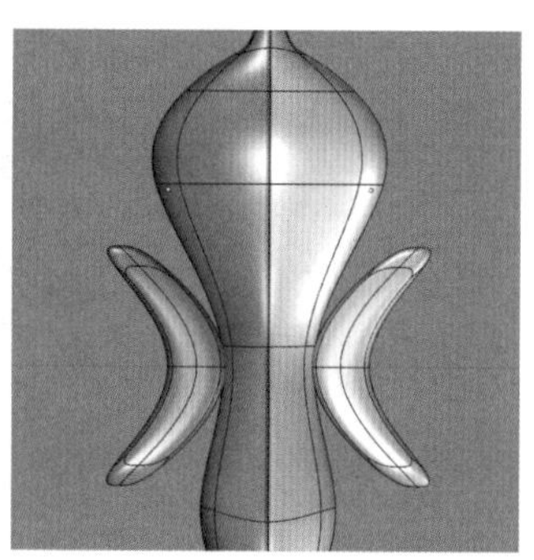

图15-50

11 使用“选取过滤器：网格面”工具选取网格面，使用“挤出细分物件”工具挤出新的细分网格面，并调整点线面的位置，如图 15-51 所示。

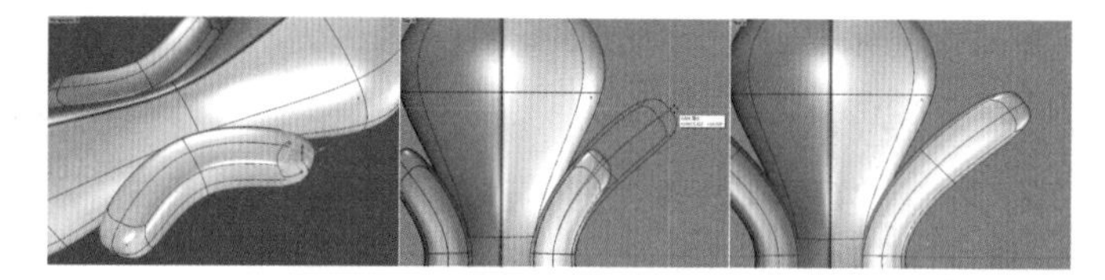

图15-51

12 重复步骤 11 的操作，直至得到图 15-52 所示的形态。

13 执行“创建细分环状体”指令，在图 15-53 所示的位置创建一个细分环状体，使用操作轴对环状体进行移动和缩放，结果如图 15-54 所示。

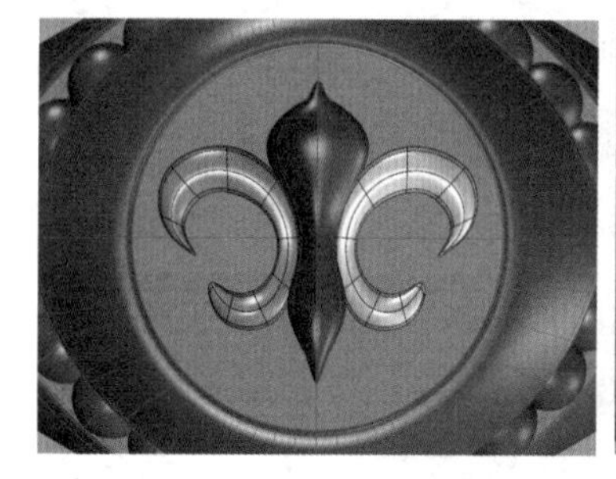

图15-52

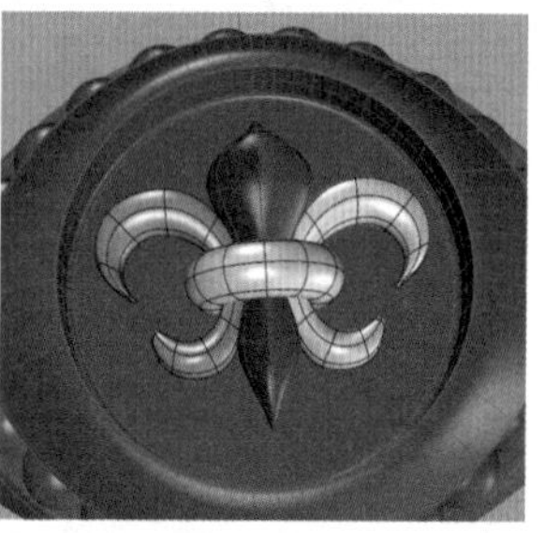

图15-53

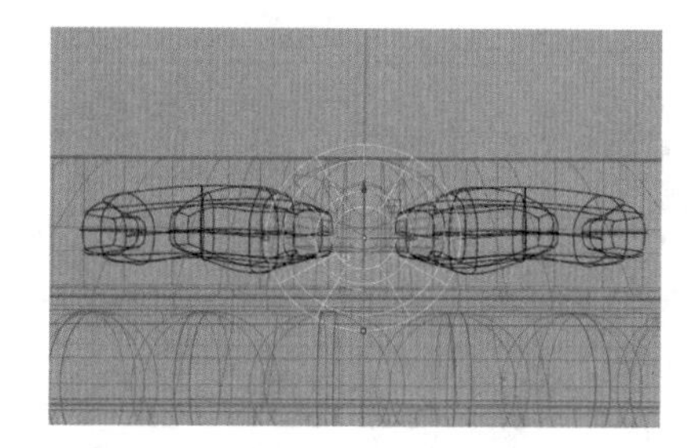

图15-54

14 选择所有鸢尾花纹饰，配合操作轴进行整体调整，结果如图 15-55 所示。

图15-55

15.5 戒臂花纹建模

接下来使用 NURBS 建模方法进行戒臂花纹的制作。

01 单击“隐藏物件 / 显示物件”工具，将鸢尾花纹饰隐藏，如图 15-56 所示。

02 首先需要在侧面分离出一块戒臂曲面，为了分离曲面，需要先做对应的辅助线。在“曲线工具”中，单击“抽离结构线”、工具，设置“方向 =V”，抽离出结构线，如图 15-57 所示。

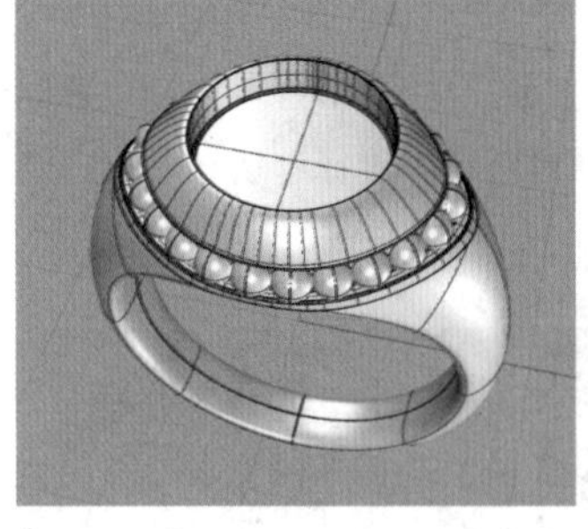

图15-56

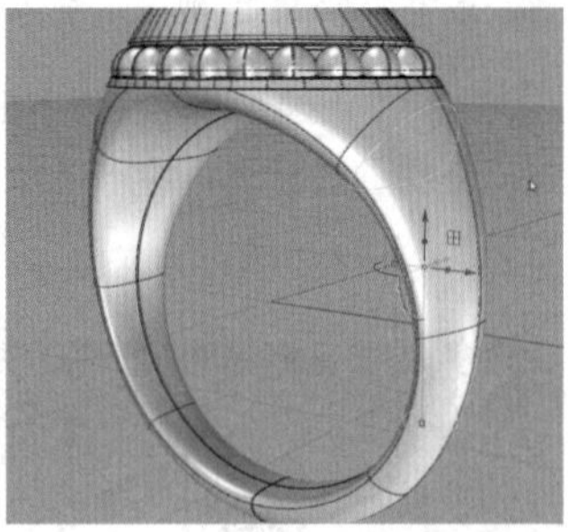

图15-57

03 再次单击“抽离结构线”工具，设置“方向 =U”，并且开启“物件锁点”，勾选“四分点”，在图 15-58 所示的位置抽离出结构线。在“变动”中，单击“镜射 / 三点镜射”工具，设置“复制 = 是”，对结构线进行镜像复制，如图 15-59 和图 15-60 所示。

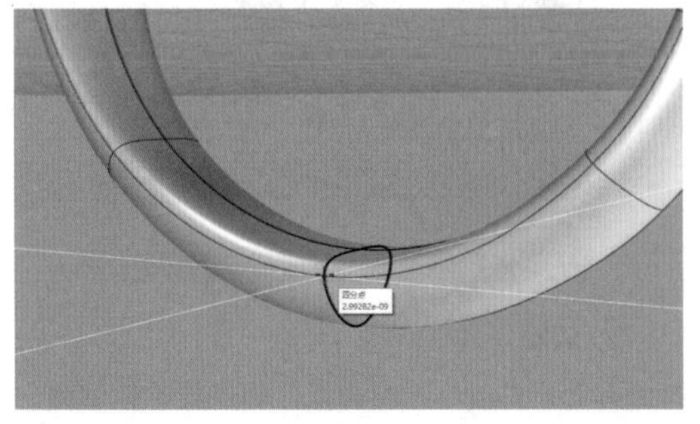

图15-58

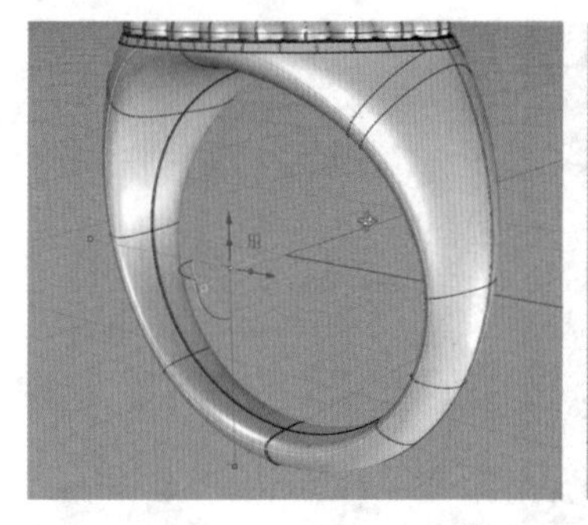

图15-59

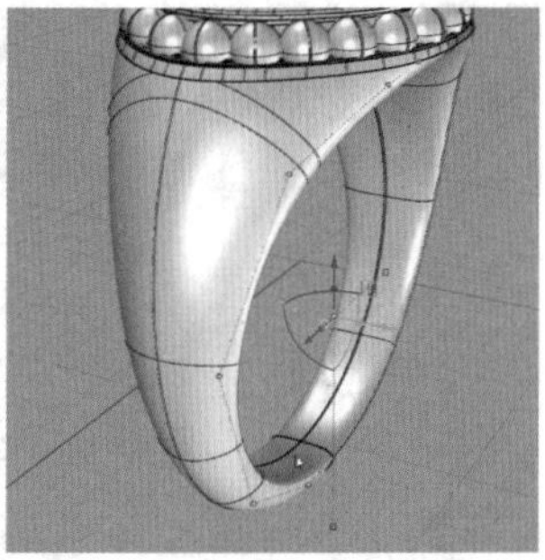

图15-60

04 在“实体工具”中，单击“抽离曲面”工具，确保“复制 = 是”，然后选择戒圈下部的曲面，单击鼠标右键，就单独复制出了一个戒圈的曲面，如图 15-61 所示。

05 在“可见性”选项卡中，使用“锁定”工具将所有原戒指的主体模型进行锁定，如图 15-62 所示。

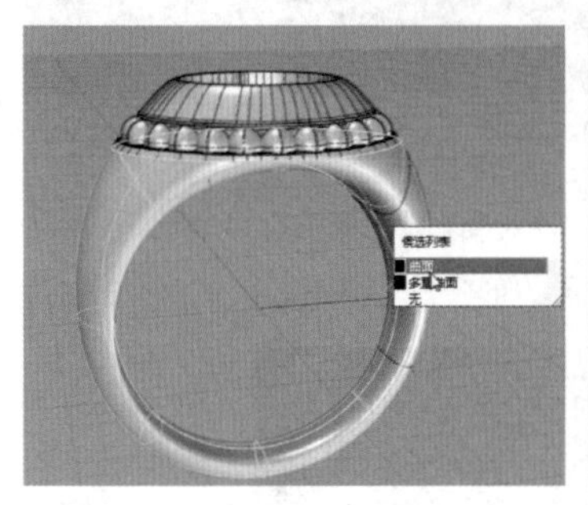

图15-61

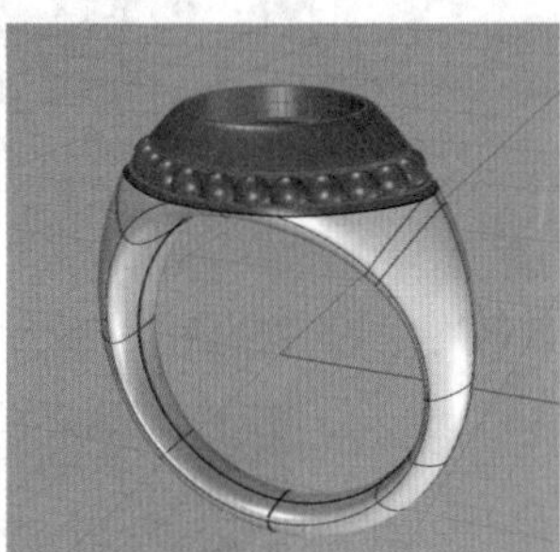

图15-62

06 使用步骤 2 和步骤 3 中抽离出来的曲线对步骤 4 中抽离的曲面进行修剪，只保留一侧扇形戒臂曲面，如图 15-63 所示。

07 在“曲面工具”中，使用“矩形平面：角对角”工具绘制出一个平面，如图 15-64 所示。

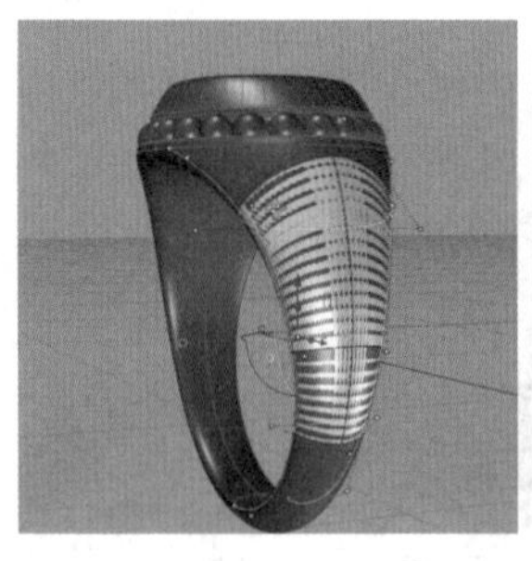

图15-63

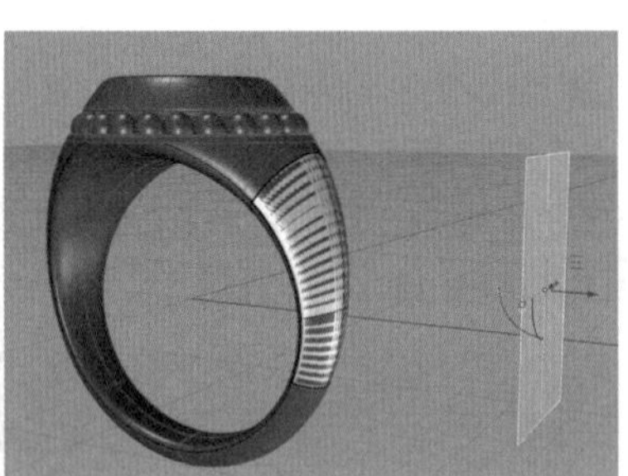

图15-64

08 在 Right（右）视图中，以步骤 7 得到的矩形平面为边界绘制曲线，如图 15-65 所示，对曲线使用“偏移曲线”工具，结果如图 15-66 所示。

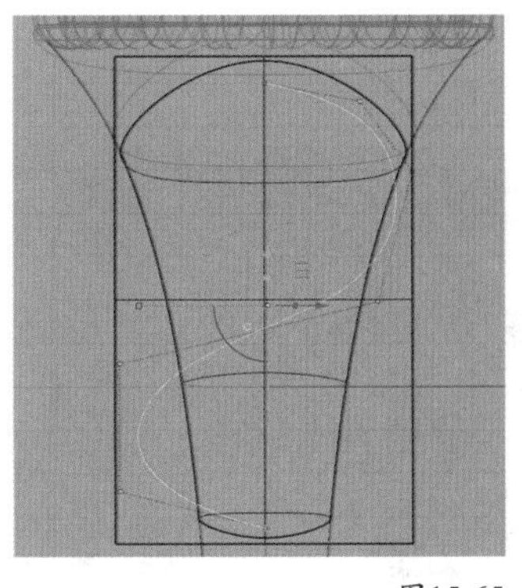

图15-65

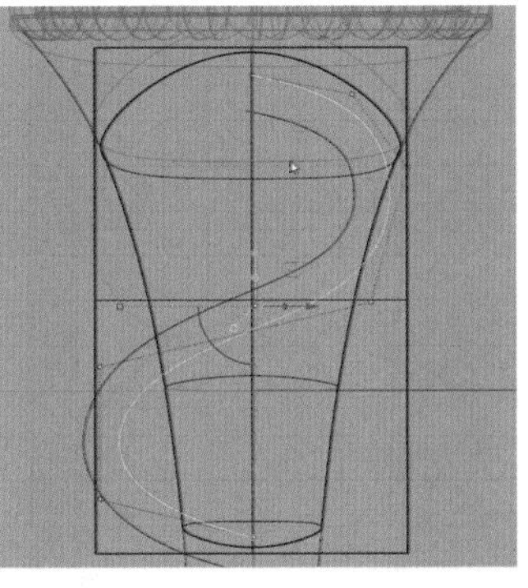

图15-66

09 对上一步的两条曲线进行镜像，如图 15-67 所示。然后选取曲线进行修剪，如图 15-68 所示。

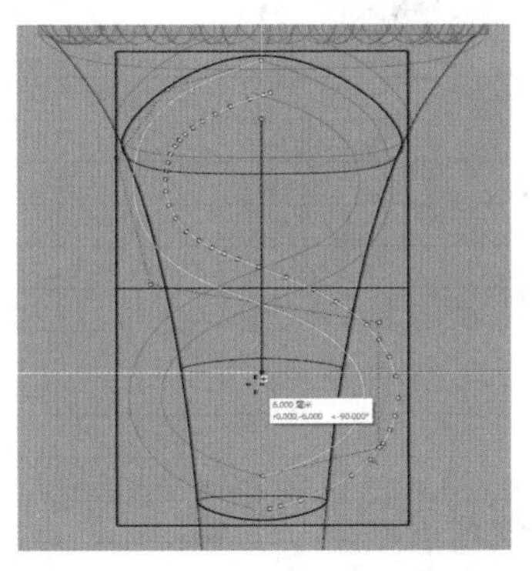

图15-67

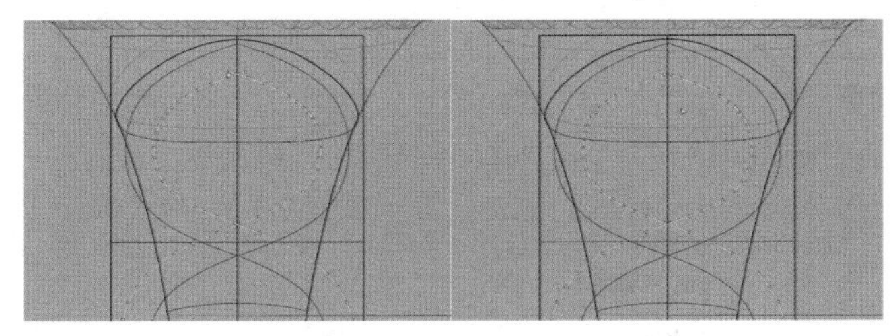

图15-68

10 在“曲线工具”中选择“曲线圆角”工具，把半径设置为 0，然后选择两条曲线下端开口进行闭合，如图 15-69 所示。

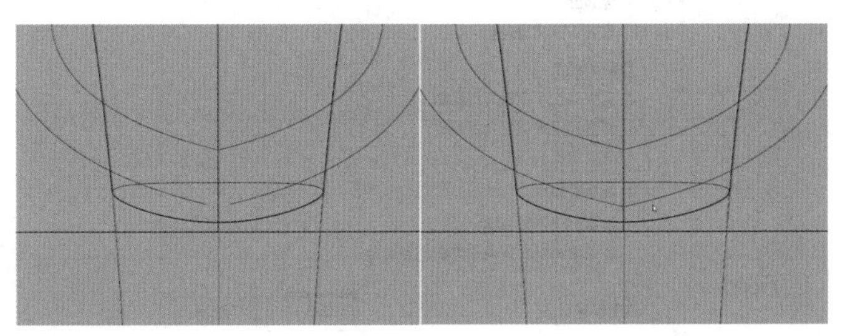

图15-69

11 使用一侧曲线对另一侧进行修剪，如图 15-70 所示。接下来，选择曲线，使用“偏移曲线”工具，再次进行偏移，结果如图 15-71 所示。

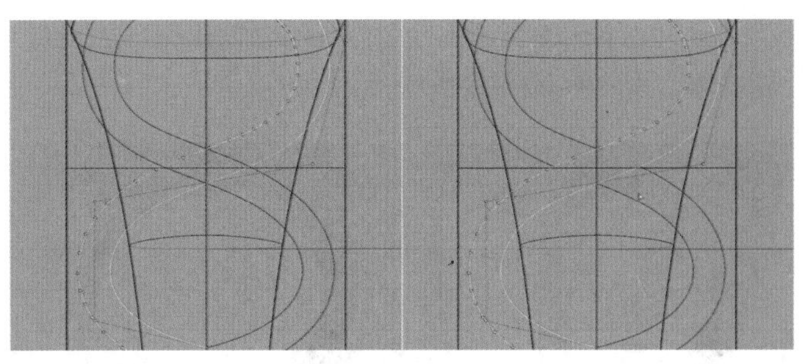

图15-70

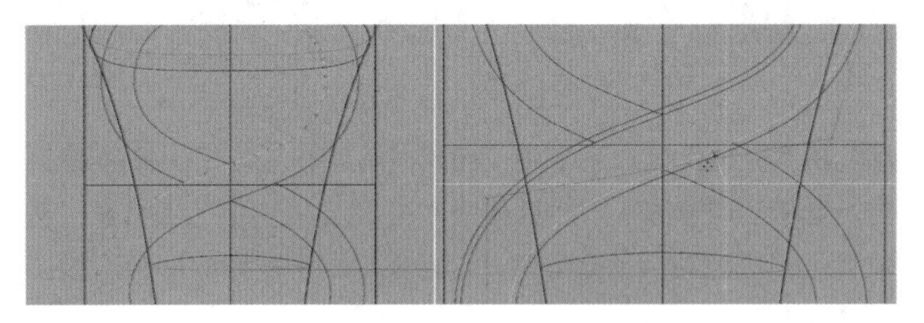

图15-71

12 选取步骤 11 中偏移出的曲线，使用“修剪 / 取消修剪”工具进行修剪，如图 15-72 所示。完成之后将所有曲线组合为一体，“挤出封闭的平面曲线”工具，将挤出距离设置为 0.5mm，挤出实体纹样，如图 15-73 所示。

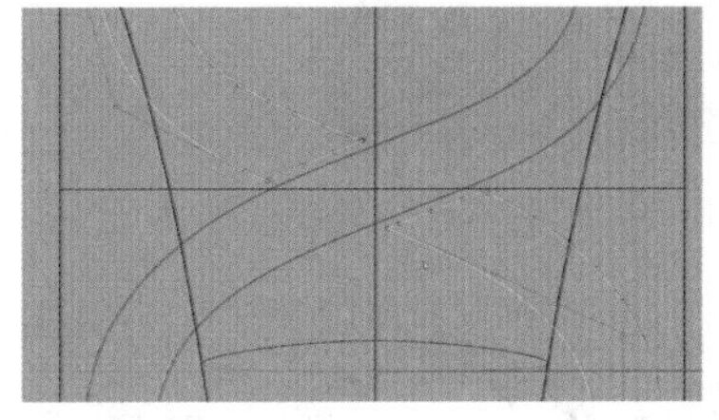

图15-72

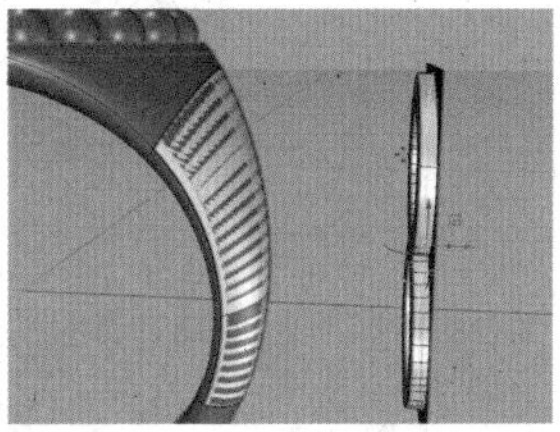

图15-73

13 在“变动”中，使用“沿着曲面流动”工具，以步骤 12 中挤出的纹样作为流动物件，矩形平面为基准面，戒臂曲面为目标面执行流动，结果如图 15-74 所示。

14 选取矩形平面，使用“挤出曲面”工具，将挤出距离设置为 0.5mm，设置“两侧 = 是”，挤出为实体，使用操作轴对它进行一些缩放调整，如图 15-75 所示。

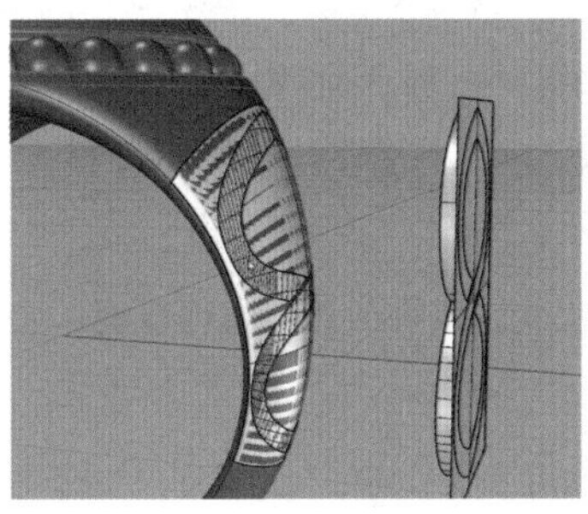

图15-74

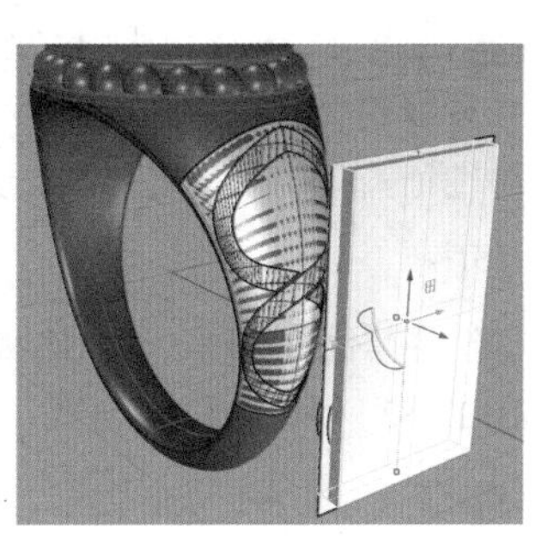

图15-75

15 再次使用“沿着曲面流动”工具，将挤出的立方体流动到戒臂曲面上，如图 15-76 所示。流动完成之后再对它使用“镜射 / 三点镜射”工具进行镜像复制，如图 15-77 所示。

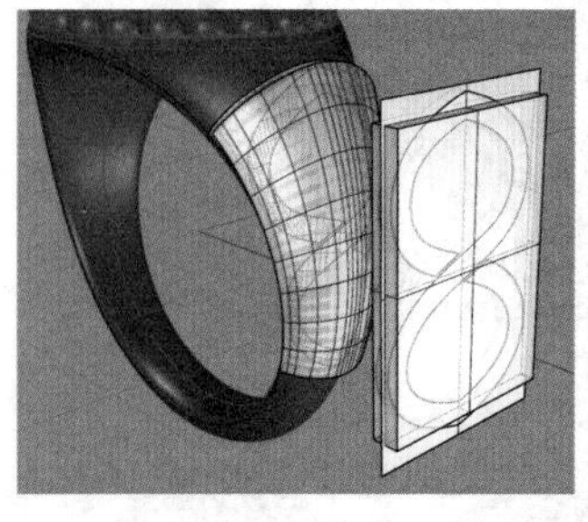

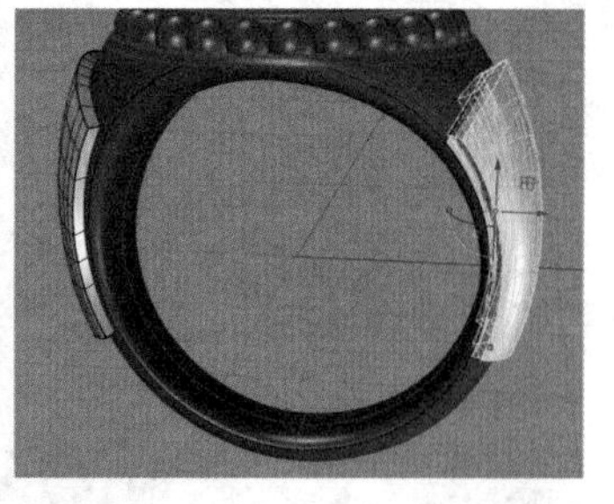

图15-76　　图15-77

16 在“可见性”选项卡中，使用“解除锁定”工具解除锁定，如图 15-78 所示。然后使用“布尔运算差集”工具，从戒臂上减去流动后的立方体，这样就挖出了戒臂的凹槽，如图 15-79 所示。

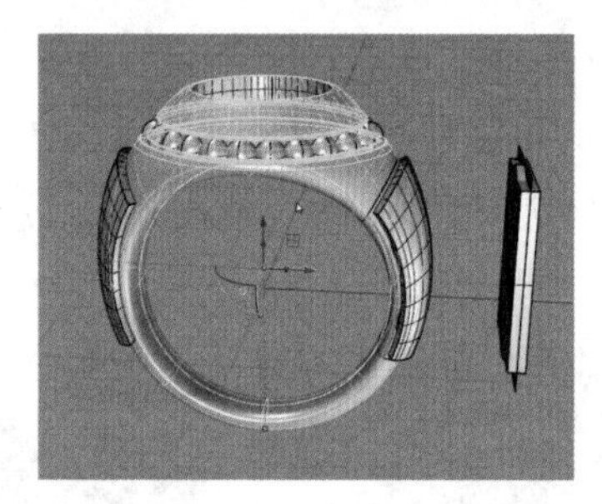

图15-78

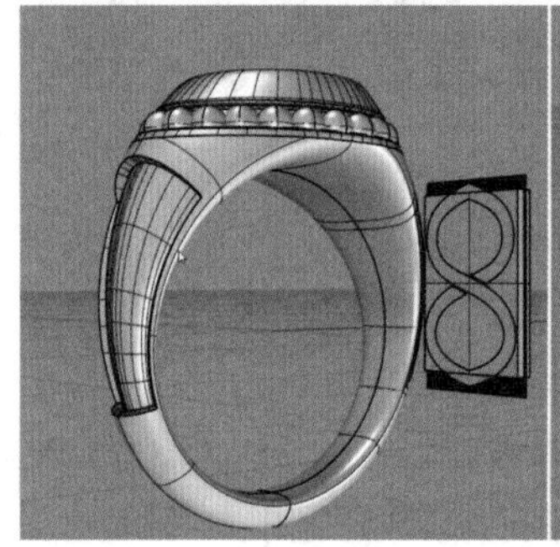

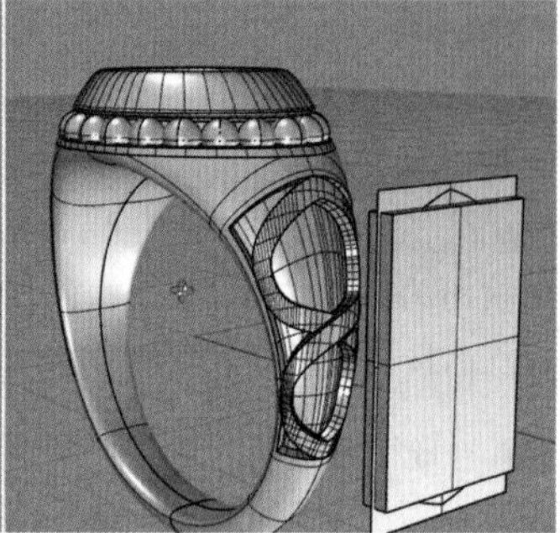

图15-79

17 这时会看到花纹中间有点空，可以将原本的花纹实体用操作轴复制一次，并进行一定缩放，如图 15-80 所示。使用“沿着曲面流动”工具，将花纹流动到戒臂上，结果如图 15 81 所示。

18 将其他所有辅助物件隐藏，对戒臂花纹进行镜像复制，如图 15-82 所示。

19 在“可见性”选项卡中，使用“显示物件”工具，将鸢尾花纹饰重新显示出来。到这里就完成了戒指建模的所有操作，如图 15-83 所示。

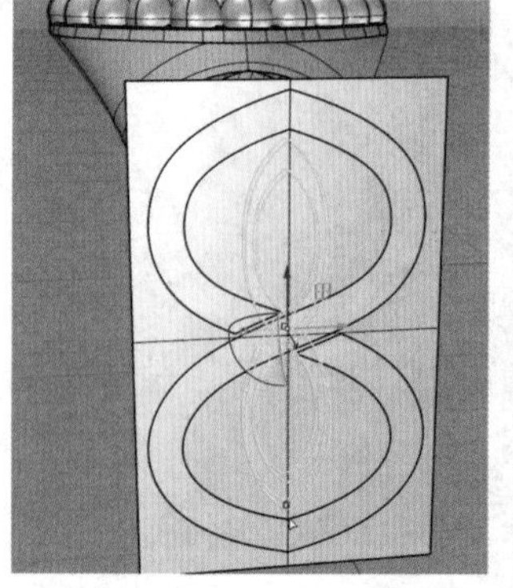

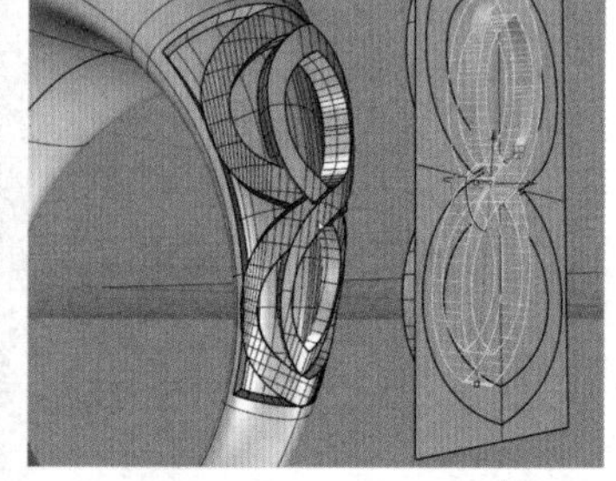

图15-80　　图15-81

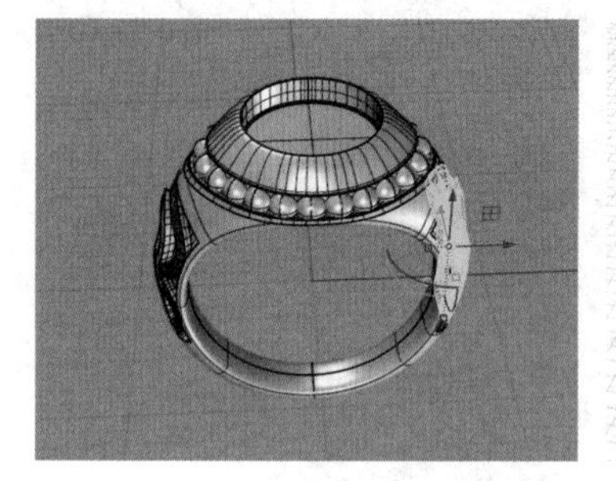

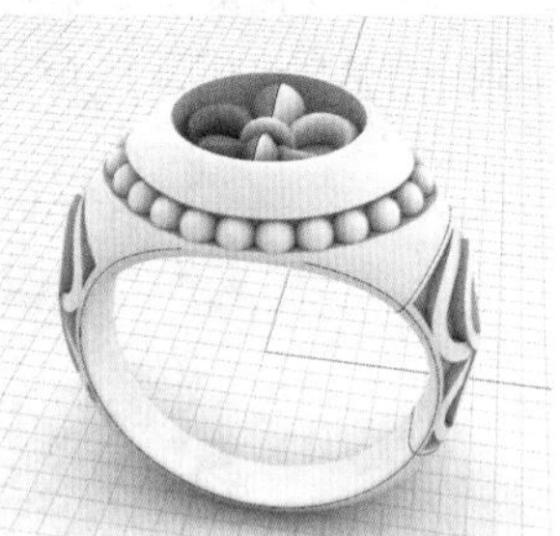

图15-82　　图15-83

15.6 徽记戒指渲染

接下来进行戒指的渲染。

01 将戒指模型导入 KeyShot 实时渲染窗口中，在弹出的对话框中进行图 15-84 所示的设置，效果如图 15-85 所示。

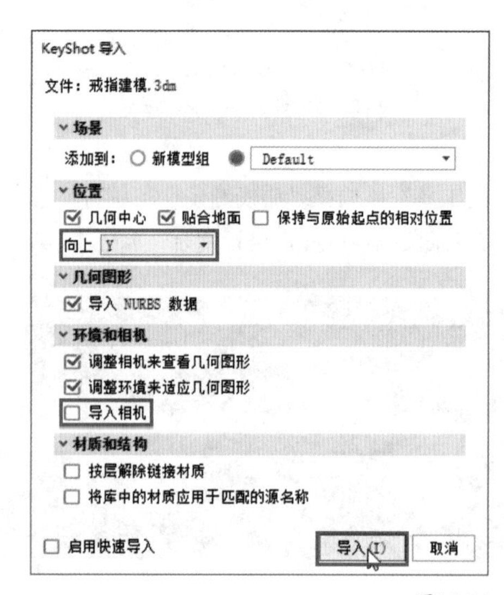

图15-84

图15-85

02 在“材质”面板中找到 Silver Polished（抛光银）材质，将材质赋予戒指模型，如图 15-86 和图 15-87 所示。

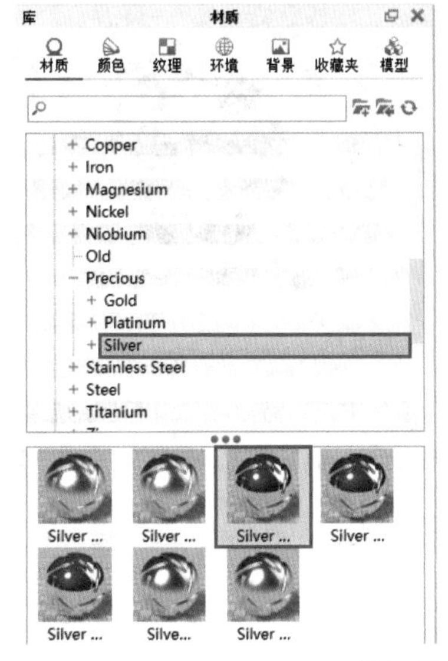

图15-86

图15-87

03 在“材质”面板中找到 Gold 24K Polished（抛光 24K 金）材质，将材质赋予鸢尾花纹饰和围边滚珠模型，如图 15-88 和图 15-89 所示。

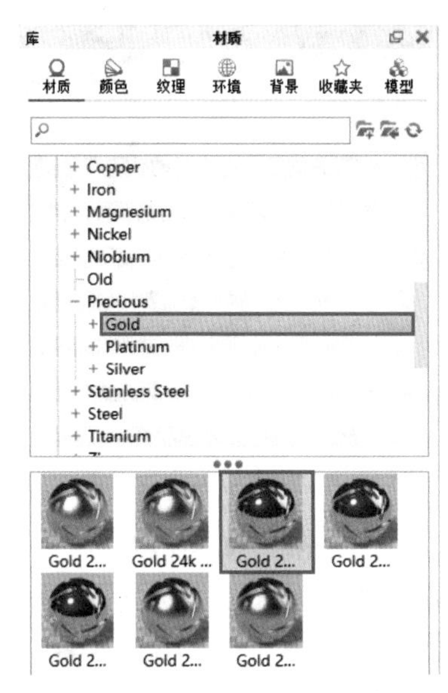

图15-88

图15-89

04 双击戒指上银材质的部分，进行图 15-90 所示的设置，在颜色通道中增加一个遮挡纹理，效果如图 15-91 所示。

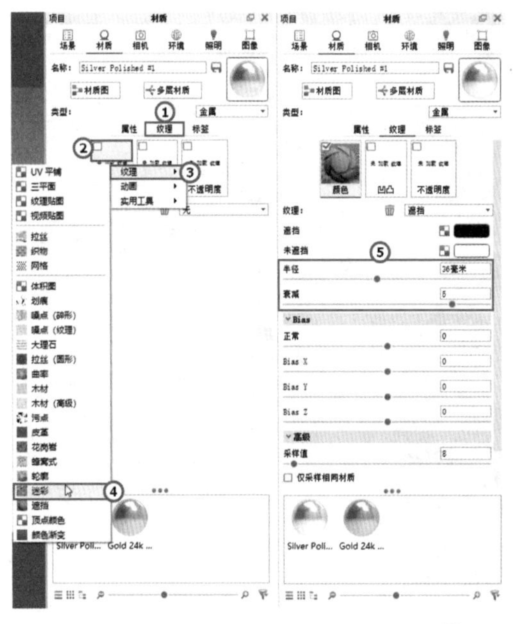

图15-90

图15-91

05 在“场景”面板中，选取戒面凹槽的内凹曲面，单击鼠标右键，在弹出的菜单中选择“解除链接材质”选项，如图 15-92 所示。双击内凹曲面，在内凹曲面的“材质”面板中，删除颜色通道的遮挡纹理，打开材质图，进行图 15-93 所示的调整，效果如图 15-94 所示。

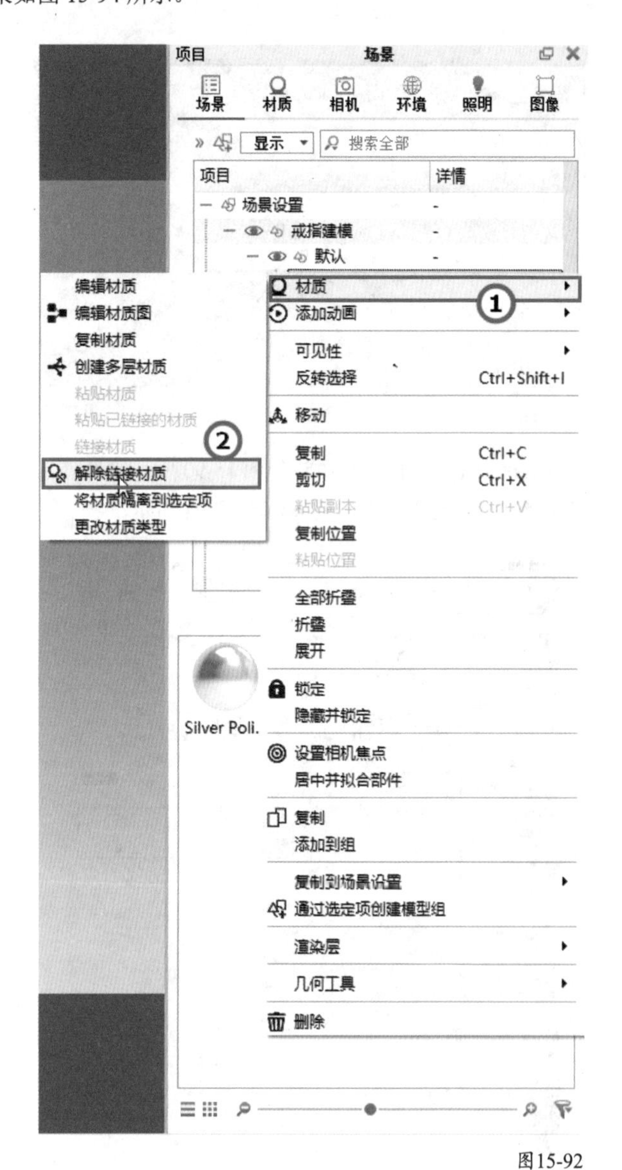

图15-92

图15-93

图15-94

06 在“编辑”菜单中，执行“添加几何图形”中的“添加地平面”命令，添加一个地面模型，如图 15-95 和图 15-96 所示。

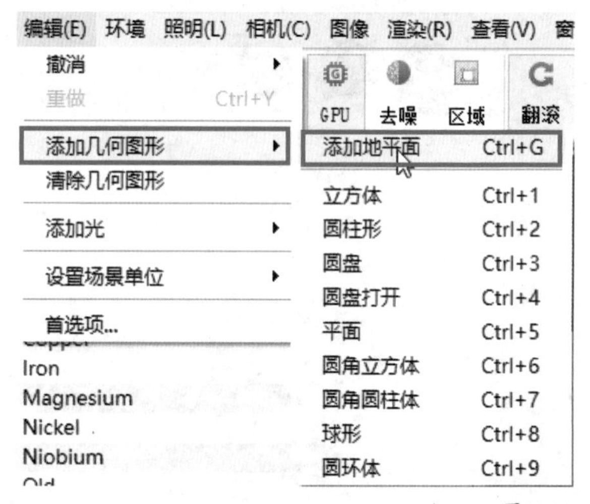

图15-95

图15-96

07 在“材质”面板中找到 Hard Rough Plastic Black（硬质粗糙塑料）材质，将它赋予地平面，如图 15-97 和图 15-98 所示。

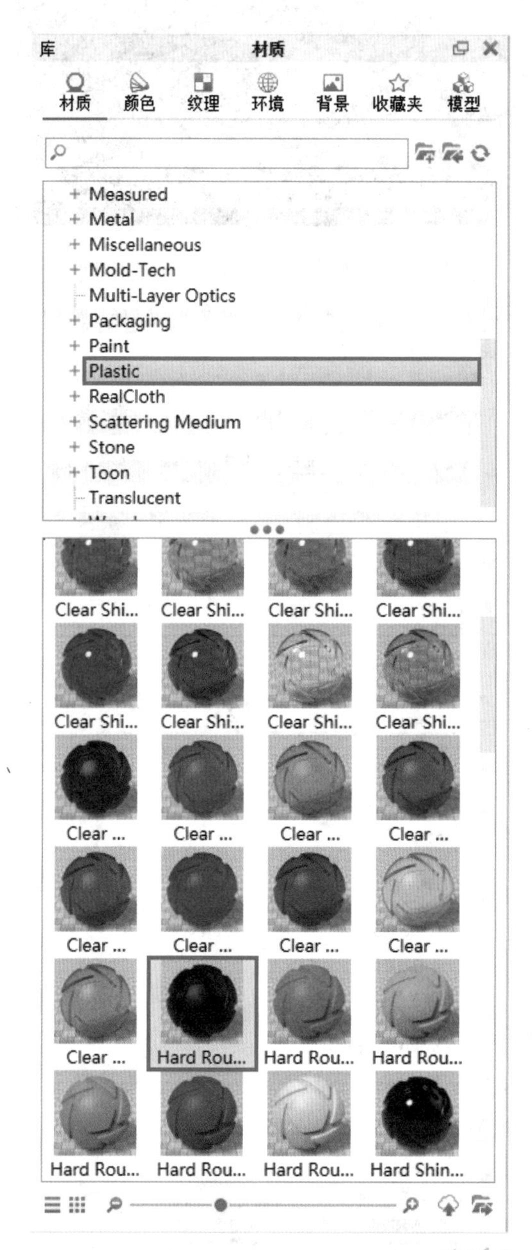

图15-97

图15-98

08 在“环境”面板中找到 Aversis_Bathroom_3k 这张 HDRI 贴图，如图 15-99 所示，双击应用到当前场景中，并进行图 15-100 所示的调整，效果如图 15-101 所示。

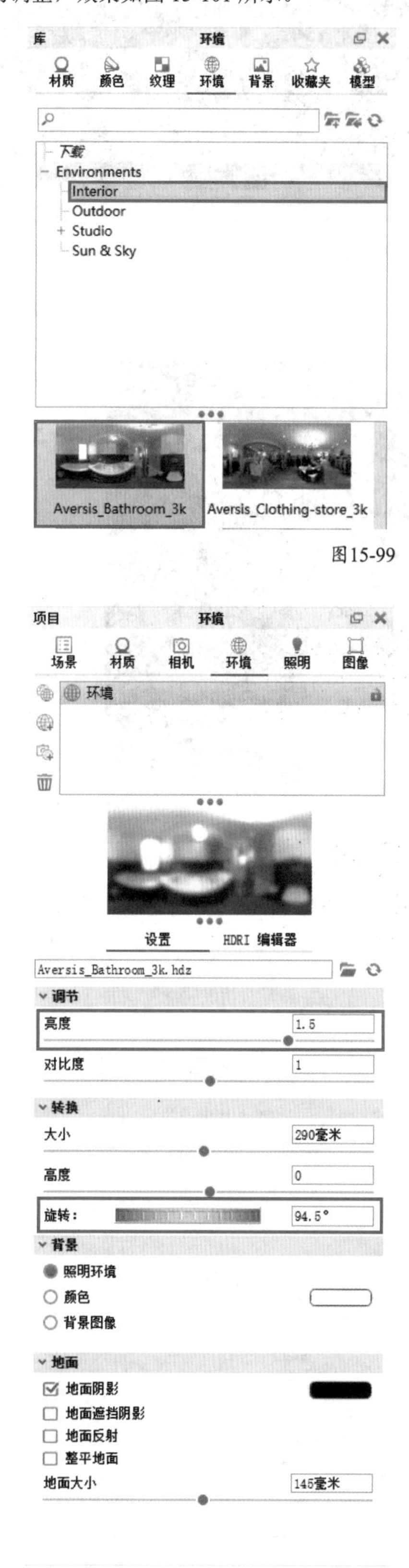

图15-99

图15-100

图15-101

09 在“场景”面板中，选中戒指模型，开启“移动工具”，对戒指进行位置和角度的调整，使它能够落在平面上，如图15-102所示。

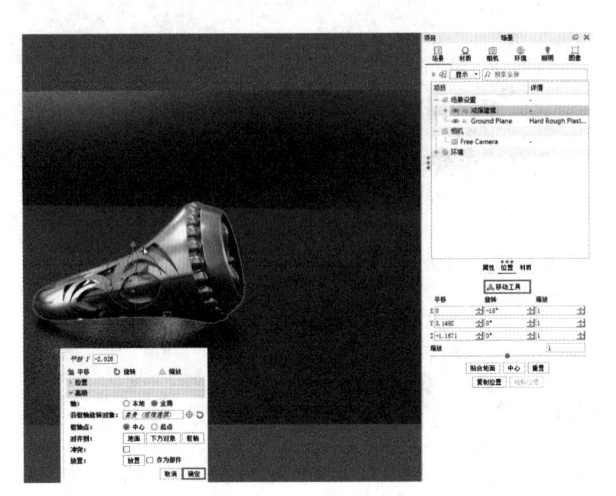

图15-102

10 在戒圈的“属性”标签下，设置圆边半径为0.2mm，如图15-103所示。这时戒臂花纹就出现了圆角，如图15-104所示。

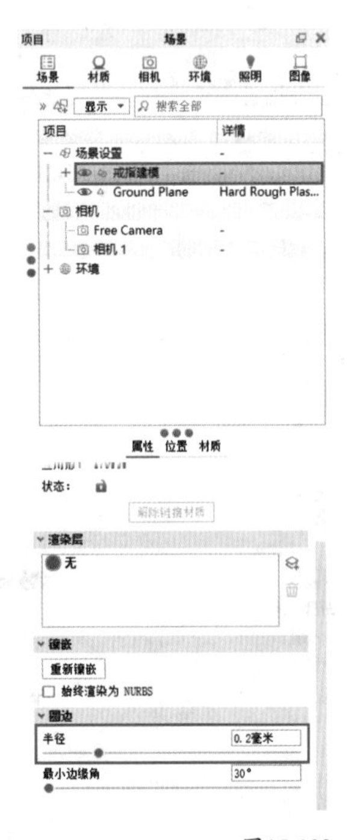

图15-103

图15-104

11 在“相机”面板中，新增一个相机，并进行图15-105所示的设置，效果如图15-106所示。

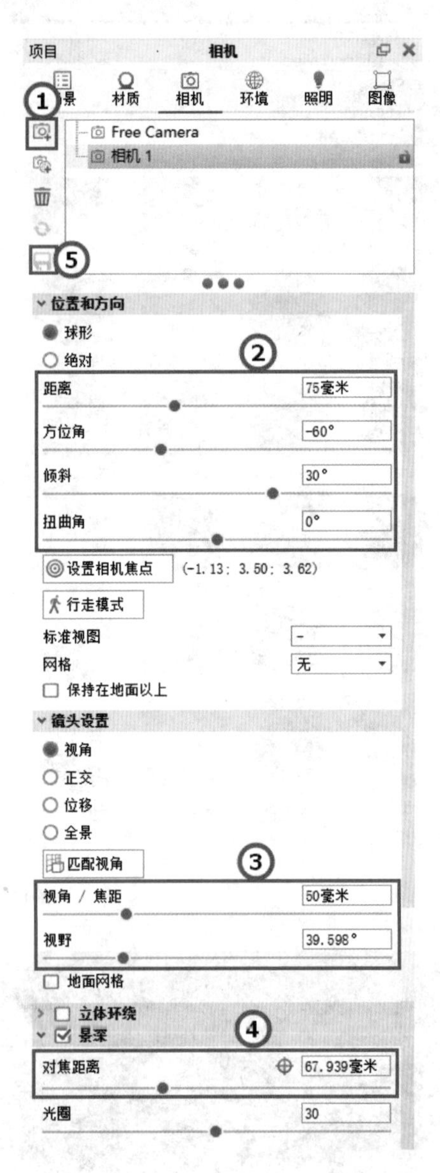

图15-105

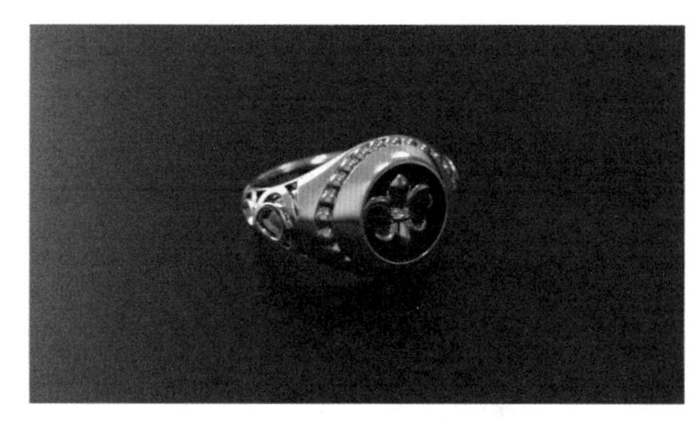

图15-106

12 在“照明”面板中，将“照明预设值”设置为“珠宝”模式，如图 15-107 所示。

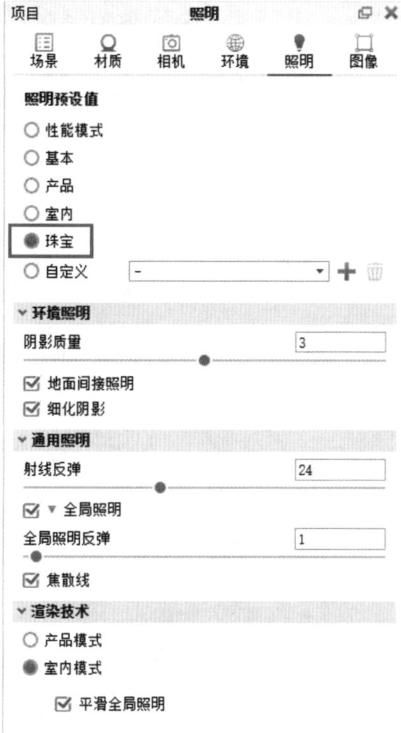

项目
照明
场景
材质
相机
环境
照明
图像
照明预设值
性能模式
基本
产品
室内
珠宝
自定义
环境照明
阴影质量
3
地面间接照明
细化阴影
通用照明
射线反弹
24
全局照明
全局照明反弹
1
焦散线
渲染技术
产品模式
室内模式
平滑全局照明

图15-107

13 最后单击 KeyShot 界面底部工具栏中的“渲染”按钮，并在界面上方的快捷功能栏中开启“去噪”功能，单击“渲染”对话框右下角的“渲染”按钮，进行最终的渲染输出，如图 15-108 和图 15-109 所示。

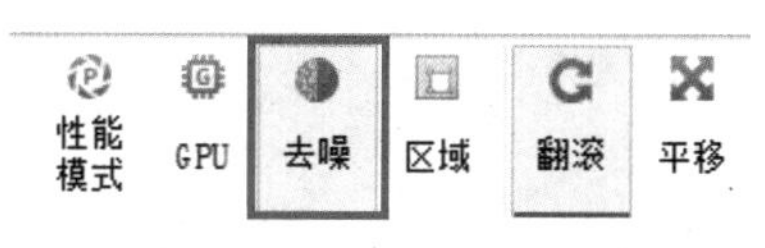

性能模式
GPU
去噪
区域
翻滚
平移

图15-108

渲染
输出
选项
Monitor
模式
默认
背景
渲染引擎
从实时视图继承
CPU 使用量
所有 24 核
使用实时 CPU 使用量
质量
最大采样
最大时间
自定义控制
采样值
500
像素滤镜尺寸
1.5
添加到 Monitor
渲染

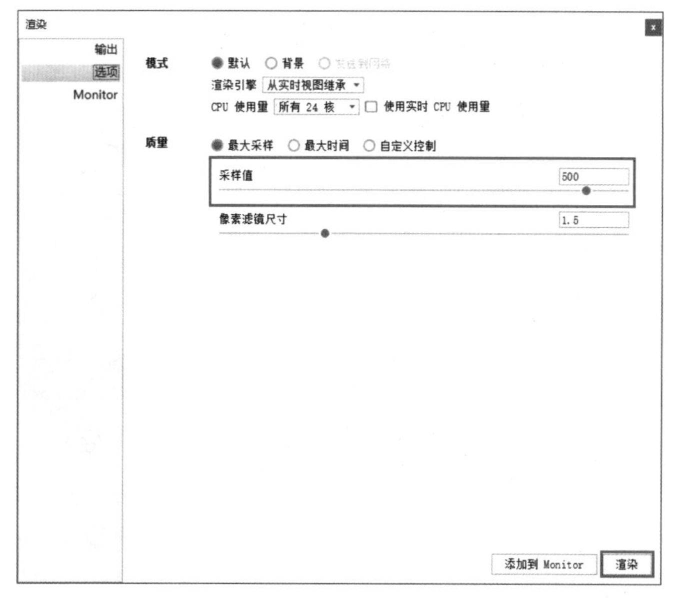

图15-109

到这里就完成了徽记戒指的渲染，效果如图 15-110 所示。

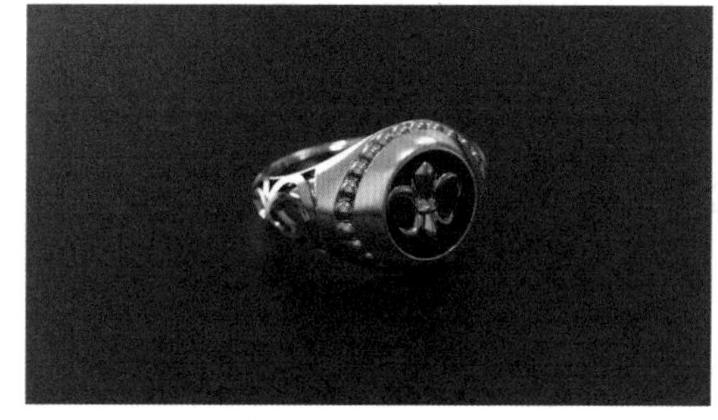

图15-110